普通高等教育"十一五"国家级规划教材

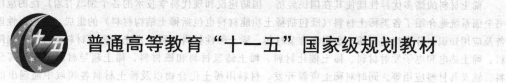

稀土材料学

刘光华　主编

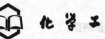

化学工业出版社

·北京·

稀土材料的诸多优异性能使其在国民经济、国防建设和现代科学技术的各个领域有着广泛的应用。本书全面系统地介绍了各类稀土材料（既包括稀土功能材料也包括稀土结构材料）的组成、结构、性能、制备及应用知识。分章论述了稀土金属和合金材料、稀土磁性材料、稀土发光和激光材料、稀土玻璃陶瓷材料、稀土热电和电子发射材料、稀土催化材料、稀土储氢材料和核材料、稀土超导材料、稀土高分子材料、钪及其材料应用等。同时对稀土资源开发、材料用稀土化合物以及稀土材料各领域中涌现出的新理论、新方法、新工艺和新应用也做了详尽的介绍。

本书可作为高等院校材料类、化学与化工类及相关专业的本科生和研究生的教学用书和参考书，也可供有关科研院所、厂矿企业的广大科研人员、工程技术人员及管理人员阅读参考。

图书在版编目（CIP）数据

稀土材料学/刘光华主编．—北京：化学工业出版社，
2007.8（2024.9重印）

普通高等教育"十一五"国家级规划教材
ISBN 978-7-122-01022-3

Ⅰ. 稀⋯　Ⅱ. 刘⋯　Ⅲ. 稀土金属-金属材料-高等学校-
教材　Ⅳ. TG146.4

中国版本图书馆 CIP 数据核字（2007）第 132351 号

责任编辑：窦　臻　　　　　　　文字编辑：颜克俭
责任校对：宋　玮　　　　　　　装帧设计：潘　峰

出版发行：化学工业出版社（北京市东城区青年湖南街 13 号　邮政编码 100011）
印　　装：北京盛通数码印刷有限公司
787mm×1092mm　1/16　印张 27¼　字数 712 千字　2024 年 9 月北京第 1 版第 10 次印刷

购书咨询：010-64518888　　　　　售后服务：010-64518899
网　　址：http://www.cip.com.cn
凡购买本书，如有缺损质量问题，本社销售中心负责调换。

定　　价：58.00 元　　　　　　　　　　　　　版权所有　违者必究

前　言

我国盛产稀土元素，储量、产量和出口量均居世界首位，因此是我国的一大资源和产业优势。稀土元素由于其结构的特殊性而具有诸多其他元素所不具备的光、电、磁、热等特性，从而可以用来制备成许多能用于高新技术的新材料。因此，稀土元素被誉为新材料的"宝库"，是国内外科学家，尤其是材料学家最关注的一组元素，被美国、日本等发达国家有关政府部门列为发展高新技术产业的关键元素和战略物资。使用了稀土的新材料已广泛地应用到国民经济、国防建设和现代科学技术的各个领域，并促进了这些领域的发展。随着对稀土基础研究的深入和产业的发展，稀土材料已从分散的应用知识逐步走上了以材料科学为主导的发展道路，形成了一个相应的新兴学科领域——稀土材料学。它是一个科学技术含量很高、前瞻性很强、多学科交叉的新兴学科，国内不少大学的本科高年级学生和研究生都开设有稀土材料类课程，但缺乏专用教材。作者一直密切关注和跟踪着稀土材料学科的发展，集多年教学和科研的实践经验，撰写了这部《稀土材料学》教材，以期能满足稀土材料学科及其产业发展对创新人才培养的需要。

《稀土材料学》全面、系统地介绍了各类稀土材料的组成、结构、性能、制备和应用知识。这些材料既包括稀土结构材料，又包括稀土功能材料，具体有：稀土金属与合金材料、稀土永磁材料、稀土发光与激光材料、稀土玻璃与陶瓷材料、稀土热电与电子发射材料、稀土催化材料、稀土储氢材料与核能材料、稀土超导材料、稀土高分子材料以及钪资源与材料应用等，并对稀土资源的开发应用和稀土材料制备技术也作了详尽的介绍。本书具有如下显著特点。①以促进国民经济和高新科技发展为目标，取材新颖、内容丰富、自成体系，涵盖了稀土材料方面的基础理论及新兴领域的最新成果，同时兼顾学科的系统性和针对性，具有较强的前瞻性。②以稀土元素特殊结构与新材料性能关系为主线，在研究各类稀土材料的成分、结构、性能及其制备方法的基础上，探索各种稀土金属及其化合物作为材料实际应用的可能性。对稀土材料的设计、研制、开发、生产及应用中涌现出来的新理论、新技术、新方法和新工艺展开了有启发性的探讨。③提出了稀土资源开发、材料制备和实际应用紧密结合的发展原则以及技术创新的思路，以充分发挥我国稀土资源和产业优势，大力提升我国稀土材料开发与应用水平。④理论联系实际，学用结合，各章既包含有扎实的基础知识，又有丰富的稀土材料制备和应用实例，体现了从基础理论出发，指导各类稀土材料的研发与生产、解决稀土材料生产制备与使用过程中的实际问题，为培养和提高学生的综合素质、解决实际问题的能力和创新能力打下坚实的基础。本书可作为高等院校材料类、化学与化工类及相关专业的本科生和研究生的教学用书和参考书，也可供有关科研院所、工矿企业的广大科研人员、工程技术人员及管理人员阅读参考。21世纪新技术革命的来到，给稀土材料及其学科的发展创造了新的机遇，本教材的出版恰逢其时，希望能为我国经济建设的发展和人才培养做出微薄的贡献。

本书共分14章。参加编写的有刘光华（第1~3、7、10、11章），李永绣（第4章），吴炳乾和杨幼明（第5章），张萌（第6章），刘桂华（第8、9章），汪京荣（第12章），李样生（第13章），刘捷（第14章）。全书由刘光华统稿。本书的出版得到了南昌大学和化学工业出版社的大力支持和帮助，作者在此表示衷心的感谢！同时，对书中所引用文献资料的中外作者致以诚挚的谢意！

稀土材料学这一新兴学科所涉及的内容非常广泛，且是多学科、多部门交叉和渗透，其发展又极为迅速，加上作者水平所限，书中不妥之处在所难免，恳请广大读者批评指正。

刘光华

2007 年 8 月于南昌

目 录

第1章 稀土资源及其材料应用

1.1 稀土元素概述

1.1.1 稀土元素

稀土元素（rare earth element）是元素周期表中ⅢB族中原子序数21的钪（Sc）、39的钇（Y）和57的镧（La）至71的镥（Lu）等17个元素的总称。根据国际纯粹与应用化学联合会（IUPAC）统一规定，原子序数57～71的15个元素：镧（La）、铈（Ce）、镨（Pr）、钕（Nd）、钷（Pm）、钐（Sm）、铕（Eu）、钆（Gd）、铽（Tb）、镝（Dy）、钬（Ho）、铒（Er）、铥（Tm）、镱（Yb）、镥（Lu）又称为镧系元素（可用符号"Ln"表示），它们同位于周期表的第6周期的57号位置上。在17个稀土元素中，钪的化学性质与其他16个元素有较大的差别，所以本书把钪及其材料应用单独列为一章进行介绍。为了叙述方便起见，书中凡是提到"稀土"一词时，一般仅指钪以外的稀土元素。稀土元素可简称稀土，常用符号"RE"表示。另外，钷是一种放射性元素，在自然界存在极少，常见的稀土矿物中一般都不含钷。所以，通常的稀土研究、生产和应用中也不包括钷。

稀土元素的发现，最早是1794年，在Abo大学工作的芬兰著名化学家加多林（J. Gadolin）从硅铍钇矿中发现"钇土"（Yttria）即氧化钇开始的。由于各种稀土元素性质极其相似，产地又同在极其复杂的矿中，紧密共生，使得分离的工作异常困难。因此，18世纪发现的稀土矿物很少，当时的技术水平很难把它们分离成单独的元素，只能把稀土作为混合氧化物分离出来。那时习惯上将不溶于水的固体氧化物称为"土"，例如，将氧化铝称为"陶土"，氧化钙称为"碱土"等，因此也将镧系元素和钇的氧化物称为"稀土"。其实，稀土既不"稀少"，也不像"土"，而是典型的金属元素，其活泼性仅次于碱金属和碱土金属。从1794年发现钇土开始，一直到1974年马林斯基（J. A. Marinsky）、洛伦迪宁（L. E. Gelendenin）等用人工方法从核反应堆中的铀的裂变产物中提取稀土的最后一个元素钷（原子序数为61，半衰期2.64年）为止，从自然界中取得全部稀土元素跨越了3个世纪，共经历了150多年。

稀土元素由于其结构的特殊性而具有诸多其他元素所不具备的光、电、磁特性，从而可以制备成许多能用于高新技术的新材料，因此它被誉为新材料的"宝库"。美国国防部公布的35种高技术元素，其中包括了除Pm以外的16种稀土元素，占全部高技术元素的45.7%。日本科技厅选出26种高技术元素，16种稀土元素被包括在内，占61.5%。世界各国都在大力开展稀土应用技术研究，几乎每隔3～5年就有一次稀土应用的新突破，从而大大推动了稀土理论和稀土材料的发展。

1.1.2 稀土元素的分类

除钪以外的16个稀土元素，根据它们的电子层结构以及由此反映的物理、化学性质上的某些差别，可以分成两组，即镧、铈、镨、钕、钷、钐、铕称为铈组稀土；钆、铽、镝、钬、铒、铥、镱、镥和钇称为钇组稀土，见表1-1所列。铈组稀土和钇组稀土习惯上也分别称为轻稀土和重稀土。尽管钇的相对原子质量仅有89（原子序数39），但由于钇的原子半径在重稀土元素范围内（在钬与铒的离子半径附近），化学性质与重稀土更相似，在自然界中常与重稀土共生共存，所以把钇归为重稀土组。根据稀土的分离工艺，又可将稀土元素分为三组：铈组稀土、铽组稀土和钇组稀土；或分别称轻稀土、中稀土、重稀土。组间的界线随稀土分离工艺的不同而稍有差别。例如，按照硫酸复分离工艺，组间的界线在钐-铕和镝-钇；按照二(2-乙基己基)膦酸（即 P_{204}）萃取分离工艺，组间的界线则在钕-钐和钆-铽，这样，镧、铈、镨、钕称为轻稀土，钐、铕、钆为中稀土，铽、镝、钬、铒、铥、镱、镥再加上钇称为重稀土，这是目前常用的分类方法。

表 1-1　稀土元素的分组

57	58	59	60	61	62	63	64	65	66	39	67	68	69	70	71
镧	铈	镨	钕	钷	钐	铕	钆	铽	镝	钇	钬	铒	铥	镱	镥
La	Ce	Pr	Nd	Pm	Sm	Eu	Gd	Tb	Dy	Y	Ho	Er	Tm	Yb	Lu

轻稀土(铈组)								重稀土(钇组)							
铈组 (硫酸复盐难溶)						铽组 (硫酸复盐微溶)					钇组 (硫酸复盐可溶)				
轻稀土 (P_{204} 弱酸萃取)					中稀土 (P_{204} 低酸度萃取)					重稀土 (P_{204} 中酸度萃取)					

1.2　稀土矿物资源

1.2.1　自然界的稀土元素

　　稀土元素在地壳中的分布很广，数量也不少，17 种稀土元素的总量在地壳中占 0.0153%（质量分数），即 153g/t。各种元素在地壳中的质量分数见表 1-2 所列。

表 1-2　各元素在地壳中的质量分数

元素	质量分数/%	元素	质量分数/%	元素	质量分数/%	元素	质量分数/%
O	47.2	Ni	0.008	Hf	$3.2×10^{-4}$	Os	$5×10^{-6}$
Si	27.6	Li	0.0065	B	$3×10^{-4}$	Te	$1×10^{-6}$
Al	8.8	Zn	0.005	Mo	$3×10^{-4}$	Pd	$1×10^{-6}$
Fe	5.10	Ce	0.0046	U	$3×10^{-4}$	Tc	$1×10^{-6}$
Ca	3.60	Sn	0.004	Tl	$3×10^{-4}$	Ru	$5×10^{-7}$
Na	2.64	Co	0.003	Yb	$2.66×10^{-4}$	Pt	$5×10^{-7}$
K	2.60	Y	0.0028	Er	$2.47×10^{-4}$	Au	$5×10^{-7}$
Mg	2.10	Nd	0.00239	Ta	$2×10^{-4}$	Ne	$5×10^{-7}$
Ti	0.60	La	0.0018	Br	$1.6×10^{-4}$	Rh	$1×10^{-7}$
H	0.15	Pb	0.0016	Ho	$1.15×10^{-4}$	Re	$1×10^{-7}$
C	0.10	Ga	0.0015	Eu	$1.06×10^{-4}$	Ir	$1×10^{-7}$
Mn	0.09	Nb	0.001	W	$1×10^{-4}$	Xe	$3×10^{-8}$
P	0.08	Tb	$8×10^{-4}$	Tb	$9.1×10^{-5}$	Kr	$2×10^{-8}$
S	0.05	Ge	$7×10^{-4}$	Lu	$7.5×10^{-5}$	Pa	$1×10^{-10}$
Cl	0.045	Cs	$7×10^{-4}$	Se	$6×10^{-5}$	Ra	$1×10^{-10}$
Cr	0.04	Sm	$6.47×10^{-4}$	Cd	$5×10^{-5}$	Po	$2×10^{-14}$
Rb	0.03	Gd	$6.36×10^{-4}$	Sb	$4×10^{-5}$	Ac	$6×10^{-14}$
F	0.027	Be	$6×10^{-4}$	I	$3×10^{-5}$	Pu	$1×10^{-15}$
Sr	0.02	Pr	$5.53×10^{-4}$	Tm	$2×10^{-5}$	Rn	$7×10^{-16}$
Zr	0.02	As	$5×10^{-4}$	Bi	$2×10^{-5}$	Pm	$4.5×10^{-20}$
V	0.015	Sc	$5×10^{-4}$	In	$1×10^{-5}$		
Cu	0.01	Dy	$4.5×10^{-4}$	Ag	$1×10^{-5}$		
N	0.01	Ar	$4×10^{-4}$	Hg	$7×10^{-6}$		

稀土元素在地壳中的分布有如下特点。

① 稀土元素在地壳中的总分布为 0.0153%，其丰度比一些常见元素还要多，如比锌大 3 倍，比铅大 9 倍，比金大 3 万倍。就单一元素来说，分布最多的是铈，其次是钇、钕、镧等，多数稀土元素比锑和钨的含量还要高。

② 在地壳中铈组元素的丰度比钇组元素要大。前者在地壳中的丰度为 101g/t，后者约为 47g/t。

③ 稀土元素的分布是不均匀的，一般服从 Oddo-HarKins 规则，即原子序数为偶数的元素其含量较相邻的奇数元素的含量大。但有的矿物也有例外，如我国某些离子吸附型矿物中镧的含量却比原子序数为偶数的铈高。

④ 稀土属于亲石元素，在地壳中稀土元素集中于岩石圈中，主要集中于花岗岩、伟晶岩、正长岩的岩石中，特别是在碱性岩浆岩中更加富集。稀土的钇组元素和花岗岩岩浆结合得紧密，倾向于出现在花岗岩类有关的矿床中，而铈组元素倾向于出现在不饱和的正长岩岩石中。

稀土元素不仅存在地壳中，而且在海水、月球表面也有发现，但含量很少。

1.2.2 稀土元素在矿物中的赋存状态

稀土元素多以离子化合物形式赋存于矿物晶格中，呈配位多面体形式，其氧离子配位数一般为 6~12。稀土元素在矿物晶格一般呈三价状态出现，但也有以二价的铕和镱、四价态的铈和铽出现。由于稀土元素结构相似性，它们紧密结合共存于相同的矿物中。它们在矿物中有三种赋存状态。

① 参加晶格，构成矿物不可缺少的部分，即稀土矿物，如独居石、氟碳铈矿等。

② 以类质同晶置换（钙、锶、钡、锰、锆、钍等）形式分散于造岩矿物中，如磷灰石、钛铀矿等。

③ 呈离子吸附状态存在于一些矿物表面和颗粒之间，如黏土矿物、云母矿等。我国赣南（如龙南、寻乌等地）及与赣南相邻的闽、粤、湘地区的稀土矿就属于这种类型，它们无需选矿，就很容易从原矿中提取。

稀土元素，特别是钇和钇组稀土在地壳中有大量富集，富集的规律受到各地区具体地质条件所控制，因而出现了富含某些稀土元素的稀土矿物。

1.2.3 稀土的主要工业矿物

自然界中含稀土矿物有 200 多种，但有工业价值的只有 50 余种。目前工业上实际利用的稀土矿物却只有 10 种左右。随着稀土元素用途的扩大和用量的增加以及科学技术的发展，稀土工业使用的矿物数量也将会增加。地壳中的稀土矿物，大都是离子型化合物。稀土离子是亲氧性较强的过渡型离子，所以大部分稀土矿物以各种氧化物及含氧酸盐的形式出现。例如氧化物矿物中的褐钇铌矿、铌钇矿、铈易解石和钇易解石、黑稀金矿和复稀金矿、含稀土的烧绿石；氟碳酸盐类矿物中的氟碳铈矿、黄河矿、氟碳钙铈矿等；磷酸盐类矿物中的独居石、磷钇矿、磷灰石；硅酸盐类矿物中的硅铍钇矿、褐帘石、硅钛铈矿、兴安矿、铈硅磷灰石和钇硅磷灰石等。稀土矿物的工业意义是相对、有条件的，除矿物本身稀土含量较高和易选冶回收外，还要视其所在地区的技术和经济条件。在 10 种左右的稀土原料矿物中，轻稀土的原料矿物主要是氟碳铈矿和独居石；重稀土的原料矿物主要有磷钇矿、褐钇钽矿、钛铀矿和离子吸附性稀土矿等。稀土工业生产使用的几种主要的稀土矿物质量分数和性质见表 1-3 所列。

表 1-3　主要的稀土工业矿物及其一般性质

矿物名称	化学式	稀土含量/%	晶型	颜色	硬度	相对密度
氟碳铈矿 bastnaesite	$(Ce,La)(CO_3)F$	74.77	六方	黄,浅绿,赤褐	4~5.2	4.72~5.12
独居石 monazite	$(Ce,La,Nd,Th)PO_4$	65.13	单斜	黄,黄棕,黄绿,褐	5~5.5	4.9~5.5
磷钇矿 xenotime	$(Y,Ce,Er)PO_4$	61.40	正方	浅黄,黄褐	4~5	4.3~4.83
褐钇铌矿 fergusomite	$YNbO_4$	39.94	单斜	黑,黄褐	5.5~6.5	4.5~5.76
氟钙钠钇石 gaggarinite	$NaCaYF_6$	56.75	(粒状)	黄,玫瑰色	4.5	4.18~4.21
硅铍钇矿 gadolinite	$YFeBeSi_2O_{10}$	51.51	单斜	黑绿,褐,绿	6.5~7	4~4.5
黑稀金矿 euxenite	(Y,Ce,Ca,U,Th) $(Nb,Ta,Ti)_2O_2$	20.82	(柱状板)	浅绿,黄褐,黑色	5.5~6.5	4.3~5.87
钇萤石 yttrion fluorit	$(Ca,Y)F_2$	17.50	(粒状)	浅黄,绿	4.5	3.5
兴安矿 xingganite	$(Y,Ce)BeSiO_4(OH)$	54.57	(短柱状)	白,浅绿色	4.42	5~5.5

稀土矿物中的稀土元素含量因产地不同而波动较大,有些以含铈组元素为主,如氟碳铈矿、独居石,它们是目前世界上提取铈组元素的工业原料;另一些矿物则以钇组元素为主,如磷钇矿、褐钇铌矿和黑稀金矿等,它们是提取钇组元素的工业原料。一些重要稀土矿物的稀土元素配分列于表 1-4。

表 1-4　几种重要稀土精矿的稀土元素配分(REO) /%

稀土元素	氟碳铈矿		独居石		磷钇矿		混合型稀土矿[①]	褐钇铌矿	兴安矿	离子吸附型稀土矿	
	中国包头	美国	澳大利亚	印度	马来西亚	中国广东	中国内蒙古	中国姑婆山	中国内蒙古	寻乌轻稀土型	龙南重稀土型
La	24.93	32.00	23.90	23.00	0.50	0.95	21.52	0.69	10.93	31~40	2~5
Ce	51.45	49.00	46.03	46.00	5.00	1.75	49.87	2.07	29.56	3~7	0.3~2
Pr	5.41	4.40	5.05	5.50	0.70	0.47	5.97	0.77	4.28	7~11	1~2
Nd	17.41	13.50	17.38	20.00	2.20	1.86	21.06	3.36	15.58	26~35	3~5
Sm	1.09	0.50	2.53	4.00	1.90	1.08	1.35	3.46	4.14	4~6	2~4
Eu	<0.30	0.10	0.05	—	0.20	0.08	<0.29	0.59	<0.30	0.5	0.1
Gd	<0.30	0.30	1.49	4.00	4.00	3.43	<0.31	6.44	4.15	4.0	6.0
Tb	<0.29	0.01	0.04	1.00	1.00	1.00	<0.20	2.00	0.75	0.3~0.5	1~1.5
Dy	<0.30	0.01	0.69	—	8.70	8.83	<0.23	8.59	4.64	2~4	5~7
Ho	0.008	0.01	0.05	—	2.10	2.13	0.007	4.02	0.78	0.4	1.7
Er	0.008	0.01	0.21	1.50	5.40	7.00	0.007	5.19	1.63	0.8~1.0	4~5
Tm	—	0.02	0.01	—	0.90	1.13	—	2.10	<0.30	0.1~0.3	<1.0
Yb	0.004	0.01	0.12	—	6.20	5.90	0.0003	5.36	0.72	0.6	3~4
Lu	0.01	0.01	0.04	—	0.40	0.78	0.09	1.91	<0.30	0.13	0.4
Y	0.313	0.10	2.41	—	60.80	63.61	0.31	53.39	22.63	9.0~11	64.0

① 为氟碳铈矿-独居石混合型精矿。

1.2.3.1　氟碳铈矿

氟碳铈矿是最重要的稀土工业矿物之一,经常与萤石、重晶石矿物共生。中国包头的白云鄂博矿和美国加利福尼亚的芒廷帕斯矿是世界上两个最大的氟碳铈矿,中国四川、山东及华南各地也都有规模可观的氟碳铈矿。中国某些氟碳铈矿的主要化学成分列于表 1-5。

表 1-5　中国某些氟碳铈矿的主要化学成分

产地及矿号 / 化学成分	包头白云鄂博矿			姑婆山矿	云南某矿	广东阳春矿
	东 1592-1	B100	主体矿			
CeO_2	70.24	33.74	27.16	74.6	68.84	63.00
$(La,Nd\cdots)_2O_3$		32.55	47.10	1.56		
				(Y_2O_3)		
CO_2	22.12	17.82	16.18	10.39	19.89	18.11
F	9.76	6.42	7.31	8.17	4.68	7.79
$-O=F_2$	4.10		3.08	3.44		3.28
ThO_2	1.34	0.02	0.11	1.52	0.55	2.65
SiO_2		0.98	0.11	(0.25)	2.09	1.20
(P_2O_5)					(2.76)	
Fe_2O_3	0.25	0.84	0.49	0.95		3.14
Al_2O_3	0.01	0.64	0.47	0.73		1.34
CaO	0.17	1.46	0.69	1.18		2.81

中国白云鄂博稀土矿是与独居石等矿共生矿物，主要为铈组稀土，常含有钍，机械混入物往往有硅、铁、铝等。华南几处的氟碳铈矿也含有相当量的钍。美国芒廷帕斯的氟碳铈矿和中国山东微山氟碳铈矿以及四川攀西氟碳铈矿都是单一的氟碳铈矿，具有易开采、易选、易冶炼等特点，具有重要的工业价值。

1.2.3.2　独居石

独居石也是稀土原料矿物中最重要的矿物，而且在资源方面的分布也是最广的，除我国外，印度、巴西、澳大利亚、美国、南非、埃及、锡兰、马来西亚和朝鲜等国都是独居石的重要产地。独居石的化学成分根据产地有所不同，见表 1-6 所列。

表 1-6　独居石的化学成分　　　　　　/%

组分 / 产地	REO	CeO_2	P_2O_5	CaO	SiO_2	U_3O_8	ThO_2
中国中南某地	60.30		(31.50)	21.52	1.46	0.22	4.72
中国内蒙古	65.91		(26.94)	30.63	0.69		0.38
印度	58.60		(30.10)	27.20	1.71	0.29	9.80
巴西	59.20		(26.00)	20.80	2.20	0.17	6.50
澳大利亚	61.33	28.11	(26.28)		1.10	0.34	6.55
美国	40.70		(19.30)	$(4.47\ Fe_2O_3)$	8.30	0.41	3.10
马来西亚	59.65	28.33	(25.70)			0.24	5.90
泰国	57.62	26.73	(26.34)			0.44	7.88
韩国	60.20	27.42	(26.52)			0.45	5.76
朝鲜	42.65	20.55	(18.44)			0.18	4.57

独居石含有稀土磷酸盐，其中铈占稀土总量的 40％以上，钇组稀土仅占 5％，并含有少量的铀和数量可观的钍，所以它是作为稀土和钍在工业上最经济的一种原料矿物。

1.2.3.3　混合型稀土矿

混合型稀土矿是氟碳铈矿和独居石的混合型矿物。稀土的化学成分主要为氟碳酸盐和磷酸盐（含量为 6：4～8：2），其中 La～Eu 的轻稀土氧化物的含量占稀土氧化物总量的 97％左右，重稀土中 Y_2O_3 约占 0.4％，其他元素含量甚微。在矿物中还含有 Nb、Fe、Mn 等多种元素，U、Th 含量比独居石低，具有重要的综合利用价值。我国的白云鄂博矿是极具典型意义的轻稀土型氟碳铈矿和独居石组成的混合矿，也是目前世界上探明储量及开采量最大的特大型轻型稀土矿床，目前其稀土产量占我国稀土总量的 70% 以上，因此在我国乃至世界稀土工业中占据举足轻重的地位。

1.2.3.4 磷钇矿

磷钇矿、（Y，钇组元素）PO_4 与独居石同属磷酸盐矿，但以钇组稀土为主，见表 1-7 所列。

表 1-7　中国几个磷钇矿的主要化学成分　　　　　　　　/%

矿名 化学成分	内蒙古 (046)[①]	内蒙古 (94)[①]	内蒙古 (Z1)[①]	花山花岗岩	西华山花岗岩
Y_2O_3	63.06	62.13	62.63	59.52	62.72
Ce_2O_3	0.47	1.18	0.20	2.50	
P_2O_5	34.32	31.76	35.31	33.93	33.01
ThO_2	1.32	1.96	1.01	0.31	0.69
SiO_2	0.40	1.11	0.21	1.05	1.58
Fe_2O_3	痕	0.51	0.36	0.86	0.82
Al_2O_3		1.48	0.04	0.79	0.29
CuO	0.06	痕	0.09	0.31	0.36
MgO	痕	痕	痕	0.07	

① 为花岗伟晶岩中。

1.2.3.5 褐钇铌矿

褐钇铌矿为钽铌酸盐，这类矿物中有富铌、富钽、富铈族稀土及富钇族稀土，因此出现不同的种名。此外，尚含有放射性元素铀、钍及钙、镁、铁、铝、硅、钛、锡等元素，见表 1-8 所列。

表 1-8　中国某些褐钇铌矿的主要化学成分　　　　　　/%

化学成分	姑婆山花岗岩				白云鄂博 西部产出
	一期产出	二期产出	三期产出	伟晶岩状产出	
Nb_2O_5	42.71	42.30	43.00	42.10	46.55
Ta_2O_5	2.84	1.70	2.20	2.20	0.30
Y_2O_3	33.06	37.79	43.78	33.56	40.04
Ce_2O_3	5.85	3.96	2.73	3.74	11.54
UO_2	4.05	2.20	2.98	2.58	1.25
U_3O_3		3.20	3.21	3.60	
ThO_2	1.09	2.07	1.52	1.73	1.21
Fe_2O_3	1.16	1.04	0.86	1.00	
Al_2O_3	1.87	1.20	1.10	1.00	0.14
SiO_2	1.17	1.66	1.42	2.04	0.12
TiO_2	1.82	1.44	1.06	1.34	0.41

1.2.3.6 离子吸附型稀土矿

它是我国独特的新型稀土矿，在稀土资源中，离子吸附型稀土矿的经济价值是目前最高的。这类稀土矿的主要产地是在江西赣南及其邻省广东、湖南、福建等地区。在这类矿物中，稀土以离子吸附态被风化壳的高岭土等硅铝酸盐矿物所吸附，它可分为以轻稀土为主和以重稀土为主的两类矿物。矿物中镧的含量高于铈，铕的含量比其他矿物的高。重稀土矿中含有 85% 的重稀土，有相当高的钇含量，这是我国重稀土生产的主要工业原料。它们的稀土含量和稀土元素的配分见表 1-9 所列。

表 1-9　离子吸附型稀土矿中稀土含量　　　　　/%（质量分数）

稀土氧化物	重稀土型	轻稀土型	稀土氧化物	重稀土型	轻稀土型
RE_2O_3[①]	0.136	0.20	Tb_4O_7	1.1~1.6	0.6
La_2O_3	4.1~4.2	36.1	Dy_2O_3	7.2~9.5	2.6
CeO_2	2.4~4.1	4.4	Ho_2O_3	1.6~3.2	<0.4
Pr_6O_{11}	1.2~1.5	8.7	Er_2O_3	4.3~5.1	1.2
Nd_2O_3	5.3~6.4	25.9	Tm_2O_3	0.3~0.7	0.1
Sm_2O_3	2.4~2.7	5.1	Yb_2O_3	3.3~4.2	0.9
Eu_2O_3	<0.18	0.5	Lu_2O_3	0.4~0.7	<0.1
Gd_2O_3	6.5~7.3	4.8	Y_2O_3	53~65	13.5

① 原矿中的 RE_2O_3 的含量。

离子吸附型稀土矿物的放射性元素含量低，容易开采，提取工艺简便，成本低。

1.2.4　世界稀土资源概况

稀土元素在地壳（以厚度 16km 计）中的分布十分广泛，其储量也很大，根据美国地质局调查报告统计数字表明，世界稀土资源又有了新的增长，世界各国稀土资源储量、远景储量和矿产量见表 1-10 所列。

表 1-10　世界稀土资源储量、远景储量和矿产量（2000 年，REO）　　　　/t

国　家	储　量	远景储量	矿产量	国　家	储　量	远景储量	矿产量
美国	13000000	14000000	5000	马来西亚	30000	35000	250
澳大利亚	5200000	5800000		俄罗斯	19000000	21000000	2000
巴西	280000	310000	1400	南非	390000	400000	
加拿大	940000	1000000		斯里兰卡	12000	13000	120
中国	43000000	48000000	70000	其他国家	21000000	21000000	
印度	1100000	1300000	2700	总计	103952000	112858000	81470

从表 1-10 可以看出，世界稀土资源储量约为 1 亿吨，远景储量超过 1.1 亿吨，相对集中于中国、美国、俄罗斯、澳大利亚、印度和加拿大等国。其中稀土内生矿床主要产于碱性岩-碳酸岩中，集中分布在中国的白云鄂博、美国的芒廷帕斯（Moutaain Pass）和澳大利亚的韦尔德山（Weld Mountain）等地，这三个矿山占世界稀土总储量的 90% 以上。稀土的外生矿床主要是海滨砂矿，沿非洲东海岸、印度西海岸、中国东南沿海、马来半岛、印度尼西亚、澳大利亚东西海岸及巴西沿海带分布。

国外已查明的稀土总储量中以矿物类型计，其中氟碳铈矿占 50.6%，独居石和磷钇矿占 46.7%，其他矿物占 2.7%。美国的芒廷帕斯的氟碳铈矿不但储量巨大，而且矿石中稀土品位很高，其 REO 品位为 4%~10%，其精矿产品中，REO 为 50%~70%，Y_2O_3 为 0.1%，Eu_2O_3 为 0.01%。印度、东南亚、澳大利亚等地的独居石配分中的 Y_2O_3 和 Eu_2O_3 比美国的氟碳铈矿都高。加拿大北部沥青铀矿副产稀土，产品配分中含 Y_2O_3 为 50%，具有很高的工业价值。

稀土是我国的优势矿物资源，概括起来我国稀土资源有如下五大特点。

（1）储量大　我国稀土矿产工业储量和远景储量均居世界首位，内蒙古自治区的白云鄂博一带的稀土矿床是目前世界上探明储量和开采量最大的特大型稀土矿。

（2）分布广　稀土矿物遍及我国十多个省、自治区。北方有白云鄂博的特大型矿床和山东等地的氟碳铈矿，南方有种类繁多的独居石、磷钇矿和我国特有的离子吸附型稀土矿，还有一些星罗棋布的小型稀土矿床，为我国稀土工业合理布局提供了有利条件。

（3）类型多　我国稀土矿床类型众多，从矿床成因看，有内生、变质、外生等类型。有规模较大的花岗岩矿床，我国独特新型稀土矿床——离子吸附型矿床，还有罕见的沉积变质-热液交代型——铌-稀土-铁矿床等。它们不仅为我国提供了稀土资源，还为稀土成矿规律和地球化学研究增加了新内容。

（4）矿种全　我国稀土矿物品种齐全，具有重要工业意义的矿物均有发现；轻稀土、重稀土为主的矿物均有。轻稀土矿物有独居石、氟碳铈矿等；重稀土矿物有磷钇矿、黑稀金矿、离子吸附型稀土矿等。特别是含高技术新材料急需的一些中稀土、重稀土元素含量均高于国外类似的工业矿物含量的1～5倍以上。此外，还有一些矿物如易解石和褐钇铌矿，在国外几乎无工业价值，但在我国却形成了相当规模的工业矿床，具有一定的工业价值。

（5）综合利用价值高　我国多种稀土矿物，除了含有稀土元素外，还含有 Nb、Ta、Ti、Th、U 等稀有元素，因此矿床具有较高的综合利用价值。

我国稀土资源的这些特点，为我国稀土工业的发展提供了得天独厚的有利条件。

1.3　稀土工业概况

1.3.1　世界稀土工业简况

1886 年奥地利人采用硝酸钍加入少量稀土制造汽灯纱罩的技术在德国获得了制造发明专利。为获取钍，挪威和瑞典开始开采稀土矿，从而拉开了世界稀土工业的序幕。随后美国在其本土，德国先后在巴西和印度大量开采独居石。开始时稀土是作为钍的副产品加以回收，应用范围很窄。第一次世界大战后，电灯逐渐取代了汽灯，独居石的开采受到制约，从而迫使人们开拓了一些新的应用领域，先后开拓了稀土在打火石、电弧碳棒、玻璃着色、玻璃抛光及制造光学玻璃等方面的应用，特别是开发成功稀土镁合金及其用于飞机结构材料的新用途具有重大意义。

第二次世界大战后，由于原子能工业的发展，需要处理大量的独居石，以获得核燃料铀和钍。但独居石含铀量仅 0.2%～0.4%，含钍量也只有 0.3%～10%，而其中稀土含量却高达 40%～65%。因此迫切需要为这一副产物找到应用部门并降低生产成本。20 世纪 50 年代，美国埃姆斯试验室斯佩丁（Spedding）博士发明了用离子交换法分离稀土，制得了各种高纯单一稀土元素并投入工业生产，取代了传统的分级结晶分离稀土工艺，促使单一稀土产品价格大幅下降，为全面开展稀土研究和发展稀土工业打下了坚实的基础。随后，科学家们认识到稀土元素的一些特殊功能并开发了一些重要的新应用，例如，1962 年将稀土用于石油裂化催化剂；1963 年将用钇和铕制成的红色荧光粉用于彩色电视等，这些发现和应用进一步推动了稀土工业的发展。20 世纪 60 年代初有机溶剂萃取法分离稀土工艺迅速发展，由于其工艺流程短、处理量大、成本低等突出优点而逐步取代了离子交换工艺，使得稀土产量大幅度增加，价格再度大幅度降低。迄今，有机溶剂液-液萃取仍是世界各国稀土生产厂家无一例外采用的稀土分离工艺。20 世纪 60 年代以来，人们将离子交换和溶剂萃取工艺广泛用于分离高纯单一稀土产品，使世界稀土工业进入了一个崭新阶段，从而推动了稀土在冶金、机械、石油、化工、玻璃、陶瓷、磁性材料、彩色电视、电子工业、原子能工业、能源、医药和农业等部门的广泛应用。70 年代初美国将稀土用于高强度低合金钢的炼制，稀土用量骤增，促使稀土工业快速发展，特别是美国的芒廷帕斯氟碳铈矿产量（REO）于 1985 年达到历史最高的 2.5 万吨，使美国一举成为世界最大的稀土生产国。此外，澳大利亚、马来西亚、印度、巴西、俄罗斯、南非等国的稀土矿产量也得到提高。2005 年世界稀土（REO）总产量已超过 10 万吨。

随着世界稀土矿产品产量的增加和科学技术的发展，稀土精矿处理及分离加工技术也不断发展和完善。目前，工业化处理氟碳铈矿（美国）主要采用焙烧-酸浸-萃取法及酸碱联合流程；处理独居石主要采用氢氧化钠分解法（法国、印度）；处理磷钇矿采用高温高压氢氧化钠分解法。单一稀土分离主要采用液-液有机溶剂萃取法，其他部分稀土元素的分离也有采用离子交换法和萃淋树脂色层法的。生产稀土金属一般采用熔盐电解法和金属热还原法。美国是除中国外世界上最大的稀土生产国，其国内共有 15 家稀土公司，最大的是美国钼公司，垄断了美国氟碳铈的生产，矿石处理能力为年均 5 万吨，各种稀土产品年生产能力为1.4 万吨。20 世纪 80 年代初，法国普朗克公司在美国建立了一个年处理 4000t 的稀土分离工厂，从而大大增强了美国分离不同稀土的能力。隆森（Ronson）公司是美国最大的稀土金属生产厂，混合稀土金属年产量为 1800t。

世界稀土分离加工国除美国外，还有法国、日本、德国、英国、俄罗斯、印度、加拿大、奥地利和比利时等国。法国的罗纳-普朗克公司（Rhone Poulenc）是世界上最大的稀土分离工厂，精矿年处理为 10000t，能生产除钷以外的所有的 99%～99.999% 单一稀土化合物，其氧化钇、氧化铕供应量占西方世界的 40%，抛光粉年产 2200t，占世界的一半以上。日本的三德金属工业公司年处理中国离子矿及部分氯化稀土总能力大于 1000t（REO），并生产各种级别的 15 种单一稀土化合物、稀土金属及合金、打火石和磁体。日本钇公司则以 Y_2O_3 为主，生产除钷以外 16 个高纯稀土（2N～6N）化合物。德国的戈德斯密特公司（Th. Goldschmidt AG）主要生产混合稀土金属、单一稀土金属、Sm-Co 合金粉和 NdFeB 合金及磁体。奥地利特莱巴赫化学有限公司（Treibacher Chemische Werke AG）生产各种稀土化合物、抛光粉、打火石、稀土金属和稀土永磁材料。英国火石和铈制造公司生产稀土金属和火石。印度稀土公司（Indian Rare Earth Ltd）生产独居石，还生产镧、铈、钇的氧化物和富集物。

1.3.2 中国稀土工业的发展

我国的稀土资源极其丰富，党和政府十分重视稀土资源的开发和利用，在建国初期就开始了稀土的研究。我国科学家针对本国稀土资源特点，研究了一系列独特的采选、冶炼、分离提取工艺技术，并迅速使之工业化。1958 年取了从独居石提取稀土并分离出 15 个高纯单一稀土的重大研究成果。20 世纪 60 年代国家科委、冶金部和科学院组织科技工作者对具有鲜明中国特征的白云鄂博矿（氟碳铈矿与独居石的混合矿）的开发和综合利用做了大量工作，取得了许多重大成果，这种稀土矿尚只有中国能处理。1964 年，我国第一家稀土分离加工厂——上海跃龙化工厂建成投产。随后在广东、甘肃、内蒙古、江西、湖南等地也有不少稀土冶炼厂相继建成和投产，使我国稀土生产能力猛增。特别是 20 世纪 70 年代以来，一批稀土萃取新工艺应用于工业生产中，中国科学院院士北京大学徐光宪教授提出的具有国际先进水平的稀土串级理论的应用，使许多新工艺的技术指标有了显著的提高。这时，中国独特稀土矿种——江西离子吸附型稀土矿也得到开发，包头巨大的稀土资源深入开发带动了全国稀土工业的迅速发展。20 世纪 80 年代，由于串级萃取理论的广泛应用和稀土工业的迅速发展，出现了一种萃取剂在一个体系中分离 15 个稀土元素的全萃取工艺，后来又出现了多出口工艺，许多新工艺已处于世界领先地位。稀土分离技术的进步，有力地促进了我国稀土工业的发展。我国已建成：北方有包头钢铁稀土公司、甘肃稀土公司、核工业总公司 202厂；南方有上海跃龙有色金属有限公司、珠江冶炼厂、江西南方稀土高技术有限公司等十几家规模可观的企业及众多的中小型稀土企业，生产上百种、数百个品种的稀土产品（最高纯度可达 99.999%）。20 世纪 80 年代初起，我国稀土工业进入高速发展时期，稀土产量连年递增，1986 年年产量超过一直处于世界首位的美国，一举成为世界第一稀土生产国。1989 年后，由于经济过热和盲目出口的干扰，造成我国稀土行业的滑坡，直到 1991 年才开始从低谷中出来，仅 1994 年，我国出口氧化稀土 16000 多吨，创历史最高水平。此后，稀土生产得到健康发展，尤其是稀土应用发展更快。我国科技工作者经多年的努力，先后开发了稀土农用和诸多的稀土材料，如稀土铝合金、稀土合金钢、稀土永磁材料、稀土发光材料、稀土催化材料、稀土精密陶瓷等应用领域。

目前，我国的稀土资源、稀土地质勘探、采选、冶炼、加工、科研、应用和市场等方面获得全面发展，已形成了独立完整的稀土工业体系。我国现有稀土企业 100 多家，生产各种稀土产品 200 多种。据统计，2005 年我国稀土（REO 计）产量达 9 万多吨，占世界总产量的 95%，稀土材料的产量也大幅度增加。我国生产的稀土，特别是高纯单一稀土产品的 70%～80% 用于出口，主要销往美国、日本等工业发达国家。目前我国的稀土资源储量、稀土生产量、稀土产品销售量和消费量四项均为全球之冠，我国已成为世界最强的稀土工业国家。进入 21 世纪以后，我国稀土工业的持续发展仍然是全方位的发展，今后很长一段时期内全球稀土行业中的支柱和主导地位仍然将是中国。

1.4 稀土材料应用现状和展望

稀土元素独特的电子层结构及物理化学性质，为稀土元素的广泛应用提供了基础。稀土元素具有独特的 4f 电子结构、大的原子磁矩、很强的自旋耦合等特性，与其他元素形成稀土配合物时，配位数可在 6～12 之间变化，并且稀土化合物的晶体结构也是多种多样的。致使稀土元素及其化合物无论是在传统材料领域还是高技术新材料领域都有着极为广泛的应用，使用了稀土的传统材料和新材料已深入到国民经济和现代科学技术的各个领域，并有力地促进了这些领域的发展。

稀土材料最早的应用是在 1886 年人们用硝酸钍加入少量稀土作白炽灯罩开始。1902～1920 年间先后发现了稀土在打火石、电弧灯上的炭精棒以及玻璃着色方面的应用，但由于稀土价格昂贵，故用量极少。直到 20 世纪 60 年代以后，稀土分离技术，尤其是溶剂萃取和离子交换分离单一稀土技术的发展以及稀土基础科学和应用科学的深入研究，大幅度降低了稀土的价格，并迅速地扩大了稀土的新应用，人们研究开发了许多新的稀土材料，并使稀土从传统的应用领域发展到高新技术领域。为适应新的经济增长的需要，人们相继研究成高纯稀土金属、合金及高纯稀土化合物材料。20 世纪 60 年代以来，稀土材料应用中起重大作用的是：1962 年发现稀土催化裂化分子筛，用于石油工业。1963～1964 年，发现稀土红色荧光粉，用于彩色电视；稀土钴合金永磁材料；钇铁石榴石铁氧体（YIG）用于雷达环行器；钇铝石榴石（YAG）激光晶体用于激光器。1971～1972 年将稀土金属及合金用于高强度低合金钢，以制造大口径天然气和石油输运管道。1986 年，J. D. Bednorz 和 K. A. Müller 在 Ba-La-Cu-O 体系中观察到起始转变温度为 35K 的超导现象，1987 年中国科学院获得了液氮温区的钡钇铜氧化物超导体，接着国内外许多科学家的出色工作使稀土超导材料研究向纵深发展。进入 20 世纪 90 年代以来，稀土在新材料领域中的应用得到迅猛发展，并有力地推动着当代国民经济和科学技术的发展。

据统计，目前世界稀土消费总量的 70% 左右是用于材料方面。稀土材料应用遍及了国民经济中的冶金、机械、石油、化工、玻璃、陶瓷、轻工、纺织、电子、光学、磁学、生物、医学、航空航天和原子能工业以及现代技术的各大领域的 30 多个行业，见表 1-11 所列。

表 1-11　稀土材料应用主要领域

应用领域	稀土元素	RE	Sc	Y	La	Ce	Pr	Nd	Sm	Eu	Gd	Tb	Dy	Ho	Er	Tm	Yb	Lu
冶金机械	钢铁添加剂	○			○	○												
	铸铁	○																
	合金钢	○																
	耐热合金	○																
	储氢合金	○			○													
	有色合金	○																
	打火石	○				○												
石油化工	石油裂化催化剂	○		△	△	△												
	汽车尾气净化催化剂	○		○	○	○												
	化工用催化剂	○			○			△	△									
	燃料电池			△	△	△												
玻璃陶瓷	玻璃抛光					○												
	玻璃脱色剂				△	○												
	玻璃着色剂							○										
	陶瓷颜料						○	○										
	结构陶瓷	○		○														
轻工纺织	毛织物染色			△														
	皮革鞣制			△														
生物医疗	稀土生物材料	△							△	△								
	稀土医疗材料	△							△									
磁学	磁性管阀			○					△	△	○						△	△
	永磁材料					○	○	○	○									
	磁致伸缩材料										△	○	○					
	磁光材料			△							△	△						
	磁泡材料			△						△	△	△	△	△	△	△	△	△
电学	热电子发射材料	○		△	○			○			△							
	发热材料	○		○	○													
	电容器	○		△	△			○									△	
	电阻			○	○													
	导电材料			○	○	○												
	传感器			○	△													
光学	光学玻璃			○	○	○				△	○							
	吸收紫外线玻璃				○	△	△											
	特种陶瓷材料			○	○	○		△	△									
	荧光材料			○	○	○		○		○	○	○	△	△	△	△		
	激光材料			○				○						△	△	△		
	弧光灯材料	○																
航空航天	发动机部件	○				○												
	飞机壳体及构件	○			○	△												
原子能工业	核反应堆结构材料			○						△	△							
	核反应堆控制材料								○	○	△		△					
	核反应堆屏蔽材料								△	△	△							

注：○ 已在工业应用；△ 正在研究开发。

稀土元素在材料中的应用可以是稀土金属、合金或化合物的形式。在不少情况下，则是通过添加稀土来改善材料的性能以扩大其应用范围。稀土材料的应用主要包括传统材料领域和高技术新材料领域两个方面。

1.4.1 稀土在传统材料领域的应用

1.4.1.1 冶金机械

由于稀土金属的高活泼性，能脱去金属液中的氧、硫及其他有害杂质，起净化金属液的作用；控制硫化物及其他化合物形态，起变质、细化晶粒和强化基体等作用。因此，可利用混合稀土金属、稀土硅化物及稀土有色金属中间化合物等来炼制优质钢、延性铁和有色金属及合金材料等。稀土钢和稀土铸铁已被广泛用于火车、钢轨、汽车部件、各种仪器设备、油气管道和兵器等。稀土加入各种铝合金或镁合金中，可提高其高温强度，用以制造轮船引擎上的叶轮、飞机及汽车发动机和导弹上的部件。在铝-锆合金加入适当的稀土用作电缆，可以提高电缆的抗拉强度和耐磨性，而不降低其导电性。具有我国技术特色的稀土铝电线电缆已被大量用于高压电力输送系统。利用稀土金属易氧化燃烧的特性，稀土金属还被用作制造打火石和军用发光合金材料。

1.4.1.2 石油化工

石油裂化工业中使用稀土主要是用于制造稀土分子筛裂化催化剂。稀土分子筛催化剂的活性高、选择性好、汽油的产率高，因而在国内外很受重视，目前世界上的石油裂化生产中有90％都使用稀土裂化催化剂。稀土裂化催化剂一般是用混合氯化稀土与钠型 Y-型分子筛进行交换制得。对混合稀土的要求不高，其中各单一稀土量不一定要有严格的比例，因此可以用提取某一单一稀土的剩余物来制备稀土分子筛裂化催化剂，为稀土资源的综合利用提供了有利条件。

稀土除用来制造石油裂化催化剂外，还可在很多化工反应中用作催化剂。如稀土催化剂已成功地用于合成异戊橡胶和顺丁橡胶的生产，使用催化剂为去铈混合轻稀土的环烷酸盐，以镨钕富集物效果更好。稀土氧化物如 La_2O_3、Nd_2O_3、Sm_2O_3 可用于环己烷脱氢制苯的催化剂。用 ABO_3 型化合物如（$LnCoO_3$）代替铂，催化氧化 NH_3 以制备硝酸。此外，稀土化合物还用于塑料热稳定剂和稀土油漆催干剂等化工领域。

1.4.1.3 玻璃陶瓷

某些稀土氧化物很早就用来使玻璃脱色和着色。例如，少量的氧化铈可使玻璃无色；加氧化铈达1％时，便使玻璃呈黄色；量再多时则呈褐色。氧化钕可以将玻璃染成鲜红色；氧化镨可使玻璃染成绿色；两者混合物使玻璃呈浅蓝色。氧化铈还大量用于制造玻璃抛光材料。

在陶瓷和瓷釉中添加稀土可以减少釉的破裂性并使其具有光泽。稀土用作陶瓷颜料，研究和应用最多的是以氧化锆、氧化硅为基质的镨黄颜料以及以 Al_2O_3 和 SiO_2 为基质的铈钼黄及铈钨黄等黄色颜料，其他稀土颜料还有紫罗兰（含 Nd^{3+}）、绿色、桃红色、橙色、黑色等，它们绚丽多彩，各有特色。用稀土制成的陶瓷颜料比其他颜料的颜色更柔和、纯正、色调也新颖，光洁度亦很好。

稀土高新技术应用在改造传统材料产业方面发挥着越来越大的作用。如今，稀土在三大传统领域（冶金机械、石油化工和玻璃陶瓷）中的应用仍然是其主要市场。表 1-12 列出了我国稀土在各材料领域用量变化情况。

由表 1-12 可以看出，稀土在三大传统应用领域虽然大体上保持稳定，但在相对数量上逐年缩小，相反稀土新材料却以 15％～30％的年增长速度迅猛发展。这是由于自 20 世纪 80 年代以来，我国开拓了许多新的应用领域，致使稀土及其新材料的生产能力和用量相应地迅速增加。

表 1-12　我国稀土材料应用领域结构变迁

年份	冶金机械		石油化工		玻璃陶瓷		新材料		其他[1]		总计/t
	用量/t	比例/%	用量/t	比例/%	用量/t	比例/%	用量/t	比例/%	用量/t	比例/%	
1978	900	90	100	10							1000
1980	1235	72.8	406	23.4	83	4.8					1724
1982	1243	61.7	555	27.5	100	5.0	20	1.0	101	5.0	2019
1984	2108	70.3	580	19.3	160	5.3	32	1.1	120	4.0	3000
1986	3022	71.6	700	16.6	200	4.7	40	0.9	260	6.2	4222
1988	3410	56.8	1600	26.7	300	5.0	70	1.2	620	10.3	6000
1990	3600	49.6	2200	30.3	410	5.6	95	1.3	800	11.8	7256
1991	3786	45.7	2500	30.3	740	8.9	120	1.4	1140	13.8	8286
1992	4100	44.4	2600	28.0	900	9.7	240	2.6	1410	15.3	9270
1993	4300	43.5	2700	27.0	950	9.6	400	4.0	1540	15.6	9890
1995	4450	34.2	3200	24.6	1300	10	1130	8.7	2920	22.5	13000
1996	4950	34.1	3500	24.1	1400	9.6	1600	11	2680	21.2	14530
1997	4960	32.9	3710	24.6	1540	10.2	1850	12.3	3010	20.1	15070
1998	5050	30.5	4000	24.2	1650	10.0	2830	17.1	3010	18.2	16540
1999	5100	28.8	4200	23.7	1800	10.2	3520	19.8	3100	17.5	17720
2000	5200	27.0	4300	22.3	2000	10.4	4620	24.0	3150	16.3	19270
2002	5324	24.2	4400	20.0	2594	11.8	6600	30.0	3080	14.0	22000
2003	5400	18.3	4450	15.1	6050	20.5	10510	35.6	3090	10.0	29500
2005	6800	21.1	6000	18.8	3000	9.4	10000	31.1	3900	12.2	32000

[1] 其他是指在轻工、纺织和农业方面的用量。

1.4.2　稀土在新材料领域的应用

在新材料领域，稀土元素丰富的光学、电学、磁学以及其他许多性能得到了充分的应用。这些稀土新材料根据稀土元素在材料中所起的作用粗略地可分为两大类：一类是利用 4f 电子特征的材料；另一类则是与 4f 电子不直接相关，主要利用稀土离子半径、电荷或化学性质上的有利特性的材料，见表 1-13 所列。

表 1-13　稀土在新材料中的应用

与 4f 电子的关系	稀土元素的作用	功　能	实　例	材料与元器件
利用 4f 电子特性的材料	4f 电子自旋排布	硬磁性	Sm,Co 金属间化合物 $SmCo_5$，Sm_2Co_{17} Nd,Fe,B 合金 $Nd_2Fe_{14}B$，$Pr_2Fe_{14}B$，Sm,Fe,N 金属化合物 $Sm_2Fe_{12}N_{2,3}$	永久磁铁
		磁光特性	石榴石$[(Y,Sm,Lu,Ca)_3(Fe,Ge)_5O_{12}]$ $[(GdBi)_3(FeAlGa)_5O_{12}]$ 非晶合金$[GdCo,GdFe,TbFe]$	磁泡存储 光隔离器 磁光记录材料
		巨大自旋	Gd^{3+}-DPTA 络合物	MRI 造影材料
		熵的控制	Pr,Ni 金属间化合物$[PrNi_5]$ 石榴石$[Dy_3Al_5O_{12}，CGG 等]$ $Dy_{0.5}Er_{0.5}Al_2$	磁致冷冻
		巨磁阻抗	钙钛矿型稀土锰复合氧化物 $[La_{2-2x}Sr_{1+2x}Mn_2O_7]$	磁传感器
		巨磁应变	$Tb_{0.3}Dy_{0.7}Fe$，$TbFe_{0.6}Co_{0.4}$	磁应变材料
		超导和磁性共存	$Dy_{1\sim2}Mo_6S_8$ 等 Rb,B 系化合物$[ErRb_4B_4]$	高临界磁场超导体

13

与 4f 电子的关系	稀土元素的作用	功　能		实　例	材料与元器件
利用 4f 电子特性的材料	4f 轨道内的电子跃迁含有一部分 4f-5d 跃迁	激活荧光体	4f-4f	$Eu^{3+}[Y_2O_2S:Eu^{3+},Y_2O_3:Eu^{3+}]$ $Tb^{3+}[MgAl_{11}O_{19}:Tb^{3+},Ce^{3+},LaBr:Tb^{3+}]$ $Er^{3+}[光纤中掺杂]$ Eu^{3+} 络合物	红色荧光体 绿色荧光体 光纤放大器 体外诊断剂
			4f-5d	$Eu^{2+}[Ba_2MgAl_{19}O_{27}:Eu^{2+},Sr_3(PO_4)_2:Eu^{2+},CaS:Eu^{2+}]$ $Ce^{3+}[Y_2SiO_5:Ce^{3+},YAlO_3:Ce^{3+},SrS:Ce^{3+},Cl]$	青色荧光体 青绿色荧光体 电致发光体
			能量传递	$Er^{3+}-Yb^{3+}[LaF_3:Er^{3+},Yb;NaYF_4:Er^{3+},Yb]$	红外可见上转换荧光体
		激光发光中心	4f-4f	$Nd^{3+}[YAG:Nd^{3+},Nd玻璃,NdP_5O_{14}$ $NdAl_2(BO_3)_4]$	红外激光
		太阳能电池光接收发光中心	4f-4f	$Nd^{3+}[Nd玻璃(UO_2^{2+}共激活)]$ $Ho^{3+}[钡系冕牌玻璃(UO_2^{2+}共激活)]$	硅太阳能电池系统效率的改善
	4f 能级向导带的电子的跃迁	半导体大的塞贝格系数、着色		RE_2S_3,RE_2Se_3,RE_2Te 等	热电元件、颜料
与 4f 电子不直接相关，主要利用稀土离子半径、电荷或理化性质上的有利特性的材料	激活剂引入后基质晶体结构不产生畸变	基质基板		$YAG[Y_3Al_5O_{12}],Y_2O_2S,LaBr$ $GGG[Gd_3Ge_5O_{12}]$	激光和发光材料的基质磁泡存储材料基板
	引入晶格缺陷，离子半径或化学性质相近，电荷不同	化合物固体的离子传导		La_2S_3-CaS $ZrO_2-Y_2O_3$	硫敏感元件 氧敏感元件
		化合物固溶体的电子传导		$La_{1-x}Ca_xCrO_3$	发热体
		催化作用		钙钛矿型结构$[La_{1-x}Sr_xCoO_3]$	CO 氧化催化剂
	提高烧结性能，提高介电性能	电光性介电性		$PLZT[(Pb,La)(Zr,Ti)O_3]$	光调制材料 透明陶瓷
	形成玻璃态	低损耗光导纤维		$GdF_3-BaF_2-ZrF_4$	光导纤维
	结构特性	与氢亲和与功相关	储氢特性与功相关	$LaNi_5$ LaB_6	储氢合金 电子束阴极材料
	与 Fe^{3+} 可形成特定结构的晶体	吸收电磁波顺磁共振波宽窄		$YIG(Y_3Fe_5O_{12})$	微波吸收材料
利用核特性的材料	热中子吸收截面小且与液态铀和钚不反应	不吸收中子，不与铀、钚反应		金属钇等	核反应堆结构材料
	中子吸收截面相当大	吸收中子		Eu_2O_3,EuB_6	核反应堆的屏蔽材料

　　在当代社会经济和高技术诸多领域中，稀土新材料发挥着重要作用，并且派生出许多新的高科技产业。这些稀土新材料主要包括稀土磁性材料、稀土发光材料和激光材料、稀土特种玻璃和高性能陶瓷、稀土发热与电子发射材料、稀土储氢材料、稀土催化材料、稀土超导材料、稀土核材料以及其他稀土新材料。

1.4.2.1　稀土磁性材料

　　稀土元素独特的磁性能，可以制造现代工业和科学技术发展需要的各类磁性材料。稀土磁性材料包括稀土永磁材料、磁致伸缩材料、巨磁阻材料、稀土磁光材料和磁致冷材料等。其中稀土永磁材料是稀土磁性材料研究开发和产业化的重点。迄今，人们已经发展了三代永磁材料，即第一代 $SmCo_5$，第二代 Sm_2Co_{17}，第三代 $NdFeB$，目前正在开发第四代稀土永磁体 $SmFeN$。与传统磁体相比，稀土永磁材料的磁能积要高出 4～10 倍，其他磁性能也远高于传统磁体。目前磁性能最好的是钕铁硼永磁材料，它被誉为"永磁之王"，钕铁硼磁体不但磁能积高，而且具有低能耗、低密度、机械强度高等适于生产小型化的特点。它的出现正带动着机电产业发生革命性的变革。作为性能优异的稀土永磁材料，尤其是钕铁硼永磁材料，已广泛应用于全球支柱产业和其他高新科技产业中。如计算机工业、汽车工业、通讯信息产业、交通工业、医疗工业、音像工业、办公自动化与家电工业等。将来每个家庭使用钕铁硼永磁体的多少将标志着一个国家的现代化水平。其主要应用是：汽车中的各电机和传感器、电动车辆、全自动高速公路系统（AHS）；计算机和微电脑的 VCM（音圈电机）、软盘驱动器、主轴驱动器、手机、复印机、传真机、CD、VCD、DVD 主轴驱动；电动工具、空调机、冰箱、洗衣机；机床数控系统、电梯驱动及各类新型节能电机；核磁共振仪、磁悬浮列车；选矿机、除铁设备、各类磁水器、磁化器，小型磁透镜；同步辐射光源、机器人系统、高性能微波管、鱼雷电推进、陀螺仪、激光制造系统、Alpha 磁谱仪等尖端装置中；磁传动、磁吸盘、磁起重器。此外，还用于汽车防雾尾灯、磁疗器械、玩具、礼品、磁卡门锁、开关等。2005 年 10 月 12 日 9 时，"神舟"六号载人飞船发射成功，包头稀土研究院继"神舟"五号之后又为"神舟"六号提供了重要的永磁器件。要求性能和精度更高，产品性能稳定及适合各种环境条件下的温系数更加严格。随着科学技术发展和磁性材料应用领域的日益扩大，人们在不断提高现有永磁材料性能的同时，正在加大新一代稀土永磁材料的研究开发。那些当代高新技术领域急需的具有某些特殊性能的稀土磁性材料，如稀土磁致伸缩材料、稀土巨磁阻材料、稀土磁光材料、稀土磁致冷材料等也越来越受到人们的高度重视。

1.4.2.2 稀土发光和激光材料

稀土的发光和激光性能都是由于稀土的 4f 电子在不同能级之间的跃迁产生的。由于稀土离子具有丰富的能级和 4f 电子跃的特性，使稀土成为发光宝库，为高技术领域特别是信息通讯领域提供了性能优越的发光材料和激光材料。

稀土发光材料的优点是吸收能力强，转换率高，可发射从紫外到红外的光谱，在可见光区有很强的发射能力，且物理性能稳定。稀土发光材料广泛应用于计算机显示器、彩色电视显像管（简称"彩管"）、三基色节能灯及医疗设备等方面。目前，彩管中红粉普遍使用的是铕激活的硫氧化钇 Y_2O_2S：Eu 荧光体。计算机显示器要求发光材料提供高亮度、高对比度和清晰度，其红粉也是采用 Y_2O_2S：Eu，绿粉为 Y_2O_2S：Tb 及 Gd_2O_2S：Tb，Dy 高效绿色荧光体。据报道，蓝粉也将采用稀土发光材料。稀土发光材料的另一项重要应用是稀土三基色节能灯，稀土三基色节能灯因其高效节能而备受世界各国重视，我国稀土三基色节能灯产量已雄踞世界首位。随着大屏幕高清晰投影电视和稀土节能灯应用的发展，稀土发光材料需求量越来越大。此外，还有稀土上转换发光材料，广用于红外探测、军用夜视仪等方面。稀土长余辉荧光粉具有白天吸收阳光、夜晚自动发光的特点，用作铁路、公路标志，街道和建筑物标牌等夜间显示，既方便节能，又有装饰美化效果。

稀土是激光工作物质中很重要的元素，激光材料中大约 90% 都涉及稀土，在国际上已商品化的近 50 种激光材料中，稀土激光材料就占 40 种左右。在固体、液体和气体三类激光材料中，以稀土固体（晶体、玻璃、光纤等）激光材料应用最广。稀土激光材料广泛用于通讯、信息储存、医疗、机械加工以及核聚变等方面。稀土晶体激光材料主要是含氧的化合物和含氟的化合物。其中钇铝石榴石 $Y_3Al_5O_{12}$：Nd（YAG：Nd）因其性能优异得到广泛的应用，还有效率更高的掺杂 Nd 和 Cr 的钇钪镓石榴石 GSGG：Nd，Cr 及与 GSGG 类似的 $(Gd,Ca)_3(Ga,Mg,Zr)O_{12}$：Nd,Cr。掺钕钒酸钇（$YVO_4$：Nd）及 $YLiF_4$，运用于二极管泵浦的全固态连续波绿光激光器，在激光技术、医疗、科研领域应用广泛。稀土玻璃激光材料是用 Nd^{3+}、Er^{3+}、Tm^{3+} 等三价稀土离子为激活剂，其种类比晶体少，易制造，灵活性比晶体大，可以根据需要制成不同形状和尺寸，缺点是热导率比晶体低，因此不能用于连续激光的操作和高重复率操作。稀土玻璃激光器输出脉冲能量大，输出功率高，可用于热核聚变研究，也可用于打孔、焊接等方面。稀土光纤激光材料在现代光纤通讯的发展中起着重要的作用，掺铒光纤放大器已大量用于无需中间放大的光通讯系统，使光纤通讯更加方便快捷。

1.4.2.3 稀土特种玻璃和高性能陶瓷材料

稀土除了在传统玻璃陶瓷中作为脱色剂、着色剂、抛光剂及陶瓷颜料外，更重要的则是用来制备特种玻璃和高性能陶瓷。

铈组轻稀土几乎都是制备特种玻璃的上好原料。镧玻璃具有高折射、低色散的良好光学稳定性，广泛应用于各种透镜和镜头材料。此外，镧玻璃还用作光纤材料（同时还使用稀土元素铒）。铈玻璃用作防辐射材料，具有在核辐射下保持透明、不变暗的特点，在军事上和电视工业中有着重要的应用。钕玻璃可以制成很大的尺寸，是巨大功率激光装置最理想的激光材料。

稀土陶瓷材料中，稀土可以其化合物形式和掺杂形式两种不同形式应用。稀土高性能陶瓷包括稀土高温结构陶瓷和稀土功能陶瓷两大类。

稀土的氧化物、硫化物和硼化物具有很强的高温稳定性，后两者还同时是惰性物质，它们是制造高温结构陶瓷的优良原料。例如，用氧化钇和氧化镝为主的耐高温透明陶瓷在激光、红外光等技术中有特殊用途。硫化铈、六硼化铈可用以制作冶炼金属的坩埚，也应用在喷气飞机和火箭上。稀土硼化物是优良的电子仪器的阴极材料，它具有很小的电子逸出功和很高的热电子发射密度。例如，制造同步稳相加速器、回旋加速器、控制式扩大器等，用硼化镧作阴极，比用金属阴极和氧化物阴极的使用寿命要长得多，并且能在高压电场中和较低真空度下工作。稀土硼化物陶瓷还广泛用于磁控管、质谱仪、电子显微镜、电子轰击炉和电子枪、电子轰击焊接设备等方面。稀土掺杂的 ZrO_2、SiC、Si_3N_4 具有耐高温、高强度、高韧性等优良性能，是一类新型的高温结构陶瓷，它们被广泛应用于内燃机零部件、计算机驱动元件、密封件、高温轴承等高技术领域，利用这类材料制成的汽车发动机已在国内外使用。

稀土功能陶瓷的范围更广，包括（电、热）绝缘材料、电容器介质材料、铁电和压电材料、半导体材料、超导材料、电光陶瓷材料、热电陶瓷材料、化学吸附材料，还有固体电解质材料等。在传统的压电陶瓷材料，如 $PbTiO_3$、$PbZrTiO_3$（PZT）中掺入微量稀土氧化物，如 Y_2O_3、La_2O_3、Sm_2O_3、CeO_2、Nd_2O_3 等，可以大大改善这些材料的介电性和压电性，使它们更适应实际需要。这类压电陶瓷已广泛地用于电声、水声、超音器件、信号处理、红外技术、引燃引爆、微型马达等方面。由压电陶瓷制成的传感器已成功用于汽车气囊保护系统。掺 La 或 Nd 的 $BaTiO_3$ 电容器介质材料可使介电常数保持稳定，在较宽温度范围内不受影响，并提高了使用寿命。稀土元素如 La、Ce、Nd 在移动电话和计算机的多层陶瓷电容器中也发挥着重要作用。稀土掺杂在热敏半导体材料制作中起着关键作用，这类材料可用作过电过热保护元件、温度补偿器、温度传感器、延时元件及消磁元件等。

1.4.2.4 稀土储氢材料

储氢材料是 20 世纪 70 年代开发的新型功能材料，它的开发使氢作为能源实用化成为可能。在能源短缺和环境污染日益严重的今天，储氢材料的开发具有极其重要的意义。储氢合金是两种特定金属的合金，其中一种金属可以大量吸氢，形成稳定氢化物，而另一种金属与氢的亲和力小，氢很容易在其中移动。稀土与过渡族元素的金属间化合物 $MmNi_5$（Mm 为混合稀土金属）及 $LaNi_5$ 是优良的吸氢材料。因其对氢可进行选择性吸收并可在常压下释放，迄今，人们已利用这一可逆过程，将其用作氢的储存、提纯、分离和回收，用于制冷和制造热泵等。稀土储氢材料最重要的用途是可以被用作镍氢电池（Ni/MmH）的阴极材料。镍氢电池为二次电池（即充电电池），与传统的镍镉电池相比，其能量密度提高2倍，且无污染，因而被称为绿色能源。镍氢电池已广泛应用于移动通讯、笔记本电脑、摄像机、收录机、数码相机、电动工具等各种便携式电器中。目前，世界镍氢电池年产量已达十多亿支，我国手机持有量已居世界首位，镍氢电池市场前景广阔。镍氢电池还有一个重要用途是用作未来绿色交通工具电动汽车的动力源，随着电动汽车及其他绿色能源运输工具的开发，车用镍氢动力电池的大量需求将进一步促进稀土储氢材料的发展。

1.4.2.5 稀土超导材料

由于稀土超导体是一种高温超导材料，可使所需的环境温度由低温超导材料的液氦区（$T_c = 4.2K$）提高到液氮区（$T_c = 77K$）以上，不但给实用操作带来了方便，而且也大大降低了成本费用（液氮的价格为液氦价格的60倍）。现已发现许多单一稀土氧化物及某些混合稀土氧化物都是制备高温超导材料的原料。美国、中国和日本几乎同时于20世纪80年代中后期发现 $LnBa_2Cu_3O_{7-x}$ 一系列稀土氧化物超导材料，我国在高温超导研究方面一直处于世界前列。超导材料应用广泛，可用以制作超导磁体而用于磁悬浮列车，可用于发电机、发动机、动力传输、微波及传感器等方面。据报道，日本制造出了世界最长的高温超导电缆（长达500m），可在已有的地下管道间铺设，其输电能力为现有输电电缆的6倍，开发长的高温超导电缆已列为日本的重大攻关项目之一，计划2020年投入使用。今后，随着一些相关应用技术前沿问题的不断解决，稀土超导材料在工业、科技各领域中的应用将会逐步得以实现。

1.4.2.6 稀土气体净化催化材料

调查表明，现代城市空气污染的主要来源是汽车尾气，有效控制汽车尾气污染物（HC、CO、NO_x）含量是提高空气质量的重要途径。稀土气体净化催化材料具有原料易得、价格便宜、化学稳定及热稳定性好、活性较高、寿命长，且抗Pb、S中毒等优点，采用含有稀土的催化净化器是治理燃油机动车尾气的重要手段。稀土催化净化器可利用稀土催化剂表面发生的氧化反应和还原反应，将排放气体中的CO和HC等有害物质氧化为CO_2和H_2O，将NO_x还原成N_2。20世纪80年代末以来，随着燃油车辆尾气净化催化剂需求量的迅速增加，世界各发达国家对稀土催化剂进行了大量研究，贵金属稀土催化剂、贱金属稀土催化剂等相继问世并大量投入使用，致使汽车尾气净化催化剂成为稀土的最大市场，早在1995年美国在这方面的稀土耗用量（主要是Ce和La的氧化物）已占其全国总用量的44%，远高于稀土在石油裂化催化剂的用量。稀土催化剂中使用的是Ce和La的化合物，Ce具有储氧功能，并能稳定催化剂表面上的铂和铑等的分散性，La在铂基催化剂中可替代铑，降低成本。在催化剂载体中加入La、Ce、Y等稀土元素还能提高载体的高温稳定性、机械强度、抗高温氧化能力。目前，我国用稀土催化剂制成的净化装置对尾气的转化率较高，如CO的转化率为90%左右，HC转化率为85%，NO_x转化率也达70%以上，接近美日等发达国家水平。我国的汽车保有量现已超过2500万辆，新车产量正以每年接近20%的速度增长，预计到2010年我国汽车保有量将居世界前列。汽车尾气净化任务更加严峻，将需要更多的汽车尾气净化催化剂，我国贵金属资源较贫乏，而稀土资源丰富，因此稀土汽车尾气净化催化材料的发展前景极其广阔。

1.4.2.7 稀土核材料

稀土金属由于具有不同的热中子俘获截面和许多其他特殊性能，使其在核工业中也得到了广泛的应用。如金属钇的热中子俘获截面小，而且它的熔点高（高于1550℃）、密度小

（4.47g/cm³）、不与液体铀和钚起反应、吸氢能力又很强，是很好的反应堆热强性结构材料，可用作输运核燃料液铀的管道等设备（在1000℃下不受腐蚀）。而另一些稀土元素的热中子俘获截面很大，如钆（46000b，$1b=10^{-2}m^2$，下同）、铕（4300b）、钐（5600b），是优良的核反应堆的控制材料，这些稀土金属及其化合物（氧化物、硼化物、氮化物、碳化物等）可用作反应堆的控制棒、可燃毒物的抑制剂以及防护层的中子吸收剂。铕有最佳的核性能，它不但具有很大的热中子俘获截面，而且是个长寿命的吸收体，尤适于作为紧凑型反应堆的控制棒而被广泛应用于核潜艇上，既方便，效率又高。某些稀土氧化物、硫化物和硼化物可以用作耐高辐射坩埚用于熔炼金属铀等。铈玻璃抗辐射性能好，已被广泛应用于放射性极强的操作环境中，如用在反应堆上可以安全地观察核反应过程，也可用在防原子辐射的军事光学仪器上。

稀土材料的种类繁多，用途极广，随着研究开发的进一步深入，新的稀土材料将会不断涌现。稀土家族确实是一组神奇的元素，它们在传统材料改性和新材料研制开发中起着十分重要的作用，与国民经济及现代高新技术的发展关系极为密切，稀土新材料在信息、能源、交通、环境等领域发挥着不可替代的作用。虽然我国稀土储量、产品产量、应用和出口量均居世界第一，但与美国、日本、法国等发达国家相比，我国在稀土材料的研究、开发及应用方面还存在一定的差距，许多新材料的研制与开发仍停留在跟踪和吸收、消化国外先进技术上，自己独立研究试制的稀土新材料相对较少，仅发明专利就与日本等国有较大的差距；在稀土新材料，尤其是具有高附加值产品的开发和应用方面，我们的速度也赶不上日本。稀土元素是21世纪具有战略地位的元素，稀土新材料的研究开发与应用是国际竞争最激烈也是最活跃的领域之一。从某种角度讲，稀土新材料的研究开发与应用水平，标志着一个国家高科技发展水平，也是一种综合国力的象征。与某些发达国家相比，虽然我国在稀土新材料的研究开发与应用方面有一定差距，但在党和政府的关怀下，近年来我国稀土产业步入了一个快速发展的新阶段，稀土新材料的研究开发得到加强，应用水平也逐渐提高。现今，摆在我们面前的任务，就是大力提升我国稀土产业自身高科技应用水平，提高现有稀土产品的附加值，并由普通原料向高新稀土材料及其器件方向发展；在加强基础理论研究的同时，要特别重视具有我国自主知识产权的稀土新材料和创新技术的开发，及时有效地把稀土材料基础研究成果转化为现实生产力，尽快地将我国的稀土资源优势转化为技术和经济优势，使我国成为世界的稀土大国和稀土强国。随着21世纪全球社会经济的发展和新技术革命的来到，稀土材料科技和产业有着广阔的发展前景。

第2章　稀土元素的结构与材料学性能

稀土材料具有许多优异的物理、化学及材料学性能而使其得到极其广泛的应用，这是与稀土元素所具有的特殊的原子结构紧密相关的。

2.1　稀土元素的结构特点与价态

2.1.1　稀土元素在周期表中处于特殊位置

稀土元素位于元素周期表中$Ⅲ_B$族，而且镧及其后的14种元素（57～71号）位于周期表的同一格内，这15种元素性质酷似，同属$Ⅲ_B$族的钇（39号）的原子半径接近镧，而且钇位于镧系元素离子半径递减顺序的中间，因而钇和镧系元素的化学性质非常近似。稀土元素所处的这种特殊周期表位置使它们的许多性质（如电子能级、离子半径等）只呈现微小而近乎连续的变化，赋予稀土元素许多优异性能。

2.1.2　稀土元素的电子层结构特点

稀土元素原子和离子的电子层结构和半径列于表2-1。

表2-1　稀土元素的电子层结构和半径

原子序数	元素名称	元素符号	原子的电子层结构						原子半径/nm	RE^{3+}离子的电子层结构	RE^{3+}离子半径/nm
				4f	5s	5p	5d	6s			
57	镧	La	内部各层已填满，共46个电子	0	2	6	1	2	0.1879	[Xe]$4f^0$	0.1061
58	铈	Ce		1	2	6	1	2	0.1824	[Xe]$4f^1$	0.1034
59	镨	Pr		3	2	6		2	0.1828	[Xe]$4f^2$	0.1013
60	钕	Nd		4	2	6		2	0.1821	[Xe]$4f^3$	0.0995
61	钷	Pm		5	2	6		2	(0.1810)	[Xe]$4f^4$	(0.098)
62	钐	Sm		6	2	6		2	0.1802	[Xe]$4f^5$	0.0964
63	铕	Eu		7	2	6		2	0.2042	[Xe]$4f^6$	0.0950
64	钆	Gd		7	2	6	1	2	0.1802	[Xe]$4f^7$	0.0938
65	铽	Tb		9	2	6		2	0.1782	[Xe]$4f^8$	0.0923
66	镝	Dy		10	2	6		2	0.1773	[Xe]$4f^9$	0.0908
67	钬	Ho		11	2	6		2	0.1766	[Xe]$4f^{10}$	0.0894
68	铒	Er		12	2	6		2	0.1757	[Xe]$4f^{11}$	0.0881
69	铥	Tm		13	2	6		2	0.1746	[Xe]$4f^{12}$	0.0869
70	镱	Yb		14	2	6		2	0.1940	[Xe]$4f^{13}$	0.0858
71	镥	Lu		14	2	6	1	2	0.1734	[Xe]$4f^{14}$	0.0848
			内部填满18个电子	3d	4s	4p	4d	5s			
21	钪	Sc		1	2				0.1641	[Ar]	0.0680
39	钇	Y		10	2	6	1	2	0.1801	[Kr]	0.0880

从表2-1可以看出，在17个稀土元素中，钪和钇的电子层构型分别为[Ar]$3d^1 4s^2$和[Kr]$4d^1 5s^2$。镧系元素原子的电子层构型为[Xe]$4f^{0\sim14}5d^{0\sim1}6s^2$。其中，[Ar]、[Kr]、[Xe]分别为稀有气体氩、氪、氙的电子构型。钇与钪原子的外层电结构相似，虽然钪和钇

没有 4f 电子，但其外层有 $(n-1)d^1 ns^2$ 的电子层构型，因此在化学性质方面与镧系元素相似，这是将它们划为稀土元素的原因。镧系元素原子电子层结构的特点是：原子的最外层电子结构相同（都是 2 个电子）；次外电子层结构相似；倒数第 3 层 4f 轨道上的电子数从 0→14，随着原子序数的增加，新增加的电子不填充到最外层或次外层，而是填充到 4f 内层，又由于 4f 电子云的弥散（参见图 2-1），使它并非全部地分布在 5s、5p 壳层内部。因此，当原子序数增加 1 时，核电荷增加 1，4f 电子虽然也增加 1，但是由于 4f 电子只能屏蔽所增加核电荷中的一部分（约 85%），而在原子中由于 4f 电子云的弥散没有在离子中大，故屏蔽系数略大。所以当原子序数增加时，外层电子受到有效核电荷的引力实际上是增加了，这种由于引力的增加而引起原子半径或离子半径缩小的现象，叫做"镧系收缩"。镧系收缩导致两个重要的结果：其一是使镧系元素的同族、上一周期的元素钇的三价离子半径位于镧系元素中铒附近，钇的化学性质与镧系元素非常相似，在天然矿物中钇和镧系元素常共生于同一矿物中，彼此分离困难；其二是使镧系后面各族过渡元素的原子半径和离子半径，分别与相应的同一族上面一个元素的原子半径和离子半径极为接近，例如，ⅣB 族中的 Zr^{4+}（80pm）和 Hf^{4+}（81pm）；ⅤB 族中的 Nb^{5+}（70pm）和 Ta^{5+}（73pm）；ⅥB 族中的 Mo^{6+}（62pm）和 W^{6+}（62pm）离子半径相近，化学性质相似，结果造成锆与铪、铌与钽、钼与钨这三对元素在分离上的困难。此外，Ⅷ族中的两排铂系元素在性质上的极为相似，也是镧系收缩所带来的影响。

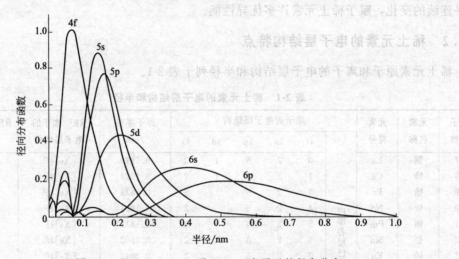

图 2-1 4f, 5s, 5p, 5d 及 6s, 6p 电子云的径向分布

由于镧系收缩，镧系元素的离子半径的递减（见表 2-1），从而导致镧系元素的性质随原子序数的增大而有规律地递变。例如使一些配位体与镧系元素离子的配位能力递增，金属离子的碱度随原子序数增大而减弱，氢氧化物开始沉淀的 pH 值渐降等。

2.1.3 稀土元素的价态

稀土元素的最外层 5d、6s 电子构型基本相同，在化学反应中易于在 5d、6s 和 4f 亚层失去 3 个电子成为 +3 价态离子。表现出典型的金属性质，它们的金属性仅次于碱金属和碱土金属，比其他金属元素活泼。根据洪特（Hund）规则，在原子或离子的电子结构中，对于同一亚层，当电子分布为全充满、半充满和全空时，电子云的分布呈球形，原子或离子体系比较稳定。因此，La^{3+}（$4f^0$）、Gd^{3+}（$4f^7$）和 Lu^{3+}（$4f^{14}$）比较稳定。在 La^{3+} 之后 Ce^{3+} 比 $4f^0$ 多了一个电子，Gd^{3+} 之后 Tb^{3+} 比 $4f^7$ 多了一个电子，它们有进一步被氧化成 +4 价的倾向，而在 Gd^{3+} 之前 Eu^{3+} 比 $4f^7$ 少了一个电子，Lu^{3+} 之前 Yb^{3+} 比 $4f^{14}$ 少一个电子，它们有获得电子而被还原为+2价态的趋势。图 2-2 为镧系元素价态变化示意图，其横坐标为原子序数，纵坐标线的长短表示价态变化倾向的相对大小。

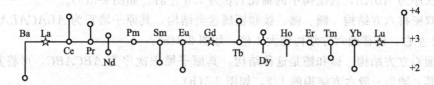

图 2-2　镧系元素价态变化示意图

　　稀土元素一般都能生成反映ⅢB族元素特征的+3氧化态。但在一定条件下，它们还能生成+2和+4氧化态。由于稀土元素的电子结构和热力学及动力学因素，其中钐、铕、铥和镱等较其他稀土元素更易呈+2氧化态，而铈、镨、铽和镝可呈+4氧化态。稀土元素的价态变化对稀土元素之间的分离提取具有重大意义，这是采用氧化还原方法分离它们为单一元素的理论基础，即用氧化方法使 Ce、Tb、Pr 变成四价状态，用还原法使 Eu、Yb、Sm 变成二价状态，从而增大它们与其他三价稀土元素在性质上的差异性以达到分离的目的，如生产上采用的优先氧化除铈及选择性还原提取铕。稀土元素的价态变化在稀土新材料研究开发及应用中也有很重要的意义，由于发现不少非三价稀土化合物具有很多特殊性质，可用作半导体、磁性材料、发光材料等。目前，许多有实用价值的二价及四价稀土化合物都被成功制得。随着对非三价稀土元素的深入研究，将会研制出更多更稳定的非三价稀土化合物，这对于稀土分离、稀土新材料开发以及稀土基础理论研究都具重要意义。

2.2　稀土元素的晶体结构

2.2.1　稀土金属晶体的室温结构

　　常温常压下稀土金属晶体结构见表 2-2。

表 2-2　稀土金属的室温晶体结构及有关性能

金属名称	晶体结构	晶格常数/$\times 10^{-1}$nm		原子半径 /$\times 10^{-1}$nm	原子体积 /(cm³/mol)	密度 /(g/cm³)
		a	c			
钪	密排六方	3.309	5.268	1.641	15.039	2.992
钇	密排六方	3.648	5.732	1.801	19.893	4.472
镧	双密排六方	3.774	12.171	1.879	22.602	6.174
铈	面心立方	5.161		1.825	20.696	6.771
镨	双密排六方	3.672	11.833	1.828	20.803	6.782
钕	双密排六方	3.658	11.797	1.821	20.583	7.004
钷	双密排六方	3.65	11.65	1.811	20.24	7.264
钐	菱形	3.629	26.207	1.804	20.000	7.537
铕	体心立方	4.583		2.042	28.979	5.253
钆	密排六方	3.634	5.781	1.801	19.903	7.895
铽	密排六方	3.606	5.697	1.783	19.310	8.234
镝	密排六方	3.592	5.650	1.774	19.004	8.536
钬	密排六方	3.578	5.618	1.766	18.752	8.803
铒	密排六方	3.559	5.585	1.757	18.449	9.051
铥	密排六方	3.538	5.554	1.746	18.124	9.332
镱	面心立方	3.485		1.939	24.841	6.977
镥	密排六方	3.505	5.549	1.735	17.779	9.842

稀土金属共有四种晶体结构，如下所述。

（1）密排六方结构　这是最多的一类，钪、钇以及从钆到镥（镱除外）都是这种结构。原子堆积次序为 ABAB，其结构中的轴比 c/a 为 1.6 左右，如图 2-3（a）。

（2）双密排六方结构　镧、铈、钕和钷属这类结构，其原子堆积为 ABACABAC，轴比 c/a 为 3.2 左右，比普通六方结构约大 1 倍，如图 2-3（c）。

（3）面心立方结构　铈和镱是这种结构，其原子堆积次序为 ABCABC，可将其视为六方结构，其 c 轴为一般六方结构的 1/2，如图 2-3（b）。

（4）菱形结构　钐是菱形结构，这是一种特殊的晶体结构，不仅在稀土金属中，就是在元素周期表中也没有第二种元素与之相同。其 c 轴长度比一般六方结构的轴长大 3.5 倍，原子堆积次序为 ABABCBCABABCBC，如图 2-3（d）。

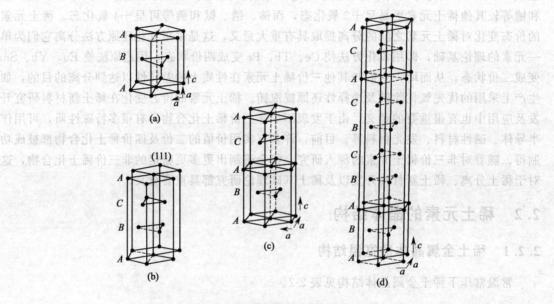

图 2-3　稀土金属的晶体结构

（a）普通密排六方结构（Mg 型）；（b）面心立方结构（Cu 型）；
（c）双 c 轴密排六方结构（La 型）；（d）三重六方 Sm 型结构

另外，铕是普通体心立方结构。

2.2.2　稀土金属的同素异型转变

稀土金属的晶体结构受温度、压力以及杂质含量的影响很大。在一定的温度、压力及杂质含量下，稀土金属会发生同素异型转变。加热时，17 种稀土金属中有 13 种转变成体心立方结构（表 2-3），而铕、铒、铥、镥则保持原来的结构不变。表中数据是由氟化物经热还原法制取的高纯稀土金属而测得的。

表 2-3　稀土金属的相转变温度

金属	转变类型	转变温度 /℃	转变后的结构	晶格常数 /×10⁻¹nm	转变热 /(×4.18kJ/mol)
钪	$\alpha \rightarrow \beta$	1335	体心立方		0.959
钇	$\alpha \rightarrow \beta$	1479	体心立方	4.11	1.189
镧	$\alpha \rightarrow \beta$	310	体心立方	5.303	0.095
	$\beta \rightarrow \gamma$	861	体心立方	4.26	0.76

22

金属	转变类型	转变温度/℃	转变后的结构	晶格常数/×10⁻¹ nm	转变热/(×4.18kJ/mol)
铈	$\gamma \rightarrow \delta$	726	体心立方	4.12	0.700
镨	$\alpha \rightarrow \beta$	795	体心立方	4.13	0.760
钕	$\alpha \rightarrow \beta$	855	体心立方	4.13	0.713
钷	$\alpha \rightarrow \beta$	890	体心立方		
钐	$\alpha \rightarrow \beta$	924	体心立方		0.744
钆	$\alpha \rightarrow \beta$	1260	体心立方	4.06	0.935
铽	$\alpha \rightarrow \beta$	1287	体心立方	4.02	1.203
镝	$\alpha \rightarrow \beta$	1384	体心立方	3.98	0.94
钬	$\alpha \rightarrow \beta$	1428	体心立方	3.96	1.12
镱	$\alpha \rightarrow \beta$	795	体心立方	4.44	0.418

如果金属的纯度发生变化，则转变温度也可能发生变化。如纯度为99.6%的钪，同素异型转变温度变为1450℃。根据杂质及添加元素对稀土金属同素异型转变的影响结果，可以看出，许多金属如镁、铜、钛能稳定稀土金属的高温变体，而碳、钍、钇则稳定铈的低温变体。杂质气体，特别是氧与氮，对晶体结构的影响很大。例如，镱中存在少量氧与氮，高温时便形成密排六方结构，代替了通常的面心立方结构。镧中含有少量氢时，加热到240℃以上，六方结构便转变成面心高温变体。

压力对稀土金属同素异型转变的影响，总的趋势是高压下稀土金属的相转变向着"立方性"结构的方向进行。结构转变的压力大小还与杂质的含量有关。

稀土金属的晶体结构由密排六方向立方的转变，使其塑性提高。在高温时，由于晶体结构的转变减少了金属抵抗外力作用的能力而使其强度下降。对于有同素异型转变的稀土金属，其再结晶温度与同素异型转变温度的比值不超过0.7～0.9，而与它们的熔化温度无关。

2.3 稀土元素的物理化学性质

2.3.1 稀土元素的一般物理性质

稀土元素具有典型的金属性质，除了镨、钕呈淡黄色外，其余均为银灰色有光泽的金属。通常由于稀土金属易被氧化而呈暗灰色。稀土金属的一些物理性质列于表2-4。

表 2-4 稀土元素的某些物理性质

稀土元素	相对原子质量	密度/(g/cm³)	熔点/℃	沸点/℃	蒸发热 ΔH/(kJ/mol)	C_p(25℃时)/[J/(mol·℃)]	电阻率(25℃)/×10⁻⁴ Ω·cm	电负性	氧化还原电位(RE→RE³⁺+3e⁻)/V	热中子俘获截面/b
Sc	44.96	2.992	1539	2730	338.0	25.5	66			13
Y	88.91	4.472	1510	2930	424	25.1	53	1.22	−2.37	1.38
La	138.91	6.174	920	3470	431.2	27.8	57	1.1	−2.52	9.3
Ce	140.12	6.771	795	3470	467.8	28.8	75	1.12	−2.48	0.73
Pr	140.91	6.782	935	3130	374.1	27.0	68	1.13	−2.47	11.6
Nd	144.24	7.004	1024	3030	328.8	30.1	64	1.14	−2.44	46
Pm	(147)	7.264	1042	(3000)	—	—			−2.42	—
Sm	150.35	7.537	1072	1900	220.6	27.1	92	1.17	−2.41	6500
Eu	151.96	5.253	826	1440	175.6	25.1	81	—	−2.41	4500
Gd	157.25	7.895	1312	3000	402.8	46.8	134	1.20	−2.40	44000
Tb	158.93	8.234	1356	2800	395	27.3	116	—	−2.39	44

稀土元素	相对原子质量	密度/(g/cm³)	熔点/℃	沸点/℃	蒸发热 ΔH/(kJ/mol)	C_p(25℃时)/[J/(mol·℃)]	电阻率(25℃)/×10^{-4}Ω·cm	电负性	氧化还原电位(RE→RE³⁺+3e⁻)	热中子俘获截面/b
Dy	162.50	8.536	1407	2600	298.2	28.1	91	1.22	−2.35	1100
Ho	164.93	8.803	1461	2600	296.4	27.0	94	1.23	−2.32	64
Er	167.26	9.051	1497	2900	343.2	27.8	86	1.24	−2.30	116
Tm	168.93	9.332	1545	1730	248.7	27.0	90	1.25	−2.28	118
Yb	173.04	6.977	824	1430	152.6	25.1	28	—	−2.27	36
Lu	174.97	9.842	1652	3330	427.8	27.0	68	1.27	−2.25	108

注：1b=10^{-28}m²。

镧系元素的物理性质的变化有一定规律，但是铕和镱明显异常，这是由于铕和镱的原子体积不仅不随原子序数的增加而减小，反而大很多（见表 2-2），密度也减小很多（见表 2-4），这是由于它们的 4f 亚层的电子处于半充满或全充满状态，电子屏蔽效应好，原子核对 6s 电子吸引力减小，因此出现原子体积增大、密度减小的现象。稀土金属的硬度不大（见表 2-10），镧、铈与锡相似，一般为硬度随原子序数的增大而增大（但规律性不很强）。稀土金属中，铕和镱原子参与金属键的电子数与其他稀土元素不同，这是其许多性质异常的重要原因。

稀土金属的熔点和沸点都较高。其熔点大体上随原子序数的增加而增高，但铕和镱的熔点反常的低。稀土金属的沸点和蒸发热与原子序数的关系是不规则的。除镧、铽不生成汞齐，钇较为困难外，其余稀土金属均易生成汞齐。

钆、钐和铕的热中子俘获截面很大，而铈和钇的热中子俘获截面却很小，见表 2-4。

2.3.2 稀土元素的电学性质

稀土金属的导电性较低。常温时，稀土金属的电阻率都较高，如表 2-4 中所示除镱外，在常温时稀土金属的电阻率为 (50～135)×10^{-4}Ω/cm，比铜、铝的电阻率高 1～2 个数量级，并有正的温度系数。镧非常特别，α-镧在 4.6K 时和 β-镧在 5.85K 时出现超导电性。

稀土元素的离子半径较其他元素的要大，因此对阴离子的吸引力也比较小，加之 4f 电子被外层的 $5s^25p^6$ 电子所屏蔽，难于参加化学键作用，因此稀土元素的化合物大多数是离子键型。它们的导电性能好，可以用电解法制备稀土金属。

2.3.3 稀土元素的光学性质

稀土元素具有未充满的 4f 亚层和 4f 电子被外层的 $5s^25p^6$ 电子屏蔽的特性。除了 La³⁺($4f^0$) 及 Lu³⁺($4f^{14}$) 外，其余镧系元素的 4f 电子可在 7 个 4f 轨道之间任意排布，从而产生各种光谱项和能级。当 4f 电子在不同能级之间跃迁时，它们可以吸收或发射从紫外、可见到红外光区的各种波长的辐射。无论吸收或发射光谱都给稀土分析，尤其是稀土发光材料的研制和应用提供了依据。

2.3.3.1 镧系元素的光谱项

基态原子的电子层构型是由主量子数 n 和角量子数 l 所决定。对于不同的镧系元素，当 4f 电子依次填入不同磁量子数的轨道时，除了要了解它们的电子层构型外，还需要了解它们的基态光谱项 ($^{2S+1}L_J$)。光谱项是通过角量子数 l 和磁量子数 m 以及它们之间的不同组合来表示与电子排布相联系的能级关系的一种符号。当电子依次填入 4f 亚层的不同 m 值的轨道时，组成了镧系基态原子或离子的总轨道量子数 L、总自旋量子数 S 和总角动量量子数 J 以及基态光谱项 $^{2S+1}L_J$。表 2-5 列出了三价镧系离子的基态电子排布与光谱项。

表 2-5　三价镧系离子基态电子排布与光谱项

离子	4f电子数	4f轨道的磁量子数							L	S	J	$^{2S+1}L_J$	Δ /cm^{-1}	ζ_{4f} /cm^{-1}
		3	2	1	0	−1	−2	−3						
											$J=L-S$			
La^{3+}	0								0	0	0	$^1S_0$		
Ce^{3+}	1	↑							3	1/2	5/2	$^2F_{5/2}$	2200	640
Pr^{3+}	2	↑	↑						5	1	4	$^3H_4$	2150	750
Nd^{3+}	3	↑	↑	↑					6	3/2	9/2	$^4I_{9/2}$	1900	900
Pm^{3+}	4	↑	↑	↑	↑				6	2	4	$^5I_4$	1600	1070
Sm^{3+}	5	↑	↑	↑	↑	↑			5	5/2	5/2	$^6H_{5/2}$	1000	1200
Eu^{3+}	6	↑	↑	↑	↑	↑	↑		3	3	0	$^7F_0$	350	1320
											$J=L+S$			
Gd^{3+}	7	↑	↑	↑	↑	↑	↑	↑	0	7/2	7/2	$^8S_{7/2}$	—	1620
Tb^{3+}	8	↑↓	↑	↑	↑	↑	↑	↑	3	3	6	$^7F_6$	2000	1700
Dy^{3+}	9	↑↓	↑↓	↑	↑	↑	↑	↑	5	5/2	15/2	$^6H_{15/2}$	3300	1900
Ho^{3+}	10	↑↓	↑↓	↑↓	↑	↑	↑	↑	6	2	8	$^4I_8$	5200	2160
Er^{3+}	11	↑↓	↑↓	↑↓	↑↓	↑	↑	↑	6	3/2	15/2	$^4I_{15/2}$	6500	2440
Tm^{3+}	12	↑↓	↑↓	↑↓	↑↓	↑↓	↑	↑	5	1	6	$^3H_6$	8300	2640
Yb^{3+}	13	↑↓	↑↓	↑↓	↑↓	↑↓	↑↓	↑	3	1/2	7/2	$^2F_{7/2}$	10300	2880
Lu^{3+}	14	↑↓	↑↓	↑↓	↑↓	↑↓	↑↓	↑↓	0	0	0	$^1S_0$	—	

注：Δ 为能级差，ζ_{4f} 为自旋-轨道耦合系数。

表 2-5 中基态光谱项 $^{2S+1}L_J$ 中的 L 是原子或离子的总磁量子数的最大值，$L=\sum m$；S 为原子或离子的总自旋量子数沿 z 轴磁场方向分量的最大值，$S=\sum m_s$；J 是原子或离子的总内量子数，它表示轨道和自旋角动量总和的大小，即 $J=L\pm S$，若 4f 电子数<7（从 La^{3+} 到 Eu^{3+} 的前 7 个离子），其 $J=L-S$；若 4f 电子数≥7（从 Gd^{3+} 到 Lu^{3+} 的后 8 个离子），其 $J=L+S$。光谱项 $^{2S+1}L_J$ 是由这 3 个量子数组成的表达式。光谱项中 L 的数值以大写英文字母表示，其对应关系为：

$$L \quad 0 \quad 1 \quad 2 \quad 3 \quad 4 \quad 5 \quad 6 \quad 7 \quad 8$$
$$字母 \quad S \quad P \quad D \quad F \quad G \quad H \quad I \quad K \quad L$$

光谱项表示式左上角的 $2S+1$ 的数值表示光谱项的多重性，^{2S+1}L 称作光谱项；将 J 的取值写在右下角，则为光谱支项，即 $^{2S+1}L_J$。对于光谱支项，J 的取值分别为 $(L+S)$、$(L+S-1)$、$(L+S-2)\cdots(L-S)$。每一个支项（$^{2S+1}L_J$）相当于一定的状态或能级。

现以 Tb^{3+} 和 Nd^{3+} 为例说明光谱项的求法。

由表 2-5 可知，Tb^{3+} 有 8 个 4f 电子，2 个自旋相反，6 个为自旋平行的未成对电子，将所有的电子的磁量子数相加，得 $L=\sum m=2\times3+2+1-0-1-2-3=3$，$L=3$，对应于英文字母 F；将所有电子的自旋量子数相加，得 $S=\sum m_s=\left(+\dfrac{1}{2}-\dfrac{1}{2}\right)+6\times\dfrac{1}{2}=3$。$2S+1=7$；$J=L+S=3+3=6$。所以 Tb^{3+} 的基态光谱项可写成 $^7F_6$。Tb^{3+} 共有 7 个光谱支项，按能级由低到高，它们依次为 $^7F_6$、$^7F_5$、$^7F_4$、$^7F_3$、$^7F_2$、$^7F_1$ 和 $^7F_0$。

Nd^{3+} 有 3 个未成对电子，$L=\sum m=3+2+1=6$；$S=\sum m_s=3\times1/2=3/2$。$2S+1=4$，$J=L-S=6-\dfrac{3}{2}=9/2$。所以 Nd^{3+} 的基态光谱项可以写为 $^4I_{9/2}$，Nd^{3+} 共 4 个光谱支项，按能级由低到高依次为 $^4I_{9/2}$、$^4I_{11/2}$、$^4I_{13/2}$ 和 $^4I_{15/2}$。

由表 2-5 可对三价镧系离子的光谱项的特点总结如下：以 Gd^{3+} 为中心，Gd^{3+} 以前的 f^n

（$n=0\sim6$）和 Gd^{3+} 以后的 f^{14-n} 是一对共轭元素，它们具有类似的光谱项。以 Gd^{3+} 为中心其两侧离子 4f 轨道上的未成对电子数相等，因而能级结构相似，Gd^{3+} 两侧离子的 L 和 S 的取值相同，基态光谱项呈对称分布。三价镧系离子的总自旋量子数 S 随原子序数的增加在 Gd^{3+} 处发生转折变化；总轨道量子数 L 和总角动量量子数 J 随原子序数的增加呈现双峰的周期变化。

表 2-6 列出了镧系元素原子和离子的电子构型和基态光谱项。

表 2-6　镧系元素原子和离子的电子构型和基态光谱项

元素	RE	RE$^+$	RE^{2+}	RE^{3+}
La	$4f^0 5d6s^2(^2D_{3/2})$	$4f^0 6s^2(^1S_0)$	$4f^0 6s(^2S_{1/2})$	$4f^0(^1S_0)$
Ce	$4f5d6s^2(^1G_4)$	$4f5d6s(^2G_{7/2})$	$4f^2(^3H_4)$	$4f(^2F_{5/2})$
Pr	$4f^3 6s^2(^4I_{9/2})$	$4f^3 6s(^5I_4)$	$4f^3(^4I_{9/2})$	$4f^2(^3H_4)$
Nd	$4f^4 6s^2(^5I_4)$	$4f^4 6s(^6I_{7/2})$	$4f^4(^5I_4)$	$4f^3(^4I_{9/2})$
Pm	$4f^5 6s^2(^6H_{5/2})$	$4f^5 6s(^7H_2)$	$4f^5(^6H_{5/2})$	$4f^4(^5I_4)$
Sm	$4f^6 6s^2(^7F_0)$	$4f^6 6s(^8F_{1/2})$	$4f^6(^7F_0)$	$4f^5(^6H_{5/2})$
Eu	$4f^7 6s^2(^8S_{7/2})$	$4f^7 6s(^9S_4)$	$4f^7(^8S_{7/2})$	$4f^6(^7F_0)$
Gd	$4f^7 5d6s^2(^9D_2)$	$4f^7 5d6s(^{10}D_{5/2})$	$4f^7 5d(^9D_2)$	$4f^7(^8S_{7/2})$
Tb	$4f^9 6s^2(^6H_{15/2})$	$4f^9 6s(^7H_8)$	$4f^9(^6H_{15/2})$	$4f^8(^7F_6)$
Dy	$4f^{10} 6s^2(^5I_8)$	$4f^{10} 6s(^6I_{17/2})$	$4f^{10}(^5I_8)$	$4f^9(^6H_{15/2})$
Ho	$4f^{11} 6s^2(^4I_{15/2})$	$4f^{11} 6s(^5I_8)$	$4f^{11}(^4I_{15/2})$	$4f^{10}(^5I_8)$
Er	$4f^{12} 6s^2(^3H_6)$	$4f^{12} 6s(^4H_{13/2})$	$4f^{12}(^3H_6)$	$4f^{11}(^4I_{15/2})$
Tm	$4f^{13} 6s^2(^2F_{7/2})$	$4f^{13} 6s(^3F_4)$	$4f^{13}(^2F_{7/2})$	$4f^{12}(^3H_6)$
Yb	$4f^{14} 6s^2(^1S_0)$	$4f^{14} 6s(^2S_{1/2})$	$4f^{14}(^1S_0)$	$4f^{13}(^2F_{7/2})$
Lu	$4f^{14} 5d6s^2(^2D_{3/2})$	$4f^{14} 6s^2(^1S_0)$	$4f^{14} 6s(^2S_{1/2})$	$4f^{14}(^1S_0)$

2.3.3.2　稀土离子的能级

目前的光谱研究结果表明，在镧系离子的能级图中（图 2-4），Gd 以前的轻镧系元素的光谱项的 J 值是从小到大向上顺序排列的，而 Gd 以后的重镧系元素的 J 值则是从大到小向上反序排列的。以 Gd 为中心，对应的一对共轭的重镧系和轻镧系元素离子具有类似的光谱项。只是由于重镧系的自旋-轨道耦合系数 ξ_{4f} 大于轻镧系（见表 2-5），致使 Gd 以后的重镧系元素的 J 多重态能级之间的间隔大于 Gd 以前的轻镧系元素，这体现在离子的基态与其上最邻近另一多重态之间的能级差 Δ 值（见表 2-5）随原子序数呈转折变化，这对研究上转换发光材料有重要意义。

稀土元素电子的能级有如下特点。

① 稀土元素的 4f 轨道上的电子运动状态与能量的相互关系可用光谱项来表示，每一光谱项（$^{S+1}L_J$）都对应一定的能量状态。

② 除 La^{3+} 和 Lu^{3+} 为 $4f^0$ 和 $4f^{14}$ 外，其他镧系元素的 4f 电子可在 7 个 4f 轨道上任意排布，从而产生多种光谱项和能级，在 +3 价镧系离子的 $4f^n$ 组态中共有 1639 个能级，能级之间可能的跃迁数目高达 199177 个。又如，错原子在 $4f^3 6s^2$ 构型有 41 个能级，在 $4f^3 6s^1$ 有 500 个能级，在 $4f^2 5d^1 6s^2$ 有 100 个能级，在 $4f^3 5d^1 6s^1$ 有 750 个能级，在 $4f^3 5d^2$ 有 1700 个能级；钆原子在 $4f^7 5d^1 6s^2$ 有 3106 个能级，其激发态 $4f^7 5d^1 6p^1$ 有 36000 个能级。但由于能级之间的跃迁受光谱选律的限制，所以实际观察到的光谱线还没有达到无法估计的程度。通常具有未充满的 4f 电子亚层的原子或离子的光谱大约有 30000 条可被观察到的谱线；具有未充满的 d 电子亚层过渡元素的谱线约有 7000 条；而具有未充满的 p 电子亚层的主族元素的光谱线仅有 1000 条。稀土元素的电子能级和谱线要比普通元素丰富得多，稀土元素可以

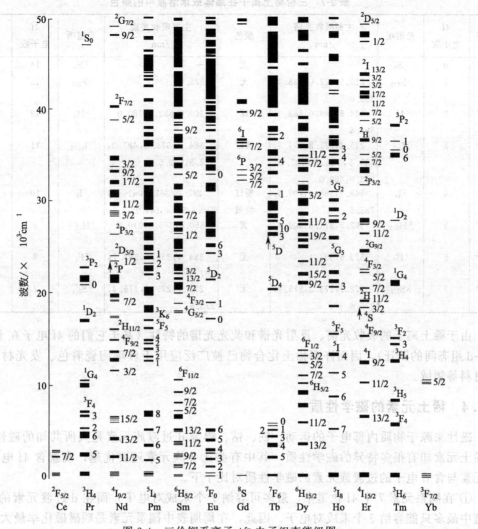

图 2-4 三价镧系离子 4fⁿ 电子组态能级图

吸收或发射从紫外光、可见光到红外光区多种波长的电磁辐射，可以为人们提供多种多样的发光材料。

③ 有些稀土离子激发态的平均寿命长达 $10^{-6} \sim 10^{-2}$ s，这种长寿命激发态又叫做亚稳态，而一般原子或离子的激发态平均寿命只有 $10^{-10} \sim 10^{-8}$ s。稀土离子有许多亚稳态，它们是 4f-4f 电子能级之间跃迁相对应的，由于这种自发跃迁是禁阻跃迁，所以它们的跃迁概率很小，因此激发态的寿命就较长。这是稀土可以作为激光的荧光材料的根据。

④ 在镧系离子的 4f 亚层外面，还有 $5s^2$、$5p^6$ 电子层。由于后者的屏蔽作用，使 4f 亚层受化合物中其他元素的势场影响（在晶体或络离子中这种势场叫作晶体场或配位体场）较小。因此镧系元素化合物的吸收光谱和自由离子的吸收光谱基本都是线状光谱。这同 d 区过渡元素的化合物的光谱不同，它们的光谱是由 3d→3d 的跃迁产生的，nd 亚层处于过渡金属离子的最外层，外面不再有其他电子层屏蔽，所以受晶体场或配位体场的影响较大，所以同一元素在不同化合物中的吸收光谱往往不同。又由于谱线位移，吸收光谱由气体自由离子的线状光谱变为化合物和溶液中的带状光谱。

稀土离子在晶体或溶液中对白光的某些波长各有不同的吸收，而对其他波长有强烈的散射，从而呈现不同的颜色。三价稀土离子在晶体或水溶液中的颜色见表 2-7 所列。

表 2-7 三价稀土离子在晶体或水溶液中的颜色

离子	4f 电子数	光谱项	主要吸收光谱 /nm	颜色	主要吸收光谱 /nm	光谱项	4f 电子数	离子
La^{3+}	0	$^1S_0$	—	无	—	$^1S_0$	14	Lu^{3+}
Ce^{3+}	1	$^2F_{5/2}$	210.5,222.0,238.0,252.0	无	975.0	$^2F_{5/2}$	13	Yb^{3+}
Pr^{3+}	2	$^3H_4$	444.5,469.0,482.0,588.5	绿	360.0,682.5,780.0	$^3H_4$	12	Tm^{3+}
Nd^{3+}	3	$^4I_{9/2}$	235.2,521.8,574.5,739.5,742.0,707.5,803.0,868.0	淡红	364.2,379.2,487.0,522.8,652.5	$^4I_{15/2}$	11	Er^{3+}
Pm^{3+}	4	$^5I_4$	548.5,568.0,702.5,735.5	粉红 淡黄	287.0,361.1,416.1,450.8,537.0,641.0	$^5I_8$	10	Ho^{3+}
Sm^{3+}	5	$^6H_{5/2}$	362.5,374.5,402.0	黄	350.4,365.0,910.0	$^6H_{15/2}$	9	Dy^{3+}
Eu^{3+}	6	$^7H_0$	375.5,391.1	无	284.4,350.3,367.7,487.2	$^7F_1$	8	Tb^{3+}
Gd^{3+}	7	$^8S_{7/2}$	272.9,273.3,275.4,275.6	无	272.9,273.3,275.4,275.6	$^8S_{7/2}$	7	Gd^{3+}

由于稀土离子的吸收光谱、反射光谱和荧光光谱的特性（基于它们的 4f 电子在 f-f 组内或 f-d 组态间的跃迁），因而许多稀土化合物已被广泛应用于玻璃陶瓷着色、发光材料及激光材料等领域。

2.3.4 稀土元素的磁学性质

磁性来源于物质内部电子的运动。铁、钴、镍等 d 过渡族元素是人所共知的磁性材料，而稀土元素却有很多特异的磁学性质，其中有些比 d 族元素还要优越，现就含 4f 电子的镧系元素与含 d 电子的过渡族元素的磁学性质对比于下。

① 在镧系元素 7 个 4f 轨道中，最多可容纳 7 个未成对电子，而在 d 过渡元素的 5 个 d 轨道中最多只能容纳 5 个未成对电子。因此，在周期表中镧系元素是顺磁磁化率最大的一族元素（$4f^0$ 的 La 和 $4f^{14}$ 的 Lu 两个不含未成对 4f 电子的元素除外，它们是抗磁性的）。

② 在镧系元素的 4f 轨道中的电子受外层 $5s^2 5p^6$ 的电子所屏蔽，受外场的影响较小，原子对之间的相互作用也较小，主要是导电电子的间接交换作用。而 d 族过渡元素的 d 电子受外场的影响较大，原子对之间的相互作用表现为直接交换作用。

③ 有些稀土化合物具有很高的饱和磁化强度，特别是重稀土金属如镝在低温（约 0K）的饱和磁化强度 $I_s = 0.3T$，比铁的 $I_s \approx 0.172$ 高约 1.5 倍。有些稀土化合物具有很高的各向异性常数（K），如 Gd、Tb、Dy、Er、Ho 的 K 值比 Fe 和 Ni 的 K 值大 2~3 个数量级。有些稀土化合物则具有很高的磁致伸缩 $\lambda \left(\lambda = \dfrac{\Delta l}{l} \right)$，$l$ 为样品长度，Δl 为长度在磁场下的变化量。例如，100K 时 Tb 的 $\lambda \approx 5.3 \times 10^{-3}$，Dy 的 $\lambda = 8.0 \times 10^{-3}$ 比 Ni 的 $\lambda = 4.0 \times 10^{-5}$ 大 2 个数量级。在研究稀土超导材料中发现一些超导性不是与抗磁性共存，而是与铁磁性（$ErRh_4B_4$、$HoMo_6S_8$）或反铁磁性（$RERh_4B_4$，RE＝Nd、Sm、Tm；$REMo_6S_8$，RE＝Gd、Tb、Dy、Er）共存的化合物以及液氮温区的高临界温度的 BaYCuO 超导体。还有一些稀土化合物具有很高的磁光旋转能力等许多优异的磁学性质。

④ 稀土化合物虽然具有上述诸多的优异磁性能，但常具有居里温度较低的缺点。例如金属 Gd、Tb、Dy、Ho、Er、Tm 的居里温度分别是 289K、219K、87K、20K、20K、

22K，而 Fe、Co、Ni 的居里温度分别是 1043K、1403K、631K，比稀土金属高得多。

⑤ d 过渡族元素的自旋-轨道相互作用较弱，轨道相互作用较强，在外磁场作用下，磁场主要作用于自旋矩，而轨道矩被"冻结"，故其有效磁矩 μ_{eff} 主要取决于自旋量子数 S，特别是对于第一过渡序列的 3d 元素，其 μ_{eff} 可表示为：

$$\begin{aligned} \mu_{\mathrm{eff}} &= g\sqrt{S(S+1)}\mu_{\beta} \\ &= 2\sqrt{S(S+1)}\mu_{\beta} \end{aligned} \tag{2-1}$$

稀土元素的自旋-轨道相互作用较强，其有效磁矩 μ_{eff} 不但取决于基态的自旋量子数 S，而且还取决于轨道量子数 L，即取决于总量子数 J。按 Hund 公式，有效磁矩的理论值为：

$$\mu_{\mathrm{eff}} = g\sqrt{J(J+1)}\mu_{\beta} \tag{2-2}$$

其中的 μ_{β} 为玻耳磁子，其数值为：

$$\mu_{\beta} = \frac{eh}{4\pi mc} = 9.2740 \times 10^{-24} \ (\mathrm{J/T})$$

g 为 Lande 光谱劈裂因子，其值为：

$$g = 1 + \frac{J(J+1)+S(S+1)-L(L+1)}{2J(J+1)} \tag{2-3}$$

对于稀土离子，式(2-3)中的各项的取值可参见表 2-5。稀土元素的磁矩、磁化率等磁性能则列于表 2-8。

表 2-8　稀土元素的磁性能

| 元素 | 基态 | 磁矩 $\mu_{\mathrm{eff}}/\mathrm{A} \cdot \mathrm{m}^2$ | | 磁化率 | Neel 温度 | Curie 温度 |
		理论值	实测值	$x_{原} \times 10^3$	$T_{\mathrm{N}}/\mathrm{K}$	$T_{\mathrm{c}}/\mathrm{K}$
La	$^1S_0$	0.00	0.49	0.093		
Ce	$^2F_{5/2}$	2.54	2.51	2.43	12.5	
Pr	$^3H_4$	3.58	3.56	5.32	25	
Nd	$^4I_{9/2}$	3.62	3.0	5.62	20.75	
Pm	$^5I_4$	3.68	—	—		
Sm	$^6H_{5/2}$	0.84	1.74	1.27	14.5	
Eu	$^7F_0$	0.00	1.72	33.1	90	
Gd	$^8S_{7/2}$	7.94	1.98	356.0		293.2
Tb	$^7F_6$	9.72	9.77	193.0	229	221
Dy	$^6H_{15/2}$	10.6	10.67	99.8	178.5	85
Ho	$^5I_8$	10.6	10.8	70.2	132	20
Er	$^4I_{15/2}$	9.6	9.8	44.1	85	19.6
Tm	$^3H_6$	7.6	7.6	26.2	15～60	22
Yb	$^2F_{7/2}$	4.5	0.41	0.071		
Lu	$^1S_0$	0.00	0.21	0.018		
Y	$^1S_0$	0.00	1.34	0.186		
Sc	$^1S_0$	0.00	1.67	0.25		

将稀土离子的磁矩对原子序作图，就可以看出这条曲线随着 4f 电子数的变化而出现周期性变化，如图 2-5 所示，即自镧至钐为第 1 周期；铽至镥为第 2 周期，这与现有的轻重稀土的分组正好符合。两个周期内各出现一个极大值：第 1 周期的极大值是镨和钕；第 2 周期的极大值是镝和钬，这些极大值均与 Hund 及 van Vleck 的计算值和一些实验数据一致。从表 2-8 还可以看出铈组元素的顺磁性比钇组元素的小得多。非三价稀土离子的磁矩与等电子的三价稀土离子磁矩基本相同或接近（个别例外）。

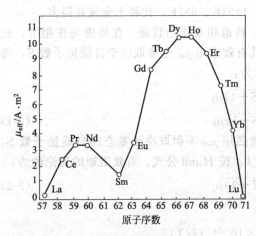

图 2-5 稀土（RE^{3+}）离子

稀土元素的磁性主要与其未充满的 4f 壳层有关，金属的晶体结构也影响着它们的磁性变化。由于稀土金属的 4f 电子处于内层，且金属态的 $5d^1 6s^2$ 电子为传导电子，因此大多数稀土金属（除 Sm、Eu、Yb 外）的有效磁矩与失去 $5d^1 6s^2$ 电子的三价稀土离子磁矩几乎相同。

在常温下稀土金属大多为顺磁物质，其中 La、Yb、Lu 的 $\mu_{eff} < 1$。随着温度的降低，它们会发生由顺磁性变为铁磁性或反铁磁性的有序变化。它们的 Curie 温度和 Neel 温度低于常温（Gd 的 T_c 为 293.2K，最高）。一些重稀土金属，如 Tb、Dy、Ho、Er、Tm 等在较低温度时由反铁磁性转变为铁磁性，而 Gd 则由顺磁性直接转变为铁磁性。

2.3.5 稀土元素的化学性质

2.3.5.1 稀土元素的活泼性

稀土元素是典型的金属元素。由于它们的原子半径大，又极易失掉外层的 6s 电子和 5d 或 4f 电子，所以稀土元素的化学活性很强，仅次于碱金属和碱土金属元素，比其他金属元素都活泼。在 17 种稀土元素中，按金属的活泼性次序排列，由钪→钇→镧递增，由镧→镥递减，即镧最为活泼。

稀土金属在空气中的稳定性，随着原子序数的增加而逐渐稳定。在空气中镧、铈很快被腐蚀，镧在空气中逐渐转化为白色氢氧化物，但在干燥空气中仅表面生成一层蓝色薄膜，保护内部。铈则先氧化成氧化铈（Ce_2O_3），接着又被氧化成二氧化铈（CeO_2），放出大量的热而自燃，铈的燃点 160℃，镨的燃点 190℃。钕作用比较缓慢，甚至能长时间保持金属光泽。钇在空气中虽然热至 900℃，也只有表面生成氧化物，金属钇在空气中放置数月仅表面生成一层灰白色的氧化物薄膜。稀土（特别是轻稀土）金属必须保存在煤油中，否则与潮湿空气接触，就会被氧化变质。

稀土元素的主要化学反应见表 2-9。稀土金属和其他非金属如氯、硫、氮、磷、硅、硼等在一定温度下反应，直接形成二元化合物。这些化合物多数是熔点高、密度小和化学性质稳定的，在冶金工业中可利用这些性质在钢、铁和有色金属冶炼中添加稀土金属或其合金以起到变质的作用。

表 2-9 稀土元素的主要化学反应

反应物	生成物	反应条件
$X_2(F_2、Cl_2、Br_2、I_2)$	REX_3	在室温作用缓慢，200℃以上能强烈地反应
O_2	RE_2O_3	室温下作用缓慢，200℃以上迅速被氧化，生成 RE_2O_3（铈、镨、铽分别生成 CeO_2、Pr_6O_{11} 和 Tb_4O_7）
$O_2 + H_2O$	$RE_2O_3 \cdot xH_2O$	室温下轻稀土作用快，重稀土生成 RE_2O_3，铕生成 $Eu(OH)_2 \cdot H_2O$
S	$RE_2S_3(RES,RES_2,RE_3S_4$ 和 RE)	在硫的沸点反应，硒、碲也相似
N_2	REN	1000℃以上
C	$REC_2、RE_2C_3$（也存在 REC、$RE_2C、RE_3C$ 及 RE_4C）	高温（碳化物在潮湿空气中易水解生成碳氢化合物）

反　应　物	生　成　物	反　应　条　件
Si	$RESi_2$（也有其他硅化物和 RE）	高温
B	REB_4，REB_6（低硼化物及 RE）	高温
H_2	REH_2，REH_3	氢在室温下能被稀土金属吸收，$250 \sim 300 \, ℃$ 作用迅速
H_2O	RE_2O_3 或 $RE_2O_3 \cdot xH_2O + H_2$	室温下作用慢，高温快
H^+（稀 HCl，H_2SO_4，$HClO_4$，CH_3COOH 等）	$RE^{3+} + H_2$	即使在室温下，作用也快
金属氧化物	金属及 RE_2O_3	高温（除 CaO、MgO 外）

稀土金属和铝相似，能分解水，在冷水中作用缓慢，在热水中作用较快，放出氢气。轻稀土元素中，铕作用最快，首先生成可溶性黄色 $Eu(OH)_2 \cdot H_2O$，随后转变为无水 Eu_2O_3。

稀土金属溶于稀盐酸、硝酸、硫酸，难溶于浓硫酸，微溶于氢氟酸和磷酸，这是由于生成了难溶的氟化物和磷酸盐覆盖在稀土金属表面，阻止它们继续作用的缘故。稀土金属不与碱作用。

2.3.5.2　稀土元素的酸碱性

镧系元素的碱性是随着原子序数的增大而逐渐减弱的。镧的碱性最强，轻稀土金属氧化物的碱性比碱土金属氢氧化物的碱性稍弱。因此，乙酸等有机酸能溶解轻稀土氧化物，却不能溶解重稀土氧化物。铵盐能溶解稀土氧化物，反应如下：

$$RE_2O_3 + 6NH_4Cl \longrightarrow 2RECl_3 + 6NH_3 + 3H_2O$$

氢氧化钇的碱性介于镝、钬之间。四价氢氧化铈比三价稀土氢氧化物更容易沉淀析出。二价稀土氢氧化物，由于离子电荷较少、半径较大，它们的碱性都比三价稀土氢氧化物要强，溶解度也比较大。四价稀土氢氧化物的碱性比三价的氢氧化物强，二价稀土氢氧化物的碱性最强。

2.3.5.3　稀土元素的氧化还原性

稀土元素的氧化还原电位由镧的 $-2.52V$ 至镥的 $-2.25V$（见表 2-4）。由于离子的氧化还原电位与电子层结构有关，当稀土的 4f 层电子全空、半充满和全充满时较为稳定，所以其稳定性是：$Ce^{4+} > Pr^{4+}$，$Eu^{3+} > Sm^{3+}$。同时，稀土离子的氧化还原性还与溶液的酸碱性有关，而且还受介质中阴离子的影响。

稀土金属是强还原剂，它们的氧化物的生成热（La_2O_3 的生成热为 $1.913MJ/mol$）比氧化铝的生成热（$1.583MJ/mol$）还大。因此，混合稀土金属是比铝更好的金属还原剂，它们能将铁、钴、镍、钒、铌、钽、钛、锆及硅等元素的氧化物还原成金属。稀土金属在黑色冶金中作为良好的脱氧脱硫的添加剂。

2.3.5.4　稀土与其他金属的作用

稀土元素不仅能同氧、氮、氢等气体及许多非金属元素及其化合物作用生成相应的稳定化合物，而且还能与铍、镁、铝、镓、铟、铊、铜、银、金、锌、镉、汞、砷、锑、铋、锡、钴、镍、铁等多种金属元素作用生成组成不同的金属间化合物。例如，与铁生成 $CeFe_3$、$CeFe_2$、Ce_2Fe_3、YFe_2 等化合物，但镧与铁只生成低共熔体，因而镧-铁合金的延展性很好；与镁生成 $REMg$、$REMg_2$、$REMg_3$、$REMg_9$ 等化合物，稀土金属微溶于镁中；与铝生成 $LaAl_4$、$LaAl_2$、$LaAl$、La_3Al、Ce_3Al_2 等化合物；与钴生成具有强磁性的化合物，如 $SmCo_5$、$SmCo_3$、$SmCo_2$、Sm_2Co_7、Sm_3Co、Sm_9Co_4 等，其中以 $SmCo_5$ 的磁性最强；与镍生成 $LaNi$、$LaNi_5$、La_3Ni_5 等化合物；与铜生成 YCu、YCu_2、YCu_4、YCu_5、$NdCu_5$、$CeCu$、$CeCu_2$、$CeCu_4$、$CeCu_6$ 等化合物。

由于稀土元素的原子体积比较大，因此与其他金属元素一般不能形成固溶体。稀土与碱金属及钙等均生成不互溶的体系。稀土在锆、铪、铌、钽中溶解度很小，一般只形成低共熔体。稀土与铬、钼、钨也不能生成化合物。

2.4 稀土元素的材料学性能

2.4.1 稀土元素的力学性能

稀土金属的机械性能受晶体结构、晶粒大小以及取向、杂质含量、生产工艺等因素的影响。这类性质包括硬度、强度和塑性。

（1）稀土金属的硬度　稀土金属的硬度测定是测定稀土金属力学性能最经济而简便的方法，它能够迅速得出稀土金属组织及其加工变形能力的信息。稀土金属的常温硬度值列于表2-10。

表 2-10　稀土金属的常温硬度

金属	纯度/%	硬度(HB)	金属	纯度/%	硬度(HB)
Sc	96~98	120~130	Gd	98	70
	99	75~100		99	60
	99.6	50~60		99.6	40~50
Y	97~98	90~100	Tb	99.8	70
	99	60	Dy	98.5	85
	99.8	40~50		99.6	55
La	98.2	32	Ho	98.2	85
Ce	98.5	28		99.5	50
Pr	98.5	40	Er	98.2	90
Nd	98	50		99.6	50
	99	32	Tm	98.2	85
	99.6	20~25		99	55
Sm	98.2	80	Yb	98	20
	99.5	35~45	Lu	98.2	120
Eu	98	10~15			

从表2-10的硬度数据可以看出，稀土金属的硬度不大，铕和镱的硬度值最低（HB10~20），和碱土金属钙、锶相近。镧、铈、钕属比较软的金属，与锡相似。钪、钇、铒、镥的硬度值最大，其余稀土金属的硬度值，随其纯度的不同而变化。纯度愈高的金属硬度值愈低，硬度值往往是纯度的标志。一般情况下，经过冷加工之后，稀土金属的硬度都会增加。

（2）稀土金属的强度与塑性　稀土金属（99%左右）常温下的强度与塑性数据列于表2-11。由表可以看出，稀土金属的拉伸强度σ_b和屈服强度$\sigma_{0.2}$很不相同，轻稀土金属的强度较低，重稀土金属（除镱外）的强度高，几乎是轻稀土金属的2倍。

表 2-11　稀土金属的常温力学性能

金属	拉伸强度 $\sigma_b/\times10MPa$	屈服强度 $\sigma_{0.2}/\times10MPa$	延伸率δ /%	金属	拉伸强度 $\sigma_b/\times10MPa$	屈服强度 $\sigma_{0.2}/\times10MPa$	延伸率δ /%
Sc[①]	26	17.7	5.0	Gd	18~22	16~19	7~10
Y	26~32	17~23	8~14	Tb	16~19	—	—
La	14~17	11~14	7~9	Dy	24~27	21~25	5~6
Ce	10~13	7~11	22~23	Ho	25~29	21~23	4~6
Pr	10~12	8~11	10~13	Er	26~30	20~26	4~6
Nd	15~19	14~17	8~13	Yb	7~8	6~7	6~7
Sm	12~14	11~12	2~3				

① 为纯度较高的稀土金属。

温度对稀土金属的强度与塑性有着重要的影响，总的趋势是，随着温度的升高，塑性增加，强度下降。不同的金属在不同的温区时，当温度升高时，可能会出现塑性下降或强度上升的现象，这主要是由于晶体变形方式的改变而引起应变时效的结果。某些金属的多晶转变也会引起力学性能随温度变化规律的改变。

高纯稀土金属具有良好的塑性。在稀土金属中，以铈的延展性为最好，例如，铈可以拉成金属丝，又可压成薄板。

2.4.2　稀土金属的工艺学性能

（1）稀土金属的铸造性　铸造性是指金属能否用铸造方法制成优良铸件的性能，它包括流动性、冷却时收缩性和偏析倾向等。熔融稀土金属流动性比较好，铸造比较方便。

（2）稀土金属的锻压性　锻压性是指金属能否用锻压方法制成优良铸件或轧件的性能。稀土金属锭可以通过不同的压力加工方法制成板材、棒材，但在室温下进行压力加工，稀土金属发生很大的冷作硬化，消除它的办法是进行退火。稀土金属具有很好热加工性能，但易于与空气中的氧气作用，故高温下压力加工要进行保护。铸造过程比压制过程困难，稀土金属锭块有龟裂倾向。

（3）稀土金属的焊接性　焊接性是金属材料是否容易用一定的焊接方法焊接成优良接头的性能。稀土金属可以焊接。但要注意，它们容易氧化，故影响其焊接性。

（4）稀土金属的切削加工性　切削加工性是金属材料是否易被刀具切削的性能。在对稀土金属进行切削加工时，主要困难是在于它的发火性，产生的小切屑有产生燃烧的危险。所以要低速切削，用油冷却工作；最大限度增大切屑尺寸，切屑及时收集装入油内。

由于稀土金属具有许多良好工艺学性能，所以在一定条件下可以根据实用需要而进行加工。

2.5　稀土元素特性的材料学应用

稀土元素特殊的电子层结构、物理和化学性质以及材料学特性在稀土材料中的应用可划分为以下几个大的范畴。

① 稀土元素具有相似且异常活泼的化学性质，极易同氧、氢、硫、氮等作用生成相应的稳定化合物，因此，稀土金属可用作还原剂，在冶金工业中作脱氧剂和脱硫剂等；稀土金属（如铈等）的燃点低，并在燃烧时放出大量的热，利用这一特性来制造打火石和军用发火合金材料。

② 稀土元素易与过渡金属元素形成金属间化合物，例如钐钴合金和钕铁硼合金等是优良的永磁材料；镧镍合金，如 $LaNi_5$ 和 $La_2Mg_{15}Ni_2$ 等在室温和 $0.2\sim0.3MPa$ 下能吸收大量的氢气，而且吸氢和放氢是可逆的，是很好的储氢材料。

③ 稀土元素大多都具有内层未充满的 4f 电子轨道及 4f 电子与其他层电子能级变化的性质，使高纯单一稀土元素和化合物可以作为优良的荧光、激光材料，电光源材料，彩色玻璃、陶瓷釉料以及磁性材料等。其中，磁性材料是利用未成对的 4f 电子的自旋排列；发光材料是利用 4f 轨道间的能级跃迁；而在玻璃的着色与脱色以及陶瓷釉料中的稀土元素则是利用其 4f 电子对光的吸收等性质。

④ 利用某些稀土元素（如铈、镨、铽等）具有变价的性质，其氧化还原性质可用作脱色剂、防辐射材料、稀土提取分离工艺以及许多稀土材料制备技术等方面。

⑤ 由于镧系收缩，从 La^{3+} 到 Lu^{3+} 的碱性逐渐减弱，Y^{3+} 的碱性介于 Ho^{3+} 和 Er^{3+} 之

间，Ce^{3+}的碱性最弱。这种性质影响稀土离子水解的难易程度等。镧系收缩也影响稀土元素的还原电位和电离能数值，从La^{3+}到Lu^{3+}还原性逐渐增强。因此，可利用混合稀土元素中镧和铈等比钐更易氧化这一性质，采用混合稀土金属（La、Ce等）来制备金属钐。

⑥ 有些稀土元素具有中子俘获截面大的性质，如钐、铕、钆、镝和铒可用于原子反应堆的控制材料，可燃毒物的减速剂；而像铈和钇的中子俘获截面小的稀土元素可用于反应堆燃料的稀释剂。钇的热中子俘获截面接近于铌，仅有1.38b，所以是原子能反应堆中很有前途的结构材料。钇还可作为合金添加剂，用以改善反应堆结构材料的力学性能。因此不少稀土元素也是重要的核材料。

第3章 稀土化合物及其材料应用

稀土材料中除少数直接使用稀土金属外，大多数是使用稀土元素的化合物。随着计算机、光纤通讯、超导、航空航天、原子能等高新技术的飞速发展，稀土元素及其化合物在这些领域所起的作用越来越重要。稀土元素的化合物种类繁多，而且还在不断增加，在现有的26000多种稀土化合物中，已确定结构的稀土无机化合物就有近4000种。在稀土化合物中，以氧化物和复合氧化物的合成和应用最多，因为稀土与氧的亲和力很强，它们易于在空气中合成。在不含氧的稀土化合物中，以卤化物和复合卤化物的合成和研究最多，因为它们是制备其他稀土化合物和稀土金属的原料。近年来，由于高技术新材料发展的需要，广泛开展了稀土硫化物、氮化物、硼化物等不含氧的稀土化合物以及稀土配合物的合成与应用研究，范围日益增大。本章就直接涉及材料应用方面的一些重要稀土化合物作些简要介绍。

3.1 稀土化合物的一般性质

稀土元素的特征氧化态是+3，三价稀土离子可与所有的阴离子形成晶体化合物。如果与RE^{3+}相匹配的阴离子是对热不稳定的（如OH^-、CO_3^{2-}、SO_4^{2-}、$C_2O_4^{2-}$、NO_3^-、SO_3^{2-}等），则相应的化合物受热分解为碱式盐或氧化物。如果阴离子是对热稳定的（如O^{2-}、F^-、Cl^-、Br^-、PO_4^{3-}等），则其无水化合物受热时只熔化而不分解。三价稀土离子形成固态化合物的难易及其热稳定性，可由表3-1所列典型化合物的某些热力学数据中得到启示。

表3-1 形成典型稀土固态化合物的某些热力学数据

化 合 物	$\Delta H^{\ominus}/(kJ/mol)$	$\Delta F^{\ominus}/(kJ/mol)$	$\Delta S^{\ominus}/[J/(mol \cdot ℃)]$
La_2O_3	−1793.3	−1707.1	−301.2
Gd_2O_3	−1815.9	−1723.8	−318.0
Yb_2O_3	−1814.2	−1715.4	−318.0
Y_2O_3	−1905.4	−1815.9	−301.2
Al_2O_3	−1673.2	−1576.5	−51.0
$LaCl_3$	−1070.7	−995.8	−246.9
$GdCl_3$	−1004.6	−928.8	−255.2
$YbCl_3$	−937.2	−861.9	−259.4
YCl_3	−937.6	−899.6	−246.9
$AlCl_3$	−695.4	−636.8	−167.4
LaI_3	−669.4	−665.3	−16.7
GdI_3	−594.1	−585.8	−25.1
YbI_3	−543.9	−535.6	−29.1
YI_3	−573.2	−569.0	−16.7
AlI_3	−314.6	−313.8	—

从表3-1可以看出所有这些数值均较铝的同类化合物要大，这就再说明它们的离子性较强。

稀土离子RE^{3+}由于半径相近，所以它们的许多化合物（尽管不是全部）是异质同晶。例如单一稀土的卤化物、氧化物、水合硫酸盐$RE_2(SO_4)_3 \cdot 8H_2O$、溴酸盐$RE(BrO_3)_3 \cdot 9H_2O$、许多硝酸复盐$2RE(NO_3)_3 \cdot 3M^{II}(NO_3)_2 \cdot 24H_2O(M^{II} = Mg, Zn, Ni, Mn)$ 和 $RE(NO_3)_3 \cdot$

$2NH_4NO_3 \cdot 4H_2O$ 等。与许多其他三价离子不同，稀土（Ⅲ）离子不能形成矾类。

一般而言，稀土离子与体积大、配位能力弱的一价阴离子如 NO_3^-、ClO_4^-、Cl^-、Br^-、I^-、BrO_3^-、CH_3COO^- 等形成的化合物是水溶性的，而与半径较小或电荷较高的阴离子如 F^-、OH^-、O^{2-}、CO_3^{2-}、$C_2O_4^{2-}$、CrO_4^{2-} 及 PO_4^{3-} 等所形成的化合物，由于离子间引力足够大，致使它们难溶于水。三价稀土盐类在水或非水介质中的溶解度与离子半径的关系比较复杂。有些随半径减小而减小（如磷二甲酯及 OH^- 的化合物）；有些随半径减小而增大（如硝酸镁的复盐）；有些则变化不规则（如硫酸盐和溴酸盐）。表 3-2 列出的数据表明了这种变化趋势。

表 3-2 典型稀土盐在水中的溶解度

RE^{3+}	溶解度/(g/100g 水)			
	$RE_2(SO_4)_3 \cdot 8H_2O(25℃)$	$RE(BrO_3)_3 \cdot 9H_2O(25℃)$	$RE[(CH_3)_2 \cdot PO_4]_3 \cdot nH_2O(25℃)$	$RECl_3 \cdot 6H_2O(20℃)$
Y	9.76	—	2.8	217.0
La	—	462.1	103.7	—
Ce	9.43	—	79.6	—
Pr	12.74	196.1	64.1	—
Nd	7.00	151.3	56.1	243.0
Pm	—	—	—	—
Sm	2.67	117.3	35.2	218.4
Eu	2.56	—	—	—
Gd	2.89	110.5	23.0	—
Tb	3.56	133.2	12.6	—
Dy	5.07	—	8.24	—
Ho	8.18	—	—	—
Er	16.00	—	1.78	—
Tm	—	—	—	—
Yb	34.78	—	1.2	—
Lu	47.27	—	—	—

轻稀土和重稀土元素的某些盐类，在溶解度上有明显的差别。根据这种差别人们把稀土分成铈组和钇组（见表 3-3）。这种差别在硫酸复盐 $RE_2(SO_4)_3 \cdot M_2^I SO_4 \cdot nH_2O$（$M^I$ = Na，K，Tl）中表现得最为明显。

表 3-3 稀土（Ⅲ）不同盐类在水中的溶解趋势

阴 离 子	铈组(Z=57～62)	钇组(Z=39,63～71)
Cl^-,Br^-,I^-		
NO_3^-,ClO_4^-	溶解	溶解
BrO_3^-,CH_3COO^-		
F^-	不溶	不溶
OH^-	不溶	不溶
HCO_3^-	微溶	中等溶度
$C_2O_4^{2-}$	不溶,不溶于 $C_2O_4^{2-}$	不溶,不溶于 $C_2O_4^{2-}$
CO_3^{2-}	不溶,不溶于 CO_3^{2-}	不溶,不溶于 CO_3^{2-}
NO_3^-（碱式盐）	适当溶	微溶
PO_4^{3-}	不溶	不溶
SO_4^{2-}（M^I 复盐）	不溶于 M_2SO_4 溶液	溶于 M_2SO_4 溶液

稀土（Ⅲ）离子与弱碱性阴离子（如 Cl^-、Br^-、I^-、NO_3^-、ClO_4^- 等）所成的盐在水中是强电解质。这可以用稀土氯化物在水溶液中的电导、离子迁移数及活度系数值来说明（见表 3-4）。

表 3-4 稀土氯化物溶液的某些物理性质

稀土离子	摩尔浓度	当量电导/(S/cm)	摩尔浓度	RE^{3+}的迁移数	质量摩尔浓度	平均活度系数($r^\pm$)
	0.00033	137.4			0.00125	0.7661
La^{3+}	0.00333	122.1	0.00301	0.4629	0.01247	0.5318
	0.03333	99.0	0.0311	0.4389		
	0.00033	134.9			0.00171	0.7728
Gd^{3+}	0.00333	120.2	0.0033	0.4602	0.00171	0.5345
	0.03333	98.4	0.0350	0.4315		
	0.00033	132.8			0.00114	0.7732
Yb^{3+}	0.00333	118.1	0.0035	0.4495	0.00114	0.5385
	0.03333	96.4	0.0346	0.4224		

由稀土（Ⅲ）溶液和固态时的物理性质清楚地说明，由于镧系收缩效应使得三价稀土化合物的离子特征由 La^{3+} 到 Lu^{3+} 略有减小。同时观察到盐类水溶液的水解趋势从 La^{3+} 到 Lu^{3+} 略有增加。然而与一般易水解的三价离子不同，三价稀土离子本身的水解并不显著，所以它与弱碱性阴离子的盐，其水溶液仅略呈酸性。只有当阴离子为强碱性（如 CN^-、S^{2-}、NO_2^-、OCN^-、N_3^-）时，由于这些阴离子强烈水解后产生足够浓度的 OH^-，以致与 RE^{3+} 作用而生成碱式盐或氢氧化物沉淀，这种趋势由 $La^{3+} \rightarrow Lu^{3+}$ 增加，这与稀土离子的碱性由 $La^{3+} \rightarrow Lu^{3+}$ 减小的次序是一致的。

3.2 稀土元素的几种非金属化合物

3.2.1 稀土氢化物

稀土金属能吸收大量的氢气，经 X 射线物相分析，均证明形成的氢化物为 REH_2。因此，稀土氢化物可由稀土金属与氢直接反应来制备，即：

$$RE + H_2 \Longrightarrow REH_2$$

但大多数还可继续反应，生成三氢化物（REH_3）及非整比氢化物。稀土氢化物作为储氢材料有着重要的用途，有关稀土合金氢化物体系的吸氢特征等将在第 11 章中介绍。

稀土氢化物按其结构可分为如下三类。

① La、Ce、Pr、Nd 的氢化物，它们的二氢化物（REH_2）具有立方面心结构，能与三氢化物（REH_3）生成连续固溶体。

② Y、Sm、Gd、Tb、Dy、Ho、Er、Tm 和 Lu 的氢化物，其中二氢化物具有氟化钙型结构，而三氢化物则有立方晶系结构。

③ Eu 和 Yb 的二氢化物，属正交晶系结构，类似于碱土金属氢化物。

稀土氢化物的某些性质见表 3-5。

稀土氢化物是一种脆性固体，比相应的稀土金属轻，加热到 900～1000℃时，氢化物分解，在真空中加热到 1000℃可以制得很纯的稀土金属粉末。常温下，稀土氢化物在空气中比较稳定，但遇水或酸则很快分解。REH_2 和 REH_3 均能与水反应，生成相应的氢氧化物，并放出氢气：

$$REH_2 + 3H_2O \Longrightarrow RE(OH)_3 + \frac{5}{2}H_2 \uparrow$$

$$REH_3 + 3H_2O \Longrightarrow RE(OH)_3 + 3H_2 （其中 RE 不为 Eu、Yb）$$

表 3-5 稀土氢化物的某些性质

元素	REH_2			REH_3		
	晶系	晶格常数/nm	密度/(g/cm³)	晶系	晶格常数/nm	密度/(g/cm³)
La	面心立方	$a=5.663$	5.14	面心立方	$a=5.604$	5.28
Ce	面心立方	$a=5.580$	5.43	面心立方	$a=5.539$	5.48
Pr	面心立方	$a=5.515$	5.84	面心立方	$a=5.486$	5.81
Nd	面心立方	$a=5.496$	5.94	面心立方	$a=5.42$	6.14
Y	面心立方	$a=5.205$	4.29	六方	$a=3.672, c=6.659$	3.946
Sc	面心立方	$a=4.783$				
Sm	面心立方	$a=5.363$	6.52	六方	$a=3.782, c=6.779$	6.06
Gd	面心立方	$a=5.303$	7.08	六方	$a=3.73, c=6.71$	6.57
Tb	面心立方	$a=5.246$	7.40	六方	$a=3.700, c=6.658$	6.81
Dy	面心立方	$a=5.201$	7.76	六方	$a=3.671, c=6.615$	7.12
Ho	面心立方	$a=5.165$	8.04	六方	$a=3.642, c=6.560$	7.40
Er	面心立方	$a=5.123$	8.36	六方	$a=3.621, c=6.526$	7.63
Tm	面心立方	$a=5.090$	8.61	六方	$a=3.599, c=6.489$	7.84
Lu	面心立方	$a=5.033$	9.22	六方	$a=3.558, c=6.443$	8.36
Eu	正交	$a=6.254$ $b=3.806$ $c=7.212$				
Yb	正交	$a=5.904$ $b=3.580$ $c=6.794$	8.09	面心立方	$a=5.192$	8.33

此外，稀土氢化物均能迅速与酸反应，生成相应的盐。它们在受热时均能分解成氢气和相应的金属。

轻稀土（Ce~Sm）的氢化物的磁性与稀土金属基本相同，重稀土氢化物的磁性比稀土金属的磁性低。镧由于没有 f 电子，它们形成 LaH_2 时，磁性略有下降，LaH_2 是抗磁性的。大多数氢化物是反铁磁性的，而 NdH_2 则具有铁磁性。铕和镱的氢化物与其他稀土氢化物有明显的不同，由于它们具有＋2 价态的稳定性，REH_2 的磁矩（7.0B.M.）接近于 Eu^{2+} 的磁矩（7.94B.M.）；而不像 Eu^{3+} 的磁矩。由于 Eu^{2+} 有 7 个 f 电子，有强磁性，EuH_2 在低温（25K）时转变为铁磁性。YbH_2 是反磁性物质。

稀土氢化物除 EuH_2 和 YbH_2 外，都是金属导体，甚至在某些情况下比纯金属的导电性还要好。YbH_2 和 EuH_2 是半导体或绝缘体，其中 YbH_2 在室温时，电阻为 $10^7\Omega\cdot cm$。电阻值随温度升高而减小，150℃时，电阻为 $2.5\times10^4\Omega\cdot cm$，表现出半导体的性质。稀土氢化物在接近三氢化物组成时，导电性由金属导体性变为半导体性。在 H/RE（原子比）大于 2.8 以后，表现出典型的半导体行为。一般认为六方型的三氢化物 REH_3 具有半导体性能。

3.2.2 稀土硼化物

稀土元素与硼能形成多种化合物，其中最重要的是四硼化物（REB_4）和六硼化物（REB_6）。

稀土硼化物的制备方法有如下几种。

（1）电解法 在熔融硼酸盐浴中电解稀土氧化物，在石墨坩埚中，于 950~1000℃温度及 3~15V 的分解电压进行电解（以坩埚为阳极，水冷的碳棒或钼棒作阴极），在阴极可制得 REB_6。此法的生产率低，而且在阴极可能有单质硼析出。

（2）还原剂还原法 使用还原剂，在一定条件下还原稀土氧化物以制得稀土硼化物。此法又可分如下几种。

① 用碳还原稀土氧化物和硼的氧化物

$$RE_2O_3 + 4B_2O_3 + 15C \longrightarrow 2REB_4 + 15CO$$

② 用碳化硼还原稀土氧化物

$$RE_2O_3 + 3B_4C \longrightarrow 2REB_6 + 3CO$$

反应是在 1500~1800℃，于真空或氢气中进行。

③ 用单质硼还原稀土氧化物

$$2RE_2O_3 + 22B \longrightarrow 4REB_4 + 3B_2O_2 \text{ (g)}$$
$$2RE_2O_3 + 30B \longrightarrow 4REB_6 + 3B_2O_2 \text{ (g)}$$

反应是在 1500~1800℃，在硼化锆或钼容器中进行。反应中氧化硼会挥发损失。此法不能用于制 YbB_4，因为金属镱有较高的蒸气压；也不能用于制备 ErB_6，因在此高温下，ErB_6 相对 ErB_4 和 B 来说是不稳定的。此法还可用来制备 REB_{12}。

(3) 两种单质直接化合法　将稀土金属和单质按配比混合，作成团块，在真空或氩气中加热 1300~2000℃，可以得到稀土硼化物。

稀土硼化物的某些性质列于表 3-6。

表 3-6　稀土硼化物的某些性质

元素	晶系	晶格常数 a/nm	密度 /(g/cm³)	熔点/℃	元素	晶系	晶格常数 a/nm	晶格常数 c/nm	密度 /(g/cm³)	熔点 /℃
		REB₆					REB₄			
La	立方	0.4153	4.72	2715	La	四方	0.732	0.4181	5.44	1800
Ce	立方	0.4141	4.80	2187	Ce	四方	0.7205	0.4091	5.74	
Pr	立方	0.4130	4.85	2610	Pr	四方	0.720	0.411	5.74	
Nd	立方	0.4126	4.95	2610	Nd	四方	0.7219	0.4102	5.83	
Sm	立方	0.4133	5.08	2580	Sm	四方	0.7174	0.4070	6.14	
Eu	立方	0.4178	4.94	2660	Eu	四方				
Gd	立方	0.4108	5.30	2510	Gd	四方	0.7144	0.4048	6.47	
Tb	立方	0.4102	5.39	2340	Tb	四方	0.7118	0.4029	6.50	
Dy	立方	0.4098	5.49	2200	Dy	四方	0.7101	0.4017	6.75	
Ho	立方	0.4096	5.45	2180	Ho	四方	0.7086	0.4008	6.88	
Er	立方	0.4101	5.58	2185	Er	四方	0.7071	0.3997	6.99	
Tm	立方	0.4110	5.59		Tm	四方	0.706	0.399	7.09	
Yb	立方	0.4147	5.56	2370	Yb	四方	0.701	0.400	7.31	
Lu	立方	0.4120	5.76	2170	Lu	四方	0.698	0.393	7.52	
Y	立方	0.4113	3.76	2297	Y	四方	0.709	0.401	4.36	2800

稀土六硼化物 REB_6 均属于立方晶系（CsCl 型）。稀土原子占据立方体的每一角顶，硼则位于立方体的中心。这类稀土硼化物都属金属键型的，因此它们都有很高的电导率，其电阻率与稀土金属的电阻相近。REB_6 的熔点均在 2000℃ 以上，受强热会发生分解，其反应式为：

$$REB_6 \longrightarrow RE + 6B \tag{1}$$
$$REB_6 \longrightarrow REB_4 + 2B \tag{2}$$

对于蒸气压较高的稀土金属来说，其 REB_6 按（1）式进行分解；对于蒸气压较低的稀土金属，则按（2）式分解，但也有例外。REB_6 能溶于王水、硫酸和硝酸的混合液（微热条件下）、氢氧化钠和过氧化氢的混合液及 15% 的氢氧化钠溶液中。

稀土四硼化物（REB_4）均属于四方晶系，它们的晶格常数随镧系原子半径的减小而减小。该类化合物为离子键，它们有较高的熔点，例如 YB_4 的熔点为 $2800℃$，LaB_4 的熔点为 $1800℃$。硼化镧等是优良的电子仪器的阴极材料，它们具有电子逸出功小和高的热电子发射密度，已用于制造大功率电子仪器的阴极。

3.2.3 稀土碳化物

虽然早在 1896 年就已知道了稀土碳化物，但较系统地研究只是近二三十年的事情。已知的稀土碳化物有：REC_2、RE_2C_3、RE_3C、RE_2C 和 REC 几类，其中主要的是前三类。它们的制备方法如下。

① 将稀土氧化物和碳在坩埚（氩气氛）中加热至 $2000℃$ 进行反应，当碳略过量时，可生成二碳化物：

$$RE_2O_3 + 7C \longrightarrow 2REC_2 + 3CO$$

② 将稀土金属氢化物和石墨混合，在真空中加热至 $1000℃$，可制得稀土碳化物。

③ 将稀土金属直接和碳混合压球，再放在钽坩埚中加热熔化，也可制得稀土碳化物。

稀土碳化物的某些性质列于表 3-7。

表 3-7 稀土碳化物的某些性质

元素	REC₂					RE₂C₃				RE₃C		
	晶格常数		电阻	密度	熔点	晶格常数	电阻	密度	熔点	晶格常数	电阻	密度
	a/nm	c/nm	/μΩ	/(g/cm³)	/℃	a/nm	/μΩ	/(g/cm³)	/℃	a/nm	/μΩ	/(g/cm³)
La	0.3934	0.6572	45	5.319	2360	0.8034	340	6.079	1430			
Ce	0.3878	0.6488	60	5.586	2290	0.8448	398	6.969	1530			
Pr	0.3855	0.6434	39	5.728	2160	0.8573		6.621	1550			
Nd	0.3823	0.6406	44	5.970	2260	0.8521	322	6.902	1620			
Sm	0.3770	0.6331	34	6.434	2227	0.8399		7.477		0.5172	190	8.139
Eu												
Gd	0.3718	0.6275	30	6.939	2265	0.8322		8.024		0.5126	150	8.701
Tb	0.3690	0.6117	35	7.176	2097	0.8243		8.335		0.5107		8.882
Dy	0.3669	0.6176	31.1	7.450	2245	0.8198				0.5079		9.211
Ho	0.3643	0.6139		7.701		0.8176		8.892		0.5061		9.434
Er	0.3620	0.6094	46.8	7.954	2280	0.8116				0.5034		9.708
Tm	0.3600	0.6047	515	8.175	2180	0.8083				0.5016		9.901
Yb	0.3637	0.6109		8.097		0.8083				0.4993		10.26
Lu	0.3563	0.5964		8.728						0.4965		10.54
Y	0.3661	0.6173	30	4.528		0.8227	446		1800	0.5102		5.41

Sm～Lu 和 Y 的 RE_3C 具有面心立方的 Fe_4N 型化合物的结构，La～Ho 和 Y 的 RE_2C_3 的结构为体心立方，镧系元素和 Y 的 REC_2 具有体心四方的 CaC_2 型结构。

稀土碳化物的熔点都比较高，其中 REC_2 的熔类均在 $2000℃$ 以上，RE_2C_3 的熔点也在 $1500℃$ 左右，这两类稀土碳化物具有金属的导电性。所有的稀土碳化物在潮湿空气中不稳定，在室温下遇水会水解而生成稀土氢氧化物和气体产物，RE_3C 水解得到甲烷和氢的混合物，RE_2C_3 和 REC_2 与水反应得到乙炔，伴随有氢和少量的碳氢化物。在 YbC_2 中金属是二价的，它水解时主要生成乙炔而不产生氢，它与碱金属的碳化物相似。

3.2.4 稀土硅化物

稀土硅化物有 $RESi$、$RESi_2$、RE_5Si、RE_3Si_5、RE_3Si_2 等多种类型。其制备方法有以下几种。

① 在熔化的硅酸盐浴中电解稀土氧化物。电解质为硅酸钙、氟化钙和氯化钙混合物。电解条件为 1000℃ 和 8～10V。在阴极可得到稀土硅化物。

② 用硅还原稀土氧化物。将原料磨细混匀放在刚玉舟中，在真空中加热 1000～1600℃，可制得 $RESi_2$，其反应如下：

$$RE_2O_3 + 7Si \longrightarrow 2RESi_2 + 3SiO\uparrow$$

③ 单质直接化合。将单质硅和稀土金属粉末混合并制成团块，在真空中熔化（反应）而生成 $RESi_2$。

稀土硅化物的某些性质列于表 3-8。

表 3-8　稀土硅化物的某些性质

元素	RESi					RESi₂					RE₅Si₃		RE₃Si₅	
	晶格常数			密度 /(g/cm³)	熔点 /℃	晶格常数			密度 /(g/cm³)	熔点 /℃	晶格常数			
	a/nm	b/nm	c/nm			a/nm	b/nm	c/nm			a/nm	b/nm	a/nm	b/nm
La	0.448	0.402	0.604			0.431 (β)		0.1380	5.1	1520	0.795	0.1404	0.425	0.1405
Ce	0.8302	0.3962	0.5964	5.67	1530	0.427 (β)		0.1390	5.45	1420	0.789	0.1377	0.418	0.1382
Pr	0.829	0.394	0.594			0.429 (β)		0.1376	5.64		0.793	0.1397		
Nd	0.821	0.393	0.589			0.413	0.410	0.1379	5.62	1525	0.781	0.1391	0.413	0.1371
Sm	0.813	0.390	0.583			0.411	0.404	0.1346	6.13		0.856	0.645		
Eu	0.472	0.1115	0.399			0.429		0.1366	5.52	1500				
Gd	0.800	0.385	0.573			0.409	0.401	0.1344	6.43	1540	0.851	0.639	0.388	0.417
Tb	0.797	0.382	0.569			0.407	0.398	0.1337			0.842	0.629		
Dy	0.424	0.105	0.382			0.404	0.394	0.1334	6.18	1550	0.837	0.626	0.383	0.412
Ho	0.781	0.379	0.563			0.403	0.392	0.1329			0.834	0.62		
Er	0.419	0.1040	0.379			0.378	0.409	0.731			0.829	0.621	0.379	0.409
Tm	0.418	0.1035	0.378			0.376	0.407	0.748			0.825	0.618		
Yb	0.419	0.1035	0.377			0.377	0.410	0.754			0.823	0.619		
Lu	0.415	0.1024	0.375			0.374	0.409	0.781			0.821	0.619	0.375	0.404
Y	0.425	0.1053	0.383	4.53	1870	0.404 (β)		0.1342	4.39	1520	0.842	0.634	0.384	0.414

$RESi_2$ 有几种结构。轻、中稀土二硅化物在低温时为正交晶系，高温时为四方晶系；重稀土（Er～Lu）的二硅化物为六方晶系。

稀土硅化物的熔点都较高，绝大多数都在 1500℃ 以上，其中 RESi 型的熔点比相同稀土的 $RESi_2$ 型还要高。稀土硅化物的电阻率比相应的稀土金属的电阻率大，电阻温度系数为正，但在 500℃ 时电阻率温度系数变为负。稀土硅化物容易与盐酸、氢氟酸作用，并与 Na_2CO_3-K_2CO_3 的低共熔物作用而被分解。

3.2.5　稀土氮化物

稀土氮化物常用下述方法制备。

① 稀土金属与氮直接化合。

在电弧炉中把金属加热到 800～1200℃，通入氮气即可制得 REN。其反应为：

$$2RE + N_2 \Longrightarrow 2REN$$

② 稀土氢化物与氮气作用，反应温为 600～800℃（La～Sm）或 1000～1200℃（Gd～Lu）：

$$2REH_3 + 2N_2 \Longrightarrow 2REN + 2NH_3$$

③ 将金属铕和镱溶解在液氨中，先形成 $RE(NH_3)_6$，然后缓慢地变为 $RE(NH_3)_2$，再在真空条件下，温度高于 1000℃，产生三价稀土氮化物 EuN 和 YbN。

稀土氮化物的一些性质见表 3-9。

$$REN + 3H_2O \longrightarrow RE(OH)_3 + NH_3 \uparrow$$

表 3-9　稀土氮化物的某些性质

氮化物	晶系	晶格常数 a/nm	密度/(g/cm³)	熔点/℃	电阻率/$\mu\Omega \cdot m$
LaN	立方	0.5302	6.73	2450	31.6
CeN	立方	0.5023	7.89	2560	19.9
PrN	立方	0.5155	7.467	2570	39.8
NdN	立方	0.5131	7.691	2560	
SmN	立方	0.5049	8.495		
EuN	立方	0.5006	8.765		
GdN	立方	0.4986	9.105	2900	
TbN	立方	0.4936	9.567		
DyN	立方	0.4894	9.933		
HoN	立方	0.4877	10.26		
ErN	立方	0.4836	10.26		
TmN	立方	0.4810	10.84		
YbN	立方	0.4792	11.33		
LuN	立方	0.4753	11.59		
YN	立方	0.4877	5.60	≥2670	

稀土氮化物具有立方晶系的 NaCl 型结构，每个 RE 原子周围有 6 个 N 原子，而每个 N 原子周围均有 6 个 RE 原子，即 RE 为 6 配位的，RE-N 之间的化学键为离子型的（而其他 V_A 的稀土化合物主要是共价键），其晶格常数随稀土元素的原子半径减小而减小。稀土氮化物的熔点都很高，一般都高于 2400℃，尤其是 GdN 的熔点高达 2900℃，而且 REN 在高温下是稳定的。REN 在湿空气中会缓慢水解，并放出氨气：

$$REN + 3H_2O \longrightarrow RE(OH)_3 + NH_3 \uparrow$$

这类化合物能溶于酸，与碱作用时也会水解而产生氢氧化物并放出氨。大多数稀土氮化物是半金属的导体。而 ScN、GdN、YbN 等稀土氮化物具有半导体的特性。

3.2.6　稀土硫化物

稀土元素能与硫生成多种化合物，如 RES、RES_2、RE_2S_3、RE_3S 等。与重金属不同，稀土盐溶液通入硫化氢时得不到硫化物的沉淀，加入硫化铵时得到的沉淀也不是硫化物而是氢氧化物。因此，稀土硫化物总是用干法制备的。具体来说，可通过以下方法来制取稀土硫化物。

① 在封管中将两种单质按一定比例混合，缓慢升温，然后保持于 1000℃，可得到一硫化物：

$$RE + S \longrightarrow RES$$

② 用铝还原 RE_2S_3。将混合物加热到 1000～1200℃，产生 RE_3S_4，继续加热到 1500℃，并在真空（1.33Pa）条件下，得 RES，而副产物 Al_2S_3 则升华分出，反应如下：

$$9RE_2S_3 + 2Al \longrightarrow 6RE_3S_4 + Al_2S_3 \uparrow$$
$$3RE_3S_4 + 2Al \longrightarrow 9RES + Al_2S_3 \uparrow$$

③ 将金属氢氧化物与 RE_2S_3 在 $1800 \sim 2200$℃ 和 133（$10^{-4} \sim 10^{-5}$）Pa 的压力下反应可得到 RES，例如：

$$CeH_3 + Ce_2S_3 \longrightarrow 3CeS + \frac{3}{2}H_2$$

④ 熔盐电解 RE_2S_3。如用 $CeCl_3$ 和 Ce_2S_3 熔于 NaCl-KCl 低共熔混合物中，在 800℃ 条件下电解，最初产物为 Ce，但随后 Ce 熔于熔盐而将 Ce_2S_3 还原，即：

$$Ce_2S_3 \longrightarrow Ce_3S_4 \longrightarrow CeS$$

稀土中 EuS 不能用此法制备，但可用 H_2S 和 $EuCl_3$ 反应制取：

$$2EuCl_3 + 3H_2S \Longleftrightarrow 2EuS \downarrow + 6HCl + S$$

⑤ RE_2S_3 的制备，可在石墨舟中，以干燥的 H_2S 气同 RE_2O_3 进行反应，在 500℃ 先生成硫氧化物，温度升至 $1250 \sim 1300$℃ 时即得 RE_2S_3：

$$3H_2S + RE_2O_3 \Longleftrightarrow RE_2S_3 + 3H_2O$$

也可在 600℃ 下真空分解 RES_2 来制备：

$$2RES_2 \Longleftrightarrow RE_2S_3 + S$$

稀土硫化物的一些性质列于表 3-10。

稀土硫化物的结构比较复杂。其中 RES 属于面心立方的 NaCl 结构，每个 RE 周围有 6 个 S，而每个 S 周围有 6 个 RE，RE 和 S 的配位数均为 6。RE_2S_3 则有 α、β、γ、δ、ε、ζ 六种晶型。而且在一定温度和压力条件下，RE_2S_3 的晶型会发生转变。

表 3-10　稀土硫化物的某些性质

元素	RES				RE_2S_3						RES_2			
	晶系	晶格常数 a/nm	密度 /(g/cm³)	熔点 /℃	晶系	晶格常数 a/nm	c/nm	密度 /(g/cm³)	熔点 /℃	晶系	晶格常数 a/nm	c/nm	密度 /(g/cm³)
La	立方	0.5854	5.86	2327	斜方	0.7584	0.4144	5.00	2127	四方	0.4147	0.8176	4.90
Ce	立方	0.5790	5.98	2450	斜方	0.7513	0.4091	5.18	2060①	立方	0.812		5.07
Pr	立方	0.5747	6.08	2227	斜方	0.7472	0.4058	3.19	1795①	立方	0.808		5.16
Nd	立方	0.5690	6.36	2140	斜方	0.7442	0.4029	5.52	2207	四方	0.4022	0.8031	5.34
Sm	立方	0.5970	6.01		斜方	0.7382	0.3974	5.59	1780①	立方	0.790		5.66
Eu	立方	0.5968	5.75		立方①	0.8415		6.02		六方	0.786	0.803	
Gd	立方	0.5566	7.26	2027	斜方	0.7338	0.3932	6.19	1887	六方	0.783	0.796	5.98
Tb	立方	0.5517			斜方	0.7303	0.3901	6.28					
Dy	立方	0.5490		1977	斜方	0.7279	0.3878	5.97	1490①	四方	0.769	0.785	6.48
Ho	立方	0.5457			斜方②	0.175	0.1015	6.06					
Er	立方	0.5424	7.10		斜方②	0.1733	0.1007	6.21	1730②				
Tm	立方	0.5412			立方	0.1051							
Yb	立方	0.5696	6.74		立方	0.1247		6.04					
Lu	立方	0.5350			立方③	0.6722		7.30					
Y	立方	0.5496	4.92		单斜②	0.1752	0.1017		1600②	六方	0.711	0.789	

① 为 γ 型。

② 为 δ 型。

③ 为 ε 型，其余皆为 α 型晶体。

稀土硫化物在干燥空气中稳定，但室温下在潮湿空气中能部分分解并放出硫化氢。稀土硫化物不溶于水，易与酸反应放出硫化氢并生成相应的盐。稀土硫化物在空气中加热到 $200 \sim 300$℃ 时，开始氧化为碱式硫酸盐，例如，Ce、Pr、Nd、Sm 的硫化物、硫氧化物都可氧化为碱式硫酸盐。稀土硫化物与 CO_2、N_2 不反应。

稀土硫化物在高温时分解（RE_2S_3 在熔点时有较高的蒸气压），如，Sm_2S_3 在 1800℃分解为 S 和 Sm_3S_4，Y_2S_3 在 1700℃时分解为 Y_5S_7。稀土硫化物的熔点都比较高（如 CeS 的熔点高达 2450℃），耐热性及化学稳定性都较好，可用作熔炼难熔金属的坩埚材料。钐的硫化物具有热电性，是很有前途的半导体材料。

3.2.7 稀土氧化物与氢氧化物

3.2.7.1 稀土氧化物

除了铈、镨、铽外，其余的稀土氧化物 RE_2O_3，均可由加热分解其草酸盐、碳酸盐及氢氧化物而得到。加热分解其硝酸盐或硫酸盐也可生成氧化物，但温度要更高些。用金属与氧直接反应同样可得氧化物。对铈、镨和铽三个元素来说，它们稳定氧化物分别为 CeO_2、Pr_6O_{11} 和 Tb_4O_7。只有在高温下还原上述高氧化物方能得到相应的氧化物 RE_2O_3。稀土氧化物在新材料中有着极其广泛而重要的应用，例如，钕、钐、铕、钆、铽、镝的氧化物广泛应用于发光材料、永磁材料和超导材料；含氧化镧的玻璃具有高折射率，用于光学仪器等；氧化钇在原子能反应堆中用作中子吸收材料。

（1）稀土氧化物的结构　稀土氧化物的结构相当复杂，类型也很多，但主要取决于氧化物中稀土元素的价态、离子半径及生成温度。在 2000℃以下，三价稀土氧化物（RE_2O_3）具有 A、B、C 三种不同的结构类型，它们之间的结构转变可用它们的相图来表示。由图 3-1 可以看出氧化物的结构主要决定于金属离子的大小和生成时的温度。高温时形成 A 型或 B 型，低温形成 C 型。轻稀土 La～Nd 的氧化物是 A 型结构、重稀 Y 和 Ho～Lu 的氧化物是 C 型结构，而位于镧系中部的稀土氧化物则为 B 型结构。

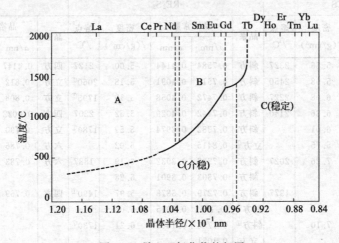

图 3-1　稀土三氧化物的相图

如图 3-2 所示，在 A 型结构 RE_2O_3 中，稀土离子是七配位的，有 6 个氧原子围绕稀土离子呈八面体排布，第 7 个氧原子则处在八面体的一个面中心；在 B 型 RE_2O_3 中，稀土离子也是七配位的，其中 6 个氧原子也是八面体排布，余下的 1 个氧原子与金属原子的键要比其他的键长；在氟化钙型结构中，每个金属原子被 8 个氧原子包围，它们分布在一个立方体的 8 个顶角上，每个氧原子又被 4 个金属离子包围，这 4 个金属离子分布在一个四面体顶角上；C 型结构则是在氟化钙型结构中移去 1/4 的阴离子，金属离子是六配位的。C 型 RE_2O_3 的结构和氟化钙型结构类似，这可说明为什么 C 型的 RE_2O_3 容易与高价 Ce、Pr、Tb 的氧化物（它们都是氟化钙型结构）生成混合晶体。

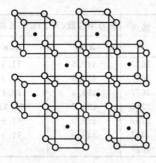

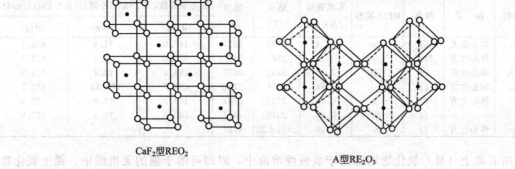

CaF₂型REO₂ 的部分

A型RE₂O₃

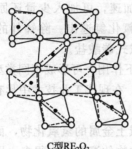

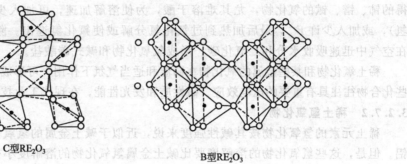

C型RE₂O₃

B型RE₂O₃

图 3-2 稀土氧化物的结构

● 稀土金属原子；○ 氧原子

稀土氧化物的结构在一定温度条件下是可以相互转变的，例如 C 型 Eu₂O₃ 约在 1100℃时转变为 B 型结构，在 2040℃转变为 A 型结构。在 2000℃ 以上还有两种结构形式，即 H 型和 X 型。

（2）稀土氧化物的性质 稀土氧化物的主要性质列于表 3-11。稀土氧化物各具不同颜色，其颜色变化规律与三价稀土离子的颜色基本一致，只是由于离子极化而导致颜色加深。稀土氧化物具有很高的熔点，它们的热稳定性和氧化钙、氧化镁相近。稀土氧化物的磁矩与相应的三价离子的磁矩相近。

表 3-11 稀土氧化物的主要性质

氧化物	晶　系	颜色	RE³⁺基态	实测磁矩/A·m²	熔点/℃	沸点/℃	热力学常数(在 298.15K 时)/(×4.184kJ/mol)		
							$\Delta H_形$	$\Delta S_形$	$\Delta G_形$
La₂O₃	六方	白	$^1S_0$	0.00	2256	3347	428.7	70.04	407.8
Ce₂O₃	六方	白	$^2F_{5/2}$	2.56	2210±10	3457	430.9	73.50	409.0
Pr₂O₃	六方	黄绿	$^3H_4$	3.55	2183	3487	435.8	70.5	414.8
Nd₂O₃	六方	浅蓝	$^4I_{9/2}$	3.66	2233	3487	432.4	71.12	411.2
Pm₂O₃			$^5I_4$	(2.83)	2320				
Sm₂O₃	单斜	浅黄	$^6H_{5/2}$	1.45	2269	3507	433.9	70.65	412.8
Eu₂O₃	体心立方	白	$^7F_0$	3.51	2291	3510	392.3	76.0	439.6
Gd₂O₃	体心立方	白	$^8S_{7/2}$	7.90	2339	3627	433.9	68.3	413.4
Tb₂O₃	体心立方	白	$^7F_0$	9.63	2303		445.6	71.0	424.4
Dy₂O₃	体心立方	白	$^6H_{15/2}$	10.5	2228	3627	446.8	73.5	424.9

氧化物	晶　系	颜色	RE^{3+}基态	实测磁矩/A·m²	熔点/℃	沸点/℃	热力学常数(在 298.15K 时)/(×4.184kJ/mol)		
							$\Delta H_形$	$\Delta S_形$	$\Delta G_形$
Ho_2O_3	体心立方	白	$^5I_8$	10.5	2330	3627	449.5	71.9	428.1
Er_2O_3	体心立方	粉红	$^4I_{15/2}$	9.5	2344	3647	453.6	71.9	432.2
Tm_2O_3	体心立方	白	$^3H_6$	7.39	2341	3677	451.4	72.4	429.8
Yb_2O_3	体心立方	白	$^2F_{7/2}$	4.34	2355	3747	433.7	70.32	412.7
Lu_2O_3	体心立方	白	$^1S_0$	0.00	2427	3707	448.9	71.9	427.5
Y_2O_3	体心立方	白	$^1S_0$	0.00	2376	4437	448.9	71.9	427.5
Sc_2O_3	体心立方	白	$^1S_0$	0.00	2403±20	4027			

所有稀土（Ⅲ）氧化物均难溶于或碱性溶液中，但却可溶于强的无机酸中。稀土氧化物与酸反应的难易程度，与氧化物的制备方法、灼烧温度以及金属离子的半径有关。一般是高温制得的比较难溶，金属离子半径越小（相应氧化物的碱性减小）反应越困难。高温灼烧而得的铈、镨、铽的氧化物，尤其难溶于酸，为使溶解加速，可加入少量还原剂（如过氧化氢），或加入少许 F^-，最后加热到过氧化氢分解或使氟化氢逸出。除铈外的轻稀土氧化物在空气中迅速吸收水分和二氧化碳，形成氢氧化物和碱式碳酸盐。

稀土氧化物和某些金属的氧化物在高温和适当气氛下作用，可形成不同类型的化合物。这些化合物往往具有重要的压电效应、磁性质和发光性能，在现代工业技术中具有重要意义。

3.2.7.2　稀土氢氧化物

稀土元素的氢氧化物按其碱性强度来说，近似于碱土金属的氢氧化物，而不近似氢氧化铝。但是，这些氢氧化物的溶解度要比碱土金属氢氧化物的溶解度小得多，因此，可以用氨或稀碱溶液加入到稀土盐的溶液中，将稀土氢氧化物 $RE(OH)_3$ 沉淀出来。温度高于 200℃时，$RE(OH)_3$ 转变成脱水的氢氧化物 $REO(OH)$。在 193～420℃和 $12.159×10^5$～$7.093×10^7Pa$ 条件下，从氢氧化钠溶液中产生晶状的稀土氢氧化物。晶形的氢氧化物属六方晶系。不同稀土盐的溶液中氢氧化物开始沉淀的 pH 值略有不同。由于镧系收缩，三价稀土离子的电子势 Z/r 随原子序数的增大而增加，所以开始沉淀的 pH 值随原子序数的增大而降低。稀土氢氧化物的主要性质见表 3-12。

表 3-12　稀土氢氧化物的主要性质

氢氧化物	颜色	沉淀的 pH 值			$RE(OH)_3$ 的溶度积(25℃)	晶格常数/×0.1nm	
		硝酸盐	氯化物	硫酸盐		a	c
$La(OH)_3$	白	7.82	8.03	7.41	$1.0×10^{-19}$	6.52	3.86
$Ce(OH)_3$	白	7.60	7.41	7.35	$1.5×10^{-20}$	6.50	3.82
$Pr(OH)_3$	浅绿	7.35	7.05	7.17	$2.7×10^{-20}$	6.45	3.77
$Nd(OH)_3$	紫红	7.31	7.02	6.95	$1.9×10^{-21}$	6.42	3.67
$Sm(OH)_3$	黄	6.92	6.82	6.70	$6.8×10^{-22}$	6.35	3.65
$Eu(OH)_3$	白	6.82	—	6.68	$3.4×10^{-22}$	6.32	3.62
$Gd(OH)_3$	白	6.83	—	6.75	$2.1×10^{-22}$	6.30	3.61
$Tb(OH)_3$	白	—	—	—	—	6.28	3.57
$Dy(OH)_3$	浅黄	—	—	—	—	6.28	3.56
$Ho(OH)_3$	浅黄	—	—	—	—	6.24	3.53
$Er(OH)_3$	浅红	6.75	6.50	—	$1.3×10^{-23}$	6.23	3.51
$Tm(OH)_3$	浅绿	6.40	6.20	—	$2.3×10^{-24}$	6.21	3.49
$Yb(OH)_3$	白	6.30	6.18	—	$2.9×10^{-24}$	6.21	3.46
$Lu(OH)_3$	白	6.30	6.18	—	$2.5×10^{-24}$		
$Y(OH)_3$	白	6.95	6.78	6.83	$1.6×10^{-23}$	6.25	3.53
$Sc(OH)_3$	白	4.9	4.8	—	$4×10^{-30}$		
$Ce(OH)_4$	黄	0.7～1	—	—	$4×10^{-51}$		

稀土氢氧化物难溶于水，但可溶于无机酸生成盐。所有的稀土氢氧化物均呈碱性（其碱性随离子半径的减小而减弱），它们可吸收空气中的二氧化碳形成碱式碳酸盐。脱水的稀土氢氧化物 REO(OH) 也可以在高温高压下通过水热合成来制备，得到的化合物属于单斜晶系。三价铈的氢氧化物不稳定，只能在真空条件下制备，它在空气中将被缓慢氧化，在干燥情况下很快转变为黄色的四价铈的氢氧化合物。因此，三价铈的氢氧化物是一种很强的还原剂。

3.2.8 稀土卤化物

稀土卤化物包括无水卤化物、水合卤化物和卤氧化物。前两者是精矿分解的最初产品，也是制备稀土材料的重要原料，其中以氯化物和氟化物尤为重要。三价稀土氯化物和氟化物的一些物理性质列于表 3-13。

表 3-13　三价稀土氯化物和氟化物的物理性质

金属元素	三价稀土氯化物						三价稀土氟化物					
	熔点/℃	沸点/℃	密度/(g/cm³)	热力学常数/(kJ/mol)			熔点/℃	沸点/℃	密度/(g/cm³)	热力学常数/(kJ/mol)		
				$\Delta H_生$	$\Delta H_熔$	$\Delta H_蒸$				$\Delta H_生$	$\Delta H_熔$	$\Delta H_蒸$
Y	904	1507	2.67				1152	2227	5.069			
La	860	1750	3.84	−1070.7	54.4		1490	2327	5.936	(−1761.5)		
Ce	848	1730	3.92	−1057.7			1437	2327	6.157	(−1740.5)		
Pr	786	1710	4.02	−1054.8	50.6	218.8	1460	2327	6.140	(−1728.0)	33.5	259.4
Nd	784	1690	4.13	−1027.6	50.2	216.7	1374	2327		(−1715.4)		259.4
Sm	678	分解	4.46	−1016.7	33.5		1306	2323	6.925	(−1694.5)	33.5	
Eu	626	分解	4.89	(−974.9)			1276	2277	7.088	(−1635.9)		
Gd	609	1580	4.52	(−1004.6)	40.2	188.3	1231	2277		(−1640.1)		
Tb	586	1550	4.35	(−1008.2)	29.3	188.3	1172	2277			33.5	251.0
Dy	718	1530	3.67	(−987.4)	29.3	188.3	1154	2227	7.465	(−1665.2)	33.5	251.0
Ho	718	1510		−974.9	29.3	184.1	1143	2227	7.829	(−1652.7)	33.5	251.0
Er	774	1500		−884.5	32.6	184.1	1140	2227	7.814	(−1640.1)	33.5	251.0
Tm	824	1490		−958.1	37.7	184.1	1158	2227	8.220	(−1635.9)	33.5	251.0
Yb	865	分解	2.57	−956.9	37.7		1157	2227	8.168	(−1573.2)	33.5	251.0
Lu	905	1480	3.98	−953.5	37.7	179.9	1182	2227	8.440	(−1640.1)	33.5	251.0

注：括号内为近似值。

可以看出它们具有熔点和沸点，无挥发性，呈结晶状，熔化时导电良好。所有这些说明稀土卤化物是离子键的，这与其他三价离子，如 Fe^{3+}、Cr^{3+}、Al^{3+}、In^{3+} 不同，后者具有共价性。

一般情况下，稀土卤化物都含有一定的水分子，氟化物组成一般为 $REF_3 \cdot H_2O$。水合稀土氯化物的组成和结构参数见表 3-14。除了氟化物外，卤化物在水中均有较大的溶解度，并且随温度升高而增大。氟化物在水中是难溶的。

稀土卤化物在非水溶剂中的溶解度也已测得。在醇中，溶解度一般随碳链的增长而下降；在乙酸和甲酸中的溶解度都较大；在醚、二氧六环和四氢呋喃中的溶解度较小，而在磷酸三丁酯中则有相当大的溶解度。

水合稀土卤化物在热分解时总伴随有水解反应，生成稀土卤氧化物：

$$REX_3 \cdot nH_2O \longrightarrow REOX(s) + 2HX(g) + (n-1)H_2O(g)$$

因此，水合物脱水总不能得到纯净的无水稀土卤化物。若在氯化铵存在下脱水，且控制温度

表 3-14　稀土氯化物的结构参数和溶解度

化　合　物	晶系	晶　胞　参　数						溶解度(25℃)/(mol/kg 水)
		a/nm	b/nm	c/nm	α/(°)	β/(°)	γ/(°)	
$LaCl_3 \cdot 7H_2O$	三斜	0.8282	0.9237	0.8058	107.81	98.63	71.52	3.8944
$CeCl_3 \cdot 7H_2O$	三斜	0.8276	0.9212	0.8014	107.51	98.39	71.51	3.748
$PrCl_3 \cdot 7H_2O$	三斜	0.8232	0.9164	0.7984	107.45	98.32	71.44	3.795
$NdCl_3 \cdot 6H_2O$	单斜	0.8005	0.6583	0.9717		93.75		3.9307
$SmCl_3 \cdot 6H_2O$	单斜	0.7964	0.6554	0.9673		93.71		3.6414
$EuCl_3 \cdot 6H_2O$	单斜	0.7936	0.6529	0.9659		93.67		3.619
$GdCl_3 \cdot 6H_2O$	单斜	0.7923	0.6525	0.9651		93.65		3.5898
$TbCl_3 \cdot 6H_2O$	单斜	0.7924	0.6523	0.9648		93.63		3.5795
$DyCl_3 \cdot 6H_2O$	单斜							3.6302
$HoCl_3 \cdot 6H_2O$	单斜							3.739
$ErCl_3 \cdot 6H_2O$	单斜							3.7480
$TmCl_3 \cdot 6H_2O$	单斜							
$YbCl_3 \cdot 6H_2O$	单斜							4.0028
$LuCl_3 \cdot 6H_2O$	单斜	0.7798	0.6452	0.9545		93.65		4.136
$YCl_3 \cdot 6H_2O$	单斜							3.948

在 130～200℃ 时可以得到无水稀土卤化物，其反应如下：

$$REOX + 2NH_4Cl \longrightarrow RECl_3(s) + NH_3(g) + H_2O(g)$$

过量的氯化铵在 200～300℃ 真空中除去。

　　无水稀土氯化物大多是白色固体，具有较高的熔点和沸点（见表 3-13），并具有良好的导电性能，这些性质都表明它们是离子化合物，而三价铁、铝、铬的氯化物都是共价化合物，较易挥发，因此，在氯化过程中可以根据它们的挥发性不同而使稀土与上述元素分离。在稀土材料的生产和应用中，无水稀土氯化物也具有重要意义。

3.3　稀土元素的几种含氧酸盐

　　稀土元素可以形成多种含氧酸盐，而且多数都含有结晶水，它们的溶解以及形成复盐的情况有很大的不同。稀土硝酸盐和硫酸盐等有强烈的吸湿性，易溶于水和稀无机酸；草酸盐则难溶于水和无机酸。此外，磷酸盐、碳酸盐也难溶于水。稀土（Ⅲ）离子与所有的阴离子形成盐都是晶体，它们受热时的情况也各有不同。稀土硝酸盐、硫酸盐和碳酸盐热分解时，都通过碱式盐形态，最终变成氧化物。硝酸盐在 125℃ 时开始分解，温度在 360℃ 时变成氧化物。硫酸盐在 500℃ 以下稳定，到 900℃ 时变成 $RE_2O_3 \cdot SO_3$，当温度超过 1000℃ 时变成氧化物。碳酸盐分解温度差别较大，分别是：碳酸镧为 830℃；碳酸铈为 670℃；碳酸镨为650℃；碳酸钕为 575℃；碳酸钐为 570℃。稀土草酸盐的热分解则是经过碳酸盐形态，最终变成氧化物，它们的热分解温度差别也很大，草酸铈最低（360℃）而草酸镧最高（800℃）。这些性质在稀土分离和稀土材料制备中都有着重要应用。

3.3.1　稀土碳酸盐

　　往可溶性的稀土盐溶液中加入略为过量的 $(NH_4)_2CO_3$，即可得到稀土碳酸盐，其反应如下：

$$2RE^{3+} + 3CO_3^{2-} \Longrightarrow RE_2(CO_3)_3 \downarrow$$

得到的沉淀为正碳酸盐，但随着原子序数的增加，生成碱式盐的趋势也增加，碱金属的碳酸盐与稀土可溶性盐作用只能得到碱式盐，而与碱金属酸式碳酸盐作用则生成稀土碳酸盐。

从水溶液中沉淀出来的稀土碳酸盐，一般均含有一定的水合分子。含水分子的多少随金属离子的不同而异。无论是稀土碳酸盐还是其碱式盐在水中的溶解度均不大，其溶解度数值见表 3-15 所列。

表 3-15　稀土碳酸盐在水中的溶解度（25℃）　　　　　　　　/(μmol/L)

碳　酸　盐	溶解度	碳　酸　盐	溶解度
$La_2(CO_3)_3$	1.02	$Gd_2(CO_3)_3$	7.4
$Ce_2(CO_3)_3$	1.0	$Dy_2(CO_3)_3$	6.0
$Pr_2(CO_3)_3$	1.99	$Y_2(CO_3)_3$	2.52
$Nd_2(CO_3)_3$	3.46	$Er_2(CO_3)_3$	2.10
$Sm_2(CO_3)_3$	1.89	$Yb_2(CO_3)_3$	5.0
$Eu_2(CO_3)_3$	1.94(30℃)	$Yb(OH)CO_3$	5.54(30℃)

稀土正碳酸盐在水中的溶解度虽然不大，但在碱金属和铵的碳酸盐溶液中其溶解度却显著增加（尤其是在 K_2CO_3 溶液中），见表 3-16 所列。这是由于形成了易溶于水的复盐 $RE_2(CO_3)_3 \cdot M_2CO_3 \cdot nH_2O$（M 为 NH_4^+、K^+、Na^+、Rb^+、Cs^+ 等）。

表 3-16　稀土碳酸盐在 K^+，Na^+，NH_4^+ 的碳酸盐溶液中的溶解度（19～23℃）

试剂浓度/(mol/L)		溶解度(RE_2O_3)/(mmol/L)			
		La	Nd	Y	Er
K_2CO_3	0	0.27	0.18	0.97	1.15
	1	0.46	0.50	1.19	3.24
	2	0.55	0.56	13.68	14.30
	4	0.89	3.24	69.57	74.47
	6	1.56	>80.00	>82.80	>81.30
	16	25.20	>80.00	>82.80	>81.30
Na_2CO_3	0	0.031	0.148	0.31	0.65
	1	0.061	0.208	0.97	1.38
	2	0.092	0.237	9.83	11.58
	3.05	0.123	0.416	12.88	37.55
$(NH_4)_2CO_3$	0	0.12	0.18	0.00	0.10
	1	0.12	0.26	0.49	0.60
	2	0.12	0.44	0.66	0.89
	4	0.09	—	—	1.09
	6	0.24	0.50	—	6.90
	9.2	0.24	1.07	20.19	26.85

稀土碳酸盐能和大多数酸反应，生成相应的盐而放出 CO_2。稀土碳酸盐受热则发生分解，在 320～550℃时生成 $RE_2O(CO_3)_2$，而它在 800～905℃时则分解为 $RE_2O_2CO_3$，最后为 RE_2O_3。

水合稀土碳酸盐中，$La_2(CO_3)_3 \cdot 8H_2O$ 为正交晶系，P_{ccn} 空间群，晶胞参数：$a=0.8984(4)$，$b=0.9580(4)$，$c=1.700(1)$，$Z=4$，化合物具有 RE^{3+} 和 CO_3^{2-} 为基础交替组成的不规则层状结构，其中 La^{3+} 为十配位。

稀土的酸式碳酸盐如 $[Ho(HCO_3)_3 \cdot 4H_2O] \cdot 2H_2O$ 和 $[Gd(HCO_3)_3 \cdot 4H_2O] \cdot H_2O$ 以及碱式碳酸盐，如 $Y(OH)(CO_3)$ 等都已制得。

3.3.2 稀土草酸盐

稀土元素的草酸盐是稀土化合物中应用最广和最重要的化合物之一。在弱酸性溶液中它的溶解度很小，故常用草酸作为组试剂，使稀土元素与普通元素迅速得到分离。

将草酸溶液加到稀土盐溶液中，立即析出草酸稀土的正盐沉淀：

$$2RE^{3+} + 3H_2C_2O_4 \Longrightarrow RE_2(C_2O_4)_3 \downarrow + 6H^+$$

所生成的稀土草酸盐一般都带有结晶水（轻稀土的结晶水一般为 10 个，重稀土则为 8 个）。若用均相沉淀法以草酸甲酯为试剂与稀土盐溶液作用则可制得很好结晶的稀土草酸盐。

稀土草酸盐沉淀的组成与稀土离子本身的性质、溶液的环境（酸度及共存的阴离子）有关，具体见表 3-17 所示的五种情况。

表 3-17   不同条件下得到的稀土草酸盐的组成

分类	组　　成	晶系	元　素	条　件
1	$RE_2(C_2O_4)_3 \cdot 10H_2O$	单斜	RE=La~Er	中性或弱酸性
2	$HRE(C_2O_4)_2 \cdot 3\sim4H_2O$	四方	RE=Tb~Lu	强酸性溶液中
3	$RE(C_2O_4)Cl \cdot 3H_2O$	三斜	RE=La~Gd	浓 HCl 溶液中
4	$RE(C_2O_4)Br \cdot 3\sim7H_2O$	三斜	RE=La~Gd	浓 HBr 溶液中
5	$RE_2(C_2O_4)_2SO_4 \cdot 8H_2O$	三斜	RE=Tb~Lu	H_2SO_4 溶液中

所有稀土草酸盐在水中的溶解度都很小，因此从水溶液中回收稀土常用草酸或草酸铵为沉淀剂。有过量草酸存在可降低其溶解度，若有其他无机酸，如盐酸、硝酸或硫酸存在时，则可增加其溶解度。在酸度相同条件下，稀土草酸盐的溶解度随着原子序数的增大而减小。在无机酸浓度相同时，稀土草酸盐在盐酸介质中的溶解度比在硝酸介质中要小（见表3-18）。因此沉淀稀土草酸盐最好在盐酸介质中进行。

表 3-18   稀土草酸盐的溶解度（25℃）

溶　解　液	溶　解　度/(g/L)				
	La	Ce	Pr	Nd	Sm
水	6.2×10^{-4}	4.1×10^{-4}	7.4×10^{-4}	4.9×10^{-4}	5.4×10^{-4}
盐酸(2mol/L)	7.02	5.72	4.65	3.44	2.37
硝酸(2mol/L)	9.94	7.30	5.46	4.58	3.64
硫酸(2mol/L)	5.90	4.46	3.26	2.64	2.57

稀土草酸盐 $RE_2(C_2O_4)_3 \cdot 10H_2O$ 的热稳定性随稀土离子半径的减小而减小，而含 2、5、6 个水分子的草酸盐的热稳定性则相反。水合稀土草酸盐在加热时首先脱水。无水稀土草酸盐在 400℃时迅速分解成稀土氧化物，只有铈的草酸盐有中间产物碱式碳酸盐生成。为了保证得到的稀土氧化物中不含碳酸盐，灼烧温度需要在 800℃以上。上述分解反应的化学方程为：

$$RE_2(C_2O_4)_3 \cdot 10H_2O + \frac{3}{2}O_2 \Longrightarrow RE_2O_3 + 6CO_2 \uparrow + 10H_2O$$

这是目前制备 RE_2O_3 的主要方法。某些稀土草酸盐的热分解温度列于表 3-19。

灼烧稀土草酸盐应在铂皿中进行，因为在高温下，稀土氧化物和含二氧化硅的容器壁反应生成稀土硅酸盐。

表 3-19　水合稀土草酸盐的热分解温度　　　　　　　/℃

草酸盐	脱水温度	开始分解温度	完全分解温度	草酸盐	脱水温度	开始分解温度	完全分解温度
La	55～350	380	800	Tb	45～140	435	725
Ce	55～	—	360	Dy	45～140	415	475
Pr	40～420	420	790	Ho	40～200	400	735
Nd	50～445	445	735	Er	40～175	395	720
Sm	45～300	410	735	Tm	55～195	335	730
Eu	60～320	320	620	Yb	60～175	325	730
Gd	45～120	375	700	Lu	55～190	315	715

3.3.3　稀土硅酸盐

日本学者宇田川重和等指出，从镧到镥的全部稀土元素都可以三价离子形成 $M_2Si_2O_7$ 型的组群状硅酸盐。所谓组群状硅酸盐是指以两个 SiO_4 四面体共有一个氧原子结合而成的 $[Si_2O_7]^{6-}$ 型缩合硅氧基为晶体基本结构单元的硅酸盐。从 La 到 Lu 稀土元素的三价离子的半径，随着其原子序数的增加而减，随着这种离子半径的变化，形成四种不同的组群状稀土硅酸盐相（见表 3-20）。即从 Tm 到 Lu 离子半径小的原子形成钪钇石（thortveitite，$Sc_2Si_2O_7$）型晶体结构。在该晶相中其 ac 面上的 $[Si_2O_7]^{6-}$ 缩合硅氧基，形成平行其长轴的排列，Si-O-Si 的键角是 180°、稀土原子是六配位。

表 3-20　稀土类组群硅酸盐

稀土硅酸盐的化学组成	晶　系	空间群	[Z]	稀土硅酸盐的化学组成	晶　系	空间群	[Z]
$Yb_2Si_2O_7$	单斜	$C_{Z/m}$	[2]	$Gd_2Si_2O_7$	斜方	P_{naZ_1}	[4]
$Er_2Si_2O_7$	单斜	$P_{Z_1/m}$	[2]	$Nd_2Si_2O_7$	斜方	$P_{Z_1Z_1Z_1}$	[4]
$Ho_2Si_2O_7$	单斜	$P_{Z_1/m}$	[2]	$La_2Si_2O_7$	斜方	$P_{Z_1Z_1Z_1}$	[4]
$Ho_2Si_2O_7$	斜方	P_{naZ_1}	[2]				

Er 和 Ho 原子都形成和 $Sc_2Si_2O_7$ 型不同的晶体结构。虽然 $Er_2Si_2O_7$ 的晶体结构在 $[Si_2O_7]^{6-}$ 缩合硅氧基中的 Si-O-Si 键角是 180°、RE 原子配位数是 6 等，和上述 $Sc_2Si_2O_7$ 型结晶结构相一致，但是 RE-O 的平均原子间距比 $Sc_2Si_2O_7$ 大，$[Si_2O_7]^{6-}$ 缩合硅氧基的排列形式也不同，变成离子半径大的离子可以进入到 RE 位置的结构。

在 $Gd_2Si_2O_7$ 中 $[Si_2O_7]^{6-}$ 缩合硅氧基可以形成进入离子半径更大的原子的排列，Gd 原子的配位数变为 7。而 Si-O-Si 的键角是 150°40′±40′。在常温下 $Ho_2Si_2O_7$ 和 $Er_2Si_2O_7$ 的结构型式相同，但在 1500℃以上的高温下就转变成为 $Gd_2Si_2O_7$ 型结构。红钇石（thalenite，$Y_2Si_2O_7$）中 Y 原子的半径介于 Ho 和 Er 之间，在常温下和 $HoSi_2O_7$ 一样，是 $Er_2Si_2O_7$ 型结构，而在高温下就变成 $Gd_2Si_2O_7$ 型结构。

从 La 到 Eu 的各稀土原子在和 $[Si_2O_7]^{6-}$ 缩合基相结合时，占据八配位的位置。

由上可以看出，对于稀土类组群硅酸盐来说，尽管稀土元素的化学性质几乎不变，但是其晶体结构却随着离子半径的变化而改变。这对深入研究稀土化合物固体材料的结构以及稀土硅酸盐材料的开发应用具有重要意义。事实，目前已制得的以硅酸盐为母体的许多稀土化合物，例如 Y_2SiO_3：Ce、Y_2SiO_3：Ce，Tb 等都是很好的荧光材料。

3.3.4　稀土硝酸盐

稀土氧化物、氢氧化物、碳酸盐或稀土金属与硝酸作用都可生成相应的稀土硝酸盐，小心地蒸发所得溶液即有水合物的结晶析出 $RE(NO_3)_3 \cdot nH_2O$（$n=3$，4，5，6），六水合物最为常见。无水稀土硝酸盐可用相应稀土氧化在加压下与 N_2O_4 在 150℃反应来制备。水合硝酸稀土 $RE(NO_3)_3 \cdot 6H_2O$ 的结构随着中心离子半径的变化可分为两类：当 RE 为 La、Ce 时，配位为 11，即 3 个硝酸根以螯双齿配位，提供 6 个配位数，此外有 5 个水分子配位，所以实际的分子式应为 $[RE(NO_3)_3 \cdot 5H_2O]H_2O$。当 RE 为 Pr～Lu，Y 时，配位数为 10，即三个硝酸根以螯合双咭配位，提供 6 个配位数。此外 6 个水分子中只有 4 个参与配位，另外 2 个未配位的水以氢键的方式存在于晶格中。

稀土硝酸盐在水中溶解很大（25℃时，溶解度大于 2mol/L），并且随温度升高而增大（见表 3-21）。

表 3-21　稀土硝酸盐在水中的溶解度

La(NO₃)₃/H₂O		Pr(NO₃)₃/H₂O		Sm(NO₃)₃/H₂O	
温度/℃	溶解度无水盐/%	温度/℃	溶解度无水盐/%	温度/℃	溶解度无水盐/%
5.3	55.3	8.3	58.8	13.6	56.4
15.8	57.9	21.3	61.0	30.3	60.2
27.7	61.0	31.9	63.2	41.4	63.4
36.3	62.6	42.5	65.9	63.8	71.4
48.6	65.3	51.3	69.9	71.2	75.0
55.4	67.6	64.7	72.2	82.8	76.8
69.9	73.4	76.4	76.1	86.9	83.4
79.9	76.1	92.8	84.0	135.0	86.3
98.4	78.8	127.0	85.0		

此外，稀土硝酸盐还易溶于乙醇、无水胺、丙酮、乙醚、乙腈等极性溶剂，且可被磷酸三丁酯（TBP）等中性溶剂萃取。

稀土硝酸盐的热稳定性不好，受热后分解放出 O_2、NO 和 NO_2，最终产物为稀土氧化物。稀土硝酸盐转变为氧化物的最低温度见表 3-22。稀土硝酸盐的分解速率随原子序数的增大而逐渐加快。利用这一差异进行热分解可达分离的目的。

表 3-22　稀土硝酸盐转变为氧化物的最低温度

硝酸盐	氧化物	温度/℃	硝酸盐	氧化物	温度/℃
Sc	Sc₂O₃	510	Pr	Pr₆O₁₁	505
Y	Y₂O₃	480	Nd	Nd₂O₃	830
La	La₂O₃	780	Sm	Sm₂O₃	750
Ce	CeO₂	450			

稀土硝酸盐与碱金属或碱土金属硝酸盐可形成复盐，如 $La(NO_3)_3 \cdot 2NH_4NO_3$、$Y(NO_3)_3 \cdot 2NH_4NO_3$、$Ce(NO_3)_3 \cdot 2KNO_3 \cdot 2H_2O$ 和 $La(NO_3)_3 \cdot 3Mg(NO_3)_2 \cdot 24H_2O$ 等。

3.3.5　稀土磷酸盐

稀土盐溶液（pH＝4～5）与碱金属的磷酸盐反应可得到水合稀土正磷酸盐的胶状沉淀：

$$RE^{3+} + PO_4^{3-} + nH_2O \Longrightarrow REPO_4 \cdot nH_2O \downarrow$$

其中，$n=0.5\sim4$。若将水合稀土磷酸盐小心加热脱水则可制得无水盐。$REPO_4$ 的单晶可用熔剂法制备。$REPO_4$ 晶体有六方和单斜两种结构，加热六方晶则转变成单斜型。铈组元素往往形成六方晶，如自然界中的独居石。重稀土多以单斜晶为其特征，如自然中的磷钇矿。

稀土磷酸盐在水中的溶解度很小，例如在 25℃时 $LaPO_4$ 的 K_{sp} 为 4×10^{-23}，$CePO_4$ 的 K_{sp} 为 1.6×10^{-23}，但可溶于浓酸，遇强碱则转化成相应的氢氧化物，工业上碱法分解独居石及磷钇矿就是根据这一原理。

稀土磷酸盐的热稳定性很好。

采用类似于稀土磷酸盐的制备方法，也可以得到稀土焦磷酸盐。稀土焦磷酸盐的组成为：$RE_4(P_2O_7)_3$。它们在水中的溶解度为 $10^{-3} \sim 10^{-2} g/L$，见表 3-23。

表 3-23　稀土焦磷酸盐在水中的溶解度（25℃）

盐的组成	饱和溶液的 pH	溶解度/(g/L)	盐的组成	饱和溶液的 pH	溶解度/(g/L)
$La_4(P_2O_7)_3$	6.50	1.2×10^{-2}	$Gd_4(P_2O_7)_3$	7.00	9.0×10^{-3}
$Ce_4(P_2O_4)_3$	6.80	1.1×10^{-2}	$Dy_4(P_2O_7)_3$	6.93	9.4×10^{-3}
$Pr_4(P_2O_4)_3$	6.87	1.05×10^{-2}	$Er_4(P_2O_7)_3$	6.90	9.9×10^{-3}
$Nd_4(P_2O_4)_3$	6.95	9.8×10^{-3}	$Lu_4(P_2O_7)_3$	6.80	1.15×10^{-2}
$Sm_4(PO_4)_3$	6.95	9.5×10^{-3}	$Y_4(P_2O_4)_3$	7.00	7.0×10^{-3}

3.3.6　稀土硫酸盐

稀土氧化物与略为过量的浓硫酸反应，或水合硫酸盐高温脱水、酸式盐的热分解均可制得无水稀土硫酸盐。而水合稀土硫酸盐则可用稀土氧化物、氢氧化物或碳酸盐溶解于稀硫酸制得。

无水稀土硫酸盐是粉末状，具吸湿性，它可很好地溶于冷水并大量放热，加热时溶解度显著减小。因此，溶解稀土硫酸盐时一般采用冷水而不用热水。水合硫酸盐在水中的溶解度一般比相应的无水盐要小。它们溶解度也随温度升高而减小，因此，它们易于重结晶。在 20℃ 时，稀土硫酸盐的溶解度由铈至铕依次降低，由钇至镥而依次升高。水合稀土硫酸盐的性质见表 3-24。

水合稀土硫酸盐可用通式 $RE_2(SO_4)_3 \cdot nH_2O$ 表示（$n = 3, 4, 5, 6, 8, 9$），但以 $n = 9$（La,Ce）和 $n = 8$（Pr~Lu）为最常见。$RE_2(SO_4)_3 \cdot nH_2O$ 受热时，在 155~260℃ 之间失水得 $RE_2(SO_4)_3$，800~850℃ 时失去 SO_3，得 $RE_2O_2SO_4$，1050~1150℃ 时再失去一分子 SO_3 而得相应的稀土氧化物 RE_2O_3。

表 3-24　水合稀土硫酸盐的某些性质

硫酸盐组成	晶　系	颜　色	溶　解　度/(g/100mL)		
			0℃	20℃	40℃
$La_2(SO_4)_3 \cdot 9H_2O$	六方	无色	3.8		
$Ce_2(SO_4)_3 \cdot 9H_2O$	六方	无色	11.87		
$Ce_2(SO_4)_3 \cdot 8H_2O$	斜方	无色		12	
$Pr_2(SO_4)_3 \cdot 8H_2O$	单斜	绿		17.4	
$Nd_2(SO_4)_3 \cdot 8H_2O$	单斜	红		8	5.4
$Pm_2(SO_4)_3 \cdot 8H_2O$	单斜	—		—	—
$Sm_2(SO_4)_3 \cdot 8H_2O$	单斜	黄色		2.67	1.99
$Eu_2(SO_4)_3 \cdot 8H_2O$	单斜	淡红		2.51	1.93
$Gd_2(SO_4)_3 \cdot 8H_2O$	单斜	无色			
$Tb_2(SO_4)_3 \cdot 8H_2O$	单斜	无色		3.56	2.51
$Dy_2(SO_4)_3 \cdot 8H_2O$	单斜	亮黄		5.07	3.34
$Ho_2(SO_4)_3 \cdot 8H_2O$	单斜				
$Er_2(SO_4)_3 \cdot 8H_2O$	单斜	玫瑰红		16	6.53
$Tm_2(SO_4)_3 \cdot 8H_2O$	单斜				
$Yb_2(SO_4)_3 \cdot 8H_2O$	单斜			21.1	
$Lu_2(SO_4)_3 \cdot 8H_2O$	单斜	无色		42.27	16.93
$Y_2(SO_4)_3 \cdot 8H_2O$	单斜	无色			

稀土硫酸盐溶于浓硫酸中生成酸式硫酸盐 $RE(HSO_4)_3$ {或 $H_3[RE(SO_4)_3]$}。硫酸浓度增大则溶解减小。

稀土硫酸盐与碱金属和碱土金属的硫酸盐均能形成复盐。碱金属的复盐可以用 $RE_2(SO_4)_3 \cdot M_2(SO_4) \cdot nH_2O$ 来表示（$n=0,2,8$）。稀土硫酸复盐的溶解度随稀土原子序数的增大而增大。利用这种差异工业上把稀土元素粗略地分成三组：难溶性铈组稀土 La、Ce、Pr、Nd、Sm；微溶性铽组稀土 Eu、Gd、Tb、Dy；可溶性钇组稀土 Ho、Er、Tm、Yb、Lu、Y。升高温度则复盐溶解度减小，且随 $NH_4^+ \rightarrow Na^+ \rightarrow K^+$ 的次序减小。因此在冷时先使铈组元素的硫酸复盐析出沉淀，过滤后把母液升高温度则因溶解度下降而析出铽组沉淀，而钇组则留在母液中。鉴于铵复盐的溶解度比钠复盐要大，所以也可先用铵盐使铈组复盐析出，然后再补加钠盐使铽组析出，达到初步分离的目的。

3.3.7 稀土卤酸盐

稀土元素的氯酸盐、高氯酸盐、溴酸盐和碘酸盐等稀土卤酸盐均可用适当的方法制得。

利用稀土氧化物、氢氧化物或碳酸盐与氯酸或高氯酸作用，可制得稀土元素的氯酸盐或高氯酸盐。水合稀土高氯酸盐的组成为 $RE(ClO_4)_3 \cdot nH_2O$，其中 $n=8$（RE=La、Ce、Pr、Nd、Y）和 $n=9$（RE=Sm、Gd）。此外，RE 为 Gd、Tb、Er 等的六水合物均已合成。其中 $RE(ClO_4) \cdot 6H_2O$（RE=La、Tb、Er、Y）为立方晶系。稀土的氯酸盐或高氯酸盐均易溶于水。受热时，水合稀土高氯酸盐可分步脱水：250～300℃开始分解，分解产物为氯氧化物 REOCl，但 $Ce(ClO_4)_3$ 分解后的产物为 CeO_2。当温高更高时，REOCl 进一步分解成相应的氧化物。

利用稀土硫酸盐和溴酸钡的复分解反应可方便地制备稀土溴酸盐：

$$RE_2(SO_4)_3 + 3Ba(BrO_3)_2 \Longrightarrow 2RE(BrO_3)_3 + 3BaSO_4 \downarrow$$

反应完成后，滤出 $BaSO_4$，浓缩滤液即可得稀土溴酸盐结晶。此外，用 $KBrO_3$ 与 $RE(ClO_4)_3$ 溶液反应，利用生成的 $KClO_4$ 的溶解度较小，也可以得到稀土溴酸盐。溴酸盐的结晶通常为九水合物 $RE(BrO_3)_3 \cdot 9H_2O$，它们在水中的溶解度较大且温度系数为正值，早期曾利用稀土溴酸盐的分级结晶来分离单个稀土元素（特别是重稀土）。

采用稀土盐溶液与 KIO_3 或 NH_4IO_3 反应即可得到稀土碘酸盐的沉淀。由于稀土元素的碘酸盐溶解度较小（见表 3-25），将洗净的碘酸盐沉淀置于沸水中重结晶，即可制得晶状的水合稀土碘酸盐 $RE(IO_3)_3 \cdot nH_2O$，其中 $6 \geqslant n \geqslant 0$。

表 3-25　稀土碘酸盐在水中的溶解度（25℃）

化合物	溶解度/(mmol/L)	化合物	溶解度/(mmol/L)	化合物	溶解度/(mmol/L)
$La(IO_3)_3$	1.07	$Eu(IO_3)_3$	0.80	$Er(IO_3)_3$	1.31
$Ce(IO_3)_3$	1.15	$Gd(IO_3)_3$	0.83	$Tm(IO_3)_3$	1.47
$Pr(IO_3)_3$	1.13	$Tb(IO_3)_3$	0.93	$Yb(IO_3)_3$	1.63
$Nd(IO_3)_3$	1.03	$Dy(IO_3)_3$	1.03	$Lu(IO_3)_3$	1.98
$Sm(IO_3)_3$	0.86	$Ho(IO_3)_3$	1.17	$Y(IO_3)_3$	1.93

稀土碘酸盐可溶于酸，但 Ce(Ⅳ) 和 Th(Ⅳ) 的碘酸盐则在 4～5mol/L 的硝酸中也可析出沉淀，故可利用这一性质来分离 Ce(Ⅳ) 和 Th(Ⅳ) 与其他三价稀土。稀土元素的碘酸受热发生分解，最终产物为相应的氧化物。

3.4 稀土元素配位化合物

稀土配位化合物（简称为稀土配合物）在稀土元素的提取分离，高纯稀土化合物及稀土材料的制备中都有着极其重要的意义。

3.4.1 稀土配合物的特性

3.4.1.1 稀土元素的配位性能

（1）稀土元素与d过渡元素配位性能的差别　稀土元素与d过渡元素配位性能的根本区别在于大多数稀土离子都含有未充满的4f电子。由于4f电子的特性致使稀土离子的配位性质有别于d过渡元素，具体表现在以下几方面。

① 稀土离子的4f电子处于原子结构的内层，受到外层全充满的$5s^25p^6$的屏蔽，故受配位场的影响小，配位场稳定化能较小（一般只有4.18kJ/mol）；而d过渡金属离子的d电子是裸露在外的，受配位场影响较大，配位场稳定化能较大（一般≥418kJ/mol），比前者大100倍，因此稀土离子的配位能力比d过渡金属离子的配位能力弱。

② 由于稀土离子的4f电子被屏蔽，在配位时贡献小，与配体之间的成键主要是通过静电相互作用，以离子键为主。又由于配位成键原子的电负性的不同而呈现不同的很弱的共价程度。d过渡金属离子的d组态与配体的相互作用很强，可形成具有方向性的共价键。

③ 从软硬酸碱的观点来看，稀土离子是不易极化变形的离子，属于硬酸类，它们与属于硬碱类配位原子如氧、氟、氮等有较强的配位能力，各种配位原子的配位能力大小的顺序是：

$$O>N>S$$
$$F>Cl>Br>I$$

氧是稀土配合物的特征配位原子，很多含氧的配体如羧酸、β-二酮、冠醚及含氧的磷类萃取剂等都可与稀土离子形成配合物。水对稀土离子来说是很强的配位体，在水溶液中，水分子也可作为配体进入配合物。含氧与氮原子的混合配体的配合物也可在水溶液中生成。因此，在水溶液中极大部分是含氧或含氧氮配体的配合物。在非水溶剂中不含氧配体的配合物才能生成。要合成含纯氮配体的稀土配合物，必须在非水溶剂中或在不含溶剂的情况下进行。

④ 稀土配合物具有大而多的配位数。稀土配合物的配位数分布在3～12之间，其中以配位数为8和9的配合物最多，约占总数的65%。稀土元素与过渡金属相比，在配位数方面有突出的特点：有较大的配位数，例如，3d过渡金属离子的配位数常是4或6，而稀土金属离子最常见的配位数是8或9，这一数值比较接近6s、6p和5d轨道数的总和，另一方面也由于稀土离子具有较大的离子半径；有多变的配位数，这是由于稀土离子比d过渡金属离子的晶体场稳定化能小，因而稀土离子在形成配合物时，键的方向不强，配位数可在3～12范围内变动。

（2）钇和钪的配位性能　钇虽然没有适当能量的f轨道，但因三价钇离子半径可列在三价镧系离子的系列中，当离子半径成为配合物的主要影响因素时，钇的配合物相似于镧系配合物，其性质在镧系中参与逆变；当与4f轨道有关的性质成为形成配合物的主要影响因素时，钇和镧系元素的配合物在性质上就有明显的差异。钪的配位性能与镧系元素的差异更大（见第14章）。

3.4.1.2 稀土配合物性质呈现规律性变化

稀土配合物中由于 4f 电子依次填充，使它们的许多性质都随原子序数的递增，呈现规律性变化。首先，从图 3-3 中可以清楚地看出：所有稀土配合物在轻稀土（La～Sm）部分，稳定性随原子序数的增大而递增，符合此规律。但在中、重稀土部分，则可分为三种类型。

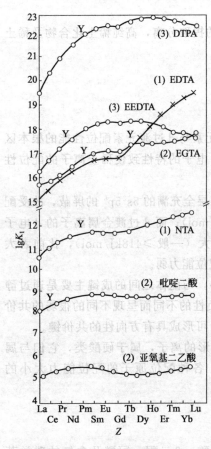

图 3-3　稀土配合物的稳定常数随原子序变化的几种类型

① 原子序数增大，稳定性也增大，如 EDTA、NTA 等，这是最常见的一类。图中未标出的 IMDA、CyDTA、EDDA、乳酸、α-羟基异丁酸、羟基乙酸等均属此类。

② 原子序数增大，稳定性基本不变。如 EGTA、吡啶二甲酸、亚氧基二乙酸及 HEDTA、乙酸、酒石酸、磺基水杨酸、乙酰丙酮等。

③ 原子序数增大，稳定性减小，如 DTPA 及 EEDTA 等。

值得注意的是：几乎所有配位体与钆（Gd）形成的配合物其稳定性都很小，称之为钆断（gadolinium break）现象。上述三种类型表明，影响稀土配合物稳定性的因素，主要是静电引力，但配位场作用、空间位阻效应等因素的影响也应考虑。

其次，"四分组效应"也是体现稀土配合物性质的最重要变化规律之一。20 世纪 70 年代人们深入研究了稀土元素某些物理化学性质，如电离势、标准氧化还原电位、络合常数、有关的光谱参数与稀土原子序数的关系。表 3-26 列出了三价镧系元素离子基态电子的排布、基态光谱项及电子排斥能的数值和有关参数。

表 3-26　三价镧系元素离子基态电子排布及电子排斥能计算的有关参数

Z	三价离子	4f 电子数	总轨道角动量 L	基态光谱项	E^1/eV	E^3/eV	e_1 E^1 的系数	e_3 E^3 的系数
57	La	0	0	$^1S_0$				
58	Ce	1	3	$^2F_{5/2}$			0	0
59	Pr	3	5	$^3H_4$	0.56387	0.0579	−9/13	−9
60	Nd	4	6	$^4I_{9/2}$	0.58758	0.0602	−27/13	−21
61	Pm	5	6	$^5I_4$	0.61019	0.0652	−54/13	−21
62	Sm	6	5	$^6H_{5/2}$	0.68152	0.0689	−90/13	−9
63	Eu	7	3	$^7F_0$	0.69095	0.0691	−135/13	0
64	Gd	7	0	$^8S_{7/2}$	0.71420	0.0722	−189/13	0
65	Tb	9	3	$^7F_6$	0.74655	0.0755	−135/13	0
66	Dy	10	5	$^6H_{15/2}$	0.75872	0.0756	−90/13	−9
67	Ho	11	6	$^5I_8$	0.79851	0.0774	−54/13	−21
68	Er	12	6	$^4I_{15/2}$	0.83938	0.0802	−27/13	−21
69	Tm	13	5	$^3H_6$	0.88552	0.0836	−9/13	−9
70	Yb	14	3	$^2F_{7/2}$			0	0
71	Lu	14	0	$^1S_0$				

从中可以看出：以钆为界时，钆前后的镧系元素离子的基态光谱项都可以归纳为两组，即钆以前的 La、Ce、Pr、Nd、(Pm)、Sm、Eu、Gd 以及钆以后的 Gd、Tb、Dy、Ho、Er、Tm、Yb 和 Lu。如果以三价镧系离子的基态总轨道角动量量子数 L 对原子序数作图，则呈现斜 W 状（见图 3-4），所以，四分组效应可以说是 4f 电子组态变化的一种反映。在早期人们研究 TBP 萃取时将稀土元素的分配比（D）的对数对原子序数作图，即 $\lg D$-Z 图也表现同样的四分组效应。

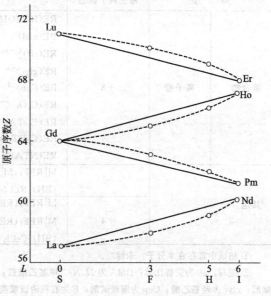

图 3-4　三价镧系离子的基态总轨道角动量量子数 L 与原子序数的关系

虽然四分组效应的发现较钆断现象要晚，但能更为仔细地呈现稀土元素的各类化合物（包括配合物）的性质随原子序数变化的规律。值得一提的是，在不同体系中，虽然各种稀土离子的排布变化，但实测的四分组效应是整个体系变化的净结果。它们的表现形式必然不同，即四分组效应不但与镧系元素的电子结构有关，而且还受到外界条件的影响。目前，我们还不能对某一体系的四分组效应加以预测或定量计算。有关四分组效应的理论还有待深化。

3.4.2　稀土配合物的主要类型

由于以上所述的稀土元素配位特性导致稀土配合物的类型和数目与 d 过渡金属配合物相比都是较少的。稀土配合物的主要类型见表 3-27。

表 3-27　稀土配合物的主要类型

类　　型		稀土离子价态	配合物的组成[①]
离子缔合物		+3	REX^{2+} ($X=Cl^-$,Br^-,I^-,NO_3^-,SCN^-,ClO_4^-) $RESO_4^+$ $REC_2O_4^+$ $RE(CH_3COO)_n^{(3-n)+}$ ($n=1\sim3$)
		+4	$Ce(OH)^{2+}$ $Ce(SO_4)_n^{(4-2n)+}$
不溶的加合物		+3	$RECl_3 \cdot xNH_3$ ($x=1\sim8$) $RECl_3 \cdot xCH_3NH_2$ ($x=1\sim5$) $REX_3 \cdot 6ap$ ($X=SCN^-$,I^-,ClO_4^-)[②] $RE(NO_3)_3 \cdot 3TBP$ $RE(ClO_4)_3 \cdot 4DMA$
螯合物	分子型	+3	$RE(on)_3$ $RE(diket)_3 \cdot xH_2O$ ($x=1\sim3$) $(BH)RE(diket)_4$
		+4	$Ce(on)_4$ $Ce(diket)_4$
		+2	$RE(EDTA)^{2-}$ $RE(CyDTA)^{2-}$

类 型		稀土离子价态	配合物的组成[①]
螯合物	离子型	+3	$RE(RCHOHCOO)_n^{(3-n)+}(n=1\sim4)$
			$RE(mal)^+$
			$RE(cit)_n^{(3-3n)+}(n=1\sim3)$
			$RE(glyc)^{2+}$
			$RE(Cup)^{2+}$
			$RE(C_2O_4)_3^{3-}$
			$RE(EDTA)^-$
			$RE(CyDTA)^-$
			$RE(NTA)_n^{(3-2n)+}(n=1,2)$
其他		+3	$M_2^IREF_4, M_3^IREF_6$
			$(BH)_3RECl_3$
		+4	$M_2^IREF_6(RE=Ce,Pr)$
			$M_3^IREF_7(RE=Ce,Pr,Nd,Tb,Dy)$
			$(BH)_2CeCl_6$

① 组成中常存在水分子，未标出。

② 缩写：ap 为安替比林；DMA 为 N,N-二甲基乙酰胺；on 为 8-羟基喹啉；diket 为 β-二酮；mal 为苹果酸；cit 为柠檬酸；glyc 为羟基乙酸；Cup 为铜铁试剂；B 为有机磷或胺类。

（1）离子缔合物　稀土离子与无机配位体主要形成离子缔合物，稳定性较弱，只能存在于溶液中，在固体化合物中不存在。

（2）不溶性的加合物　不溶性的加合物又称不溶的非螯合物类，这类配合物中只有安替比林衍生物在水中稳定，其他如氨或胺类稳定性均弱，用 TBP 溶剂萃取稀土时，在有机相中生成 $RE(NO_3)_3\cdot3TBP$ 中性配合物。

（3）螯合物　螯合物由于形成环状结构，比其他类型配合物稳定。分子型稀土螯合物难溶于水，易溶于有机溶剂，如苯或三氯甲烷。属于这类螯合剂的主要有 β-二酮类（如 PMBP、TTA 等）、羧酸类化合物（芳香羧酸、长链脂肪酸）、大环类化合物等，它们在稀土的萃取分离、稀土材料的制备中得到广泛应用。如稀土配合物发光材料领域等，稀土配合物的发光机制与通常的无机发光机制显著不同，因而在发光与显示方面有重要应用。

（4）其他稀土配合物　主要有卤素配合物，三价稀土离子生成的卤素配合物倾向小；四价稀土离子如铈（Ⅳ）、镨（Ⅳ）及铽（Ⅳ）等生成大的卤素配合物倾向较大。

3.4.3　稀土配合物的制备

稀土配合物的制备可采用以下方法。

（1）直接反应法　利用稀土盐（REX_3）在溶剂（S）中与配体（L）直接反应：

$$REX_3+nL+mS\longrightarrow REX_3\cdot nL\cdot mS$$

或

$$REX_3+nL\longrightarrow REX_3\cdot nL$$

$$RE_2O_3+2H_nL\longrightarrow 2H_{n-3}REL+3H_2O$$

（2）交换反应

$$REX_3+M_nL\longrightarrow REL^{-(n-3)}+M_nX^{n-3}$$

$$REX_3\cdot nL+mL'\longrightarrow REX_3\cdot mL'+nL$$

$$RE(Ch)_3+3HCh'\longrightarrow RE(Ch')_3+3HCh$$

利用配位能力强的配体 L′ 或螯合剂 Ch′ 取代配位能力弱的配体 L、X 或螯合剂 Ch。

也可利用稀土离子取代铵、碱或碱土金属离子：

$$MCh^{2-}+RE^{3+}\longrightarrow RECh+M^+$$

其中 $M^+ = Li^+$、Na^+、K^+、NH_4^+ 等。

（3）模板反应 在配合物形成过程中，从原料形成配体，如稀土酞菁配合物的合成：

$$4 \begin{array}{c} \text{CN} \\ \text{CN} \end{array} + REX_3 \longrightarrow \text{[稀土酞菁配合物]} + 3X^-$$

在稀土配合物的制备中，稀土与配体的摩尔比、介质的 pH 及溶剂的选择都是很主要的因素。常用的溶剂是水，水与有机溶剂组成的混合溶剂或非水溶剂。许多简单的稀土无机盐水合物以及稀土与 β-二酮等的配合物都可以从水溶液制备，在水溶液中制备稀土配合物时，控制 pH 值很重要，特别要避免稀土氢氧化物的生成。水和乙醇，丁醇或丙酮等可组成混合溶剂可用来制备许多重要的稀土配合物。而使用非水溶剂更是有许多优点，主要是：①可防止稀土及其配合物的水解，特别是使用碱度高（$pK_a > 7$）的配体时更为适用，例如，合成含纯氮配体的配合物需在非水溶剂中进行；②可用以溶解作为配体的各种有机化合物和作为稀土原料的稀土有机衍生物；③可利用各种方法和在较宽的温度范围内进行合成；④可获得固定组成的、不含配位水分子的稀土配合物。

如果配体或配合物是热稳定的，也可在熔融状态下制备。

3.4.4 稀土与无机配体生成的配合物

稀土离子与大部分无机配体（如 H_2O、OH^-、Cl^-、NO_3^-、SO_4^{2-} 等）生成离子键的配合物，但当生成含磷的配合物时，化学键具有一定的共价程度。

水是稀土离子较强的配位体，因此从水溶液中制备的稀土化合物（稀土离子与各种无机酸、有机羧酸及 β-二酮等形成的配合物）大多含有水（见表 3-28）。

表 3-28 稀土水合盐的组成

稀 土 盐	水合盐形式	稀 土 元 素	水 合 数
氯化物	$RECl_3 \cdot 7H_2O$	La,Pr	7
	$RECl_3 \cdot 6H_2O$	Ce,Nd~Lu,Y	6
硝酸盐	$RE(NO_3)_3 \cdot 6H_2O$	La~Lu	6
	$RE(NO_3)_3 \cdot 5H_2O$	La~Lu	5
	$RE(NO_3)_3 \cdot 4H_2O$	La~Lu	4
硫酸盐	$La_2(SO_4)_3 \cdot 9H_2O$	La	9
	$Ce_2(SO_4)_3 \cdot 5H_2O$	Ce	5
	$RE_2(SO_4)_3 \cdot 8H_2O$	Pr,Nd,Sm,Gd,Dy,Ho,Er,Y	8
	$Ce_2(SO_4)_3 \cdot 5H_2O$	Ce	5
	$Yb_2(SO_4)_3 \cdot 11H_2O$	Yb	11
高氯酸盐	$Ce(ClO_4)_3 \cdot 9H_2O$	Ce	9
	$RE(ClO_4)_3 \cdot 8H_2O$	Ce,Gd	8
	$RE(ClO_4)_3 \cdot 7H_2O$	Ce,Pr,Y	7
	$Nd(ClO_4)_3 \cdot 6.5H_2O$	Nd	6.5
	$Nd(ClO_4)_3 \cdot 6H_2O$	Nd	6
	$La(ClO_4)_3 \cdot 5.5H_2O$	La	5.5
	$Sm(ClO_4)_3 \cdot 4.5H_2O$	Sm	4.5
	$Nd(ClO_4)_3 \cdot 4H_2O$	Nd	4

稀土盐	水合盐形式	稀土元素	水合数
其他盐类	$Pr(ClO_4)_3 \cdot 3H_2O$	Pr	3
	$RE(NCS)_3 \cdot 7H_2O$	Pr,Dy	7
	$RE(C_2H_5SO_4)_3 \cdot 9H_2O$	La~Sm,Gd,Dy,Er,Y	9
	$RE(BrO_3)_3 \cdot 9H_2O$	La~Sm,Y	9
	$RE(ReO_4)_3 \cdot 4H_2O$	La~Lu,Y	4
	$RE(ReO_4)_3 \cdot 2H_2O$	Tb~Lu,Y	2
	$RE(ReO_4)_3 \cdot H_2O$	La~Gd	1

从表 3-28 可以看出，水合数目最高为 11，1~11 各种不同水合数的稀土盐都有。用不同方法测定水合数的结果有时不一致。一般认为重稀土离子水合数是 8~9，也有人认为整个系列都是 9，或认为轻稀土是 9，重稀土是 8，中稀土介于两者之间。实际上稀土离子水合数随浓度而变化。

由于水对稀土离子有很强的配位能力，因此对在水溶液中配合物的生成有很大的影响。当在水溶液中有其他配体存在时，配体和水会发生与稀土离子相互配位的竞争，在适宜的浓度等条件下，只有那些含氧配体或螯合配体才能与稀土离子生成相应的配合物（往往含有水分子）。

归纳起来，稀土离子与无机配体形成配合物有如下基本规律。

① 三价稀土离子在水溶液中与 NH_3、NO_2^-、CN^- 等不发生配合作用（但这些配体与 d 族过渡元素的配位能力很强），也不与亚硝酸盐生成复盐，三价稀土离子与卤根、ClO_4^-、NO_3^- 等只生成 REX^{2+} 配合物，而且这些配合物不稳定。

② 一些高价或低价的稀土离子可与某些配体形成配合物，其中四价稀土离子（Ce^{4+}、Pr^{4+}、Tb^{4+}、Dy^{4+}）生成配合物的能力比 3 价强，它们不仅与 SO_4^{2-}、CO_3^{2-} 等配体生成负配离子，甚至与 Cl^- 等配体也能生成负配离子。

③ 稀土离子与无机配体形成配合物的稳定性顺序如下：

$$PO_4^{3-} > CO_3^{2-} > F^- > SO_4^{2-} \approx$$
$$S_2O_3^{2-} > SCN^- > NO_3^- > Cl^-$$
$$Cl^- > Br^- > I^- > ClO_4^-$$

稀土离子与含磷配体形成的配合物基本是螯合型的，故稳定性较高。稀土的无机含磷配合物的稳定性的顺序为：

$$PO_4^{3-} > P_2O_7^{4-} > P_3O_{10}^{4-} > P_4O_{12}^{4-} > P_3O_9^{3-} > H_2PO_2^-$$

在稀土的无机含磷配合物中，当含有质子时，其稳定性低于不含质子的；环状的低于直链的，并随链长的增长而下降，见图 3-5 所示。

从图 3-5 可以看出，对于稳定性很低的 $RENO_3^{2+}$ 和 $RECl^{2+}$ 配合物，轻镧系的稳定性略高于重镧系，这是由于重镧系水合离子

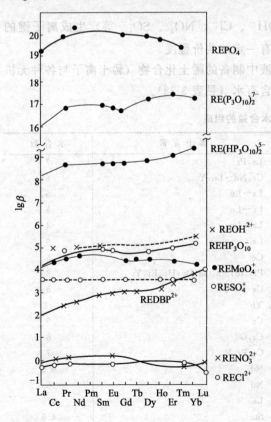

图 3-5 一些稀土无机配合物的稳定常数

的稳定性较高，硝酸根和氯离子取代其中的水分子较难所致。在醇溶液中生成配合物较在水中容易一些，其时轻镧系与硝酸根生成较稳定的配合物。

稀土硝酸盐或氯化物与碱金属碳酸盐 M_2CO_3 作用可生成碳酸稀土 $RE_2(CO_3)_3$ 沉淀（$M=Na^+$、K^+、NH_4^+），随着 M_2CO_3 浓度的增大，铈组生成 $MRE(CO_3)_2 \cdot nH_2O$、$M_3RE(CO_3)_3 \cdot nH_2O$ 和 $M_5RE(CO_3)_4 \cdot nH_2O$ 复盐沉淀，而钇组则生成可溶性的配阴离子 $[RE(CO_3)_n]^{3-2n}$（$n=2$，3，4）。在稀土生产中常用于稀土分组。

稀土与硫酸根可生成 $RE(SO_4)_n^{3-2n}$ 的配离子，其中 $n=1$、2、3。在水溶液中与 M_2SO_4（$M^+=Na^+$、K^+、NH_4^+）作用，铈组稀土生成难溶的复盐 $M_2SO_4 \cdot RE_2(SO_4)_3 \cdot H_2O$ 沉淀，而钇组则生成可溶性的配合物，在稀土生产中也用于稀土分组。

此外，稀土离子还能和许多含氧酸根，如 ClO^-、ClO_3^-、SO_3^{2-}、$S_2O_3^{2-}$、MoO_4^{2-} 等以及硫氰酸根（SCN^-）生成配合物，其中不少在稀土生产和稀土材料制备中有广泛的应用。

3.4.5 稀土与有机配体生成的配合物

以有机分子为配体的稀土配合物类型很多，而且随着现代合成和测试技术的发展，新的稀土有机配合物不断被开发和应用。下面介绍几类重要的稀土有机配合物。

3.4.5.1 含氧配体的稀土配合物

稀土离子与氧的配位能力很强，含氧配体的稀土配合物也就成为稀土配合物中最重要的一大类。其配体的主要类型有醇和醇化物、羧酸、羟基羧酸、β-二酮、羰基化合物及大环聚醚等。

（1）稀土醇合物 稀土与醇生成溶剂合物和醇合物。在溶剂合物中，氧键仍与醇基中的氢连接；在醇合物中，稀土取代了醇基中的氢。醇的溶剂物的稳定性低于水合物，因此，在水醇混合物溶剂中，当水量增大时，稀土离子的溶剂化壳层中的醇逐步被水分子所取代。

稀土无水氯化物易溶于醇而溶剂化，其饱和溶液在硫酸上慢慢蒸发可析出溶剂化的晶体 $RECl_3 \cdot nROH$。碳链的增长和存在支链均使 n 值减小。

稀土无水氯化物在醇溶液中与碱金属醇合物之间发生交换反应可生成稀土醇合物 $RE(OH)_3$。许多稀土与甲醇、正丁醇、DiOX、THF 等的固体醇合合物都已被制得。但 $pK_a > 16$ 的脂肪族一元醇只能存在于非水溶剂中，在水中将分解成稀土氢氧化物沉淀析出。

多酚（如 ⬡—OH 和 ⬡—OH ）比脂肪族的醇具有更明显的酸性，可与稀土反应生成醇合物。

（2）稀土-β-二酮配合物 在稀土的酮类配合物中，对单酮研究很少，酮与稀土可形成溶剂化物。研究和应用最多的是 β-二酮，由于稀土的 β-二酮配合物具有萃取性能、协萃性能、发光性能、激光性能、挥发性能和作为位移试剂的性能，因而引起人们的重视。

β-二酮具有酮式和烯醇式两种结构，并有互变异构反应：

$$R-\underset{\underset{O}{\|}}{C}-CH_2-\underset{\underset{O}{\|}}{C}-R' \ \rightleftharpoons\ R-\underset{\underset{O}{\|}}{C}-CH=\underset{\underset{O-H}{|}}{C}-R'$$

酮式　　　　　　烯醇式

因此，β-二酮可以看成是一种一元弱酸，在适当的情况下，它们可失去一个氢离子成为具有两个配位点的一价阴离子。烯醇式脱去质子后与稀土离子生成螯合物：

61

由于生成螯合环，并包含电子可运动的共轭链，使 β-二酮与稀土生成的配合物在只含氧的配体中是最稳定的。

乙酰丙酮、丙酰基丙酮、苯酰基丙酮和二苯酰基甲烷等均能与 La^{3+}、Pr^{3+}、Nd^{3+}、Y^{3+} 等稀土离子形成稳定的配合物，其稳定常数大多在 $10^{20} \sim 10^{41}$ 数量级。它们与稀土生成配合物的稳定性次序为：

苯酰基丙酮＞丙酰丙酮＞乙酰丙酮

在整个稀土系列中，配合物的稳定性随着原子序数的增加而增大。

许多稀土 β-二酮配合物具有良好的发光性能，如苯酰基丙酮、α-羟基二甲苯酮、六氟乙酰丙酮和噻吩甲酰三氟丙酮等可以制备稀土荧光配合物，这配合物已经用于激光技术中。稀土 β-二酮配合物中的有机化合物可以提高稀土离子（特别是 Sm^{3+}、Eu^{3+}、Tm^{3+}、Dy^{3+}）被汞灯所激发的光致发光效率。另外，稀土的二酮配合物如 $Eu(fod)_3$ 等可用作核磁共振的位移试剂，它们也是目前已知的挥发性最大的稀土化合物。

（3）稀土羧酸类配合物　许多有机酸可与稀土离子生成稳定的配合物。一元羧酸中以乙酸根与稀土离子形成的配合物的研究和应用最为广泛，其稳定常数按 $La \rightarrow Sm$ 增加，Eu 与 Sm 接近，以后的重稀土变化不大。此外，对丙酸、异丁酸的稀土配合物的研究也很多，它们与稀土离子的配位能力与乙酸类似。这三种一元羧酸与稀土离子的配位能力为：

乙酸＞丙酸＞异丁酸

在一元羧酸中，稀土配合物的稳定性以羟基羧酸为最强，由于这类羧酸中的氢氧基团有助于产生更稳定的螯合型配合物，其结构式为：

金属离子 M 所带的正电荷越多，则与 α-羟基中的氧原子作用越强，形成的配合物越稳定。α-羟基异丁酸、葡萄糖酸、柠檬酸、乙醛酸、乳酸、苹果酸、水杨酸和酒石酸等都能与稀土离子形成稳定的配合物。

许多二元羧酸如乙二酸（草酸）、丙二酸、丁二酸、丁烯二酸、戊二酸、己二酸、邻苯二甲酸、联苯二甲酸和1,8-萘二甲酸等与稀土离子能生成多种稳定的配合物。它们都是二齿配体，与稀土离子能生成1:1配位阳离子、1:2配位阴离子或固体配合物。其中稀土草酸配合物尤为重要，稀土草酸盐的溶度积很小（见表3-29）。

表3-29　稀土草酸盐的溶度积 lgK_{sp}（25℃，$\mu = 0.5$）

La	Ce	Pr	Nd	Sm	Eu	Gd	Tb	Dy	Ho	Er	Tm	Yb	Lu
25.92	26.96	27.68	28.14	28.89	29.05	28.59	28.07	27.68	26.60	24.99	25.83	26.43	26.70

在 pH≈2 的酸性溶液中，利用饱和草酸溶液可使稀土定量沉淀而与很多杂质离子（如 Al、Fe 等）分离。稀土草酸盐沉淀在草酸铵或碱金属草酸盐溶液中有一定的溶解度，可生成 $RE(C_2O_4)_n^{2-2n}$ 配离子（$n=1$，2，3），其稳定性大于一元羧酸。草酸不但是重要的稀土离子沉淀剂，而且草酸稀土 $RE_2(C_2O_4)_3 \cdot (5 \sim 10)H_2O$ 受热分解产物为很纯的稀土氧化物

RE_2O_3，在稀土材料制备中有重要应用。

稀土离子与多元羧酸，如丙三羧酸、亚乙基四羧酸等也可形成配合物。

3.4.5.2　稀土与含氮配体生成的配合物

稀土与氮原子的配位能力小于氧原子，在水溶液中，由于稀土离子与水的相互作用很强，弱碱性的氮给予体不能与水竞争取代水，而强碱性的氮给予体又易与水作用生成氢氧根（OH^-）而使溶解度很小的稀土氢氧化物沉淀，因此很难制得稀土的含氮配合物。自 1964 年以后，选用适当极性的非水溶剂作为介质，制得了一系列以氮为配体的稀土配合物（其配位数可达 8～9）。近 20 年来，这类稀土配合物的研究有了新的发展。已经制得的稀土含氮配合物大致可以分为以下两类。

（1）稀土与弱碱含氮配体生成的配合物　二氮杂菲（phen）、联吡啶（dipy）和酞菁（pc）等都属于弱碱性含氮配体，它们在适当的溶剂中与稀土离子配位形成配合物。在 1963 年人们首次制备出了稀土与联吡啶和二氮杂菲的配合物。这些配合物一般是用稀土水合盐与过量的配体在温热的醇溶液中反应析出的。现已制得的部分稀土与弱碱性含氮配体生成的配合物列于表 3-30。这些稀土配合物的组成与无机阴离子性质的关系很大，阴离子不同，配位体的数目也常常不同。当阴离子是 Cl^-、NO_3^- 等时，得到的是两个含氮的双齿中性配体的配合物，配位数大于 6，阴离子或溶剂参加配位，如 $RE(dipy)_2(NO_3)_3$ 等；当阴离子为 SCN^- 时，生成三个含氮的双齿中性配体的配合物，如 $RE(dipy)_3(SCN)_3$ 等；当弱配位的阴离子（如 ClO_4^-）为配位离子时，生成四个含氮的双齿中性配体的配合物，如 $RE(phen)_4(ClO_4)_3$。

表 3-30　以氮原子配位的稀土有机配合物

类　型	配合物组成	阴离子(X)或稀土离子(RE)
弱碱配体	$RE(phen)_2X_3 \cdot (H_2O$ 或 $C_2H_5OH)_n$	$X=Cl, NO_3, SCN, SeCN; n=0～5$
	$RE(phen)_3X_3$	$X=SCN, SeCN$
	$RE(phen)_4(ClO_4)_3$	$X=ClO_4$
	$RE(dipy)_3X_3$	$X=SCN, SeCN$
	$RE(dimp)_2Cl_2(H_2O)_2$	$X=Cl$
	$RE(terpy)X_3(H_2O)_n$	$X=Cl, NO_3, Br; n=0～3$
	$RE(tepy)_2X_3$	$X=Cl, Br, ClO_4$
	$RE(tepy)_3(ClO_4)_3$	$X=ClO_4$
	$RE(tpt)(NO_3)_3 \cdot H_2O$	$X=NO_3$
	$[RE(tpt)_2(ClO_4)_2]ClO_4$	$X=ClO_4$
	$RE(pc)X$	$X=Cl,$ 甲酸盐
	$RE(dibp)_2(NO_3)_3$	$X=NO_3$
	$RE(uro)_2(SCN)_3 \cdot 8H_2O$	$X=SCN$
强碱配体	$[RE(en)_4NO_3](NO_3)_2$	$RE=La, Nd, Sm$
	$[RE(en)_4](NO_3)_3$	$RE=Eu～Yb(Tm$ 除外$)$
	$[RE(en)_3(NO_3)_2]NO_3$	$RE=Gd～Ho$
	$[RE(en)_4Cl]Cl_2$	$RE=La, Nd$
	$[RE(en)_4Br]Br_2$	$RE=La$
	$[RE(en)_4](ClO_4)_3$	$RE=La, Pr, Nd$
	$[RE(pn)_4NO_3](NO_3)_2$	$RE=La, Nd$
	$[RE(pn)_4](NO_3)_3$	$RE=Gd, Er$
	$[RE(pn)_4](ClO_4)_3$	$RE=La, Nd, Gd$
	$[RE(pn)_4]Cl_3$	$RE=La, Nd$
	$[RE(dien)_3](NO_3)_3$	$RE=La, Pr, Nd, Sm, Gd$
	$[RE(dien)_2(NO_3)_2]NO_3$	$RE=La, Pr, Nd, Sm, Gd, Dy, Er, Yb$
	$[RE(tren)_2](NO_3)_2$	$RE=La, Pr, Nd$
	$RE(tren)(NO_3)_3$	$RE=La, Pr～Sm, Gd, Dy, Er, Yb$
	$RE(tren)_2(ClO_4)_3$	$RE=La, Pr, Nd, Gd, Er$
	$[RE(trien)_2](NO_3)_3$	$RE=Pr, Nd, Eu$
	$RE(trien)_2(ClO_4)_3$	$RE=La, Pr～Sm, Gd, Tb, Ho$

我国科学家李振祥、倪嘉缵、黎乐民、徐光宪等用 INDO 方法研究酞菁（pc）及其模型镥配合物的电子结构，结果表明，在酞菁中，8 个氮原子和内圈的 8 个碳原子的 π 电子形成轮烯型结构，周围的苯环双键是比较独立的。镥的 4f 轨道是高度定域的，s、p、d 轨道主要构成低激发分子轨道。电荷转移跃迁可能是决定稀土-酞菁配合物的特异性质的主要原因。

（2）稀土与强碱含氮配体生成的配合物　这类强碱性含氮配体的稀土配合物是稀土与胺及其衍生物所形成的配合物，因此也可称作为稀土胺化物，也是一类含 RE-N 键的化合物。根据含氮配体的性质又可将其分为无机胺化物和有机胺化物。

① 稀土无机胺化物　在稀土无机胺化物的含 N 配体中不含有机基团，如—NH₂、—NHNH₂ 等。由于在水溶液中稀土氢氧化物的溶度积非常小，所以无法制备稀土离子与氨或一元胺类的配合物。但是可以通过无水的稀土氯化物在真空中与气体胺类直接作用来制取无水固体配合物，例如已经制得了 $RECl_3(NH_3)_n$（$n=1\sim8$）；$RECl_3(CH_2NH_2)_n$（$n=1\sim5$）。

② 稀土有机胺化物　在稀土有机胺化物的含 N 配体中则是含有有机基团的，如—NR₂、—N（SiR₃）₂、—NC₅C₅ 等。这类配合物的制备是：将无水稀土氯化物在乙腈中与多齿胺，如乙二胺（en）、丙二胺（pn）、二乙三胺（dien）、三乙四胺（trien）等作用生成粉末状的配合物，如 $[RE(en)_4](NO_3)_3$（RE＝Eu～Yb，Tm 除外）；$[RE(pn)_4]Cl_3$（RE＝La，Nd）等。这些结晶状的配合物具有相当的热稳定性，但是暴露在空气中却很快水解。这些配合物的组成同样与阴离子性质和稀土离子的半径有关。

近十多年来人们又合成了许多新的稀土有机胺化物。特别是发现了三甲基硅氨基稀土配合物不仅在有机溶剂中有良好的溶解性能，而且是一类理想的反应前驱体，通过它与各种试剂的反应可合成相应的稀土金属衍生物，尤其是合成纯的烷氧基稀土金属化合物，后者可用于电子及陶瓷材料的制备。这类新型含 RE-N 键配合物可由无水稀土氯化物与 $LiN(SiMe_3)_2$ 在四氢呋喃（THF）作用而制得：

$$RECl_3 + 3LiN(SiMe_3)_2 \xrightarrow[\text{戊烷}]{\text{THF}} RE\{N(SiMe_3)_2\}_3 + 3LiCl$$

其中 RE＝La，Ce，Pr，Nd，Sm，Eu，Gd，Ho，Yb，Lu。在生成的配合物中，稀土离子直接与三个氮原子配位。这类配合物容易水解，易溶于有机溶剂，从戊烷中形成尖状结晶。它的主要特点是挥发度高，在 10^{-4} mmHg 压力下，70～100℃ 即可挥发。

三氮-二（三甲基）硅烷基稀土配合物还能够与三苯基氧化膦反应，生成 1∶1 的加成物 $La\{N(SiMe_3)_2\}_3 \cdot Opph_3$ 和另一个过氧化物的络合物 $O_2La_2(NSi_2Me_6)_4 \cdot (Opph_3)_2$，这是一个桥式结构的配合物，其中过氧基团作用于两个镧原子之间形成二配位的桥，每个 La 原子与两个硅甲基氨及一个氧化膦配位，其配数为 5。这是报道的第一个稀土过氧化物配合物。

Bradley 等研究指出：以空间位阻很大的二（三甲基硅基）氨基或者取代芳氨基为配体，可以很高产率地合成中性均配型三价稀土胺化物，而且通过高真空升华，可以方便地得到非溶剂化的稀土胺化物。但是以空间位阻比较小的二（异丙基）氨基为配体，当 $RECl_3$ 与 LiN^iPr_2 按 1∶3（摩尔）反应时，分离得到的产物结构鉴定均为阴离子型稀土胺化物，其反应为：

$$NdCl_3 + 3LiN^iPr_2 \xrightarrow[0℃]{\text{THF/甲苯/己烷}} (^iPr_2N)_2Nd(\mu\text{-}N^iPr_2)_2Li(THF)$$

$$YbCl_3 + 3LiNPh_2 \xrightarrow[0℃]{\text{THF/甲苯/己烷}} Yb(NPh_2)_3(THF)_2 + 3LiCl$$

2003 年 Anwander 等报道，通过 $RE(CH_2SiMe_3)_3(THF)_2$ 与二异丙胺在己烷中反应，

可以制得均配型的配合物 $RE(N^iPr_2)_3(THF)$，其中 $RE=Sc$、Y、Lu，这些产物均经过元素分析和核磁共振等表征。

此外，人们在研究中发现 RE-N 键可以发生很多化学反应，如环戊二烯稀土胺化物又是一类有效的催化剂，它不仅可以催化氨胺化环化等有机反应，而且能催化一些极性和非极性单体的聚合反应，这就极大地推动了稀土胺化物研究和应用的发展。环戊二烯稀土胺化物可以通过环戊二烯稀土氯化物与相应的氨基碱金属盐的复分解反应来制备。目前，用此法已经制得了 $(C_5H_5)_2ErNH_2$、$[Li(THF)_4][Cp_2Lu_2(NPh_2)_2]$、$Cp_2Sm(NHPh)(THF)$ 等多种配合物。

3.4.5.3　稀土与含氮、氧配体生成的配合物

有机氮氧配体中至少有两个可配位的原子，因此它们能和稀土离子形成更加稳定的螯合物。这类配合物包括氨基羧酸、吡啶二羧酸、席夫碱及异羟肟酸等与稀土离子形成的配合物。

氨基羧酸稀土配合物形成的螯环数目多，稳定性好，应用广泛。这类配合物主要是链状或环状的多胺多羧酸类配体，包括有氨三乙酸（NTA）、己二胺四乙酸（EDTA）、亚氨基-N,N-二乙酸（IMDA）及二乙基三胺五乙酸（DTPA）等，其配位能力的顺序是：

$$DTPA > DCTA > EDTA > HEDTA > NTA > IMDA$$

它们与稀土离子所形成的 1:1 或 1:2 的螯合物，如 $RE(NTA)\cdot xH_2O$、$HRE(EDTA)\cdot xH_2O$、$RE(IMDA)Cl\cdot xH_2O$ 等。这些配合物中由于有配位能力强的羧基存在，因此可以从乙醇或水溶液中结晶出来。它们在低测量、核磁共振技术领域中有着重要的应用。氨羧配合剂也常用于稀土分离和分析的配合物方面，例如 EDTA 等已广泛应用于离子交换分离和分析技术。

比较稀土的一元羧酸和氨基酸配合物的稳定性，可以看出稀土与 N 和 O 原子同时配位时可提高配合物的稳定性，如 La 的乙酸配合物的 $\lg K_1(\text{La})=2.02$，而氨基乙酸配合物的 $\lg K_1(\text{La})=3.2$。在同一种稀土的氨羧配合物中，β-氨基酸生成的配合物的稳定性小于 α-氨基酸，这是因为增大了螯合环的元数而增大了环的张力。如 La 与 α-氨基乙酸配合物的 $\lg K_1$ 为 3.2，而与 β-丙氨酸配合物的 $\lg K_1$ 则只有 2.4。

苯环参与成键可提高稀土配合物的稳定性。如邻氨基苯酸 和 β-丙氨酸 $CH_2NH_2CH_2COOH$ 与稀土同样生成六元环，但稀土邻氨基苯酸配合物的稳定性 $[\lg K_1(\text{La})=3.1]$ 可与 α-氨基乙酸配合物相比，而大于 β-丙氨酸配合物的稳定性 $[\lg K_1(\text{La})=2.4]$。

与含杂环的氨基酸比较时也有类似情况，稀土的吡啶甲酸 配合物的稳定常数为 $\lg K_1(\text{La})=3.54$，大于氨基乙酸配合物 $\lg K_1(\text{La})=3.2$，虽然前者的 $pK_{NH}=5.2$，小于后者的 $pK_{NH_2}=9.8$。稀土的吡啶二酸配合物的 $\lg K_1(\text{La})=7.98$ 大于哌啶-2,6-二羧酸的 $\lg K_1(\text{La})=5.3$，虽然前者的 $pK_{NH_2}=4.8$，小于后者的 9.9。

当配体的齿数增加时，由于可使中心离子更好地减小水合作用而增大熵的改变，故可增大配合物的稳定性。

吡啶二羧酸和 8-羟基喹啉等杂环配体与稀土离子所形成的螯合物，如 $RE(dpc)(dpcH)\cdot 6H_2O(RE=La\sim Tb)$、$RE(dpcH)_3\cdot H_2O(RE=Sm\sim Yb)$ 和 $Na_3RE(dpc)_3\cdot xH_2O$ 等可由稀土水合醋酸盐与吡啶二羧酸或 8-羟基喹啉进行反应制得。由 $Na_3RE(dpc)_3\cdot xH_2O$ 的结构分析表明，在 Nd 和 Yb 的螯合物中，x 各是 15 和 13，金属离子的配位数为 9，其中 6 个羧氧原子和 3 个氮原子与金属配位，生成变形的三帽三棱柱结构的螯合物。其中的 $Na[Ce(C_7H_3NO_4)_3]\cdot 15H_2O$ 配合物可用来制作低温温度计，还可作为顺磁共振谱的位移

试剂。

席夫碱一类配体和稀土离子生成如 $REL_3 \cdot H_2O$（其中 L 为

$$\begin{array}{c} \text{OH} \\ \bigcirc \\ \text{C} = \text{N} - \text{R} \end{array}, \quad R = CH_3、$$

C_2H_5、C_3H_7 等）和 $[RE(L\text{-}LH)_3(NO_3)](NO_3)_2$（其中 RE 为轻稀土）及 $[Yb(L\text{-}LH)_2(NO_3)](NO_3)_2$（其中 L 为 2,4-戊二酮缩苯胺、2,4-戊二酮缩苄胺等）的螯合物。相对来说由于席夫碱与稀土离子的配位能力较弱，其螯合物必须在非水溶剂中制备。

异羟肟酸（hydroxamic acid, 简写成 HyA）是一类活泼的含氮的有机弱酸，通常是以酮式异羟肟酸或以烯醇式羟肟酸两种形式存在：

$$\begin{array}{ccc} \text{R}-\text{C} & \begin{array}{c} \text{O} \\ \| \end{array} & \rightleftharpoons \\ & \begin{array}{c} \diagdown \\ \text{HN}-\text{OH} \end{array} & \end{array} \quad \begin{array}{c} \text{R}-\text{C} \begin{array}{c} \text{OH} \\ \| \end{array} \\ \begin{array}{c} \diagdown \\ \text{N}-\text{OH} \end{array} \end{array}$$

（酮式）　　　　　　（烯醇式）

由于异羟肟酸特殊的原子配合，它们的极性基中存在着位置相互接近的氮原子和氧原子两种给电子原子，使得它们对许多金属离子，特别是高电荷的钛、钨、稀土等阳离子具有很强的形成螯合物的活性，能形成稳定的四元环或五元环的螯合物。稀土-异羟肟酸配合物（complexes of rare earth with hydroxamic acids, 简写成 RE-HyA）则是一类新型的稀土配合物，国外只有美国、前苏联、加拿大等少数国家的学者于 20 世纪 70 年代开始进行研究（只涉及 La、Ce、Pr、Nd 等轻稀土元素的异羟肟酸配合物方面）。80 年代初期刘光华和同事们在国内率先开展了多种单配及二酰的开链和芳香异羟肟酸的稀土配合物的系统，先后获得省科技发展基金和国家自然科学发展基金的资助，取得了可喜成果。我们用"羧酸酯-羟胺法"及"羧酸酰氯化-羟胺法"先合成各种异羟肟酸配体，然后在一定介质和 pH 值条件下合成稀土-异羟肟酸配合物，利用前一方法的反应如下：

$$RCOOR' + NH_2OH \xrightarrow[\text{methanol}]{KOH} RCONHOK + R'OH + H_2O$$

$$RCONHOK + H^+ \Longrightarrow RCONHOH + K^+$$

$$2RE^{3+} + 3RCONHOH + nH_2O \Longrightarrow RE_2(RCONHO)_3 \cdot nH_2O + 3H^+$$

我们还用自己研究成功的"羟胺-羧酸"直接合成异羟肟酸的新方法结合上述方法共合成了 12 种异羟肟酸配体，其中有戊酰异羟肟酸（PHA）、庚酰异羟肟酸（HHA）、萘乙羟肟酸（NEHA）、丁二甲酰异羟肟酸（BDHA）、癸二甲酰异羟肟酸（ADHA）、邻苯二甲酰异羟肟酸（OPHA）和对苯二甲酰异羟肟酸（PPHA）等 7 种异羟肟酸配体是国内外研究得很少或从未制得过的。用上述异羟肟酸为配体与 10 多种 3 价稀土离子共合成了 80 多种固态配合物，其中 50 多种是国内外首次报道。部分新制得的稀土-异羟肟酸固态配合物见表 3-31。我们对这些新型稀土配合物的化学成分、摩尔电导、稳定常数、热稳定性、红外光谱、荧光光谱、核磁共振及 X 射线粉末衍射等进行了测定和表征。同时，对某些异羟肟酸的稀土配合物进行了发光性能、催化性能、萃取性能、生物活性及药效等方面的研究。结果表明，RE-HyA 这类新型稀土配合物在发光材料和催化材料的制备、稀土湿法冶金及分离纯制以及新药开发等方面都很有实用价值，并具有很大的发展潜力。

表 3-31　稀土-异羟肟酸配合物及其配体的组成（固态）

RE^{3+}	OXHA	ADHA	BHA	SHA	OPHA
(H^+)	$C_2(ONHOH)_2$	$(CH_2)_7(ONHOH)_2$	$C_6H_5CONHOH$	$C_6H_4OHCONHOH$	$C_6H_4(CONHOH)_2$
La	$La_2(OXH)_3 \cdot 5H_2O$	$La_2(ADH)_3 \cdot 2H_2O$	$La(BH)_3 \cdot 3H_2O$	$La(SH)_3 \cdot 2H_2O$	$La_2(OPH)_3 \cdot 5H_2O$
Ce	$Ce_2(OXH)_3 \cdot 4H_2O$	$Ce_2(ADH)_3 \cdot 2H_2O$	$Ce(BH)_3 \cdot 3H_2O$	$Ce(SH)_3 \cdot 2H_2O$	$Ce_2(OPH)_3 \cdot 4H_2O$
Pr	$Pr_2(OXH)_3 \cdot 4H_2O$	$Pr_2(ADH)_3 \cdot 3H_2O$	$Pr(BH)_3 \cdot 3H_2O$	$Pr(SH)_3 \cdot 2H_2O$	$Pr_2(OPH)_3 \cdot 5H_2O$

RE^{3+}	OXHA	ADHA	BHA	SHA	OPHA
Nd	Nd$_2$(OXH)$_3$·5H$_2$O	Nd$_3$(ADH)$_3$·3H$_2$O	Nd(BH)$_3$·4H$_2$O	Nd(SH)$_3$·2H$_2$O	Nd$_2$(OPH)$_3$·5H$_2$O
Sm	Sm$_2$(OXH)$_3$·5H$_2$O	Sm$_2$(ADH)$_3$·3H$_2$O	Sm(BH)$_3$·3H$_2$O	Sm(SH)$_3$·2H$_2$O	Sm$_2$(OPH)$_3$·5H$_2$O
Eu	Eu$_2$(OXH)$_3$·5H$_2$O	Eu$_2$(ADH)$_3$·3H$_2$O	Eu(BH)$_3$·3H$_2$O	Eu(SH)$_3$·2H$_2$O	Eu$_2$(OPH)$_3$·5H$_2$O
Gd	Gd$_2$(OXH)$_3$·5H$_2$O	Gd$_2$(ADH)$_3$·3H$_2$O	Gd(BH)$_3$·4H$_2$O	Gd(SH)$_3$·4H$_2$O	Gd$_2$(OPH)$_3$·5H$_2$O
Tb	Tb$_2$(OXH)$_3$·5H$_2$O	Tb$_2$(ADH)$_3$·3H$_2$O	Tb(BH)$_3$·3H$_2$O	Tb$_2$(SH)$_3$·3H$_2$O	Tb$_2$(OPH)$_3$·5H$_2$O
Tm	Tm$_2$(OXH)$_3$·5H$_2$O	Tm$_2$(ADH)$_3$·3H$_2$O	Tm(BH)$_3$·3H$_2$O	Tm(SH)$_3$·2H$_2$O	Tm$_2$(OPH)$_3$·5H$_2$O
Yb	Yb$_2$(OXH)$_3$·5H$_2$O	Yb$_2$(ADH)$_3$·3H$_2$O	Yb(BH)$_3$·3H$_2$O	Yb(SH)$_3$·2H$_2$O	Yb$_2$(OPH)$_3$·5H$_2$O
Y	Y$_2$(OXH)$_3$·4H$_2$O	Y$_2$(ADH)$_3$·2H$_2$O	Y(BH)$_3$·3H$_2$O	Y$_2$(SH)$_3$·4H$_2$O	Y$_2$(OPH)$_3$·4H$_2$O
(Cu^{2+})	Cu·OXH·2H$_2$O	Cu·ADH·3H$_2$O	Cu(BH)·3H$_2$O	Cu·SH·2H$_2$O	Cu·OPH·2H$_2$O
(UO$_2^{2+}$)	K$_2$(UO$_2$)$_2$(OXH)·4H$_2$O	K$_2$(UO$_2$)$_2$(ADH)·5H$_2$O	K$_2$[UO$_2$(BH)$_2$]·3H$_2$O	K$_2$UO$_2$(SH)$_2$·2H$_2$O	K$_2$(UO$_2$)$_2$(OPH)$_3$·4H$_2$O

注：OXHA—草二酰异羟肟酸，ADHA—葵二酰异羟肟酸，BHA—苯甲酰异羟肟酸，SHA—水杨酰异羟肟酸，OPHA—邻苯二甲酰异羟肟。

3.4.5.4 其他配体的稀土配合物

除了含氧、氮配位原子的有机配体外，还有硫、磷、砷等为配位原子的有机配体，它们与稀土离子形成稳定性较差的配合物。由于这些配位原子与稀土离子的配位能力较差，一般要从无水的配位能力弱的有机溶剂中进行制备，而且所采用的稀土盐的阴离子和稀土离子的配位能力要比较弱，才可得到这类配体的稀土配合物。

在硫原子配位的稀土配合物中，以二甲基亚砜（DMSO）的稀土配合物如 RE(DMSO)$_n$(ClO$_4$)$_3$（$n=8\sim10$）研究得最多。另一类研究较多的稀土与硫配位的配合物是二硫代膦酸二酯类与稀土的配合物，其中稀土是以阴离子状态存在于相应的配合物中，如 [Ph$_4$P]$^+$[Pr{S$_2$P(OMe)}$_4$]$^-$，它的晶体结构已被测定，其中 Pr^{3+} 是与 8 个硫原子配位，8 个硫原子位于变形的四方反棱柱体的 8 个顶角。其他含硫配体如疏基醋酸（MAC）类、硫代苯酰基丙酮（TBA）以及硫脲及其衍生物等与稀土离子生成的配合物。

磷原子与稀土离子配位的稀土配合物中研究得最早的是烷基磷酸酯的稀土配合物，例如磷酸三丁酯（TBP）的稀土配合物 RE(TBP)$_3$·(NO$_3$)$_3$、氧化三丁基膦（TBPO）的稀土高氯酸盐配合物以及四异丙基亚甲基膦酸酯（MP）、四异丙基亚丙基膦酸酯（BP）等与稀土硝酸盐的配合物也都制备出来了。在 MP 和 BP 的稀土配合物中的 MP 和 BP 配体都包含两个 P-O 基团，它们起二配位作用，可形成螯环或桥式结构的稀土配合物。

3.4.6 稀土多元配合物和多核配合物

3.4.6.1 稀土多元配合物

稀土多元配合物是稀土离子与两种或两种以上配位体所形成的配合物（也可称作混合配体配合物）。其配位体可有各种组合形式，例如两种或多种配位体都是中性配位，或者阴离子与中性配位体混合配位，或者是稀土离子以配阳离子（或阴离子）存在，生成离子缔合型配合物。另外，配位体可以是氧原子配位，也可以是氮原子或其他原子配位，因此多元配合物的种类很多。稀土多元配合物生成的原因，主要是因为稀土离子的配位数可从 6～12 变化。在大多数情况下配位数并未满足，如在水溶液中，往往是水分子参与配位。如果生成多元配合物，则可使稀土离子的配位数得到满足，使生成的配合物更加稳定。

20 世纪 60 年代合成了 Eu(dbm)$_2$(RCO$_2$) 混合配合物，式中 dbm 为二苯酰甲烷（C$_6$H$_5$CO）$_2$CH$_2$，R 为 CH$_3$—、C$_2$H$_5$—或 C$_6$H$_5$—，它是用羧酸的钠盐沉淀 dbm 的稀土配

合物而制备的。后来又制得单羟基取代、双螯合配位体的稀土配合物 $RE(OH)L_2 \cdot H_2O$，式中 L 为 β-二酮或 β-酮酯类化合物，如乙酰基丙酮、二（三甲基乙酰）甲烷 $[(CH_3)_3CCO]_2CH_2$ 等。利用以上的羟基稀土配合物为起始物，可以合成新型的多元配合物：

$$RE(OH)L_2 \cdot H_2O + HL^{(i)} \longrightarrow REL_2L^{(i)} \cdot H_2O + H_2O$$

其中 $HL^{(i)}$ 或 HL 代表 acac、ba、dbm、8-羟基喹啉等。后来又合成了四配位基混合配合物 $Na[RE(acac)_3L]$，它是用水合的三乙酰基丙酮稀土配合物在碱性溶液中与另一种 β-二酮作用。如将 acac 加到 $RE(TTA)_3$ 中（TTA 为噻吩甲酰三氟丙酮），得到 $RE(TTA)_3(Hacac)$ 多元配合物。关于 β-二酮与叶啉的多元稀土配合物也已被合成，这种配合物中稀土离子的周围有 8 个配位原子。人们对异丙基的稀土混合配合物也进行了制备和研究，它有两种形式 $RE(O^iPr)L_2$ 或 $RE(O^iPr)_2L$。改变 L，可以得到一系列多元配合物。这些配合物经常用红外光谱 IR、紫外光谱 UV 和分子量测定来鉴定。还有人用两相滴定法研究螯合剂与中性配位体 [如 1-苯基-3-甲基-4-苯甲酰基吡唑酮(5)-PEL 和磷三丁酯 TBP] 与稀土元素系列生成的多元配合物并测定其稳定常数。有关含 C-O、P-O 基团的一些重要的稀土多元配合物列于表 3-32 中。

表 3-32　稀土的多元配合物

稀土离子与含 C-O 键配位体的混合配合物				稀土离子与含 P-O 键配位体的混合配合物			
配位体[①]	稀土离子	阴离子	配合物组成	配位体[②]	稀土离子	阴离子	配合物组成
DiOX,acac	Nd,Dy,Ho		$RE(DiOX)_{0.5}(acac)_3 \cdot 2H_2O$	TBP,tfac	Eu		$Eu(TBP)_2(tfac)_3$
DiOX,dbm	Eu		$Eu(DiOX)_2(dbm)_3$	TBP,Sal	Ce~Eu,Dy, Er,Yb,Y		$RE(TBP)(Sal)_3$
THF,C_6H_6	Yb	NCS	$Yb(THF)_2(NCS)_3 \cdot C_6H_6$				
15-Crown-5	Sm~Lu	NO_3^-, 丙酮	$RE(15-冠-5)(NO_3)_3 \cdot H_2O \cdot (CH_3)_2CO$	TPPO,Me_2CO	La~Lu,Y	NO_3^-	$RE(TPPO)_3(NO_3)_3(Me_2CO)_2$
				TPPO,Me_2CO	La~Lu,Y	NO_3^-	$RE(TPPO)_4(NO_3)_3(Me_2CO)_2$
DMF,dbm	Eu		$Eu(DMF)_2(dbm)_3$	TPPO,EtOH	La~Lu,Y	NO_3^-	$RE(TPPO)_4(NO_3)_3 \cdot EtOH$
MeOH,acac	Gd,Y		$RE(MeOH)(acac)_3 \cdot 2H_2O$	TPPO,Sal	Eu		$Eu(TPPO)_2(Sal)_3$
MeOH,acac	Yb		$Yb(MeOH)_2(acac)_3$	TPPO,ASal	Ce~Eu,Tb, Dy,Er		$RE(TPPO)_2(ASal)_3$
EtOH,acac	Y,Yb		$RE(EtOH)(acac)_3 \cdot 3H_2O$	HFA,TBP	Dy, Ho, Er,Yb		$RE(HFA)_3 \cdot 2TBP$
ba,Ac	Eu		$Eu(ba)_2(CH_3COO^-)$	TTA,TOPO	Nd,Ho,Er		$RE(TTA)_3(TOPO)$
ba,acac	RE		$RE(acac)_2(ba) \cdot H_2O$	TFA,TBP	Eu		$Eu(TFA)_3(TBP)_2$
TTA,acac	RE		$RE(TTA)_3(Hacac)$	HFA,DBSO	Eu		$Eu(HFA)_3(DBSO)_2$
Sal,phen	Pr,Nd, Ho,Er	$CHCl_3$, C_6H_6	$RE(Sal)_3(phen)_2$				

① Di OX—二氧六环；ba—苯甲酰丙酮；dbm—二苯酰甲烷；acac—乙酰基丙酮；TTA—噻吩甲酰三氟丙酮；15-Crown-5—苯并 15-冠醚-5；DMF—二甲基甲酰胺。

注：HFA—六氟乙酰丙酮；TFA—三氟乙酰丙酮。

　　还有一类稀土多元配合物属于离子缔合物。例如 $RE(Ap)_6[Cr(NCS)_4(NH_3)_2]_3$，Ap 是尿素的衍生物，与稀土离子生成配阴离子 $RE(Ap)_6^{3+}$，再与 $[Cr(NCS)_4(NH_3)_2]^{2-}$ 大阴离子生成离子缔合型多元配合物。又例如 $[RE(PyO)_8]^{3+}[Cr(NCS)_6]^{3-}$，其中 PyO 是吡啶氧化物。类似的例子还很多，也有稀土离子是处于阴离子体系中的，例如 $[R_4N^+]_3[Nd(NO_3)_6]^{3-}$ 等。

3.4.6.2　稀土双核或多核配合物

　　在分子结构中凡含有两个或两个以上金属离子的稀土配合物叫做稀土双核或多核配合物。由于生成双核或多核配合物，使稀土离子的某些性质发生变化，如使稀土离子的吸收光谱发生变化而导致摩尔消光系数增加。因而广泛用于稀土分析和工业生产中。这类配合物可溶于有机溶剂，在减压条件下有很大的挥发性，在 $180\sim200℃/0.1mmHg$ 下几乎可以定量地蒸馏。已知的 $RE(OPr^i)_3$ 的挥发度很低，而 $RE[Al(OPr^i)_4]_3$ 的挥发度却很高（式中 Pr^i 为异丙基），表明这种双金属醇盐有一定结构，它可能具有如下的螯合结构：

这一结构进一步为 NMR 法所证实。

为了制备可挥发性的稀土配合物，制得了双金属醇盐，其通式为 $RE[M(OPr^i)_4]_3$，式中 RE 为 La～Lu、Sc 和 Y；M 为 Al，Ga 或 In。它们可用以下方法制备：

$$RECl_3+3KM(OPr^i)_4 \xrightarrow{C_6H_6} RE[M(OPr^i)_4]_3+3KCl$$

$$RECl_3+3MCl_3+12KOPr^i \xrightarrow{Pr^iOH} RE[M(OPr^i)_4]_3+12KCl$$

$$RE(OPr^i)+3M(OPr^i)_3 \xrightarrow{Pr^iOH} RE[M(OPr^i)_4]_3$$

若将 $Ho[Al(OPr^i)_4]_3$ 与乙酰丙酮作用，则可得到 $Ho[Al_3 \cdot (OPr^i)_9(acac)_3]$ 和 $Ho[Al(OPr^i)_2(acac)_2]_3$ 多核配合物。

3.4.7 稀土金属有机化合物

稀土金属有机化合物是含有"稀土金属-碳键"的化合物的总称。这类化合物的出现发轫于 1954 年，始见于 Wilkinson（1973 年的诺贝尔化学奖获得者）关于（环戊二烯基）稀土金属化合物的报道。在随后的 20 年中进展缓慢，直到 20 世纪 80 年代才又形成十分活跃的领域。稀土金属有机配合物有很多重要的化学性质和物理性能，在催化有机合成和高聚物合成中表现出很多独特的性能，并用于制备高技术材料。

3.4.7.1 稀土环烯配合物

稀土环烯配合物中，其配体带有 π 电子，并以此与稀土离子成键，如环戊二烯和环辛四烯的化合物及它们的衍生物。这类化合物是目前研究得较多的一类稀土金属有机配合物。

（1）稀土环戊二烯配合物　$RE(C_5H_5)_3$ 可利用无水稀土三氯化物与环戊二烯钠在四氢呋喃（THF）溶液中进行反应而制得，其反应方程式为：

$$RECl_3+3Na(C_5H_5) \xlongequal{THF} RE(C_5H_5)_3+3NaCl$$

其中 RE＝La～Nd、Sm、Gd、Dy、Er、Yb、Sc、Y 等。

也可以用稀土金属与环戊二烯在液氨中直接反应而制取：

$$6C_5H_6+2RE \xrightarrow{NH_3} 2(C_5H_6)_3RE+3H_2$$

$RE(C_5H_5)_3$ 和一般的过渡金属的环戊二烯配合物不同，被认为是离子型键合。稀土与三环二烯配合物的某些性质列于表 3-33。

69

表 3-33 RE(C₅H₅)₃ 配合物的某些性质

表 3-33 **RE(C₅H₅)₃ 配合物的某些性质**

RE(C₅H₅)₃	颜色	升华温度($10^{-4} \sim 10^{-3}$mmHg)/℃	熔点/℃	有效磁矩(B. M.)
La(C₅H₅)₃	无色	260	395①	反磁
Ce(C₅H₅)₃	橘黄	230	435①	2.46
Pr(C₅H₅)₃	淡绿	220	415①	3.61
Nd(C₅H₅)₃	蓝色	220	380	3.63
Pm(C₅H₅)₃	橙色	145～260	稳定剂 250	—
Sm(C₅H₅)₃	橙色	220	365	1.54
Eu(C₅H₅)₃	褐色	分解	—	3.74
Gd(C₅H₅)₃	黄色	220	350	7.98
Tb(C₅H₅)₃	无色	230	316	8.9
Dy(C₅H₅)₃	黄色	220	302	10.0
Ho(C₅H₅)₃	黄色	230	295	10.2
Er(C₅H₅)₃	粉红	200	285	9.44
Tm(C₅H₅)₃	黄绿	220	278	7.1
Yb(C₅H₅)₃	深绿	150	273①	4.0
Lu(C₅H₅)₃	无色	180～210	264	反磁

① 略有分解。

由表 3-34 可以看出，稀土三环二烯配合物对热是稳定的，有固定的熔点。它们在减压条件下，在 200℃ 左右可以升华。除 Ce 外，在干燥空气中是稳定的。它们溶解在具有配位性能的溶剂如四氢呋喃、吡啶、氧杂己烷等，稍溶于芳香族的碳氢化合物中；它们可被 CS₂ 和氯代有机化合物的溶剂分解；它们与水作用生成环戊二烯和金属氢氧化物。

稀土环戊二烯的衍生物 RE(C₅H₅)₂X 可由 RECl₃ 与 2 当量的 Na(C₅H₅)₃ 作用而制得，其反应方程式为：

$$RECl_3 + 2Na(C_5H_5) \xrightarrow{THF} (C_5H_5)_2RECl + 2NaCl$$

式中，RE 为 Sm、Gd、Dy、Ho、Er、Yb 和 Lu。它们的某些性质列于表 3-34。

甲基环戊二烯与 Nd 可生成三（甲基环戊二烯）钕配合物。它是将无水 NaCl₃ 溶于 THF 中，加入过量的 Na(C₆H₇)，在 Ar 气氛下，搅拌、放置。待抽掉溶剂后，加热至 200℃，于抽真空下升华，可以得到蓝紫色配合物 Nd(C₅H₄CH₃)₃ 晶体。它对空气和湿度灵敏，属于离子型化合物。

表 3-34 **稀土环戊二烯卤化物的一些性质**

配 合 物	颜色	熔点/℃	有效磁矩(B. M.)	缔和程度
Sm(C₅H₅)₂Cl	黄色	无熔点，>200℃分解	1.62～1.94	在 THF 中是单体
Gd(C₅H₅)₂Cl	无色	无熔点，>140℃分解	8.86	在 THF 中是单体
Dy(C₅H₅)₂Cl	黄色	343～346，分解	10.6	在 THF 中是单体
Ho(C₅H₅)₂Cl	黄～橙	340～343，分解	10.3	在 THF 中是单体
Er(C₅H₅)₂Cl	粉红	无熔点，>200℃分解	9.79	在 THF 中是单体
Er(C₅H₅)₂I	粉红	270		
Yb(C₅H₅)₂Cl	橘红	无熔点，>240℃分解	4.81	在蒸汽中双聚
Lu(C₅H₅)₂Cl	浅绿	318～320	反磁	
Gd(C₅H₄CH₃)₂Cl	无色	188～197		在 THF 中是单体
				在 C₆H₆ 中双聚
Er(C₅H₄CH₃)₂Cl	粉红	119～122		在 THF 中是单体
				在 C₆H₆ 中双聚
Yb(C₅H₄CH₃)₂Cl	红色	115～120		在 THF 中是单体
				在 C₆H₆ 中双聚

另外，在非极性溶剂中，$RE(C_5H_4CH_3)_2Cl$ 能形成氯桥以二聚分子存在，即：

$$(C_5H_4CH_3)_2RE \underset{Cl}{\overset{Cl}{\diagup\diagdown}} RE(C_5H_4CH_3)_2$$

式中，RE 为 Gd、Er、Yb。测定 Yb 与 C_6H_7 配合物的结构为 $[(C_5H_4CH_3)_2YbCl]_2$，证明 2 个 Yb 原子确是由 2 个氯桥连接起来的。它们具有较高的挥发性，而且是顺磁性化合物。

（2）稀土环辛四烯配合物　稀土环辛四烯配合物是一类重要的稀土金属有机化合物。其制备方法是基于环辛四烯 C_8H_8 能接受 2 个电子形成二价阴离子：

$$C_8H_8 \xrightarrow{K}{\;THF\;} 2K^+ + [C_8H_8]^{2-}$$

然后再与稀土离子作用，得到相应的化合物，其反应如下：

$$RECl_3 + 2K_2C_8H_8 \xrightarrow{THF} K[RE(C_8H_8)] + 3KCl$$

式中，RE 为 Ce、Pr、Nd、Sm、Gd、Tb。

$$RECl_3 + K_2C_8H_8 \xrightarrow{THF} \frac{1}{2}[RE(C_8H_8)Cl \cdot 2THF]_2 + 2KCl$$

式中，RE 为 Ce、Pr、Nd、Sm。

$$ScCl_3 \cdot 3THF + K_2C_8H_8 \xrightarrow{THF} C_8H_8ScCl \cdot THF + 2KCl$$

$[C_8H_8]^{2-}$ 与环戊二烯阴离子相似，也能生成氯桥二聚形式的稀土配合物：

$$RE(C_8H_8) \underset{Cl}{\overset{Cl}{\diagup\diagdown}} RE(C_8H_8)$$

式中，RE 为 La、Nd、Sm、Tb。还能生成一种含有四氢呋喃溶剂分子的配合物，即

$$(THF)_2Ce(C_8H_8) \underset{Cl}{\overset{Cl}{\diagup\diagdown}} Ce(C_8H_8)(THF)_2$$

除三价外，二价和四价的某些稀土的环辛四烯配合物也已制得。这类化合物的一般物理性质列于表 3-35。

表 3-35　一些稀土的环辛四烯配合物的性质

配　合　物	颜　色	熔点/℃	有效磁矩(B.M)
$Eu(C_8H_8)$	橙色	500[①]	
$Yb(C_8H_8)$	粉红	500[①]	反磁
$K[La(C_8H_8)_2]$	绿色	160[①]	反磁
$K[Ce(C_8H_8)_2]$	浅绿	160[①]	1.88
$K[Pr(C_8H_8)_2]$	金黄	160[①]	2.84
$K[Nd(C_8H_8)_2]$	浅绿	160[①]	2.98
$K[Sm(C_8H_8)_2]$	褐色	160[①]	1.42
$K[Gd(C_8H_8)_2]$	黄色	160[①]	
$K[Tb(C_8H_8)_2]$	褐黄	160[①]	9.86
$[Ce(C_8H_8)Cl \cdot 2THF]_2$	绿黄	>50[②]	1.71
$[Pr(C_8H_8)Cl \cdot 2THF]_2$	浅绿	>50[②]	3.39
$[Nd(C_8H_8)Cl \cdot 2THF]_2$	绿色	>50[②]	3.37
$[Sm(C_8H_8)Cl \cdot 2THF]_2$	紫色	>50[②]	1.36

① 部分分解。

② 在高真空下，在该温度时开始失去 THF。它们对氧和湿空气都较灵敏，化合物要被氧和水分解。

在环辛四烯的稀土化合物中以 $K[RE(C_8H_8)_2]$ 化合物研究得较多，它们的化学性质说明它们是以离子型为主的化合物。它们的光学和磁学数据也表明，化合物中金属离子的 4f

轨道分布与未成键以前没有明显变化，因此键型也应以离子型为主。

关于稀土的夹心环辛四烯配合物也有很多研究和报道，可看有关专著。

（3）稀土与不同环烯的混合配合物

① 稀土与环戊二烯、丙烯形成混合配合物 $(C_5H_5)_2RE(C_3H_5)$，式中 RE 为 Sm、Er、Ho、La。这一混合配合物可按下列反应制备：

$$(C_5H_5)_2RECl + C_3H_5MgBr \xrightarrow[-78℃]{THF,乙醚} (C_5H_5)_2REC_3H_5 + MgBrCl$$

它不稳定，尤其对空气、水汽特别灵敏，接触后立即分解，但在 Ar 气中却十分稳定，甚至加热到 200℃ 也不熔化。

② 稀土环戊二烯、环辛四烯的混合配合物 1974 年 Jamerson 等首次制得了中性混配环辛四烯、环戊二烯稀土配合物其反应方程式如下：

$$[(C_8H_8)RECl(THF)_2] + NaC_5H_5 \xrightarrow{THF} (C_8H_8)RE(C_5H_5)(THF) + NaCl$$

式中，RE 为 Sc、Y、Nd。

$$(C_5H_5)RECl_2(THF)_3 + K_2C_8H_8 \longrightarrow (C_8H_8)RE(C_5H_5)(THF) + 2KCl$$

式中，RE 为 Y、Sm、Ho、Er、Nd、Pr、Gd。

配位的 THF 分子在抽真空加热的情况下可除去。$(C_8H_8)RE(C_5H_5)(THF)_2$ 的热稳定性好，减压下可以升华（Sc 配合物在 120℃/13Pa 升华）。对氧极敏感，与空气接触能燃烧。挥发性夹心配合物在 MS 测定中得到分子离子峰。IR 谱证实 $C_8H_8^{2-}$ 和 $C_5H_5^-$ 环是以 π 键与稀土原子结合。20 世纪 90 年代以来我国科技工作者对这类新型稀土配合物的结构和性质进行了深入研究，其表征见表 3-36。

表 3-36 环辛四烯、环戊二烯稀土有机配合物的表征

配合物	RE	颜色，表征方法
$(C_8H_8)RE(C_5H_5)$	Sc	IR,MS,melt./dec.
	Y	IR;THF配位;吡啶配位;IR
	Pr	配二分子THF,黄,X射线
	Nd	IR;配二分子THF;紫色
	Sm	合成
	Gd	THF配位,无色
	Ho	IR,MS;THF配位;IR;氮配位;IR;CNC$_6$H$_{11}$配位;IR
	Er	合成
$(C_8H_8)RE(C_5Me_5)$	Sc	白色,NMR,MS,IR,Melt./dec.,elec.d.
	Y	无色,白色,melt./dec.,IR,elec.d.
	La	浅黄,IR,melt./dec.,NMR;THF配位;白色,IR,elec.d.带(淡)黄色,NMR
	Ce	棕色,NMR,IR
	Pr	THF配位;黄色,NMR
	Sm	橙色,NMR,IR;THF配位;红色,NMR,melt./dec.X射线
	Gd	THF配位;淡黄,NMR,melt./dec.
	Tb	淡黄,NMR
	Dy	黄色,NMR,melt./dec.;X射线
	Er	粉红色,NMR;X射线
	Y	X射线
	Lu	无色,X射线,NMR,melt./dec.
$(C_8H_8)(C_5Me_5)RE(CH_2=C_3N_2Me_4)$	Y	黄色,X射线,NMR,melt./dec.
$(C_8H_8)RE(MeC_5H_4)$	Y	2个THF配位;蓝色,X射线,NMR
$(C_8H_8)RE(C_5H_4pph_2)$	Sm	2个THF配位;蓝色,X射线,NMR

配合物	RE	颜色,表征方法
$(C_8H_8)RE(C_5H_4pph)_2Rh(C_5H_5)(CO)$	Sm	粉灰色,NMR,IR
$(C_8H_8)RE(C_5H_3{}^tBu_2)$	Tb	黄色,X 射线,NMR,Ms,melt./dec.
$(C_8H_8)RE(C_5H_3)(SiMe_3)_2$	Pr	绿黄色,NMR,MS,melt./dec.
	Dy	黄色,NMR,MS,melt./dec.
$(C_8H_8)RE(C_5Me_4H)$	Y	n 个 THF 配位($n{\leqslant}2$):无色,NMR,MS,melt./dec.
	La	n 个 THF 配位:无色,X 射线,NMR,MS,melt./dec.
	Pr	n 个 THF 配位($n{\leqslant}2$):黄色,NMR,MS,melt./dec.
	Sm	n 个 THF 配位($n{\leqslant}2$):暗红色,NMR,MS,melt./dec.
	Gd	n 个 THF 配位($n{\leqslant}2$):无色,MS,melt./dec.
	Dy	n 个 THF 配位($n{\leqslant}2$):黄色,MS,melt./dec.
	Er	粉红色,MS,melt./dec.
	Lu	无色,X 射线,NMR,MS,melt./dec.
$(C_8H_8)RE(C_5Me_4Et)$	Y	THF 配位:无色,NMR,melt./dec.
	La	THF 配位:白色,NMR,melt./dec.
	Nd	THF 配位:绿色,melt./dec.
	Sm	THF 配位:暗红色,NMR,melt./dec.
	Gd	THF 配位:无色,melt./dec.
	Tm	黄色,melt./dec.
	Lu	无色,X 射线,NMR,melt./dec.
$(C_8H_8)RE(C_5Me_4PMe_2)$	Sm	深绿,NMR
$(C_8H_8)RE(C_5Me_4PMe_2)Rh(C_5H_5)(CO)$	Sm	红色,NMR
$(C_8H_8)RE(C_5Me_4pph_2)$	Sm	红棕色,NMR
$(C_8H_8)RE(C_5Me_4pph_2)Rh(C_5H_5)(CO)$	Sm	棕色,NMR
$(C_8H_8)RE[C_5(CH_2ph)_5]$	Lu	白色,X 射线,NMR
$(C_8H_8)RE(C_5H_4CH_2ph)$	Gd	DME 配位:橙色,X 射线,IR
$(C_8H_8)Nd(C_8H_8)K(THF)(C_5H_4CH_2ph)$ $Nd(C_8H_8)(THF)_2$	Nd	绿色,X 射线,IR
$(C_8H_8)Nd(C_5H_9C_5H_4)(THF)$	Nd	绿色,X 射线,IR
$(C_8H_8)Gd(C_5H_9C_5H_4)(THF)_2$	Gd	黄色,X 射线,IR
$(C_8H_8)RE(C_5H_4CH_2C_4H_7O)(THF)$	La	黄色,X 射线
$(C_8H_8)RE(C_5H_4CH_2CH_2OCH_3)(THF)$	Nd	绿色,X 射线
$(C_8H_8)RE(C_5ph_5)$	Pr	黄色,MS,melt./dec.
$(C_8H_8)RE(2,4-C_7H_{11})(THF)$	Nd	绿色,X 射线
	Sm	红棕色,X 射线,IR,NMR
	Er	深红色,X 射线,MS,IR

(4) 稀土与茚类(C_9H_7)的配合物 茚（⌬_{H₂}）类能与稀土离子在一定条件下形成 $RE(C_9H_7)_3 \cdot THF$ 配合物。这类配合物可以通过无水稀土氯化物与茚基钠在四氢呋喃溶液中反应来制备：

$$RECl_3 + 3NaC_9H_7 \xrightarrow{\quad THF \quad} RE(C_9H_7)_3 \cdot THF + 3NaCl$$

一些三茚基稀土四氢呋喃配合物的性质列于表 3-37。

表 3-37　三茚基稀土四氢呋喃配合物的性质

配合物	颜色	有效磁矩(B.M)	配合物	颜色	有效磁矩(B.M)
$(C_9H_7)_3LaOC_4H_8$	淡黄褐	0	$(C_9H_7)_3TbOC_4H_8$	淡黄	9.43
$(C_9H_7)_3SmOC_4H_8$	深红	1.55	$(C_9H_7)_3DyOC_4H_8$	淡黄褐	9.95
$(C_9H_7)_3GdOC_4H_8$	淡绿	7.89	$(C_9H_7)_3YbOC_4H_8$	深绿	4.10

与环戊二烯基化合物一样，茚基化合物也是通过茚基中五元环上的 π 电子与金属结合的。

3.4.7.2　含 σ 键配体稀土有机配合物

稀土的 σ 元素有机化合物，即 RE-C 的 σ 键化合物，是从 20 世纪 70 年代开始才进行较广泛的合成研究，例如三乙钇 $Y(C_2H_5)_3$、三乙钪 $Sc(C_2H_5)_3$ 等。它们可由下列反应在四氢呋喃溶剂中合成：

$$RECl_3 + 3LiR \Longrightarrow RER_3 + 3LiCl$$

其中，RE 为 Y、Sc、La、Ce、Pr、Nd、Gd、Tb、Dy、Ho、Er、Tm、Lu 等；R 为 CH_3、C_2H_5、$Me\text{-}C_6H_4\text{—}$、$2,6\text{-}Me_2C_6H_3\text{—}$、$2,4,6\text{-}Me_3C_6H_2\text{—}$等。

此外，稀土羰基配合物 $RE(CO)_n$（RE 为 Pr、Nd、Gd、Ho、Eu，$n=1\sim6$）也已制得。其制备方法是：用电炉加热使稀土金属气化，维持金属气压很低，以保证蒸气中金属以单原子存在。然后与 CO 及 Ar 气混共沉积制备，即将稀土金属原子和 CO 共沉积到 Ar 的基质中。应用这种基质隔离法（Matrix）能使生成的羰基配合物沉积于 Ar 气之中，最终产品用退火法来控制。将此沉积物放在 CsI 窗片上，于 $8\sim12K$ 温度，利用红外光谱研究和鉴定了这类稀土配合物的形成过程和结构变化。有关稀土离子与羰基之间的键合等问题尚需深入研究确定。

3.4.7.3　稀土金属有机碳硼烷化合物

如前所述，环戊二烯基（$C_5H_5^-$）是最常见的有机 π 配体，而碳硼烷（$C_2B_9H_{11}^{2-}$）则是最常见的无机配体。它们具相似的前线分子轨道，都能和中心金属离子形成 $\eta^5\text{-}\pi$ 键。尽管早在 20 世纪 60 年代就已制得 3d 区过渡金属有机碳硼烷化合物，但是有关 f 区金属有机碳硼烷化合物直到 80 年代才开始被研究。此后，人们对包括钪和钇在内的稀土金属碳硼烷配合物进行了不少研究。

（1）含 C_2B_4 体系的稀土金属有机碳硼烷配合物　1992 年 Hosmane 首次将 C_2B_4 体系的碳硼烷配体引入到稀土金属有机化合物中，合成了半夹心的稀土碳硼烷化合物 $[\{\eta^5\text{-}[(Me_3Si)_2C_2B_4H_4]RE\}_3][\{[(Me_3Si)_2C_2B_4H_4]Li\}_3(\mu_3\text{-}OMe)][Li(THF)]_3(\mu_2\text{-}O)$，其中 RE 为 Sm、Gd、Tb、Dy、Ho。该配合物稳定性好，其结构已被 X 射线单晶衍射所证实。当 $SmCl_3$ 与等物质的量的 $[(Me_3Si)_2C_2B_4H_4]Li_2(THF)_4$ 在苯溶液中反应，然后再用混合溶剂 $^tBuOH/THF/$己烷重结晶，可制得钐的碳硼烷配合物 $\{[\eta^5\text{-}(Me_3Si)_2C_2B_4H_4]Sm(O^tBu)(^tBuOH)_2\}\{LiCl(THF)\}$。此种配合物的晶体结构等也已由 X 射线单晶衍射分析所确定。

（2）含 C_2B_9 体系的稀土金属有机碳硼烷配合物　Hawthorne 最先将碳硼烷的二负离子（$C_2H_9H_{11}^{2-}$）作为配体合成了稀土金属的碳硼烷配合物 $(\eta^5\text{-}C_2B_9H_{11})RE(THF)_4$，其中 RE 为 Sm、Yb。它的晶体结构也由 X 射线单晶衍射分析所确定，并且证明它是一个半夹心结构的金属配合物。

除以上两类稀土金属有机碳硼烷配合物，还有含 C_2B_{10} 体系的稀土金属有机碳硼烷配合物等，在此就不详述。

稀土金属有机碳硼烷配合物的研究在近 10 年来得到很大的发展。这主要受益于大量结构新颖的稀土金属碳硼烷配合物的合成和鉴定。由于碳硼烷配体可以分别以 η^7、η^6、η^5 以及 σ 键与中心金属离子成键，因而和传统的稀土金属有机化合物相比，其种类要复杂得多。这类配合物对反应条件比较敏感，尤其是 C_2B_4 体系。少许条件改变，就可能得到结构完全不同的产物。尽管现已合成了大量的稀土金属碳硼烷配合物，但是除了 C_2B_4、C_2B_9 以及 C_2B_{10} 体系外，其余的稀土金属碳硼配合物还有待进一步研究和开发。随着研究的深入，稀土金属碳硼烷配合物有望在电子、纳米材料、催化、聚合以及高能燃料助剂等方面得到应用。

3.4.8　稀土配合物在材料领域的主要应用

目前，稀土配合物除在稀土湿法冶金和分析中继续得到重要应用外，在现代工业及高新技术领域中，尤其是合成化学、发光材料、核磁共振及催化材料等方面有着广泛而重要的应用。

(1) 稀土配合物在发光材料方面的应用　某些稀土配合物的光致发光现象早已陆续被观察到。20 世纪 60~70 年代随着激光技术的发展，人们为了寻找激光工作物质，开始了对稀土光致发光配合物进行系统研究，取得了许多重大成果。纵观历史，如果认为稀土分离是稀土配合物化学的建立和发展的第一个里程碑的话，那么我们毫不置疑地把人们对稀土光致发光配合物的系统研究视为稀土配位化学发展的第二个里程碑。在这一阶段中，稀土配合物化学为溶液配位化学扩充了固体化学研究的内容，合成了大量新的配合物并研究了它们的结构和性质。例如，对以 β-二酮类为配体的固体配合物的研究，由于稀土 β-二酮配合物具有良好的发光性能，人们曾利用一些稀土 β-二酮配合物作为激光工作物质实现激光的输出。

人们在研究中还发现，当 RE^{3+} 配合物在醇中被光还原时，其量子效率会突然增大。其中 Eu^{3+} 的冠醚配合物的乙醇溶液在紫外光辐照下发出很强的蓝光，具有很好的应用前景。

(2) 稀土配合物在核磁共振方面的应用　20 世纪 70 年代以来，人们就相继开展了将稀土配合物应用于核磁共振谱作为位移试剂的研究。发现稀土 β-二酮配合物中的 $RE(fod)_3$ 配合物是目前已知的挥发性最大的稀土配合物，其中 $Eu(fod)_3$ 已用作核磁共振的位移试剂。这里，配体 $H(fod)$ 的化学式为：1,1,1,2,2,3,3-七氟-7,7-二甲基-辛二酮 $CH_3CF_2COCH_2COC(CH_3)_2CH_3$。

近年来，在医疗诊断中发展了核磁成像的技术，需要用稀土配合物作为磁共振成像的造影剂。这是一类顺磁物质，它们催化水的质子的弛豫，从而可加速获得图像，并可提高讯号强度与增强图像的反差，从而便于区别正常和反常的组织和器官而有利于诊断。在这类造影剂中最有应用前景的是稀土与三胺衍生物（DTPA）等所生成的配合物。尤其是 Gd^{3+} 与线状（如 DTPA）或大环状（如 DOTA）的氨羧配体形成的配合物，如 $(NMG)_2[Gd(DTPA)(H_2O)]$ 等。

(3) 稀土配合物在有机合成方面的应用

① 对羰基的活化　众所周知，含 d 电子的过渡金属有机化合物具有活化羰基的性质，它们的这种性质是过渡金属络合催化中最有经济价值的重要反应。近年来，在深入研究含 RE-C 键的配合物的反应性能时，可喜地发现 RE-C σ 键具有这一特性，CO 可以向它插入并得到稀土酰基配合物(a)，后者再进一步和 CO 反应可分离得到双核稀土配合物(b)

$$Cp_2Lu[(CH_3)_3](THF) + CO \longrightarrow Cp_2-\underset{\underset{O}{\|}}{Lu}CO(CH_3)_2 \longleftrightarrow Cp_2Lu\leftarrow:\left[\overset{\overset{O}{\|}}{C}(CH_3)_3\right] \qquad (a)$$

$$2Cp_2Lu : CC(CH_3)_3 + 2CO \longrightarrow$$ (b)

尽管这是迄今为止稀土金属有机配合物活化羰基的唯一一例子，然而它却展示了稀土有机配合物在活化小分子方面的潜在特性。

② 对饱和碳氢键的活化　饱和碳氢（C-H）键的活化一直是均相催化反应中没有得到很好解决的问题。Watson 首先发现（C_5Me_5）Ln-CH_3 和（C_5Me_5）LnH 配合物都具有活化饱和 C-H 键的性质，而且反应条件温和，产率也高。

（4）稀土配合物在催化材料方面的应用　某些稀土金属有机配合物可以作为均相催化的催化剂使烯烃或炔烃在常温常压下氢化而得到相应的烷烃或烯烃。这些稀土配合物是己炔铒、己炔镱、己炔钐、（C_5Me_5）Sm(THF)$_2$、[（C_5Me_5）$_2$SmH$_2$] 等。其中 [（C_5Me_5）$_2$SmH$_2$] 的催化活性最高，在 25℃，1Pa 的 H$_2$ 压力下 Sm 的化合物使己烯氢化成己烷的转换数高达 120000/时。这是目前已知的具有最高活性的均相氢化催化剂，反应如下：

$$R-CH=CH_2 + H \xrightarrow{[Cp_2'LnH]_2} R-CH_2-CH_3$$

由于氢化反应的活性与稀土离子性质、与稀土离子配位的配位体性质以及溶剂等有关，因此，适当地选择反应条件和设计催化剂就有可能获得具有工业价值的均相氢化稀土配合物催化剂。

除了如上所述的催化氢化外，稀土配合物在均相聚合方面也有着重要的应用。如（C_5Me_5）Sm 可催化乙烯聚合等；又如环辛二烯基钕配合物 Nd(C_8H_{11})Cl$_2$·3THF 与不同烷基铝 [Et$_3$Al,i-Bu$_3$Al(i-Bu$_2$)] 组成的催化体系可催化丁二烯聚合，获得高顺式（97%～98%）的聚丁二烯。这类稀土金属有机配合物可用于合成聚丁橡胶。

（5）稀土配合物在其他材料方面的应用　均 2-甲氧乙基环戊二烯基三茂稀土金属配合物的热稳定性很高，可以在真空下升华，因此这类稀土配合物有可能成为有价值的气相沉积、化学镀膜材料的前体。稀土金属有机胺配合物以及稀土金属碳硼烷配合物等也因各具自身的特殊性能，使它们在光、电功能材料、催化材料、能源材料以及纳米材料等方面获得应用。

随着稀土基础研究的深入和合成技术的发展，许多其他新的稀土配合物正在不断地被开发出来。有效地利用稀土元素的光、电、磁性质及其与能量贮存或能量转换相关的特性，是设计稀土新材料的关键，而通过稀土离子与配体的相互作用，可以在很大程度上改变、修饰和增强这些特性，因而稀土配合物的深入研究为特殊性能的分子设计及新材料制备提供了基础，稀土配合物材料的发展有着广阔的前景。

第4章 稀土材料的制备技术

4.1 概述

　　材料是具有一定功能性质的物质。材料制备技术是指把各种物质（原子、分子以及更高一级的聚集状态）以适当的形式结合或组装起来，使之具有特定应用性能所采用的各种化学和物理方法。在材料制备的科研活动中，人们总是以能取得最佳性能为目的的，并以此为导向，去认识物质的属性及其与结构和状态的关系，发展新的制备技术。稀土材料包括各种稀土金属、合金和多种多样的稀土化合物，以及由它们与其他元素和化合物组成的不同聚集态结构的单晶、多晶、非晶、玻璃、陶瓷、涂料、低维化合物、复合材料、超细粉末、金属间化合物和高分子化合物。稀土应用是稀土产业发展的动力，是稀土产业向各基础产业和支柱产业渗透的主要途径，也是体现稀土产业在国民经济中的重要作用的关键。历史证明：一种新的稀土材料的制得及其特性的发现往往导致一个新型科技领域或产业的兴起。例如红色荧光体 Y_2O_3：Eu 的发现推动了彩色电视机的发展，极大地丰富了现代文化生活。随着高新技术的发展，稀土新材料的开发与应用将更加引人注目。这是因为稀土元素内层 4f 电子数从 0 到 14 逐个填充所形成的特殊组态，造成稀土元素在光学、磁学、电学等性能上出现明显的差别，繁衍出许多不同用途的新材料。同时，稀土元素还能与其他金属和非金属形成各种各样的合金和化合物，并派生出各种新的化学和物理性质，这些性质是开发稀土新用途的基础。在稀土材料的发展过程中，制备技术往往会成为整个稀土新材料研究和开发的关键步骤，因而稀土新材料制备原理和合成方法的研究也就成为稀土材料领域的核心和热点。然而，制约材料性能的因素很多，不是每一性能都能得到很好的应用，也不是每一性能仅能得到一个方面的应用。材料的性能是通过其显微结构和化学成分来决定的。作为一种材料，其物质属性是最为基本的要素，但关键的是必须具备特殊的、能满足人们应用要求的性能。而作为高新技术应用的新材料，这种性能的发挥应该是最大限度的发挥。要做到这一点，必须从材料制备的整个过程来加以控制。稀土材料的制备应包括从稀土原矿到稀土材料的全过程，图4-1 示出了从原料到材料所涉及的性能控制目标。其中，稀土冶金和材料制备过程是主体。

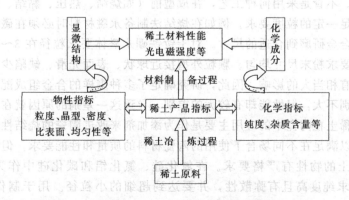

图4-1　从原料到稀土材料基本过程与性能控制目标

77

4.1.1　稀土材料制备过程与性能控制

材料性能的控制包括对物性和化学成分的控制，稀土产品的质量控制也包括物性和化学指标的控制，因为这两方面的指标在大多数情况下是相互关联的。作为一种材料，其应用的依据主要是物理性能，而化学指标则是保障其基本物理性能的前提条件。目前，稀土产品的化学指标的控制技术已基本成熟，纯度为 5N～6N 的且杂质含量小于 3×10^{-6} 甚至 1×10^{-6} 的高纯稀土化合物都可以实现大规模的工业化生产，为稀土新材料的开发奠定了基础。但在与稀土材料性能关系密切的物性指标方面尚有很大的潜力。

稀土材料的物性指标包括两个层次的内容，一是材料的内在物性即材料的光、电、磁、强度和硬度等指标；二是稀土产品的表观物性如粒度、比表面、孔隙度、晶型、分散性等。所以，在稀土分离水平提高到一定程度之后，稀土精加工水平的提高将主要依靠稀土产品的物性控制，即根据用户要求生产出具有特定要求的稀土产品的能力，它与高新技术材料的开发紧密相关，是稀土冶炼加工的最后一步，也是稀土材料制备的开始，因而是连接稀土冶炼与稀土应用的桥梁。其重要性可以从各种稀土材料性能与其物理性能的关系上得到充分的证明。例如：在稀土发光材料方面，无论是彩电荧光粉还是三基色荧光粉，影响它们发光性能的因素除化学指标外还有物性指标。它们的光通量、光衰的涂屏涂管性能与其粒度大小和分布、结晶性、分散性及密度关系密切。基于这一点，国内荧光粉厂也纷纷把精力集中到荧光粉的粒度、分散性和结晶性的控制，从原料制备到产品的后处理加工的整个生产过程来加以控制，开发出各种新产品如超细颗粒荧光粉、不球磨荧光粉、包膜荧光粉等。使国内荧光粉质量得到进一步的提高，产量也翻了几番，其技术关键就在于产品的物性控制。关于稀土抛光材料，我们知道大多数用于生产抛光粉的稀土原料并不需要很高的纯度，但最终产品的晶型、硬度、粒度和悬浮性对产品质量指标影响很大。从抛光能力来讲，铈含量的增加是有利的，但即便用高铈稀土，若其物性指标如晶型、硬度、粒度和悬浮性等未控制好，所得产品的抛光能力也很低。为满足高速抛光的要求，需做到使产品的价格、晶型、硬度、粒度和悬浮性等多方面的统一。当今稀土用量较大而又引人注目的催化剂首推汽车尾气净化催化剂，目前在欧美和日本等发达国家已形成了颇具规模的消费市场。这类催化剂的活性不仅与其组分有关，而且与其物性和制备过程关系更大。为保证催化剂组分在高温下仍保持高活性，要求它们在高温下仍保持高分散性的高比表面状态，其晶粒尺寸在纳米级范围。为此，开发了一系列适合于制备催化剂的氧化铈涂料，它们有非常小的颗粒和高度的分散性，能以纳米级状态涂覆在载体表面形成高分散的高活性组分，并有很高的高温稳定性。对于磁性材料，成分的改变在其发展史上起了重要作用，然而其粒度和晶粒取向也是非常重要的。为此，发展了多种加工工艺。不管是采用何种工艺，在成型前（如烧结、热压、黏结、热变形等）都必须使磁性合金满足一定的粒度要求，例如在烧结法制备永磁材料时必须在磁场取向前完成制粉目的，将粗粒合金研磨到合适的尺寸。对于钕铁硼永磁体要求粒径在 $3～5\mu m$，使每一颗粒都是单晶，且要求粉末尺寸均匀、颗粒外型接近球状、表面光滑、缺陷少。储氢合金的组分对其应用性能有相当大的影响，因此，研究确定了多种多样的合金组成配方。一些厂家所用的配方虽然差别不大，但性能却有较大的差别。导致这一差别的原因就在于它们的物性控制有明显差距。稀土在陶瓷中的应用主要是作为添加剂来改进陶瓷的烧结性、致密性、显微结构和相组成等以满足在不同场合下使用的陶瓷材料的质量和性能要求。但要取得理想的效果，则对所加稀土的物性有严格要求。在氮化硅、氮化铝和碳化硅中作为烧结助剂用的氧化稀土粉末要求纯度高且有弥散性，并要达到超细的小粒径。用于制作透光性陶瓷的稀土粉体，不仅要求化学纯度高，吸收光的杂质尽可能少，而且要求其粒径小于 $1\mu m$，大小均匀。

自 20 世纪 90 年代以来，我们一直强调并与国内一些主要的稀土企业围绕稀土产品的物性控制技术开展工作，使我国在稀土发光材料、磁性材料、抛光材料、储氢材料、陶瓷材料及相关应用领域的研究开发方面取得了一些很好的成绩。但在产品应用性能的提高和生产成本降低等方面仍有许多工作要做。在我国的基础性研究计划中，"材料制备过程中的基础研究"列为材料科学的优先发展领域，应用广泛的稀土材料自然包括在其中。只有深入研究稀土材料的制备方法和过程、掌握其规律、发现好的制备条件（甚至生产工艺条件），才能生产各种高附加值的稀土新材料，以满足国民经济和国防建设以及现代科学技术不断发展对稀土材料的需要。在本章我们拟先对稀土材料合成的一些基本方法和技术作一个系统的介绍。在后续各章节中，我们还将讨论各种稀土材料的具体合成方法和性能。

4.1.2　稀土材料前驱体

在现代工业发展模式中，"产业链"的概念日益受到人们的关注。因为从"产业链"模式来考虑各单元操作的技术优化可以合理匹配资源、优化产品结构、降低综合成本。在"稀土-新材料-元器件-终端产品"这条产业链上，即使是纯度再高的稀土也是制备稀土新材料的原料或称前驱体，其市场兴衰起落与终端用户市场的好坏紧密相关，如"金属钕-永磁体-硬盘驱动器-计算机"这条产业链上，计算机市场决定了对钕的需求。

所谓前驱体，是指任何可以用于制备某种材料的具有特殊化学性能和物理性能的主体原料或关键添加剂。如：用于制备荧光粉的氧化钇铕、用于催化剂的氧化铈锆等便称为前驱体。而前驱体化学则是指前驱体合成和应用中的化学问题，或者是用以化学方法为主的前驱体合成技术。稀土材料前驱体是以满足后续材料制备要求的具有一定要求的中间化合物或产品。作为稀土分离技术的延续，不仅能提高稀土分离产品的附加值，也能推动稀土新材料产业的发展，在稀土湿法冶金和新材料之间起着桥梁作用。因此，可认为是稀土湿法冶金与稀土新材料之间的桥梁物质。在国际市场和科技发展要求的驱动下，近十年来国内在稀土产品物性控制技术和前驱体产品开发上开展了很有成效的工作，如：不同颗粒尺寸（亚微米甚至纳米级或大于 $10\mu m$ 以上）、不同比表面（大于 $200m^2/g$）稀土化合物制备等。不仅提高了我国稀土产品的市场竞争力，而且也将促进我国稀土高新应用技术的发展。

前驱体的制备和生产技术不是孤立的，而是与后续产品和工艺相匹配的。随着终端应用的不断发展，不仅对新材料种类有更多要求、而且对材料质量也有更高的要求，进而对前驱体提出了更多更高的要求。因此，前驱体化学的研究内容也必须与新材料的研究和发展相适应。例如，随着液晶显示器（LCD）、等离子体显示器（PDP）、场致发光显示器（EL）等显示技术的应用，高效荧光粉的市场需求越来越大，传统的荧光材料已不能满足 EL 等显示技术的需求。体相 Y_2O_3：Eu 虽然也具有优良的发光效率和稳定性，但由于它是绝缘体，若用作场致发光显示材料，电子将聚集在荧光粉表面，导致粉体表面的电荷积累，使发光效率和强度降低。而纳米尺寸的 Y_2O_3：Eu 是一种导体，同时又保持了体相材料的发光性能，并且纳米粉体也将改善涂屏工艺，因此，纳米发光材料的开发成为目前前驱体化学的主要研究内容之一。再例如，要开发比 NdFeB 更好的新型稀土永磁材料，一个主要的研究方向是发展复合材料。但是，要发展复合稀土永磁材料，从宏观尺度上复合是不可能的，如果从原子尺度上复合，将又回到化合物的老路上去。因此，第四代永磁材料只能是在纳米量级上进行复合。目前研究的热点是由软磁相和硬磁相相间的交换耦合，对于具体优化结构的各向同性复合磁体，BH_{max} 可超过 $400kJ/m^3$，大约是各向同性 NdFeB 磁体的 3 倍，前景是诱人的！如何开发与之匹配的前驱体是目前的主要任务之一。

前驱体的开发不仅要达到性能的最优化，而且前驱体制备过程的优化和成本控制也是实际研究开发中应当重点考虑的内容。但这种考虑不只是从一个单元操作或单纯的前驱体来考虑，而应该从前驱体及其后续应用过程中的综合性能和成本消耗来计算。因为有可能在前驱体制备过程中增加一个处理环节，或增加少量的消耗，可以使后续材料制备过程或材料应用技术更为简单，或综合成本会更低。要达到这样的结果，要求前驱体开发过程与后续材料制备过程或应用过程紧密地结合起来。

4.2 稀土分离与湿法冶金技术

从稀土原矿开始，经选矿和随后的分离加工是制备单一稀土金属和化合物的必要途径。这一过程也称为稀土冶金过程，是稀土材料制备技术的重要组成部分，也是稀土产业（或工业）发展的基础。

4.2.1 从稀土矿中提取混合稀土

我国是稀土矿物类型最全和储量最多的国家，因此，可以以我国的稀土冶炼技术为代表来讨论稀土提取技术。目前，国内使用的稀土工业矿物主要有3种：包头混合型稀土矿、四川氟碳铈矿、南方离子吸附型稀土矿。不同的稀土矿采用不同的冶炼分离工艺，稀土精矿经过溶解、分离、净化、浓缩或煅烧等工序，制成混合稀土氯化物、碳酸盐或氧化物，作为产品或分离单一稀土的原料，该过程称为稀土精矿分解或前处理。

4.2.1.1 包头混合矿

包头稀土矿是由氟碳铈矿和独居石组成的混合型稀土矿，由于其矿物结构和成分复杂，被世界公认为难冶炼矿种。包头稀土矿选矿工艺的重大突破是采用羟肟酸浮选工艺（广州有色金属研究院），使稀土精矿品位达到了60%，为提高精矿处理工艺水平创造了条件。与此同时，在该矿的冶炼分离工艺上也开发了多种工艺流程，但在工业上应用的只有硫酸法和烧碱法。

目前，有90%的包头稀土精矿采用硫酸法处理。第一代硫酸法的基本过程是：浓硫酸低温焙烧→复盐沉淀→碱转型→水洗→盐酸优溶→混合氯化稀土。第二代硫酸法则是：浓硫酸高温焙烧→石灰中和除杂→环烷酸萃取转型→混合氯化稀土。第三代硫酸法的原则流程如图4-2所示：该工艺易于大规模生产，对精矿品位要求不高，运行成本较低，用氧化镁中和除杂使渣量减少，稀土回收率提高。但是，钍以焦磷酸盐形态进入渣中，造成放射性污染和钍资源浪费，含氟和硫的废气回收难度大。近年来，国内许多研究院所、稀土企业针对目

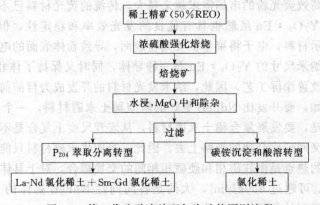

图 4-2　第三代硫酸法处理包头矿的原则流程

前存在的环境污染问题，投入了大量的人力、物力进行绿色工艺开发。最主要的途径是发展浓硫酸低温焙烧法。但是，采用传统的浓硫酸静态低温焙烧，分解率较低，焙烧矿残余酸量大，且处于潮湿状态，容易结壁，难以实现动态连续化工业生产。

中国有色工程设计研究总院和保定稀土材料厂的方法是通过焙烧前精矿酸化后在 $40\sim150℃$ 下熟化，使精矿分散性好、分解率高、焙烧矿不结窑壁、酸耗量降低，成功地实现了连续低温动态焙烧，并进行了扩大试验。采用低温焙烧精矿，抑制了浓硫酸的分解，降低酸耗，尾气中 HF 纯度高。保定稀土材料试验厂还研究开发了硫酸低温焙烧-碳铵热分解回收 HF 的工艺，在焙烧窑烟道内设置一产生氨气的装置，将焙烧产生的氟化氢与氨气反应生产氟化铵固体，使尾气净化达到国家的排放标准。该工艺于 1998 年以"酸法分解包头稀土矿新工艺"申请了国家发明专利，并成功地在工业水平上运行多年。

北京有色金属研究总院有研稀土新材料股份有限公司则通过加入适量的助剂，在合适的焙烧温度下（$250\sim300℃$ 左右）使钍的浸出率达到 90％以上。焙烧矿水浸液先过滤，得到非放射性废渣和含钍的硫酸稀土溶液，然后经过中和将钍、铁、磷沉淀富集与稀土分离。根据钍的市场需求情况将铁、磷、钍渣进行酸溶萃取分离提纯，这样既不影响稀土的后续分离，而且钍的回收集中，处理量小，易于防护与管理，容易实现工业化生产。而后，又发展了非皂化混合萃取剂在硫酸和盐酸混合介质中萃取分离稀土新工艺，克服了 P_{204} 低酸度下萃取易乳化，中、重稀土反萃困难、负载有机相稀土浓度低、反萃液酸度高的缺点，大大简化了工艺流程，从源头消除了"氨氮"废水的产生，酸碱等化工材料消耗降低 20％以上。

烧碱法处理包头矿的主体流程为：稀盐酸洗钙→水洗→烧碱分解→水洗→盐酸优溶→混合氯化稀土溶液。其优点是基本不产生废气污染，投资较小。但由于碱价高、用量大、对精矿品位要求高、运行成本高、钍分散在渣和废水中不易回收、含氟废水量大、难以回收处理、工艺不连续，难以实现大规模生产。目前只有 10％左右的包头矿采用这一方法。

4.2.1.2 四川氟碳铈矿

四川氟碳铈矿是我国第二大稀土资源，稀土以氟碳酸盐的形态存在，是一种纯的氟碳铈矿，类似于美国芒廷帕斯稀土矿。20 世纪 90 年代，氧化焙烧-硫酸浸出工艺技术被应用于四川氟碳铈矿的冶炼，含氟和四价铈的硫酸稀土溶液采用两次复盐沉淀、碱转化、酸溶来提取富铈和少铈氯化稀土。该工艺流程冗长，有十几道固液分离工序，稀土收率仅 70％左右，且废水量大，钍、氟、铁等杂质在处理过程中散布于渣和水中，富集回收难度很大，对环境污染严重。近些年，四川当地稀土企业又开发了几种化学法处理四川氟碳铈矿工艺，如：①氧化焙烧-盐酸浸出，可生产铈富集物（含钍）和少铈氯化稀土；②氧化焙烧-盐酸浸出-碱分解-盐酸优溶-还原浸铈，可生产 98％的 CeO_2 和少铈氯化稀土；③氧化焙烧-硫酸浸出-两步复盐沉淀，可生产 99％的 CeO_2 和少铈氯化稀土。化学法的特点是投资小，铈生产成本较低。但存在工艺不连续，产品纯度较低，钍、氟分散在渣和废水中难以回收，对环境造成污染等问题。近几年国内一些研究院所一直在研究开发绿色冶炼工艺，即采用氧化焙烧-稀硫酸浸出，四价铈、钍、氟均进入硫酸稀土溶液，然后萃取分离提取铈、钍、氟及其他三价稀土。该工艺的特点为氧化铈纯度高，钍、氟能够有效回收，工艺连续。但目前由于生产成本较高，高纯铈市场应用量小，工业化应用有一定难度。

4.2.1.3 南方离子型稀土矿

1968 年，江西 908 地质队和冶金勘探队首次在江西龙南地区发现了世界上罕见的重稀土离子吸附型稀土矿，这是过去国内外从未报道过的稀土矿物。因其主要分布在我国江西、广东、湖南、广西、福建等南方各省，又被称为南方矿或淋积型稀土矿。该矿物虽然稀土品位低，但中、重稀土元素含量高，其中钇、铽等中、重稀土储量尤其丰富，具有很高的应用价值，1991年国家将其列为实行保护性开采特定矿产资源之一。

该类矿床中稀土不以独立的矿物存在，而是以离子态吸附于黏土矿物上。因此，采用电解质溶液可以将稀土离子交换下来。我国稀土工作者先后研究提出了许多提取技术，这些技术可看成是典型的化学选矿过程。主要包括：采矿-化学浸取-除杂预处理-沉淀-煅烧等工段。最早用于实际生产的技术的以氯化钠作浸矿剂，采用池浸方式浸矿，用草酸沉淀稀土并经煅烧、洗涤、干燥等制备出稀土总量大于92%的精矿产品。

离子型稀土化学选矿的原则流程见图4-3。早期的浸取剂为7%的NaCl溶液，用草酸沉淀时有相当多的草酸稀土钠复盐进入沉淀，使煅烧后的产物中氧化稀土含量只有70%，需再次进行洗涤和烘干，才能得到92%的混合氧化稀土。在随后的一系列技术进步中，主要的成就有：①以较低浓度的硫酸铵溶液，或硫酸铵+氯化铵混合浸矿剂取代了氯化钠（江西大学，江西有色冶金研究所），缩短了流程、降低了成本、提高了产品质量、减少了氯化钠对环境的不良影响；②用廉价的碳酸氢铵取代草酸来沉淀稀土（南昌大学，原江西大学），使生产成本大大降低。在碳酸氢铵沉淀法提取稀土技术研究中，提出了除去稀土溶液中共存的铝、铁等杂质的水解与吸附法预处理除杂技术，保证了产品质量。将该技术用于草酸沉淀技术上，不仅可保证稀土产品质量，也降低了草酸消耗和生产成本。碳酸稀土生产技术的不断进步与产品质量的提高，使碳酸稀土作为直接产品变成了现实，并用于萃取剂的直接稀土皂化，进而推动了矿山技术与分离技术的联合与革新；③发展了原地浸矿方式。池浸是将矿体表体剥离，采掘矿石并搬运至矿体上方半山腰建设的浸析池中，用浸矿溶液浸析矿石；原地浸矿则不剥离表土开挖矿石，而是将浸出电解质溶液经浅井、槽直接注入矿体，实现浸出液阳离子与吸附在黏土矿物表面的稀土离子交换。原地浸矿技术的发展在很大程度上缓解了稀土开采对植被的破坏，提高了资源利用率。该工艺已在简单类型地质条件的离子型矿地区推广使用，如龙南县的高钇离子矿，但它对全复式的复杂类型的离子矿地质条件的矿体，尽管做了人造底板、防渗漏、收液等技术试验，但仍不完善，很难在所有类型的离子矿区推广使用。

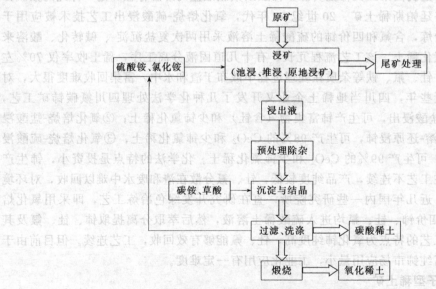

图4-3 离子型稀土化学选矿的原则流程

4.2.2 稀土分离与高纯化技术

从广义上讲，分离就是利用物质之间的性质差别（物理的、化学的等），采用一定的方

82

法或手段将其分离开来的方法。因此，实现物质分离的基本要素被认为是：物质之间的性质差异、实现物质差异扩大化的手段和方法以及所需的设备和能量。

在一种分离方法中，可以利用一个方面的性质差别，更好的是能利用多种性质上的差异。从分离目的来讲，一种分离技术的确定必须考虑其分离效率和分离成本，以及相关的环境因素的变化。因此，分离方案的制订总是希望能够在一个分离流程中尽量可能地利用多个方面的性质差异来达到更好的分离目的。

稀土元素之间的性质非常相近，分离起来非常困难。经过几十年的发展，目前已经形成了较为系统和有效的稀土元素分离方法，包括稀土与非稀土元素间的分离和稀土元素之间的分离。在与非稀土元素的分离中，化学沉淀与结晶、溶剂萃取、离子交换等都是行之有效的方法。而在稀土元素之间的分离上，可以得到很好利用的性质差异主要有：非正常价态稀土离子与正常价态稀土离子之间的性质差异、稀土离子与一些配体的配位能力差异以及在不同配位体系中配位能力随稀土元素原子序数的变化次序关系。北京大学、中国科学院长春应用化学研究所、北京有色金属研究总院、中国科学院上海有机所、包头冶金研究所等与全国各地的稀土企业开展了广泛的合作，在稀土串级萃取理论、萃取剂合成与性能评价、萃取工艺、计算机模拟、自动控制等领域取得了一系列成果。如：目前广泛采用的 P_{507}-HCl 全萃取连续分离稀土元素技术、环烷酸萃取法分离制备 4N 氧化钇等。

值得指出的是，这些技术的成功应用促使我国稀土工业在 20 世纪 80 年代得到迅速发展，使大批量的稀土矿产品和分离产品进入国际市场，由于价格和供货能力方面的优势而使发达国家的稀土矿产品和一般分离产品的市场份额大大减小。这是我国稀土产品第一次冲击国际稀土市场，使稀土产品价格大幅度下跌，迫使国外稀土企业放弃在稀土初级产品市场上的竞争，转为以生产高纯度高附加值的稀土产品为主。到 90 年代，我国稀土产品的高纯化技术得到迅速发展和应用，4N～6N 的高纯稀土产品的生产和供货能力大增，并以较低的价格、充足的货源而又一次冲击国际稀土市场，在单一稀土市场中又占有了相当的份额。

4.2.2.1 分级结晶和分步沉淀法

分级结晶法是根据稀土化合物的溶解度随稀土原子序数递变的性质进行分离的方法。由于各种稀土复盐在溶液中和固相间的分配情况不同。溶解度较大的富集于溶液中，而溶解度较小的则富集在固相，从而达到分离的目的。例如稀土硝酸盐在硝酸介质中的溶解度从镧至钐递增，镧的溶解度最小，钇族元素硝酸盐的溶解度大。利用这一性质，可将粗镧（含其他轻稀土杂质）的硝酸盐溶液与硝酸铵混合，生成稀土硝酸铵复盐。

$$RE(NO_3)_3 + 2NH_4NO_3 + 4H_2O \longrightarrow RE(NO_3)_3 \cdot 2NH_4NO_3 \cdot 4H_2O \qquad (4-1)$$

在室温下缓慢结晶，其中镧的硝酸铵复盐的溶解度最小，在结晶时首先析出，杂质则在母液中富集。过滤后的结晶溶于少量水中，如此反复再结晶，镧的硝酸铵复盐的纯度逐渐提高，铈以外的稀土杂质基本被除尽。再用分步沉淀法除去微量铈，以草酸沉淀法回收提纯的镧。利用该法可制得纯度为 99.99％的氧化镧，供生产光学玻璃用。

分步沉淀法是利用稀土化合物的溶度积不同或沉淀的 pH 值不同而进行分离的。这种方法是在欲分离的稀土溶液中加入一定量的沉淀剂，使溶解度较小的稀土化合物先沉淀出来，而溶解度较大的稀土化合物则留在溶液中。每次沉淀分离 1/2 或 1/3 的稀土化合物，经多次分步沉淀就可达到分离的目的。例如：稀土碱金属硫酸复盐 $RE_2(SO_4) \cdot Na_2SO_4 \cdot 2H_2O$ 的溶解度随稀土元素的原子序数增大而增大。按溶解度大小，可将稀土硫酸复盐分为三组：难溶的铈组稀土复盐、微溶的铽组稀土（Eu、Gd、Tb、Dy）复盐和可溶性的钇组稀土复盐。利用这种方法将稀土分组在工业上仍在使用，所用的沉淀剂比较便宜而操作比较简便。如果采用一定的配合剂和稀土元素生成不同稳定性的配合物，则可促使稀土元素的分离。例如采用乙酸为配合剂，在加热下，稀土硫酸复盐溶解在过量的乙酸溶液中。然后将溶液的 pH 值逐渐降低，轻稀土硫酸复盐从溶液中沉淀出来。当用含 40% 的 La_2O_3 的稀土原料时，经 21 次分步沉淀，La_2O_3 的纯度可达 97% 以上，其回收率达 80% 以上。

基于稀土氢氧化物的碱性随稀土原子序数的增大而下降，也可实现稀土元素的初步分离。由于重稀土元素要比轻稀土元素在较低的 pH 值沉淀出来，如果适当控制溶液 pH 值，就可以使沉淀出来的稀土氢氧化物中有较高比例的重稀土元素。例如用含 La_2O_3 为 36.5% 的稀土原料，经 9 次分步沉淀，La_2O_3 的纯度可达 97%～99%，镧的回收率达 90%～92%，还可以设法利用氢氧化物沉淀时，钇位于轻镧系部分而自钇组稀土中用分步沉淀法分离和富集钇。

4.2.2.2 选择性氧化还原法

在镧系稀土元素中，随稀土原子序数的增大，稀土离子的价态也呈规律性的变化。其中最为重要的是那些具有非正常价态的稀土离子，如四价的铈、两价的钐和镱。利用铈易于被氧化成高价（四价）的特征，发展了有效的从混合稀土中分离出铈的选择性氧化沉淀法和萃取法，还有利用钐可被还原成两价的特征发展起来的碱度法提纯钐和还原萃取技术均已在工业上得到广泛的应用。

具有变价性质的铈、钐、铕、镱、镨和铽在一定的氧化还原条件下，能形成 Ce^{4+}、Sm^{2+}、Eu^{2+}、Yb^{2+}、Pr^{4+} 和 Tb^{4+}。这些离子的性质（如化合物的溶解度，配合物的稳定性及对树脂的亲和力等）明显地不同于三价稀土，使它们与三价稀土离子之间的差异性大大增大，分离因素远大于 1 或小于 1，无需经反复多次操作就可简便、有效地将它们从三价稀土元素中分离出来。因此，选择性氧化还原法是分离变价稀土元素最有效的方法，在稀土工业中常用来生产铈、钐等。同时，由于它们的预先分离可以使剩余元素之间的分离来得更简单。

（1）氧化法分离铈　铈的最大特点是很容易被氧化成四价，Ce^{4+} 可以稳定地存在于水溶液中。此外，Ce^{4+} 在水溶液中能形成配位化合物，也容易被有机萃取剂萃取。

① 铈的氧化　可用空气（氧气）、氯气、高锰酸钾等氧化，有关反应如下。

$$4Ce(OH)_3 + O_2 + 2H_2O \longrightarrow 4Ce(OH_4)\downarrow \tag{4-2}$$

$$2Ce(OH)_3 + Cl_2 + 2H_2O \longrightarrow 2Ce(OH)_4\downarrow + 2HCl \tag{4-3}$$

$$5Ce_2(SO_4)_3 + 2KMnO_4 + 8H_2O \longrightarrow 10Ce(SO_4)_2 + K_2SO_4 + 2MnSO_4 + 8H_2O \tag{4-4}$$

也可用电解氧化法、直接灼烧氧化法或光氧化法使三价铈转变为四价铈。

② 铈的分离　主要是基于四价铈的性质不同于其他三价稀土，与沉淀法、结晶法或萃取法结合起来进行分离。例如，在硫酸介质中，Ce^{4+} 在 pH=0.6 左右沉淀，而其他三价稀土在 pH>6 才沉淀，因而可用水解和调节 pH 值的方法将铈从混合稀土中分离出来，其分离效率及产品纯度都较高。

（2）还原法分离提取铕　铕与稀土的分离主要是利用三价铕离子容易被还原成二价铕，二价铕离子显现出碱土金属离子的特性，利用这种性质上的差异，可以很容易地将铕从稀土元素中单独分离出来。

在稀土氯化物溶液中加入锌粉，可使 Eu^{3+} 还原成二价，而其他三价稀土不被还原。当加入氨水时，Eu^{2+} 不被氨水沉淀，特别是当溶液中存在一定量的 NH_4Cl 时，$EuCl_2$ 可保持溶液中，而其他三价稀土却生成氢氧化物沉淀，从而与铕分离。

$$2EuCl_3 + Zn \longrightarrow 2EuCl_2 + ZnCl_2 \tag{4-5}$$

$$RECl_3 + 3NH_4OH \longrightarrow RE(OH)_3 + 3NH_4Cl \tag{4-6}$$

使用这种锌粉还原-碱度法，可从 $Eu_2O_3 > 5\%$ 的原料经一次操作就可获得纯度高于

99%的 Eu_2O_3，原料中 Eu_2O_3 含量越高，Eu_2O_3 的收率也越高。当采用过滤法使三价稀土氢氧化物与 $EuCl_2$ 溶液分离时，可用煤油或二甲苯作保护使 $EuCl$ 和溶液与空气中的氧隔开，防止过滤过程中 Eu^{2+} 氧化。滤液中的 Eu^{2+} 可用 H_2O_2 氧化成 $Eu(OH)_3$ 沉淀析出，酸溶后用草酸沉淀，经灼烧即可制得纯 Eu_2O_3。

稀土氯化物溶液中的 Eu^{2+} 经锌粉还原成 Eu^{2+} 后，也可用 HDEHP 萃取法或硫酸钡共沉淀法分离。并逐渐取代上述的碱度法。

目前，利用氧化还原方法已经实现了铈（$Ce^{3+} \rightarrow Ce^{4+}$）、铕（$Eu^{3+} \rightarrow Eu^{2+}$）等元素的工业化分离，取得了显著的经济和社会效益，但对 Yb 的氧化还原研究还远不够充分，更未形成工业化应用。苏锵等利用钠汞齐在磺基水杨酸溶液体系中还原提取镱取得了良好的效果，牛春吉等也研究了采用还原萃取法从镥中分离镱，从而简化了分离程序。利雅布契诃夫对镱在不同介质中的电解还原特性进行了尝试和比较，包头稀土研究院的刘建刚采用汞作阴极，在氯化物体系中电解还原镱，但还原率不高。清华大学的李永顿等研究了以铁板作阳极在硫酸体系中电解还原镱，但在这一过程中不断消耗铁阳极，需要不断更换铁阳极及阳极液，并且会污染阴极液。严纯华等在前人工作的基础上，通过不同阴、阳电极的性能比较和优化，在硫酸盐体系中以汞电解方法选择性还原 Yb^{3+}，并利用产物与原料的溶解性差异，使 $YbSO_4$ 与其他重稀土实现固液分离，从而提纯得到了稀土纯度 99.5% 以上的 $YbSO_4$。通过对不同电极的实验表明，用钌-铱-钛合金网电极作阳极，金属汞电极作阴极，可以达到电解还原镱的目的，且电解过程中镱的还原率和一次性收率可分别达到 80% 和 65% 以上，稀土的总回收率高于 98%。电解还原得到的二价镱在硫酸体系中与硫酸根形成沉淀，从而达到和镱、镥分离的目的，分离得到的镱的纯度大于 99.5%。

4.2.2.3　离子交换法分离稀土元素

离子交换法及新发展起来的萃淋树脂萃取色层法分离稀土元素，可以得到纯度很高的产品。1958 年我国成功地完成了从独居石中提取稀土元素和分离出 15 个高纯单一稀土元素的工作，当时采用的分离技术主要是离子交换法和分级结晶法。

常用的阳离子交换树脂是磺酸基阳离子交换树脂，它带有具有离子交换能力的活性基——SO_3H。活性基所以具有交换能力，是因为它有固定在树脂骨架上的阴离子基和结合着能够游离的阳离子，可以同溶液中阳离子发生交换作用。活性基具有亲水性，干燥的树脂遇水则膨胀，此时活性基将产生特有的离解成固定在树脂上的阴离子和游离的阳离子。即—$SO_3^- H^+$。当溶胀的阳离子交换树脂与电解质溶液接触时，活性基离子化，游离出来的阳离子与溶液中的阳离子发生交换反应。

对于离子交换树脂与电解质溶液之间所发生的离子交换反应，取决于离子对树脂的化学亲和力和溶液的性质。各种阳离子对阳离子交换树脂的亲和力大小是随着离子所带电荷数的增加而增加。电荷数相同的阳离子之间，系随水合离子半径的减小而增加。某些阳离子与树脂的亲和力大小有以下次序：

$$La^{3+} > Ce^{3+} > Pr^{3+} > Nd^{3+} > Sm^{3+} > Eu^{3+} > Gd^{3+} > Tb^{3+} > Dy^{3+} > Ho^{3+} > Er^{3+} >$$
$$Tm^{3+} > Yb^{3+} > Lu^{3+}；Ba^{2+} > Sr^{2+} > Ca^{2+} > Mg^{2+} > Be^{2+}；NH_4^+ > K^+ > Na^+ > H^+$$
$$> Li^+。$$

树脂与电解质溶液之间所发生的离子交换反应，是基于静电引力所引起的多相化学反应。

离子交换分离的过程可分为以下两个步骤。

(1) 负载　将持分离元素混合物溶液以一定的流速流经负载柱，使混合金属离子全吸附在负载柱中。

（2）淋洗　用一种淋洗剂溶液通过负载柱和分离柱，使吸附于负载柱上的各金属离子移向分离柱并依次淋洗出来，一份一份地分别收集。

在淋洗过程中，各种金属离子将以其对树脂的亲和力大小不同，从上部树脂层中被解吸出来。随淋洗液向下流动，并置换下部树脂层上吸附着的亲和力较小的离子。这样，亲和力小的离子向下方移动较快，而亲和力大的离子移动较缓慢。随淋洗液的流动，吸附离子将逐渐向分离柱中伸展开来。此时，沿柱全长将发生无数次的吸附和解吸行为。而每次的行为中将有某些分离。经过多次反复，将导致沿柱纵向逐渐形成各自单独的吸附带而向下移动，最后从分离柱下端顺序地淋洗出来。

由于树脂对稀土离子之间的选择性吸附系数相差很小，所以，在稀土的吸附过程中，对稀土的选择性可以忽略不记，近似为1。因此，离子交换分离稀土需要使用一些可溶性有机酸络合剂作淋洗剂。得到广泛应用的是乙二胺四乙酸（简称EDTA），它能同金属离子形成比较稳定的络合物。而且络合物的稳定常数是随稀土离子半径的减小即原子序数的增加而增大。这与稀土离子对树脂的亲和力大小次序恰恰相反。即络合物稳定常数大的稀土离子对树脂的亲和力小；而络合物稳定常数小的稀土离子对树脂的亲和力大。两者相辅相成，导致分离效率倍增。下面就以EDTA作为淋洗剂来讨论淋洗过程。

EDTA是弱碱性络合剂，常以氨水中和至碱性范围（pH为8～9）使用。所以在淋洗液中，EDTA实际上是以铵盐型式存在。当淋洗一种吸附在树脂上的稀土离子时，将发生离子交换反应，1个稀土离子进入液相，3个铵离子进入树脂相。这一交换反应之所以能发生，是由于Ln-EDTA络合物的稳定常数大，使稀土离子进入溶液，而NH_4^+就置换了树脂上的稀土离子。

在用EDTA淋洗吸附有多种稀土离子的树脂时，其选择性差别取决于它们与EDTA的配合物稳定常数的差别。因此就有可能用Ln-EDTA的稳定常数来判断稀土的分离因数。两两相邻元素之间Ln-EDTA的稳定常数平均相差约2.3倍，因此具有较高的选择性。在此解吸过程中重稀土进入溶液相的趋势比轻稀土大，而且，解吸出来的轻稀土离子在与下面树脂层中的重稀土离子相遇后，由于它们与EDTA的配合物的稳定常数不同而再次发生离子交换，轻稀土又回到树脂相。这种交换反应的不断发生将有助于稀土离子之间的分离。

然而，如果在分离柱中所填充的离子与EDTA所形成的络合物的稳定性小于稀土-EDTA的稳定性的话，将会使Ln-EDTA无交换作用地流过分离柱。因此，在分离柱中所填充的离子，必须选择能与EDTA形成比Ln-EDTA的稳定性更高的络合物时才能起到功效，这种填充的离子被称为"延缓离子"。在分离工艺中常使用Cu^{2+}离子作延缓离子（Cu-EDTA的$lgk=18.86$）。这样，在负载柱中由EDTA解吸出来并与之络合的稀土离子流至分离柱树脂层上部边缘时，就重新被置换于树脂上。只要有Cu^{2+}存在，就限制了稀土离子流过去。促使稀土离子在树脂与溶液之间发生无数次交换，从而使它们之间的差异越拉越大。

在分离过程中一般有吸附柱和分离柱。将稀土混合物溶解，调整溶液中的稀土浓度和pH值后，将溶液充分流经离子交换树脂柱，稀土极易被离子交换树脂吸附。将吸附非稀土离子（Cu^{2+}等）的离子交换树脂柱与吸附有稀土离子的交换柱串联起来。将溶有络合剂的淋洗液从吸附有稀土离子的柱子顶端往下流经柱子，络合剂与各种稀土离子的络合能力略有差异，在离子交换树脂柱中反复进行吸附和解吸。与络合剂络合能力强的离子先被洗脱下来，达到分离提纯。随淋洗的进行，各元素相继从柱中流出，稳定性大的先出来。当洗出液中Cu-EDTA（蓝色）将尽和Ln-EDTA刚出现时，更换承接容器。以后操作将各份纯净的和不纯的（带间重叠部分）分别承接。纯净的产品用草酸沉出稀土并过滤出去后，用无机酸酸化溶液，使EDTA结晶回收再使用。所得草酸盐在800～1000℃下灼烧，得到高纯稀土氧化物。用 Cu^{2+} 作延缓离子，EDTA 淋洗液的浓度不应超过 0.015mol/L，溶液 pH 值控制在 8.5 左右，淋洗液流速一般为 0.5~2.0cm/min 的线速度。

常规离子交换法的周期长、成本高。若提高交换过程的温度（70~85℃）和压力（1~2MPa），则属于高温高压离子交换技术。其基本原理与常温常压离子交换无本质区别，其工艺过程与操作也基本相同。但需使用粒度很细的交换树脂，因而加快了离子的扩散速度，缩短了交换反应达到平衡所需的最小距离，增加了交换反应的次数，显著地缩短了生产周期，提高了处理量，并可获得高纯（4~7N）的单一稀土产品。该法具有工艺简单、质量稳定、分离时间短、产品纯度高、成本低廉等特点。对多元稀土富集物进行分离，在短时间内一次性提取（纯度>99.99%）的多项单一高纯稀土。

萃淋树脂萃取色层法是在离子交换法与溶剂萃取法基础上发展起来的一种新的稀土分离技术，其应用越来越广。萃淋树脂由萃取剂加单体的聚乙烯基与单乙烯基化合物在溶液中悬浮聚合而成。由于树脂中含有萃取剂，致使萃淋树脂色层法分离稀土元素的效率大为提高。20 世纪 80 年代初，我国成功地合成了 P_{507} 萃淋树脂，并实现工业化生产。利用萃淋树脂色层法可以从各种稀土富集物中分离得到 16 种单一稀土（除钷外），其纯度可达 99.95% 以上。此方法生产的稀土产品纯度高、回收率高、成本低，通过一次分离可得多种纯单一稀土化合物产品，是分离高纯单一稀土有效的方法，该法已在稀土工业中得到应用。

4.2.2.4 溶剂萃取分离法

溶剂萃取分离法是指被分离物质的水溶液与互不混溶的有机溶剂接触，借助于萃取剂的作用，使一种或几种组分更容易进入有机相，而另一些组分则更倾向于留在水相，经过若干次的萃取平衡与相分离，从而达到分离的目的。有机溶剂萃取是以物质在相互接触的两液相之间的分布为基础的。而萃取剂对于这种分配起着主要的作用。只有当金属离子或其盐类与萃取剂分子生成一种在有机溶剂中比在水中更易溶解的化合物时才有可能被萃取进入有机相。在实现稀土的萃取分离中首先要选用合适的萃取剂，它是一种能将金属离子通过配位化学反应从水相选择性地转入有机相，又能将其通过另一类配位化学反应从有机相转到水相，借以达到金属的纯化与富集的有机化合物。

为寻找选择性更高的萃取剂，人们开展了大量的稀土溶液配位化学的研究工作，可以说稀土配位化学的发展就是从这里开始的。将配合物引入稀土元素的分离，是配位化学和分离化学的成功结合。绝大部分的萃取过程是配合物的形成过程，而研究萃取过程的化学，必须研究溶液中配合物的问题。液-液萃取化学所研究的问题实际上是两相间的配位化学。

根据软硬酸碱定则，稀土元素属硬酸，所以它们易为属硬碱的含氧配体所萃取。当配合物主要为静电键合时，稳定常数与 Z^2/r 值有关，其中 Z 和 r 分别为金属离子的电荷与半径。1949 年，Warf 成功地用磷酸三丁酯（TBP）从硝酸溶液中萃取 Ce^{4+}，使它与三价稀土分离。此后很多人对 TBP 萃取 Ce^{4+} 进行了详细研究，并用于工业生产。1953 年有人用 TBP-HNO_3 体系使三价稀土元素彼此分离。1957 年，Peppard 首次报道了用二（2-乙基己基）磷酸（HDEHP，P_{204}）萃取稀土元素，经过近 10 年的大量基础和工艺研究，20 世纪 60 年代后期在工业生产上实现了 P_{240} 萃取分离稀土元素。在 20 世纪 60 年代初期皮帕德用（2-乙基己基）磷酸单（2-乙基己基）酯（HEH[EHP]，P_{507}）萃取锕系元素和钷。20 世纪 70 年代初中国科学院上海有机化学研究所成功地在工业规模上合成了 P_{507}，为 P_{507} 萃取分离稀土元素的工艺奠定了物质基础。中国科学院长春应用化学研究所认为 P_{507} 是萃取分离稀土元素的优良萃取剂。甲基膦酸二甲庚酯（P_{350}）、仲碳伯胺（N_{1923}）是具有我国资源特点的萃取剂。

根据萃取剂类型，尤其是萃取反应的机理可以对萃取体系进行分类。其主要依据是萃取过程中金属离子对萃取剂的结合及形成萃合物的性质和种类。

（1）中性配位萃取体系　中性萃取体系是无机物萃取中最早被发现和利用的，也是最早用于稀土元素提取分离的萃取体系。其特点是：①被萃取的金属化合物以中性分子存在；②萃取剂本身是中性分子；③被萃化合物与萃取剂组成中性溶剂化合物。

如 TBP 萃取硝酸稀土的反应为：

$$RE^{3+} + 3NO_3^- + 3TBP_{(O)} \Longrightarrow RE(NO_3)_3 \cdot 3TBP_{(O)} \tag{4-7}$$

硝酸稀土在硝酸盐底液中，以 RE^{3+}、$RE(NO_3)^{2+}$、$RE(NO_3)_2^+$、$RE(NO_3)_3$ 等形式存在，其中中性的 $RE(NO_3)_3$ 有利于萃取，三价稀土离子 RE^{3+} 的配位数可在 6～12 间变化，NO_3^- 中有 2 个氧原子可与稀土离子配位，3 个硝酸根用于 6 个配位数，尚余 0～6 个配位数，所以 $RE(NO_3)_3$ 在水溶液中是水化的 $RE(NO_3)_3 \cdot xH_2O$，它不能直接被惰性溶剂如煤油等所萃取。此种情况下，若添加 TBP 或 P_{350} 等中性萃取剂，就能挤掉原先配位的水分子，形成丧失亲水性的 $RE(NO_3)_3 \cdot 3TBP$，其中 TBP 也可以是 P_{350} 等其他中性磷（膦）氧萃取剂。

用 100% 的 TBP 在无盐析剂的硝酸介质中萃取稀土元素的体系中，存在着稀土与硝酸的竞争萃取。镧的配合能力最弱，HNO_3 与 $La(NO_3)_3$ 竞相配合 TBP 的竞争作用比较明显。但铕与原子序数大于铕的重稀土元素与 TBP 的配合能力较强，它们不但能与 TBP 配合，而且还能把 TBP·HNO_3 配合物中的 TBP 夺过来而释放出 HNO_3，如式（4-8）所示：

$$Eu^{3+} + 3NO_3^- + 3TBP \cdot HNO_{3(O)} \Longrightarrow Eu(NO_3)_3 \cdot 3TBP_{(O)} + 3HNO_3 \tag{4-8}$$

即 HNO_3 的竞争作用相对较弱。在其他条件一定时，萃合物的稳定性与稀土离子半径有关。同价稀土离子，半径越小，萃合物越稳定，分配比 D 越大。如用 TBP 在 10mol/L 的 HNO_3 介质中萃取镧系元素时，其分配比 D 随原子半径减小依次增大。但在多数情况下，中性磷（膦）氧萃取剂萃取稀土元素的分配比，并不随原子序数的增加而单调变化。

（2）离子缔合萃取体系　指由阳离子与阴离子相互缔合进入有机相而被萃取的体系。离子缔合萃取体系的特点是被萃取金属离子与无机酸根形成配阴离子，它们与萃取剂的阳离子形成离子对共存于有机相而被萃取离子与萃取剂无直接键合。其特点是：①萃取剂以阳离子［阴离子］形式存在；②金属离子以络阴离子［阳离子］或金属酸根形式存在；③萃取反应为萃取剂阳离子和金属配阴离子相缔合，或相反的情况。

萃取剂是含氧或含氮的有机物，含氮萃取剂最有实际意义的是胺类萃取剂。它们可以被看作是氨分子中 3 个氢逐步地被烷基取代生成的 3 种胺及四级铵盐，如：伯胺（RNH_2），N_{1923}；仲胺（R_1R_2NH），7201；叔胺（$R_1R_2R_3N$），N_{235} 和季铵盐［$R_1R_2R_3R_4N$］X，N_{263}。由于它们是弱碱性萃取剂，萃取酸是胺的基本性质。

目前，以离子缔合机理用于稀土元素之间的分离已不多。但在稀土工业上广泛用于与非稀土离子的分离，如铁的分离，或用于稀土的全萃取。

（3）酸性配位萃取体系（阳离子交换萃取体系）　酸性配位萃取体系是稀土分离的主体，因此，也显得更为重要。其特点是：萃取剂是一种有机酸 HA 或 H_MA，它既溶于水相又溶于有机相，在两相间有一个分配；被萃物是金属阳离子 M^{N+}；它与 HA 作用生成配合物或螯合物 MA_N 而进入有机相而被萃取，或者说水相的被萃金属离子与有机酸中的氢离子之间通过交换机理形成萃取配合物，即离子交换法是使用固态的离子交换树脂，利用树脂上的阳离子与液相中的稀土离子互相交换而进行分离。

工业上广泛采用的酸性配合萃取剂有：二烃基磷酸（RO）$_2$POOH（P_{204}），烷基膦酸单烷基酯（RO）RPOOH（P_{507}）和环烷酸（带支链的羧酸），它们在有机相中常以二聚体形式存在。其中前两种属酸性磷类萃取剂，后一种是有机羧酸。

以（2-乙基己基）膦酸单（2-乙基己基）酯为代表的酸性磷（膦）酸萃取体系和以环烷酸为代表的羧酸萃取体系在稀土分离工业生产中得到广泛的应用。酸性配位萃取剂萃取稀土的过程较复杂，其中，一种反应机理可表示为：

$$M^{n+}(aq) + nHA(org) \Longrightarrow MA_n(org) + nH^+(aq) \tag{4-9}$$

$$K = \frac{[MA_n]_o[H^+]_a^n}{[M^{n+}]_a[HA]_o^n} = D\frac{[H^+]_a^n}{[HA]_o^n} \tag{4-10}$$

$$\lg K = \lg D + n\lg[H^+]_a - n\lg[HA]_o \tag{4-11}$$

$$\lg D = \lg K - n\lg[H^+]_a + n\lg[HA]_o = \lg K + npH_a + n\lg[HA]_o \tag{4-12}$$

在固定萃取剂浓度下，测定不同平衡 pH 下的分配比，并以 $\lg D$ 对 pH 作图可得斜率为 n 的直线；或者在固定平衡 pH 下，测定不同萃取剂浓度下的分配比，并以 $\lg D$ 对 $\lg[HA]_o$ 作图也可得斜率为 n 的直线，这可用于确定萃取反应机理。

上述整个过程包括五个平衡过程：

① 萃取剂在两相中的溶解分配平衡

$$HA = HA_{org} \quad K_d = \frac{[HA]_{org}}{[HA]} \tag{4-13}$$

② 萃取剂在水相中的解离

$$HA = H^+ + A^- \quad K_a = \frac{[H^+][A^-]}{[HA]} \tag{4-14}$$

③ 水相稀土化合物解离；

④ 解离的稀土离子与解离的萃取剂阴离子在水相中配合

$$M^{n+} + nA^- = MA_{n(org)} \quad \beta_n = \frac{[MA_n]}{[M^{n+}][A^-]^n} \tag{4-15}$$

⑤ 在水相中生成的萃取配合物溶于有机相

$$MA_n = MA_{n(org)} \quad K_D = \frac{[MA_n]_{org}}{[MA_n]} \tag{4-16}$$

$$K_{ex} = K_D\beta_n\frac{K_a^n}{K_d^n} \tag{4-17}$$

式中，K_a 为酸性萃取剂的解离常数；β_n 为萃取配合物 REA_3 的稳定常数；K_D 为萃取配合物 REA_3 的两相间的分配常数；K_d 为萃取剂在两相间的分配常数。一般而言，K_a 越大，将导致 K_{ex} 增加，K_d 越大，对 K_{ex} 增大有利。

酸性磷型萃取剂（如 P_{204}）在低酸度下以 $>P(O)(OH)$ 为反应基团，萃取稀土离子主要以（OH）基的（H^+）与稀土离子进行阳离子交换来实现的，故它的萃取能力主要决定于其酸性强弱。在萃取稀土离子的反应中，磷酸酯萃取剂的磷酰氧原子也参加配位。当被萃取稀土离子价数相同时，半径越小，萃取配合物越稳定，分配比越大。由于"镧系收缩"，稀土元素离子半径随原子序数增加而减小，其萃取反应的平衡常数、配合物稳定性和分配比均随原子序数增加而增加。如 P_{204} 萃取三价稀土元素离子是正序萃取。

工业中应用最为广泛的羧酸萃取剂是环烷酸。环烷酸对稀土萃取时分配比对原子序数的依赖关系的数据表明环烷酸萃取混合稀土时，重稀土比轻稀土容易萃取；离子半径在 Er^{3+} 和 Tm^{3+} 之间的 Y^{3+}，落在轻稀土部分。在环烷酸萃取体系中，分离系数明显地随水相组分不同而不同，即 $\beta_{A/B}$ 不随水相中 A 和 B 的浓度变化而变化。

为了提高稀土萃取分离的选择性或改善分相性能，往往在萃取体系中加入一些添加剂，如：有机相中的稀释剂，水相中的盐析剂、助萃和抑萃剂。由于篇幅所限，在此不作进一步的介绍。

4.2.2.5　串级萃取分离稀土工艺简介

萃取可分为单级萃取和多级萃取。单级萃取过程大致可分为以下三个步骤：①萃取，将待分离混合物水溶液与有机溶剂接触，此时通过相界面发生物质转移，达到平衡后分开；②洗涤，使有机萃出液与空白水溶液接触，再次平衡；③反萃取，使被萃取物质从有机相转入水相中。在上述每一步骤中，两相每次接触并建立起平衡，即称为一级。多级萃取是经过多次的逐级平衡的过程，可以使分离效率倍增。

当萃取在某一条件下达到平衡时，定义分配比为有机相和水相中金属的总浓度之比：

$$D=\frac{[A_1]_{org}+[A_2]_{org}+\cdots+[A_i]_{org}}{[A_1]_{aq}+[A_2]_{aq}+\cdots+[A_i]_{aq}}=\frac{C_{org(tatol)}}{C_{aq(tatol)}} \tag{4-18}$$

在工业上，常用有机相和水相中金属的总量比来表达，此时称为萃取比：

$$E=\frac{M_{1org}+M_{2org}+\cdots+M_{iorg}}{M_{1aq}+M_{2aq}+\cdots+M_{iaq}}=\frac{M_{org(tatol)}}{M_{aq(tatol)}}=\frac{C_{org}\times V_{org}}{C_{aq}\times V_{aq}}=D\times R \tag{4-19}$$

上面讨论了单一物质在两相间的分配。对于多种物质成分来说，它们各个在两相间分配的差别大小，决定着分离效果好坏。定义两物质的分离因数为：

$$\beta_{A/B}=\frac{D_A}{D_B} \text{ 或 } \beta_{A/B}=\frac{E_A}{E_B} \tag{4-20}$$

一般来说，β 值越大，说明分离效果越好。

将含多种稀土元素的混合物用萃取法分离成两个以上的不同元素的组分时，人们将它们按分配比大小按顺序地排列起来，看从哪里分开，就存在一个分离界线问题。即使是对于只含两种元素的混合物的分离，也同样存在有分离界线问题。因为每相邻两元素之间，并不存在一个界线十分清楚的互不交错的境界。那么，此时分离界线的位置靠近哪一方，则萃取的结果将获得较纯的元素。

分离界线的位置取决于两相体积比 R。在动态条件下，表面为两相的流速比。当 R 增加时，分离界线的位置将向分配比较小的方向移动。此时，如果其中某一元素恰好处在分离界线上，则该元素将大体上同等地分配于两相中。

在一定的条件下，对于混合物中任何一种元素的分配有如下定量关系：

$$E=DR \tag{4-21}$$

假如是分离多种元素混合物，使其中某一元素恰好处在分离界线上，并且其量在两相中各占一争，则 $E=1$。又以 $D_分$ 表示处于分离界线上元素的分配比，则：

$$D_分 =1/R \tag{4-22}$$

即：两相体积比等于处在分离界线上元素的分配比之倒数关系。也就是说，当增加两相体积比 R 时，$D_分$ 则向分配比 D 值较小的方向移动。

稀土元素之间由于性质非常类似而难以用单级萃取来达到分离目标。一般是把若干个萃取设备串联起来，是有机相和水相多次接触，从而达到提高分离效果的目的。按照有机相和水相流动方式的不同可以分为错流萃取、逆流萃取、分馏萃取、回流萃取等。其中应用最广的是分馏萃取。对于 A、B 两组分分离体系，一般令 A 为易萃组分，往有机相跑；B 为难萃组分，留在水相的趋势大。在串级萃取中一般把多组分体系中的被分离对象按萃取能力分为A、B 两个组分，其中更易进入有机相的（E 大于 1）元素为易萃组分 A，更易留在水相的（E 小于 1）的元素为难萃组分 B。通过萃取条件的控制可以有目的地使一些元素为易萃组分，而其他的为难萃组分。

串级萃取槽体的液流方向如图 4-4 所示。

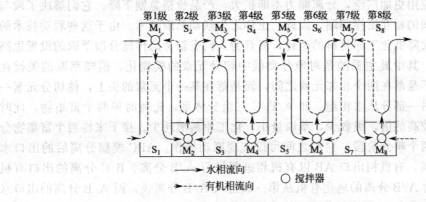

图 4-4　串级萃取槽体的液流方向

　　分馏萃取的示意图如图 4-5 所示；从第一级到第 n 级可看成是逆流萃取，从第 n 级到第 $n+m$ 级则为逆流洗涤。前一段称为萃取段，主要任务是把易萃组分 A 萃入有机相，而 B 组分留在水相，因此，A 的萃取比需大小 1，而 B 的萃取比应小于 1；后一段称为洗涤段，目的是要把萃入有机相的 B 组分洗下来并送回萃取段。所以，当 β 不大时也可得纯 A 和纯 B，而且收率高。纯 A 从 $n+m$ 级有机相出口，纯 B 则从第 1 级水相出口。新鲜有机相从第一级进入，而洗涤液从第 $n+m$ 级进入。

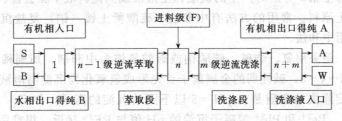

图 4-5　分馏萃取示意图
F—料液；S—新鲜有机；W—洗涤液；A—萃取液；B—萃余液

　　自 20 世纪 70 年代以来，北京大学徐光宪院士等提出的串级萃取理论设计优化的新分离工艺等，形成了一些具有我国特色的稀土分离新工艺，并得到了广泛应用。串级萃取理论是研究待分离物在两相之间的分配（或浓度）随流比、浓度、酸度等工艺条件的变化而变化的规律。建立分离效果和收率与级数、流比、分离系数等因素之间的关系，从而达到指导生产的目的。

　　在正常的萃取过程中，萃取设备是确定的，工人操作的主要任务是控制和调节料液进料速度、有机相进料速度和洗涤液进料速度，即控制它们的流量、从哪一级进、从哪一相进。这些参数都需要由技术人员或工艺设计人员根据分离要求预先设计和计算好的。串级萃取工艺的设计和计算的主要任务是：根据原料中的元素配分和对产物的纯度和收率要求，从经济效益出发，确定合适的萃取比和萃取级数。进而为操作工人提供一套可行的操作方法和操作规程。

　　决定一条分离线是否能达到分离效果和运行成本的主要因素是萃取比的选择。围绕这一问题，推导出了相应的最小（大）萃取比方程和最优萃取比方程。以此为基础，还推导出有关萃取量、洗涤量、回萃比和回洗比等方程，级数计算公式等。这些都是串级萃取理论的主要内容。由于篇幅所限，在此不展开讨论，请参阅相关的专著。串级萃取理论的提出与实践，推动了稀土萃取分离的大规模工业应用。尤其是计算机模拟一步放大技术的应用，使串级萃取分离技术的应用更加广泛，分离能力不断扩大，产品价格急剧下降。它们解决了段与段之间和分离线之间的相互衔接问题，因此，也称之为联动萃取技术。由于这些联动技术的实施，不仅可以大大降低化工原材料的消耗，而且为人们重新考虑传统分馏萃取的设置思路提供了很大的空间。其中最主要的是对原分离线中切分元素的模糊化。模糊萃取的关键在于：两组分的切分不是落在两个相邻元素之间，而是落在某一个元素的头上，使切分元素一部分从有机相走，另一部分从水相跑。如 A/B/C 三组分体系，先暂时得两个富集物，此时的分离系数可以取较高的值，级数少，萃取量小，化工原料消耗少。接下来将两个富集物分别转入下一阶段的两个精分阶段，它们之间可以实现联动操作。ABC 模糊分离后的出口水相 BC 进行 B/C 分离，有机相出口 AB 以有机相进料进行 A/B 分离。B/C 分离的出口有机相（负载纯 B）作为 A/B 分离的皂化有机从第一级进入 A/B 分离线，而 A/B 分离的出口水相（纯 B）一部分作为产品引出，而另一部分作为 B/C 分离的洗酸，直接进入 B/C 分离。对 A/B 和 B/C 分离系列而言，一个不进皂化有机、一个不进洗酸，借助萃取过程的离子交换分离功能完成了对 B 的反萃。因此，减少了酸碱消耗。在 A/B 和 B/C 分离时，虽然 A/B、B/C 之间的分离系数不变，但进料金属量减少了，萃取分离设备的容积可以大大减小，分别得到三个纯组分。

4.2.2.6　稀土元素与非稀土杂质的分离

稀土元素与非稀土杂质的分离可分为粗分离和精制两部分。

粗分离是从稀土精矿分解时产生的硫酸稀土溶液或其他料液中除去钍、铁、钛、锰等杂质，制取混合稀土原料。常用的方法有中和法、硫酸稀土铵（钠）复盐沉淀法、草酸盐法等，下面主要介绍中和法。

中和法除杂：是采用氨、烧碱、碳酸钠或碳酸氢铵为中和剂，加到稀土溶液中进行中和，使溶液的 pH=4～5，碱性弱的金属离子首先形成氢氧化物沉淀与溶液中的稀土离子分离。用中和法沉淀除去的杂质是在 pH=5 以下开始沉淀的离子，如 Zr^{4+}、Th^{4+}、Co^{2+}、Ce^{4+} 等，而 Al^{3+}、Be^{2+} 和 Pb^{2+} 等离子沉淀的 pH 值与 RE^{3+} 接近，很难用中和法将它们与稀土完全分开。当溶液的 pH=5 时，Fe^{2+}、Mn^{2+}、Zn^{2+}、Mn^{2+} 和碱金属离子不生成沉淀，而与 RE^{3+} 共存于溶液中。对于 Fe^{2+} 和 Mn^{2+} 可以预先将其氧化为 Fe^{3+} 和 Mn^{4+} 在中和时除去。

精制是从单一稀土元素中除去微量杂质，生产中常采用萃取法和沉淀法来制取高纯稀土氧化物，如下所述。

萃取法：在稀土氧化物中，最难除去的微量非稀土杂质是碱土金属钙，要将单一稀土氧化物中的氧化钙降到 $10×10^{-6}$ 以下是很困难的。当用氢氧化物沉淀法除钙时，虽然将 Ca^{2+} 留在溶液中与稀土分离，但此法过滤困难。若采用有机沉淀剂二苯羟乙酸或丙基三羧酸沉淀稀土，控制沉淀的 pH=2 时，只有稀土形成沉淀，钙留在溶液中而与稀土分离。该法可以制得含氧化钙为 $1×10^{-6}$ 的稀土氧化物，但有机溶剂成本高，只能在实验室使用。近年来，人们用 P_{507} 和 P_{204} 萃取法除去稀土中的碱土金属，用 N_{235} 萃取法除锌和铁，均获得较好的效果，已在工业上用于生产高纯单一稀土氧化物。

硫化物沉淀法：为了生产高纯稀土氧化物，料液在草酸沉淀稀土之前，可采用硫化物沉淀法除去微量重金属杂质。为此，可在搅拌条件下向 pH=5 的氯化稀土溶液中徐徐加入 $(N'H_4)_2S$ 或 Na_2S 水溶液以沉淀非稀土杂质，过滤后的稀土溶液再用草酸沉淀稀土，经 850～900℃焙烧即可制得含铁、镍、铅、铜等重金属杂质极微的高纯稀土氧化物。但硫化物为胶体，在含量很低时不易沉淀，在实际生产可用活性炭或树脂吸附硫化物，以达到净化的目的。

草酸盐沉淀法：草酸是净化稀土元素最普遍采用的沉淀剂。在水溶液中稀土离子和草酸反应生成不溶于水而微溶于酸的草酸稀土 $[RE_2(C_2O_4)_2 \cdot nH_2O]$。稀土草酸盐在酸性溶液中的溶解度随酸度增加而增加，随溶液中游离草酸浓度的增加而降低。当溶液中含有大量的 NH_4^+ 时，重稀土草酸盐将有少量溶解在草酸铵溶液中，从而造成重稀土沉淀不完全。许多金属离子都能与草酸作用生成难溶于水的草酸盐。

目前工业上生产各种单一稀土氧化物的最后一道湿法工序都是采用草酸沉淀法和碳酸盐沉淀法。所得沉淀在加热到 800℃ 以上即可分解成稀土氧化物。其中草酸稀土粒度粗，沉淀完全，在酸性溶液沉淀时，能与大多数非稀土元素分离，有较好的净化作用。而碳酸稀土与杂质离子的分离选择性不够好，沉淀时往往形成无定型碳酸稀土，给过滤分离和洗涤带来困难。因此，近二十年来发展了多种碳酸稀土沉淀与结晶技术，在与非稀土杂质的分离，尤其是溶液中伴随的大量氯离子的分离上取得了很好的效果，在工业上得到广泛的应用。与此同时，针对稀土前驱体物性指标的要求，在沉淀产品的颗粒度、形貌和化学指标的控制上也开展了卓有成效的研究工作，成为目前稀土产品生产中的主体和关键技术。

4.3 稀土材料制备技术

4.3.1 材料设计

20 世纪中期以来，材料科学虽然已有较大的发展，但研制新材料的方式仍然是以传统的"炒菜"法为主。为了研制一种新材料，人们往往要变换多种配方和工艺，制成众多的样品，分析其成分和结构，测试其性能，从中找出一种适用的材料和生产工艺。若所有的样品都不适用，就需另行试制一批。如此多次反复做着预见性不强的研制工作，其工作十分艰辛，道路也往往是迂回曲折的，而结果可能是事倍功半。为了改变这种落后的研制方式"材料设计"的设想应运而生，至 20 世纪 80 年代更加成熟，成为材料制备的基础工作之一。1985 年日本材料科学家三岛良绩编写的《新材料开发与材料设计》一书，对材料设计作了详尽的阐述。

材料设计的目的是按指定性能指标出发，确定材料成分或相的组合，按生产要求设计最佳的制度方法和工艺流程，以制得合乎要求的各种材料。三岛良绩认为材料设计在材料研制过程中的工作范围包括从材料的制备到试用。从实用出发，制备成的材料必须通过实用的考验，而实用系统（如航天飞机、可控热核反应等）的设计要以材料能达到的性能为依据。材料的性能依赖材料的结构（包括使用过程中结构的变化）。为了制备预定结构的材料，必须设计出该材料的制备方法。因此，材料设计有两方面的含义：从指定目标出发规定材料性能，并提出制备方法；新材料开发，新效应、新功能的原理研究。

物质的固有性质是材料使用的基本依据。例如：有超导性才有超导材料；有难熔性才可能有耐热合金材料等。物质固有性质大都取决于物质的电子结构、原子结构和化学键结构。原则上可用固体物理、量子化学、分子动力学及计算机模拟等方法进行预测和计算，因而构成了材料的结构性能关系的研究设计。

材料的使用性能虽非材料物质所固有，但材料一旦实际应用后其使用过程的变化（疲劳断裂、抗辐射、腐蚀等）往往是材料应用成败的关键，利用人工智能或计算机模拟方法预报使用性能及改进方法是材料设计的重要内容。

材料的结构尺寸分成不同的层次。最基本的且十分重要的仍是原子-电子层次（以 10^{-8} cm 为尺度），其次是以大量原子、电子运动为基础的微观或显微结构（包括微量杂质），材料的成分和结构是材料的中心环节。因此，只有弄清成分、结构和性能之间的关系，才能按指定性能设计材料的成分（配方）和结构；另外，只有了解材料的制备（合成）、加工和产品成分、结构的关系，才能为指定性能的材料设计制造与加工的方法和条件，以控制材料的成分和结构。这两个问题都是材料设计的核心和关键。

材料制备（合成）与加工是实现材料设计目标最重要的手段，也是材料设计的重点。日本、美国等国均建立了相关物质的知识库、数据库和计算机模拟、化学模式识别及相应的设计专家系统，利用传感器等先进设备及计算机识别技术对材料制备加工过程做智能控制，以提高材料的质量、重现性和成品率，通过智能加工以制造预定性能的新材料。如日本专家利用大型数据库和数据库辅助材料设计，建立了合金设计系统，为未来的可控热核反应炉的设计和选择提供了新材料。中国专家用化学模式识别技术总结了某些高温超导材料的临界温度的规律以及生产某海军用钢的配方和工艺的专家系统。近年来，中国学者还用化学键参数和化学模式识别方法相结合，总结了二元金属间化合物的晶型规律，在此基础上合成并发现了 $EuNi_2$、$EuFe_2$、$LaPd_5$、$PrPd_5$、$NdIr_5$ 等一系列稀土-过渡元素的金属间化合物，为稀土新材料的开发提供了又一有力的依据。

4.3.2　组合材料学

组合材料学是组合方法与材料科学相结合而形成的一门新兴交叉学科。与传统材料研究中每次只合成、表征一种材料的策略不同，组合方法采用并行合成、高通量表征的研究策略，在短时间内通过有限步骤，快速合成大量不同的材料，形成所谓的材料库（又称材料芯片）、并快速表征它们的性质，从而达到高效筛选优化新材料的目的。此方法极大地加快了新材料的研究速度，特别适用于那些体系复杂而物性形成机理又不明确的材料体系的研究。自从 1995 年 Science 上首次报道了组合方法在无机功能材料研究中的成功应用后，组合方法就引起人们极大的重视，1998 年末，组合方法的应用被 Science 评为当年的十大科技进步之一。

发光材料属于多组元的复杂材料，其发光性能与掺杂物的种类和浓度、基质晶格以及处理条件等诸多因素密切相关。现有理论水平难以根据材料的组成以及合成过程，事先预言材料的发光性能，进而根据需要设计高效新型的发光材料。一般情况下，材料工作者往往依靠经验和直觉，通过"炒菜"的方式，采用一次一个组分的方法来寻找新型发光材料。这种研究模式由于周期长、成本高，已难以满足社会高速发展的需求。发光材料是组合方法应用最早、最广泛的领域之一，通过组合方法，一系列新型发光材料被迅速发现。

4.3.2.1　并行合成

并行合成（parallel synthesis）的一个显著特点是能用算术级数增加的工作量获得几何级数增加的样品，因此，采用并行合成技术能在短时间内通过有限步骤，合成出大量不同的材料样品。

并行合成大致可分为两步：一是微量反应原料向微反应器的精确输送；二是微反应器中化学反应的控制。难点主要在第一步，而第二步则与传统的常规材料合成基本相同。目前较为成功的组合合成技术主要有液滴喷射和结合原位掩模的薄膜顺序沉积，它们均适用于发光材料库的合成。

4.3.2.2　组合溶液喷射技术

组合溶液喷射合成仪具有 8 个独立控制的喷头，不同储液瓶装有不同组分的前驱体溶液或悬浮液，并通过进液管分别与喷头相连，预打孔的陶瓷基片放置在二维电动平台上。整个仪器由计算机控制，在图形界面的帮助下，操作者输入各喷头所喷液体的浓度、基片尺寸、组合方案等信息后，系统自动生成喷射控制指令控制喷头和平台的协调动作，完成原料的输送。通过这一技术，可以在陶瓷片上的阵列孔中根据需要喷射不同种类、不同浓度、不同数量的液滴，然后经烘干、高温固相反应后得到所需的材料库。

在已有的用液滴喷射技术开展组合材料研究的报道中：所用的"墨水"都是可溶物的水溶液，这严重制约了其应用范围。为了拓展液滴喷射技术在组合材料研究中的应用，发展了悬浮液喷射技术。通过将难溶氧化物粉末在纯水中球磨，成功制备了能够较长时间稳定的系列"纯"稀土氧化物超细颗粒悬浮液，并以其为前驱体，采用组合溶液喷射合成仪合成了发光材料库。这种悬浮液制备方法具有一定的普适性，可以满足较多难溶物悬浮液的制备。

4.3.2.3 原位掩模薄膜顺序沉积技术

结合掩模技术的薄膜气相沉积已广泛地应用于薄膜材料库的并行合成。与传统成膜方法不同的是，组合方法在沉积的同时都需结合片上沉积组分 A1，然后转动掩模 90°沉积组分 A2，到组分 A4 沉积完毕时完成了一层的沉积，得到含有 4 个不同材料样品的材料库。接着换用掩模 B，以相同的方法沉积 B1、B2、B3、B4，得到含有 16 个不同材料样品的材料库。这样每 4 步完成一层薄膜的沉积，相应的样品数增加 4 倍。一般条件下，在 1in (2.54cm) 见方的基片上，用 20 步完成 5 层薄膜的沉积，获得 1024 个组分不同的样品在技术上没有任何难度。只要有更精细的掩模和定位系统，上述操作可以一直继续下去，即以 n 层、共 $4n$ 步的薄膜沉积，得到含 4^n 个样品的材料样品库。

刚沉积完的薄膜材料样品库是分层的，先要在中低温下进行长时间的退火处理，以促使组元间的充分扩散、防止组元的蒸发和亚稳相的形成，然后再在高温下经固相反应合成所设计的材料。由于样品纵向的厚度远小于横向的尺度，横向的扩散可以被忽略。

4.3.3 稀土微纳米粉体材料制备技术

微粉或称超细粉一般是粒径在 $0.1\sim10\mu m$ 范围的多颗粒集合体，微粉的制备可采用由大到小微细化即大块物料破碎成小块的粉碎法与由小到大即由原子、分子聚集起来的构筑法两条途径。

微粉制备工艺按照是否有化学反应发生可分为物理方法和化学方法两大类。例如传统的粉碎方法主要是通过各种机械粉碎来进行。它主要是通过媒介物质的搅拌研磨，或是将粗粉混入气流中，给混入高速气流中的粉体施加以强大的压缩力和摩擦力来进行表面的磨碎。由于没有化学反应发生，过去机械粉碎被归为制备微粉的物理方法一类。但这种粉碎技术在不断研究的过程中进行了各种改进。现已发现机械力给颗粒输入了大量机械能，引起了晶格畸变、缺陷乃至纳米晶微单元出现等一系列物理化学变化。在新生表面上有不饱和价键和高表面能的聚集，呈现较强的化学活性，使以机械力化学为基础的粉体改性研究和超细粉碎技术得到了越来越多的应用。而在化学合成的工艺中也常涉及到物理过程和技术，例如干燥、超声波分散、微波加热等。这说明过去将微粉制备技术简单分为机械粉碎（物理方法）和化学合成方法两大类已不适合。目前倾向于将制备方法分为固相法、气相法和液相法，即按照反应物所处物相和微粉生成的环境来分类。

气相法主要包括低压气体中蒸发（气体冷凝）法、流动液面上真空蒸发法；溅射法；化学气相沉积法；等离子体法；化学气相输运（转移）反应法。

固相法有：高温固相合成法；自蔓延燃烧合成法；室温和低热固相反应合成法；低温燃烧合成法；冲击波化学合成法；机械合金化法等。

液相法有：沉淀法、均相沉淀法、共沉淀法、化合物沉淀法、草酸盐沉淀-热分解法；熔盐法；水热氧化法、水热沉淀法、水热晶化法、水热合成法、水热脱水法、水热阳极氧化法；胶溶法（相转移法）；相转变法；气溶胶（气相水解）法；喷雾热解法；包裹沉淀法；溶胶-凝胶法；微乳液法；微波合成法等。

4.3.3.1 气相法

气相法多用于制备纳米级别的粒子或薄膜，而非一般的微粉。气相法合成纳米颗粒具有纯度高、粒度细、分散性好、组分易于控制等优点。

(1) 低压气体中蒸发法（气体冷凝法） 蒸发-凝结技术又称为惰性气体冷凝技术是通过适当热源使可凝物质在高温下蒸发，然后在惰性气体氛围下骤冷从而形成纳米微粒。由于颗粒的形成是在很高的温度梯度下完成的，因此得到的颗粒很细（可小于 10nm），而且颗粒的团聚、凝聚等形态特征可以得到良好控制。该方法的装置不仅可用来制备纳米微粒，还可以在这个真空装置采用原位加压法制备具有清洁界面的纳米材料。

(2) 流动液面上真空蒸发法 流动液面上真空蒸发法的基本原理是在高真空中蒸发的金属原子在流动的油面内形成极细的超微粒子。高真空中的蒸发是采用电子束加热，当水冷铜坩埚中的蒸发原料被加热蒸发时，打开快门，使蒸发物镀在旋转的圆盘下表面上，从圆盘中心流出的油通过圆盘旋转时的离心力在下表面上形成流动的油膜，蒸发的原子在油膜中形成了超微粒子。含有超微粒子的油被甩进了真空室沿壁的容器中，然后将这种超微粒含量很低的油在真空下进行蒸馏，使它成为浓缩的含有超微粒子的糊状物。粒径均匀，分布窄；粒径的尺寸可控，即通过改变蒸发条件，例如蒸发速度、油的黏度、圆盘转速等，来控制粒径的大小。

(3) 化学气相沉积法 化学气相沉积（chemical vapor deposition，简称 CVD）是指利用气体原料在气相中通过化学反应形成基本粒子并经过成核、生长两个阶段合成薄膜、粒子、晶须或晶体等固体材料的工艺过程。它作为超细颗粒的合成具有多功能性、产品高纯性、工艺可控性和过程连续性等优点。

在此基础上人们又开发了多种制备技术，其中较普遍的是等离子体 CVD 技术。它利用等离子体产生的超高温激发气体发生反应，同时利用等离子体高温区与周围环境形成巨大的温度梯度产生急冷作用得到纳米颗粒。由于该方法气氛容易控制，可以得到很高纯度的纳米颗粒，它也特别适合制备多组分、高熔点的化合物。

(4) 溅射法 一种得到广泛应用的制备方法是真空中的溅射成膜方法。溅射成膜法是物理成膜方法（PVD）中最有效的手段。此方法的原理如图 4-6 所示，用两块金属板分别作为阳极和阴极，阴极为蒸发用的材料，在两电极间充入 Ar 气（40～250Pa），两电极间施加的电压范围为 0.3～1.5kV。由于两电极间的辉光放电使 Ar 离子形成，在电场的作用下 Ar 离子冲击阴极靶材表面，使靶材原子从其表面蒸发出来形成超微粒子，并在收集超微粒子的附着面上沉积下来。粒子的大小及尺寸分布主要取决于两电极间的电压、电流和气体压力。靶材的表面积愈大，原子的蒸发速度愈高，超微粒的获得量愈多。

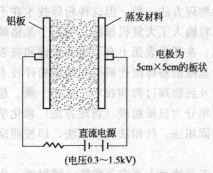

图 4-6 溅射法制备超微粒子的原理

(5) 激光诱导化学气相沉积 利用激光制备超细微粒的基本原理是利用反应气体分子（或光敏剂分子）对特定波长激光束的吸收，引起反应气体分子激光光解（紫外光解或红外多光子光解）、激光热解、激光光敏化和激光诱导化学合成反应，在一定工艺条件下（激光功率密度、反应池压力、反应气体配比和流速、反应温度等），超细粒子可在空间成核和生长。例如：用波长为 $10.6\mu m$ 的二氧化碳激光，最大功率为 150W，激光束的强度在散焦状态为 $270\sim1020W/cm^2$，聚焦状态为 $1050W/cm^2$，反应室气压为 $8.11\sim101.33kPa$。激光束照在反应气体上形成了反应焰。经反应在火焰中形成了微粒，由氩气携带进入上方微粒捕集装置。

用激光合成微粉，由于反应空间可取在离开反应器壁内任意部位，所以该方法没有除反应物以外的杂质混入，可制备超纯微粉。

（6）等离子体化学法　物质经气体电离产生的由大量带电粒子（离子、电子）和中性粒子（原子、分子）所组成的体系，因总的正、负电荷数相等，故称为等离子体。气体电离是粒子间相互碰撞的结果。在技术上可以用不同的方法产生电离，其中最主要的是热电离、放电电离和辐射电离。具体的方法有气体放电法、光电离法、激光辐射电离、射线辐照法、燃烧法和冲击波法等。在工业上常采用气体放电来获得等离子体。

气体放电法就是在电场作用下获得加速动能的带电粒子，特别是电子与气体分子碰撞使气体电离，加之阴极二次电子发射等其他机制的作用，导致气体放电形成等离子体。按所加的电场不同可分为直流放电、高频放电、微波放电等。目前，实验室和生产上实际使用的等离子体绝大多数是用气体放电法产生的，尤其是高频放电用得最多。

等离子体制粉法是一种很有发展前途的超细粉体制备新工艺。该法原材料很广泛，可以是气体和液体材料，还可以是固体和颗粒材料。产品十分丰富。

4.3.3.2　液相法

在液相中进行的微粉制备方法包括沉淀法、水热法、胶溶法、溶胶-凝胶法、微乳液法等。在这些方法中，都涉及到从液相中析出固体的过程，产物的物理性质，如颗粒大小与粒度分布、外观形貌等，则与沉淀和结晶过程相关。沉淀和结晶反应看来是比较简单的，但它们的形成、长大、凝并、聚集、团聚、分散及其对后续干燥、煅烧过程和最终产物物理性能的影响却相当复杂。因此，对沉淀与结晶过程的机理及相关的工程化问题开展系统研究是非常必要的。在稀土分离厂或材料生产厂，前驱体的制备大多数要依靠液相沉淀和结晶操作来完成。如：草酸盐系沉淀和结晶法、碳酸盐系沉淀与结晶法、均相水解沉淀法等。事实证明，反应釜中的沉淀和结晶过程确确实实是国内稀土企业生产上的薄弱环节，也是大有作为的环节。近十年来开发出的一系列复合氧化物产品，如：低氯根产品、大颗粒产品、小颗粒产品、荧光粉前驱体、抛光粉前驱体、催化剂前驱体、陶瓷添加剂前驱体等无一不是通过反应釜中的工作来达到的。为了实现对产物性能的控制，必须掌握沉淀和结晶生长过程的一些基本知识和影响沉淀与结晶形成的各种因素。

（1）沉淀法　向含某种金属（M）盐的溶液中加入适当的沉淀剂，当形成沉淀的离子浓度的乘积超过该条件下该沉淀物的溶度积时，就能析出沉淀。然后再将此沉淀物进行煅烧就成为具有一定物理和化学指标要求的微粉产品，这就是一般制备化合物粉料的沉淀法。

沉淀的形成一般要经过晶核形成和晶核长大两个过程。沉淀剂加入含有金属盐的溶液中，离子通过相互碰撞聚集成微小的晶核。晶核形成后，溶液中的构晶离子向晶核表面扩散，并沉积在晶核上，晶核就逐渐长大成沉淀微粒。

从过饱和溶液中生成沉淀（固相）时涉及到不同过程，通常经历 3 个步骤。

① 离子或分子间的作用，结果生成离子簇或分子簇。随着它们的不断聚集和增长，形成晶核。晶核生成相当于生成若干新的中心，从它们可自发长成晶体。晶核生成过程决定生成晶体的粒度和粒度分布。

② 此后，物质沉积在这些晶核上，而晶体由此生成（晶体成长）。

③ 由细小的晶粒最终生成粗粒晶体，这一过程包括聚结和团聚。

在沉淀与结晶过程中添加剂和杂质是影响颗粒晶形、形状或粒度的一个重要手段。结晶

97

增长是表面现象，杂质在不同晶面上的选择性吸附，就可能影响不同晶面以不同的速率增长，从而影响晶形。这些吸附的杂质的作用可能是：减少对表面的物质供应；降低比表面能；封闭晶体增长的表面位置。这种杂质可分为4类：离子，阴离子或阳离子；离子表面活性剂，阴离子表面活性剂或阳离子表面活性剂；类似于聚合物的非离子表面活性剂；能进行化学结合的络合物，例如有机染料。

离子表面活性剂在低于其临界胶束浓度时，可能强吸附于某一特定晶面，从而改变其晶形。沉淀物质本身的电荷当然会影响阴离子和阳离子表面活性剂的吸附。而沉淀物质表面电性质又受着pH或电位决定离子的浓度的影响（这种影响由等电点和零电荷点表征），这些是考虑离子表面活性剂影响的基础。

某些在过饱和溶液中形成的沉淀或胶体，容易聚并而不稳定。以带有非离子表面活性的聚合物作为沉淀添加剂，它吸附于沉淀颗粒表面可防止其深度聚并。对于一定浓度的聚合物，在间歇沉淀的初期，由于过饱和度高，成核很多且很小，单位体积的表面积很大，聚合物不足以在晶核表面形成完满或接近完满的单分子层，就不能阻止聚并和增长。在沉淀颗粒增长到一定程度后，悬浮液单位体积的表面积减小，聚合物已足以形成接近完满的单分子层，就可阻止沉淀颗粒的进一步聚并和增长。正确地选用聚合物型非离子表面活性剂的种类和浓度，就有可能控制沉淀的粒度。

存在于溶液中的离子A和B；当它们的离子浓度积超过其溶度积K_{sp}时，A与B之间就开始结合，进而形成晶格，于是，由晶格生长和在重力作用下发生沉淀，形成沉淀物。一般而言，当颗粒粒径大到$1\mu m$以上就形成沉淀物。产生沉淀物过程中的颗粒成长有时在单个核上发生，但常常是靠细小的一次颗粒的二次凝集。一次颗粒粒径变大有利于过滤。沉淀物的粒径取决于形成核与核成长的相对速度。即如果核形成速度低于核成长速度，那么生成的颗粒数就少，单个颗粒的粒径就变大。对制备微粉而言，既希望沉淀物易于过滤，又希望生成的固相颗粒大小均匀一致，避免宽分布的颗粒集合体，这就需要控制核形成和核成长速度。

沉淀形成的条件与粉体特性之间的关系是一个比较复杂的问题，除了前述晶体形成和成长外，还涉及到传质过程、表面反应、粒子的细孔结构等。沉淀条件不同，将得到不同沉淀物，产生不同性能的粉体。

在沉淀时，加料顺序可分为正常加料法（把沉淀剂加到金属盐溶液中）、反序加料法（把金属盐加到沉淀剂中）和并流加料法（把盐溶液和沉淀剂同时按比例加到中和反应器中）。在正常加料法中，由于几种金属盐沉淀的最佳条件（pH值）不同，就会先后沉淀，得不到均匀沉淀物。若采用反序加料法沉淀时，则易实现几种金属离子同时沉淀，但对于两性氢氧化物来说，也会使沉淀不均匀。采用并流加料法则可避免沉淀不均匀的现象。

采用上述加料方式，即使在搅拌条件下也难免会造成沉淀剂的局部浓度过高，因而使沉淀中极易来带其他杂质和造成粒度不均匀。为了避免这些不良后果的产生，可在溶液中加入某种试剂，在适宜的条件下从溶液中均匀地生成沉淀剂，例如在中和沉淀法中采用尿素（碳酸二酰胺）水溶液。在常温下，该溶液体系没有什么明显变化，但当溶液加热到70℃以上时，尿素就发生如下的水解反应：

$$(NH_2)_2CO + 3H_2O \Longrightarrow 2NH_4OH + CO_2 \qquad (4\text{-}23)$$

这样在溶液内部生成了沉淀剂NH_4OH。若溶液中存在金属离子，例如Al^{3+}离子，即可生成$Al(OH)_3$沉淀。当NH_4OH被消耗后，尿素$(NH_2)_2CO$继续水解，产生NH_4OH。因为尿素的水解是由温度控制的，故只要控制好升温速度就能控制尿素的水解速度。这样可以均匀地产生沉淀剂，从而使沉淀在整个溶液中均匀析出。这种方法可以避免沉淀剂局部过浓的不均匀现象，使过饱和度控制在适当的范围内，从而控制沉淀粒子的生长速度，能获得粒度均匀、纯度高的超细粒子，这种沉淀方法就是均相沉淀法。

（2）水热法 水热法是指在密闭体系中，以水为溶剂，在一定温度和水的自身压强下，原始混合物进行反应制备微粉的方法。由于在高温、高压水热条件下，特别是当温度超过水的临界温度（647.2K）和临界压力（22.06MPa）时，水处于超临界状态，物质在水中的物性与化学反应性能均发生很大变化，因此水热化学反应非常异于常态。一些热力学分析可能发生的但在常温常压下受动力学的影响进行缓慢的反应，在水热条件下变得可行。这是由于在水热条件下，可加速水溶液中的离子反应和促进水解反应、氧化还原反应、晶化反应等的进行。

一系列中温、高温高压水热反应的开拓及其在此基础之上开发出来的水热合成已成为目前众多无机功能材料、特种组成与结构的无机化合物以及特种凝聚态材料，如超微颗粒、溶胶与凝胶、无机膜和单晶等愈来愈广泛且重要的合成途径，因而水热法目前在国际上已得到迅速发展，日本、美国和我国国内一些研究单位致力于开发全湿法冶金技术、水热加工技术制备各种结构、各种功能的陶瓷晶体粉末。

按照所进行的反应可将微粉的水热制备分为以下几种方法：①水热氧化；②水热沉淀；③水热晶化；④水热合成；⑤水热分解；⑥水热脱水；⑦水热阳极氧化；⑧埋弧活性电极法（RESA）；⑨水热力化学反应。

其中⑦和⑧两种方法是在水热条件下进行的电化学反应，而⑨水热力化学反应则是在反应中引入了机械研磨作用用水热法制备微粉，由于是在超过100℃和10^5Pa的高温高压下进行反应，所以耐高温高压容器，即高压釜是必须的，以维持所需的温度和压力。近年来高压釜的种类、密封方法都有了迅速的发展和改进。同时，从实验条件的观点，如像腐蚀性、温度、压力和长的持续时间来看，制作高压釜的材料也是十分重要的。

（3）水热沉淀 金属氢氧化物沉淀可以用一个普遍的方程式表示为：

$$M^{z+}(aq) + zOH^-(aq) \Longrightarrow M(OH)_z(s) \qquad (4-24)$$

在生成沉淀之前，有中间可溶物种生成：

$$f[M(H_2O)_b]^{z+} + gOH^- \Longrightarrow [M_f(H_2O)_{bf} - g(OH)_g]^{(fz-g)+} + gH_2O \qquad (4-25)$$

正是这些可溶物种是核的前驱物并影响到粒子的长大。上述方程式都涉及来自外源的碱，而在升高温度下的电解质溶液的强制水解却依赖于键合水分子的去质子化，在原位置形成氢氧化物基团：

$$f[M(H_2O)_b]^{z+} \Longrightarrow [M_f(H_2O)_{bf-g}(OH)_g]^{(fz-g)+} + gH^+ \qquad (4-26)$$

这种强制水解也造成均相成核，生成单分散的（含水）金属氢氧化物溶胶，在温度更高的水热条件下，可以在几个小时的短时间内获得超微细金属氧化物。

用尿素作均相沉淀剂在常温下得到金属碳酸盐或碱式盐沉淀或氢氧化物沉淀，这些前驱物再经过高温煅烧后转变为金属氧化物。利用高温高压下的水热沉淀处理，可直接得到纳米级、结晶良好的金属氧化物。

例如用 $ZrOCl_2 \cdot 8H_2O$，$YCl_3 \cdot 6H_2O$ 和 $(NH_2)_2CO$ 为原料，用水热沉淀法制备掺 Y_2O_3 的 ZrO_2 粉末 3Y-PSZ（含 3％Y_2O_3 部分稳定的氧化锆），其步骤如图4-7所示。通过在 220℃，7MPa 下 5h 的水热处理获得了晶粒度为 11.6nm 且结晶良好的 3Y-PSZ 粉末。当水热处理的温度从 160℃上升到 220℃时，晶粒度从 15.0nm 降到 11.6nm。用 BET 法测定的比表面为 100m^2/g。水热处理制得的粉末由亚稳立方晶 ZrO_2 和少量单斜 ZrO_2 组成。单斜相的含量随水热条件温度的增加而减少，亚稳立方晶 ZrO_2 经过 800℃以上的煅烧转型成四方晶相。

（4）包裹沉淀法制备 α-Al_2O_3-ZrO_2（Y_2O_3）粉末 大多数电子陶瓷是含有两种以上金属元素的复合氧化物，如铁电、压电陶瓷材料中的 $BaTiO_3$、$PbTiO_3$、$PbZrO_3$、$KNbO_3$

等。电子陶瓷的性能主要取决于它们的显微结构和材料组分。显微结构在相当程度上是由粉体的特性所决定的。一般的高温固相合成法很难得到高纯、均匀、超细、易于烧结的粉料。这里介绍一种液相包裹法，其特色是组成中的一种组分为固相活性基体，其余均为液相组分，通过加入沉淀剂使生成的沉淀均匀附着在固相表面，一起沉淀下来，生成均匀的混合物，再经干燥、煅烧、即得到所需的粉料。

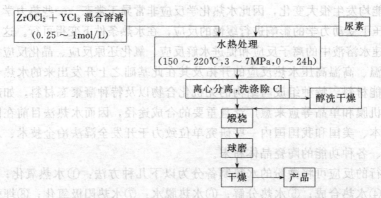

图 4-7　水热沉淀法制备掺 Y_2O_3 的 ZrO_2 粉末 3Y-PSZ 的原则流程

由于氧化锆陶瓷都含有一定数量的稳定剂，如 Y_2O_3、CeO_2、MgO 等，因此，为了获得烧结温度低的高性能氧化锆陶瓷粉体，常用的制备方法是共沉淀法，即将氯氧化锆或其他锆盐，以及用作稳定剂的相应盐类水溶液充分混合后，用氨水沉淀。沉淀物再经过过滤漂洗、干燥、粉碎（造粒）等工序后压制成粉体。若需要在粉体内同时含有其他添加剂，如 Al_2O_3、SiC 等，也可以在共沉淀之前以固相形式加入，即以固相添加剂（微粉状）作为活性基体，使其他成分沉淀在表面，生成均匀混合物的包裹沉淀法。

徐真祥等制备 α-Al_2O_3-ZrO_2(Y_2O_3) 粉体，就是以 Al_2O_3 为固相添加剂。Al_2O_3 是由异丙醇铝在 1250℃ 经 1h 煅烧而得到的，其粒径为 $0.1\sim0.2\mu m$，比表面积为 $12m^2/g$。将 α-Al_2O_3 粉末悬浮在锆、钇混合盐溶液中进行包裹沉淀，可获得组分均匀、烧结活性高的超细 α-Al_2O_3-ZrO_2(Y_2O_3) 粉体，其工艺流程如图 4-8 所示。值得提出的是在本方法中如何选择盐溶液的 pH 值。

包裹法得到均匀粉末的首要条件是作为核的固相在液相溶液中能均匀分散而不聚沉。在这里要考虑 α-Al_2O_3 的悬浮稳定性，而悬浮稳定性与溶液的 pH 值密切相关。α-Al_2O_3 粉末的稳定性可从其在电场作用下测得的 ξ 电位确定。α-Al_2O_3 的 ξ 电位与 pH 的关系可以看出，当溶液的 pH 为 $1\sim4$，水悬浮液中，α-Al_2O_3 粒子 ξ 电位高，悬浮稳定性高，当 pH>8 时，α-Al_2O_3 粒子的 ξ 电位低，稳定性差。pH=9.4 时，ξ 电位为 0，9.4 是 α-Al_2O_3 的等电点，此时粒子之间的静电斥力为 0，最易聚沉。因此在前面所示的工艺流程中，将 α-Al_2O_3 分散在 pH 为 1.5 左右的 $ZrOCl_2$ 和 YCl_3 混合溶液中，α-Al_2O_3 粒子表面电荷产生斥力，从而获得了稳定的悬浮液。

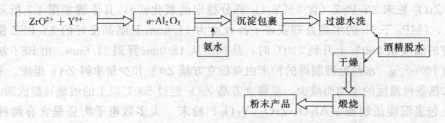

图 4-8　包裹沉淀法制备 α-Al_2O_3-ZrO_2(Y_2O_3) 粉末的原则流程

（5）醇-水盐溶液加热法制备纳米 ZrO_2[3Y] 粉体　将标定好的 $ZrOCl_2 \cdot 8H_2O$ 和 $Y(NO_3)_3 \cdot 6H_2O$ 按 97%（摩尔）ZrO_2＋3%（摩尔）Y_2O_3 的比例加入乙醇-水溶液中，加入适量 PEG（聚乙二醇）作为分散剂。将此溶液置于恒温水浴中加热至预定温度并保温适当时间直至溶液转变为白色凝胶。此时，溶液中 $ZrOCl_2 \cdot 8H_2O$ 发生水解反应生成 $Zr_4O_2(OH)_8Cl_4$ 胶粒，并逐渐聚合形成凝胶状沉淀。在这期间，Y^{3+} 自由分散在凝胶中。由于加热过程是均匀进行，没有外部的干扰，Y^{3+} 这种分散是比较均匀的。将凝胶取出，在机械搅拌的同时，滴入氨水直至 pH＞9 后，$Zr_4O_2(OH)_8Cl_4$ 凝胶将水解完全转变成 $Zr(OH)_4$ 凝胶，而 $Y(NO_3)_3 \cdot 6H_2O$，则转变成 $Y(OH)_3$ 依然均匀分散在凝胶中。水洗凝胶多次除去 Cl^- 离子，再用醇洗 3 次脱水。将醇洗后的凝胶在 120℃ 的烘箱中烘 12h，最后经 600℃ 煅烧，$Zr(OH)_4$ 脱水变成 ZrO_2 粉体。而 $Y(OH)_3$ 也脱水成为 Y_2O_3，并掺入到 ZrO_2 颗粒中使之以四方相的形式稳定下来，得到纳米 ZrO_2[3Y] 粉体。实际上，煅烧温度越高，这一渗入就越容易进行，从而使 ZrO_2 颗粒更容易从单斜相转变成四方相。因此随着温度的上升单斜相逐渐减少直至最终消失。

采用这一工艺应注意选取适当的加热温度和足够长的时间，即必须使溶液的介电常数小于一定数值才能产生沉淀反应，并使反应完全、减少团聚的产生而获得分散性好的粉体。实验结果表明：当加热温度低于 60℃ 时，没有沉淀产生。在 60℃ 以上，随加热温度升高，沉淀产生所需时间减少，结合醇-水溶液介电常数随温度的变化曲线可知，溶液产生沉淀时的介电常数在 25 左右。加热时间对所得粉体的粒径和比表面积的影响研究表明：加热时间对粒径影响不大，但粉体的比表面积随加热时间的延长而增大。因加热时间过短时，粉体的团聚严重。加热时间为 5h 的粉体的比表面积为 $65m^2/g$。

加入氨水调 pH 值的时间不宜太早，$ZrOCl_2$ 的水解反应未完就加入氨水易产生团聚。当反应 4h 后，$ZrOCl_2$ 水解反应已达 97% 以上，再继续反应 1h，胶粒的成核、生长和聚集的过程也有足够的时间完成。同时，PEG 分子也能较好地将沉淀分散，此时溶液中的 $ZrOCl_2$ 的反应率已达 99.5%，此时再加入氨水，就不会影响沉淀的均匀性，从而使产生的团聚体较少。粒度测试表明，随着反应时间的增加，所得胶团的有效直径减小（从 1h 的 585.9nm 降低到 5h 的 316.1nm），粒度分布变窄。

（6）溶胶-凝胶技术　溶胶-凝胶法（sol-gel method），是制备材料的湿化学方法中新兴起的一种方法。该法的优点（与传统的烧结法相比）是：产品纯度高；粒度均匀；烧成温度比传统方法低 400～500℃；反应过程易于控制；从同一种原料出发，改变工艺过程即可获得不同产品，如纤维、粉料或薄膜等。20 世纪 80 年代以来，sol-gel 技术在玻璃，氧化物涂层，功能陶瓷粉料，尤其是传统方法难以制备的复合氧化物材料，高临界温度氧化物超导材料的合成中均得到了成功的应用。

应用 sol-gel 法的主要反应步骤是前驱物溶于溶剂中（水或有机溶剂）形成均匀的溶液，溶质与溶剂产生水解反应或醇解反应，反应生成物聚成 1nm 左右的粒子并组成溶胶，后者经蒸发干燥转变为凝胶。因此，更全面地说，此法应称为 S-S-G 法，即溶液-溶胶-凝胶法。该法的全过程可用图 4-9 的示意图表示。从均匀的溶胶②经适当处理可得到粒度均匀的颗粒①；溶胶②向凝胶转变得到湿凝胶③，③经萃取法除去溶剂或蒸发，分别得到气凝胶④或干凝胶⑤，后者经烧结得致密陶瓷体⑥；从溶胶②也可直接纺丝成纤维，或者作涂层，如凝胶化和蒸发得干凝胶⑦，加热后得致密薄膜制品⑧。全过程揭示了从溶胶经不同处理可得到不同的制品。

在 sol-gel 工艺中所用前驱物既有无机化合物又有有机化合物，它们的水解反应有所不同。

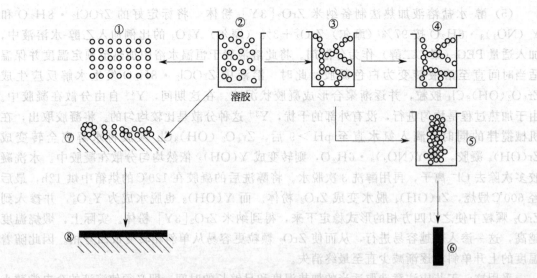

溶胶

图 4-9 sol-gel 法示意图

① 无机盐的水解与缩聚　金属盐的阳离子，特别是 +4、+3 价阳离子及 +1 价小阳离子在水溶液中与偶极水分子形成水合阳离子 $M(H_2O)_x^{n+}$。这种溶剂化的物种强烈地倾向于放出质子而起酸的作用：

$$M(H_2O)_x^{n+} \longrightarrow M(H_2O)_{x-1}(OH)^{(n-1)+} + H^+ \tag{4-27}$$

水解产物下一步发生聚合反应而得多核粒种，或称之为多核阳离子聚合物，总的形成反应为：

$$qM^{n+} + pH_2O \Longrightarrow M_q(OH)_p^{(m-p)+} + pH^+ \tag{4-28}$$

多核聚合物的形成除了与溶液的 pH 值有关外，还与温度有关，一般在加热下形成，与金属阳离子的总浓度和阴离子的特性有关。

② 金属醇盐的水解与缩聚　金属醇盐是有机金属化合物的一个种类，可用通式 $M(OR)_n$ 来表示。这里，M 是价态为 n 的金属离子，R 是烃基或芳香基。在溶胶-凝胶法中，醇盐溶解在溶剂中。金属醇盐具有很强的反应活性，能与众多试剂发生化学反应，尤其是含有羟基的试剂。水解是形成溶胶-凝胶的关键反应。金属纯盐经水解再经缩聚得到氢氧化物和氧化物的过程可表示为：

$$M(OR) + H_2O \longrightarrow M(OH) + ROH \tag{4-29}$$

$$M(OR) + M(OH) \longrightarrow M—O—M + ROH \tag{4-30}$$

$$2M(OH) \longrightarrow M—O—M + H_2O \tag{4-31}$$

可见，金属醇盐水解法是利用无水醇溶液加水后，OH^- 取代 OR 基进一步脱水而形成 M—O—M 键，使金属氧化物发生聚合，按均相反应机理最后生成凝胶。

③ 配合物型 sol-gel 法　用水溶性有机凝胶来制备无机功能材料是近年来受到关注的一种新方法。该法具有混合均匀（在分子水平上混合），化学计量易于控制（不需过滤），原料易得，合成温度低，并能在短时间内获得活性高、粒度细的粉体等优点，是一种改进的溶胶-凝胶法。比较成熟的方法是柠檬酸盐法。因柠檬酸有 3 个羧基可以非选择性地与金属离子结合，同时加热还可以促进溶液中羧基与羟基的聚酯化反应，这样得到的前驱体可以把溶液状态保持下来，使金属离子在分子水平均匀混合，利于复合氧化物形成。

吴风清等用该法制备纳米晶 $LaFeO_3$。其工艺是将 La_2O_3（分析纯）用硝酸溶解，将 $Fe(NO_3)_3 \cdot 9H_2O$（分析纯）用去离子水溶解，将两种溶液混合后加入柠檬酸，在 80℃左右搅拌，蒸发脱去水，脱水至水分蒸发完为止，得到生坯粉。将生坯粉在 500℃ 焙烧 1h，得到钙钛矿型 $LaFeO_3$ 纳米晶。采用柠檬酸盐法合成纳米晶 $LaFeO_3$ 可以在较低的反应温度（500℃）、较短的时间内完成固相反应，得到完好的酒敏材料，工作电流在 100mA 左右时，元件对乙醇有较高的灵敏度。

④ 硬脂酸凝胶法　硬脂酸受热融化，与水溶液混合后冷却形成凝胶，利用硬脂酸的这一性质形成了硬脂酸凝胶工艺，简称 SASG 法。熊纲等第一次用 SASG 法制备出高比表面积的钙钛矿型 $LaCoO_3$ 纳米晶体，具体工艺如下。

将称量的 La_2O_3 溶于 HNO_3 中，并加入适量的加热到熔融状态的硬脂酸，再加入计量的 $Co(Ac)_3 \cdot 2H_2O$，完全混合后，将溶液蒸发除去水分。在蒸发时应强烈搅拌以阻止沉淀出现。脱水后的残留物形成均匀透明的溶胶，溶胶缓慢冷却到环境温度形成凝胶。凝胶在 450℃ 空气中灼烧 1h，得到无定形的 $LaCoO_3$ 粉末。继后分别在 500℃、600℃、700℃、800℃ 和 900℃ 空气中热处理 2h，得到疏松黑色结晶完整的不同粒度的纳米超细 $LaCoO_3$ 粉体。$LaCoO_3$ 纳米晶的粒度在 28～89nm 范围，可由热处理温度调控而仍可保留钙钛矿结构。所得超细颗粒为球形，其比表面积可大于 $30m^2/g$。

SASG 法提供一个可能在低温工艺得到具有相对大的比表面积的高纯均匀纳米晶体的方法。SASG 法也实用于其他钙钛矿型复合氧化物的制备。

⑤ 无机工艺路线　若以金属盐溶液为原料，则称为无机工艺。在无机工艺中主要包括四个步骤：溶胶的制备，溶胶-凝胶的转化，干燥，凝胶-陶瓷转化。

无机工艺中的溶胶制备和溶胶-凝胶转化与有机工艺中的不同点如下。

a. 溶胶的制备。在无机工艺中制备溶胶是先生成沉淀，再使之胶溶，就是粉碎松散的沉淀，并让粒子表面的双电层产生排斥作用而分散。可有三种方法。

ⓐ 吸附胶溶作用。这种方法是在加入电解质胶溶剂时，胶溶剂离子吸附在质点表面上形成双电层，从而沉淀的质点彼此排斥而胶溶。

ⓑ 表面解离胶溶法。这种方法的原理是因表面离解而形成双电层。此法中的胶溶剂有助于表面解离过程，这一过程使得在质点表面上形成可溶性化合物。例如，向无定形氢氧化铝中加入酸或碱。

ⓒ 洗涤沉淀胶溶法。当质点表面上具有双电层，只是由于电解质浓度大而被压缩时采用此法。用水洗涤沉淀，电解质浓度降低，双电层厚度增大，质点间的静电排斥力在较远距离就起作用，从而使沉淀变为胶体溶液。

常用的方法是将金属盐溶液加入到强烈搅拌的过量的氢氧化铵溶液中，使生成氢氧化物沉淀。过滤分离出的沉淀用 $1～2mol/L$ NH_4NO_3 洗涤以除去氯盐。然后将沉淀分散到稀硝酸中，使之胶溶，或称解胶，以形成水溶胶，最终状态在 pH 约为 3，表面带正电荷而稳定。这个方法除了用于制备单一氧化物溶胶外，也可用于制备任何复合氧化物溶胶，只要开始采用适当的混合盐溶液即可。

b. 溶胶-凝胶的转化。使溶胶向凝胶转化，就是胶体分散体系解稳（destabilization）。溶胶的稳定性是表面带有正电荷，用增加溶液 pH 值的方法（加碱胶凝），由于增加了 OH^- 的浓度，就降低了粒子表面的正电荷，降低了粒子之间的静电排斥力，溶胶自然发生凝结，形成凝胶。

（7）干燥法

① 喷雾干燥　喷雾干燥法是将溶液分散成小液滴喷入热风中，使之迅速干燥的方法，是一种适合工业化大规模生产高纯超细粉末的有效方法，但仅对可溶性盐有效。

② 冷冻干燥法　将金属盐水溶液喷到低温有机液体上，使液滴进行瞬时冷冻，然后在

低温降压条件下升华、脱水，再通过分解得粉料，这就是冷冻干燥法。采用这种方法能制得组成均匀、反应性好和烧结性能好的微粉。

（8）喷雾热解法　喷雾热解法是一种将前驱体溶液（金属盐溶液）喷入高温气氛中，立即引起溶剂的蒸发和金属盐的分解，从而直接合成氧化物粉料的方法。该法可以方便地合成多种组元的超细粉末，粒子组成可控，粒度均匀，形状好，呈光滑的球形；制备易控，从配制溶液到粒子形成几乎一步到位，过程完全连续，工业化潜力大。但喷雾热解法还存在一些缺点：生成的超细颗粒中有许多空心颗粒且组成分布不均匀。

喷雾热解工艺包括四个基本环节：配溶液→喷雾→热解反应→收集。一般选择可溶性盐类作为原料，如氯化物、硝酸盐、硫酸盐及醋酸盐等。溶剂可用纯水，亦可用有机溶剂或两者的混合物。喷雾的方法很多，如单流体（压力式）、双流体（气流式）及超声雾化等。加热方法多用电阻炉，亦可用热空气、燃气等，近年来又有人提出了等离子加热方式，收集应跟冷却、尾气处理一并考虑。可以采用旋风分离法、过滤器法、静电法及淋洗法。在应用喷雾热解法时，为了阻止一次粒子团聚，可在溶液中加入惰性盐如 NaCl、KCl，这样使粒径减小 30～80 倍。用该法已成功地制备了纳米级 Y_2O_3 等。图 4-10 是王中林等采用喷雾火焰燃烧热解法制得的氧化铈及 TiO_2 掺杂 CeO_2 的 TEM 图。

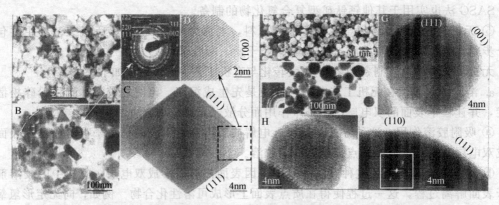

图 4-10　采用喷雾火焰燃烧热解法制得的氧化铈及 TiO_2 掺杂 CeO_2 的 TEM 图

（9）喷雾反应法　该法通常在金属盐溶液进入反应器的同时，通入各种反应气体，借助它们之间的化学反应会生成各种不同的无机物超细粉体，例如，徐华蕊等针对喷雾分解法的粉体含有个别空心粒子的破裂球壳，采用喷雾反应法获得了实心球形氧化铈，此法在传统的喷雾分解基础上引入水蒸气来延缓液滴的蒸发，用超声雾化器将含有一定浓度 $Ce(NO_3)_3 \cdot 6H_2O$ 和草酸二甲酯（DMO，水解剂）的前驱体雾化为细小雾滴，雾滴和水蒸气同时引入有低温和高温的管式炉，随着雾滴温度的升高，引入的水解剂水解为草酸根并和铈离子发生沉淀反应，从而在雾滴内形成体相成核，最后经高温段的煅烧，草酸铈就分解为实心的球形超细氧化铈。

（10）微乳液法　微乳液法制备纳米粒子是近十年发展起来的新方法，它不仅能够制备粒径分布均匀的纳米粒子，还可以通过改变微乳液的各种结构参数调节其微观结构来调控纳米粒子的晶态、形貌、粒径及其粒径分布等从而制备所需的材料。

微乳液通常是由表面活性剂、助表面活性剂、有机溶剂和水溶液在适当的比例下自发形成的透明或半透明、低黏度和各向同性的热力学稳定体系。常用的有机溶剂多为 $C_6 \sim C_8$ 直链烃或环链烃；表面活性剂一般有二（2-乙基己基）璜基琥珀酸钠（AOT）、十二烷基璜酸钠（SDBS）、阴离子表面活性剂、十六烷基三甲基溴化铵（CTAB）、聚氧乙烯醚类（Triton X）非离子表面活性剂等；助表面活性剂一般为中等碳链 $C_5 \sim C_8$ 的脂肪醇。根据体系中水油比及其微观结构，可以将微乳液分为三种，即正相（O/W）微乳液、反相（W/O）微乳液和中间态连续相微乳液。其中 W/O 型微乳液显示出极其广阔的应用前景。

在用微乳液技术制备纳米颗粒的过程中，配制热力学稳定的微乳液体系是关键的一步。配制的方法有两种：一种是把有机溶剂、水溶液、表面活性剂混合均匀，然后向体系中加入助表面活性剂。在一定的配比范围内体系澄清透明，即形成微乳液；另一种是把有机溶剂、表面活性剂、助表面活性剂混合均匀，然后向体系中加入水溶液，在一定的配比范围内体系液澄清透明，形成微乳液。

W/O 型微乳液是有有机连续相、水核及表面活性剂与助表面活性剂组成的界面三相构成；水核被表面活性剂和助表面活性剂组成的单分子层界面所包围，故可以看做是一个"微型反应器"或纳米反应器。其大小可控制在几个至几十个纳米之间，在其中可增溶各种不同的化合物，是理想的反应介质。通常是将两种反应物分别溶于组成完全相同的两份微乳液中，然后在一定条件下混合。对于大多数常用的微乳液在混合过程中就会发生传质，各种化学反应就在水核内进行，因而微粒的大小可以控制。当水核的微粒长到最后尺寸，表面活性剂分子就会附在微粒的表面。使微粒稳定并防止其进一步长大。最终得到的纳米微粒粒径受水核大小所控制。微乳液中反应完成后，通过超速离心或加入水和丙酮混合物的方法，使纳米粒子与微乳液分离，再利用有机溶剂清洗，以去除附着在表面的有机溶剂和表面活性剂，然后在一定温度下干燥，即可得纳米微粒的固体产品。

4.3.3.3 固相法

固相反应是指那些有固态物质参加的反应，一般说来，反应物之一必须是固态物质的反应，才能叫固相反应。

液相或气相反应动力学可以表示为反应物浓度变化的函数，但对有固体物质参与的固相反应来说，固态反应物的浓度是没有多大意义的。因为参与反应的组分的原子或离子不是自由地运动，而是受晶体内聚力的限制的，它们参加反应的机会是不能用简单的统计规律来描述的。对于固相反应来说，决定的因素是固态反应物质的晶体结构、内部的缺陷、形貌（粒度、孔隙度、表面状况）以及组分的能量状态等，这些是内在的因素。另外一些外部因素也影响固相反应的进行，例如反应温度、参与反应的气相物质的分压、电化学反应中电极上的外加电压、射线的辐照、机械处理等。有时外部因素也可能影响到甚至改变内在的因素。例如，对固体进行某些预处理时，如辐照、掺杂、机械粉碎、压团、加热，在真空或某种气氛中反应等，均能改变固态物质内部的结构和缺陷状况，从而改变其能量状态。与气相或液相反应相比较，固相反应的机理是比较复杂的。

（1）室温或低热固相反应法　贾殿赠、忻新泉等首先发现用室温或低热固相反应可以一步合成各种单组分纳米粉，对室温或近室温下的固体配位反应进行了系统的研究，探讨了低热固-固相反应机理，提出并用实验证实了固相反应的 4 个阶段：扩散-反应-成核-生长，每步都有可能是反应速度的决定步骤，总结了固相反应所遵循的特有规律性。开拓了固相反应制备纳米材料这一崭新研究领域。室温或低热固相反应现已用于原子簇化合物合成、多酸合成、配合物合成、亚稳定态化合物合成、功能材料特别是纳米材料合成。

固相化学反应和溶液中的化学反应一样必须遵从热力学的限制要求，即固相反应能够进行的热力学条件是其反应自由能变小于 0。从动力学角度看，固相化学反应发生的必要条件是反应物分子的相互碰撞，因此充分的研磨是缩短反应时间，促进反应发生的重要手段。由于在室温下固体与固体之间的分子相互扩散是十分缓慢的，因此要使反应发生必须使固体分子有更多的机会接触，反应形成新化合物，研磨是一种增加分子接触、有利于分子扩散的有效手段。

在某些体系中，反应物的熔融可以促进反应的发生，易熔化合物和其他反应物混合时，可能在克服固体间特有的较低的反应性方面起到重要作用。在分子固体反应中，经常会遇到一些含有结晶水一类的晶格成分的反应物，由于这些反应物往往可溶于这些晶格成分，在反应过程中，这些晶格成分被释放出来，在反应物表面形成膜并使部分反应物溶解，溶解了的在液膜中具有较快的传质速度，加快了反应速度，这与高温固相反应的效应类似。研究发现：微量溶剂的存在不改变反应的方向和限度，只起加速和降低反应温度的作用。另外部分脱水的水合物具有不饱和的配位环境，从而增强了固体的反应性。

温度对控制反应物的生成有重要意义。温度的升高一般能加速反应的进行，但温度过高往往得不到所需产物，因而应根据产物要求来控制适当的反应温度。

反应物的固体结构是能否发生低热固相反应的关键因素，并不是所有固体都能发生低热固相反应，只有那些属于分子晶体型（点结构）或低维（线型和某些面型及少数弱键连接的三维网状结构）的化合物才有可能。一般的有机化合物和多数的低熔点或含水的无机化合物都能发生低热固相反应。例如，李道华等采用 $Ce(SO_4)_2 \cdot 4H_2O + NaOH$ 的固相反应体系，利用室温固相反应制备了平均粒径为 40nm 的二氧化铈微粒，另利用 $CeCl_3 \cdot 7H_2O + H_2C_2O_4$ 固相体系制得了 70nm 的 $Ce_2(C_2O_4)_3 \cdot 3H_2O$ 前驱体。该法的突出特点是操作方便、合成工艺简单、反应时间短、粒径均匀且粒度可控、污染少，同时又可以避免或减少液相及高温固相反应的硬团聚现象。

（2）机械化学反应法　近年来，用机械化学法制备纳米粉体成为人们研究的一个热点，被广泛用于制备纳米氧化物、硫化物、金属粉、合金粉、氯氧化物等，主要通过机械复分解反应、机械还原反应、机械合成反应、机械合金化反应等反应来制备，国内外有大量的文献报道，T. Tsuzuki，P. G. McCormick，J. Ding 等在利用机械化学法制备各种纳米氧化物、硫化物和金属粉方面进行了较为系统的研究，据报道，他们利用机械化学法制得了 CeO_2、Gd_2O_3、Ce_2O_3、ZrO_2、ZnS、CdS 等纳米粒子，另外 S. Gopalan 和 S. C. Singhal 将 CaO 和无水 $CeCl_3$ 球磨 24h，在 400℃ 煅烧 6h，制得了粒径为 19nm 的 CeO_2 微粒，制得了纳米氧化铈。李永绣等分别以常见的水合碳酸铈、水合碳酸镧为原料，通过与氢氧化钠的机械湿固相球磨反应制得了纳米氧化铈、氧化镧。J. Lee、Q. W. Zhang 和 F. Saito 报道碳酸镧与聚四氟乙烯球磨 4h 以上，随后进行热分解，可以制得晶粒度在 10nm 左右的纯 LaOF 粒子。在纳米金属和合金粉制备方面，W. Liu 和 P. G. Mc Cormick 通过金属钙机械化学法还原 Sm_2O_3 和 CoO 混合物制得了 $10 \sim 250nm$ Sm_2Co_{17}；N. Q. Wu、L. Z. Su、M. Y. Yuan 和 Y. Y. Liu 报道了用机械化学合金化法制备无定形的纳米 $Cu_{40}Zr_{60}$；J. Ding、T. Tsuzuki、P. G. Mc Cormick 和 R. Street 研究了机械球磨 $FeCl_2$ 和还原剂制备纳米铁粉，该研究采用低能球磨和加入大量熔剂的方法，以避免燃烧反应发生。

固相间的机械化学反应，一般是在原子、分子水平的相互扩散及平衡过程中达成的，然而，固相间的扩散、位移密度、晶格缺陷分布等都依赖于机械活性。通常其速度非常慢，因此，固相反应很难发生，固体内的扩散速率受位错数量和位错运动有着密切关系，因此，机械作用下可以直接增加自发的导向扩散速度。另外，压缩、互磨、摩擦、磨损等都促进反应的聚集，减少反应物间的距离并把反应物从固体表面移开，进而诱发固体间的室温反应。机械力作用可以诱发一些利用热能难于或无法进行的化学反应，即机械化学反应可以沿常规条件下热力学不可能发生的方向进行。

（3）高温固-固相反应法　固体原料混合物以固态形式直接反应大概是制备多晶形固体最为广泛应用的方法。在室温下经历一段合理的时间，固体并不相互反应。为使反应以显著速度发生，必须将它们加热至很高温度，通常是 $1000 \sim 1500℃$。这表明热力学与动力学两种因素在固态反应中都极为重要；热力学通过考查一个特定反应的自由焓变化来判定该反应能否发生；动力学因素决定反应发生的速度。

两种固态反应物 A 和 B 相互作用生成一种或多种生成物 A_mB_n。在这种非均相的固相反应过程中，生成物把初始的反应物 A 和 B 隔开了，因此，反应之所以能够继续进行下去，必须是由于反应物不断地穿过反应界面和生成物质层，发生了物质的输运。所谓物质输运，是指原来处于晶格结构中平衡位置上的原子或离子在一定条件下脱离原位置而作无规则的行走，形成移动的物质流。这种物质流的推动力是原子和空位的浓度差以及化学势梯度。物质输运过程是受扩散定律制约的。

固-固相反应中，固态反应物的显微结构和形貌特征对于反应有很大的影响。例如，物质的分散状态（粒度）、孔隙度、装紧密度。反应物相互间接触的面积对于反应速度影响是很大的。因为固相反应进行的必要条件之一是反应物必须互相接触，将反应物粉碎并混合均匀，或者预先压制成团并烧结，都能够增大反应物之间接触面积，使原子的扩散输运容易进行，这样会增大反应速度。

4.3.4 稀土复合氧化物的合成与结构

由两种或两种以上的元素简单氧化物构成的单一氧化物称为复合氧化物。其中有一种是由稀土元素简单氧化物，如稀土倍半氧化物等构成的复合氧化物即为稀土复合氧化物。如稀土氧化物加入量很少，则成为有稀土掺杂的氧化物。稀土复合氧化物具有的元素变价、离子缺位、结构多样性、电子结构特殊性以及丰富的交叉转换效应等特点，使它们成为多功能高新性能的典型材料，同时也是构成其他新功能材料的基础物质。因此，稀土复合氧化物一直是固态化学和固态物理学的研究热点。

4.3.4.1 制备方法

多数稀土复合氧化物可在常压下利用高温固态反应方法制备，这是过去近半个世纪中经常采用的方法。然而由于反应条件的限制，要制备出一些具有特殊性质的稀土复合氧化物则遇到了困难。因此近年来，利用高温高压和软化学方法制备稀土复合氧化物方面得到了飞跃的发展。尤其是水热法，可使合成在温和的条件下进行，从而使合成的温度大大降低。关于软化学法，在前面已有较多的介绍，这里主要讨论高温高压下的合成技术。

高温高压作为一种特殊的研究手段，在物理、化学及材料合成方面具有特殊的重要性。这是因为高压作为一种典型的极端物理条件能够有效地改变物质的原子间距离和原子壳层状态，因而经常被用作一种原子间距调制、信息探针和其他特殊的应用手段，几乎渗透到绝大多数的前沿课题的研究中。高压合成，就是利用外加的高压力，使物质产生多型相转变或发生不同元素间的化合，得到新相或新化合物。众所周知，由于施加在物质上的高压卸掉以后，大多数物质的结构和行为产生可逆的变化，从而失去高压状态的结构和性质。因此，通常的高压合成都采用高压和高温两种条件交加的高温高压合成法，目的是寻求经卸压降温以后的高温高压合成产物能够在常温常压下保持其高温高压状态的特殊结构和性能的新材料。由此可见，利用高温高压方法可以有效地改变稀土复合氧化物中的离子价态，从而合成出具有特殊性质和价态的体系。例如：利用高温高压方法，在 $1100\sim1750K$，$2.0\sim6.0GPa$ 温压条件下，以两种倍半稀土氧化物混合料为起始材料，不加催化剂，可直接合成出高温高压双稀土复合氧化物 $LnLn'O_3$（Ln，Ln'为两种 RE 元素）新相物质。对于 $La_2O_3+Er_2O_3$ 系统，在常压，1550K 下保温 192h 后，主要获得的仍是 $C\text{-}(La,Er)O_{1.5}$ 固溶体，只含有少量的 $LaErO_3$；而在小于 1550K，2.9GPa 条件下，仅用 30min 就可获得纯的 $LaErO_3$。有的在高温常压（1950K）下经上百小时加热也不反应，但在高温高压条件下可迅速合成，如

$NdYbO_3$。对于 $La_2O_3+Lu_2O_3$，在高温高压下，甚至只需 $5\sim10min$ 即可合成 $LaLuO_3$。高温高压合成还能获得高温常压等常规条件未能合成的、自然界尚未发现的新物质，如 $EuTbO_3$、$PrTbO_3$ 等；还可以合成出 $LnEuO_3$（Ln 为轻稀土）、$EuLnO_3$（Ln 为二重稀土）的系列单相产物。高温高压方法可以有效地改变离子的价态，可以合成出具有高价态和低价态的稀土复合氧化物。高温高压合成中，如在试样室周围造成高氧压环境，则可使产物变成高价态的化合物。$CuO+La_2O_3$ 在高温常压（1300K）先合成 La_2CuO_4，然后再将它和 CuO 混合作起始材料，周围放置氧化剂 CrO_3，中间用氧化锆片隔开，整体装入 Cu 坩埚中，加压加温（1200K），可造成约 $5.0\sim6.0GPa$ 的高氧压，合成后可得具有高价态 Cu^{3+} 的 $LaCuO_3$ 化合物。利用高氧压（2.0GPa，1300K）日本学者获得了具有高价态 Fe^{4+} 和其他高价金属 M^{4+} 的 $Ca^{2+}Fe^{4+}O_3$、$BaM^{4+}O_3$（$M^{4+}=Mn$，Co，Ni）。从总的趋势看，高压可使物质（包括惰性气体、绝缘体化合物，半导体化合物等）趋于金属化，在极高压力的作用下，物质中的元素可处于高度离子化状态。在一定条件下，高压可以具有还原作用，从而可合成出低价态的稀土氧化物。在 $C-Eu_2O_3+F-Tb_4O_7$ 组成的体系中，Tb 含有 Tb^{4+} 和 Tb^{3+}，在 $2.6GPa$ 和 1590K 左右的条件下，$C-Eu_2O_3$ 转变成 $B-Eu_2O_3$，而 $F-Tb_4O_7$ 逐渐转变成 $B-Tb_2O_3$，中间 $B-Eu_2O_3+B-Tb_2O_3$ 逐渐固溶合成 $B-EuTbO_3$，这些是通过 Tb^{4+} 逐步转变成 Tb^{3+} 实现的。高压高温合成过程中，由 Tb 的变价（转变成低价态）后导致新物质的形成。对于 $F-CeO_2+F-Tb_4O_7$ 体系，在高温（900$\sim$1300K）高压（0.5$\sim$4.0GPa）作用下，可合成出仍为萤石型结构的 $F-CeTbO_3$ 高压高温新相物质。

与非晶态的高压晶化过程相反，在常温高压作用下，许多物质可以出现压致非晶化现象，这是目前国际上十分关心的一个新课题。对具有正交结构 SrB_2O_4：Eu^{2+} 晶体施加 $3.0\sim7.0GPa$ 高压后，试样出现由微米级晶粒尺寸变成 $10nm$ 的压致晶粒碎化和压致非晶化两种现象。压致非晶化来自 SrB_2O_4 的长程序的破坏，包括沿 [001] 的 $(BO_2)_\infty$ 无穷链在压力作用下受到的破坏。

4.3.4.2　稀土材料制备中的离子取代

在稀土发光材料等功能材料的制备中经常用到离子取代的方法。根据结晶化学原理，离子半径（r）相近的离子易于相互取代。离子半径的大小与配位数（CN）及价态有关，CN 越大，r 越大；还原成低价时，r 也变大。离子取代可分为等价离子取代和不等价离子取代两种情况。

（1）等价离子取代　在发生等价离子取代时，无需电荷补偿。由于三价稀土离子的半径相近，容易发生相互取代，可用这种性质来制备各种掺杂的稀土固体材料，如发光材料和激光材料。在 17 个三价稀土离子中，具有充满壳层的 4 个离子 Sc^{3+}、Y^{3+}、La^{3+}、Lu^{3+} 是光学惰性的，是优良的发光和激光材料的基质，而从 $Ce^{3+}\sim Yb^{3+}$ 的 13 个具有未充满壳层的三价发光离子都可等价取代基质中的三价稀土离子而形成发光和激光材料。例如，用于彩色电视的红色荧光粉 Y_2O_2S：Eu^{3+} 和发射红外激光的掺钕的钇铁石榴石激光晶体 $Y_3Al_{15}O_{12}$：Nd^{3+} 等都是等价取代。

非稀土的三价金属离子，如 Bi^{3+} 离子（CN=6 时，$r=103pm$；CN=8 时，$r=117pm$）与三价稀土离子，如 La^{3+} 离子（CN=6 时，$r=103pm$；CN=8 时，$r=116pm$）的半径相近，也可发生相互取代，因而可用作发光材料的敏化剂。在三价稀土离子中，Sm^{3+}、Eu^{3+}、Tm^{3+}、Yb^{3+} 等可被还原成二价的 Sm^{2+}、Eu^{2+}、Tm^{2+}、Yb^{2+}，在配位数 CN=7 时，它们的离子半径分别为 $122pm$、$109pm$ 和 $108pm$，类似于二价碱土金属离子 Ca^{2+}、Sr^{2+}、Ba^{2+} 的离子半径（在配位数为 7 时，分别为 $106pm$、$121pm$ 和 $138pm$），因此它们之间也可发生离子取代，生成一些稀土固体材料，如用于 X 射线增感屏的 $BaFCl$：Eu^{2+} 等。

（2）不等价离子取代　　利用离子的不等价取代法是产生带电子的空位或陷阱等缺陷的简便方法。在不等价离子取代中产生的空位缺陷，可利用加入电荷补偿剂进行电荷补偿，或者由于化合物中某一可变组分发生价态的改变而进行电荷补偿。

近年来，利用不等价离子取代，特别是利用三价稀土离子 A 与二价碱土离子 M 的相互取代，产生了很多具有特异电、磁性能和发光性能的稀土新材料。其中研究得最多的是稀土 A 与可变价的过渡金属离子 B（如 Mn、Fe、Co、Ni、Cu 等）形成钙钛矿型化合物 ABO_3 和层状化合物 A_2BO_4。例如，在固体氧化物燃料电池中作为连接材料的掺碱土 M 的铬酸镧 $La_{1-x}M_xCrO_3$，作为阴极材料的掺碱土的锰酸镧 $La_{1-x}M_xMnO_3$，后者也是巨磁阻材料，作为催化剂材料的 $La_{1-x}M_xCoO_3$，作为超导材料的 $La_{1-x}M_xCuO_4$ 和（AM_2）Cu_3O_{7-x} $\square_{2+z}$ 等都属于这类不等价离子取代化合物。可见不等价取代在制备稀土新材料中的重要作用。在进行上述的不等价取代时，可使过渡金属离子（B）发生价态和自旋态的改变或生成氧的空位$\square$等缺陷，从而达到电荷补偿。

中国科学院长春应用化学研究所苏锵院士等经长期研究，利用缺陷制备长余辉发光材料和在空气下制备低价稀土发光材料方面取得可喜成果。利用三价的稀土离子（Sm、Eu、Tm、Yb）不等价取代含有四面体硼酸根或磷酸根的碱土硼酸盐或磷酸盐中的二价碱土离子，产生带电子的空位，在高温空气下制得可作为防伪荧光灯用的 SrB_4O_7：Eu^{2+} 和作为测量高压的光学传感器用的 SrB_4O_7：Sm^{2+} 等掺低价稀土离子的发光材料，从而首次提出了安全、简便的在空气下制备二价稀土离子发光材料的方法，而不必利用氢气等不安全的还原性气体。利用三价的稀土离子（Dy、Nd、Ho、Er）不等价取代掺有 Eu^{2+} 的碱土铝酸盐中的二价碱土离子时，产生深度合适的陷阱，使俘获在陷阱中的电子或空穴缓慢地传递给激活离子 Eu^{2+}，从而制得稀土发光材料。他们制得的发绿光的玻璃陶瓷的余辉时间长达 10h 以上；研制的发红光的透明玻璃具有光激励发射长余辉红光，可作为光储存材料用于图像和信息技术。

4.3.4.3　非正常价态稀土离子的制取

获取非正常价态稀土离子的方法，主要依据正常价态离子在化合物中得失电子所需条件而建立的，亦即要选择合适的"氧化"成"还原"途径。元素电负性较小的一些三价稀土离子，由于电荷迁移带能量较低，易以纯四价或四/三混价形式稳定存在于氧化物（或氟化物）中，如 CeO_2、Tb_4O_7 和 Pr_6O_{11} 等。在空气中直接高温灼烧，可以直接得到这些较高价态的稀土化合物；获取含四价稀土离子的固态化合物的主要方法还有：臭氧氧化、光氧化、极端条件如高温高压等。而对于二价的稀土化合物，当采用在空气中直接高温灼烧法时，只有在一些具有还原特征的基质中才能形成。所以，对二价稀土离子的获取一般需通过以下"还原"方法：①氢气流中高温灼烧；②一定比例的 H_2/N_2 气流中高温灼烧；③适当流量的 NH_3 气流中灼烧；④CO 气流中灼烧；⑤活性炭存在下高温灼烧；⑥金属作还原剂，真空或惰性气流中灼烧；⑦其他特殊方法。

稀土发光特性与稀土价态变化密切相关。Eu^{3+} 和 Tb^{3+} 是电子构型具有共轭性的一对价态可变稀土离子，在条件特定的同一基质中有如下平衡存在：

$$Eu^{3+}(4f^6)+Tb^{3+}(4f^8) \Longrightarrow Eu^{2+}(4f^7)+Tb^{4+}(4f^7)$$

不需通过任何还原工艺过程就可使产生红光发射的 Eu^{3+}，产生绿光发射的 Tb^{3+} 和产生蓝光发射的 Eu^{2+} 共存于同一体系。形成一种所谓"单基双掺稀土三基色荧光体系"。由于 Ce^{3+} 和 Eu^{3+} 的电子组态具有共轭性，并且 Ce^{3+} 对 Tb^{3+} 和 Eu^{2+} 又都有能量传递作用，因此，若在上述体系中再引入 Ce^{3+}，对体系的改进将会起到重要作用。

价态变化是引发、调节和转换材料功能特性的重要因素，稀土三基色荧光材料中的蓝光发射是由低价稀土离子 Eu^{2+} 产生的；某些光致变色发光材料、光谱烧孔材料等，其功能特性都是通过稀土价态改变来实现的。因此，掌握价态转换规律、探清价态转换机制，确立非正常价态稳定条件及其控制途径，都将是非正常价态稀土化学今后的重要研究内容。建立特定的合成方法，价态与格位环境关系及性能与结构关系的研究等，是稀土固体化学对非正常价态稀土化学研究提出的挑战课题，其研究重心将是非正常价态稀土固态化合物的预测、相关新材料的设计及其具有预期性新制备方法的探索。

4.3.5　稀土金属与合金材料制备技术

铁磁性材料和亚铁磁性材料由于磁场的变化导致自身磁化状态发生变化，其长度和体积也相应地发生变化，这种现象称为磁致伸缩。其中长度的变化称为线性磁致伸缩，体积的变化称为体积磁致伸缩，体积磁致伸缩比线性磁致伸缩要弱得多，一般提到的磁致伸缩均指线性磁致伸缩。作为材料科学与工程四要素之一，制备无疑是决定磁致伸缩材料性能的最关键因素。

4.3.5.1　材料的取向和成型工艺

定向凝固方法是根据晶体生长时晶粒竞争生长的原理，通过晶粒淘汰，获得具有一定择优取向的材料，最大限度地发挥稀土超磁致伸缩材料的大磁致伸缩特性。因此是目前制备高性能稀土超磁致伸缩材料的首选方法。目前，实用性超磁致伸缩材料的主要制备技术有：提拉法、布里吉曼法、悬浮区熔法、粉末冶金法、粉末黏结法、快淬法。下面分别介绍这几种方法。

（1）提拉法　其基本原理是将炉料放置于一个坩埚中，并被加热到熔点以上，坩埚上方有一根可以旋转和垂直升降的提拉杆，杆的下端有一个夹头，其上装有籽晶，调整杆的高度，使籽晶和熔体接触在适当的温度下籽晶既不熔掉也不长大，然后按所需提拉速度向上提拉和旋转晶杆，以粒晶为晶核慢慢长大。旋转晶杆使晶体转动的直接作用是搅拌熔体，并产生强制对流；转动晶体可以增加温度场的径向对称性，有利于熔体中溶质混合均匀；晶体旋转还改变了熔体中界面的形状。

提拉法的主要优点：在生长过程中，可以方便地观察晶体的生长状况；晶体在熔体的自由表面处生长，而不与坩埚接触，显著减少晶体的应力，并防止坩埚壁上的寄生成核；以较快的速度生长具有低位错密度和高完整性的单晶；晶体直径可以控制。晶体的直径取决于熔体温度和提拉速度，减少功率和降低拉速，晶体直径增加，反之直径减小。

（2）布里吉曼法　布里吉曼法使用坩埚装着熔体，整体加热，下面有一个引杆向下牵引，实现定向凝固。采用布里吉曼法制备 RFe_2 相超磁致伸缩材料可以制备大直径材料。但是，由于外套坩埚，必然会污染合金，带进杂质。另外，其特点也是整体加热，元素烧损大，沿材料轴向成分波动大，性能不一致。而修正布里吉曼法是将母合金放置在石英坩埚内，然后利用感应圈加热使母合金区域熔化，再以一定的速度使坩埚下降或使热源上移，以形成温度差，实现定向凝固。但是，用修正布里吉曼法得到的材料仍然存在受到坩埚的污染且沿轴向材料成分分布有一些波动的缺点，因此材料的性能稍次于用垂直悬浮区熔法得到的材料的性能。

（3）悬浮区熔法　悬浮区域熔化法是将已制好的母合金置于悬浮装置中，利用高频感应加热，表面张力和悬浮力相结合，使熔体不下塌。固定感应圈，以一定的速度朝一个方向移动合金棒，即可实现定向凝固。由于悬浮区熔法既避免了坩埚对原材料的污染，母合金料又不需要一次性全部加热，元素烧损少，沿轴向成分和性能都很均匀。因此，悬浮区熔法是研究 RFe_2 相超磁致伸缩材料的主要方法。但是，该方法受射频加热和材料表面张力的限制，目前主要用于制造小尺寸的晶体。

(4) 粉末冶金法　北京科技大学 20 世纪 90 年代初开始了 TbDyFe 合金粉末制备工艺的研究，用此法制备的磁致伸缩材料的优点是可以制备形状复杂的工件，而且成本低廉。但是由于稀土元素极易氧化，粉末工艺技术仍有待研究。

(5) 粉末黏结法　Clark 等制备了 $ErFe_2$ 和 $TbFe_2$ 粉末黏结体，其中，$TbFe_2$ 在磁场下固化的黏结体，饱和应变达 1185×10^{-6}。此法适于制备异形大尺寸元件。

(6) 快淬法　快淬法得到的是非晶态结构，其磁致伸缩性能远远小于取向柱晶材料。20 世纪 70 年代初已制备了 $TbFe_2$、$DyFe_2$ 和（TbDy）Fe_2 等快淬无定形合金，但三者在 25kOe 下的应变分别为 300×10^{-6}、30×10^{-6} 和 133×10^{-6}，比多晶材料低得多。

4.3.5.2　纳米晶稀土永磁材料

高技术产品对永磁材料性能的要求是：高剩磁、高的最大磁能积、高矫顽力，此外，还要求高的居里温度、良好的耐蚀性和热稳定性以及低的温度系数。永磁材料的发展经历了 AlNiCo 永磁体、硬磁铁氧体、Sm_2Co 系列合金永磁、NdFeB 合金、$Sm_2Fe_{17}M_x$（M＝C、N）、双相复合型纳米晶永磁合金等阶段。目前烧结 $Nd_2Fe_{14}B$ 稀土永磁的磁能积已高达 $432kJ/m^3$，接近理论值 $512kJ/m^3$。

为了开发新一代高性能永磁材料，其主要研究方向是探索新型稀土永磁材料和研制纳米晶稀土永磁材料。纳米晶永磁材料是一种新型的永磁材料，它由硬磁相和软磁相组成，两相在纳米尺度内产生强烈的交换耦合，在外磁场作用下，软磁相的磁矩将停留在硬磁相磁矩的平均方向上，导致磁体出现剩磁增强效应。理论预计纳米晶永磁材料的磁能积可超过 $800kJ/m$；并且这类材料具有相对低的稀土含量和较好的化学稳定性。纳米晶永磁材料的高剩磁、高矫顽力和高最大磁能积的获得，关键在于其具有纳米级微结构。微磁学理论表明，稀土永磁相的晶粒尺寸只有低于 20nm 时，通过交换耦合才有可能增大剩磁值。研究发现，矫顽力随晶粒尺寸的增大而急剧降低，其主要原因是具有纳米尺寸的粒子之间存在很强的相互作用。当晶粒尺寸较大时由于杂散磁场的作用部分抵消了粒子之间的交换耦合作用，导致剩磁、矫顽力和最大磁能积的下降。因此，纳米晶永磁材料的纳米尺度微结构是其永磁性的决定因素。稀土永磁材料获得纳米级微结构的主要制备方法包括熔体快淬法、机械合金化法、磁控溅射法、HDDR 法和热变形法等。

(1) 熔体快淬法　采用真空感应熔炼母合金，然后在真空快淬设备中于惰性气体保护下，在石英管中熔化母合金，在氩气压力的作用下，合金经石英管底部的喷嘴喷射到高速旋转的铜辊或铁辊的表面上，以约 $10^5 \sim 10^6 K/s$ 的冷却速度快速凝固，直接形成纳米晶复合永磁薄带，或者将快淬形成的非晶薄带进行晶化处理，获得纳米范围内的硬磁相和软磁相的复合材料。目前，多数试验采用这种方法来制备纳米复合稀土永磁材料，这种方法工艺简单，便于调整旋转速度，从而得到晶化程度不同的材料。

(2) 机械合金化法　机械合金化法是指利用高能球磨，使硬球对原料进行强烈的撞击、研磨和搅拌，金属或合金的粉末颗粒经压延、压合，又碾碎、再压合的反复过程，使之在低温下发生固态反应，进而得到非晶态的合金或化合物，然后通过晶化处理以便得到纳米晶结构。1993 年，Ding 等采用机械合金化方法制备纳米晶 $Sm_2Fe_{17}N_x/\alpha\text{-}Fe$ 永磁材料，发现当晶粒尺寸细化至 20nm 左右时，其剩余磁化强度高达饱和磁化强度的 80% 以上。此后，Coey 等进一步研究了机械合金化纳米晶 $Sm_2Fe_{17}N_x/\alpha\text{-}Fe$ 永磁材料的制备工艺、组织结构与磁性能，发现加入少量 Zr 或 Ta，可使机械合金化方法制备的纳米晶 $Sm_2Fe_{17}N_x/\alpha\text{-}Fe$ 永磁材料的晶粒尺寸由 $20 \sim 30nm$ 进一步减小至 $10 \sim 20nm$，并且氮化过程可以在低温下（330℃）进行。

（3）磁控溅射法　磁控溅射是将待制备的化合物所含的各种元素以原子的形式溅射出来，并按化合物所需比例配合。它是利用阳极和阴极（溅射用的材料，通常称为靶材）之间的氩气在一定电压下通过辉光放电效应，使电离出的高能状态的 Ar 离子冲击阴极，从而使阴极材料的原子蒸发形成超微粒子。近年来交换耦合 $Nd_2Fe_{14}B/\alpha$-Fe 多层膜的制备受到广泛重视，它可以被人为控制软、硬磁相膜层的厚度，有可能制备出性能极高的各向异性纳米晶复合永磁材料。目前主要用磁控溅射工艺来制备交换耦合多层膜，即分别用纯靶和化学计量的 $Nd_2Fe_{14}B$ 合金靶作为阴极、用玻璃等材料作为基底，在高压下使磁控溅射室内的氩气发生电离，形成氩离子和电子组成的等离子体，其中氩离子在高压电场的作用下，高速轰击 Fe 靶或 $Nd_2Fe_{14}B$ 合金靶，使靶材溅射到基体上，形成纳米晶薄膜或非晶薄膜，然后晶化成纳米晶薄膜。

（4）HDDR 法　HDDR 是氢化-歧化-分解-再结合的简称，是近几年发展起来的制备黏结磁体粉末的主要方法之一。合金锭先破碎成粗粉，装入真空炉内，在一定温度下晶化处理，合金吸氢并发生歧化反应，然后将氢气抽出，使之再结合成具有纳米晶粒结构的稀土永磁粉末。HDDR 法主要用于高性能黏结磁体的制备，如高矫顽力 $Nd_2Fe_{14}B$ 和 $Sm_2Fe_{17}N_y$ 磁体。HDDR 法制备的各向同性磁粉主要。通过控制吸氢过程中的放热和解吸过程中的吸热来调整反应速率，制备了 B_r 为 1138T、H_{ci} 为 1122kA/m、$(BH)_{max}$ 为 342kJ/m^3 的 Nd-FeGaNbB 磁体。

（5）热变形法　在合适的温度和压力下，使磁体达到合适的形变量，由于晶粒滑移和应变能的各向异性，晶粒 c 轴与压力方向平行的晶粒应变能低，晶粒 c 轴与压力方向成一定角度的晶粒应变能高，而应变能高的晶粒是不稳定的，它将溶解于富 Nd 液相中，使富 Nd 液相对 $Nd_2Fe_{14}B$ 固相饱和度增加，形成一个浓度梯度，通过液相扩散，应变能较低的 $Nd_2Fe_{14}B$ 晶粒长大，其生长的择优方向是 $Nd_2Fe_{14}B$ 的基平面，最终导致 c 轴与压力平行的晶粒沿着基平面长大成片，从而形成各向异性磁体。热变形法可用来生产高致密化、各向异性纳米晶磁性材料。Mishra 和 Croat 最先用热变形法制备 NdFeB 和 PrFeB 合金。添加 Co 和 Ga 可以提高 NdFeB 磁体的温度稳定性和居里温度。

第5章 稀土金属及合金

5.1 概述

稀土金属是制取储氢材料、NdFeB永磁材料、磁致伸缩材料等的重要原料，也广泛应用于有色金属及钢铁工业中。但其金属活性很强，在通常条件下难以用一般的方法从其化合物中提炼出来。在工业生产中，主要采用熔盐电解和热还原的方法由稀土的氯化物、氟化物和氧化物制取稀土金属。

熔盐电解是制取熔点低的混合稀土金属及镧、铈、镨、钕等单一稀土金属和稀土合金的主要工业方法，它有生产规模大、不用还原剂、可连续生产和比较经济与方便等特点。熔盐电解制取稀土金属和合金，可在两种熔盐体系中进行，即氯化物体系和氟化物-氧化物体系，前者熔点较低，原材料价廉易得，操作易行；后者电解质成分稳定，不易吸湿和水解，有较高的电解技术指标，已逐步取代前者，在工业中广为应用。两种体系虽有不同的工艺特点，但电解的理论规律是基本一致的。

对于熔点高的重稀土金属，则采用热还原-蒸馏法生产。该法生产规模小，间断操作，成本较高，但可经多次蒸馏获得高纯产品。根据还原剂的种类不同，有钙热还原法、锂热还原法、镧（铈）热还原法、硅热还原法、碳热还原法等。

5.2 稀土金属冶金的基本概念及热力学计算

5.2.1 稀土熔盐电解的电极过程

稀土熔盐电解一般在高于稀土金属熔点 50～100℃的二元或三元氯化物体系或氟化物-氧化物体系中进行。采用石墨作阳极，用不与熔体和熔融稀土金属相互作用的钨或钼棒作阴极，在直流电场作用下，稀土阳离子和氯阴离子或氧阴离子分别在阴、阳极上放电，其过程如下。

(1) 阴极过程　在接近稀土金属平衡电位区间，稀土离子在阴极放电，直接被还原成金属：

$$RE^{3+} + 3e^- \longrightarrow RE$$

(2) 阳极过程　电解 $RECl_3$ 时，Cl^- 在石墨阳极上进行氧化反应：

$$Cl^- \longrightarrow [Cl] + e^-$$

$$2[Cl] \longrightarrow Cl_2$$

因此，氯化物体系电解稀土金属的总反应是：

$$2RECl_3 \Longrightarrow 2RE_{(l)} + 3Cl_2 \uparrow$$

在氟化物体系（REF_3-LiF）中电解稀土氧化物，阳极过程主要是发生氧离子的放电反应：

$$2O^{2-} - 4e^- \longrightarrow O_2$$

$$2O^{2-} + C - 4e^- \longrightarrow CO_2$$

$$O^{2-} + C - 2e^- \longrightarrow CO$$

因此，氟化物体系电解稀土氧化物的总反应是：

113

$$RE_2O_3 + 3C \overline{\qquad} 2RE_{(D)} + 3CO(或 CO_2)\uparrow$$

5.2.2 熔盐电解过程热力学计算

要实现稀土熔盐电解过程，首先需要了解体系中各参与或可能参与电化学反应物质的分解电压、电极电位、多离子共同析出条件、过程产生的热等。

（1）稀土金属的电化学当量 稀土金属电化学当量是指理论上每安培小时所能析出的稀土金属质量，可用下式表示：

$$C = \frac{A}{nF/3600} = \frac{3600A}{nF}$$

式中 A——元素的相对原子质量；

n——元素的原子价；

F——法拉第值，96487C/min。

例：La 的相对原子质量为 138.9055，三价镧的电化学当量为：

$$\frac{138.90 \times 3600}{3 \times 96487} = 1.7274\text{g/(A·h)}$$

表 5-1 列出了稀土元素的电化学当量。

表 5-1 稀土元素的电化学当量

稀土元素	价　数	相对原子质量	电化学当量	稀土元素	价　数	相对原子质量	电化学当量
Sc	3	44.96	0.5592	Gd	3	157.25	1.9557
Y	3	88.90	1.1056	Tb	3	158.92	1.9765
La	3	138.90	1.7274	Tb	4	158.92	1.4824
Ce	3	140.12	1.7426	Dy	3	162.50	2.0210
Ce	4	140.12	1.3070	Ho	3	164.93	2.0512
Pr	3	140.90	1.7523	Er	3	167.26	2.0802
Nd	3	144.24	1.7939	Tm	3	168.93	2.1010
Sm	3	150.36	1.8700	Yb	3	173.04	2.1521
Eu	3	151.96	1.8899	Lu	3	174.97	2.1761

（2）稀土平衡电极电位、析出电位和分解电压 金属插入熔盐中，在金属和熔盐的界面产生一定的电位差，即电极电位，实际上的电极电位是不可测量的，因此，采用另外一个电极作标准来测量电极的相对平衡电极电位，在熔盐体系中通常采用 Cl_2/Cl^- 电极、Ag/Ag^+ 电极和 Pt/Pt^{2+} 电极作为参比电极。

一些稀土氯化物的标准电极电位值列于表 5-2。

表 5-2 稀土氯化物的标准电极电位值

电化学体系	$E^{\ominus} = A + B \times 10^{-4}T$/V		$E^{\ominus}$/V
	A	B	(723K)
$La^{3+}/La_{(s)}$	−3.483	4.4	−3.165
$Ce^{3+}/Ce_{(s)}$	−3.605	6.3	−3.150
$Pr^{3+}/Pr_{(s)}$	−3.565	5.8	−3.146
$Nd^{3+}/Nd_{(s)}$	−3.772	9.1	−3.114
Nd^{3+}/Nd^{2+}	−3.878	10.8	−3.097
$Nd^{2+}/Nd_{(s)}$	−3.721	8.3	−3.121
$Gd^{3+}/Gd_{(s)}$	−3.500	5.5	−3.102
$Y^{3+}/Y_{(s)}$	−3.800	9.1	−3.142

注：相对 Cl_2/Cl^-，1.013×10^5Pa，温度范围为 650K<T<850K。

114

析出电位是指在熔盐中，某一离子或离子簇在不同电极材料上析出时的电位值，由于有些阴极材料（如 Al）对金属合金化，起到去极化作用，使析出金属的析出电位比其理论平衡电极电位值要正得多。表 5-3 列出钕和钇在不同阴极上的析出电位值。

表 5-3　钕和钇在钼液体阴极上的析出电位值

阴极金属	Mo	Sb	Bi	Ca	Sn	Zn	Pb	In
Nd^{3+} 的析出电位/V	−3.28	−2.05	−2.21	−2.23	−2.25	−2.28	−2.40	−2.42

阴极金属	Mo	Sb	Bi	Sn	Al	Pb	In	Zn
Y^{3+} 的析出电位/V	−3.31	−2.18	−2.29	−2.40	−2.43	−2.59	−2.59	−2.65

注：$[NdCl_3]=[YCl_3]=1.75\times10^{-3}$，800℃，相对 Cl_2/Cl^- 参比电极。

电解质组分的分解电压，是指该组分进行长时间电解并析出电解产物所需的外加最小电压，当外加电压等于分解电压时，两极的电极电位分别称为各自产物的析出电位。

如果电解时不存在超电压和去极化作用，分解电压等于两个平衡电极电位之差，即：

$$E_T^\ominus = \varphi_{平衡}^+ - \varphi_{平衡}^-$$

分解电压在数值上等于这两个电极所构成的原电池的电势，因而可从电池电势的测定中求得分解电压。

分解电压又可用热力学数据计算而得。其原理是：化合物分解所需的电能在数值上等于它在恒压下的生成自由能，但符号相反，即：

$$\Delta G_T^\ominus = -nFE_T^\ominus$$

式中　$E_T^\ominus$——分解电压，V；

　　　F——法拉第常数，96487C；

　　　n——价数的改变（如 Nd_2O_3 电解时，$n=6$）；

　　　$\Delta G_T^\ominus$——恒压下由元素（电解产物元素）生成稀土化合物的自由能改变值，J/mol。

在计算化合物的分解电压时，要考虑两种不同的情形：

① 采用惰性电极时，电极本身不参与电化学反应；

② 采用活性电极，电极参与电化学反应，如在氟化物体系电解稀土氧化物时，石墨阳极上析出的氧与电极反应生成 CO 和 CO_2。

以下是不同电极情形时稀土化合物分解电压的计算方法。

① 惰性电极上的分解电压　化合物在惰性电极上的分解电压，实际上就是根据化合物在恒压下生成自由能来计算。

【例】　计算在惰性电极上 La_2O_3、LaF_3、LiF、KCl 在 1200K 时的分解电压。

解：从热力学数据手册可查得 La、O_2、La_2O_3 在 1200K 时的生成自由能值分别为 $-90.62kJ/mol$、$-270.15kJ/mol$、$-2039.78kJ/mol$

$$2La+1.5O_2 \Longrightarrow La_2O_3$$

反应式的 $\Delta G^\ominus$ 为：

$$\Delta G^\ominus = -2039.78+1.5\times270.15+2\times90.62 = -1453.315 \text{ (kJ/mol)}$$

因而 La_2O_3 的分解电压 $E^\ominus = -\dfrac{\Delta G^\ominus}{nF} = \dfrac{1453.315\times1000}{6\times96487} = 2.51 \text{ (V)}$

题中 F_2、LaF_3 的 $G^\ominus$ 值分别为 $-269.66kJ/mol$、$-1903.51kJ/mol$，

$$La+1.5F_2 \Longrightarrow LaF_3$$

$$\Delta G^\ominus = -1903.5+1.5\times269.66+90.62 = -1408.4 \text{ (kJ/mol)}$$

因此 LaF_3 的分解电压 $E^\ominus = -\dfrac{\Delta G^\ominus}{nF} = \dfrac{1408.4\times1000}{3\times96487} = 4.866 \text{ (V)}$

题中 Li、LiF 的 $G^{\ominus}$ 值分别为 -61.5kJ/mol、-699.51kJ/mol

$$Li+0.5F_2 \xrightarrow{\quad\quad} LiF$$

$$\Delta G^{\ominus}=-699.51+0.5\times269.66+61.5=-503.18 \text{ (kJ/mol)}$$

因而 LiF 的分解电压 $E^{\ominus}=5.215$V

题中 K、KCl 的 $G^{\ominus}$ 值分别为 -119.1kJ/mol、-582.26kJ/mol

$$K_{(g)}+0.5Cl_2 \xrightarrow{\quad\quad} KCl$$

$$\Delta G^{\ominus}=-582.26+0.5\times295.01+119.15=-315.605 \text{ (kJ/mol)}$$

因而 KCl 的分解电压 $E^{\ominus}=3.271$V

② 活性电极上的分解电压 由于电极本身参加了电化学反应,计算化合物的分解电压时所用的自由能变化值实际上就是综合化学反应的自由解变化值,如在氟化物体系电解稀土氧化物,RE_2O_3 分解电压是下列反应中的自由能改变值决定的。

$$RE_2O_3+1.5C \xrightarrow{\quad\quad} 2RE+1.5CO_2$$
$$RE_2O_3+3C \xrightarrow{\quad\quad} 2RE+3CO$$

阳极上生成 CO 和 CO_2,实际上是一种去极化作用,此时,碳在电氧化过程中提供能量,故稀土氧化物分解反应所需的能量有所减少,亦即采用活性阳极时氧化稀土分解电压要比采用惰性阳极时小得多。

由于反应时排出的气体 CO、CO_2 受反应温度等因素影响,设 1mol RE_2O_3 与 $x$mol 的碳反应生成 $y$mol CO_2 和 $z$mol CO,则上面两个反应式可整理得:

$$RE_2O_3+xC \xrightarrow{\quad\quad} 2RE+yCO_2+zCO$$

按碳的平衡有: $x=y+z$ (5-1)

按氧的平衡有: $3=2y+z$ (5-2)

设 N 为阳极气体的 CO_2(摩尔分数),则 $1-N$ 为 CO(摩尔分数)

$$\frac{N}{1-N}=\frac{y}{z}$$ (5-3)

联立解式(5-1)、式(5-2)、式(5-3),得:

$$x=\frac{3}{1+N}$$

$$y=\frac{3N}{1+N}$$

$$z=\frac{3(1-N)}{1+N}$$

将 x、y、z 值代入反应式,则:

$$RE_2O_3+\frac{3}{1+N}C \xrightarrow{\quad\quad} 2RE+\frac{3N}{1+N}CO_2+\frac{3(1-N)}{1+N}CO$$

设 $N=70\%$,$1-N=30\%$,代入以上反应式可得出:

$$RE_2O_3+1.77C \xrightarrow{\quad\quad} 2RE+1.24CO_2+0.53CO$$

从热力学数据表中可查得各物质的 $G^{\ominus}$,如在 1200K 时,有:

物　　质	La_2O_3	C	La	CO_2	CO
$G^{\ominus}$/(kJ/mol)	-2039.78	-18.01	-90.62	-684.27	-370.95

$$\Delta G^{\ominus}=-370.95\times0.53-684.27\times1.24-2\times90.62+1.77\times18.01+2039.78$$
$$=845.3194 \text{ (kJ/mol)}$$

$2RE+1.24CO_2+0.53CO \xrightarrow{\quad\quad} RE_2O_3+1.77C$ 的 $\Delta G^{\ominus}=-845.3194$kJ/mol

此时
$$E^\ominus = -\frac{\Delta G^\ominus}{nf} = \frac{845.3194 \times 1000}{6 \times 96487} = 1.460 \ (\text{V})$$

（3）共电析出　共电析出是指两种或两种以上的金属离子在阴极上共同析出。熔盐电解稀土混合金属就是共析出的典型实例，共析出可以制备如钇镁等稀土合金。

共析出的条件是待析出金属离子的析出电位要相等，若要求两种离子在阴极上同时析出，即：

$$M_1^{n_1+} + n_1 e^- = M_1$$
$$M_2^{n_2+} + n_2 e^- = M_2$$

必须满足 $E_{M_1/M_1}^{n_1+} = E_{M_2/M_2}^{n_2+}$，在平衡状态下，有：

$$E = E_1^\ominus + \frac{RT}{n_1 F} \ln \frac{a_{M_1}^{n_1+}}{a_{M_1}} = E_2^\ominus + \frac{RT}{n_2 F} \ln \frac{a_{M_2}^{n_2+}}{a_{M_2}}$$

若考虑到极化与去极化作用，析出电位应是：

$$E = E_1^\ominus + \frac{RT}{n_1 F} \ln \frac{a_{M_1}^{n_1+}}{a_{M_1}} + \Delta E_1 = E_2^\ominus + \frac{RT}{n_2 F} \ln \frac{a_{M_2}^{n_2+}}{a_{M_2}} + \Delta E_2$$

当 $E_1^\ominus$ 与 $E_2^\ominus$ 差别较大时，若两种金属 M_1 和 M_2 在阴极上不发生相互作用，为使两种金属共析出，需要改变离子的活度 $a_{M_1}^{n_1+}$ 和 $a_{M_2}^{n_2+}$。设 M_1 为钇，M_2 为镁，$a_Y = 1$，$a_{Mg} = 1$，可以得到共析出两种离子的关系式：

$$a_{Y^{3+}} = a_{Mg^{2+}}^{3/2} + \exp[3F(E_{Mg}^\ominus - E_Y^\ominus)/RT]$$

将 $E_{Y^{3+}/Y}^\ominus$、$E_{Mg^{2+}/Mg}^\ominus$ 值代入，可以求得不同温度下的关系式，见表 5-4 所列。

表 5-4　钇镁共析出时的平衡活度关系

电位/V	温度/℃		
	800	900	1000
$E_Y^\ominus$	−2.643	−2.596	−2.548
$E_{Mg}^\ominus$	−2.460	−2.403	−2.346
关系式	$a_{Y^{3+}} = 379 a_{Mg^{2+}}^{3/2}$	$a_{Y^{3+}} = 307 a_{Mg^{2+}}^{3/2}$	$a_{Y^{3+}} = 251 a_{Mg^{2+}}^{3/2}$

（4）理论电耗率　理论电耗率是指生产单位质量金属所需要的电能。其理论计算基于下列理想条件：①电流效率为 100%；②参与反应的物质均为纯物质；③电解槽无热量损失。

以氟化物体系熔盐电解稀土氧化物为实例计算钕的理论电耗率。

设钕电解的反应式为：

$$Nd_2O_{3(s)} + 1.5C_{(s)} \xrightarrow{1353K} 2Nd_{(l)} + 1.5CO_2$$

这是理论反应式，即阳极产物为纯 CO_2，阴极产物为纯 Nd，进行该反应所需的能量，理论上包括三部分：①加热 Nd_2O_3 从常温到反应温度（1353K）的所需的能量；②加热 C 从常温到反应温度所需要的能量；③分解 Nd_2O_3 的能量（从固态）。

① 加热 Nd_2O_3 所需的能量。

298K 时，Nd_2O_3 热熔为 −1796.61kJ/mol。

1353K 时，Nd_2O_3 热熔为 −1651.56kJ/mol。

因而加热 1mol 的 Nd_2O_3 所需的能量为 −1651.56+1796.61=145.05（kJ）。

② 加热 C 从常温到反应温度的需要的能量。

298K 时 C 的热熔为 0。

1353K 时，C 的热熵为 19.784kJ/mol。

反应需要 1.5mol 的 C，则加热 C 需要：$1.5 \times 19.784 = 29.676$（kJ）

③ 分解 Nd_2O_3 的能量，1353K 下反应式的热熵变化。

物　质	Nd_2O_3	$C_{(s)}$	$Nd_{(l)}$	$CO_{2(g)}$
$H_{1353}^{\ominus}$/kJ	−1651.56	19.784	49.675	−341.272

$$\Delta H_{1353}^{\ominus} = 1.5 \times (-341.272) + 2 \times 49.675 - 1.5 \times 19.784 + 1651.56$$
$$= 1209.326 \text{（kJ）}$$

将以上三项求和，得：

$$145.05 + 29.676 + 1209.326 = 1384.052 \text{（kJ）}$$

反应中产生 2mol 的 Nd，因此每生产 1kg Nd 需要的能量（折合为电能）

$$\frac{1384.052 \times 1000}{2 \times 144.2 \times 3600} = 1.333 \text{（kW·h/kgNd）}$$

实际上，每千克电解钕的实际电耗为 10kW·h，则电解金属钕的能量利用率为：

$$\frac{1.333}{10} \times 100\% = 13.33\%$$

5.2.3　热还原过程热力学计算

在一定条件下，稀土化合物被还原剂还原，从热力学上讲，化学反应能否进行，则要根据吉布斯自由能的变化来判断。

（1）反应热

设化学反应为：

$$v_i B_i + v_2 B_2 + \cdots \longrightarrow v_j B_j + \cdots \tag{5-4}$$

式中 v_i 为单质或化合物 B_i 的计量系数。

如参加反应多物质反应前后都在同一温度下，即恒温条件下化学反应的熵变（即反应热）$\Delta H^{\ominus}$ 为：

$$\Delta H_T^{\ominus} = \sum v_i H_i^{\ominus}(T) \tag{5-5}$$

式中 $H_i^{\ominus}(T)$ 为温度 T 时 B_i 的摩尔熵，可以在热力学数据手册中查得，如表中没有所要求温度的 $H_i^{\ominus}(T)$，此温度又在适用温度范围之内就可用内插法求得，如要求准确，则可根据式（5-6）：

$$H_i^{\ominus}(T) = \Delta_f H_i^{\ominus} + \int_{298}^{T} C_{p,i} dT + \sum \Delta H_i^t \tag{5-6}$$

式中 ΔH_i^t 为 B_i 的摩尔相变热。$C_{p,i}$ 是 B_i 的恒压热熵，通常由实验数据拟合成下列形式：

$$C_{p,i} = a_i + b_i \times 10^{-3} T + C_i \times 10^5 T^{-2} + d_i \times 10^{-6} T^2 \tag{5-7}$$

值得注意的是在采用式(5-5)计算反应热 $\Delta H_T^{\ominus}$ 时，$H_i^{\ominus}(T)$ 数据已包含相应热。

如果参加反应的各物质温度各异，设反应为：

$$v_1 B_1(T_1) + v_2 B_2(T_2) + \cdots \longrightarrow v_j B_j(T_j) + \cdots \tag{5-8}$$

则过程的熵变（反应热）为：

$$\Delta H^{\ominus} = \sum v_i H_i^{\ominus}(T_i) \tag{5-9}$$

查 H_i 时，分别按物质 B_i 在温度 T_i 查找。

【例1】　求温度 1600K 时反应

$$3Ca_{(l)} + 2DyF_{3(l)} =\!=\!= 3CaF_2 + 2D_Y$$

118

的反应热 $\Delta H^{\ominus}$

解：从热力学数据手册中可查得 1600K 时下列各物质的 $H^{\ominus}$：

物　质	$Ca_{(l)}$	$DyF_{3(l)}$	CaF_2	Dy
$H^{\ominus}/(kJ/mol)$	50.30	−1492.12	−1097.34	43.72

$$\Delta H^{\ominus}=3\times(-1097.34)+2\times43.72-3\times50.30+2\times$$
$$1492.12=-371.24\ (kJ/mol)$$

$\Delta H^{\ominus}$ 为负值时，表示反应过程放热。

（2）吉布斯自由能　热力学利用自由能（G 或 F）和熵状态函数来判断过程自发进行的方向和平衡状态，对于化学反应式(5-4) 其标准自由能变化的计算公式为：

$$\Delta G^{\ominus}=\sum v_i G_i \tag{5-10}$$

G_i 是 B_i 物质的自由能，kJ/mol，可从热力学数据手册中查到。另外，还可以根据物质标准生成自由能 $\Delta_f G_i^{\ominus}$ 与温度的关系式 $\Delta G^{\ominus}=A+BT$ 来计算温度 T 时的自由能 $\Delta_f G_i^{\ominus}$，但要注意读取 A、B 数据时所处的温度范围。

则化学反应式(5-4) 为：

$$\Delta G^{\ominus}=\sum v_i \Delta_f G_i^{\ominus}$$

还原反应吉布斯自由解变化值 $\Delta G^{\ominus}<0$ 时，反应向正向进行，负值越大，正向还原反应进行的趋势也越大。

【例2】　求 1000K 时反应

$$3Ca+2DyF_3 \Longrightarrow 3CaF_2+2Dy$$

的 $\Delta G_{1000}^{\ominus}$

解：① 查得物质 G_{1000} 再求 ΔG

物　质	Ca	DyF_3	CaF_2	Dy
$\Delta G/(kJ/mol)$	−55.89	−1862.26	−1328.6	−89.29

$$\Delta G_{1000}=-272.19kJ/mol$$

② 采用近似公式，$\Delta G_{1000}=\Delta H_{298}-T\Delta S_{298}$，求：

项　目	Ca	DyF_3	CaF_2	Dy
$H_{298}/(kJ/mol)$	0	−1692.01	−1221.31	0
$S_{298}/(J\cdot mol/K)$	41.42	118.93	68.83	74.89

$$\Delta S_{298}=-5.85J\cdot mol/K$$
$$\Delta H_{298}=-279.91kJ/mol$$
$$\Delta G_{1000}=-279.91\times1000+5.85\times1000=-274\ (kJ/mol)$$

5.3　稀土氯化物的熔盐电解

5.3.1　稀土氯化物熔盐电解质的性质与组成

稀土氯化物的熔点较高，黏度较大，导电性较差，易吸湿和水解，在高温下有一定挥发性，对稀土金属自身有良好的溶解性能等这些自身性质上的一些不足，使得稀土氯化物电解在工艺上存在着许多困难，而且不可能单独使用稀土氯化物溶体进行电解。为了在电解中获得较好的技术经济指标，通常是选择二元或多元的氯化物熔体，作为稀土氯化物熔盐电解质，以改善电解质的物理化学性质与电化学性质。

组成电解质的其他氯化物熔体，首先要求其分解电压比稀土氯化物的要高，以避免它们与RE^{3+}在阴极上共同析出。为此可供选择的电解质只有碱金属或碱土金属的氯化物。一般常用的是钾、钠、钙、钡的氯化物。

(1) 电解质的分解电压与电极电位　用于电解的化合物的理论分解电压与相应的可逆化学电池的电动势E相一致。根据热力学计算，某些氯化物的理论分解电压见表5-5所列。表中说明，在相同温度下各稀土氯化物的分解电压，随原子序数的增加而减少，即电极电位变得更正（Y、Sc除外）。碱金属碱土金属氯化物的分解电压，一般比稀土氯化物的更高（Mg除外），后者的电极电位要比前者至少更正0.2V以上；而铀、钍特别是有色重金属氯化物的分解电压，则比稀土氯化的更低，后者的电极电位要比前者更负0.2V以上。氯化物的分解电压一般随温度的升高而递减。由于各氯化物分解电压的温度系数不同，故某些金属在电化序上的位置也随温度的不同而可能引起变化。表5-5的数据虽然只是计算得出的理论值，但它表明，碱金属和碱土金属氯化物在稀土氯化物熔盐电解中具有良好的电化学性质。

表 5-5　某些氯化物的理论分解电压　　　　　　　　　　　　　　　/V

金属离子	600℃	800℃	1000℃	金属离子	600℃	800℃	1000℃
Sm^{2+}	3.787	3.661	3.559	Y^{3+}	2.758	2.643	2.548
Ba^{2+}	3.728	3.568	3.412	Ho^{3+}	2.729	2.610	2.511
K^{+}	3.658	3.441	3.155	Er^{3+}	2.715	2.589	2.488
Sr^{2+}	3.612	3.469	3.333	Tm^{3+}	2.682	2.553	2.447
Cs^{+}	3.599	3.362	3.078	Yb^{3+}	2.670	2.542	2.434
Rb^{+}	3.595	3.314	3.001	Lu^{3+}	2.616	2.478	2.356
Li^{+}	3.571	3.457	3.352	Mg^{2+}	2.602	2.460	2.346
Ca^{2+}	3.462	3.323	3.208	Sc^{3+}	2.514	2.375	2.264
Na^{+}	3.424	3.240	3.019	Th^{4+}	2.399	2.264	2.208
La^{3+}	3.134	2.997	2.876	U^{4+}	2.078	1.974	1.953
Ce^{3+}	3.086	2.945	2.821	Mn^{2+}	1.902	1.807	1.725
Pr^{3+}	3.049	2.911	2.795	Zn^{2+}	1.552	1.476	—
Pm^{3+}	3.006	2.884	2.784	Cd^{2+}	1.331	1.193	1.002
Nd^{3+}	2.994	2.856	2.736	Pb^{2+}	1.215	1.112	1.039
Sm^{3+}	2.975	2.861	2.763	Fe^{2+}	1.207	1.118	1.050
Eu^{3+}	2.936	2.828	2.815	Co^{2+}	1.079	0.977	0.900
Gd^{3+}	2.913	2.807	2.709	Ni^{2+}	1.003	0.875	0.763
Tb^{3+}	2.858	2.758	2.657	Ag^{+}	0.870	0.826	0.784
Dy^{3+}	2.802	2.690	2.599				

(2) 电解质的熔点　为降低电解温度，通常要求熔盐电解质有较低的熔点。稀土氯化物的熔点一般还比较高，如果使之与碱金属或碱土金属氯化物组成电解质体系，则可生成熔点较低的稳定化合物（配合物）或共晶混合物，从而可以降低稀土氯化物熔盐电解质的熔点。表5-6～表5-8分别列出了稀土金属、稀土氯化物、碱金属和碱土金属氯化物和氟化物的熔点与沸点以及某些稀土氯化物与碱金属、碱土金属氯化物熔盐体系的熔点或稳态最高温度。表中的数据说明，氯化钾与几乎所有的轻稀土氯化物能形成稳定的配合物，而氯化钠则无此特性；稀土氯化物与碱金属或碱土金属氯化物组成二元或三元熔盐体系后，体系的熔点或稳态最高温度明显降低，而且远低于稀土金属的熔点。因此选用二元或三元氯盐体系，有利于稀土氯化物熔盐电解温度的降低。

表 5-6　稀土金属及其某些化合物的熔点　　　　　　　/℃

金属	熔点	氧化物	熔点	氯化物	熔点	氟化物	熔点
La	920	La_2O_3	2217	$LaCl_3$	872	LaF_3	1490
Ce	798	Ce_2O_3	2142	$CeCl_3$	802	CeF_3	1437
Pr	931	Pr_2O_3	2127	$PrCl_3$	786	PrF_3	1395
Nd	1010	Nd_2O_3	2211	$NdCl_3$	760	NdF_3	1374
Pm	1080	Pm_2O_3	2320	$PmCl_3$	740	PmF_3	1407
Sm	1072	Sm_2O_3	2330	$SmCl_3$	678	SmF_3	1306
Eu	822	Eu_2O_3	2395	$EuCl_3$	623	EuF_3	1276
Gd	1311	Gd_2O_3	2390	$GdCl_3$	609	GdF_3	1231
Tb	1360	Tb_2O_2	2390	$TbCl_3$	588	TbF_3	1172
Dy	1409	Dy_2O_3	2391	$DyCl_3$	654	DyF_3	1154
Ho	1470	Ho_2O_3	2400	$HoCl_3$	720	HoF_3	1143
Er	1522	Er_2O_3	—	$ErCl_3$	776	ErF_3	1140
Tm	1545	Tm_2O_3	2411	$TmCl_3$	821	TmF_3	1158
Yb	824	Yb_2O_3	—	$YbCl_3$	854	YbF_3	1157
Lu	1656	Lu_2O_3	—	$LuCl_3$	892	LuF_3	1182
Sc	1539	Sc_2O_3	2435	$ScCl_3$	—	ScF_3	1515
Y	1523	Y_2O_3	—	YCl_3	904	YF_3	1152

表 5-7　某些碱金属、碱土金属氯化物和氟化物的熔点与沸点

阳离子		Li^+	Na^+	K^+	Mg^{2+}	Ca^{2+}	Sr^{2+}	Ba^{2+}
离子半径/nm		0.078	0.098	0.133	0.078	0.106	0.127	0.143
熔点/℃	氯化物	614	800	790	712	782	872	958
	氟化物	870	997	846	1270	1478	1190	1280
沸点/℃	氯化物	1360	1465	1500	1412	1600	2027	1560
	氟化物	1681	1704	1502	2260	2507	2410	2200

（3）电解质的黏度　熔盐黏度大，熔融稀土金属不易与电解质分离，也不利于泥渣沉降和阳极气体的排出；同时由于增大了电解质循环和离子扩散的阻力，故对电解时的传热、传质过程有较大影响。

某些熔融稀土氯化物、碱及碱土金属氯化物的黏度见表 5-9 所列。

由表 5-9 可以看出，碱金属和碱土金属氯化物的黏度一般比稀土氯化物的要小。在配合物形成范围之外，当稀土氯化物电解质中加入碱金属和碱土金属氯化物时，会降低电解质体系的黏度。但是电解质成分在有配合物形成的范围内，则因配合物分子很大，其黏度会增高。

（4）电解质的电导　提高稀土电解质的导电性能，因能提高电流密度，故在其他条件不变的情况下可提高其生产能力；或能在相同电流密度下适当加大极距，而不致使电解质的电压降过大，有利于减少二次作用，提高电流效率。稀土氯化物的比电导较碱金属和碱土金属氯化物的要小。所在稀土氯化物中添加某些碱金属和碱土金属的氯化物，能进一步改善电解质的导电性能。但是其导电性的提高与添加量并不呈线性关系，而视添加物与稀土氯化物是否形成配合物或缔合物而定，一般表现出比较复杂的关系，某些稀土金属、碱金属和碱土金属氯化物的比电导列于表 5-10 中。$LaCl_3$ 与 KCl 组成熔盐体系后，其比电导随组成不同而变化的关系见表 5-11 所列。

表 5-8 某些稀土氯化物与碱金属、碱土金属氯化物体系的熔点或稳态最高温度

氯化物体系	化合物或混合物/%(摩尔)	$T_{熔}$ 或 $T_{稳}$/℃	氯化物体系	化合物或混合物/%(摩尔)	$T_{熔}$ 或 $T_{稳}$/℃
钠、铈氯化物	60NaCl-40CeCl₃	510		KCl·2SmCl₃	530
钠、镨氯化物	59NaCl-41PrCl₃	480	钙、稀土氯化物	78CaCl₂-22RECl₃	613
钠、稀土氯化物	53NaCl-47RECl₃	487		75CaCl₂-25RECl₃	624
	54NaCl-46RECl₃	499	钡、稀土氯化物	31BaCl₂-69RECl₃	683
	3KCl·LaCl₃	625		35BaCl₂-65RECl₃	672
钾、镧氯化物	2KCl·LaCl₃	645	钠、钙、稀土氯化物	31NaCl-48CaCl₂-21RECl₃	458
	KCl·LaCl₃	620	钠、钡、稀土氯化物	42NaCl-22BaCl₂-36RECl₃	373
	3KCl·CeCl₃	628	钙、钡、稀土氯化物	49CaCl₂-21BaCl₂-30RECl₃	490
钾、铈氯化物	2KCl·CeCl₃	512,623	钠、钾、镨氯化物	26NaCl-56KCl-18PrCl₃	528±3
	3KCl·PrCl₃	682,512		23.4NaCl-46.8KCl-29.8PrCl₃	525±3
钾、镨氯化物	3KCl·NdCl₃	682		19.6NaCl-32.3KCl-48.1PrCl₃	440±3
钾、钕氯化物	2KCl·NdCl₃	345	钠、钾、钕氯化物	13NaCl-73.6KCl-13.4NdCl₃	535±3
	3KCl·2NdCl₃	590		31NaCl-38.2KCl-30.8NdCl₃	520±3
	3KCl·SmCl₃	750		36.7NaCl-17.4KCl-45.9NdCl₃	245±3
钾、钐氯化物	2KCl·SmCl₃	570			

表 5-9 某些碱金属、碱土金属和稀土金属氯化物的黏度

氯 化 物	LiCl	NaCl	KCl	MgCl₂	CaCl₂	PrCl₂	DyCl₃
黏度/×10⁻³Pa·s	1.81	1.49	1.08	4.12	4.94	4.48	8.09
温度/℃	617	816	800	808	800	860	950

表 5-10 某些稀土金属、碱金属和碱土金属氯化物的比电导

氯 化 物	LaCl₃	PrCl₃	NdCl₃	GdCl₃	DyCl₃	LiCl	NaCl	KCl	MgCl₂	CaCl₂
比电导/Ω⁻¹·cm⁻¹	1.127	1.110	1.115	0.863	0.716	5.860	3.540	2.543	1.700	2.020
温度/℃	900	900	900	900	900	620	805	900	800	800

表 5-11 不同组成的 LaCl₃-KCl 系的比电导（900℃）

LaCl₃/%(摩尔)	0	5.2	13.9	24.9	38.3	50.3	59.3	69.9	84.5	100
比电导/Ω⁻¹·cm⁻¹	2.543	1.611	1.164	1.231	1.213	1.475	1.246	1.284	1.901	1.127

（5）电解质的密度 电解质的密度值对于电解时稀土金属与电解质和电解渣之间的分离有很大影响。在电解制取稀土中间合金时尤为重要，因为它关系到合金在熔融电解质中的沉浮，因而直接影响到阴极产品的质量、产量和其他技术经济指标。纯氯化物熔体的密度一般随温度的增高而降低。稀土氯化物的密度通常比碱金属和碱土金属氯化物的密度要高，故将后者加入前者的熔体中，可以降低氯化物熔盐体系的密度，增大电解质与熔融金属之间的密度差；而且后者加入的分量越多，熔盐的密度降低愈大，熔盐与金属之间的密度差也越大。在熔融状态下的密度见表 5-12 所列。

表 5-12 某些稀土金属氯化物和碱金属、碱土金属氯化物熔体的密度值（900℃）

氯化物	LaCl₃	PrCl₃	NdCl₃	GdCl₃	DyCl₃	LiCl	KCl	NaCl	MgCl₂	CaCl₂
密度/(g/cm³)	3.153	3.141	3.173	3.361	3.428	1.372	1.450	1.475	1.643	2.010

（6）电解质的蒸气压 电解质的蒸气压与电解质的挥发损失有关，同时也关系到电解质组成的稳定和电解收尘系统的负荷，因而影响到稀土电解的技术经济指标。通常在电解生产

混合稀土金属时，电解质的挥发损失率达 10%。稀土氯化物的蒸气压随原子序数的增大而增高，而低价氯化物的蒸气压比高价氯化物的要低。单一稀土氯化物的沸点与蒸气压为 266.6Pa 时的温度见表 5-13 所列。当向稀土电解质中添加碱金属或碱土金属氯化物时，由于降低了稀土氯化物的含量，电解质的挥发损失可以减少。电解质挥发损失减少的另一原因可能是，在混盐体系中形成了蒸气压较低且结构稳定的配合物。

表 5-13 单一稀土氯化物的沸点与蒸气压为 266.6Pa 时的温度

稀土氯化物	$LaCl_3$	$CeCl_3$	$PrCl_3$	$NbCl_3$	$PmCl_3$	$SmCl_2$	$SmCl_3$	$EuCl_3$	$EuCl_3$	$GdCl_3$
沸点/℃	1750	1730	1710	1690	1670	2030	分解	2030	分解	1580
蒸气压为 266.6Pa 时的温度/℃	1110	1090	1080	1060	1050	1310	1010	1310	940	980
稀土氯化物	$TbCl_3$	$DyCl_3$	$HoCl_3$	$ErCl_3$	$TmCl_3$	$YbCl_2$	$YbCl_3$	$LuCl_3$	YCl_3	
沸点/℃	1550	1530	1510	1500	1490	1930	分解	1480	1510	
蒸气压为 266.6Pa 时的温度/℃	960	950	950	950	940	1250	940	950	950	

（7）电解质对稀土金属的熔解性能　稀土金属在其自身氯化物熔体中有很大的溶解度，100mol 的熔盐往往可熔解 10～30mol 稀土金属，比镁、锂在各自的氯化物熔体中的溶解度大 1～2 个数量级。这一性质对稀土电解的电流效率有严重影响。曾经发现，向氯化镧熔体中添加某些电位较负的阳离子盐如 KCl，可使金属镧的溶解度显著降低。其原因可能是 KCl 与 $LaCl_3$ 可以生成堆积密度大的化合物，并同时强化了 La^{3+}-Cl^- 键，从而使镧在熔体中的溶解度减小。添加 NaCl 盐也能起相同作用，但因 $LaCl_3$ 熔体与 NaCl 不能形成稳定的化合物，故降低稀土金属溶解度即损失度的效果不及添加 KCl 盐。

由上述电解质性质的讨论可知，向稀土氯化物熔体添加某些碱金属或碱土金属氯化物，组成二元或多元熔盐体系，能改善稀土电解质的许多性质，为克服稀土电解的困难，提高稀土电解的技术指标，创造了重要的先决条件。在添加的氯盐中，主要有 KCl、NaCl、$CaCl_2$ 和 $BaCl_2$ 等，但以 KCl 比较理想。K^+ 在阴极的析出电位较负，KCl 与 $RECl_3$ 能形成稳定的，不易为空气中的水分和氧所分解的配合物，其堆积密度大，对稀土金属的溶解度小。LiCl 也有类似的优良性质，且导电性强，因而可提高电解质的电导率，降低能耗。但因其价格较贵，蒸气压高，挥发损失大，故在工业上限制了其应用。在氯盐中以 NaCl 最为价廉，故在工业上也有用 NaCl 代替 KCl，或用 NaCl 部分代替 KCl，组成三元电解质体系。在电解中还有采用四元氯化物电解质的报道，其特点是稀土氯化物的浓度可以降至很低，而几乎不影响其电流效率。

5.3.2 稀土氯化物熔盐电解的电极过程

稀土氯化物电解一般是在高于稀土金属熔点 50～100℃ 的二元或三元氯化物熔体中进行的，采用石墨作阳极，用不与氯化物熔体和熔融稀土金属相互作用的钼作阴极。在直流电场作用下，稀土氯化物熔体电离的稀土阳离子和氯阴离子分别在阴、阳极上放电，其过程如下。

（1）阴极过程　研究表明，整个阴极过程大致分成三个阶段：

① 在比稀土金属平衡电位更正的区间，即阴极电位为 −2.6～−1V，阴极电流密度为 10^{-4}～10^{-2} A/cm^2 范围内，电位较正的阳离子放电析出，如：

$$2H^+ + 2e^- \longrightarrow H_2$$
$$Fe^{2+} + 2e^- \longrightarrow Fe$$

在此区间内，某些变价稀土离子也会发生不完全放电反应，如：

$$Sm^{3+} + e^- \longrightarrow Sm^{2+}$$

123

$$Eu^{3+} + e^- \longrightarrow Eu^{2+}$$

而被还原的低价离子，又有被流动中的熔盐带入阳极区而被重新氧化，造成空耗电流。因此要求尽量避免比稀土金属电位更正的阳离子以及变价元素进入电解质中，以提高产品质量和电流效率。

② 在接近于稀土金属平衡电位的区间，即阴极电位约为 $-3V$，阴极电流密度 $10^{-2} \sim 10A/cm^2$ 范围内（视 $RECl_3$ 含量和温度而定），稀土离子在阴极放电，直接被还原成金属：

$$RE^{3+} + 3e^- \longrightarrow RE$$

但是析出的稀土金属又可能部分熔于氯化稀土，即发生二次反应：

$$RE + 2RECl_3 \longrightarrow 3RECl_2$$

而使电流效率降低。溶解稀土金属的二次反应随温度的增高而加剧。

有时稀土金属还可能与 KCl 发生也会导致电流效率降低的置换反应：

$$RE + 3KCl \longrightarrow RECl_3 + 3K$$

有资料认为，在上述电位区间内碱金属离子还可能还原为碱金属低价离子，后者将还原 RE^{3+} 为金属微粒，分散或熔解于电解质中，造成金属损失率的进一步上升。碱金属离子还原成低价离子的副反应为：

$$2Me^+ + e^- \longrightarrow Me_2^+$$

③ 在比稀土平衡电位更负的区间，即阴极电位为 $-0.3 \sim 3.5V$，而阴极附近的稀土离子浓度逐渐变稀，电流密度处于其极限扩散电流密度值时，阴极极化电位迅速上升，当达到碱金属的析出电位时，在阴极区将发生碱金属离子的放电反应，导致碱金属的阴极析出：

$$Me^+ + e^- \longrightarrow Me$$

在正常电解的条件下，一般控制阴极过程的第③阶段不出现。

(2) 阳极过程　电解 $RECl_3$ 时，Cl^- 在石墨阳极上进行氧化反应：

$$Cl^- \longrightarrow [Cl] + e$$
$$2[Cl] \longrightarrow Cl_2 \uparrow$$

除氯离子以外，凡析出电位比 Cl^- 更负的阴离子如 SO_4^{2-}、OH^- 等都将在阳极上同时优先放电，生成不利于电解过程的氧、硫、氧化物和水等。因此电解质必须纯净，应尽力避免多种阴离子的存在。

5.3.3　稀土氯化物熔盐电解的工艺实践

(1) 工艺过程　图 5-1 为稀土氯化物熔盐电解的原则工艺流程。无水稀土氯化物与经过烘干的氯化钾按预定比例（$RECl_3$ 一般占电解质量的 35%～50%）配制成电解质之后，加入电解槽中。通常用交流或直流电弧熔化电解质，靠电解进行中的直流电在电解质中产生的焦耳热来维持电解所需的温度，并借调节电压和加料度以控制电解温度。

随电解的进行，定时加入氯化稀土，并随时补充因挥发损失而造成不足的 KCl，使电解质熔体的体积维特不变。电解析出的液体金属定期从槽中取出，并注入加热至 $500 \sim 550$℃ 的铸模中冷却成锭。稀土金属经剥去表面盐层及清洗、包装后可作成品出售。电解产生的废气含有氯气，用排风机通过烟罩排至氯气回收系统，以防污染环境、腐蚀设备。经多次使用的废电解质，连同出炉泥渣（有时包括定期更换的废阳极）和表皮盐壳一道，送湿法回收 $RECl_3$ 和 KCl 之后，返回电解使用。

(2) 电解槽结构　目前国内外使用的稀土氯化物电解槽有多种槽型与槽体结构，但工业生产中一般根据生产规模的不同，大体采用两种结构的电解槽，即石墨坩埚电解槽和耐火砌体电解槽（又称"陶瓷"电解槽）。前者以安装并加固在钢壳内的石墨坩埚作阳极，直流电通过钢

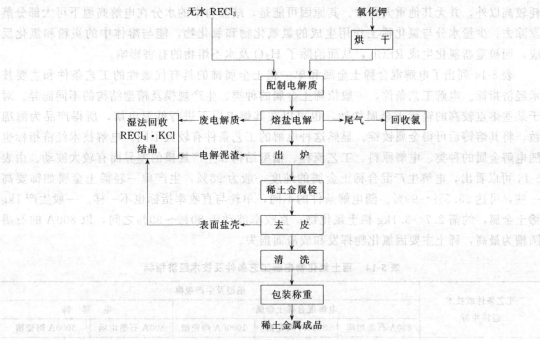

无水 RECl₃　　　　　　　　　　　　氯化钾

烘　干

配制电解质

湿法回收 RECl₃·KCl 结晶 ← 废电解质 ← 熔盐电解 → 尾气 → 回收氯

← 电解泥渣 ← 出　炉

稀土金属锭

← 表面盐壳 ← 去　皮

清　洗

包装称重

稀土金属成品

图 5-1　稀土氯化物熔盐电解的原则工艺流程

壳导入石墨坩埚。钢壳内底部垫入石墨粉，使其与石墨坩埚紧密接触，保持导电良好。钢壳设在由耐火砖砌成的隔热体内。石墨坩埚正中放置一个可盛液体金属的瓷皿。阴极导棒用一或四根钼棒做成，安装在槽中心上方的阴极架上，并用瓷套管保护以防腐蚀。阴极钼棒在瓷管下端裸露出一段，插入盛有熔融金属的瓷皿中。因此熔融金属的表面就是阴极表面。

小型石墨坩埚电解槽的特点是阴极位于电解槽的中心，电力线分布均匀；液体金属析出并聚集在瓷皿接受器中，减少了金属与电解质和泥渣的接触，从而相应地减少了金属的熔解损失与二次反应的进行。该类型电解槽的槽体结构简单，控制及操作灵活，易于逸出阳极气体。因此使用该槽生产混合或单一稀土金属，可以获得较高的电流效率和金属回收率，适于小规模生产。该槽的缺点是生产能力低，一般单槽的工作电流不超过1000A。由于槽的容量小，散热比较严重，因此槽电压较高，单位产品的电能消耗较大。

陶瓷电解槽的槽体由耐火材料砌成，阴极为石墨棒，由上部插入槽内，阳极由底部伸入，产出的液体金属聚集在槽底。该槽的主要优点是产能大，生产率高（工作电流达2300A以上，最高已达50000A）；同时由于散热较少，槽电压低，故电能消耗较小，适于大规模工业生产。其缺点是电流分布不均，阳极气体逸出比较困难，金属的熔解及二次反应均较严重，因此电流效率不高。为增大阳极面积，改善电流分布，国内在生产采用了多块挂片式石墨阳极和上插数根钼棒作辅助阴极的槽型结构，其阴极室尺寸达125cm×28cm×50cm，工作电流可达10kA以上。但因存在着槽温波动较大，金属出槽时因电解质剧烈搅动而引起的金属氧化损失（生成REOCl），以及电解质熔体与空气接触表面大等问题，目前槽子的电流效率还不够高（仅22%～27%）。

（3）工艺要求、条件和指标　工业电解氯化稀土的原料主要是无水稀土氯化物。为了获得较高的电解技术经济指标，电解原料对其中的杂质含量提出如下要求（质量分数）：$Th<0.03\%$，$S<0.5\%$，$F<0.05\%$，$Pb<0.01\%$，$SO_4^{2-}<0.01\%$，$PO_4^{2-}<0.005\%$，$H_2O<0.5\%$，水不溶物$<1.5\%$。

在小型石墨坩埚电解槽中进行电解，也可直接使用结晶氯化稀土为电解原料。此时除单耗较高以外，并无其他重大异常。其原因可能是，结晶料中的水分在电解高温下可大部分蒸发除去；少量水分与氯化稀土作用生成的氯氧化物和氧化物，能与熔体中的炭粉和氯化反应，而被重新氯化生成 $RECl_3$，从而消除了 H_2O 及水不熔物的有害影响。

表 5-14 列出了电解混合稀土金属和单一稀土金属铈的具有代表性的工艺条件和主要技术经济指标。电解工艺条件，一般依稀土金属的种类、生产规模及槽型结构的不同而异。对于某些熔点较高的轻稀土金属如钕，也可以在其熔点以下进行低温电解，所得产品为海绵钕，将其熔铸后可得金属钕锭。显然这种电解的工艺条件有较大不同。电解技术经济指标也随电解金属的种类、电解原料、工艺流程、槽型结构和生产规模的差异而有较大波动。由表 5-14 可以看出，电解生产混合稀土金属的纯度一般为 98%，生产单一轻稀土金属如铈要高一些，可达 98.5%～99%。随电解条件的不同，单耗与直收率指标也不一样。一般生产 1kg 稀土金属，约需 2.7～3.1kg 稀土氯化物；直收率波动于 80%～90% 之间，以 800A 的石墨圆槽为最高，稀土主要因氯化物挥发和成渣而损失。

表 5-14　稀土氯化物电解工艺条件及技术经济指标

工艺条件或技术经济指标	槽型及生产规模				
	电解混合稀土金属			电　解　铈	
	800A 石墨坩埚	3000A 陶瓷槽	10000A 陶瓷槽	800A 石墨坩埚	3000A 陶瓷槽
结构材料	石墨	高铝砖	高铝砖	石墨	高铝砖
阳极材料	石墨	石墨	石墨	石墨	石墨
阴极材料	钼棒	钼棒	钼棒	钼棒	钼棒
电解质组成	$RECl_3$-KCl	$RECl_3$-KCl	$RECl_3$-KCl	$CeCl_3$-KCl	$CeCl_3$-KCl
$RECl_3$ 质量/%	20～50	35～50	35～50	25～57	35～50
电解温度/℃	约 870	850～870	约 890	850～900	870～910
极距/cm	3.5～5			约 6.5	
槽气氛	敞口	敞口	敞口	敞口	敞口
平均槽电压/V	14～18	10～11	8～9	16	10～11
J_k/(A/cm²)	约 5	约 2.4	约 2.4	约 5	2.3
直收率/%	约 90	约 80	80～90	89.4	—
电流效率/%	约 50	约 40	20～30	约 76	63
金属纯度/%	约 98	约 98	约 98	98.5～99	98.5～99
电耗/(kW·h/kg)	30～35	27～30	22～27	约 14	约 15
单耗/(kg $RECl_3$/kg)	2.7～2.9	约 3.1	2.9～3.1		3～3.1

单一稀土金属的电流效率较高，通常比混合稀土金属的高出 20% 以上，但随电解槽规模的增大，电流效率显著降低。电能耗量与电解槽的规模及槽型、稀土种类、原料纯度、操作技术和生产管理体制理论有关，通常为 14～35kW·h/kg。单一稀土金属电解的电耗较低，例如电解铈的电耗约为电解混合稀土金属的一半左右。电耗随电解槽规模的增大而相应降低，如电解混合稀土金属时，800A、3000A 和 10000A 电解槽的电耗分别为 30～35kW·h/kg、27～30kW·h/kg 和 25～27kW·h/kg。这主要是槽规模愈大，其热稳定性愈好，为维持槽子热平衡所需采用的电流密度也可愈小，故槽电压及电能耗量将随之降低。

5.3.4　稀土氯化物熔盐电解的电流效率及其影响因素

电流效率是电解法生产金属最重要的技术指标之一，是衡量一个电解过程进行好坏的主要标志。由稀土金属的自身性质及其电解工艺特性所决定，稀土氯化物电解的电流效率都比较低，一般仅 30%～60%。因此正确分析和控制影响电流效率的各种因素是稀土氯化物电解所必需。

电解时实际获得的稀土金属量比理论值低许多，其基本原因是以下几点。

① 部分输入电流的空耗。它由某些变价稀土离子的不完全放电、某些电位较正的杂质离子的放电以及可能存在的"电子导电"（即电流不是通过阴、阳极的氧化-还原作用来传递）现象等造成的。

② 部分电解金属的损失。包括部分金属的溶解损失和重新氧化成氯化稀土；部分金属与槽体及阳极材料、电解质中的杂质和空气等相互作用生成难熔化合物；水不溶物以及机械夹杂引起的金属损失等。

由此可见，影响稀土氯化物熔盐电解电流效率的主要因素有以下几点。

① 电解质中稀土氯化物的含量。稀土氯化物在电解质中的含量对电流效率有明显的影响。当电解质中 $RECl_3$ 浓度过低，碱金属或碱土金属离子会与稀土离子共同放电；若 $RECl_3$ 浓度过高，则电解质的黏度和电阻变大，稀土金属不易与电解质分离，金属在熔盐中的损失增大。同时阳极气体从电解质中排出困难，从而增加了二次反应的可能。这些都会导致电流效率降低。在生产实践中，电解质中 $RECl_3$ 的含量以控制在 35%～48%（质量）为宜。

② 电解温度。正确控制电解温度是提高电流效率的重要一环。电解温度过低，电解质流动变差，黏度增大，金属液粒分散于熔体不易凝聚，而易被循环的电解质带到阳极区，为阳极气体所氧化，引起电流效率降低。温度过高，电解质的循环和对流作用加剧，析出的金属熔体和已被还原的低价稀土离子更易带入阳极区而受到氧化；稀土金属与槽内材料和气氛之间的作用也相应加剧；特别是稀土金属在电解质中的溶解度及与电解质的二次反应，随温度的增高而急剧增大或增速，因而将显著降低电流效率。

在实践中每一种稀土金属及电解质组成均对应有一比较适宜的电解温度。为尽量减少稀土金属的溶解损失，通常若 $RECl_3$ 含量较高，电解温度可控制略低。如电解混合稀土金属，电解质含 $RECl_3$ 约 38%，其适宜电解温度为 870℃；电解单一稀土金属 La、Ce、和 Pr 时，当电解质中 $RECl_3$ 含量为 35%，其中适宜电解温度分别为 930℃、900℃和 920℃。

③ 电流密度。阴极电流密度 J_k 和阳极电流密度 J_a 对电流效率均有一定的影响，尤以前者更为明显。一般而言，适当提高 J_k，可加快稀土金属的析出速度，故能相对减少金属溶解和二次反应造成的电流效率损失。但 J_k 过大，又会促使其他阳离子在阴极放电析出，并使熔盐和阴极区产生过热，将同样导致金属的溶解损失增加和二次反应的加剧，而使电流效率降低。在生产实践中，J_k 一般控制在 3～6A/cm^2 比较适宜，它与温度、稀土氯化物浓度和电解质循环情况有关。J_k 通常控制在 0.6～1A/cm^2 范围内。J_k 过小，要求阳极面积大，槽体容积也须增大；J_k 太大则阳极气体对电解质的搅动愈激烈，金属损失及阳极材料机械损失相应增加。

④ 极距与槽型。极距与电流效率密切相关。极距过小，电解质极易将溶解的金属和未完全放电的低价离子循环到阳极区而被氧化；同时阳极气体也易循环至阴极区，使部分析出的金属重新氧化，导致电流效率显著降低。极距过大，又会因电解质的电阻增大而使熔体局部过热，同样影响电流效率的提高。因此，极距须视电极的形状与配置、电流密度、电流分布以及电解质的循环情况来确定。工业电解槽的极距常常设计为可调的，通常大多采用6～11cm。

⑤ 电解物料的纯度。电解物料的纯度对电流效率和产品质量有较大影响。电解物料中的常见杂质有铁、铝、硅、镁、铅、磷、硫、碳和水不溶物（主要为 REOCl 和少量

RE_2O_3）等，它们表现出不同的行为。

　　a. 铁、铝、硅、镁、铅等金属杂质，因其析出电位比稀土更正，在电解过程中将优先在阴极上析出，杂质铁还会反复发生还原-氧化的变价过程而消耗电流，既影响了产品纯度，又降低了电流效率。通常要求电解物料中 Si、Fe 和 Pb 的含量应分别小于 0.5%、0.05% 和 0.01%。

　　b. 硫、磷、碳杂质，在电解质中常分别以 SO_4^{2-}、PO_4^{2-} 和游离状态存在。电解时和开始起氧化剂的作用，使部分稀土金属氧化，并进一步生成难熔稀土硫化物和磷化物，聚集在阴极上，或分散于电解质中。熔体中的炭粉，在电解温度下很易与稀土金属作用，生成高熔点的稀土碳化物。这些难熔化合物质点，使金属呈分散状态，严重影响金属的聚集和电解过程，导致大量金属液粒被氧化损失，电流效率显著降低。为保证获得较高电流效率，要求原料含 SO_4^{2-} 0.01%、PO_4^{2-} <0.005%；同时要求石墨制品致密，以防炭粉脱落。

　　c. 水不溶物杂质，在电解时会形成泥渣，悬浮于电解质熔体中，使电解质黏度增大，导电性下降，并使析出的金属液滴难以凝聚。它还易沉积在阴极表面，妨碍电解正常进行，因而严重影响电流效率。

　　⑥ 稀土金属种类及变价元素的含量。电解实践表明，混合稀土电解的电流效率比单一稀土电解的都低；而单一轻稀土（由 La 至 Pr）电解的电流效率又随原子序数的增大而降低（见表 5-15），这可以用"镧系收缩"来解释。钕、钐的原子半径比镧、铈的小，前者较后者更易进入熔盐空洞，故溶解损失较多。由于镨、钕、钐的溶解度比镧、铈的大，而在同时间内被溶解的镨、钕、钐受空气作用生成水不溶物的量也比镧、铈的多，故对电流效率的影响也更大；若以固体阴极电解 $SmCl_3$-KCl 体系，则几乎得不到金属钐，这是因为变价元素的不完全放电造成电流空耗。可见稀土金属的类别以及其中变价元素的存在或含量，是影响稀土电解电流效率的不可忽视的因素。

表 5-15　单一轻稀土金属在其熔融氯化物中的溶解度和电流效率的关系

金属	氯化物	温度/℃	金属在 1mol $RECl_3$ 熔体中的溶解量/1mol	电流效率/%	电解 1h 后的水不溶物/%
La	$LaCl_3$	1000	12	80	5.6
Ce	$CeCl_3$	900	9	77	6.8
Pr	$PrCl_3$	927	22	60	
Nd	$NdCl_3$	900	31	50.1	11.8
Sm	$SmCl_3$	>850	>30		

5.4　稀土氧化物-氟化物的熔盐电解

　　稀土氯化物电解生产稀土金属，虽然规模最大、最为成熟，但它存在着电流效率低、产品质量不高等明显弱点。为了从根本上解决问题，自 20 世纪 60 年代起，人们开始研究了稀土氧化物在氟化物中的电解，并在 20 世纪 90 年代逐步取代了氯化物体系，实现了工业化生产。目前我国已开发出 10kA 的氧化钕电解槽，国外则有 24kA 氧化物电解槽正常运转的报道。

　　稀土氧化物-氟化物熔盐电解的实质，是以稀土氧化物为原料，在氟化物熔盐中进行电解以析出稀土金属的过程。由于稀土氧化物和氟化物的沸点较高，蒸气压低，故此法不仅可用以制取混合稀土金属和镧、铈、镨、钕等单一轻稀土金属及其合金，而且还可以用于制取熔点高于 1000℃ 的某些重稀土金属及其合金。同时因此种电解原料与电解质不易吸湿和水解，特别是稀土金属在其氟化物熔体中的溶解损失较小，故此法制取的稀土金属质量较好，电流效率和金属直收率都较高。

5.4.1 稀土氧化物-氟化物熔盐电解的基本原理

稀土氧化物-氟化物熔盐电解的理论规律,基本同稀土氯化物熔盐电解。本节简述稀土氧化物-氟化物电解的基本原理及工艺特点。

(1) 电解质组成 作为电解原料,稀土氧化物是一种稳定、难熔、导电性差的化合物,不能直接用以电解析出金属。为此首先要求选择一种熔盐,对稀土氧化物具有良好的溶解性能。实践证明,稀土氧化物在稀土氟化物熔体中有较大的溶解度(达 2%~4%),稀土氟化物在电解中可以充当稀土氧化物的良好溶剂,因此也就可能成为电解质的基本组成。

但是作为电解质,一般还要求其熔点较低、导电性好、高温稳定、蒸气压小,特别是分解电压相对较高。而稀土氟化物的熔点较高(介于 1140~1515℃ 之间,见表 5-16),在其溶解氧化物以后的导电性也较弱。所以单纯使用稀土氟化物为电解质,也将遇到较大困难。实践中是在稀土氟化物中添加能改善电解性质的其他氟化物,组成二元或多元氟化物熔盐体系,这是比较理想的电解质选择。

表 5-16 固体或熔融氟化物的理论分解电压

金属离子	$E_{理论}/V$				金属离子	$E_{理论}/V$			
	500℃	800℃	1000℃	1500℃		500℃	800℃	1000℃	1500℃
Eu^{2+}	5.834	5.602	5.453	5.101	K^+	5.017	4.674	4.355	3.630
Ca^{2+}	5.603	5.350	5.182	4.785	Yb^{3+}	4.793	4.573	4.431	4.104
Sm^{2+}	5.617	5.385	5.236	4.884	Sc^{3+}	4.701	4.495	4.363	4.076
Sr^{2+}	5.602	5.364	5.203	4.768	Th^{4+}	4.565	4.355	4.220	3.962
Li^+	5.564	5.256	5.071	4.495	Zr^{3+}	4.458	4.255	4.133	3.785
Ba^{2+}	5.547	5.310	5.154	4.803	Be^{2+}	4.407	4.247	4.073	4.058
La^{3+}	5.408	5.174	5.020	4.648	Zr^{4+}	4.242	4.045	3.964	—
Ce^{3+}	5.335	5.097	4.938	4.555	U^{4+}	4.217	4.015	3.881	3.626
Pr^{3+}	5.329	5.109	4.965	4.621	Hf^{4+}	4.134	3.939	3.860	—
Nd^{3+}	5.245	5.004	4.843	4.458	Ti^{3+}	4.009	3.828	3.712	3.499
Sm^{3+}	5.213	4.992	4.850	4.517	$(Al^{3+})_2$	3.867	3.629	3.471	3.275
Gd^{3+}	5.198	4.977	4.836	4.504	V^{3+}	3.557	3.398	3.284	3.087
Tb^{3+}	5.140	4.920	4.778	4.447	Cr^{2+}	3.400	3.227	3.115	2.883
Dy^{3+}	5.111	4.891	4.749	4.419	Cr^{3+}	3.267	3.076	2.954	2.954
Y^{3+}	5.097	4.876	4.735	4.407	Zn^{2+}	3.265	3.068	2.912	2.439
Ho^{3+}	5.068	4.847	4.706	4.376	Ga^{3+}	3.055	2.923	—	—
Na^+	5.119	4.818	4.529	3.781	Fe^{2+}	3.094	2.905	2.780	2.529
Mg^{2+}	5.013	4.476	4.567	3.994	Ni^{2+}	2.890	2.697	2.573	2.338
Lu^{3+}	5.025	4.804	4.662	4.336	Pb^{2+}	2.865	2.654	2.525	2.350
Er^{3+}	5.025	4.804	4.662	4.333	Fe^{3+}	2.832	2.640	2.513	2.354
Eu^{3+}	5.010	4.790	4.648	4.316	Ag^+	1.647	1.597	1.551	1.509
Tm^{2+}	5.010	4.789	4.648	4.320					

稀土是活性很强的金属,与氟有较强的化学亲合势。从热力学上看,在电解温度下要使氟化物不被稀土金属还原,只有碱金属和碱土金属氟化物才有可能。但是比较表 5-16 所列分解电压的数据可知,与钠、钾氯化物的电化学性质不同,钠、钾氟化物的分解电压比多数稀土氟化物的要低,即在氟化物体系电解中,Na^+、K^+ 将与 RE^{3+} 一道同时放电析出。只有钙、锶、锂、钡的氟化物其分解电压比稀土氟化物高。但氟化钙的熔点高,氟化锶价格昂贵,因此实际上只有锂、钡的氟化物(前者售价更低)较宜选作电解质组成。

在生产实践中，目前常用的稀土氟化物电解质体系为 REF_3-LiF。在此体系中 LiF 能起到显著降低熔点的作用。由于 LiF 的电导率高，加入 LiF 还能改善体系的导电性能。LiF 的缺点是沸点较低（1681℃），蒸气压较高，且与稀土金属的作用比较强烈。为减少电解质的挥发损失和金属溶解损失，有时在体系中加入部分 BaF_2 代替 LiF，以降低 LiF 的用量。此时电解质即为 REF_3-LiF-BaF_2 三元体系。

（2）稀土氧化物的分解电压　表 5-17 列出了各种氧化物在不同温度下的分解电压值。表中指出，在 1000℃时各稀土氧化物的分解电压值波动于 2.40～2.65V 之间，比多数其他氧化物的分解电压值都要高。

表 5-17　固体或熔融氧化物的理论分解电压

金属离子	$E_{理论}/V$			金属离子	$E_{理论}/V$		
	500℃	1000℃	1500℃		500℃	1000℃	1500℃
Zr^{2+}	4.904	4.381	3.947	Ti^{4+}	2.000	1.776	1.557
Ca^{2+}	2.881	2.626	2.354	Si^{4+}	1.863	1.647	1.412
La^{3+}	2.840	2.550	2.317	Ta^{5+}	1.815	1.583	1.356
Ac^{3+}	2.882	2.687	2.503	V^{2+}	1.807	1.590	1.382
Pr^{3+}	2.838	2.608	2.370	Mn^{2+}	1.705	1.515	1.305
Nd^{3+}	2.836	2.642	2.334	Nb^{5+}	1.655	1.439	1.245
Th^{2+}	2.786	2.557	2.325	Na^{+}	1.616	1.256	—
Th^{4+}	2.784	2.539	2.296	In^{3+}	1.196	0.926	0.66
Ce^{3+}	2.772	2.526	2.280	Ge^{2+}	1.166	1.052	—
Be^{2+}	2.764	2.505	2.309	W^{4+}	1.144	0.946	0.78
Sm^{3+}	2.738	2.507	2.260	Sn^{4+}	1.090	0.842	0.566
Mg^{2+}	2.686	2.366	1.905	Fe^{3+}	1.066	0.855	0.645
Sr^{2+}	2.659	2.409	2.105	Mo^{4+}	1.064	0.859	0.662
Y^{3+}	2.677	2.459	2.250	Fe^{2+}	1.095	0.920	0.767
Sc^{3+}	2.602	2.367	2.127	Mn^{4+}	0.983	0.806	—
Hf^{4+}	2.552	2.308	2.074	Cd^{2+}	0.922	0.538	0.036
Ba^{2+}	2.508	2.224	2.021	Ni^{2+}	0.897	0.677	0.476
U^{4+}	2.568	2.342	2.110	Co^{2+}	0.898	0.676	0.448
Al^{3+}	2.468	2.188	1.909	Pb^{2+}	0.742	0.505	0.318
U^{2+}	2.456	2.213	1.963	Cu^{+}	0.578	0.400	0.229
Ti^{2+}	2.299	2.062	1.838	Te^{4+}	0.332	0.084	−0.176
Ti^{3+}	2.272	2.046	1.828	Cu^{2+}	0.439	0.215	0.078
Ce^{4+}	2.171	1.954	1.734	Ir^{3+}	0.123	−0.053	−0.204

但是使用碳阳极实测的分解电压值总是偏低。这是因为碳在各氧化物电解中有强烈的去极化作用，对于稀土氧化物电解，其总反应为：

$$RE_2O_3 + 3C \longrightarrow 2RE + 3CO \text{（或 } CO_2\text{）}$$

因此当电解过程以石墨为阳极，根据此反应在电解温度下的标准吉布斯自由能变化，可计算出各稀土氧化物的实际分解电压值。例如 La_2O_3 在 1000℃时的实际分解电压为 1.40V，即比理论分解电压低 1.15V。由于去极化之后 RE_2O_3 的分解电压远低于 REF_3 的分解电压，故只要 RE_2O_3 能顺利溶解在氟化物熔体中，则作为电解原料的 RE_2O_3 可以被优先电解。但若在电解质中含有电位较正的阳离子如 Al^{3+}、Si^{4+}、Mn^{2+}、Fe^{3+}、Pb^{2+} 等，这些离子又会在阴极上优先析出。因此在电解原料和电解质中，应当尽可能减少这些杂质离子的含量。

（3）电极过程　稀土氧化-氟化物电解的阴极过程与稀土氯化物电解相似。即主要过程为 RE^{3+} 在阴极上放电，析出稀土金属。同时也存在变价离子的不完全放电与空耗电流，稀

土金属与 O_2、C 和 CO_2 的相互作用和二次反应以及稀土金属的少量溶解或被分散于熔体的一些损失过程。

阳极过程主要是发生氧离子的放电反应：

$$2O^{2-} - 4e^- \longrightarrow O_2$$
$$2O^{2-} + C - 4e^- \longrightarrow CO_2$$
$$O^{2-} + C - 2e^- \longrightarrow CO$$

当电解质熔体中缺少 O^{2-}，或产生阳极效应时，也会发生 F^- 的放电反应：

$$nF^- + mC - ne^- \longrightarrow C_mF_n$$

正常电解时放出的阳极气体为 CO_2 与 CO 的混合物。电解温度在 $900\sim1000℃$ 以上，因有利于布多尔反应进行，阳极气体主要含 CO，其中 CO_2 含量极少。但若是 CeO_2 电解，则 CO_2 在阳极气体中的含量会增加。由于有时存在 F^- 的放电反应，故排出的废气也含有少量氟碳化合物。

5.4.2 稀土氧化物-氟化物熔盐电解的工艺实践

此法的主要工艺过程与稀土氯化物电解相似。但因电解排放的废气无回收价值，故无废气专门回收处理工序。

(1) 电解槽的结构与槽型 稀土氧化物-氟化物电解的特点之一是其电解温度较高，为此电解槽的槽体结构与槽型也应与之相适应。例如国内较多采用的 3000A 电解槽槽体都用石墨材料做成，槽体底部设置钼或钨质容器以盛液体金属。槽型采用内热式，即电解温度借直流电产生的焦耳热来维持。若热量不足，可在石墨阳极之间通入交流电以补充加热。电解槽为一石墨坩埚，槽体上部装有一筒状或多块圆弧状石墨阳极。通过阳极圆形中心，垂直插入一钼（或钨）质棒状阴极。槽底放置一收集钕熔体的钼（或钨）质盘状容器。槽体周围砌有绝热材料和耐火砖。氧化钕粉可通过给料器，连续定量地送入槽内，撒落在阴极周围。阳极气体从槽口排出后由排气装置抽走。电解可在自然条件下长时间连续进行，无须另外补充能量，日产金属达 60kg。

近年来稀土氧化物-氟化物电解已有大发展，国外建造的生产混合稀土金属的大型电解槽，工作电流达 24kA。这是一种矩形钢制密闭槽，内衬耐火材料。液体金属在用难熔金属制成的阴极上析出，并借真空泵从槽内吸走。电解进行时槽壁上形成一层渣皮，可防止衬里受到侵蚀。阳极由 8 块石墨板组成。电解槽的其他主要工艺参数为：电压 12V，电解温度 $1000℃$，槽池尺寸 $280cm \times 195cm \times 65cm$，槽体外廓尺寸 $500cm \times 330cm \times 375cm$，槽子重量 2.4t，金属回收率 $90\% \sim 93\%$，电流效率 75%，电能耗量 $10.6kW \cdot h/kg$，日产金属 600kg。

(2) 工艺因素及其控制 为保证电解正常进行，需控制下列主要工艺因素。

① 电解温度 通常将电解温度保持高于电解金属熔点约 50℃。温度过低，氧化物在电解质中的溶解度和溶解速度都降低，可能引起氧化物沉降槽底，造成夹杂，且使金属汇集不好；温度过高，则金属的溶解及与耐火材料的二次反应加剧，电解质损失增加，将直接影响产品纯度、金属实收率和电流效率。生产实践表明，保证电解槽平稳操作的关键是减少电解温度的波动，并力求在最低槽温下电解。经常调整极距和控制电流密度（防止电解质过热）以及少量多次地添加氧化物（防止大量冷料吸热冷炉），可使电解温度的波动降至较小程度。

② 电流密度 由于氟化物比氯化物的导电性好，故阴极电流密度可适当大些（一般为 $5\sim8A/cm^2$），以利于液滴凝聚。阳极电流密度取决于产生阳极效应的临界电流密度和二氧化碳（或一氧化碳）气体的逃逸速度。稀土氧化物电解的重要特点是阳极效应比其他氧化物

电解产生更为频繁。为减少阳极效应的产生，阳极电流密度宜小于 $0.5A/cm^2$。阳极电流密度太大，还会使阳极气体产生过多，电解质搅动激烈，引起二次反应加剧。因此为保持电流密度正常，应经常补加电解质来调整阴、阳极在熔体中的浸入深度。

③ 加料速度　对于氧化物电解，阳极反应对电解速度的控制起很大作用，因而与之密切相关的氧化物的加入速度是重要的工艺因素。在正常电解情况下，氧化物的加入速度应与阳极反应相适应，它决定于操作电流及在电解温度下电解质熔体对它的溶解能力。当加料速度太慢，电解质中的 RE_2O_3 浓度过低，O^{2-} 的供给不及阳极反应的消耗，则会产生阳极效应，并导致 F^- 的放电。若加料速度过快，超过了电解质在此温度下的溶解能力，则必然影响正常电解温度；同时 RE_2O_3 分散在熔体中，或沉积于金属表面，造成金属凝聚困难和夹杂，致使电解技术经济指标降低。因此实践中是用给料器匀速、定量地向槽内送料。适宜的加料速度，一般用实验或操作经验来确定。

（3）典型工艺条件及技术经济指标　表 5-18 列出了由氧化物-氟化物熔盐体系电解制取镧、铈、钕、钇等单一稀土金属及混合稀土金属的典型工艺条件和主要技术经济指标。由表可以看出，稀土氧化物电解的电流效率普遍较稀土氯化物的更高，电能消耗更小，产品质量也较好，如各杂质的含量为 O_2 0.01%～0.04%，Mo（或 W）、Si、Li 均小于 0.01%，F 0.03%～0.04%，C≤0.05%（大多来自电解原材料）。

表 5-18　某些稀土氧化物-氟化物电解工艺条件及技术经济指标

项　目	镧	铈	镨	钕	钇	镨-钕混合金属	混合稀土金属
电解质组成（质量%）：REF_3	60	73	50%mol	89～83	50%mol	50%mol	50
LiF	27	15	50%mol	11～17	50%mol	50%mol	30
BaF_2	13	12					20
电解温度/℃	946	约900	1030	1050±20	1370	1115	950
工作电流/A	159	600	50	2200	95	60	980
阴极电流密度/（A/cm^2）	15	32.0	6.0	7.0	31.4	9.6	8.0
阳极电流密度/（A/cm^2）	6.2	5.23	0.3	1.0～1.5	1.0	0.6	1.0
槽电压（平均值）/V	12	11	19.0	10	27.0	24.0	8.5
电解槽气氛	惰气	敞口	惰气	敞口	惰气	敞口	敞口
平均加料速度/（kg/h）		1.02					0.86
电解持续时间/min	180	200	66	连续电解	42	84	4
直流电消耗/（kW·h/kg）	12.9	7.8		8.6			600
稀土氧化物利用率/%	60	约100		≥97			
电流效率/%	57	90	88	60～65	53	55	98 37[①]

① 采用经过处理的氟碳铈矿作电解原料。

5.4.3　稀土两种熔盐体系电解的比较

稀土氯化物体系与氧化物-氟化物体系电解在各方面的比较列于表 5-19。

表 5-19　稀土两种熔盐体系电解的比较

项　目	稀土氯化物体系	稀土氧化物-氟化物体系
原料及其特性	稀土氯化物，易吸湿、水解	稀土氧化物，性质稳定，便于储存
溶剂及其特点	碱金属、碱土金属氯化物，较便宜，腐蚀性小	REF_3、LiF 等，价格贵，熔体腐蚀性强
电解槽结构及材料	工业生产采用耐火材料砌槽，使用寿命约一年	采用石墨槽，使用寿命短，对盛金属容器材料要求高

项　目	稀土氯化物体系	稀土氧化物-氟化物体系
电解槽规模	工业电解槽规模最大可达50000A	工业电解槽规模最大已达24000A
操作要求及主要困难	$RECl_3$浓度允许波动较大;稀土氯化物性质不稳定,易水解,氧化造渣,损失多	须严格控制稀土氧化物的加料速度;氟盐性质比较稳定,但回收处理较难
金属回收率	约85%	>95%(稀土氧化物利用率)
电流效率	10kA以上槽20%~30%,800A槽50%~60%	使用正常氧化物原料时为50%~90%
电能消耗	每kg产品耗电25~35kW·h	每千克产品耗电5.5~13kW·h
产品纯度	工业生产一般为98%~99%	用钼坩埚作金属容器和在惰气保护下可达99.8%
劳动条件	电解废气为Cl_2和HCl,腐蚀性强,劳动条件较差	电解废气为CO、CO_2和少量氟化物

5.5　熔盐电解法直接制取稀土合金

近年来,由于稀土应用领域的不断开拓,稀土金属呈合金形态的应用正日益增多。使用稀土合金较单独使用稀土金属,不但成本低,而且烧损少、成分均匀,并节约能源。因此稀土合金的制取,多年以来受到普遍重视,现已成为稀土深加工的重要组成部分。

冶炼稀土合金,最早采用稀土金属与合金元素配制混熔的对掺法。此法虽然比较成熟,方便易行,但是能耗大,成本高。采用提取冶金如熔盐电解或金属热还原的方法直接制取稀土合金,由于简化了合金制造的工艺过程,节省了能耗,在经济上与混熔(对掺)法相比,有着明显的优势。近年来这两种制取稀土合金的方法都有很大的发展。

以熔盐电解直接生产稀土合金,主要采用下列三种方法。

① 液体阴极电解法。即稀土金属在液体阴极上析出,并与阴极生成易熔稀土合金。液体阴极可以应用低熔点的镁、铝、锌、镉等。

② 电解共析法。从溶解在电解质熔体中的稀土与合金元素的化合物中,电解共沉积稀土与合金元素的熔融金属,随后组成液体合金。

③ 固体自耗阴极电解法。稀土金属在自耗棒状阴极上析出,并与阴极材料(预定的合金元素)生成液体合金,固体阴极则逐渐消耗。

5.5.1　液体阴极电解法制取稀土中间合金

液体阴极电解最早在制取熔点较高的重稀土金属钇中获得应用。此时电解析出的金属钇与作为阴极的液体镁组成低熔的钇-镁合金,从而使电解过程可在低于钇熔点数百度的温度下进行。所制Y-Mg合金经蒸馏除镁后,用重熔法制得钇锭。

液体阴极电解法除用于制取某些重稀土金属外,目前更多的是用于直接制取稀土中间合金。例如,在二元或三元氯化物或氧化物-氟化物体系中,电解制取RE-Mg、RE-Al、RE-Zn等稀土合金;在添加少量CaF_2和NaF的三元氯化物体系中,电解制取含RE约8%的RE-Al-Zn耐蚀稀土合金等。现以制取比较成熟的钇-镁合金为例,介绍其电解工艺过程。

电解制取钇-镁合金的原理与稀土氧化物在稀土氟化物和氟化锂的熔体中电解制取稀土金属基本相同。其特点是阴极产物为钇与镁的合金。当Y^{3+}在液态金属阴极上放电还原出金属Y时,Y同作为阴极的Mg熔合生成Y-Mg合金。实验采用的电解槽的槽体为同时充当阳极使用的石墨坩埚,电解质溶于其中。为使阳极区同阴极区隔开,防止阳极气体对析出金属和合金的氧化作用,采用由槽底支撑的氧化镁圆筒作为阴极室。这样配置还可限制漂浮着的液体金属阴极的位置。由于石墨坩埚配有盖子,故电解可在密闭条件下进行。这不仅减少了阳极气体与空气的对流,而且还可降低电解质的挥发损失,稳定电解质组成。

电解制取钇-镁中间合金的主要工艺条件和技术经济指标列于表 5-20。由表可以看出,液体的阴极电解制取 Y-Mg 合金的温度较低,电流效率较高。但是由于电解使用了大量的金属熔体作为阴极,故得出的合金产品中其含钇量不可能很高,这是此法的缺点。

表 5-20 电解制取 Y-Mg 合金的条件和指标

使用的阴极	熔体镁	使用的阴极	熔体镁
电解质组成	LiF：YF$_3$＝3∶1(摩尔)	阴极电流密度/(A/cm^2)	0.5
Y$_2$O$_3$ 加入量	7%(质量)电解质	表观电流效率/%	60
电解温度/℃	760	合金含钇量/%	48.8

5.5.2 电解共析法制取稀土中间合金

采用电解共析法可制取多种稀土中间合金,其中比较成熟的是在 LiF-YF$_3$ 体系中,从 Y$_2$O$_3$ 和 Al$_2$O$_3$ 的混合物电解共析 Y-Al 合金和在 YCl$_3$-MgCl$_2$-KCl 体系中电解共析 Y-Mg 合金。由于共析法较液体阴极法具有规模大、产量高、能连续生产、可制取高稀土含量的合金等优点,故近年来获得了较大发展。目前该法除能冶炼含 Y 为 90% 以上的 Y-Al 中间合金外,还可在原电解铝工艺不变的基础上,大规模生产稀土含量为 0.1%~0.5% 的应用合金。除氯化物体系外,也可应用多元氟化物体系由其氧化物电解制取钇-镁、富钇-镁合金。此外近来应用共析法电解制取富钕-钴、富钕铁等中间合金也取得了成功。本节主要以生产比较成熟和具有代表性的钇-铝合金为例,介绍电解共析法的基本原理及工艺。

Y-Al 二元系中,在含铝量为 9%(质量分数)[24.5%(摩尔)] 处存在的 Y-Al 低共熔合金,其熔点为 970℃;而在含铝量为 8.7%~10.3%(质量分数)和 8.4%~12.4%(质量分数)处的液体合金的温度,相应为 1000℃ 和 1040℃。可见,用电解法制取含钇量约 90% 的钇-铝合金,其电解温度在 1000~1040℃ 之间,此温度范围对于氟化物体系电解非常适合。

根据 YF$_3$-LiF 系相图,在含 YF$_3$ 为 19%(摩尔),含 LiF 为 81%(摩尔)处,有一熔点为 695℃ 的低熔共晶。随 LiF 含量降低至 25%(摩尔),盐系熔点升高到 1025℃。YF$_3$-LiF 体系对氧化钇和氧化铝都有一定的溶解度,同时也能溶解金属钇。研究表明,金属钇在此盐系中的溶解反应,随温度的增高而加速,LiF 浓度较低时,金属钇的溶解损失显著降低。

在 1000℃ 温度下,溶解于氟化物体系中的 Y$_2$O$_3$ 和 Al$_2$O$_3$,其理论分解电压(分别为 2.459V 和 2.188V)相当接近,而且都较 LiF 和 YF$_3$ 的理论分解电压(分别为 5.071V 和 4.375V)低许多(参见表 5-16 和表 5-17)。因此只要控制适当的条件,Y^{3+} 及 Al^{3+} 便能在阴极同时放电析出金属,并熔合成为 Y-Al 合金。电解质中的 LiF 含量和电解原料中的 Al$_2$O$_3$ 含量对合金收得率有很大影响,实验表明,在 YF$_3$-LiF 熔盐中,当 LiF 含量过低,由于影响到电解质的综合性质(如黏性、电导等),故也将影响到析出金属的收得率;LiF 含量过高,又会引起钇的溶解损失急剧增大。故在 1025℃ 下的适宜电解质组成(质量分数)为 80% YF$_3$-20%LiF,在此条件下能获得最高的 Y-Al 合金收得率。

合金收得率随电解原料中 Al$_2$O$_3$ 含量的增加也会有明显增高的趋势。但 Al$_2$O$_3$ 含量提高到 >17%(质量分数)后,由于铝含量增高,合金中 Y 的品位降低;同时阴极区的合金又有漂浮的倾向，从而对电解产生如延长电解持续时间等影响。Al_2O_3 含量小于 14%（质量分数），制备的合金中 Y 含量很高，并使阴极池的 Y 含量逐渐增高，直至熔融金属被凝固。为此电解原料中 Al_2O_3 的含量以保持 14%～17% 为宜。

共析法制取 Y-Al 合金的电解槽的槽体和阳极均由石墨制成。槽底的阴极为含 Y 91%、Al 9%（质量分数）的 Y-Al 低共熔合金。电解槽用石墨电阻加热器加热至所需温度。制取合金的工艺过程如下：将含 20%LiF-80%YF₃（质量分数）的电解质放入石墨坩埚中熔化，随后向坩埚内加入 Y-Al 低共熔合金。当达到电解温度时，把含 14%～17%（质量分数）Al_2O_3 的钇、铝氧化物粉末混合料加入槽内，其加入量约为电解质的 3%。电解开始后约每隔 1min 加料一次，长时间连续电解，需适量补充电解质。控制电解温度为 1025℃，阴极电流密度约为 0.6A/cm^2，可获得含 Y 90%（质量分数）的 Y-Al 合金，合金收得率为 70%～90%。

由于含 Y 约 10%（质量分数）的 Y-Al 合金为熔点约 640℃ 的低共熔体。故在现行铝电解工艺条件下，Y_2O_3 溶于冰晶石-氧化铝体系中的量可达 2.5%～3.5%（质量分数），铝电解时添加一定量的 Y_2O_3，可获得含 Y 质量为 0.1%～0.5% 或 7%～10% 的铝-钇合金。此类电解因存在 Al 对 Y_2O_3 的热还原过程，这可使电流效率提高 1%～2%。

5.5.3 固体自耗阴极电解法制取稀土中间合金

近 20 年来成功地开发了一种制取稀土中间合金的固体自耗阴极电解法，它主要用于制取各种单一或混合稀土金属与钴或铁的合金以及某些稀土金属（如钪、钇等）与铬或镍等的合金，作为生产若干稀土功能材料的中间原料。此法的特点是阴极由铁族金属 Fe、Co、Ni 或 Cr 的自耗棒组成。稀土金属沉积在铁族金属的阴极上，通过相互间的原子扩散而生成稀土金。电解工作温度低于阴极铁族金属的熔点，而高于稀土金属与铁族金属之间形成的低共熔物的熔点。随着在阴极上不断形成液体合金并下滴入池，固体阴极逐渐消耗，剩余阴极陆续降入电解质中。与稀土金属电解一样，此种电解可在氟盐或氯盐体系中进行。

（1）氟化物体系自耗阴极电解制取稀土-钴合金 所用电解质为 LiF 和各稀土氟化物（制取 Pr，Nd-Co 合金时还含有 BaF_2）。其组成及固液相温度见表 5-21 所列。电解槽为一石墨坩埚，置于绝热砖砌成的壳体内。阴极用一钴棒制成，阳极为一根或二根槽纹石墨棒。当使用一根阳极时，槽内配有两根石墨加热棒以便辅助加热。若使用二根阳极，则阳极在电解时既与直流电源相连，又可作为加热棒送入交流电以补充加热。

表 5-21　氟化物体系电解质的初始组成（%，质量分数）和固液相温度

电解质初始组成	固液相温度/℃	电解质初始组成	固液相温度/℃
35LiF-65LaF₃	768	27LiF-73SmF₃	690
35LiF-65CeF₃	745	27LiF-73GdF₃	625
32LiF-68PrF₃	733	11LiF-89DyF₃	701
37LiF-63NdF₃	721	15LiF-85YF₃	825
20LiF-35BaF₂-45(Pr,Nd)F₃	715	25LiF-75 铈组氟化物	678
34.5LiF-68.5 铈组氟化物	733		

自耗阴极电解的阴极过程，除电化学反应以外，还包括稀土原子向阴极基体的深层扩散或稀土原子与阴极金属钴原子之间相互扩散生成合金以及合金从阴极基体中分离出来等步骤。其中稀土原子扩散进入阴极基体深层的速度很慢，是限制阴极过程速度的阶段。因此为了保证析出金属与阴极金属的完全合金化，阴极电流密度 J_k 的选择是至关重要的。其原则是稀土的析出速度应大体等于稀土与阴极金属的合金化速度。一般而言，适当提高 J_k，可以相应提高阴极表面的温度，加快稀土原子的分离与扩散速度，故可加速合金化过程。但

D_k 过高，又会使稀土的析出速度大大超过其合金化速度，促使部分未合金化的金属重新氧化或溶解，导致电流效率大幅度降低，这对高熔点稀土金属合金的电解尤其显著。

电解操作温度低于钴的溶点，而高于钴与稀土金属的低共熔体的熔点，一般随稀土种类的不同，波动于 635～1090℃ 之间。为减少稀土金属与电解质间的反应并使产品不接触石墨坩埚，槽底温度应低于阴极区温度。

此法制得的中间合金含稀土量较高，达 60%～80%，电流效率可达 64%～95%（Sm-Co 合金除外）。由于 Sm^{2+} 的稳定性，迄今难以采用电解或金属热还原其卤化物的方法制取金属钐。因此应用此法直接制取用于永磁材料生产的钐与钴或钐与铁的合金，是有特殊意义的。

（2）氯化物体系自耗阴极电解制取钕铁合金　Nd-Fe-B 合金是 20 世纪 80 年代发展起来的新一代永磁材料。生产 Nd-Fe-B 合金的原料不仅能用金属钕，也可直接使用 Nd-Fe 合金。自耗阴极熔盐电解是生产 Nd-Fe 合金的重要方法。此法可在氟盐和氯盐两种电解质中进行，现简要介绍后者。

氯盐体系的电解质为 $NdCl_3$ 和 KCl 的熔体。电解使用圆形石墨电解槽。用纯铁棒作自耗阴极。由 Nd-Fe 系相图可知，在质量组成为 80%Nd-20%Fe 处，合金的熔点约为 800℃，为此制取这种成分的 Nd-Fe 合金，其电解过程可在 850℃ 下进行。电解温度较低，给 Nd-Fe 生产带来很大方便。

在阴极上生成 Nd-Fe 合金的电极过程，与电解稀土-钴合金相似。实践证明，J_k 和电解质中的 $NdCl_3$ 含量对电流效率有显著影响。由于在电解条件下，温度对金属原子的扩散速度起主要作用，随着 J_k 的增高，阴极表面温度不断上升，这就加快了合金化的扩散过程，故使电流效率明显提高。同时钕也有某些变价性质，当电解时金属钕溶于电解质熔体之后，它能还原 Nd^{3+} 生成低价钕离子，其反应为：

$$2Nd^{3+} + Nd \longrightarrow 3Nd^{2+}$$

而 Nd^{2+} 被循环到阳极区，又将重新氧化成三价钕离子：

$$Nd^{2+} - e^- \longrightarrow Nd^{3+}$$

所以电解质对金属钕的溶解量，决定于 $NdCl_3$ 在电解质中的含量。$NdCl_3$ 含量高，钕在电解质中的溶解损失增大，电流效率低；若 $NdCl_3$ 含量过低，则电解质中的 K^+ 可能同时放电，也将导致输入电流的损失。

氯化物体系电解制取 Nd-Fe 合金的典型工艺条件如下：电解温度 850～870℃，阴极电流密度 11A/cm²，电解质中 $NdCl_3$ 的含量 14%（质量分数）。在此条件下制得的 Nd-Fe 合金含 Nd 约 83%（质量分数），电流效率为 37%，钕的回收率为 90%。所制钕-铁合金适于生产 Nd-Fe-B 高效永磁材料。

5.6　还原法制取稀土金属和合金

除熔盐电解以外，金属热还原法也是制取稀土金属及其合金的重要工业方法。一般而言，熔盐电解法生产规模较大，适用于生产混合稀土金属、铈组或镨钕混合金属以及镧、铈、镨、钕等单一轻稀土金属，其产品纯度有限；而金属热还原法主要用于制取单一重稀土金属、钐、铕、镱等高蒸气压金属和质量较高的镨、钕等单一轻稀土金属，产品纯度较高。近 30 年来，金属热还原法在用以制取某些重要的稀土合金方面也取得了重大发展，并已发展为工业生产方法。此外，近期国外还研究了其他一些制取稀土金属的还原方法，如碳还原法等。

5.6.1　金属热还原法制取稀土金属

5.6.1.1　金属热还原法制取稀土金属的基本原理

利用活性较强的金属作还原剂，还原其他金属化合物以制取金属的方法，通称为"金属热还原法"。大多数金属热还原过程，其基本特征是在反应过程中常伴有明显的热效应，还原反应可表示为：

$$MeX + Me' \Longleftrightarrow Me + Me'X + \Delta H$$

式中　MeX——被还原金属的化合物（如氧化物、氯化物、氟化物）；

　　　Me'——金属还原剂；

　　　ΔH——反应热效应。

根据热力学原理，金属热还原反应在一定温度和压力下进行方向的判断依据是反应的吉布斯自由能变化值 ΔG_T。当 $\Delta G_T < 0$，反应可正向进行；ΔG_T 的负值越大，正向还原反应进行的趋势也越大。

表 5-22 列出了稀土金属及某些金属还原剂的氧化物、氯化物和氟化物的标准焓值及标准吉布斯自由能值。

表 5-22　稀土金属及某些金属还原剂的氧化物、氯化物和氟化物的

标准焓值及标准吉布斯自由能值　　　　　　　　　　　　　　/(kJ/mol)

元　素	$-\Delta H^{\ominus}$			$-\Delta G^{\ominus}$		
	氧化物	氯化物	氟化物	氧化物	氯化物	氟化物
Sc	1910.6	900.8	1550.3	1920.2	861.8	1478.9
Y	1908.5	975.0	1770.8	1818.4	901.6	1649.1
La	1797.0	1072.2	1763.9	1707.8	998.4	1683.5
Ce	1805.6	1055.9	1717.9	913.4	985.4	1637.5
Pr	1826.0	1055.8	1684.3	1772.7	982.5	1604.0
Nd	1810.0	1029.0	1717.0	1722.0	952.3	1636.6
Sm	1818.0	1018.1	1695.9	1729.6	975.8	—
Eu	1810.0	1001.4	1638.0	1544.9	960.3	—
Gd	1818.0	1005.6	1629.7	1726.2	932.2	1621.0
Tb	1830.1	1751.4	1676.0	1734.6		1604.3
Dy	1863.6	976.2	1667.6	1782.4	921.3	1595.9
Ho	1883.4	975.4	1655.0	1794.1	905.8	1583.3
Er	1900.5	959.5	1642.4	1811.6	885.7	1570.7
Tm	1891.3	946.9	1638.2	1808.2	887.0	1566.5
Yb	1817.2	963.7	1575.4	1727.9	883.6	1573.7
Lu	1880.0	925.9	1642.4	1792.9	883.3	1572.1
Li	259.7	408.9	613.4	188.5	384.2	584.0
Na	—	412.7	572.3	—	385.4	546.0
Ca	635.6	785.0	741.6	600.0	—	—
Mg	602.1	642.7	114.5	599.4	535.4	1027.6

还原反应的吉布斯自由能变化与温度的关系，可用范特荷夫等压方程式描述：

$$\left[\frac{\partial \ln K_p}{\partial T}\right]_P = -\frac{\Delta H}{RT^2}$$

因此，温度 T 对还原过程的影响，主要决定于过程的热效应 ΔH。当过程为吸热反应，随温度的升高，反应平衡常数 K_p 增大，即有利于反应的进行；当过程为放热反应，则随温度的升高，K_p 值减小，故不利于反应的进行。金属热还原过程大多是放热反应，其 ΔH 为负，但其 K_p 值一般很大。所以在过程中适当升高温度，实际上并不会影响其还原率。相反地为保证足够的还原速度和较好的产品结晶形态，还原过程宜控制在较高温度下进行。

稀土氧化物的标准熔值和标准吉布斯自由能的负值很大。从热力学上看选择钙作还原剂是可能的，但是因其氧化物的熔点高，在通常条件下很难将稀土氧化物还原彻底制得纯金属。

对稀土氯化物和氟化物的比较适宜的还原剂是锂和钙。钠也能较好地还原氯化稀土，但还原产物的熔点较高，而钠的沸点低，这会给过程带来许多困难。镁、铝因与稀土金属很易组成合金，用它们作还原剂时，还原产品常常不是纯金属，而是稀土与镁或铝的合金。

稀土氯化物、氟化物的钙、锂热还原，其显著优点是在还原过程中能生成流动性好的熔渣，它们比其他稀土卤化物或盐类更为稳定，不易分解，因而因为还原过程的彻底进行和金属与渣的分离创造了良好条件。但用氯化物、氟化物进行还原，要求使用较昂贵的坩埚材料如钽、铌、钼、钨等。同时由于稀土金属的化学活性很强，其卤化物又易水解，故其热还原过程，通常都要在惰性气氛或真空中进行。

稀土卤化物的金属热还原不适于制取钐、铕、镱等有明显变价特性的金属。因为用锂、钙还原这些金属的卤化物，只能得到低价卤化物，而得不到金属。为此利用它们在高温下有较高蒸气压的特性，在真空条件下用镧、铈还原它们的氧化物，以制取这些变价金属。

由此可知，工业上用于制取稀土金属的热还原法，主要是稀土氟化物的钙热还原法，稀土氯化物的锂、钙热还原法以及钐、铕、镱等氧化物的镧、铈热的还原法。

5.6.1.2 稀土氟化物的钙热还原法

钙热还原稀土氟化物是制取熔点较高的单一重稀土金属和钪的主要方法。虽然此法也可用制取除钐、铕、镱以外的其他单一稀土金属，但因熔盐电解法在制取铈组轻稀土金属方面存在一定的优势，故此法对制取轻稀土金属并不常用，只有时用以制取少量纯镨、钕金属。

稀土氟化物的钙热还原反应如下：

$$2REF_3 + 3Ca \longrightarrow 2RE + 3CaF_2$$

还原反应在 1400～1750℃下进行，随稀土金属的不同而异。由于反应的标准吉布斯自由能负值很大，故在还原过程中，只要把反应物料加热至开始反应的温度，反应即可自发进行。

稀土金属钙热还原法的基本特点，是还原作业必须在高于稀土金属和还原渣的熔点的温度下进行，使金属与渣保持熔化状态，靠密度差而分层，以实现金属与渣的分离。在还原过程中，反应产生的热量通常不足以维持金属和渣呈熔融状态，故尚需外部加热。

为保证氟化物还原比较彻底，还原剂的用量一般应大于理论需要量的 10%～20%。因 CaF_2 的熔点（1418℃）较高，蒸气压小，所以反应进行比较平衡，还原过程易于控制。还原是在抽真空后充入纯惰气（压力约 66.5kPa）的感应电炉或电阻炉中进行的。由 REF_3 和钙屑组成的炉料，装入炉内由薄钽片制成的坩埚中。为了获得含氧量低的金属，氟化物先以熔化或真空烧结以除去吸附气体，其含氧量应不超过 0.1%；还原剂钙也需经过蒸馏提纯。还原过程的最终温度控制在高于稀土金属或渣的熔点 50～100℃，使金属与渣获得良好分离。钇的还原温度为 1580℃左右。对于钆、铽、镝等金属的还原，保持 1450～1550℃的还原温度已经足够。此时反应进行很快，熔渣显著地轻于稀土金属，浮于金属上方，故还原后保温 15min，便能使金属与渣良好分层。还原钇时，由于钇的密度较小，而黏度较大，金属与渣的分离较差，其回收率要比还原其他重稀土金属的低约 5%。还原钪时，钪的密度小于渣，故金属浮于熔渣上方。

在正常操作条件下，稀土金属钙还原的回收率可达 97%～99%。熔渣冷却后变脆，很

138

易与金属锭分开。金属含钙为 0.1%～2%，含氧 0.03%～0.1%，含钽约 0.03%。金属锭在原真空炉内进行熔炼，或通过自耗熔炼，可除去杂质钙。

稀土氟化物不易吸湿，制备方便；其渣氟化钙与重稀土金属的熔点相近，流动性好，易与金属分离；还原剂钙易制，且便于提纯。故此法在生产钇、钆、铽、镝、钬、铒、镥等重稀土金属方面获得了广泛应用。

中频感应炉是常用的还原设备，还原炉内设置了料仓、真空闸门和铸模室，使炉子可以半连续装料和更换铸模，从而使作业可以半连续地进行。还原过程开始前，炉料装满上料仓并密闭之。上料仓抽走空气后通入氩气，炉料落至下料仓，而上料仓又重新准备接受新一批炉料。炉料从下料仓落入钽坩埚中。坩埚底呈圆锥形，并留有一直径为 1.5cm 的注液孔。在过程进行中，注液孔周围不被加热而成为冷区，孔口被上一批流过并被凝固下来的金属塞满，成为狭窄的坩埚底。当装入坩埚上部的炉料按制度升温还原后，放下感应圈，熔化凝固在注液孔中的金属，熔体注入铜铸模，等全部铸模注满后，切断卸料室进行卸料。金属与渣从铸模中取出并分开，金属送真空重熔以除去还原剂钙，金属的直接回收率为约 90%。

由于金属与渣分离不完全（还原钇时尤甚），渣中金属呈细料状，含量可达 10%，甚至更高。为回收这部分金属，将渣粉碎，并用盐酸处理之，稀土呈草酸盐形式从溶液中沉淀出来。

钙热还原法能按等级制取不同纯度的稀土金属，表 5-23 所列为钙热还氟化钇所制不同等级金属钇的主要杂质含量。

表 5-23　钙热还原 YF₃ 所制金属钇的主要杂质含量　　/%

产品牌号	钙	铜	铁	钽、铌或钨(坩埚材料)	稀土
钇-1	0.01	0.03	0.01	0.02	0.1
钇-2	0.03	0.05	0.02	0.2	0.2
钇-3	0.05	0.1	0.03	0.3	0.5
钇-4	0.5	0.1	0.7	0.7	2.8
钇-5	1.6	0.1	1.0	1.0	3.8

为了获得较高的产品质量和金属回收率等技术经济指标，在稀土氟化物的钙还原中，必须严格控制原材料（包括氟化物、还原剂、保护气体等）的纯度、还原温度、还原剂用量和还原最终温度下的保温时间等工艺因素。

5.6.1.3　稀土氯化物的锂热还原法

生产单一重稀土金属、钇和高纯镨、钕也采用其氯化物的锂（或钙）热还原法。实践表明，用此法制得的稀土金属的质量比氟化物的钙热还原法更好。国外曾用高纯锂还原精制的无水氯化钇，获得了核纯金属钇。因此虽然稀土氯化物的锂热还原法的成本较高（还原剂锂价格较贵），其应用受到一定限制，但仍受到稀土冶金界的关注。

根据锂热还原反应的吉布斯自由能变化，锂在低温下（呈液态）便可与呈固态的稀土氯化物相互作用，其反应为：

$$RECl_3 + 3Li \longrightarrow RE + 3LiCl$$

还原过程的最高温度为 1000℃。此时稀土金属为固态，而 LiCl 分别在约 700℃ 和 1400℃ 下熔化和沸腾，故还原渣可以用排出之后并接着进行真空蒸馏的方法除去。这样还原炉就可采用电阻加热的方法。并降低了对设备材质的要求，从而提供了使用大型还原设备的可能。

作为还原物料，稀土氯化物缺点是吸湿性强，并有水解的倾向，这使得制取高质量的稀土氯化物的工艺技术相当复杂。但若用于还原的是稀土氯化物与 KCl 的二元氯化物，则基本上可以克服这些困难。

除锂以外，钠、钾等碱金属也可以还原稀土氯化物为稀土金属。但是由于钠和钾的沸点低，将使还原过程变得复杂，导致金属回收率大幅度降低（比锂热还原法低约10%）。

为制取纯度高的稀土金属，二元氯化物用真空蒸馏法净化，锂可以在还原设备中直接精炼。还原过程在水平或竖式还原炉内的反应器中进行，反应器用耐蚀钢制造。通常竖式还原设备在操作和运转上更为方便。它不仅可以净化还原剂锂，而且也能同时净化二元氯化物。制取高纯稀土金属的锂热法采用竖式还原炉。还原剂过量达10%～20%的还原物料装炉以后，炉子抽真空至0.1Pa，二元氯化物在炉内升温到950℃进行蒸馏，并在炉子上方的冷凝器中冷凝。冷凝器用专门的加热元件加热升温，氯化物即可熔化并流入反应区。熔锂炉中的熔锂注入反应器的盛锂容器内，当容器加热到900℃，纯净的锂蒸气蒸发出来。将锂蒸气导入反应，在750℃下与氯化物熔体进行反应。还原结束后炉内抽真空至0.1Pa，在950℃下用真空蒸馏法分离还原渣，LiCl同样冷凝在冷凝器中。还原产品为海绵状稀土金属，等冷却后从设备中取出，经过真空重熔，可制得纯度颇高的稀土金属锭。

上述还原工艺由于在炉内对还原物料进行了蒸馏净化，所以生产的稀土金属含有害杂质很少，这对制备纯稀土金属有重要意义。但是工艺和设备却比较复杂，致使产品成本相应增高。为了在保证还原产品质量的基础上简化还原工艺，降低生产成本，也采用过不预先在炉内净化还原物料，而用锂直接还原稀土氯化物和还原工艺。还原在真空炉中进行。稀土和钾的二元氯化物呈块状装入炉内衬有铌板的反应器中，炉子必完备并抽空至0.1Pa之后加热到300℃。熔融锂由专门的熔化器落入反应器。还原反应在氩气气氛中于700℃温度下进行，还原最高温度为930℃。大部分还原渣借真空吸入铸模中，其余约20%的渣用真空蒸馏法分离除去。

锂热还原产品是活性很强的海绵稀土金属，为避免在大气下燃烧，在卸料前需进行钝化处理。即当蒸馏结束时，炉子在真空下冷却到550～600℃之后，在含有水蒸气和氧的工业氩气中冷却，以钝化金属的活性表面。进一步钝化可借助炉子冷却时产生负压而吸入的空气（或在炉子冷却到200℃时鼓入空气）来进行。即从反应器卸出。金属经真空电弧熔炼后其杂质含量（质量分数）为氧0.3%～0.4%，氯0.01%，铁0.01%～0.03%，铌0.001%。虹吸和蒸馏出来的还原渣为锂和钾的二元氯化物，可送往电解回收和提取金属锂。

稀土氯化物的钙热还原法与锂热还原法相似，不另举例阐述。

5.6.1.4 稀土氧化物的镧（铈）热还原法

前已述及，钐、铕、镱等稀土金属因能生成稳定的二价卤化物，用钙、锂还原其卤化物的方法实际上得不到金属。这些金属在工业上是用镧（铈）热还原法生产的。此法的实质是在真空条件下，利用蒸气压低的稀土金属镧、铈或铈组混合稀土金属来还原这些金属的氧化物；并且利用这些金属具有高蒸气压的性质，同时将它们蒸发出来。应用镧、铈热还原法制取钇、镝、钬、铒等金属也获得不同程度的成功，但因这些金属的蒸发性能普遍较差，还原及蒸馏过程的温度要求很高，金属产率和纯度低，故大多无实际意义。各种稀土金属的沸点、蒸发速度和蒸气压与温度之间的关系见表5-24所列。

表 5-24　稀土金属的沸点、蒸发速度的某些数据

金　属	蒸气压为1.33Pa时的温度/℃	蒸气压为133.3Pa时		沸点/℃
		温度/℃	蒸发速度/[g/(cm²·h)]	
La	1754	2217	53	3470
Ce	1744	2174	53	3470
Pr	1523	1968	56	3130
Nd	1341	1759	60	3030

金　属	蒸气压为 1.33Pa 时的温度/℃	蒸气压为 133.3Pa 时		沸点/℃
		温度/℃	蒸发速度/[g/(cm² · h)]	
Sm	722	964	83	1900
Eu	613	837	90	1440
Gd	1583	2022	59	3000
Tb	1524	1939	60	2800
Dy	1121	1439	71	2600
Ho	1197	1526	69	2600
Er	1271	1609	68	2900
Tm	850	1095	83	1730
Yb	471	651	108	1430
Lu	1657	2098	61	3330
Y	1637	2082	43	2930

由于镧、钕金属的蒸气压很低，而其还原金属氧化物的能力颇强，因此除镧、铈以外，镨、钕也可以作为钐、铕、镱等氧化物还原剂。但因镨、钕价格较贵，故通常用富镧铈混合稀土金属或铈组混合稀土金属代之。

工业上最成熟的是镧热还原氧化钐制取金属钐，现重点讨论。

（1）镧热还原法制取金属钐的基本原理　在高温及真空条件下，以镧还原氧化钐可以顺利地制得金属钐。其反应及物料相态变化如下：

$$Sm_2O_{3(s)} + 2La_{(l)} \longrightarrow 2Sm_{(g)} + La_2O_{3(s)}$$

在 1225～1473K 的温度下，还原反应的 $\Delta G^{\ominus}$ 与温度 T 关系为：

$$\Delta G^{\ominus} = 430989 - 204.19T \quad (J)$$

在上述温度范围内，钐的平衡蒸气压 P_{sm} 与温度的关系式为：

$$\lg P_{sm} = 0.609 - 1125T^{-1} \quad (MPa)$$

根据吕·查德里原则，降低系统的压力有利于反应向体积增大的方向进行。对于还原反应，若反应后气体摩尔数增加，则提高系统真空度对还原反应的进行有利。因此当系统保持必要的温度和真空度，使还原生成物钐为气态时，其逸度小于 1，而 Sm_2O_3、La 和 La_2O_3 仍为凝聚态，则反应正向进行的趋势将很大，还原钐的反应将进行非常完全。同时过程在真空中进行，对改善钐蒸发的动力学条件也十分有利。

镧热还原 Sm_2O_3 是一个复杂的多相反应，在正常还原温度下，还原体系同时存在着固相、液相和气相。国外对还原过程的动力学作过若干研究。早期研究认为，在还原过程中随 Sm 从 Sm_2O_3 中还原出来，钐与还原剂镧会生成 Sm_x-La_y 的中间合金。还原开始，反应速度受钐由中间合金蒸发出来的速度所控制，此时按蒸发系数计算的表观活化能值为 105.55kJ。随后当反应固体产物 La_2O_3 大量形成，反应的继续进行则须依靠液体还原剂顺利通过 La_2O_3 层，向 Sm_2O_3 的颗粒表面扩散。因此产生之间的扩散或传输便成为过程速度的控制步骤，此时按扩散系数计算的表观活化能值为 255.10kJ。这是镧热还原过程的基本动力学特征。

近期的研究曾用由瓦格纳（Wagner）理论建立的电化学还原反应模式描述了镧热还原的反应机理。据推测，随着还原反应的进行，在金属镧与稀土氧化物界面间会形成氧化镧层，层的两个界面分别进行由镧放出电子变为镧离子的阳极反应以及稀土离子接受阳极反应放出的电子而转变成稀土金属的阴极反应。假设反应生成物 La_2O_3 同时具有离子和电子传导的性质，则会发生以 La_2O_3 层为媒介的稀土氧化物至金属镧的氧离子传输和由金属镧至稀土氧化物的 La^{3+} 和电子的传输：

$$3O^{2-}(RE_2O_3) \xrightarrow{\text{传输}} 3O^{2-}(La)$$

$$2(La)^{3+}(La) \xrightarrow{\text{传输}} 2(La)^{3+}(RE_2O_3)$$

$$6e^{-}(La) \xrightarrow{\text{传输}} 6e^{-}(RE_2O_3)$$

由于电子的传输速度远大于稀土离子和氧离子的传输速度，因此镧离子或氧离子穿过氧化镧层的传输过程是限制反应速度的主要阶段。

根据上述理论分析，可知影响镧热还原过程的主要因素有以下一些。

① 还原-蒸馏的温度和时间。由 La 还原 Sm_2O_3 反应的 $\Delta G^{\ominus}$-T 及 P_{sm}-T 关系式可以明显地看出，提高温度能增大反应 $\Delta G^{\ominus}$ 的负值和金属钐的平衡蒸气压，因而对还原反应有利。同时温度的升高对增大还原和蒸馏过程的传输速度也十分有效。但是温度过高一般会使冷凝温度相应提高，还原蒸发出的钐蒸气有可能来不及完全冷凝而影响金属的回收率。此外还易使某些杂质元素同时被还原和蒸馏出来，导致金属钐的纯度降低。因此对于不同的炉料组成，都有其相应的最宜温度值。

除温度以外，还原过程的升温速度也影响到金属产品的质量和其他指标。升温速度过快，还原物料吸附的气体来不及除尽，产品易为气体杂质所污染；同时金属蒸气可能夹带氧化物粒子进入冷凝器，而使产品产生夹层，导致质量指标恶化。升温速度过慢，则会增长还原周期，使生产率降低，电耗增加。

还原及蒸馏的时间是影响技术经济指标的因素之一。为保证还原反应进行彻底，并使钐从还原渣中完全蒸出，以获得最高的金属回收率，必须在最高还原及蒸馏温度下维持足够的保温时间。但保温时间又不宜过长，否则会增大电耗，并使产品可能受炉内气氛的作用而影响质量。适宜的保温时间通常按料量和设备效能等因素由实验确定。

② 炉料组成及其特性。炉料组成即成配比、炉料粒度和成型压力对还原过程有不同程度的影响。保持还原剂镧的适当过量是使还原反应充分进行的重要条件。但是它对金属回收率的影响有一定的数值范围，超出此范围，回收率不再提高，还会降低还原剂的利用率。在实践中镧的过量数视其质量、还原设备及操作的不同波动于 10%～45% 之间。由于还原反应是在固态氧化钐和液态金属镧之间进行的，所以还原剂过量的主要作用，可能不是增大两者的接触面积，而是满足与被还原的金属钐构成中间合金 La_xSm_y，从而促进还原反应充分地进行。

采用压块或制粒炉料是镧热还原工艺的特点之一。炉料压块的作用是增大相与相之间的接触面积，防止细粒物料和还原剂的飞逸和流失。炉料通过适当的压力成型，制成质松、多孔、密度低的压块进行真空还原，可以提高还原蒸馏速度，并获得较高的金属回收率。但压制压力不宜过大，否则将阻碍钐蒸气向外扩散而严重影响金属回收率，适宜的压制力依原料性质如粒度、纯度等不同波动于 $(1～5)\times10^3$ kPa。

为适应多相反应的动力学条件，炉料要求粒度较细，以利扩散或传输过程的顺利进行。通常由水冶车间提供的 Sm_2O_3 原料，其粒度能满足还原要求。氧化钐颗粒越细，压制压力相应增大，以防微细物料飞逸而影响产品质量。适当的还原剂粒度，能使压块中的镧很好地湿润 Sm_2O_3，从而有利于多相反应的进行。但是还原剂的颗粒越细，其氧化的程度越大，还原的效果也越差，一般以 0.5mm 至数毫米为宜。

（2）镧热还原制取金属钐的工艺实践　镧热还原氧化钐可在真空感应电炉或真空碳管电阻炉中进行，但用前者较好，因为此炉还原产品可以完全排除杂质碳的污染。

将氧化钐粉末与经过重熔除气的金属镧屑（过量 15%～20%）混匀后，在压力机上按 $(1～5)\times10^3$ kPa 的单位压力压制成块（粒）。压块装入置于真空炉内的钼或钽制坩埚中，坩埚上方装有预定冷凝钐蒸气的钼质冷凝筒。还原开始时，炉内预抽空到约 0.1Pa，按升温制

142

度加热至 1300～1400℃，并在最高温度下保温足够的时间。在炉子升温和保温过程中，炉内始终维持小于 0.1Pa 的真空度，以便获得高的金属纯度和产率。为避免产品受炉内气氛的影响，也可在炉子加热前向经过抽空的炉室通入氩气，并保持 133.3Pa 的炉内残压。炉中冷凝筒的温度一般保持为 300～400℃，可得到粗大的金属钐晶体，温度过低，冷凝的金属呈粉末状态。

还原结束后，炉子在真空下冷却到室温。所得金属钐在 1200℃和氩气保护下重熔铸锭，可制得纯度大于 99% 的纯金属钐锭，钐锭中氮、氧、氢、碳等杂质的含量不大于 0.01%（质量分数）。

镧热还原法生产金属钐也可用价格便宜的氧化钐富集物为原料，以代替纯氧化钐，此时钐的纯度可达约 99%，钐的成本明显降低。

用铈或铈组混合稀土金属代替镧还原氧化钐，曾经获得过好的结果，其过程与镧热还原法相似。但因金属铈有很强的着火性，故用铈作还原剂其工艺操作比较复杂，在工业生产上应用范围不广。

5.6.1.5　中间合金制取稀土金属

用于重稀土金属生产的氟化物钙热还原法，一般要求在 1450℃以上的高温下进行，这给工艺设备和操作都带来较大困难，特别是在高温下设备材料与稀土金属的作用加剧，还原金属常被污染而纯度降低。因此降低还原温度常常是扩大生产，提高产品质量所需考虑的关键问题。

为了降低还原温度，首先必须降低还原产物的熔点。如果设想在还原物料中加入一定数量的熔点较低而蒸气压较高的金属元素如镁和助熔剂氯化钙，此时还原产物为低熔点的稀土-镁中间合金和易熔的 $CaF_2 \cdot CaCl_2$ 渣。这样不但大大降低了过程温度，而且生成的还原渣比重变小，有利于金属和渣的分离。低熔合金中的镁用真空蒸馏法除去，可获得纯稀土金属。这种通过生成低熔中间合金以降低过程温度的还原方法，在实践中称为中间合金法，它比较广泛地用于熔点较高的稀土金属的生产。此法很早便已在金属钇的生产中获得应用，近年来还发展至用于镝、钆、铒、镥、铽、钪等的生产。现以生产钇为例说明。

(1) 中间合金法制取金属钇的基本原理　中间合金法制取金属钇的实质，仍是稀土氟化物的钙热还原。但是在还原过程进行的同时，还存在低熔 Y-Mg 合金的生成过程和 $CaF_2 \cdot CaCl_2$ 造渣反应：

$$2YF_3 + 3Ca \longrightarrow 2Y + 3CaF_2$$
$$Y + Mg \longrightarrow Y\text{-}Mg$$
$$CaF_2 + CaCl_2 \longrightarrow CaF_2 \cdot CaCl_2$$

由热力学计算可知，在氟化钇的钙热还原系统中，虽然金属钙和镁同时存在，但只有钙才能作为 YF_3 的还原剂。镁因与氟的化学亲和力较小，对 YF_3 不能起还原作用。但镁与钇及其他稀土金属极易形成低熔合金。在 Y-Mg 合金中，随着镁含量的增加，合金熔化温度不断下降。当合金含镁为 15% 时，其初晶温度为 1200℃；合金含镁量增大到 21.5% 和 40.6%，其初晶温度将分别下降到 935℃ 和 780℃。CaF_2 与 $CaCl_2$ 也可组成熔点较低的二元系熔体。由 $CaCl_2$-CaF_2 系相图可知，含 43.8%（摩尔）$CaCl_2$ 和 56.2%（摩尔）CaF_2 的二元系熔体，其初晶温度为 904.4℃。

由此可见，在 YF_3 的钙热还原中，若配以适量的镁和氯化钙，可使还原温度降低数百度。实践证明，当配料比 $YF_3 : CaCl_2 : Ca : Mg = 1.5 : 1.3 : 0.68 : 0.29$ 时，还原过程只要维持 950℃ 即可使渣与合金处于熔融状态，此时合金含镁约 24%。

钇和镁的蒸气压性质相差十分悬殊，所制 Y-Mg 合金很容易用真空蒸馏法除去镁而制得纯金属钇，镁蒸气通过冷凝回收可返回还原使用。

（2）中间合金法制取金属钇的工艺实践　为避免杂质从还原物料进入产品，要求采用纯度较高的 YF_3；钙、镁须预先分别在 900℃ 和 950℃ 下进行真空蒸馏提纯；工业纯氯化钙应在 450℃ 下进行真空脱水。

还原设备为一不锈钢制的反应罐，罐中有一盛还原剂钙和合金组分镁的钛坩埚。反应罐上部设有加料器，内装 YF_3 料和助熔剂 $CaCl_2$。还原温度用插在反应罐外部的热电偶测量。反应罐可以抽成真空或充氩气。还原所需温度借外部加热的硅碳棒电炉予以维持。

还原及蒸馏过程如下：经过配料的钙与镁呈块装入置于反应器中的钛坩埚内，氟化钇和氯化钙装入料罐中。反应器预抽真空至 1.33Pa 后，缓慢加热至 350℃，充入氩气达 70～100kPa，继续升温至 800～900℃。待钙、镁全部熔化后，旋转加料器使 YF_3 和 $CaCl_2$ 缓慢加入反应坩埚，还原温度随之上升到 950℃，保温约 0.5h，取出坩埚并冷却后拿出还原产物。所得 Y-Mg 合金性硬脆，密度大，易于渣分离，易吸氧。

由 Y-Mg 合金提取金属钇，是将合金破碎成 15mm 左右的小块，置于蒸馏罐中进行真空蒸馏，以除去镁和其他挥发性杂质。当蒸馏预抽真空至 $1×10^{-2}～1×10^{-3}$Pa，将其陆续升温至 900℃ 和 950℃，并在相应温度下分别保温 4h 和 20h，蒸馏所得为海绵钇，其钙、镁含量不大于 0.01%。海绵钇经电弧熔炼和铸锭，钇的纯度为 95%～99.5%，其收率达 90%。

应用中间合金法制取其他重稀土金属的工艺与此相似，但还原和蒸馏温度有所不同。如制取 Dy-Mg 合金的还原温度为 970℃，Gd-Mg 合金为 980℃，Lu-Mg 合金为 1120℃，它们的蒸馏温度波动于 950～1050℃ 之间。

5.6.2　金属热还原法直接制取稀土合金

金属热还原也可用以直接制取某些具有实用价值的稀土合金，如钐-钴和钕-铁硼永磁合金、稀土硅铁合金和稀土铝合金等。而且此种方法比常规的混熔法显得更为经济合理，故近年来得到很大发展。

5.6.2.1　钙还原扩散法制取钐-钴永磁合金

在金属钴存在下，用钙或氢化钙还原氧化钐以制取钐-钴合金的方法，自 20 世纪 70 年代工业化之后已日趋成熟，并获得了广泛应用。目前德国、日本、独联体所属国家等采用此法大量生产钐-钴合金。

此法的实质是在与金属钐有较大亲和力的金属钴存在下，进行氧化钐的钙热还原反应，其特征是还原产生固态钐-钴合金粉末：

$$Sm_2O_{3(s)}+10Co_{(s)}+3Ca_{(l)} = 2SmCo_{5(s)}+3CaO_{(s)}$$

但是上述还原过程实际上是由下列两个反应（阶段）组成的：

① $Sm_2O_{3(s)}+3Ca_{(l)} = 2Sm_{(s)}+3CaO_{(s)}$

② $Sm_{(s)}+5Co_{(s)} = SmCo_{5(s)}$

尽管 CaO 和 Sm_2O_3 的标准生成吉布斯自由能值相差很小（仅 47kJ/mol O_2），但是由于钐与钴反应生成 $SmCo_5$ 合金（实际为钐与钴的金属间化合物）的吉布斯自由能的负值较大，同时在高于 1100℃ 的高温下金属钐能加速扩散与钴作用生成 $SmCo_5$，因而有钴存在时以钙还原 Sm_2O_3 的反应能保证单向进行，直至完全生成钐-钴合金为止。

钙热还原 Sm_2O_3 常以 CaH_2 代替 Ca 作还原剂。CaH_2 性脆，很易破碎成粉末，故与 Sm_2O_3 粉末能均匀混合。还原过程中 CaH_2 在一定的温度和负压下，很易分解成单质钙和氢气：

$$CaH_2 \longrightarrow Ca+H_2 \uparrow$$

分解的钙活性很强，它与 Sm_2O_3 的相互作用以及随后生成 $SmCo_5$ 合金的反应在 850℃ 便可剧烈进行，但是为了保证钐呈液态并加速其扩散过程，还原过程保持 1100～1150℃ 的高温是必要的。其总反应可表示为：

$$Sm_2O_3+10Co+3CaH_2 === 2SmCo_5+3CaO+3H_2\uparrow$$

还原过程中析出的氢气应从反应区及时排出，以利于还原的彻底进行。

为了提高还原过程的单位热效应，在还原物料中经常添加氧化钴，因为 Co_3O_4 与 Ca 的交互反应将产生大量反应热，此时还原反应为：

$$Sm_2O_3+(10-3n)Co+nCo_3O_4+(4n+3)CaH_2 === 2SmCo_5+(4n+3)CaO+(4n+3)H_2\uparrow \left(n=0\sim\frac{10}{3}\right)$$

在上述还原反应中，除还原剂钙和中间还原出的钐为液相外，大部分还原物料和还原产物均为固相。还原反应以及生成 $SmCo_5$ 金属化合物的反应，均为固-液相之间的多相反应。因此扩散过程在整个还原过程中起重要作用，影响扩散过程进行的某些工艺条件如温度、原料粒度、混合均匀程度及还原剂的活性等，均为还原过程的重要动力学因素。这种与扩散过程紧密相关的还原方法也被称为还原扩散法。

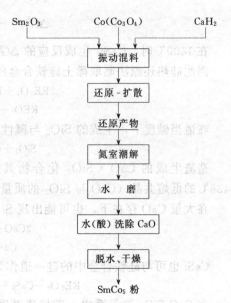

图 5-2　还原扩散法制取 $SmCo_5$
合金粉末工艺流程

还原扩散法制取 $SmCo_5$ 合金粉末的工艺过程如图 5-2 所示。

还原在真空感应电炉或真空电阻炉中进行。按化学当量比配制的炉料经过混合装于钢制容器，并送真空炉中，在 1150℃ 和 1.3Pa 的真空下经过 3h 保温。还原产物为 $SmCo_5$ 与 CaO 的烧结块，经冷却出炉后，置于潮湿的氮室中进行潮解。此时过剩的钙被氧化，而氧化钙被水解，烧结块散落成粉末。散粉用水磨法磨至小于 5×10^{-3}mm 后，先用大量水最终用弱醋酸液洗涤以除去 CaO。洗粉经脱水后，在不高于 50℃ 的真空干燥箱中干燥，所得最终产品为 $SmCo_5$ 粉末。此合金粉经磁场取向压型、烧结、充磁工艺过程后可制成钐-钴永磁体。合金粉产品也可直接销售。

生产合金粉末时钐的回收率为 90%～93%。用此合金粉制备永磁体，在相同化学成分下其性能不比熔炼法所制永磁材料差。此法与传统的合金熔炼法相比，缩减了制取金属钐、钐的熔炼和粗破碎三个工艺程序，因而成本较低。其缺点是当粉末颗粒较粗，而细磨、水洗处理不好时，粉末中杂质氧、钙的含量增高。

还原扩散法原则上也可用于制取其他稀土-钴永磁合金粉，但目前大多尚未取得实际应用。近来还有用此法生产钕-铁-硼合金粉的报道。

5.6.2.2　硅热还原法制取稀土硅铁合金

稀土硅铁合金主要用于炼制各种优质新钢种的添加剂、铸铁的孕育剂和某些实用合金的球化剂或蠕化剂。用它代替混合稀土金属和铈铁作添加剂，不但价格低廉，而且可以避免在储存时氧化和加入到液体金属时着火，从而可使稀土金属的利用率提高 1 倍左右。

硅热还原法制取稀土硅铁合金，是在有碱性熔剂（石灰）存在的条件下，通过电弧炉产生的高温，用硅铁中的硅还原和熔炼稀土氧化物或稀土富渣，以制得稀土硅铁合金。

由于稀土金属与氧的亲和力大于硅、铝与氧的亲和力，故在通常条件下硅、铝还原稀土氧化物至稀土金属的反应不能正向进行（反应的 ΔG 为正值）。但是当还原产物为稳定的 $RESi_2$ 时，则硅、铝还原稀土氧化物的反应能自动进行（反应的 ΔG 为负值）。

145

研究发现，稀土在合金中呈稳定的硅化物 $RESi_2$ 相态，铁和钙也呈硅化物存在。合金化反应表示为：

$$[RE]+[Si] \Longrightarrow [RESi]$$
$$[RESi]+[Si] \Longrightarrow [RESi_2]$$

以 Ce 与 Si 的合金化反应为例，计算其反应的 $\Delta G^{\ominus}$ 值为：

$$[Ce]_{(l)}+2[Si]_{(l)} \Longrightarrow [CeSi_2]_{(s)}$$

$$\Delta G^{\ominus} = -302119+76.3T(J) \tag{5-11}$$

在 1400℃时，$CeSi_2$ 生成反应的 $\Delta G^{\ominus}$ 为 $-174.35kJ$，表明反应能自动进行。

因此硅热还原法制取稀土硅铁合金的基本反应可推测为：

$$2RE_2O_3+11Si \Longrightarrow 4RESi_2+3SiO_2$$
$$REO_2+3Si \Longrightarrow RESi_2+SiO_2$$

在适当碱度下，生成的 SiO_2 与碱性熔剂 CaO 将进行下列造渣反应：

$$SiO_2+CaO \Longrightarrow CaO \cdot SiO_2$$

造渣生成的 $CaO \cdot SiO_2$ 化合物其熔点为 1544℃。它与 SiO_2 甚至可以组成熔点为 1436℃的低熔共晶（CaO 与 SiO_2 的质量比为 36%：64%）。

在大量 CaO 存在下，也可能出现 Si 还原 CaO 接着生成 CaSi 的反应：

$$2CaO+Si \Longrightarrow 2Ca+SiO_2$$
$$Ca+Si \Longrightarrow CaSi$$

CaSi 也可与硅铁合金中的硅一道作为还原剂，还原并进行造渣：

$$RE_2O_3+CaSi+4Si \Longrightarrow 2RESi_2+CaO \cdot SiO_2$$

在 $CaO-SiO_2$ 二元系中，随熔渣碱度的增加，即 SiO_2 浓度的降低，SiO_2 的活度急剧减小；而对 $La_2O_3-CaF_2-CaO-SiO_2$ 四元系的活度测定表明，随熔渣碱度的增加，La_2O_3 的活度及活度系数增大。同时由于合金化反应是自动进行的，稀土金属进入合金后，其活度显然会大大减小。可见在还原物料中增加 CaO 的组成，将有利于上述还原反应的进行。实践证明，在一定范围内熔渣碱度越大，稀土的还原率越高，这对稀土富渣为原料的还原过程尤为重要。因为只有足够的 CaO 存在，才能使富渣中呈钙硅石形态存在的稀土，转变为呈游离的铈针石形态存在，即能提高游离 RE_2O_3 的浓度，从而增大了 RE_2O_3 还原的可能性。

生产稀土硅铁合金的原料，可以是稀土的氧化物、盐类、稀土富渣和精矿。还原剂是 Si 占 75%的硅铁合金。入炉石灰含 CaO>85%。配料时碱度控制为 3.0～3.5，以便使出炉前熔渣的碱度保持为 2.6～3.0。对于使用含 8%～14%的 RE_2O_3 的稀土富渣原料，加入石灰量约为富渣量的 0.6～0.7 倍。还原作业在炉体可倾动的标准炼钢电弧炉中进行。炉子采用碳质炉衬和碳砖炉底，以防含氟成分的严重腐蚀。开炉时首先用 220V 电压起弧，电流平稳后即放入炉料，富渣及石灰交错加入。当炉料熔化 80%以上，温度达 1300℃时，将硅铁还原剂加入，并迅速升温至硅铁熔化。熔炼温度升至 1300～1350℃后，通入 0.2～0.4kPa 的压缩空气或水蒸气搅拌熔体，以便使熔体与熔渣之间充分接触，加速还原反应的进行。搅拌停止后继续送电升温，待合金中的稀土品位合格后，控制炉温至 1350～1400℃，使渣与合金良好分层，并有较好的流动性，然后分别将熔渣和合金放出。为获得合格的合金产品，保证较高的稀土回收率，在冶炼过程中应控制好碱度、配料比、温度等重要工艺参数。出炉合金按不同要求，其稀土含量波动于 23%～35%之间，主要为铈组稀土金属。合金中含硅一般不超过 46%，含铁不超过 27%。

按照类似的冶炼工艺，用硅热还原法或碳化钙-硅热还原法可制取稀土硅铁钙合金和钇基重稀土硅铁合金，并已取得重要应用。

5.6.2.3 铝热还原法制取稀土铝合金

稀土铝合金作为提高铝材综合性能的添加剂，其用量已日渐增多。稀土铝合金也可用铝热还原法制取，此法由于避免了二次重熔造成的稀土烧损（烧损量可达 10%）和减少了中间环节，生产成本明显降低。

真空铝热还原法能生产稀土品位较高、质量较好的稀土铝合金，但因其工艺复杂，生产成本高，近年来已被利用廉价的稀土氧化物在大气下进行的铝热还原法所取代。后者工艺过程简单，对稀土原料的要求不严，如可用废弃的抛光粉、从电解质中回收的 RE_2O_3、甚至稀土品位大于 60% 的铈组稀土精矿作为生产原料，故成本较低。同时由于可用控制 RE_2O_3 的加入量来控制合金中的稀土含量，简化了生产中合金品位的检测工作，从而为合金的大规模工业生产创造了有利条件。

如前所述，用铝直接还原稀土氧化物为稀土金属从热力学上看是不可能的。但是若在过程中设法使稀土改变呈铝-稀土合金状态，并使 RE_2O_3 和生成的反应产物 Al_2O_3 溶解于低熔点的化合物熔体中，则因还原条件发生变化，还原反应有可能顺利进行。基于这一原理，在生产中曾经实践过多种铝热还原制取稀土铝合金的方案，现介绍主要的两种。

(1) 以冰晶石为熔剂的铝热还原　以冰晶石为熔剂，在石墨坩埚中熔化铝的同时加入 RE_2O_3，在不断搅拌下进行铝的热还原，可以产出稀土含量大于 10% 的稀土铝合金，稀土收率可达 85% 以上。大部分铝合金在稀土 10% 处均有共晶或似共晶结构，在此成分处的合金熔点最低（约 1000℃）。稀土含量大于 10% 后，合金中的金属化合物数量增加，合金熔点也显著增高。故此工艺使用的还原温度与合金中的稀土含量和回收率有关，并随稀土氧化物的不同而异。如还原铈和铈组氧化物，温度控制 1000℃ 即可获得含稀土金属不小于 10% 的合金，稀土回收大于 85%；还原 La_2O_3 或 Nd_2O_3 则需 1100℃ 才能获得满意结果。

提高还原温度可以相应提高合金中的稀土含量。但温度高于 1100℃，冰晶石会发生分解，造成熔剂的大量损失，并产生有毒的 HF 气和黏性很大的渣，导致恶化环境，渣与合金分离困难，稀土收率也相应降低的结果。故用此法制备稀土铝合金，其稀土品位以约 10% 为宜。

此法适于制取熔点低于 1000℃ 的单一轻稀土金属和铈组混合金属与铝的中间合金。实践表明，用此工艺制取 La、Ce、Nd 等金属与 Al 的合金，具有明显的经济效果。此外在 1300 以上也能制得 Gd-Al 合金。

因冰晶石的熔点高，用此法生产稀土-铝合金其还原温度都在 1000℃ 以上，因此铝的过热烧损比较严重，这是其缺点。此法产出的渣其主要成分为（质量分数）：RE_2 6.71%，Al_2O_3 33.14%，NaF 49.71%。它可用作电解铝厂的电解质，供生产出稀土含量大于 0.5% 的稀土-铝成品合金。

(2) 在氯化物和氟化物熔体中的铝热还原　此工艺设想用碱金属氟化物为稀土氧化物的配合剂，以改变原料中稀土存在的状态；用碱金属氯化物为熔剂，以降低体系的熔点和改善其物理化学性质；在熔化铝的过程中直接添加 RE_2O_3，以制取稀土铝合金。其特点是由于采用了氟化物与氯化物的混合熔体，可使还原温度下降到 740～850℃，并且起到了保护介质的作用，故可减少铝的烧损。此外用于还原的稀土化合物，即可是氧化物，也可是氢氧化物、氯氧化物或碳酸盐，因此还原工艺的适应性较强。此法还能通过调节原料的加入量来控制合金中的稀土含量。稀土一次合金化的回收率可达 70% 以上。

5.6.3 制取稀土金属的其他方法

长时间以来，能以工业规模生产稀土金属的只有熔盐电解和金属热还原两种方法。对于稀土金属的冶炼新方法曾经做过不少研究和探索，其方向主要是试图采用稀土卤化物的高温热离解，稀土二碳化物的金属（钽粉）还原或用廉价的还原剂如氢（在铂族金属作用下）、碳还原稀土氧化物直接制取稀土金属。但是探索的新方法大多数还很不成熟，有的价格高昂，离实际应用相距甚远。只有成本可能较低的碳还原-热离解法，为人们所注意。

当以碳还原稀土氧化物时，在理论上可能存在下列化学反应：

$$RE_2O_{3(s)} + C_{(s)} \longrightarrow 2REO_{(g)} + CO_{(g)}$$
$$RE_2O_{3(s)} + 3C_{(s)} \longrightarrow 2RE_{(g)} + 3CO_{(g)}$$
$$RE_2O_{3(s)} + 7C_{(s)} \longrightarrow 2REC_{2(s)} + 3CO_{(g)}$$
$$RE_2C_{2(s)} \longrightarrow RE_{(g)} + 2C_{(s)}$$

对于大多数稀土金属，上述反应中稀土呈单氧化物或金属形态蒸发是不大可能产生的，因为它们的分压与上述反应产生的 CO 分压相比，约低 4 个数量级。因此生成 REC_2 的反应将优先发展为主要反应。

稀土金属钐、铕、镱、铥在高温下有较高的蒸气压，以碳还原它们的氧化物，其蒸气压与还原过程的 CO 分压相比，已足够大，还原得到 REC_2 可以进一步离解成金属和固体碳。而由于这些金属有较强的蒸发作用，因此能使金属从残渣中顺利分离出来。

由此可见，为了实现稀土金属的碳热还原，其决定性条件是稀土金属与其碳化物的蒸气压性质有很大差异，它仅适于制限蒸发的稀土金属如钐、铕、镱、铥等。其还原过程分二阶段进行：首先在大约 1600℃下碳还原稀土氧化物，生成稀土二碳化物；其次使二碳化物在高温下进一步离解成碳粉和稀土金属，金属蒸发并冷凝收集之。

在 RE（铈组）-O-C 体系中，组分间的相互作用会经过生成碳氧化物的阶段：

$$RE_2O_3 + 3C \longrightarrow RE_2O_2C_2（铈组）+ CO$$

此后，碳氧化物在碳作用下，按以下反应继续生成二碳化物：

$$RE_2O_3C_2 + 4C \longrightarrow 2REC_2 + 2CO$$

但钇组稀土不经过生成碳氧化物的阶段，而直接生成二碳化物：

$$RE_2O_3（钇组）+ 7C \longrightarrow 2REC_2（钇组）+ 3CO$$

稀土二碳化物是一种与 CaC_2 类质同晶的难熔化合物，有高的生成焓（EuC_2、SmC_2、YbC_2 和 TmC_2 的生成焓分别为 37.9kJ/mol、73.5kJ/mol、76.5kJ/mol 和 99.0kJ/mol），但在空气中不稳定，与氧和水汽作用会生成氧碳化物。为此碳还原 RE_2O_3 生成 REC_2 的反应，常须在高温下真空下进行，在常压下进行还原作业，难以得到稀土碳化物。镧、钕氧化物碳还原（碳化）反应的吉布斯自由能变化与温度的关系表明，只有在高于 1600℃的真空条件下，碳化反应才能自动进行；而且在真空条件下，随着温度的增高，生成稀土二碳化物反应的趋势也越来越大。

在真空中加热 REC_2 将产生离解反应。离解析出的稀土金属在固体二碳化物上方的饱和蒸气压与温度的关系式 $\lg p = A - B/T$ 中的系数 A 和 B，如表 5-25 所列。在高温条件下，由二碳化物离解析出的金属钐、铕、镱、铥的蒸气压值相当可观，因此采用碳还原-热离解法制取 Sm、Eu、Yb、Tm 等稀土金属，可能获得较高的金属回收率。这是此法具有一定实用价值的重要原因。

表 5-25　稀土元素在二碳化物上方的蒸气压与温度的关系式中的系数值

二碳化物	温度/K	A 值	B×10⁻³值	二碳化物	温度/K	A 值	B×10⁻³值
LaC$_2$	1900～2600	5.156	26.06	HoC$_2$	1750～2300	3.43	18.47
CeC$_2$	1910～2330	7.95	31.40	ErC$_2$	1750～2500	4.57	20.44
NdC$_2$	1667～2327	3.57	19.57	TmC$_2$	1660～2130	3.90	15.48
SmC$_2$	1414～2075	3.61	13.80	YbC$_2$	1100～1550	4.15	11.26
EuC$_2$	1130～1600	4.03	11.16	LuC$_2$	2100～2600	4.55	26.96
GdC$_2$	2088～2636	5.07	25.67	YC$_2$	2270～2550	4.45	24.23

现以制取工业钐为例介绍碳还原-热离解法的工艺实践。还原物料由氧化钐和碳组成，还原剂碳取理论需要量过量的 10%。为保证物料间良好地接触，物料的粒度最大应不超过 5×10^{-2} mm，并须精细地搅拌，使之均匀。物料的制粒或成型，可使还原过程获得高的金属产出率。还原作业在真空感应加热电炉或真空电阻炉进行。炉内抽真空至残余压力为 13.3Pa 之后，炉子开始升温，炉料加热到 1600～1700℃，经过 3h 保温，此时会发生钐的二碳化物的生成及离解过程。由于还原时排出大量的一氧化碳，被离解并接着蒸发出来的钐蒸气，将在 CO 气氛中被重新碳化，所以冷凝在石墨冷器内的钐是 SmC$_2$ 形态收集的。

SmC$_2$ 冷凝物的热分解过程在相同的炉子中进行。炉子抽空到 0.13Pa 并加热到 1600～1700℃，此时热分解出来的金属钐被蒸发、冷凝在钽或钼制的冷凝器内。从冷凝器中取出的金属钐其主要杂质含量（质量分数）为：C 0.05%，O 0.1%，H 0.35%，N<0.1%。冷凝钐送熔铸工序，熔炼成锭。由于在碳还原时各稀土金属的平衡蒸气压差别很大，用此制法制取金属钐时还能有效地净化除去其他稀土金属杂质，因此还原物料既可以是纯氧化钐，也可以是含有较多其他稀土金属的比较便宜的氧化钐富集物，这为进一步降低生产金属钐的成本，创造了有利条件。

用碳热还原法也可生产不同稀土含量和硅含量的稀土硅铁合金。它是利用矿热炉产生的高温，以碳还原硅石后产出的硅铁合金来还原稀土氧化物。此法的反应与过程和硅热法生产稀土硅铁合金相似。

表5-25 稀土元素在二氯化物十万的基产亚压压气温气压气温气压温温系中的系温度

二氯化物		温度/K	类型/K			化合物		B/J·T⁻¹	A/J		二氯化物		温度/K	B/J·T⁻¹/气
			1755~2200					5.18	5.18		1900~2600			18.47
								1.32			1170~3750			
			1050~2240					2.90			1680~2857			
			1100~1356					16.87			1414~2051			31.24
			2100~2600					13.80			1300~1600			
			3270~3250					11.53			1.65		2088~2604		
								23.87			1.07			

第6章　稀土磁性材料

6.1　磁学基础

6.1.1　物质的磁性

磁性是物质的基本属性之一。磁性现象是与各种形式的电荷运动相关联的，由于物质内部的电子运动和自旋会产生一定大小的磁场，因而产生磁性。一切物质都具有磁性。根据物质的磁化率大小，可以把物质的磁性大致分为五类：顺磁性物质、抗磁性物质、铁磁性物质、反铁磁性物质以及亚铁磁性物质，其中铁磁性物质和亚铁磁性物质属于强磁性物质，通常将这两类物质统称为磁性材料。

(1) 抗磁性　具有负磁化率 χ（约 10^{-6}）的物质称为抗磁体，它们在磁场中受微弱斥力。抗磁体是由满壳层原子组成的，其原子（离子）的磁矩为零，即不存在永久磁矩。当抗磁性物质放入外磁场中，外磁场使电子轨道改变，感生一个与外磁场方向相反的磁矩，表现为反磁性。金属中约有一半简单金属是抗磁体，碱金属离子、卤族离子和惰性气体原子也表现为抗磁性。

(2) 顺磁性　具有正磁化率 χ（约 $10^{-6}\sim10^{-3}$）的物质称为顺磁体，它们在磁场中受微弱吸力，且磁化率 χ 的倒数正比于绝对温度。顺磁体的主要特征是，不论外加磁场是否存在，原子内部都存在永久磁矩。但在无外加磁场时，由于顺磁物质的原子做无规则的热振动，宏观看来，没有磁性；在外加磁场作用下，每个原子磁矩比较规则地取向，物质显示极弱的磁性、磁化强度 M 与外磁场 H 方向一致，M 为正，而且严格地与外磁场 H 成正比。金属铂、钯、锂、钠、钾、稀土金属等属于此类。

(3) 铁磁性　如果一种物质具有自发磁矩，即在外场为零时，磁化强度仍不为零，则这种物质为铁磁体。铁磁性物质具有很强的磁性，能在弱磁场下被强烈地磁化，磁化率 χ 是很大的正值。铁磁体在温度高于某临界温度后会变成顺磁体，该临界温度称为居里温度 T_c。金属铁、钴、镍等是典型的铁磁体。

(4) 亚铁磁性　亚铁磁体比铁磁体更常见，它们多为复杂的金属化合物。在亚铁磁体中，相邻的自旋是反向平行的，只是大小不等或数目不等，因此具有剩余磁化强度。重要的亚铁磁体有尖晶石型铁氧体、石榴石型铁氧体和磁铅石型铁氧体。

(5) 反铁磁性　这类磁体的磁化率 χ 是小的正数，在温度低于某温度时，它的磁化率与磁场的取向有关；高于这个温度，其行为像顺磁体。除金属铬外，反铁磁性物质大都是非金属化合物，如 MnO、MnS、$MnSe$、FeO、CoO、NiO、VS。

图 6-1 是上述五类磁性物质的磁化率曲线示意图，表 6-1 给出这些磁体产生机制的简单图示。容易理解，物质的磁学特性源于核外电子系统或多或少具有的"轨道磁矩"和"自旋磁矩"，图中综合两者，并称之为"原

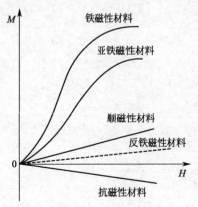

图 6-1　五类磁体的磁化率曲线示意图

表 6-1 磁性分类及其产生机制

分类		原子磁矩	M-H 特性	M_s, $\frac{1}{\chi}$ 随温度的变化	物 质 实 例
强磁性	铁磁性				Fe,Co,Gd,Tb,Dy 等元素及其合金、金属间化合物等。FeSi, NiFe,CoFe,SmCo,NdFeB,CoCr, CoPt 等
	亚铁磁性				各种铁氧体系材料(Fe,Ni,Co 氧化物)。Fe,Co 等与重稀土类金属形成的金属间化合物(TbFe 等)
弱磁性	顺磁性				O_2,Pt,Rh,Pd 等 I$_A$ 族(Li,Na, K 等) II$_A$ 族(Be,Mg,Ca 等)NaCl, KCl 的 F 中心
	反铁磁性				Cr,Mn,Nd,Sm,Eu 等 3d 过渡元素或稀土元素,还有 MnO,MnF$_2$ 等合金、化合物等
反磁性		轨道电子的拉摩回旋运动			Cu,Ag,Au C,Si,Ge,α-Sn N,P,As,Sb,Bi S,Te,Se F,Cl,Br,I He,Ne,Ar,Kr,Xe,Rn

子磁矩"。表 6-1 中同时给出了原子磁矩与磁场的作用、磁化强度-磁场强度（M-H）曲线、饱和磁化强度（仅在铁磁体中显示）以及磁化率与温度的关系等磁学特性。一般说来，材料的铁磁性应用较多，随着新磁性材料的开发，反铁磁性金属的重要性日渐显露。另外，磁光、磁热相互作用等方面的应用也不一定要追求过高的磁化强度。总之，各种磁性材料的应用领域都有新的扩展。

6.1.2 铁磁物质的特性

铁磁物质和弱磁物质有很大的差别。对于铁磁物质，小的外加磁场就会使它强烈磁化。铁磁物质的特性主要分为两类：一是与其内部原子结构和晶格结构有关的特性，也称为内禀特性；二是与其磁化过程有关的特性，称作磁化特性。

（1）与内部原子结构和晶格结构有关的特性参数

① 自发磁化强度 M_s 铁磁性物质的原子都具有原子磁矩，它们按一定规律排列在晶格点阵中。因此，每一个原子受到周围邻近原子的强烈作用，使邻近原子的磁矩方向趋于平行某一晶轴方向，因而自发地产生磁化强度 M_s。它决定于铁磁性物质的原子结构和邻近原子间相互作用，并随温度变化。

② 居里温度 T_c 由于一切物质的原子或分子 在一定温度下总是不停地运动着，原子或

分子的动能总和形成物质所表现的温度，显然这种热运动是要破坏各原子磁矩趋于一致方向。当在某温度以下，迫使邻近原子取向一致的相互作用超过原子热运动的破坏作用，则在该温度以下可以形成一定程度的自发磁化，该温度叫居里温度（或居里点）。在居里温度以上时，原子热运动超过了原子磁矩取向一致的作用，而变为混乱状态，呈顺磁性。

③ 磁各向异性常数 K_1　铁磁性物质按其结构讲也分晶体和非晶体两类。对晶体来说，其磁性在各个晶轴方向是不一样的，这个性质叫磁晶各向异性。易于磁化的晶轴方向称为易磁化方向，难以磁化的晶轴方向称难磁化方向。磁各向异性常数 K_1 表征了某铁磁物质在外磁场下磁化时的难易程度。

④ 饱和磁致伸缩系数 λ_s　当铁磁物质在外磁场作用下被磁化时，可观察到尺寸及形状的变化，这种现象称磁致伸缩现象。饱和磁致伸缩系数 λ_s 表示某一铁磁物质在外磁场作用下，沿磁场方向上测量到最大长度或形状的变化。

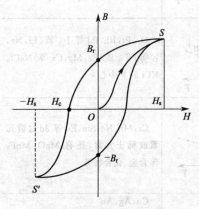

图 6-2　铁磁物质典型磁化
曲线和磁滞回线

（2）与磁化过程有关的特性参数　这类特性是用与物质的磁化曲线和磁滞回线直接联系的几个参数来表示的。铁磁物质在外磁场作用下的磁化过程是不可逆的，这就是磁滞现象。图 6-2 所示为铁磁物质典型的磁化曲线和磁滞回线。磁化曲线表征的是铁磁物质在外磁场作用下所具有的磁化规律，又称为技术磁化曲线。

在图 6-2 所示的铁磁物质磁滞回线上，各特性点分别为铁磁物质在磁化过程中的特性参数。

B_s 为饱和磁感应强度，是指用足够大的磁场来磁化磁性物质时，其磁化曲线接近水平不再随外磁场的加大而增加时的相应 B 值，T。

H_c 为矫顽力，是指当磁性物质磁化到饱和后，由于磁滞现象，故要使 B 减为 0 需有一定的负磁场，A/m。

B_r 为剩余磁感应强度，是指当以足够大的磁场使磁性物质达到饱和后，又将磁场减小到 0 时的相应的磁感应强度。

B_r/B_m 为矩形比，是指剩余磁感 B_r 与规定磁场强度所对应的磁感强度 B_m 的比值。

μ 为磁导率，是 B-H 曲线上任意一点的 B 和 H 的比值。

μ_0 为初始磁导率，是指当 $H \to 0$ 时的磁导率。

μ_m 为最大磁导率，是指以原点作直线与 B-H 曲线相切，切线的斜率即为 μ_m。

6.1.3　磁性材料的种类和特性

早在公元前几世纪人类就发现自然界中存在天然磁体，磁性（magnetism）一词就因盛产天然磁石的 Magnesia 地区而得名。从具有磁矩的物体就是磁性体这层意义上讲，自然界的任何物质都是磁性体。但磁性材料通常是指那些在实际工程意义上具有较强磁性的材料。磁性材料最初主要是应用在与电机相关的装置，早期的磁性材料主要是软铁、硅钢片、铁氧体等。随着材料科学与技术的发展，大量的新型磁性材料不断被研制出来，尤其是从 20 世纪 60 年代起，非晶态软磁材料、纳米晶软磁材料、稀土永磁材料等一系列的高性能磁性材料相继出现。现今磁性材料广泛应用于电子计算机及声像记录用大容量存储装置如磁盘、磁带，电工产品如变压器、电机，以及通信、无线电、电器和各种电子装置中，是电子和电工工业、机械行业和日常生活中不可缺少的材料之一，其应用涵盖了人类生产与生活的方方面面，在经济建设与日常生活中占有举足轻重的地位。

从磁性能的特点来看，金属磁性材料可以划分为软磁合金、硬磁合金、矩磁合会和压磁合金（也叫磁滞伸缩合金）4 种。在很多场合下，以上 4 种磁性合金可以简单地合并为软磁合金和硬磁合金 2 种。这是因为矩磁合金和压磁合金都具有很低的矫顽力，与通常所说的软磁合合特点相近。现在人们常把那些矫顽力小于 0.8kA/m 的材料称为软磁合金，而把矫顽力大于 0.8kA/m 的材料称为硬磁合金。

作为新材料和高技术的重要组成部分，磁性材料发展迅猛。在表 6-2、表 6-3 中列出包括传统材料在内的代表性实用铁磁性材料的有关事项。表 6-2 是高磁导率材料，主要用于各类磁心；表 6-3 为永磁材料，要求高的矫顽力和高的最大磁能积。实用的物质的磁性绝大多数为铁磁性。但是，近年来引人注目的新领域——生物体磁性工学，就是利用了人体等中的反磁性及顺磁性元素的磁性。随着磁性技术的发展，会不断产生与物质各类磁性相关联的新的应用领域。

表 6-2　主要的高磁导率材料

系统	材料名称	组成（质量比）	磁导率 初始 μ_0	磁导率 最大 μ_m	饱和磁通密度 B_r/T	矫顽力 $H_c/(A/m)$	电阻率 $\mu/\Omega \cdot m$	居里温度 $T_c/℃$
铁及铁系合金	电工软铁	Fe	300	8000	2.15	64	0.11	770
	硅钢	Fe-3Si	1000	30000	2.0	24	0.45	750
	铁铝合金	Fe-3.5Al	500	19000	1.51	24	0.47	750
	Alperm（阿尔帕姆高磁导率铁镍合金）	Fe-16Al	3000	55000	0.64	3.2	1.53	
	Permendur（珀明德铁钴系高磁导率合金）	Fe-50Co-2V	650	6000	2.4	160	0.28	980
	仙台斯特合金	Fe-7.5Si-5.5Al	30000	120000	1.1	1.6	0.8	500
坡莫合金	78坡莫合金	Fe-78.5Ni	8000	100000	0.86	4	0.16	600
	超坡莫合金	Fe-79Ni-5Mo	100000	500000	0.63	0.16	0.6	400
	Mumetal（镍铁铜系高磁导率合金）	Fe-77Ni-2Cr-5Cu	20000	100000	0.52	4	0.6	350
	Hordperm（镍铁铌系高磁导率合金）	Fe-79Ni-9Nb	125000	500000	0.1	0.16	0.75	350
铁氧体化合物	Mn-Zn 系铁氧体	32MnO 17ZnO 51Fe$_2$O$_3$	1000	4250	0.425	19.5	0.01~0.1	185
	Ni-Zn 系铁氧体	15NiO 35ZnO 51Fe$_2$O$_3$	900	3000	0.2	24	$10^3 \sim 10^7$	70
	Cu-Zn 系铁氧体	22.5CuO 27.5ZnO 50Fe$_2$O$_3$	400	1200	0.2	40	约 10^2	90
非晶态	金属玻璃 2605SC	Fe-3B-2Si-0.5C	2500	300000	1.61	3.2	1.25	370
	金属玻璃 2605S2	Fe-3B-5Si	5000	500000	1.56	2.4	1.30	415

表 6-3 主要的高矫顽力材料

材　料		残留磁通密度 B_r/T	矫顽力/(kA/m)		最大磁能积$(BH)_{max}$/(kJ/m³)
			H_{cI}	H_{cB}	
钢系	马氏体钢,9%Co	0.75	11	10	3.3
	马氏体钢,40%Co	1.00	21	19	8.2
Fe Cr Co	各向同性	0.80	42	40	12
	各向异性	1.00	46	45	28
		1.30	49	47	43
铝镍钴系	铝镍钴5 JIS-MCB500 JIC-MCB750	1.25	—	50.1	39.8
		1.35	—	61.7	63.7
	铝镍钴6	1.065		62.9	31.8
	铝镍钴8(Ticonall500)	0.80		111	31.8
	Ticonal2000	0.74		167	47.7
铁氧体系	$BaFe_{12}O_{19}$各向异性	0.22～0.24	255～310	143～159	7.96～10.3
	$BaFe_{12}O_{19}$湿式各向异性(高磁能积型)	0.40～0.43	143～175	143～159	28.6～31.8
	$BaFe_{12}O_{19}$湿式各向异性(高矫顽力型)	0.33～0.37	239～279	223～255	19.9～23.9
	$SrFe_{12}O_{19}$湿式各向异性(高磁能积型)	0.39～0.42	199～279	191～223	26.3～30.2
	$SrFe_{12}O_{19}$湿式各向异性(高矫顽力型)	0.35～0.39	223～279	215～255	20.7～26.3
稀土系	Sm_2Co_{17}	1.12	550	520	250
	$Nd_2Fe_{14}B$	1.23	960	880	360

人类要利用磁性材料,首先要开发新型磁性材料,为此需要对磁性材料的结构和性能有深入的认识,其中包括分析技术的进步,另外特别取决于材料加工技术的进步。按材料加工技术的进展,磁性材料的发展大致分下述几个阶段。

① 通过熔炼铸造技术开发 Fe 系、Fe-Si 系、Fe-Ni 系合金,其中包括纯铁、硅钢、坡莫合金（Ni35%-Fe8%合金）等软磁材料;合金系永磁材料;以及通过压力加工、热处理等改善其磁学性能等。

② 通过粉末冶金技术开发绝缘性（例如氧化物）磁性材料。其中包括铁氧体及磁性粉末等的出现;陶瓷磁性材料的出现;各类稀土永磁材料的出现等。

③ 通过真空蒸镀、溅射镀膜（包括磁控溅射、对向靶溅射）等技术开发薄膜磁性材料及非晶态磁性材料;通过双辊超急冷法等开发非晶态薄带形磁性材料（薄膜、厚膜的分类参照图 6-3）。其中包括磁带、磁盘等磁记录介质材料,Co-Cr 合金为代表的垂直磁记录介质膜,FeCoB 非晶态垂直磁记录介质膜;光磁存储（非晶态 TbFe、TbFeCo 等）、磁光晶体（YIG 等）的出现;微磁性、微磁学器件等新领域的出现等。

④ 通过单原子层控制技术（如 MBE,即分子束外延技术）开发新一代磁性材料。其中包括定向晶体学取向型新材料的出现,爪磁电阻多层膜、人工晶格的出现等。

除上述通过先进的材料加工工艺、新的制膜技术等制取新的磁性材料之外,通过材料微细组织的控制获得更高的磁学特性,也是近年来磁性材料的发展趋势之一。例如,从传统的加工-热处理变为由非晶体转变为结晶态,由此获得微细晶粒,或者利用全新概念的金属超晶格（多层膜）等获得更高的磁特性等。

6.2 稀土永磁材料

6.2.1 稀土永磁材料的种类

硬磁材料也叫永磁材料，是指材料在外磁场中磁化后，去掉外磁场仍然保持着较强的剩磁的材料。它也是人类最早发现和应用的磁性材料。相应地，那些在磁场中容易磁化，撤去磁场后也容易退磁的磁性材料叫作软磁材料。硬磁材料和软磁材料的主要区别是硬磁材料的剩余磁感应强度（B_r）高，矫顽力（H_c）高，最大磁能积（BH）$_{max}$ 大，磁滞回线面积大。

工业应用的永磁材料主要包括五个系列：铝镍钴系永磁合金、永磁铁氧体、铁铬钴系永磁合金、稀土永磁材料和复合黏结永磁材料。其中铝镍钴永磁合金以高剩磁和低温度系数为主要特征，最大磁能积仅低于稀土永磁。永磁铁氧体的主要特征是高矫顽力和廉价，但剩磁和最大磁能积偏低。铁铬钴系永磁合金最突出的优点是易于加工，性能与铝镍钴永磁合金相似。稀土永磁材料具有特高的最大磁能积和矫顽力，是现在已知的综合性能最高的一种永磁材料，它比 19 世纪使用的磁钢的磁性能高 100 多倍，比铁氧体、铝镍钴性能优越得多，比昂贵的铂钴合金的磁性能还高 1 倍。近年来的应用发展表明，稀土永磁材料正在不断地代替一般永磁材料，且日益显著，引人注目。

稀土永磁材料的永磁性来源于稀土与 3d 过渡族金属所形成的某些特殊金属间化合物。利用其能量转换动能和磁的各种物理效应可以制成多种形式的功能器件，已被广泛应用于微波通讯技术、音像技术、电机工程、仪表技术、计算机技术、自动化技术、汽车工业、石油化工、磁分离技术、生物工程及磁医疗与健身器械等众多领域，成为高新技术、新兴产业与社会进步的重要物质基础之一。

稀土永磁材料是 20 世纪 60 年代出现的新型金属永磁材料，迄今为止，经过几十年的努力，已经形成了具有规模生产和实用价值的两大类、三代稀土永磁材料，它们分别是：第一大类是 Sm-Co 永磁，或称 Co 基稀土永磁，它又包括两代，即第一代稀土永磁是 1∶5 型 SmCo 合金，第二代稀土永磁是 2∶17 型 SmCo 合金，它们均是以金属钴为基的稀土永磁合金；第二大类是 RE-Fe-B 系永磁，或称铁基稀土永磁材料，第三代稀土永磁，是以 NdFeB 合金为代表的 Fe 基稀土永磁合金。

（1）第一代稀土永磁 $SmCo_5$　第一代稀土永磁是 1∶5 型 RE-Co 永磁（于 1967 年问世），是一种二元金属间化合物，由稀土金属（用 RE 代表）原子与其他金属原子（用 TM 代表）按 1∶5 的比例组成的 1∶5 型 RE-Co 永磁，化学成分为 Sm34%（或 37%）、Co66%（或 63%）。$SmCo_5$ 的熔点 1350℃。其中又分为单相与多相两种。所谓单相是指从磁学原理上为单一化合物的 $RECo_5$ 永磁体（实际上不可能存在绝对单相的 $RECo_5$ 永磁体），如 $SmCo_5$、$(SmPr)Co_5$ 烧结永磁体等，它属于第一代稀土永磁材料。用烧结法生产的 $SmCo_5$ 的磁性能为：最大磁能积（BH）$_m$=127～183kJ/m^3，剩磁（B_r）=0.89T，矫顽力（H_c）=1.36MA/m，居里温度（T_c）=740K，使用温度（t）=250℃，密度（ρ）=8.4g/cm^3，硬度（H_v）=550。多相的 1∶5 型 Sm-Co 永磁材料是指以 1∶5 相为基体、有少量的 2∶17 型沉淀相的 1∶5 型永磁材料。如 $(CeSn)(Co,Cu,Fe)_z$。这种永磁体一般含有 Cu，而 Z 介于 5～6 之间。

（2）第二代稀土永磁 Sm_2Co_{17}　第二代稀土永磁是 2∶17 型 RE-Co（或 RE-TM）永磁材料（于 1979 年问世）是一种二元金属间化合物，是由稀土金属（RE）原子与过渡族金属（TM）原子按 2∶17 的比例组成的 2∶17 型永磁体。化学成分为 Sm18%～22%（或 24%）、

Co48%～50%（或76%）。Sm_2Co_{17}的熔点1220℃。其中又分为单相的与多相的两种。所谓单相的是指以2:17型单一化合物组成的稀土永磁体。多相的是指以2:17相为基体、有少量1:5型沉淀相的永磁体。2:17型永磁体是第二代的稀土永磁材料。用烧结法生产的Sm_2Co_{17}的磁性能为：最大磁能积$(BH)_m=119～239kJ/m^3$，剩磁$(B_r)=1.14T$，矫顽力$(H_c)=799.8kA/m$，居里温度$(T_c)=820K$，使用温度$(t)=350℃$，密度$(\rho)=8.4g/cm^3$。

（3）第三代稀土永磁 NdFeB 第三代稀土永磁是RE-Fe-B系永磁，或称铁基稀土永磁材料。它由主相$Nd_2Fe_{14}B$和少量富Nd相、少量富B相所组成，是一种三元金属间化合物。化学成分为Nd 36%、Fe 63%、B约1%。$Nd_2Fe_{14}B$熔点1170℃。用烧结法生产的$Nd_2Fe_{14}B$的磁性能为：最大磁能积$(BH)_m=199～389kJ/m^3$，剩磁$(B_r)=1.31T$，矫顽力$(H_c)=12.47kOe$，居里温度$(T_c)=310K$，使用温度$(t)=100℃$，密度$(\rho)=7.4g/cm^3$，硬度$(H_v)=600$。当Nd原子和Fe原子分别被不同的RE原子和其他金属原子所取代，可发展成多种成分不同、磁性能不同的RE-Fe-B系永磁体。商品RE-Fe-B系永磁体的磁能积约199～400kJ/m^3，实验室样品的$(BH)_m$已达到444kJ/m^3。目前磁性能最高是RE-Fe-B永磁材料，它被称为"磁王"。

此外，近年来永磁材料科学家还研究成功第四代稀土永磁材料——Sm-Fe-N，这是一种三元金属间化合物。其磁性能为：最大磁能积$(BH)_m=3797～4179kJ/m^3$，剩磁$(B_r)=1.18T$，矫顽力$(H_c)=959.7kA/m$，可逆温度系数$(\alpha)=0.02\%/℃$，居里温度$(T_c)=748K$，抗氧化性能较好。人们认为，Sm-Fe-N很可能成为继Nd-Fe-B之后，又一代实用的新型永磁体。但时至今日，Sm-Fe-N仍然处于试验室开发研制阶段，尚未实现商品化。

6.2.2 几种主要的稀土永磁材料

6.2.2.1 稀土钴永磁材料

（1）1:5型稀土钴永磁材料 最早发展的$RECo_5$型永磁材料是$SmCo_5$化合物永磁体，是RE-Co系化合物中最为重要的一类。稀土过渡族（3d族）化合物的研究始于20世纪50年代。50年代末至60年代初，由于稀土分离技术的进步，使制备各种稀土过渡族金属化合物成为可能，促进对该类化合物研究的进展。随着对RE-Co、RE-Fe化合物的系列研究表明，当RE为轻稀土元素时，RE-Co、RE-Fe有可能成为优异的永磁合金。轻稀土元素通常包括La、Ce、Pr、Nd、Sm和Y等。YCo_5具有比其他$RECo_5$化合物大的单轴磁晶各向异性。

目前$RECo_5$系永磁合金主要有以下几种。

$SmCo_5$永磁合金：该合金主要含有金属Sm或者由至少含有70%Sm的稀土金属和Co组成。如果稀土金属中含70%的Sm，其余30%为较为便宜的稀土金属，主要是为了调整磁性，如调整合金的各向异性场和磁体的矫顽力。这类的磁体特点是可达到极高的内禀矫顽力。具有较好的温度特性。

$(Sm,Pr)Co_5$永磁合金：该合金是用部分Pr取代$SmCo_5$中的部分Sm，主要目的是提高合金的最大磁能积。$PrCo_5$的最大磁能积理论值要比$SmCo_5$高，所以加入部分Pr取代Sm可达到提高磁能积的目的。$SmCo_5$的各向异性场比$PrCo_5$合金大，$SmCo_5$合金中，加入Pr取代部分Sm后，由于Pr的加入降低了各向异性场，最终使（Sm，Pr）合金的矫顽力低于$SmCo_5$合金的矫顽力。这类合金是综合了$SmCo_5$和$PrCo_5$的优点，一般是RE为80%Sm-20%Pr。如果Pr加入得太多则矫顽力下降多，磁体长时间稳定性也会下降，这对磁体的应用十分不利。

$MMCo_5$永磁合金：由于产地不同，混合稀土的含量及各稀土元素的组分也不同。一般

情况下 $MMCo_5$ 永磁合金为富 Ce 的混合稀土合金，简写为（MM）。这种合金的剩磁 B_r、矫顽力 H_c 和最大磁能积 $(BH)_m$ 均小于 $SmCo_5$ 合金。$MMCo_5$ 由于居里温度 T_c 大约为 500℃，以及易氧化等特性，合金的温度稳定性不好。为克服这类问题，一般在 MM 混合稀土中加入 $15\%\sim20\%$ 的 Sm，即 MM 占 $80\%\sim85\%$，Sm 占稀土总量的 $15\%\sim20\%$ 的 $(MM,Sm)Co_5$ 合金。加入 Sm 后可提高磁体的 H_c。

$(Sm,HR)Co_5$ 永磁合金：该合金是在 $SmCo_5$ 合金的基础上用 Gd 等重稀土金属取代部分 Sm，主要目的是改善磁体温度稳定性，如剩磁 B_r 的温度系数。调整合金 Sm-HRE 的比例，可使 B_r 的温度系数为 0。这类磁体主要用于周期性永磁体（小体积微波管中）、测量仪表如加速表、自动导航定向陀螺仪磁体等器件。这类器件对磁性及温度特性的要求是第一位的，而价格则是次要的。这种磁体具有极好的温度特性，但由于含有重稀土，磁体的价格较 $SmCo_5$ 要贵许多。

$Sm(Co,Cu,Fe)_{5\sim7}$ 永磁合金：该合金的特点是在 $SmCo_5$ 合金的基础上用 Fe 和 Cu 取代部分 Co，最大磁能积可与 $SmCo_5$ 相比较，但矫顽力要低些。低矫顽力合金易于磁化，所需的磁化场不像磁化 $SmCo_5$ 时那样高，在某些特殊情况下，是非常有用的。另外，也有 $Ce(Co,Cu,Fe)_5$ 系永磁合金，它的磁性要比 $(MM,Sm)_5$ 低，但是因为不含 Sm，成本要比前者低许多。调整 $(Sm,Ce)(Co,Cu,Fe)_{5\sim7}$ 类合金中 Sm 与 Ce 的比例，可得到不同的磁性，以适合于不同场合的应用。

（2）2∶17 型稀土钴永磁材料　稀土金属与 Co、Fe 和 Ni 等过渡族金属可形成一系列的金属间化合物。RE_2Co_{17} 系化合物的饱和磁化强度比 $RECo_5$ 化合物高许多，所以当第一代稀土永磁体材料出现不久，人们为了提高永磁合金的磁能积，就把研究重点放到了 RE_2Co_{17} 上。由于 RE_2Co_{17} 材料的饱和磁化强度比 $RECo_5$ 高，所以 RE_2Co_{17} 理论上的最大磁能积值也高。问题的关键是如何提高其矫顽力。

研究表明，二元的 RE_2Co_{17} 系化合物很难具有可适用的矫顽力，而添加其他元素如 Fe、Cu、Zr 等，并经过适当的热处理后，RE_2Co_{17} 可得到高矫顽力，这就是第二代稀土钴永磁材料即 2∶17 系永磁合金，这类永磁合金的磁硬化机制为沉淀硬化机制。2∶17 系永磁合金可分为两类：①$Sm(Co,Cu,Fe)_{7\sim8.5}$ 系合金。它又可以分为高 H_c 和低 H_c 两种；②$(Sm,HRE)(Co,Cu,Fe,Er)_{7\sim8.5}$ 系永磁合金，"HRE" 代表重稀土金属，重稀土主要是 Gd 或者 Er，它的加入改善了合金的温度系数，使这类合金可以应用在对温度特性要求很严的领域中。目前 RE_2Co_{17} 系永磁合金主要有以下几种。

钐-钴-铜系永磁材料：可用如下的分子式表示，即 $Sm(Co_{1-x}Cu_x)_z$，$5<z\leq8.5$，凡 z 在 $5\sim8.5$ 之间都可成为沉淀硬化永磁材料。

①$z\leq5.6$ 的 Sm-Co-Cu 系永磁材料　当 $z\leq5.6$ 时，合金的基体相是 $Sm(CoCu)_5$ 相，析出相是 $Sm_2(CoCu)_{17}$ 相。铸态的 $Sm(Co_{0.65}Cu_{0.35})_{5.6}$ 合金通过 X 射线分析表明，基体相有 $CoCu_5$ 型结构，析出相有 2∶17 型结构。经过 1180℃ 均一化退火 3h 后，得到了单一的 1∶5 相。在 400℃ 回火 14 天，已有粗大的 2∶17 相析出。

②$z=6.9\sim7.0$ 的 Sm-Co-Cu 系永磁材料　电子探针分析表明，铸态的 $Sm(Co_{0.84}Cu_{0.16})_{6.9}$ 合金内部存在 2∶17 相和 1∶5 相。基体是 2∶17 相，1∶5 相是析出相。在 1∶5 相内 Co 和 Cu 的成分仍然有起伏，与调幅结构类似，两相存在很大的共格畸变与应力场。

③$z=7.8$ 的 Sm-Co-Cu 系永磁材料　铸态的 $Sm(Co_{0.87}Cu_{0.13})_{7.8}$ 合金的磁滞回线具有软磁的特征，这与合金中 Fe-Co 相的存在有关。经过固溶处理和 800℃ 回火 4h，矫顽力达到最大值。此时合金由基体相 2∶17 相和棒状 1∶5 析出相组成。在 800℃ 时效 2 天以后，沉淀相粗化。沉淀相与基体相的共格关系逐渐消失，出现了位错界面。在高矫顽力状态下，沉

淀相尺寸与沉淀相间距与畴壁厚度的数值（10nm）相当。1∶5 型弥散沉淀相对布洛赫壁的钉扎决定了合金的矫顽力。

（3）钐-钴-铜-铁系永磁材料　在 Sm-Co-Cu 系的基础上，用 Fe 部分地取代 Co 带来了以下两个突出的变化。

$Sm(Co_{1-x-y}Cu_xFe_y)_z$ 合金的内禀饱和磁化强度 μ_0MS 随 Fe 含量迅速地提高，从而为获得高磁能积的合金打下基础。但 Fe 的取代量不能过高，在 $Sm(Co_{0.84}Cu_{0.16})_{6.9}$ 合金中，当 Fe 取代 Co 量小于 10％时，其显微组织与不含 Fe 的合金相同，当 Fe 取代 Co 量大于 10％时，合金中开始出现软磁性的 Fe-Co 相。合金中只要有 Fe-Co 相的析出，其矫顽力就急剧地降低。

在 $z=7.0$ 的 $Sm(Co_{1-x-y}Cu_xFe_y)_{7.0}$ 合金中，用少量 Fe 取代 Co，其磁性能大大地改善，其显微组织也发生了巨大的变化。例如 $Sm(Co_{0.8}Cu_{0.15}Fe_{0.05})_{7.0}$ 合金，用粉末冶金法制造。粉末在 796kA/m 磁场下取向。等静压成型，压力为 392MPa。在 1200℃烧结，850℃时效 30min，磁性能达到：$B_r=0.915\sim0.944T$，$mH_c=465.16\sim517.4kA/m$，$(BH)_m=158.4\sim168.7kJ/m^3$。

（4）钐-钴-铜-铁-金属系 2∶17 型永磁材料　在工业和现代科学技术中得到广泛应用的 2∶17 型合金是 Sm-Co-Cu-Fe-M 系永磁材料。其中 M 代表 Zr、Hf、Ti、Ni 等元素。由于 M 的不同，该类永磁合金可以分四类：Sm-Co-Cu-Fe-Ni 合金、Sm-Co-Cu-Fe-Ti 合金、Sm-Co-Cu-Fe-Hf 合金、Sm-Co-Cu-Fe-Zr 合金。在这四类合金系中，只有 Sm-Co-Cu-Fe-Zr 系 2∶17 型合金磁性能最好，研究得最多，并且已商品化，下面重点介绍 Sm-Co-Cu-Fe-Zr 系 2∶17 型永磁材料。

按矫顽力的大小进行分类，含 Zr 的 2∶17 型合金可分为三类。第一类是低矫顽力 2∶17 型合金，它具有较高的磁能积，它的磁性能范围为 $B_r=0.9\sim1.19T$，$bH_c=493.5\sim636.8kA/m$，$mH_c=525.3\sim636.8kA/m$，$(BH)_m=175.1\sim251.5kJ/m^3$，退磁曲线的方形度较好。第二类是高矫顽力 2∶17 型合金，其矫顽力介于 796～1592kA/m 间，磁性能为：$B_r=0.9\sim1.0T$，$bH_c=636.8\sim716.4kA/m$，$mH_c=796\sim1592kA/m$，$(BH)_m=1990\sim2228.8kJ/m^3$。第三类是超高矫顽力合金，其矫顽力高达 1990～2388kA/m，其磁性能为：$B_r=0.95\sim1.06T$，$bH_c=716.4\sim796kA/m$，$(BH)_m=1990\sim2228.8kJ/m^3$。Sm-Co-Cu-Fe-Zr 系 2∶17 型合金的居里点约 840～870℃，比 $SmCo_5$ 的（$T_c=740℃$）高，它的磁感温度系数低，约$-0.02％/℃$，优于 $SmCo_5$ 永磁体，可在$-60\sim350℃$范围工作；同时其 Sm 和 Co 含量比 $SmCo_5$ 的低。它的缺点是制造工艺复杂，工艺费较高。总的来说，Sm-Co-Cu-Fe-Zr 系 2∶17 型合金是一种优异的永磁体，已在工业上得到广泛的应用。

（5）沉淀硬化 2∶17 型永磁合金的矫顽力机理　永磁体的矫顽力机理有的由形状各向异性所决定，有的由磁晶各向异性所决定（如铁氧体和 RE-Co）。热退磁状态的 $Sm_2(Co,Cu,Fe,M)_{17}$ 型合金的起始磁化曲线有两种类型，对于低矫顽力类型的合金，它的起始磁化曲线是典型的钉扎型；而高矫顽力类型的 2∶17 型合金，其磁化曲线随 850℃回火时间而变化。开始是典型的均匀钉扎型，随 859℃回火时间的延长而逐渐向着不均匀钉扎变化。多数人认为不论是高矫顽力类型还是低矫顽力类型的 2∶17 型合金，其矫顽力都是沉淀相对畴壁的钉扎来决定的。

总的来说沉淀硬化 2∶17 型合金的矫顽力与两个方面的因素有关。第一是胞状组织中两相的物理变量，即两相的磁晶各向异性常数 K_1 与交换积分常数 A 的差 $\Delta(AK)$，或畴壁能的差 $\Delta\gamma$；第二是胞的形状、尺寸和完整程度。当合金在 850℃以下短时间时效时，第一个方面的因素对矫顽力的贡献是主要的；由于 $\Delta(AK)$ 或 $\Delta\gamma$ 主要决定于两相成分差，当时效温度在一定范围内变化时，矫顽力可逆地变化。实验结果已对这一点提供了实验事实。当合金在 800℃ 以上长时间时效时，胞状的组织将发生变化，这时上述两个方面的因素对矫顽力都有贡献。凡属于第一个方面因素贡献的，矫顽力对时效温度可逆性地变化；而属于第二个方面因素贡献的，矫顽力随时效温度的变化是不可逆的。

（6）稀土元素对 RE-Co 永磁合金磁性的影响　稀土钴金属间化合物种类繁多，汇总统计有 $RECo_2$、$RECo_3$、RE_2Co_7、RE_5Co_{19}、$RECo_5$、RE_2Co_{17} 和 $RECo_{13}$ 等数种。从永磁性的角度考虑，要寻找新的永磁合金时，要求合金应当具有高的饱和磁化强度 M_s、高的磁各向异性和高于 300℃ 的居里温度。具备此三个条件的化合物有可能成为实用永磁体。饱和磁化强度和居里温度取决于化合物中稀土原子和 Co 原子的磁相互作用。化合物的磁晶各向异性取决于化合物的晶体结构。晶体结构的不对称性越大，则晶体的磁晶各向异性就越大，也即有较高的各向异性场 H_A。

（7）稀土钴黏结永磁体　黏结工艺是制备磁体的另一类工艺。这种工艺的主要特点是：磁体尺寸精度高，适于大规模工业化生产，产品可做成各种形状，不需要精加工，工艺简单，节省原材料，成本低，可做大型磁体，磁体电阻率高及具有各种磁取向，如多极、轴向取向等。其缺点是磁性能低于烧结磁体，使用温度受胶黏剂的限制比烧结磁体低。由于黏结磁体的磁性主要取决于磁粉的磁性即母合金的磁性及量的多少，所以商品中大部分为黏结 2∶17 系磁体，主要生产工艺为压缩工艺和注射工艺两种。

一般说来由于压缩工艺所需的胶黏剂少于注射工艺，所以压缩工艺生产的磁体的磁性高于后者。注射法与压缩法磁体磁性的主要区别在于磁体的密度不同，进而导致磁体的剩磁 B_r 和最大磁能积（BH）$_m$ 的差别，而矫顽力在同一水平上。目前黏结稀土永磁体已是稀土永磁产品的一个重要分支。由于 Nd-Fe-B 永磁合金的出现及相应制粉工艺的发展（如快速凝固技术、HDDR 技术等），黏结 Nd-Fe-B 磁体作为黏结稀土永磁家族的一员而得到迅速发展。

6.2.2.2　RE-Fe-B 系永磁材料

RE-Fe-B 系永磁材料是继 $Sm(CoCuFe)_{7\sim8.5}$ 系永磁材料之后研制开发的稀土永磁材料，也称之为第三代稀土永磁材料。它是第一种不含 Co 的高性能实用性新型永磁材料，自 1983 年问世以来，迅速地得到发展，现已发展了一系列铁基稀土永磁材料，品种颇多。若按成分分，铁基稀土永磁材料可分为 Nd-Fe-B 系永磁材料三元系、Pr-Fe-B 系永磁材料三元系、RE-Fe-B 系永磁材料三元系（RE = Di、Ce、La、MM 等）、Nd-FeM-B 四元系、Nd-FeM$_1$M$_2$-B 五元系和（NdHR）-FeM$_1$M$_2$-B 六元或七元系等（Di 代表 Pr、Nd 混合稀土金属，HR 代表重稀土金属元素）。

（1）Nd-Fe-B 系的相结构与磁特性　研究表明，烧结 $Nd_{15}Fe_{77}B_8$ 磁体主要由三相构成：基相 $Nd_2Fe_{14}B$，微量富 Nd 相（Nd_2FeB_3）和富 B 相（Nd_2FeB_8）。基相 $Nd_2Fe_{14}B$ 相是一种空间群为 $P4_2/mnm$（D_{4h}^{14}）的四方晶结构。每个晶胞中有 2 个 $Nd_2Fe_{14}B$，即含 8 个 Nd、56 个 Fe、4 个 B，共计 68 个原子，可描述富 Nd 层和 Fe 原子层的交替堆垛层状结构。铁原子层排列类似于 FeCr 系中的 σ 相。通过中子衍射确定了基相室温下的磁结相，磁矩排列是铁磁性的，Nd 与 Fe 的磁矩均与晶胞的 c 轴平行，因此具有较高的饱和磁化强度（μ_0M_s = 1.57T）和磁晶各向异性场（H_a = 1.2MA/m）。

四方晶相对获得高性能永磁体极为重要，因此深入研究了其他稀土元素组成的 $RE_2Fe_{14}B$ 化合物，发现除 La 外，其他稀土元素均能形成稳定的 $RE_2Fe_{14}B$ 化合物。表 6-4 列出 $RE_2Fe_{14}B$ 化合物的点阵参数、密度和磁性，其中，$Nd_2Fe_{14}B$ 饱和磁化强度最高，Dy 和 Tb 形成的 $RE_2Fe_{14}B$ 化合物的磁晶各向异性场最高，少量 Dy 和 Tb 置换 Nd 可显著提高磁体的矫顽力。

表 6-4　RE₂Fe₁₄B 化合物的点阵参数、密度和磁性

表 6-4　$RE_2Fe_{14}B$ 化合物的点阵参数、密度和磁性

化合物	点阵参数/nm		d /(mg/m²)	$\mu_0 I_s$ /T	M /(μ_B/F·U)	H_a /(MA/m)	T_c /K
	a	c					
$Ce_1Fe_{14}B$	0.877	1.211	7.81	1.16	22.7	3.7	424
$Pr_2Fe_{14}B$	0.882	1.225	7.47	1.43	29.3	10	564
$Nd_2Fe_{14}B$	0.882	1.224	7.55	1.57	32.1	12	585
$Sm_2Fe_{14}B$	0.880	1.215	7.73	1.33	26.7	基面	612
$Gd_2Fe_{14}B$	0.879	1.209	7.85	0.86	17.3	6.1	661
$Tb_2Fe_{14}B$	0.877	1.205	7.93	0.64	12.7	28	639
$Dy_2Fe_{14}B$	0.875	1.200	8.02	0.65	12.8	25	602
$Ho_2Fe_{14}B$	0.875	1.199	8.05	0.86	17.0	20	576
$Er_2Fe_{14}B$	0.874	1.196	8.24	0.93	18.1	基面	554
$Tm_2Fe_{14}B$	0.874	1.195	8.13	1.09	21.6	基面	541
$Y_2Fe_{14}B$	0.877	1.204	6.98	1.28	25.3	3.1	565

　　虽然 $Nd_2Fe_{14}B$ 四方晶化合物的理论磁能积可达 522.2kJ/m³，但获得高矫顽力和磁能积的磁体并不是 $Nd_2Fe_{14}B$ 化学计量成分，而是在该化合物基础上采用粉末冶金技术制备的 $Nd_{15}Fe_{77}B_8$ 磁体。Nd、B 含量略高于 $Nd_2Fe_{14}B$，形成了重要的富 Nd 和富 B 微量相。正是这种沿基相晶界分布的微量相起着抑制基相晶粒长大和阻碍畴壁移动（局部钉扎）作用使矫顽力提高，因此对微量相的研究也很重视。

　　(2) RE-Fe-B 系多元合金　为了进一步提高 Nd-Fe-B 稀土永磁材料的居里温度和矫顽力，改善热稳定性以及降低成本，广泛开展了多元 Nd-Fe-B 永磁合金的研究。

　　Nd-Fe-T-B（T＝Cr、Mn、Co、Ni、Al）系合金：通过对 $Nd_2Fe_{14-x}T_xB$ 和 $Nd_2(Fe_{1-x}Co_x)_{14}B$ 系合金的磁特性的研究表明，置换元素 Co 在 $x=0\sim14$ 范围均形成固溶体，而 Cr、Mn、Ni、Al 元素在 $x\leqslant2$ 时均是单相组织。但是，除 Co 和 Ni 置换能提高磁体的 T_c 外，其他元素均使 T_c 下降。表 6-5 列出了 $Nd_2Fe_{14-x}T_xB$ 合金（T＝Cr、Mn、Ni、Al）的磁性。可见以 Co 置换，当 $x=2$ 时居里温度升高 134K，而 Al 置换则降低约 100K。由于 Co 提高了 $Nd_2Fe_{14}B$ 的居里温度，因此改善了 Nd-Fe-B 磁体的剩磁温度系数。

表 6-5　$Nd_2Fe_{14-x}T_xB$ 合金（T＝Cr、Mn、Ni、Al）的磁性

合金	T_c/K	M/[μ_B/(F·U)]		H_a/(MA/m)	
		300K	77K	300K	77K
$Nd_2Fe_{14}B$	600	30.0	33.0	6.05	8.48
$Nd_2Fe_{12}Cr_2B$	485	17.6	22.1	4.46	6.77
$Nd_2Fe_{12}Mn_2B$	381	12.3	20.0	4.1	5.57
$Nd_2Fe_{13}CoB$	676	29.8	30.8	4.86	6.45
$Nd_2Fe_{12}Co_2B$	734	31.3	33.7	4.48	1.06
$Nd_2Fe_{12}Ni_2B$	652	24.0	28.0	4.62	6.62
$Nd_2Fe_{12}Al_2B$	505	18.1	22.6	4.66	5.63

　　Nd(Pr,Ce)-Fe-B 系合金：为了开发廉价的 RE-Fe-B 系稀土永磁材料，对 Nd(Pr,Ce)-Fe-B 系合金进行了系统研究，表 6-6 列出了 Nd(Pr,Ce)-Fe-B 系合金及磁性。

　　Pr 的引入对磁性变化不大，因为 $Pr_2Fe_{14}B$ 磁特性与 $Nd_2Fe_{14}B$ 近似。但是 Ce 的引入因 $Ce_2Fe_{14}B$ 化合物磁晶各向异性场的显著降低，总体磁特性不可能达到 Nd-Fe-B 磁体的水平。该类磁体的最佳烧结温度低于 Nd-Fe-B 系，因此有利于磁体的致密化，在含少量 Ce(5%) 的情况下 $(BH)_m$ 可达 318kJ/m³。

　　MM-Fe-B 系合金：MM 是一种价格低廉的混合稀土金属，成分大致为 Ce 约 48%、La

约32%、Pr约5%、Nd约15%，总稀土金属含量不小于98%（约为质量分数）。制备 MM-Fe-B 系合金永磁体采用快淬技术，该类合金的磁特性强烈依赖于淬速。

表 6-6　Nd(Pr,Ce)-Fe-B 系合金及磁性

合 金 成 分	B_r/T	iH_c/(kA/m)	$(BH)_m$/(kT/m)	烧结温度/℃
Fe-32.5Di-1B	1.24	796	286	1080
Fe-33.5(5CeDi)-1B	1.32	812	318	1080
Fe-33.5(40CeDi)-1B	1.15	422	215	1040

Nd(Pr)-Fe-B-Si(Al) 合金：该类永磁合金的典型代表有美国 Ovonic 公司开发的 Hi-Rem 磁体的永磁合金，其化学式为：$Fe_a(Nd,Pr)_bB_c(Si,Al)_d$，式中 $a=7.5\sim8.0$，$b=1.0\sim1.4$，$c=5\sim10$，$d=0.5\sim5.0$。该类永磁合金的主要特点是，以部分 Si 置换 B 并采用溶体快速凝固工艺制造，在没有择优取向的情况下可以获得高的磁性能。表 6-7 列出了 Hi-Rem 磁体的成分和特性。

$Nd_{0.8}Dy_{0.2}(Fe_{0.86-x}Co_{0.06}B_{0.08}M_x)_{5.5}$ 系合金（M = Al、Nd、Ga）：该系列合金是在 NdDyFeCoB 五元系基础上发展的，主要目的是开发应用于重荷载的高热稳定磁体。表 6-8 列出 NdDyFeCoBM（M = Al、Nd、Ga）系合金磁体的磁特性。

表 6-7　Hi-Rem 磁体的成分和特性

粒度/μm	组 成	取向方向			垂直于取向方向		
		B_r/T	H_r/(MA/m)	$(BH)_m$/(kJ/m³)	B_r/T	H_c/(MA/m)	$(BH)_m$/(kJ/m³)
<0.2	$Nd_{14.8}Fe_{76}B_{6.6}Si_{2.6}$	1.22	1.75	215.5	1	>1.75	170.3
<0.2	$Nd_{12.7}Fe_{79.6}B_6Si_{1.7}$	1.24	0.68	192.6	1.13	0.66	175.9
<0.2	$Nd_{13.1}Fe_{79.6}B_6Si_2$	1.04	0.97	175.1	0.99	0.97	165.6
<0.2	$Nd_{11}Pr_3Fe_{78}B_6Si_2$	1.02	0.92	165.6	1.01	0.92	160.8
<0.2	$Nd_{11}Fe_{79}B_6Al_{2.4}Si_{1.7}$	0.96	0.78	140.9	0.93	0.76	126.6
<0.2	$Nd_{12.5}Fe_{78.2}B_8Si_{1.3}$	0.96	1.08	148.0	0.88	0.89	125.8

表 6-8　NdDyFeCoBM（M = Al、Nd、Ga）系合金磁体的磁特性

合 金 成 分	B_r/T	iH_c/kA·m	$(BH)_m$/(kJ/m³)
$Nd_{0.8}Dy_{0.2}(Fe_{0.85}Co_{0.06}B_{0.08})_{5.5}$	1.10	1862	236
$Nd_{0.8}Dy_{0.2}(Fe_{0.846}Co_{0.06}B_{0.08}Al_{0.004})_{5.5}$	1.09	1985	225
$Nd_{0.8}Dy_{0.2}(Fe_{0.836}Co_{0.06}B_{0.08}Nd_{0.015})_{5.5}$	1.085	1982	225
$Nd_{0.8}Dy_{0.2}(Fe_{0.845}Co_{0.06}B_{0.08}Ga_{0.005})_{5.5}$	1.105	1854	233
$Nd_{0.8}Dy_{0.2}(Fe_{0.835}Co_{0.06}B_{0.08}Nd_{0.015}Ga_{0.01})_{5.5}$	1.04	2156	208

（3）Nd-Fe-B 系烧结永磁合金　烧结磁体是目前最大宗的商品磁体。其工艺基本上沿用制备钐-钴磁体的粉末冶金法，一般包括如下几个工序：熔烧→合金锭粉碎→研磨→磁场下取向成型→烧结→回火时效→充磁检测等。Nd-Fe-B 系烧结永磁合金采用与 $SmCo_5$ 烧结技术相同的方法，即粉末冶金烧结法。首先将 Fe 和 B 冶炼成 Fe-B 合金，然后于真空感应炉中按一定要求配比，在 Ar 气下熔化成三元 Nd-Fe-B 合金，浇铸至水冷铜模中，以得到具有柱状晶的最佳状态的钢锭。然后进行制粉，通常采用球磨和气流磨等方法制粉，另外，还有还原扩散制粉、HDDR 方法制粉、用快淬技术加球磨或气流磨方法制粉等多种方法。

工艺中磨粉方法和制度决定最终粒子的形状和粒度及粒子表面的氧化情况，这些因素直接影响磁体的磁性。对于稀土永磁合金来说，希望通过磨粉工艺得到具有单一磁化方向的晶

粒即单畴粒子，这种晶粒通过外磁场取向及模压可望得到高磁感应强度高的制剩磁 B_r。上述工艺的前提是尽量避免粒子表面氧化，否则其矫顽力会大幅度下降而破坏了合金的永磁性。目前大规模生产中采用气流磨或搅动磨，实验研究多采用球磨。制得合适的合金粉后，经模压得到压制的坯体。磁场中模压，磁场不应小于 1.19MA/m，模压在 147MPa 左右。烧结和随后的热处理也对磁体有较大影响。不同成分的合金，热处理和烧结制度稍有不同；烧结温度高，磁体密度高，但晶粒易于长大导致矫顽力下降，所以要选择合适的烧结温度；而烧结温度与稀土元素的含量及种类有关。有两种烧结及热处理制度可供选择，一种是烧结，淬火至室温然后升温回火；另一种是烧结再冷却至回火温度然后回火。

（4）快淬 Nd-Fe-B 磁体　在 Nd-Fe-B 永磁材料出现以前，快淬技术也称快速凝固技术，主要是用来制作软磁性非晶态合金和其他类非晶态合金。制备含稀土元素的 Nd-Fe-B 合金，要求在真空中或 Ar 气中进行，这是因为稀土元素易于氧化。快淬技术是将熔化的合金钢液急速冷却至室温，制得非晶态或纳米晶态合金。目前制备 Nd-Fe-B 合金所采用的快淬设备有真空感应炉或电弧炉。真空感应方法是用氧化铝坩埚冶炼合金，将钢锭熔化后浇入一个加热至1000℃左右的浇斗中，浇斗底部有一喷嘴，通过此喷嘴将钢水喷到一个旋转的铜辊上，在一收集桶中将鳞片状钢料收集起来；第二种是在石英坩埚中感应法冶炼合金，在石英坩埚底部开有一个喷嘴，通过此喷嘴将钢水喷至一旋转的铜辊上。还有一种用非自耗电弧炉冶炼合金的方法，在一水冷钢坩埚中将钢锭熔化，然后浇至旁边一旋转的铜辊上，而得到鳞片状料。从快淬工艺上看，还有其他多种多样方法，但制备快淬 Nd-Fe-B 的设备必须要真空及充 Ar 气（或 N_2），且有较好的冷却辊系统。

如前所述，在制备快淬 Nd-Fe-B 合金鳞片时，合金从液态至凝固这一阶段的冷速是磁性好坏的关键。实验发现快淬料具有20～40nm 微晶时磁性最佳。为得到20～40nm 微晶结构，最佳方法是快淬到此最佳状态。如果冷速过慢，得到了晶化态合金，晶粒粗大，分布不均匀，永磁性差；如果冷速过快，则得到非晶态合金，呈软磁性，即矫顽力很低；虽经适当温度热处理后可得到较高的永磁性，但比最佳淬速所得之磁性还要差些。表 6-9 给出快淬 Nd-Fe-B 磁粉性能。

表 6-9　快淬 Nd-Fe-B 磁粉性能

厂　　家	牌号	B_r/mT	H_a/(kA/m)	$a(B_r)/(\%/℃)$	$a(H_c)/(\%/℃)$
美国 GM 公司	MQP-B	800	720	－0.10	－0.4
西南应用磁学研究所	NFF8/96	800	≥960	－0.09	－0.4

（5）黏结 Nd-Fe-B 永磁合金　黏结 Nd-Fe-B 磁体由于成本低、尺寸精度高、形状自由度大、机械强度好、密度轻等优点而得到广泛应用，年增长率达35%。近年来，随着仪器仪表、电子电器等电子产品向轻、薄、短、小等微型化、形状复杂化方向发展，对黏结 Nd-Fe-B 磁体求不断增加，已成为不可缺少的材料。Nd-Fe-B 黏结磁体是由磁性粉末和胶黏剂经一系列加工而成的一类永磁体。按照不同的划分标准可将 Nd-Fe-B 黏结磁体分为多种类型，具体划分见表 6-10 所列。

表 6-10　Nd-Fe-B 黏结磁体的类型

划分标准	划　分　类　型
按磁性材料组成	单一型磁体：由一种 NdFeB 磁粉与胶黏剂混合压制而成
	复合型磁体：磁性粉末由 NdFeB 磁粉与其他类型的磁粉共同组成
按成型方法	压缩成型磁体，注射成型磁体，挤压成型磁体，压延成型磁体，热压成型磁体
按所提供磁场类型	各向异性磁体，各向同性磁体

NdFeB磁粉的获得主要有熔体快淬法（MS）、机械合金化法（MA）、气体雾化法（GA）和氢气处理法（HDDR）等，其中以 MS 法和 HDDR 法的使用最为广泛。制成的磁粉有各向同性粉和各向异性粉两种。

胶黏剂包括热固性树脂、热塑性树脂、橡胶及金属（Zn），它的基本作用是增加磁性粉末颗粒的流动性和它们之间的结合强度，赋予磁体力学性能和耐腐蚀性。胶黏剂的使用类型由成型工艺决定，选择的原则是：结合力大，黏结强度高，吸水性低，尺寸稳定性好。

助剂包括偶联剂、润滑剂、增塑剂及热稳定剂。偶联剂主要有硅烷类、钛酸酯类、有机络合物类等，它不仅可以增强磁粉与胶黏剂的结合作用，而且能促进粉末颗粒在磁场中的取向因子的提高，由偶联剂对磁粉进行预处理还可以达到减少粉末氧化和提高黏结磁体热稳定性及强度的效果。润滑剂有脂肪酸酰胺类、脂肪酸及其酯类、金属皂类、烃类；增塑剂有邻苯二甲酸酯类、硬脂酸酯类、环氧化合物、油酸酯类、多元酯衍生物；热稳定剂有碱式铅盐类、金属皂类、有机锡类、多元酯。这些助剂不仅可以改善橡胶和塑料的工艺性能、简化加工条件、提高加工效率，而且可以改进制品的性能，提高其使用价值和寿命。

磁体的成型方法主要有四种，表 6-11 给出了四种成型方法的性能比较，目前多采用压缩成型和注射成型法。目前，各向同性黏结 NdFeB 磁体的最大磁能积已达到 96kJ/m³；实验室 HDDR-NdFeB 黏结磁体的 $(BH)_m$ 已达 178kJ/m³，工业中已生产出 136kJ/m³ 的各向异性磁体。

表 6-11　Nd-Fe-B 黏结磁体的成型方法及特点

成型方法 性能	压缩成型	注射成型	挤压成型	压延成型
磁粉填充率/%	80	66	75	70
孔洞率/%	11.2	约1	1.1	
形状自由度	差	好	好	好
密度/(g/cm³)	6.14	5.3	6.06	

（6）Pr-Fe-B 系永磁合金　一种永磁材料的出现，总是与有关的工艺相联系的。Pr-Fe-B 永磁的出现，是与铸造、热压或热轧等工艺相联系的。铸造及热加工技术对永磁材料来说，并不陌生，铝镍钴系永磁材料制备方法就是铸造法，Fe-Co-Cr 系永磁材料制造方法是热加工法。铸造和热加工方法是区别于粉末冶金方法的另一大类制备永磁合金的工艺。

铸造 RE-Fe-B 系永磁合金的典型工艺可大体分为合金的冶炼和浇铸、热加工、退火三个阶段。热加工工艺包括热压、热轧、镦粗等。合金元素、成分及工艺因素是影响磁体磁性的主要原因。因为此工艺为铸造及热加工，因此合金的热加工性能是十分重要的。

铸造、热压或热轧法是不同于粉末冶金法和快淬法的另一类方法，可生产大块、异形磁体，而且大尺寸板状稀土磁体只有通过热轧法才能获得，这也是此法的最大优点。在热加工时，为防止合金氧化，必须将 Pr-Fe-B-Cu 合金铸锭包封在一个可塑性变形的金属套中，如 45 号钢，然后抽真空并封焊，在热加工完成后，用机加工方法将外套剥去，最后再加工磁体。外套的包封和剥离无疑给制备工艺带来很大麻烦，并增加了磁体的成本和工艺难度，这也是此工艺中的主要难点。但无论如何，铸造及热加工工艺及 Pr-Fe-B-Cu 磁体，由于其特有的优点，它们在稀土永磁家族中已占有了一席之地。

通过熔炼-铸造-轧制-热处理主要工序所制成的 Pr-Fe-B 稀土磁体，决定该磁体磁特性的 $Pr_2Fe_{14}B$ 金属间化合物相很脆，容易产生裂纹，所以在铸成 20mm 厚度的薄板时，为了防止铸坯裂纹须采取如下措施：在中间罐浇注水口上装设雨淋浇口进行浇铸，因为浇注液流的展宽使得初期凝固阶段的冷却均匀，故能抑制铸坯产生裂纹；适当控制浇注温度，温度过低易在铸坯端部发生裂纹，温度过高则有黏附到模壁上的危险；铸模壁厚与铸坯厚度比宜控制在 1.5～2.0 范围内；铸模模壁涂料采用莫来石涂料；铸模预热温度以 573K 为标准，能起到缓冷铸坯的效果。

利用定向凝固法制作 Pr-Fe-B 磁体时，采取保温帽加热可制得整体完全是柱状晶组织的铸坯。因为采用保温帽铸模，能够在沿凝固界面保持适当的温度梯度的条件下进行定向凝固，因而形成柱状晶组织。为了细化晶粒，定向凝固法的铸锭高度越低越好。铸造时首先急冷到包晶温度区形成柱状晶组织后，缓冷到包晶温度以下，有利于防止铸坯形成裂纹。同时，往铸模中浇铸时应尽量保持均匀的液流注入，尽量使液流温度分布均匀。

(7) HDDR 工艺及其粉末的磁性　制备稀土永磁体的工艺有粉末冶金烧结法（可制备 Sm-Co 和 Nd-Fe-B 系磁体）、熔体快淬法（可制备 Nd-Fe-B 系磁体）、铸造热加工方法（可制备 Pr-Fe-B 系磁体）等。在前两种工艺中，关键步骤是合金粉末的制取和处理。在得到合适粒度的细粉之前，首先要制备粗粉。可采用机械、共还原和氢破碎法（简称 HD 方法）。HD 方法适用于 $SmCo_5$、Sm_2Co_{17} 和 Nd-Fe-B 系合金。稀土金属间化合物可大量吸氢，如 $LaNi_5$ 是典型的吸氢合金，利用稀土合金在吸放氢循环中导致大块稀土合金破碎而得到粗破合金碎粉末，这即所谓 HD 工艺。

HDDR（Hydrogen Disproportionation，Desorptionand Recombina-tion）工艺包括两个过程：即氢破碎 $Sm_2Fe_{17} + H_2 \longrightarrow SmH_{2\sim3} + \alpha\text{-Fe}$ 于 500℃ 左右吸氢 1～4h；脱氢重组 $SmH_{2\sim3} + \alpha\text{-Fe} \longrightarrow Sm_2Fe_{17}$ 于 700～850℃ 脱氢 1～3h。HDDR 工艺具有氧含量低、粉末晶粒细等优点，但存在 α-Fe 含量高影响磁性能的缺点。

各向异性 HDDR（氢化-歧化-脱氢-重组）材料的发现是高性能黏结软磁体发展中的一个突出进步。合金锭首先经过氢化，随后的歧化处理使 $Nd_2Fe_{14}B$ 粗晶粒转变成 Fe、Fe_2B 和 NdH_2 混合物，在脱氢阶段这些混合物再结合成细晶粒的 $Nd_2Fe_{14}B$ 微结构，它与快速凝固产生的微结构相似。合金中添加某些元素如镓、锆，便能制造出高各向异性粉末。

压缩成形磁体的最大磁能积范围为 112～136kJ/m^3，注射成型磁体的相应值为 80～96kJ/m^3。这种材料的 iH_c 的温度系数为 $-0.55\%/℃$。比各向同性熔体快淬材料的 $-0.45\%/℃$ 高，但低于烧结磁体的 $-0.65\%/℃$，这种差别归因于每种材料的晶粒尺寸不同。晶粒尺寸越小，该绝对值越低。这种材料的主要问题：①较高的不可逆损失，限制其工作温度不超过 100℃；②要求较高的磁化场，磁化到饱和需要两倍于矫顽力的磁化场（2400kA/m）。这个数值高于各向同性熔体快淬粉末所需的磁化场。这些问题，包括 HDDR 工艺和产生各向异性的机制等正在进行研究。

(8) Nd-Fe-B 永磁材料的研发趋势　作为一种重要的功能材料，Nd-Fe-B 永磁材料在电子、机械、交通、通讯、电力、国防、医疗、石油、化工、选矿采矿、环保等领域中发挥了显著的作用，成为各应用领域不可缺少的"维生素"和"催化剂"。世界各国均投入大量的人力物力，研究开发新型 Nd-Fe-B 永磁材料及拓展其应用领域，已取得许多进展。

Nd-Fe-B 永磁材料的功能研发是世界各国的研发工作的重点，主要集中在以下四个方面。

① 高 $(BH)_m$ Nd-Fe-B 永磁材料　Nd-Fe-B 永磁材料的最大优点在于创纪录的高 $(BH)_m$，要充分发挥 Nd-Fe-B 的优势，就得扬长避短。近年来美国、日本、欧洲各主要 Nd-Fe-B 生产厂家都争相推出高 $(BH)_m$ 牌号，这正反映了这一趋势。继日本住友特殊金属公司推出 360kJ/m^3 的 Nd-Fe-B（技术背景是改善材料组分和粉末冶金工艺，磁体的主相组分为 $Nd_{11.8}Fe_{82.3}B_{5.9}$。为提高矫顽力加入了 Dy、Co 等添加剂，并在制备工艺中采取了抑制磁粉氧化等措施）并批量生产以后，信越化学工业公司和 TDK 也开发出类似磁体。

② 耐热 Nd-Fe-B 磁体　温度性能差是 Nd-Fe-B 材料的致命弱点，它导致电机不能在较高温度下工作。因此，开发耐热 Nd-Fe-B 磁体引起全球的共同关注。研究表明，改善 Nd-Fe-B 温度特性的途径有：添加重稀土元素（Tb,Dy）提高 H_{cj} 以改善温度特性；用 Co 置换 Fe 可有效地提高居里温度；添加 Ga 将导致较高 H_{cj} 和较低的不可逆损失；添加 Nb 对 Nd-Fe-B 温度特性亦有影响；复合添加 Dy、Co、Nb 和 Ga，也有改善 Nd-Fe-B 热稳定性之功效。

③ Nd-Fe-B 磁体的防锈处理技术　耐蚀性差（易生锈）也是 Nd-Fe-B 磁体的弊病之一。为防止生锈而进行必要的处理，是 Nd-Fe-B 产品成本上升的一大原因。可以说，经济耐蚀处理方法的开发，将是今后扩大 Nd-Fe-B 磁体市场占有率的一大关键。

④ 各向异性粉末和各向异性黏结磁体　鉴于各向异性黏结 Nd-Fe-B 磁体的应用市场十分广阔，世界各国当前正大力投资开发用快淬＋热变形磁体法、HDDR（氢处理）法制作各向异性 Nd-Fe-B 粉末和各向异性 Nd-Fe-B 黏结磁体的技术，这类磁体的特性为：$(BH)_m =$ $144kJ/m^3$，$H_{cb} = 1784kA/m$，$B_r = 0.9T$。

（9）Nd-Fe-B 永磁材料的工艺技术研发　对 Nd-Fe-B 生产工艺的研究，国内外都开展了不少的工作，但最有现实意义的仍是快淬工艺、雾化工艺和氢化工艺。

① 快淬工艺　采用该技术制作的磁体性能远低于粉末冶金法制得的磁体，除非采用热压技术制作各向异性磁体。目前限于在热压技术中的生产条件，因此采用该工艺的生产主要还是提供黏结料粉或制作低性能的各向同性产品。由于快淬工艺可提供黏结料粉，加之工艺简单，另外将快淬粉与粉末冶金粉末混合使用，可得到极高的磁特性，因此该工艺的研究在国内外很受重视。

② 雾化工艺　北京钢铁研究总院在进口的设备上已成功地制作了雾化 Nd-Fe-B 料粉。设备的喷出量可达 $25 \sim 45kg/$次，料粉粒径小于 40 目的可达 85%。磁体的最好性能为：$(BH)_m = 244.8kJ/m^3$，低于粉末冶金工艺制作水平的原因是喷嘴较粗，雾化粒径尚不能直接成型。

③ 氢化工艺　该工艺主要针对 Nd-Fe-B 铸锭破碎困难的问题，但存在两大难点：生产安全性；氢化粉碎后，料粉难以彻底除氢，这是因为氢化过程中有部分氢原子进入磁体的晶格。尽管如此，对于减少劳动量来说，该工艺还是有相当意义的。此外，采用该工艺制备的料粉，其粒径均匀性、粒子形状、氧含量等情况也明显地好于机械破碎法产品。

典型的 Nd-Fe-B 工艺还有还原扩散法、铸造热加工法、机械合金化、液相动态致密快凝法等。这些工艺的共同点是流程简单、生产效率高、耗能低，对降低工艺成本有明显的效益，但它们还很不完善和成熟，对其弱点尚待作进一步改进提高。

6.2.2.3　RE-Fe-N 系永磁材料

Nd-Fe-B 永磁材料是在二元 RE-Fe 系化合物中添加第三类元素，从而改变磁性的结果。由于二元 RE-Fe 化合物居里温度低，必须提高其居里温度才使其成为永磁材料。其实在二元 RE-Fe 化合物中添加 N 也有改善磁性的显著效果。

自从 Coey 等发现 $Sm_2Fe_{17}N_{3-x}$ 合金具有优异的永磁性能之后，在全世界范围内掀起了研究 Sm-Fe-N 系永磁合金的热潮。虽然 Nd-Fe-B 系合金具有很好的永磁性能，但是居里温度低的致命弱点决定其难以进入对磁稳定性要求较高的应用领域。而对于 Sm-Fe-N 系，不仅永磁性能可与 Nd-Fe-B 系相媲美（具有代表性的稀土化合物 $Sm_2Fe_{17}N_3$ 的理论磁能积略低于 $Sm_2Fe_{14}B$，为 $477.5kJ/m^3$），更重要的是，其居里温度要比 Nd-Fe-B 系高，这是人们对研究 Sm-Fe-N 系永磁合金感兴趣的最重要原因之一。然而，Sm-Fe-N 系化合物在 600℃ 之上发生不可逆分解，因此，一般不能采用通常的烧结法制备，而只能应用黏结法，这在一定程度上限制其更加广泛的应用。由于 N 的加入改变了 RE-Fe 化合物的基本磁性，便产生了一个新的稀土铁系永磁合金系列，即 RE-Fe-N 系永磁合金。

（1）N 对 $Sm_2(Fe,M)_{17}N_x$ 稀土化合物的影响　N 进入 Sm_2Fe_{17} 晶胞的八面体间隙，仅导致晶胞体积膨胀，而不改变 Sm_2Fe_{17} 化合物的 Th_2Zn_{17} 型晶体结构。形成的 Sm-Fe-N 系化合物居里温度较 Sm_2Fe_{17}（386K）提高近 1 倍，约为 750K（与 N 原子占有晶胞间隙位置类型及多少有关），各向异性及饱和磁化强度都得到提高，而各向异性的提高尤为显著，各向异性场为 2.4GA/m，并由原来易基面转变为易轴向。其中居里温度的提高很大程度上是由于 N 进入晶胞间隙位置致使晶胞体积膨胀，进而增加最近邻 Fe-Fe 间距离，减小负的 Fe-Fe 相互作用所致。同时，N 原子进入 9e 位置后，在 Sm 的 4f 壳层产生强电场梯度，改变晶体场系数 A_{20}，增加各向异性常数 K_1，导致矫顽力大幅度提高。

Sm_2Fe_{17} 化合物的氮化过程，N 原子与 Sm_2Fe_{17} 形成 $Sm_2Fe_{17}N_x$ 的过程中，并没有出现 N 固溶体，而是在纯 Sm_2Fe_{17} 相中直接析出过饱和相 $Sm_2Fe_{17}N_x$，形成反应前沿，并由粉末颗粒表面向内部推进，其速度由已形成氮化相中 N 的扩散过程所控制。

总之，N 进入 Sm_2Fe_{17} 晶格后，除了晶体结构不发生变化外，其他许多性质尤其是磁性能发生显著的变化，所以，弄清 N 对 Sm_2Fe_{17} 化合物磁性能影响的机理对进一步研制开发 Sm-Fe-N 系新型稀土永磁意义重大。

（2）$Sm_2(FeM)_{17}N_x$ 稀土永磁的磁性能及磁化本质　制备 Sm-Fe-N 系化合物各向异性磁粉的方法有粉末冶金法、氢化歧化法（HDDR）、机械合金化法及快淬法等。只能采用黏结工艺和低温熔接工艺制备磁体，对黏结法而言，最常用的胶黏剂是树脂和低熔点金属如 Zn、Sn 等。$Sm_2Fe_{17}N_x$ 粉末采用快淬法制备，平均颗粒尺寸约为 $3\mu m$。磁性能为：$B_r=1.34T$，$H_{cj}=684.4kA/m$，$(BH)_m=241.1kJ/m^3$。制成树脂黏结磁体后，其磁性能达到：$B_r=0.97T$，$H_{cj}=676.4kA/m$，$(BH)_m=154.4kJ/m^3$，并且环境稳定性要比 Nd-Fe-B 永磁体好。用 Zn 作为胶黏剂制备的 $Sm_2Fe_{17}N_3$ 黏结永磁体最大磁能积为 $859kJ/m^3$，较用 Sn 作为胶黏剂所制成的 $Sm_2Fe_{17}N_3$ 黏结永磁体磁性能要好，由于低熔点金属如 Zn 作为胶黏剂，降低饱和磁化强度，进而导致最大磁能积较低。

表 6-12　部分 Sm-Fe-N 系稀土永磁的磁性能

材 料 种 类	制 备 方 法	B_r/T	bH_c/(kA/m)	jH_c/(MA/m)	$(BH)_m$/(kJ/m³)
$Sm_2Fe_{17}N_3$	粉末冶金法 压实磁体	1.0	636.6		167.1
$Sm_2Fe_{17}N_3$	铸造法粉体	1.41	716.2		270.6
	树脂黏结磁体	0.9	517.3		135.3
	Zn 黏结磁体	0.65	477.5		85.9
$Sm_2Fe_{17}N_x$	机械合金化法压实磁体	0.986		1.54	167.1
$Sm_2Fe_{17}N_3$	氢化歧化法粉体	1.19		1.13	198.9
$Sm_3(Fe_{0.9}Cr_{0.1})_{17}N_{2.9}$	机械合金化法粉体	1.51			372.4
$Sm_{10}Fe_{82.5}V_{7.5}N_y$	粉末冶金法粉体	0.71	533.2		63.7
$Sm_2(Fe,Ti)_{17}N_3$	粉末冶金法粉体	0.75		1.59	89.1

制备工艺显著影响 $Sm_2Fe_{17}N_x$ 化合物的磁性能。用 Zn 作为胶黏剂制备的 $Sm_2Fe_{17}N_x$ 黏结磁体矫顽力达到 2.9T，经热等静压后，尽管磁体的密度得到提高，但剩余磁化强度降低，退磁曲线的形状恶化，这主要是由于生成 α-Fe 相所致，并得到了 X 射线衍射的证实。对于没有 Zn 作为胶黏剂的 $Sm_2Fe_{17}N_x$，经过热等静压处理后，其剩余磁化强度得到提高，同时，退磁曲线的正方度也有较大改善。用氢爆随后氮化的方法制备的磁体所获得的最佳磁

性能为：$B_r = 1.19T$，$H_{cj} = 1.13MA/m$，$(BH)_m = 198.9kJ/m^3$；而氢化歧化随后氮化的方法获得的最佳磁性能为：$B_r = 0.81T$，$H_{cj} = 1.67MA/m$，$(BH)_m = 103.5kJ/m^3$。两种方法都分别对应两个不同的最佳氢化温度，前者为 300℃，后者为 800℃。而且氢化随后氮化工艺制备的磁体粉末获取最佳磁性能时，对应 Sm-Fe-N 颗粒平均尺寸为 $2\mu m$。由此可见，磁性能与 Sm-Fe-N 颗粒的尺寸大小密切相关。此外，热处理工艺对 Sm-Fe-N 系合金的磁性能也有较大的影响。研究发现，随氮化温度的提高，$Sm_3(Fe_{0.85}Cr_{0.15})_{29}N_x$ 的矫顽力先提高而后降低，在最佳氮化温度退火 16h，矫顽力得到进一步提高，H_{cj} 达 552kA/m。退火提高矫顽力是由相不均匀造成的。部分 Sm-Fe-N 系稀土永磁的磁性能见表 6-12。

（3）Sm-Fe-N 稀土永磁材料发展趋势　Sm-Fe-N 稀土永磁材料问世以来，短短几年，发展极为迅速，很有希望成为实用永磁体。鉴于 Sm 元素的稀缺和价格昂贵，人们通过添加其他价格低廉、自然储备丰富的稀土（如 Nd、Ce、Y 等）部分取代 Sm，试图在不降低或较少降低磁性能的前提下，降低材料的成本。但遗憾的是，目前研究表明，这种取代都不同程度地降低磁性能，效果不佳。此外，稀土-铁可以与第三元素 M＝Ti、Co、V、Mo、Cr、W 和 Si 等形成金属间化合物，结构得到稳定，而磁性能降低不多，有的反而提高，如 Co，这是改善 $Sm_2Fe_{17}N_x$ 系合金永磁性能、稳定结构的重要途径。另外，可以通过添加 C 成新型 $Sm_2(Fe,M)_{17}$-C 或 $Sm_2(Fe,M)_{17}$-C(C,N) 合金系，这方面的研究工作已取得较大进展。化学成分调整是 Sm-Fe-N 系永磁体的一个主要发展方向。磁体制备对于 Sm-Fe-N 系永磁体也至关重要，永磁体的制备方法与工艺研究受到 RE-Fe-N 氮化物是热力学亚稳结构的严重阻碍，如前所述，如果其结构得到稳定，可以制成烧结永磁体，那么就有充分挖掘磁性能固有潜力的可能性，进而加快其实用化进程。总之，通过合理调整成分，寻求适当的制备方法，优化磁体制备工艺，充分挖掘潜在磁性能 Sm-Fe-N 系合金成为实用永磁体不久可望实现。

6.2.3　稀土永磁材料的应用

在多种永磁材料共存的今天，稀土永磁是发展最快的，每年递增 15%～19%；而铁氧体每年只递增 6%，AlNiCo（铝镍钴）每年仅递增 1%～2%。据资料介绍，欧洲、美国、日本等国稀土永磁应用领域及其比例见表 6-13 所列。

表 6-13　稀土永磁材料的应用领域

应 用 领 域	国家(地区与比例)/%		
	美国	欧洲	日本
电机工程(永磁电动机与发电机等)	30	27	10
磁力机械(磁传动、磁制动、磁轴承等)	15	18	5
电子工业(微波器件、宇航专用、电子仪表等)	15	20	5
仪表与民用电器(电子钟表、收录机、录像机等)	10	23	65
其他领域	10	12	10

随着汽车生产量以及使用扬声器数量的增加，2005 年，全世界需要铁氧体永磁已增加到 25 万吨。如果汽车电机中有 50% 采用黏结钕铁硼磁体，而世界生产汽车以 5540 万辆计算，就需要黏结钕铁硼磁体约 5540t。计算机发展带动了相关配套元件的发展，磁盘、光盘驱动器和打印机驱动头更是使用钕铁硼最大的"用户"；多媒体音响对永磁材料的需求量也是很大的。估计到 2005 年世界永磁体的产值将超过 100 亿美元。由于 IT 产业的快速发展，计算机（包括显示器等外设）、网络技术产品、通讯行业需要各种高档次铁氧体软磁材料，电话和移动电话装置需要越来越多的抗干扰磁芯、片式微型化电感以及传声器和扬声器磁体，为了减少发电厂二氧化硫的排放量，国际上实施"绿色照明工程"来节电，从而达到减

少发电量，所以节能灯的应用在国外发展很迅速，需要使用大量的高档铁氧体软磁滤波磁芯、抗干扰磁芯等。

由于 Nd-Fe-B 系永磁体的磁性能高，原材料资源丰富，单位磁能积的成本较低。它将取代大部分 Sm-Co 永磁体和大部分铸造 Al-Ni-Co 永磁体。如果 Nd-Fe-B 系永磁材料的成本能进一步降低，它也可能取代一部分铁氧体永磁材料，稀土永磁材料的应用领域将进一步扩大。有人预测，Nd-Fe-B 系永磁材料将会引起电机工业的革命。此外稀土永磁材料在磁力机械、汽车、磁悬浮列车、磁化技术、自动化与计算机技术和磁疗技术等领域的应用将进一步扩大，其应用前景十分广阔。

6.2.3.1 在微波通讯技术中的应用

在雷达技术、卫星通讯、遥控遥测技术、电子跟踪、电子对抗技术中，需要用到磁控电子管（磁控管）、磁控行波管、阴极射线管、微波铁氧体隔离器、环行器等。所有这些器件都要用到永久磁铁，产生一个恒定磁场，用于控制电子束流的运动，以便实现高频或超高频振荡、微波信号（电流、电压或功率）的放大、接收与显示的目的。

磁控行波管主要起微波信号（电压或电流或功率）放大的作用。它由电子枪、周期场聚焦磁铁管和集电极组成，周期场聚焦磁铁管由十几到几十个稀土永磁圆环形磁铁来组成，相邻两磁铁的极性相反。为了达到有效的信号放大作用，对聚焦磁铁有三个基本要求：①圆环形磁铁在轴向建立的周期场的峰值要足够高，并且均匀；②温度稳定性好，峰值场随温度的变化要小；③磁体尺寸要精确。周期性的轴向峰值场 H 与永磁体的内禀磁能积成正比，与环形磁铁的厚度成反比。为此要求永磁材料的内禀矫顽力要高，磁感温度系数 α 要小。由于铁氧体材料的 α 大，Al-Ni-Co 永磁材料的 $_mH_c$ 低，均不适用。稀土永磁材料是理想的行波管聚焦磁铁材料。表 9-2 是用 $SmCo_5$ 和 $AlNiCo_5$ 制造 641 行波管性能的比较。可见 $SmCo_5$ 行波管与 AlNiCo 的相比，不仅体积小、质量轻，而且轴向峰值场高。

6.2.3.2 在电机工程中的应用

稀土永磁体的出现，意味着电机领域将引起革命性的变化。这是因为稀土永磁体没有激磁损耗，不发热，用它制造的电机优点很多。因稀土永磁电机没有激磁线圈与铁芯，磁体体积较原来磁场极所占空间小，没有损耗，不发热，因此为得到同样输出功率整机的体积，质量可减小 30％以上，或者同样体积、质量，输出功率大 50％以上。

稀土永磁材料产量的 1/3 左右用来制造各种永磁电机。永磁电机的种类和用途列于表6-14。由表可见永磁电机的品种很多，电机的容量小至几分瓦，大至数百千瓦，广泛应用于现代科学技术和国民经济的各个部门。永磁电机的优点是不需要励磁绕组或励磁机、省铜、省电、质量轻、体积小、比功率高。高性能稀土永磁材料的出现，特别是 Nd-Fe-B 系永磁材料的出现，促进了永磁电机的发展，如新型永磁智能电机（IA）具有高效率、节省资源、体积小和噪声低等优点。随着现代科学技术的发展，永磁电机的需要量将急剧地增加。

表 6-14 永磁电机的种类与用途

种类	永磁电机的名称	用途
永磁交流电机	永磁同步发电机；永磁交流测速电机；永磁感应式发电机；点火用磁电机；永磁同步电动机	单相、三相交流电源，副励磁机；飞行、航海、机车、车床等的行速与转速的测量单相中频电源；机车、火车、飞机内燃机的点火系统
永磁直流电机	驱动用永磁直流电动机；永磁直流伺服电机；永磁直流测速电机；永磁直流力矩电机；其他永磁电动机，如永磁步进电动机、永磁直流无刷电机、压电电动机、霍尔电动机、有限角电动机、音圈电动机等	录音录像机，照相机，电唱机，家用电器；自动化、遥控遥测系统；测量各种转动部件转速器，电子工业，仪器仪表，电动玩具中的微小型电动机（用电池作电源）工业自动化，办公室自动化，遥控遥测系统，计算机外围设备等

6.2.3.3 在仪器仪表与计时装置中的应用

据统计，永磁材料的 10%～15% 用于制造各种磁电式仪器仪表和各种计时装置，永久磁铁是磁电式仪表的核心部件。随着永磁材料及其磁性能的不断发展与提高，特别是高 $(BH)_m$ 材料的出现，磁电式仪表的磁铁也由细长的 U 形逐渐发展成短粗型。14 号以前的磁铁用低 H_c、高 B_r 的材料制造；15 号以后的是用高 H_c 材料制造。磁电式仪表的磁路结构有两种。一种为外磁式，永久磁铁位于可动线圈的外部，另一种为内磁式，永久磁铁位于可动线圈的内部。此外还有一种叫内外磁结构，永久磁铁的一部分位于可动线圈的内部，另一部分位于其外部。此外还有动铁式仪表和大角度动圈式仪表。

磁电式电子钟表有两种类型。一种是摆轮式的；另一种是步进电机式的，它的转子是一片稀土永磁圆片，在圆片上充上了 6 个磁极，在 N、S 极两间排列。磁片的尺寸约 $\Phi_外 = 3～5mm$，$\Phi_内 = 0.5～1.0mm$，厚度约 0.3mm，每块磁铁质量约 0.01g。磁体的原材料费不贵，但加工费贵。为便于加工制造，电子手表步进马达铁芯一般用黏结永磁体来做。

6.2.3.4 在电声器件中的应用

稀土永磁材料约有 15% 用于制造电声器件。电声器件是扬声器（喇叭）、话筒、拾音器、助听器、立体声耳机、电话接收机和电声传感器等的总称。电声器件的原理基本上是相同的。永磁体通过轭铁在磁路的环形气隙中产生一个磁场，和扬声器纸盆相连的音圈插入环形气隙中，永磁体被外部的轭铁所包围，从而可以免遭外界杂散磁场的干扰，反过来也可以减小永磁体磁场对外界的影响，当声音以电流的形式通过磁场时，线圈便会因电流强弱的变化产生不同频率的震动，进而带动纸盆发出不同频率和强弱的声音。其中磁体用稀土永磁钕铁硼代替传统的铁氧体或铝镍钴等磁体，不但能使扬声器的灵敏度提高，还可使磁体用量大大减少。在传播功率不变的情况下使扬声器做得小型化、薄型化、轻型化。由于这一特点为各种电器设备、家用电器、汽车用音响提供轻巧的可能性。例如同样是额定功率为 50W 的扬声器，采用铁氧体永磁，磁体的质量为 1.2kg，扬声器的总质量是 2.4kg。采用稀土钕铁硼永磁，磁体质量不足 50g，扬声器的总质量是 750g，对比一下磁体质量减少了 2.4 倍。扬声器质量减少了 3.2 倍。

用稀土永磁体做电唱机的拾音器，可以做成动圈式，也可做成动铁式。用稀土永磁体做的拾音器的体积只有用 AlNiCo 做的的 1/6，其磁体直径约 1.5mm，厚度 0.8mm。其质量轻，针尖的压力仅有 AlNiCo 做的的 1/10，放音质量好。

6.2.3.5 在磁力机械方面的应用

磁力机械是稀土永磁出现后而逐渐发展起来的一个新的应用领域。磁力机械包括磁力传动器或磁性"齿轮"、磁制动器、磁夹具、磁力打捞器、磁性轴承、磁力泵、磁性阀、磁封门和磁锁等。据 1982 年的统计，在磁力机械方面，某些国家应用稀土永磁材料的比重美国占 15%；欧洲占 18%；日本占 5%。稀土永磁材料在这一领域的应用还在开拓与发展之中，前景十分广阔。磁力机械的种类是多种多样的，但其原理是相同的，即利用磁体同极性的排斥力或异极性的吸引力。

磁力轴承主要应用于人造卫星、宇航器、高速飞行器的陀螺仪、超高速离心机、纺织机的涡轮机、电量计、特别用途电机、精密仪器和电度表等。人造卫星或航天器一般在真空条件下工作。在真空条件下机械轴承面临严重的润滑和磨损的问题，它决定了人造卫星与高速飞机的寿命。而磁性轴承没有摩擦，不需要润滑，因而可长期使用。

6.2.3.6 在交通运输工程中的应用

利用同磁极相互排斥的原理而制造的列车叫磁悬浮列车。这种列车的主轮与轨道是不接触的，它依靠磁性排斥力把车身悬浮起来。这种列车在运行过程中速度快，时速可达

500km/h，而一般钢轨列车速度小于 300km/h，此外无摩擦、无噪声，是未来理想的交通工具。磁悬浮列车的车身/轨道的磁悬浮方式可以是永磁体/永磁体或超导磁体/超导磁体。而永磁体/永磁体的磁悬浮列车不需要制冷系统。具有结构简单、造价低、节能等优点而受到重视。

永磁体与永磁体之间的排斥力与永磁体的内禀磁能积或它们的磁化强度的乘积成正比。$SmCo_5$ 和 Nd-Fe-B 永磁体的磁化强度分别比铁氧体的高约 2 倍或 4 倍。在相同条件下，$SmCo_5$ 和 Nd-Fe-B 永磁体各自的同极排斥力分别是铁氧体的 4 倍和 16 倍。

现代汽车需要使用许多种磁体，在启动马达和刮水器马达上从性能价格比来考虑主要使用铁氧体永磁材料，在制动器和传感器上主要使用高性能 SmCo 系和 NdFeB 系烧结磁体。在汽车仪表上过去多用温度特性好的 AlNiCo 磁体。但现在几乎都用黏结磁体。在速度表和转数表上已使用各向同性 NdFeB 系黏结磁体，在温度表和燃料表上多用铁氧体黏结磁体。在仪表上过去多用单一黏结磁体，但今后将充分利用黏结磁体的形状特性，积极开发与构成磁路的轭铁形成一个整体成形部件，其用途必将进一步扩大。因此，对于具有高能积的 HDDR-NdFeB 和 SmFeN 系各向异性黏结磁体耐热性的要求也在不断提高。

在电力汽车用马达方面，在各种型式的马达系列中永磁式同步电动机（直流无刷马达）是效率最好的。所用的磁体从性能价格比来考虑多选用 NdFeB 系烧结磁体。在此种场合，也要重视耐热性和可靠性，应选用高于 1600kA/m 的内禀矫顽力大的磁体。另外，为了延长电池使用寿命，对于汽车的各种部件也都要求高效率化，要求使用高性能黏结磁体。不仅仅对于永磁体，就连构成电磁制动器等磁路的软磁材料也要求高性能化。

在汽车上使用的 NdFeB 系烧结磁体以产生 3% 不可逆退磁的温度作为其耐热性指标，发现磁体的耐热性越好，内禀矫顽力也优良，但磁能积越高的磁体往往耐热性有变差的倾向。因为随着加热而发生的磁通量变化对应于磁畴结构的变化，所以通过晶粒细化和磁畴构造的控制也可望提高磁体耐热性。各向异性的 HDDR 处理的 NdFeB 系黏结磁体和 SmFeN 系黏结磁体，最大磁能积高达 144kJ/m³，但耐热性较低，大约在 353K 时即产生 3% 的不可逆退磁。为了改善它们的耐热性，有必要进一步提高这些合金磁粉的内禀矫顽力，它们分别具有 6000kA/m 和 16000kA/m 以上的各向异性场。所以今后进一步改善性能是很有前途的。

6.2.3.7 在磁分离技术中的应用

利用磁性方法将铁磁性物质与非铁磁性物质或将磁性原子（离子）或磁性分子与非磁性原子（离子）或非磁性分子分开的技术称为磁分离技术。磁分离技术在选矿、原材料处理、水处理、垃圾处理、化学工业、食品工业中得到了应用，并且其应用范围还将日益扩大。

在日常生活中，我们会经常看到水的结垢现象，这是由于水中溶解的钙镁碳酸氢盐，在加热时会形成钙镁碳酸盐沉淀，水的硬度越大，结垢越多。水垢不但严重影响热量传递，降低各种热交换器的传热效率，增加能耗，还会造成管道堵塞。为此，许多工业和生活用水都需要预先进行软化处理。通常采用的办法有离子交换法和加药化学软化法，既费时费力，又消耗材料。采用钕铁硼强磁水处理器，常常可以代替上述的软化处理方式，同样能起到防垢除垢作用。

磁化水除垢的机理是：水经磁水器处理后，单个水分子的数量增多，水分子的活动更自由，水的溶解度提高，黏滞力降低，渗透性增强，促使水容易渗透到块垢的微细间隙中。另外，磁化水和溶液器壁上的水垢接触时，会引起水垢结构中的结晶水的数量发生变化，使硬水中的硬盐晶格结构改变和破坏，导致旧垢和器壁的结合部位被浸透、破裂、剥离、脱落，这样就达到了除垢的目的。

6.2.3.8 在磁化技术中的应用

利用磁场对物质进行磁化作用，改变被磁化物质的键状态或原子、电子组态，促进物质的化学反应，促进燃料燃烧；或改变物质的结晶形态或凝固点，这一技术称为磁化技术。磁化技术已越来越为人们所认识并重视。磁化水能防治人体内的"结垢"，经常饮用磁化水，对防治泌尿系统等体内结石、改善消化功能都具有一定效果，因此有许多矿泉壶和磁水杯也采用钕铁硼永磁体对水进行磁化。由于磁化水活性高、溶解性和渗透性好，把稀土永磁磁化水用于农牧林业浇灌和家禽家畜饲养，也有明显的增产增收效果。

对磁化减烟节油器，燃油（汽油、柴油等）在燃烧前从磁化减烟节油器的磁场中通过，然后输入燃烧室进行燃烧。其结果是燃烧得更加完全，节油约 3%～8%，排烟减少 80%，减少了对环境的污染。磁化减烟节油器已在汽车、轮船、火车、拖拉机、工业燃油炉中得到了应用。

在石油开采过程中，原油中含的蜡在一定的温度下要凝固，粘在输油管壁上将输油管堵塞。每隔一段时间要用热水冲洗，严重地影响原油的生产。在输油管上装上永磁体做的磁化防蜡器后，原油中含的蜡不再凝固，并降低了原油黏度，大大地促进了油井原油的开采。磁化防蜡器的关键部件是永久磁铁，要求它具有高的矫顽力，能在 150℃的温度下工作。

6.2.3.9 在磁疗与健身器械方面的应用

我们人类赖以生存的地球拥有庞大的磁场。人体内充满着铁磁性物质，有生物电流也有生物磁场，当受到强大磁场刺激时，会产生许多微妙的生物反应，由此产生了医学上的磁诊断和磁场疗法。

医院里用的核磁共振成像仪是比 CT 还要精密的新型诊断设备。组成人体细胞的各种元素的原子核都具有核磁矩，在一定的强磁场下会产生共振，利用人体正常细胞组织与病变组织共振弛豫时间不同，经过精密的断层扫描分析，利用反映出的图像差异来观察就能诊断出早期微小的病变。但该设备需要有强大的磁场系统支撑。若采用超导磁体，需要配备昂贵的超低温系统，安装维修十分复杂；而采用普通铁氧体磁钢，则需要几十吨甚至上百吨的磁体来组装成一个庞然大物。采用高性能钕铁硼永磁材料就可以克服上述缺点，只需要 2～3t 磁体，整体重复和体积大大减少，在保证高质量和高分辨率的条件下，实现了设备的小型化和轻型化，有利于推广使用。

稀土永磁材料还被广泛应用于磁场疗法，即通常所说的"磁疗"。"磁疗"是利用磁场作用于人体组织或一定穴位进行治疗疾病的理疗方法。对于肌肉组织损伤和皮下淤血水肿等病症可采用阿是穴（即损伤部位）强磁按摩或旋转交变动磁疗法。对于其他病症则以中医经络学说为基础，用强磁场产生的磁力线代替针灸来刺激穴位以达到治病的目的。也可以采用静磁贴敷疗法，或者与真空拔罐结合制成"哈磁五行针"或强磁磁提针，用强磁刺穴位来治疗疾病。

利用强磁场刺激穴位可以起到疏通经络、调节神经和促进气血运行的作用，用于治疗软组织急慢性扭挫伤等病症效果尤为明显。强磁场可以促进机体的血液循环，加强新陈代谢，起到良好的消炎镇痛作用。采用磁穴位法，对于肩周炎、关节炎、气管炎、神经痛、高血压和某些心脑血管慢性疾病具有一定疗效。其效果与患者对磁的敏感性有关。稀土永磁强磁"磁疗"虽然不能包治百病，但由于不用吃药打针、无痛苦和毒副作用，很受患者的欢迎。

钕铁硼永磁材料所拥有的超强磁力还被用于牙齿矫正和外科吸取铁磁性异物（像眼睛或其他部位不慎进进铁屑或铁砂等）。这种利用强磁吸铁的办法甚至被用于给牲畜治病，如黄牛和奶牛常因误食铁钉或铁丝而导致创伤性胃炎，死亡率很高，在我国每年致死的牛多达几十万头。用钕铁硼制造的牛胃恒磁吸引器可以毫不费力地把牛误食的铁杂物吸取出来，为防治牛的创伤性胃炎闯出了一条新路。

稀土永磁体还是制造各种磁疗保健器的理想材料，如磁疗鞋、磁疗帽、磁疗腰带和磁疗床垫等，还可制成磁疗项链、磁疗手表和磁疗戒指等具有保健功能的磁疗保健装饰品。在当今市场上众多的磁疗产品中，往往是采用稀土永磁材料制作的才有良好的效果。

6.3 稀土磁致伸缩材料

物体在磁场中磁化时，在磁化方向会发生伸长或缩短，这一现象叫磁致伸缩。当通过线圈的电流变化或者是改变与磁体的距离时，其尺寸即产生显著变化的铁磁性材料，通常称之为磁致伸缩材料。其尺寸变化比目前的铁氧体等磁致伸缩材料大得多，而且所产生的能量也大，则称为超磁致伸缩材料。近年来开发的稀土铁超磁致伸缩材料具有室温下大磁致应变、优良低场磁性能及较大的机电耦合系数，其磁致伸缩效应比一般磁致伸缩合金高一个数量级；比电致伸缩材料具有更大的应变和更宽的适用温度范围，因而越来越受到人们的重视，并应用到许多高科技领域。

稀土元素与铁的立方莱夫斯相（Laves）金属间化合物是在 20 世纪 70 年代初发现的，它在室温下具有巨大的磁致伸缩系数（10^{-3}），被称为稀土-铁超磁致伸缩材料。由于这种材料随着外磁场的变化其长度有明显的变化，而且响应速度较快（10cm 长的材料在 $50\mu s$ 内可伸长 $100\mu m$），其性能明显优于传统的磁致伸缩材料和压电陶瓷材料，超磁致伸缩材料与传统磁致伸缩材料性能的比较见表 6-15。

表 6-15 超磁致伸缩材料与传统磁致伸缩材料性能的比较

材料　　特性	Terfeno 1-D Tb$_{0.27}$Dy$_{0.73}$Fe$_{1.95}$	纯镍 （Ni>98%）	Fe-Co 合金 （Co34.5%～35.5%） （Cr0.4%～0.5%） 余为 Fe	PZT 陶瓷 I （钛酸钡）	PZT 陶瓷 II （钛酸盐+ 铅+锆酸盐）
$\lambda_s/\times10^{-6}$	1500～2000	−40	40	80	400
K_{33}	0.72	0.20	0.17	0.45	0.68
D_{33}/mA^{-1} /mV^{-1}	1.7×10^{-7}			160×10^{-12}	300×10^{-12}
能量密度/(J/m^3)	1400～25000	30		960	960
抗拉强度/Pa	28×10^{-6}			55×10^5	76×10^5
压缩强度/Pa	700×10^{-6}				
密度/(kg/m^3)	9.25×10^3	8.9×10^3	8.1×10^3	5.6×10^3	7.5×10^3
电阻率/Ω·m	60×10^{-6}	6.7×10^{-6}	2.3×10^{-8}	1×10^8	1×10^8
居里点/℃	387	3.54	1115	125	300

从表中可以看出，稀土-铁超磁致伸缩材料具有明显的优势，所以它能有效地将电磁能（或电磁信息）转变成机械能（或机械位移信息），也可以将机械能（或机械位移信息）转变成电磁能（电磁信息），是当代重要的信息转换材料。目前，国内外对这种材料的基础和技术开发两方面的研究都很活跃，并已进入实用化阶段。

20 世纪 60 年代初，Clark 等发现了低温下单晶镝的一个基面有 1%磁致伸缩应变的现象，引起了材料界的巨大反响。从此，磁致伸缩材料的研究进入了一个新纪元。在近 40 年里，无论是对稀土超磁致伸缩材料的理论研究，还是应用开发都取得了很大的进展。首先，在 1969 年，由 Cullen 对"过渡金属元素能够增加稀土元素在较高温度下的磁有序"的假想，使得一种在室温下能够保持大磁致伸缩系数的磁致伸缩材料的问世成为可能，并在

1972 年由 Clark 等成功地将稀土元素与铁化合成 $REFe_2 Laves$ 相金属间化合物，从此为纯稀土元素低温下的超磁致伸缩开辟了新的应用领域。$REFe_2 Laves$ 相磁致伸缩材料的问世成为磁致伸缩材料发展史上的一大里程碑。然后，随着对 $REFe_2$ 研究的深入，人们不但在理论上成功地用单电子理论、晶场理论对 $REFe_2$ 室温下的磁特性作了令人信服地定性、定量解释。在这些理论的指导下，应用各种手段减小材料的磁各向异性，提高低场下的磁性能，推动了材料的发展，而且基本上解决了材料的制备问题，并能批量生产，逐渐产业化，其市场规模不断扩大。

6.3.1 磁致伸缩效应及机理

（1）磁致伸缩效应　在磁场中磁化状态改变时，材料引起尺寸或体积微小的变化，称为磁致伸缩。此现象于 1842 年由著名物理学家焦耳首先发现，接着 Villarri 发现了磁致伸缩的逆效应。磁致伸缩可分为两种。

① 线磁致伸缩　当材料在磁化时，伴有晶格的自发变形，即沿磁化方向伸长或缩短，称为线磁致伸缩。变化的数量级为 $10^{-6} \sim 10^{-5}$。当磁体发生线磁致伸缩时，体积几乎不变，而只改变磁体的外形。在磁化未达到饱和状态时，主要是磁体长度变化产生线磁致伸缩。

② 体积磁致伸缩　当材料在磁化状态改变时，体积发生膨胀或收缩的现象。饱和磁化以后，主要是体积变化产生体积磁致伸缩。在一般磁体中体积磁致伸缩很小，实际用途也很少，在测量和研究中很少考虑，所以一般磁致伸缩均指线磁致伸缩。只在个别特殊合金（如因瓦型合金）中体积磁致伸缩较为明显，引起膨胀、弹性反常变化而被利用。

（2）磁致伸缩机理　当材料的磁化状态发生改变时，其自身的形状和体积要发生改变，以使总能量达到最小。产生磁致伸缩的原因一般可归为以下三个方面。

① 当材料的晶格发生畸变时，其交换能也随之发生变化，晶格的排列总是选择一种能量最低的位置。这种晶格畸变可以是各向同性的，也可以是各向异性的。

② 原子的磁偶极矩之间的相互作用也能引起磁致伸缩。这种磁致伸缩一般是各向异性的。

③ 由原子的轨道和晶场的相互作用及自旋-轨道相互作用而引起的磁致伸缩。这种磁致伸缩是各向异性的，并且是大磁致伸缩的主要来源。

一般所说的磁致伸缩指的是场致形变，即当施加外磁场时，材料沿某一方向长度的变化。在铁磁或亚铁磁材料中，当温度在材料的居里点以下时，由于自发磁化在材料的内部形成大量的磁畴。在每个畴内，由于上述的几种作用机制，晶格都发生形变。假设畴的形状在居里温度以上时是球形的，自发磁化后变为椭球形，其磁化强度方向是椭球的一个主轴。当未加外磁场时，磁畴的磁化方向是随机的；加上外磁场后，通过畴壁的移动和磁化方向的转动，最终大量磁畴的磁化方向将倾向平行于外场。如果畴内磁化强度方向是自发形变的长轴，则材料在外场方向将伸长，这是正磁致伸缩；如果磁化强度方向是自发形变的短轴，则材料在外场方向将缩短，这是负磁致伸缩。

（3）稀土离子大磁致伸缩的起源　在稀土金属、合金或金属间化合物中，超磁致伸缩主要起源于稀土离子中局域的 4f 电子。由于 4f 电子受外层电子的屏蔽，所以其 L-S 耦合作用比稀土离子和晶场的作用要大 $1 \sim 2$ 个数量级，和 3d 过渡族金属不同，稀土离子的轨道角动量并不冻结。

稀土离子的 4f 轨道是强烈的各向异性的，在空间某些方向伸展得很远，在另外一些方向又收缩得很近。当自发磁化时，由于 L-S 耦合及晶格场的作用，使得 4f 电子云在某些特定方向上能量达到最低，这就是易磁化方向。大量稀土离子"刚性"的 4f 轨道就这样被

"锁定"在某几个特殊的方向上，引起晶格沿着这几个方向的大的畸变，当施加外磁场时就产生了大的磁致伸缩。

6.3.2 稀土超磁致伸缩材料的制备

制备方法如下所述。

（1）定向凝固法 定向凝固法的目的是在一次相变成型过程中控制合金样品的宏观晶体取向和凝固组织结构以提高其磁致伸缩性能。在理想情况下，希望样品的轴向为〈111〉晶向，但实际上合金自身的特性及凝固方法的特点决定了获得理想凝固组织是非常困难的。定向凝固法又包括丘克拉斯基法、布里奇曼法和区熔法（或浮区法）。

① 丘克拉斯基法（Czochralski 法）又称提拉法，是将一小籽晶在旋转的同时从母合金熔液中以一定速度向上提拉，以这个小籽晶为基底，发生晶粒长大，长大方式为平面长大方式，长大以后的晶体取向与该籽晶晶体的取向一致，因此通过控制籽晶的晶体取向可以获得〈111〉取向的合金样品。有关这方面的研究工作，国内和国外都有报道，中科院物理所首先成功地用丘克拉斯基法生长了〈111〉取向的 Tb-Dy-Fe 合金无孪生单晶样品优点。尽管如此，用 Czochralski 法制备稀土超磁致伸缩材料还存在很多问题，通常为了保证样品在旋转提拉过程中的连续性及晶粒生长界面无成分过冷，提拉速度一般只有每秒几微米，这样慢的速度不仅效率低、稀土元素挥发严重，还容易析出 RFe_3 相甚至魏氏组织，这将极大地降低样品磁致伸缩性能。所以，用 Czochralski 法制备稀土磁致伸缩材料在实际生产上有很大限制。

② 布里奇曼法（Bridgman 法），是将母合金置于 Al_2O_3 坩埚内整体加热熔化，然后向下抽拉熔化合金逐渐移出加热区，并发生顺序凝固以形成定向凝固组织。这种方法主要控制参数是抽拉速率和固液界面温度梯度，如果温度梯度一定，抽拉速率的大小将影响合金的凝固特性，从而影响固液界面形态和最终凝固组织与晶体取向。当抽拉速率小于界面凝固速率时，固液界面以平界面方式生长，无择优取向，在此条件下，如采用籽晶技术将可以获得〈111〉取向的合金样品。但是如果抽拉速率太慢，由于稀土元素的挥发严重，组织中有 RFe_3 相析出，样品的磁致伸缩性能并不高。当抽拉速率大于界面凝固速率时，固液界面存在成分过冷，合金以胞状晶或枝晶方式长大，可得到〈112〉取向的合金样品，尽管〈112〉晶向偏离〈111〉晶向 19.5°，但是如果样品组织均匀，无有害相析出，仍然可以得到较高的磁致伸缩性能。Bridgman 法制备稀土超磁致伸缩材料的主要问题是样品整体加热造成稀土烧伤，同时难以实现高的温度梯度。

③ 区熔法（或浮区法），是将合金棒置于一单匝感应线圈中，当感应线圈从合金棒的一端移向另一端时，整个合金棒顺序经历了一次熔化凝固过程，从而形成定向凝固组织。与 Bridgman 法相比，浮区法合金熔化时间很短，有利于减少稀土元素的烧损，但同时为了保持定向凝固过程的稳定性，浮区法感应线圈的相对移动速度必须与加热功率、熔化区宽度、液相温度、液相表面张力等参数相匹配，因此在控制上难度更大。

（2）粉末冶金法 粉末冶金法包括烧结法和黏结法。烧结法制备稀土磁致伸缩材料的主要工艺过程是，将一定成分合金在氩气的保护下破碎，在酒精介质中球磨，真空干燥后在模具中压制成型，然后在氩气保护下烧结。成型时应用磁场取向和磁场热处理可提高合金的磁致伸缩性能，采用这种措施，北京科技大学目前制备的〈111〉取向的烧结 Tb-Dy-Fe 合金样品的最大磁致伸缩可达 1400×10^{-6}。粉末烧结法可制备形状复杂的合金样品，相对生产效率高、成本低。黏结法是指将经过冶炼、研磨的合金粉末与树脂、塑料或低熔点合金等黏结剂均匀混合，然后压制、挤出或注射成型制成一定形状的复合材料的过程。虽然由于黏结剂的加入引起了材料成分的变化，使材料密度降低、磁性能有所下降，但黏结磁体具有工艺过程简单、原材料利用率高、可制成形状复杂的磁体、成本低廉等优点，同时添加了黏结剂使材料的电阻增大，高频特性明显得到改善。因此，黏结工艺越来越引起人们的重视，特别是近几年黏结 Nd-Fe-B 出现以后，黏结工艺飞速发展，并得到了广泛的应用。

6.3.3 稀土超磁致伸缩材料的性能

6.3.3.1 表征磁致伸缩材料性能的参数

（1）磁致伸缩系数　磁致伸缩系数是用来表示磁致伸缩效应大小的主要参数。而磁致伸缩效应可分为线磁致伸缩和体积磁致伸缩两种，其磁致伸缩系数分别用 λ 和 ω 来表述，具体内容如下。

① 线磁致伸缩效应的磁致伸缩系数 λ，它的值为：

$$\lambda = \delta l / l \tag{6-1}$$

式中，l 是材料的原始长度；δl 是磁化后长度的改变。

② 体积磁致伸缩效应的磁致伸缩系数 ω，它的值为：

$$\omega = \delta v / v \tag{6-2}$$

式中，v 是材料的原始体积；δv 是磁化后体积的改变。

由于一般金属及合金在磁化状态改变时，体积磁致伸缩系数很小，所以现在大量研究和应用的是线磁致伸缩系数 λ，亦被称为磁致伸缩系数。

沿不同方向测量出的 λ 不同。一般情况下，λ 值指沿磁场方向的测量值。通常有纵向磁致伸缩系数（用 $\lambda_{\parallel}$ 表示）和横向磁致伸缩系数（用 $\lambda_{\perp}$ 表示）：

$$\lambda_{\parallel} = (dl/l)_{\parallel} \quad （沿磁场方向测量值）$$
$$\lambda_{\perp} = (dl/l)_{\perp} \quad （垂直磁场方向测量值）$$

λ 是磁场和温度的函数。在一定温度下，$|\lambda|$ 随磁场增加而增大；达到饱和磁化时，λ 达到一稳定的饱和值，称为饱和磁致伸缩系数，以 λ_s 表示。对一定的材料 λ_s 是个常数。对单晶体而言，λ_s 是一个各向异性的物理量，不同晶向的 λ_s 值用 λ_{100}、λ_{110}、λ_{111} 表示。

材料的磁致伸缩系数不仅与化学成分有关，而且与材料的热处理状态有密切关系。这主要是磁畴分布、磁化过程与热处理有密切关系。

稀土合金的磁致伸缩系数见表 6-16 所列，几种铁磁材料的磁致伸缩系数见表 6-17 所列。

表 6-16　稀土合金的磁致伸缩系数

合 金 系	成　分	$\lambda_s / \times 10^{-6}$	合 金 系	成　分	$\lambda_s / \times 10^{-6}$
2：17 系	Pr_2Co_{17}	336	4：13 系	Tm_4Fe_{13}	85
	Tb_2Co_{17}	207	1：2 系	$SmFe_2$	1568
1：3 系	$SmFe_3$	211		$GdFe_2$	39
	$ThFe_3$	693		$Tb(NiFe)_2$	1151
	$DyFe_3$	352		$Tb(CoFe)_2$	1487
4：13 系	Ho_4Fe_{13}	58		$TbFe_2$（非晶）	308
	Er_4Fe_{13}	36		$DyFe_2$	233

表 6-17　几种铁磁材料的磁致伸缩系数

材　　料	$\lambda_s / \times 10^{-6}$	材　　料	$\lambda_s / \times 10^{-6}$
Fe	-4.4	Fe_3O_4	40.0
Ni	-33.0	Mn-Zn 铁氧体	-0.5
Fe-Ni(85%Ni)	-3.0	$BaFe_{12}O_{10}$	-5.0
Fe-Co(40%Co)	64.0		

（2）机电耦合系数　机电耦合系数（又称磁弹性耦合系数或磁机械耦合系数）是磁致伸缩材料一个重要的性能参数。对于没有损耗或有辐射的磁机械振子，用 k^2 表示每个周期内磁能可以转换成机械（弹性）能的那一部分，或者反之表示已储存的机械（弹性）能中可以转换成磁能的部分。可用 k 量度磁能与机械（弹性）能相互转换的效率。

通过测量含磁致伸缩材料线圈的复数阻抗，一般就可得到机电耦合系数 k。人们可以定义一个与几何形状无关的材料的机电耦合系数 k_{33}。对于圆截面的环状样品，$k_{33}=k$；对于细长棒状样品 $k_{33} \approx (\pi/\sqrt{8})k$。

（3）表征磁致伸缩材料性能的其他参数　作为实际应用的磁致伸缩材料，还要考虑饱和磁化强度 M_s、磁晶各向异性常数 K_1 和居里温度 T_c。

磁致伸缩的能量转换与材料磁能有关，这就要求 M_s 高。为了使磁化旋转容易，磁滞小，要求 λ/K_1 大，这就要求 K_1 值尽可能小。居里温度 T_c 高，有利于扩大磁体工作温度范围。

总的说来，表征磁致伸缩材料性能的主要参数包括磁致伸缩系数 λ、动态磁致伸缩系数 d、机电耦合系数 k 以及饱和磁化强度 M_s、磁晶各向异性常数 K_1 和居里温度 T_c 等。

6.3.3.2 超磁致伸缩材料的性能

对稀土超磁致伸缩材料来说，除了描述其磁致应变量大小的饱和磁致伸缩系数 λ_s 之外，还有描述其能量转换效率高低的磁弹耦合系数 k_{33} 和描述材料对磁场变化敏感性的强制磁致伸缩系数 d_{33} 等参数。为了使得在较小外磁场条件下材料就能产生很大的磁致伸缩，用磁致伸缩系数符号相同、磁晶各向异性常数符号相反的两个稀土元素共同组成赝二元化合物 $RE_{1-x}RE'_x Fe_2$，Terfernol D 合金即是这类化合物，通常只需要 $(8\sim24)\times10^4$ A/m 的外加磁场这类材料就达到了饱和磁致伸缩，这个特点简化了材料对外磁场设备的要求，也有利于拓展材料的应用领域。稀土超磁致伸缩材料的能量转换效率可达 70%，而镍基磁致伸缩材料只有不到 20%，压电陶瓷也只有 40%～50%。表 6-18 列出了稀土超磁致伸缩材料、传统磁致伸缩材料及压电陶瓷材料的几个主要特性。比较来看，稀土超磁致伸缩材料具有以下优点。首先，其磁致伸缩应变量比镍约大 50 倍，比压电陶瓷的电致伸缩应变量大 5～25 倍，这正是该材料得到发展的重要原因，如此大的应变量，可以实现很高的输出功率。其次，材料的强制磁致伸缩大，即产生伸缩的响应速度快，响应的时间仅 10^{-6} s，伸缩曲线的线性好，通过改变材料的制备及处理工艺还可以调整其弹性模量，为适应不同的应用场合提供了条件。另外，材料的能量密度（J/m³）高，比镍大 400～500 倍，比压电陶瓷大 14～30 倍，应变产生的推力也大，工作要求的电压低，用电池就可以驱动，这些特性都有利于器件的轻量化和小型化，也有利于降低成本。稀土超磁致伸缩材料还有一个重要特点，就是它的频率特性好、频带宽，可以在低频几十至几百赫兹下工作，这使得它在用于制作水深换能器时具有不可替代的优越性。

在稀土-铁超磁致伸缩材料的制备过程中，有许多夹杂相出现，特别是 $REFe_3$ 相，虽然它有较高的磁致伸缩系数，但 $REFe_3$ 晶粒为针状，较 $REFe_2$ 难磁化，而且常存在于晶界，对磁畴有较大的钉扎作用，是影响磁致伸缩性能的有害相，应尽力避免它的出现。图 6-3 给出 $Tb_{0.8}Dy_{0.7}Fe_x$ 的高温相图。

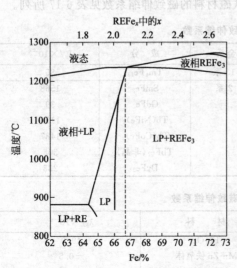

图 6-3　$Tb_{0.8}Dy_{0.7}Fe_x$ 的高温相图

从相图上看，在高温下，$(TbDy)Fe_2$ 相有一固溶区，它的共晶温度为 892℃，包晶温度为 1239℃，而 $REFe_3$ 的包晶等温线却为 1283℃，$Tb_{0.8}Dy_{0.7}Fe_x$ 的固溶区的极限不在 $x=2$ 的线上，而在含 Fe 量略少的线上。1000℃时固溶区处在 $x=1.90\sim1.95$ 之间，当 $x>1.95$ 时 1000℃退火便会出现 $REFe_3$ 相和魏氏沉淀。而对 $x=1.95$ 的样品，由于固溶区的存在，在铸锭状态下处于 $RE+REFe_2$ 的相区内，这样样品经退火后建立平衡态，这时游离的 RE 被母相吸收，过剩的 Fe 脱溶为魏氏沉淀或晶粒边界上的 $REFe_3$ 相，即平衡态时处于 $REFe_2+REFe_3$ 的相区内、成分为 $x=2$ 的样品，若以非平衡态冷却，形成的过饱和固溶体能维持在标称成分线上（图中虚线），但在样品内容易造成应力的不规则起伏，从而影响材料的磁致伸缩系数及在加外压下易碎，影响其实际应用。如果再对样品退火，便处于 $REFe_2+REFe_3$ 相区内，而且 $REFe_3$ 的存在形式与 $x=1.95$ 的样品相似。总之在合金制备过程中，调整合金成分，减少杂质，并选用适当的热处理，尽量减少有害相的产生是提高材料性能的有效方法之一。但是由于 $REFe_2$ 相固溶区的存在，容易使材料形成非同一相，导致制备无缺陷的大尺寸单晶体非常困难，而且多晶样品中易产生其他夹杂相。

用合金化方法在 Tb-Dy-Fe 三元合金的基础上添加其他元素，部分取代 Fe 提高材料的磁性能。由于 Laves 相化合物是电子化合物，而且 Mg、Cu 两位置上的原子尺寸之比介于 $1.1\sim1.6$ 之间，因而在合金化选用部分替代 Fe 的元素时，应该遵循两条原则：①不应改变晶格中的电子浓度；②与稀土原子的原子尺寸之比应介于 $1.1\sim1.6$ 之间，否则易在材料中出现夹杂相或引起晶格畸变从而降低材料的性能。现在已有人用ⅢA 族元素中的 B、Al、Ga 和 3d 元素 Mn、Co、Ni 部分取代 Fe，取得了一定的成果。但是，这种替代在改善合金一种性能的同时，也常常使其他性能恶化。譬如 Sahasi 做的在 Tb-Dy-Fe 中用 Mn 部分取代 Fe，极大地影响了磁晶各向异性，使磁晶各向异性补偿成分移向富 Tb 区，降低了材料的各向异性和磁滞，提高了材料低场下的磁致伸缩，但是每增加 10% 的 Mn，合金的居里点平均下降 80℃，其磁晶各向异性的补偿温度 T_m 也下降了。因而利用这种法来提高材料的性能应针对材料的技术应用需求来选择不同的取代元素。

6.3.4　稀土超磁致伸缩材料的应用

稀土超磁致伸缩材料的应用基础如下所述。

磁致伸缩材料在磁场作用下其长度发生变化，可发生位移而做功或在交变磁场作用时可发生反复伸长与缩短，从而产生振动或声波，这种材料可将电磁能（或电磁信息）转换成机械能或声能（或机械位移信息或声信息），相反也可以将机械能（或机械位移与信息）转换成电磁能（或电磁信息），它是重要的能量与信息转换功能材料。它在声呐的水声换能器技术、电声换能器技术、海洋探测与开发技术、微位移驱动、减振与防振、减噪与防噪系统、智能机翼、机器人、自动化技术、燃油喷射技术、阀门、泵、波动采油等高技术领域有广泛的应用前景。在 20 世纪 70 年代，A. E. Clark 等发现在室温下稀土-铁的金属化合物比传统磁致伸缩材料的伸缩系数大数十倍，作为一种新型功能材料具有很大商业开发应用价值。

超磁致伸缩材料的应用基础为以下一些。

① Joule 效应，磁性体外加磁场时，其长度发生变化，可用来制作磁致伸缩制动器。

② Villari 效应，在一定磁场中，给磁性体施加外力作用，其磁化强度发生变化，即逆磁致伸缩现象，可用于制作磁致伸缩传感器。

③ ΔE 效应，随磁场变化，杨氏模量也发生变化。

④ Viedemann 效应，在磁性体上形成适当的磁路，有电流通过时，磁性体发生扭曲变形。

⑤ 逆 Viedemann 效应，使磁性体发生机械扭曲，则在二次线圈中产生电流。

⑥ Jump 效应，Tb 系超磁致伸缩材料，外加预应力时，磁致伸缩随磁场而产生跃变式增加，磁化率也改变。

利用以上现象，可以做成各种超磁致伸缩器件。

(1) 水声换能器　在水中发射声信号的器件称为水声换能器，它是声呐系统的核心部分，超磁致伸缩材料的最早应用是作为水声换能器的核心材料。稀土棒处于磁路中磁场集中的区域，并构成磁路的一部分，用 Ter-fenol-D 制成的水声换能器，在相同体积的条件下，其共振频率比压电陶瓷水声换能器共振频率低 3～4 倍，而发射的声功率可比压电陶瓷水声换能器至少大 10 倍，这些特征正适用于低频大功率宽带声呐换能器。

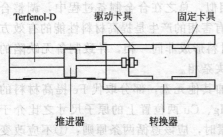

Terfenol-D　驱动卡具　固定卡具

推进器　转换器

图 6-4　磁致伸缩制动器示意图

(2) 高精度快速微位移制动器　稀土铁超磁致伸缩材料制动器是步进马达，它用于微米级或更精细的定位。超磁致伸缩材料构成的制动器结构如图 6-4 所示，主要由四部分组成：推进器、驱动卡具、固定卡具和转换器。其工作原理为驱动卡具张开，使转换器与推进器连接，加磁场使推进器伸长，使转换器前移，固定卡具张开使转换器与底盘（不动盘）连接，驱动卡具张开，去磁场使推进器带动驱动卡具退回，固定卡具松开，实现前移一个超磁致伸缩棒伸长量。循环往复，可使转换器一步步前移。这种执行器可获得较大的推力，产生大的位移（最大位移 $10\mu m$），实现高的分辨率（如果加以恒温控制，可望得到位移分辨率 10nm），高的能量密度，可低电压使用，快速响应，微控制宽频带使用，同时使用温度范围宽，极其稳定，无极化和老化问题。

(3) 大功率低频声纳系统　电磁波是目前人类联系和探测的主要工具，但在水下，电磁波因衰减过快而无法被利用。声讯号是在水下进行通讯、探测、侦察和遥控的主要媒介。发射和接受声波和声呐装置，其核心元件由压电陶瓷或磁致伸缩材料制成。Terfenol-D 与压电陶瓷（如 PZT）相比有以下优点：①输出功率大 1～10 倍；②响应频率低（0～5kHz），信号在水下衰减小，传送距离远；③在几十伏的低压下工作，无压电陶瓷在数千伏高压下工作的绝缘体击穿等问题。

由于声呐是潜艇的眼、耳和口，所以美国海军系统对于 Terfenol-D 的上述优点特别关注，从一开始就参与和控制 Terfenol-D 的研制工作，声呐也就成为稀土超磁致伸缩材料最早和最重要的应用器件。此外，Terfenol-D 在捕鱼、海底测绘和探矿、油井测深以及材料探伤等民用声呐中也有应用前景，ABB 和 Offshore 公司已研制了油井测井和海底测绘的 Terfenol 装置。近几年，美国用于声呐的 Terfenol-D 棒达到 1 万年时/年。

(4) 高能微型机械功率源　Terfenol-D 高能量密度的特性可用于设计高能微型马达和其他机械功率源。ABB 公司正在研究，用 Terfenol-D 棒直接推动油泵活塞，用在北海油田代替海底油泵的所有转动部件，以排除水下维修的困难。日本将 Terfenol-D 和 PZT 相结合，设计了差动线性马达和回转可逆马达。

Clark 等根据 Terfenol-D 的"jump 效应"，提出了一种设计蠕动马达或磁致伸缩马达的设想：置于压应力和约 16kA/m 偏置场下的元件，在 8～16kA/m 的触发磁场下就可产生约 1000×10^{-6} 的位移量，这种马达的输出功率可大于触发功率。

(5) 阻尼减振系统　利用 Terfenol-D 可将机械运动反转成磁能的原理，可为马达和精密仪器设计阻尼减振系统。对于未来的运载工具，有人提出了用 Terfenol-D 伺服阀控制液压柱产生阻尼的想法。

6.4 稀土磁致冷材料

磁致冷是指以磁性材料为工质的一种全新的制冷技术，其基本原理是借助磁致冷材料的磁热效应（magnetocaloric effect，MCE），即磁致冷材料等温磁化时向外界放出热量，而绝热退磁时从外界吸取热量，达到制冷的目的。磁致冷材料是用于磁致冷系统的具有磁热效应的物质。其致冷方式是利用自旋系统磁熵变的致冷，磁致冷首先是给磁体加磁场，使磁矩按磁场方向整齐排列，然后再撤去磁场，使磁矩的方向变得杂乱，这时磁体从周围吸收热量，通过热交换使周围环境的温度降低，达到致冷的目的。磁致冷材料是磁致冷机的核心部分，即一般所称的制冷剂或制冷工质。与传统制冷相比，磁致冷单位制冷效率高、能耗小、运动部件少、噪声小、体积小、工作频率低、可靠性高以及无环境污染，因而被誉为绿色制冷技术。

磁致冷的研究可追溯到 19 世纪末，1881 年 Warburg 首先观察到金属铁在外加磁场中的热效应，1895 年 P. Langeviz 发现了磁热效应。1926 年 Debye、1927 年 Giauque 两位科学家分别从理论上推导出可以利用绝热去磁制冷的结论后，磁致冷技术得以逐步发展。

20 世纪 30 年代利用顺磁盐作为磁致冷工质，采用绝热去磁方式成功地获得毫升量级的低温，20 世纪 80 年代采用 $Gd_3Ga_5O_{12}$（GGG）型的顺磁性石榴石化合物成功地应用于 1.5～15K 的磁致冷，20 世纪 90 年代采用磁性 Fe 离子取代部分非磁性 Gd 离子，由于 H 离子与 Gd 离子间存在超交换作用，使局域磁矩有序化，构成磁性的纳米团簇，当温度大于 15K 时其磁熵变高于 GGG，从而成为 15～30K 温区最佳的磁致冷工质。

1976 年布朗首先采用金属 Gd 为磁致冷工质，在 7T 磁场下实现了室温磁致冷的试验，由于采用超导磁场，无法进行商品化，20 世纪 80 年代以来人们的磁致冷工质开展了广泛的研究工作，但磁熵变均低于 Gd，1996 年在 La-Ca-Mn-O 钙钛矿化合物中获得磁熵变大于 Gd 的突破，1997 年报道 $Gd_5(Si_2Ge_2)$ 化合物的磁熵变可高于金属 Gd 的 1 倍，高温磁致冷正一步步走向实用化，据报道 1997 年美国已研制成以 Gd 为磁致冷工质的磁致冷机。

在工业生产和科学研究中，人们通常把人工致冷分为低温和高温两个温区，把制取温度低于 20K 的称为低温致冷，高于 20K 称为高温致冷。在低温区，超导技术的发展和应用要求具有体积小、质量轻、效率高的制冷装置；在高温区（尤其在室温区），由于传统气体致冷工质使用的氟里昂气体对大气中臭氧层有破坏作用而被国际上所禁用，要求发展新型无环境污染的制冷技术。而磁致冷在这方面的优势促使其成为引人瞩目的国际前沿研究课题。

低温超导技术的广泛应用，迫切需要液氦冷却低温超导磁体，但液氦价格昂贵，因而希望有能把液氦汽化的氦化再液化的小型高效率制冷机。如果把以往的气体压缩膨胀式制冷机小型化，必须把压缩机变小，这样将使制冷效率大大降低。因此，为了满足液化氦气的需求，人们加速研制低温（4～20K）磁致冷材料和装置，经过多年的努力，目前低温磁致冷技术已达到实用化。低温磁致冷技术所使用的磁致冷材料主要是稀土石榴石 $Gd_3Ga_5O_{12}$（GGG）和 $Dy_3Al_5O_{12}$（DAG）单晶。使用 GGG 或 DAG 等材料做成的低温磁致冷机属于卡诺磁致冷循环型，启始致冷温度分别为 16K 和 20K。

目前，磁致冷材料、技术和装置的研究开发，美国和日本居领先水平，这些发达国家都把磁致冷技术研究开发列为 21 世纪初的重点攻关项目，投入了大量资金、人力和物力，竞争极为激烈，都想抢先占领这一高新技术领域。

6.4.1 磁致冷的基本概念

（1）磁致热效应 铁磁体受磁场作用后，在绝热情况下，发生温度上升或下降的现象，

179

称磁致热效应。

(2) 磁熵 磁致热效应是自旋熵变化的结果，它是与温度、磁场等因素有关的物理量。磁熵的大小决定于材料的磁化强度 M。

对于顺磁材料，其磁熵变化最大值在 $T=T_c$ 处。对于铁磁材料，由于一般在较高的温度下使用，它的热骚动能增加，削弱了原子磁矩的作用。

(3) 退磁降温温差 ΔT 退磁降温的温度变化 ΔT 是指磁性工质在绝热条件下，经磁化和退磁后，其自身的温度变化。它是标志磁致冷材料制冷能力的最重要的参量，其大小取决于磁场强度 M 和磁化强度 H。磁场强度和磁化强度愈高，则材料的温度变化则愈大。

6.4.2 稀土磁致冷材料的特性

所谓磁致冷就是利用磁性体的磁矩在无序态（磁熵大）和有序态（磁熵小）之间来回变换的过程中，磁性体放出或吸收热量的冷却方法。为了达到高效率，磁性体必须具备以下特性。

① 根据磁场的变化，产生的磁熵变化要大。即放热、吸热量大，在一个周期内的冷却效率高。

② 晶格的热振动要小，热量不至于通过振动消耗掉。

③ 热传导率高，进行一个循环周期所需时间短。

④ 具有高的电阻率，以减少磁场变化引起的感应涡流产生大的热效应。

满足这些条件的材料中，目前使用的磁性体有钆-镓-石榴石 $Gd_3Ga_5O_{12}$（GGG）或镝-铝-石榴石 $Dy_3Al_5O_{12}$（DAG）等，这些材料的特点是工业生产中能得出大而且完整的单晶。

6.4.3 稀土磁致冷材料的应用

随着世界节能和环保的需要，各国对近室温磁致冷的研究有了重大的进展。这主要表现在：①磁致冷原理样机的出现以及它对传统的气体压缩制冷机的挑战；②巨大的磁热材料 $Gd_5(Si_xGe_{1-x})$ 的发现，它给磁致冷机的应用打开了大门。

6.4.3.1 磁致冷机

磁致冷是使用无害、无环境污染的稀土材料作为制冷工质，若使用磁致冷取代目前使用氟里昂制冷剂的冷冻机、电冰箱、冰柜及空调器等，可以消除由于生产和使用氟里昂类制冷剂所造成的环境污染和大气臭氧层的破坏，因而能保护人类的生存环境，具有显著的环境和社会效益。

(1) 磁致冷机的基本工作原理 磁致冷机基本工作原理如图 6-5 所示，铁磁材料在其居里点附近，它的未配对的电子（稀土金属的 4f 电子层或铁元素中的 3d 电子层）在外界磁场为零时是随机排列的，当外界转变为大于零的磁场后，它们整齐排列，这时磁熵下降，材料将要释放热量。如果它处于绝热状态下，它的温度就会上升（这时就好像气体压缩致冷机中

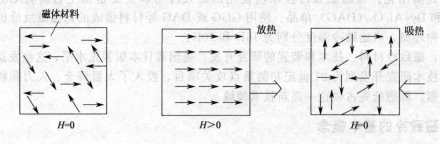

图 6-5 磁致冷机基本工作原理

180

气体受到压缩而升温），把所产生的热量导走，此时又将外磁场降到零，未配对的电子又会回复到随机排列的状态，这使得它从周围环境吸收热量而使环境降温，这一步如同气体压缩致冷机中气体膨胀从周围环境中吸热一样。这样反复循环就会达到致冷的效果。

目前磁致冷机主要采用主动磁热交换循环（active magnetic regenerator cycle，AMRC）工艺。在此工艺中，磁致冷材料既作为热交换材料（吸收和放出热量），又作为致冷工质制冷。图 6-6 是该工作过程的草图。假定这个多孔磁致冷材料床两端的热交换器分别为稳定的约 24℃ 和 −5℃，图 6-6(a) 为原始状态，磁场为 0。当外磁场强度逐步增大，构成多孔磁热床的磁致冷材料逐步升温，流体从冷端流过多孔磁热床与磁致冷材料进行热交换，使磁致冷材料的温度降低，流体的温度升高，高过热端热交换器的温度约 24℃ ［图 6-6(b)］。这样流体在热端热交换器中释放热量而降温到室温。当流体停止流动，外磁场移开 ［图 6-6(c)］，磁致冷材料的温度下降，流体从热端流向冷端，中途流经多孔磁热床时由于热交换作用而被冷却，其温度可低于 −5℃，然后在冷端热交换器中吸收热量而达到对外界制冷的目的。

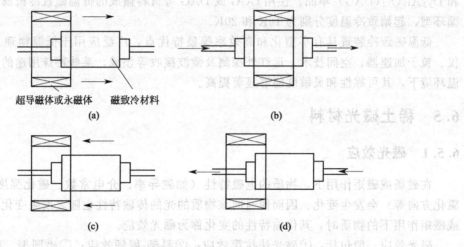

超导磁体或永磁体　磁致冷材料
(a)　　　　　　　(b)

(c)　　　　　　　(d)

图 6-6　主动磁热交换循环的四个步骤

（2）磁致冷机的最新进展　美国宇航公司和美国能源部的埃姆斯（Ames）国家实验室的研究人员合作，于 2001 年年底成功研制出世界上第一台永磁式室温磁致冷样机。

先前于 1996 年美国宇航公司推出了超导式室温磁致冷样机，样机稳定运行了 18 个月。考虑到超导磁场价格昂贵等因素，经过 5 年的攻关推出了目前的永磁式室温磁致冷样机。

这台永磁式样机放置在美国宇航公司位于威斯康星州州府麦迪逊（Madision）的技术中心，于 2001 年 9 月份开始运行，至今仍在运行考查。此试验的主要目的是获得尽可能大的制冷温跨，以适应不同市场的需求，比如家用冰箱及空调等。

这是一台旋转式制冷机，圆盘工质稀土金属钆旋转，而稀土永磁体静止不动，固体制冷剂工质钆粒放置在分格的圆盘盒中。与传统的气体制冷机相比，这台磁致冷机不再利用破坏大气臭氧层的气体制冷剂和能量消耗大的压缩机，环境非常友好，同时制冷效率很高，节省能源。工作时，钆轮通过永磁铁缺口进入磁场后出现巨大的磁热效应，由此导致钆轮升温，系统内第一条循环管道的水将钆轮温度升高获得的热量带走以使钆轮冷却；当钆轮离开磁场后，钆轮温度就会下降到低于它进入磁场前的温度，此时系统内第二条循环管道的水通过钆轮并被钆轮冷却，被冷却的水成为制冷源，可用于制冷。这台制冷机惟一需要的能量输入是驱动圆盘工质的小电机和循环水用的泵，永磁体及工质钆无需任何能量。整个装置紧凑，无噪声，无振动。目前得到的温跨与家用空调的相当。

目前试验采用钆工质是为了与以前往复式制冷机利用钆获得的数据进行对比。随着试验的进行，这台制冷机将利用埃姆斯国家实验室于 1996 年发明的具有比钆更好的性能的钆硅锗合金。埃姆斯国家实验室目前已经能够利用低成本的商用钆原料制备性能优良的千克级钆硅锗合金，而以前都是采用昂贵的高纯稀土金属钆，制备的试样质量小于 50g。另外，埃姆斯国家实验室已经设计了一个能够产生强磁场的永磁体，其磁场强度高出目前的近两倍。埃姆斯国家实验室在工质制备工艺及永磁体设计方面申请了专利。

6.4.3.2　低温磁致冷

低温超导技术的广泛应用，迫切需要液氦冷却低温超导磁体，但液氦价格昂贵，因而希望有能把液氦汽化的氦气再液化的小型高效率制冷机。如果把以往的气体压缩-膨胀式制冷机小型化，必须把压缩机变小，这样将使制冷效率大大降低。因此，为了满足液化氦气的需要，人们加速研制低温（4～20K）磁致冷材料和装置，经过多年的努力，目前低温磁致冷技术已达到实用化。低温磁致冷所使用的磁致冷材料主要是稀土石榴石 $Gd_3Ga_5O_{12}$（GGG）和 $Dy_3Al_5O_{12}$（DAG）单晶。使用 GGG 或 DAG 等材料做成的低温磁致冷机属于卡诺磁致冷循环型，起始致冷温度分别为 16K 和 20K。

低温磁致冷装置具有小型化和高效率等独特优点，广泛应用于低温物理、磁共振成像仪、粒子加速器、空间技术、远红外探测及微波接收等领域，某些特殊用途的电子系统在低温环境下，其可靠性和灵敏度能够显著提高。

6.5　稀土磁光材料

6.5.1　磁光效应

在磁场或磁矩作用下，物质的电磁特性（如磁导率、介电常数、磁化强度、磁畴结构、磁化方向等）会发生变化。因而使通向该物质的光的传输特性也随之发生变化。光通向磁场或磁矩作用下的物质时，其传输特性的变化称为磁光效应。

磁光效应一般包括：①磁光法拉第效应；②科顿-穆顿效应；③磁圆振、磁线振二向色性；④塞曼效应；⑤磁激发光散射；⑥磁光克尔效应等。

(1) 磁光法拉第效应　当线偏振光沿着磁化强度矢量方向传播时，由于左、右圆偏振光在铁磁体中的折射率不同，使偏振面发生偏转的现象称为法拉第效应。磁光法拉第效应原理见图 6-7(a)。法拉第旋转系数为 θ_f。

(2) 科顿-穆顿效应　当线偏振光垂直于磁化强度矢量方向透通铁磁晶体时，光波的电矢量分成两束，一束与磁化强度矢量平行，称正常光波，另一束与磁化强度矢量垂直，称非正常光波。两者之间有相位差 δ。两种光波在铁磁体内的折射率是不同的，产生双折射现象，称为科顿-穆顿效应。图 6-7(b) 为科顿-穆顿效应原理图。

(3) 磁圆振、磁线振二向色性　磁圆振二向色性发生在光沿平行于磁化强度 M_s 方向传播时，由于铁磁体对入射线偏振光的两个圆偏振态的吸收不同，一个圆偏振态的吸收大于另一个圆偏振态的吸收，结果

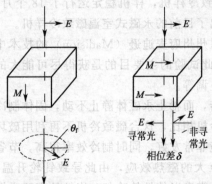

(a) 磁光法拉第效应　　(b) 科顿-穆顿效应

图 6-7　磁光法拉第效应和科顿-穆顿效应

造成左、右圆偏振态的吸收有差异，此现象称为磁圆二向色性。

磁线振二向色性发生在光沿着垂直于磁化强度 M_s 方向传播时，铁磁体对两个偏振态的

182

吸收不同，两个偏振态以不同的衰减通过铁磁体，这种现象称为磁线振二向色性。

（4）塞曼效应　光源在强磁场（$10^5 \sim 10^6$ A/m）中发射的谱线，受到磁场的影响而分裂为几条，分裂的各谱线间的间隔大小与磁场强度成正比的现象，称为塞曼效应。

（5）磁激发光散射　图 6-8 为磁激发散射原理图，如图所示，Z 轴方向施加一恒磁场，磁化强度 M_s 绕 Z 轴进动，M_s 在 OZ 轴的分量 M_Z = 常数，在 YOZ 平面里的旋转分量为 $m_k(\omega_k)$，它是被激发出的以 ω_k 为本征进动频率的自旋波磁振子。当沿 OY 轴有光传播，则沿 OX 轴有电场强度分量 $E_x(\omega)$ 并与 $m_k(\omega_k)$ 发生相互作用，结果是在 OZ 轴方向产生电极化强度分量 $P_Z(\omega \pm \omega_k)$ 的辐射就构成一级喇曼散射，称为磁激发散射。

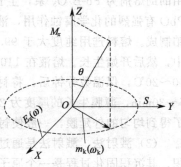

图 6-8　磁激发光散射原理图

（6）磁光克尔效应　当线偏振光被磁化了的铁磁体表面反射时，反射光将是椭圆偏振的，并且以椭圆长轴为标志的偏振面相对于入射偏振光的偏振面旋转了一个角度，即磁光克尔效应。图 6-9 为磁光克尔效应原理图。

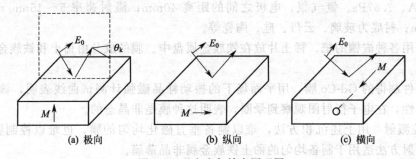

(a) 极向　　　　　　(b) 纵向　　　　　　(c) 横向

图 6-9　磁光克尔效应原理图

磁光克尔效应分为三种组态：①极向磁光克尔效应；②纵向磁光克尔效应；③横向磁光克尔效应。

（7）霍耳效应　通有电流的铁磁体置于均匀磁场中，如果磁场的方向与电流的方向垂直，载流子在磁场中受洛仑兹力的作用，它就会发生在垂直于磁场和电流的两个方向的偏移，样品的两端之间产生电场 E_H，这种现象称为霍尔效应。

6.5.2　磁光材料制备技术

稀土磁光材料的主要制备方法有以下几种，分别简述如下。

（1）高温溶液（助溶剂）法　该方法是使高熔点的结晶物质溶解于低熔点的助溶剂内形成饱和溶液，再通过降温或蒸发等方式，使欲生长的物质自发结晶或在籽晶上生长。一般采用该方法生长出其他方法不易制备的高熔点非同成分共熔化合物，如钇铁石榴石（YIG）和 $BaTiO_3$ 等。

采用该方法制备钇铁石榴石（YIG）及其掺质的单晶。由于这类材料在空气中达到 1555℃时才熔化，为了能在较低温度下生长单晶，在配料中除了生长单晶所必需的熔质原料外，还要配入能降低熔料熔点，而不进入单晶的助熔剂原料。最常用的助熔剂是以 PbO 为基的 $PbO\text{-}B_2O_3$ 或 $PbO\text{-}B_2O_3\text{-}PbF_2$ 系列。

单晶制备过程为：将生长单晶所必需的熔质原料按成分配比进行配料，装入球状铂坩埚中，然后将坩埚放在箱式炉中在固-液相转变点温度 1250℃以上加热，使熔料熔化，为了搅拌熔料，应使坩埚围绕垂直轴旋转，静置，然后缓慢冷却，通过自发生核方式制成单晶。

（2）等温浸渍液相外延法　稀土铁石榴石单晶薄膜的制备采用等温浸渍液相外延法，常用的助熔剂为 Pb-B_2O_3 系，生长掺 Bi 的石榴石单晶薄膜时，Bi_2O_3 既是熔剂，又是熔质。PbO 有强烈的化学腐蚀作用，液相外延所用的器皿、坩埚和样品支架都是用耐 PbO 腐蚀的铂制成。熔料选用纯度大于 99.99% 的氧化物粉。按配方称好的原料，混匀后放入铂坩埚中，然后开始生长。熔液在 1100～1200℃ 均化 4～6h，随后降温至液相外延生长温度以上 10～20℃，保温数分钟后，将衬底放入坩埚中进行液相外延生长。一般恒温生长的时间为 5～30min，薄膜生长的厚度为 2～30μm。生长厚膜（＞100μm）时，生长时间超过 1h。为了得到均匀的外延膜，一般使衬底正反向水平旋转，旋转速率为 0～500r/min。

（3）溅射法　溅射法是通过高能惰性气体离子碰撞，把原材料中的原子打出来再进行沉积。其沉积固化过程是一个原子接一个原子排列堆积，增长速度很慢，但由于该方法所得的非晶薄膜的稳定性较高。

① 高频溅射　一般用高频溅射制备 Gd-Co 膜。高频溅射仪实际上由相互隔开的一对水冷铜电极组成。稀土-铁族金属合金或嵌镶靶放在底部电极（阴极），而玻璃衬底放在阳极中心。溅射条件的一个实例如下：靶直径 20mm 的 Gd-Co 盘；负荷条件 13.56MHz、5kV、100～400mA、2.67Pa、氩气氛；电极之间的距离 40mm；溅射速率 5～15nm/min；膜厚 20～2000nm；衬底为玻璃、云母、硅、陶瓷等。

有时采用各种嵌镶的靶。稀土片放在铁族金属盘中。膜的成分由稀土和铁族金属的面积比来控制。

上述条件制得的 Gd-Co 膜，用平面场下的振动样品磁强计测试曲线表明，该膜有垂直的磁各向异性，在电子衍射图观察到晕圈，表明这种膜是非晶态的。

② 磁控溅射　用上述沉积方法，难以制备垂直磁化均匀的膜，也难以控制膜的性能。多源高频溅射方法适用于制备均匀的稀土铁族金属非晶薄膜。

采用多靶溅射系统的结构为：水冷靶电极在 12.5cm 半径的圆上按 90° 分隔。每个靶直径 100mm，厚 0.5～2mm。每个靶片连接在有铟（In）的背向片上。靶电极上的磁场强度是 (1.6～2.4)×10^4A/m。当高频功率是 250W 时，对 Gd、Tb 的自偏压是 -400V。衬底支架是水冷和接地的。靶到衬底的距离是 55mm。衬底转速从 0～150r/min 可调。

溅射前，真空室抽真空达 1.07×10^{-4}Pa，用纯氩气充填。溅射时氩气压保持在 0.667Pa。通过控制加到每个靶上的功率，得到所需成分的膜。沉积速率 10～20nm/min，取决于成分，而总的高频功率是 400W。

（4）真空蒸发　用真空蒸发可制备几种稀土-铁族金属非晶薄膜，即把稀土-铁族金属合金放入钨盘中，在 2.33×10^{-4}Pa 真空中蒸发。在某些合金中，例如 TbFe、HoCo、GdFe 等，易于制得有垂直磁化的非晶薄膜，但 GdCo 膜显现为平面磁化，用电子轰击加热两个源而同时蒸发沉积的膜也显现相同的结果。

6.5.3　几种稀土磁光材料及其应用

6.5.3.1　稀土石榴石磁光材料

石榴石型铁氧体材料是近代迅速发展起来的一类新型磁性材料。其中最重要的是稀土铁石榴石（又称磁性石榴石），一般表示为 $RE_3Fe_2Fe_3O_{12}$（可简写为 $RE_3Fe_5O_{12}$），其中 RE 为钇离子（有的还掺入 Ca、Bi 等离子），Fe_2 中的 Fe 离子可为 In、Se、Cr 等离子所替代，而 Fe_3 中的 Fe 离子可为 Al、Ga 等离子所替代。它们与天然石榴石晶体$(Fe,Mn)_3Al_2Si_3O_{12}$ 有同一类型的晶体结构，均属于立方晶系，每个晶胞中包括 8 个 $RE_3Fe_5O_{12}$ 分子，共计 160

个原子。至今已制成的单一稀土铁石榴石共有 11 种，其中最典型的是 $Y_3Fe_5O_{12}$，简写为 YIG，它是美国贝尔公司最早发现的这类单晶。磁化状态的钇铁石榴石（YIG）在超高频场中的磁损耗要比其他任何铁氧体都要低几个数量级，因而广泛应用于信息存储材料。

在目前已发现的磁光材料中，研究最透彻、应用最广泛、也最具发展前景的是稀土铁石榴石（$RE_3Fe_5O_{12}$，式中 RE 为稀土元素），例如钇铁石榴石 YIG，法拉第旋转角大，在近红外波段透明，晶体物理化学性能优良，仅仅 2mm 长的 YIG 晶体便可产生 45°角。$1.31\mu m$ 和 $1.55\mu m$ 近红外波长的 YIG 磁光隔离器已达到商品化程度，被广泛应用于大容量光纤通信系统中。稀土铁石榴石的居里温度及补偿温度见表 6-18 所列。

表 6-18　稀土铁石榴石的居里温度及补偿温度

分 子 式	T_c/K	T_{comp}/K	分 子 式	T_c/K	T_{comp}/K
$Y_3Fe_5O_{12}$	555	无	$Ho_3Fe_5O_{12}$	562.5	136.6
$Sm_3Fe_5O_1$	568	无	$Er_3Fe_5O_{12}$	556	83.7
$Eu_3Fe_5O_{12}$	565.5	无	$Tm_3Fe_5O_{12}$	549	$0 \leqslant T_{comp} \leqslant 20.4$
$Gd_3Fe_5O_{12}$	564	288	$Yb_3Fe_5O_{12}$	548	$0 \leqslant T_{comp} \leqslant 7.6$
$Tb_3Fe_5O_{12}$	568	245	$Lu_3Fe_5O_{12}$	549	无
$Dy_3Fe_5O_{12}$	557.5	221			

钇铁石榴石于 1956 年被发现，长期以来一直用助熔剂法生长。飞利浦公司汉堡实验室是世界上最大的 YIG 生产厂家。该公司用加速旋转坩埚技术（ACRT）生产出优质 YIG 大单晶。20 世纪 70 年代中期，日本科学技术厅无机材质研究所开始用红外热浮区法生长 YIG，并获得成功。浮区法生长的晶体纯度高。没有熔剂和坩埚玷污。晶体生长速度快，成本低。

但是，YIG 以及其他许多化合物，在 $1\mu m$ 以下波段，光吸收系数 α 非常大，如对 633nm 的红光，α 值近约 $700cm^{-1}$。既然磁光效应只有当待测光束能透过材料时才有意义，因此旋光率与吸收系数的比值即 θ_f/α 是一个重要的磁光品质因素，称为磁光优值［单位：(°)/dB］，它与波长、温度等因素有关。对于室温下的 YIG 晶体，其磁光优值在近红外波段可高达每分贝 1000°；对于红光，降低每分贝 1°；而对于绿光，仅为每分贝 0.2°。YIG 在可见光波段的低磁光优值使其无法在这个波段应用。因此，近几年来新型磁光材料的探索主要集中于可见光波段以及在近红外波段具有更高法拉第旋转系数的磁光单晶和薄膜材料。当前对高掺 Bi 系列稀土石榴石和掺 Ce 系列稀土石榴石磁光材料，钇钆复合石榴石磁光材料的研究异常活跃。

(1) 高掺 Bi 系列稀土铁石榴石磁光材料　1973 年，研究发现 Bi 的离子半径较大，一般进入稀土石榴石晶体的十二面体亚晶格位置（c 位），并能在可见及近红外波段极大地增强其磁光效应。例如，Bi 的掺入对磁光法拉第旋转系数 θ_f 影响很大，当 Bi 离子取代 YIG 中的 Y 离子时，可以使法拉第旋转角 θ_f 由正值变为负值，且绝对值可以增加 1～2 个数量级，并且这种增加与 Bi 离子的取代量近似成线性关系，而光吸收则变化不大。此外，Bi 离子的掺入还可以提高 YIG 的居里温度，每个分子式中以一个 Bi 离子取代一个 Y 离子，其居里温度可提高 38℃，因此高掺 Bi 系列稀土铁石榴石单晶和薄膜成为人们研究的焦点。

1988 年，日本工业技术院电子技术综合研究所 T. Okouuda 等采用反应等离子溅射沉积法 RIBS（reaction ion beam sputtering）首次获得了 $Bi_3Fe_5O_{12}$（BilG）单晶薄膜。$Bi_3Fe_5O_{12}$（BilG）单晶薄膜的制备成功是十分重要的，它为集成化小型磁光隔离器的研制带来了希望。他们的具体作法是：用具有与 $Bi_3Fe_5O_{12}$ 晶格常数（1.2624nm）相匹配的钕镓石榴石（NdGG，晶格常数 1.2561nm）作衬底，用 Bi_2O_3 和 Fe_2O_3 两种氧化物的烧结体作靶，通过非热平衡过程，在尽可能低的温度下进行外延生长。其实验条件与结果是：组成分子式 $Bi_3Fe_5O_{12}$，晶格常数 1.2624nm，衬底 NdGG 和 GdScGG，衬底温度 500℃，膜生长方向 (111)，沉积速度 1.0nm/min，薄膜厚度 390μm，法拉第旋转 $-7.35\times10^{4\circ}/cm$（$\lambda=$ 633nm）。

在此之后，美国、日本、法国等国的许多研究小组又以多种不同的方法，例如射频溅射法（RF Sputtering，RF：radio frequency）、化学气相沉积法（MOCVD）、溶胶-凝胶法（sol-gel 法）等成功地获得了 $Bi_3Fe_5O_{12}$ 以及高掺 Bi 稀土铁石榴石磁光薄膜。

在制备高掺 Bi 系列稀土铁石榴石单晶薄膜的过程中。衬底的选择是十分重要的。目前比较成功的衬底材料有：①GdScGG，$a=1.256nm$，光学吸收极小；②GdLuGG，$a=$ 1.26nm，光学吸收较大；③Gdlngg，$a=1.266nm$。

随着光纤通信技术的发展，对信息传输质量和容量方面的要求越来越高。从材料研究角度来看，必须设法提高作为隔离器核心的磁光材料的性能，使其法拉第旋转具有小的温度系数和大的波长稳定度，以提高器件隔离度对温度和波长变化的稳定性。研制掺 Bi 复合稀土铁石榴石晶体是可行的方案。

(2) 掺 Ce 系列稀土铁石榴石磁光材料　掺 Ce 系列稀土铁石榴石（Ce：YIG）晶体是当前最具发展前景的新型法拉第旋转磁光材料，与现在通用的 YIG、GdBiIG 等材料相比具有更大的法拉第旋转、小的温度系数、低的吸收和低廉的成本等特点。早在 1969 年，C. F. buhrer 等就发现 Ce^{3+}、Nd^{3+}、Pr^{3+} 等轻稀土离子在 $\lambda=0.5\sim2\mu m$ 波长范围内可以增强稀土石榴石的磁光效应。经过人们 20 余年的不懈探索，现在一致认为 Ce：YIG 的法拉第旋转角在相同波长、相同离子取代量的条件下是 Bi：YIG 的 6 倍，因此有人在文章中写到"Ce^{3+} 取代的稀土石榴石是近年来增强磁光效应的冠军"。生长 Ce：YIG 单晶膜可采用 RF 溅射法，衬底选用 (111) 晶面的 $Gd_3Ga_5O_{12}$（GGG）或 $Nd_3Ga_5O_{12}$（NGG）单晶片。为了防止 Ce 离子的氧化，一般以纯氩气或氩气＋氢气为保护气体，衬底的加热温度为 500℃。获得的单晶膜为 $Y_{3-x}Ce_xFe_5O_{12}$（$x=2.5$），法拉第旋转角是 $-5.6\times10^{4\circ}/cm$（$\lambda=633nm$）、$-3.15\times10^{4\circ}/cm$（$\lambda=1150nm$）。

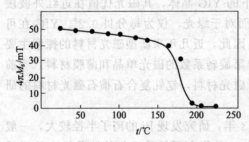

图 6-10　(Y,Gd,In,Al,Mn)IG 的温度特性

(3) 钇钆复合石榴石磁光材料　研制以 Y、Gd、In、Al 为主要成分的掺 Mn 复合石榴石磁光材料，简写为 (Y, Gd, In, Al, Mn)IG。利用它们的结构特性、电磁特性和稀土离子磁矩补偿点来获得较低的，甚高的温度稳定度、较窄的 ΔH 和极低的介电损耗，可用作为微波 L 波段和低场下高品位微波器件的首选稀土磁性材料。(Y,Gd,In,Al,Mn)IG 的温度特性见图 6-10。

用 Gd^{3+} 置换部分 Y^{3+}，主要目的是选择材料有合适的 ΔH，由于 Gd^{3+} 的自旋磁矩为稀土元素离子中最大者，能有效地调节 $4\pi M_s$ 的大小，特别是利用 Gd 铁氧体的位于室温附近 (296K) 磁矩抵消点，从而获得 $4\pi M_s$ 在微波器件的一般工作范围内具有甚高的温度稳定度。

用 In^{3+}、Al^{3+} 及微量 Mn^{3+} 分别置换 a、d 位上部分 Fe^{3+}，利用非磁性离子 In^{3+} 填入 a 位，可明显地降低磁晶各向异性，以便减少本征共振线宽，也可调节 $4\pi M_s$ 值；利用适量非磁性离子 Al^{3+} 填入 d 位，可有效地降低 $4\pi M_s$；掺入微量 Mn^{3+} 置换 d 位上 Fe^{3+}，可使 Fe^{2+} 产生的概率大为减少，即保证 3 个次晶格中均为各种三价阳离子占据，以致材料的电阻率大幅度上升，介电损耗显著下降。此外，由于 Mn^{3+} 比 Fe^{3+} 的磁矩少 $1\mu B$，则又可对铁氧体的 $4\pi M_s$ 起微调作用，而 Mn^{3+} 的离子半径和质量同 Fe^{3+} 相近，使材料的密度几乎保持不变，但却改善了其微结构，使铁氧体的介电常数增加。

6.5.3.2 稀土石榴石单晶磁光材料

（1）钇铁石榴石单晶磁光材料　钇铁石榴石（YIG）及其掺质的单晶是最典型的磁光材料，它们在磁光器件和微波器件中获得广泛应用，也是磁性研究的典型材料。

石榴石单晶薄片对可见光是透明的，而对近红外辐射几乎是完全透明的。钇铁石榴石（YIG）在 $\lambda=1\sim 5\mu m$ 之间是全透明的，这一光波区常被称为 YIG 的窗口。掺入三价的稀土元素或 Bi 离子，对光吸收的影响不大。

某些杂质的掺入对铁石榴石的光吸收影响很大。一般用 PbO、PbF_2 作助熔剂时，晶体中含有 Pb^{2+}，这就必然由 Fe^{4+} 与其电荷补偿，而 Fe^{4+} 有强的光吸收，因而使晶体的光吸收增加。若晶体中掺入 Si^{4+} 时，由于 Si^{4+} 同 Pb^{2+} 电荷补偿，无 Fe^{4+} 出现，则晶体的吸收将减小。一般每个化学分子式中有 0.004 个硅原子的浓度，会达到最小的光吸收。Si^{4+} 浓度太高，则因电荷补偿的需要，就会出现 Fe^{2+}。由于 Fe^{2+} 有强的吸收，因而使晶体的吸收逐渐增加。当 Ca^{2+} 出现时，也由于电荷补偿的需要，就会出现 Fe^{4+}，因而增加强收。为了得到最小的光吸收，就必须严格控制非三价的杂质 Ca、Si、Pb 以及 Pt 等元素。

（2）钆镓石榴石单晶磁光材料　$Gd_3Ga_5O_{12}$（简称 GGG）单晶可用作磁光、磁泡、微波石榴石单晶薄膜的衬底材料。也可用作反射率标准片、激光陀螺反射镜、各种光学棱镜和磁致冷介质。

稀土元素一般也进入石榴石的十二面体亚晶格中，其中 Pr、Nd 对 θ_f 的影响较大，它们的法拉第旋转系数也是负的。表 6-19 给出了几种稀土铁石榴石在 $1.064\mu m$ 波长的磁光参数及晶格常数。

表 6-19　几种稀土铁石榴石在 $1.064\mu m$ 波长的磁光参数及晶格常数

试样的分子式	α/cm^{-1}	$|\theta_f|/[(°)/cm]$	a/nm
$Y_3Fe_5O_{12}$	8.0	280	1.23760
$Y_3Ga_{0.9}Fe_{4.1}O_{12}$	10	250	1.23600
$Y_{2.95}La_{0.05}Ga_{0.8}Fe_{4.2}O_{12}$	7.4	256	1.23666
$Y_{2.9}La_{0.1}Ga_{0.6}Fe_{4.4}O_{12}$	6.4	265	1.23717
$Y_{2.62}La_{0.38}Ga_{0.9}Fe_{4.1}O_{12}$	5.8	250	1.24052
$Y_{2.7}La_{0.15}Bi_{0.15}Ga_{0.9}Fe_{4.1}O_{12}$	6.0	170	1.23850
$Gd_{1.8}Pr_{1.2}Ga_{0.6}Fe_{4.4}O_{12}$	4.9	27	1.25270
$Gd_{1.7}Pr_{1.3}Ga_{0.65}Fe_{4.35}O_{12}$	4.6	420	1.25374
$Gd_{1.5}Pr_{1.5}Ga_{0.6}Fe_{4.4}O_{12}$	4.2		1.25440
$Gd_{1.3}Pr_{1.7}Ga_{0.5}Fe_{4.5}O_{12}$	3.8		1.25610
$Gd_{1.7}Pr_{1.15}Bi_{0.15}Ga_{0.65}Fe_{4.35}O_{12}$	5.0	620	1.25379
$Gd_{1.27}Pr_{1.15}Bi_{0.15}In_{0.1}Ga_{0.65}Fe_{4.23}O_{12}$	4.3	680	1.25510
$Gd_{2.2}Bi_{0.8}Fe_5O_{12}$	7.4	1500	1.25155

6.5.3.3 稀土石榴石单晶薄膜磁光材料

自 1971 年报道了用等温浸渍液相外延法生长石榴石单晶薄膜以来，世界各国相继开展了稀土石榴石单晶薄膜的研究。

生长石榴石单晶薄膜最常用的衬底是（111）晶面的 $Gd_3Ga_5O_{12}$ 单晶片，也有用 $Nd_3Ga_5O_{12}$ 及 $Gd_3Sc_2Ga_3O_{12}$ 单晶作衬底。通常要求晶体缺陷少于 5 个 $/cm^2$，晶向偏差小于 0.5°。这种晶体的切、磨、抛和清洗工艺类似于半导体材料。

稀土铁石榴石在 $1\sim6\mu m$ 波长有很低的光吸收 α；而在其他光波区域，由于 Fe^{3+} 的跃迁使 α 大大增加。抗磁掺质（例如 Ga）可以减弱 Fe^{3+} 的跃迁而使 α 降低。但由于抗磁掺质大大减弱交换作用，而会强烈地影响材料的磁性和磁光性能。当材料中掺入可引起跃迁的金属离子时，或由于该金属离子导致新的跃迁，或影响 Fe^{3+} 的跃迁，而使石榴石单晶薄膜的 α 增加。Pb^{2+} 的渗入会大大增加 α，随 Pb 含量的增加，已不断上升。Bi 对 α 的影响比 Pb 小得多。

（1）铋镨铁铝石榴石单晶薄膜磁光材料　研究 $(BiPrGdYb)_3$-$(FeAl)_5O_{12}$ 单晶薄膜，主要是为激光陀螺的需要。通过调节熔料成分、生长温度、生长时间和衬底转速，来控制膜的生长速率和磁光性能。由熔料成分及生长温度控制膜的易磁化方向及磁畴结构。得到了迷宫畴（易磁化方向垂直于膜面）、平行畴（易磁化方向偏离膜面）以及易磁化方向平行于膜面的不同类型的单晶薄膜。在波长 $\lambda=632.8nm$ 时的磁光优值 $\theta_f/\alpha=3.69^\circ\sim4.05^\circ/dB$。

（2）铋铥镓铁石榴石单晶薄膜磁光材料　用等温浸渍液相外延法，研究了 $(TmBi)_3(FeGa)_5O_{12}$ 单晶薄膜的生长规律及生长条件对磁光性能的影响，分析了生长温度及衬底旋转速率对磁光性能影响的作用机理。测试了单晶薄膜的磁光参数、色散曲线和磁滞回线等，观察了磁畴结构及晶体缺陷。在 $\lambda=632.8nm$ 时，得到膜的磁光优值 $\theta_f/\alpha=3.0^\circ/dB$。

（3）钇铁石榴石单晶薄膜磁光材料　钇铁石榴石单晶薄膜既是一种磁光材料，又是一种新型的微波材料。它除用于磁光器件外，还可用微波集成工艺，做成各种静磁表面波器件，使器件集成化、小型化，在雷达、遥控遥测、导航及电子对抗中有特殊的用途。

用液相外延等温浸渍法研制 YIG 膜。研究了液相外延生长 YIG 膜时石榴石氧化物的消耗、PbO 的挥发、外延工艺对生长速率、膜厚以及磁光和微波性能的影响。得到了生长温度 TG 与含 Pb 量的关系，以及它们与 Faraday 旋转 θ_f、光吸收系数 α、电阻率 ρ 和铁磁共振线宽 ΔH 的关系。制备出膜厚为 $1\sim100\mu m$、膜厚重复性 $<\pm5\%$ 的 YIG 膜；用化学蚀刻法制备谐振圆盘，经带阻滤波法测得最低 $\Delta H\approx55.7A/m$，饱和磁化强度 $4\pi M_s\approx0.1737$。

6.5.3.4　稀土-铁族金属非晶薄膜磁光材料

1973 年用高频溅射法制备的非晶 GdCo 薄膜问世后，稀土-铁族金属（RE-TM）非晶膜的研究迅速发展，并推动了磁光光盘技术的发展。稀土-铁族金属非晶薄膜信噪比大，制造简便，成本低。

（1）稀土-铁族金属非晶薄膜的特性　第一代磁光盘选用稀土-铁族金属（RE-TM）非晶态合金薄膜作为存储介质，发展到现在，4 倍密度磁光盘（5.25in 双面容量 2.6GB）和将付之实用的 10 倍密度磁光盘存储介质仍使用这种材料，可见它的魅力非同一般。这主要归结于非晶态合金的特性。从结构上看，非晶态合金和液态金属相似，原子分布是一种无序或短程有序的排列。从热力学观点看非晶态是亚稳定相，但众多的非晶态合金在室温下是稳定的。非晶态合金的独特优点是成分可以连续变化，而不会像晶态合金一样会出现某种特定的相，从而可获得成分连续变化的均匀合金系。这对磁光存储介质十分重要。这样可以在较大范围内调节磁光存储介质的磁性能，如饱和磁化强度（M_s）、补偿温度（T_{comp}）和矫顽力（H_c）等，对设计磁光存储介质的磁和磁光性能十分有利。特别是设计磁光多层耦合膜，可利用不同层的磁性膜的磁耦合作用，制备直接重写和高密度磁光记录盘。

磁性原子或离子的光跃迁是产生磁光效应的物理原因。因为这些跃迁导致磁场中两个旋转方向的两种相反的圆偏振波之间有色散差。磁耦极子和电偶极子的两种跃迁对此都有贡献。但在光频范围内，磁耦极子跃迁对磁光效应贡献与波长无关，是一个恒量。电偶极子的贡献来源于常态与激发态之间的跃迁。它和光的波长、辐射吸收跃迁几率以及激发态的自旋轨道相互作用有关。

(2) 稀土-铁族金属非晶薄膜的磁性能 稀土-铁族金属非晶态磁光效应可以沿用立方对称晶体的磁光理论。稀土元素在短波长时对 θ_k 贡献大，过渡族金属 Fe、Co 则在长波长时磁光效应大。重稀土元素的 θ_k 符号在短波长时为负，长波长时为正。Fe、Co 金属从可见光到紫外光范围内 θ_k 符号为负，所以 RE-TM 亚铁磁非晶态物质在短波长范围内重稀土元素和 Fe、Co 的 θ_k 符号相异，两者互相补偿，θ_k 降低。轻稀土过渡族金属的磁性为铁磁体，磁化矢量叠加，因而磁光效应随波长变短而增大。因此，短波长磁光存储应采用轻稀土-过渡族金属非晶态薄膜。

RE-TM 非晶态薄膜的居里温度一般低于晶态的居里温度，但并非都是如此。当 TM 为 Co 时，有时 T_c 要比结晶态的高。如 $Gd_{0.33}Co_{0.67}$ 的 T_c 比晶态的 $GdCo_2$ 的 T_c 高 30% 以上。Ho-Co 也有类似的现象。TM 为 Fe 时，非晶态薄膜的 T_c 都比晶态的 T_c 有显著下降。

极薄的磁性薄膜材料中，常有两种各向异性，其一为形状各向异性，由于沿膜面的退磁能极低，使自发磁化取向于膜面内。另外，还存在着易磁化轴垂直于膜面的磁晶各向异性，其来源于晶体结构上的各向异性，通常用各向异性常数 K 表示其变化的程序。薄膜的自发磁化 M_s 的取向取决于两者的竞争。当单轴各向异性常数 $K_u > \mu M_s$，M_s 将沿膜面法线（$K_u > 0$）；反之，M_s 取向于膜面内（$K_u < 0$）。绝大多数的 RE-TM 非晶态薄膜，由于不存在长程有序结构，没有磁晶各向异性，但在制备过程中，将引进各种因素致使产生单轴垂直各向异性（$K_u > 0$）。RE-TM 薄膜的各向异性常数 K_u 对制备条件颇敏感。如溅射负偏压、氩气流量大小、真空蒸镀的氧分压等都会对 K_u 的符号有很大的影响。溅射时不加负偏压（V_b），Gd-Co 膜的 $K_u < 0$。$V_b > -50V$ 时，Tb-Co 膜的 K_u 才为正。与此相反，不加负偏压，Gd-Fe 膜的 $K_u > 0$。用真空蒸镀法很容易得到 $K_u > 0$ 的 Gd-Fe 膜，但对 Gd-Co 膜几乎不会成功。

(3) 稀土-铁族金属非晶薄膜的磁光和霍耳效应 RE-TM 非晶态薄膜一般具有大的极向克尔磁光效应。θ_k 和 H 的依赖关系相似于 M 和 H 的关系，故可用来研究这类薄膜的磁化曲线形状和测定材料的 H_c。θ_k 在补偿温度（T_{comp}）左右具有不同的符号。由于 TM 的克尔旋转角大于 RE 的克尔旋转角，所以亚铁磁的非晶态薄膜的克尔效应由磁次格子的磁化特性决定，其克尔系数为负。在室温测得的向右上升的克尔回线，其 T_{comp} 大于室温（RE 磁矩过剩）；向左上升的克尔回线，其 T_{comp} 低于室温（TM 磁矩过剩）。

RE-TM 非晶态磁性薄膜也具有大的异常霍耳效应，由式(6-3)表示之：

$$V_H = R_0 B + R_1 \mu_0 M \tag{6-3}$$

$R_0 B$ 为正常霍耳效应，它和磁通密度 B 成正比。$R_1 \mu_0 M$ 为异常霍耳效应，和磁化强度 M 成正比。R_0、R_1 分别为它们的霍耳系数。因为 $R_1 \gg R_0$，R_0 可以忽略不计。可见非晶态薄膜的霍耳电压（V_H）和磁场的关系与极向克尔磁滞回线相似，在补偿温度附近，R_1 改变符号，当 $T < T_{comp}$ 时，R_1 为负，反之 R_1 为正。

(4) 稀土-铁族金属非晶薄膜的磁光效应 用于磁光存储的石榴石非晶薄膜的性能与磁泡薄膜有本质的区别。前者要求有高的矫顽力和大的磁光效应。因此，离子的替代也不同。主要考虑各向异性常数 K_u 和磁光效应 θ_k。

稀土-铁族金属非晶薄膜的单轴各向异性的机制因于应力感生。各向异性常数由式(6-4)给出：

$$K_u = -\frac{3}{2}\lambda_s \sigma \tag{6-4}$$

式中，λ_s 为多晶薄膜的磁致伸缩系数；σ 为由薄膜和衬底不同的热膨胀而引起的应力。玻璃的热膨胀系数 α_s 一般在（$4 \sim 10$）$\times 10^{-6}$ 之间，薄膜的热膨胀系数 α_f 在 10^{-5} 量级，故

$\alpha_f - \alpha_s$ 大于零。为使 $K_u > 0$，λ_s 必须是负值。表 6-20 列出经整理后的各类稀土石榴石多晶材料在室温下的 λ_s。DyIG 的 λ_s 负值最大，有利于获得各向异性常数 $K_u > 0$ 的磁光薄膜。

表 6-20　各类稀土石榴石单晶和多晶材料的室温磁致伸缩系数

磁致伸缩系数	YIG	SmIG	EuIG	GdIG	TbIG	DyIG	HbIG	ErIG	TmIG	YbIG
$\lambda_{100} / \times 10^{-6}$	−1.4	21	21	0	−3.3	−12.5	−4.0	2.0	1.4	1.4
$\lambda_{111} / \times 10^{-6}$	−2.4	−8.5	1.8	−3.1	12	−6.9	−3.4	−4.9	−5.2	−4.5
$\lambda_s / \times 10^{-6}$	−2.0	3.1	9.5	−1.8	5.9	−9.1	−3.6	−2.1	−2.6	−2.1

石榴石氧化物薄膜不同于 RE-TM 合金薄膜。它对使用的激光波长吸收小，入射光的反射也小，因此在实际应用中必须蒸镀金属反射膜，主要是为提高记录介质的吸收效果，从而降低激光记录功率，同时使入射光反射。反射的磁光效应称有效法拉第效应，用 θ_f 表示。它等效于 RE-TM 薄膜的克尔效应，从而可以和 RE-TM 记录介质兼用测试仪器和驱动器。基于石榴石氧化物薄膜自身的不同厚度会引起光学干涉效应，因此无需像 RE-TM 存储介质那样要借助于电介质薄膜（如 AlN 等）增强克尔效应。利用磁光唯象理论和光学多层膜系的特征矩阵方法进行石榴石氧化物磁光盘的膜层设计，可使光盘的性能最佳。

石榴石氧化物存储介质由高频溅射方法制备，薄膜需经历 600℃ 左右的温度加热（溅射时衬底加热或成膜后晶化处理），故必须使用玻璃衬底（或钆镓石榴石 GGG 衬底），从而提高了磁光盘的制作成本。由于它的高度抗氧化性和抗辐照性，可用于特殊用途，如军事、航空、航天等。

6.6　稀土磁泡材料

磁泡材料是指在一定外加磁场作用下具有磁泡畴结构的磁性薄膜材料。当外加磁场增加到某一程度时，磁性晶体的一些磁畴便缩成圆柱状，其磁化强度与磁场方向相反，在外磁场作用下可以移动，像一群浮在膜面上的小水泡（称为磁泡）。泡的存在与否应于信息存储中的"1"和"0"即可作为存储器使用。

磁泡存储器的载体是一磁化矢量垂直于膜面的磁性薄膜，用光刻的方法将坡莫合金薄膜做成适当的形状（如 T-1 棒），在平面磁场的驱动下可使磁泡做发生（记录）、传输、分裂、消灭（擦除）和读出等动作，以此来实现磁泡的记录和检测信息的功能。用磁泡作存储器件的设想是 1967 年由美国贝尔实验室提出的，它的特点是无机械活动零件、完全固体化、可靠性高、体积小、质量轻，与半导体存储器相比，具有非易失性，抗辐射、耐恶劣环境、很少需要维修等优点。国外磁泡存储器已用在军用微机、飞行记录器、终端机、电话交换机、数控机床、机器人等方面。特别是用其制作的记录器，可靠性大为改善，因此解决了卫星、火箭发射和飞行过程中记录器易出故障的问题。中国也将磁泡器件用在导弹飞行记录器中。

作为小型便携式存储系统，磁泡存储器具有得天独厚的长处，但由于在记录密度和存取速度上不敌磁盘和以后发展起来的光盘，它的应用范围只限于军事、航天和电子交换机等方面，芯片的容量为 4Mb。可用作磁泡的材料主要有石榴石型稀土铁氧体系、Tb-Fe 系、Cd-Co 系非晶磁膜、钙钛石型铁氧体系等。

6.6.1　磁泡的结构与特性

6.6.1.1　磁泡的构成

磁泡（magnetic bubble）是在磁性薄膜中形成的一种圆柱形磁畴。图 6-11 给出了垂直磁化膜中磁畴与偏置磁场的关系。在膜面垂直方向易磁化轴的铁磁性薄片上不加外磁场 H_B 时，形成图 6-11(a) 所示的磁畴方向向上和向下的迷宫状结构。外加磁场 H_B 时，与磁场同向的磁畴因在能量上稳定，逐渐长大，而反向磁畴却变小 [图 6-11(b)]。如果 H_B 进一步加大，则在某一范围内，会形成孤立的圆柱状磁畴 [图 6-11(c)]，这就叫磁泡。磁场更进一步增大时，磁泡逐渐变小，当外磁场达到某一强度时，H_B 稍微增加，磁泡会突然消失。

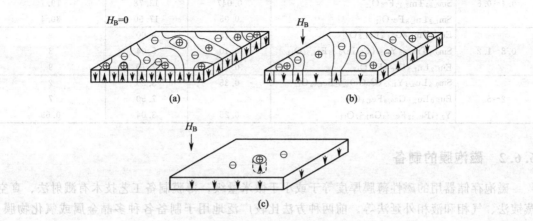

图 6-11　垂直磁化膜中磁畴与偏置磁场的关系

6.6.1.2 磁泡材料的特性

磁泡存储器是用磁泡薄膜材料做成的，要求具有一定的特性，以便在一定偏置直流磁场作用下，形成数目很多、比较稳定的磁泡。

表征磁泡材料的特性主要有两个参数，即品质因子（Q）和材料特征长度（l）。

品质因子：
$$Q = K_u / 2\pi M_s^2 \geqslant 1 \tag{6-5}$$

材料特征长度：
$$l = \sigma_W / (4\pi M_s^2) \tag{6-6}$$

式中，K_u 为磁各向异性；M_s 为饱和磁化强度；σ_W 为畴壁能（$\sigma_W = 4\sqrt{K_u A}$，A 为交换积分常数）。

最佳磁泡直径（d）和薄膜厚度（h）分别与特征长度（l）的关系为：$d = 8l$ 和 $h = 4l$（为了增大磁泡的检出信号，一般取 $h = 8l$）。

表征磁泡动的特性也有两个参数，即磁泡迁移率 μ_W（单位磁场下的平面畴壁的移动速度）和材料临界速度 V_P。其表达式分别为：

磁泡迁移率
$$\mu_W = \frac{\gamma}{\alpha} \sqrt{\frac{A}{K_u}} \tag{6-7}$$

材料临界速度
$$V_P = 24\gamma A / (h \sqrt{K_u}) \tag{6-8}$$

式中，A 为交换积分常数；α 为阻尼系数；γ 为旋磁比。

由于磁泡是在一定外加恒磁场条件下才形成的，其最低值和最高值分别用 H_2 和 H_0 表示，两者相差几百安每米为佳，但对于一个薄膜来说，H_0 值偏差不能超过 $1/10M_s$。为减小驱动磁场和功率，希望磁泡畴壁矫顽力低。另外，要求磁泡在外界驱动磁场作用下运动要快，这就要求畴壁的迁移率 μ_W 要大，以提高磁泡传输信息的速度，一般 $8 \times 10^3 \sim 8 \times 10^4$ cm/(s·A/m)。综合上述特性可以看出，材料的 K_u、A 和 M_s 都要适当，并要求薄膜的厚度 h 要小，这样才能使泡径小（$d \approx 2h$），磁泡稳定，运动较快。除此，还要求磁泡各磁参量对温度、时间、振动等环境因素的稳定性要高。石榴石铁氧体是比较实用的磁泡薄膜材料，其次是六角铁氧体。

几种典型磁性石榴石材料的组成及其特性见表 6-21 所列。

表 6-21 典型磁性石榴石材料的组成及特性

泡畴尺寸/μm	组　　成	$l/\mu m$	$4\pi M_s$/$\times 10^{-2}$T	K_u/($\times 10^{-3}$J/cm)
0.4～0.6	$Eu_{1.0}Tm_{2.0}Fe_5O_{12}$	0.06	13.80	12
	$Sm_{0.85}Tm_{2.15}Fe_5O_{12}$	0.047	13.78	19.1
	$Sm_{1.2}Lu_{1.8}Fe_5O_{12}$	0.05	17.50	30.4
0.8～1.2	$Eu_{1.0}Tm_{2.0}Ga_{0.4}Fe_{4.6}O_{12}$	0.15	9.00	9
	$Sm_{0.3}Tm_{0.75}Y_{1.29}(CaGe)_{0.75}Fe_{4.25}O_{12}$	0.10	5.04	3
	$Eu_{1.2}Lu_{1.8}Ga_{0.5}Fe_5O_{12}$	0.12	7.70	9
2～5	$Sm_{0.3}Lu_{0.3}Y_{1.48}(CaGe)_{0.92}Fe_{4.08}O_{12}$	0.35	3.20	2
	$Eu_{1.0}Lu_{2.0}Ga_{0.6}Fe_{4.4}O_{12}$		7.50	7
	$Y_{2.58}Bi_{0.42}Fe_{3.73}Ga_{1.27}O_{12}$	0.25	3.04	0.69

6.6.2　磁泡膜的制备

磁泡存储器用的磁性薄膜厚度等于或小于微米量级。薄膜制备工艺技术有溅射法、真空蒸镀法、气相和液相外延法等。前两种方法比较广泛地用于制备各种多晶金属或氧化物膜，而后者大多用来制作单晶膜。20 世纪 60 年代研制成功氧化物外延薄膜，开发了磁泡存储器件，70 年代钇石榴石掺杂外延膜技术进一步完善，研制成非晶合金薄膜，在磁记录和磁光存储技术和器件中得到广泛应用。

(1) GGG 单晶基片的制备　GGG 已普遍用作磁性石榴石膜的基本材料。该材料因晶格常数大，伯格斯矢量也大，不易发生位错，因此易制成直径大且无位错的单晶。根据 Gd_2O_3-Ga_2O_3 相图，GGG 是由 Gd_2O_3：Ga_2O_3＝3：5 组成的熔体结晶生长而成。但要得到性能均匀的晶体，需在熔体和晶体成分一致的条件下生长。

工业制法主要用切克劳斯基单晶拉制法。将 Gd_2O_3 和 Ga_2O_3 原料在铱坩埚中，用高频感应炉加热，熔融后，浸入具有一定取向的籽晶，边旋转边拉制。现已可稳定地生产直径为 10cm 的无缺陷 GGG 单晶。

(2) 磁性石榴石膜的制备　以液相外延（LPE）法制备钇铁石榴石 $Y_3Fe_5O_{12}$（YIG）膜为例，LPE 是利用在高温下把被生长元素饱和的母液与单晶衬底接触，再以一定的速率降温，形成母液中生长元素的过饱和，在衬底（基片）上就沉积出一层与衬底晶格常数基本相同的单晶层，当达到所要求的厚度时，把母液推出，就得到光亮的外延层。具体方法如下：在铂坩埚内，以 PbO、B_2O_3 为熔剂，并熔入石榴石成的 Y_2O_3 和 Fe_2O_3，在 1100℃下均热，达到一定的过饱和状态时进行冷却。如将上述的 GGG 基片浸渍在此熔体中，外延膜就能以 0.1～1μm/min 的速度生长。LPE 生长的方法有步冷法、平衡冷却法、过冷法和二相法。生长速率取决于母液的过冷度、生长元素在母液中向基片表面扩散的速度、生长时间和冷却速率。

(3) 钆镓石榴石单晶的制备　$Gd_3Ga_5O_{12}$（简称 GGG）单晶是制备稀土石榴石磁性单晶薄膜的良好衬底材料，又是一种优质的高反射镜，可用于磁光、磁泡和微波等尖端技术中，也可用作反射率标准片和激光陀螺的反射镜。

上海冶金研究所研究了稀土石榴石单晶薄膜，对 GGG 单晶的生长，采用直拉法工艺拉制了直径 30mm 的优质 GGG 单晶，晶锭约 840g，等径区长度＞140mm，晶径变化率＜1%，缺陷密度≤1cm^{-2}。研究了 GGG 晶体的生长规律，采取了有效的工艺措施，长出了完整性较好的晶体。在生长工艺上采用了浮称上称重法控径，同时采用了合理的原料制备工艺，研究了控制晶界反转的工艺条件、最佳热场条件以及缺陷研究等，都有其独特之处。从而生长出 30mm、缺陷少又无内核的 GGG 单晶。晶体的尺寸在国内领先，晶体的缺陷密度和晶体控精精度均达到国际先进水平。所生长的 GGG 单晶已用于研制稀土石榴石磁光单晶薄膜和器件、YIG 单晶薄膜和微波器件、稀土石榴石磁泡材料和器件以及反射率标准片等。从晶体的实际应用、物理性能测试和缺陷研究等都表明了晶体的质量已达到较高的水平。

6.6.3 稀土磁泡材料及应用

国外在 20 世纪 60 年代，通过磁光效应，对稀土磁泡材料的磁畴运动作了深入研究，并发展了磁泡存储器。由于磁泡存储器的独特优点：大容量、非挥发、不易失、全固态等，它一问世就引起国内外的极大关注。在 70 年代到 80 年代中期用液相外延方法研制的磁泡外延薄膜层出不穷，促进了磁性材料的离子替代的物理研究工作。

国外的上海冶金研究所研制了 $(YSmLuCa)_3(FeGa)_5O_{12}$ 等磁泡单晶薄膜，达到外延重复性 80%，磁缺陷密度为 $4\sim10cm^{-2}$。用这种膜作芯片，仿国外样机，研制成 SMB 型磁泡存储器，设计容量 64kb，工作频率 100Hz，工作温度 $0\sim40℃$，达到美国 Taxax Instrment 公司生产的 TIB-0203 型磁泡器件的水平，在国内处于领先地位。此外，还对掺 Bi 的磁泡材料进行了研究。

1983 年日本九州大学小西提出布洛赫线（Blochiline）存储器，存储密度可达 0.9Gb/cm^2。1992 年日立公司宣称已制备出单片容量为 $256MB/cm^2$ 的实验性布洛赫线存储器件。

磁泡薄膜的研究工作曾一度为磁学界的热门课题。虽然目前磁泡存储器的使用仅在极小范围，但它的发展前景不可低估。磁泡的出现大大推动了磁性物理和材料的研究，如畴壁动态特性、硬泡的物理特性及其抑制、磁性垂直各向异性、石榴石外延薄膜磁特性和缺陷的研究等。稀土过渡族元素非晶态薄膜也是当时为了开发亚微米直径磁泡而进行深入研究的材料，发现它有良好的磁光特性后，迅速推动了磁光盘的诞生。

随着物理现象的深入研究和纳米材料及微细加工技术的进步，磁泡的研究不会中断，有望出现像 MRAM、磁泡和布洛赫线那样的非易失性、高记录密度、全固体化的外部磁性存储器。

第7章 稀土发光和激光材料

　　稀土的发光和激光性能都是由于稀土的 4f 电子在不同能级之间的跃迁而产生的。稀土元素因其特殊的电子层结构而具有一般元素所无法比拟的光谱性质，稀土发光几乎覆盖了整个固体发光的范畴，只要谈到发光，几乎离不开稀土。稀土元素的原子具有未充满的受到外界屏蔽的 4f 5d 电子组态，因此有丰富的电子能级和长寿命激发态，能级跃迁通道多达 20 余万个，可以产生多种多样的辐射吸收和发射，构成广泛的发光和激光材料。稀土化合物的发光是基于稀土离子的 4f 电子在 f-f 组态之内或 f-d 组态之间的跃迁。具有未充满的 4f 壳层的稀土原子或离子，其光谱大约有 3 万余条可观察到的谱线，它们可以发射从紫外光、可见光到红外光区的各种波长的电磁辐射。由于很多稀土离子具有丰富的能级和它们的 4f 电子跃迁特性，使稀土成为一个巨大的发光宝库，为国民经济和高新技术提供了很多性能优越的发光材料和激光材料，它们在照明光源、彩色电视、计算机、现代通信、测量技术、医疗设备、工业交通、航空航天及国防军事等许多领域中都有着极其重要而广泛的应用。

7.1　发光材料及其发光性能

7.1.1　发光材料的基本概念

7.1.1.1　发光现象及发光材料

　　物质的发光现象大致可分为两类：一类是物质受热产生热辐射而发光；另一类是物质受外界激发吸收能量而跃迁至激发态（非稳定态）再返回到基态的过程中，以光的形式释放出能量。我们所研究的发光（luminescence）是指后一类发光现象。某一固体化合物受到光子、带电粒子、电场或电离辐射的激发，会发生能量的吸收、存储、传递和转换过程。如果激发能量转换为可见光区的电磁辐射，这个物理过程称为固体的发光。在各种类型激发作用下能发光的物质称为发光材料。既有天然的矿物，但更多的是人工合成的化合物。一般来说，发光材料是由基质（作为材料主体的化合物）和激活剂（少量的作为发光中心的掺杂离子）所组成，在一些材料中还掺入另一种杂质离子来改善发光性能。发光是一种宏观现象，但它和晶体内部的缺陷结构、能带结构、能量传递、载流子迁移等微观性质和过程密切相关。

7.1.1.2　固体发光及其过程

　　晶体的基本特征是微粒按一定的规律呈周期性排列。晶体内部原子间存在着较强的相互作用，这导致了原子能级的变化。这种变化主要表现为形成了许多相似能级组成的能带。晶体的能带有价带和导带之分。价带对应于基态下晶体未被激发的电子所具有的能量水平，或者说在正常状态下电子占据价带。导带对应于激发态下晶体的被激发电子所具有的能量水平。被激发电子迁移到导带，可以在晶体内流动而成为自由电子。在价带和导带之间存在一个间隙带，晶体中的电子只能占据价带或导带，而不能在这个间隙带中滞留，因而该间隙带称为禁带。在实际晶体中，可能存在杂质原子或晶格缺陷，局部地破坏了晶体内部的规则排列，从而产生一些特殊的能级被称为缺陷能级。作为发光材料的晶体，往往有目的地掺杂杂质离子以构成缺陷能级，它们对晶体的发光起着关键作用。

发光是去激发的一种方式。晶体中电子的被激发和去激发互为逆过程，这两种过程可能在价带与导带之间，也可能在价带与缺陷能级、缺陷能级与导带之间进行，甚至可以在两个不同能量的缺陷能级之间进行。电子在去激发跃迁过程中，将所吸收的能量释放出来，转换成光辐射。辐射的光能取决于电子跃迁前后所在能带（或能级）之间的能量差值。在去激发跃迁过程中，电子也可能将一部分能量传递给其他原子，这时电子辐射的光能将小于受激时吸收的能量，即小于跃迁前后电子所在能带（或能级）的能量差。晶体在外界能量的激发下，在发生电子跃迁的同时，也产生了空穴，空穴的迁移不能形成光辐射，但能为晶体辐射创造条件。由于晶体内部存在着能带以及一系列电子的迁移。跃迁过程，晶体的光辐射可能形成线状光谱，也可能形成一定波长范围的带状光谱，还可能形成连续光谱。

固体发光的物理过程如图 7-1 所示。其中 M 表示基质晶格，在 M 中掺杂两种外来离子 A 和 S，并假设基质晶格 M 的吸收不产生辐射。基质晶格 M 吸收激发能，传递给掺杂离子，使其上升到激发态，它返回基态时可能有三种途径：①以热的形式把激发能量释放给邻近的晶格，称为"无辐射弛豫"，也叫荧光猝灭；②以辐射形式释放激发能量，称为"发光"；③S 将激发能传递给 A，即 S 吸收的全部或部分激发能由 A 产生发射而释放出来，这种现象称为"敏化发光"，A

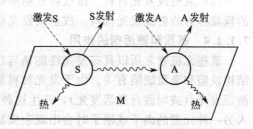

图 7-1 固体发光的物理过程

称为激活剂，S 则称为 A 的敏化剂。激活剂吸收能量以后，激发态的寿命极短，一般大约为 10^{-8} s 就会自动地回到基态而放出光子，这种发光现象称为荧光。撤去激发源后，荧光立即停止。如果被激发的物质在切断激发源后仍然继续发光，这种发光现象称为磷光，有时磷光体能持续长达几分钟甚至几小时，这种发光体则称为长余辉材料。

晶体的发光性能由构成它的化合物的组成和晶体结构（尤其是缺陷结构）所决定，而且往往是组成和结构上的微小变化就会引起发光材料性能上的巨大差异。不同发光材料有着不同的发光过程和机制。对各类材料发光机制的研究，对于寻找和发现新型的功能更为优异的发光材料具有重要的指导意义，但对于许多发光材料的作用机制还有待深入研究。

7.1.1.3 发光材料的主要类型

自然界中的很多物质都或多或少可以发光，有无机化合物也有有机化合物，但当代技术中所应用的发光材料则主要是无机化合物，而且主要是固体材料（少数也用液体或气体）。在固体材料中，又主要是用禁带宽度比较大的绝缘体或半导体，其中用得最多的发光材料是粉末状的多晶，其次是单晶和薄膜。发光材料的种类繁多，激发方法是各种发光材料分类的基础。在日常工作中，人们常常按激发方式的不同将发光材料进行分类。见表 7-1 所列。

表 7-1 按激发方式分类发光材料

材 料 名 称	激发方式	材 料 名 称	激发方式
光致发光（photoluminescence）	光的照射	X 射线发光（X-ray luminescence）	X 射线的照射
电致发光（electroluminescence）	气体放电或固体受电作用	摩擦发光（triboluminescence）	机械压力
阴极射线发光（cathodluminescence）	高能电子束的轰击	化学发光（chemiluminescence）	化学反应
放射线发光（radiation luminescence）	核辐射的照射	生物发光（biololuminescence）	生物过程

（1）光致发光材料　用紫外光、可见光或红外光激发发光材料而产生的发光现象称为光致发光。这种发光的材料称为光致发光材料（也称光致发光粉）。光致发光材料又可分为荧光灯用发光材料、长余辉发光材料和上转换发光材料等。

（2）电致发光材料　在直流或交流电场作用下，依靠电流和电场的激发使无机材料发光的现象叫做电致发光（又称场致发光）。这类无机材料称为电致发光材料。电致发光是将电能直接转换成光。

（3）阴极射线发光材料　这是一类在阴极射线激发下能发光的材料，也称阴极射线荧光粉。用电子束激发时，其电子能量通常在几千电子伏特以上，甚至达几万电子伏特，而光致发光时，紫外线光子能量仅 $5\sim6eV$ 甚至更低，因此光致发光材料在电子束激发下都能发光，甚至有些材料没有光致发光，但却有阴极射线发光。这类发光材料一般用于电子束管用荧光粉（用作荧光屏），其产量仅次于灯用荧光粉。

（4）X 射线发光材料　由 X 射线来激发发光材料产生发光的现象称为 X 射线发光，那些能被 X 射线激发而发光的物质称为 X 射线发光材料。X 射线致发光材料主要分为直接观察屏发光材料、X 射线增感屏发光材料和 X 射线断层扫描荧光粉。

（5）放射线发光材料　由放射性物质蜕变时放出的 α 粒子、β 粒子和 γ 射线激发而发光的现象称为放射线发光材料。放射线发光材料分为永久性发光材料和闪烁体。

7.1.1.4　基质和激活剂的作用

某些无机物之所以具有发光性能是与合成过程中化合物（发光材料基质）晶格里产生的结构缺陷和杂质缺陷有关。由于发光材料基质的热歧化作用出现的结构缺陷所引起的发光非激活发光（或叫做自激活发光），产生这种发光不需加激活杂质。在高温下向基质晶格中掺入另一种元素的离子或原子时会出现杂质缺陷，由这种缺陷引起的发光叫激活发光，而激活杂质叫激活剂。实际上非常重要的发光材料大部分是激活型的（即有选择地在基质中掺入微量杂质的发光材料）。这类发光材料中的微量杂质一般都充当发光中心（有些杂质则是用来改变发光体的导电类型的）。因此，发光中心的概念是和激活剂相联系的。至今，晶格中激活剂的化学态和发光中心的结构仍是值得继续深入研究的课题。掺到基质晶格的激活剂价态、在晶格中的位置（结点上离子的置换和点阵间的位置）、激活剂周围的情况、是否有共激活剂（和激活剂一起加入的及与之有关的杂质），所有这些决定了发光中心的结构和它的性质。

激活发光材料的能量（如紫外线）可以直接被发光中心吸收（激活剂或杂质吸收），也可以被发光材料的基质所吸收（本征吸收）。在第一种情况下，吸收或伴有激活剂的电子壳层内的电子向较高能级跃迁，或电子与激活剂完全脱离及激活剂跃迁到离化态（形成"空穴"）；在第二种情况下，基质吸收能量时，在基质中形成空穴和电子，空穴可能沿晶体移动，并被束缚在各个发光中心上。辐射是由于电子返回到较低（初始）能级或电子和离化中心（空穴）再结合（复合）所致，某些材料的发光（能量的吸收和能量的辐射）只和发光中心内的电子跃迁有关，这种材料叫做"特征性"发光材料。过渡元素和稀土离子以及类汞离子是这种发光材料的激活剂。通常基质晶体对中心内电子跃迁影响不大，因此激发光谱和发光光谱主要取决于激活剂的特性。

周期表 ⅡB 族金属的硫系化合物是非常重要的复合发光材料的基质。这种类型化合物的互溶度范围很宽，所以能获得多种不同性质的发光材料。由于硫系化合物是具有高非均衡导电率的半导体化合物，是最适合于合成阴极射线、X 射线和放射线发光材料的基质。

7.1.1.5　发光材料的化学表示式

发光材料的化学成分可用 MR：A 表示，MR 为发光材料的基质，A 为激活剂。例如，ZnS：Cu，当必须指出发光材料的定量组成时（以％计），在组分化学式后的括号中须注明组分的相对质量百分含量，例如 ZnS(60)、CdS(40)：Ag(0.02)。有时在化学式中还给出所用的助溶剂及合成温度，例如 ZnS：Ag(0.02)、NaCl(2) 800℃。

7.1.2　发光材料的发光性能

发光材料的发光性能由构成它的化合物的组成和晶体结构所决定，而且往往是在组成和结构上的微小变化就会引起发光材料性能上的巨大差异。发光材料的发光性能主要指以下几方面的性能。

7.1.2.1 发光效率与发光强度

（1）发光效率　通常用发光效率来表征材料的发光能力。材料吸收激发能量后将其中百分之多少的能量转变成光，即发光能量与吸收能量之比称为发光效率。它有三种表示方式，即能量效率、量子效率和光度效率。

① 能量效率（功率效率）　发光材料的发光能量 E_f 与吸收能量 E_x 之比称为能量效率（又称功率效率），可用 η_p 表示。

$$\eta_p = E_f / E_x$$

因为发光材料吸收能量是有一部分变为热，所以能量效率表征出激发能量变为发光能量的完善程度，发光中心本身直接吸收能量时，发光效率最高，如果能量被基质吸收，例如复合型发光材料时，那么这时形成的电子和空穴，它们沿晶格移动时可能被"陷阱"俘获，这一点以及空穴和电子的"无辐射复合"会使能量效率下降。

② 量子效率　发光材料发射的量子数 N_f 与激发时所吸收的量子数 N_x（如系光激发则是光子数，如系电子激发则是电子数，余类推）的比值称为量子效率，可用符号 η_q 表示。

$$\eta_q = N_f / N_x$$

量子效率 η_q 不能反映发光材料在被激发和发光过程中的能量损失，如用 254nm 光激发材料时产生 550nm 绿色发光，其量子效率可高达 90% 以上，但激发能量却相应损失 50% 以上。为此，常用能量效率。发光材料的能量效率和量子效率之间的关系如下：

$$\eta_p = \eta_q \lambda_x / \lambda_f$$

式中，λ_x 为吸收光带峰值波长；λ_f 为发光带峰值波长。由于 $\lambda_x < \lambda_f$，发光材料的能量效率要比量子效率低。

③ 光度效率（流明效率）　光度效率又称流明效率，是指发射的光通量 L（以流明为单位）与激发时输入的电功率或被吸收的其他形式能量总功率 P_x 之比，即：

$$\eta_L = L / P_x$$

流明效率与功率效率有以下关系：

$$\eta_L = \eta_q \frac{\int_0^\infty \phi(\lambda) I(\lambda) d\lambda}{\int_0^\infty I(\lambda) d\lambda} \eta_b \eta_p$$

式中，$I(\lambda)$ 是发光强度随波长的函数；η_b 是照明效率。

在不同的使用场合可采用不同的方法来表示发光效率。

（2）发光强度　一定面积的发光表面沿法线方向所产生的光强，叫做发光强度（又称发光亮度，用 I 表示）。其单位为烛光/m^2（Cd/m^2），这表示沿 $1m^2$ 发光表面的法方向产生 1 烛光的光强，也称尼特。在实际生产或应用中，通常用相对亮度来表示发光亮度。待测发光材料的发光亮度（不标定高度单位）与同样激发条件下测出的作为标准材料亮度的比值，就是待测发光材料的相对发光强度。

7.1.2.2 光谱性能

（1）吸收光谱　吸收光谱反映了光照射到发光材料上，其激发光波长和材料所吸收能量值的关系。激发光照射发光材料时，一部分光被反射和散射，一部分光透过，余下的光才被材料吸收。只有被吸收的这部分光才对材料的发光起作用。当然，被吸收到的光波中也不是所有波长的光都能起到激发作用。研究吸收光谱可以知道哪些波长的激发光被吸收，吸收率是多少，这对研究材料的发光过程是很重要的。发光材料对光的吸收公式可表达为：

$$I_{(\lambda)} = I_{0(\lambda)} e^{-K_\lambda x}$$

式中，$I_{0(\lambda)}$ 是波长为 λ 的光照射到材料时的发光强度；$I_{(\lambda)}$ 是光通过厚度为 x 的材料层后的发光强度；K_λ 是吸收系数。K_λ 随照射光波长（或频率）的变化曲线叫作吸收光谱。

发光材料的吸收光谱，首先决定于基质，而激活剂和其他杂质也起到一定的作用，它们可以产生吸收带或吸收线。

由于发光材料大多都是粉末晶体，故难以测出其吸收光谱，通常用测量反射光谱来确定其吸收光谱。$K_{\lambda(反射)}$ 为被测材料的反射系数，可以认为散射、透射很小，由 $K_{\lambda(吸收)} = 1 - K_{\lambda(反射)}$ 得出材料的吸收光谱。

（2）激发光谱 激发光谱是指发光的某一谱线或谱带的强度随激发光波长（或频率）改变而变化的曲线。它反映了发光材料所吸收的激发光波长中，哪些波长的光对材料的发光更为有效。这对分析发光的激发过程很有意义，也为确定哪些波段范围内的激发光对材料的发光提供了更有效的直接依据。

（3）发光光谱 发光材料的发光强度随波长或能量的分布曲线称为发光光谱（或发射光谱）。它类似于人的指纹，是发光材料独具的特性。光谱的线型一般用高斯函数来表示：

$$E(\nu) = E(\nu_0) \exp \left[-\alpha (\nu - \nu_0)^2 \right]$$

式中，ν 表示频率；ν_0 表示峰值频率；E 表示光强或能量。常用光谱的半宽度（高斯型谱线上强度为最大值的一半处的谱线宽度）来区分光谱的类型。人们可以选用不同的发光材料以得到各种发光颜色。材料的发光光谱可分为下列三种类型：

宽带 半宽度～100nm，如 $CaWO_4$；

窄带 半宽度～50mm，如 $Sr_2(PO_4)Cl : Eu^{3+}$；

线谱 半宽度～0.1mm，如 $GdVO_4 : Eu^{3+}$。

究竟一个材料的发光光谱属于哪一类，这既与基质有关，又与杂质有关。例如把 Eu^{2+} 掺进不同的基质中时，上述三种类型的发光都可得到。而且，随着基质的改变，发光的颜色也可改变。

7.1.2.3 能量传输

通常把发光过程分成三个阶段，即：激发、能量传输和复合发光。其中，能量传输现象是指发光材料受到外界激发后到产生发射光以前这样一段过程中，激发能晶体中传输的现象。发光材料吸收了激发光，就会在内部发生能量状态的改变，有些离子被激发到较高能量状态，或者晶体内产生了电子和空穴等。而电子和空穴一旦产生，就将任意运动，这样，激发状态也就不会局限在一个地方，而将发生转移。即使只是离子被激发，不产生自由电子，处于激发态的离子也可以和附近的离子相互作用而将激发能传出去。这就是说，原来被激发的离子回到基态，而附近的离子则转到激发态。这样的过程可以一个接一个地继续下去，形成激发能量的传输，能量传输在发光现象中占有重要的地位。

能量传输是能量传递和能量输运两种过程。其中，能量传递是指某一激发中心，把激发能的全部或一部分转交给另一个中心的过程；而能量输运则是指借助电子、空穴、激子等的运动，把激发能从晶体的一部分带到晶体另一部分的过程。几乎所有的发光材料中都很明显地存在着上述现象，如敏化剂的敏化、猝灭剂的猝灭、上转换发光、下转换发光、合作和组合发光、电致发光中的载流子运动等都和能量的传递和输运过程紧密相关。

7.1.2.4 发光和猝灭

并不是激发能量全部都要经过传输，能量传输也不会无限地延续下去。激发的离子如果处于高能态，它们就不是稳定的，随时有可能回到基态。在回到基态的过程中，如果发射出光子，这就是发光，这个过程就叫做发光跃迁或辐射跃迁。如果离子在回到基态时不发射光子，而是将激发能散发为热（晶格振动），这就称为无辐射跃迁或猝灭。激发的离子是发射光子，还是发生无辐射跃迁，或者是将激发能量传递给别的离子，这几种过程都有一定的概率，决定于离子周围的情况（如近邻离子的种类、位置等）。以上指的是离子被激发的情况。对于由激发而产生的电子和空穴，它们也不是稳定的，最终将会复合。不过在复合以前有可能经历复杂的过程。例如，它们可能分别被杂质离子或晶格缺陷所捕获，由于热振动而又可能获得自由，这样可以反复多次，最后才复合而放出能量。一般而言，电子和空穴总是通过某种特定的中心而实现复合的。如果复合后发射出光子，这种中心就是发光中心（它们可以是组成基质的离子、离子团或有意掺入的激活剂）。有些复合中心将电子和空穴复合的能量转变为热而不发射光子，这样的中心称做猝灭中心。发光和猝灭在发光材料中是互相对立互相竞争的两种过程。猝灭占优势时，发光就弱，效率也低；反之，发光强，效率也高。

7.1.2.5 发光的增长与衰减

不同类型的发光材，其发光增长和衰减规律是不同的。

用光激发特征型发光材料时，发光强度逐步增强，通过一定时间达到定值，如图 7-2 所示。除掉激发光后，激发中心数 n 在衰减过程中按以下规律衰减：

$$\mathrm{d}n/\mathrm{d}t = -\alpha n$$

式中，α 为激发中心数下降概率，$\alpha = 1/\tau$；τ 为激发态寿命。

由此得到：

$$n = n_0 e^{-\alpha t} = n_0 e^{-\frac{t}{\tau}}$$

辐射强度也按这种规律变化：

$$I_t = I_0 e^{-\frac{t}{\tau}}$$

式中，I_t 为时间 t 的发光强度；I_0 为停止激发后开始时的发光强度。

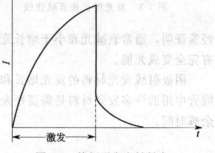

图 7-2　特征型发光材料发
光增长和衰减曲线

特征型发光材料的衰减速度与激发光强度及温度无关。

以硅酸盐、磷酸盐、砷酸盐和锗酸盐为基质的发光材料均按指数规律衰减，有两个激活剂的特征型发光材料（如 Sb 和 Mn 激活的卤磷酸钙），每一激活剂的发光都按指数规律衰减。

应该指出的是上述类型的发光材料并非精确地按指数规律衰减，有时（例如 $ZnSO_4$：Mn）在衰减开始阶段是按指数衰减，而以后按双曲线规律衰减。在后面的一段时间范围内衰减和温度有关。

复合型发光材料发光时的增长和衰减按其他规律进行。在这种情况下，增长过程中，离化中心数与离化中心复合的电子数随之增多。前苏联科学家安米诺夫·罗曼诺夫斯基对这一过程进行的动力学计算表明，在增长时的发光强度 I 与时间及激发强度 F 的关系很复杂。发光材料在去掉激发时的发光衰减性质也很复杂。激发后电子离开发光中心可能和某一离化中心复合，也可能被陷阱俘获。"余辉"是由于电子可能从陷阱被热释放和离化中心复合直到所有陷阱耗尽为止。在实际应用中，通常规定当激发停止时的发光强度（或亮度）I 衰减到 I_0 的 10％ 时，所经历的时间为余辉时间，简称余辉。它可划分为 6 个范围（见表 7-2）。

表 7-2　不同余辉的时间范围

余辉序号	1	2	3	4	5	6
余辉名称	极短余辉	短余辉	中短余辉	中余辉	长余辉	极长余辉
余辉时间	$<1\mu s$	$1\sim10\mu s$	$10^{-2}\sim1\mu s$	$1\sim100ms$	$0.1\sim1s$	$>1s$

复合型发光材料发光衰减曲线的行迹和发光强度以及温度有关。激发光强度越大衰减越快，随着强度的降低衰减减慢。

由上所述可得出以下结论：发光的衰减性质由电子和空穴陷阱的能量分布决定，主要和基质、激活剂、共激活剂的化学性质以及发光材料的灼烧温度和持续时间有关。

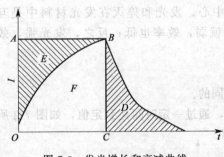

图 7-3　发光增长和衰减曲线

了解了发光的增长和衰减规律，可以按增长和衰减确定所谓"光和"，发光增长和衰减曲线如图 7-3 所示。在激发时间内，发光材料发出的能量正比于面积 F。面积 F 比长方形 $OABC$ 小，其差值为面积 E，面积 E 正比于发光材料储存的能量。在激发时未被发光材料释放出的这一能量称为"发光材料发光增长的光和"。它可在激发停止后从发光材料中释放出来。在激发光停止后发光材料释放出的能量等于面积 D，称为"发光材料衰减的光和"。

经验证明，通常衰减光和小于增长光和，这证明存在无辐射跃迁，即发光材料储存的能量没有完全变成光能。

阴极射线发光材料的发光增长和衰减具有重要的实际意义，例如，电视显像管和飞点射线管中用的许多发光材料是需要短余辉的；而雷达装置中用的发光材料则应当具有相当长的余辉时间。

7.2　稀土发光材料的性能特点

发光的本质是能量的转换，稀土之所以具有优异的发光性能，起源于它们具有特殊的电子层结构而导致的优异的能量转换功能。

7.2.1　稀土离子的能级跃迁及光谱特性

稀土的发光是由于稀土离子的 4f 电子在不同能级之间跃迁产生的。稀土离子位于内层的 4f 电子在不同能级之间的跃迁，产生了大量的吸收和荧光发射光谱的信息，这些光谱信息是化合物的组成、价态和结构的反映，这为设计、合成具有特定性质的发光材料提供了有力的依据。

电子从基态或较低能级跃迁至较高能级是一个吸收激发能量的过程，从激发态的较高能级跃迁至较低能级或基态时产生光的发射，能级跃迁过程与稀土离子的光谱特性密切相关。在稀土发光材料中，研究较多的是＋3 价态的离子，而非正常价态稀土离子的激发态构成与相应的＋3 价态的离子完全不同，其光谱特性，尤其是光谱结构会发生显著的变化。

7.2.1.1　＋3 价稀土离子的能级跃迁和光谱特性

钪、钇和镧系元素＋3 价离子的电子层构型如下：

Sc^{3+}　　$1s^2\ 2s^2\ 2p^6\ 3s^2\ 3p^6$

Y^{3+}　　　$1s^2\ 2s^2\ 2p^6\ 3s^2\ 3p^6\ 3d^{10}\ 4s^2\ 4p^6$

$$Ln^{3+} \qquad [Xe]\, 4f^n\, 5s^2\, 5p^6$$

大部分 Ln^{3+} 的吸收和发射光谱源自于内层的 4f-4f 跃迁，根据光谱选律，这种 $\Delta l = 0$ 的电偶极跃迁原本属于禁阻的。但是实际上可观察到这种跃迁，这主要是由于 4f 组态与宇称相反的组态发生混合，或对称性偏离反演中心，使原是禁阻的 f-f 跃迁变为允许的。这种强制性的 f-f 跃迁产生如下影响：①光谱呈狭窄线状；②谱线强度较低，在激光谱中，这种特点不利于吸收激发能量，这是 +3 价态镧系离子发光效率不高的原因之一；③在 4f 之间的跃迁概率很小，激发态寿命较长，有些激发态平均寿命长达 $10^{-6} \sim 10^{-2}\,s$，而一般原子或离子的激发态的平均寿命只有 $10^{-10} \sim 10^{-8}\,s$，这种长激发态称为亚稳态。由于 +3 价态镧系离子的外层电子形成了满壳层（$5s^2 6p^6$），4f 轨道处于内层，f-f 跃迁几乎不受外部场的影响，所以 f-f 跃迁发射呈现锐线状光谱，其发射波长是稀土离子自身的特有行为，而与周围环境无关。

除了 f-f 跃迁外，+3 价镧系离子 Ce^{3+}、Pr^{3+}、Tb^{3+} 等还有 d-f 跃迁，其 $\Delta l = 1$，根据光谱选律，这种跃迁是允许的。d-f 跃迁的特点与 f-f 跃迁几乎完全相反，其光谱呈现宽带，强度较高，荧光寿命短。由于 5d 处于外层，d-f 跃迁受晶场影响较大。

镧系中间元素 +3 价态离子的发射光谱主要是锐线谱，两端元素离子（如 Ce^{3+}、Yb^{3+}）则呈现宽谱带或宽谱带加上线谱。线状光谱是 4f 亚层中各能级之间的电子跃迁，而连续光谱则是由 4f 中各能级与外层各能级之间的电子跃迁产生的。在光谱的远紫外区所有稀土元素都有连续的吸收带，这相应于外层中电子的跃迁。

综上所述，可将 +3 价稀土离子的发光特点归纳如下：①具有 f-f 跃迁的发光材料的发射光谱呈线状，色纯度高；②荧光寿命长；③由于 4f 轨道处于内层，很少受到外界环境的影响，材料的发光颜色基本不随基质的不同而改变；④光谱形状很少随温度而变，温度猝灭小，浓度淬灭也小。

在 +3 价稀土离子中，Y^{3+} 和 La^{3+} 无 4f 电子，Lu^{3+} 的 4f 亚层为全充满的，都具有密闭的壳层，因此它们属于光学惰性的，适用于作基质材料。从 Ce^{3+} 到 Yb^{3+}，电子依次填充在 4f 轨道，从 f^1 到 f^{13}，其电子层中都具有未成对电子，其跃迁可产生发光，这些离子适于作为发光材料的激活离子。

7.2.1.2 非正常价态稀土离子的光谱特性

（1）+2 价态稀土离子的光谱特性 RE^{2+} 离子有两种电子构型：$4f^{n-1} 5d^1$ 和 $4f^n$。$4f^{n-1} 5d^1$ 构型的特点是 5d 轨道裸露于外层，受外场的影响显著，$4f^{n-1} 5d^1 \rightarrow 4f^n$（即 d-f 跃迁）的跃迁发射呈宽带，强度较高，荧光寿命短，发射光谱随基质组成、结构的改变而发生明显变化。RE^{2+} 的 $4f^n$ 内层电子构型的 f 电子数目和与其相邻的下一个 RE^{3+} 离子相同，例如 Sm^{2+} 和 Eu^{3+} 均为 $4f^6$，Eu^{2+} 和 Gd^{3+} 均为 $4f^7$，Yb^{2+} 和 Lu^{3+} 同为 $4f^{14}$。但与 RE^{3+} 相比，RE^{2+} 的激发态能级间隔被压缩，最低激发态能量降低，谱线红移。例如，Eu^{2+} 的 f 内层激发态 $4f^7(^6P_J)$，其最低能级到基态的 $4f^7(^6P_{7/2}) \rightarrow 4f^7(^8S_{7/2})$（为 f-f 跃迁）跃迁发射呈线状光谱，峰值位于 360nm 处，是相邻的下一个三价稀土离子 Gd^{3+} 的相应发射能级的一半左右。Eu^{2+} 产生 f-f 跃迁的基本条件是：基质中 Eu^{2+} 的 5d 能级吸收下限必须位于 ^6P_J 能级之上。因此 Eu^{2+} 必须处于一种弱场、强离子性的基质晶格环境中（然而，也曾有实验发现，当 Eu^{2+} 的 5d 能级吸收下限必须位于 ^6P_J 能级以下 2000cm^{-1} 时，能观察到 f-f 跃迁），例如某些复合氟化物基质可满足这一条件。在 Eu^{2+} 掺杂的复合氟化物体系中，可以依据 Eu^{2+} 所占据格位的阳离子元素电负性的大小推断 f-f 跃迁产生的可能性。RE^{2+} 的这些光谱特性对新材料设计和材料物性研究具有理论价值。

（2）+4 价态稀土离子的光谱 RE^{4+} 稀土离子和与其相邻的前一个 RE^{3+} 具有相同的 4f

电子数目，例如，Ce^{4+} 和 La^{3+}，Pr^{4+} 和 Ce^{3+}，Tb^{3+} 和 Gd^{3+} 等。它们的电荷迁移带能量较低，吸收峰往往移到可见光区，如 Ce^{4+} 与 Ce^{3+} 的混价电荷迁移跃迁形成的吸收峰已延伸到 450nm 附近，Tb^{4+} 的吸收峰在 430nm 附近。

价态的变化是引发、调节和转换材料功能的重要因素，发光材料的某些功能往往可通过稀土价态的改变来实现，例如，稀土三基色荧光材料中的蓝光发射是由低价稀土离子 Eu^{2+} 产生的。稀土的价态变化有时也会带来不利影响，如 $MgAl_{11}O_{19}$：Ce^{3+}，Tb^{3+} 灯用绿粉中，Ce^{3+} 是一种变价离子，在 185nm 紫外线作用下会氧化为强烈吸收 254nm 紫外辐射而又不发光的 Ce^{4+}，造成荧光粉的光衰，使灯的光通维持率下降。因此，掌握价态转换规律、探索价态转换机制、寻求非正常价态稳定条件及其控制途径对提高材料的发光性能和研究开发新型稀土发光材料具有重要意义。

7.2.2　稀土发光材料的优异性能

稀土元素独特的电子层结构决定了它具有特殊的发光特性，稀土化合物广泛地应用于发光材料。也正是由于它们具有许多优异的发光性能，这些性能主要如下所述。

① 由于稀土元素 4f 电子层结构特点，使其化合物具有多种荧光特性。除 Sc^{3+}、Y^{3+} 无 4f 亚层，La^{3+} 和 Lu^{3+} 的 4f 亚层为全空或全满外，其余稀土元素的 4f 电子可在 7 个 4f 轨道之间任意分布，从而产生丰富的电子能级，可吸收或发射从紫外光、可见光到近红外区各种波长的电磁辐射，特别是在可见光区有很强的发射能力，使稀土发光材料呈现丰富多变的荧光特性。

② 稀土元素由于 4f 电子处于内层轨道，受外层 s 和 p 轨道的有效屏蔽，很难受到外部环境的干扰，4f 能级差极小，f-f 跃迁呈现尖锐的线状光谱，因此发光的谱带窄，色纯度高，色彩鲜艳。

③ 吸收激发能量的能力强，转换效率高。

④ 荧光寿命跨越宽，从纳秒到毫秒 6 个数量级。长寿命激发态是其重要特征之一，一般原子或离子的激发态平均寿命为 $10^{-10} \sim 10^{-8}$ s，而稀土元素电子能级中有些激发态平均寿命长达 $10^{-6} \sim 10^{-2}$ s，这主要是由于 4f 电子能级之间的自发跃迁概率小造成的。

⑤ 物理化学性能稳定，耐高温，可承受大功率的电子束、高能射线和强紫外光的作用。

7.2.3　稀土发光材料的种类和应用

凡是以稀土元素作为激活剂或以稀土化合物作为基质的发光材料，统称为稀土发光材料。稀土发光材料的种类繁多，可以按以下不同方式进行分类。

(1) 按发光材料中稀土的作用不同可分为如下两种。

① 稀土作为激活剂的发光材料　在基质中作为发光中心而掺入的稀土离子称为激活剂。以稀土离子作为激活剂的发光体是稀土发光材料中最主要的一类，根据基质材料的不同又可分为两种情况：a. 材料基质为稀土化合物，如 Y_2O_3：Eu^{3+}；b. 材料的基质为非稀土化合物，如 $SrAl_2O_4$：Eu^{2+}。可以作为激活剂的稀土离子主要是三价稀土离子 Sm^{3+}、Eu^{3+}、Tb^{3+}、Dy^{3+} 以及二价的 Eu^{2+}，其中应用最多的是 Eu^{3+} 和 Tb^{3+}。而 Pr^{3+}、Nd^{3+}、Ho^{3+}、Er^{3+}、Tm^{3+} 和 Yb^{3+} 则可作为上转换材料的激活剂或敏化剂。

Eu^{3+} 的发光研究较多且最为成熟，也是应用最多的激活离子，Eu^{3+} 具有窄带发射，如果它在晶体格位中占据反演中心，产生 $^5D_0 \rightarrow {}^7F_1$ 的跃迁辐射（橙光）；如果它不处于反演中心，则产生 $^5D_0 \rightarrow {}^7F_2$（红光）和 $^5D_0 \rightarrow {}^7F_4$（红外光）的跃迁辐射。

Eu^{2+} 激活的材料的发光是 Eu^{2+} 的 $4f^6 5d \rightarrow 4f^7$（$^8S_{7/2}$）宽带跃迁，由于 5d 电子裸露，

受晶场环境的强烈影响，跃迁能量随晶场环境的改变而明显变化，发光材料的发射波长可随基质的不同在可见光到紫外光区变化。因此，可以通过选择基质化学组成添加适当的阳离子或阴离子，改变晶场对 Eu^{2+} 的影响，制备出特定波长的新型荧光材料，提高荧光体的发光效率，因此这类发光材料具有广泛的应用。

Tb^{3+} 是常见的绿色发光材料的激活离子，其发射主要源自 $^5D_4 \rightarrow {}^7F_J$（$J=0 \sim 6$）跃迁，$Tb^{3+}$ 也有 $^5D_3 \rightarrow {}^7F_J$ 蓝光或紫光发射。

在以稀土离子作为激活剂的发光材料中，除了掺杂一种稀土离子外，有时还有掺杂共激活剂或敏化剂。Ce^{3+} 的能量传递和敏化作用是值得注意的，Ce^{3+} 有一个宽而强的 4f-5d 吸收峰，可有效地吸收能量，使本身发光，或将能量传递给其他离子而起敏化作用，它不仅可以敏化 Sm^{3+}、Eu^{3+}、Tb^{3+}、Dy^{3+} 等稀土离子，还可敏化非稀土离子，如 Mn^{2+}、Cr^{3+} 等。

② 稀土化合物作为基质材料　常见的可作为基质的稀土化合物有 Y_2O_3、La_2O_3 和 Gd_2O_3 等，也可以稀土与过渡元素共同构成的化合物（如 YVO_4 等）作为基质材料。

（2）按激发方式的不同，可将稀土发光材料分为以下几种。

① 稀土光致发光材料（紫外光、可见光以及红外光激发）。

② 稀土电致发光材料（直流电或交流电激发）。

③ 稀土阴极射线发光材料（电子束激发）。

④ 稀土高能量光子激发发光材料（X 射线或 γ 射线激发）。

⑤ 稀土光激励发光材料（晶体受电离辐射激发后再经光激励）。

⑥ 稀土热释发光材料（晶体受电离辐射激发后再经热激励）。

（3）按应用范围，则可将稀土发光材料分为以下几种。

① 照明材料，即灯用稀土荧光粉。

② 显示材料，包括阴极射线发光材料和平板显示材料。

③ 检测材料，如 X 射线发光材料。

④ 闪烁体等。

稀土发光材料由于具有如前所述的许多优异性能，因而被广泛应用于新光源、显示、显像、光电子学器件、核物理和辐射场的探测和记录等许多领域，形成了很大的工业产业和消费市场，并正在向其他新兴技术领域扩展。稀土发光材料的主要应用见表 7-3。

表 7-3　稀土发光材料的主要应用

应　　　用		材　　　料
光源	日光灯	锑、锰激活的卤磷酸钙镉
	高压汞灯	$Y(PV)O_4$：Eu；YVO_4：Eu,Tb
	黑光灯	YPO_4：Ce,Th；$MgSrBF_3$：Eu
	固体光源	Gap；GaAsP
显示	数字符号显示	发光二极管
	平板图像显示	电致发光模拟显示
显像	黑白电视	Gd_2O_2S：Tb
	彩色电视	Y_2O_3：Eu；Y_2O_2S：Eu
	飞点扫描	Y_2SiO_5：Ce
	夜视技术	稀土激活的 II_B-VI_A 化合物
	X 射线转换器	X 射线显像材料
辐照的探测记录	闪烁晶体	CsI, TlCl

此外，在农业选种、工业分析、医学诊断、水利勘探、分子生物学和考古学等方面也有应用。稀土发光材料已形成了很大的工业产业和消费市场，并正在向其他新兴技术领域扩展。

7.3 稀土阴极射线发光材料

阴极射线发光材料是应用最为广泛的发光材料之一，主要用于电视、示波器、雷达、计算机等各种荧光屏和显示器，荧光粉产量经济效益大，其中尤以彩色电视荧光粉发展最快。在显示技术中常用的显像管、示波管、雷达指示管、存储管等总称为阴极射线管（cathode ray tabe，CRT），其管壳形成了电子束工作的真空环境，电子枪产生的电子束经聚焦偏转后以较高的能量轰击荧光屏，使荧光粉产生光输出，从而将电信号转换为光学图像。阴极射线发光材料（即 CRT 荧光粉）由作为主体的化合物（基质）和少量作为发光中心的掺杂离子（激活剂）所组成。其中非稀土激活元素有 Cu、Ag、Mn 等，主要用于硫化物基质；稀土激活元素有 Ce、Pr、Nd、Sm、Eu、Tb、Dy、Ho、Er、Tm 等，它们可在多种基中使用。有些发光材料中还加入共激活剂，共激活剂具有协同激活作用。表 7-4 中列出了典型的 CRT 用稀土荧光粉的基态组成和发光颜色。

表 7-4 CRT 用稀土荧光粉

激活离子	基 质 组 成	发光颜色	主 要 应 用
Ce^{3+}	$YAlO_3$	紫外光	指示管
	Y_2SiO_6	蓝紫	飞点扫描装置
	$Y_3Al_5O_{12}$	黄绿	飞点扫描装置
	$(La,Gd)OBr$	蓝色	CRT(研制中)
	$(La,Y)OBr$	蓝色	CRT(研制中)
	CeS	绿色	高清晰电视和投影电视用 CRT
Tb^{3+}	Gd_2O_2S	黄绿色	CRT
	Y_2O_2S	白色	CRT
	La_2O_2S	黄绿色	CRT
	$Y_2Al_5O_{12}$	黄绿色	CRT
	$Y_2Al_5O_{12}$	黄绿色	投影式阴极射线管用 CRT
Tb^{3+}	$Y_3(Al,Ga)_5O_{12}$	黄绿色	投影式阴极射线管用 CRT
	Y_2SiO_5	黄绿色	投影式阴极射线管用 CRT
	$InBO_3$	黄绿色	投影式阴极射线管用 CRT,单色光用 CRT
	$LaOBr$	绿色	CRT
Eu^{3+}	Y_2O_3	红色	投影式阴极射线管用 CRT
	Y_2O_2S	红色	CRT
	YVO_4	红色	CRT
	$InBO_3$	橙色	CRT
Eu^{2+}	$M_3MgSi_2O_8(M=Sr、Ca、Ba)$	蓝色	CRT(研制中)
	$M_5(PO_4)_3Cl(M=Sr、Ca、Ba)$	蓝色	CRT(研制中)
	CaS	红色	高清晰电视和投影电视用 CRT
Tm^{3+}	$LaOCl$	蓝色	CRT(研制中)
	$Y(Al,Ga)O_3$	蓝色	CRT(研制中)

7.3.1 稀土红色荧光粉

彩色电视显像管的荧光屏是由红色、绿色和蓝色三基色荧光粉有规则排列组成的。因此，对于这三种荧光粉不仅要求它们具有流明效率大、颜色饱和度好等特性，而且还要求它们的亮度相匹配。在这三种荧光粉中，作为蓝色、绿色荧光粉早就在亮度、色度和应用特性方面已得到解决，唯独红粉的特征长期未能获得很好的解决。20世纪60年代中期美国科学家莱文和佩利拉研制出一种具有红色辐射的新型发光材料——铕激活的钒酸钇（YVO_4：Eu^{3+}）代替非稀土红色荧光粉（$ZnS \cdot CdS$：Ag），接着出现了 Y_2O_3：Eu^{3+} 和 Y_2O_2S：Eu^{3+} 高效红色 CRT 荧光粉，突破了彩色电视红粉亮度上不去的障碍，图像亮度提高1倍以上，亮度-电流饱和特性得到改善，画面色彩失真减少，而且由于 Eu^{3+} 的窄带发射，色纯度大为提高，使彩色电视机显示技术发生了一次巨大的飞跃。正是由于稀土红色荧光粉的发现，近三十多年来彩色电视得到蓬勃发展。

7.3.1.1　Y_2O_3S：Eu^{3+}

在上述三种稀土红色荧光粉中，Y_2O_2S：Eu^{3+} 因其综合性能优异而被广泛应用，目前全世界 Y_2O_2S：Eu^{3+} 红粉每年市场总值达数亿美元，我国已成为世界第一大生产国和消费国。

（1）Y_2O_2S：Eu^{3+} 的性质　Y_2O_2S：Eu^{3+} 为白色晶体，具有六方晶体结构，不溶于水，熔点高（2000℃ 以上），化学性质稳定。图 7-4 为 Y_2O_2S：Eu^{3+} 的阴极射线发射光谱。在 Y_2O_2S：Eu^{3+} 中 Eu^{3+} 的发射峰在 626nm 处于 Eu^{3+} 的 $^5D_0 \rightarrow {}^7F_2$ 跃迁发射。Eu^{3+} 的高能级 $^5D_1$、$^5D_2$ 等发射产生的绿光和蓝光影响红色荧光体的色度。但由于 Y_2O_2S：Eu^{3+} 采用较高 Eu^{3+} 浓度，产生交叉弛豫过程，致使 Eu^{3+} 较高能级的蓝光和绿光发射发生猝灭，从而得到较纯的鲜红颜色和高的发光强度。值得注意的是，RE_2O_2S（RE＝Y，La，Gd 和 Lu）都是高效稀土发光材料的基质，它们都是白色的。表 7-5 列出了部分稀土硫氧化物的晶格参数和密度。

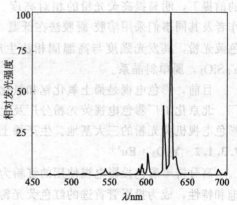

图 7-4　Y_2O_2S：Eu^{3+} 的阴极射线发射光谱

表 7-5　稀土硫氧化物的晶格参数和密度

RE_2O_2S	六方晶格参数/nm		密度/(g/cm³)	RE_2O_2S	六方晶格参数/nm		密度/(g/cm³)
	a	c			a	c	
Y_2O_2S	0.3788	0.6591	4.90	Gd_2O_2S	0.3851	0.6667	7.34
La_2O_2S	0.404	0.689	5.81	Tb_2O_2S	0.381	0.660	7.66
	0.4045	0.6941	5.75	Lu_2O_2S	0.369	0.647	9.02
Eu_2O_2S	0.387	0.668	7.04				

（2）Y_2O_2S：Eu^{3+} 的制备　Y_2O_2S：Eu^{3+} 的制备方法很多。目前普遍采用的硫熔法是将硫黄、碳酸钠与稀土氧化物（Y_2O_3、Eu_2O_3）按一定比例混合磨均，放在氧化铝坩埚中，在空气中于 1150～1250℃ 加热反应而成。另外加入少量 K_3PO_4 助熔剂。反应过程温度约为 300℃，碳酸钠与硫黄反应生成多硫化钠（Na_2S_x）；在高温下，多硫化钠进一步与稀土氧化物反应生成稀土硫氧化物：

$$Na_2CO_3 + S \xrightarrow{\triangle} Na_2S + Na_2S_x + CO_2$$

$$(1-x)Y_2O_3 + xEu_2O_3 + Na_2S_x + Na_2S \xrightarrow{\triangle} (Y_{1-x}Eu_x)_2O_2S + Na_2O$$

为了防止 Y_2O_2S 进一步氧化成 $Y_2O_2SO_4$，可预先向反应管中通入湿氮气将空气赶掉，当反应温度达到设定温度后将管的两端封住，此时管内气压稍高于大气压。在 CRT 荧光粉制备过程中，必须对杂质严加限制，如 Fe、Co、Ni、Mn 的含量不得超过 0.1mg/kg，Cu 含量不得超过 0.01mg/kg。即使很低含量的其他稀土杂质和非稀土杂质也会起猝灭作用，例如，当 Ce 的含量为 1mg/kg 时，$Y_2O_2S：Eu^{3+}$ 发光的猝灭作用已非常明显；某些与 Ce 电子层构型相似的元素，如 Ti、Zr、Hf 和 Th 等在含量为 1mg/kg 时也对发光具有猝灭作用。

尽管早已研究过红色 $Y_2O_2S：Eu^{3+}$ 荧光体的形成机制和合成方法，而且也已在工业规模生产，但至今仍重视其形成过程机制的研究，以期得到无第二相 Y_2O_3、粒度适当、不需球磨的 $Y_2O_2S：Eu^{3+}$ 荧光体。在研究中人们发现痕量 Tb^{3+} 和 Pr^{3+} 等对以 Y_2O_2S 为基质的发光材料有较强的荧光增强作用，其发光效率成倍增加。所以，通常在高纯的 Y_2O_3 中额外加入 0.001%～0.01% 的 Tb^{3+} 等用作彩色电视红色荧光粉的原料。李沅英等采用微波辐射法合成了 $Y_2O_2S：Eu^{3+}$ 荧光粉，并研究了合成条件。李灿涛等发现，将适当浓度的 Gd^{3+} 引入 $Y_2O_2S：Eu^{3+}$ 中，可以保证色度和粒度及化合物化学性质符合规模化生产的荧光粉质量的前提下，明显提高荧光粉的相对亮度（约 5%），同时可在一定程度上改善其电压特性。作者及其同事们采用溶胶-凝胶法在低温（850℃）合成了一种新型的 $Y_2O_3：SiO_2：Eu^{3+}$ 红色荧光粉，其发光强度与高温固相法生产的 $Y_2O_2S：Eu^{3+}$ 红粉相近。产物的晶体结构为 Y_2SiO_5，属单斜晶系。

目前，彩色电视是稀土氧化钇和氧化铕的最大用户。陕西彩色电视显像管总厂荧光粉分厂、北京化工厂彩色电视荧光粉分厂及上海跃龙化工厂彩色电视荧光粉分厂已成为我国生产彩色电视机荧光粉的三大基地。生产稀土红色荧光粉的原料全部为国产。

7.3.1.2　$Y_2O_3：Eu^{3+}$

高分辨率彩色投影电视使用的红粉为 $Y_2O_3：Eu^{3+}$，由于其良好的温度猝灭性能和电流饱和特性，成为投影管首选的红色荧光粉，计算机终端显示也采用 $Y_2O_3：Eu^{3+}$ 红粉。

$Y_2O_3：Eu^{3+}$ 的制备方法如下：将原料 Y_2O_3 和 Eu_2O_3 以 24:1（摩尔）的量与适量的助熔剂（NH_4Cl 和 Li_2SiO_3 等）混合、研磨，于 1340℃ 左右高温灼烧 1～2h，温度可视助熔剂的不同加以适当调整，反应时间根据投料量而定。出炉后冷至室温，研磨，在 254nm 紫外灯下选粉，以除去离子，水洗至中性。为防止 $Y_2O_3：Eu^{3+}$ 在涂屏时与聚乙烯醇和 $(NH_4)_2Cr_2O_7$ 涂覆液在混合时发生水解，对其可进行包膜处理。研究发现，采用高温（1500～2000℃）、高压（不低于 10.1MPa）条件下，烧结 $Y_2O_3：Eu^{3+}$ 可以改善亮度-电流饱和特性。近年来也有其他方法制备 $Y_2O_3：Eu^{3+}$ 的报道，如刘行仁等 1996 年首次报道以尿素溶胶法制备超细 $Y_2O_3：Eu^{3+}$ 红色荧光粉；魏坤等采用草酸沉淀工艺制备纳米晶 $Y_2O_3：Eu^{3+}$；谢平波等报道燃烧法制备纳米 $Y_2O_3：Eu^{3+}$ 材料等。

7.3.2　稀土绿色荧光粉

在全色视频显示中，绿光亮度的贡献最大，约占 60% 左右，因此对绿粉的选择尤为重要。曾经出现过几种绿粉，都不同程度地存在不足，例如 $Y_2O_2S：Tb^{3+}$ 和 $Gd_2O_2S：Tb^{3+}$ 的温度特性不好、$Y_2SiO_4：Tb$ 的色纯度不高、$Zn_2SiO_4：Mn^{2+}$ 和 $InBO_3：Tb^{3+}$ 的余辉太长、$LaOCl：Tb^{3+}$ 化学稳定性欠佳。只有钇铝石榴石体系的绿色荧光体在彩色电视电子束管和投影管中表现出较好的性能，具有实际应用价值。

7.3.2.1　$Y_3Al_5O_{12}：Tb^{3+}$

（1）$Y_3Al_5O_{12}：Tb^{3+}$ 的性质　铽激活的钇铝石榴石发光材料 $Y_3Al_5O_{12}：Tb^{3+}$（YAG：Tb）是投影电视普遍使用的绿色荧光粉，它表现出良好的温度猝灭特性、电流饱和特性和老化特性。YAG：Tb 猝灭温度高，在 200℃ 时亮度只下降大约 5%，如此微小的变化不会对白场造成不良影响。YAG：Tb 的老化特性好，这可能与石榴石晶体结构致密、熔点高

（高于 2000℃）、键能大、硬度大等因素有关。

YAG：Tb 的发光源自 Tb^{3+} 的 4f 电子跃迁，即电子从 $^5D_3$ 和 $^5D_4$ 能级返回 ^7F_J 所发出的光（能级示意于图 7-5），图 7-6 为其发射光谱，其中 $^5D_3 \rightarrow ^7F_5$ 和 $^5D_3 \rightarrow ^7F_4$ 跃迁分别对应于 416～418nm 和 430～450nm 蓝光发射；而 $^5D_4 \rightarrow ^7F_5$ 和 $^5D_4 \rightarrow ^7F_6$ 跃迁分别对应于 542～550nm 和 470～490nm 绿光发射。研究表明，$^5D_3$ 和 $^5D_4$ 跃迁概率与激活剂 Tb^{3+} 的浓度有关，当 Tb^{3+} 的摩尔分数小于 0.013%，$^5D_3 \rightarrow ^7F_J$ 跃迁明显，发蓝光，随着 Tb^{3+} 浓度的增加，$^5D_4$ 发射从弱到强，当 Tb^{3+} 的摩尔分数为 1% 时，$^5D_4 \rightarrow ^7F_5$ 跃迁最显著，绿光最强，人眼也最敏感。从实用考虑，为了加大绿光色调和提高亮度，应适当增加 Tb^{3+} 的浓度。以典型组分的 YAG：0.05Tb 为例，在阴极射线激发下的色坐标为 $x = 0.365$，$y = 0.539$；余辉时间 τ (1/70) 为 $7\mu s$。

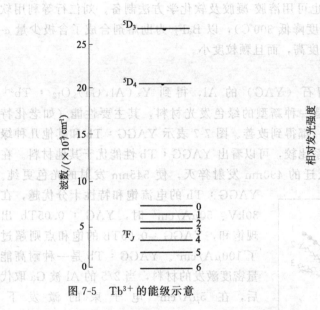

图 7-5　Tb^{3+} 的能级示意　　　　　图 7-6　YAG：Tb 的发射光谱

（2）Y$_3$Al$_5$O$_{12}$：Tb^{3+} 的制备　通常采用高温固相法来制备 YAG：Tb 发光材料，然而即使是在 1500℃ 的高温下，晶体中仍然不可避免地有 YAlO$_3$、Y$_4$Al$_2$O$_4$ 和残余的 Al$_2$O$_3$ 存在，影响荧光体的纯度。而且所得到的产物易成块状，需经研磨才可使用，难以得到均匀和分布合理的粒度。这些都直接影响荧光体的颜色和亮度、影响荧光屏的分辨率。为了获得发光性能优异的 YAG：Tb，人们对它的合成方法进行了较为广泛的研究，具体来说有以下几种。

① 高温固相反应法　按 Y$_3$Al$_5$O$_{12}$：0.05Tb 的化学计量比，将 Y$_2$O$_3$（99.99%）、Al$_2$O$_3$（99.9%）和 Tb$_4$O$_7$（99.99%）混合均匀（为了提高混料的均匀性，也可采用共沉淀法），装入刚玉坩埚，在炭还原气氛中灼烧至 1500℃，保温 2h，冷却后取出、粉碎、过筛，用 254nm 紫外光检查发光情况，如此反复烧几次，直到相对亮度达到最高。将产物粉碎，过 350 目筛，最后用 20% 的硝酸洗涤一次，再用去离子水洗至中性。BaF$_2$ 是制备单相立方 YAG：Tb 荧光体良好的助熔剂，能提高荧光体的发光效率。该法也适用于 Ga 部分取代的 YAGG：Tb 荧光体的制备。

② 燃烧法　这是一种利用反应物之间的氧化-还原反应引起燃烧放热而进行的制备工艺，采用燃料多为有机物，氧化剂一般选用相应的阳离子硝酸盐。用此法合成 YAG：0.05Tb 的反应过程如下：

$$2.95Y(NO_3)_3 + 0.05Tb(NO_3)_3 + 5Al(NO_3)_3 + 15(NH_2\text{-}NH_2)_2CO \longrightarrow$$

$$Y_{2.95}Tb_{0.05}Al_5O_{12} + 12N_2 + 15CO_2 + 45H_2O$$

反应是在石英（或耐热玻璃）器皿中，在预热到 500℃ 的马弗炉中，随着水分的蒸发，反应物突然燃烧，放出大量气体，3～5min 反应结束。产物为白色泡沫状粉末，其晶体结构为正方形钇铝石榴石，无杂相，比表面积约为 25m²/g，团聚粒径约 60mm，可直接使用。阴极射线发射主峰在 545nm 处，与固相法产品相同。若将此类粉末在 1500℃ 处理 2h，其颗粒尺寸与亮度更能符合商品要求。

③ 雾化热解法 该法是先以异丙醇铝水解制得 Al(OH)₃ 水溶胶，并与 Y(NO₃)₃·6H₂O 和 Tb(NO₃)₃·6H₂O 配成一定浓度的溶液，再以此溶液为前驱体在超声喷雾热解装置中进行反应（900℃ 温度下）得到无定形粉末、再在 1400℃ 或 1200℃ 进一步热处理，得到形貌不变的 YAG:Tb 荧光粉。产品呈单相正方形钇铝石榴石结构，无杂相，粉体不结团。产物的阴极射线发射光谱与商品相近，发光效率可达商品水平。

④ 其他方法 YAG:Tb 发光体也可用溶胶-凝胶及软化学方法制备。刘仁行等利用软化学方法，在 1220℃（比常规反应温度降低 300℃），以 BaF₂ 为助熔剂合成了含极少量 α-Al₂O₃ 和 BaF₂ 的 YAG:Tb，产物纯度高，而且颗粒度小。

7.3.2.2 Y₃(Al,Ga)₅O₁₂:Tb³⁺

用镓（Ga）部分取代钇铝石榴石（YAG）的 Al，得到 Y₃(Al,Ga)₅O₁₂:Tb³⁺（YAGG:Tb），其代号为 P₅₃(Ga) 是一种新型的绿色发光材料，其主要性能（如老化特性、亮度、电流饱和特性和 γ 系数等）都得到改善。图 7-7 表示 YAGG:Tb 和其他几种绿色荧光体的亮度与激发电流密度的关系比较，可以看出 YAGG:Tb 性能优于其他材料。在 YAGG:Tb 中，Tb³⁺ 的 ⁵D₄→⁷F₆ 跃迁的 490nm 发射猝灭，使 545nm 发射的光色更纯。

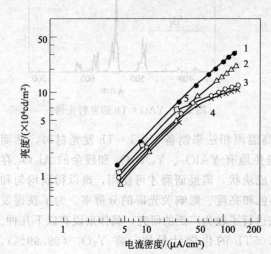

图 7-7 YAGG:Tb 和其他几种投影电视绿色荧光体的亮度与电流密度关系比较

1—YAGG:Tb；2—Y₂SiO₅:Tb；3—YAG:Tb；
4—ZnSiO₄:Mn；5—LaOCl:Tb

YAGG:Tb 的电流饱和特性十分优越，在 30kV、50μA/cm² 时，YAG:0.05Tb 出现饱和，YAGG:0.05Tb 的饱和点则超过了 100μA/cm²。YAGG:Tb 是一种耐高能量密度激发的材料，当 2/5 的 Al 被 Ga 取代后，在 5μA/cm² 电子束的激发下，Y₃Al₃Ga₂O₁₂:0.05Tb 的亮度是 Y₃Al₅O₁₂:0.05Tb 的 1.2 倍；当电流密度增大到 150μA/cm²，前者亮度可达后者的 2.3 倍。YAGG:Tb 的老化特性方面比 YAG:Tb 稍差，这可能是 Ga 部分取代 YAG 石榴石中的 Al 后，YAGG:Tb 的晶体结构有所改变的结果。

人们在系统地研究了 Tb³⁺ 和 Ce³⁺ 共激活的 YAG 和 YAGG 石榴石体系的阴极射线发光和光致发光性能及能量传递后发现。在 YAG 和 YAGG 中，激发能可以从 Tb³⁺ 的 ⁵D₃ 和 ⁴D₄ 能级辐射，无辐射地传递给 Ce³⁺，从而产生一种新的高效绿色 Y₃Al₅₋ₓGaₓO₁₂:Ce,Tb（x=0～5）荧光体。掺杂稀土离子 Gd³⁺、Ce³⁺、Tm³⁺、Nd³⁺ 和 Pr³⁺ 的 YAGG:Tb 发光材料也有不少研究。

7.3.2.3 其他稀土绿色荧光粉

其他稀土绿色荧光粉主要铽（Tb³⁺）激活的正硅酸钇（Y₂SiO₅:Tb）、溴氧化镧（LaOBr:Tb³⁺）、氯氧化镧（LaOCl:Tb³⁺）和硼酸铟（InBO₃:Tb³⁺）等。

具有单斜结构的 Tb^{3+} 激活的正硅酸钇（Y_2SiO_5：Tb^{3+}）由于能承受大功率激发，温度猝灭特性好，能量效率高达 9%，也被用作投影电视绿色荧光体，但它需要在 1600℃以上温度才能被合成。

$LaOBr$：Tb^{3+} 和 $LaOCl$：Tb^{3+} 荧光体的能量效率可达 10%，温度猝灭特性也很好，但是在沉屏时却遇到难题，因为它们的化学性质较差，遇水会水解，且晶形为片状。使用也困难。我国学者利用能量传递中交叉弛豫原理，首先研制成了高效的 Tb^{3+} 和 Dy^{3+} 共激活的 $LaOBr$ 绿色发光材料。和 $LaOBr$：Tb 相比，无论在阴极射线（CR）或紫外线（UV）激发下，$LaOBr$：Tb，Dy 的发光效率均有提高，同时还减少了铽的用量。

另外，Tb^{3+} 激活的硼酸铟具有很高的发光效率和良好的温度猝灭特性，常与 YAGG：Tb 混合用作绿色荧光粉。目前，一些其他的新型阴极射线绿色发光材料，如（LaO）$_3BO_3$：Tb^{3+} 等也正在开发中。

7.3.3 稀土蓝色荧光粉

目前，因没有更适合于投影电视需要的蓝色荧光体，只好依然使用 ZnS：Ag 作为蓝色发光材料。由于 ZnS：Ag 荧光体受高密度电子束激发产生强的亮度饱和，表现明显的非线性，尽管采用 Al^{3+} 共激活的 ZnS：Ag，Al，可在一定程度上有所改善。但 ZnS：Ag 的亮度仍然是限制投影显示亮度的主要原因。而且 ZnS：Ag 的发射光谱为宽谱带，在投影电视的光学系统中容易产生色差，影响图像质量。因此，人们注意研制和开发新的蓝色荧光体，而稀土发光材料大多为窄带发射，它们便自然成为首选对象。Tm^{3+} 是三价稀土离子中最为理想的蓝色荧光体的激活剂，其特点是在介质中发射的谱带尖锐（大约在 640nm）。尖锐谱带有利于减少色差，但是其能量效率低于 ZnS：Ag。下列几种荧光粉是以 Eu^{2+} 和 Ce^{3+} 激活的稀土蓝色荧光粉，为宽带发射，在大电流密度的激发下几乎不产生电流饱和现象，温度猝灭特性较好。但在长时间电子轰击下都不够稳定，颗粒呈片状。

7.3.3.1　$M_3MgSi_2O_8$：Eu^{2+}

$M_3MgSi_2O_8$：Eu^{2+}（$M=Sr,Ca,Ba$）材料受大电流密度激发，几乎不产生亮度饱和，而且具有较好的温度猝灭特性，它们的图像具有良好的白场平衡特性，但发光效率远低于 ZnS：Ag。

7.3.3.2　$M_5(PO_4)_3Cl$：Eu^{2+}

$M_5(PO_4)_3Cl$：Eu^{2+}（$M=Sr,Ca,Ba$）在高密度下几乎没有饱和现象，即使在屏面温度升高时，光强也不衰减，其图像具有良好的白场平衡特性和高质量的发光强度。

上述 Eu^{2+} 激活的发光材料受大电流密度激发几乎不产生亮度饱和现象，温度猝灭特性也好，其图像具有良好的白场平衡特性，但发光效率都比 ZnS：Ag 低得多。

7.3.3.3　$LaOBr$：Ce^{3+}

$LaOBr$：Ce^{3+} 是一种高效绿色发光材料，能量效率为 5%。若用钇或钆部分取代镧可以得到更高能量效率的（La,Y）OBr：Ce^{3+} 和（La,Gd）OBr：Ce^{3+} 材料。如（$La_{0.5}Y_{0.5}$）OBr：Ce^{3+} 和（$La_{0.7}Gd_{0.3}$）OBr：Ce^{3+} 的能量效率分别为 8.55% 和 11%。（La,Y）OBr：Ce^{3+} 和（La,Gd）OBr：Ce^{3+} 的发光效率也与 Y、Gd 含量有关，最高分别为 3.31lm/W 和 51lm/W。其缺点是化学性质不稳定，遇水分解。

对于新型稀土阴极射线蓝色发光材料的研究与开发，人们正在不断深入探索，我国学者在 ZnS：Zn，Pb 中掺杂 Tm^{3+}，使其阴极射线发光亮度进一步提高，并获得较好的电流饱和特性，随着 Tm^{3+} 浓度的增加，光谱的主峰从 468nm 移到 460nm，相对亮度有所提高，非线性得到改善。鉴于在 CR 激发下，荧光体的发光效率和亮度饱和效应等差别，非稀土蓝色发光材料 ZnS：Ag 和（Zn，Cd）S：Cu 因在低负载下效率高，但高负载下急剧下降，所以它们目前仍用于直视式电视中；相反其他稀土蓝色发光材料则用于投影电视中。

表 7-6 中列出了直视电视和投影电视使用的一些蓝、绿和红色荧光体的重要数据。包括：①能量转换效率 η_{CR}；②在室温低电流密度 CR 激发下的流明效率 η_{L}；③100℃时的效率与室温下的效率比率 R_{th}；④发光衰减时间 τ；⑤表征在高密度下的效率之比 R_{ex}；⑥在线性范围半值效率时的激发密度 $E_{1/2}(mJ/cm^2)$。显然，τ 值越小越好，而其他参数值越大越好。

表 7-6　电视用蓝、绿、红色荧光体性能比较

荧　光　体	$\eta_{CR}/\%$	$\eta_{L}/(lm/W)$	R_{th}	τ/ms	R_{ex}	$E_{1/2}/(mJ/cm^2)$
蓝色						
ZnS：Ag	20	13	0.89	0.01~0.07	0.23	2
绿色						
（Zn，Cd）S：Cu	16	85	1.00	0.01~0.05	0.12	4
$Y_3Al_5O_{12}$：Tb	8	35	1.00	3	0.61	20
$Y_3(Al,Ga)_5O_{12}$：Tb	9	42	0.97	3	0.82	70
Y_2SiO_5：Tb	9	41	0.94	2	0.88	95
LaOBr：Tb	10	45	0.98	1	0.70	25
$InBO_3$：Tb	8	42	0.96	7.5	0.76	45
Gd_2O_2S：Tb	11	48	0.80	0.7	0.51	10
红色						
Y_2O_2S：Eu	13	25	0.68	0.5	0.40	8
Y_2O_3：Eu	7	22	0.91	2	0.59	12

由表 7-6 可知，普通彩电所用的绿色（Zn,Cd）S：Cu 及红色 Y_2O_2S：Eu 荧光体不能用于投影电视。对投影电视来说，Tb^{3+} 激活的荧光体的选择与衰减时间、合适的制屏工艺及老化等性质有关。$InBO_3$：Tb 的衰减时间过长，Gd_2O_2S：Tb 的温度猝灭严重，LaOCl：Tb 材料不稳定，制屏困难。因此，Y_2SiO_5：Tb 和 $Y_3(Al,Ga)_5O_{12}$：Tb 是绿色发光材料中目前最佳的荧光体，但前者合成的难度比后者高。Tb^{3+} 激活的荧光体存在的问题之一是色度不能完全满足彩色投影电视技术要求。混入少量色度较高的其他绿色荧光体便可解决此问题。所以最新一组投影电视用绿色荧光体是由 $0.65P_{53}$（Ga）$+ 0.30InBO_3$：Tb $+ 0.05Zn_2SiO_4$：Mn（P1）混合组成。在 30kV、$I_k = 0.5mA$ 下，峰值亮度 $1.5 \times 10^4 cd/m^2$，$I_k = 5mA$ 下，峰值亮度为 $1.1 \times 10^5 cd/m^2$，γ 系数 0.82，色坐标为 $x = 0.330$，$y = 0.580$。绿色发光分量约占图像白色发光输出的 70%，因而改进绿色荧光体亮度是很重要的。

综上所述，投影电视使用的红粉为 Y_2O_3：Eu^{3+}，由于其良好的温度猝灭性能和电流饱和特性而成为投影管首选的红色荧光粉。绿粉主要以 Tb^{3+} 作激活剂，如 Gd_2O_2S：Tb^{3+}、Y_2SiO_5：Tb^{3+}、LaOCl：Tb^{3+}，其中以 $Y_3(Al,Ga)_5O_{12}$：Tb^{3+} 效果最好。蓝色荧光粉虽然仍采用 ZnS：Ag，但正在探索 Tm^{3+}、Ce^{3+} 和 Eu^{2+} 激活的稀土类蓝粉，如（La,Gd）OBr：Ce^{3+}、La（Ga,Al）O_3：Tm^{3+} 等。红粉和蓝粉的温度猝灭问题不突出，但蓝粉的电流饱和特性较差。绿粉的易老化和色调偏黄，Gd_2O_2S：Tb^{3+} 的温度猝灭很严重。另外，三基色整体的色重现范围不够宽，也有待解决。

7.3.4　终端显示器用稀土荧光粉

随着人机对话工程和计算机终端显示技术的飞速发展，近年来又出现了许多不同性能和用途的新型阴极射线发光材料，以满足显示器件对高亮度、高对比度和高清晰度及彩色化和

大信息容量的要求。这些显示器用荧光粉与彩电用荧光粉相比，具有如下特点：①发光亮度高；②色彩重现性好；③对比度好，可减缓眼睛的疲劳；④具有良好的化学和热稳定性，能耐长时间大功率电子束轰击；⑤加工性能好；⑥粉体粒径小，中心粒径 d_{50} 在 $4.0\mu m$ 左右。另外，为了提高分辨率，必须增加扫描线数，一种方法是降低帧频，这样将会产生闪烁现象，解决措施是使用长余辉的荧光粉加以抑制。

用于终端显示技术中与稀土发光材料有关的主要是 Tb^{3+} 激活的稀土硫化物、稀土激活的碱金属硫化物以及 Tb^{3+}、Eu^{3+} 激活的硼酸铟等体系。

Tb^{3+} 或 Dy^{3+} 和 Tb^{3+} 共激活的 RE_2O_2S（RE＝Y、La、Gd）是一类高效稀土阴极射线发光材料，它们的亮度-电流线性关系好，在屏幕高负载时，发光效率高于 ZnS：Cu（Y_{14}，P_{31}）和 ZnS：Ag，$Cu(Y_{13},P_2)$。在这类基质中，Tb^{3+} 浓度较高时，Tb^{3+} 大部分发射能量集中在很窄的黄绿光谱区内。研究结果指出，如果在低浓度 Tb^{3+} 激活的 Y_2O_2S 中掺杂 Dy^{3+} 后，由于 Tb^{3+} 和 Dy^{3+} 之间发生交叉弛豫无辐射能量传递，Tb^{3+} 的 $^5D_3 \rightarrow {}^7F_J$ 能级跃迁蓝发射减弱，而 $^5D_4 \rightarrow {}^7F_J$ 能级跃迁绿发射大大增强了，达到了高浓度 Tb^{3+} 的效果，再加上 Dy^{3+} 在 486nm 和 578nm 附近发射，总的亮度提高。图 7-8 表示 Y_2O_2S：Tb，Dy 的阴极射线发光光谱。利用这种物理原理，获得新的 Y_2O_2S：Tb，Dy 及 Gd_2O_2S：Tb，Dy 高效绿色荧光体。这不仅可以提高荧光体的亮度，而且可减少铽的用量，Dy^{3+} 的掺入有利于提高荧光体的对比度和亮环境光下使用。

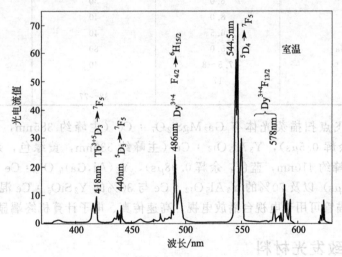

图 7-8 Y_2O_2S：Tb(3×10^{-3})，Dy(8×10^{-3})
荧光体的阴极射线发光光谱

为了适应抗闪烁的彩电、黑白（纸白色）和琥珀终端显示器的发展需要，人们研制成了硼酸铟系列荧光体，如 $InBO_3$：Tb、$InBO_3$：Eu 及 $InBO_3$：Tb，Eu 等荧光体，分别为绿色、红色和琥珀色。在硼酸铟中，由于铟占据具有反转对称性的晶格格位，少量 Tb^{3+} 和 Eu^{3+} 取代 In^{3+}，它们的发光是由纯磁偶极子跃迁产生的，其余辉达到 20ms，这对降低CRT 闪烁效果具有重要意义。因此，将绿色 $InBO_3$：Tb、红色 $InBO_3$：Eu 和其他荧光体按一定比例混合制屏，可以得到较低的临界停闪频率（CFF）的彩色或纸白色终端显示器，如目前国际上实用的一组纸白色荧光粉是由 ZnS：Ag＋$InBO_3$：Tb＋$InBO_3$：Eu 混合组成的。

稀土激活的碱土金属荧光体是多种用途的发光材料，CaS：Eu^{2+} 和 CaS：Ce^{3+} 分别是红色和绿色高效荧光粉。后者的发光和颜色可以和最好的实用绿色荧光体媲美。CaS 型荧光体在高电流密度下呈现较小的亮度饱和特性，适用于 HDTV 和投影电视的 CRT。但这荧光体的主要缺点是在空气中不稳定，易水解。如果这一缺点得到克服，或用干法制屏工艺成功，稀土激活的碱土金属硫化物阴极射线发光荧光体的发展将进入一个新的阶段。

稀土荧光粉由于具有某些优于非稀土荧光粉的特点，在专用阴极射线管中也获得应用。例如，飞机仪表控制板用的高亮度管就利用了 $Gd_2O_2S：Eu^{3+}$ 在高电子束流中的非线性，束指数管利用了 $Y_2AlO_3：Ce^{3+}$ 短的衰减时间，穿透管则利用了 $Y_2O_2S：Eu^{3+}$ 的色饱和度。

7.3.5 稀土飞点扫描荧光体

飞点扫描荧光体是一类超短余辉发光材料，这类材料几乎全都是利用 Ce^{3+} 离子荧光寿命短的特性而合成。Ce^{3+} 有一个 4f 电子，因此有两个基态能级：$^2F_{5/2}$ 和 $^2F_{7/2}$，两者能量差为 2000cm^{-1} 左右。当 Ce^{3+} 受激发后，4f 电子跃迁到 5d 能级，由于是允许跃迁，5d 态的电子寿命非常短，只有几十个纳秒，这就决定了此类荧光体的余辉数量级为 10^{-7}s 左右。又因5d 态电子易受外界晶场的影响不再是分立的能级，而是一种能带，因此，跃迁到基态后形成带谱。一些 Ce^{3+} 激活的发光材料的发光特性列于表 7-7。

表 7-7 Ce^{3+} 激活的发光材料的发光特性

发 光 材 料	能量效率/%	余辉/ns	光谱峰值波长/nm
$Ca_2MgSiO_7：Ce^{3+}$	4.0	80	370
$Y_3Al_5O_{12}：Ce^{3+}$	4.5	70	550
$Y_2SiO_5：Ce^{3+}$	6.0	30	415
β-$Y_2SiO_7：Ce^{3+}$	8.0	40	380
γ-$Y_2SiO_7：Ce^{3+}$	6.5	40	375
$SrGa_2S_4：Ce^{3+}$,Pb,Na	5.0	80	450,620
$Na_{0.5}La_{0.5}Ga_1S_4：Ce^{3+}$	7.5~8	40	484,530
$ZnS：Ce^{3+}$,Li	17		484,530
$Y_3Si_2O_8Cl：Ce^{3+}$		38~77	355,372

典型的稀土飞点扫描荧光体有 $Ga_2MgSi_2O_7：Ce$（主峰约 385nm，光谱范围 350~450nm，蓝色，余辉 0.5μs），$Y_3Al_5O_{12}：Ce$（主峰约 530nm，黄绿色，余辉为 0.16μs），$Y_2SiO_5：Ce$（主峰约 410nm，蓝色，余辉 0.08μs），$Y_2(Al,Ga)_5O_{12}：Ce$（主峰约 515nm，绿色，余辉<0.2μs）以及 70% 的 $Y_3Al_5O_{12}：Ce$ 与 30% 的 $Y_2SiO_5：Ce$ 混合荧光体，用它们制成的飞点扫描管可用于电视台播放电视、高速传真、电子计算机终端显示系统等方面。

7.4 稀土光致发光材料

用紫外光、可见光或红外光激发发光材料而产生的发光现象称为光致发光。具有这种发光性能的材料则称为光致发光材料（也称光致发光粉）。光致发光材料又可分为荧光灯用发光材料、长余辉发光材料和上转换发光材料等。早在 20 世纪 30~40 年代，铈、铕和钐等稀土离子就被用作碱土金属硫化物的激活剂，获得了高效长余辉光致发光材料和红外荧光体，并用于隐蔽照明和紧急照明、飞机的仪表显示等。但是，赋予稀土光致发光材料生命力的还是 70 年代出现的灯用稀土三基色荧光体和紧凑型荧光灯的发展。稀土三基色荧光粉是最重要的发光材料，它是继稀土发光材料在彩色显像管上获得应用后，在照明领域具有划时代意义的应用。

7.4.1 紧凑型荧光灯用稀土三基色荧光粉

自 20 世纪 70 年代出现能源危机以来，照明节能引起人们的高度重视，各国竞相发展新一代紧凑型和细直管型荧光灯。荷兰科学家首先提出利用窄带发射的蓝色、绿色、红色即波长值依次为 450nm、550nm 和 610nm 三种基色进行混合，有可能获得高显色指数的高效荧光粉。1974 年，荷兰飞利浦公司 Vorstegen 等首先研制成功稀土铝酸盐体系三基色荧光粉（又称稀土窄带发射荧光粉），打破了卤粉荧光灯的局限，解决了荧光灯发明以来 40 年都未能解决的难题，实现了荧光灯高光效（100lm/W）和高显色性（显色指数 $R_a \geq 80$）的统一，因而稀土三基色荧光灯于 1977 年获得美国重大技术发明奖。随后，日本、荷兰等国又陆续开发出稀土激活的磷酸盐、硼酸盐体系荧光粉。目前，日本主要采用磷酸盐体系，欧洲和美国主要采用铝酸盐体系。中国的铝酸盐体系三基色荧光粉于 1980 年由复旦大学研制成功，目前国内主要采用铝酸盐系列，其次是磷酸盐系列。上海跃龙化工厂生产的稀土红粉和绿粉达到世界先进水平，并已批量出口。自 20 世纪 90 年代开始实施绿色照明工程以来，我国紧凑型荧光灯产量以平均每年近 20% 的速度递增，已成为紧凑型荧光灯管和灯具的最大生产国，出口量居世界前列。随着紧凑型荧光灯的发展，稀土三基色荧光粉的应用也越来越大。

目前，灯用稀土三基色荧光粉的主要成分是：发蓝光（峰值 450nm）的铕激活的多铝酸钡镁（$BaMg_2Al_{16}O_{27}：Eu^{2+}$）、发绿光（峰值 543nm）的铈、铽激活的多铝酸镁（$MgAl_{11}O_{16}：Ce^{3+}，Tb^{3+}$）和发红光（峰值 611nm）的铕激活的氧化钇（$Y_2O_3：Eu^{3+}$）。一些厂家使用的稀土三基色灯用荧光粉列于表 7-8。

表 7-8 稀土三基色灯用荧光粉

项　目	红　粉	绿　粉	蓝　粉
飞利浦公司	$Y_2O_3：Eu^{3+}$	$MgAl_{11}O_{19}：Ce^{3+}，Tb^{3+}$	$BaMg_2Al_{16}O_{27}：Eu^{2+}$
日立公司	$Y_2O_3：Eu^{3+}$	$Gd_2O_3 \cdot 3B_2O_3：Tb^{3+}$	$Sr_{10}(PO_4)_8Cl_2：Eu^{2+}$
东芝公司	$Y_2O_3：Eu^{3+}$	$La_2O_3 \cdot 0.2SiO_2 \cdot 0.9P_2O_5：Ce^{3+}，Tb^{3+}，Y_2SiO_5：Ce^{3+}，Tb^{3+}$	$(Sr,Ca,Ba)_{10}(PO_4)_6Cl \cdot nB_2O_3：Eu^{2+}$
松下公司	$Y_2O_3：Eu^{3+}$	$MgAl_{11}O_{19}：Ce^{3+}，Tb^{3+}$	$BaMg_2Al_{16}O_{27}：Eu^{2+}$
日亚电子化学公司	$Y_2O_3：Eu^{3+}$	$LaPO_4：Ce^{3+}，Tb^{3+}$	$(Sr,Ca)_{16}(PO_4)_6Cl_2：Eu^{2+}$
上海特殊灯泡二厂	$Y_2O_3：Eu^{3+}$	$(Ce,Tb)MgAl_{11}O_{19}$	$(Ba,Mg,Eu)_2Al_{24}O_{24}$
长沙灯泡厂	$Y_2O_3：Eu^{3+}$	$(Ce,Tb)MgAl_{11}O_{19}$	$(Ba,Mg,Eu)_2Al_{14}O_{24}$

与普通荧光灯使用的卤粉（Mn^{2+}、Sb^{3+} 激活的卤磷酸钙）相比，稀土三基色荧光粉具有如下优异性能：

① 耐受 185nm 短波紫外光辐射能力强；

② 粉层表面可抵挡汞原子层的形成，减少光衰；

③ 耐高温性能好，猝灭温度高于 800℃，而且在高温下发射强度的维持率高，在 120℃工作仍能保持高的亮度；

④ 量子效率提高 15%，达 80% 以上；

⑤ 发射峰带窄，色纯度高；

⑥ 三种发射光谱相对集中于人眼比较灵敏的区域，视觉函数值高，在相同条件下，与发射连续光谱的荧光粉相比，可见光辐射的光效提高约 50%；

⑦ 稀土离子具有丰富的光谱跃迁能级，在 254nm 紫外线辐照下能发出不同颜色的光。

由于上述优异性能，稀土三基色荧光粉已成为目前惟一能应用于紧凑型荧光灯的荧光粉。一支 9W 的稀土三基色荧光灯的发光效率相当于一支 60W 白炽灯（1.4lm/W），节能效果十分明显。其主要缺点是稀土三基色荧光粉价格昂贵，特别是红粉用量占 60%，使用宝贵的钇，但性能极佳，目前尚无法取代。蓝粉和绿粉的调整和改善是降低成本的有效途径。

7.4.2 高压汞灯用稀土荧光粉

高压汞灯具有高效率、长寿命和高亮度等优点，广泛应用于道路、工业厂房、场地及室内照明。汞灯的谱线随汞蒸气压力的增加而向长波移动，所以由高压汞灯发出的可见光比低压汞灯强。其不足之处是缺乏红色辐射，即光色显蓝绿，显色指数低，仅为25，被照物明显失真，不宜用于对照明要求较高的场所。因此需要用荧光粉来矫正高压汞灯的颜色。灯中涂上铕激活的钒酸钇（YVO_4：Eu^{3+}）或钒磷酸钇 [$Y(V,P)O_4$：Eu^{3+}] 红色荧光体后，不仅可提高光效，更重要的是改善显色性，提高了灯中的红色比和显色指数。它们的性能比以往使用的锰激活的氟锗酸镁、锡激活的磷锌酸锶好。此外，再加入发射在 $450\sim480nm$ 光谱范围的 Eu^{2+} 激活的蓝绿发光体后，显色性会得到更好的改善。由于铕激活的钒磷酸钇 [$Y(V,P)O_4$：Eu^{3+}] 的综合性能好，因此目前用作高压汞灯新的色度校正涂层多采用 $Y(V,P)O_4$：Eu^{3+} 荧光粉，或用该粉与 $(Zr,Sr)_3(PO_4)_2$：Sn 荧光粉的混合物。尽管近年来高压汞灯受到发光效率更高的钠灯和金属卤化物灯的挑战，但由于这类灯还具有较强的紫外辐射，也可用于晒图、保健日光浴治疗、化学合成、塑料及橡胶的老化试验、荧光分析、紫外线探伤、食物及种子消毒等许多方面。

此外，利用低压汞灯中短波紫外辐射激发荧光体产生另一种长波紫外光的原理制成的灯，有的称为黑光灯、保健灯、杀虫灯等。所用的荧光体品种甚多，但多数是 Eu^{2+}、Ce^{3+}、Pb^{2+} 和 Gd^{3+} 分别激活的磷酸盐、硅酸盐和硼酸盐，发射波长从长波紫外到蓝紫外光。这些灯可用于杀菌、保健理疗、诱捕害虫、复印和光化学等方面。如重氮复印机用的荧光灯中所用的铕激活的焦磷酸锶（$Sr_2P_2O_7$：Eu^{2+}），主峰420nm，半宽30nm，由于它的发射光谱与复印机转鼓的光谱灵敏曲线匹配较好，在高负荷下使用动态特性优良。此外，还有静电复印荧光粉，如 $(Ba,K)Al_{12}O_{19}$：(Eu,Mn)、$SrAl_{12}O_{19}$：(Ce,Mn) 等，其主要是利用 Eu^{2+} 和 Ce^{3+} 敏化 Mn^{2+} 而发光，主峰为 510nm，半宽为 25nm，正好与一般常用的硒（或硒碲合金）静电复印设备所要求的 $500\sim530nm$ 光谱范围相匹配。几种主要的重氮、静电复印荧光粉的发光特性列于表 7-9。

表 7-9　几种主要的重氮、静电复印荧光粉的发光特性

荧光粉组成	发光颜色	发光主峰/nm	半宽度/nm	相对亮度
$Sr_{0.8}Mg_{1.18}P_2O_7$：$Eu_{0.2}^{2+}$	蓝紫色	395	28	100
$Sr_{1.98}P_2O_7$：$Eu_{0.02}^{2+}$	蓝紫色	421	32	107
$BaMg_2Al_{16}O_{27}$：(Eu,Mn)	绿色	515	29	790
$MgAl_{11}O_{19}$：(Ce,Tb)	黄绿色	543	10	80

7.4.3 稀土金属卤化物灯荧光粉

金属卤化物灯也是一种气体放电灯。由于稀土金属卤化物的蒸气压相应的金属蒸气压高，但和碘化铊等相比都比较低，所以在灯泡里充有各种稀土卤化物。当气体放电时，在可见光区发射该稀土金属的强而密的谱线。目前应用的稀土金属卤素灯，主要有充入钪、钠碘化物的钪钠灯和充入镝、铊、铟碘化物的镝铊灯两个系列。这两种灯在 $500\sim600nm$ 波长范围内都有较大的光输出，而这一波段光谱的光效率最高，所以这两种灯有较高的发光效率，一般都高于高压汞灯，接近或略高于荧光灯。这两种灯的色温均较高，属于冷色调。镝灯有较多的连续光谱，显色指数较高。钪钠灯和镝灯以及其他金属卤化物灯的光效、色温和显色指数见表 7-10。

表 7-10　稀土金属系列卤化物灯的发光性能

系　　列	光效/(lm/W)	色温/K	平均显色指数
钪钠系列	80	3800～4200	60～70
镝铊系列	75	5000～7000	75～90
钪铊铟系列	80	4200～6000	60～70
(锡系列)	60～80	4500～5500	85～95

7.4.3.1　钪钠系列

钪钠系列稀土金属卤化物灯在点燃过程中，钠发出强谱线，而钪发出许多连续的弱谱线。也就是说，钪钠灯在500～600nm波长范围内虽有多个峰，但均不大，故在4个系列金属卤化物灯中，钪钠灯光效相对较低，显色指数最低，但其显色性仍远远优于高压汞灯和高压钠灯，可与荧光灯媲美。由于灯是由几种金属复合而成，它的光谱并非单一谱线的辐射，只要光谱稍有不平滑，就会使灯与灯之间在视觉上产生色表差异，即使在同一批灯中也会存在这种差异。这是钪钠系列金属卤化物灯的缺陷。尽管如此，灯的显色指数仍能保持相同的数值。我国和美国等国家广泛使用钪钠灯作为大面积照明用灯。

7.4.3.2　镝铊系列

使用镝、钬、铥等稀土金属卤化物，可在可见光区域产生大量密集的光谱谱线，谱线间的间隙很小，可以认为是连续光谱，光谱与太阳相近。镝铊系列金属卤化物灯的显色性很好，显色指数可达90，远远高于高压汞灯和高压钠灯，光效可达75lm/W。镝灯是一种极好的电影、电视拍摄光源。

7.4.3.3　稀土金属卤化物灯的发光特性

在金属卤化物灯中，卤化物中金属原子的激发能级远远低于汞和卤素原子的激发能级，因而灯的光谱特性主要由卤化物中的金属元素所决定。稀土金属卤化物灯所辐射的可见光谱，比汞灯的谱线丰富得多，为十分密集的线状光谱，谱线之间的间隔非常小，以致用低分辨率的仪器进行观察时，谱线几乎构成连续光谱。其中钪、镝、铒、钬、铥等谱线连续程度较其他稀土元素好。尽管各类稀土金属卤化物灯仍然是在蓝紫光范围的谱线较丰富，而红色光辐射较弱；但与汞灯相比，显色指数达到了50～90以上，色温（除钕4600K外）一般都在5000K以上，有的与6500K的日光相近，光效也均在50～80lm/W之间，见表7-11。一般来说，稀土金属卤化物灯在可见光区仍存在汞的特征谱线（如404.7nm、435.8nm、546.1nm、577.0nm、579.0nm），但对于不同稀土元素的灯，汞辐射的贡献有所不同，有的被加强，有的被抑制。如在镧、铽等元素的灯中，577.0nm和579.0nm两条谱线得到加强，而在镝、铒等元素的灯中则被削弱。不同的稀土元素在不同的波长范围

表 7-11　稀土元素卤化物灯的发光性能

稀土元素	光效/(lm/W)	色温/K	显色指数	稀土元素	光效/(lm/W)	色温/K	显色指数
La	51	6300	65	Ho	73	4600	83
Ce	78	6400	76	Er	76	5400	92
Pr	62	5600	53	Tm	72	5500	87
Nd	70	5600	80	Yb	81	5100	70
Sm	70	6500	79	Lu	69	7000	77
Eu	53	6800	73	Y	60	6400	64
Gd	61	7000	69	Sc	54	5800	90
Tb	66	6800	50	Hg	51	6900	29
Dy	75	5300	86				

有不同的辐射效率。

综合考虑金属卤化物灯对卤化物的要求，其中稀土金属的碘化物比较适宜。由于大多数金属卤化物都易吸潮，且易于潮解，因此，必须采用干法制备，而且采用高纯原料。稀土碘化物主要有以下3种制备方法：①稀土氧化物与氢碘酸作用，得到水合碘化物，于保护气氛中脱水，制备无水碘化物；②以稀土金属与碘化汞反应制备稀土碘化物；③以稀土金属与单质直接作用。在制备稀土金属卤化物灯时，为了获得高的光效和良好的显色性，目前已从单一组分的稀土金属卤化物发展到多组分卤化物灯。采用几种稀土金属的组合，或与非稀土金属（如钠或铊）的组合，如 $DyI_3 + HoI_3 + TmI_3$、$DyI_3 + TlI$、$DyI_3 + HoI_3 + NaI$ 和 $ScI + NaI$ 等，以不同的比例添加到灯内，便可达到改善灯的发光性能的目的。例如 Sc-Na 系列，选取 NaI/ScI_3 的最佳比例可得到很高的光效，400W 的灯，光效可达 100lm/W；1000W 的灯，光效可达 130lm/W。

由于稀土金属卤化物属于低挥发性卤化物，仅靠卤化物自身很难在电弧中得到理想的蒸气压。目前提高低挥发性金属卤化物蒸气压的有效措施是采用不同金属卤化物形成的复合卤化物。现已采用的稀土金属卤化物的复合物有：$NaI \cdot DyI_3$、$CsI \cdot ScI_3$、$CsI：NdI_3$、$CsI \cdot CeI_3$、$LiI \cdot ScI_3$、$CsI \cdot SmI_3$、$CsI \cdot LaI_3$ 等。研究发现，Sc、Ce、Tm 的复合物可获得高光效，Gd 可提高色温，Dy、Er、Tm 可获得很高的显色性，而 Na、Tl、In、Cs 等可提高复合物的蒸气压并可调整色温和显色指数。

7.4.4 稀土长余辉发光材料

长余辉发光材料简称长余辉材料，又称夜光材料。它是一类吸收了激发光能（如太阳光或人工光等）并储存起来，光激停止后，再把储存的能量以光的形式慢慢释放出来，并可持续几个甚至十几个小时的发光材料。它是一种储能、节能的发光材料，它不消耗电能，但能把吸收的天然光等储存起来，在夜晚或较暗的环境中呈现明亮可辨的可见光，具有照明功能，可以起到指示照明和装饰照明的作用，是一种"绿色光源材料"。尤其是稀土激活的碱土铝酸盐长余辉材料的余辉时间可达 12h 以上，具有白昼蓄光、夜间发射的长期循环蓄光、发光的特点，具有广阔的应用前景。常用的传统长余辉材料主要是硫化锌（如发黄绿色光的 ZnS：Cu）、硫化钙（如 CaS：Bi、Ca,SrS：Bi 等）荧光体等。近年来，稀土激活的硫化物和铝酸盐已成为长余辉材料的主体，代表了长余辉材料研究开发的发展趋势。其产业化进程也很快，我国大连路明公司的产品已销往美国、德国等 40 多个国家和地区，大量用于照明、显示和指示，特别是在一些特殊环境和应急情况下发挥着重要作用。目前长余辉发光材料的研究日新月异，不断出现组成、结构、激活离子和发光颜色不同的各种新型长余辉发光材料。表 7-12 列出了一些研究较多的传统长余辉材料和稀土长余辉材料的发光性能。

7.4.4.1 稀土激活的硫化物长余辉材料

Sidot 在 1866 年首先制备出了发黄绿色光的 ZnS：Cu 长余辉发光材料，揭开了长余辉发光材料的序幕。长期以来，硫化物系列长余辉材料的研究最多，应用也最为广泛，并在很长一段时间内处于长余辉发光材料研究工作的中心。近十多年来，以稀土作为掺杂的硫化物为长余辉发光材料开辟了崭新的天地，使硫化物长余辉材料的研究取得很大进展。这些硫化物长余辉材料以稀土（主要是 Eu^{2+}）作为激活剂，或添加 Dy^{3+}、Er^{3+} 等稀土离子或 Cu^{2+} 等非稀土离子作为助激活剂。目前报道的稀土硫化物长余辉发光材料主要有以下几种：ZnS：Eu^{2+}、CaBaS：Cu^+,Eu^{2+}、CaSrS：Eu^{2+}、CaSrS：Eu^{2+}, Dy^{3+}、CaSrS：Eu^{2+}, Dy^{3+}, Er^{3+}、MgSrS：Eu^{2+} 等体系。从长余辉现象的发现（16 世纪）到 20 世纪 90 年代，性能最

216

表 7-12　各种长余辉光致发光材料的发光性能

发光材料组成	发光颜色	发光波长/nm	10min 后余辉强度/(mcd/m²)	60min 后余辉强度/(mcd/m²)	余辉时间/min
ZnS：Cu	黄绿	530	45	2	约 200
ZnS：Cu,Co	黄绿	530	40	5	约 500
CaAl₂O₄：Eu²⁺,Nd³⁺	紫蓝	440	20	6	>1000
BaAl₂O₄：Eu²⁺,Dy³⁺	蓝绿	496	—	—	—
SrAl₄O₇：Eu²⁺Dy³⁺	蓝绿	480	—	—	—
Sr₄Al₁₄O₃₅：Eu²⁺,Dy³⁺	蓝绿	490	350	50	>2000
SrAl₂O₄：Eu²⁺,Dy³⁺	黄绿	520	400	60	>2000
SrAl₂O₄：Eu²⁺	黄绿	520	30	6	>2000
CaSrS：Bi	蓝	450	5	0.7	—
CaO：Eu³⁺	红	594/616	—	—	120
Y₂O₂S：Eu³⁺,Mg,Ti	红	—	—	—	200～300
SrS：Eu²⁺	橙	—	—	—	4
(Mg,Sr)S：Eu²⁺	橙红	596	—	—	15
CaS：Eu²⁺	红	630	—	—	15
(Ca,Mg)S：Eu²⁺	橙	—	—	—	11
CaS：Eu,Tm	红	650	1.2	—	约 45
CaTiO₃：Pr³⁺	红	614	—	—	>10

好的硫化物材料要算稀土硫化物长余辉发光材料。它们的最大优点是体色鲜艳,弱光下吸收光速度快,且发光颜色多样,可覆盖从蓝色到红色的发光区域;它们的亮度和余辉时间为传统硫化物材料的几倍。但仍存在传统硫化物长余辉材料化学性质不稳定、耐候性差、在日光照射下,会和空气中的水反应,释放 H_2S 气体的缺点,而且与后来迅速发展起来的稀土激活的碱土金属铝酸盐相比,发光强度低,余辉时间短。但是稀土激活的硫化物体系所具有的发光颜色从蓝色到红色的多样性的显著特点却是目前铝酸盐等长余辉发光材料所无法比拟的。

7.4.4.2　稀土激活的铝酸盐长余辉材料

稀土激活的铝酸盐材料是近年来迅速发展起来的一类新型的节能、高效、稳定的长余辉发光材料。与硫化物长余辉材料相比,铝酸盐长余辉材料具有如下优点:①发光效率高,余料时间长,在日光或紫外光照射 10min 后,移开光源,在黑暗中可持续发光 30h 以上;②化学性质稳定(耐酸、耐碱、耐候、耐辐射),抗氧化性及温度猝灭特性好,可以在空气中和某些特殊环境中长期使用;③无放射性污染,在硫化物体系中需要通过添加放射性元素提高材料的发光强度和延长其余辉时间,因而可能对人体和环境造成危害,在铝酸盐体系中不需要添加这类物质;④生产工艺简单,生产成本低。铝酸盐长余辉发光材料的主要缺点是发光颜色单调,发射光谱主要集中在 440～520nm 范围内,遇水不稳定,对材料表面进行包膜处理,可提高其耐水性。表 7-13 给出了稀土铝酸盐长余辉发光材料的发光性能,同时也给出了硫化物长余辉材料的相应数据以便对照。

稀土铝酸盐长余辉发光材料主要有两类化合物组成。

① 碱土正铝酸盐,化学式为 MAl_2O_4：Eu^{2+},RE^{3+} (M＝Ca,Sr,Ba),RE^{3+} 为三价稀土离子,主要是 Dy^{3+} 和 Nd^{3+}。

② 碱土多铝酸盐,化学式为 $Sr_4Al_{14}O_{25}$：Eu^{2+},Dy^{3+},其中 Eu^{2+} 为激活剂,Dy^{3+} 为助激活剂。

表 7-13　几种长余辉发光材料性能比较

材　料　组　成	发光颜色	发射波长 /nm	余辉强度/(mcd/m²)		余辉时间/min
			10min 后	60min 后	
$CaAl_2O_4:(Eu^{2+},Nd^{3+})$	青紫	440	20	6	>1000
$SrAl_2O_4:Eu^{2+}$	黄绿	520	30	6	>2000
$SrAl_2O_4:(Eu^{2+},Dy^{3+})$	黄绿	520	400	60	>2000
$Sr_4Al_{14}O_{25}:(Eu^{2+},Dy^{3+})$	蓝绿	490	350	50	>2000
$SrAl_4O_7:(Eu^{2+},Dy^{3+})$	蓝绿	480	—	—	约 80
$SrAl_{12}O_{19}:(Eu^{2+},Dy^{3+})$	蓝绿	400	—	—	约 140
$BaAl_2O_4:(Eu^{2+},Dy^{3+})$	蓝绿	496	—	—	约 120
$ZnS:Cu$	黄绿	530	45	2	约 200
$ZnS:(Cu,Co)$	黄绿	530	40	5	约 500

　　目前，稀土铝酸盐长余辉发光材料的研究多集中在稀土离子激活的 $CaO-Al_2O_3$ 体系和 $SrO-Al_2O_3$ 体系，激活剂为 Eu_2O_3、Dy_2O_3、Nd_2O_3 等稀土氧化物，助熔剂为 B_2O_3。其中，黄绿色荧光粉 $SrAl_2O_4:(Eu^{2+}，Dy^{3+})$ 又是最重要的、研究最多、应用最广的稀土铝酸盐长余辉发光材料。由日亚公司开发的蓝绿色荧光粉 $Sr_4Al_{14}O_{25}:(Eu^{2+}，Dy^{3+})$，其发射峰在 490nm，与人眼暗视觉峰值接近，如图 7-9 所示，具有目前最大的余辉时间，约为 $SrAl_2O_4:(Eu^{2+}，Dy^{3+})$ 的 2 倍（见图 7-10）。而且由于含氧量高，Al-O 之间的配位数大，在 600℃时的耐热性比 $SrAl_2O_4:(Eu^{2+}，Dy^{3+})$ 高 20%。铝酸盐长余材料具有良好的耐紫外线辐照的稳定性，可在户外长期使用，经阳光暴晒 1 年后其发光亮度无明显变化。目前，已实现工业化和商品化的铝酸盐长余辉发光材料除发黄绿光的 $SrAl_2O_4:(Eu^{2+}，Dy^{3+})$ 和发蓝绿光的 $Sr_4Al_{14}O_{25}:(Eu^{2+}，Dy^{3+})$ 外，还有发蓝紫光的 $CaAl_2O_4:(Eu^{2+}，Nd^{3+})$。最早，稀土激活的铝酸盐长余辉发光材料主要用作灯粉。随着人们发现了这类材料的长余辉特性，并开始对其进行系统的研究，其应用领域也日趋广泛。可将其制成发光涂料、发光油墨、发光塑料、发光纤维、发光纸张、发光玻璃、发光陶瓷和发光搪瓷等，还可用于建筑装潢、道路交通标志、军事设施、消防应急、仪器仪表、电气开关、日用消费品装饰等并已扩展到信息存储、高能射线探测等领域。

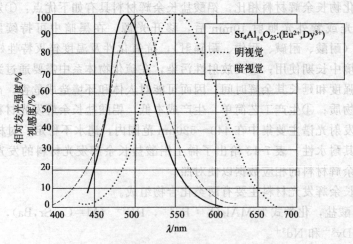

图 7-9　长余辉材料 $Sr_4Al_{14}O_{25}:(Eu^{2+},Dy^{3+})$
的发射光谱与人眼视觉灵敏度曲线

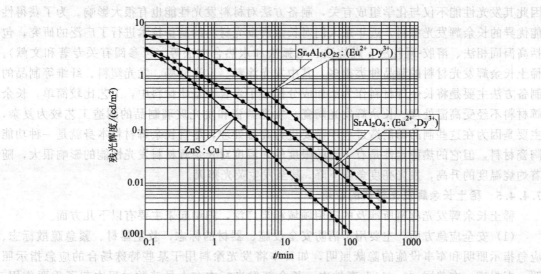

图 7-10　各种长余辉材料的余辉特性

7.4.4.3　稀土激活的硅酸盐长余辉发光材料

以硅酸盐为基质的长余辉发光材料由于具有良好的化学稳定性和热稳定性，且其原料高纯二氧化硅价廉、易得，长期以来一直受到人们的重视。1975 年日本首先开发硅酸盐长余辉发光材料 Zn_2SiO_4：Mn，As，其余辉时间为 30min。近年来，我国学者肖志国等针对铝酸盐体系长余辉材料的缺点，另辟新径，相继开发了一系列耐水性强、耐紫外线辐照性好、余辉性能良好、发光颜色多样的稀土激活的硅酸盐长余辉发光材料，其化学式为：

$$aMo \cdot bM'O \cdot cSiO_2 \cdot dR：Eu_x，Ln_y$$

式中，M、M' 为碱土金属；R 为助熔剂 B_2O_3、P_2O_5 等；Ln 为稀土元素或过渡元素；a、b、c、d、x、y 为摩尔系数，$0.6 \leqslant a \leqslant b$，$0 \leqslant b \leqslant 5$，$1 \leqslant c \leqslant 9$，$0 \leqslant d \leqslant 0.7$，$0.00001 \leqslant x \leqslant 0.2$，$0 \leqslant y \leqslant 0.3$。这些材料的发射光谱分布在 $420 \sim 650nm$ 范围内，峰值位于 $450 \sim 580nm$，通过改变材料的组成、发射光谱峰值在 $470 \sim 540nm$ 范围内可以连续变化，从而获得蓝色、蓝绿色、绿色、绿黄色和黄色等颜色的长余辉发光。

作为稀土长余辉材料基质的焦硅酸盐，主要是三元的焦硅酸盐和含镁正硅酸盐。表 7-14 给出了几种稀土激活的硅酸盐长余辉发光材料的余辉亮度等数据。由表 7-14 中数据可以看出，稀土激活的含镁的焦硅酸盐材料 $Sr_2MgSi_2O_7$：（Eu^{2+}，Dy^{3+}）和 $Ca_2MgSi_2O_7$：（Eu^{2+}，Dy^{3+}）都具有良好的余辉特性，其余辉亮度大大超过了传统的 ZnS：Cu 材料。稀土激活的含镁的正硅酸盐材料 $Sr_3MgSi_2O_8$：（Eu^{2+}，Dy^{3+}）和 $Ca_3MgSi_2O_8$：（Eu^{2+}，Dy^{3+}）的相对余辉亮度比焦硅酸盐材料差。但 60min 时余辉亮度仍高于 ZnS：Cu 材料。

表 7-14　稀土激活的硅酸盐材料与 ZnS：Cu 余辉亮度对比

发 光 材 料	激发波长/nm	最大发射波长/nm	相对余辉亮度/%	
			10min	60min
ZnS：Cu			100	100
$Sr_2MgSi_2O_7$：（Eu^{2+}，Dy^{3+}）	$250 \sim 450$	469	1658	3947
$Ca_2MgSi_2O_7$：（Eu^{2+}，Dy^{3+}）	$250 \sim 450$	535	1914	1451
$Sr_3MgSi_2O_8$：（Eu^{2+}，Dy^{3+}）	$260 \sim 450$	460	300	579
$Ca_3MgSi_2O_8$：（Eu^{2+}，Dy^{3+}）	$275 \sim 480$	480	67	146

7.4.4.4　稀土长余辉发光材料的制备

稀土长余辉发光材料的发光是由激活离子的能级跃迁引起的，受外界晶场的影响较大，因此其发光性能不仅与化学组成有关，制备方法对材料发光性能也有很大影响。为了获得性能优异的长余辉发光材料，近年来人们对长余辉发光材料的制备技术进行了广泛的研究，包括高温固相法、溶胶-凝胶法、燃烧法、电弧法和水热合成法等（可参阅有关专著和文献）。稀土长余辉发光材料的制品种类很多，其中发光涂料、发光油墨、发光塑料、纤维等制品的制备方法主要是将长余辉材料作为添加成分掺杂于聚合物基体材料中，工艺比较简单，长余辉材料不经受高温处理。长余辉发光陶瓷、发光搪瓷和发光玻璃制品的制造工艺较为复杂，主要是因为在这些制品的制造过程中需要进行高温处理，尽管长余辉材料本身就是一种功能陶瓷材料，但它的热稳定性是有一定的限度的，温度对长余辉材料发光性能的影响很大，随着灼烧温度的升高，发光亮度急剧下降，甚至发生荧光猝灭。

7.4.4.5 稀土长余辉发光材料的应用

稀土长余辉发光材料所涉及的应用领域相当广泛，归纳起来主要有以下几方面。

（1）安全应急方面　主要用于消防安全设施、器材的标志，救生器材、紧急疏散标志、应急指示照明和军事设施的隐蔽照明，如日本将发光涂料用于某些特殊场合的应急指示照明。据报道，在美国"9·11"事件中，长余辉发光标志在人员疏散过程中起了重要作用，据"9·11"事件中一位逃生者回忆："在一瞬间，世贸大厦内处于浓烟滚滚的黑暗中而不知方位时，人们是靠楼梯上那依稀可见的发光带（长余辉发光胶带）引路才得知去向而逃生的"。还可利用长余辉材料的纤维制造发光织物，可以制成消防服、救生衣等，用于紧急情况。

（2）用作指示标志　在交通运输领域，长余辉材料用于道路交通标志，如路标、护栏、地铁出口、临时防护线等；在飞机、船舶、火车及汽车上涂以长余辉标志，目标明显，可减少意外事故的发生。美国已利用发光材料制造发光织物、制成夜间在道路上执勤人员的衣服等。

（3）建筑装潢方面　可以装饰、美化室内外环境，简便醒目、节约电源，英国一家公司将发光油漆涂于楼道，白昼储光，夜间释放光能，长期循环以节省照明用电。还可用于广告装饰、夜间或黑暗环境需要显示部位的标志，如暗室座位号码、电源开关显示。

（4）仪器仪表方面　长余辉发光材料还可用于仪器、仪表及钟表盘的指示，日用消费品装饰，如发光工艺品、发光玩具、发光渔具等。德国利用发光油墨印刷夜光报纸，在无照明的情况下仍然可以阅读。

目前，长余辉材料主要作为夜光材料使用，其应用领域尚有待进一步拓宽。可以预料稀土长余辉发光材料将会广泛应用于储能显示材料、太阳能光电转换材料以及光电子信息材料。相信通过控制材料的组成、结构、改进制备工艺，稀土长余辉材料一定会在许多高新技术领域获得更为广泛的应用。

7.5　稀土电致发光材料

发光材料在电场作用下的发光称为电致发光（electroluminescence，简称 EL）也叫场致发光。电致发光不产生热，它是直接将电能转换成光能的一种发光形式，电致发光为主动发光。1936 年法国学者 G. Destrian 发现悬浮于介质中的粉末状掺铜硫化锌在交流电场作用下可发射出可见光。这种发光现象被称为 Destrian 效应，通常所说的电致发光大多指的也是这种。20 世纪 50 年代世界各国竞相研发电致发光显示板，70 年代电致发光板的研究进入高潮，在众多平板显示技术中，电致发光由于全固体化、体积小、质量轻、响应速度快、视角大、适用温度宽、工作电压低、功耗小、制作工艺简单等优点，已引起广泛关注，发展迅速，但也面临着液晶显示和等离子显示的强有力的竞争。随着各类电致发光显示研究的不断深入，稀土发光材料在电致发光领域占有越来越重要的地位。

电致发光材料可作如下分类：

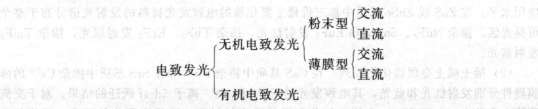

7.5.1 稀土无机电致发光材料

无机电致发光是指发光层及介质均为无机材料的电致激励发光现象。这类发光材料又可分为无机粉末电致发光材料和无机薄膜电致发光材料等几种类型。

7.5.1.1 稀土无机粉末电致发光材料

（1）稀土无机粉末交流电致发光材料　粉末交流电致发光依靠交变电场激发，发光体从交变电场吸收能量。ZnS是其最主要的也是最优异的基质材料，激活剂除 Cu、Al、Ga、In 外还有部分稀土元素，掺杂离子的种类和浓度不同，发光颜色不同。ZnS系列发光材料的发射光谱覆盖整个可见光，发光效率高，但亮度、寿命和颜色等不令人满意。以稀土离子为激活剂的发光材料的色纯度好，例如 $ZnS：Er^{3+}$，Cu^{3+} 的谱带宽度小于 10nm。但是，稀土离子半径比锌离子大得多，在 ZnS 中溶解度很小，往往得不到好的电致发光效果。粉末电致发光模拟显示常用于计量仪器和汽车仪表盘，如以稀土材料 $ZnS：TbF_2$ 为发光层、$BaTiO_3$ 为绝缘层的绿色电致发光板，交流驱动电压为 80V，1kHz 时，显示亮度可达 $400\sim500cd/m^2$，使用寿命在 5000h 以上。

（2）稀土无机粉末直流电致发光材料　与前者不同，直流发光要求电流通过发光体颗粒，因此发光体与电极之间必须具有良好的接触。粉末直流电致发光板的亮度与外加电压呈非线性关系。这类发光材料也是以 ZnS 为基质材料，使用不同的激活剂，可以得到不同颜色的发光。$ZnS：Mn^{2+}$，Cu^+ 在直流电流的激发下能产生很强的发光。是目前最好的粉末直流电致发光材料。开发稀土激活的碱土硫化物荧光粉，可以获得多种颜色的发光，如绿色 $CaS：Ce^{3+}$，Cl^-、红色 $CaS：Eu^{3+}$，Cl^- 和蓝色 $SrS：Ce^{3+}$，Cl^- 等荧光粉，尽管它们在性上不能尽如人意，但业已表明，它们是很有希望实现彩色粉末直流电致发光的材料。

7.5.1.2 稀土无机薄膜电致发光材料

20 世纪 70 年代薄膜电致发光（TFEL）器件的出现给无机电致发光的研究带来生机，TFEL 器件具有主动发光、视角大、响应速度快、寿命长、平板化、全固化、环境适应性强等优点，备受人们关注。80 年代，高精细、信息容量大的 TFEL 显示器件已实现商业化，90 年代已用于汽车等领域。目前，双绝缘层单色 TFEL 器件亮度可达 $8000cd/m^2$，寿命达上万小时，日本、美国和芬兰等国已将其用于计算机终端显示。由于 TFEL 器件的全固化，在军事和航天领域显示出独特的优势。

目前，薄膜电致发光器件一般采用交流驱动。其绝缘层具有高介电常数，主要是 Si_3N_4、SiO_2、Y_2O_3、$BaTiO_3$ 等材料。其发光层则要求能覆盖整个可见光区，禁带宽度大于 3.5eV 的发光材料（主要是稀土 TFEL 材料）。发光材料的基质中掺杂不同的杂质，可得到不同的发光。基质材料主要有 ZnS、CaS、SrS、$ZnSiO_4$ 和 $ZnGa_2O_4$ 等，它们的禁带宽度大于 3.83eV，在可见光区透明。在这些基质材料中掺杂过渡元素 Mn 或稀土元素 Eu、Tb、Ce 等，构成发光中心。主要有以下几种类型。

（1）稀土硫化锌系列　1968 年贝尔实验室首先研制出稀土掺杂的 ZnS 电致发光薄膜，ZnS：TbF_3 已用于计算机终端显示，ZnS：Tb^{3+} 器件绿色发光亮度高达 $6000cd/m^2$。绿色 ZnS：Er^{3+} 亮度超过 $1000cd/m^2$、发红光的 ZnS：Sm^{3+} 和 ZnS：Tm^{3+} 的亮度尚达不到实际应用水平。在 ZnS 或 ZnSe 基质中掺三价稀土氟化物的电致发光材料的发射光谱分布于整个可见光区。掺杂 NdF_3、SmF_3 和 EuF_3 发射红光，掺杂 TbF_3、ErF_3 发射绿光，掺杂 TmF_3 发射蓝光。

（2）稀土碱土金属硫化物系列　在 CaS 基质中掺杂 Eu^{2+} 和在 SrS 基质中掺杂 Ce^{3+} 的薄膜器件分别发射红光和蓝光，其电致发光是 Eu^{2+} 和 Ce^{3+} 离子 5d-4f 跃迁的结果。对于交流薄膜电致发光（ACTFEL）来说，红色和绿色发光材料已能满足实用化的要求，而蓝色发光材料亮度很低，离实用相距甚大。蓝光波长短，需要宽禁带的基质材料。ZnS 难以满足这个要求，CaS 和 SrS 与 ZnS 性质相似，但禁带比它宽。SrS：Ce^{3+} 是发现最早而且目前仍然是性能较好的蓝色 ACTFEL 材料，但它的缺点是色纯度差，基质 SrS 易发生潮解，目前采用共蒸法 Se 的方法制备的 $SrS_{1-x}Se_x$：Ce^{3+} 薄膜，随着摩尔分数 x 的增大，器件的亮度提高（最高可达 10 倍左右），x 的增大还可使发射长蓝移到 480nm 处。表 7-15 列出了一些典型的硫化物基质三基色和白光 ACTFEL 材料。

表 7-15　稀土发光材料薄膜器件的电致发光特性

发 光 材 料	发光颜色	发射波长 /nm	色度坐标		高度(60Hz) /(cd/m²)	发光效率(60Hz) /(lm/W)
			x	y		
CaS：Eu^{2+}	红	650	0.68	0.31	12/170(1kHz)	0.2/0.05(1kHz)
SrS：Eu^{2+}	橙	600	0.61	0.39	160(1kHz)	0.06(1kHz)
ZnS：Tb^{3+}	绿	540	0.30	0.60	100	0.6~1.3
SrS：Ce^{3+},K^+	蓝绿	480	0.27	0.44	650(1kHz)	0.3(1kHz)
SrS：Ce^{3+}	蓝	480~500	0.30	0.50	100	0.8~1.6
$SrGa_2S_4$：Ce^{3+}	蓝		0.15	0.10	5	0.02
ZnS：Mn^{2+}/SrS：Ce^{3+}	白		0.44	0.48	470	1.5
SrS：Ce^{3+},K^+,Eu^{2+}	白	480/610	0.28/0.40	0.42/0.40	500(1kHz)	0.15(1kHz)
SrS：Pr^{2+},K^+	白	490/660	0.38	0.40	500(1kHz)	0.1(1kHz)

（3）稀土碱土硫化镓系列　如前所述，尽管 SrS：Ce^{3+} 亮度高，但因其最大发射波长位于 480~500nm 范围内，发光颜色为蓝绿，色牢度差，需经滤光后才可得到彩色显示所要求的蓝色，既增加了器件结构的复杂性，又会降低发光亮度。研究发现，在 SrS 中加入 Ga，可使禁带加宽，有利于 Ce^{3+} 发射光谱蓝移。人们研究了一系列 Ce^{3+} 激活的碱土硫化镓 MGa_2S_4：Ce^{3+}（M＝Ca,Sr,Ba），在实验条件得到了 60Hz 电压驱动下 $10cd/m^2$ 的发光亮度，发射波长为 459nm。该材料在亮度、色度坐标和稳定性等性能方面可基本满足彩色化的要求，而且不易潮解，但缺点是制备较困难，发光效率低。此外，人们还研究开发了稀土激活的硅酸盐，如 Y_2SiO_5：Ce^{3+}，氟化物，如 ZnF_2：Gd^{3+}、CaF_2：Eu^{2+}；氧化物，如 ZnO：Tm^{3+}，Ce^{3+} 等。

稀土无机薄膜电致发光材料主要用于显示器件，由于具有主动发光、全固体化、耐冲击、视角宽、适应温宽、工艺简单等优点使其成平板显示的最佳发光材料。平板显示即将成显示技术的主体，目前已在计算机终端，尤其是便携式计算机等方面得到了广泛的应用。稀土无机电致发光显示器件在科学仪器、便携式微机、航空航天和军事领域具有广阔的应用前景。传统的飞机座舱仪表显示屏大多采用荧光照明显示，其缺点是使用寿命短，需要外照明，要保持亮度则需定期补充荧光剂，而且荧光射线对人体有害，外照明不利于飞机夜航。而灯珠照明抗震能力弱，在飞机起降时的强烈振动下故障率高。无机电致发光屏直接将电能转化为光能进行显示，成功地解决了上述问题。已经用于 J8、Y12、K8、J10 等飞机座舱仪表照明显示等方面。此外，近年来稀土无机电致发光显示器件在军事上的应用也引起了人们的关注。海湾战争中，世界上最先进的 MZ-1 型坦克装备的计算机终端是薄膜电致发光器件。它的优良特性使它成为各类平板显示器中最适用于军事目的的首选器件。据说，英国国防部下属的皇家雷达及信号中心和 PPC 公司等主要是为军事目的而研制开发和生产这类发光器件的机构。我国在核潜艇和炮兵射击指挥系统中也应用这类器件。可以预言，一旦蓝色发光材料的问题得到解决，无机薄膜电致发光必将成为平板显示技术的主流，稀土发光材料也将为无机薄膜电致发光实现全色显示显现它独特的优势。

7.5.2 稀土有机电致发光材料

有机电致发光（organic electroluminescence，OEL）是指发光层为有机材料，而且属于在电场作用下（载流子注入）型的激光所产生的发光现象。它是一种主动发光型 FPD。20 世纪 80 年代末发展起来的有机电致发光是惟一被公认能够同时拥有低压直流驱动功能、优良的发光性能及宽视角（可达 160°）的近代显示技术。OEL 器件可与集成电路匹配，易实现彩色平板大面积显示等优点。与无机 EL 器件相比，OEL 器件具有加工简便、力学性能好、成本低廉、发光波长易于调节；与液晶显示器相比，OEL 器件响应速度快、视角宽、对比度高等特点。因此，OEL 材料是目前国际上的一个热点研究课题，被誉为"21 世纪的平板显示技术"。

有机电致发光材料主要有两类。

① 小分子化合物，包括金属螯合物和有机小分子化合物。它们各具特色，互为补充。但是这些材料的一个普遍特点是利用共轭结构 $\pi \rightarrow \pi^*$ 跃迁产生发射，光谱谱带宽（100～200nm），发光的单色性不好，难于满足显示对于色纯度的要求。

② 稀土配合物（主要是稀土金属螯合物），其发射光谱谱带尖锐，半峰宽度窄（不超过10nm），色纯度高，这一独特优点是其他发光材料所无法比拟的，因而有可能作为 OEL 器件的发光层材料，用以制作高色纯度的彩色显示器；作为 OEL 器件的发光材料，稀土配合物还具有内量子效率高、荧光寿命长和熔点高等优点。1993 年 Kido 等人首先报道了具有窄发射的稀土 OEL 器件。目前，彩色显示器件所需的红色、绿色、蓝色三基色的稀土配合物及相应的 OEL 器件的研究和开发应用均有报道。

在稀土配合物材料中，Sm^{3+}、Eu^{3+}、Tb^{3+}、Dy^{3+} 四种配合物具有强的发光现象，这类配合物作为 OEL 材料的最显著优势是 EL 光谱为窄带发射。属于这类发光的 OEL 材料，以 Eu^{3+} 和 Tb^{3+} 的配合物为主。前者发红光，最大发射波长大约在 615nm 附近，相应于 Eu^{3+} $^5D_0 \rightarrow ^7F_2$ 跃迁。在 OEL 材料中，红色发光材料最为薄弱，Eu(Ⅲ) 配合物发光效率高，色纯度也高，受到人们极大的重视。此外，Pr^{3+}、Nd^{3+}、Ho^{3+}、Er^{3+}、Tm^{3+} 和 Yb^{3+} 也有着丰富的 4f 能级，当稀土离子和配体的选择适当时，能够发射其他颜色的光，但强度较弱。作为 OEL 材料，人们研究较多的稀土配合物其配件主要是：①β-二酮类化合物，如乙酰丙酮、二苯甲酰丙酮、α-噻吩甲酰三氟丙酮（TTA）等。Tb（AcAc）$_3$、Tb(AcAc)$_3$Phen、Eu（DBM）$_3$Phen、Eu（TTA）$_3$、Eu（TTA）$_3$Phen、Eu（TTA）$_3$Bath 和 Eu(DBM)$_3$Phen 等都是常见的稀土配合物 OEL 材料；②羧酸类化合物的稀土配合物 OEL 材料，如邻氨基-4-十六烷基辛苯甲酸（AHBA）的 Tb(Ⅲ) 配合物 Tb(AHBA)$_3$。乙酰水杨酸（aspirin）、邻菲咯啉的 Tb(Ⅲ) 三元配合物 Tb(aspirin)$_3$Phen 等。在稀土发光配合物结构中引入第二配体（如 Phen 等），可以明显地提高稀土 OEL 材料的发光纯度。此外，人们对稀土离子电致发光增强作用、稀土高分子配合物 OEL 材料以及 OEL 材料的成膜性能等也进行了广泛深入的研究。20 世纪 90 年代后期以来，我国科技工作在稀土 OEL 材料研究方面取得了令人瞩目的成果，如李文莲等对 Eu(DBM)₃Bath 配合物的研究，徐叙瑢和吴瑾光对 Tb(aspirin)₃Phen/Al 器件的研究等。其中部分成果已位居世界前列。由于稀土配合物的窄带发射和很高的量子效率，在作为发射层制备高色纯度的全彩色 OEL 显示器件方面极为有利，因此稀土配合物 OEL 材料的开展和应用研究具有重要而深远的意义。

有机电致发光（OEL）材料的应用领域很广，包括彩色电视机、各种背光源、钟表、装饰品、移动电话、BP 机、车载显示器、娱乐器材等，可以说人们一直企盼的挂壁式电视机甚至折叠式电视机正向我们招手。当今随着电视等宣传媒体的迅速发展，迫切需要超薄的单色或全色大屏幕显示器，以取代阴极射线管显示。在这方面，OEL 材料受到国内外科学界的广泛而高度的重视，其主要原因是：OEL 驱动电压（5～30V）可与集成电路匹配；有机材料具有广泛的选择性和高荧光效率；尤其是在全色性方面，有机分子具有可随意"组装"和"剪裁"的性质，通过对化合物进行化学修饰改变发射波长，能够协调发光颜色，这是无机电致发光材料无法做到的，也可以通过"掺杂"，提供各种颜色的发光，其中包括无机电致发光材料中很难得到的、至今仍是一个大难题的蓝色发光。为了获得驱动电压低且发光效率高的器件，人们针对发光材料、器件结构以及制作技术等方面作了许多努力，一些稀土 OEL 器件在亮度和效率方面已能满足实际应用的要求，可以相信不远的将来将会实现产业化。若在稳定性和使用寿命上有所突破，将会使显示技术进入一个全新的时代。

7.6 稀土 X 射线发光材料

利用 X 射线激发而发光的材料称为 X 射线发光材料。与光激发相比较，X 射线激发的特点是作用在发光材料上的光子能量非常大。此时发光材料的发光不是直接由 X 射线本身引起的，而是由于 X 射线从发光材料基质的原子或离子中脱出的次级电子直接或间接地激发发光中心，转变为可见光辐射而产生的。这种 X 射线发光和阴极射线发光有许多共同点，而不同点是 X 射线穿透较深，激发密度高，激发概率随发光物质对 X 射线吸收系数的增大而提高。这个吸收系数随元素的原子序数的增加而增大。因此，作为 X 射线发光材料最宜采用含有重元素的化合物，如含有 Cd、Ba、W 等。某些稀土化合物更是非常适用作 X 射线发光材料，由于稀土元素原子序数大，其化合物密度高，对 X 射线吸收和转换成光辐射的效率高；稀土离子发射光谱分布在从近紫外到可见光谱很宽的范围内；其荧光寿命有利于胶片和探测器的感光速度和响应速度；X 射线停止激发后的荧光（余辉）短，清晰度高。稀土发光材料在 X 射线影像技术领域又显示了它独特的优势。

X 射线发光材料主要有两种类型：一类是 X 射线透视用的荧光粉，主要是非稀土的(Zn,Cd)S：Ag 荧光粉，它的主峰为 530nm，位于人眼灵敏度较高的光谱区；另一类是 X 射线拍照用的增感屏荧光粉，主要有传统的非稀土增感屏荧光粉 CaWO₄ 和目前迅速发展的稀土增感屏荧光粉。1896 年麦迪生发现钨酸钙 CaWO₄ 在 X 射线激发下产生可见的蓝紫荧光，与 X 射线胶片配合使用，大大缩短了 X 射线的辐照时间。从 20 世纪初开始，医疗诊断 X 射线照相技术一直沿用由 CaWO₄ 制成的增感屏，其成像质量好，价格便宜；但相对增感倍数低，将 X 射线转换为可见光的效率低（仅 6%）。要想获得清晰的影像，必须加大 X 射线的剂量，然而，这会使患者和操作人员受到较大剂量的 X 射线辐照。经历了相当长的时期，各国的研究人员一直致力于探索缩短辐照时间和降低辐照剂量，但收效甚微。直到 70 年代初，随着单一稀土氧化物可以大量生产和供应，人们研制开发出转换率高的稀土发光材料，某些稀土荧光粉不仅具有与 CaWO₄ 相同的照相效果，而且在 X 射线激发下表现出相当高的发光效率。1972 年 Buchanan 报道了稀土 X 射线增感屏用于临床诊断的实验结果：与 $CaWO_4$ 增感屏相比，稀土增感屏明显地降低了 X 射线辐照剂量。这一发现引起人们极大的关注，美国、日本等国科学家相继开展了这方面的工作，不久稀土 X 射线增感屏就实现了商品化。X 射线医疗诊断从常规的 $CaWO_4$ 增感屏发展为稀土增感屏，是 X 射线影像领域的重大技术进步。

与传统的 $CaWO_4$ 增感屏相比，稀土 X 射线增感屏具有一系列明显的优点，主要如下所述。

① 使乳胶感光增强，感光度高，胶片影像清晰度高，层次丰富，改善了图像质量；而且减少了辐照剂量，缩短曝光时间。这样，可以使低剂量的 X 射线获得高清晰度的透视图像，显著减少了 X 射线对人体的辐射伤害，尤其是儿童和孕妇。

② 由于 X 光机的管电压、管电流均可大大降低，且曝光时间缩短，减少 X 射线设备的损耗，有利于延长 X 射线管的寿命，减少电能消耗。

③ 稀土增感屏可以配合使用低功率的 X 光机，扩大了小型 X 射线设备应用范围，如 50mA 机器可当 200mA 用，200mA 可当 500mA 用，小型机不能拍摄致密部位，或拍摄的 X 光片图像模糊不清，分辨率低，使诊断范围受到限制，配合使用稀土增感屏可解决这个问题。

④ 由于曝光时间明显缩短，稀土增感屏能够减少动模糊，提高动态部位影像的清晰度，可清楚显示体内活动部分，如心脏和大血管的形态和边缘轮廓，有助于医生的诊断。

⑤ 目前国产 X 射线管用的阳极焦点面积大，X 射线穿透能力弱，配合使用稀土增感屏，可弥补国产管的不足。

表 7-16 列出了一些典型稀土增感屏的性能并与 $CaWO_4$ 相对比。

表 7-16　稀土荧光粉与 $CaWO_4$ 增感屏的性能比较

增感屏种类	发光颜色	发射波长范围 /nm	最大发射波长 /nm	发光效率 /%	相对曝射因数	极限分辨率[①] /(线对数/mm)
$CaWO_4$	蓝	350～560	430	3.0	1.0(基准)	7
$LaOBr:Tb^{3+}$	蓝	400～540	430～470	16.5	0.18	5
$Y_2O_2S:Tb^{3+}$	蓝白	350～650	420	18.0	0.30	6
$BaFCl:Eu^{2+}$	紫	300～450	390	13.0	0.18	6～7
$La_2O_2S:Tb^{3+}$	绿	490～620	530～550	12.5	0.20	4
$Gd_2O_2S:Tb^{3+}$	绿	400～620	545	15.0	0.22	5.6

① 颗粒直径 $7\mu m$ 时的分辨率。

从表 7-16 可以看出，稀土增感屏的性能明显优于传统的 $CaWO_4$ 增感屏，但价格较贵，目前正在普及中。

目前，国际上出现的稀土 X 射线发光材料大多属于 Tb^{3+} 激活的稀土化合物及含有重元素的掺 Eu^{2+} 发光材料。这些新型 X 射线稀土发光材料按基质组成可分为四大类，即稀土钽酸盐、硫氧化物、卤氧化物和碱土氟氧化物，均由稀土离子激活。

7.6.1　稀土激活的稀土钽酸盐

稀土钽酸盐荧光粉 20 世纪 80 年代由杜邦公司开发，通式为 $RETaO_4:RE^{3+}$（RE＝La、Gd、Y；$RE^{3+}＝Tb^{3+}$、Tm^{3+}、Nd^{3+}）。这类晶体具有 3 种不同的结构，其中单斜晶系、空间群为 M 型的晶体表现优异的发光性能，其密度很大，有利于对 X 射线的吸收，X 射线吸收特性优于 $CaWO_4$。不同的稀土离子激活的稀土钽酸盐具有不同的 X 射线发射光谱，但它们都呈现三价稀土离子的特征发射。

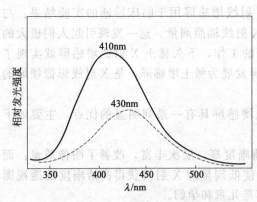

图 7-11 YTaO₄：Nb³⁺ 和 CaWO₄ 的 X
射线发射光谱（虚线为 CaWO₄）

在 YTaO₄ 基质中掺杂少量激活离子 Nb³⁺ 或 Tm³⁺，相应的增感屏速度、荧光强度和分辨率等性能都优于 CaWO₄ 屏。图 7-11 为 YTaO₄：Nb³⁺ 和 CaWO₄ 的 X 射线发射光谱，由图可见，YTaO₄：Nb³⁺ 的发射强度远大于 CaWO₄。YTaO₄：Nb³⁺ 发射蓝光，发射光谱为分布在 350～530nm 范围的宽带，最大发射波长在 410nm 附近。YTaO₄：Tm³⁺ 的发射也在蓝紫光区。

这类荧光粉的制备方法是将 Y_2O_3、Ta_2O_5、相应的稀土激活剂和助熔剂 Li_2SO_4 混合均匀，球磨后置于刚玉坩埚中，在 1250℃灼烧数小时，取出冷却，用去离子水洗涤，除去残留的助熔剂，焙干后得所需产物。

7.6.2 稀土激活的硫氧化物

这类材料主要是铽激活的稀土硫氧化物 RE_2O_2S：Tb^{3+}（RE＝Gd、La、Y），它们均属六方晶系。它们在 X 射线激发下，发光效率很高，Gd_2O_2S：Tb^{3+} 和 La_2O_2S：Tb^{3+} 主要发射绿光，而 Y_2O_2S：Tb^{3+} 中 Tb^{3+} 低度低时发蓝光，由 $^5D_4 \rightarrow ^7F_J$（$J=6,5\cdots0$）跃迁发射占主导，发绿光的 $^5D_4 \rightarrow ^7F_{6,5}$ 跃迁发射次之。但随 Tb^{3+} 浓度增加，由于 $^5D_3 \rightarrow ^5D_4$ 能级发生交叉弛豫结果，蓝色发射减弱，绿色增强。发蓝光的 Y_2O_2S：Tb^{3+} 增感屏与通用感蓝胶片配合使用，其增感速度是 CaWO₄ 的 3～4 倍，而 Gd_2O_2S：Tb^{3+} 和 La_2O_2S：Tb^{3+} 发绿光需与感绿胶片配合使用。最近发现 $(La_{0.9}Gd_{0.1})_2O_2S$：Tb^{3+}（Tb 的摩尔分数为 2×10^{-5}）性能相当优越，相应的增感屏速度快，是 CaWO₄ 中速屏的 5.7 倍，图像分辨率可达 4 线对/mm。

稀土铽激活的硫氧化物 RE_2O_2S：Tb^{3+}（RE＝Gd、La、Y）的制备方法与彩色显像管荧光粉 Y_2O_2S：Eu^{3+} 相同。研究发现，碱土金属元素和锌对 La_2O_2S：Tb^{3+} 材料的发光具有增强作用；铁、钴、镍和铬等元素对发光有猝灭作用。其他元素在质量分数低于 0.1% 时对 La_2O_2S：Tb^{3+} 材料的发光亮度、色度和余辉一般无影响。

7.6.3 稀土激活的卤氧化镧

这类发光材料的通式为 LaOX：RE^{3+}（RE＝Tb、Tm、Ce；X＝Cl、Br），其中比较典型的是 LaOBr：Tb^{3+} 和 LaOBr：Tm^{3+}，它们均属于四方晶系结构。LaOBr：Tb^{3+} 的发光颜色随 Tb^{3+} 的含量而改变，当 Tb^{3+} 的摩尔分数小于 0.01 时，以相应的 $^5D_3 \rightarrow ^7F_J$ 跃迁的蓝光发射为主；当 Tb^{3+} 的摩尔分数大于或等于 0.03 时，以相应于 $^5D_4 \rightarrow ^7F_J$ 跃迁的绿色发射为主，蓝光发射猝灭。作为蓝色荧光粉，在 40～100keV 能量范围内，其 X 射线吸收率为 CaWO₄ 的 2 倍，发光强度为 CaWO₄ 的 5 倍。LaOBr：Tm^{3+} 的发射峰位于近紫外和蓝光区，与蓝色感光胶片具有很好的匹配。

LaOBr：Tm^{3+} 和 LaOBr：Tb^{3+} 的制备方法是将 La_2O_3、Tm_2O_3 或 Tb_4O_7 与 NH_4Br 在 400℃左右反应生成稀土溴氧化物，然后再与 KBr 助熔剂混合，于 850～1150℃灼烧，产物为鳞片状晶体。这类稀土卤氧化物的化学性质不稳定，在潮湿空气中易分解。另一个要注意的问题是，La_2O_3 原料中若含有微量放射性元素，致使合成的发光材料也带有放射性，若这种增感屏与 X 射线感光胶片长期接触，会使胶片曝光，质量受到影响。

7.6.4 稀土激活的碱土氟卤化物

这类材料的通式为 MFX：Eu^{2+}（M＝Ca、Sr、Ba；X＝Cl、Br、I）。比较常用的是 Eu^{2+} 激活的氟氯化钡 BaFCl：Eu^{2+}，为片状晶体，相对密度较低（4.56）。为了增加屏对 X 射线的吸收率，制屏时需要涂覆较厚的荧光粉层。BaFCl：Eu^{2+} 的发射光谱的峰值在 390nm 附近，这是 Eu^{2+} 的 5d-4f 跃迁产生的；在 362nm 处还存在一条锐线，相当于 Eu^{2+} 的 4f-4f（$^6P_{7/2} \rightarrow {}^8S_{7/2}$）跃迁。BaFCl：$Eu^{2+}$ 的发射光谱恰好位于感蓝 X 射线胶片的灵敏度范围之内，可很好匹配。图 7-12 为 BaFCl：Eu^{2+} 和 $CaWO_4$ 的发射光谱，虚线为感蓝 X 射线胶片的灵敏度曲线。BaFCl：Eu^{2+} 的发光强度，增感速度为 $CaWO_4$ 的 2～3 倍，且相对于其他 X 射线发光材料价格便宜。

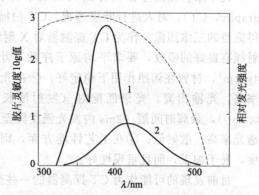

图 7-12 BaFCl：Eu^{2+} 和 $CaWO_4$ 的发射光谱

（非线为感蓝 X 射线胶片的灵敏度曲线；
1—BaFCl：Eu^{2+}；2—$CaWO_4$）

BaFCl：Eu^{2+} 的制备一般是将 BaF_2、$BaCl_2$ 和 EuF_3 或 EuF_2 混均后采用高温固相反应法合成。在制备中要注意保证铕为＋2 价态，为此需要在惰性及微还原气氛（如 H_2-N_2）中进行反应，设备复杂，产物颗粒度大，存在余辉。北京大学苏勉曾教授等对 BaFCl：Eu^{2+} 合成反应的机制进行了深入的研究，对制备工艺进行了改进，研究成功一种在常温和水溶液中合成和在空气中焙烧的方法，制备出余辉短、粒径小、发光性能优异的 BaFCl：Eu^{2+}，并用它制成了使用效果良好的高度 X 射线增感屏。研究结果表明：用他们的方法制成的 BaFCl：Eu^{2+} 高速增感屏的增感因数是 $CaWO_4$ 中速屏的 4～5 倍。这种屏的成像质量好、与胶片的组合的分辨率为 4.6 线对/mm。产品投入工业生产后，很快被全国 2000 多家医院使用，产生了巨大的社会效益和经济效益。

此外，稀土 X 射线荧光粉还有发蓝光的 $Ba_3(PO_4)_2$：Eu^{2+}、$Sr_3(PO_4)_2$：Eu^{2+}；发绿光的 Gd_2SiO_5：Tb^{3+}、$Gd_3Ga_5O_{12}$：Tb^{3+} 等。一些常见的 X 射线增感屏用稀土荧光粉的性质数据汇于表 7-17。

表 7-17 X 射线增感屏用稀土荧光粉的性质

荧光粉	晶体结构	密度/(g/cm³)	折射率	X射线的相对吸收	信噪比	最大发射波长/mm	发光颜色	颗粒形状	平均粒径/μm	粒度分布	响应速度	清晰度
理想	大		1.6～1.7					多面体球形	5～10	窄	快	高
$CaWO_4$	四方	6.1	1.9	1.0	20	430	蓝紫	多面体	5～10	宽	1.00	260
LaOBr：Tb^{3+}	四方	6.13	2.0	1.9	28	$^5D_3 \rightarrow {}^7F_J$ $^5D_4 \rightarrow {}^7F_J$	蓝 绿	片状	3～10	窄	— —	—
LaOBr：Tm^{3+}	四方	6.13	2.0	1.9	28	462,374 483,405	蓝紫 蓝紫	片状	3～10	窄	— 3.30	320
BaFCl：Eu^{2+}	四方	4.56	1.7	1.1	21	390	蓝紫	片状	10～15	宽	1.05	225
Gd_2O_2S：Tb^{3+}	六方	7.37	1.8	1.7	26	545,490	绿	多面体	8～15	宽	1.30	330
La_2O_2S：Tb^{3+}	六方	5.73	—	1.9	26	—	—	—	—	—	—	—
M′-$YTaO_4$：Nd^{3+}	单斜	7.55				410	蓝紫	多面体			1.05	375
M′-$YTaO_4$：Nd^{3+}	单斜	7.55	—			450,349	蓝紫	多面体			0.45	625

7.6.5 CT探测器用稀土发光材料

近年来，在医疗器械方面又发展了计算机化的层析 X 射线摄影法（computed tomography，CT），对人进行断层透视。CT 扫描利用 X 射线透过人体的大量断面测量，最终获得完整的三维图像。作为 CT 探测器对 X 射线激发的荧光体提出了如下的要求：①为了对 X 射线有良好的吸收，要求平均原子序数不小于 50 的元素组成荧光材料，或者密度不低于 $4g/cm^3$，材料在辐照作用下稳定好；②在光的发射性能方面要求材料的量子效率或转换效率高，光输出高，光谱匹配好（发射波长在 $500\sim800nm$ 范围内），发光衰减快（小于 $0.1ms$），余辉时间短（2ms 内发光强度降至 0.5% 以下）；③在光学性质方面，要求材料的透光率高，散射低；④在工艺性能方面，则要求无毒性，化学性质稳定，有一定的机械强度，易于加工，而且重现性好。

目前发现的可能作为 CT 探测器的一些荧光体列于表 7-18。其中，NaI：Tl 和 CsI：Tl

表 7-18 可能作为 CT 探测器用的荧光体及其性能

荧 光 粉	NaI：Tl	CsI：Tl	CdWO$_4$	ZnWO$_4$	Bi$_4$Ge$_3$O$_{12}$	(Y,Gd)$_2$O$_3$：Eu^{3+}	Gd$_2$O$_2$S：Pr^{3+}，Ce^{3+}，F$^-$
形态	单晶	单晶	单晶	单晶	单晶	陶瓷	陶瓷
结构	立方	立方	单斜	单斜	立方	立方	六方
密度/(g/cm³)	3.67	4.52	7.99	7.87	7.13	(5.9)	7.34
150keV 衰减系数/cm⁻¹	2.20	3.21	7.93	7.80	9.93	(3.40)	6.86
最大发射波长/nm	415	550	480	480	480	610	520
相对光输出①	118	100	30	20	10	约40	约60
发光衰减时间/μs	0.23	0.98	5	5	0.3	约1000	约3
余辉/%	90（150ms 内）	7～15（20ms 后）	2（20ms）	<1（20ms）	<1（20ms）	约700（3ms）	≤1（3ms）
光学性质	透明	透明	透明	透明	透明	透明	半透明
化学稳定性②	水（潮解）	水（潮解）	HCl	HCl	浓 HCl	HCl	HCl
力学性能(20℃)	脆，劈裂	塑性变形	脆，劈裂	脆，劈裂	脆	脆，强度高	脆，强度低

① 80keV 时。

② 可发生作用的溶剂。

的发光效率最高，NaI：Tl 光输出高，发光衰减快，但由于其显著的长余辉和潮解性，而不宜用于 CT；相比之下，CsI：Tl 适宜于 CT，但也存在余辉较长等缺点。其他的如钨酸盐 CdWO$_4$ 和 ZnWO$_4$ 及 Bi$_4$Ge$_3$O$_{12}$ 余辉长，辐射效率低。其中 CdWO$_4$ 虽然有足够的光输出，但是它具有毒性，而且钨酸盐晶体性脆，易劈裂。后来，出现了两种稀土陶瓷荧光体 (Y,Gd)$_2$O$_3$：Eu^{3+} 和 Gd$_2$O$_2$S：Pr^{3+}，Ce^{3+}，F$^-$，作为 CT 探测器荧光材料，性能较好，图 7-13 为其 X 射线激发的发射光谱。这两种稀土陶瓷荧光体均是加热等静压法制成的。(Y,Gd)$_2$O$_3$：Eu^{3+} 的光输出、光谱匹配和工艺性能比很多单晶荧光体

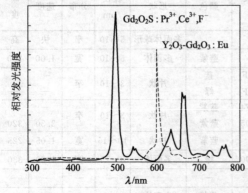

图 7-13 (Y,Gd)$_2$O$_3$：Eu^{3+} 和 Gd$_2$O$_2$S：Pr^{3+}，Ce^{3+}，F$^-$ 的 X 射线激发的发射光谱

好，但余辉太长，原因是 Eu^{3+} 的发光（$^5D_0 \rightarrow {}^7F_J$）衰减时间长（约 $1ms$）。Gd_2O_2S：Pr^{3+}，Ce^{3+}，F^- 的余辉要短得多，这是由于 Pr^{3+} 的 $^3P_J \rightarrow {}^1D_2 \rightarrow {}^3H_J$ 跃迁的发光衰减快。掺入 Ce 和 F 可以缩短余辉时间，尤其是 F 的掺入可使余辉减少约 1 个数量级。虽然目前作为 CT 探测器使用的荧光体不尽人意，但稀土将为 CT 技术的进一步发展提供新型的理想荧光体。

7.6.6 稀土 PSL 材料

X 射线检测技术在医疗、工业技术、科学研究等许多领域发挥着重要的作用。尽管 X 射线照相技术，尤其是稀土高速增感屏-胶片组合的照相可以降低 X 射线辐射剂量，然而增感屏和胶片既是传感器，又是显示器。作为传感器，要求其响应速度快，宽容度大；作为显示器，要求其噪声低，对比度高。而这两方面功能在理论上是相矛盾的，难于兼顾。X 射线扫描计算断层技术可以获得清晰的图像，使用的 X 射线辐射剂量很大，对人体造成损伤，甚至导致遗传危害。人们一直致力于提高图像的质量和降低 X 射线的辐射剂量，但都未能同时兼顾地实现这两个目标。近年来人们发现，采用具有光激励发光性能的荧光体制成 X 射线影像板，实现 X 射线影像存储和再现，达到同时提高图像质量和降低 X 射线辐射剂量的目的。所谓光激励发光（photstimulated luminescence，PSL）是指荧光体受到 X 射线电离辐射时，产生大量的电子、空穴被俘获在晶体的缺陷中，从而把辐射能存储起来。当受到光激励时则产生复合发光。具有上述性质的稀土材料则称为稀土 PSL 材料。光激励发光与光致发光有着本质的区别：①光致发光的激发光能量大于发射光的能量，而光激励发光的激发光能量小于发射光的能量；②光激励发光必须预先经一定能量的电离辐射作用，以在晶体中产生可激励的发光中心，而光致发光不需要这个过程。

用于 X 射线影像存储与再现的 PSL 材料必须具备如下物理化学特性。

① 均为离子晶体，具有良好的化学稳定性和热稳定性。

② 组成中含有对 X 射线吸收效率高的重原子；晶体中可以掺杂少量作为发光中心的某些稀土离子。

③ 晶体具有较宽的禁带，其中存在电子陷阱和空穴陷阱，例如由于晶体的化学组成偏离整比性而形成的阴离子空位缺陷，可以构成电子陷阱（即形成 F 色心），F 色心的能级约在导带底下 $1 \sim 2eV$。

④ 晶体受 X 射线辐射时，产生大量的电子空穴对，分别被晶体中带正电、负电的陷阱俘获，俘获态电子的能级应大于 kT，因此可以将晶体吸收的辐射能存储起来。经辐照后的晶体受一定波长的长波可见光激励时，电子被从陷阱中释放出来，在某些稀土离子上与空穴复合，使稀土离子发生荧光发射。

目前报道的 PSL 材料有 20 多种，基质材料有碱土金属卤化物、硼酸盐、硅酸盐、磷酸盐、硫化物和卤氧化镧等，激活离子则有 Eu^{2+}、Sm^{3+}、Ce^{3+} 或 Tl^+、Na^+ 及 Bi^{3+}、Tb^{3+}、Pr^{3+} 的组合。其中 Eu^{2+} 掺杂的氟卤化钡 BaFX：Eu^{2+}（$X = Cl, Br$）是最主要的 X 射线影像存储与再现的 PSL 材料。尤其是 BaFBr：Eu^{2+} 可以满足 X 射线影像 PSL 材料的大部分要求，最具有代表性，已成为商品。BaFCl：Eu^{2+} 作为一种与 BaFBr：Eu^{2+} 相似的、有发展前途的 PSL 材料，也受到广泛重视。它们的制备方法是：将 BaF_2、$BaCl_2$ 或 $BaBr_2$ 与 EuF_3 按化学计量比混合均匀，在氮气或氩气中进行常规的高温固相反应，即可制得 BaFX：Eu^{2+}（$X = Cl, Br$）的 PSL 材料。

BaFX：Eu^{2+}（$X = Cl, Br$）等光激励发光材料工作的基本原理和过程是：首先将这类荧光体制成 X 射线影像板，当 X 射线透过被探测物体作用于影像板时，影像板内的荧光粉产生 F 色心将被探测物的 X 射线潜像存储起来；而当使用可被 F 色心强烈吸收的激光（如 He-Ne 激光器输出的 633nm 激光）扫描激励时，从 F 色心放出的电子再与空穴复合，析出的能量传递给 Eu^{2+}，使 Eu^{2+} 发射出与潜像强度对应的 390nm 蓝紫光（d→f 跃迁），从而将被探测物的图像显示出来。经接收放大后，把光信息转换成电信息，存入计算机系统，经图像处理可在图像显示器上显示，或在胶片上成像，或存入磁带磁盘保存。这就是 X 射线影像存储和再现技术。由于达到了同时提高图像质量和降低 X 射线辐射剂量的目的，使 X 射线影像技术发生了一个飞跃。

尽管 PSL 材料早就被发现，但有关它们的重大应用却是从 20 世纪 80 年代开始的。日本的富士公司、德国西门子公司、美国柯达公司以及我国北京大学和中科院长春应用化学研究所等在这方面均做了大量卓有成效的工作，有力地推动了这一新技术领域的发展。PSL 材料被应用于计算机化的 X 射线医用诊断照相系统，同步辐射 X 射线衍射系统，作为影像存储材料可望代替传统的感光胶片。该系统在医学上的应用，可以几十倍地降低 X 射线剂量，减少 X 射线对人体的伤害，而且得到的图像清晰、立体感强。在同步辐射 X 射线系统中应用，具有空间分辨率高，计数率不易饱和等优点。稀土 PSL 材料及其 X 射线影像存储与再现技术可称为探测技术的突破性进展，不仅在医疗诊断，而且在工业产品质量检测、海关检查及材料结构分析等方面有着重要的应用和广阔的发展前景。

7.7 其他稀土发光材料

7.7.1 稀土闪烁体

在探测和记录各种射线粒子的行为时，闪烁探测器是最主要的工具。闪烁探测器是将射线的信息转变为光信息，然后再转换为电信息的一种射线探测和记录仪器，其核心是发光的闪烁体。闪烁体是一种能有效地吸收高能射线（X 射线、γ 射线）或高能粒子（中子等）而发射紫外光或可见光的发光材料。闪烁体在高能物理和核医学等领域都有着重要的应用。尤其是在核物理发展的几个关键时期都发挥了重大作用。杨振宁和李政道的弱相互作用宇称不守恒定律的实验证明是吴健雄在 1956 年用 NaI：Tl 闪烁晶体完成的；穆斯堡尔效应也是用 NaI：Tl 闪烁探测器于 1958 年发现的；丁肇中等在欧洲核子中心（CERN）使用了我国生产的总质量为 12t 的锗酸铋 $Bi_4Ge_3O_{12}$（BGO）单晶。近年来，随着高能物理、核物理的迅速发展，尤其是美国超级超导对撞机（SSC）、西欧大型强子对撞机（LHC）等的建造，均要求闪烁体具有更高的耐辐射损伤能力、更快的响应时间和更高的能量分辨率。磁共振成像、正电子发射层析摄影术（PET）、单光子发射层析摄影术（SPET）等高技术发展，以及要求改善医学放射学图像系统和 X 射线计算机断层扫描图像（即 CT 图）质量的要求越来越高。对闪烁体总的要求有：①由原子序数大的元素组成，密度大；②能有效地吸收射线能量，发光效率高；③发光衰减小时或荧光寿命短；④能量响应的线性关系好；⑤自吸收少；⑥稳定性好；⑦发光与探测器的光谱灵敏度相匹配；⑧易于制造，成本低。目前没有一种闪烁体可以同时满足上述各项要求，但是稀土离子及其化合物特别适合上述一些条件。稀土离子（Ce^{3+}、Pr^{3+}、Nd^{3+}）的 5d→4f 能级跃迁是允许的，其荧光寿命只有几十纳秒，由这类跃迁所产生的发光为得到快速闪烁体提供了依据和可能性。例如人们已在 LaF_3：Nd^{3+} 中观测到 Nd^{3+} 的 5d→4f 跃迁发射，在 30kV 的 X 射线激发下，有一宽闪烁发射光谱位于紫外的 165～195nm 范围内，峰值为 173nm，其衰减时间为 6.3ns（±0.5ns）。

闪烁体材料有无机和有机两大类。有机闪烁体有蒽晶体、对三联苯、塑料闪烁体等。无机闪烁体较多，从形态上分类，有闪烁晶体（单晶）、陶瓷闪烁体和闪烁玻璃，稀土在各类无机闪烁体中都占有相当重要的地位。下面分类介绍几种稀土闪烁体。

7.7.1.1 稀土闪烁晶体

稀土闪烁晶体材料是指以稀土化合物为基质材料或以稀土离子（主要是 Ce^{3+}）作为激活剂的一类闪烁体。表 7-19 列出了几种稀土闪烁晶体与传统闪烁晶体 BGO 的性能比较。

表 7-19　几种稀土闪烁晶体与锗酸铋（$Bi_4Ce_3O_{12}$，BGO）晶体的闪烁性能

性　　能	BGO	GSO：Ce	LSO：Ce	YAP：Ce	LuAP：Ce
密度/(g/cm³)	7.13	6.17	7.4	4.55	8.34
辐射长度/cm	1.12	1.38	1.14	2.61	1.1
衰减常数/ns	300	30～60	40	65	17
最大发射波长/nm	480	440	420	550	365
光产额（以 NaI：Tl 为 100%）/%	7～10	20	75	31	32
熔点/℃	1050	1990	2050	1970	
辐照硬度/Gy	10^2～10^3	10^6	10^5	10^3	
折射率	2.15	1.85	1.82	1.836	
吸潮性	否	否	否	否	否
解理	无	(100)	无	无	无
硬度（莫氏）	5	5.7	—	8.5	—

（1）钨酸铅闪烁晶　尽管钨酸铅（$PbWO_4$，可用 PWO 表示）不属于稀土材料，但是稀土离子在它的性能改善方面发挥了重要作用。早在 1948 年就开始了对 $PbWO_4$ 的发光研究，但光效很低，未引起人们的重视，直到 20 世纪 90 年代发现它具有闪烁特性，才重新引起人们的关注。而更引人瞩目的是 PWO 闪烁体已用 2005 年建造的欧洲核子中心（CERN）大型强子对撞机，这是世界上最大的超高能量、高流强的质子-质子对撞机，其探测器的核心是一台具有极高探测精度的电磁量能器（ECAL），它由 8 万根 PWO 晶体组成。由于 PWO 晶体综合性能优异而被列为 ECAL 的首选闪烁晶体。但是，它的最大缺点是发光效率低，仅为 NaI：Tl 的 5%，尽管在测量信号可采用新型雪崩管来弥补这一缺点，但其发光效率仍有待提高；而且 PWO 的抗辐照硬度也需要进一步增强。

为了改善 PWO 的性能，近年来研究人员在 PWO 中掺杂稀土 Nd、Sc、Lu、La、Y、Gd 等元素和非稀土 Sb 等，其中掺杂 Y^{3+} 的 PWO 晶体获得较好的效果，Y^{3+} 的作用主要是补偿晶体缺陷，抑制红光带（慢成分）的发射，提高 PWO 晶体耐受高能粒子辐照的硬度和发光稳定性。目前 PWO：Y^{3+} 已成为主要应用的闪烁晶体之一，但它的发光强度不如 PWO。但掺杂 Gd^{3+} 后可提高发光强度（尤其是绿色和蓝色），实验结果表明，低掺杂的 PWO：Gd^{3+} 是一种性能优良的闪烁材料。另有研究发现，PWO：Dy^{3+} 则是一种潜在的具有高辐照硬度、高密度、中等时间分辨率的稀土闪烁晶体。

（2）稀土氟化物闪烁晶体　稀土氟化物是一类非常重要、应用较广的闪烁晶体。这类材料主要有 CeF_3、LaF_3：Ce^{3+}、BaF_2：Ce^{3+} 和 CaF_2：Eu^{2+} 等。稀土离子的引入可以使氟化物的闪烁性能得到明显的改善。

氟化铈（CeF_3）的密度高、发射光谱位于长波紫外区（270～360nm），与光探测器的匹配性好，衰减时间短，快衰减和慢衰减时间分别为 2ns 和 31ns，而且还具有很强的抗辐照能力。它的主要性能介于 BGO 和 BaF_2 之间，因此受到高能物理和核医学成像技术的重视。虽然 CeF_3 闪烁体没有 BaF_2 闪烁体的"快成分"那样快，但它的慢成分比 BaF_2 的"慢成分"快 20 倍，比 BGO 快 10 倍。CeF_3 曾是美国超级超导对撞机（SSC）和西欧核子中心的大型强子对撞机（LHC）的首选探测材料。CeF_3 闪烁体还特别适用于具有快速飞行时间、廉价的玻璃光电倍增管的正电子发射层析 X 射线摄像系统。

$LaF_3：Ce^{3+}$ 闪烁体的一些特性非常类似于 CeF_3，其密度介于 BaF_2 和 BGO 之间，它的主要衰减时间为 26.5ns，但还有一个 3ns 的快成分和一个 185ns 的慢成分，这两个成分随 Ce^{3+} 浓度的减小而增加，由于 $LaF_3：Ce^{3+}$ 的发射峰主要位于 300nm 附近，需要采用石英或 UV 玻璃窗口的光电倍增管。由于 $LaF_3：Ce^{3+}$ 闪烁体具有良好的阻止本领、纳秒衰减时间及高计数率等特性，因而这种闪烁体适用于现代医学图像显示技术和核子科学技术。

此外，$CaF_2：Eu^{2+}$、$BaF_2：Ce^{3+}$ 及 $PbF_2：Gd$ 等闪烁晶体也有各自的特点和不同的用途。

(3) 硅酸钆闪烁晶体　$Gd_2SiO_5：Ce^{3+}$（$GSO：Ce^{3+}$）闪烁晶体具有高的有效原子序数、发光衰减时间快（60ns）、光输出高（超过 BGO 闪烁体）、吸收系数高、材料稳定、不吸潮等特点。采用提拉法单晶生长工艺可制备性能优良的 $GSO：Ce^{3+}$ 单晶。此单晶的体色为浅黄色，与 Ce^{3+} 浓度有关。$GSO：Ce^{3+}$ 可用于正电子发射摄影技术、核物理实验、制作正电子灵敏探测器及油井记录仪等。

7.7.1.2　稀土陶瓷闪烁体

由于单晶材料的制备对设备要求高、晶体生长速度慢、生产成本高，于是人们设法开发多晶陶瓷闪烁体及其器件。日本首先开发了由稀土陶瓷闪烁体（$Gd_2O_2S：Pr^{3+}$，Ce^{3+}，F^-）和硅光电二极管组成的 X 射线 CT 闪烁探测器，使 CT 图像质量得到改善。在 $Gd_2O_2S：Pr^{3+}$，Ce^{3+}，F^- 闪烁体中，Ce^{3+} 可以减少余辉，而卤素 F^- 则可改善发光效率。

$Gd_2O_2S：Pr^{3+}$，Ce^{3+}，F^- 陶瓷的光学透射率约为 60%，用在 X 射线 CT 中具有如下特点：①有效原子序数约为 60，具有高的 X 射线衰减系数，即阻止本领相当高；②X 射线的转换因子高，约为 15%；③发光中心 Pr^{3+} 的 10% 余辉时间为 3～6μs，相当短；④发射光谱分布宽，从 470nm 扩展到 900nm，和硅光电二极管的光谱灵敏度匹配；⑤材料无毒，不潮解，化学性质稳定。这种陶瓷闪烁体的主要不足之处是在单元闪烁体中有晶粒边界，增加了对光的吸收，和单晶相比光的透射率低。将该陶瓷闪烁体和硅光电二极管配合使用，它的探测灵敏度是氙气电离探测器的 1.3～1.5 倍，是 $CdWO_4$ 晶体的 1.8～2.0 倍。这种新的固体探测器在 CT 成像中，低对比度的可探测性提高了 30%，而在成像相同对比度质量情况下，可减少腹部、头部 X 射线的透视剂量分别为 30% 和 40%。

此外，常用的陶瓷闪烁体还有 $(Y,Gd)_2O_3：Eu^{3+}$ 和 $Gd_3Ga_5O_{12}：Cr^{3+}$，Ce^{3+}。美国 GE 公司曾开发一种名为 HiLight 的陶瓷闪烁体，是 Eu 掺杂的 Y_2O_3/Gd_2O_3 固溶体透明陶瓷，在 1998 年的北美放射年会上，GE 公司和德国西门子公司都推出了用透明陶瓷闪烁体作为探测器的新一代多层面 CT 扫描仪。

7.7.1.3　稀土玻璃闪烁体

除稀土闪烁晶体和稀土陶瓷闪烁体外，近年来稀土掺杂玻璃闪烁体也备受人们关注。与闪烁晶体相比，闪烁玻璃具有如下优点：①制备工艺简单、生产成本低；②化学组成可在很大的范围内变化，故可根据需要制备性能不同的闪烁玻璃（如调节闪烁体的密度和发射波长）；③激活剂易在玻璃中均匀分散，可保证闪烁体各部位闪烁性能的均匀一致性；④激活剂的类型和含量基本不受限制；⑤容易制成大尺寸的闪烁玻璃，也可制成闪烁纤维；⑥光学性能易于得到保证。但玻璃闪烁体的密度和光效率还很低，难以满足应用要求。稀土掺杂闪烁玻璃包括 Ce^{3+} 掺杂的氧化物闪烁玻璃和氟化物闪烁玻璃。

在稀土掺杂氧化物闪烁玻璃中，最早实现商品化的是 Ce^{3+} 掺杂的高硅玻璃，其脉冲可达 $NaI：Tl$ 的 10%，发光效率与玻璃纯度有关。目前对这类闪烁体的研究主要集中在同时提高密度和发光效率，闪烁激活剂以添加 Ce^{3+} 等快闪烁物质为主，以期得到高密度闪烁玻璃，MgO、CaO、Li_2O 等可有效地促进闪烁玻璃中 Ce^{3+} 的发光；而 PbO、Bi_2O_3、ZnO、La_2O_3、Na_2O、K_2O、TeO_2、Ta_2O_5 对 Ce^{3+} 的发光均有强烈的抑制作用；Y_2O_3、Gd_2O_3 和 SrO 在一定条件下有利于 Ce^{3+} 的发光。研究发现，以 CeF_3 代替 Ce_2O_3 引入闪烁玻璃，可有效地提高掺杂 Ce^{3+} 闪烁玻璃的输出。

高密度氟化物闪烁玻璃的紫外通过性好，Ce^{3+} 是这类玻璃的主要闪烁物质。这类闪烁玻璃在高能物理研究中有重要应用，主要问题是辐照硬度低和发光淬灭，但在耐辐照的氟化物玻璃中，Ce^{3+} 的发光是可以实现的。有报道，掺杂 CeF_3 和 MnF_2 的 HfF_4 闪烁玻璃的密度为 $6g/cm^3$，衰减时间为 4ns，光输出为 CeF_3 的 10%～15%；将重金属加入氟锆和氟铝玻璃中，制备出了致密而稳定的重氟化物闪烁玻璃，Ce^{3+} 的摩尔分数 5%～10%、衰减时间 10ns，最大发光效率 1000 光子/MeV。与氧化物玻璃相比，氟化物闪烁玻璃的缺点是析晶倾向显著，这就要求熔体有较高的冷却温度。

稀土掺杂闪烁玻璃具有其他闪烁体所不具备的独特优势，虽然目前尚处于探索阶段，但是随着研究的不断深入，它们在高能物理等高科技领域中具有广泛的应用前景。

7.7.2 稀土上转换发光材料

通常的发光现象都是发光材料吸收光子的能量高于发射光子的能量，即发光材料吸收高能量的短波辐射，发射出低能量的长波辐射，服从斯托克斯（Stokes）定律。然而，还有一种发光现象恰恰相反：激发波长大于发射波长，这称为反 Stokes 效应或上转换现象。1966年法国科学家奥泽尔（Auzel）在 $Nay(WO_4)$：Yb, Er 材料中发现发射光子的能量大于吸收光子能量的上转换发光现象。迄今为止，上转换发光材料绝大多数都是掺杂稀土离子的化合物，这是稀土的另一种发光本领，即利用稀土元素的亚稳态能级特性，可以吸收多个低能量的长波辐射，经多光子加和后发出高能量的短波辐射，从而可使人眼看不见的红外光变为可见光。这一特征可使对长波灵敏度差的红外探测器的功能得到进一步发挥，因此上转换材料可作为红外光的显示材料，如夜视系统材料、红外量子计数器、发光二极管以及其他发光材料等，在国民经济和国防建设中有重要的应用潜力。在理论研究中也具有重要意义。

7.7.2.1 稀土上转换材料发光机制

稀土离子上转换发光是基于稀土元素 4f 电子间的跃迁，由于外壳层电子对 4f 电子的屏蔽作用，使得 4f 电子态之间的跃迁受基质的影响很小。每种稀土离子都有其确定的能级位置，不同稀土离子的上转换过程不同。稀土离子的发光过程可分为三步：①基质晶格吸收激发能；②基质晶格将吸收的激发能传递给激活离子，使其激发；③被激发的稀土离子发出荧光而返回基质。目前，可以把上转换过程归纳为三种形式：激发态吸收上转换、能量传输上转换及光子雪崩上转换。

(1) 激发态吸收上转换 激发态吸收是上转换发光最基本过程。如图 7-14 所示，首先，发光中心处于基本能级 E_0 的电子吸收一个 ω_1 的光子，跃迁到中间亚稳态 E_1 上，E_1 电子又吸收一个 ω_2 光子跃迁到高能级 E_2，当 E_2 电子向下跃迁回基态时，就发射一个高能光子，其频率 $\omega > \omega_1$，ω_2。

(2) 光子雪崩 光子雪崩的机制是：一个能级上的粒子通过交叉弛豫在另一个能级上产生量子效率大于 1 的抽运效果。激发光光强的增大将导致建立平衡的时间缩短，平衡吸收的强度变大，有可能形成非常有效的上转换。光子雪崩现象的证据是在阈值功率以下，上转换发光与激发功率以二次方或三次方变化，而当激发功率超过此阈值时，上转换信号异常增加。"光子雪崩"的上转换发光于 1979 年在 $LaCl_3$：Pr^{3+} 材料中首次发现。由于它可以作为上转换激光器的激发机制，而引起人们的广泛注意。"光子雪崩"过程是激发态吸收和能量传输相结合的过程，只是能量传输发生在同种离子之间（D-D 能量迁移）。如图 7-15 所示，一个四能系统，m_0，m_1，m_2 分别是基态及中间亚稳态，E 为发射光子的高能态。激发光对应于 $m_1 \rightarrow E$ 的共振吸收。虽然激发光同基态的吸收不共振，但总会有少量的基态电子被激发到 E 与 m_2 之间，然后弛豫到 m_2 上。m_2 电子和其他离子的基态电子发生能量传输 Ⅰ，产生 2 个 m_1 电子。1 个 m_1 再吸收 1 个 ω' 后，激发到 E 能级，E 能级电子又与其他离子的基态电子相互作用，发生能量传输 Ⅱ，则产生 3 个 m_1 电子。如此循环，E 能级的电子数量就会像雪崩一样急剧增加。当 E 能级电子向基态跃迁时，就发出 ω 光子。此过程就称为上转换的"光子雪崩"过程。

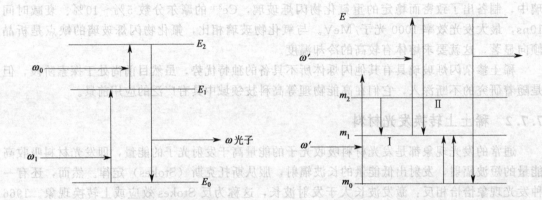

图 7-14 激发态吸收上转换示意图   图 7-15 光子雪崩过程示意图

（3）能量传递 从施主到受主（固体发光学常称为敏化中心和激活中心，即光的吸收和发射不在同一中心上）的能量传递，减少了施主激发态上的电子数，降低了其寿命，使施主的发光变得微弱甚至消失。当施主的电子从激发态跃迁到较低能量的激发态时，把能量传递给受主离子使受主离子激发到高能态上，同稀土离子的直接吸收相比，能量传递能使受主离子激发态上的电子数增加 2～3 个数量级，从而提高了上转换效率。能量传递又可分为辐射能量传递和无辐射能量传递基本形式和其他形式，可参看有关专著。

7.7.2.2 稀土上转换发光材料的主要类型

稀土上转换发光材料的种类非常多，根据其基质的不同可以分为如下几类。

（1）稀土氟化物系列 利用稀土离子在氟化物中的上转换特性，可以获得许多可在室温下工作的上转换材料。稀土离子（Nd^{3+}、Pr^{3+}、Ho^{3+}、Er^{3+} 等）激活的稀土氟化物、稀土碱金属和碱土金属等复合氟化物，如 LaF_3、YF_3、$LiYF_4$、$NaYF_4$、K_2YF_5、$BaYF_5$、BaY_2F_8 等都是目前最重要的上转换发光材料。由于氟化物基质的声子能量低，减少了无辐射跃迁的损失，因此具有较高的上转换效率。尤其是重金属氟化物基质的振动频率低，稀土离子激发态无辐射跃迁的概率小，可增强辐射跃迁。研究发现，稀土离子掺杂的重金属氟化物是优良的激光上转换材料。例如，Nd^{3+} 掺杂的 $Pb_2M_3F_{19}$（M＝Al、Ti、V、Cr、Fe、Ga）玻璃、Ho^{3+} 掺杂的 BaY_2F_8、Pr^{3+} 掺杂的 K_2YF_5 玻璃都是性能较好的上转换材料。近年来发展起来的稀土掺杂氟化物上转换薄膜可将低能量的光高效地转换成可见光，具有重要的实用价值。

（2）稀土氧化物系列 稀土氧化物上转换材料声子能量较高，因而上转换效率较低，但是，它具有制备工艺简单、环境条件要求较低。形成玻璃相的组分范围大、稀土离子的溶解度大、机械强度和化学稳定性好等优点。比较典型的稀土氧化物上转换材料有：溶胶-凝胶法制得的 Eu^{3+}、Yb^{3+} 共掺杂的多组分硅酸盐玻璃，可将 973nm 近红外光上转换成橘黄色

234

光；用此法得到的掺 Tm^{3+} 硅酸盐玻璃能将红光转换成蓝光。Pr^{3+} 激活的 $GeO-PbO-Nb_2O_5$ 玻璃能将 2500nm 以下的近红外光进行上转换。$Nd_2(WO_4)_3$ 晶体，在室温下可将 808nm 激光上转换成 457nm 及 657nm 处发光。YVO_4：Er^{3+} 单晶在室温下可将 808nm 激光上转换成为 550nm。$Y_3Al_5O_{12}$：Sm^{3+} 晶体在室温下则可将 925～950nm 激发光上转换至可见光区域。

（3）稀土氟氧化物系列 作为上转换材料，氟化物的声子能量小，上转换效率高，但缺点是机械强度和化学稳定性差，应用困难；氧化物基质的机械强度和化学稳定性好，但声子能量大，上转转换效率低。氟氧化物则综合了两者优点因而引起了人们的极大关注。1975 年法国 Auzel 率先报道了一种可实现上转换的氟氧化物玻璃陶瓷；1993 年 Wang 和 Ohwaki 发现 Er^{3+}、Yb^{3+} 共掺杂的 $SiO_2-Al_2O_3-PbF_2-CdF_2$ 透明玻璃陶瓷可将 980nm 的光转换为可见光，其效率远高于氟化物。近来，徐叙瑢等制备了一种单掺 Er^{3+}，而使敏化剂的氟氧化物陶瓷，在 980nm 光的激发下，可有效地发射红光和绿光，红光强度大于绿光（红光强度随 Er^{3+} 浓度的增加而减弱）。

（4）稀土卤化物系列 此类稀土上转换发光材料主要是指掺杂稀土离子的重金属卤化物，其较低的振动能进一步降低了多声子弛豫过程的影响，增强了交叉弛豫过程，提高了上转换效率。如 Er^{3+} 掺杂的 $Cs_3Lu_2Br_9$ 可将 900nm 的激发光有效地上转换为 500nm 的蓝绿光。此类化合物在上转换激光及磷光体材料应用中具有相当的潜力。目前，趋向与硫化物联合使用，如 Pr^{3+} 激发的 $GeS_2-Ga_2S_3-CsX$ 玻璃等。

（5）稀土硫化物系列 稀土硫化物上转换材料与氟化物材料一样具有较低的声子能量，但制备时须在密封条件下进行，不能有氧和水的进入。Pr^{3+}/Yb^{3+} 激活的 $Ga_2O_3-La_2S_3$ 玻璃在室温下能将 1064nm 激发光上转换至 480～680nm 区域。其中 Pr^{3+} 是上转换离子，Yb^{3+} 是敏化剂。磷光体材料 CaS：Eu，Sm 和 CaS：Ce，Sm 均在室温下能将 1064nm 激发光上转换至可见光区域，且转换效率较高，分别为 76％和 52％。

此外，还有稀土掺杂的磷酸盐非晶材料、氟硼酸盐玻璃材料以及碲酸盐玻璃等稀土上转换及光材料。

7.8 稀土激光材料

激光材料（laser materials）是指能把各种泵浦（电、光、射线）能量转换成激光的材料。激光是由激光工作物质受激发后产生的。用电学、光学及其他方法对工作物质进行激励，使其中一部分粒子激发到能量较高的状态中去，当这种状态的粒子数大于能量较低状态的粒子数时，由于受激辐射作用，该工作物质就能对某一波长的光辐射产生放大作用，也就是当这种波长的光辐射通过工作物质时，就会射出强度放大而又与入射光位相一致、频率一致、方向一致的光辐射，这种情况称为"光放大"。若把激光工作物质置于谐振腔内，则光辐射在谐振腔内沿轴线方向往复反射传播，多次通过工作物质，使光辐射被放大了很多倍，从而形成一束强度很大、方向集中的光束——激光。激光是一种单色性好、方向性和相干性都好的新光源，它有很高的能量和亮度。这些特性使激光很快就应用到国民经济、现代科学技术和国防工业的各个部门，尤其是制导、测距、焊接、钻孔、切割、育种、外科手术、计量和分析等方面，成为一门蓬勃发展的新技术。特别是激光氢弹引爆、激光受控热核反应、激光通讯、激光计算等都已成为当代国际上引人注目的高新技术领域。

稀土激光材料与激光技术是同时产生的，1960 年首次使用激光技术，同年就发现用掺钐的氟化钙（CaF_2：Sm^{3+}）输出脉冲激光，此后稀土在激光材料中的应用发展非常迅速，由于稀土元素所具有的特殊的电子组态、众多可利用的能级和光谱特性，稀土已成为激光工作物质中最重要的元素。迄今为止，已获得激光输出的稀土离子有14种，涉及的基质晶体包括氟化物、氧化物、复合氟化物、复合氧化物等晶体170多种和一些其他形态的物质。在现有的激光材料中，90％以上都是掺入稀土离子作为激活剂，可见稀土在激光材料中占有极其重要的地位。

7.8.1　稀土激光原理

在已发现的激光工作物质中，稀土已成为一族极其重要的元素，这都与它们具有特殊的电子组态、众多的可利用的能级和光谱特性有关。图 7-16 是利用一些稀土离子的三能级或四能级系统产生激光的原理图。图 7-17 是稀土固体或液体激光器的简图。在稀土激光材料的两端装有两面对激光波长具有不同反射率的反射镜，放在内衬银或铝等反射材料的聚光器内，用脉冲氙灯、氪灯、发光二极管或激光等作为激发光源（或称光泵），由光泵发出的光被稀土激活离子吸收后，使稀土离子从基态 1 激发至能级 4，再无辐射弛豫至亚稳态 3。当从亚稳态 3 以辐射弛豫的方式返回基态 1（三能级系统）或返回能级 2（四能级系统）时，发光的光在材料两端的反射镜之间来回产生振荡，当增益大于损耗，满足产生激光的条件时，就从镜子反射率低的一端输出激光。

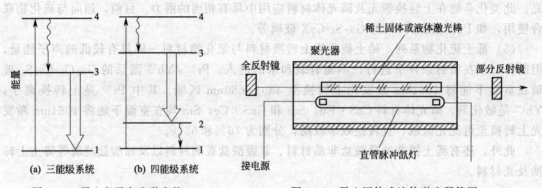

图 7-16　稀土离子产生激光的
三能级和四能级系统

图 7-17　稀土固体或液体激光器简图

产生激光的必要条件是在能级 3 上实现粒子反转，即累积在能级 3 上的反转粒子数必须多于在能级 1 或能级 2 上的粒子数。在三能级系统中，在能级 1 上的粒子必须有 50％ 以上被激发至能级 3 上才能实现粒子数的反转，故产生激光的阈值比较高（开始产生激光时所需输入的能量或功率称为阈值）。而在四能级系统中，只要求能级 2 的能量大于 kT，因此，在能级 2 上由于温度而产生热反转的粒子数很少。如果从能级 3 跃迁至能级 2 上的粒子又可以很快地弛豫至基态 1 而不积累在能级 2 上，则在能级 2 上的粒子数很少，其时，相对于能级 2，在能级 3 上比较容易实现粒子数的反转。故在四能级系统中，产生激光的阈值较低。

在四能级系统中，为降低阈值，稀土激光材料必须满足如下的要求。

① 为了更好地被光泵激发，稀土激活离子必须有宽的或为数众多的吸收谱带，并与光泵发射的波长相匹配，以使激光材料可从光泵吸收更多能量。

② 稀土激活离子必须从能级 4 以无辐射弛豫的方式很快地弛豫至产生激光的亚稳态 3。

③ 从能级 3 至能级 2 产生的激光跃迁必须满足下列要求：a. 荧光谱线要窄，受激发射截面要大。但对用于调 Q 操作和用于可调谐操作的激光材料则荧光谱线要宽；b. 尽可能是转射跃迁，不含无辐射跃迁。亚稳态 3 的寿命尽可能接近自发辐射寿命，其时的量子效率可提高至接近于 1；c. 荧光分支比要尽可能大。

236

④ 不发生从能级 3 吸收光泵或激光的能量以后向更高能级跃迁的激发态吸收。

⑤ 从能级 2 至基态 1 须是很快的弛豫过程，否则粒子将积累在能级 2 上排泄不出去而影响在能级 3 实现粒子数反转。

⑥ 产生激光的末端能级 2 的能量必须大于 kT，以免在其上产生粒子的热反转，否则须在低温下操作。

⑦ 产生的激光不被基质或其内的杂质所吸收或散射。

⑧ 对基质材料则有以下要求：a. 必须有良好的光学均匀性；b. 必须有很好的导热性，以免被光泵激发时由于受热而炸裂或引起折射率随温度的变化而产生热光畸变、热透镜和自聚焦等不良效应；c. 热膨胀系数要小，以使激光材料可被牢固地固定。

⑨ 固体基质材料必须具有良好的力学性能，易加工，而且不被激光所损伤，被激光破坏的阈值要高。

⑩ 材料的非线性折射率要小，否则可使激光束发生自聚焦而使性能变坏。

在稀土激光材料中常用的激活离子是 Nd^{3+}，它输出的 $1.08\mu m$ 激光是 $^4F_{3/2} \rightarrow {}^4I_{11/2}$ 跃迁。该跃迁属于四能级系统，因它较好地符合上述的一些要求而较易产生激光。Nd^{3+} 在可见区及近红外区有很多吸收谱带，有利于提高光泵的效率。Nd^{3+} 的激光末端能级（$^4I_{11/2}$）比基态（$^4I_{9/2}$）高约 $2000cm^{-2}$，远大于室温时的 kT 值（约 $270cm^{-1}$），故在 $4I_{11/2}$ 能级上由于热反转而产生的粒子数很少（约 10^{-4}）。而且，在大部分材料中，从 $^4I_{11/2}$ 至基态 $^4I_{9/2}$ 的无辐射弛豫的速率很快，有利于受激后在 $^4F_{3/2}$ 能级实现粒子数的反转。在 $^4F_{3/2} \rightarrow {}^4I_J$ 的各种辐射跃迁中，以 $^4F_{3/2} \rightarrow {}^4I_{11/2}$ 的辐射跃迁概率和荧光分支比最大，后者约为 0.5，受激发射截面也较大。由于 Nd^{3+} 具备了这些较易产生激光的条件，故在稀土激光材料中研究得最多，可产生激光的基质也最多。

人们已实现了固态、液态和气态稀土的受激发射，几乎所有镧系元素和锕系元素激光材料都已实现了光泵浦。在不同介质中镧系元素激光发射波长分布范围如图 7-18 所示。由图

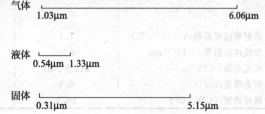

图 7-18　在不同介质中镧系激光发射波长分布范围

7-18 可以看出，气体和固体介质中稀土激光发射波长覆盖范围很大。在已经实现激光输出的 14 种稀土离子中，激光发射波长最短的是 Gd^{3+}，最长的是 Dy^{3+}，在可见光区有 Pr^{3+}、Tb^{3+}、Ho^{3+}、Eu^{3+}、Sm^{3+}；在红外光区有 Nd^{3+}、Yb^{3+}、Er^{3+}、Tm^{3+}、Tm^{2+}、Dy^{3+} 等。

7.8.2　稀土固体激光材料

激光材料中应用最早而且最为普遍的是固体激光材料，如 1960 年发明的第一台激光器就是固体红宝石激光器，至今在各种各样的激光器中固体激光器仍占据主导地位。固体激光器中核心是固体激光材料，它们多是采用光泵方式的稀土离子为激光中心的电介质材料。这类材料又可分为晶体激光材料、玻璃激光材料、化学计量激光材料和光纤激光材料。

7.8.2.1　稀土晶体激光材料

激光晶体和激光玻璃的主要区别在于激光晶体中，激活离子处于有序结构的晶体中；而激光玻璃中，激活离子处于无序结构的网络中。由于激活离子所处的环境和基质材料的物理化学性质的不同，使得激活离子的光谱特性和激光性能也不相同。

除了色心激光晶体外，绝大部分的激光晶体是含有激活离子的荧光晶体，包括掺杂型激

光晶体和自激活激光晶体，掺杂型激光晶体是激光材料的主要形式，它是由激活离子和基质晶体两部分组成。其中激活离子主要是稀土离子（三价和二价）以及过渡族金属离子，基质晶体则主要是氧化物（如 Y_2O_3、Al_2O_3 等）和复合氧化物（如 $Y_3Al_5O_{12}$-YAG、$Gd_3Al_5O_{12}$-GGG 等）、金属含氧酸以及氟化物等 170 多种晶体。

在众多的激光晶体中，经过 30 多年的应用选择和发展，现在公认为较好和广泛应用的激光晶体只有几种，而且它们都是掺钕的稀土化合物，如掺 Nd^{3+} 的钇铝石榴石（YAG：Nd^{3+}），掺 Nd^{3+} 的氟化钇锂（LYF：Nd^{3+}）和掺 Nd^{3+} 的铝酸钇（YAP：Nd^{3+}）。一些掺钕的稀土晶体激光材料的性能列于表 7-20。

表 7-20 一些掺钕的稀土晶体激光材料的性能

性　能	激　光　晶　体		
	YAG：Nd^{3+}	YAP：Nd^{3+}	YLF：Nd^{3+}
晶系	立方	正交	四方
折射率	1.823	$n_a=1.97, n_b=1.96, n_c=1.94$	$n_o=1.46, n_e=1.48$
激光波长/μm	1.064	1.0796	$(\pi)1.0471, (\sigma)1.0530$
受激发射截面/$\times10^{-19}cm^2$	8.8		$(\pi)6.2, (\sigma)1.8$
密度/(g/cm^3)	4.55	5.35	3.99
热导率/[$W/(cm \cdot ℃)$]	0.13	0.11(ac 平面上偏 c 轴 45℃)	0.06
比热容/[$J/(g \cdot K)$]	0.59		0.79
热扩散系数/(cm^2/s)	0.048	0.049	0.019
热膨胀系数/($\times10^{-6}/℃$)	6.9	9.5 // a 轴	14.75 // a 轴
		4.3 // b 轴	9.5 // c 轴
		10.8 // c 轴	
折射率温度系数/($\times10^{-6}/℃$)	7.3		$(\pi)-2.0, (\sigma)-4.3$
非线性折射率/$\times10^{-13}$esu	4.09		0.59
发光寿命/$\times10^{-4}$s	2(1% Nd)	1.8(1%～3% Nd)	4.8(1.5% Nd)
荧光带宽/cm^{-1}	6.5	11	12.5
破坏阈值/(GW/cm^2)	10.1		18.9

（1）掺钕钇铝石榴石激光材料 掺钕钇铝石榴石（$Y_3Al_5O_{12}$：Nd^{3+}，即 YAG：Nd^{3+}）是目前国内外应用最为广泛的稀土固体材料之一。在现有激光晶体中，YAG：Nd^{3+} 的激光、热学和机械等综合性能最佳，成为目前最好最实用的高功率材料，占使用器件的 90% 以上，已广泛应用于工业、医疗、科研和国防等各个领域。YAG：Nd^{3+} 是 YAG 中掺入 Nd_2O_3，在晶体中 Nd^{3+} 以杂质形式出现，代替 Y^{3+} 的位置。一般掺入的 Nd^{3+} 约占 Y^{3+} 的 1%，Nd^{3+} 的密度为 $1.38\times10^{28}/cm^3$。其制备方法是采用熔盐法或提拉法，都可生长出光学质量良好的大晶体，晶体毛坯可达直径 10cm，长度为 20cm。国外多用高频炉生长，但常需使用贵重的铱坩埚。国内有使用电阻炉生长的，这可使用更便宜的钼坩埚，其炉内为还原性气氛。

YAG：Nd^{3+} 激光晶体主要靠钕离子能级中的粒子数反转产生光振荡而发出激光。它不但激光性能好，而且还具有良好的机械强度和导热性能，在晶体中 Nd^{3+} 只能取代 $\{Al\}_3$ 一种格位，故吸收和发射谱线都是均匀增宽的，荧光谱线很窄，因而阈值低。适用作重复频率高的脉冲激光器，其重复频率可高达每秒几百次，每次输出的功率可达百兆瓦以上。同时，它也是惟一能在常温下可继续工作并有较大功率输出的激光晶体，连续输出功率已超过 1000W，由于 YAG：Nd^{3+} 激光晶体具有阈值低、可在室温下进行长脉冲、调 Q、高重复频率、连续、倍频和锁模等操作，国内已广泛将 YAG：Nd^{3+} 激光晶体用于激光制导、目标指示、激光测距、激光打孔、激光医疗、激光光谱仪和激光微区分析等方面。

YAG：Nd^{3+}激光晶体虽然各方面性能都比较优良，但有些地方仍满足不了高功率、高效率的要求。原因是Nd^{3+}离子在YAG中的分凝系数小，掺入量最多约1%左右，这就限制了激光效率的提高；另外稀土离子的吸收较弱，不能充分利用光泵的能量。为此，可从两方面改进。①改进基质增加Nd^{3+}离子掺入量，采用钆镓石榴石（GGG），Nd^{3+}的掺入量可提高一倍；后来发现用钆镓钪石榴石（GSGG），Nd^{3+}的掺入量可提高到4倍，激光效率达4%以上；最近又出现了一种铝酸镁镧基质（$LaMgAl_{11}O_{19}$），它的Nd^{3+}掺入量可提高到6倍，从提高激光效率的角度这些晶体都较为有利。但是晶体生长困难等问题尚有待进一步研究解决。②加入Nd^{3+}的敏化离子以提高对光泵的利用率，通常采用Cr^{3+}离子，Cr^{3+}的光谱和Nd^{3+}的光谱相匹配，Cr^{3+}的吸收也很强。但是Cr^{3+}的能级寿命较短（几毫秒）而YAG：Nd^{3+}的荧光寿命为$250\mu s$左右，能量效率较低。后来，中科院长春应用化学研究所等找了用Ce^{3+}敏化Nd^{3+}的新途径，获得了良好的结果，在脉冲方式下效率可提高55%~70%，因Ce^{3+}的能级寿命较短（70ns），并可通过无辐射和辐射再吸收两种过程转移能量，效率高。

（2）掺钕铝酸钇激光材料　掺钕铝酸钇（YAP：Nd^{3+}）激光晶体可用提拉法从熔体中生长。与YAG：Nd^{3+}相比，该激光晶体具有如下特点。①在生长单晶时，Nd^{3+}在YAP中的分凝系数比YAG中高，在YAP中约为0.8，在YAG中为0.21，故Nd^{3+}在YAP晶体中的掺入浓度比在YAG中高，有利于吸收光能。②YAP属钙钛矿型的正交晶系，是各向异性的，故可利用晶体的不同取向而得到不同的激光特性，b轴取向时具有高增益的特性，宜用于连续激光的操作；c轴取向时具有高储能的特性，宜用于调Q的操作。③输出的是偏振光，因而可减少在调Q或倍频时的插入损失。④YAP晶体的生长速度比YAG较快。⑤与YAG：Nd^{3+}相比，输出功率不易饱和。由于YAP：Nd^{3+}具有以上特性，因此国内外对这类稀土激光晶体的研究较多，发展也较快。其缺点是在高温下存在相不稳定性，热膨胀系数是各向异性的，致使晶体在生长过程中易出现开裂、色心和散射颗粒等缺陷。

（3）掺钕氟化锂钇激光材料　氟化锂钇（YLF）是一种优良的激光基质，在其中很多稀土激活离子都实现了激光输出。掺钕氟化锂钇（YLF：Nd^{3+}）就是其中已得到应用的一种激光晶体。它的优点是抗外辐照，在受光辐照后不因产生色心而变色，适于多种掺杂，波长范围在$0.32\sim3.9\mu m$之间。基质吸收的截止波长移向短波，故可用波长较短、能量较高的富紫外光的脉冲光泵激励而不被损坏。目前存在的问题是在晶体中仍有散射颗粒，成品率较低。YLF：Nd^{3+}晶体可输出$1.047\mu m$和$1.053\mu m$的激光，分别与掺钕的氟硼酸盐玻璃和磷酸盐、氟磷酸盐玻璃的发射波长相匹配，因此，在激光核聚变的研究中，当使用磷酸盐玻璃作为放大器时，可选用YLF：Nd^{3+}晶体作为振荡器。

除了Nd^{3+}以外，还有许多稀土激活离子（如Er^{3+}、Ho^{3+}等）实现激光输出的通道比钕还多，其中掺铒的激光晶体其输出的$1.73\mu m$的激光（$^4S_{3/2}\rightarrow^4I_{9/2}$）和$1.55\mu m$的激光（$^4I_{13/2}\rightarrow^4I_{15/2}$）对人眼睛安全，大气传输性能较好，对战场的硝烟穿透能力较强，保密性好，不易被敌人探测，照射军事目标的对比度较大，已制成便携式对人眼安全的激光测距仪。铒激光器输出的$2.94\mu m$的激光（$^4I_{11/2}\rightarrow^4I_{13/2}$）和钬激光器输出的$2.91\mu m$的激光（$^5I_6\rightarrow^5I_7$）可被$H_2O$、$OH^-$等分子吸收，更适用于激光手术，在表面脱水和生物工程等方面，也将获得应用。

7.8.2.2　稀土玻璃激光材料

由于基质玻璃配位场的作用，使绝大多数3d过渡族金属离子在玻璃中实现激光的可能性很少，而稀土离子由于5s和6p外层电子对4f电子的屏蔽作用，使它们在玻璃中仍保持与自由离子相似的光谱特性，容易获得较窄的荧光，因此不少三价稀土离子（如Nd^{3+}、

Sm^{3+}、Gd^{3+}、Tb^{3+}、Ho^{3+}、Er^{3+}、Tm 和 Yb^{3+} 等）在玻璃中可产生激光。基质可以是硅酸盐、磷酸盐、氟磷酸盐、氟铍酸盐、氟锆酸盐、锗酸盐、碲酸盐和硼酸盐等无机玻璃。研究的重点是掺钕的硅酸盐玻璃、硼酸盐玻璃和磷酸盐玻璃。

稀土激光玻璃材料的优点是：输出的功效高、光学均匀性好、价格较低、易于制备，利用热成型和冷加工工艺可制得不同大小尺寸和形状制品，灵活性比晶体大。而且玻璃组分可在很大范围内变化，从而改变玻璃对激光波长的折射率，并可调节折射率的温度系数、应力光学系数、热光常数和非线性折射率等光学性质，获得光学质量和光学均匀性好的激光材料。其缺点是热导率比晶体低，因此不能用于连续激光的操作和高重复率操作。玻璃基质的光谱谱线具有不均匀增宽的性质，故阈值比晶体高，但谱线宽又有利高储能，适用于短脉冲 Q 开关和放大的操作，存储的能量密度可高达约 $0.5J/cm^3$。

目前，研究和应用较多的掺钕玻璃的 $^4F_{3/2} \rightarrow ^4I_{11/2}$ 跃迁的光谱性质列于表 7-21。

表 7-21　各种掺钕玻璃的 $^4F_{3/2} \rightarrow ^4I_{11/2}$ 跃迁的光谱性质

钕玻璃类别	非线性折射率 $/\times 10^{-13}$ esu	反射截面 $/\times 10^{-20} cm^2$	有效线宽 /nm	寿命 /μs	峰值波长 /nm
硅酸盐	>1.2	1.0~3.6	34~43	170~950	1057~1088
硼酸盐	>0.9	1.8~4.8	23~43	100~500	1052~1057
磷酸盐	>1.0	1.8~4.7	23~34	320~560	1060~1063
锗酸盐	>1.0	1.6~3.5	22~36	200~500	1057~1065
碲酸盐	>10	3.0~5.1	26~31	140~240	1054~1063
氟磷酸盐	>0.5	2.2~4.3	27~34	350~600	1054~1056
氟锆酸盐	>1.2	2.0~3.4	31~43	300~500	1049
氟铍酸盐	>0.3	1.7~4.0	19~28	550~1000	1046~1050

掺钕玻璃中发射荧光并以此产生激光的是钕离子 Nd^{3+}，掺钕玻璃中离子能级与 YAG 中钕离子能级相似。在激光器中，掺钕玻璃处于基态 E_0 能级的粒子，吸收氙灯的光（吸收带分别在 $0.525\mu m$、$0.75\mu m$、$0.81\mu m$ 和 $0.87\mu m$ 等波长附近），而被激发到 E_3 能级。粒子在 E_3 能级的寿命很短，通过无辐射跃迁到达 E_2 能级，E_2 能级是一个亚稳态能级，当到达粒子数反转的程度，就会发出 $1.06\mu m$ 的激光，然后粒子返回基态。掺钕玻璃中掺 Nd_2O_3 浓度的提高有利于能量储存，以获得大的输出能量。但浓度达到一定程度，钕离子之间距离减小，较大的相互作用会引起荧光猝灭。一般情况掺 Nd_2O_3 浓度为 2%。钕玻璃激光器属四能级系统，所以有较高的效率。大能量的钕玻璃激光器可用于受控热核反应的研究中。例如，1977~1978 年在美国劳伦斯-利弗莫尔（Lawrence Livermore）实验室的 shiva 钕玻璃激光器可产生脉宽为 0.8ns、能量高达 10kJ 以上的脉冲激光。十路的 Nova 钕玻璃激光器可产生脉宽为 3ns、能量高达 10^5 J 的脉冲激光。中科院上海光机所也利用国产的 No. 3 和 No. 7 型硅酸盐玻璃建成万兆瓦单路和十万兆瓦六路钕玻璃激光等离子体物理实验装置，随后又采用磷酸盐玻璃，使大功率激光器的输出功率达到 10^{12} W 以上。此外，又因稀土激光玻璃的价格便宜、而且又易于加工，它们的中小型激光器已在激光打孔、焊接、测距、育种、医疗和仪器制造等方面得到广泛应用。

7.8.2.3　稀土光纤激光材料

随着集成光学和光纤通讯的发展，需要有微型的激光器和放大器，从而在近年来发展了稀土光纤激光材料。早在 1973 年就实现了用脉冲染料激光器或氩离子激光器输出的 590nm 或 514.5nm 激光从一侧的端面泵浦掺钕和 Al_2O_3 的石英玻璃纤维，获得波为 $1.06\mu m$ 的连续激光输出。Nd^{3+} 在石英玻璃中的溶解度很低，只有万分之几，为改善其折射率和热学性质，常在其中加入少量的 Al_2O_3、GeO_2 或 P_2O_5。Nd^{3+} 的 $1.33\mu m$ 和 Er^{3+} 的 $1.55\mu m$ 激光波长与光纤通讯最佳的窗口相匹配。一些在常温下在熔石英纤维和氟化物玻璃纤维中产生激光的稀土离子列于表 7-22。

表 7-22　掺杂稀土离子的玻璃纤维的激光性能

稀土离子	光纤	泵浦激光/nm	输出激光波长/nm	掺杂浓度	阈值/mW
Nd^{3+}	S	Ga,Al,As(820)	1088	300×10^{-6}	0.1
	S	Dye(594)	1082	0.1%	6
	F	Ar^+(514.5)	1060	180×10^{-6}	300
	F	Ar^+(514.5)	1340	1000×10^{-6}	84
Er^{3+}	S	Dye(800~845)	1560	0.8%	5
	S	Nd：YAG(1064)	1560	0.8%	7
	F	GaAlAs(802)	2700	10%	60
	F	Ar^+(488,514)	1650	500×10^{-6}	600
Ho^{3+}	F	Ar^+(488,458)	2080,1380	993×10^{-6}	163,1120
Tm^{3+}	S	Dye(800)	1800~1140	830×10^{-6}	30
	F	Alexandrite(798)	2300	1000×10^{-6}	0.25
Pr^{3+}	F	Nd：YAG(1060)	1300	100×10^{-6}	
	F	Ar^+(476.5)	885,910	1200×10^{-6}	120~600
Yb^{3+}	S	GaAlAs(822)	1015~1140	2500×10^{-6}	8.2
	F	GaAlAs(975)	1010	2%	100

注：S 为熔石英玻璃，F 为氟化物玻璃。

自从掺铒（Er^{3+}）熔石英光纤放大器（EDFA）在光纤通讯的干线上取得实用结果后，人们十分重视光纤放大器的发展。特别是当波分复用技术应用于光纤通讯后，明显地增加了光维通讯的容量，因此人们就希望有宽带放大的光纤放大器。最近有报道，日本使用掺铒的光纤放大器先后完成了码速为 $2Gb/s$ 的海底通讯实验和 $900km$ 的长距离实验。

7.8.2.4　稀土化学计量激光材料

在化学计量激光材料中，稀土激活离子是作为晶体的组分之一，而不是以掺杂的形式加入。有时也包括高稀土浓度激光材料，稀土激活离子被 La^{3+} 或 Y^{3+} 等光学惰性离子所稀释。输出激光波长为 $2\mu m$ 的 HoF_3 是最早发现的化学计量激光材料，随后是 $PrCl_3$，接着出现了五磷酸钕 NdP_5O_{14}，促使在 20 世纪 70 年代掀起了研究者们对化学计量激光材料的兴趣。现已制得的一些主要的化学剂量激光材料和高稀土浓度的激光材料的组成和性能列于表 7-23。

表 7-23　一些化学计量和高稀土浓度的激光材料

激 光 材 料	稀土离子	激活剂浓度 /$\times10^{21}cm^{-3}$	间隔 /pm	跃迁	激光波长 /μm	荧光寿命 /μs	量子效应
化学计量晶体							
$PrCl_3$	Pr^{3+}	9.81		$^3P_0\rightarrow^3F_2$	0.6451	10	
NdP_5O_{14}	Nd^{3+}	3.96	52	$^4P_{3/2}\rightarrow^4I_{11/2}$	1.051	115	0.37
				$^4P_{3/2}\rightarrow^4I_{13/2}$	1.32		
$NdLiP_4O_{12}$	Nd^{3+}	4.37		$^4P_{3/2}\rightarrow^4I_{11/2}$	1.048	135	0.36
				$^4P_{3/2}\rightarrow^4I_{13/2}$	1.319		
$NdKP_4O_{12}$	Nd^{3+}	4.08		$^4P_{3/2}\rightarrow^4I_{11/2}$	1.052	100	0.38
				$^4P_{3/2}\rightarrow^4I_{13/2}$	1.319		
$NdK_3(PO_4)_2$	Nd^{3+}	5.01		$^4P_{3/2}\rightarrow^4I_{11/2}$	1.06	21	0.05
$NdAl_3(BO_3)_4$	Nd^{3+}	5.34		$^4P_{3/2}\rightarrow^4I_{11/2}$	1.064	19	0.38
					1.3		
$NdK_5(MoO_4)_4$	Nd^{3+}	2.32		$^4P_{3/2}\rightarrow^4I_{11/2}$	1.06	60	0.33

激 光 材 料	稀土离子	激活剂浓度 /$\times 10^{21}\,\mathrm{cm}^{-3}$	间隔 /pm	跃迁	激光波长 /μm	荧光寿命 /μs	量子效应
$NdNa_5(WO_4)_4$	Nd^{3+}	2.6		$^4P_{3/2} \rightarrow {}^4I_{11/2}$	1.06	85	0.36
HoF_3[②]	Ho^{3+}	20.8		$^5I_7 \rightarrow {}^5I_8$	2	2600[②]	0.29
$Er_3Al_5O_{12}$	Er^{3+}			$^4P_{11/2} \rightarrow {}^4I_{13/2}$	2.9367	70	
$ErLiF_4$[③]	Er^{3+}			$^4S_{3/2} \rightarrow {}^4I_{9/2}$	1.732		
高稀土浓度混晶							
$Nd_xLa_{1-x}P_5O_{14}$	Nd^{3+}			$^4P_{3/2} \rightarrow {}^4I_{11/2}$		320[①]	
$Nd_xLa_{1-x}LiP_4O_{12}$	Nd^{3+}			$^4P_{3/2} \rightarrow {}^4I_{11/2}$		325[①]	
$Nd_xGd_{1-x}KP_4O_{12}$	Nd^{3+}			$^4P_{3/2} \rightarrow {}^4I_{11/2}$		275[①]	
$Nd_xGd_{1-x}Al_3(BO_3)_4$	Nd^{3+}			$^4P_{3/2} \rightarrow {}^4I_{11/2}$		50[①]	
$Nd_xGd_{1-x}Na_5(WO_4)_4$	Nd^{3+}			$^4P_{3/2} \rightarrow {}^4I_{11/2}$		220[①]	
$Ho^{3+}:YAG$	Ho^{3+}			$^5I_6 \rightarrow {}^5I_7$	2.94		
$E^{3+}:YAG$	Er^{3+}	>1		$^4I_{11/2} \rightarrow {}^4I_{13/2}$	2.94	100	
高稀土浓度玻璃							
Li-Na-Nd-磷酸盐	Nd^{3+}	3	745	$^4P_{3/2} \rightarrow {}^4I_{11/2}$	1.054	80	0.24
Al-Nd-磷酸盐	Nd^{3+}	27		$^4P_{3/2} \rightarrow {}^4I_{11/2}$	1.052	50	0.11

① $x=0.01$。

② 温度 77K。

③ 温度 90K。

一些化学计量激光材料和高稀土浓度激光材料将在集成光学、光通讯、测距以及计算机中得到应用。

7.8.3　稀土液体激光材料

稀土离子 Eu^{3+}、Tb^{3+}、Gd^{3+} 和 Nd^{3+} 在某些液体中可产生激光。稀土液体激光物质的光谱特征是宽吸收带和线状发射带，与在玻璃中的情况相同。稀土液体激光材料不如固体激光材料应用更为普遍，这是因为溶剂的高频振荡会引起激发电子态的非辐射弛豫。稀土液体激光材料可分为两类，一类是使用稀土螯合物的有机液体激光材料，另一类是使用非质子溶剂的稀土无机液体激光材料。

7.8.3.1　稀土螯合物液体激光材料

20 世纪 60 年代中期，国外就对稀土的 β-二酮螯合物的发光及用作液体激光工作物质进行过较多的研究，Lempicki 等对一些常用的稀土螯合物激光物质的配件、阳离子的溶剂等作了较为全面的综述。目前，可用作稀土螯合物液体激光材料的稀土离子有三价的 Eu、Tb、Gd 和 Nd。1963 年最先使用的大部分是 Eu^{3+} 的 β-二酮类的螯合物，如苯酰丙酮（BA）、二苯酰甲烷（DBM）、噻吩酰基三氟丙酮（TTA）、三氟乙酰丙酮（TFA）和苯三氟丙酮（BTFA）等。

在稀土螯合物中，稀土离子与一些有机基团或配体配合，所以它在许多有机溶剂中是可溶的。当有机配体吸收了光泵的能量后，被激发至单态，再将能量转移至它的三重态。当此三重态的能级位置高于稀土激活离子的激发态时，则可将能量传递给稀土离子，使稀土离子发光。与在玻璃基质中的情形一样，当改变配体或阳离子时，跃迁发射波长发生微小的位移。大部分的稀土螯合物激光材料都是在低温操作。其中有 $Eu(BTA)_4$-乙腈体系可在室温输出激光，波长为 $0.612\,\mu m$。含铽的液体激光材料如 $Tb(TFA)_3$-二氧六环（P-D 或乙腈）、含钆的液体激光材料如 $Gd(TTA)_3$-（α,α'-联吡啶）-乙腈以及含钕的液体激光材料均有报道。由于这类激光材料中含有原子量很轻的氢及其易于振动而耗能，导致阈值很高，以及有机物对光泵过强的吸收不易获得大的发射功率，因此含有氢或低原子量的溶剂不宜用作激光工作物质。

7.8.3.2 稀土无机液体激光材料

为降低稀土液体激光材料的阈值，在化合物中必须不含振动频率高的原子，于是人们探索了含有重原子的非质子溶剂作为液体激光材料。1966 年首先发现了 $SeOCl_2$-$SnCl_2$ 可作为非质子溶剂，它可将 Nd_2O_3 或 $NdCl_3$ 溶解制成无机液体激光材料，其中的卤氧化物 $SeOCl_2$ 液体可解离为酸性离子 $SeOCl^+$ 和碱性离子 Cl^-。$SnCl_4$ 是路易斯酸，可与 Cl^- 结合形成配阴离子 $SnCl_6^{2-}$，再与 Nd^{3+} 形成可溶性配合物。由于 $SeOCl_2$ 的腐蚀性的毒性很大，很快就被另一卤氧化物 $POCl_3$ 所代替。也有使用 $VOCl_3$ 或 $PSCl_3$ 的。当使用 $POCl_3$ 时，可加入 $SOCl_2$ 以降低液体的黏度。其他可作为路易斯酸的无水卤化物还有 $SbCl_5$、$ZrCl_4$、$TiCl_4$、$AlCl_3$、BBr_3 等。利用溴化物的无机液体激光材料还有 PBr_3-$SbBr_3$-$AlBr$-Nd^{3+} 体系。在稀土中目前只有 Nd^{3+} 可在这些液体中实现激光输出，其中研究最多的是 $POCl_3$-$SnCl_4$-Nd^{3+} 和 $POCl_3$-$ZrCl_4$-Nd^{3+} 两个体系，后一体系利用三氟乙酸钕作为原料。1973 年长春应用化学研究所曾利用 250ml 的 $POCl_3$-$SnCl_4$-Nd^{3+} 液体装入 0.5m 长的石英管内，获得 600J 的激光输出，效率为 1.5％，最高可达 2.3％。钕在无机液体激光体系中的吸收光谱和荧光光谱类似于非晶态的钕玻璃，都具有宽的谱带，吸收截面比在玻璃中还大，量子效率也很高（见表 7-24）。由于采用了稀土液体激光材料具有容易制备、成本低廉等优点。利用一般化学实验室中的玻璃器皿，即可进行稀土的溶解和蒸馏脱水等操作，制得澄清透明、光学质量良好的液体激光材料。并可利用液体循环的方法使液体激光材料冷却，从而可清除光泵时在材料内所产生的大量的热，这是固体激光材料不易解决的问题。这类激光材料的缺点是，目前所用的 $POCl_3$ 体系的毒性和腐蚀性仍很大，循环泵的材料只能用镍和聚四氟乙烯等，不易加工；使用玻璃泵又易破损，而且所有这些非质子溶剂都易与水作用，由于水解后的溶液中含有原子量轻的氢原子，其高能振动使激光性能消失，故要求严格的气密以防止水分进入。此外，液体的折射率随温度的变化较大，一般比固体大 100～1000 倍。当管内的液体激光材料被光泵的强光照射后，由于产生不均匀的温度梯度而使液体的光学性质变差，发生热畸变，其效应相当于形成一个透镜而发生自聚焦，由于上述缺点而限制了它们的广泛应用。

表 7-24 两种含钕的无机液体激光材料的光谱性质

性　　质	$POCl_3$-$ZrCl_4$-$Nd(CF_3$-$COO)_3$	$POCl_3$-$SnCl_4$-Nd^{3+}
计算的荧光寿命/μs	362	317
测得的荧光寿命/μs	330～370	260～280
计算的量子效率/％	0.91～1.0	0.82～0.88
测得的荧光线宽/cm^{-1}	185	1.85
发射截面/$\times 10^{-20} cm^2$	5.15	5.69
激发态吸收强度($^4F_{3/2} \rightarrow ^2G_{9/2}$)/$\times 10^{-20} cm^2$	0.25	0.28
荧光强度($^4F_{3/2} \rightarrow ^4I_{11/2}$)/$\times 10^{-20} cm^2$	3.17	3.52

7.8.4 稀土气体激光材料

稀土气体激光材料可分为两类，即稀土金属蒸气激光材料和稀土化合物分子蒸气激光材料。

7.8.4.1 稀土金属蒸气激光材料

用稀土金属蒸气激光材料制成的激光器，其输出波长大都在可见光区。使用 Sm（Ⅰ）、

Eu（Ⅰ）、Tm（Ⅰ）、Yb（Ⅰ）中性原子或一次电离的 Eu（Ⅱ）和 Yb（Ⅱ）的金属蒸气放在具有窗口的气体放电管内，金属蒸气中并混入 He、Ne、Ar 等惰性气体。将气体放电管放在谐振腔中，用几百安培的脉冲电流进行激励而产生激光。例如，用压力为 $0.4\sim1.2Pa$ 的钐蒸气与 $(8.0\sim8.7)\times10^4Pa$ 的氦气混合，放在内径为 0.7cm，长 50cm 的氧化铍陶瓷管内，用脉冲电流激励，当氦的压力高时，在 600℃ 时可产生波长为 $1.002\mu m$ 的激光；在 610℃ 时的波长为 $1.0166\mu m$。当氦的压力低时，在 620℃ 时可产生波长为 $1.361\mu m$ 的激光，脉宽为 $150\mu s$，最大功率为 50W，电效率只有 0.6%，可用高功率脉冲或准连续的方式操作。几种稀土金属蒸气激光材料及其激光波长列于表 7-25。

表 7-25　稀土金属蒸气激光材料及其激光波长

RE	激 光 波 长	RE	激 光 波 长
Sm（Ⅰ）	1912.0～4865.6（8 根线）	Yb（Ⅰ）	1032.2～4801.1（8 根线）
Eu（Ⅰ）	1759.6～6057.9（11 根线）		1478.7～1797.7
Eu（Ⅱ）	1002,1016.6,1361	Yb（Ⅱ）	1649.8,243.7
Tm（Ⅰ）	1304.0～2385.0（14 根线）		1271.4,1345.3,1805.7
		Yb	2148.0

用 Yb（Ⅰ）蒸气时，最好的条件是 Yb（Ⅰ）的蒸气压为 $26.7\sim53.3Pa$，He 的气压约为 6.6kPa。用 Yb（Ⅱ）蒸气时，最好的条件是 Yb（Ⅱ）的蒸气压为 $8.0\sim10.7Pa$。He 的气压为 $0.027\sim0.04Pa$，但总的电效率都相当低。

7.8.4.2　稀土化合物蒸气激光材料

在这类激光材料方面，目前已实现激光输出的只有使用 $NdCl_3\text{-}AlCl_3$ 体系的稀土化合物分子蒸气，用闪光灯泵浦的染料激光器输出的 587nm 的激光激发。这类气体激光材料还有待深入研究和开发。

7.8.5　用于激光技术中的其他稀土材料

在激光技术中除了使用上述各种稀土激光工作物质之外，还有不少稀土材料被用于激光器的有关部件中，其中主要有如下几方面。

（1）激光光泵电极及镀膜用稀土材料　固体和液体激光器主要由激光工作物质及用于激励工作物质的光泵等组成。常用氙灯或氪灯作为光泵，以往常用钨丝作为灯的阴极。现在普遍采用稀土铈钨材料作为阴极，由于铈的逸出功比钨低得多，从而降低了脉冲氙灯阴极发射点的温度，使灯的寿命延长。同时使氙灯发射的有害的紫外光激发铈和锰以后上转换成有利于激光工作物质中稀土激活离子所吸收的可见光，防止激光工作物质受紫外光照射后产生色心，或防止杂质受紫外光照射后发生价态的改变而改变了吸收光谱，从而可减少紫外光的有害作用。

另外，激光棒两端的反射镜使用的多层介质膜可用具有高折射率（$n=2.20$）的二氧化铈蒸镀材料来制备。

（2）稀土激光显示材料和吸收材料　20 世纪 60 年代，人们研制出了一些稀土上转换材料，制成了多种发射红外波长的激光器，通过双光子或多光子效应，把红外光转换成可见光，可能显示和探测的红外波长范围是 $0.92\sim25\mu m$。用作 $1.06\mu m$ 红外激光显示的有以 Yb^{3+} 为敏化剂，以 Er^{3+}、Ho^{3+}、Tm^{3+} 为激活剂，用稀土（La^{3+}、Y^{3+}、Gd^{3+} 和 Lu^{3+}）氟化物、复合氟化物、氧卤化物、氧化物等制成多晶粉或单晶切片为基质的稀土上转换材料，这类材料以 Yb^{3+} 吸收看不见的近红外的光子，把能量传递给 Er^{3+} 等激活离子进行光子加和而获得可见光，从而可用作激光显示。例如，使用 $BaYF_3$：（Yb^{3+}，Er^{3+}）单晶或掺

Yb^{3+}，Er^{3+} 的上转换陶瓷材料作显示材料，可把掺钕激光器输出的脉冲或连续的看不见的 $1.06\mu m$ 近红外的激光转换为可见的 $0.55\mu m$ 的绿光，从而可用于掺钕激光器的动态调整、准直以及对准光路，观察器件的稳定性、光斑大小、模式和发射角等，观察直观，使用方便，已广泛使用。而大于 $1.06\mu m$ 红外光的显示则需要在较低温度下操作，在液氮温度下可用 $LaCl_3$：Pr^{3+}（或 LaF_3：Pr^{3+}）探测 $2.03\mu m$ 和 $2.3\mu m$ 的红外光，用 $LaCl_3$：Tm^{3+} 探测 $5.76\mu m$ 的红外光；用 $LaBr_3$：Sm^{3+}，Eu^{3+} 晶体可探测 $5\sim25\mu m$ 的红外光。

为了防止掺钕的玻璃激光棒或激光盘产生寄生振荡，可使用吸收 $1.06\mu m$ 的掺 Sm^{3+} 的玻璃作包壳，或在激光棒外通入含 90% $ZnCl_2+10\%$ $SmCl_3$ 的溶液，从而防止了储能的降低。

（3）稀土激光起偏材料和偏转材料　YVO_4 单晶可透过 $0.38\sim0.4\mu m$ 的光，其寻常和非寻常的折射率分别为 2.000 和 2.226，故双折射为 $+0.226$，可与常用的起偏材料方解石的双折射 -0.172 相比。其硬度类似于玻璃，莫氏硬度为 5.0，故易于光学加工，制得的光学元件可用作钬激光器的 $2.1\mu m$ 激光的起偏材料，而且插入损失较小。

Ce^{3+}、Pr^{3+}、Eu^{3+}、Tb^{3+}、Dy^{3+} 稀土离子溶于碱性玻璃中可得顺磁法拉第玻璃，这种玻璃在磁场作用下，使光偏转的能力比常用的硅酸铅玻璃大，这种顺磁性法拉第玻璃可用作研究受控热核反应时所需的脉冲高峰值功率激光隔离器的激光偏转材料，或用作测量超高压输电线电流的磁光偏转材料。

（4）稀土激光防护和滤光材料　激光致盲武器的出现将对战士的眼睛造成极大的威胁，为防止 $0.53\mu m$ 绿色激光致盲武器对眼睛的伤害，可使用掺 Er^{3+} 的玻璃作为激光防护眼镜。

第8章 稀土玻璃和陶瓷

8.1 稀土玻璃概述

8.1.1 光学玻璃

普通光学玻璃主要指传统意义上用于各种光学仪器（如光学镜头）的无色光学玻璃（图 8-1）

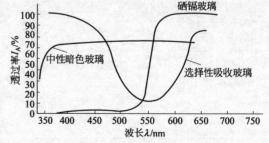

和用于滤光片的有色光学玻璃。按无色光学玻璃的化学组成和光学常数特征，主要有冕类和火石类。

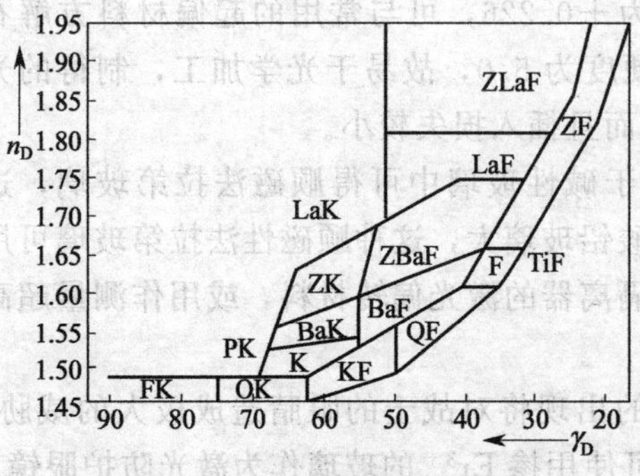

光学玻璃中，PbO 含量小于 3% 的玻璃称为冕玻璃，PbO 含量大于 3% 的玻璃称为火石玻璃；或根据光学玻璃的折射率 n 和阿贝数 γ（光学玻璃的重要参数之一，色散倒数）来划分：折射率 n 低而阿贝数 $\gamma > 55$ 的玻璃称为冕玻璃，折射率 n 高而阿贝数 $\gamma < 50$ 的玻璃称为火石玻璃。而每大

图 8-1 无色光学玻璃的示意图

类又可根据玻璃化学组成中的特征成分以及折射率 n 和阿贝数 γ 的范围，进一步划分为许多亚类。常用光学玻璃的化学组成见表 8-1 所列。

表 8-1 常用光学玻璃的化学组成　　　　　　　　　　/%（分子）

玻璃晶体	SiO_2	B_2O_3	RO	PbO	R_2O	RF	玻璃晶体	SiO_2	B_2O_3	RO	PbO	R_2O	RF
轻冕（QK）	65~80	10~20			3~10	0~20	轻火石（QF）	75~80	0~5		8~14	7~11	0~6
冕（K）	65~75	0~20	3~15		5~15		火石（F）	68~75			17~22	5~12	
钡冕（BaK）	50~70	3~15	7~30		6~20		钡火石（BaF）	60~75	0~5	5~15	3~25	3~10	
重冕（ZK）	45~60	5~20	15~35		0~5		重钡火石（ZBaF）	4~65	0~6	10~45	0~20	0~5	
冕火石（QF）	70~80	0~5		2~5	3~10	0~6	重火石（ZF）	5~70			23~50	1~7	

冕玻璃中，根据折射率 n 和阿贝数 γ 的高低分为轻冕玻璃、冕玻璃、重冕玻璃和超重冕玻璃。$n < 1.5$、$\gamma > 67$ 的玻璃称为轻冕玻璃；$n = 1.500 \sim 1.540$，$\gamma = 67 \sim 55$ 之间称为冕玻璃；$n = 1.555 \sim 1.665$，$\gamma = 64 \sim 50$ 之间，称为重冕玻璃；$n = 1.650 \sim 1.660$，$\gamma = 50 \sim 45$ 之间称为超重冕玻璃。

有色光学玻璃是在玻璃组成中引入着色剂使玻璃着色。所具有选择吸收的性质取决于玻璃中着色剂的数量和性质。按光谱特性有色光学玻璃可分为三类：胶体着色玻璃（硒镉玻璃）、离子着色选择性吸收玻璃和离子着色中性暗色玻璃，如图 8-2 所示。

图 8-2　3 种典型有色光学玻璃光谱透过率

8.1.2 稀土玻璃组成及结构

RE_2O_3 是网络修饰体，RE^{3+} 半径大、场强高，具有强烈的集聚作用，使稀土二元玻璃系统形成范围小，所形成玻璃的系统较少。稀土三元玻璃系统主要有硼酸盐系统、硅酸盐系统、磷酸盐系统、锗酸盐系统、碲酸盐系统、卤化物系统等。

硼酸盐系统中的 RE_2O_3 溶解能力大于硅酸盐系统，玻璃生成范围较宽，稀土硼酸盐系统是稀土光学玻璃的主要组成系统。玻璃态的结构有多种假说，目前普遍为人们所接受的是无规则网络学说和微晶学说。关于稀土的引入对基质玻璃结构的影响未形成统一的理论，稀土玻璃的结构有待深入研究。

8.1.3 稀土在玻璃中的作用

以硼酸盐基的玻璃系统本身特点是黏度小而极易析晶。再引入高价的 RE^{3+}，更易使玻璃的高温黏度小、离子集聚力强而易于析晶。在含有大量 RE_2O_3 系统中，析晶相主要是稀土硼酸盐化合物，如 $La(BO_2)_3$、$LaBO_3$、YBO_3、$GdBO_3$ 等，也有 $La_2O_3 \cdot 2SiO_2$，也可能同时析出 $La(BO_2)_3$ 和 $LaBO_3$ 两种晶相。为降低 La_2O_3 玻璃析晶，可用一定量的 $Y_2O_3 \cdot Gd_2O_3$ 来代替 La_2O_3，使组成复杂化，提高高温黏度。

8.1.4 稀土有色玻璃

根据原子结构的观点，物质所以能够吸收光，是因为原子中的电子（主要是价电子）受到光的激发，从能量较低的（E_1）轨道跃迁到能量较高的（E_2）轨道，即从基态跃迁到激发态所致。因此，只要基态和激发态之间的能量差（$E_2 - E_1$）处于可见光的能量范围内时，相应波长的光被吸收，从而呈现颜色。

稀土元素 4f 轨道未充满，并受到 $5s^2$、$5p^6$ 轨道的屏蔽作用而与原子核结合得较好。在 f-f 激发时受外场影响较小，使稀土对可见光的吸收峰尖锐，几乎不受外界的作用。除 La、Y、Lu 外的稀土化合物在紫外光、可见光及红外光（380～780nm）的光谱区内有明显的吸收带。RE^{3+} 具有复杂的吸收光谱，使其颜色在不同的光线下变化多端。这些都与具有 d 电子的过渡金属离子很不相同。稀土加入到玻璃中，是作为着色剂改变透光率或调整折射率和色散指标。RE^{3+} 着色的玻璃颜色重现性好，不随熔炼气氛变化的影响。用稀土制得的有色玻璃色调纯正、透光性好、光泽强。

（1）铈玻璃 Ce^{3+} 或 Ce^{4+} 均为无色，铈玻璃的着色是 Ce 与 Ti、Mn、Cu、V 等金属形成各种铈酸盐形成的。如 Ce、Ti 混合氧化物形成铈钛酸盐使玻璃呈黄色；Ce、Mn 和 Ti 混合氧化物使玻璃为橙黄色；钾玻璃中的少量 CuO 和铈酸钛，可使玻璃变成蓝宝石色；金黄色和绿色玻璃中则含有 2%～3% CeO_2、3%～4% TiO_2、0～0.3% CuO 及 0～0.45% V_2O_3 的组分。当玻璃中的 CeO_2 含量不小于 1% 时，玻璃被染成褐色。防辐射着色玻璃是在普通玻璃中加入适量的 CeO_2，消除玻璃在长时间照射后产生色心而着色的现象制成的。利用 Ce^{3+} 在 310nm 附近吸收的特性，可制成防紫外光玻璃。

感旋光性玻璃中含有 Ag^+、X^- 和 CeO_2，在反复进行紫色光照射和加热后，可形成颜色深浅不同的透明影像，并形成红、黄、绿、蓝、紫等全色谱。

（2）钕玻璃 钕具有色调纯正、着色力强的特点，钕玻璃颜色在 4～64℃ 之间是稳定的，广泛用于玻璃着色。用纯 Nd_2O_3 制成鲜红色的钕玻璃用于航行仪表。利用 Nd^{3+} 在 585nm 附近吸收的特性，可使玻璃的颜色随光源变化而呈现出蓝色与紫红色双色性。钕玻璃在荧光照射下呈蓝色，在白光或白炽光照射下呈紫红色，且其颜色随 Nd^{3+} 浓度而异。例如，在组成为 70.8% SiO_2、15.5% Na_2O、13.7% CaO（摩尔分数）的标准玻璃中加入 0.2% Nd_2O_3，这种钕玻璃在 555nm 处透射率最高，荧光吸收峰最大，几乎完全吸收钠黄光而用于信号灯标志识别、荧光屏操作员用的眼镜、暗室作业用安全灯以及 X 光设备中。

添加 Nd_2O_3、Se 和 MnO_2，可使玻璃呈随明暗变化的丁香色。钕玻璃成分中加 MnO_2 呈紫色，加 Se 呈玫瑰色，因此，用含量 $1\%\sim3\%$ Nd_2O_3、$0\sim0.1\%$ MnO_2 和 $0\sim0.5\%$ SeO_2 的配方，可调配出红紫-玫瑰色、丁香色和丁香玫瑰色的玻璃。

（3）镨玻璃 Pr^{3+} 的吸收峰在 $470nm$ 附近，可制绿色玻璃。高纯 Pr_6O_{11} 绿色镨玻璃的颜色在日光下呈绿色，烛光下却几乎无色，利用这种特性可制成仿真宝石或其他饰品。

合理搭配 Pr^{3+} 与 Nd^{3+} 制得蓝色系列的镨钕玻璃用于有色镜片。是把 Pr_6O_{11} 和 Nd_2O_3 的混合物在玻璃料中熔制而成的（Pr_6O_{11} 和 Nd_2O_3 在玻璃中稳定，熔炼温度、介质和时间对其颜色均无影响）。铒钕玻璃呈很纯正的浅紫色。其他如含 Eu_2O_3 的玻璃呈橙红色，Er_2O_3 的玻璃呈粉红色等。RE 同 Cr、Se、Cu、Ti、Ni 等金属离子的混合物也都是玻璃常用的着色剂，被广泛应用于制造各种有色玻璃。

8.2 稀土光学玻璃

8.2.1 镧系光学玻璃

La 有大量溶于玻璃尤其是硼酸盐玻璃中（有时大于 60%）的特点，在硼硅酸盐或硼酸盐系统中加入 $10\%\sim50\%$ 的 La_2O_3、Y_2O_3、Gd_2O_3 等，可制备性能优良的镧系光学玻璃。La_2O_3 加入玻璃中，与其离子化学结合（单键）周围的氧原子数增加，提高了离子填充度与玻璃的折射率。另外，La 玻璃的紫外吸收偏于短波长一侧，难以色散光（不同波长的光引起的折射率变化），故可制成高折射、低色散的光学玻璃。La 可明显提高玻璃的化学稳定性，防止玻璃表面因水和酸而引起的表面变质；增加化学活性弱的硼酸盐玻璃的寿命；增大玻璃硬度，提高软化温度。同时，镧玻璃热膨胀系数小的特点使它成为大孔径、大视场的高档相机和潜望镜的光学镜头不可或缺的材料。

镧玻璃的主要问题是着色。镧硼酸盐玻璃多显浅黄绿、浅蓝绿等颜色而较难制得纯无色光学玻璃。这与原料中的杂质有关，因此在原料处理、特别是镧提纯时要严格除去 Fe、Ce、Pr、Nd 等杂质。La_2O_3 已用于制造光导纤维，使光纤性能获得改善。Y_2O_3 和 Gd_2O_3 的作用基本与 La_2O_3 相同。Ho 用作滤色玻璃，Er 用作眼镜片玻璃、结晶玻璃的脱色和着色。镧系硼酸盐光学玻璃的组成及光学特性见表 8-2 所列。

表 8-2 镧系硼酸盐光学玻璃的组成及光学特性

玻璃类型编号	化学成分/%									光学特性	
	SiO_2	B_2O_3	La_2O_3	CaO	ZnO	BaO	PbO	ZrO_2	Ta_2O_5	折射率(n_D)	阿贝数(ν_D)
1	10	35	30	15	5				5	1.6910	54.8
2	3	40	32	7	8 Al_2O_3		5		5	1.7200	50.3
3	16	18	12		3	50				1.6779	55.5
4	4	33	29	11			16	5		1.7440	44.9
5		42	26	12	WO₃		12			1.7170	47.9
6		20	45	SrO	2 Al_2O_3	1		5	27	1.8705	39.4
7	15	30	8	15	2	30 Y_2O_3	Gd_2O_3			1.8760	44.3
8		25	30		13 Y_2O_3	7 Gd_2O_3		5	15	1.8123	44.9
9	29	31			12	3	20	5		1.7745	49.4

8.2.2 稀土光致变色玻璃

物质接触光或被光遮断时，其化学结构发生变化，可视部分的吸收光谱发生改变。出现这种可逆或不可逆的显色、消色现象的物质就是光致变色材料。光致变色玻璃就是其中一类。

光致变色玻璃（又称光色玻璃）是指当受到紫外光或日光的照射后，玻璃在可见光区产生光吸收而自动变色，光照停止后，能可逆地自动恢复到初始透明状态，具有这种性质的玻璃就是光致变色玻璃。许多有机物、无机物都有光致变色性能，但光色玻璃可以长时间地反复变色而无疲劳老化现象。其机械强度高、化学稳定性好、制备简单、可得到稳定形状复杂的制品。

光色玻璃大致可分三类：掺 Ce^{3+} 或 Eu^{3+} 的高纯碱硅酸盐玻璃，含 AgX 或 TlX 的玻璃及玻璃结构缺陷变成色心的还原硅酸盐玻璃，目前多采用含 AgX 的碱铝硼酸盐玻璃，也采用含 AgX 的硼酸盐玻璃及磷酸盐玻璃等。光色玻璃的变色过程是：光色玻璃中的入射光子将 Ag^+ 变为 Ag 原子。但卤素并未从晶体-玻璃的界面上扩散出去，而仍然在 Ag 原子的附近。当光照停止后，卤素仍然和 Ag 原子化合成 AgX。这个可逆过程是由热能或使玻璃变色波长更长的光照（入射光波）提供活化能来完成。

添加 CeO_2、Sb_2O_3 和 SnO_2 于 RE_2O_3-B_2O_3-SiO_2 系统可制成光致变色玻璃，当 Sb_2O_3/CeO_2 约 1.5、SnO_2 添加量约 0.3%（摩尔）时，光色性质好。高纯碱硅酸盐玻璃中掺入 Ce^{3+} 或 Eu^{2+} 后，制成的 RE-AgX 光致变色玻璃，可用于制造太阳镜、汽车、机车、飞机、舰船和大型建筑物的自动调光窗玻璃，由光色玻璃制成的光纤面板已用于计算技术、显示技术和全息照相记录介质等。

此外，一般要求基础玻璃在高温熔化时，AgX 在较高的溶解度，当温度降低时则使 AgX 能从玻璃中析出。AgX 敏化的光色玻璃有许多优点，最突出的是在使用过程中不易产生疲劳。

8.3 稀土发光玻璃

发光玻璃是指由于外界的激励，使玻璃物质中电子由低能态跃迁至高能态，当电子回复时，以光的形式产生辐射发光过程的一类玻璃。在基质玻璃中添加少量稀土，常以 RE^{3+} 的形式形成发光中心，不同稀土激活剂发出不同颜色的光。为提高发光亮度，一要改进现有玻璃并探索新的对人眼灵敏的绿光材料，二是设法把发光效率高的玻璃发出的红光或红外光转换成高亮度的光，如双掺杂 $Yb^{3+}+Er^{3+}$、$Ce^{3+}+Tb^{3+}$、$Ce^{3+}+Tm^{3+}$ 等。

稀土发光玻璃有很多种类，主要有下述重要类型。

① 荧光玻璃 分透明荧光玻璃和半透明荧光玻璃两种，用于示波器荧光屏、荧光剂量标准等。

② 热致发光剂量玻璃 品种很多，测量范围约为 $2.58\times(10^{-6}\sim10^{-8})$ C/kg，其特点是玻璃可重复使用，但有能量响应，在多种能量辐射场中，必须进行能量补偿。

③ 中子剂量玻璃 测量热中子、中能中子、快中子的剂量、通量并记录。

④ 参考玻璃 俗称标准玻璃，其发光性能稳定，利用不同含量荧光剂制成参考系列，用于估计未知剂量，荧光剂有铽、锰等。

⑤ 闪烁玻璃 将核辐射能量转变成光子的能量，可探测各种射线的能谱和强度，激活剂为 CeO_2，主要用于热中子探测、石油上的中子-中子测井、农业土壤中水分测量等。

⑥ 示踪玻璃 它是利用示踪原子追踪物质迁移过程用的玻璃，在基质玻璃中掺入一定量的可活化示踪剂如 Sc_2O_3 等，可用于考查江河与海岸线流沙的迁移情况。

⑦ 稀土防辐射及耐辐射玻璃　防中子射线玻璃中含有能大量吸收慢中子和热中子的氧化物。吸收慢中子最好的元素是 B、Cd、Gd、Eu、Dy、Sm 和 Pm 等。一般是快中子慢化为慢中子和热中子后再被吸收。耐辐射玻璃在 γ 射线、X 射线照射后，可见光透过率下降较小。耐辐射玻璃最常用的添加剂是 CeO_2，通常引入 $0.1\% \sim 0.6\%$ CeO_2 能耐 25.8C/kg 的 γ 射线，引入 $0.6\% \sim 1.2\%$ 能耐 258C/kg 的 γ 射线，引入 $1.2\% \sim 1.6\%$ 能耐 2580C/kg 的 γ 射线。辐射所产生的电子和空穴分别受 Ce^{4+} 和 Ce^{3+} 强俘获中心的作用。

玻璃经射线照射，会产生色心而着色。可预先在玻璃中加入少量 CeO_2，制成耐辐射玻璃来防止这种现象。这种效果在 Ce^{3+} 的状态下才能发挥，加入少量金属硅等还原剂效果更佳。这种玻璃可用于原子能设施中的观察孔材料以及光学仪器等。

8.4　稀土光学功能玻璃

8.4.1　稀土非线性光学功能玻璃

由于玻璃具有在大部分波段透明、较高的化学稳定性和热稳定性、较高的三阶非线性极化率、较快的光响应时间、易于成纤成膜和机械光学加工等优越性能，使非线性光学玻璃的研制已成为前沿研究领域之一，并将在光调制器、全光开关以及光学存储等信息处理、集成、通讯方面有着极其广阔的发展前景。

玻璃作为非线性光学材料，有下述特点：①由于玻璃是各向同性材料，具有反演对称中心，所以，在玻璃体材中没有二次谐波产生；②玻璃有良好的可加工性；③玻璃有良好的易掺杂性。

玻璃的光学非线性首先与玻璃基质本身的结构和组分有关，称之为本征效应，这是玻璃结构单元中光的传播与电子电荷分布相互作用的直接结果。RE^{n+}、金属离子、半导体微晶和有机染料掺杂玻璃的光学非线性则主要取决于掺杂的种类、浓度及其性质。此时玻璃仅作为基质在起作用，这称为非本征效应。

当较弱的光电场作用于介质时，介质的极化强度 P 与光电场 E 成线性关系：

$$P = \varepsilon_0 \chi E \qquad (8-1)$$

式中，ε_0 为真空介电常数；χ 为介质的线性极化系数。当作用于介质的光为强光（如激光）时，介质的极化将是非线性的，在偶极近似的情况下，原子或分子的微观极化关系可表示为：

$$P = \alpha E + \beta E^2 + \gamma E^3 + \cdots \qquad (8-2)$$

式中，第一项为线性项，第二项以后为非线性项，α 为分子的线性光学系数（一阶非线性光学系数），β、γ 分别为分子的二阶和三阶非线性光学系数（又称分子的二阶或三阶极化率），它们是描述分子的非线性性质的重要物理量。当外电磁场 E 足够强时，这些高次项不能再被忽略，即极化强度与光电场不再是线性相关，而是非线性关系了。类似地，对于一个由多个原子或分子组成的宏观样品来说，外部光电场作用产生的极化强度可表示为：

$$P = \chi^{(1)} E + \chi^{(2)} E^2 + \chi^{(3)} E^3 + \cdots \qquad (8-3)$$

其中 $\chi^{(n)}$ 的含义与式(8-2)中的 α、β、γ 类似。在各非线性效应中，对二阶非线性效应的研究进行得最早最深入，应用开发也最为广泛。

与 $\chi^{(3)}$ 有关的光学过程有：三次谐波发生（THG）、布里渊散射（Brillouin scattering）、三波混频（DTWM）和四波混频（DFWM）过程。光克尔效应是一个四波混频过程，在这个过程中，折射率与强度有关：$n = n_0 + n_2 I$，式中，I 是入射光强度；n_0 是线性折射率。直接测量 $\chi^{(3)}$ 比较繁琐，所以在实际应用上只是测量 n_2。对 n_2 的测量也有多种方法，例如三次谐波发生法（THG）、三波混频法、四波混频法、简并四波混频法以及 Z-扫描法等。当测

量 n_2 比较困难时，也可采用经验和半经验的公式来估算。对于氧化物玻璃，比较适用的公式为：$n_2 = K(n_D - 1)/\gamma_D^{5/4}$，式中，$n_D$ 为特定波长下的线性折射率；γ_D 是阿贝数。此模型是假设在各向同性系统中只有单组分决定线性和非线性折射率。在理论上，材料的非线性折射率 n_2 和 $\chi^{(3)}$ 的关系也可由下式表达：$n_2 = (12\pi/n_0)\chi^{(3)}$。

在所有的均质玻璃中，都或多或少存在三阶非线性光学效应。但根据公式 $\chi^{(3)} = [\chi^{(1)}]^4 \times 10^{-10}$ 可知，具有高密度、高线性折射率和低色散系数的玻璃才有较高的非线性折射率。要获得高折射率、高密度的方法是向玻璃中添加具有高折射度的调整体或引入易极化的如 PbO、Bi_2O_3、Nb_2O_5、TeO_2、RE_2O_3（RE 为 La、Pr、Nd、Sm）等重金属氧化物。

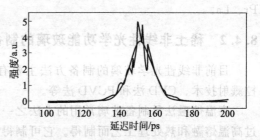

图 8-3　碲铌锌玻璃的非线性响应

其中碲铌锌系统玻璃的稳定性、透红外性能和线性光学性能优良，其三阶非线性光学性能远优于硅酸盐、硼酸盐等传统玻璃系统，是一种新型非线性光学玻璃材料。图 8-3 为碲铌锌玻璃的非线性光学响应谱，由图可见，该系统玻璃具有超快光学响应，非线性响应时间在 10～15ps，属电子云畸变效应。该系统玻璃的三阶非线性极化率为 7.4×10^{-13} esu，是全光开关器件的重要候选原料之一。

研究表明：在碲铌锌系统玻璃中掺入 RE^{3+} 后，由于 RE^{3+} 的 4f-4f 电子跃迁，使其在吸收光谱中呈现一系列特征吸收谱带。表 8-3 为各种 RE^{3+} 在碲铌锌玻璃中的部分特征谱带及其吸收系数，随着掺入 RE^{3+} 量的增加，这些特征谱带愈加明显，玻璃的光学透过率也有所下降。

表 8-3　含 RE^{3+} 碲铌锌玻璃的特征吸收带和在 532nm 处的吸收系数

离　子	特征吸收带/nm	在 532nm 处的吸收系数
La^{3+}	$580^{0.20}$、$757^{0.11}$	0.17
Ce^{3+}	$579^{0.22}$、$755^{0.62}$	0.79
Pr^{3+}	$446^{0.40}$、$473^{0.30}$、$486^{0.30}$、$580^{0.23}$、$600^{0.23}$、$755^{0.28}$	0.20
Eu^{3+}	$579^{0.47}$、$755^{0.41}$	0.46
Tb^{3+}	$581^{0.31}$、$758^{0.22}$	0.30
Ho^{3+}	$451^{1.00}$、$539^{0.70}$、$644^{0.62}$、$753^{0.59}$	0.61
Nd^{3+}	$526^{0.50}$、$586^{0.75}$、$740^{0.43}$	0.44
Er^{3+}	$489^{0.31}$、$522^{0.53}$、$579^{0.26}$、$652^{0.21}$、$755^{0.23}$	0.27
Y^{3+}	$577^{0.66}$、$753^{0.62}$	0.66

在碲铌锌玻璃中掺入 RE^{3+} 后，玻璃的三阶非线性光学性能发生明显的变化。研究发现：分别掺入 0.1%～0.5% 的 Ce_2O_3、Er_2O_3、Eu_2O_3、Ho_2O_3、Nd_2O_3、Pr_2O_3、Tb_2O_3、Y_2O_3、La_2O_3 后，玻璃的三阶非线性极化率为 (1.2～2.3)$\times10^{-12}$ esu，较碲铌锌玻璃有不同程度的提高。图 8-4 为掺入 0.5% RE_2O_3 的碲铌锌玻璃的三阶非线性极化率。由图可见，随着线性吸收系数的增加，玻璃的三阶非线性极化率呈现线性增加。在稀土掺杂碲铌锌玻璃中，Ce^{3+}、Ho^{3+}、Y^{3+} 贡献出优异的光学非线性。当碲铌锌玻璃中掺入 0.5% 的 Y_2O_3 时，由图 8-4 可见玻璃的透过率因 Y^{3+} 的加入而明显下降，同时在 577nm 附近出现特征吸收。而加入 Ho^{3+} 后，除透过率下降外，还在 539nm 附近

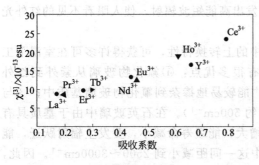

图 8-4　含稀土碲铌锌玻璃的非线性光学性能

出现明显的特征吸收。而掺 Ce^{3+} 玻璃则因截至波长的红移，导致玻璃在 532nm 处产生更强的电子跃迁。因此利用波长为 532nm 的激光泵激玻璃时，会产生较强的光学非线性。研究发现：掺入 0.5% 的 Ce_2O_3、Ho_2O_3、Y_2O_3 的碲铌锌玻璃的 $\chi^{(3)}$ 分别为 2.3×10^{-12} esu、1.8×10^{-12} esu 和 1.7×10^{-12} esu，说明 RE^{3+} 对三阶光学非线性的贡献在于 4f 电子的跃迁。

RE^{3+} 的加入可提供大量基于 4f 电子层的跃迁，这些跃迁电子在回到基态能级时就有可能发射谐波光子而产生非线性光学效应，从而提高碲铌锌玻璃三阶非线性光学性能。RE^{3+} 对碲铌锌玻璃三阶光学非线性的贡献由大到小依次为：Ce、Ho、Y、Nd、Eu、Tb、Er、Pr、La。

8.4.2 稀土非线性光学功能玻璃的制备方法

目前非线性光学玻璃的制备方法主要有高温熔融法、sol-gel 法、离子注入法、射频磁控溅射技术、CVD 法和 PCVD 法等。

高温熔融法是制备玻璃常用的方法之一，通常将半导体化合物直接掺入玻璃配料中，通过高温熔融和热处理工艺而制得。它可制得大尺寸的块状玻璃，为玻璃后期加工和器件制作带来方便。但是，熔融法存在熔制温度过高、半导体化合物易分解或挥发以及微晶尺寸分布不均等问题。因此，在制备过程中需要从原料选择、熔制和热处理工艺、添加适量其他化合物以抑制半导体化合物分解等方面采取相应措施。

用 sol-gel 法制备半导体微晶掺杂玻璃因具有不需高温操作、避免半导体化合物的挥发和氧化、保证掺杂量的准确性等优点受到人们的重视。但用 sol-gel 法制备半导体微晶掺杂玻璃时，存在如何扩大半导体纳米化合物范围的问题，以利于选择半导体微晶，使其在性能、价格等有更大的余地。同时还需从理论上进一步深入对晶体颗粒与半导体禁带能量的关系、量子尺寸效应的影响因素等研究。

离子注入法是一种较好的半导体微晶掺杂制备方法。它是利用具有 keV 到 MeV 能量范围的离子轰击玻璃，其中一部分离子由于玻璃表面的反射而离开玻璃，另一部分离子射入玻璃的表面层，即注入离子。用离子注入法在基体介质中掺杂能生成尺寸统一分布的半导体微晶，在玻璃表面进行离子注入，可控制离子种类、剂量、能量等参数，使注入离子在玻璃表面形成纳米晶体或膜，达到制备非线性光学玻璃的目的。

溅射法是以氩离子为溅射源，将其轰击在靶材上，因此，靶材原子被溅射出来，附着在上部的基体表面。此外，CVD 和 PCVD 法也可用于制备半导体掺杂玻璃。利用 CVD 法可精确控制所制备材料的组成，制备出一定微晶含量、尺寸较小的半导体掺杂薄膜材料。

8.4.3 稀土红外-可见光上转换玻璃

稀土红外-可见光上转换材料主要是掺稀土的固体化合物，利用稀土的亚稳态能级特性，可吸收多个低能量的长波辐射，经多光子加和后发出高能短波辐射，使人眼看不见的红外光变为可见光。

(1) 含氟化合物玻璃 利用 RE^{3+} 在氟化物中的上转换特性，可获得许多可在室温下工作的上转换材料或激光器。氟化物基质玻璃具有很多优点：①氟化物玻璃从紫外到红外 $(0.3 \sim 7\mu m)$ 都是透明的；②作为启动剂的 RE^{3+} 能较易地掺杂到氟化物玻璃基质中；③与石英玻璃相比，氟化物玻璃有更低的声子能量（约 $500cm^{-1}$）。在石英玻璃中由于基质具有高的声子能量，使 RE^{3+} 发生无辐射跃迁的概率增大，能级寿命减小，要发生辐射跃迁，能级间距一般不小于 $4000cm^{-1}$，而在氟化物玻璃中这一间距减小到 $2500 \sim 3000cm^{-1}$。因此，RE^{3+} 的能级在氟化物中具有较长的寿命，形成更多的亚稳能级，有丰富的激光跃迁。由于氟化物玻璃具有上述优良光学性质而通常用作上转换光纤激光器。

氟化物上转换玻璃从化合物组成来分析大致有以下类型。

Nd^{3+}：氟砷酸盐玻璃，激发源 802nm 和 874nm，上转换成蓝光和红光，此体系中稀土掺杂的上转换行为研究较少。Er^{3+}：氟氧化物玻璃（Al_2O_3、CdF_2、PbF_2、YF_3：Er^{3+}），激发源 975nm，上转换发光 545nm、660nm 及 800nm。另外 Nd^{3+}：$Pb_5M_3F_{19}$，M 为 Al、Ti、V、Cr、Fe、Ga；Ho^{3+}：BaY_2F_8；Pr^{3+}：K_2YF_5；Tm^{3+}：ZB_2LAN 玻璃等均是较好的上转换材料。在氟化物玻璃掺杂的 RE^{3+} 当中，Er^{3+} 是一种较有效的上转换离子。Er^{3+} 掺杂的氟化铟、氟锆酸盐、氟磷酸盐玻璃都显示了较好的绿光上转换特性，还有 Er^{3+} 掺杂的硫系玻璃。

AlF_3 基玻璃是一种在化学稳定性、机械强度等优于 ZB_2LAN 的氟化物玻璃系统。在氟铝（AYF）、氟锆铝（AZF）玻璃系统中高掺杂（ErF_3 的掺杂摩尔比大于 3%）的上转换性能也有相应的报道。

稀土掺杂氟化物晶体、玻璃材料等具有高的发光效率被人们所广泛研究和应用，但具有制备复杂、成本高、环境条件要求严、难于集成等缺点。

（2）氧化物玻璃　氧化物上转换材料虽然声子能量较高，但制备工艺简单，环境条件要求低，其上转换材料组成有如下类型。用 sol-gel 法制得的 Eu^{3+}、Yb^{3+} 共掺杂的多组分硅酸玻璃材料，可将 973nm 近红外光上转换成橘黄色光；用此法得到的掺 Tm^{3+} 硅酸盐玻璃能将红光转换成蓝光。Pr^{3+}：$GeO_2 \cdot PbO \cdot Nb_2O_5$ 玻璃，能将 2500nm 以下的近红外光进行上转换。以 TeO_2 为玻璃形成体氧化物，加入调整剂及掺杂 Er^{3+}，可将近红外光转为可见光。

（3）含硫化合物玻璃　硫化合物玻璃与氟化物玻璃一样具有较低的声子能量，但制备时须在密封条件下进行，不能进入氧和水。Pr^{3+}/Yb^{3+}，Ga_2O_3：La_2S_3 玻璃，在室温下能将 1064nm 激发光上转换至 480~680nm 区域，Pr^{3+} 是上转换离子，Yb^{3+} 是敏化剂。磷光体材料 CaS：Eu，Sm 和 CaS：Ce，Sm，均在室温下能将 1064nm 激发光上转换至可见光区域，且转换效率较高，分别为 76% 和 52%，另外，还有稀土掺杂的磷酸盐非晶材料体系、氟硼酸盐玻璃材料体系及碲酸盐玻璃体系等。

由于过渡金属离子中，通常最多只存在一个亚稳激发态，因此大多数不适合于用作上转换材料。许多研究表明掺杂过渡金属及与稀土共掺杂同样能产生高效率的上转换现象，有些上转换的红外波长宽度还超过了单纯掺杂稀土的波长。稀土与过渡金属离子共掺杂，特别是 Yb^{3+} 与 Mn^{2+} 或 Cr^+ 的共掺杂，导致许多新的、高效率的上转换材料的出现。

在材料制备的工艺条件上，尽量结合上转换量子效率高的氟化物玻璃材料及具有生成能力强、制备工艺简单、形成玻璃相的组分范围大、RE^{n+} 的溶解度高的氧化物玻璃等优点，制备成氟氧系列玻璃材料体系。在上转换性能方面，趋向于室温、宽红外上转换发光的材料。玻璃系列在这方面有较大的发展潜力。在上转换材料的研究过程中，深入探讨各种 RE^{n+} 在不同的激光激发下的上转换特性，寻找合适的掺杂基质材料，仍是今后重要而基础的研究内容。

8.4.4　稀土磁光玻璃

（1）磁光效应　在外磁场或磁矩的作用下，某些物质的电磁特性（如电导率、介电常数、磁化强度、磁畴结构、磁化方向等）会发生变化，使通过它的光传输特性（如偏振状态、光强、相位、频率、传输方向等）随之发生变化。当光通过铁磁体或被磁体表面反射，由于铁磁体存在自发磁化强度，使光的传输特性发生变化，产生新的各种光学各向异性现象，统称磁光效应。

磁光效应包括法拉第（Faraday）效应、克尔效应、磁线振双折射、磁线振二向色性、塞曼效应等。最为人们熟知的是磁光法拉第效应，它是指当一束线偏振光通过某种透明介质时，透射光的偏振化方向与入射光的偏振化方向相比，旋转了一个角度，这个角度就称法拉第旋转角 θ。

（2）法拉第（Faraday）效应的原理　1845 年法拉第在实验中发现，当一束线偏振光通过非旋光性介质时，若在介质中沿光传播方向加一外磁场，则光通过介质后，光振动的振动面旋转了一个角度 θ，这种磁场使介质产生旋光性的现象称为法拉第效应或磁致旋光效应。如图 8-5 所示。

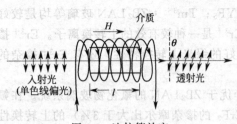

图 8-5　法拉第效应

自法拉第效应被发现后，人们曾在许多固体、液体、气体中观察到磁致旋光现象，对于顺磁介质和抗磁介质，磁场不太强时，光振动面的法拉第旋转角 θ 与光在介质中通过的路程 l（cm），外加磁场强度 H（Oe）在光传播方向的分量成正比：

$$\theta = VHl \qquad (8\text{-}4)$$

V：维尔德（Verdet）常数，$min/(Oe \cdot cm)$，对不同介质，振动面旋转方向不同，一般规定：振动面旋转方向与磁场方向满足右手螺旋关系的称"右旋"介质，其 $V>0$；反向旋转的称"左旋"介质，$V<0$。

法拉第旋光玻璃是指那些在强磁场作用下是通过的偏振光的偏振面发生旋转的玻璃。实际上所有的玻璃都有法拉第旋光效应，只是 θ 角太小而无实用价值。

（3）稀土磁光玻璃　磁光材料是指从紫外到红外波段，具有磁光效应的光信息功能材料。法拉第磁光玻璃就是一种在强磁场的作用下，使通过的偏振光的偏振面发生旋转的新型功能材料。

与晶体相比，法拉第磁光玻璃的维尔德常数较小，但玻璃具有如各向同性、透光性能、光学均匀性好，价廉的一系列优点，尤其是易制得大尺寸制品，通过增加通光方向的尺寸，使偏转角满足实用要求，因此法拉第磁光玻璃在磁光器件上呈现出广阔的应用前景，特别是掺有 RE^{3+} 的法拉第磁光玻璃，因其优异的性能而备受重视。

单纯的稀土金属并不呈现强的磁光效应。只有将稀土掺入光学玻璃、化合物晶体、合金薄膜等光学材料中，才会显出稀土的强磁光效应。

RE^{3+} 的基态若具有未配对的电子，就是顺磁离子。在磁场中，处于基态和激发态的 RE^{3+} 都被分裂成塞曼分量。根据量子力学理论，对在玻璃中沿磁力线右圆偏振光和左圆偏振光来说，基态和激发态间电子跃迁的概率关系上的差别、跃迁振子强度的差别以及位于基态塞曼能级上的电子数量的差别，这种对基态的作用产生了顺磁性和顺磁法拉第旋光。

RE^{3+} 的法拉第旋光作用主要与电子偶极子 $4f \rightarrow 5f$ 跃迁有关，这种跃迁发生在紫外波段，当波长变化接近于紫外吸收端时，法拉第旋光几乎总是增大，为利用法拉第旋光作用，用比吸收波长更长的光通过玻璃时，则不发生吸收跃迁；但电子发生一种虚跃迁，这种虚跃迁降低了光传播速度，而且入射光波长越接近吸收波长，虚跃迁越强，光传播速度越慢。应指出的是右圆偏振光的传播速度比左圆偏振光快，使其折射率比左圆偏振光低。存在公式：

$$N_右 = N - A(\lambda)H_z \quad 和 \quad N_左 = N + A(\lambda)H_z \qquad (8\text{-}5)$$

式中，λ 为真空波长；A 为与 λ 相关因子；N 为无磁场下玻璃的折射率；H_z 为磁场强度。这两个公式表明：①圆偏振光的 2 个分量的折射率可通过控制磁场来调节；②若光在一个方向或另一方向是完全偏振化的线偏光，则改变延光轴方向的磁场强度 H_z 使偏振光的传播速度提高或降低。

法拉第旋光玻璃有顺磁型和逆磁型两种类型。掺有 Pr^{3+}、Ce^{3+}、Nd^{3+}、Tb^{3+}、Dy^{3+} 等顺磁性离子的为顺磁型，其维尔德常数定为负值；含有极化率高的 Pb^{2+}、Sb^{3+}、Te^{4+}、Bi^{3+}、Tl^+ 等逆磁性离子的为逆磁型，其维尔德常数定为正值。其中顺磁性的法拉第旋光玻璃的维尔德常数较大，可提高磁光效应的灵敏度，但维尔德常数随温度变化较大，测量结果易受环境温度的影响；逆磁性法拉第旋光玻璃的维尔德常数虽然随环境温度变化时基本不变，但因其维尔德常数较小，严重地影响磁光效应的灵敏度。实用中，磁光效应的灵敏度是首要的，维尔德常数值随温度变化是次要的。维尔德值的正、负是指相对于磁场方向右旋转或左旋转，由人为规定。只有绝对值大的维尔德常数玻璃才有实用价值。

维尔德常数受 RE^{3+} 浓度的影响最大，只有维尔德常数大的磁光玻璃才有实用价值。为增大法拉第旋转效应，获得更大的维尔德常数，玻璃系统中应尽量提高 RE^{3+} 的浓度，但随着 RE^{3+} 浓度的提高，玻璃系统的网络结构稳定性和化学稳定性降低，使玻璃性能变差，同时也影响磁光玻璃的性能。所以在研究和制备稀土法拉第磁光玻璃时，应在保持玻璃性能的基础上提高其维尔德常数。

自 20 世纪 60 年代以来，人们已对磷酸盐、硼酸盐、硅酸盐、铝硼酸盐、铝硅酸盐、铝硼硅酸盐和氟磷酸盐玻璃系统提高 RE^{3+} [Tb^{3+}] 浓度进行许多尝试，迄今为止，已获得一系列维尔德常数大的玻璃系统，如图 8-6 所示。

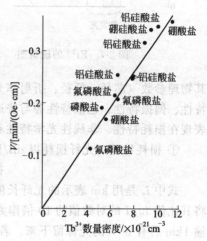

图 8-6　Verde 常数与 [Tb^{3+}] 数量密度的关系

大部分稀土具有顺磁性，法拉第组件就是利用这一特性制作的。一般认为 Tb、Dy、Pr、Ce 等具有较强的法拉第效应，其中 Tb 最强。含有过渡金属离子和 RE^{n+} 的氧化物玻璃一般都具有磁性。在磷酸盐、硼酸盐或氟化物玻璃中添加 Y、Dy、Ho 和 Tm 等，在室温下便具有强磁性。若玻璃中添加 Ce、Eu、Pr 或 Tb 等，可制得法拉第磁光玻璃。调整玻璃的化学成分，可获得顺磁性或反磁性玻璃。

在基质玻璃中引入大量稀土，使旋转角变大。特别是引入维尔德常数大的 Tb^{3+}、Dy^{3+}、Ce^{3+} 效果更好。玻璃熔制时选用还原气氛，使 RE^{3+} 取低价状态（Eu^{2+}、Ce^{3+}），有利于维尔德常数提高。一般 Tb^{3+} 在大功率激光核聚变系统中，用于制作隔离反向激光的光隔离器。目前真正有使用价值的是含 Ce、Tb 等的玻璃，它们已用作全息光弹仪、小型光隔离器、环形激光磁力仪及光通讯系统的光隔离器等。

8.5　稀土玻璃光纤

玻璃光纤（glass optical fiber）分通讯光纤和非通讯光纤两类。通讯光纤是一种由高折射率玻璃芯料、低折射率包层组成的，利用接口全反射原理远距离传递光信息的可挠性复合纤维玻璃制品；非通讯光纤是泛指具有导光、传像、敏感、放大及能量传输等功能的光纤。在光通讯系统中发挥主要作用的是激光和光导纤维。光纤有氧化物玻璃纤维和非氧化物玻璃纤维两类。

8.5.1　RE_2O_3 玻璃光纤

目前，光通讯主要使用石英玻璃光纤。在石英系光导纤维的芯线里掺杂稀土 Er、Tm、

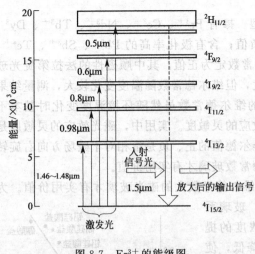

图 8-7　Er^{3+} 的能级图

Pr、Dy、Nd、Ho，作为激光振荡或激光放大的介质。随着光通讯技术的发展，又把这些稀土掺入到光纤中，使之形成一种能实现激光激发和放大的新型启动材料，研究工作由英国南安普敦大学首先进行，并于 1985 年研制成掺钕石英光纤，并迅速实现产业化，成为特种光纤中的一个重要品种。

(1) 稀土对光纤性能的影响　Er、Tm、Pr、Dy、Nd、Ho 等稀土具有特定的能级结构，用一定波长的泵浦光激发时，能级的跃迁会产生新的波长的激光，图 8-7 是铒的能级图。$1.5\mu m$ 谱带振荡是 $^4I_{13/2}$ 向 $^4I_{15/2}$ 跃迁产生的。在光导纤维中光沿着波导路径进行传播。使用常规单模光纤工艺拉制的掺稀土光纤，其物理参数（芯径、纤径、折射率分布剖面、数值孔径、截止波长等）以及稀土纤维的导波特性、偏振特性、色散特性等与普通单模光纤均相同。稀土加入后，对光纤性能的改变主要表现在损耗特性、非线性光学特性和对外场的敏感特性等方面。

① 损耗特性　光纤损耗以 dB/km 为单位表示。

$$损耗＝(10/L)(\lg I_0/I) \tag{8-6}$$

式中 L 是用 km 表示的光纤长度，强度为 I_0 的光经过 1km 的光纤后衰减到强度为 I 时，将其比值 I_0/I 的对数值的 10 倍作为 dB/km。例如损耗量为 2dB/km，按式 (8-6) 计算光传输 1km 后有 60% 的光保留下来。若是 0.5dB/km，约 90% 的光保留下来。在掺稀土光纤中，由于掺入稀土使各波长的光纤损耗普遍增加。由于稀土作为一种杂质引入，增加了光纤中离子的吸收峰，从而在光纤内引起增强的光吸收和散射。稀土光纤损耗特性实际上是由掺入 RE^{n+} 的能级分布所决定。在光纤中 RE^{n+} 的吸收带内光纤损耗很大，而在光纤的受激辐射带内光纤损耗应该小，因而该种光纤具有高损耗和低损耗两种窗口，前者成为激光的泵浦波段，后者成激光工作波段。

② 非线性光学特性　常规光纤中受激 Raman 散射、Brillouin 散射、四波混频等非线性过程的产生是在强泵浦光功率密度下，泵浦光子与光纤材料 SiO_2 所固有的 3 阶极化率相互作用而产生，根据非线性耦合波理论，该过程的阈值功率要求较高、一般为 5 级甚至更高，掺杂 RE^{n+}，可降低此阈值功率。

③ 对外场敏感特性　稀土光纤比常规光纤具有较高的温度敏感特性，如光纤中掺入低浓度 Nd 后，其吸收光谱随温度变化更灵敏，且在 600nm 处损耗值与温度在 $-321\sim-71℃$ 间成线性关系。掺入 Ho^{3+}、Tb^{3+} 等的稀土光纤，由于 RE^{3+} 使玻璃磁光（Verdet）常数增大的效应，有可能用于改进光纤磁量计、电流计等的灵敏度。

(2) 稀土石英光纤的制造及应用　目前稀土石英光纤的制造工艺已能在光纤中掺入 Nd、Ho、Eu、Er、Yb、Tb、Dy 等，浓度为 $(1\sim4300)\times10^{-6}$，并已制得单膜、多膜、保偏等各种光纤。

稀土石英光纤的制备一般分两步进行。首先制成石英玻璃预制棒，再将预制棒拉成纤维。制备石英光纤预制棒的典型方法是 MOCVD（改良化学气相沉积法），还有 OVPO 法（管外沉积法）和 VAD 法（轴向沉积法）等。

铒掺杂光纤（EDF）可用于光通讯技术中，尤其是在长距离光通讯中，用作光放大器。

256

EDF 放大器有的可显示出 40dB（放大因数子为 1 万倍）的高增益，并可满足光直接放大器所必要的全部条件，目前用 1490nm 半导体激光器泵浦的光放大器已经生产，980nm 泵浦的光放大器也正在开发中。

利用稀土光纤制成的激光器具有如下优点：①由于光纤熔接技术已经成熟。易于与线路连接，因此用于各种光纤系统作光源时易于耦合；②稀土光纤激光器阈值功率低，泵源一般可用半导体激光器，工作时不产生大量的热，无需冷却；③稀土光纤激光器一般在连续泵浦下工作。

（3）掺铒碲基玻璃光纤 掺铒碲基玻璃光纤是碲酸盐玻璃基质的光纤材料（EDTFA）。1994 年，J. S. Wang 等就指出碲酸盐玻璃可作为掺铒或掺铥光纤放大器的基质材料。1997 年，日本 NTT 公司首先报道 EDTFA 的增益和噪声特性，并指出 EDTFA 是一种宽带光纤放大器。随着大容量传输系统的飞速发展，具有宽带特性的 EDTFA 和 TDFA 的研究也深入起来。近年来均将掺铒或掺铥碲基玻璃光纤作为研发重点，并取得显著的进展。

① 掺铒碲基玻璃光纤的工作原理 EDTFA 的工作原理和 EDFA 的工作原理一样，泵浦源可采用波长为 980nm 或者 1480nm 的 LD（激光二极管），不同的是前者是碲酸盐玻璃基掺铒光纤，后者是石英基。根据经典的 Judd-Ofelt 理论，RE^{n+} 的受激发射截面（R_e）与玻璃折射率 n 存在以下关系：

$$R_e = (n^2 + 2)^2 / 9n \qquad (8-7)$$

该式表明，受激发射截面与玻璃折射率成正比。碲酸盐玻璃的折射率为 1.8～2.1，远高于石英的折射率 $n=1.5$。图 8-8 给出了 Er^{3+} 在石英、氟化物、碲酸盐三种不同玻璃基质中的受激发射截面，从图可知：Er^{3+} 在碲酸盐玻璃中的受激发射截面最大，并且在 1600nm 波长以上，Er^{3+} 在碲酸盐玻璃中的受激发射截面是其他两种基质的 2 倍以上。因此，碲酸盐玻璃作为掺铒光纤基质的最大优点在于 Er^{3+} 的受激发射截面大，增益带宽。与氟化物玻璃相比，碲酸盐玻璃具有较好的化学稳定性，不存在因化学稳定性较差和难制备的问题而在实用化方面有很大的优势。

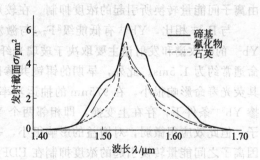

图 8-8　Er^{3+} 在石英、氟化物、碲酸盐玻璃中的受激发射截面

② 掺铒碲基玻璃光纤的性能 采用双向泵浦，泵浦波长都为 1480nm，功率均为 200mW，信号功率为 −30dB/m。将 EDTFA 的增益和噪声特性与氟化物和石英基的两种光纤进行比较，如图 8-9 所示。掺铒碲基光纤（EDTF）长度分别为 0.9m 和 2.4m，掺 Er^{3+}

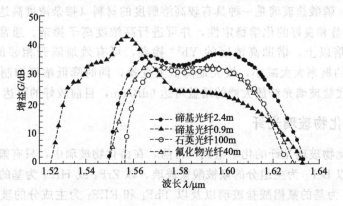

图 8-9　碲基、氟化物以及石英基的 EDTFA 增益特性

浓度均为 4×10^{-3}，氟化物和石英基的掺 Er^{3+} 光纤的掺杂浓度分别为 10^{-3}、3.1×10^{-4}，长度分别为 40m 和 100m。在相同的实验条件下掺铒碲基光纤增益带宽最宽，其次是氟化物光纤，最窄是石英光纤。掺铒碲基光纤在 $1530 \sim 1610$nm 的 80nm 宽度范围内增益都大于 20dB，在 1550nm 处的增益高达 42dB。掺铒氟化物光纤信号增益 30dB 以上的带宽是 $1562 \sim$ 1610nm，但在波长大于 1620nm 时增益急剧下降至 15dB 以下。研究还指出，掺铒石英和氟化物光纤即使在大长度情况下，也很难在大于 1625nm 的波长上获得增益，但掺铒碲基光纤可工作到 1634nm。

光纤的非线性效应对于 EDTFA 性能的影响是需要考虑的重要问题。在 EDTFA 研究中，发现由于碲基光纤的折射率远高于石英，相应的非线性系数也相对较高，这样会导致信号在 EDTFA 易产生四波混频（FWM）和交叉相位调制（XPM）非线性效应。要想使 EDTFA 实用化必须要考虑抑制非线性效应的问题。A. Mori 等提出通过增加光纤模场直径（MFD）和掺 Er^{3+} 浓度两种途径可有效抑制 EDTFA 中的二阶非线性效应，并在实验中得到很好的验证。

（4）稀土共掺杂磷酸盐玻璃光纤　稀土共掺杂磷酸盐玻璃光纤放大原理：EDFA 因 Er^{3+} 存在多个能级，在抽运功率下存在上变换，掺杂浓度越高，效应越明显。同时存在浓度抑制以及 Er^{3+} 对，对信号光增益影响很大。单独掺 Yb 光纤放大器有宽增益带宽和高能量输出以及良好的能量转换效率。与传统的 EDFA 相比，掺 Yb 光纤不会出现受激吸收以及由离子间能量转换所引起的浓度抑制。在较短的光纤内通过高浓度掺杂就可获得高增益。

与 Er^{3+} 相比，Yb^{3+} 有低能级 $^2F_{7/2}$ 与激发态能级 $^2F_{5/2}$，分别有 4 个和 3 个子能级，而且 Yb^{3+} 的吸收谱和发射谱主要取决于玻璃光纤的物质组成。在磷酸盐玻璃中，Yb^{3+} 的荧光寿命通常约为 1.5ms。此外，早期的铒镱共掺磷酸盐玻璃光纤放大器中，Yb^{3+} 的掺杂浓度对其荧光寿命影响很小，在 975nm 的抽运功率条件下具有一强烈吸收峰。原则上在高浓度的掺 Yb^{3+} 条件下，存在上变换，即相邻两个 Yb^{3+} 之间进行能量转换发射一个绿光波长的光子，但此效应很微弱，对增益的影响很小，一般不考虑。抽运波长和信号的受激态吸收，或因离子之间能量转换引起的浓度抑制在 EDFA 中比较明显，但由于 Yb^{3+} 只有两个能级，因此，在铒镱共掺酸盐玻璃光纤放大器中可忽略。

为提高单位光纤长度的增益，可通过 Yb^{3+} 的高浓度掺杂来起激励作用，可在很短的光纤上得到较大的增益。假定 Yb^{3+} 浓度足够高，则在 Yb^{3+} 系统中由于能量的快速迁移，Yb^{3+} 均处于激发态，受激施主 Yb^{3+} 将能量转移至相邻的受主 Er^{3+}，由于 Er^{3+} 处于抽运能级 $^4I_{11/2}$，且在磷酸盐玻璃中的 $^4I_{11/2}$ 能级的寿命很短，因此快速跃迁至亚稳态 $^4I_{13/2}$，阻止了能量的后向传输（能量从 Er^{3+} 转换到 Yb^{3+}），当信号光通过光纤时，产生光放大。而在所有的玻璃材料中，磷酸盐玻璃是一种具有较高溶解度的材料（掺杂浓度高达 $C_{Er} = 1.2 \times 10^{27}$ m^{-3}），具有高增益和良好的化学稳定性，并可进行高浓度离子掺杂。通常 Yb 的掺杂浓度为 Er 浓度的 10 倍以上，借助高浓度的 Yb^{3+} 掺杂，可有效地隔开相邻的 Er^{3+}，从而使 Er^{3+} 形成离子对的概率大大减小，极大地降低上变换，同时降低浓度抑制，有利于提高增益。理论分析磷酸盐玻璃光纤放大器的增益可达 6dB/cm，目前较好的可达 3dB/cm 左右。

8.5.2　稀土氟化物玻璃光纤

（1）稀土氟化物玻璃光纤的化学组成　目前，在卤化物玻璃中，只有氟化物玻璃适用于光纤，主要有：以 BeF_2 为主组分的氟铍酸盐玻璃、以 ZrF_4 或 HfF_4 为基的氟锆（或铪）酸盐玻璃、以 AlF_3 为基的氟铝酸盐玻璃以及以 ThF_4 和 REF_3 为主成分的玻璃等。其中，氟锆酸盐玻璃是最有希望获得超低损耗的光纤材料和研究最深入的重金属氟化物玻璃。原因是大多数重金属氟化物玻璃失透倾向大,在光纤制造过程中容易析晶或分相而产生附加的散射损耗。在氟化物玻璃中,氟锆酸盐玻璃的抗失透性能仅次于氟铍酸盐玻璃,这是目前成品玻璃中性能最好的重金属氟化物玻璃。用于光纤拉制的最基本的系统是 ZrF_4-BaF_2-LaF_3 三元系统。在此系统中,ZrF_4 是玻璃网络形成体,BaF_2 是玻璃网络修饰体,而 LaF_3 则起了降低玻璃失透倾向的网络中间体作用。在此基础上,又引入了 AlF_3、YF_3、HfF_4 及 NaF 或 LiF 等。光学和热学性能可在较大范围内连续可调,更适于光纤拉制的 ZrF_4(HfF_4)-BaF_2-LaF_3(YF_3)-AlF_3-NaF(LiF) 系统玻璃。氟锆酸盐玻璃的弱点是不耐水的侵蚀,力学强度较低,碱金属氟化物的引入使其化学稳定变得更差,这些都有待改进。以 RF_2-AlF_3-YF_3 (R 为 Mg、Ca、Sr 和 Ba 的混合物)为代表的氟铝酸盐玻璃具有与氟锆酸盐玻璃相近的极宽的透光范围,但化学稳定性较氟锆酸盐好得多,杨氏模量较高,折射率和色散较低。易获得数值孔径大与较高力学强度和化学稳定性好的光纤。但氟铝酸盐玻璃较高的失透倾向给低损耗光纤的制备带来很大的困难。

以 ThF_4 和 REF_3 为基的玻璃是一种更新的重金属氟化物玻璃,其特点是透红外性能好,可达 $8\sim9\mu m$,化学稳定性好,甚至优于氟铝酸盐玻璃,典型的系统有 BaF_2-ZnF_2-YbF_3-ThF_4 和 BaF_2-ZnF_2-YbF_3-InF_3-ThF_4 等。但这类玻璃较高的失透倾向和含钍玻璃的放射性给这类玻璃的制备和应用带来困难。BeF_2 是唯一本身能形成玻璃的氟化物,易通过熔体冷却等方法获得性质均匀的无失透玻璃。但铍化合物的剧毒及玻璃的化学稳定性较差限制了氟铍酸盐玻璃光纤的研制和应用。

(2) 稀土氟化物玻璃光纤的性质

① 光纤的损耗 非氧化物玻璃中如 F^-、Cl^- 或 S^{2-}、Se^{2-} 等的原子量都比氧化物玻璃中 O^{2-} 的原子量大,玻璃网络中正负离子间键力常数小,因此非氧化物玻璃光纤的透红外性能较氧化物玻璃光纤好。这类光纤的最低损耗波长较氧化物玻璃的长,理论损耗也较小。典型的氟锆酸盐玻璃光纤的光损耗包括材料的本征损耗、杂质吸收损耗和由光纤中缺陷引起的散射损耗等。目前,氟化物玻璃光纤的理论光损耗已降到 $0.002dB/km$ 以下,即为超低损耗,但要求杂质含量小于 10^{-9}。由于受原料纯度以及玻璃中微小杂质等影响,氟化物玻璃光纤的光损耗目前尚未达到理论值,氟化物玻璃光纤中杂质吸收主要来自于 3d 过渡金属、RE 和 OH^- 基团等。它们是从原料、操作工具、耐火材料以及炉内气氛中带入的。多数氟化物玻璃的成品玻璃性能差以及氟化物在高温下容易与水汽反应形成难溶的氧化物或氧氟化物,使现有氟化物玻璃光纤中非本征散射损耗比石英光纤大很多,已成为阻碍氟化物玻璃光纤损耗进一步下降的主要原因。

② 光纤的折射率和色散 氟化物玻璃是无机玻璃中折射率最低、色散最小的玻璃,其折射率介于 $1.3\sim1.6$ 之间,阿贝指数为 $10.6\sim60$,并可视玻璃的化学组成进行调整,可以通过合理选择光纤芯、皮料的折射率和光纤芯径。使光纤的零色散波长接近其最低损耗波长。此外,还可用氯化物或溴化物部分取代芯料玻璃中氟化物,使材料色散移向长波段,实现在最低损耗波长零色散传输。

(3) 稀土氟化物玻璃光纤的制备 REF_3 玻璃光纤通常采用预制棒法在高于玻璃软化温度下拉制,包括光纤预制棒的制备和光纤拉制两个阶段。

氟化物玻璃光纤预制棒主要采用熔制-浇注法制备,即用无水高纯氟化物作原料,按一定配比放置在能耐氟化物熔体侵蚀的铂、金或玻璃态碳坩埚中,逐步加热至 $800\sim1000℃$ 左右,在此温度保持一定时间使其完全熔化,并达到澄清和均匀化的目的,再将熔体冷却到适当温度浇注成型。为减少玻璃中的含氧杂质及由此产生的散射损耗,配合料中应引入适量的 NH_4HF_2 等氟化剂,整个熔制过程应尽可能在干燥气氛或含有 Cl_2、CCl_4 和 NF_3 等反应气体气氛中进行。

玻璃包皮的氟化物玻璃光纤预制棒早期采用两次浇注法制备。首先将皮料玻璃浇入预热的模子中，待玻璃部分凝固后倒出中心未凝固的玻璃液，再浇入芯料玻璃，退火后就可得所需的光纤预制棒。这种工艺不断改进，目前，常用的方法有离心浇注法、连续浇注法及热压法等。浇注法的局限性是不能制造折射率渐变的光纤预制棒，并在制备过程中会带入新的杂质。用可挥发的金属有机化合物原料的化学气相沉积工艺（MOCVD）可避免上述局限性。除氟铍酸盐玻璃外，现已能用这种工艺制得 ZrF_4-BaF_2-LaF_3-AlF_3 四元玻璃薄膜。

制得的光纤预制棒，可采用通常的办法拉制成光纤，但应采取必要的措施防止预制棒和光纤表面与大气中的水汽发生反应，也要避免玻璃在再加热过程中出现析晶等新的散射源。为提高光纤性能，采用化学预处理的工艺，有效地控制杂质和消除析晶以降低损耗和散射，采取复合截面折射率分布的光纤结构设计，使玻璃的色散和吸收损耗达到最低值；利用改良化学气相沉积法（MOCVD）以及等离子化学气相沉积（PCVD）、外沉积（OVD）、气相轴向沉积（VAD）和 sol-gel 法等新技术。在制作工艺方面将重点研究降低羟基引起的杂质损耗、使用掺氟包层和提高长期稳定性等。

8.5.3 稀土玻璃光纤的应用

光导玻璃纤维是一种能够导光、传像的玻璃纤维，目前已有可见光、红外光、紫外光等导光、传像制品问世，并广泛应用于通讯、计算机、交通、电力、广播电视、微光夜视及光电子技术等领域。

（1）超低损耗光纤通讯　氟化物玻璃光纤的理论损耗低。较石英光纤低 1～2 个数量级，材料色散小，通过合理选择光纤结构，可使波导色散与材料色散相抵消，实现在最低损耗波长处零色散传输，因此氟化物玻璃光纤被认为是实现超长距离无中继光通讯最有希望的光纤。目前超低损耗氟化物玻璃光纤的研究致力于从工艺上继续消除由亚微观散射中心和杂质吸收引起的损耗和超长光纤的制造技术。

（2）高功率激光传输　非氧化物玻璃光纤在许多高功率激光器的输出波段有较低的损耗，挠屈性也良好，这就使非氧化物玻璃光纤成为传输中红外波段高能激光较理想的介质，此外，氟化物玻璃低的非线性折射率使其具有较高的激光损伤阈值。目前已用这些光纤和相应的激光器制成各种各样的样机用于显微外科、内科诊断和工业材料加工等方面。

（3）纤维激光器　Nd^{3+}、Er^{3+}、Tm^{3+}、Ho^{3+} 等掺杂的氟锆酸盐玻璃光纤均获得激光输出，波长为 $0.82～2.8\mu m$，在许多波段还实现了可调谐激光输出。最近又在掺 Tm^{3+} 和掺 Ho^{3+} 的氟锆酸盐玻璃光纤中通过双光子吸收分别在（455nm 和 489nm）及（550nm 和 750nm）获得了激光输出，并实现上转换。激光二极管光泵的氟化物玻璃光纤激光器和光放大器是一种价廉、耐用和波长精确的新光源。

（4）光纤传感器　光纤传感器以光子作为信息载体，它除可取代原有的传感器外，特别具有集成化小体积、远距离遥测与光纤网络配合实现多参数测量、信息处理、集中监控等技术优势，在工业废气监测、红外成像、光学陀螺、程控及导弹光纤制导等高技术领域的应用前景十分美好。

8.6　稀土抛光材料

抛光材料是用于玻璃抛光的晶体粉末状物质。作为主基料的有 Fe_2O_3、CeO_2 和 ZrO_2，以 CeO_2 最好，ZrO_2 居中，Fe_2O_3 最差。特别是在光学玻璃的抛光上，稀土抛光粉具有光洁度好、高速、长寿命等优点而得到广泛应用，大量用于平板玻璃、光学仪器玻璃、显像管和面板玻璃以及某些宝石材料。各种抛光材料的抛光能力比较见表 8-4 所列。

表 8-4 各种抛光材料的抛光能力比较

抛光剂	磨削量/mg	抛光能力/%	抛光剂	磨削量/mg	抛光能力/%
Fe_2O_3	20.2	25	ZrO_2	54.3	65
TiO_2	44.5	53	CeO_2(45%)	83.7	100

8.6.1 稀土抛光剂的抛光机理和抛光工艺

稀土抛光剂是由 $RE_2(CO_3)_3$、$RECO_3F$、$RE_2(C_2O_4)_3$、$RE_2(SO_4)_3$ 与 $RE(OH)_3$ 等称为中间体的化合物经高温焙烧后形成具有一定物性的 RE_2O_3 抛光粉。玻璃抛光实验证明：CeO_2 具有与玻璃类似的硬度（5.5~6.5），稀土抛光粉中，CeO_2 起主要抛光作用。同时焙烧温度对抛光材料的抛光能力有很大影响，因此 CeO_2 的硬度可根据抛光工艺需要在焙烧温度（800~1000℃）范围内进行微调。

通常情况下，适宜作抛光材料的 CeO_2 晶体是直径为 45nm 等轴晶系的球状体（图 8-10），它是由调整焙烧前的中间化合物制得（图 8-11）。与 CeO_2 共存的 La_2O_3、Nd_2O_3 混合稀土同属六方晶系，但无抛光性能；而通式为 $CeO_2 \cdot La(Nd)_2O_3 \cdot SO_3$ 或 $CeO_2 \cdot La(Nd) \cdot OF$ 的混合稀土抛光粉却接近 CeO_2 抛光能力。

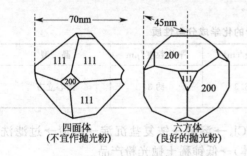

图 8-10 等轴晶系球状体示意图

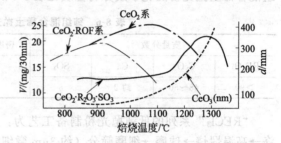

图 8-11 焙烧温度与初始抛光速度的关系

稀土抛光剂对玻璃的抛光机理目前还不明确，一般认为：稀土抛光粉是一种高效抛光化合物，它作用于玻璃表面时，既有机械研磨作用又有化学溶解作用，是物理研磨与化学研磨的共同作用。物理研磨主要是指稀土抛光剂对玻璃表面的机械磨削过程；化学研磨主要是指稀土抛光剂对玻璃表面凸部进行微研磨的同时，稀土抛光浆使玻璃表面形成水合软化层而导致玻璃表面具有某种程度的可塑性。一则是水合软化层填补玻璃表面低洼处后形成光滑表面，再则是水合软化层易被稀土抛光粉的机械磨削后形成光滑表面。目前，化学研磨理论占主导地位，但物理研磨与化学研磨的共同作用的抛光机理应更有说服力。有关理论有待进一步探讨。各种玻璃的抛光工艺及所用的研磨材料见表 8-5 所列。

表 8-5 各种玻璃的抛光工艺及所用的研磨材料

工艺	光学玻璃	阴极射线等玻璃	平板玻璃	板玻璃
球面磨削	钻石磨石			
粗磨喷砂	钻石磨石	人造刚玉、磨粒浮石、火山灰、磨粒	必要时（人造刚玉细粒）	硅砂（中）硅砂（细）
	钻石磨粒			
加工抛光	稀土抛光粉（贴着聚氨酯、沥青的研磨盘）	稀土抛光粉（聚氨酯块）	稀土抛光粉（中细）（聚氨酯板）	稀土抛光粉（钻石）

稀土抛光剂的抛光工艺由四部分组成：①被抛光的玻璃部件；②抛光浆（抛光粉与水的混合液）；③保持抛光浆与玻璃直接接触的抛光平台；④使抛光平台相对于玻璃表面运动的抛光机。在这一系统中发生一系列的化学和机械的作用，使被抛光部件抛光。抛光粉的种类和制备方法对其抛旋光性能影响很大。

8.6.2 稀土抛光粉的种类和制备方法

稀土抛光粉的主成分是CeO_2，而稀土抛光粉的粒度和粒度分布对抛光粉的性能有重要影响，可依据稀土抛光粉中CeO_2的含量高低或粒度及粒度分布来划分稀土抛光粉的种类。主要有：铈组混合稀土抛光粉和高铈稀土抛光粉或nm级（1～100nm）、亚μm级（100nm～$1\mu m$）和μm级（1～100μm）稀土抛光粉等。通常使用的稀土抛光粉一般为微米级，其粒度分布在1～10μm之间。

（1）铈组混合稀土抛光粉　铈组混合稀土抛光粉也称低铈抛光粉（CeO_2 45%～50%），其余50%为$La(Nd)_2O_3 \cdot SO_3$、$Pr_6O_{11} \cdot SO_3$等碱性无水硫酸盐或$La(Nd,Pr) \cdot OF$等碱性氟化物。其特点是：成本低、初始抛光能力与高铈抛光粉基本相似而广泛用于平板玻璃、显像管玻璃、眼镜片等抛光，但使用寿命低于高铈抛光粉。

低铈抛光粉制备工艺大致分为"$RECl_3$"系列及"氟碳铈矿"系列两类。"$RECl_3$"系列为衔接我国稀土矿物提取工艺而以硫酸复盐为中间体。也可采用$RE_2(C_2O_4)_3$、$RE(OH)_3$、$RE_2(CO_3)_3$等为中间体，或直接采用高品位的稀土精矿，经过灼烧制备混合稀土抛光粉。铈组混合稀土抛光粉的化学成分与性质见表8-6所列。

表8-6　铈组混合稀土抛光粉的化学成分与性质

质量分数/%				密度/(g/cm³)	平均粒度/μm	晶　型
RE_2O_3	CeO_2	Ca	SO_3	6～6.3	约3	面心立方
>90	48～50	约2	8			

"$RECl_3$"系列的低铈抛光粉制备工艺为：$RECl_3$→溶解→铵复盐沉淀→澄清→过滤洗涤→高温煅烧→球磨→细磨筛分（约3μm微细粉体）→低铈稀土抛光粉产品。

（2）高铈稀土抛光粉　高铈抛光粉的CeO_2>80%，是一类价高质优的稀土抛光粉。高铈抛光粉的CeO_2品位越高，抛光能力越好，使用寿命越长。对硬质玻璃长时间循环抛光时（石英、光学镜头等）、以使用高铈抛光粉为宜。

高铈抛光粉也有两类，一类是由"$RECl_3$"分离出来的$Ce(OH)_3$制成的抛光粉；另一类是以"氟碳铈矿"的中间产物-铈富集物为初始原料含夹杂物较多的抛光粉。烧成品的破碎、分级方法有干法和湿法两种，对粒度分布要求严格时一般采用湿法。由"氟碳铈矿"直接焙烧制成的高铈稀土抛光粉工艺简单，成本低，但抛光性能与质量低。采用"$RECl_3$"或分离后的铈富集物为原料制备的高铈稀土抛光粉的抛光性能与质量好，但工序多，成本高。如图8-12是高铈稀土抛光粉的制备工艺方法与原则流程。

高铈抛光粉也可以富铈$RECl_3$为原料并转化成稀土氟碳酸盐中间体经高温煅烧而成。所制备的高铈抛光粉化学活性高、多棱角、粒度细而匀，抛旋光性能优于高纯铈抛光粉，见表8-7所列。

（3）稀土抛光粉的粒度及粒度分布与抛光粉物化性能的关系　稀土抛光粉的粒度及粒度分布对抛光粉性能有重要影响。可在制备过程中，选择合适的中间体及较佳的工艺条件来优化稀土抛光粉物化性能。标准抛光粉均有较窄的粒度分布，太细和太粗的颗粒很少，无大颗粒的抛光粉可抛光出高质量的表面，而细颗粒少的抛光粉能提高磨削速度。

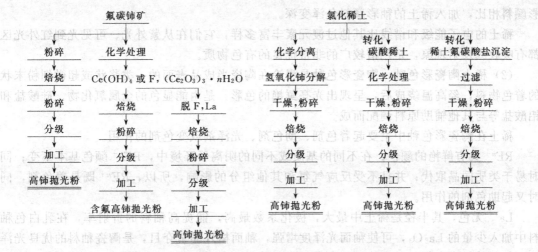

图 8-12 高铈稀土抛光粉的制备工艺方法与原则流程

表 8-7 高铈稀土抛光粉的化学成分与物理性质

质量分数/%						密度/(g/cm³)	粒度/μm	晶 型
RE₂O₃	CeO₂/RE₂O₃	Fe	Si	Ca	F			
90~93.5	80~85	0.34	0.89~2.2	0.003	5.6~7.5	6.2~6.5	约 1	面心立方

在一定温度下，稀土抛光粉的抛光能力大小与抛光粉的晶格结构、颗粒形态、粒度大小及均匀程度、适宜硬度、化学活性和杂质含量等物理化学性能密切相关。稀土抛光粉的物化性能很大程度上与烧结温度有关，而被抛光玻璃的物理力学性能决定稀土抛光粉的烧结温度。提高稀土抛光粉的抛光性能，最主要的是通过制备过程中，选择合适的中间体及合理的工艺流程来达到，而不是依靠增加 CeO_2 的品位。

通常根据稀土抛光粉的物化性质一般使用在玻璃抛光最后的精磨工序。主要用于各种玻璃的精抛光，精抛光是把抛光粉分散液加注到贴在旋转磨床上面的平面或曲面的玻璃片上，抛光液循环使用。抛光热片的转速对抛光效率至关重要。

稀土抛光粉不但具有最佳的抛光能力，同时用过的稀土抛光粉还可多次循环使用。用稀土抛光粉剂抛光后的玻璃具有优良的光洁度与光泽。

8.7 稀土陶瓷釉

8.7.1 稀土陶瓷彩色釉

(1) 稀土的发色与光谱特性　稀土具有未充满的 4f 电子层的独特的原子结构，其特征是在内层的 4f 轨道内逐一填充电子。当受到不同波长的光激发时，4f 电子层表现出对光的选择性吸收和反射，或者吸收一种波长的光后，又发射出另一种波长的光。由于这个特性，稀土可作陶瓷彩色釉的着色剂、助色剂、变色剂或光泽剂，来制备各种发色稳定、色调纯正或光致变色的陶瓷颜料。

稀土具有多种化合价态，并存在变价作用。由于 E_{4f} 能级上的电子受电子自旋角动量和轨道角动量的相互作用、耦合 (L-S) 产生许多能级亚层，导致 4f→4f 电子跃迁 ($\Delta E = E_2 - E_1 = h\nu$)，产生线状吸收光谱，这种 4f→4f 电子跃迁导致了对可见光的选择性吸收是稀土发色的本质原因。RE^{n+} 电价高，半径大，易受极化，极化强度愈高，折射率愈大，在陶瓷颜料中利用 RE^{n+} 的高折射率，使日用瓷或工艺美术瓷的装饰画面优雅、色泽鲜艳。与普通釉彩颜料相比，加入稀土的釉彩颜料色泽变深。

稀土的电子能级和谱线比其他过渡元素丰富多样，它们在从紫外光、可见光到红外光区都有吸收或发射现象，是色谱较广的非常优良的有色物质。

（2）稀土陶瓷彩色釉　陶瓷彩色釉是浸涂在陶瓷半成品表面的一类浆状或超微细粉末状的着色物料，经高温烧成后，呈现出光亮鲜艳的色彩，是由能显色的金属氧化物、硅酸盐和铝酸盐等与其他辅助原料调配而成。

稀土在陶瓷彩色釉中主要起着色剂、助色剂、光泽剂或变色剂的作用。

RE^{n+} 具有鲜艳的颜色；在不同的基质或不同的阴离子环境中，RE^{n+} 颜色基本不变；同时易于类质同晶取代；并且不受反应气氛和其他组分的影响，所以，RE^{n+} 既是着色剂，同时又起助色剂的作用。

La^{3+} 无色，其半径是稀土中最大，极化系数最高，能提高釉料的折射率，在乳白色釉料中加入少量的 La_2O_3，可使釉面光泽度增强，釉面格外晶莹夺目，是陶瓷釉料的优良光泽剂，如与其他陶瓷颜料调配使用也可使颜料和釉面具有滋润感和宝石感。

CeO_2 在瓷釉中是良好的乳浊剂，可制成白度高、遮盖度强的乳浊釉，其乳浊效果比锆锡乳浊剂更好，能强烈遮盖瓷质中的杂色而提高白度，又能减少釉面龟裂。

添加 $1\%\sim2\%$ 的 Sm^{3+} 在陶瓷黑色颜料中，可使黑釉色泽纯正光亮，起到良好的助色作用，在还原气氛下使用，弥补了 Fe、Cr、Co、Al 等合成的黑颜料呈色不足的缺陷。

8.7.2　稀土高温彩色陶瓷釉

虽然陶瓷彩色釉的品种与色调均很丰富，但高温彩色陶瓷釉的品种的比例却较少。其原因是高温彩色陶瓷釉的焙烧温度高达 1300℃，因此，要求着色金属氧化物或着色金属氧化物与硅酸盐等组成的着色剂既能耐高温又不易受釉料的侵蚀作用。

（1）高温锆黄色釉　稀土高温彩色陶瓷釉中，呈色好、用量大的是锆黄陶瓷颜料。这是一种硅酸锆基颜料，可与陶瓷釉混合制成色釉，亦可作为釉下彩或直接掺入基础釉制高温锆黄色釉。

锆黄陶瓷颜料呈淡黄色，特点是：①色泽鲜艳、稳定、呈色均匀、釉面光泽度好；②耐热性、耐腐蚀性好，高温流动性能适中，使用温度范围广；③对窑炉气氛的敏感性小；④颜色受釉成分影响小；⑤与其他颜料不起作用，能与其他颜料混合成多种颜料，如锆黄-钒锆合成的浅绿色（称锆绿）产品合格率比常用的铬绿-钒锆高 20%；⑥可根据 Pr_6O_{11} 含量的不同调整色调的深浅，适应于艺术瓷、仿古瓷、建筑瓷和日用陶瓷。

锆黄陶瓷颜料制备方法是：将 SiO_2 和 ZrO_2 按 1：1 的质量比混合，再加入 $3\%\sim6\%$ 的 Pr_6O_{11} 和 $10\%\sim20\%$ 的一种或多种矿化剂，如 NaF、NaCl、Na_2MoO_4 等，烧制温度约 1100℃。若以 Ca、Mg、Zn 白釉为基础釉，Pr_6O_{11} 用量在 0.08% 左右的锆绿为草青色，色釉鲜艳、纯正，呈色均匀，釉面晶莹、光泽度好。

（2）高温镧、铈金光釉　金光釉，是将瓷品表面采用仿金化装饰的生产工艺，使瓷品面上产生的色调、光泽类似铜金属的金黄色釉。其釉面光亮、高雅华贵、富丽堂皇，具有独特的艺术效果，广泛用于建筑或园林艺术装饰。

金光釉的制备方法主要有：①在陶瓷坯体上直接溅射熔融金属层；②在陶瓷品釉面上涂覆含金属或金属化合物涂层（如涂覆钛金膜层），再经还原处理后，形成具有金属光泽的表面；③采用 Li-Pb-Mn 金光釉，在烧成过程中，通过釉面析晶，形成具有类似金属光泽的釉面。

直接溅射法和涂覆法虽能达到较好的效果，但设备复杂投资大，能耗高，一般厂企很难采用而生产中多采用高温釉烧成法。利用 CeO_2、La_2O_3 的化学特性和光谱特性，通过对基釉的调整，在 Li-Pb-Mn 系金光釉中添加 CeO_2、La_2O_3，在熔剂作用下，CeO_2 与 SiO_2、Al_2O_3 等组分相互作用，有效促进金色尖晶石微晶的析出呈色，能使金光膜析晶层连续完整、光亮稳定，La_2O_3 的引入，改善光谱特性，增强釉面的光反射能力。

实验表明，添加 CeO_2、La_2O_3 制备的新型金光釉，瓷面析出的釉面膜层平整如镜，不仅对金光釉具有提高稳定性和光泽度的作用，并且使釉面具有良好的耐化学侵蚀能力，仿金效果与钛金镀膜产品一样，而且其化学稳定性、釉面硬度等技术参数均高于钛金膜。

（3）高温钕变色釉　变色釉亦称异光变彩釉，是一种由 RE_2O_3 产生的具有特殊装饰效果的陶瓷艺术釉。变色釉的光敏特性是可逆的，能在不同光源的激发下，釉面呈现不同的颜色，也可随光线的强弱变化而改变颜色。

将 Nd_2O_3-CeO_2-Sm_2O_3 体系以适宜的配料并掺入透明基釉中烧制成变色的釉彩颜料。

变色釉是在 $ZnSiO_3$ 透明结晶釉中加入具有变色效应的色剂获得的，变色釉中起变色作用的主成分是 Nd_2O_3，但纯 Nd_2O_3 的着色能力较差。通常需加一种或几种 RE_2O_3 来促进其着色与变色的敏感性。添加的 RE_2O_3 有 Pr_2O_3、CeO_2、Sm_2O_3、La_2O_3、Y_2O_3、Yb_2O_3 和 Li_2CO_3、$CaCO_3$、硼砂与熔融石英等。变色结晶釉经高温烧成后，在阳光下呈现出紫红色，日光灯下呈现出天青色，白炽灯下呈现出粉红色，达到良好的变色效果，见表 8-8 所列。不仅晶花生长完整，同时晶花与底色不同，具有明显的变色效果。

表 8-8　钕变色釉在不同光源下的颜色

光源	白炽灯	蜡烛	高压钠灯	高压汞灯	日光灯	太阳光	钪钠灯
釉面颜色	粉红泛紫	浅粉红泛紫	棕红棕红	红色转青色	青色青色	紫红紫红	深蓝深蓝

Nd_2O_3 是瓷釉的重要着色剂，其呈色、变色效果很独特。Nd 的化学稳定性高，着色效果几乎不受烧结温度和气氛的影响，呈色重现性好；再则是 Nd^{3+} 的特殊电子结构和复杂的光谱特性，从红外光、可见光及紫外光都有一系列位置稳定的尖锐吸收峰，Nd^{3+} 的电子能具有长寿命的激发亚稳态，是一类优良的激光物质，能够产生良好的显色效果。

Nd^{3+} 的电子层结构为 $[Xe]4f^3$，3 个 4f 电子的自旋角动量 M_S 和轨道量 M_L 相互作用、耦合，分裂出多种能级亚层，电子在 f-f 亚层能级间的跃迁产生出多种光谱项或线状谱线。在可见光的激发下，Nd^{3+} 可在可见光区内出现一些狭窄尖锐的吸收峰，尤其在黄光（521.18nm），绿光（574.15nm），红光（739.15nm）可见光部分有强烈的吸收峰。由于这些狭窄吸收峰的存在，在变换入射光的波长及强度时，其反射光的波长和强度随之变化，使变色结晶釉呈现

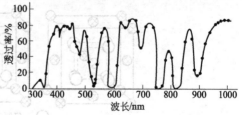

图 8-13　钕玻璃的光谱特性

变色效应。根据朗伯-比尔定律，多种离子组合着色，将产生吸收光谱的加和效应，并形成新光谱曲线。依此原理，采用 Nd 与 Ce、Pr、Sm、La、Y、Yb 等某种或多种离子组合，通过光吸收的变化，加强并丰富了 Nd 的变色效果。钕玻璃的光谱特性如图 8-13 所示。

8.8　稀土结构陶瓷

先进结构陶瓷（advanced structural ceramics）具有高强度、高硬度、耐高温、耐磨损、耐冲击、抗腐蚀、抗氧化、低热导等系列独特优异性能，可承受金属材料和高分子材料难以

承受的严酷的工作环境，已成为新兴工业与某些高新技术产业发展的关键性支撑材料或先导性材料，在国防、能源、航空航天、冶金、机械、汽车、电子、石化等行业具有广阔的发展应用。先进结构陶瓷有氧化物陶瓷和非氧化物陶瓷两大类。先进结构陶瓷的分类见表 8-9 所列。

表 8-9　先进结构陶瓷的分类

氧化物陶瓷系列		Al_2O_3、MgO、ZrO_2、SiO_2、BeO、UO_2、ThO_2 等
非氧化物陶瓷系列	碳化物	SiC、TiC、B_4C、WC、UC、ZrC 等
	氮化物	Si_3N_4、AlN、BN、TiN、ZrN 等
	硼化物	ZrB、WB、TiB_2、LaB_6 等
	硅化物	$MoSi_2$
	氟化物	CaF_2、BaF_2、MgF_2
	硫化物	ZnS、TiS_2、$Pb_xMo_6S_8$、$Cu_xMo_6S_8$、$Gd_xMo_6S_8$
	炭和石墨	C

稀土独特的 $4f^n5d^16s^2$ 电子层结构、高电价、大半径、结构紧密、极化力强、化学活性高、强还原性、能水解的性质使稀土陶瓷具有特殊的致密结构，使其在结构陶瓷中有着重要应用。RE_2O_3 在 ZrO_2、Si_3N_4 等陶瓷中的应用主要是作为添加剂来改善陶瓷的烧结性、致密性、相结构和显微结构，以满足不同或特殊用途对陶瓷材料的质量和性能要求。

8.8.1　RE-ZrO₂ 陶瓷

ZrO_2 陶瓷（zironia ceramics）是以 ZrO_2 为主成分的 20 世纪 70 年代发展起来的新型结构陶瓷，具有一般陶瓷材料耐高温、耐腐蚀、耐磨损、高强度等优良的力学性能，其韧性与铁及硬质合金相当，是陶瓷材料中最高者，应用广泛。其中以 ZrO_2 相变增韧陶瓷和氧化锆固体电解质材料为主，应用已遍及相关高新技术领域。所添加的稀土主要是 Y_2O_3、CeO_2 和 La_2O_3 等。ZrO_2 陶瓷还具有优异的热性能与电性能。

（1）RE-ZrO₂ 相变增韧陶瓷　纯 ZrO_2 为白色粉末，常压条件下有三种晶相结构：从室温到高温依次为单斜相（m-ZrO_2）、四方相（t-ZrO_2）和立方相（c-ZrO_2），可将其看成是 ZrO_2 的三种同质异构体，如图 8-14 所示。三种不同结构的 ZrO_2 存在条件与温度和压力密切相关，如图 8-15 所示。

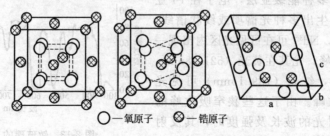

○—氧原子　⊗—锆原子

图 8-14　ZrO_2 立方、四方和单斜的单胞

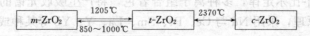

图 8-15　纯 ZrO_2 陶瓷三种不同晶型结构在常压条件下的转变规律

常压下，其转变规律为：常温时，ZrO_2 稳定晶型是 m-ZrO_2，当温度升高 1205℃时，m-ZrO_2→t-ZrO_2，体积明显收缩；冷却时，t-ZrO_2→m-ZrO_2，出现温滞后现象，体积明显膨胀，m-ZrO_2→t-ZrO_2 的过程是典型的马氏体相变过程。由于相变引起 $3\%\sim5\%$ 体积增大和约 8% 的剪切应变，使材料抗热震性大大降低，冷却时制品易破裂，故不宜用纯 ZrO_2 制

造产品。必须对其进行稳定化处理，使 $t\text{-}ZrO_2$ 在适当的基体约束下以介稳状态保留到室温。介稳 $t\text{-}ZrO_2$ 在受到外力作用时可相变成 $m\text{-}ZrO_2$，伴随着马氏体相变产生的体积膨胀和剪切应力吸收大量的断裂能，对裂纹扩展产生阻碍，使材料表现出异常高的断裂韧度，产生相变增韧，获得高韧性、高耐磨性。

ZrO_2 的稳定剂有三类：一是引入如 Y^{3+}、Ga^{3+}、Gd^{3+} 等＋3 价离子，以引入 V；二是加入与 Zr^{4+} 半径有一定差距的 Ce^{4+}、Ti^{4+} 等＋4 价离子；三是在 ZrO_2 中固溶量较低的如 Mg^{2+}、Ca^{2+} 等的＋2 价离子。实际上所有的 RE^{3+} 都能与 ZrO_2 形成固溶体。

将 RE_2O_3 或 MgO、CaO 添加到 ZrO_2 中，可降低 ZrO_2 的相变温度。图 8-16 是 $Y_2O_3\text{-}ZrO_2$ 相图，所有 RE_2O_3 与 ZrO_2 的相图均类似于该图。由相图可知 Y_2O_3 在极限 $t\text{-}ZrO_2$ 固溶体有很大的溶解度，直到约 2.5%（摩尔）Y_2O_3 溶解到与低共溶温度线相交的固溶体中，获得全部为 $t\text{-}ZrO_2$ 的陶瓷（称 $t\text{-}ZrO_2$ 多晶体或 TZP）。若在 1700MPa 外力下，可将 $t\text{-}ZrO_2$ 保持到室温。在实际的材料制备过程中，控制 ZrO_2 材料的晶粒尺寸，例如小于 $1\mu m$，在室温条件下仍能保持 90% 以上的 $t\text{-}ZrO_2$，若材料呈自抑制状态，即使 ZrO_2 晶粒尺寸大于 $1\mu m$，仍能完全保持 $t\text{-}ZrO_2$，但处于亚稳态。

由 ZrO_2 与金属氧化物稳定剂之间的关系和 ZrO_2 陶瓷显微结构特征将 ZrO_2 增韧陶瓷分为三大类。

① 四方多晶 ZrO_2 增韧陶瓷（TZP），在相图上位于 $t\text{-}ZrO_2$ 的单相区域，其显微结构特征是完全由 $t\text{-}ZrO_2$ 细晶粒组成。

② 部分稳定 ZrO_2 增韧陶瓷（PST），相图上在四方相和立方相的共存区（或在立方相区但在四方相和立方相共存区内进行热处理），这类 ZrO_2 具有在立方相基体中弥散分布着 $t\text{-}ZrO_2$ 的双重结构。

③ $t\text{-}ZrO_2$ 弥散分布到其他陶瓷基体中，被称为弥散 $t\text{-}ZrO_2$ 增韧陶瓷（ZTC）。

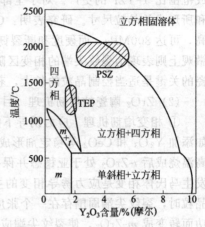

图 8-16　富 ZrO_2 端的 $Y_2O_3\text{-}ZrO_2$ 相图阴影区表示部分稳定 ZrO_2（PSZ）和 $t\text{-}ZrO_2$ 多晶体（TZP）的组成区域与烧结温度

Y_2O_3 稳定的 $t\text{-}ZrO_2$ 多晶增韧陶瓷（Y-TZP）可在相对较低的 1400~1550℃ 的温度下烧结，可利用普通的烧结炉来制备 TZP 陶瓷。大部分 TZP 材料含 2%~3%（摩尔）的 Y_2O_3，晶粒尺寸为 0.2~2μm，此外，许多材料含有少量立方相，其晶粒尺寸通常比四方相的大。虽然高度稳定的材料中更常见的是立方相，但在含不小于 3%（摩尔）的 Y_2O_3 的材料中立方相也是普遍存在的。

CeO_2 是一种理想的 ZrO_2 稳定剂，与 Y_2O_3 相比有如下优点：价格低廉，能在较宽的范围内与 ZrO_2 形成四方相固溶区。在固溶范围内，可使 $t \to m$ 的开始相变温度大大降低，如 3.5%（摩尔）的 Y_2O_3 的 Y-TZP 的相变温度在 560℃ 左右，而 20%（摩尔）的 CeO_2 的 Ce-TZP 的相变温度可降至 25℃ 以下。再则，Ce-TZP 的临界相变晶粒尺寸大于

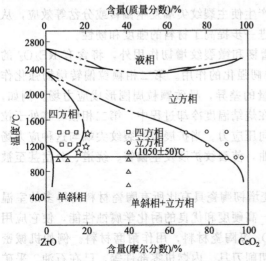

图 8-17　$CeO_2\text{-}ZrO_2$ 系统相图

Y-TZP，因此不需要超细粉末即可制得性能较好的 ZrO 陶瓷材料。在性能方面与 Y-TZP 相比，Ce-TZP 具有较高的断裂韧度和良好的抗低温水热老化性能，但其硬度和强度偏低，Ce-TZP 材料在还原气氛下烧结，易使晶粒粗大。

CeO_2-ZrO_2 系统有一个范围很宽的四方相区，CeO_2 的溶解极限为 18%（摩尔），如图 8-17 所示。其共析温度为 1050℃，并使这些晶粒全部以四方相结构保持下来，和 Y_2O_3-ZrO_2 系统中的情况类似。两者的烧结温度很相近，通常为 1550℃，同样要求采用超细粉末，以便在陶瓷中形成细晶粒尺寸。Ce-TZP 和 Y-TZP 有许多相似之处，尽管在 Ce-TZP 材料中 CeO_2 的添加量在 12%～20%（摩尔）之间都能获得全部为四方相结构，这意味着其组成范围比 Y-TZP 的更广。对于全部为四方相结构所需的最低稳定剂含量，取决于烧结温度和所形成的晶粒尺寸。研究表明：CeO_2 原子分数为 10%～12% 时，Ce-TZP 的抗弯强度最高，可达 800MPa，而硬度和断裂韧度对晶粒大小有很强的依赖性。这种宏观的力学性能在微观上则表现为裂纹尖端的相变区随 Ce-TZP 晶粒尺寸增加而增大。所以，制备 Ce-TZP 陶瓷的关键是适当控制晶粒的长大，获得优良的力学性能。

(2) ZrO_2 陶瓷的增韧机理　目前，在 ZrO_2 增韧陶瓷中较一致的增韧机理有下述三种。

① 相变增韧机理　应力诱导下的相变增韧是 ZrO_2 增韧陶瓷中最主要的一种增韧机理。如添加 Y_2O_3 和 CeO_2 等稳定剂形成固溶体或控制 ZrO_2 的晶粒尺寸，可使 ZrO_2 增韧陶瓷从高温烧成后 t-ZrO_2 处于亚稳态并保持至室温下，而在外应力作用下，处于亚稳态的 t-ZrO_2 发生马氏体相变是应力诱导相变的主要特征。当裂纹尖端扩展至这些处于亚稳态的 t-ZrO_2 晶粒时，裂纹尖端周围存在一个张应力区，张应力区内的 t-ZrO_2 吸收裂纹尖端应力所做的功而转变成 m-ZrO_2，使裂纹尖端应力集中得到消除或缓解，从而阻止裂纹进一步扩展。

为获得力学性能优良的材料，首先应优化稳定剂的含量并使其分布均匀，同时还必须控制 ZrO_2 颗粒的尺寸和分布状态。

② 微裂纹增韧机理　微裂纹增韧是多种陶瓷材料的一种增韧机理。与应力诱导相变增韧不同的是，微裂纹增韧中的四方相相变是自发产生的，但存在一个临界颗粒尺寸，低于这一尺寸则无法导致微裂纹的生成。当制品在烧结温度冷却过程中，大于临界晶粒尺寸的 t-ZrO_2 自发相变成 m-ZrO_2，相变过程中伴随的体积膨胀导致制品内产生细小裂纹核或微裂纹。这些裂纹核和微裂纹将降低作用区内的弹性模量，并在应力作用下发生亚临界慢速扩展，使主裂纹尖端部分应变能得到释放，从而抑制了裂纹进一步扩展。同时，这些预先存在的微裂纹与扩展着裂纹尖端发生相互作用，可产生使主裂纹尖端发生偏转或分叉等效应，从而延长裂纹扩展的路径，吸收更多的断裂能，进一步提高了材料的强度和韧性。

③ 裂纹弯曲增韧机理　除应力诱导相变增韧和微裂纹增韧作用外，将含有 RE_2O_3 的 ZrO_2 作为复合材料的第二相还具有裂纹偏转增韧强化的作用。第二相颗粒偏转增韧强化作用在于颗粒与基体之间的热膨胀系数和弹性模量的差异，导致颗粒周围形成应力场。例如，当基体的热膨胀系数小于第二相颗粒时，样品在烧结温度冷却过程中，第二相颗粒将处于拉应力状态，而在基体内将产生径向张应力和切向压应力。当扩展着的裂纹尖端与这种应力场发生作用时，可使裂纹尖端的应力状态发生扭曲，使裂纹扩展发生偏转、绕道、分叉甚至被钉扎，从而提高材料的抗断裂能。

(3) ZrO_2 相变增韧陶瓷的应用　ZrO_2 相变增韧陶瓷具有比所有陶瓷材料高得多的室温弯曲强度和断裂韧性。综合其高韧性与高强度、高硬度和优良的耐化学腐蚀性能，使它应用于苛刻负荷条件下的严酷环境。并将替代 Al_2O_3 等陶瓷材料，用作耐磨材料。例如机械密封体、球阀部件、陶瓷轴承、金属挤压模具、切削刀具、内燃机零部件等，已在石油、采矿和机械制造工业中大量应用，引起结构陶瓷材料的更新换代。此外，由于它具有很高的断裂韧性，还可用于制作日用刀具和高尔夫球棒击球块等体育用品。

（4）RE-ZrO₂ 固体电解质陶瓷　固体氧化物燃料电池（SOFC）具有全固态结构、可在电池内部进行燃料重整、系统设计简单、能量转化效率高达 70%～80%、规模弹性大、环境污染少、燃料使用范围广和寿命长等优点，被认为是未来新能源系统的发展趋势。

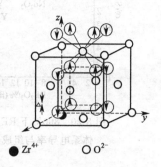

固体电解质是 SOFC 的核心部件，其离子导电性能在很大程度上决定了 SOFC 的输出功率与电流密度。目前集中在 ZrO₂ 基、CeO₂ 基、Bi₂O₃ 基和 LaGaO₃ 基固体电解质。其中 ZrO₂ 基固体电解质拥有较高的离子电导率和良好的结构稳定性而成为研究最多、应用最广的一类 O^{2-} 导体材料。

① ZrO₂ 固体电解质中氧传递的机理　ZrO₂ 的离子导电性仅存于 c-ZrO₂，c-ZrO₂ 具有 CaF₂ 型结构。如图 8-18 所示。单位晶胞中，Zr^{4+} 构成的面心立方点阵占据 1/2 的八面体空隙，O^{2-} 占据面心立方点阵所有 4 个四面体空隙，仍有 1/2 的八面体空隙而保持着松弛结构，有利于 O^{2-} 的扩散和迁移，使 ZrO₂ 固体电解质的导电性增强。

● Zr^{4+}　　○ O^{2-}

图 8-18　ZrO₂ 的 CaF₂ 型结构及 O^{2-} 偏离

ZrO₂ 固体电解质具有离子导电性，即空穴导电。则必须具备下述条件：具有中心大空间的立方 CaF₂ 型晶体结构；具有一定数量的 $V_o^{\cdot\cdot}$。

研究表明：ZrO₂ 中掺入 CaO、MgO、Y₂O₃、Sc₂O₃、Yb₂O₃、CeO₂ 等形成完全稳定化 c-ZrO₂ 时，室温下能保持高温相结构，形成 $Zr_{1-x}M_x^{2+}O_{2-x}$ 或 $Zr_{1-x}RE_x^{3+}O_{2-x/2}$ 等固溶体。同时基体中 $[V_o^{\cdot\cdot}]$ 得以提高，O^{2-} 电导率随之增大，具备良好的 O^{2-} 导电性，此时 ZrO₂ 陶瓷就成为优良的 O^{2-} 导体。缺陷反应式为：

$$MO \xrightarrow{ZrO_2} M_{Zr}'' + O_o + V_o^{\cdot\cdot} \quad 和 \quad RE_2O_3 \xrightarrow{ZrO_2} 2RE_{Zr}' + 3O_o + V_o^{\cdot\cdot}$$

其导电性如图 8-19 所示。

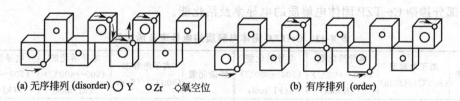

(a) 无序排列 (disorder) ○ Y　○ Zr　◇ 氧空位　　　　(b) 有序排列 (order)

图 8-19　空穴的结构及空穴导电示意图

② RE-ZrO₂ 固体电解质的性能与应用　不同的 RE₂O₃-ZrO₂ 固体电解质的电性能是不同的。如图 8-20 和表 8-10 所示。在图 8-20 中，随着 RE₂O₃ 掺入量的增加，其电导率都将增加并有一个极大值。导价阳离子的掺入可引起 $V_o^{\cdot\cdot}$ 浓度增大，致使电导率增加，同时，由于缺陷的缔合而造成极大值。ZrO₂ 立方与四方晶系结构如图 8-21 所示。

用 8%～10% 的 Y₂O₃ 稳定的 ZrO₂ 固体电解质陶瓷（YSZ），具有结构致密、电阻率低、抗热震性好、价格低和优良的 O^{2-} 传导特性等优点，在氧化、还原气氛下稳定，但需在高温下运行，才具有理想的电导率，使其应用受到一定的局限。降低其工作温度，提高其低温电导率，是人们一直努力的方向。韩敏芳等对 YSZ 电解质晶粒电导和晶界电导的研究表明：YSZ 电解质晶界电导随陶瓷烧结温度的提高逐渐增加，晶粒电导则随陶瓷烧结温度的提高先下降后逐渐上升，YSZ 陶瓷晶界处的气孔和致密化对电导率有直接的影响。烧结过程中加入 CaO、MgO、Sc₂O₃、CeO₂ 等氧化物，对提高 YSZ 陶瓷烧结性和电导率有明显的影响。

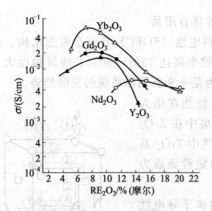

图 8-20　800℃ 下 RE_2O_3-ZrO_2
体系电导率与组成的关系

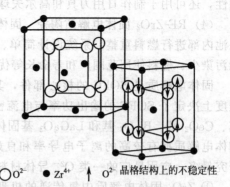

○○O^{2-}　●Zr^{4+}　↑O^{2-} 晶格结构上的不稳定性

图 8-21　ZrO_2 立方与四方晶系结构

表 8-10　RE_2O_3-ZrO_2 固体电解质的电性能

组成(摩尔分数)/%		离子电导率(1000℃)/(S/m)	激活能/eV	组成(摩尔分数)/%		离子电导率(1000℃)/(S/m)	激活能/eV
Y_2O_3-ZrO_2	9	12	0.8	Yb_2O_3-ZrO_2		8.8	0.75
Sm_2O_3-ZrO_2	10	5.8	0.95	Sc_2O_3-ZrO_2		25	0.65
La_2O_3-ZrO_2	16.5	0.15					

　　CeO_2-ZrO_2 系统有一个范围相对较宽的四方相区，使 t-ZrO_2 固体电解质的 t 相结构稳定，Ce-TZP 在低湿气氛中具有良好的电性能，机械强度高、价格便宜。这就使 C-TZP 有望成为 YSZ 陶瓷的替代产品。但与 YSZ 材料相比，Ce 在 ZrO_2 基体中以 Ce^{3+} 和 Ce^{4+} 两种价态存在，高温相的稳定效果弱于 Y 的稳定效果，而成为制约其应用的主要因素。Foschini 等研究了 Ni、Fe、Cu、Mn 等对 Ce-TZP 陶瓷烧结性和电性能的影响，添加少量 Fe 和 Cu 可使 Ce-TZP 陶瓷烧结温度由 1600℃ 降至 1450℃，室温下 Ce-TZP 中四方相的含量大于 98%。研究表明：烧结过程中，少量掺杂剂在晶粒边缘处形成液相，降低了晶界电阻。表 8-11 是部分掺杂 Ce-TZP 固体电解质的电导率及活化能。

表 8-11　Ce-TZP 固体电解质的电导率及活化能

掺杂元素	离子电导率(800℃)/(S/m)	电导活化能(400~600℃)/(kJ/mol)	电导活化能(700~900℃)/(kJ/mol)	掺杂元素	离子电导率(800℃)/(S/m)	电导活化能(400~600℃)/(kJ/mol)	电导活化能(700~900℃)/(kJ/mol)
Nd	0.9	107	105	Y	2.7	102	92
Sm	1.4	107	99	Er	2.7	102	92
Gd	1.8	107	99	Yb	3.9	93	86
Dy	2.4	104	95	Sc	6.6	115	82
Ho	2.7	104	92				

　　RE_2O_3-ZrO_2 基固体电解质材料除被广泛用于 SOFC 外，还可用于氧传感器、氧泵、发热元件、发光源件及磁流体发电机的电极、对废气及炉内气氛的控制、锅炉、内燃机废气的连续分析，在环保与能源节约等领域有着重要的作用。在汽车尾气氧含量测定中，ZrO_2 传感器测定结果准确灵敏度高，性能优于其他同类产品；冶金领域中，ZrO_2 被作为测定液态金属中的氧或硫含量的传感器，所测电动势信号稳定、响应快、重现性好、准确性高、持续时间长。是一种优良的高温电导性能、用途很广的固体电解质材料，其主要应用如下。

　　a. 在高温燃料电池中的应用　高温燃料电池一般都采用 Y_2O_3 稳定的 ZrO_2 为固体电解质，工作温度可达 800~1000℃。高温燃料电池有许多优点：固体电解质代替腐蚀性的液体或溶盐电解质；工作温度高，反应易进行，不需用贵金属作催化剂，可用天然气代替 H_2 作燃料；可用其逆反应的产物水蒸气进行高温电解再生成 H_2 和 O_2，可热电联供得到经济无污染的体系。

b. 在氧传感器中的应用 Y_2O_3-ZrO_2 测氧传感器在许多工业过程中作为氧定量分析的手段，其测量范围从常量到 10^{-6} 级。其基本原理和过程是：将 Y_2O_3 等固溶到 ZrO_2 中制得稳定型的 Y-ZrO_2，制得固体电解质电池。

$$P_{O_2}(C)：Pt \| Y_2O_3\text{-}ZrO_2 \| Pt：P_{O_2}(A)$$

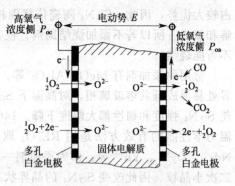

图 8-22 Y-TZP 固体电解质电池

其元件构造如图 8-22 所示。$P_{O_2}(C) > P_{O_2}(A)$，O^{2-} 从高氧分压侧 $P_{O_2}(C)$ 向低氧分压侧 $P_{O_2}(A)$ 移动，结果在高 P_{O_2} 侧产生正电荷积累，在低 P_{O_2} 侧产生负电荷积累。圆筒状 ZrO_2 氧传感器元件示意如图 8-23 所示。其电极反应为：

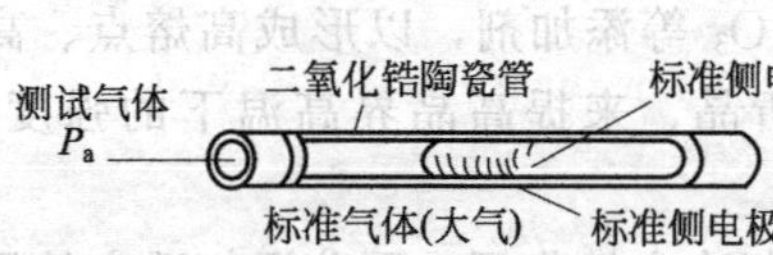

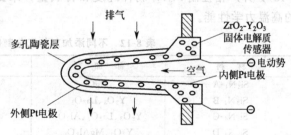

图 8-23 圆筒状 ZrO_2
氧传感器元件示意

正极：$1/2O_2[P_{O_2}(C)] + 2e^- \longrightarrow O^{2-}$

负极：$O^{2-} \longrightarrow 1/2O_2[P_{O_2}(A)] + 2e^-$

产生的电动势为：$E = (RT/4F)\ln[P_{O_2}(C)/P_{O_2}(A)]$

式中，R 为气体常数；T 为热力学温度；F 为法拉第常数。

当将这种电池的两个电极放在不同氧分压中时，若一侧的氧分压已知时，就可根据测得平衡电动势求出待测氧的分压大小，所测得的平衡电动势可用于自动调节和控制被测系统的工况，例如以下一些。

ⓐ 通过烟道中氧量分析，调节风煤比，以控制工业锅炉的燃烧完全程度，提高热效率，节约能源。

ⓑ 测定钢、铜等熔融金属中氧的含量，控制高温冶炼产品的质量。

ⓒ 控制汽车的燃料与空气比例，不

图 8-24 汽车尾气传感器元件结构示意

仅可减少油耗，并能减少由于不完全燃烧造成的尾气污染，如图 8-24 所示。此外，Y-ZrO_2 固体电解氧敏感陶瓷制成的传感器还可用于环境保护废气氧量控制。若从外部施加电压，则可用于控制 [O] 的化学泵。我国自行研制的炉用和金属表面渗碳处理控制使用的 Y_2O_3 增韧的 ZrO_2 传感器已在工业生产中应用。

8.8.2 RE-Si₄N₃ 陶瓷

Si_3N_4 是强共价键化合物，均为 Si-N 四面体堆砌成三维网络，但堆砌方式各异。α-Si_3N_4 是一个有缺陷的结构，为六方晶系的低温型晶型；β-Si_3N_4 为六方晶系的高温型晶型，在热力学上更稳定。在液相存在的情况下，$\alpha \rightarrow \beta$ 发生相转变，为结构重建型相变。液相使不稳定的具有较大溶解度的 α 相溶解，在析出稳定的溶解度小的 β 相。

Si_3N_4 的强共价键使其在高温下硅和氮的扩散系数也很小。同时 Si_3N_4 的晶界能与粉末表面能的比值较其他离子化合物及金属大很多，导致 Si_3N_4 的烧结驱动力极小。常压下的 Si_3N_4 无熔点，1700℃ 则明显分解，蒸发汽化温度为 1900℃，其烧结温度接近于分解温度，此时的蒸气压很大，在烧结中，对陶瓷致密化无贡献的表面扩散和蒸发-凝聚等传质过程将占较大优势，因此，Si_3N_4 陶瓷依靠固相烧结是难以达到致密化，另外高温下 Si_3N_4 极易分解和氧化。所以若不添加烧结助剂，使其在高温下形成液相来活化烧结过程，纯 Si_3N_4 几乎不可能烧结。

常用的添加剂有 MgO、Al_2O_3 等。添加 MgO 可明显提高 Si_3N_4 的烧结性能，但其在晶界处易形成低共熔玻璃相，对高温下 Si_3N_4 的力学性能极为不利。高温下的晶界软化和形变使 Si_3N_4 强度和韧性都大幅度下降。1400℃时材料已表现为延性断裂和大蠕变现象。提高高温力学性能的有效方法是用 RE_2O_3 取代 MgO 等添加剂。常用的有 Y^{3+}、Ce^{4+}、Sm^{3+}、Nd^{3+}、Dy^{3+}、Yb^{3+} 等。作为添加剂一般多存于 Si_3N_4 的晶界处，经过热处理易于析出二次小晶粒。因此改变 Si_3N_4 的晶界状态是目前提高 Si_3N_4 陶瓷力学性能的研究重点。主要方法有：①添加氧化物烧结助剂与 Si_3N_4 表面的 SiO_2 反应生成液相，并在烧结中、后期完成促进物质传递、加速致密化作用后，使液相固溶到 Si_3N_4 晶格，形成单相烧结体-固溶体，减少影响高温强度的玻璃相；②添加适宜的如 MgO、RE_2O_3 等添加剂，以形成高熔点、高黏度玻璃相，强化晶界；③通过热处理，促进玻璃相的析晶，来提高晶界高温下的强度；④应用氧扩散，改变晶界相组成。

研究表明，少量添加剂对 Si_3N_4 陶瓷材料的高温强度起决定性作用。因此添加适宜的添加剂，形成高熔点、高黏度玻璃相，强化晶界和经热处理，促进玻璃相的析晶，提高晶界高温下的强度是最有发展前途与广泛应用的方法。有时将两者结合起来，可以起到双重作用。尤其是选用 RE_2O_3 作为添加剂（稳定剂）具有重要的实用价值。

使用如 Y_2O_3、CeO_2、La_2O_3、Yb_2O_3 或 $Y_2O_3 + Al_2O_3$ 等替代 MgO 烧结添加剂（表 8-12），并严格控制 Si_3N_4 粉体纯度和含氧量，来提高晶界相的耐火度，可提高 Si_3N_4 陶瓷的高温力学性能。

表 8-12　不同添加剂与工艺制备的 Si_3N_4 陶瓷材料

材　料	添　加　剂	烧结工艺	密度/(g/cm³)
Si_3N_4-A	MgO	热压烧结	3.26
Si_3N_4-B	Y_2O_3、La_2O_3	热压烧结	3.55
Si_3N_4-C	Y_2O_3、La_2O_3、Al_2O_3	热压烧结	3.57
Si_3N_4-D	Y_2O_3、$MgAl_2O_4$	无压烧结	3.38

Y_2O_3-Al_2O_3-SiO_2 三元系的低共熔点在 1400℃左右。实验表明，Si_3N_4-Y_2O_3-SiO_2 系统的低共熔点 $E > 1500℃$，Si_3N_4-La_2O_3-SiO_2 系统的低共熔点 E 为 1650℃，Y_2O_3-La_2O_3 系统低共熔点 E 在 1550℃左右。而 Y_2O_3 与 La_2O_3 的性质相似，可推测，Si_3N_4-Y_2O_3-La_2O_3-SiO_2 系统的低共熔点 E 接近 1500℃，比 Al_2O_3-Y_2O_3-SiO_2 系统最低共熔点 E 高，即相应晶界温度提高，Si_3N_4 高温强度随之提高。

引入 Y_2O_3、La_2O_3、Sm_2O_3、Nd_2O_3、Yb_2O_3、CeO_2 等添加剂可提高玻璃相软化点、形成复杂氧化物、氮化物，并在陶瓷结构中产生晶间相以及控制晶界厚度。含这类添加剂的 Si_3N_4 陶瓷在高温下具有极高的强度，在一定程度上提高了 Si_3N_4 的高温性能。而烧结后的热处理能促使晶间玻璃相结晶，同样是提高 Si_3N_4 高温性能的有效方法。

例如，以添加剂 Yb_2O_3 热压烧结 Si_3N_4 陶瓷，经过 1450℃的热处理 10～24h 后的样品 XRD 曲线结果如图 8-25 所示。热处理前，曲线显示的是很纯净的 β-Si_3N_4 相，这说明材料中 Si_3N_4 的 $\alpha \rightarrow \beta$ 相变很完全，同时表明 Yb_2O_3 添加剂在烧结过程中形成的液相冷却后在晶间处以玻璃相的形式存在。热处理后，曲线中出现了第二相，第二相在 Yb-HT12 和 Yb-HT24 中都是 $Yb_2Si_2O_7$ 相。从衍射峰的强度，大致可看出 Yb-HT24 中 $Yb_2Si_2O_7$ 相的量多于 Yb-HT12 中的量，但不到其 2 倍。表明析出晶体随热处理时间的增加而增多，而且析晶是一个减速过程。

  Si$_3$N$_4$ 陶瓷的裂纹愈合现象往往被用来提高材料的可靠性、延长工件的使用寿命。图 8-26 为热处理前后的裂纹形貌。热处理前裂纹长度约有 100μm，靠近压痕的地方裂纹宽度约有 2μm。热处理后，表面的裂纹大部分已经愈合。热处理前裂纹最宽处（即靠近压痕的地方）的裂纹愈合较完全，而热处理前裂纹较窄处（即裂纹尖端）的裂纹愈合相对不完全，这种现象是由热处理前材料中的应力引起的。

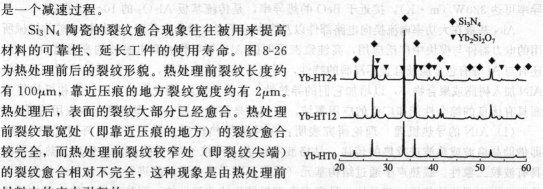

图 8-25 Yb$_2$O$_3$-Si$_3$N$_4$ 陶瓷的 XRD 曲线

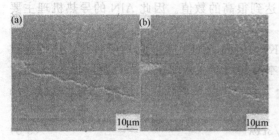

图 8-26 (a) 热处理前（Yb-HT0）的裂纹形貌；
     (b) 热处理后（Yb-HT24）裂纹形貌

图 8-27 (a) Yb-HT0 样品的高温断口形貌；
     (b) Yb-HT24 样品的高温断口形貌

  热处理前，在靠近压痕的裂纹处存在着一个由材料形变而产生的应力区，这个区域内材料体受到压应力的作用。热处理过程中，压应力成为裂纹愈合的一个驱动力，所以这个区域的缺陷愈合得更为明显。而裂纹愈合的过程应当是一个晶间相软化后黏性流动，同时晶粒在应力作用下发生位移的过程。这个裂纹愈合的现象说明热处理可减少氮化硅的内部缺陷和残余应力。

  对裂纹愈合现象和高温断口的分析，表明热处理减少晶间缺陷及促进晶间相结晶是提高氮化硅高温性能的主要因素。

  图 8-27(a) 是 Yb$_2$O$_3$-Si$_3$N$_4$ 陶瓷热处理前的高温断口形貌，是一层没有规则外形的玻璃相，Si$_3$N$_4$ 陶瓷中的这些玻璃相都存在于晶粒连接处。热处理前，晶间无结晶相，而玻璃相的软化点相对晶体相是低的，因而高温受力情况下的晶间部位是最易开裂而呈现沿晶断裂。图 8-27(b) 是 Yb$_2$O$_3$-Si$_3$N$_4$ 陶瓷热处理 24h 后的高温断口形貌，与热处理前的完全不同的是高温断口有许多晶粒断裂后留下的非常规则的断裂面。这些规则的断裂面充分表明 Yb$_2$O$_3$-Si$_3$N$_4$ 陶瓷在高温断裂过程中往往是穿晶断裂，一则是因热处理后晶间析出大量 Yb$_2$Si$_2$O$_7$ 晶体，提高了晶粒连接处在高温下的强度；再则是热处理后晶间缺陷减少的结果。热处理对 Si$_3$N$_4$ 陶瓷这两方面的改善，就是 Si$_3$N$_4$ 陶瓷高温性能得以提高的主要原因。

  研究表明，Y^{3+}、La^{3+} 能促进 α-Si$_3$N$_4$ 转为长柱状 β-Si$_3$N$_4$，这与粒子弥散强化或晶须、纤维补强 Si$_3$N$_4$ 基复合材料相比，工艺简单、成本低廉，并有同样的增强效果，有利于制备自补强 Si$_3$N$_4$ 基复合材料。

8.8.3 RE-AlN 陶瓷

  AlN 在压力为 10MPa 的 N$_2$ 气氛下，分解温度为 2800℃。AlN 陶瓷具有高热导率、电绝缘性好、低介电常数和介电损耗、耐腐蚀、无毒、化学性能稳定及与 Si 相近的热膨胀系数等优良特性，是新一代高集成度半导体基片和电子器件封装的理想材料。理论上 AlN 热导率可达 320W/(m·K)，接近于 BeO 的热导率，是传统基板 Al_2O_3 的 10～15 倍。

AlN 基板在大功率电流换向电路部件以及汽车电子点火器的火花塞、电焊机、矿井机械所用的电力器件与模块中广泛应用，高纯致密透明的 AlN 板可作光和电磁波的高温窗口，AlN 还有与 Al 等有色金属及合金不浸润的特性，可作熔炼坩埚和浴槽，热电偶的保护管，还可将 AlN 加入树脂或聚合物中，以增加它们的导热性。正由于 AlN 陶瓷在热、电、光和机械等方面具有优良的综合性能和广泛的应用领域，人们越来越重视对 AlN 陶瓷研究和应用的开发。

(1) AlN 的导热机理　理论研究表明：AlN 的导热机理主要是通过点阵或晶格振动，即借助晶格波或热波进行热的传递。晶格波可作为一种粒子-声子的运动来处理。热波同样具有波粒二象性。载热声子通过结构基元（原子、离子或分子）间进行相互制约、相互协调的振动来实现热的传递。若晶体为具有完全理想结构的非弹性体，则热可自由的由晶体的热端不受任何干扰和散射向冷端传递，热导率可达到很高的数值。因此 AlN 的导热机理主要由晶体缺陷和声子自身对声子的散射控制。

虽然 AlN 的理论热导率可达 320W/(m·K)，但因 AlN 主要借助声子传热，热传递过程中晶体中的缺陷、晶界、气孔、电子与声子本身均可产生声子散射而严重降低 AlN 基片的热导率 [实际制品的热导率小于 200W/(m·K)]，由晶格固体振动理论，声子散射对热导率 K 的影响关系式为：

$$K = 1/3cv\lambda \tag{8-8}$$

式中，c 是热容；v 为声子的运动速率；λ 为声子的平均自由程。式(8-8)说明，AlN 的热导率 K 正比于声子的平均自由程 λ，λ 越大，热导率 K 越高。

Watari 研究发现声子-声子之间的散射正比于温度，而声子缺陷的散射反比与温度，在高温区受声子-声子之间的散射控制，低温区受声子缺陷的散射控制。Harris 研究结果表明：氧与 AlN 的亲和力极强而很容易进入 AlN 晶格中，晶格中的氧具有高置换可溶性，易形成氧缺陷。当 [O]<0.75% 时，氧均匀分布于 AlN 晶格中，占据着 AlN 中 N 的位置，并伴有 V_{Al} 的产生；当 [O]≥0.75% 时，Al 原子位置发生改变，同时消灭 V_{Al}，并形成一个八面体缺陷，在更高浓度下，将形成含氧层错、反演畴、多型体等延展缺陷。因此，氧杂质的存在是使热导率降低的主要因素。为提高热导率，采取加入烧结助剂的办法来除去晶格中的氧，但烧结助剂与 Al_2O_3 反应形成第二相，有学者研究第二相的组成含量及分布对热导率的影响并推导出热导率 K 与第二相体积分数 V_V 的关系为：

$$K \approx K_m(1-V_V) + K_{gb}V_V \tag{8-9}$$

K_m、K_{gb}、V_V 分别是 AlN 基体和第二相的热导率。

(2) AlN 粉体与陶瓷的制备

① AlN 粉体的制备　AlN 粉体的纯度、粒度、氧含量及其他杂质含量对 AlN 陶瓷的热导率及成形、烧结工艺有重要影响，要获得性能优良的 AlN 陶瓷，必须首先制备出高纯度、细粒度、窄粒度分布、性能稳定的 AlN 粉末，目前，AlN 粉体主要通过铝粉直接氮化和 Al_2O_3 粉体的炭热还原两种方法制得。

铝粉直接氮化法是在高温 N_2 氛围中，铝粉直接与 N_2 化合成 AlN 粉体，反应温度在 800～1200℃，化学反应式为：$2Al_{(s)} + N_{2(g)} \longrightarrow 2AlN_{(s)}$。该法的优点是原料丰富，工艺简单，适宜并已应用于大规模工业生产，明显不足是铝粉氮化反应为强放热反应，反应过程不易控制，放出大量的热量易使铝形成熔块，阻碍 N_2 的扩散，造成反应不完全，产物需粉碎处理，难得到高纯粒度细的产品。

碳热还原法是将 Al_2O_3 粉体和炭粉混合，在流动的 N_2 气中于 1400～1800℃ 的高温下发生还原氮化反应生成 AlN 粉体，反应式为：$Al_2O_{3(s)} + 3C_{(s)} + N_{2(g)} \longrightarrow 2AlN_{(s)} + 3CO_{(g)}$。

加入适当过量的碳，既加快反应速率，又提高 Al 粉的转化率，有助于获得均匀、适中的粒径分布。该法可用比 Al_2O_3 成本更低的铝土矿原料，工艺简单，合成的粉体纯度高，粒度细而匀，性能稳定，不易团聚，成型好、易烧结，能大批量生产，是较理想的工业化生产 AlN 粉体的方法。明显不足是反应温度高，时间长，需要二次除碳工艺，工艺复杂，成本高。

② AlN 陶瓷的制备　AlN 陶瓷的成型方法有模压、等静压与流延成型法。流延成型法的生产成本低，产品质量好，效率高，能实现连续化和自动化的大批量生产，是 AlN 陶瓷实用化的关键环节。流延法制备 AlN 陶瓷的工艺流程如图 8-28 所示。

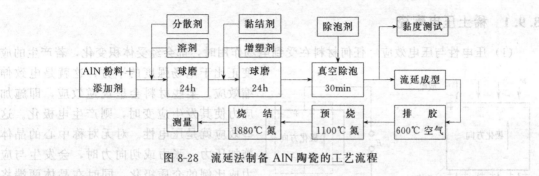

图 8-28　流延法制备 AlN 陶瓷的工艺流程

要制备出高导热的 AlN 陶瓷，主要是控制 AlN 陶瓷中的氧杂质和晶界相的含量。由于氧杂质含量的控制贯穿整个制备过程，而晶界相含量的控制主要在烧结过程中，因此要得到高导热的 AlN 陶瓷，烧结是很重要的关键环节。

AlN 是共价化合物，自扩散系数很小，在不加烧结助剂的条件下，AlN 坯体在 2000℃ 的高温下也难烧结致密。因此要达到 AlN 陶瓷的致密烧结、降低杂质含量、减少晶界相的含量、又要简化工艺、降低成本和提高热导率，关键是选择适当的烧结助剂与烧结工艺。

AlN 陶瓷常用的烧结助剂有 Y_2O_3、Er_2O_3、Yb_2O_3、Dy_2O_3、Eu_2O_3、Sm_2O_3、YF_3 等及 CaO、CaC_2。其中 Y_2O_3 是可在 1800～1900℃ 完成烧结热导率达 170～260W/(m·K) 的 AlN 陶瓷的优良烧结助剂。在烧结过程中，Y_2O_3 等烧结助剂与 AlN 陶瓷晶粒中残留的 Al_2O_3 反应生成各种金属铝盐液相（晶界相）降低烧结温度，实现液相烧结，促进坯体致密化；同时氧杂质随晶界相的向外扩散排出而减少，净化晶格，提高 AlN 陶瓷的热导率。

使用复合烧结助剂，可在较低温度下与较短时间内烧结出高热导率的 AlN 陶瓷。1999 年 Watari 使用 $LiYO_2$-CaO 添加剂，在 1600℃ 烧结 6h，获得热导率大于 170W/(m·K) 的 AlN 陶瓷；CaF_2-YF_3 能有效降低 AlN 颗粒表面的氧含量，可在 1650℃ 制备热导率大于 180W/(m·K) 的 AlN 陶瓷。最近研究表明：使用 Er_2O_3 及 Yb_2O_3 烧结助剂的 AlN 陶瓷的热导率大于 Y_2O_3 及 CaO_3 的 AlN 热导率。烧结过程中的烧结气氛选择也很重要。一般的 AlN 陶瓷烧结气氛有三种：还原型气氛 CO、弱还原型气氛 H_2 和中性气氛 N_2。CO 气氛中，AlN 陶瓷的烧结时间及保温时间不宜过长，烧结温度不宜过高，以免 AlN 被还原。在 N_2 气氛中不会出现上述情况。所以 AlN 陶瓷一般在 N_2 中烧结，以获得性能更好的 AlN 陶瓷。

8.9　稀土功能陶瓷

功能陶瓷（functional ceramics）是由晶粒、晶界和气孔组成的多相体系，通过掺杂，使晶粒表面的组分偏离，在晶粒表层产生固溶、偏析及晶格缺陷；在晶界处析出异质相、杂质聚集、晶格缺陷及晶格各向异性等而使这些晶粒边界层的组成与结构发生变化，改变晶界性能并导致陶瓷整体非力学功能性的显著变化，具有优良的电学、光学、声学、磁学、热学、化学和生物医学功能及其相互转化的压电、压磁、热电、电光、声光、磁光、半导体敏感的耦合功能等一种或多种非力学性能的陶瓷材料，实用时主要利用其的非力学性能。

功能陶瓷的特点是：①综合运用现代先进的科学技术成就，多学科交叉，知识密集；②品种繁多，生产规模小，更新换代快，技术保密性强；③需投入大量的资金和时间，高风险，一旦研发成功，就成为高新技术、高性能、高产值、高效益的产业。因此，功能陶瓷与结构陶瓷相比，最大的特点是两者性能上的差异和用途的不同。稀土元素及其化合物的结构特性和优异性能为其在功能陶瓷中的应用与开发提供了坚实的物质基础。

8.9.1 稀土压电陶瓷

（1）压电性与压电效应　任何材料在受到电场作用时，都会经受体积变化，若产生的应变正比于电场强度的平方，这就是电致伸缩效应。某些材料会呈现逆效应，即施加应力使其发生应变时，则产生电极化。这些效应就是压电性。对无对称中心的晶体施加压力、张力或切向力时，会发生与应力成比例的介质极化，同时在晶体两端将出现正、负电荷即正压电效应；当对晶体施加电场引起极化时，则将产生与电场强度成比例的变形或机械应力即反压电效应。

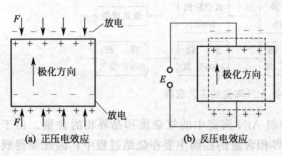

图 8-29　压电效应示意图

这两种正、反效应都是压电效应，如图 8-29(a)、(b) 所示。晶体是否出现压电效应是由晶体的原子或离子的排列方式，即晶体的对称性所决定。对于无对称中心的晶体，由于极化距离不同，在晶体两端的电势相差大而出现电势差并建立起电场，反之，电场下也因极化距离不同而产生的形变也不同。

（2）压电陶瓷　压电陶瓷是一种具有压电性能的多晶体，最大的特性是具有正压电性和逆压电性。但必须极化后才呈现压电性，构成陶瓷的晶体必须是铁电体。经极化的压电陶瓷片的两端会出现束缚电荷，所以在电极表面上吸附了一层来自外界的自由电荷。对于多晶陶瓷，一个晶粒通常包含多个铁电体电畴，它是服从铁电体内部能量最低原理。压电陶瓷具有机电耦合系数高、价格便宜、易于批量生产等优点，是功能陶瓷中应用最广的一类，已被广泛应用于社会生产的各个领域，尤其是在超声领域及电子科技领域中，压电陶瓷已渐处于绝对的优势地位，如医学及工业超声检测、水声探测、压电换能器、超声马达、显示器件、电控多色滤波器、信号处理、雷达和各种引燃引爆器件等。但在实际元器件中，不同的应用对压电陶瓷的性能参数要求不同，促使人们对压电陶瓷进行相应的性能改进。

压电陶瓷是典型的钙钛矿型晶体结构，通式为 ABO_3，如图 8-30 所示。它是一种复合氧化物结构：A 的价态为 A^{2+} 或 A^+；B 的价态为 B^{4+} 或 B^{5+}。也可以是 $A^{3+}B^{3+}O_3$ 的组合。钙钛矿型结构所包含的晶体种类非常多：$CaTiO_3$、$BaTiO_3$、$PbTiO_3$、$PbZrO_3$、$PbTi_{1/2}Zr_{1/2}O_3$ 等。可使用 Pb_3O_4、ZrO_2、TiO_2、$BaCO_3$、Nb_2O_5、MgO、ZnO 及 RE_2O_3 等为原料，按照一般的陶瓷工艺制成。

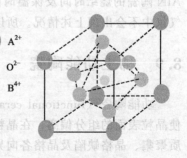

（3）稀土-锆钛酸铅（PZT）压电陶瓷　$Pb(Zr_xTi_{1-x})O_3$ 压电陶瓷是由铁电相的 $PbTiO_3$ 与反铁电相的 $PbZrO_3$ 构成的连续固溶体，其压电性能和温度稳定性及 T_c 等都优

图 8-30　ABO_3 钙钛矿型的晶体结构

于其他陶瓷，更重要的是 PZT 可通过改变组分或变换外界条件使其电学性能在较大范围内进行调节，如三元系，四元系等，以适应不同需要，是一种最重要的压电陶瓷，现已发展成为 PZT 基压电陶瓷系列。目前，多采用掺杂 Y_2O_3、La_2O_3、CeO_2、Sm_2O_3 等来提高这类陶瓷的机电耦合系数和压电系数，若辅以适宜的工艺条件，还可呈现新的性能，如掺有 Y_2O_3 的 PZT 陶瓷通过热压烧结后，具有一定的透光性等。

① PZT 相图　由于 Ti^{4+} 半径（0.064nm）与 Zr^{4+} 半径（0.077nm）相近，且化学性质相似，因而 $PbZrO_3$ 和 $PbTiO_3$ 可形成连续固溶体。图 8-31 是其各相的温度组成图。由图可知，横贯相图的居里温度 T_c 线将顺电立方相与铁电三方相及铁电四方相隔开，在 T_c 线之上，对于任何 Zr/Ti 值比，其晶体结构都是立方晶相不具备压电效应；在 T_c 线之下，由于 $Zr/Ti=53/47$ 附近，有一条准同型相界。准同型相界是指四方相和三方相共存的一个区域，两相能量接近，但晶体结构不同。随着锆含量的增加，四方相向三方相转变，三方相所占比例增加，四方相所占比例减小。当 Zr 含量在 52%～60% 之间时两相共存，组成处于准同型相界。其富 Zr 一侧为铁电三方相，富 Ti 一侧为铁电四方相。即在准同型相界附近，随着 Ti^{4+} 浓度的增加，自发极化取向发生变化，晶胞的结构发生突变，晶格参数也随之发生变化（图 8-32），可使 PZT 陶瓷的介电性和压电性增加。图 8-33 是 PZT 压电陶瓷的压电性能在相界附近与组成的关系曲线。因准同型相界主要决定于组成，几乎不随温度变化，所以能稳定地利用 PZT 陶瓷在相变状态下所具有的特性。

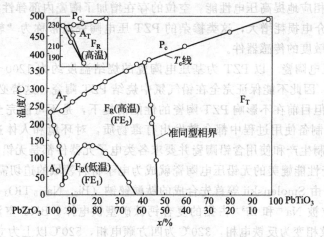

图 8-31　$PbZrO_3$-$PbTiO_3$ 二元系固溶体相图

P_C—顺电立方相；A_T—反铁电四方相；A_O—反铁电正交相；

F_R—铁电三方相；F_T—铁电四方相；T_c—居里温度

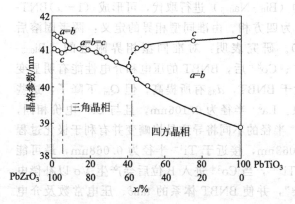

图 8-32　$PbZrO_3$-$PbTiO_3$ 系晶格参数与组成的关系

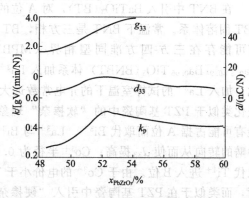

图 8-33　PZT 陶瓷压电性能与组成的关系

如 PZT 陶瓷的压电性要比 BaTiO₃ 约大 2 倍，尤其在 −55～200℃ 的范围内无晶相转变而取代 BaTiO₃ 成为压电陶瓷研究的主要对象。但因材料含有大量的 Pb 在烧结过程中易挥发，难以获得致密烧结体，另外还因在相界附近，体系的压电性依赖于 Ti 与 Zr 的组成比，使其重复性难以得到保证。因此，纯 PbZrTiO₃ 陶瓷的烧结性能、介电性能和压电性能都难以满足实用的需要。

为改善 PZT 陶瓷的烧结性能并获得所需的电学性能和压电性能，必须对 PZT 陶瓷进行改性处理。在改进 PZT 陶瓷的电学性能时，常用的方法是掺入添加物改性，使用较多的有 La、Sm、Nd、Er、Eu、Y、Gd、Pr 和 CeO₂ 等添加物。

② RE-PZT 压电陶瓷　掺杂 Er、Gd、Sm、Eu、Nd、Y、La 等能使 PZT 压电陶瓷某些性能得到提高，在 PZT 陶瓷中掺入半径较大的 RE^{3+}，这些 RE^{3+} 进入固溶体后一般置换 Pb^{2+}。例如，普通烧成条件下添加 Pr_6O_{11}，Pr^{3+} 半径 0.116nm，Pb^{2+} 半径 0.126nm，Ti^{4+} 半径为 0.064nm，Zr^{4+} 半径为 0.082nm，离子半径排序为 $Pb^{2+} > Pr^{3+} > Zr^{4+} > Ti^{4+}$，由于 Pr^{3+} 半径远大于 Zr^{4+} 和 Ti^{4+} 半径，而与 Pb^{2+} 半径接近，因此，Pr 为软性添加物，Pr 可取代 Pb 的位置进入晶格起软性掺杂的作用，犹如添加施主杂质使体积电阻率提高，改善了 PZT 陶瓷的压电及介电性能。

软性掺杂是指 RE^{3+}、Bi^{3+}、Nb^{5+}、W^{6+} 等高价离子分别置换 Pb^{2+} 或 Zr^{4+}，Ti^{4+} 等离子，在晶格中形成一定量的 A 阳离子缺位，并导致晶粒内畴壁容易移动，矫顽场降低，陶瓷易于极化，因而相应地提高压电性能。空位的存在增加了陶瓷内部弹性波的衰减，降低机电耦合系数 Q，但介电损耗增大，这类掺杂的 PZT 压电陶瓷通常称为"软性"PZT 压电陶瓷，适于制备高灵敏度的传感器件。

③ RE-BNT 压电陶瓷　以 PZT 为基压电陶瓷的烧结温度约为 1200～1300℃，而 PbO 在 800℃ 左右挥发，因此不能保证完全在铅气氛中烧结 PZT 陶瓷，这势必影响 PZT 陶瓷的机电品质与性能。但目前在不影响 PZT 陶瓷的性能前提下，是不可能完全消除 PbO。同时 PZT 基压电陶瓷在制备使用过程中都会散发出有毒物质，对环境和人体造成危害。欧美等发达国家已立法限制生产和使用含铅陶瓷并要求各类电子元器件都是无铅产品。因此，寻找一种能与 PZT 陶瓷性能媲美的无铅压电陶瓷就成为电子材料领域的迫切需要。

1960 年发现并由 Smolenskii 等首先合成的钛酸铋钠（$Bi_{0.5}Na_{0.5}TiO_3$，BNT）无铅压电陶瓷，是一种 A 位被 Na^+ 和 Bi^{3+} 占据的复合钙钛矿型铁电体。BNT 室温下为三方相，在 230℃ 左右，经弥散相变为反铁电相，320℃ 为四方顺电相，520℃ 以上为立方相。BNT 陶瓷的铁电性强，压电性能好，介电常数小及声学性能优，被认为是最可能取代铅基压电陶瓷的无铅压电陶瓷系之一。

在 BNT 中引入 $BaTiO_3$（BT），对 A 位的（$Bi_{0.5}Na_{0.5}$）进行取代，可形成 $(1-x)$BNT-xBT 固溶体系。常温下 BNT 是三方相，BT 为四方相。由准同型相界的定义：两者固溶后有可能存在三方-四方准同型相界（MPB）。研究表明：对准同型相界附近的（$Bi_{0.5}$-$Na_{0.5}$）$_{0.94}Ba_{0.06}TiO_3$（BNBT）体系加入 La^{3+}、Co^{3+} 后，BNBT 的压电和介电性能有明显变化，加入 La^{3+} 的试样室温下的介电常数远大于 BNBT，d_{33} 有所提高，但 Q_m 下降了，这些变化类似于 PZT 基陶瓷中的"软掺杂"现象。La^{3+} 半径为 0.106nm，且与 Bi^{3+} 电价相同，最有可能占据 A 位而取代 Bi^{3+}。La^{3+} 与 Bi^{3+} 半径的不同将导致晶格畸变并有利于极化过程中畴的转向从而使 d_{33} 提高；Co^{3+} 半径为 0.063nm，接近于 Ti^{4+} 半径为 0.068nm，最可能取代 Ti^{4+} 进入 B 位。由于 Co^{3+} 的电价小于 Ti^{4+}，当 Co^{3+} 进入 B 位后会产生 Vo 以补偿电荷，而类似于在 PZT 基陶瓷中引入"硬掺杂"，并使 BNBT 体系的 $\tan\delta$、压电常数及介电常数变小。若向 BNBT 体系加入 CeO_2，则随着 CeO_2 的加入，BNBT 的机电耦合系数、压电常数及介电常数均有所增大而损耗系数降低。CeO_2 的作用机理较复杂；添加 CeO_2 的 BNBT 陶瓷仍然是四方相与三方相共存的体系，晶体结构无明显变化。Ce^{n+} 在 BNBT 结构中可能以 Ce^{4+} 和 Ce^{3+} 二种价态出现，体系的最终性能可能是它们共同作用的结果。BNBT 及其改性产物的介电性和压电性见表 8-13 所列。

表 8-13　BNBT 及其改性产物的介电性和压电性

项　　目	BNBT6	BNBT6-La	BNBT6-Co
$\varepsilon_{33}^T/\varepsilon_0$	776	1576	1200
$\tan\delta/\%$	2.5	4.5	2.3
$d_{33}/(pC/N)$	117	125	139
k_t	0.43	0.38	0.46
k_p	0.28	0.24	0.27
Q_m	256	182	253

赁敦敏等在深入研究 ABO_3 型 A 位复合 $Bi_{0.5}Na_{0.5}TiO_3$ 的基础上，以 La^{3+} 部分替代 Bi^{3+} 和以 Ba^{2+} 部分取代 $(Bi_{0.5}Na_{0.5})^{2+}$，提出新型 ABO_3 型 A 位多重复合多元无铅压电陶瓷 $[(Bi_{1-x-y}La_x)Na_{1-y}]_{0.5}Ba_yTiO_3$，并研究了该陶瓷体系的压电性能及微观结构。结果表明该陶瓷体系具有单相钙钛矿结构，图 8-34 是掺 La 的 $[(Bi_{1-x-y}La_x)Na_{1-y}]_{0.5}Ba_yTiO_3$ 陶瓷的压电和介电性能。当 Ba 含量为 0.06 时，压电常数 d_{33} 最大值为 183.0pC/N、机电耦合系数 K_p 最大值为 0.355 和 K_{31} 最大值为 0.213；但机械品质因数 Q_m 随 Ba 含量的增加由 212.1 急降至 73.4。以 $Bi_{0.5}Na_{0.5}TiO_3$ 基二元系无铅压电陶瓷 $Bi_{0.5}Na_{0.5}TiO_3$-$BaTiO_3$（含掺氧化物改性）的压电常数 d_{33} 为 125～150pC/N，而 $[(Bi_{1-x-y}La_x)Na_{1-y}]_{0.5}Ba_yTiO_3$ 陶瓷的压电常数 d_{33} 为 183.0pC/N，因此以适量的 La^{3+} 替代 Bi^{3+} 能有效的改善 $Bi_{0.5}Na_{0.5}TiO_3$-$BaTiO_3$ 陶瓷的压电性能。

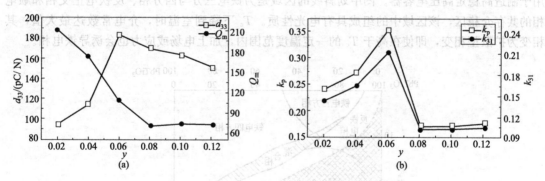

图 8-34　$[(Bi_{1-x-y}La_x)Na_{1-y}]_{0.5}Ba_yTiO_3$ 陶瓷体系的压电性能

传统的陶瓷固相烧结制备技术是难以获取高性能的无铅压电陶瓷。近年来，sol-gel 法在制备功能陶瓷中受到人们的高度关注，sol-gel 法可使无铅压电陶瓷中的各组分实现原子或分子水平的均匀混合，从而获得高度均匀致密高性能的无铅压电陶瓷。

8.9.2　稀土电光陶瓷

20 世纪 70 年代初，G. H. Haertling 等用 La 置换 PZT 陶瓷中的部分 Pb，采用通氧热压烧结工艺研制成高透明度的锆钛酸铅镧 $[Pb_{1-x}La_x(Zr_yTi_{1-y})_{1-x/4}O_3]$，即 PLZT 铁电陶瓷。PLZT 陶瓷具有电控可变双折射、可变光散射等特性，人们对此领域进行大量研究并应用 PLZT 陶瓷制备光阀、光闸、光存储、映像存储显示器、偏光器、光调制器件等。另外如铌酸盐、钛铌酸盐等一些有电光性能的透明陶瓷，但它们几乎都掺入 La 元素作为其中一个重电荷数及电荷梯度有可能比通常大而引起较强的 CO...

（1）PLZT 陶瓷的结构、组成及相图　锆钛酸铅镧（PLZT）是典型的 ABO_3 钙钛矿型结构。较大的 Pb/La 占据顶角 A 位置，六个面心由 O^{2-} 占据。较小的 Zr/Ti 占据体心处的 B 位即氧八面体中心。整个晶体可看成是由氧八面体共顶连接而成的，氧八面体之间的空隙由 Pb/La 占据，所以 A 位的 Pb/La 和 B 位的 Zr/Ti 的配位数分别为 12 和 6。La 掺杂 PZT 的自发极化主要来源于 B 位 Zr/Ti 偏离八面体中心，同时 Pb^{2+} 和 La^{3+} 化合价不同会引起电负性的改变，为保持晶体的电中性，结构中产生了 A 缺位和 B 缺位。许多研究证明，在 PLZT 中同时存在 A 缺位和 B 缺位，而且其比例与 Zr/Ti 比有关，即在高锆一侧主要生成 A 缺位，随着固溶体中钛含量的增加，B 离子缺位逐渐增多。对这两种不同的缺位，PLZT 的组成普遍式有两种不同的形式。

形成 A 缺位的化学式：$Pb_{1-x}La_x\square_{x/2}(Zr_{1-y}Ti_y)O_3$

形成 B 缺位的化学式：$Pb_{1-x}La_x(Zr_{1-y}Ti_y)_{1-x/4}\square_{x/4}O_3$

在外电场下，晶格会由无序排列变成有序排列。这将导致 Zr^{4+} 和 Ti^{4+} 沿着外场方向产生新的移位，这种移位引起晶格尺寸和整个材料性质的改变。La、Zr、Ti 的成分可用 $x/y/z$ 来表示，改变 La、Zr、Ti 的比例，就可得到具有铁电相、顺电相或反铁电相中电光性能不同的任何一种透明陶瓷。

图 8-35 为室温条件下 PLZT 陶瓷的组成相图。从图中可知，不同 $PbZrO_3/PbTiO_3$ 组成范围内，La 的溶解度从高锆端的百分之几一直到高钛端的 30％；在铁电三方相和四方相之间有一条相界线，在此相界线附近构成压电应用和电光应用所需的组成。该区域组成的 PLZT 陶瓷，在相界四方相一边的其 E_c 较高，称硬材料；在相界三方相一边的 E_c 较低，称软材料。在 PLZT 系统中，一些低 T_c 点的组成可用于热释电材料，在反铁电相区的 PLZT 可用于制造高稳定高压电容器。图中划斜线的区域是为铁电三方与四方相、反铁电正交相和顺电相的共存介稳区，该区域中的组成具有电光性质。T_c 下降到室温时，介电常数达最大值，其相变为扩散型相变，即使在高于 T_c 的一定温度范围内，加上电场或应力也会诱导铁电相。

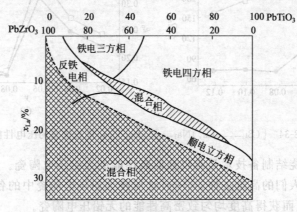

图 8-35　PLZT 系陶瓷的室温组成相图

（2）镧在 PLZT 陶瓷中的作用　镧的加入使 PLZT 陶瓷的一些物性显著改善，如增加电滞回线的矩形性，降低矫顽场强 E_c，增大介电系数，提高机电耦合系数，还增大力学柔顺系数等。但镧的最大作用是提高 PLZT 陶瓷的透明性。在 PLZT 陶瓷中掺入镧，采用通氧热压工艺，易得透光度不小于 80％的透明铁电陶瓷。

一般的陶瓷是多晶材料，陶瓷体内存在着晶界、气孔和第二相物质，光在其中的多次反射、折射甚至散射，因此是不透明的。要使陶瓷具有透光性，必须具备下述两个条件：一是高致密度，其体积密度达理论值的 99% 以上，这样才能减少光在残留气孔中的散射；二是有高的化学和物理均匀性。

镧掺杂在 PLZT 陶瓷中能减少光散射并显著提高光学透明度的原因可能如下所述。

① 少量镧的加入，可降低氧八面体单位晶胞的各向异性性能，减少在晶界上的多次折射而引起的光散射。

② 镧在 PLZT 陶瓷中的高溶解度，能形成广阔范围内互溶的均匀组成。如采用适当的工艺，提高粉料化学组分的均匀性，很有效地减少第二相引起的光散射。

③ 一定数量镧的加入，导致 PLZT 陶瓷中形成相当数量的晶格缺陷，可能有利于烧结过程中的物质迁移，促进陶瓷的致密化，形成相当均匀的微观结构，PLZT 陶瓷的体积密度高于理论值的 99%。

（3）PLZT 陶瓷的性能

① PLZT 陶瓷的电性能　PLZT 陶瓷的介电性与铁电性表现为：PLZT 陶瓷具有较高的介电常数，因组成不同而变化的范围在 970～5000 内；0.3%～6% 的介质损耗；约 3MV/mm 的高耐击穿强度；优良的热释电性能 ［热释电系数 $k=(3～17)×10^{-8} C/(cm^2·K)$］；因组成不同而具有不同特性的电滞回线。

② PLZT 陶瓷的电光性能　PLZT 陶瓷在顺电相、铁电相和反铁电相均为宏观均匀透明，极化后易受电场、温度或应力诱导相变。透明 PLZT 铁电陶瓷具有电光效应、光弹性效应、电控双折射、电控可变光散射及热释电效应等特性。在 PLZT 系统中，不同组成具有不同特点的电控双折射行为。A 区组成：矫顽场强低，电滞回线呈方形，压电系数高，电光系数大；B 区组成：矫顽场强高，饱和极化时有一次电光效应；C 区组成：矫顽场强几乎为 0，在电场作用下有双折射，是电诱导相，无电场时成为非双折射的各向同性状态，具有二次电光效应。粗晶粒（d 为 2～3μm）的 PLZT 陶瓷主要用于电控光散射效应；细晶粒（$d<2μm$）的 PLZT 陶瓷主要用于电控双折射效应。PLZT 陶瓷对紫外光吸收能力极大，$λ<370nm$ 的紫外线全部吸收；对可见光和红外线透明，所制 PLZT 薄膜透过率大于 80%；当 $λ>615μm$ 以后，透过率下降，到 12μm 左右又全部吸收。Ti^{4+} 含量的增加能提高光学性能，如双折射率 $Δn$。La 置换量较多时 PLZT 陶瓷具有较高的光透过率。可能是 La^{3+} 大量溶于 PZT 的氧八面体结构，产生单相固溶组成，降低了原胞畸变，减小光的各向异性，有利于晶粒生长一致，并形成单相、无气孔的微观结构。降低陶瓷气孔率、提高致密度、提高晶粒尺寸的均匀性均能改善 PLZT 陶瓷及薄膜的透明性，此外工艺过程中，粉料制备方式、成型方法、烧成制度对制备具有优良光学性能的陶瓷元件也有很重要的作用。

8.9.3　稀土离子导电陶瓷

具有离子导电特性的陶瓷称为离子导电陶瓷（ion con-ductive ceramics），又称快离子导体。其晶体结构一般由两套晶格组成：由骨架离子构成的固性晶体和由迁移离子构成的亚晶格。在迁移离子亚晶格中，缺陷浓度高达 $10^{22}/cm^2$，使得迁移离子位置数目大大超过迁移离子自身数目，使所有离子都能迁移，增加载流子浓度。同时可发生离子的协同运动，降低电导活化能，使电导率大大增加。这类陶瓷广泛用于固态电池、传感器、物质提纯及热力学测定等而深受人们关注。目前，快离子导体主要有稳定 ZrO_2、$β-Al_2O_3$ 和 CeO_2 基固溶体等。

（1）Y-ZrO_2 导电陶瓷　ZrO_2 是最早被发现并成功应用在氧传感器、高温燃料电池、热力学检测等的一种离子导电陶瓷。在掺杂 ZrO_2 导电陶瓷中，Y 掺杂完全稳定型 ZrO_2（YSZ）是固体氧化物燃料电池（SOFC）普遍采用的氧离子导电陶瓷，它在氧化和还原气氛中都很稳定，但需加入适量的第二相（如 Al_2O_3）来保证其烧结性能及力学性能。在 ZrO_2 晶格内，同时存在阳离子、阴离子、自由电子和电子空穴等载流子，它们分别对应于离子迁移和电子与电子-空穴迁移产生的电导率，ZrO_2 的电导率即是这些载流子电导率的总和。由于 Zr^{4+} 的扩散系数很小，故 ZrO_2 中的离子电导主要源于 O^{2-} 并表现为 $V_O^{\cdot\cdot}$ 空位导电机理。

(2) 导电机理 纯 ZrO_2 因其离子导电能力太弱而不能用作燃料电池系统电解质材料。在 ZrO_2 晶格中，2 个 Zr^{4+} 周围最近邻有 4 个 O^{2-}，掺入 Y_2O_3 后，Y^{3+} 置换晶格上的 Zr^{4+}，为保持电中性，2 个 Y^{3+} 周围只能有 3 个 O^{2-}，而置换前应有 4 个 O^{2-}，于是出现 1 个 V_O，每引入 2 个 Y^{3+} 将产生 1 个 V_O，O^{2-} 通过这些 V_O 实现其离子电导。研究表明：在掺杂量低时，V_O 一般出现在 Y^{3+} 的次近邻。此时的跃迁可能有：①空位在 Y^{3+} 的次近邻间跃迁；②空位由 Y^{3+} 的次近邻向最近邻跃迁；③向其他位置跃迁。当掺杂量某极值时，V_O 的密度变大，V_O 可能出现在 Y^{3+} 的最近邻，此时的跃迁可能是：①空位由最近邻向次近邻跃迁；②空位最近邻之间跃迁。在高温下，当 YSZ 两侧存在氧浓度差或电压时，这些 V_O 可接受 O^{2-}，使 O^{2-} 从一侧向另一侧定向移动，这就是 YSZ 的 V_O 空位导电机理，YSZ 因此被称为固体电解质。

实验证明 YSZ 导电率与掺杂氧化物化学成分及含量有关。YSZ 的导电率随掺 Y 量的增加，先增后减，即随着掺杂量的增加电导率有一个最大值。出现这种现象的原因与上述空位跃迁类型的跃迁所需能量有关。计算空位跃迁能时把 V_O 看作是 ZrO_2 介质中带 $V_O^{\cdot\cdot}$，空位跃迁视为 O^{2-} 从本身格点上向邻近 V_O 移动的反过程，认为 O^{2-} 在移动过程中的鞍点（能量最大点）能量与平衡位（能量最小值点）能量之差是 V_O 跃迁（O^{2-} 跃迁）所需要的跃迁能。

当掺杂量低时，V_O 密度分布比低，一般处在 Y^{3+} 的次近邻的可能性大，从跃迁所需能量来讲较小，此时跃迁发生的概率增大，即 V_O 位跃迁较易。此时随掺入量的增加，V_O 增多，参与跃迁的 V_O 自然增多，电导增大。当掺杂量达到某极值时，随着 $[V_O]$ 增大，V_O 出现在 Y^{3+} 的次近邻位置的浓度达到最大值，此时，V_O 在次近邻间跃迁，V_O 由 Y^{3+} 的次近邻向最近邻跃迁，V_O 在 Y^{3+} 的其他位置间跃迁，由于 V_O 数的增大，V_O 跃迁概率也到达最大值，电导率出现最大值。当掺杂量超过某极值时，随 Y_2O_3 的增加，晶格中 Zr^{4+} 的位置将被越来越多的 Y^{3+} 占据，这种占据使原来处于左边或右边 Y^{3+} 的次近邻的 V_O 变成新进入 Y^{3+} 的最近邻。如果 Y_2O_3 的量再增加，使在最近邻的 V_O 数随之增大，最近邻的 V_O 发生空位跃迁较次近邻就困难，跃迁则需要较高的能量，能参与跃迁的 V_O 就越来越少，发生 V_O 跃迁随即越困难，电导率则随之降低。与 Zr^{4+} 半径相似的二价或三价阳离子稳定剂，可有效地引入 V_O 空位来提高 O^{2-} 电导率。各种稳定剂的掺入量及其电导率见表 8-14。

表 8-14 萤石型 ZrO_2 基固溶体的电导率

固溶体	电导率/(S/cm)		固溶体	电导率/(S/cm)	
	1000℃	800℃		1000℃	800℃
$(ZrO_2)_{0.89}(CaO)_{0.11}$	4.5×10^{-2}	6×10^{-3}	$(ZrO_2)_{0.9}(Nd_2O_3)_{0.1}$	6.0×10^{-3}	1×10^{-3}
$(ZrO_2)_{0.85}(CaO)_{0.15}$	2.5×10^{-2}	2×10^{-3}	$(ZrO_2)_{0.9}(Gd_2O_3)_{0.1}$	—	2×10^{-3}
$(ZeO_2)_{0.92}(Y_2O_3)_{0.08}$	1.0×10^{-1}	2×10^{-2}	$(ZrO_2)_{0.85}(Sc_2O_3)_{0.15}$	1.3×10^{-1}	5×10^{-3}
$(ZrO_2)_{0.91}(Yb_2O_3)_{0.09}$	1.6×10^{-1}	3×10^{-2}	$(ZrO_2)_{0.9}(Sm_2O_3)_{0.1}$	5.8×10^{-2}	—
$(ZrO_2)_{0.85}(Sc_2O_3)_{0.15}$	1.3×10^{-1}	5×10^{-3}	$(ZrO_2)_{0.85}(La_2O_3)_{0.15}$	1.5×10^{-3}	—

(3) Y-ZrO_2 导电陶瓷的成分、制备对导电性能的影响 研究发现：众多的 RE_2O_3（RE＝Sc^{3+}、Yb^{3+}、Er^{3+}、Y^{3+}、Dy^{3+}、Gd^{3+}）作 ZrO_2 导电陶瓷的稳定剂均可获得很好的导电性，而以 Y_2O_3 尤为突出。不同浓度和不同半径的 RE^{3+} 掺入 ZrO_2 后，电导率-成分曲线出现最大值。对应于掺入量 8%～9%（摩尔）Y_2O_3 的最高电导率值是 0.3S/cm，而在

1000℃时此值出现在 11%（摩尔）Sc_2O_3-ZrO_2 导电陶瓷中。导电性随掺入的 RE^{3+} 半径增大而下降。高温下 ZrO_2 复合掺杂（Y_2O_3，CaO）的导电性优于单一掺杂 Y_2O_3 或 CaO 的导电性。高温下烧结 YSZ 的体密度大于 96% 时才具有良好的导电性。同时 YSZ 的导电性随烧结温度升高而增加，1600℃电导率可达 $10^{-2}S/cm$。YSZ 的电导率在温度较高时存在老化行为，这在使用中值得注意的。

作为快离子导体，YSZ 已获得广泛的应用，特别是在氧传感器中的应用，是快离子导体最成功的实例。近年来，YSP 导电陶瓷膜在固体氧化物燃料电池中的应用也引起了人们的极大兴趣，这对开发新能源具有深远的意义。

（4）CeO_2 导电陶瓷　以 YSZ 为电解质的 SOFC 运行温度偏高（1000℃），导致电极烧结、界面反应、热膨胀系数不匹配等问题。同时 YSZ 的离子电导率的数量级也很有限。因此急需提高 YSZ 的电导率并将其运行温度降低到中、低温阶段。目前研究的可替代 YSZ 的中、低温电解质材料中，CeO_2 基导电陶瓷是最有前途的一种。虽然 CeO_2 基导电陶瓷在还原性气氛下部分 Ce^{4+} 将被还原成 Ce^{3+}，产生电子电导率。研究证实，这种还原产生的电子电导可通过对 CeO_2 基导电陶瓷的掺杂来抑制。

CeO_2 是萤石型结构，从室温到熔点温度的范围内不发生任何相变，CeO_2 的氧含量一般低于理想化学计量比，通常表示为 CeO_{2-x}。纯 CeO_{2-x} 是混合型导体，其中的 O^{2-}、电子和电子-空穴对电导率的贡献几乎相同，因此未掺杂的 CeO_2 的电导率很低。向 CeO_2 中掺入碱土氧化物或 RE_2O_3，形成掺杂离子引进 V_O，导致 $[V_O]$ 增加，O^{2-} 迁移通道增多，可明显提高电导率。当温度低于 800℃，$P_{O_2} > 1Pa$ 时，可认为掺杂的 CeO_2 基导电陶瓷是纯 O^{2-} 导体。

研究表明：RE_2O_3 的掺杂效果优于碱土氧化物。如在 $(CeO_2)_{0.8}(LnO_{1.5})_{0.2}$（Ln 为 La，Nd，Sm，Eu，Gd，Y，Ho，Tm，Yb）的系列固溶体中，以 Sm_2O_3 和 Gd_2O_3 掺杂系在 800℃时的 O^{2-} 电导率最高。这由于 RE_2O_3 在 CeO_2 中的溶解度大于碱土氧化物。一般情况下，离子半径在 0.109nm 附近时，固溶体的电导率最高。

掺杂浓度也是影响 CeO_2 电学性能的关键因素。研究发现，当掺杂离子浓度超过一定值即 V_O 超过一定量后，离子传输活化能增加，电导率下降。原因是掺杂浓度高于临界值时，电导率将主要受晶格中微区的影响。微区的存在会阻碍 V_O 穿越晶格而降低电导率，微区数量和尺寸很大程度上影响电导率，微区尺寸越大，对电导率的负影响越大。实验表明：$Ce_{0.9}Gd_{0.1}O_{1.95}$ 系的中温电导率高于 $Ce_{0.8}Gd_{0.2}O_{1.9}$，500℃时的离子电导率接近 $10^{-2}S/cm$，表 8-15 列出高电导率的 CeO_2-Ln_2O_3 固溶体及其性能。

表 8-15　CeO_2-Ln_2O_3 固溶体的电学性能

固溶体	掺杂离子	电导活化能 E_v	电导率/(S/cm)		
			500℃	600℃	700℃
$Ce_{0.9}Gd_{0.1}O_{1.95}$	Gd^{3+}	0.64	0.0095	0.0253	0.0544
$Ce_{0.9}Sm_{0.1}O_{1.95}$	Sm^{3+}	0.66	0.0033	0.0090	0.0200
$Ce_{0.887}Y_{0.113}O_{1.9453}$	Y^{3+}	0.87	0.0087	0.0344	0.1015
$Ce_{0.8}Gd_{0.2}O_{1.9}$	Gd^{3+}	0.78	0.0053	0.0180	0.0470

CeO_2 的双掺杂效果明显优于单掺杂。对比实验 $Ce_{0.85}Gd_{0.1}Mg_{0.05}O_{1.9}$（CGM）和 $Ce_{0.9}Gd_{0.1}O_{1.95}$（CGO）导电陶瓷电池，发现双掺杂的 CGM 有更高的电导率，相同运行温度下，CGM 电池其开路电压和最大比功率都比 CGO 电池高。原因可能是当掺杂离子半径偏离所替代离子半径时，发生明显的晶格畸变，使畸变能增加而不利于离子导电。而双掺杂或多掺

杂体系更有利于提高 CeO_2 的离子电导率，一则多元掺杂可产生更多的 V_O，进一步降低电子电导率，二则多元掺杂更易获得接近临界离子半径的等效半径，使晶格畸变较小，畸变能较低，而获得高电导率。

高致密的 CeO_2 基导电陶瓷的烧结温度高达 $1500\sim1600℃$。为降低烧结温度与制备成本，减少大晶粒尺寸和力学性能恶化的现象，通常采用减小烧结粉体的颗粒尺寸，增加烧结驱动力；掺入 Fe，Co，Ni，Cu，Mn 等过渡金属氧化物烧结助剂的方法来提高烧结速度，改善烧结性能。

8.9.4 稀土敏感陶瓷

敏感陶瓷（ceramics for sensors）又称半导体陶瓷，通常是由各种金属氧化物组成，具有较宽的禁带，常温下为绝缘体，在掺入微量杂质改性并控制烧结气氛与温度及陶瓷的微观结构，能随外界条件如热、湿、气、声、光、磁、力等变化并受激产生导电载流子，呈现出特定性能的具有敏感效应的大多应用在现代工业技术中的半导体敏感元器件材料。

（1）稀土-热敏陶瓷 热敏陶瓷是一类在工作温度范围内，零功率电阻值随温度变化而变化的陶瓷。按电阻-温度特性分为 PTC、NTC、CTR 热敏陶瓷和线性阻温热敏陶瓷四大类。其中 PTC 热敏电阻有 $BaTiO_3$ 系和 $(Pb,Sr,Ca,Ba)(Ti,Sn)O_3$ 系及 V_2O_5 系 PTC 热敏陶瓷。研究最多应用最广的是 $BaTiO_3$ 系 PTC 热敏陶瓷。

（2）PTC 现象 PTC（positive temperature coefficient）是指材料电阻率随自身温度升高而增大的一种温度敏感特性的正温度系数现象。

向 $BaTiO_3$ 中掺入微量的 La、Sm、Gd、Dy、Ho 等，使原为电介质、电阻达到约 $10^8\Omega\cdot cm$ 的 $BaTiO_3$ 变成电阻为 $10\sim10^2\Omega\cdot cm$ 的半导体陶瓷。这种半导体陶瓷的电阻随温度变化呈正温度系数的关系就是 PTC。PTC 陶瓷的 PTC 效应是半导化、晶界、相变三项性能的汇合而形成的。

（3）$BaTiO_3$ 陶瓷的半导化机理

① 气氛半导化 要成为半导体必须有弱束缚电子存在，以提供导电所需的载流子。在 $BaTiO_3$ 半导瓷在烧成过程中，通入还原气体（H_2+N_2）使其中的氧在高温下挥发，在 $BaTiO_3$ 陶瓷中形成 V_O。为保持电中性，V_O 周围的部分 Ti^{4+} 将俘获电子。这些电子为弱束缚电子，在电场中可成为导电载流子，这种还原可用下式表示：

$$Ba^{2+}Ti^{4+}O_3 \xrightarrow[H_2+N_2]{\text{高温}} Ba^{2+}Ti^{4+}_{1-2x}(Ti^{4+}\cdot e^-)_{2x}O^{2-}_{3-x}\square^{2+}_x+1/2xO_2\uparrow$$

通过气氛还原半导化的半导瓷性能不稳定，且不能得到 PTC 效应，故一般不用此法。

② 掺杂半导化 掺杂半导化是采用与 Ba^{2+} 半径相近的或与 Ti^{4+} 半径相近的高价离子，如用 La^{3+} 取代 Ba^{2+}，Nb^{5+} 取代 Ti^{4+}。为保持电中性，这类高价掺杂是易变价的 Ti^{4+} 将俘获电子成为 $Ti^{4+}\cdot e^-$，即 Ti^{3+}，电子 e^- 与 Ti^{4+} 为弱束缚，成为导电载流子，可用下式表示：$BaTiO_3+XLa^{3+}\longrightarrow Ba^{2+}_{1-x}La^{3+}_x Ti^{4+}_{1-x}(Ti^{4+}\cdot e^-)_x O^{2-}_3+XBa^{2+}$ 或 $BaTiO_3+XNb^{5+}\longrightarrow Ba^{2+}Ti^{4+}_{1-2x}(Ti^{4+}\cdot e^-)_x Nb^{5+}_x O^{2-}_3+XTi^{4+}$。

可见当母晶格中引入高价杂质时，将给出电子为 n 型半导体。这类高价杂质，称施主掺杂。$BaTiO_3$ 中施主掺杂形成半导，如图是其电阻与施主掺杂量之间有一定的关系。对 $BaTiO_3$ 陶瓷掺杂施主 RE^{3+} 后，其室温电阻率随掺杂量的增加呈 U 形变化，当施主掺杂量在 $0.1\%\sim0.35\%$（摩尔）时，$BaTiO_3$ 陶瓷的电阻率随施主掺杂量的增加而显著降低，具有 PTC 效应；当施主掺杂超过一定值时，$BaTiO_3$ 陶瓷的电阻率随施主掺杂量的增加而迅速上升甚至成为绝缘体，如图 8-36 所示。

③ 半导化机理　电子补偿或电价补偿半导机制：用与 Ba^{2+} 半径相近的 La^{3+}，Ce^{3+}，Y^{3+} 等 RE^{3+} 置换 Ba^{2+} 或用和 Ti^{4+} 半径相近的 Nb^{5+}，Ta^{5+}，Sb^{5+} 等五价离子置换 Ti，为保持电中性，易变价的 Ti^{4+} 将俘获电子，成为 $Ti^{4+} \cdot e^-$ 或 Ti^{3+}，电子 e^- 与 Ti^{4+} 的联系是弱束缚的，是导电载流子。这种电价补偿半导机制可用化学式表示为：

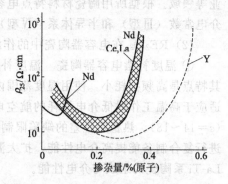

图 8-36　$BaTiO_3$ 陶瓷中室温电阻率与 RE^{3+} 掺杂量的关系

当 La^{3+} 取代 Ba^{2+} 时：$Ba_{1-x}La_x[Ti^{4+}_{1-x}(Ti^{4+} \cdot e^-)_x]O_3$ 或 Nb^{5+} 取代 Ti^{4+} 时：$Ba[Ti^{4+}_{1-2x}(Ti^{4+} \cdot e^-)_x Nb^{5+}_x]O_3$。

氧挥发机制：日本学者白崎（Shirasaki）等研究了掺 La^{3+} 的 $BaTiO_3$ 陶瓷中氧扩散现象，认为 La^{3+} 等施主杂质的掺入导致产生 A 离子缺位，A 离子缺位的产生极大地削弱缺位附近 TiO_6 八面体中的 Ti-O 键的结合。高温烧结时，氧通过扩散挥发易在晶格内形成 V_O，V_O 捕获两个弱束缚电子形成 n 型半导体。

根据 $BaTiO_3$ 陶瓷室温电阻率随施主掺杂量的增加而呈 U 形变化的特性，将 $BaTiO_3$ 陶瓷半导化解释为：当施主掺杂量较低时为电价补偿半导化；当掺杂量逐渐提高时，则主要是氧挥发导致半导化。

④ PTC 陶瓷的主要性能与工艺流程　PTC 陶瓷的主要性能表现为以下几方面。

a. 阻温（ρ-T）特性，ρ-T 曲线充分表征了 PTC 陶瓷的本质特性，阻温特性可用于发展温度补偿及温度传感方面的应用。

b. 伏安（I-V）特性，I-V 曲线的形态与测试电压和频率的高低有很大关系。电压升高，ρ_{max}/ρ_{min} 将逐步下降；频率提高，如增高至 MHz，则 PTC 效应将消失。这种特性可作定温发热、限流、过流保护、定电流、定电压装置等用途。

c. 电流-时间（I-t）特性，这种特性在施加恒定电压后，曲线显示出初始电流大，最后趋于稳态的趋势，这种特性可用于马达启动、彩电自动消磁、延时元件等。

PTC 陶瓷制造工艺流程：原料称量；第一次混研；压滤、吸滤或干燥；合成或预烧；加入添加物及第二次混研；干燥或造粒；压制成型；烧结；加工上电极；包封包装。

在原料方面，半导体要求高纯原料，而半导瓷不但纯度要求高，而且有一定的粒度要求。除应用优质原料外，工艺流程中为防止混入有害杂质，应充分研磨混匀并使添加物充分分散。

在烧结工艺中，升温过程中形成显微结构；而降温过程中形成晶界势垒，这时氧通过扩散进入晶界，加上受主元素的偏析，构成晶界势垒。优质的 PTC 陶瓷应该是：显微结构中晶粒尺寸均匀分布，发育完整，无异常晶粒生长，晶界势垒分布完整。因此在生产上要获得重复性好、成品率高的 PTC 陶瓷元件，其原料应相对固定，工艺控制应严格。

8.9.5　稀土介电陶瓷

介电陶瓷是指通过控制介电性质，从而具有较高的介电常数（ε），较低的介质损耗（$\tan\delta$）和适当的介电常数温度系数（α_ε）的一类陶瓷，La^{3+}、Nd^{3+} 等的掺入对其性能有着重要影响，介电陶瓷主要用于制备陶瓷电容器和微波介质元件。

（1）电容器陶瓷　陶瓷电容器以其体积小、大容量、结构简单、高频特性优良、品种繁多、价格低廉、便于大批量生产而广泛用于家用电器、通讯设备、仪器仪表、航空及国防工业等领域。根据所用陶瓷材料特点电容器陶瓷分为温度补偿（Ⅰ型）、温度稳定（Ⅱ型）、高介电常数（Ⅲ型）和半导体系（Ⅳ型）四大类。

（2）RE_2O_3 在电容器陶瓷中的作用

① 温度补偿电容器陶瓷　温度补偿电容器主要采用 $MgTiO_3$、$CaSnO_3$ 等非铁电陶瓷，其特点是高频损耗小，使用温度范围内介电常数随温度呈线性变化，能稳定谐振频率，尤其适应于高温工作时低介电损耗的航空电子设备。但 $MgTiO_3$、$CaSnO_3$ 等陶瓷的介电常数低（$\varepsilon = 14 \sim 18$）、热稳定性差的缺陷限制其应用。将 La_2O_3、与 $CaTiO_3$、$SrTiO_3$ 和 $MgTiO_3$ 进行复合制备能提高介电性能，扩大温度补偿电容器陶瓷的应用范围，表 8-16 列出 Ca-Mg-La-Ti 系陶瓷的组成与介电性能。

表 8-16　Ca-Mg-La-Ti 系陶瓷的组成与介电性能

组别	成分组成/%				$\tan\delta(20℃)$ $/\times10^{-4}$	ε	$\alpha_\varepsilon(20\sim85℃)$ $/(\times10^{-4}/℃)$	ρ_v $/\Omega \cdot m$	E_p $/(MV/m)$
	CaO	MgO	La_2O_3	TiO_2					
1	0	11.9	38.50	49.60	1.2	30	$-0.08\sim0.08$	$>10^9$	35.0
2	0	5.70	34.70	59.60	1.5	33	$-0.53\sim-0.36$	$>10^9$	34.0
3	0	8.30	24.60	67.10	1.0	35	$-1.05\sim-0.90$	$>10^9$	40.0
4	9.66	12.40	27.16	51.07	4.0	45	$-1.85\sim-1.75$	$>10^9$	36.0
5	13.29	8.69	28.09	49.93	4.0	55	$-2.60\sim-2.46$	$>10^9$	30.0
6	19.82	2.00	30.83	47.35	3.5	75	$-3.86\sim-3.70$	$>10^9$	24.0
7	24.40	2.26	22.87	50.47	3.5	85	$-5.50\sim-4.70$	$>10^9$	35.5
8	31.41	1.28	13.41	53.88	2.0	100	$-8.10\sim-7.50$	$>10^9$	24.8

② 热稳定电容器陶瓷　这是以正钛酸镁（$2Mg \cdot TiO_2$）为主晶相的钛酸镁介质陶瓷，介质损耗 $\tan\delta = 3\times10^{-4}$、介电常数温度系数 $\alpha_\varepsilon = 0.6\times10^{-4}/℃$，用于高频热稳定电容器。郭演义等用添加 La^{3+} 对钛酸镁进行改性获得 $MgTiO_3$-La_2O_3-TiO_2 和 $CaTiO_3$-$MgTiO_3$-La_2TiO_5 系陶瓷，确定了用于制造高频电容器介质的组成范围。

③ 高介电常数电容器陶瓷　这是适用于低频的 $BaTiO_3$ 基铁电陶瓷，特点是高介电常数，高绝缘电阻，容量大，Q 值小。$BaTiO_3$ 的工作温度范围为 $-55\sim125℃$，其 T_c 温度也在此温度范围附近，因此其介电常数 ε 值很高但并不稳定。RE_2O_3 具有很大的 T_c 转变效应，且能抑制晶粒长大，在 $BaTiO_3$ 中加入低介电常数 ε 的 La、Nd（$\varepsilon = 30\sim60$）的化合物，能使其介电常数在较宽温度范围内保持稳定，并可减小电容温度系数偏差、提高电容器寿命。因此在 $BaTiO_3$ 陶瓷中起到改善材料结构，调节介电性能的作用。又如在 $BaTiO_3$ 中加入 CeO_2，可使 $BaTiO_3$ 陶瓷的介电常数 ε 值提高，介质损耗 $\tan\delta$ 减小，T_c 向低温方向漂移，居里峰展宽，其色散性明显降低。随着所加入 CeO_2 质量分数的增加，T_c 的这种移动加快，而 ε 和 $\tan\delta$ 则随频率变化而更加趋于平坦。

④ 半导体电容器陶瓷　这类陶瓷包括阻挡层半导体陶瓷、还原-氧化型半导体陶瓷和晶界层陶瓷。目前以晶界层陶瓷电容器性能最好，其电容温度系数小，绝缘电阻高，频率特征优异，可用于通讯机上作为数千兆赫的宽频带耦合电容。早期的晶界层电容器为 $BaTiO_3$ 系半导体陶瓷，20 世纪 70 年代后，出现综合性能更好的 $SrTiO_3$ 系半导体陶瓷，但作为晶界层电容器陶瓷介质，均需添加一定量的施主杂质 La^{3+} 和 Dy^{3+} 等并将其还原到半导态。另外，在钙硅钛（$CaTiSiO_5$）中加入 La^{3+} 和 Ce^{4+} 可得到介电常数和温度系数分别为正、负或接近于零的半导体电容器陶瓷，这类陶瓷的介电常数高、介电常数温度系数范围宽、介电损耗小、烧结温度低、是很好的高频电容器材料。

（3）微波陶瓷　微波陶瓷（microwave ceramics）是用于微波 UHF、SHF 频段电路中作介质材料并完成一种或多种功能的陶瓷，现代通信中被广泛用作谐振器、滤波器、介质基片与天线及导波回路等。为实现微波器件小型化和集成化的要求，微波陶瓷应具有高介电常数 ε_r、高品质因数 Q 即低介电损耗 $\tan\delta$、近零的频率温度系数 τ_f 等性能。高介电常数微波陶瓷的 ε_r 值通常大于 80，目前已实用化的有三大系列：$BaO\text{-}RE_2O_3\text{-}TiO_2$ 系、$CaO\text{-}Li_2O\text{-}RE_2O_3\text{-}TiO_2$ 系和复合钙钛矿结构 $(Pb_{1-x}Ca_x)(Fe_{0.5}Nb_{0.5})O_3$ 系。

① 影响微波介质陶瓷性能的因素

a. 介电常数 ε　ε 是温度的函数，对 ε_r 而言，因时间常数大的电极化形式在微波条件下来不及产生，而电子唯一式极化在介电常数中所占成分极小，则 M^{n+} 位移式极化起主要作用。

根据晶体点阵振动模型可知：$\varepsilon(\omega)-\varepsilon(\infty)=\varepsilon'(\omega)+j\varepsilon''(\omega)=(Ze)^2/[mV\varepsilon_0(\omega_T^2-\omega^2-j\gamma_\omega)]$

$$(8\text{-}10)$$

式中，$\varepsilon(\omega)$ 为 ω 频率下离子位移式极化的复介电常数；$\varepsilon(\infty)$ 为 ω 频率下电子位移式极化的复介电常数，约为 1；V 为元胞体积；$m=m_1m_2/(m_1+m_2)$，m_1，m_2 为正负离子质量；Z 为介质等效核电荷数；e 为元电荷，约为 $1.6\times10^{-19}C$；ε_0 为通常频率下的静介电常数；ω_T 为点阵振动光学模角频率，$\omega_T\approx10^{12}\sim10^{13}Hz$；$\gamma_\omega$ 为衰减系数。

对微波波段 $\omega_T^2\gg\omega^2$，因此上式可简化为：$\varepsilon(\omega)=(Ze)^2/mV\varepsilon_0\omega_T^2$　$(8\text{-}11)$

由式(8-11)可知，在微波频段 ε 基本为定值，不随频率而变化。要使微波介质陶瓷具有高 ε 值，除需考虑微观晶相类型及组合外，应在工艺上保证晶粒生长充分，结构致密。

b. 品质因数 Q　Q 是微波系统能量损耗的一个度量标准。陶瓷介质品质因数 Q 为 $\tan\delta$ 的倒数，由三方面损耗决定：$Q^{-1}=\tan\delta_e+\tan\delta_d+\tan\delta_\lambda$　$(8\text{-}12)$

式中，$\tan\delta_e$ 为介质损耗；$\tan\delta_d$ 为欧姆损耗；$\tan\delta_\lambda$ 为辐射损耗。

对微波陶瓷而言，$\tan\delta_e$ 和 $\tan\delta_\lambda$ 可忽略，所以 $Q\approx Q_d\approx(\tan\delta_d)^{-1}$　$(8\text{-}13)$

对微波介质谐振腔，$\tan\delta_d<10^{-4}$ 才有实用值。微波介质的品质因数 Q 还与频率 f 有关：

$$Q=\varepsilon'(\omega)/\varepsilon''(\omega)\approx(\omega_T^2/\omega)\gamma=(\omega_T^2/2\pi f)\gamma \qquad (8\text{-}14)$$

式中，$\varepsilon'(\omega)$ 为有功介电常数；$\varepsilon''(\omega)$ 为无功介电常数；ω 为微波频率为 f 时的角频率，rad/s。

由式(8-13)可知：$Qf=(\omega_T^2/2\pi)\gamma=$ 常数　$(8\text{-}15)$

而在微波范围内，微波介质的 ε 及 Qf 值均基本不变，因此对同一材料而言，在较低频率下可获得更高的 Q 值；而 γ 越大，Q 值越小。γ 值则由晶格结构的一致性及缺陷、气孔、含杂状况等因素决定。

c. 谐振频率温度系数 τ_f　谐振频率温度系数 τ_f，主要跟线胀系数 α 和介电常数相关：

$$\tau_f=(1/f_0)(df_0/dt)=(f_{01}-f_{02})/f_{01}(T_2-T_1) \qquad (8\text{-}16)$$

式中，f_0 为谐振频率；f_{01}、f_{02} 为温度 T_1、T_2 时的谐振频率；T 为温度。

$$\tau_f=-\alpha-0.5\tau_\varepsilon(10^{-6}/℃) \qquad (8\text{-}17)$$

式中，α 为热胀系数；τ_ε 为介电常数温度系数。一般材料的 α 为正值。为获得尽可能小的 τ_f，必须选用负值 τ_ε 方可与前项抵消。在微波波段评价材料的介电特性时，常首先采用谐振法测定谐振频率，再根据 τ_f、α 由式(8-16)计算 τ_ε 值。

② $BaO\text{-}RE_2O_3\text{-}TiO_2$ 系陶瓷　该陶瓷是具有类钙钛矿钨青铜结构的固溶体。通式为 $Ba_{6-3x}RE_{8+2x}Ti_{18}O_{54}$（RE 为 La，Nd，Sm，Pr，Ce，Er 等），介电常数 $\varepsilon_r=80\sim95$，$Qf=6000\sim10000GHz$（0.4～3GHz 频段），$\tau_f=(0\sim20)\times10^{-6}℃^{-1}$。其 ε_r 随 x 值的增加和 RE^{3+} 半径的减小而降低；当 $x=2/3$ 时，陶瓷的 Qf 值最高，原因可能是 Ba^{2+} 和 RE^{3+} 各自

位于有序的位置。目前研究最多且最有实用价值的是 $BaO-Nd_2O_3-TiO_2$ 系和 $BaO-Sm_2O_3-TiO_2$ 系微波陶瓷。见表 8-17 所列。

表 8-17　$BaO-RE_2O_3-TiO_2$ 系陶瓷的烧成温度和微波介质性能

组　成	烧成温度/℃	ε	Qf/GHz	$\tau_f/\times10^{-4}℃^{-1}$
$BaO-La_2O_3-TiO_2$	1370	92	2000	3.80
$BaO-Ce_2O_3-TiO_2$	1370	32	2500	0.09
$BaO-Pr_2O_3-TiO_2$	1370	81	9000	1.30
$BaO-Nd_2O_3-TiO_2$	1370	83	10500	0.70
$BaO-Sm_2O_3-TiO_2$	1370	84	12000	0.10

研究发现，$BaO-Nd_2O_3-TiO_2$ 微波陶瓷的主晶相是 $BaNd_2Ti_5O_{14}$，有摩尔比 $1:1:4$ 及 $1:1:5$（称 BNT4 和 BNT5）。BNT5 的最高 Qf 值为 11560（4GHz）和 ε_r 值为 82.9，$\tau_f=151.2\times10^{-6}℃^{-1}$，可添加少量的 PbO 和 Bi_2O_3（或 $Bi_2O_3\cdot xTiO_2$）杂质进行离子置换使材料的频率温度系数 τ_f 得到提高；对 $BaO-Sm_2O_3-TiO_2$ 系（$1:1:4.7$），则用 A 位离子置换即 Sr^{2+} 部分置换 Ba^{2+} 或少量 Nd^{3+} 或 La^{3+} 置换部分 Sm^{3+}，均可使材料的介电常数、电学品质因数及频率温度系数均发生变化。

近年来，出现两种元素共置换 RE 的情况。如 Ce/La 共置换 $BaO-Sm_2O_3-xTiO_2$ 中的部分 Sm；Sm/La 共置换 $BaO-Nd_2O_3-xTiO_2$ 中的部分 Nd；Sm/Bi 共置换 $BaO-La_2O_3-xTiO_2$ 中（$x=2/3$）的部分 La，以优化 $BaO-RE_2O_3-TiO_2$ 系微波陶瓷的介电性能，而尤以 $Ba_{6-3x}(La_{1-y-z}Sm_yBi_z)_{8+2x}Ti_{18}O_{54}$ 在组成分别为 $y=0.7$，$z=0.12$ 时 $\varepsilon_r=105$，$Qf=4173GHz$，$\tau_f=-15\times10^{-6}℃^{-1}$ 和 $y=0.7$，$z=0.04$ 时 $\varepsilon_r=88.4$，$Qf=6697GHz$，$\tau_f=1\times10^{-6}℃^{-1}$ 的性能为最佳。

新技术的采用使今后数年内微波陶瓷的主要技术指标有望达到：微波频率下 Q 值为 100000，即约高于目前 10 倍以上；介电常数 $\varepsilon=2\sim2000$ 范围内系列化，以适应多种用途，频率温度系数 τ_f 在 $-100\sim300$ 范围内系列化，有助于更方便地获得零温度系数的介质谐振器和滤波器等微波器件。

第9章 稀土热电和电子发射材料

9.1 稀土热电材料

9.1.1 热电效应和热电材料

材料的热电效应（thermoelectricity 简称 IE），是电流引起的可逆热效应和温差引起的电效应的总称，即是材料热能与电能之间相互耦合相互转化的效应，包括塞贝克（Seebeck）效应、帕尔帖（Peltier）效应和汤姆逊（Thomson）效应。这三个效应不是独立的，可通过 Kelvin 关系式联系在一起。电流引起的热效应即焦耳热效应是不可逆的，因此不是热电效应。

热电材料是一种将热能和电能相互直接转换的功能材料。这种采用热电材料的能量转换技术具有结构简单体积小、可靠性高、制造及运行成本低、使用寿命长、应用范围宽和对环境友好的特点。

1823 年发现的 Seebeck 效应和 1834 年发现的 Peltier 效应分别为热电能量转换器和热电制冷的应用提供了理论基础。在此发现的基础上，1911 年德国的阿特克希提出一个令人满意的温差制冷和发电的理论：较好的温差电材料必须具有较高的 Seebeck 系数，以保证有明显的温差电效应，同时应有较小的热导率，使热量能保持在接头附近，另外还要求电阻较小，使产生的焦耳热最小。温差电现象发现之后，并未引起人们浓郁的兴趣，直到 20 世纪 30 年代，随着固体物理学的发展，尤其是半导体物理的发展，发现半导体材料的 Seebeck 系数可高于 $100\mu V/K$，这才引起人们对温差电现象的再度重视。1949 年初，前苏联科学家约飞提出了关于半导体的温差电的理论，同时在实际应用方面做了许多有意义的工作。20 世纪 50 年代末期，约飞与他的同事们从理论和实验上通过利用两种以上的半导体形成固溶体，发现并制备了温差电性能优值较高的制冷和发电材料，例如 Bi_2Te_3、$PbTe$、$SiGe$ 等固溶体合金，迄今为止，它们仍然是最重要的温差电材料。

9.1.2 热电效应的基本原理

（1）塞贝克（Seebeck）效应 1823 年，法国物理学家 Thomas. J. Seebeck 在研究 Bi-Cu 与 Bi-Te 回路的电磁效应时发现，当由两种不同导体构成的闭合回路的两个结点温度不同时，回路中有热电流产生，即在具有温度梯度的材料样品两端会出现电压降，这就是 Seebeck 效应，如图9-1所示，不同材料 a、b 两端结点存在小温差 ΔT，就会产生 Seebeck 电势 ΔV，定义 Seebeck 电势 $S_{ab}=V/T$，当 $\Delta T \rightarrow 0$ 时，写成：

$$S_{ab}=dV/dt \qquad (9-1)$$

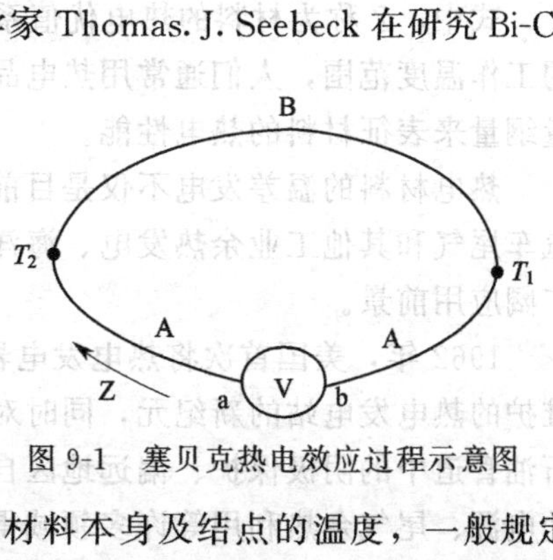

图 9-1 塞贝克热电效应过程示意图

S_{ab} 称为 Seebeck 系数，符号取决于组成于热电偶的材料本身及结点的温度，一般规定在冷端如果电流的方向是由 a 到 b，S_{ab} 为正；S_{ab} 的大小取决于两结点温度和组成的材料。

（2）帕尔帖（Peltier）效应 1854 年法国物理学家 C. A. Peltier 观察到当电流通过两个

不同导体的结点时，在结点附近有温度发生变化：当电流从某一方向流经回路的结点时，结点温度会下降；而当电流反向流经回路的结点时，结点温度会上升，这就是 Peltier 效应。1838 年德国物理学家楞次（Lenz）给出 Peltier 效应的本质特性。

Peltier 效应表明：流经两种不同导体组成的回路的结点的微小电流就会产生可逆的热效应，在时间 dt 内其热量 dQ_p 的大小与流过的电流 I 成正比：

$$dQ_p = \pi_{ab} I dt = \pi_{ab} q \qquad (9-2)$$

比例系数 π_{ab} 称为 Peltier 系数，也叫 Peltier 电势，q 是传输电荷。当电流由 a 到 b，π_{ab} 系数为正，$dQ > 0$，吸热；而当电流由 b 到 a 时，π_{ab} 系数为负，$dQ < 0$，放热。π_{ab} 系数的大小与结点温度以及热电偶组成的材料有关。Peltier 效应产生的原因是位于结点两边材料中的载流子浓度与费米（Fermi）能级不一样，当电流通过结点时，为维持体系的能量与电荷守恒，必须与环境交换能量。

(3) 汤姆逊（Thomson）效应 1854 年，汤姆逊（Thomson）发现当电流通过一个单一导体，同时该导体中存在温度梯度，就会有可逆的热效应产生，称为 Thomson 效应，产生的热就是 Thomson 热。Thomson 热与通过的电流 I，经历的时间 t 成正比。假定温度梯度较小，$dQ_T = \tau I dT / dx$，比例系数 τ 是 Thomson 系数，当电流流向热端时，$dT > 0$，$\tau > 0$，$dQ > 0$，吸热；当电流流向冷端时，$dT < 0$，$\tau < 0$，$dQ < 0$，放热。

三个热电系数可通过开尔文（Kelvin）关系式联系起来：

$$S_{ab} = \pi_{ab}/T \text{ 及 } dS_{ab}/dT = (\tau_a - \tau_b)/T \qquad (9-3)$$

T 是绝对温度。从以上两项关系式就可导出单一材料的 Seebeck 系数和 Thomson 系数的关系：

$$S = \int_0^T (\tau/T) dT \qquad (9-4)$$

从式(9-4)可知，若知道 Thomson 系数，就可通过积分得到单一材料的 Seebeck 系数。由此可见，热电效应是热传导和电传导之间的一种可逆的交叉耦合效应。

(4) 热电效应的应用 热电效应从宏观上看是电能与热能之间的转换。因此长期以来人们就努力探索并实现它可能的工业用途。利用热电材料的 Seebeck 效应，热电材料可以用于温度控制与温差发电。例如，热电偶应用于测量温度及辐射能已有近 200 余年，在 20 世纪初期先后研究并建立了热电发电和热电制冷理论。理论研究表明：优良的热电材料应该具有高的 Seebeck 系数、低的热导率以保留结点处的热能、高的电导率以减少焦耳（Joule）热损失。这三个参数可由式(9-5)关联并表示为：

$$Z = \sigma S^2 / K \qquad (9-5)$$

式中，Z 称为材料的热电优值系数（figure of merit）。由于每种热电材料都有各自适宜的工作温度范围，人们通常用热电品质因素与温度之积 ZT（T 是材料的平均温度）这一无量纲量来表征材料的热电性能。

热电材料的温差发电不仅是目前太空探测领域中最主要的能源供应来源，同时还可用于汽车尾气和其他工业余热发电、海洋能、地热温差与太阳能发电，在节能与环保等领域有着广阔应用前景。

1962 年，美国首次将热电发电器使用于人造地球卫星上，开创研制长效远距离、无人维护的热电发电站的新纪元，同时对水下或地面上应用的热电发电器进行了研发，并在诸如石油管道中的阴极保护、偏远地区自动天气预报站、无人航标灯、无线电接收装置配置的自动电源、尾气余热利用等许多领域得以应用。

利用放射性同位素做热源的热电发电器（RTG）在启用前的比输出功率从 0.5W/lb 增加到 2.5W/lb，并已应用于太空飞船、人造卫星中。例如，1977 年，美国发射的旅行者号

（Voyager）太空飞船中就安装 1200 个热电发电器，在 2.5 亿个装置时的使用中未发现一个报废的。热电转换未来的应用方向是用于输出功率小于 1W 的小功率领域中，如各种无人看管的传感器、微型的短程通讯装置和生理学研究中的微型发电机、传感电路、逻辑门以及消错电路需要的短期 μW、mW 级电能。若热电转换效率进一步提高，就可把热电发电装置用于太阳能发电系统，同时可大大地简化现有的太阳能发电系统的能量转换部件的结构，并大幅度降低成本。

与热电发电相反，利用 Peltier 效应，将 P 型和 N 型半导体材料组成热电对，通电后依靠电子-空穴在运动中直接传递热量来实现产生热效应，一端为冷端（吸热），一端为热端（放热），可以制造热电制冷机。

热电制冷机具有机械式冷媒压缩制冷机无法媲美的优点：①不使用氟里昂等制冷物质，因而不存在因氟里昂制冷剂泄漏而引起臭氧层破坏等环境污染问题；②无复杂的机械传动部件和管路系统，无机械转动摩擦，无噪声；③可精确平移调节和控制温度工况与制冷量；④外型尺寸小，重量轻，使用可靠方便，维护简单，使用寿命长；⑤缺点是制冷效率明显低于氟里昂等制冷剂的制冷效率。

9.1.3　热电材料的结构与性能

热电材料具有重量轻、结构简单、无噪声、无污染等优势，使得其必将在未来的发电与制冷、制热等方面具有极大的应用前景。随着科技的发展，迄今人们已研制出一系列的热电材料，如 Bi_2Te_3 系、PbTe 系、Si_xGe_y 系等合金，但因它们的热电转换率相对较低，限制了热电材料的广泛应用。从理论角度分析，为实现高热电转换率，热电材料需要同时具备两个相互矛盾的性能：既是良好的导电体，同时又是不良的热导体，即所谓的"电子晶体-声子玻璃"概念，在热电材料中，电传导由载流子的浓度和可动性控制，热传导包含载流子传导和晶格传导两部分，如何平衡这诸多相互矛盾的因素，将是获得高热电性能材料的关键。

近年来，成为研究热点的 skutterudites（方钴矿或方钴碲化物）类热电材料。因具有优良的电输运性能以及适宜的 Seebeck 系数，使得这类材料有望成为一种高性能的热电材料，但因相对较高的热导率，限制了它在热电方面的应用和发展。研究表明通过离子掺杂，形成 skutterudites 固溶体，制备三元 skutterudite 化合物以及填充稀土等方法，将会大大降低这种材料的热导率，显著提高其热电性能。

（1）skutterudites 类材料的晶体结构　此 skutterudite 是 $CoSb_3$ 矿物的名称，这种矿物因首先在挪威的小镇 Skutterud 发现而得名，汉语意思是方钴矿。基本化学式为：AB_3。典型的二元 skutterudite 如：$CoSb_3$、$CoAs_3$。这类化合物具有复杂的立方晶体结构，每个单胞含有 32 个原子，空间群为 Im3 型。

以 $CoAs_3$ 为例，它为典型的 skutterudites 晶体结构，由 8 个次立方晶体结构或六面体组成，包含有方形的第五族原子团 $[As_4]^{4-}$，这些阴离子团位于次立方晶体结构的中心，周围环绕 8 个三价过渡族原子于 Co^{3+}，但其中两个次立方晶体结构中并不包含 $[As_4]^{4-}$ 离子团，因而在结构中形成两个较大的空隙，如图 9-2 所示，skutterudite 化合物可表示为 $□T_4Pn_{12}$，式中□代表空隙，T 为过渡族金属原子（如 Co、Rh、Ir、Fe、Ru 等），Pn 为第五族元素原子（如 P、As、Sb 等）。如果考虑简单连接，为了建立彼此之间的共价连接，每个过滤族金属原子提供 9 个电子，每个第五族元素原子提供 3 个价电子，对于每个 T_4Pn_{12} 单元，价电子总数为 72。

价电子数是决定 skutterudites 化合物半导体性质的重要参数。由于这种结构是具有低配位数的共价结构，因此可在结构空隙中掺杂其他异类原子形成填充的 skutterudites 化合物，如图 9-3 所示是具有 32 个原子的立方晶体结构，包括 8 个过渡族原子，24 个第五族原子组成 6 个方形原子团，位于 8 个次立方晶体结构的其中 6 个中，两个稀土原子可填充于剩余两个次立方晶体结构形成的空隙中，形成填充 skutterudites 结构。

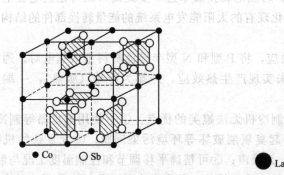
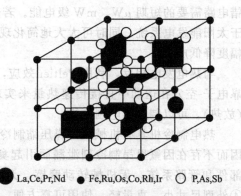

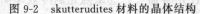

图 9-2　skutterudites 材料的晶体结构　　　　图 9-3　稀土掺杂 skutterudites 材料的晶体结构

（2）降低 skutterudite 类材料热导率的途径

① 离子掺杂　通常，对低掺杂的半导体材料而言，由于载流子浓度低，载流子对声子的散射作用弱，往往可忽略不计，然而热电半导体材料大多为高掺杂半导体，载流子浓度高，载流子对声子的散射往往不可忽略。

Caillat 等 1996 年测量了高掺杂的热导率，对低掺杂的 $CoSb_3$ 化合物，在 100℃时其晶格热导率大约为 $80mW/(cm \cdot K)$，而对高掺杂的 $CoSb_3$ 化合物，其值低到 $44mW/(cm \cdot K)$，甚至能低到 $32mW/(cm \cdot K)$。因有更多的电子贡献（造成电子热导率部分相对增大），使得掺杂浓度为 $1 \times 10^{21} cm^3$ 的 $CoSb_3$ 化合物总的热导率实际上比掺杂浓度较大的 $CoSb_3$ 化合物（$1 \times 10^{20} cm^3$）要高些。对掺杂浓度较大的 $CoSb_3$ 化合物。其晶格热导率与温度的关系变得较弱。这项研究就是利用载流子-声子散射机制。有效地散射了声子，使得材料的晶格热导率得到显著的降低。

② 形成 skutterudite 固溶体　现今应用的热电材料都是两种或更多种相等结构相形成的二元化合物和固溶体，在固溶体中由点缺陷引入质量和应变起伏是一种众所周知的降低晶格热导率的方法。然而点缺陷不仅散射声子。而且还散射载流子，这会导致载流子迁移率某种程度的降低。因此，对于固溶体而言，如果能提高载流子迁移率与晶格热导率的比值，将会提高材料的热电性能。

研究表明，通过形成 skutterudite 固溶体的确降低了材料的晶格热导率。例如，在室温下，低掺杂、单相、均匀和高致密度的 P 型 $(CoSb_3)_{0.75}(IrSb_3)_{0.25}$ 化合物的晶格热导率为 $33mW/(cm \cdot K)$，该结果比这个系列余下的任何单一成员的晶格热导率部下降了 70% 左右，而相应地迁移率的降低仅为 46% 左右。从 $(RhSb_3)_{0.5}(IrSb_3)_{0.5}$ 固溶体得到的结果显示，在室温下，它的晶格热导率下降了 45% 左右。后者的晶格热导率下降得较少归因于在后者中只存在质量起伏而不存在体积起伏（Rh 和 Ir 的原子体积几乎相同）。几种轻掺杂的 skutterudite 固溶体在高温下的实验结果与 $CoSb_3$ 的实验数据对比，可明显看到形成 skutterudite 固溶体后，其晶格热导率显著降低而且其热导率几乎与温度的变化无关。

③ 制备三元 skutterudite 材料　在保持价电子总数恒定的条件下，在二元 skutterudite 化合物中，通过在其阳离子或阴离子位置上用元素周期表中与其相邻近元素的离子替代。可形成三元 skutterudite 类化合物。Fleurial 和 Caillat 等报道了在高温下 5 种三元 skutterudite 化合物（$FeSb_2Te$、$RuSb_2Te$、$OsSb_2Te$、$Fe_{0.5}Ni_{0.5}Sb_3$ 和 $Ru_{0.5}Pd_{0.5}Sb_3$）的热导率。其

结果与 $CoSb_3$ 化合物所得到的结果作了比较。在这些材料中晶格热导率在总热导率中所占的比例明显降低，室温下它们的热导率在 $15\sim30mW/(cm\cdot K)$ 之间变化。但同时考虑到由于替代阳离子和阴离子引入的原子质量和体积差异相对较小，不可能用质量和体积起伏引起的散射机制来解释，这表明还需考虑到其他附加的散射机制。

Slack 在 1962 年对 Fe_3O_4 的热导率进行的研究中曾提出，在磁性晶格中，由于静态错配度和声子之间的相互作用引起了显著的声子散射。另外，Caillat 等用显微电子探针分析揭示了 $Ru_{0.5}Pd_{0.5}Sb_3$ 体系的转变，在该体系中，假设 Ru、Pd 和 Sb 的价态分别为 Ru^{2+}、Pd^{4+} 和 Sb^-（这是为保持其半导体性能所必需的），为弥补样品中 Pd 缺乏和过量的 Sb，Ru 就可能呈现混合价态 Ru^{4+} 和 Ru^{2+}，基于显微电子探针分析计算得到，在样品中 48% 的 Ru 呈现 +4 价。研究表明，对于异常高的声子散射的一个可能的解释是在过渡族金属元素中存在混合价态，电子在不同价态离子之间转换，从而在此过程中起到了散射声子的作用。

④ 填充稀土 如前所述，另外一种可降低 skutterudite 化合物晶格热导率的方法是在 skutterudite 结构的空隙里填充稀土原子的方法，实质上也是属于利用点缺陷-声子散射机制降低热导率的方法。Slack（1995）首先提出稀土原子在 skutterudite 化合物结构空隙中的"振颤"运动会产生显著的声子散射，显著降低材料的热导率，而且同时最小程度地降低载流子的迁移率。现今已经制备出许多具有填充 skutterudite 晶体结构的材料。这种化合物的通式为：LnT_4Pn_{12}（式中 Ln＝La、Ce、Pr、Nd、Sm、Eu、Gd、Th）。因为由 Fe、Ru 或 Os 原子构成的 T_4Pn_{12} 原子群相对于用 Co、Rh 或 Ir 原子构成的 skutterudite 化合物来说，电子结构呈现电子贫乏的状态（缺少 4 个电子），因此填入稀土，用附加的自由电子去弥补这种贫乏。但是，稀土提供的附加电子一般情况下也是不充分的，例如，La 是 +3 的价态，Ce 可为 +3 或 +4 的价态。这意味着大多数这种化合物将表现出金属行为或高掺杂的 P 型半金属行为。

在化合物 $IrSb_3$ 中填入不同的稀土 La、Sm，Nd 的热导率变化，填充原子越小则其热导率就越低。这是因为较小的离子在空位中振动得更加自由，而且较小的填充离子由于它们具有比大离子更多的离散性。在低温下它们可能会产生静态无序状态，在 Nd^{3+} 和 Sm^{3+} 填充的情况下，它们的 4f 低电子层还会产生额外的声子散射，更有助于降低声子热导率。

Nolas 等研究了部分填充 La 对晶格热导率的影响，实验表明：当 skutterudite 中的孔隙全部被 La 或 Ce 填充时，其热导率可降至未填充材料的 1/6 至 1/7，但当 skutterudite 中的孔隙部分被填充时，其热导率甚至降低至原来的 1/10 至 1/20。这是因为部分填充的 La^{3+} 在晶体内部的空位中随机分布。他们还发现部分填充 skutterudite 化合物可以提高载流子的迁移率。因此认为，部分填充的 skutterudite 材料将会是最有前途的热电材料。

（3）热电材料的类型与性能 表征热电材料性能的指标是热电材料的"优值"（figure of merit）Z，被定义为：$Z＝S^2/(\rho\kappa)$，热电材料的 Z 值越大，说明其热电性能越好。其中 S 是热电材料的热电动势系数 S（即 Seebeck 系数），ρ 是电阻率，κ 是热导率。而 S^2/ρ 又称为功率因子（power factor），反映材料的电学性能，热导率 κ 反映了材料的热学性能。

根据热电材料中的热电载流子的传输特性，热电材料 $NiSn(PbTe$ 型)、$\beta-FeSi_2$ 型、$CoSb_3$ 型、Bi_2Te_3 型等合金或通过掺入适量的过渡元素 Co、Ni、Mn、Cr 或主族元素 C、Ge 和稀土 La、Ce、Nd、Sm、Eu、Gd 后，可分成以电子-空穴移动型的 P 型半导体和电子传导型的 N 型半导体热电材料。

① P 型半导体热电材料及性能 P 型半导体热电材料主要是以未掺杂的 $FeSi_2$、$CoSb_3$ 等金属间化合物或合金。1964 年，Ware 和 M. Neill 首先报道了 $\beta-FeSi_2$ 在 $500\sim600℃$ 的温度间有良好的热电转换性能。虽然 $\beta-FeSi_2$ 基热电材料的热电动势系数 S 较低，但在众多的热电材料中，由于 $\beta-FeSi_2$ 具有高温下抗氧化能力强、适用温度范围广、无毒环保、原料储

量丰富、成本低廉、性能稳定等优点，被认为是最具有吸引力和发展前景的热电半导体材料之一。

高温下，$FeSi_2$ 呈现出金属性质的 α 相或 ε 相，只有经过退火处理才能转变为具有半导体性质的 β 相，通过适当不同的掺杂可以制得 P 型或 N 型半导体。其中对 $FeSi_2$ 掺入稀土 Sm 的研究发现：掺入少量的 Sm 没有改变 $FeSi_2$ 材料的导电类型，仍为 P 型半导体，但是其电学性能有所下降，因此单一少量 Sm 的掺杂时，利用 Sm 的 4f 电子对提高 β-$FeSi_2$ 的热电输运特性不显著，原因是 Sm 在 β-$FeSi_2$ 中是以施主形式存在，而补偿 β-$FeSi_2$ 中的空穴，使 β-$FeSi_2$ 中的有效载流子浓度减少。

$CoSb_3$ 合金是 skutterudite 结构的热电材料，具有较高的热电动热系数 S 和热导率 κ 而使其"优值" Z 较小。1995 年 J. W. Sharp 等通过研究多种不同元素取代的 $CoSb_3$ 中的 A 位和 B 位原子形成热电材料的热电性能，发现具有 skutterudite 结构的 P 型材料 $Co_{0.97-x}Fe_xIr_{0.03}Sb_{2.85}As_{0.15}$ 在温度 575K 时具有最高的 Z 值 0.3，由于其热电性能无法与已有的 $Bi_2Te_{2.25}Se_{0.75}$ 相媲美而被认为这种热电材料没有很好的应用价值，但在 1995 年，D. T. Morelli 等的研究与实验表明：在 skutterudite 晶胞结构的孔隙中填入原子半径较大的稀土，其热导率 κ 将大幅度地降低。

1996 年，B. C. Sales 的有关填隙 skutterudite 结构材料的实验研究发现：在未经优化的情况下，这类材料可以达到高温下的 Z 值并且大于 1，同时计算表明优化的这类材料的 Z 值可以达到 1.4，使得这种材料成了最有前途的热电材料。由于 skutterudite 材料可以制成二元或多元固熔体而使其热电动势系数 S 及电导率均有一定的可调范围。这种结构材料的晶胞孔隙内又可填入不同的稀土元素 La、Sm、Nd、Ce、Eu、Gd 等，使得其热导率 κ 将大幅度地降低。G. S. Nolas 等的研究工作表明：当 skutterudite 晶胞结构中的孔隙全部被 La 或 Ce 填充时，热导率 κ 可降至未填充孔隙材料的 $1/6 \sim 1/7$；而当 skutterudite 晶胞结构中的孔隙部分被 La 或 Ce 填充时，热导率 κ 甚至降至原来材料的 $1/10 \sim 1/20$，并且孔隙部分填充的 skutterudite 结构材料虽然可以由 P 型半导体转为 N 型半导体，但仍然保持较高的热电动势系数 S 并可能有极高的电导率。因此，孔隙部分填充的 skutterudite 结构材料将会是最有前途的热电材料之一。

② N 型半导体热电材料及性能　　未掺杂和掺入 Mn、Cr 及低掺入 Sm 等杂质的 $FeSi_2$ 热电材料呈现 P 型半导体性质。浙江大学的李伟文、赵新兵等通过研究发现：对 $FeSi_2$ 基热电材料高掺入 Sm 时，$FeSi_2$ 基热电材料的电阻率 ρ 很低并具有金属电子性质，同时保持较高的功率因子 S^2/ρ；当取代 Fe 的 Sm 含量为 0.2 时，就形成 $Fe_{0.8}Sm_{0.2}Si_2$，并开始呈现 N 型半导体性质。随着 Sm 的掺杂量的增加，$FeSi_2$ 基热电材料的热电动势系数 S 的绝对值和功率因子 S^2/ρ 均有所下降，但电阻率 ρ 下降地更快更低；当形成 $Fe_{0.5}Sm_{0.4}Si_2$ 时，其功率因子 S^2/ρ 相对于未掺杂的 $FeSi_2$ 热电材料又有大幅度提高。XRD 谱分析表明：Sm 在 $FeSi_2$ 中是以 $SmSi_{1.4}$ 的金属相存在的，因此，高掺入 Sm 的 $FeSi_2$ 热电材料有很强的金属性质。由于含有少量 Co 的 $FeSi_2$ 基热电材料具有 N 型半导体性质，而且热电性能优于其他 N 型掺杂剂，因此，在低掺入 Sm 的同时掺入少量的 Co 后，可使低掺入稀土 Sm 的 $FeSi_2$ 基热电材料仍然保持 N 型半导体。

北京工业大学的张久兴、张隆等在对具有 skutterudite 结构的 N 型 $CoSb_3$ 热电材料添加 La 元素填充孔隙的同时，发现用 Ni 元素置换取代部分 Co 并形成 N 型 $La_{0.9}Ni_xCo_{4-x}Sb_{12}$ 化合物，也能大幅度提高热电材料的载流子浓度，增大热电功率因子 S^2/ρ 以及降低热导率 κ。

在 $La_{0.9}Ni_xCo_{4-x}Sb_{12}$ 化合物中，随着 Ni 含量的增加，载流子浓度增大，电阻率 ρ 大幅度下降，同时热电动势系数 S 的绝对值降低。

因为在 $La_{0.9}Ni_xCo_{4-x}Sb_{12}$ 化合物结构中，Co 为＋3 价，Ni 为＋4 价，1 个 Ni 原子的加入将使其结构中的电子数量增加 1 个；而 La 的添加也将增加其结构中的电子数量，由于有过量的电子就使得 $La_{0.9}Ni_xCo_{4-x}Sb_{12}$ 化合物呈现出 N 型半导体性质，载流子浓度也因电子数量增多而升高并导致热电动势系数 S 的绝对值降低；热导率随 Ni 含量的增加先降低后升高；在 $x=0.4$，$T=773K$ 时，化合物 $La_{0.9}Ni_xCo_{4-x}Sb_{12}$ 具有最大的优值 0.46。

9.1.4 热电材料的制备

热电材料的制备方法主要有电弧熔炼法、悬浮熔炼法、固相反应烧结法、放电等离子烧结（SPS）法、化学合成法晶体生长法以及机械合金化法合成 Bi-Te、Sb-Te 等二元以及多元掺杂材料。研究工作主要集中在热电新材料的设计与研制。

（1）机械合金化法 机械合金化（MA）法是近年来材料合成的一种新方法。将欲合金化的高纯元素粉末按组分计量配比混合后，放入高能球磨机中的球磨罐，球磨罐抽至高真空度后，导入高纯 Ar 保护气体，高能球磨机将高速转动所产生的机械能传递给元素粉末，通过回转过程中冷态下的挤压和反复的碰撞破碎，使元素粉末成为弥散分布的超微细粒子，再将机械合金化后的粉末冷压成试样，在固态下实现合金，避免由液相到固相转变过程中成分偏析的现象，并能制成具有均匀细小组织的材料。均匀的元素分布对应着较高的电导率，细小的晶粒对应着较低的热导率，因此，采用机械合金化法合成的材料，将有利于提高热电材料的热电性能。

（2）悬浮熔炼法 将高纯试样粉末按组分计量配比混合后，在抽真空后充氩气的高温悬浮熔炼炉中进行高温熔炼，每份试样一般要求熔铸 2 次，第 2 次熔铸前要先去除表面以保证试样的高纯度。然后冷却，将冷却后的铸锭，线切割成所需要的一定形态并封入抽真空后的石英玻璃管中，放入管式炉中恒温 800℃ 下退火 168h 后，随炉自动冷却，再进行热电性能的测试与相分析。

（3）放电等离子烧结（SPS）法 将高纯试样粉末按组分计量配比混合后，放入充有高纯氩气的高能球磨机中的球磨罐，球磨一定时间后，将合成好的粉末导入一定内径的圆形石墨模具中，放入放电等离子烧结（SPS）炉中，在真空中进行烧结。

烧结工艺为：从室温到 500℃，升温速率 100℃/min；500～600℃，平均升温速率 16℃/min；最后在烧结温度 600℃ 时保温 10min，真空度是 $5×10^{-3}Pa$。将烧结好的块体材料线切割成热电性能测试样品，用水砂纸将试样表面磨光，并将热导率测试样品表面作喷碳处理，以避免因试样表面对激光反射而引起测量误差。

（4）化学合成法 溶剂热法是一种新型的纳米材料化学合成制备方法。溶剂热法由于合成温度低、时间短、产物粒度小、分散性好、纯度高等优点而成为近年来颇受关注的有效的新型合成方法。

将高纯试剂或试样按组分计量配比混合于无水乙醇中，根据化学合成的需要可加入适量的还原剂。将配制好的溶液置于高压反应釜的聚四氟乙烯内衬容器中（装填度一般为70%～80%）。系统密封后缓慢加热升温至化学合成的需要的温度并保温一定时间。保温反应过程中，系统内部自生压力大约为 3～4MPa。反应完成后自然冷却到室温，降压，收集釜底的粉状产物，依次使用高纯去离子水、无水乙醇和丙酮反复洗涤数次，以驱除反应副产物，最后将产物放在 100℃ 下真空干燥后，将合成好的粉末导入一定内径的圆形石墨模具中，冷压成型，真空烧结，测试样品的热电性能。

9.1.5 热电材料的应用

（1）热电材料制冷热力学机理 帕尔帖效应的分析：在气-液相变制冷的循环中，液态

制冷剂从温度为 T 的低温端蒸发器中吸收热量 q 转变成气相，压缩机将蒸发得到的低温低压气体压缩成高温高压气体通过冷凝器冷却成高压液体后，再经过节流减压送回蒸发器，完成一个热循环过程。

对热电制冷而言，电子起着冷媒的作用。流运过程中的电子在冷端吸热，热端放热；冷端和热端起着蒸发器和冷凝器的作用，吸热与放热和电子流（即电流 I）是成正比。冷端吸热是 $q=\pi I$，按上述的类比，公式 $q=\pi I$ 的 π 是可以设想为制冷剂发生相变的是潜能，也即将电子在两种材料中不同状态看作它的两种不同的相，那么 π 就相当于电子在两侧材料中的能量之差。电子吸收的热量就等于电子从一种材料到另一种材料的电子化学势的变化。即就像是制冷剂分子吸收热后摆脱液体间的分子引力从液体分子转化为气体分子，同理我们就可认为电子吸收能量而使它摆脱原有材料的原子对电子的强束缚力而进入另一种束缚力较弱的材料中。

利用对半导体载流子中的能带理论将有助于更清楚地认识上述过程，如图 9-4 和图 9-5 所示。

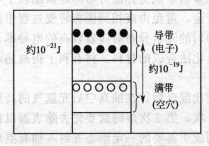

图 9-4 N 型半导体的能带图

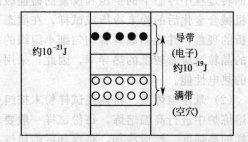

图 9-5 P 型半导体的能带图

由图 9-4 和图 9-5 可知，N 型半导体中，自由电子的能级接近于导带。P 型半导体中的空穴移动是由于空穴吸收接近满带能级的电子，所以虽然外在表现是载流子为正价空穴，而实际导电也是由电子的移动引起的。在冷端电流从 N 流向 P，电子从 P 流向 N 要摆脱 P 型半导体中强的离子间共价键的吸引力才能进入 N 型半导体，而 N 型半导体中电子的能级已经高到接近与一般金属中导电电子的能级，因此需要吸收外界能量，于是，电子在冷端吸热。同样电子在热端的散热是电子从电子能级高的 N 型半导体到电子能级低的 P 型半导体，区别在于不同的端点温度会引起不同的能级差。

把电子看作是热电制冷的制冷媒质，外部电动势可看作是促成它在制冷循环中流动的源动力。在相变制冷中压缩机做功使氟里昂制冷剂等冷媒的压力增加，推动冷媒在系统中流动。与此类似，电动势促成电子流动，电动势在环路中形成的电场是电子运动的直接动力。

材料两端的温差导致沿电流方向形成温度梯度，亦即形成电子化学势梯度。为克服电子化学势的梯度差，外部电场力要对电子做功，以增加电子的化学势。因而就电子在整个循环而言，电子在材料的电场力下做功和在冷端吸热都是在增加电子的化学势。而在高温端放热化学势降低到循环的初始水平。因此从能量角度来考虑，整个循环中有两种电子化学势改变方式：一是在结点处与外界的吸热和放热；二是在材料的内部电场力下做功。

由于在温差梯度很大的条件下，当材料的电动势梯度不足以克服化学势梯度，即在某处电场力做功小于化学势之差时，需要外界的能量来补偿，表现为吸热；相反就对外界放热。这种方式引起的与外界热量的交换称为汤姆逊效应。因此在端点处的吸热与放热可以认为是无电场力做功情况下的汤姆逊效应，即从热力学原理上来分析，帕尔帖效应是特殊条件下的汤姆逊效应。

电流在通过材料时，由于材料本身的电阻会产生焦耳热，冷端与热端因温差而有导热存在，这两种情况引起的热效应都是不可逆的；由此可知，由塞贝克效应、帕尔帖效应和汤姆逊效应这三种热电可逆效应所进行的理想电子循环是一个理想逆卡诺循环。这种由焦耳热效应和温差导热效应的两个不可逆效应就导致实际热电制冷效率与理想逆卡诺循环效率的差距，因此，实际的热电制冷循环是理想电子循环与两种不可逆效应的叠加。

（2）热电材料的应用　热电制冷机作用速度快捷、使用寿命长，同时借助于它既能制冷又能加热的特点可以很方便地实现温度的时序控制。例如，利用制冷装置可应用于医学、高性能接收器和高性能红外传感器等方面的需求，同时还可为电子计算机、光通讯以及激光打印机等系统提供恒温环境。若能实现较高的制冷效率，就有可能代替目前氟里昂制冷压缩机制冷系统而有利于环境保护。需要特别指出的是，热电制冷材料的一个可能具有实际应用意义的场合是为超导材料的使用提供低温环境。

在信息技术领域中的应用如下所述。

a. 在红外探测器件中的应用　借助热电材料既能制冷又能加热和能实现温度的时序控制的特点，热电材料除应用在冰箱、饮水机及医疗器械等家用电器外，热电制冷更重要的应用是信息技术领域。作为电子元器件的冷源，如：红外探测器、激光器、计算机芯片等，这些器件通常所需要的制冷功率均较小。目前人造地球卫星上对红外探测器的冷却采用的是辐射制冷，温度只能下降到100K左右，而红外探测器件的工作温度每冷却下降10K，探测图像的分辨率就提高50%，如果采用辐射制冷与热电制冷耦合叠加就有可能进一步降低红外探测器件的工作温度，其意义是非常明显和重要的。

b. 在半导体激光器中的应用　半导体激光器在低温下工作可延长使用寿命、减少信号的频率漂移、提高输出功率。热电制冷在这方面大有作为。例如，参量放大器的噪声主要来源是二极管。降低二极管的温度可极大地改善参量放大器的参数。在电流为60A，功耗为30W时的二级热电制冷器可冷却到220K。在温度降低80～100K的条件下，放大器的性能将有实质性的改善。如此大小的温差将可以由二级或三级制冷的方式达到。

c. 在计算机技术中的应用　在计算机技术中，热电制冷主要用来降低或者控制电子组件、存储器件等的温度，也可用来控制单元集成块芯片或集成电路的温度。在温度降低的情况下，电子设备的性能有可能得到极大地改善。由于热电制冷器件能够微型化，因此热电制冷在该领域具有很好的应用前景。

由数个制冷模块构成的小型恒温装置可以用于使一些需要在恒温下工作的电子器件保持恒温状态。例如：石英晶体管振荡器、锗三极管或精密电阻元器件。利用温度调节器可使温度维持恒定不变，采用专门的恒温电路，可保证维持0.01～0.001K的温差。为晶体管配置热电制冷器时，可达到强化散热以提高晶体管的使用功率的效果。如采用强化散热的措施时，Ⅱ210型三极管的功率可由1.5W提高到60W。

由此可见，信息技术的快速发展对低温的需求是紧迫的。在半导体器件与超导器件、电子器件与光电子、微电子器件与纳米量子器件以及凝聚态物理研究中已经或将提出并构思的新器件等的集成中，如何配置各种不同的局部低温环境，电子与光电子线路的集成化已成为当前最受关注的领域。

迄今，热电制冷技术在信息技术领域中的应用还是局部的。红外遥感技术是以低温为基础的，由于红外遥感技术在气象观测、自然资源勘探与环境保护、高新精密武器与侦察技术等诸多高新技术领域的重要性，使小型低温制冷技术得以推动与发展并在一定范围内普及。由于小型低温制冷技术的发展落后于需求，而热电制冷技术在接近常温下的低温应用成熟并且很广，但在向极低温度状态推进时，热电制冷效率急剧下降，因此，寻求具有高制冷参数热电新材料的研发是目前的热点领域。

9.2 稀土发热材料

9.2.1 概述

在工业加热设备中的发热体通常使用镍铬丝，最高工作温度只有 1060℃（见表 9-1），硅碳棒也只有 1400℃，铂铑合金的最高工作温度可达 1540℃，但价格昂贵，工作温度较高的钼丝（1650℃），钨丝（1700℃），硅钼棒（1700℃），钽丝（2000℃）和石墨棒（2500℃）等的工作温度虽然较高，但都要求在一定的真空条件下使用。

表 9-1 各种电发热体的最高工作温度

发热体名称	最高工作温度/℃	备　注
镍铬丝	1060	
硅碳棒	1400	
铂丝	1400	
Pt(90%)-Rh(10%)合金丝	1540	
钼丝	1650	真空:6.65×10^{-1}Pa
硅钼棒	1700	真空:6.65×10^{-1}Pa
钨丝	1700	真空:$1.33 \times 10^{-2} \sim 2.0 \times 10^{-3}$Pa
ThO_2(85%)-CeO_2(15%)	1850	
ThO_2(95%)-La_2O_3(5%)	1950	
钽丝	2000	真空
ZrO_2	2400	真空
石墨棒	2500	真空或惰性气氛中
碳管	2500	真空或惰性气氛中
钨管	3000	
$LaCrO_3$	1900	

稀土元素和铬的复合氧化物 $RECrO_3$ 发热体具有熔点高、抗氧化、耐高温和良好的导电性（如图 9-6），以铬酸镧（$LaCrO_3$，熔点 2490℃）为主体成分的 $LaCaCrO_3$ 高温发热体，可以在氧化气氛下使用，其允许表面温度高达 1900℃。因此，复合稀土氧化物是磁流体电极和高温电热元件的理想材料。各种电发热体的最高工作温度列于表 9-1。

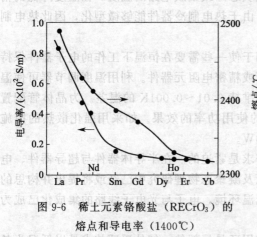

图 9-6　稀土元素铬酸盐（$RECrO_3$）的
熔点和导电率（1400℃）

9.2.2 稀土发热材料的组成与结构

铬酸镧（$LaCrO_3$）发热体是 20 世纪 70 年代发展起来的一种新型发热元件。熔点高达 2490℃，辐射系数约为 0.9，室温下可以直接导电。

$LaCrO_3$ 是钙钛矿 ABO_3 型复合氧化物。ABO_3 中的 A 位元素容易被一些其他元素所取代，如果掺杂元素的化学价与 A 原子化学价不同会导致晶体中形成 V_O 或使 B 原子变价，而使材料具有如半导性、超导性、压电性、催化性和巨磁阻性等特性。$LaCrO_3$ 在掺杂 Ca、

Sr 和 Mg 等碱土金属后，晶体中的部分 La 被上述碱土金属所取代，为保持晶体的电中性，Cr 由原来的 +3 价变为 +4 价，从而使 Cr 位置上出现电子空位，使材料成为一种 N 型半导体，它的电导率受掺杂的碱土金属含量、工作环境气氛的 P_{O_2} 和环境温度的影响。

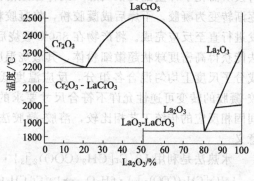

图 9-7 Cr_2O_3-La_2O_3 相图

铬酸镧发热体的主成分和主晶相是 La-CrO_3（如图 9-7），它是利用 $LaCrO_3$ 的电子导电性，可以在氧化性气氛中使用的氧化物高温电炉发热体。

为提高 $LaCrO_3$ 的电性能，在 $LaCrO_3$ 的合成过程中添加适量的 Ca 或 Sr 等碱土金属氧化物，以部分取代组分中的 La^{3+}，形成 $La_{1-x}M_xCrO_3$（$M=Ca^{2+}$、Sr^{2+}）。实际应用中一般添加廉价的 CaO。Ca^{2+} 部分取代 La^{3+} 后导致正电荷不足，将促使 Cr^{3+} 转变为 Cr^{4+} 来保持电中性平衡，此时即形成 $La_{1-x}Ca_xCr_{1-x}^{3+}Cr_x^{4+}O_3$。

由于 Cr^{3+} 与 Cr^{4+} 之间的电子传递，使得 $La_{1-x}Ca_xCr_{1-x}^{3+}Cr_x^{4+}O_3$ 导电性能显著增加，电阻率降到 $0.1\Omega\cdot m$ 以下。导电性的增加显示出 N 型半导体特性。$La_{1-x}Ca_xCr_{1-x}^{3+}Cr_x^{4+}O_3$ 的反应必须在氧化气氛中进行，若在高温下，还原气氛中，导电性会显著下降，这是因为发生下述反应：

$$La_{1-x}Ca_xCr_{1-x}^{3+}Cr_x^{4+}O_3 \longrightarrow La_{1-x}Ca_xCr_{1-x+2y}^{3+}Cr_{x-2y}^{4+}O_{3-y}+yO^{2-}$$

式中，$0\leqslant x\leqslant 0.2$，$0\leqslant y\leqslant x/2$。

随 x 值的增加电导率也随之增加。所以 $LaCrO_3$ 发热体不能在低 P_{O_2} 下（$P_{O_2}<10^4 Pa$）使用。研究表明，在 $LaCrO_3$ 中添加适量的 Y_2O_3 后，能显著地改善 $LaCaCrO_3$ 的室温电阻和高温体积的不稳定性，因为 Y_2O_3 的加入能减少或消除不稳定相 $CaCrO_3$ 的生成。

9.2.3 稀土发热材料的制备

以 $LaCrO_3$ 为主体成分的发热体的合成制备工艺分合成、烧结两步进行。$LaCrO_3$ 的合成工艺主要有：固相法、溶胶-凝胶法、化学共沉淀法和水热法。

固相法是制备 $LaCrO_3$ 发热材料的最基本的方法。所使用的原料是：La_2O_3、Cr_2O_3、$CaCO_3$ 或 $SrCO_3$。将原料按 $La_{1-x}Ca_xCrO_3$ 的化学计量式配料混合，压制成型，在高于 1300℃ 的高温下进行合成。化学反应如下：

$$La_2O_3+2CaCO_3+Cr_2O_3 \longrightarrow 2La_{1-x}Ca_xCrO_3+O_2\uparrow+2CO_2\uparrow$$

然后测试材料的电导率，破碎球磨、颗粒粒度分级与调整，为提高发热体的耐热冲击性，可掺入适量的同样成分的电熔粒。

固相法简单，很适合于工业化生产。但生产工艺工序较多，不易获得均匀的超微细粉，高温烧结时 Cr 组分挥发严重，原料配比及烧结气氛不易控制。

化学共沉淀法所使用的原料和固相法的原料相似，但是用 CrO_3 代替 Cr_2O_3。原理是利用 La^{3+} 和 Cr^{3+} 在 $NH_3\cdot H_2O$ 中都易沉淀。在有 CO_3^{2-} 存在的条件下，La^{3+}、Cr^{3+} 和 Ca^{2+} 均能生成难溶的碳酸盐或碱式碳酸盐沉淀物。所得氢氧化物和碳酸盐。

在高温下分解后，逸出 H_2O 和 CO_2 后转化为 $La_{1-x}Ca_xCrO_3$。化学共沉淀法比较简便，易于实现工业化规模生产。

溶胶-凝胶法使用的原料为高纯 $La(NO_3)_3$、$Ca(NO_3)_2$ 和 $Cr(NO_3)_3$。合成时将上述原料按所需化学计量配比依次加入到柠檬酸溶液，形成橙黄色柠檬酸盐溶胶，加热保温浓缩后逐渐转变为凝胶。干燥后成凝胶粉，将凝胶粉加热到一定温度后，凝胶粉产生放热反应并自发进行直至反应完成。将产物在 $850℃$ 煅烧后即可得到 $La_{1-x}Ca_xCrO_3$ 粉体材料。溶胶-凝胶法能获得高密度球状超微细粉体，其煅烧温度远低于传统的固相粉体制备合成温度。在胶体或分子尺度上均匀混合各组分，反应温度低，化学均匀性高，是一种无尘工艺。同时，溶胶-凝胶的转变可逆性允许不符合尺寸要求的材料重复使用。因此，在与利用氧化物粉体之间固相反应的传统工艺相比较，溶胶-凝胶法工艺上的优势对陶瓷粉体的工业生产具有重要意义。

水热法是利用 $La\{Cr[CH_2(COO)_2]_3\}\cdot 6H_2O$ 的分解反应制备 $LaCrO_3$ 粉体：

$$La\{Cr[CH_2(COO)_2]_3\}\cdot 6H_2O \longrightarrow La\{Cr[CH_2(COO)_2]_3\} \longrightarrow LaCrO_x(CO_3)_y \longrightarrow LaCrO_4 \longrightarrow LaCrO_3 。$$

$LaCrO_3$ 粉体的形成温度约在 $800℃$ 左右，所制得的粉体结晶度高、少团聚烧结活性极高，在微孔晶体及亚稳相的合成中得到广泛的应用。

在用上述方法制得的 $La_{1-x}Ca_xCrO_3$ 粉体物料中，加入适量的有机黏合剂（一般是聚乙烯醇）增强粉体的可塑性，用挤压成型法或等静压成型法压制成所需的形状，在低温下预烧排塑后，再在氧化气氛中高于 $1700℃$ 的温度烧结。

通常，$LaCrO_3$ 发热体是制成棒状的，大多使用于大、小管式炉，也可使用于箱式炉。棒状 $LaCrO_3$ 发热体的两端电极和中间的发热部分紧密结合成一体，电极部分涂覆银浆，用银丝做电极引线。

一般情况下，采用垂直安装 $La_{1-x}Ca_xCrO_3$ 发热元件时，元件下端要用绝缘性能优良的陶瓷支柱支撑使用，以防止高温下元件因自重被拉断；若采用水平安装时，发热元件的发热端要求使用高纯刚玉垫柱支撑，以提高发热元件的使用寿命。

$La_{1-x}Ca_xCrO_3$ 发热元件在使用过程中，在高温下有少量的 Cr_2O_3 挥发，而 Cr_2O_3 是发热元件的成分之一。为防止挥发的 Cr_2O_3 扩散到制品或制品在烧制过程中产生影响发热元件使用的气氛扩散到发热元件上，可以用高纯无孔刚玉将发热元件与制品隔开。在管式炉中，炉管本身就起到屏蔽作用；而在箱式炉中，可采用高纯刚玉管把发热元件套住或把制品放入密封的器皿内，防止相互污染。

9.2.4 稀土发热材料的性能

在空气或富氧状态下，无论在低温还是高温下都不与空气成分发生作用，化学性质稳定。高温和低温状态下，晶体组织结构稳定，无相变发生。在高温下与碱金属发生作用。高温下与还原气氛接触如 H_2、CO 等，会使 La^{3+} 还原成金属 La 而影响使用。常温下，HCl、H_2SO_4、HNO_3、$NaOH$、KOH、Na_2CO_3 溶液对 $LaCrO_3$ 不侵蚀，沸腾的 HCl、H_2SO_4、HNO_3 对 $LaCrO_3$ 也不侵蚀，但熔融的 $NaOH$、KOH、Na_2CO_3 对 $LaCrO_3$ 有侵蚀作用。$LaCrO_3$ 发热体的物理性能见表 9-2 所列。

表 9-2 $LaCrO_3$ 发热体的物理性能

颜色	熔点 /℃	相对密度 /(g/cm³)	容量	气孔率 /%	抗折强度 /MPa	辐射率	热导率 (500℃) (室温~1000℃) /[W/(m·K)]	热膨胀系数 (室温~1000℃)	电阻率 (500℃) (1000℃) (1500~1800℃) /Ω·m
黑	2490	6.5	5.0~5.3	20~25	39.2~49.0	0.9	1.8 2.0	9.7×10^{-6}	1.4×10^{-3} 1.2×10^{-3} 1.1×10^{-3}

另外，在高温下长时间使用时，会有少量的 Cr^{3+} 挥发而影响高温炉中烧制的制品质量并污染环境，而 Cr^{3+} 的挥发与周围的气氛和 Ca 加入量的多少有密切关系。有人系统地研究了 $LaCrO_3$ 及 $LaCaCrO_3$ 在真空条件下和在不同氧分压下的高温蒸发现象，证实在 1650℃、$10^{-5}Pa \leqslant P_{O_2} \leqslant 10^5 Pa$、气体流速 $60cm^3/min$ 的条件下，$La_{1-x}Ca_xCrO_3$（$x=0\sim0.15$）材料的蒸发速度随 Ca 加入量的增加而增加。当 P_{O_2} 为 $10^3 Pa$ 时，$CaCrO_3$ 的蒸发速度最小。因此，$La_{1-x}Ca_xCrO_3$ 用作发热体时，在配料时要适当的增加 Cr_2O_3 的比例，用于弥补 Cr^{3+} 的缓慢挥发造成组成上的变化，以免影响发热体的导电性，同时有利于延长发热体的使用寿命。$LaCrO_3$ 及 $LaCaCrO_3$ 发热材料的导热性较差使得抗热性能相对较低，这也是制约 $LaCrO_3$ 及 $LaCaCrO_3$ 发热材料使用的一个主要原因。

$LaCrO_3$ 发热体的特点是：

① 发热体表面温度可长时间保持在 1900℃，实际允许使用的温度更高；

② 在空气或氧化性气氛中高温下可以稳定使用；

③ 允许设计的表面负电荷密度高；

④ 在高温下电阻的温度系数接近零，由于老化引起的电阻变化率小；

⑤ 在室温下可直接通电，操作方法简单，使用方便，电极安全可靠；

⑥ 黑色氧化物表面辐射率高，热效率好；

⑦ 容易获得较宽的均匀发热带，易简便实现高精度的温度控制，这对于某些烧结温度范围较窄的功能陶瓷的烧结非常重要。

9.2.5 稀土发热材料的应用

$LaCrO_3$ 及 $LaCaCrO_3$ 发热材料由于其良好的抗腐蚀性和高温下良好的化学稳定性，最先被用作磁流体发电机的电极材料。在 20 世纪 70 年代又被用作高温发热元件。它们最适宜于 $1500\sim1800℃$ 温度区间使用，易于实现精确控温，使用寿命长达 3000h 以上。以 $LaCrO_3$ 及 $LaCaCrO_3$ 发热元件的电炉主要用于录像机磁头铁氧体单晶的制备、高温材料的单晶的制备、精密陶瓷的烧结、高温性能测量和宝石变色处理等方面。

由包头稀土研究院和呼和浩特实验电炉厂联合开发的 $LaCrO_3$ 高温箱式电阻炉的主要技术性能如表 9-3 所示。

表 9-3 $LaCrO_3$ 高温箱式电阻炉的主要技术数据

型 号 规 格	SX_{18}-10×20×10-HTS	SX_{18}-15×20×12-HTS
额定功率/kW	5	12
电压范围/V	3～75	3～95
相数	单	单
额定温度/℃	1800	1800
常用温度/℃	1750	1750
炉膛尺寸($b\times l\times h$)/cm	10×20×10	15×20×12
外形尺寸($b\times l\times h$)/cm	45×70×120	65×88×133
质量/kg	75	150
常用温度下连续工作时间/h	≥40	≥40
表面温度/℃	≤78	≤78

另外，$LaCrO_3$、$LaMnO_3$、$LaFeO_3$、$LaCoO_3$ 等稀土发热材料在燃料电池、NIC 热敏电阻、高温导电涂层以及光催化等领域中均有很好的应用前景。

9.3 稀土阴极发射材料

9.3.1 概述

在广播、电视、无线电通讯、空间导航、电子对抗、现代工业感应加热等领域中，高、中功率电子管与磁控管是大功率电子设备中不可取代的关键器件。阴极是真空电子器件中产生高电流密度电子源的核心部件，直接影响器件的特性和使命。因此，多年来人们为了提高阴极性能，进行了大量研究，其中包括高性能阴极电子发射材料的研究。

一般情况下，金属是不会发射电子的，因为，如果电子脱离原子跑到金属表面，则失去电子的原子就成为正离子，必将对电子产生吸引力。另外，跑到金属表面的电子富集后，将会形成一个负电层，也会使金属内部的电子向表面运动受到阻力。因此，电子要想金属中逸出，必须具有一定的能量，以克服上述阻力和吸引力。

电子从金属表面逸出时，为克服金属内对它的吸引力所做的功，称为电子逸出功，见表9-4 所列。不同材料的电子逸出功与组成该物质的原子之间距离的大小成反比。

表 9-4 稀土金属的熔点和电子逸出功

金属	熔点/℃	电子逸出功/$\times 10^{-19}$J	金属	熔点/℃	电子逸出功/$\times 10^{-19}$J
Sc	1539	5.18	Gd	1311	4.92
Y	1523	4.92	Tb	1360	4.95
La	920	5.29	Dy	1409	4.95
Ce	798	4.55	Ho	1470	4.95
Pr	931	4.33	Er	1522	5.00
Nd	1010	5.29	Tm	1545	5.00
Pm	1080	4.92	Yb	824	4.15
Sm	1072	5.13	Lu	1656	5.03
Eu	822	4.07			

由于电子本身所具有的能量有限，要想使电子从金属中发射出来，就必须另外给它补充能量。根据补充能量的方法不同，将电子发射方式分为热电子发射、二次电子发射、光电发射及场致发射等。

所谓热电子发射，就是通过将阴极发射材料加热到一定温度，使电子获得足够能量而发射出来的一种方式。热电子发射的阴极可分为纯金属阴极、原子膜阴极和半导体阴极三大类。

根据理查生·道舒曼（Richardson·Dushman）热电子发射定律可知，电子逸出功越高，则要使用阴极发射出数量足够大的电子流，阴极加热的温度也相应越高。因此要求热电子阴极发射材料的熔点高而且不容易蒸发。

稀土元素在阴极发射材料中的应用研究，始于20世纪50年代初期，由于稀土金属的电子逸出功较高，而熔点又较低（见表9-4），因此，稀土金属不适合于做热电子发射的纯金属阴极发射材料。从目前的研究情况来看，稀土元素主要是在原子膜阴极和半导体阴极中的应用较多。

9.3.2 稀土-钼阴极发射材料

原子膜阴极的特征是使一种金属表面吸附上一层很薄的另外一种金属，该金属对基体金属来说是显正电性的。这样就构成一个正电荷在外面的双电层，这一双电层的电场可使基体金属内部的电子向表面运动时加速，从而降低基体金属的电子逸出功，使其电子发射能力提

302

高很多倍，这种表面就称为激活面。作为基体金属的材料，主要是钨、钼和镍等。

激活面的形成方法一般采用粉末冶金。在基体金属中加入一定量的、电负性比基体金属小的另一种金属的氧化物，通过一定的加工工艺将其制成阴极。当这种阴极在真空和高温下加热时，金属氧化物就被基体金属还原成为金属，与此同时，表面被还原出来的激活金属原子在高温下迅速蒸发，内部被激活的金属原子则通过基体金属的晶界不断向表面扩散进行补充。

激活金属电离能的大小，对基体的金属电子逸出功有很大影响。激活金属的电离能越低，则基体金属的电子逸出功降低就越多。

多年来普遍采用的原子膜阴极是钍钨（W-ThO$_2$）阴极，W-ThO$_2$ 阴极具有电子发射稳定和耐热冲击等优点，但由于钍钨阴极的脆性大，成型性能差，存在放射性污染等问题。因此从 20 世纪 70 年代开始就有人研究用稀土金属代替钍作为激活金属制造原子膜阴极。其中研究较多的是在钼中添加稀土氧化物（La$_2$O$_3$、Y$_2$O$_3$ 等）作为热阴极材料。出现了间热式 Mo-La$_2$O$_3$ 烧结阴极、直热式 Mo-La$_2$O$_3$ 阴极丝材等。

周美玲等人的研究表明，镧-钼阴极丝的工作温度比钍钨阴极的工作温度低 200～250℃，发射效率比钍钨高 1 倍以上，抗中毒能力强，这一突出的优越性能在实际应用中将极大地改进电子管的性能，工作温度的降低可有效地抑制栅极发射，改善电子管的工作环境，减小电子管和整机的尺寸。镧-钼丝材具有良好的室温韧性和高温强度，加工性能好，碳化后不容易脆断，抗振性能好，为电子管的制作、运输和使用带来极大的便利。从已进行的寿命试验来看，镧-钼阴极持久加热工作性能稳定，功率无下降现象，镧-钼阴极的应用工作还将彻底解决钍-钨阴极的放射性污染问题。

但镧-钼阴极的抗热冲击性不如钍钨阴极，工作电压过高时容易烧断，使用过程中需加以注意。

近年来围绕 Mo-La$_2$O$_3$ 阴极展开的热发射机理研究认为，传统的金属原子膜发射机理无法解释 Mo-La$_2$O$_3$ 阴极的热电子发射。热力学计算表明在 2000K 以下，La$_2$O$_3$ 不能被 Mo$_2$C 还原或热分解成单质 La。高温 XPS 初步分析结果表明：从室温到 1850℃，Mo-La$_2$O$_3$ 阴极表面未见明显的金属 La 存在；随温度升高 La-O 化合物富集于阴极表面，为阴极提供了良好的热发射物质。因此，有人提出分子极化机理和纳米微粒子（薄膜）机理。

此外，国内还开展在钼中添加 Y$_2$O$_3$ 制作直热式阴极材料的研究。如聂作仁等研究含 3％～5％（质量）Y$_2$O$_3$ 的 Mo-Y$_2$O$_3$ 阴极丝的热电子发射性能和材料显微结构表明，Mo-Y$_2$O$_3$ 阴极丝具有良好的热电子发射能力，与 W-阴极相比发射效率高、工作温度低。经过与 Mo-La$_2$O$_3$ 丝同样的碳化处理后，用 φ0.26mm 的 Mo-Y$_2$O$_3$ 丝作阴极的实验电子管，其发射性能比 Mo-La$_2$O$_3$ 阴极电子管的更稳定。Mo-Y$_2$O$_3$ 丝材具有良好的高温强度和室温韧性，阴极丝的显微结构为具有亚结构的纤维状组织，碳化层为层状晶粒结构，这种结构有利于 Y$_2$O$_3$ 的迁移和输送到阴极表面。

9.3.3 稀土氧化物阴极发射材料

RE$_2$O$_3$ 阴极材料可看成是一种电子型半导体阴极。常温下，金属氧化物是较好的绝缘体，但如果能使其一部分还原成金属原子，并且这些金属原子的外层电子容易摆脱原子核的吸引力而成为自由电子，则在高温下可以使它产生热电子发射。

氧化物阴极所采用的金属氧化物，主要是 BaO、SrO 和 ThO$_2$ 等。为防止碱土金属氧化物在空气中吸收水分而形成氢氧化物，在制备氧化物阴极时一般使用碱土金属的碳酸盐，当阴极在真空中加热排气时，碳酸盐再分解成氧化物。某些金属氧化物的电子逸出功见表 9-5 所列。

表 9-5　某些金属氧化物的电子逸出功

氧化物	电子逸出功/$\times 10^{-19}$J	氧化物	电子逸出功/$\times 10^{-19}$J	氧化物	电子逸出功/$\times 10^{-19}$J
CaO	2.564	La_2O_3	4.486	Gd_2O_3	3.365
SrO	2.195	CeO_2	5.127	TbO_2	3.365
BaO	1.923	Pr_2O_3	4.48	Dy_2O_3	3.525
ThO_2	4.086	Nd_2O_3	3.685	Ho_2O_3	3.385
Sc_2O_3	6.473	Sm_2O_3	4.486	Er_2O_3	3.845
Y_2O_3	3.204	Eu_2O_3	4.166	Lu_2O_3	3.385

　　一些蒸气压比较低的 RE_2O_3，仍然有可能作为热电子发射的氧化物阴极材料，如 Gd_2O_3、Y_2O_3 等。有些复合 RE_2O_3 的热电子发射性能，比单一 RE_2O_3 的热电子发射性能还要好。如表 9-6 所示。

表 9-6　某些复合稀土氧化物的热电子发射性能

氧化物组成	1400℃时的发射电流密度/(A/cm^2)	电子逸出功/$\times 10^{-19}$J
75%Gd_2O_3+25%La_2O_3	0.32	4.791
50%Gd_2O_3+50%La_2O_3	0.52	4.694
70%RE_2O_3+30%ThO_2	0.33	4.775
Gd_2O_3	0.14	4.983
Nd_2O_3	0.20	4.903
$RE_2O_3$①	0.24	4.855

① RE_2O_3：45.5%La_2O_3+11%Pr_2O_3+38%Nd_2O_3+5.5%其他 RE_2O_3。

　　稀土元素在氧化物阴极上的应用，已研究多年，RE_2O_3 和其他氧化物的电子逸出功见表 9-4 所列。从表中可知，RE_2O_3 的电子逸出功与 ThO_2 的电子逸出功很相近。但是，大多数 RE_2O_3 在高温下（1800℃以上）有较多的蒸气存在，这将会影响 RE_2O_3 阴极的使用寿命。

　　研究与试验发现 $Ba_3RE_4O_9$ 型化合物的热电子发射性能：当阴极温度超过 1350K 时，阴极的电子逸出功会出现不可逆的增大，原因是当温度超过 1350K 时，产生钡的蒸发损失所导致的，见表 9-7 所列。

　　氧化物阴极的制造方法是：将金属化合物（氧化物、碳酸盐）与有机溶剂和胶黏剂等混合成悬浊液，再用电泳或喷涂的方法将其涂覆在钨、钽或镍制成的金属芯上。

表 9-7　$Ba_3RE_4O_9$ 化合物的热电子发射性能

化合物	1300K 电子逸出功/$\times 10^{-19}$J	化合物	1300K 电子逸出功/$\times 10^{-19}$J
$Ba_3Sm_4O_9$	3.717	$Ba_3Er_4O_9$	3.605
$Ba_3Eu_4O_9$	3.861	$Ba_3Tm_4O_9$	3.797
$Ba_3Gd_4O_9$	3.845	$Ba_3Yb_4O_9$	3.637
$Ba_3Tb_4O_9$	3.750	$Ba_3Lu_4O_9$	3.781
$Ba_3Dy_4O_9$	3.765	$Ba_3Sc_4O_9$	3.877
$Ba_3Ho_4O_9$	3.733	$Ba_3Y_4O_9$	4.166

9.3.4　六硼化镧阴极发射材料

　　六硼化镧（LaB_6）阴极与钨阴极相比，具有电子逸出功低、发射电子密度高、耐离子轰击、抗中毒性好、性能稳定、使用寿命长等优点。现已经成功地应用于等离子体源、扫描电镜、电子束曝光机、俄歇能谱仪及电子探针等多种高精密仪器设备中。

　　(1) LaB_6 的基本性质　LaB_6 的属于 CsCl 型立方原始格子。镧原子占据立方体的八个角顶。六个硼原子构成八面体并且位于立方体的中心。B-B之间形成共价键，B-B之间成键时不足的电子由镧原子提供，La的价电子数为3，参与成键时的电子只需2个，剩下的1个电子成为自由电子，因此La-B键是金属键，具有极高的导电率和良好的导电性。由于B原子之间是共价键，键能很高，键强很大，键长较短而使LaB_6的结构紧密，使得LaB_6具有硬度大，熔点高，电阻接近于稀土金属等一些特点，见表9-8所列。

表9-8 LaB_6的一些物理性能

颜色	熔点/℃	密度/(g/cm³)	晶系	晶格常数	显微硬度	热导率/[W/(m·℃)]	线膨胀系数/(×10⁻⁶/K)	电阻率(20℃)/μΩ·m
紫红	2715	4.712	简单立方	20~25	39.2~49.0	47.65	5.6	0.15

在600~900℃，LaB_6在空气中的氧化速度随温度上升而缓慢增加，超过900℃以后，氧化速度随温度上升而急剧增加。

高温下，LaB_6在氮气中比较稳定，在660℃以下，作用很微弱，温度高于660℃时的稳定性逐渐下降，但总体反应不是很剧烈。

在CO_2气体中，当温度低于600℃时，LaB_6比较稳定，高于600℃时，LaB_6的稳定性随温度的逐渐升高而明显下降。

从表9-9可知，YB_6和GdB_6的电子逸出功都比LaB_6低，但由于YB_6和GdB_6在加热过程中发生由六硼化物转化成四硼化物的相变，导致发射电流不稳定而不宜作阴极发射材料。

表9-9 稀土硼化物的电子逸出功

硼化物	电子逸出功/×10⁻¹⁹J	硼化物	电子逸出功/×10⁻¹⁹J	硼化物	电子逸出功/×10⁻¹⁹J
ScB_6	4.742	SmB_6	5.928	ErB_6	5.992
YB_6	4.038	EuB_6	6.970~7.370	TmB_6	5.351
LaB_6	4.599	GdB_6	4.454	YbB_6	5.015
CeB_6	5.287	TbB_6	5.223	LuB_6	4.807
PrB_6	5.367	DyB_6	5.656		
NdB_6	5.303	HoB_6	5.479		

LaB_6阴极与钨丝阴极在蒸发速度、发射电流密度与使用寿命等方面比较，研究与试验结果表明：在相同的发射电流密度下，LaB_6阴极的工作温度和蒸发速度都比钨丝阴极低得多，所以使用寿命也比钨丝阴极长。LaB_6阴极暴露在空气中后，只要在10^{-4}Pa的真空中加热到1200℃以上时，LaB_6阴极的发射电流就可达到正常值，并不需要特别地活化处理。

LaB_6阴极表面生成的氧化物的蒸汽压较高，真空下容易挥发掉，因而在高温和真空下使用时注意保持LaB_6阴极表面的清洁度。电子逸出功与LaB_6的组成有关，与LaB_6的理论组成愈接近，电子逸出功就愈低。研究表明：在LaB_6中添加ZrB_2能进一步提高LaB_6的发射性能，并促使LaB_6的室温强度和韧性以及抗热震性能的提高。

研究发现，当将LaB_6与BaB_6或SrB_6混合在一起时，这种LaB_6的混合物阴极的热电子发射性能比单纯的LaB_6性能更好，这引起人们的极大兴趣。此后人们研究了（Eu-Ba）B_6、（Yb-Ba）B_6、（Sm-Ba）B_6、（Eu-La）B_6和（Nd-Ba）B_6等三元REB_6的热电子发射性能，结果表明，有些三元REB_6的热电子发射性能明显好于LaB_6。例如，$La_{0.65}Ba_{0.35}B_6$在1500K时的发射电流密度比LaB_6高2倍。在1200K时$Eu_{0.8}Ba_{0.2}B_6$的发射密度约为LaB_6的150倍。

（2）LaB_6的制备方法 LaB_6粉末的制备方法主要有元素合成法、熔盐电解法、镁热还原法、硼热还原法和碳化硼还原法等，目前工业生产中大多采用硼热还原法和碳化硼还原法。

① 硼热还原法　在高温和高真空的条件下，用硼直接还原 LaB_6，化学反应式为：

$$2La_2O_3 + 30B === 4LaB_6 + 3B_2O_2$$

为使反应完全，La_2O_3 需过量 5% 左右，反应后多余的 La_2O_3 可用盐酸洗掉。具体工艺是：将配好的原料充分混合均匀，再施以 $0.5\sim0.7t/cm^2$ 的压力压制成型后，放入钼制或钽制坩埚中，在真空炉中于 1650℃ 左右进行真空热还原，还原后的产物经球磨、盐酸洗涤、水洗、烘干和筛分，即可得到高纯度的 LaB_6 粉末。

② 碳化硼还原法　用 B_4C 作还原剂来还原 La_2O_3 制备 LaB_6，化学反应式为：

$$La_2O_3 + 3B_4C === LaB_6 + 3CO$$

碳化硼还原法的制备工艺基本上与硼热还原法相似。

工业上应用的 LaB_6 产品，除了粉末型以外，还有块状产品（柱状、管状、棒状、片状和针状等）。块状的 LaB_6 产品的制备主要采用热压法和冷压烧结法。热压产品的密度大，但不易加工成形状复杂的制品，而冷压烧结法可在低温烧结后进行机械加工，然后在进行高温烧结，但产品的密度远低于热压的制品。

试验结果表明：由粉末热压烧结或冷压烧结而制成的 LaB_6 阴极，只适用于等离子体源和电子束焊机等方面，而对于需要使用针状阴极的仪器设备（如扫描电镜、电子束曝光机、俄歇能谱仪、电子探针等），则一般都要求使用 LaB_6 单晶阴极来保证所要求的阴极材料的密度和阴极尖端的曲率半径。

制备 LaB_6 单晶的主要方法有：熔剂生长法、熔盐电解法、气相沉积法和悬浮区域熔炼法等。采用感应加热的悬浮区域熔炼法能制备出大尺寸的 LaB_6 单晶。我国在 20 世纪 80 年代初研制出多电弧加热的悬浮区域熔炼装置，该装置可制备直径达 $7\sim8mm$ 的 LaB_6 单晶棒，设备结构简单、操作方便、生产效率高、产品质量优良。该装置已规模化应用于工业生产。

悬浮区域熔炼用的 LaB_6 多晶料棒，可采用热压成型或冷压成型再烧结的方法制备。热压成型再烧结所得的料棒密度大，有利于区域熔炼操作。

一般情况下，LaB_6 多晶料棒在氩气的保护下，经过 $3\sim5$ 次正常的区域熔炼提纯后，即可获得直径达 $7\sim8mm$ 的 LaB_6 单晶棒。如果采用籽晶，也可定向生长出具有一定晶向的 LaB_6 单晶棒。

第10章 稀土催化材料

"催化剂"（catalyst）一词，从 19 世纪初叶起使用，但人们较普遍地熟悉它还是近 30 年的事情，大致是从大气污染等成了问题的 20 世纪 70 年代开始的。在那以前，它是在人们视察不到的化工厂的深处，悄悄地，然而是数十年如一日持续不断地起着很重要的作用。它是化学工业的庞大支柱，随着新催化剂的发现，大型化学工业仍至相关的材料工业才得到发展。例如，铁催化剂的发现和使用为近代化学工业奠定了基础，钛系等催化剂的发现为石油化学工业与高分子合成工业开辟道路。事实上，稀土元素的最早应用也是从催化剂开始的，1885 年奥地利人 C. A. V. Welsbach 将含 99% ThO_2 和 1% CeO_2 的硝酸溶液浸渍在石棉上制成催化剂，用在汽灯罩制造工业中。后来，随着工业技术的发展和对稀土研究的深入，人们发现由于稀土与其他金属催化组分具有良好的协同作用，由它们制成的稀土催化材料不仅具有良好的催化性能，而且有良好的抗中毒性能和很高的稳定性能，且比贵金属资源丰富、价格便宜、性能稳定，已成为催化领域的生力军。目前，稀土催化剂已广泛应用于石油裂化、化学工业、汽车尾气净化、天然气催化燃烧等诸多领域，稀土在催化材料领域中的用量占据着相当大的份额（见表 10-1）。由表 10-1 可以看出，美国在催化方面所消耗的稀土比例最大，我国在这方面的用量也很大。稀土催化材料除了在石油、化工等传统领域继续有较大范围的使用外。随着国民环保意识的增强，尤其是北京 2008 年奥运会和上海 2010 年世博会的临近，稀土催化材料在环保方面，如汽车尾气净化、天然气催化燃烧、餐饮业油烟净化、工业废气净化及挥发性有机废气的消除等方面的需求和应用必将大幅度增长。

表 10-1 中国、日本、美国 2000 年稀土消费领域

国家	(冶金/机械)/%	新材料/%	催化材料/%	(玻璃/陶瓷)/%	其他/%	总计/%
中国	27	25	21	11	16	100
日本	—	42	6	49	3	100
美国	6	10	67	11	6	100

注：新材料指永磁、储氢合金、抛光粉等。

10.1 催化作用与稀土催化剂

10.1.1 催化作用

凡参与反应过程，但其数量和化学性质在反应前后没有改变的物质称为催化剂。一个化学反应由于催化剂的存在而使其反应速率发生变化，这类反应称为催化反应。由于催化剂的存在，能改变化学反应速率而不影响化学平衡的现象则称为催化作用，其实质是一种化学作用。催化作用原理的本质就是降低反应的活化能，即在催化反应过程中，至少必须有一种反应物分子与催化剂发生了某种形式的化学作用。由于催化剂的介入，化学反应改变了进行途径，而新的反应途径需要的活化能较低，这就是催化作用可以提高化学反应速率的原因。催化作用是自然界普遍存在的重要现象，几乎遍及化学反应（仍至生命过程和材料制备等）的各个领域，研究催化作用不仅具有重要的理论和实际意义，而且有助于揭示物质及其变化的基本性质。

催化作用按催化剂与反应体系是否处于同样的聚集状态，又可区分为均相催化和多相催化。均相催化是指催化剂与反应物同处于一均匀相中的催化作用，有液相和气相均匀相催化。液态酸碱催化剂、可溶性过渡金属化合物催化剂和碘、NO等气态分子催化剂的催化属于这一类，其缺点是催化剂难分离、回收和再生。多相催化是指发生在两相的界面上，通常催化剂为多孔固体，反应物为液体或气体。多相催化反应有多步过程，其中化学吸附是最重要的、决定速率的控制步骤，化学吸附使反应物分子得到活化，降低了化学反应的活化能，因此，若要催化反应进行，必须至少有一种反应物分子在催化剂表面上发生化学吸附。由于固体催化剂表面是不均匀的，表面上只有一部分点对反应物分子起活化作用，这些点被称为活化中心。此外，还有生物催化、电催化、光催化、光电催化等。

10.1.2　催化剂的性能及分类

10.1.2.1　催化剂的性能

催化剂的性能指标最主要是催化活性、选择性和稳定性（寿命）。

（1）催化活性　催化活性是催化剂提高化学反应速率的性能的一种定量的表征，其定义为单位时间内每个活性中心上起反应的次数或分子数。催化剂参与化学反应，降低了化学反应的活化能，大大加快了化学反应速率。这说明催化剂具有催化活性。催化活性是评价催化剂好坏的最主要的指标。

（2）选择性　选择性是指催化对反应类型、复杂反应（平行或串联反应）的各个反应方向和产物结构的选择催化作用。分子筛催化剂对反应分子的形状还有选择性。催化剂的选择性通常用产率或选择率和选择性因子来量度。催化剂的选择性决定了催化作用的定向性。可通过选择不同的催化剂来控制或改变化学反应的方向。

（3）稳定性（寿命）　催化剂的稳定性是指催化剂对温度、毒物、化学侵蚀、机械力、结焦积污等的抵抗力，分别称为耐热稳定性、抗毒稳定性、化学稳定性、机械稳定性、抗污稳定性。这些稳定性都有一些表征指标，而衡量催化剂稳定性的总指标通常以寿命表示。寿命是指催化剂能够维持一定活性和选择性水平的使用时间。催化剂每活化一次能够使用的时间称为单程寿命；多次失活再生而能使用的累计时间称为总寿命。

工业上采用最多的是多相催化，这种催化作用是在催化剂表面上进行的，因此催化剂的表面性能对催化作用也会有很大的影响。催化剂比表面积大、表面上活化中心点多、表面对反应物吸附能力强，这些都对催化活性有利，因为化学吸附能降低反应活化能。表面孔隙度大和孔径大小合适对催化剂的选择性有利，例如分子筛催化剂的极强选择性，就是由于它们的孔径尺寸只能允许某种分子进入孔内，到达催化剂表面而被催化。

催化剂与反应物分子的作用方式与催化剂和反应物分子本身的性质有关。实验证明：有机化合物的酸碱催化反应一般是通过正碳离子（碳鎓离子）机理进行的；碱催化反应则是由OH^-、RO^-、$RCOO^-$等阴离子起催化作用，例如：

$$CH_3COOC_2H_5 + OH^- \longrightarrow CH_3COOH + C_2H_5O-$$

$$C_2H_5O- + H_2O \longrightarrow C_2H_5OH + OH^-$$

过渡金属化合物催化剂在均相催化反应中的作用是络合催化作用；醇钠催化丁二烯聚合则是通过自由基机理进行的，例如：

$$C_4H_6 + NaR \longrightarrow R\cdot + C_4H_6Na\cdot$$

$$C_4H_6Na\cdot + nC_4H_6 \longrightarrow Na(C_4H_6)_{n+1}$$

10.1.2.2　催化剂的主要类型

按催化作用原理，可把催化剂分为金属催化剂、金属氧化物催化剂、配位（络合）催化剂、酸碱催化剂和多功能催化剂等。

（1）金属催化剂　金属催化剂主要是指第 4、5、6 周期的某些过渡族元素，如 Fe、Au、Pt、Rh、Pd、Ir 等金属。金属催化主要决定于金属原子的电子结构，特别是没有参与金属键的 d 轨道电子和 d 空轨道与被吸附分子形成吸附键的能力。因此，金属催化剂的化学吸附能力和 d 轨道百分数是决定催化剂活性的主要因素。金属催化剂主要用于脱氢反应和加氢反应，有些金属还具有氧化和重整的催化活性，用途较广。

（2）金属氧化物催化剂　金属氧化物催化剂主要是指过渡金属氧化物催化，非过渡金属氧化物催化可归入酸碱催化。实用的金属氧化物催化剂常为多组分氧化物的混合物，很多金属氧化物催化剂是半导体，其化学组成大多是非化学计量的，因此，催化剂组分很复杂。金属氧化物催化剂的导电性和逸出功、金属离子的 d 电子组态、氧化物中晶格氧特性、半导体电子能带、催化剂表面吸附能力等，都与催化剂的催化活性有关。金属氧化催化剂广泛应用于氧化、加氢、脱氢、聚合等反应。

（3）配位（络合）催化剂　金属，特别是过渡金属及其化合物具有很强的络合能力，能形成多种类型的络合物。某些分子与金属（或金属离子）络合后便易于进行某特定反应，这类反应称为配位（络合）催化反应，则这些金属或及其化合物起络合催化剂作用。过渡金属络合催化剂在溶液中作为均相催化剂方面的研究和应用较多。过渡金属络合催化作用一般都属配合（络合）催化作用，即催化剂在其空配位上络合活化反应物分子。络合催化剂一般都是金属络合物或化合物，如钯、铑、钛、钴的化合物等。

（4）酸碱催化剂　在石油炼制和化学工业生产中的许多重要反应（如裂解、异构化、烷基化、聚合、水合、水解等）都与催化剂的酸碱性质有着密切的关系。从阿累尼乌斯酸碱、布朗斯台（Brönsted）酸碱和路易斯（Lewis）酸碱的概念来看，高岭土、膨润土、硅酸铝、分子筛、氧化锌、硫酸镍、硝酸锌等均属于酸；而氧化镁、氧化钙、碳酸钡，浸渍 KOH 或 NaOH 的硅胶或铝胶等都属于碱。这些酸碱有时称为固体酸和固体碱，在一定条件下它们呈现出的酸或碱性是其催化活性的根本原因。酸碱催化可分均相催化和多相催化。许多离子型有机反应，如水解、水合、脱水、缩合、酯化、重排等，常可用酸碱均相催化。固体酸催化剂广泛用于催化裂化、异构化、烷基化、脱水、氢转移、歧化、聚合等反应。

（5）多功能催化　若反应物 A 直接变成产物 B 的反应难以进行，则可通过几个催化反应来实现。例如：

$$A \xrightarrow{S_1} C$$
$$C \xrightarrow{S_2} B$$

S_1，S_2 分别为两个反应的催化剂，则可将 S_1、S_2 混合起来制成双功能催化剂，使 A→B 的反应得以实现。这就是多功能催化剂。多功能催化反应的多个步骤是有区别的，此处的 C 不是在催化剂表面形成的中间络合物，而是由 S_1 表面脱附出来的，有其自己的结构和热力学性质的化学物质。

通常，工业中实际使用的催化材料中除含有催化活性物质（催化剂）外，还含有助催化剂（简称助剂）、催化剂载体和抑制剂，它们的性质对催化作用也有很大的影响。助催化剂本身不具有催化活性，但加入后（加入量一般低于催化剂量的 10%）可显著提高催化剂的活性、选择性和稳定性。一种工业催化剂往往要加入几种助催化剂才能使催化剂的活性、选择性和寿命都达到预定要求。例如，合成氨用双促进催化剂铁-Al_2O_3-K_2O 中的 Al_2O_3 和 K_2O 就是助催化剂；又如乙烯氧化制环氧乙烷用银为催化剂活性组分，加入 BaO 和 $CaCO_3$ 为助催化剂。在催化反应过程中，由反应物（或催化剂）带入的能降低催化活性的物称为抑制剂，在多数情况下，它是在催化剂制备过程中由原料不可避免带入的。催化剂载体是一类不具有催化活性的用来负载催化剂的固体物质。常用的催化剂载体有活性炭、硅藻土、活性氧化铝、膨润土、硅胶、分子筛等。对载体的要求是机械强度高、化学稳定和热稳定性好。

10.1.3　稀土元素在催化剂中的作用

近半个世纪以来，人们对稀土元素（主要是氧化物和氯化物）的催化作用进行了广泛的研究，得到了一些规律性的结果，归纳起来主要是：①在稀土元素电子结构中，4f电子位于内层，受5s及5p电子的屏蔽，而决定物质化学性质的外层电子的排布又都相同，因此，和d过渡元素的催化作用相比没有明显的特性，且活性都赶不上d过渡元素；②在大多数反应中，各稀土元素之间的催化活性变化不大，最大不超过1～2倍，尤其是重稀土元素之间，几乎没有活性变化，这和d过渡元素完全不同，它们之间的活性有时甚至可相差几个数量级；③稀土元素的催化活性基本上可以分为两类，一类是和4f轨道中电子数（1～14）相对应呈单调变化，如加氢、脱氢等，另一类是和4f轨道中电子的排布（1～7，7～14）相对应呈周期变化，如氧化；④大量研究表明，含稀土的工业催化剂大多只含较少量的稀土，一般只用作助催化剂或混合催化剂中的一种活性组分。

从本质上讲，催化剂是一种特殊功能的材料。稀土化合物在这类材料开发和应用中具有特别重要的意义，这是因为：稀土化合物具有广泛的催化性能，包括氧化-还原和酸-碱性能，而且，在许多方面鲜为人知，有许多待开发的领域；在许多催化材料中，稀土元素和其他元素之间有很大的互换性，即可以作为催化剂中的主要成分，又可以作为催化剂的次要成分或助催化剂，用稀土化合物可制成功能各异的催化剂材料，供不同的反应使用；稀土化合物，特别是氧化物，具有相对高的热稳定性和化学稳定性，为广泛使用这类催化剂材料提供了可能性。稀土催化剂性能好、种类多、催化应用领域非常广泛。就目前来讲，稀土催化剂材料主要用于石油裂化和重整，汽车尾气净化，合成橡胶以及诸多的有机化工和无机化工领域。

10.2　稀土裂化催化剂

石油炼制工业是稀土最重要的应用领域之一。在石油炼制工业中，稀土主要用来制备稀土裂化催化剂。这种稀土催化剂具有化学活性高、选择性和热稳定性好、抗金属污染能力强、使用寿命长等优点，它可以改进炼油工艺，提高精品油质量。目前，我国90%的炼油装置都使用这类稀土催化材料。

10.2.1　催化裂化的发展

10.2.1.1　催化裂化工艺的发展

原油是复杂的烃类混合物，用蒸馏的方法可将其分离为不同沸点的馏分，即得汽油、煤油、柴油和减压馏分油。通常用蒸馏法只能得到30%的汽油和柴油，剩下的重质馏分油必须在高温、高压下或催化剂存在条件下将其裂化，以进一步获得汽油等轻质油品。按裂化过程采用的条件不同，可将其分为热裂化、催化裂化和加氢裂化三类。热裂化得到的产品质量低，而加氢裂化的费用高，只有催化裂化符合发展要求而得到广泛的采用。重质油通过催化裂化加工可再由裂化原料中得到约80%的汽油、柴油和约15%的气体。所产汽油辛烷值高，气体中含有的大量丙烯和丁烯，是发展石油化工的宝贵原料，可用来进一步生产聚丙烯、丙烯腈、合成橡胶和其他化工产品。原油的催化裂化已成为世界工业上实现的最大规模的催化过程。石油裂化催化剂也是世界上催化剂生产中数量最多的一类催化剂。

催化裂化是烃分子在酸性固体催化剂存在下进行催化反应的过程。反应的类型是多样的，但以裂化反应为主。烃类原料加热后在反应器中与裂化催化剂接触，大分子的重质油即发生催化裂化反应生成汽油、柴油以及气体等小分子烃类。在进行裂化反应的同时，还进行烃类分子的异构化和芳化反应，生成异构烃和芳烃。伴随着进行氢原子的氢转移反应和少数分子脱氢生成焦炭，原料中的胶质、沥青质缩合变成焦炭。生成汽油、柴油的反应是期望发生的反应，生成气体和焦炭是非期望的反应。选择适当工艺参数和性能良好的裂化催化剂，可获得最佳的结果。

催化裂化早在 1936 年就已经实现工业化，但是至今它仍然显示出持续的发展势头、裂化工艺、装置设备和催化剂均在不断改进。最早的裂化设备是固定床，即催化剂床层是固定的，后来发展成移动床催化裂化，不久又出现了流化床催化裂化装置。由于流化床装置设备结构简单，操作容易，灵活性大，因此逐渐取代其他形式的装置，而处于主导地位。随着催化裂化工艺的发展，在装置形式上又由床层式反应器发展为提升管反应器，后者又继续发展为同高并列式、高低并列式、同轴式、带烧焦罐式、两段再生式等提升管催化裂化。

10.2.1.2 裂化催化剂的发展

裂化催化剂的发展与催化裂化工艺的发展是相辅相成的。早期使用的催化剂是天然白土催化剂，后发展为无定形硅酸铝催化剂。20 世纪 60 年代沸石裂化催化剂开发成功，从此进入了使用沸石裂化催化剂的时代。随着沸石催化剂的应用，稀土也作为一个组分引入到裂化催化剂中，从而开创了稀土在裂化催化剂中应用的新局面。

(1) 天然白土催化剂　天然白土催化剂中以膨润土催化剂性能最好，其主要成分为蒙脱土（组成为 $4SiO_2-Al_2O-H_2O$）。未经酸处理的膨润土裂化活性很低。经热酸处理后，脱除了层间吸附的离子，并从蒙脱土的骨架上脱除了铝、铁等离子，形成强的酸性 H^+，表现出较高的裂化活性。

(2) 硅酸铝裂化催化剂　无定形硅酸铝催化剂是由化工原料制得，因而也称合成硅酸铝催化剂（简称硅铝催化剂），其主要成分为 SiO_2 和 Al_2O_3，是硅和铝的复合氧化物。按 Al_2O_3 含量的多少，硅铝催化剂又可分为高铝催化剂与低铝催化剂，前者含 Al_2O_3 为 25%，后者含 Al_2O_3 为 10%～13%。硅铝中的 SiO_2 和 Al_2O_3 单独存在时，酸性很弱，但相互结合后，表现很强的酸性，其酸性是硅铝催化剂活性的源泉。硅铝催化剂中铁和钠等杂质的含量比天然白土催化剂少，有良好的孔隙结构，故其催化活性高。硅铝催化剂除主要用于石油裂解外，还用于分子内或分子间脱水、烯烃聚合、异构化等反应。

(3) 沸石裂化催化剂　最早，自然界存在的沸石是用来分离混合物的，20 世纪 60 年代末人工合成沸石成功，并称为分子筛。沸石分子筛除用作分离剂外，并成功地用于催化裂化，它比原来的无定形硅铝催化剂更为优越，其应用进一步扩展到更多不同类型的催化反应。

沸石是晶体铝硅酸盐矿物，通常由不同含量的 SiO_2 和 Al_2O_3 组成，它的基本结构单元是硅氧四面体和铝氧四面体，再通过共有顶点的氧原子连接成链状、环状、层状或笼形骨架。反应分子经由孔窗可进入沸石骨架内的空腔（即笼）而进行催化反应。裂化催化剂中采用的沸石为八面沸石，八面沸石按其组成中 SiO_2 的含量不同，又可分为 X 型沸石和 Y 型沸石。X 型沸石中 SiO_2 与 Al_2O_3 的物质的量之比（通称沸石的硅铝比）一般为 2～3；Y 型沸石的硅铝比为 3～6，后者更为稳定。裂化催化剂早期用的沸石是 X 型，后来改用 Y 型，沿用至今。八石沸石是用不同比例的活性 SiO_2（即硅酸钠、硅胶、硅溶胶）、活性 Al_2O_3（如偏铝酸钠、硫酸铝、铝胶或氢氧化铝）加入 NaOH 混合，在 $82\sim100℃$ 下合成而得。

合成所得的沸石是钠型的，无论是 NaX 型沸石或 NaY 型沸石都不具有裂化活性，还需采用离子交换的方法将钠离子交换成其他阳离子，才具有裂化活性。通常可选用的阳离子为二价的钙、锰离子和三价的稀土离子。有时为了引入更多质子到催化剂中以提高催化活性，也可在上述阳离子中添加铵离子或单独用铵离子去交换钠型八面沸石中的钠离子。在这些交换的阳离子中以稀土离子交换而得的沸石活性最高，稳定性最好，且易于再生，最适合于作裂化催化剂。

10.2.2　稀土裂化催化剂的性能

稀土在裂化催化剂中主要有如下两种功能：其一是通过建立强的静电场使催化剂活化，并使表面的酸度适合形成正碳离子（碳 离子）中间体以利用裂解为汽油等轻质产品；其二是保护催化剂免遭集聚的炭燃烧时被产生的高温气流破坏。从所起的作用看，提高了催化活性、汽油的选择性、催化剂的稳定性、原油的饱和度、催化剂金属的允许含量，减少了汽油中烯烃含量并减少了裂化气造气量。而高的稀土含量对于加工处理有高沸点残留物的重质油尤为有效。20 世纪 60 年代，石油炼制工业开始使用稀土沸石（分子筛）裂化催化剂，用于流化床催化反应（FCC）工艺，使汽油等轻质油的产率骤然提高很多（见表 10-2）。由表 10-2 数据可以看出，与普通硅铝裂化催化剂相比，稀土沸石裂化催化剂的汽油产率和总转化率都大幅度提高。稀土沸石裂化催化剂的普遍采用，极大地推动了炼油工业的发展。至今石油炼制工业依然是稀土应用的大户，特别是镧、铈用得最多。

表 10-2　稀土裂化催化剂与其他裂化催化剂的性能比较

催化裂化效果	催化剂					
	普通硅铝（不含稀土）	混合稀土 X 型分子筛（REX）	氢型 Y 型分子筛（HY）	稀土 Y 型分子筛		
				混合稀土	La	Ce
汽油产率/%	11.8	36.9	33.2	47.8	47.7	46.0
总转化率/%	45.2	70.1	60.4	87.1	82.1	80.7

稀土元素在沸石裂化催化剂中除具有如前所述的通过建立强的静电场使催化剂活化，并使表面的酸度适合于形成正碳离子中间体以利于裂解为汽油等轻质产品以及保护催化剂两大功能外，还具有对沸石的亲和力大；离子交换容易；能提高沸石骨架的稳定性等特点。用稀土离子交换 NaY 型沸石后，可提高 Y 型沸石的酸性，使其催化活性提高 100 倍以上。稀土元素除具有固体酸作用外，还可提高催化剂抵抗某些金属杂质的毒化作用。例如石油中含有的镍可导致氢气产量增加，钒可破坏沸石骨架结构，使催化剂的活性降低，稀土与镍和钒的亲和力很强，可迅速与其生成高熔点化合物，因而大幅度延长催化剂寿命。实验证明，用稀土交换的沸石裂化催化剂再生性能好，再生温度比一般硅铝催化剂要低 100℃ 左右。因此稀土沸石裂化催化剂具有活性高、选择性和稳定性好、寿命长和易于再生回收利用等许多优良性能而广泛用于石油炼制工业中。

10.2.3　稀土沸石裂化催化剂的制备

制备稀土沸石裂化催化剂的工艺流程如图 10-1 所示。其稀土原料主要氯化物（常用富镧混合稀土氯化物），混合稀土氯化物可从独居石，也可从氟碳铈矿中提炼。不同来源的稀土原料的组成见表 10-3。

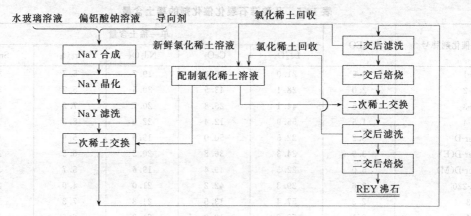

图 10-1 REY 沸石制备工艺流程

表 10-3 不同稀土原料的组成 /%

原料名称	La$_2$O$_3$	CeO$_2$	Pr$_6$H$_{11}$	Nd$_2$O$_3$	Sm$_2$O$_3$	Eu$_2$O$_3$	Gd$_2$O$_3$	其他重稀土	Tb
混合稀土	25	49.9	6.0	18.0	1.2	0.12	0.4	<1	0.013
无铈稀土	基体	<1	11.5	33.0	2.3	0.36	0.7	<1	0.014
富镧稀土	75.0		5.0	15.2	<1				
镨钕稀土	9.5	<1	22.0	67.9	1.0	<0.1	<0.1	<1	0.013
重稀土	La	Ce	Pr	Nd	Sm	Eu	Gd	Tb	Dy
	3.2	<1.0	<0.3	1.8	21.0	0.21	8.0	1.2	5.8
	Er	Y	Yb	Tm	Lu				
	3.7	28.0	7.6	0.5	0.56				

将不同组分的稀土氯化物加到 Y 型沸石时结合不同的加工流程所制得的 REY 沸石产品采用微反活性反应装置测定催化剂的裂化性能，所得结果见表 10-4。由表 10-4 可见，稀土 Y 型沸石的微反活性都较好，其中以富镧稀土和无铈稀土更好。另外，测定单一稀土对 REY 沸石催化性能的影响，结果表明，钇、镧、铈、镨、钐等单一稀土均有较好的活性，其中以镧和钐更好。

表 10-4 不同稀土 Y 型沸石的微反活性

交换溶液	交换方式	催化剂组成/%				微反活性
		RE$_2$O$_3$	Na$_2$O	SO$_4$	Al$_2$O$_3$	
混合稀土	I	2.0	0.09	<0.3	14.2	75
混合稀土	II	2.1	0.09	<0.3	14.4	74
无铈稀土	I	2.1	0.08	<0.3	14.1	78
无铈稀土	II	2.1	0.08	<0.3	14.2	74
富镧稀土	I	2.0	0.08	<0.3	14.7	78
富镧稀土	II	2.2	0.08	<0.3	14.2	79
镨钕稀土	I	2.5	0.09	<0.3	14.1	75
镨钕稀土	II	2.6	0.08	<0.3	14.5	75
重稀土	I		0.11	<0.3	14.6	75
重稀土	II		0.10	<0.3	14.7	70

注：1. 交换方式为 I—先交换 NH$_4^+$ 后交换 RE；II—NH$_4^+$ 与 RE 混合交换。
2. 微老化条件为 790℃，蒸汽处理 4h，大港柴油 460℃，空速 16。

国内、外几种裂化催化剂中稀土的含量及稀土中各单一稀土的分布情况可见表 10-5。表 10-5 数据表明：催化剂中 REO 的含量在 1.5%～5.0%，多数在 2.0%～3.5% 之间。单一稀土的分布，以含镧和铈为主，两者合占约 70%，有的以含镧为主，有的以含铈为主。

表 10-5　几种沸石裂化催化剂的稀土含量　/%

催化剂牌号	REO	单一稀土含量				
		La_2O_3	CeO_2	Nd_2O_3	Pr_6O_{11}	Sm_2O_3
CBZ-1	3.5	21.0	50.3	19.7	5.7	3.2
CBZ-2	2.0	28.1	43.5	20.5	5.7	3.2
CBZ-3	2.5	44.1	25.8	20.7	7.2	2.2
CBZ-4	1.5	55.9	12.4	22.0	8.3	1.4
Super-D	3.2	22.5	50.0	19.6	5.9	3.0
Super-D(E)	3.9	34.3	36.8	20.2	6.5	2.2
Super-D(M)	5.0	22.5	49.4	19.6	5.7	3.1
CCZ-220	2.6	29.3	42.2	21.0	4.9	2.6
MZ-3	2.3	57.4	13.5	21.3	7.3	1.0
MZ-6	2.1	59.0	12.0	21.3	6.6	1.0
MZ-79	3.4	50.3	16.7	29.1	3.7	0.2
HEZ-55	2.6	58.0	11.8	22.0	7.4	0.8
EKZ-4	4.0	65.7	21.2	11.1	2.0	—
Y-7-15(中)[①]	4.0	34.0	47.4	12.5	5.2	0.9
Y-7-15[①]	3.2	25.6	51.4	16.8	6.1	0.1
CGY-1[①]	2.5	28.9	48.9	16.0	5.2	1.0

①为国产催化剂，其余为国外生产的催化剂。

国外早已形成了较大的沸石裂化催化剂的生产能力，欧美在20世纪90年代的年生产能力就已超过46×10^4t。生产的催化剂多达300多个牌号，从而满足了庞大的石油裂化工业的需求。

10.2.4　我国稀土裂化催化剂的发展

我国从1964年开始了沸石裂化催化剂的研制工作，1970年建成了稀土X型沸石试验性生产装置，随之生产了稀土Y型沸石小球和微球裂化催化剂，后者表现出活性高、选择性好等优点。1976年建成了我国第一套REY型沸石的生产装置，我国从此进入了稀土Y型沸石催化剂阶段。随后，催化剂的制备流程逐渐多样化，生产出不同品种的催化剂产品，满足了国内催化裂化加工的要求，催化剂的质量达到国外同类产品的水平。这时期发展的均为全合成硅铝基质添加REY型沸石制成的裂化催化剂。20世纪80年代开发的催化剂其活性组分仍为REY型沸石，但基质有较大改进，90年代又开发成功超稳Y型（USY）沸石，使生焦率降低，汽油辛烷值提高。不少催化剂产品的性能甚至超过了进口产品。我国在20世纪80~90年代生产的一些典型稀土裂化催化剂性能列于表10-6。

稀土Y（REY）型沸石催化剂裂化活性高，已普遍应用，但焦炭和干气产率也高，掺炼重油比较困难。超稳Y（USY）型催化剂虽然汽油辛烷值高、生焦率也低，但裂化活性相对偏低，要求重油比较大，且对FCCU及操作条件要求苛刻，操作成本高，在国内原有FCCU上推广应用受到限制。为此中国石油化工科学研究院与不同厂家合作于20世纪90年代研究开发了一系列稀土氢Y（REHY）型裂化催化剂，其性能介于REY和USY催化剂之间，既具有良好的焦炭选择性，又有较高的活性稳定性，适于多数FCCU掺炼重油，并可得到较好的产品分布。近年来我国又开发了采用稀土氢Y（REHY）和稀土超稳Y（RE-USY）沸石为催化剂的活性组分，制成含REHY和REUSY的催化催化剂，比含纯REY或含纯USY的沸石裂化催化剂的性能均有所提高，如比采用REY型催化剂的汽油和轻质油的回收率高，比原来采用USY型催化剂的裂化活性有提高，产品质量也有改进。为适应裂化工艺发展的需要，我国又研究开发了一些新型重油裂化催化剂，如改性的超稳催化剂Orbit-3000，其Y型沸石活性组元具有大分子裂化能力强、选择性好的特性，同时由于其基质

314

表 10-6　我国生产的典型稀土沸石裂化催化剂

催化剂类型及牌号	全合成基质稀土 X 型	全合成基质稀土 Y 型					半合成基质稀土 Y 型			全白土基质稀土 Y 型	半合成基质超稳 Y 型[①]		半合成基质稀土氢 Y 型
	(13X)	Y-4	Y-5	偏-Y	偏-Y-3A	共-Y	Y-7	CRC-1	KBZ	LB-1	ZCM-7	CHZ	LCS-7
工业化年份	1974	1975	1975	1975	1979	1979	1981	1983	1983	1984	1986	1988	1990
化学组成													
REO	8.5	2.6	2.7	3.0	2.6	2.1	1.8	3.0	2.6	4.0	<1.0	2.0	2.6
Al$_2$O$_3$	8.9	27.9	27.2	25.8	23.6	27.5	51.9	50	52	49.6	42.2	41	32.3
Na$_2$O	0.10	0.08	0.13	0.16	0.20	0.16	0.23	0.15	0.13	0.4	0.27	0.16	0.25
Fe$_2$O$_3$	0.08	0.15	0.15	0.14	0.06	0.07	0.66	0.51	0.36		0.25	0.33	0.14
物理性质													
表面积/(m^2/g)	672	572	598	592	615	423	120	135	200	306	225	295	259
孔体积/(ml/g)	0.71	0.82	0.64	0.72	0.67	0.67	0.25	0.25	0.15	0.28	0.32	0.16	0.39
堆密度/(g/ml)				0.5	0.5	0.67	0.81	0.8	0.85	1.0	0.72	0.71	0.68
磨损指数/%	3.2	4.1	4.2	4.1	4.4	4.5	1.8	1.5~2.0	2.6	2.1	0.9~1.5	1.6~4.3	2.6
微反活性													
800℃/4h 老化	47~52	66	61	63	75	75	70	77	78	81	64~68	61~67	72
800℃/17h 老化					61	68~70	54	67	65~70	68			

① 为非稀土型。

用活性氧化铝，故具有特别优异的重油活化能力。在此基础上又开发出性能更好的 Comet-400 催化剂，这种新型裂化催化剂在具有较高活性和选择性的同时，还具有较高的强度，很适用于沿江和沿海的炼油厂。

我国原油的加工能力已达 1 亿多吨，居世界前列。我国已拥有催化裂化装置 60 多套，年加工能力占一次加工能力的 40%，仅次于美国，居世界第二位。裂化催化剂年产量已超过 4 万吨，所采用的 Y 型沸石主要是国产的 REY、USY 及 REHY 等裂化催化剂，而且以 REY 沸石为主。在这些裂化催化材料又以高活性稀土沸石催化剂（即含稀土高的催化剂）发展迅速。因此，我国用于制备稀土裂化催化材料的稀土用量也随之迅速增加。

10.3　稀土尾气净化催化剂

汽车是重要的现代化交通工具，在国民经济和日常生活中发挥着巨大的作用。据报道，目前世界汽车保有量已超过 7 亿辆，中国内地 2004 年汽车保有量也达 2700 万辆，而且还在以年均 20% 的速度增长，燃油燃烧所排放的汽车尾气已成为许多国家大气最主要的污染源。对人类生存环境和身心健康构成严重威胁。安装催化净化转化器是降低汽车尾气对环境污染的有效方法。用于汽车尾气净化的催化剂种类较多，其中贵金属（Pt、Pd、Rh）虽然活性高、净化效果好，但价格昂贵。含稀土的催化剂价格低，化学和热稳定性好，活性也较高，尤其抗中毒、寿命长，是一种很有实用价值和发展前景的汽车尾气净化催化剂。

10.3.1　汽车尾气治理技术与稀土净化催化剂的发展

汽车尾气中主要有害成分有一氧化碳（CO）、碳氢化合物（HC）、氮氧化合物（NO$_x$）、硫化物、颗粒（铅化物、黑炭、油雾等）、苯并（a）芘、醛（甲醛、丙醛）等，其中 CO、HC 及 NO$_x$ 是汽车污染的主要成分，对人体的危害程度最大。最早限制汽车尾气排放量的是美国，随后是日本，接着欧洲的一些国家也颁布了汽车尾气排放标准，并逐年严格，见表 10-7。欧盟从 2005 年 1 月起执行 EU Phase 4 标准。我国也早在 1983 年颁布了汽车尾气排放标准，1999 年北京、上海、广州等城市都相继实施了机动车尾气排放标准，2000 年再次修订了我国于 1984 年颁布的《大气污染防治法》，其中明确提出了控制机动车尾气排放的具体规则和法律制度，可见我国各级政府都非常重视汽车尾气排放问题。

表 10-7　部分国家汽车尾气排放标准（限值）　　　　　　　　　　/(g/km)

国　家	年　份	CO	HC	NO_x
美国	1960	84.0	10.6	4.1
	1975	7.0	1.5	3.1
	1984	0.46	0.46	1.1
日本	1975	2.1	0.75	1.9
西欧统一标准	1985	10～35	2.6～8.2	1～1.4
瑞典	1983	24.2	2.1	1.9
	1989	0.25	0.25	0.62

降低汽车尾气对环境污染的技术可以分为两大类：一类是机内净化，即改变发动机的燃烧方式，使排出的废气中污染物的产量减少，但这一类难度较大，而且只能减少，不能根除有害气体；另一类是机外净化，即利用安装在发动机外的净化设备，对排出的废气进行净化处理，使有害物质转化为无害物质。这是目前尾气净化的最有效的方法，被世界发达国家广泛采用。早在 1985 年，美国和日本在出厂的新车中都全部装有机外催化净化装置（又称催化净化器或催化转化器）。西欧、澳大利亚等也于 1988～1993 年在各种类型的汽车上安装催化净化装置，以达到排气标准的要求。

催化净化器的工作原理是在催化剂作用下将汽车尾气中的 CO、HC 和 NO_x 等有害成分转变为无害物质 CO_2、H_2O 和 N_2 等，其主要的催化反应如下：

$$2CO + O_2 \longrightarrow 2CO_2$$
$$^*CH_4 + 2O_2 \longrightarrow CO_2 + 2H_2O$$
$$^*NO_x + xCO \longrightarrow \frac{1}{2}N_2 + xCO_2$$

（＊分别代表多组分烃类和氮的氧化物）

由上述反应可以看出，汽车尾气的催化反应既包括 CO、HC 的氧化，又包括 NO_x 的还原。因此需要使用一种能使两类反应同时进行的三元催化剂，以达到同时净化 CO、HC 和 NO_x 的目的。

20 世纪 70 年代以前主要使用三元贵金属（Pt、Pd、Rh）催化剂，尽管这类催化剂具有催化活性高、净化效果好和使用寿命长等特点，但是因其价格昂贵，限制了它的广泛应用，如日本和瑞典一台贵金属净化装置费用要占整个汽车成本的 1/10。此外，贵金属易患铅中毒，汽车需用无铅汽油。为此，人们积极寻找一些价格低、性能好、不含贵金属的催化剂。20 世纪 70 年代初人们发现稀土与钴、锰等的复合氧化物是一类可用于汽车尾气净化的三元催化剂，它们属于钙钛矿型（ABO_3，A 为稀土离子，B 为过渡金属离子），具有很高催化活性（见图 10-2），很好的化学和热稳定性。随后，人们对贵金属稀土催化剂、贱金属稀土催化剂等稀土催化剂进

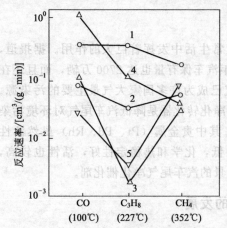

图 10-2　铂与稀土催化剂活性比较
1—$La_{0.8}Sr_{0.2}CoO_3$；2—$LaCoO_3$；
3—3.2% Ni/SiO_2；4—1% Pt/Al_2O_3；
5—1% Pd/SiO_2

行了大量的开发研究并推广应用。80 年代又进一步改进了稀土催化剂的制备技术，将稀土（主要是铈）加入催化剂，既降低了成本，又提高了活性，有力地促进了稀土催化剂的发展。90 年代以来汽车尾气净化剂需求量迅速增加，稀土催化剂所需稀土量随之猛增，一举成为稀土用量的最大市场。1995 年美国在汽车尾气净化催化剂方面的稀土用量（主要是 Ce 和 La 的氧化物）已占其全国稀土总用量的 44%，远高于稀土在石油裂化催化剂的用量。20 世纪 80 年代以来我国不少科研院所和大学都积极开展了汽车尾气净化稀土催化剂的研究开发及生产应用，取得不少可喜的成果。目前我国用稀土催化剂制成的净化装置在汽车尾气净化中能获得较高的转化率，如 CO 的转化率为 90% 左右，HC 转化率为 85%，NO_x 转化率为 70% 以上，美国、日本、欧洲研制的稀土催化剂的转化率与我国接近。最近又有一些新的汽车尾气净化稀土催化剂品种和生产工艺被研究开发出来，试验证明对 CO、HC 和 NO_x 的转化率都很高。据有关部门预测到 2030 年我国内地的汽车保有量将达 1.3 亿辆，从而为我国汽车尾气净化稀土催化剂提供了广阔的发展空间。

10.3.2 稀土净化催化剂的分类

迄今，已开发和应用的稀土净化催化剂的种类较多，其分类方法也有多种。简单而直观的分类是按催化剂的形状来分，可分为颗粒状和蜂窝状两种类型。颗粒状催化剂通常以 γ-Al_2O_3 为载体，其负载量较大，可以负载 10%～20% 稀土等贱金属氧化物，耐冲性也好，但排气阻力较大，动力性和经济性受影响。蜂窝状催化剂通常采用堇青石、莫来石、锂辉石以及金属合金作载体，负载量较小，适于负载贵金属。蜂窝状载体的热容量小，暖机性、动力性及经济性都较好，是目前较为普遍采用的载体。按催化剂的形状来分类方法虽然简单，但对催化剂的成分，尤其是活性组分不能明示。

若按催化剂活性组不同，则可将稀土催化剂分为稀土等贱金属氧化物催化剂和稀土等贱金属氧化物加微量贵金属催化剂两种类型。前者为目前普遍采用的一类催化剂，它对 CO 和 HC 有较好的净化作用，但对 NO_x 的净化作用稍差，而后者对 NO_x 的净化作用较好因而将是我国尾气净化催化剂发展主要方向。

稀土净化催化剂分类较常用的方法是按催化剂活性组分的晶相来划分。据此，可稀土净化催化剂分为有晶结构和无定形结构两大类。其中有晶型结构的稀土净化催化剂多制成钙钛矿（ABO_3）型结构或掺杂其他元素的缺陷结构，常见的有以下几种。

① $LaMO_3$ 型（M＝Co、Ni、Mn、Fe、Cr 等），其中以钴型、镍型和锰型氧化 CO 的活性较高，但它们对 NO_x 的活性欠佳；铁型和铬型的催化活性较低。

② $LnCoO_3$ 型（Ln＝La，Pr，Nd，Gd，Ho 等），其中 $NdCoO_3$ 和 $HoCoO_3$ 的氧化活性较高。

③ $La_{1-x}A_xCoO_3$ 型（A＝Sr，Ce 等），其中以 $La_{0.8}Sr_{0.2}CoO_3$ 氧化 CO 的活性高，$La_{1-x}A_xCoO_3$ 对 HC 的氧化活性高于相应的 $La_{1-x}A_xMnO_3$。

④ $La_{1-x}A_xMnO_3$ 型（A＝Sr，Pb，K，Ce），Sr 和 K 取代 La 后活性提高，$La_{1-x}Pb_xMnO_3$ 氧化 CO 的活性较低，但还原 NO_x 的活性较高。

⑤ $LaMn_{1-x}M_xO_3$ 型（M＝Co，Ni，Mg，Li 等），它是 $LaMnO_3$ 中的部分 Mn^{3+} 被其他金属离子取代的产物，被 Ni^{2+} 取代后的活性较高，被 Co^{3+} 取代后的活性较低。而 $LaNi_{0.5}Mn_{0.5}O_3$ 和 $LaMg_{0.33}Mn_{0.67}O_3$ 氧化 CO 的活性比金属铂还高。

⑥ $RE_xM_{1-x}LO_3$ 型（RE＝La，Y，Ce，Pr，Nd 等；M＝Mn，Co，Fe，Sr 等；L 为其他金属）。如 $La_{0.4}Sr_{0.6}Co_{0.8}Mn_{0.2}O_3$ 对 NO_x 的还原率可达 86.4%。

⑦ $La_xSr_{1-x}Fe_yMn_{1-y-z}Pd_zO_3$ 型（$x=0.6$～0.8，$y=0.5$～0.8，$z=0.01$），对 HC 和

CO 的氧化均表现很高的活性。

随着制备和检测技术的发展，一些新类型的稀土催化材料不断面世，如新近制得的纳米 $Ce_{0.5}Zr_{0.5}O_2$ 催化剂，它属面心立方结构，有较大晶体结构规整性。由于在其表面存在有 Ce^{4+}/Ce^{3+} 及 Zr^{4+}/Zr^{3+} 对，电子可在三价离子和四价离子之间传递，因此具有极强的电子催化氧化还原性，再加上纳米材料比表面积大、空间悬键多、吸附能力强，因此它可在氧化一氧化碳（CO）的同时还原氮氧化物（NO_x），使它们转化为对人体和环境无害的气体。从而呈现出这类新型稀土净化催化剂具有其他催化剂难以比拟的催化活性。

10.3.3 稀土在尾气净化催化剂中的作用

通常稀土是以氧化物（如 CeO_2、Y_2O_3 等）的形式加入催化剂中，在保证催化剂活性不变的前提下，可以大幅度减少贵金属的用量，并改善催化剂的性能。稀土在汽车尾气净化催化剂的作用是多方面的，主要有如下四个方面。

（1）稀土可提高催化剂的储氧能力　由于氧化铈中铈的价态很容易在三价（Ce_2O_3）和四价（CeO_2）之间转变，因此可与氧气产生良好的缓冲作用，当尾气中氧含量过剩时，它可吸收氧并储存起来；当尾气中氧不足时，它又可把氧气释放出来，使 CO、HC、NO_x 等有害气体的氧化还原反应得以进行而被除去。

（2）稀土可提高催化剂载体的稳定性　通常使用的汽车尾气净化催化剂的载体有合金和氧化铝等类型，其中合金（如 Ni-Cr、FeCrAl、FeTiAl 等）在汽车尾气的高温（有时甚至会超过 1000℃）下会变得酥脆，但在其中加入稀土（La 或 Y）就可具有很好的性能（如弹性和高温抗氧化性能）。活性氧化铝是一种优良的载体，也是一种非稳定态产物，它在高温下会逐渐向无活性相态转变而使催化剂失去活性，而加入氧化铈、氧化镧或混合轻稀土氧化物后，就能提高它的热稳定性。稀土氧化物还可提高催化剂的机械强度。

（3）稀土可提高氧传感器的性能　汽车尾气净化使用的氧传感器实际上是用稀土氧化物稳定的氧化锆固体电介质，其导电性能已不是一般半导体中的电子或空穴的移动，而是氧离子的移动，因而可把氧离子移动时产生的电荷与电极界面上氧的变化联系起来，选择性地对氧进行检测，从而起到氧敏元件的作用。据悉，单一的氧化锆传感器，随着温度的升高，晶格体积变大，致使材料结构破坏，不能用于汽车尾气净化中。为此，将稀土氧化物（如 Y_2O_3 等）添加到氧化锆中，使其形成固溶体电介质，这样使其在高温下也是稳定的萤石型立方晶体结构，这种用氧化钇稳定的氧化锆固溶体，具有良好的抗热震性，可以满足汽车尾气净化的要求。

（4）稀土可提高催化剂的抗毒能力　汽车尾气中常含有催化毒物（如硫、磷、铅的氧化物等），当加入 CeO_2 后，它能与硫化物反应生成稳定的 $Ce_2(SO_4)_3$，并在富油燃烧时转变为 H_2S，随尾气一道被净化除去。

稀土在汽车尾气净化剂中的多种功能，使 CeO_2 等稀土氧化物的使用量日增。汽车催化剂用 CeO_2 的数量见表 10-8。

表 10-8　汽车催化剂用 CeO_2 的数量

地　区	1988 年限用车数/辆	2000 年限用车数/辆
日本、亚洲	385 万	1159 万
北美	1735 万	1819 万
欧洲	125 万	1611 万
合计	2245 万	4589 万
稀土（REO）使用量/t	1200	1900

318

我国贵金属资源紧缺，而铈、钇等稀土资源丰富。从而为积极开展以稀土代替贵金属、大力开发新型高性能稀土净化催化材料提供了有利条件。

10.3.4 稀土净化催化剂的制备

制备汽车尾气净化用的稀土催化剂的主要原料包括活性组分、助催化剂和载体等。其中活性组分又包括有贵金属（Pt、Pd、Rh）、稀土（Ce、La 等）等，它们在催化剂中起活性作用（与有害气体发生催化反应），是决定催化剂性能的关键因素。在用贵金属（Pt、Pd、Rh）制成的三元催化剂，常加稀土化合物（如 CeO_2 等）作助催化剂可提高对 CO、HC 和 NO_x 的转化率，并使催化剂具有较好的抗毒性。其载体有金属、活性氧化铝和陶瓷体等，载体要预先制成一定的形状（如网络骨架、蜂窝体或小球状等）以便在催化中提供有效表面及合适的孔结构，获得好的热力学强度和化学稳定性，起活化中心的作用，还可节省活性组分的用量。因此，在制备稀土催化剂时，选择优良的载体也是至关重要的。

虽然稀土净化催化剂的种类很多，但制备方法基本上是类似的。我国研制的 778 型内燃机尾气净化剂（颗粒状稀土催化剂）的制备工艺如图 10-3 所示。催化剂载体制成颗粒状和蜂窝型的六面或八面体，两种形状的载体都要求有足够的使用强度和比表面积（一般要大于 $100m^2/g$），最终的催化剂是将活性组分的真溶液浸渍载体经过滤、风干和灼烧而制成。实验证明，将我国生产的 778 型内燃机尾气净化稀土催化剂装在解放"CA-10B"发动机的公共汽车上使用，行驶 53000km，在实际行驶条件下取样分析 CO 和 HC 的转化率分别为 $70\% \sim 80\%$ 和 $65\% \sim 75\%$。此外，净化装置还有消声作用，比原消声器消除噪声的效果好，可以代替消声器。

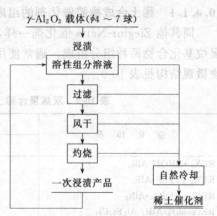

图 10-3　制备内燃机尾气净化稀土催化剂原则流程

过去使用的粒状催化剂，由于压力损失大而逐渐被淘汰。现在多数是把催化剂和氧化铝浸涂在堇青石 $[Al_3 Mg_2 (Si_5 Al) O_{18}]$ 制成的多孔陶瓷载体上。南京理工大学以堇青石为载体，用溶胶-凝胶法制得高度分散、高比表面积的纳米 $LaMnO_3$ 催化剂（属 ABO_3 型稀土复合氧化物），这种新型稀土催化剂对 CO 和 HC 的转化率最高可达 95%，NO_x 的转化率也很高，稳定性也很好。昆明贵金属研究所与福特汽车公司合作，利用我国储量丰富的稀土氧化物，成功地开发了一种新型稀土基催化剂，在保持对有害物质较高转化率的同时，降低了贵金属用量达 75%，该稀土催化技术已在美国获得专利，目前已实现工业化并推广使用。

10.4 稀土合成橡胶催化剂

20 世纪发展起来的高分子材料给人类社会带来了巨大的物质文明，橡胶作为高分子材料的重要组成部分，具有其他材料不可替代的特殊功能，成为国民经济和日常生活中不可缺少的重要材料。就其来源而言，橡胶可以分为天然橡胶和合成橡胶两大类。目前，合成橡胶的产量及应用范围都大大超过了天然橡胶，成为重要的合成材料品种并获得了迅速的发展。

合成橡胶是利用石油炼制和催化裂化过程中产生的大量有价值的单体（乙烯、丙烯、丁二烯、异戊二烯等），通过聚合方法而制成的高分子化合物。在这些单体中，最重要的是丁二烯和异戊二烯等双烯类单体，它们在聚合时，由于聚合方法的不同，所获得的聚合物结构和性能有很大差别。丁二烯和异戊二烯的共聚物是耐低温性能良好的合成橡胶。

催化剂在合成橡胶的生产过程中起着关键的作用。20 世纪 50 年代，在高分子材料合成领域内，发现了一种新型的 Ziegler-Natta 催化剂，它可以使许多单体进行定向聚合，合成出结构规整的聚合物，为合成橡胶工业的发展开辟了新的途径。许多新的合成橡胶品种相继问世，如顺-1,4-聚丁二烯（顺丁橡胶）、顺-1,4-聚异戊二烯（异戊橡胶）、乙烯-丙烯共聚橡胶（乙丙橡胶）等陆续实现了大规模工业化生产。这种新型催化剂通常是由周期表中 ⅣB～Ⅷ族过渡金属盐同 ⅠA～ⅢA 族金属烷基化合物组成的，其中应用较广的是含 3d 电子的过渡金属（Ti、Co、V、Ni、Cr 等）盐及铝的金属烷基化合物。将含 4f 电子的稀土元素应用于合成橡胶催化剂是 20 世纪 60 年代初开始的，我国首先将稀土催化剂用于丁二烯定向聚合，合成了具有高顺-1,4 结构的聚丁二烯，为合成顺丁橡胶找到了新的催化体系，随后逐渐发展形成了具有特色的稀土催化体系，有力地促进了我国合成橡胶工业的发展。

10.4.1 稀土合成橡胶催化剂的组成和影响活性的因素

10.4.1.1 稀土合成橡胶催化剂的组成

同其他 Zieglor-Natta 催化剂一样，催化双烯定向聚合的稀土催化剂也是由稀土盐和金属烷基化合物两种组分组成，通常使用的是 AlR_3 烷基铝化合物。其组成及获得的双烯聚合物微观结构见表 10-9。

表 10-9　双烯聚合稀土催化剂的组成及其对聚合物结构的影响

催　化　体　系	聚合物中顺-1,4 链节含量/%	
	聚丁二烯	聚异戊二烯
$REX_3 \cdot 3ROH\text{-}AlR_3$	96～98	90.5～96
$REX_3 \cdot 3TBP\text{-}AlR_3$	96～98	～94
$RECl_{3-n}(OR)_n\text{-}AlR_3$	97	～94
$RE(naph)_3\text{-}AlR_3\text{-}Al_2Et_3Cl_3$	97	94～97
$REL_3\text{-}AlR_3\text{-}Al_2Et_3Cl_3$	97	～94

注：RE 为稀土元素；ROH 为醇类、醚类、胺类化合物；TBP 为磷酸三丁酯或其他中性膦酸酯；naph 为环烷酸基或其他羧酸基团；L 为酸性膦酸酯基团。

由表 10-9 可见，稀土合成橡胶催化体系可根据组分数的不同可分为二元体系和三元体系。二元体系是由无水稀土卤化物同醇类、醚类、胺类及磷酸酯类形成的配合物再同烷基铝组成的催化体系；三元体系则是由稀土的羧酸盐或酸性膦酸酯同烷基铝及含卤素试剂（第三组分）组成的催化体系，这些含卤素试剂可以是烷基卤化铝，也可以是卤代烷 $SnCl_4$、$SbCl_5\text{-}PCl_3$ 等其他卤化试剂。

10.4.1.2 影响催化活性和聚合物结构的主要因素

（1）稀土元素的影响　实验证明，在催化剂中不同稀土元素的催化活性有较大差异，轻稀土的催化活性大多数都高于重稀土。无论是二元体系还是三元体系的稀土催化剂对丁二烯或异戊二烯聚合的催化活性高低顺序依次为：

Nd＞Pr＞Ce＞Gd＞Tb＞Dy＞La～Ho＞Y＞Er＞Sm＞Tm＞Yb＞Lu～Sc～Eu

其中，Nd 的活性最高，而 Lu、Sc、Eu 几乎无催化活性。这种活性差异可能同催化剂形成过程中稀土离子的价态及 4f 电子的特性有关。例如，Sm 和 Eu 比较容易生成二价的化合物，所以在烷基铝作用下使其还原，降低了催化活性。

（2）不同卤素的影响　稀土合成橡胶催化剂中的不同卤素对聚合活性及聚合物的结构均有一定影响，具体来说可分两种情况：

在二元催化体系中，REX$_3$ 中的不同卤素的影响见表 10-10。

表 10-10　不同 REX$_3$ 对双烯聚合的影响

REX$_3$ 中的卤素	丁二烯		异戊二烯	
	转化率/%	聚合物顺-1,4 结构含量/%	转化率/%	聚合物顺-1,4 结构含量/%
F①	2	95.7	1	95.2
Cl	94	96.2	84	96.2
Br	80	96.8	42	93.7
I	24	96.7	5	90.5

① 催化剂用量是其他卤素的 2.5 倍。

由表 10-10 可见，在二元催化剂体系中 REX 中的不同卤素的催化活性顺序为：

$$Cl > Br > I \gg F$$

对于聚合物的顺-1,4 结构含量，除 I 对异戊二烯聚合物影响较大外，其余卤素对聚合物结构影响不大。

在三元催化体系中加入第三种组分主要是同稀土盐进行交换反应，使稀土周围带有卤素基团。在三元体系中各种卤素的催化活性顺序为：

$$Br > Cl > I > F$$

由于 Br 同 Cl 相比，催化活性相差不大，聚合物的微观结构也没有变化，因而使用的第三组分大都是氯化物。而且三元体系中第三组分同稀土离子有严格的比例，不同的 X/RE 物质的量的比值将影响聚合活性和催化剂的相态。通常三元体系的 X/RE 摩尔比大都选择在 2.5～3.0 之间，在此范围内催化剂的活性较高。

（3）不同烷基铝的影响　不同烷基铝对稀土催化剂的活性和聚合物结构也有明显影响，也可分为两种情况。

二元催化体系中，不同烷基铝对聚合活性有较大影响，其活性顺序为：

$$Al(C_2H_5)_3 > Al(i\text{-}C_4H_9)_3 \gg Al(i\text{-}C_4H_9)_2H$$

不同烷基铝对聚合物的结构影响不大。不同醇类对聚合物微观结构影响也不大，但对聚合活性影响较大，其中无水乙醇的催化活性较高，而且便宜、易得，是制备无水氯化稀土醇合物较好的原料。

三元催化体系中，不同烷基铝对催化活性和聚合物结构的影响见表 10-11。由表 10-11可以看出：三元体系的催化活性不同于二元体系，各种烷基铝的活性顺序为：

$$Al(i\text{-}C_4H_9)_2H > Al(i\text{-}C_4H_9)_3 > Al(C_2H_5)_3 > Al(CH_3)_3$$

烷基铝种类不同对聚合物结构影响不大。烷基铝用量对催化活性有较大影响，同时也影响聚合物的分子量，烷基铝与稀土的物质的量之比在 20 以上时具有较高的催化活性。烷基铝用量是调节聚合物分子量的重要手段。在三元催化体系中，经常使用三异丁基铝或一氢二异丁基铝作为催化剂组分。使用 Al(i-C$_4$H$_9$)$_2$H 可使聚合物分子量降低，适用于合成分子量适当的稀土顺丁橡胶。

表 10-11　不同烷基铝对催化活性和聚合物结构的影响

烷基铝	转化率/%	聚异戊二烯微观结构/%		
		顺-1,4	反-1,4	3,4
Al(CH$_3$)$_3$	20	94	0	6
Al(C$_2$H$_5$)$_3$	40	95	0	5
Al(i-C$_4$H$_9$)$_3$	60	94	0	6
Al(i-C$_4$H$_9$)$_2$H	＞70	约 94	0	约 6

注：催化体系为 RE(naph)$_3$-AlR$_3$-Al$_2$(C$_2$H$_5$)$_3$Cl$_3$。

（4）稀土盐中不同配位体的影响　在三元催化体系中，各种不同配位体的稀土盐的催化活性顺序为：

$$Nd(P_{507}) > Nd(P_{229}) > Nd(P_{204}) > Nd(naph)_3 > Nd(oct) > Nd(C_{5\sim9}COO)_3 > Nd(acac)_3 \cdot 2H_2O$$

在聚合异戊二烯时，酸性磷酸酯的稀土盐活性高于羧酸稀土盐。各种配位体的稀土盐对聚丁二烯和聚异戊二烯的微观结构影响不大，均可获得较高的顺-1,4 结构聚合物。

此外，在制备双烯聚合稀土催化剂时，组分间的加入方式、添加剂及催化剂配制后的放置时间等都会影响聚合活性。

稀土催化剂不仅可以使丁二烯和异戊二烯定向聚合，成性能良好的合成橡胶，同时也可以聚合 1,3-戊二烯及己二烯等。特别有价值的是进行丁二烯和异戊二烯共聚可制得丁二烯-异戊二烯共聚橡胶。这种共聚橡胶主链双键两种单体单元均为高顺式结构（＞95％），具有优异的低温性能，是一种性能优良的合成橡胶。

10.4.2　稀土合成橡胶的制备、结构和性能

10.4.2.1　稀土合成橡胶的制备

稀土合成橡胶的制备通常采用稀土催化双烯工艺，具体有如下两种方式：一是溶液聚合方式，即将催化剂加入单体和汽油的溶液中实现聚合反应，单体浓度一般为 $0.1\sim0.15$ kg/L。实践证明，稀土催化双烯聚合反应平稳，在长期运转中不发生挂胶堵塞现象，反应易于控制，可根据催化剂用量和组分配比以及聚合条件的变化，合成质量优良的合成橡胶。另一种方式是 20 世纪 90 年代出现的气相聚合方式，相对于溶液聚合法而言，气相聚合是合成橡胶生产工艺的一项重大改革。法国的拜耳公司首先开发了气相聚合法生产聚丁二烯橡胶的技术，其关键是以新型钕系催化剂取代传统的钛催化剂，在聚合过程中不再使用溶剂，可降低能耗、缩短工艺流程并操作简便，且不产生副产物，可降低成本和减少环境污染。法国、意大利、中国和日本等国在这方面的研发和工业化方面都取得不少新进展。

10.4.2.2　稀土合成橡胶的结构与性能

高分子材料的结构同性能有着密切的关系。由于催化体系的不同，合成的聚合物结构有很大不同。稀土催化聚合的双烯聚合物具有许多结构特点，因而也具有许多特殊的性能。

（1）稀土顺丁橡胶　稀土顺丁橡胶（RE-BR）是目前不同催化系列顺丁橡胶中最具特色且性能全面的品种。钕-顺丁橡胶与传统的顺丁橡胶的结构性能列于表 10-12。

表 10-12　稀土顺丁橡胶与其他顺丁橡胶的结构性能比较

品　　种	Buna 系列[①]						Ni-BR[②]
	CB22	CB23	CB24	CB55	CB11	CB10	
催化剂	Nd	Nd	Nd	Li	Ti	Co	Ni
微观结构							
顺-1,4 含量/%	98	98	98	38	93	95	96
顺-1,2 含量/%	<1	<1	<1	11	4	2	2
宏观结构							
$M_w/\times10^4$	60	59	100	29	71	51	70
$M_n/\times10^4$	8.5	11.5	7.8	10	13	11	5.0
$M_{支链}/\%$	5	5	3	3	10	15	20
玻璃化温度/℃	−109	−109	−109	−83	−105	−107	−107
结晶温度/℃	−67	−67	−67		−51	−54	−65
熔融温度/℃	−7	−7	−7		−23	−11	−10

① Buna 系列为德国 Bayer 公司生产的稀土催化的顺丁橡胶。

② Ni-BR 为国产镍系顺丁橡胶。

① 由表10-12可见，稀土顺丁橡胶具有顺-1,4结构含量高、支化度低、分子量高等特点，因而生胶的玻璃化温度和结晶温度低、熔融温度高。分子链的较高规整性及线型分子和高分子量使得稀土顺丁橡胶的生胶强度大，胶的黏性高，这些都有利于提高硫化胶的性能及轮胎加工过程的工艺行为。同时，钕系顺丁橡胶在拉伸下具有强烈的结晶倾向，可充分发挥"应力结晶"作用，使得它比传统顺丁橡胶具有更好的物理力学性能。

② 稀土顺丁橡胶同其他顺丁橡胶在硫化后的性能也有很大区别。研究表明，稀土顺丁橡胶动态疲劳寿命、动态磨耗及生热等性能指标都优于传统的顺丁橡胶。稀土顺丁橡胶与天然橡胶（NR）或丁苯橡胶（SBR）的共混胶的性能也优于传统的顺丁橡胶。

③ 稀土催化剂很容易制备分子量较高的顺丁橡胶，高分子量的顺丁橡胶可以作为充油橡胶的基础胶。将石油炼制过程中的残渣油填充到基础胶中，不仅可以改善橡胶的加工行为，也可使炭黑等配合剂在橡胶中均匀分布，从而提高了硫化胶性能。分子量高的充油量也高；各种油品也影响充油胶的性能，因此稀土充油橡胶要根据基础胶的分子量大小，选择合适的充油量和油品，使其硫化胶性能指标达到和超过普通顺丁橡胶水平。Enichem跨国公司生产的稀土充油顺丁橡胶的性能指标优于普通顺丁橡胶。由于稀土充油顺丁橡胶是将价格低廉的渣油填充到橡胶中去，可使橡胶成本降低、产量增加，因此是一种效益较好的合成橡胶品种。

（2）稀土异戊橡胶　异戊橡胶是一种结构和性能最接近于天然橡胶的合成橡胶，它可以部分或全部代替天然橡胶使用，是一种综合性能优异的合成橡胶。工业化生产的异戊橡胶大都采用钛系和锂系催化剂，稀土异戊橡胶的顺-1,4结构含量介于锂系和钛系异戊橡胶之间，通过降低聚合温度的方法可提高稀土异戊橡胶的顺-1,4含量，从而提高其硫化胶的抗张强度。稀土异戊橡胶在性能上比其他催化体系的异戊橡胶优越。我国生产的稀土异戊橡胶的性能均达到或超过国外同类胶种水平。

此外，由于用稀土催化合成的聚丁二烯（BR）和聚异戊二烯（IR）具有高立体规整性和较强的活性链性质，可生产出顺-1,4含量高的共聚物，这类共聚双烯烃聚合物具有良好的力学性能和耐低温性能。

我国较早进行了稀土催化双烯聚合研究和开发工作，从实验室研究到生产装置都证实，稀土催化剂是一种有独特性质的合成橡胶催化剂。我国稀土资源丰富，随着石油化学工业和高分子材料工业的发展将提供大量的双烯类单体。我国是一个橡胶资源相对贫乏的国家，每年要从国外进口大量的橡胶。我国的合成橡胶工业虽然取得了很大成熟，但目前合成胶种不全，产量也不高。我们坚信，只要不懈努力，稀土催化合成橡胶工业一定会在我国健康发展，为我国的国民经济建设提供大量的优质合成橡胶。

10.5　稀土化工催化材料

稀土元素具有高的氧化能和高电荷的大离子，能与碳形成强键，很容易获得和失去电子，促进化学反应。因此，稀土作为催化剂，具有较高的化学活性，适用范围相当广泛，几乎涉及所有催化反应，无论是氧化-还原型的，还是酸-碱型的，均相的还是多相的，这充分显示了稀土催化剂性能的多样性。稀土催化剂还具有稳定性好、选择性高、生产周期短等特点，因此，稀土催化剂被许多化工行业，特别是在石油化工、化肥工业等得到广泛应用。

10.5.1　稀土在化工催化材料中的作用

稀土元素和其他元素之间有很大的交换性，既可以作为催化剂的主要成分，又可以作为催化剂的次要成分。即稀土元素可作为直接活性点起催化作用，也可作载体或助催化剂稳定点阵的组成部分并控制活性成分原子价而起间接作用。在多数情况下，稀土（主要是氧化物）是作为助催化剂。概括起来，稀土在化工催化剂中的主要功能如下所述。

① 作为各类金属催化剂，主要是作为载担型金属催化剂的助催化剂时，最主要功能是通过提高活性组分在表面上的分散度，从而提高催化剂的活性或选择性；通过防止活性组分的烧结，从而提高催化剂的稳定性；通过调变表面酸-碱性提高催化剂的抗结炭性能。例如，在镍系催化剂中添加稀土后，稀土氧化物与镍相互作用，可提高反应的选择性，同时改变了载体的表面性质，细化了镍晶粒，增大了镍的分散度，从而提高了反应活性，而且由于稀土富集于镍晶粒的晶界面上，在多相催化反应中稀土可充分发挥助催化剂作用。又如，在铂系催化剂（如 Pt、Pt-Sn、Pt-Re-Al$_2$O$_3$ 等）中添加稀土后由于稀土的引入，使金属原子集合体变小，有利于铂粒子的分散而且更均匀，活性提高。

② 在氧化物催化剂中，通过稀土氧化物和其他过渡金属氧化物合成新的复合氧化物，制成一系列适用于高温氧化的催化剂；由于某些稀土氧化物的特有的非化学计量性，在反应中可以起储氧和输氧的作用，从而提高催化剂的反应活性；在氧化物催化剂中添加稀土氧化物也可以由于调变表面酸-碱性，起到防止结炭的作用。稀土氧化物作为助催化剂大多用于烃类重整和高温水蒸气转化的镍系、铂系催化剂中。稀土氧化物对重整催化剂有改性作用，使铂粒子变小，使催化剂的高活性中心铂的相对量增加，从而改善催化剂的活性、选择性和稳定性。

10.5.2 稀土有机化工催化材料

有机化工中的氧化、重整、芳化、加氢、脱氢、脱水、水解、酯化等许多反应都可以采用稀土氧化物或复合氧化物做催化剂，不但催化效果好，而且可部分或全部取代贵金属。

(1) 烃类重整　重整是石油加工中仅次于裂解的重要工艺，通常都是使用载担型贵金属催化剂 Pt/Al$_2$O$_3$。如何防止因贵金属烧结而失活以及如何提高这类催化剂的热稳定性一直是困扰人们的难题。近年来人们在研究中发现稀土氧化物具有高熔点、碱性等化学特性，用于重整的镍系或铂系催化剂中可以提高金属的分散和活性以及防止其表面烧结和提高稳定性。于是，在开发双金属如 Pt-Re、Pt-Sn 等的基础上，进一步通过添加如稀土氧化物等耐高温助催化剂以提高其抗热性已成为重整催化研究的热点。南昌大学李凤仪等在这方面进行了系统的研究，他们在这类催化剂中添加稀土，如 Ce、Sm 等都可明显降低裂解率和提高产物（液体）的回收率和芳化率、芳化率加异构率的芳化选择性以及稳定性等。研究表明，对于环己烷、甲基环己烷、甲基环戊烷、正庚烷等烃类的重整，芳烃化产率与催化剂的磁化率有明显的关系。同一稀土元素的改性作用随含量不同而异，而对提高环己烷脱氢，环戊烷芳构化等反应的活性，则以含铈的为最好。另外，也可先将稀土氧化物和 Al$_2$O$_3$ 制成载体后再用浸渍法制取 Pt-Re、Pt-Sn 催化剂，所得结果表明，这样引入的稀土元素可增加催化剂对正庚烷脱氢环化反应的稳定性。在添加一系列稀土的 Pt/Al$_2$O$_3$ 催化剂上研究环戊烷氢解、正己烷脱氢环化、甲醇分解等反应时发现，稀土能促进铂的分散，进一步研究证明，稀土对铂具有给电子效应。

(2) 烃类氧化和氨氧化　由丙烯氧化制丙烯醛以及氨氧化制丙烯腈也是一种重要的石油化工过程。20 世纪 50 年代末由美国 Sohio 公司开发成功后，一直被认为是由石油化工原料直接合成含氧、含腈和烯烃、双烯烃的重要工艺。稀土氧化物作为这类反应中所用催化剂的助剂，具有提高选择性、防止结炭等作用。例如，在由 P-Mo-Bi-Fe 组成丙烯氨氧化合成丙烯腈的催化剂中添加 CeO$_2$ 后，由于在体相中生成了 Ce$_2$(MoO$_4$)$_3$ 等新相，防止了 MoO$_3$ 的

$(CO+H_2)$ 的反应中，使用的是镍催化剂，不同的是在反应气氛中[...]

稀土-磷钼钒杂多酸盐类是异丁烷、异丁酸、异丁烯（叔丁醇）氧化制甲基丙烯醛和甲基丙烯酸及其酯的有效催化剂。在异丁烯选择氧化的钼-碲催化剂中添加稀土氧化物（CeO_2）可使催化剂的晶体结构及表面结构和酸度都发生明显变化，从而提高其选择氧化的选择性。在 Mo-Fe 系催化剂中加入 CeO_2 不仅可以提高催化剂的活性，而且还可以提高其稳定性和使用寿命。

在苯氧化制顺丁烯二酸酐的磷-钒系催化剂中加入少量稀土（除 Gd、Dy、Tm 外）氧化物，均能提高所需产物的回收率。

含稀土的钙钛矿型复合氧化物还是烃类（包括直链烃和芳烃）完全氧化的催化剂，可以取代铂、钯等贵金属。例如，由 La-Ce-Fe 组成的钙钛矿型催化剂可很好地使丁烷、反 2-丁烯及顺 2-丁烯深度氧化成 H_2O 和 CO_2。稀土-锰系催化剂和稀土复合氧化物都分别是苯和甲苯的很好的完全氧化催化剂。

（3）甲烷氧化偶联和选择氧化　甲烷氧化偶联可将蕴藏丰富的甲烷直接合成 C_2 化合物，因而引起了世界各国的普遍重视。稀土催化剂之所以在这一反应最受人们注意，是由于稀土氧化物具有碱性（与碱土氧化物的碱性相当），碱中心能活化 CH_4 的 C—H 键，生成 CH_3—，提高 C_2—选择性；另外，碱性和在碱性表面上生成氧种有关，在强的碱性表面上易于生成 O^-、O_2^{2-} 等活性氧，因此，在甲烷氧化偶联反应中，稀土氧化物表现出较高的活性。

除了简单稀土氧化物外，还有由碱、碱土、稀土、过渡金属组成的一些复合氧化物，而且各有其特点。①由碱、碱土、稀土组成的催化剂，如 Li-Ln-MgO，其中碱土金属氧化物（MgO、CaO）是较好的活性组分，若加入 Li 和 Ln（镧系元素）组成的催化剂，对乙烯、乙烷的回收率和选择性就会大大提高。②由碱-稀土和 IV_A 元素 Sn 组成的 Li-Sm-Mn-Sn 催化剂及由稀土组成的复合氧化物，如 $La_{1-x}Pb_xAlO_3$ 等，也都有很好的活性。③含少量碱土的稀土催化剂，如 La_2O_3-$BaCO_3$（BaO）是最吸引人的催化体系，这类催化剂的 C_2（C_2H_4 + C_2H_6）回收率和 C_2 的选择性相对都比较高。

由甲烷直接合成含氧化合物的选择氧化反应近年来也引起了普遍重视，因为目前如甲醛、甲醇的合成都是经由水煤气为原料的合成甲醇路线，不仅工艺复杂、投资也大，若能由甲烷直接合成，这将是一项重大突破。这里所用的催化剂大都是含稀土的磷酸盐和钼酸盐（稀土和磷、钼配比合适时还可能形成相应的复合氧化物）。此外，含稀土的复合氧化物，如 $La_{1-x}Sr_xMnO_3$（$x=0\sim0.4$）等也是甲烷完全氧化的催化剂。

（4）甲烷化稀土催化剂　甲烷化反应 $H_2+CO(CO_2)\longrightarrow CH_4+H_2O$。是油品分离和化肥生产以及城市煤气转化为甲烷而增热的重要反应，所用催化剂均为载担型的镍，但这类催化剂的稳定性和使用寿命问题均未解决，这与催化剂中活性组分镍的分散度和易烧结性有关，这两种特性是相互矛盾的，故要防止高分散的镍烧结相当困难。事实证明，尽管稀土氧化物本身对这一反应并无活性，但在这类催化剂中添加稀土氧化物后确实可使催化剂活性、耐热性、寿命甚至抗磁性能都有所提高，对改善这类催化剂的催化性能有明显效果。20 世纪 80 年代，南京化工公司研究开发的甲烷化稀土催化剂（丁 104 和丁 105 型）性能已超过了世界同类型催化剂的性能，寿命提高了一倍以上。实验证明，La_2O_3 加入 Ni/Al_2O_3 体系中，由于改变了催化剂的表面性质，降低了 CO 的吸附键能，有利于镍的分散与稳定，从而提高了这类催化剂的催化性能。随后，含稀土的低镍甲烷化催化剂以及一些新型的稀土甲烷化催化剂也相继被开发应用。

（5）轻质油、天然气水蒸气转化催化剂　在由轻质油或天然气经水蒸气转化制合成气

（CO＋H₂）的反应中，使用的也是镍催化剂，不同的只是反应温度比甲烷化高得多。这里，如果在镍催化剂中加入稀土，同样也能提高催化剂的催化性能，除了催化剂的活性、稳定性、耐热性外，最重要的还有催化剂的抗结炭性能。由天津大学开发的轻质油水蒸气转化催化剂是一类含稀土的低镍催化剂，在这类催化剂中加入稀土氧化物后，由于能和其他组分形成诸如 $LaAlO_3$、$MgCeO_3$ 等复合氧化物，可以明显改善 Ni-Mg-Al 体系的分散状态，因而可以提高催化剂的活性和改善催化剂的抗结炭能力，其性能优于国外同类催化剂。在轻油蒸气转化制氢中，利用含重稀土和混合重稀土的镍催化剂时也发现，这类催化剂的选择性和稳定性、活性镍的分散以及抗结炭性能也有明显改善。由成都有机所开发的一种天然气水蒸气转化催化剂是以耐热载体载担镍为活性组分的，为了抗结炭，除了合理调整载体结构外，还浸以稀土和镍。由于添加了稀土，大大提高了催化剂的抗结炭能力和使用寿命。由化工部西南化工研究院开发的天然气水蒸气转化催化剂则是先在载体上（α-Al_2O_3）添加稀土氧化物（La_2O_3、CeO_2），而后再加入活性组分镍制成的，这种催化剂在改善催化剂活性、稳定性及抗结炭性方面均取得了满意的结果。

（6）甲醇氧化和转化 以往广泛采用的由甲醇氧化制甲醛的催化剂，除了银之外，还有钼酸铁。前者较贵，后者则生产能力低。正在开发应用的稀土钼酸盐催化剂是一种新型催化剂，在各种稀土钼酸盐中，催化剂 $\frac{2}{3}$Ce-$\frac{1}{3}$MoO₄ 和 $\frac{2}{3}$Eu-$\frac{1}{3}$MoO₄ 中的 Ce 和 Eu 易于氧化-还原，要比不易变价的 La 活性高得多。稀土杂多酸催化剂还是甲醇转化成低级烯烃的很有开发前景的一种催化剂。由磷钨、硅钨杂多酸制得的 $H_{13}[Ln(SiW_{11}O_{39})_2]$ 稀土杂多酸在此反应中有很好催化活性，而且其变化规律符合斜 W 规则，即具有稳定 f-电子配体的 La^{3+}、Gd^{3+} 和 Lu^{3+} 的活性最高，热稳定性随原子量的增加而提高。

（7）水解和酯化稀土催化剂 在上述稀土催化剂中，稀土只是作为助催化剂使用。此外，也有直接使用稀土化合物本身作为催化剂的，如水解和酯化催化材料。

① 稀土水解催化剂 稀土磷酸盐直接作为卤化芳烃气相水解制酚的催化剂早在 20 世纪 70 年代初就已开发应用。在由间氯苯常压气相水解制间甲酚的反应中发现，由镧盐、铈盐及工业混合稀土氧化物为原料，均可制成间氯甲苯水解用的稀土磷酸盐催化剂。在 360～400℃常压下测得了间氯甲苯在 $LaPO_4$-Cu 和 $LaPO_4$ 催化剂上水解的动力学，发现氯化氢和间甲酚对反应均有抑制作用。

② 稀土酯化催化剂 稀土氧化物也可以直接作为（酸）-碱催化剂用于酸类的酯化反应。例如 La_2O_3、Nd_2O_3、Er_2O_3 等稀土氧化物在邻二甲酸二辛酯的合成反应中都具有催化活性。Nd_2O_3 和 Er_2O_3 的催化效果优于 La_2O_3。在对稀土氧化物的系统研究中发现，在这一反应中，轻稀土氧化物的活性优于重稀土，其中以 Sm_2O_3 和 Nd_2O_3 的活性最高。

10.5.3 稀土无机化工催化材料

无机化中的氨氧化、硝酸及硫酸的制备、中温水煤气变换等反应中常常采用稀土氧化物或盐类作为催化剂组分或助催化剂来提高催化剂的活性及稳定性。

（1）氨氧化稀土催化剂 稀土复合氧化物具有优异的高温氧化性能，不但可用作烃类完全氧化、汽车尾气净化的催化剂，而且可用作氨氧化制硝酸的催化剂。目前，用于这一反应的催化剂主要是贵金属铂，稀土复合氧化物若能在这一领域中获得应用，就可节省贵金属资源，带来显著的经济效益。中国科学院长春应用化学研究所系统地研究了组成为 $La_{1-x}A_xBO_3$（A 为碱金属 Ca 或 Sr；B 为过渡金属）的钙钛矿型复合氧化物在氨氧化制硝酸的反应中的催化作用。发现，组成为 $La_{1-x}Ca_xMnO_3$ 的催化剂在 700～900℃范围内，NO 的产率随 x 的增加而提高，在 $x=0.8\sim0.9$ 处时达到最大值。实验证明，制备催化剂时的焙烧条件对催化剂的催化性能有很大影响。组成为 $La_{1-x}Sr_xCoO_3$ 的催化剂和含锰的相比，活性和耐硫性更佳，同时，比具有尖晶石结构的 Co_3O_4 更为稳定。将这类催化剂担载在合适的载体上，例如浮石、$AlPO_4$、Al_2O_3 等，不仅可以达到相同的活性，而且稳定性还可以有所提高。含镍的稀土复合氧化物在这一反应中也具有相当的活性。

（2）水煤气变换稀土催化剂　合成氨和制氢工业中的一个重要过程是在中温（300～500℃）通过 Fe-Cr 系催化剂的作用，使 CO 和 H_2O 反应生成 CO_2 和 H_2 以除去 CO。在这一变换过程中，稀土是作为 Fe-Cr 催化剂的助催化剂，它可以起到 K_2O、MgO、ZnO、CaO 等多种调变助剂和结构助剂的作用，以避免多种助剂对结构和活性带来的不良影响。例如在 Fe-Ni 系催化剂中添加适量的 CeO_2，采用共沉淀工艺可以制得性能良好的水煤气变换稀土催化剂。通常使用的 Fe-Cr 系催化剂中的铬是对人体和环境有害和污染的毒物，添加稀土（CeO_2）便可减少甚至避免使用这种组分。由于稀土氧化物还可起到电子助剂的作用，有助于 CO 的解离，因此，添加稀土后的 Fe-Cr 系催化剂还可以减少炭的沉积。

近年来，稀土作为耐硫水煤气变换催化剂 Co-Mo-K/Al_2O_3 的助催化剂的研究工作也获得很大进展。研究表明，由于稀土（如 La_2O_3）的加入，可促进 Mo 向表面的偏析作用和防止 Mo 向高价转变的效果，因此，这种稀土助催化剂不仅可以明显提高催化剂的活性，而且可以改善催化剂的耐热性。

此外，在硫酸生产中，可用硫酸铈及铈组混合稀土硫酸盐作氧化硫的催化剂。

第 11 章　稀土新能源材料

11.1　新能源及新能源材料

能源是人类生存和社会发展的物质基础。目前，世界上的主要能源是煤、石油和天然气等化石能源。这些化石能源均是不可再生的能源，不久它们将被耗尽，据估算煤可用约 200 年、石油约 50 年、天然气约 70 年。而且化石能源都是宝贵的化工原料，烧掉它们十分可惜。此外，燃烧化石能源产生的二氧化硫和氮氧化物也会严重地污染环境，它们还是造成酸雨的主要原因。随着世界经济的发展，20 世纪末以来，能源紧张问题已越来越显得突出，如何寻找与开发新能源和再生清洁能源已成为摆在人们面前迫在眉睫的任务。因此，新能源和再生清洁能源技术也就成为 21 世纪世界经济发展中最具有决定性影响的五大技术领域之一。能替代化石能源的新能源有多种，包括太阳能、风能、生物质能、水能（水力资源）、地热能、海洋能等可再生能源以及氢能和核能。尽管再生能源基本上属清洁能源，很受人们欢迎，世界各国都在大力开发和利用。但是，它们中不少不是资源有限便是利用困难，远不能满足人们的需要。据统计在 2002 年可再生能源的水能占世界总能耗的 6%，其他可再生能源的总量仅占 1%，发达国家的水力资源开发已达饱和。太阳能和风能又具有占地面积大、受天气影响等缺点，它们离大规模商业化应用还相差甚远，至于地热能和海洋能相差就更远了。而生物质能也并不是完全的清洁能源。目前，最具吸引力的新能源是正处于研究开发阶段的氢能和已实现商业化应用的核能。这两种新能源不但资源丰富，而且都是清洁能源。就大规模利用而言，新能源都还需要克服许多科学与技术难关，其中材料就是一个共同存在的关键问题。新能源材料则是指实现新能源的转化利用以及发展新能源技术中所要用到的关键材料，是发展新能源的核心和基础。一些稀土金属及其化合物由于特殊的性能使其在某些新能源材料中有着十分重要的应用。本章将对稀土储氢材料和稀土核能材料进行重点介绍。

11.2　稀土储氢材料

稀土储氢材料是一种极具发展潜力的功能材料和能源材料，主要用于氢气储运、分离和提纯；加氢反应的催化剂；高性能充电电池；氢气压缩机；热泵和致冷等方面，市场前景十分广阔，是 21 世纪绿色能源领域中的战略材料。

11.2.1　氢能源及储氢方法

氢是无污染、高效的燃料，它燃烧时放出大量的热。

$$2H_2(g)+O_2(g)\!=\!\!=\!2H_2O(g)+483.7kJ$$

如果按每千克燃料所放出的热量进行计算，氢气为 120918kJ，戊硼烷为 64183kJ，液化气为 45367kJ，相对来说，氢气是更为优良的高能燃料。氢能不但是一种高效、干净、无毒、无二次污染的理想能源，而且氢的储量用之不竭，加上氢能的应用范围广、适应性强，可用作燃料电池发电，也可用于氢能汽车、化学热泵等。因此，氢能的开发和利用成为世界各国特别关注的科技领域。关于氢能的研究开发方面，目前面临氢气的发生、储存和利用三大问题，其中，氢气的储存是氢能应用的前提和关键，许多国家在研究制氢技术和氢能应用技术的同时，对储氢技术的研究极为重视。美国能源部（DOE）在全部氢能研究经费中，大约有50％用于储氢技术。日本已将储氢材料的开发和利用列入1993～2020年的"新阳光计划"，其中氢能发电技术（高效分解水技术、储氢技术、氢燃料电池技术）一次投资就达30亿美元。德国对氢能开发和储氢技术的研究也特别重视。我国从20世纪80年代初就开始了这方面的研究，并列入了"八五"、"九五"攻关项目和"863"高科技项目等国家计划中。

目前所用的储氢方法总的来说有物理方法和化学方法两大类，如图11-1所示。物理方法主要有：深冷液化储氢、高压压缩储氢、玻璃微球储氢、地下岩洞储氢、活性炭低温吸附储氢、碳纤维和碳纳米管储氢等。化学方法主要有：金属氢化物储氢、有机液态氢化物储氢、无机物储氢、铁磁性材料储氢等。不同的储氢方法各有利弊，其中深冷液化储氢由于储氢密度高，是很有前景的储氢技术，但耗能大，对储器材料和结构要求苛刻，目前，除用于火箭等特殊场合外，这种方法是不经济的；高压压缩储氢费用低，但储氢量少，只适用于用量少的应用场合；活性炭低温吸附储氢在质量、体积和成本上都有一定优势，但低温条件限制其应用范围；玻璃微球储氢法、无机化合物储氢法和有机液态氢化物储氢法都是新近研发出来的新方法、正在受到人们的重视，尤其最近发现的富勒烯球（C_{60}）和碳纳米管对氢有较强的吸附作用，吸氢量比活性炭高，可能成为新代的储氢材料；化学法中的金属氢化物储氢法其能量密度高、而且兼备多种功能，所以备受世人青睐。在上述多种储氢方法中，高压储氢和液氢储氢都是比较传统而成熟的方法，它们无需任何材料做载体，只需耐压或绝热的容器就行，它们的发展历史较早。而其他方法均是近二三十年才发展起来的，它们都需要利用一定性质的材料做介质，如金属氢化物、铁磁体、碳材、无机化合物或有机化合物等。

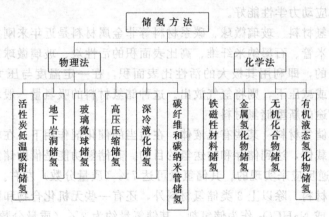

图 11-1　储氢方法及其分类

11.2.2　储氢材料及其分类

储氢材料名义上是一种能够储存氢的材料，实际上它必须是能够在适当的温度、压力下大量可逆地吸收、释放氢的材料。由于储氢方法种类繁多，储氢材料也有多种分类方法，目前通常把储氢材料归纳为金属储氢材料、非金属储氢材料及有机液体储氢材料等几大类。

（1）金属（或合金）储氢材料　氢几乎可以同周期表中各种元素反应，生成氢化物。但并不是所有的金属氢化物都能做储氢材料，只有那些能在温和条件下大量可逆地吸收和释放氢的金属或合金氢化物才能做储氢材料用，例如氢与电负性低的、化学活性大的 I_A、II_A 族等元素反应生成的 LiH、CaH_2 等盐型氢化物，氢与很多过渡金属生成的间隙型化合物等。目前已开发的具有实用价值的金属型氢化物有稀土系 AB_5 型；锆、钛系拉夫斯相 AB_2 型；钛系 AB 型；镁系 A_2B 型以及钒系固溶体型等几种。其中 A 是指可与氢形成稳定氢化物的放热型金属（La、Ce、Mm 即混合稀土金属、Ti、Zr、Mg、V 等）。B 是指难与氢形成氢化物但具有氢催化活性的吸热型金属（Ni、Co、Fe、Mn、Al、Cu 等）。这些 AB_x 型金属，其中 x 由大变小时储氢量有不断增大的趋势，但与之相反的是反应速度减慢、反应温度增高、容易劣化等问题增大。这类材料既可做储氢材料（储氢量一般在 3% 以下）又可兼作其他功能材料，用途较广。表 11-1 给出了实用储氢合金的种类及其特性。

表 11-1 实用储氢合金的种类及其特性

储氢合金	吸氢量（H/M）	平衡分解压力/MPa	氢化物生成热/（kJ/mol H_2）
$LaNi_5$	1.01	0.4(323K)	−30.1
$LaNi_{4.7}Al_{0.3}$	0.99	1.1(396K)	−33.0
$CaNi_5$	0.67	0.04(303K)	−31.8
$ZrMn_2$	1.14	0.1(483K)	−38.9
$TiFe$	0.94	1.0(323K)	−23.0
$TiFe_{0.9}Mn_{0.1}$	0.94	0.5(298K)	−29.3
Mg_2Ni	1.29	0.1(523K)	−64.4

理想的金属（合金）储氢材料应具备以下条件：①在不太高温下，储氢量大，释放氢量也大；②氢化物的生成热一般在 $-46 \sim -29kJ/mol\ H_2$ 之间；③原料来源广，价格便宜，容易制备；④经多次吸、放氢，其性能不会衰减，即使有衰减现象，经再生处理后，也能恢复到原来水平；⑤有较平坦和较宽的平衡压力平台区，即大部分氢均可在一持续压力范围内放出；⑥易活化，反应动力学性能好。

（2）非金属储氢材料　玻璃微球、碳系材料等非金属材料是近年来刚发展起来的新型储氢材料。例如碳纳米管、石墨纳米纤维、高比表面积的活性炭、玻璃微球等。这类储氢材料均属于物理吸附型的，即利用其极大的活性比表面积，在一定温度与压力下，吸取大量氢气，而当提高温度或减压下，则将氢气放出。这种储氢材料的吸氢量一般均大于金属吸氢材料，是一类很有前途的新型储氢材料。

（3）有机液体储氢材料　某些有机液体，在适当的催化剂作用下，在较低压力和相对高的温度下，可做氢载体，达到储存和输送氢的目的。其储氢功能是借助储氢载体（如苯和甲苯等）与 H_2 的可逆反应来实现的。其储氢量可达 7%（质量分数）左右。

（4）其他储氢材料　除以上 3 类储氢材料外，还有一些无机化合物和铁磁性材料可用作储氢，如 $KHNO_3$ 或 $NaHCO_3$ 作为储氢剂，其储氢量约为 2%（质量分数）。磁性材料在磁场作用下可大量储氢，储氢量比钛铁材料大 6～7 倍。

目前，研究较多较为成熟的是金属（或合金）储氢材料，金属氢化物的出现为氢的储存、运输及利用开辟了一条新的途径。特别是稀土系 AB_5 型（如 $LaNi_5$）储氢材料的吸放氢速度快、易活化等许多性能均优于其他储氢合金，因而备受人们重视并获得了广泛应用。

11.2.3　稀土储氢合金的储氢原理

在金属（合金）储氢材料中稀土类储氢合金 $LaNi_5$ 最先在电池、热泵、空调器等方面得到应用，对其储氢等方面基础理论的研究虽然尚不十分成熟，但仍取得了不少进展，现简介如下。

11.2.3.1 稀土储氢合金及其氢化物的结构

La-Ni 体系富 Ni 部分相图（图 11-2）表明 La-Ni 有多种化合物，其中以 $LaNi_5$ 金属间化合物具有很强的吸氢能力，高温时存在着一个较大的均匀区间。下面给出几个温度下 $LaNi_x$ 的均匀区限度：1200℃，$x=4.85\sim5.40$；1100℃，$x=4.90\sim5.10$；1000℃，$x=4.95\sim5.50$。$LaNi_5$ 具有 $CaCu_5$ 型六方结构，空间群为 D_{6h}^1-$P\frac{6}{m}mm$，其结构如图 11-3 所示。每个单胞中有 6 个原子，一个 La 原子占据 1(a) 位置，原子坐标为 $(0,0,0)$，两个 Ni 原子（A 位）占据 2(c) 位置，原子坐标为 $\left(\frac{1}{3},\frac{2}{3},0\right)$；$\left(\frac{2}{3},\frac{1}{3},0\right)$，3 个 Ni 原子（B 位）占据 3(g) 位置，原子坐标为 $\left(\frac{1}{2},0,\frac{1}{2}\right)$；$\left(0,\frac{1}{2},\frac{1}{2}\right)$；$\left(\frac{1}{2},\frac{1}{2},\frac{1}{2}\right)$。点阵常数 $a=$

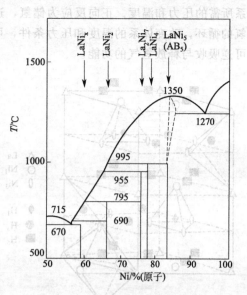

图 11-2　La-Ni 体系富 Ni 部分相图

$0.5017nm$，$c=0.3982nm$，$v=8.677\times10^{-2}nm^3$。吸氢之后，氢处于由 La 原子和 Ni 原子构成的两种四面体晶格和一个八面体晶格之间，如图 11-4 所示。$LaNi_5H_6$ 也是 $CaCu_5$ 型结构，点阵常数 $a=0.5382nm$，$c=0.4252nm$，$v=1.067\times10^{-1}nm^3$，体积膨胀 22.9%。

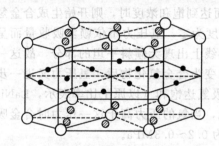

○ La 1(a)$(0,0,0)$6/mmm

⊘ Ni(A 位) 2(c)$\left(\frac{1}{3},\frac{2}{3},0\right)\left(\frac{2}{3},\frac{1}{3},0\right)\overline{6}m2$

● Ni(B 位) 3(g)mmm

3(g)$\left(\frac{1}{2},0,\frac{1}{2}\right)\left(0,\frac{1}{2},\frac{1}{2}\right)\left(\frac{1}{2},\frac{1}{2},\frac{1}{2}\right)$

图 11-3　$LaNi_5$ 的结构

K. Normura（罗米拉）等发现 $LaNi_5$-H_2 系统在 313K 以上时，PCT 曲线上出现两个平台，对应 β-$LaNi_5H_3$ 和 γ-$LaNi_5H_6$ 两种氢化物，这与 $LaNi_5H_6$ 分两步分解的特征相符。X 射线衍射分析得到下列的晶格参数：α 相固溶体，$a=0.501\sim0.506nm$，$c=0.400nm$；β 相氢化物，$a=0.527\sim0.531nm$，$c=0.405\sim0.410nm$；γ 相氢化物，$a=0.536\sim0.540nm$，$c=0.418\sim0.425nm$。β 相可以与 α 相或 γ 相共存。A. L. Shilov（希罗夫）等采用 X 射线衍射、差热分析和 PCT 曲线，证明 $LaNi_5$-H_2 系统中存在着 α-$LaNi_5H<0.5$，β-$LaNi_5H_{3.8}$，γ-$LaNiH_6$，γ'-$LaNi_5H_{6.5}$，ε-$LaNi_5H\approx7$ 和 δ-$LaNi_5H_{5.4}$ 氢化物，并认为 β 相属于斜方晶系。$LaNi_x$（$4.8\leqslant x\leqslant$

5.5）-H 40℃的解吸等温线分析表明在 $LaNi_5$ 相均匀区内，随着 x 不同，吸氢特性有很大的变化，在这个均匀区内，随着 Ni 在化合物浓度的增加，氢化物的稳定性减小。

11.2.3.2　稀土储氢合金吸放氢的热力学和动力学

氢在储氢材料中的吸收和释放，取决于金属和氢的相平衡关系，影响相平衡的因素有温度、压力和组成，因此这些参数可用于控制氢的吸收和释放过程。氢和稀土储氢合金 $LaNi_5$ 的反应可以用下式表示：

$$LaNi_5+3H_2\xrightarrow[P_2,T_2]{P_1,T_1}LaNi_5H_6+\Delta H$$

式中，ΔH 为反应热；P_1、T_1 为吸氢时体系所需的压力和温度；P_2、T_2 为放氢时体系所需的压力和温度。正向反应为储氢，逆向反应为放氢，正逆向反应构成了一个储氢/释氢的循环，改变体系的温度和压力条件，可使反应按正逆反应方向交替进行，储氢材料就能可逆吸收与释放氢气的功能。

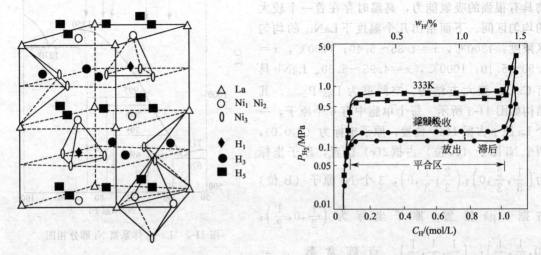

图 11-4 氢在 LaNi$_5$ 中的位置　　　　图 11-5 LaNi$_5$-H 的压力-组成等温曲线

　　LaNi$_5$ 合金吸收氢的压力组成的等温曲线（PCT 曲线）如图 11-5 所示。当储氢合金在一定温度下吸氢时，氢平衡压力随着吸收量的增加而急剧上升，在此区域内氢作为固溶体以原子状态溶入合金中，称为 α 相区。当氢进一步溶解而达到饱和浓度时，则开始生成合金氢化物（β 相），根据吉布斯相律，在温度一定时，自由度为零，氢压力不依赖氢吸收量而呈现出一定值，称为氢的平衡分解压 P_{H_2}。由于 PCT 曲线上出现无倾斜平坦的部分，故这一压力又称为平台压，该区域为 $\alpha+\beta$ 相区。合金全部转变为合金氢化物后，氢压力又进一步升高，进入 β 相区。氢化物相中固溶的氢增加很少，吸氢达饱和（以原子比率表示，LaNi$_5$ 为 1.01）。图中平台线对应的压力（P_{H_2}）为一分界线，当氢的压力高于这一压力时合金吸氢，反之就放氢。理想的储氢合金在常温下的平台压为 0.2～0.3MPa。

　　合金氢化物的标准生成自由能 ΔG 可由下式表示：

$$\Delta G = -RT\ln P_{H_2}$$

平衡状态时，氢的压力和温度之间的关系可用 Vant-Hoff 关系式表示：

$$\ln P_{H_2} = \frac{\Delta H}{RT} - \frac{\Delta S}{R}$$

　　式中，ΔH 为合金氢化物的标准生成焓；ΔS 为合金形成氢化物的熵变；R 为摩尔气体常数；T 为热力学温度。只要测定不同温度下储氢合金吸氢的 PCT 曲线，作 $\ln P_{H_2}$ 和 $1/T$ 图，便可求出氢化物生成反应的 ΔH 和 ΔS。

　　储氢合金形成氢化物的反应焓和反应熵，不但有理论意义，而且对储氢材料的研究开发和利用有极重要的实际意义。生成熵表示形成氢化物反应进行的趋势，在同类合金中若数值较大，其平衡分解压越低，生成的氢化物越稳定。生成焓就是合金形成氢化物的生成热，负值越大，氢化物越稳定。ΔH 值的大小，对探索不同目的金属氢化物具有重要意义。做储氢材料用时，从能源效率角度看，ΔH 值应该小（希望其值在 $-45\sim-20\text{kJ/mol}H_2$ 范围内）；做蓄热料时，该值则应该大，如热泵介质材料 Ti$_{0.8}$Zr$_{0.2}$Mn$_{0.8}$Cr$_{1.0}$FeH$_{3.07}$，其 ΔH 为 $-17\text{kJ/mol}H_2$，60℃温度下平衡分解压可达 6MPa。因此，ΔH 值对研究和开发热泵等先进节能和能量转换机具，也具有重要的实际意义。

目前，对储氢材料的吸放氢动力学研究还处在探索阶段，即便对其中研究较多的 LaNi$_5$ 的反应机理的认识也存在分歧，如 $\alpha+\beta$ 相区吸氢机理，Miyamoto 认为是相界化学反应控速，Boser 认为形核长大是控速环节，而 Coodell 认为氢在合金表面化学吸附和在氢化物中扩散混合控速。宏存茂等采用不锈钢双层水恒温薄层反应器，研究了 LaNi$_5$-H 体系的吸氢反应动力学。测得在 H/M 值低于 0.1 时为 α 相区，其吸氢过程是氢分子的离解和氢原子在 LaNi 中的溶解。LaNi$_5$ 合金在 α 相区的吸氢动力学可以用吸放氢可逆的速度方程来描述。在 20～50℃范围内，吸氢速度常数 K_a 为 0.08～0.41s^{-1}；脱氢速度常数 K_d 为 4.8～25MPa/s。吸氢反应的表观活化能 E_0 为 35kJ/molH$_2$。他们还研究了 LaNi$_5$ 在 $\alpha+\beta$ 相区的吸氢动力学，发现在 $\alpha+\beta$ 相区吸氢速度较 α 相区慢得多，且 $\alpha+\beta$ 相区的压力平台前半段和后半段有着不同的吸氢速率。吸氢起始阶段吸氢速度对氢压为一级，反应受氢化物表面上氢分子离解控制，随着吸氢反应深度的增大，吸氢速度变为受固相中的界面反应控制。另外，也有学者对多元合金（如 LaNi$_{4.7}$Al$_{0.3}$）吸放氢动力学进行了研究，发现在等温条件下和给定相范围内，速度常数不随合金中氢浓度和氢压而变化。在 α 相区化学吸附为速率控制步骤；在 $\alpha+\beta$ 相区形核长大为控制步骤；而在 β 相区氢原子在 β 相氢化物层扩散为控速步骤。还有人应用计算机对反应动力学数据拟合分析的方法研究了吸氢过程的动力学机理和计算动力学参数，获得了一些可喜的结果。

11.2.4 稀土储氢材料的制备方法

稀土储氢材料的制备方法很多，主要有合金熔炼法、还原扩散法、化学合成法、物理气相沉积法、机械合金化法等。

11.2.4.1 合金熔炼法

目前 LaNi$_5$ 型储氢材料的制备方法主要使用合金熔炼法。该法包括合金熔炼、均匀化处理和活化处理三个主要过程，其工艺流程如图 11-6 所示。

（1）合金熔炼 将纯度 99.9% 的金属镧与镍按化学计量 La：Ni＝1：5（原子分数）配料，放于有氩气保护的感应炉或等离子电弧炉中熔炼，温度约 1500℃，熔炼后获得 LaNi$_5$ 金属间化合物，它的晶体结构是 CaCu$_5$ 型的六方晶型。但它还有晶体缺陷，成分也不很均匀，且吸氢能力很弱。

（2）均匀化处理 将熔炼得到的块状 LaNi$_5$ 合金在 1200℃ 左右高温和保护气氛下长时间保温热处理；或在电弧炉中多次熔炼以消微区中元素的浓度起伏和结晶缺陷，达到均匀化的目的。

（3）活化处理 经过均匀化处理的 LaNi$_5$ 合金吸氢速度慢且吸氢和解吸达不到可逆状态。活化处理是把 3.5～10MPa 的高压氢通入盛有

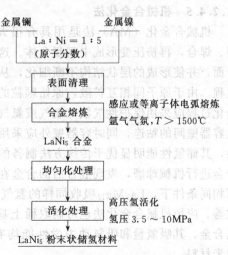

图 11-6 LaNi$_5$ 储氢材料制备工艺流程

LaNi$_5$ 的高压容器中，以"张开"晶体空间，使块状的 LaNi$_5$ 吸氢氢化后粉碎成粉末。经过多次这样的活化处理 LaNi$_5$ 氢化物的粒度可稳定在大约 4μm。这种储氢材料性能好且比较稳定。

11.2.4.2 还原扩散法

还原扩散法是将元素的还原过程与元素间的反应扩散过程结合在同一操作过程中直接制

取金属间化合物的方法。在制备 $LaNi_5$ 储氢合金时，是将 Ni 粉、La_2O_3、CaH_2 按下述反应式进行配料，混合后装入电炉中，在氢气保护下加热进行反应，其反应为：

$$La_2O_3 + 10Ni + 3CaH_2 \xrightarrow{1150℃,\ H_2} 2LaNi_5 + 3CaO + 3H_2$$

恒温一定时间，使之扩散而得到 $LaNi_5$ 和 CaO 的混合物，再用水磨碎除去 CaO，制备纯净的 $LaNi_5$ 粉末，经干燥处理、均匀化处理及活化处理后制得 $LaNi_5$ 储氢材料。该法利用 La_2O_3 取代了金属镧，但还需要价格较高的超细镍粉。日本的板垣乙未生等采用混合稀土 (Mm) 取代金属镧利用还原扩散法直接制得了 $MmNi_5$ 合金粉末与熔炼法制得合金粉在二次电池应用具有相同的循环特性。

11.2.4.3 化学合成法

化学合成法是将 $La^{3+} : Ni^{2+} = 1 : 5$ 的氯化物溶液和等体积的 10% 草酸乙醇溶液（沉淀剂，也可用 Na_2CO_3），在搅拌下进行共沉淀，再经甩干洗涤烘干（180~200℃）制得草酸镧镍共沉物，再以共沉物 : 氢化钙（还原剂）= 2.5 : 2 进行配料、混合、装入管式炉，在氢气保护下缓慢升温至 950℃，恒温 4h 后再通 H_2 冷却，取出产物并将其潮解去钙，在真空中烘干，再进行均匀化处理和活化处理，即可制得 $LaNi_5$ 储氢材料。

共沉淀还原法制备储氢合金具有许多优点：无需高纯金属只需用工业级的金属盐作为原料；合成方法简单，成分均匀，基本上没有偏析现象，能源消耗低；制得的合金是具有一定粒度的粉末，无需粉碎，比表面积大，催化活性强；制得的合金容易活化，活化次数和强度都较小；可用于储氢材料的再生利用。利用共沉淀还原法还可制备钛系储氢材料。

11.2.4.4 物理气相沉积法

通过蒸发、溅射等方法使金属原子或离子凝聚或沉积，如离子束溅射法是将磨光、除油并在 3mol/L 的 H_2SO_4 溶液中电化学活化的金属片作为衬底、溅射靶由混合稀土金属和纯镍拼制而成。溅射沉积参数：氩离子束电压 2.8kV，束电流 80~90mA，真空室压强为 $9.2×10^{-3}Pa$。可制得 $LaNi_{5.20}$ 和 $LaNi_{3.94}Si_{0.54}$ 等合金薄膜。这种薄膜为非晶或微晶结构。

11.2.4.5 机械合金化法

机械合金化（MA）法是用具有很大动能的磨球，将不同粉末重复地挤压变形，经断裂、焊合，再挤压变形成中间复合体。这种复合体在机械力的不断作用下，不断地产生新原子面，并使形成的层状结构不断细化，从而缩短了固态粒子间的相互扩散距离，加速合金化过程。由于原子间相互扩散，原始颗粒的特性逐步消失，直到最后形成均匀的亚稳结构。合金化过程应采用保护性气氛（氩气或氦气），并加入庚烷以防止金属粉末之间、粉末与磨球及容器壁间的粘连，同时容器壁外应采用冷却水循环。用机械合金化所制备的 Mg 系储氢材料，其储氢性能明显优于传统方法制备的产物。K. J. Gross 将镁基合金 La_2Mg_{17} 与稀土储氢合金进行机械球磨，发现混合后的合金在 250℃ 下不到 1min 吸收的氢气达到饱和量的 90%，而相同条件下，La_2Mg_{17} 吸收同样的氢气需要 2.5h，而且球磨后合金吸氢动力学得到更大的改善。应用机械合金化法也可制取稀土基储氢材料，例如 $MmNi_{5-x}(CoMnAl)_x/Mg$ 复合储氢合金，其吸氢量和吸氢动力学性能均有明显提高。利用机械合金化法还可以制备 $LaNi_5$ 纳米材料。

11.2.4.6 储氢合金的表面处理

作为储氢材料，其特性有两方面：一是整体性质，包括储氢容量和反应生成焓等，这些性质主要取决于合金的组成成分和晶体结构。二是表面性质，包括活化、钝化、在电解液中的腐蚀和氧化、电催化活性、高倍率放电能力以及循环寿命等。合金的表面特性严重地影响合金以及电极的整体性质。一般认为储氢合金性能的恶化主要有两种模式：①储氢合金的微粉化及表面氧化扩展到合金内部；②在储氢合金表面形成钝化膜，使合金失去活性。稀土类

334

储氢合金的性能恶化主要属于第 2 种情况。

对储氢合金进行表面改性,可在合金表面形成一层具有催化活性的保护层,从而达到活化的目的,提高交换粒密度,大大改善循环稳定性。尤其是化学镀镍、镀铜等既有防护氢化物氧化作用,又可抑制合金粉化和改善表面催化活性。目前常用的储氢合金表面处理方法有以下几种。

(1) 化学镀膜法　该法是在合金粉粒表面用化学镀方法镀上一层多孔的金属膜,以改善合金粉的电子传导性、耐腐蚀性和热导率,包覆的材料一般为 Cu 或 Ni 等。如日本松下电器公司柳原仲行对 $MmNi_3Co_2$ 合金进行化学镀 Ni,中国的秦光荣等对 $LaNi_5$ 合金粉进行化学镀 Cu 等的研究表明对稀土储氢合金表面改性具有明显的效果。

(2) 储氢合金的碱处理　通常是将磨细至一定粒度的合金粉,浸入高温的浓碱 (KOH)中,不定期搅拌,浸渍一定时间后用去离子水洗净碱液,然后干燥即成。在碱处理过程中,储氢合金在平衡氢电位下,合金构成元素中的一部分有被氧化的倾向,而 Ni、Co、Cu 等由于再生能力强仍保持金属状态。其中 La、Ce 等元素以难溶性氢氧化物 $La(OH)_3$ 形成表面层;Al、Mn、Si、V 等被氧化溶解,从表面消失或再沉积;Ni、Co、Cu 等以金属状态存于合金表面。通过浓碱高温处理可以改善合金的动力学性能,提高高倍率放电能力,改善合金电极的循环寿命。M. Ikoma 等对 $Mm(NiMnAlCo)_5$ 合金的碱处理研究结果表明:碱处理形成的稀土氧化物可以起着防止进一步腐蚀的屏障作用,并抑制了负极容量的变化,合金的循环寿命也得到改善。N. Kuriyama 等用含 H_2O_2 的碱液处理 $LaNi_{4.7}Al_{0.3}$ 储氢合金,结果表明:处理增强 $LaNi_{4.7}Al_{0.3}$ 电极的电化学活性。

此外,氟化处理、盐酸处理等化学处理以及机械合金化处理均是稀土储氢合金表面改性的有效方法,各种方法都有自己的优缺点,可酌情选用。

11.2.5　稀土储氢材料的性能及其优化

11.2.5.1　稀土储氢材料的主要性能

1970 年 Van Vucht 研制出 $LaNi_5$ 储氢材料以来,人们对稀土储氢材料进行了大量研究,取得了有关稀土储氢材料的结构和性能方面的大量信息。$LaNi_5$ 材料是具有 $CaCu_5$ 型晶格结构的金属间化合物,室温下与几个大气压的氢反应,即可被氢化,生成具有六方晶格结构的合金氢化物 $LaNi_5H_6$。$LaNi_5H_{6.0}$ 的储氢量约 1.4% (质量分数),25℃的分解压力 (放氢平衡压力) 约 0.2MPa,分解热为 $-30.1kJ/molH_2$,很适合于室温环境下操作。由于 $LaNi_5$ 合金具有吸氢量大、易活化、平衡压力适中、滞后小、吸放氢快、不易中毒等许多优点,因而很早就用作热泵、电池、空调器等的候选材料。$LaNi_5$ 合金的最大缺点是在吸放氢循环过程中晶胞体积膨胀大 (约 23.5%),其次是制备时需要用纯金属镧作原料,因而成本很高,大规模应用受到限制。如何用最低的成本生产出性能最优异的稀土储氢材料是人们共同关注的问题。事实证明储氢材料的组成是影响其性能价格比的主要因素,此外制备工艺,如铸造方式和冷却条件等也影响着储氢合金的结构和性能。为了降低成本,进一步提高储氢合金性能,人们采用混合稀土元素 (用 Mm 表示,以铈、镧、镨、钕为主,铈>45%) 代替高价镧,制成 $MmNi_5$ 系合金,其成本大大低于 $LaNi_5$ 合金;采用富镧的混合稀土金属 (用 ML 表示,La>45%) 代替纯镧制成的 $MLNi_5$ 系合金,其成本也大大低于 $LaNi_5$ 合金。因此,稀土系储氢合金采用混合稀土取代镧,同时添加锰、铝、钴、铁、锆、铬、锡等元素取代部分镍,制成多组元合金化储氢材料,是当前发展方向。

11.2.5.2　稀土储氢材料性能优化的主要措施

如前所述,已知储氢合金的基础是由 A、B 两种元素构成的,随着 A、B 原子比的不同

构成 AB_5、AB_2、AB、A_2B 等几类合金。而各类合金中 A、B 又代表着不同的金属元素。例如 AB_5 合金中的 A 主要是由 La 及 La 系稀土元素或混合稀土金属以及 Ca 所组成；其他各类合金中的 A 也分别由 Ti、Zr、Mg 等不同元素所组成。各类合金的 B 中 Ni 是不可缺少的元素，而且常用 Co、Mn、Al、Fe 等中的 1 个或多个元素来代替 Ni，从而形成了数以千计的储氢合金。研究证明，不同的元素替代有着不同的作用，下面重点介绍 A、B 两侧组成综合优化对提高 AB_5 型稀土系储氢材料性能的情况。

(1) AB_5 合金中 A 侧（稀土）组分的优化 在 AB_5 型储氢合金中的 A 侧大多为混合稀土金属，主要是 La、Ce、Pr、Nd，由于这 4 种元素含量的变化，会对储氢合金性能产生不同的影响。一般而言，La 高合金容量高、平台压低、耐蚀性差；Ce 高合金容量低、平台压高、耐蚀性好；Nd，Pr 对合金性能的影响介于 La、Ce 两者之间。Zr 和 Ca 也可部分代替 La 或混合稀土金属，使合金性能发生一定变化。可见，调整和优化混合稀土中 La 和 Ce 两种主要稀土元素的比例对进一步提高储氢合金性能有着重大影响。例如，在 $La_{1-x}Ce_xNi_{3.55}Co_{0.75}Mn_{0.4}Al_{0.3}$（$x=0\sim1.0$）合金中，合金的晶胞体积随 Ce 含量的增加而线性减小，平衡氢压升高，当 $x=0.2$ 时，合金具有较好的综合性能。在富镧的 $MLNi_5$ 系合金中，$MLNi_5$ 合金 $[(La+Nd)\geqslant70\%]$ 不仅保持了 $LaNi_5$ 合金的优良特性，而且储氢量和动力学特性优于 $LaNi_5$，而 La+Nd 的价格只是纯镧的 1/5，因此这种储氢合金更有实用价值。

(2) AB_5 合金中 B 侧元素的优化 $LaNi_5$ 储氢合金成本很高，给工业应用带来困难，后来在 $LaNi_5$ 合金基础上研制了廉价的混合稀土 $MmNi_5$ 储氢合金，可在室温、6.07MPa 压力下氢化反应生成 $MmNi_5H_6$，20℃ 的分解压为 1.31MPa，吸氢平衡压约为 3.04MPa。$MmNi_5$ 合金虽然有良好的性能，但活化条件苛刻，难于实用。为此，研究者通过调整、优化合金中 B 侧组成元素成分，也就是添加一些金属元素替代一部分 Ni 来改善合金的活化特性。图 11-7 示出在 $MmNi_5$ 基础上开发的许多多元合金。这是以混合稀土 Ce、La-Ni 系储氢合金为例的合金开发系统图。

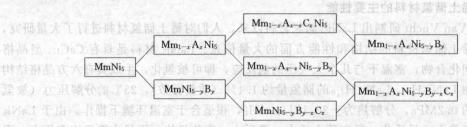

图 11-7 铈、镧混合稀土（Mm)-镍系储氢合金开发体系
(A、B、C 为金属元素)

研究发现，Mn、Al 对合金中 Ni 的部分取代，可使平台压力降低，并且与其取代量成正比。Mn 部分取代 Ni 还可减小吸放氢过程的滞后程度。例如，在 $MmNi_{3.95-x}Mn_xAl_{0.3}Co_{0.75}$ 合金中，当 Mn 对 Ni 的取代量（x）由 0.2 增加到 0.4 时，合金的平衡氢压可由 0.24MPa 降到 0.083MPa（45℃）。商品合金中的锰（Mn）含量（原子分数）一般控制在 0.3~0.4 之间；铝（Al）对镍（Ni）的部分取代可以降低储氢合金的平衡氢压，但随着取代量的增加，合金的储氢容量有所降低，一般控制在 0.1~0.3。

钴（Co）能降低储氢合金的显微硬度，减小合金氢化后的体积膨胀和提高合金的抗粉化能力，并能抑制合金表面 Mn、Al 等元素溶出，减小合金的腐蚀速度，从而提高合金的使用寿命。商品合金中的 Co 含量（原子分数）一般控制在 0.5~0.75 之间。为了降低成本，在不降低合金储氢容量及寿命的前提下，发展低钴或无钴合金已成为当今的研究热点。可用来替代 Co 的元素有 Cu、Fe、Si 等。在合金中加入适量的 Cu，能降低合金的显微硬度和吸氢体积膨胀，有利于提高合金抗粉化能力。因此，Cu 是一种可用于替代钴的合金元素。在 $LaNi_5$ 系和 $MmNi_5$ 系合金中，Fe 对 Ni 的部分取代能降低合金的平衡氢压，但合金的储氢容量有所下降。在发展低成本的无 Co 或低 Co 合金的研究中，Fe 是取代 Co 的重要合金元素。Si 对 Ni 部分取代的作用与 Al 相似，在 $CaCu_5$ 型合金结构中占据 3g 位置，能减小储氢合金的吸氢膨胀及粉化速率；在合金表面形成致密 Si 氧化膜，具有良好的抗腐蚀性能。

在商品化的多元稀土-镍系储氢合金中，采用的合金元素仍主要是 Ni、Mn、Al、Co 等几种，不同元素之间的协同作用的研究仍是当前的重点。表 11-2 列出一些稀土氢化物的特性。

表 11-2　一些稀土氢化物的特性

金属氢化物	氢含量/%	分解压/MPa	生成热(1molH₂)/kJ
$LaNi_5 H_{6.0}$	1.4	0.4(50℃)	−30.24
$MmNi_5 H_{6.3}$	1.4	3.4(50℃)	−26.46
$MmCo_5 H_{3.0}$	0.7	0.3(50℃)	−40.32
$Mm_{0.5} Ca_{0.5} Ni_5 H_{5.0}$	1.3	1.9(50℃)	−31.92
$Mm_{0.9} Ti_{0.1} Ni_5 H_{4.5}$	1.1	2.7(50℃)	−30.08
$MmNi_{4.5} Mn_{0.5} H_{6.6}$	1.5	0.4(50℃)	−17.64
$MmNi_{2.5} Co_{2.5} H_{5.2}$	1.2	0.6(50℃)	−35.28
$Mm_{4.5} Ni_{4.5} Al_{0.5} H_{4.9}$	1.2	0.5(50℃)	−33.10
$MmNi_{4.5} Cr_{0.5} H_{6.3}$	1.4	1.4(50℃)	−25.62
$MmNi_{4.5} Si_{0.5} H_{3.8}$	0.9	2.1(50℃)	−27.72
$MmNi_{4.5} Cr_{0.25} Mn_{0.25} H_{6.0}$	1.6	0.5(50℃)	−29.82
$Mm_{0.5} Ca_{0.5} Ni_{2.5} Co_{2.5} H_{4.5}$	1.1	0.9(50℃)	−34.86
$MmNi_{4.5} Al_{0.45} Ti_{0.05} H_{5.3}$	1.3	0.3(30℃)	−30.18
$MmNi_{4.7} Al_{0.3} Ti_{0.05} H_{5.6}$	1.3	0.6(30℃)	−38.22
$MmNi_{4.5} Mn_{0.45} Zr_{0.05} H_{5.2}$	1.2	0.6(50℃)	−33.18
$MmNi_{4.5} Mn_{0.5} Zr_{0.05} H_{7.0}$	1.2	0.4(60℃)	−33.18
$MmNi_{4.7} Al_{0.3} Zr_{0.1} H_{5.6}$	1.2	0.9(30℃)	−39.48
$LaNi_{4.6} Al_{0.4} H_{5.6}$	1.3	0.2(80℃)	−38.22

为了获得性能优异的稀土储氢材料，除了对其合金组分进行优化外，还要注意制备时的工艺条件的选择和控制，特别是熔体冷却条件（如冷却速度）、合金的粉碎率、合金的表面处理方法等对稀土储氢材料性能的影响。

稀土储氢材料性能要求总的来说有：高的储氢比容量；合适的压力特性，即宽而平坦的压力平台；压力滞后小；易活化；吸放氢速度快；良好的抗中毒性能；循环寿命长；价格低廉等。不同的应用对这些特性要求不同。有些性能对某些用途来说十分重要，而对另外一些应用则不那么重要，所以开发不同应用所需要的储氢合金显得十分必要，这样才能促进稀土储氢材料应用的发展。国外对储氢材料研究和应用的发展方向目前主要有两个方面：一是利用各种金属取代制备合金，形成多元混合稀土储氢材料；另外，由于非化学计量比合金、复合系合金、纳米合金、非晶态合金独特的优异性能，这些合金的制备和性能研究成为目前储氢合金材料的研究热点。一些发达国家生产储氢合金主要采用快速凝固工艺，目前 AB_5 型储氢合金的电化学容量已超过 340mA·h/g，综合性能较好，但从长远角度看不能满足动力电池和燃料电池的需要。因此，国内外研究人员正在积极探索储氢性能更高的储氢材料。

11.2.6 稀土储氢材料的应用

稀土储氢材料作为一种新型功能材料，广泛用于氢的储存、运输，氢气的分离和净化，合成化学的催化加氢与脱氢，镍氢电池，氢能燃料汽车，金属氢化物压缩机，金属氢化物热泵、空调与制冷，氢化物热压传感器和传动装置等，不少应用领域已形成产业，有的则正在开发中。

11.2.6.1 用于氢气的储存和输送

氢能源是人类社会未来的新能源和清洁能源之一，它的应用依赖于能否经济地生产和高密度安全储存与运输。稀土储氢材料（如 $LaNi_5$）的氢密度超过液态氢和固态氢。每公斤的稀土系储金合金可存储约 160L 的氢气，与 15MPa 的高压钢瓶储氢量基本相同，但体积可缩小到 1/4，并可在小于 1MPa 的低压下储存，而且除非从外部加热，否则不会放出氢气，因此安全可靠。稀土系储氢合金容易活化，在 60℃ 以下即可吸放氢气，使用方便。因此，稀土储氢材料用来储存和运输氢气是它的基本应用，目前各种储氢罐、运输氢气用钢瓶和氢能汽车等产品已投入实际应用。

11.2.6.2 用于氢气的分离回收和提纯

稀土储氢材料只吸收和放出氢气，而对氧、水分和其他杂质气体几乎不发生作用，因而可用于氢气的分离回收和提纯。

工业生产中，如化学工业、石油精制、冶金工业等均有大量含氢尾气排出，含氢量有些达到 50%～60%。而目前很多是排空或燃烧处理，白白浪费。因此，对这部分氢加以回收利用具有很大的经济意义。采用稀土储氢材料分离回收氢的方法是：当含有氢的混合气体（氢分压高于金属氢化物-氢系平衡压）流过装有稀土储氢合金（如 $LaNi_5$、$MmNi_5$、$MLNi_5$ 等）的分离床时，氢被储氢合金吸收，形成金属氢化物，而杂质排出；然后加热金属氢化物，释放出氢气。美国 MPD 公司等开发的三塔装置用于回收合成氨时放气中的氢，并返回合成塔以增产氨，氢的回收率和纯度都很高。由于氕、氘、氚分解平衡压的差异，因此也可利用稀土储氢材料进行氢同位素的分离。

利用稀土储氢材料对氢的选择性吸收特性，可以制备 99.9999% 以上的高纯氢气，在半导体器件、电子材料、大规模集成电路、光导纤维生产等方面具有重要应用。德国、美国、日本和中国等都先后研制出了不同容量的稀土储氢材料氢气纯化装置，如德国 KFA 开发的氢气净化器，氢容量为 $1.5m^3$，纯度可达 99.9999%，日本研制的容量为 $2.9m^3$ 的氢气净化装置均能得到超纯氢，更大容量的装置也正在研制开发中。

在利用储氢材料分离和提纯氢的过程中，应避免有 CO 和 H_2S 等杂质气体存在（可先行处理），因为它们对储氢合金表面具有很强的毒化作用。

11.2.6.3 用于加氢与脱氢反应的催化剂

在合成化学中，稀土储氢合金材料可用于加氢与脱氢反应的催化剂，反应条件温和，具有较高的催化活性。例如，$LaNi_5$ 等稀土储氢合金对 CO 甲烷化反应具有较高的催化活性，在 250℃，当 CO：H_2 物质的量之比为 1：3，通过 $LaNi_5$ 粉末时，很快生成了 CH_4。实验表明，$LaNi_5H_x$ 的活性比工业用镍粉高。

稀土储氢材料在烯烃加氢反应催化试验中发现，$LaNi_5H_x$ 在 $-60～80℃$ 使乙烯（C_2H_4）加氢转变为乙烷（C_2H_6）。$RECo_5$（RE 为 Pr, La, Ce）系合金对乙烯加氢及 1,3-丁二烯加氢也具有良好的催化效果。$LaNi_5$ 可使乙烯催化加氢，其活性与工业用 Ni 粉相近，如在氢气气氛中高温还原处理，可使活性超过 Ni 粉。稀土储氢材料对异戊二烯加氢反应表明，采用 $LaNi_5$、$CeNi_5$、$MmNi_5$ 等合金作催化剂，在异戊二烯加氢反应中都能使其全部转化为异戊烷。

稀土储氢材料，如 $LaNi_{5-x}Cu_x$ 合金经适当热处理后，对硝基苯加氢反应具有较高活性。其中在 348℃ 和 2MPa 氢压的水中处理获得了更高的活性。反应后的催化剂物相分析表明，在其表面上析出 Ni 及 Ni-Cu 固溶体，Ni-Cu 固溶体的活性高 Ni 颗粒的活性。经水中活化后的 $LaNi_3Cu_2H_x$ 与硝基苯反应时，储氢的 90% 被利用，而气相中活化的 $LaNi_3Cu_2H_x$ 仅 45% 氢原子参与反应。另外，可用 $MmNi_{3.5}Co_{0.75}Mn_{0.4}Al_{0.3}H_x$ 作氢源，使硝基苯加氢生成苯胺。

特别值得一提的是，现在的合成氨工业是以金属铁（Fe 和 Fe_2O_3 的混合物，另加入约 0.5% 的 Al_2O_3 和 K_2O）为催化剂，在 500～550℃ 和 20～30MPa 压力下进行反应的。几十年来，人们一直在寻找新的催化材料，以改进工艺、提高产量、降低成本。稀土储氢材料的出现，为新催化材料的研制开辟了新的途径。Takeshita 等曾试验过用 $PrCo_5$、$CeCo_5$ 等 16 种金属间化合物作为合成氨反应（$N_2+3H_2\rightarrow 2NH_3$）的催化剂，结果表明，除 $ThFe_3$、$DyFe_3$ 和 $HoFe_3$ 外，其他金属间化合物的催化活性都比现有的合成氨催化剂要强。

此外，$LaNi_{4.7}Al_{0.3}$ 等稀土储氢材料对甲醇脱氢反应都具有较高的催化活性。$LaNi_{4.7}Al_{0.3}$、$CeNi_5$ 对 CO 有较高的选择性。

由上可见，稀土储氢材料在催化加氢和催化脱氢反应中的应用引起了科技工作者越来越大的兴趣，并开展了广泛的研究，取得了许多可喜成果，稀土储氢材料作为新型催化材料有着广阔的发展前景。

11.2.6.4 用于高性能电池

（1）镍氢（Ni-MH）充电电池　二次电池又称可充电池，主要有铅酸电池、镍镉电池、镍氢电池和锂离子电池，其中镍氢电池是稀土储氢材料目前最重要的应用领域之一。锂离子电池综合性能虽好，但价格太贵。与传统的铅酸电池及镍镉电池相比，镍氢电池则具有能量密度高（为镍镉电池的 1.5～2.0 倍），耐过充，放电能力强，无重金属镉对人体的危害，被誉为"绿色电池"。这类高性能电池在宇航、移动电话、笔记本电脑、电动汽车、潜艇等领域得到广泛应用。20 世纪 70 年代初，Justi 等发现 LaNi 和 TiNi 系储氢合金不仅具有阴极储氢能力，而且对氢的阳极氧化也有催化作用。80 年代中期以来，荷兰、日本以及我国国内的一些公司和科研单位致力于多元储氢合金电极材料的研究开发，使 $LaNi_5$ 基多元储氢合金在循环使用寿命方面获得突破，从而使稀土合金氢化物电极替代镍镉电池的镉负极，使镍氢化物电池进入了大规模产业化。据初步统计，2002 年我国镍氢电池产量已达 3 亿只（仅次于日本），2005 年世界小型镍氢电池的需求已达 20 亿只，而且逐年增加。此外，随着电动汽车的发展，对大型镍氢（Ni-MH）电池的需求量将越来越大。

镍-氢（Ni-MH）电池是利用储氢合金的电化学吸放氢特性和电催化活性原理制成的，它以金属氢化物电极为负极，以 $Ni(OH)_2$ 为正极活性材料，KOH 水溶液为电解质组成。以稀土储氢材料 $LaNi_5$ 作电池负极时，其电极反应为：

正极
$$Ni(OH)_2+OH^-\xrightleftharpoons[\text{放电}]{\text{充电}}NiOOH+H_2O+e^-$$

负极
$$LaNi_5+6H_2O+6e^-\xrightleftharpoons[\text{放电}]{\text{充电}}LaNi_5H_6+6OH^-$$

电池反应
$$LaNi_5+6Ni(OH)_2\xrightleftharpoons[\text{放电}]{\text{充电}}LaNi_5H_6+6NiOOH$$

在上电极反应中，发生在两个电极上的反应均属固相转变机制，不产生任何可溶性的金属离子，也无电解质组分的消耗或生成，不存在传统镍镉和铅酸电池所共有的溶解、析出反应的问题。充放电过程只是氢原子从一个电极转移到另一个电极的反复过程。充电时，氢化物（$LaNi_5H_6$）电极作为阴极储氢，即 $LaNi_5$ 合金作为阴极电解 KOH 水溶液时，生成的氢原子在储氢合金 $LaNi_5$ 表面吸附，继而扩散进入电极材料本体进行氢化反应生成金属氢化物 $LaNi_5H_6$；放电时，$LaNi_5H_6$ 作为阳极释放出所吸收的氢原子并氧化成水。除 $LaNi_5$ 系外，$MmNi_5$ 系和 MLNi 系等均是典型的稀土储氢合金电极材料。

（2）稀土镍系储氢合金燃料电池　燃料电池是一种将储存在燃料和氧化剂中的化学能，直接转化为电能的装置。当源源不断地从外部向燃料电池供给燃料和氧化剂时，它可以连续发电。氢气是燃料电池的常用燃料气，氧气是燃料电池的氧化剂。燃料电池通过氢与氧或空气的化学反应得到直流电。其中质子交换膜燃料电池（PEMFC）近年来备受世人青睐，对该系统来说，高效的供氢系统是关键，而金属氢化物储氢体积密度高，远大于气态储氢，也优于液态储氢，不需高压和绝热容器，安全性好，并可获得高纯度氢气。中科院俞涛等对小功率质子交换膜燃料电池电源供氢系进行了研究，结果表明稀土镍系和钛系储氢合金适合于本系统。浙江大学的 X. H. Wang 等对用 ML（$NiCoMnCu$）$_5$ 合金作为碱性燃料电池阳极进行了研究。富镧稀土金属（ML）的组成是：La 73.95%、Ce 5.4%、Pr 17.21%、Nd 3.87%、Fe 0.195%、Mg 0.066%。合金用电弧熔炼制得，粉碎至 300 目。阳极以泡沫镍作集流体，含有一层催化膜和一层防水膜。

稀土镍系储氢合金燃料电池具有：无污染，只有水排放，用它装成的电动车，称为"零排放车"、"绿车"；无噪声、无传动部件，特别适于潜艇中应用；启动快，8s 即可达全负荷；可以模块式组装，即可任意堆积成大功率电站；热效率高，是目前各类发电设备中效率最高的一种；体积小、质量轻等许多优点。因而用途非常广泛：可作固定电话，也可作便携式电源，同时可作为航天、潜艇、电动汽车等领域的动力电源。

此外，利用稀土镍氢（Ni-MH）电池与燃料电池的混合系统作电源，可以显著地提高其效率，日本丰田公司采用 25kW 功率的燃料电池（FC）和一组 Ni-MH 电池组成的混合系统。Mazda 公司也采用了混合燃料电池系统，以氢化物桶作氢源，单纯的氢化物桶的氢发动机汽车的汽油里程（每升汽油行驶里程）只有 16km，而用同样氢化物桶的燃料电池汽车的汽油里程达 34km，提高了 1 倍多。因此，燃料电池电动汽车有希望成为 21 世纪的具有最高能量转换效力的汽车。

11.2.6.5　稀土合金氢化物热泵

稀土储氢材料不仅能储氢，也是理想的能量转换材料。自从美国学者 Terry 提出氢化物热泵以来，引起了各国科学工作者的广泛关注，研制开发极为迅速，已成为金属氢化物工程的热点之一。

储氢合金吸放氢的反应热很大（可达 210kJ/kg），因此可用于化学蓄热和化学热泵。能够通过在两种物性不同的储氢合金之间互相交换氢气的办法吸收或放出其反应热的装置叫做金属氢化物热泵。之所以叫做热泵，是因为自然流向相反，即可以把热量从低温区送到高温区。金属氢化物热泵是以氢气作为工作介质，以储氢合金氢化物作为能量转换材料，由同温下分解压不同的两种氢化物组成热力学循环系统，以它们的平衡压差来驱动氢气流动，使两种氢化物分别处于吸氢（放热）和放氢（吸热）的状态，从而达到升温、增热或制冷的目的，用于空调与采暖。能适用于氢化物热泵的合金中几乎都有稀土金属（见表 11-3）。两种不同的稀土储氢合金，例如 298K 下 $LaNi_5$ 的平衡分解压 0.16MPa，而 $CeNi_5$ 为 4.8MPa，性质差别很大，$PrNi_5$ 和 $NdNi_5$ 介于两者之间分别为 0.83MPa 和 1.29MPa，因此可以调节混合稀土金属中各稀土元素的比例，设计出各种合金以适应多种用途。根据所需温度选择氢分解压高的低温端合金和氢分解压低的高温端合金。如汽车空调机可用 $La_{0.6}ML_{0.4}Ni_{4.7}Cr_{0.3}$ 作高温端合金，用 $La_{0.2}Mm_{0.8}Ni_{4.35}Fe_{0.35}$ 作低温端合金（其中 ML 为富镧混合稀土，La 51.2%，Ce 3.9%，Pr 8.8%，Nd 26.9%；Mm 为富铈混合稀土，Ce 47.4%，La 20.8%，Pr 6.1%，Nd 15.6%，Sm 和 Y 均小于 0.5%）。

表 11-3　各种储氢合金制造热泵的实例

使 用 材 料	用量/kg	输出功率/(kJ/h)
LaNi 系合金，MnNi 系合金 $MLNi_5$	40	8.36×10^3（冷气）
$MLNi_{4.71}Mn_{0.14}Al_{0.15}$	48	3.34×10^4（冷气）
$MLNi_{4.42}Mn_{0.43}Al_{0.05}$		4.04×10^4（冷气运行）
LaNi 系合金，LaNiAl 系合金	90	6.27×10^4（暖气运行）
CaNiMmAl 系合金	3600	1.46×10^4（冷暖气）
TiMn 系多元合金	4	6.69×10^3（冷气）

$LaNi_5$ 氢化物氢压缩机是利用 $LaNi_5$ 吸氢量大，吸氢与解吸氢速度快，平衡压力稳定，在密闭系统中氢的平衡压力随温度升高而增大的性质而制成的。通过合理的设计，可以产生高压的氢气流。其工作原理如图 11-8 所示。在密闭容器中盛有活化过的 $LaNi_5$，通过加热，在温度 T_a，它吸氢由 A 点达到饱和点 B（即平衡压-成分等温线的拐点处）。压力达到 p_a，再将温度加热到 $T_b(T_b > T_a)$，平衡压增高至 $p_b(p_b > p_a)$，达到 T_b 温度下的压力-成分等温线 C 点，然后 $LaNi_5H_{2m}$ 氢化物开始解吸放出 $m$mol 分子氢气。在此过程中加热补充解吸氢的过程，吸热损失的热量以保持平衡温度 T_b 不变，解吸过程至 D 点，此时获得氢气压力为 p_b，打开阀门则获得高压氢气流，关闭阀门后冷却容器使温度降至 T_a，并使其压力降至体系的最低压力。然后再打开通气阀门，使 $LaNi_5H_{2m}$ 在 T_a 温度下重新吸氢（反应放出热量被冷却水带走），可逆膨胀到压力 p_a 达到点 B，完成一个压缩循环。将数个这样的装置串联起来就可得到较多的高压氢气流量。图 11-9 是一种 3 个容器的 $LaNi_5$ 氢气压缩机的简图。该机的热输入为 1kW。$LaNi_5$ 合金总装入量为 1kg，在 15℃ 和 160℃ 平衡压力成为等温下循环，能得到 4.5MPa 高压氢气流，将这样的高压氢气流通过液氮预冷，经过热交换器及焦耳-汤姆逊阀门可获得 0.6～0.8W 的制冷，温度达 16～26K。

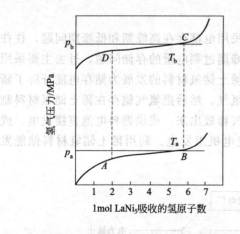

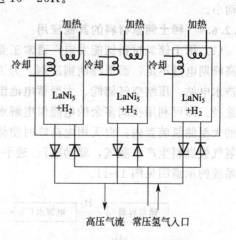

图 11-8　$LaNi_5$ 氢化物氢压缩机理　　　　　图 11-9　$LaNi_5$ 氢化物压缩机简图

迄今为止，各国科学工作者已开发许多储氢合金对用于氢化物热泵，比较典型的有：1977 年阿贡国家实验室建成的太阳能转化系统，采用 $CaNi_5/LaNi_5$ 合金对时，在 117℃/40℃/8℃ 操作温度下，净制冷量为 3500W。1981 年德国 Diamler-Benz 公司开始进行车用空调和家用空调

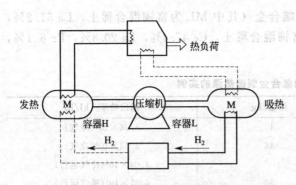

图 11-10　使用储氢合金的压缩式热泵的工作原理

虚线—合金吸热过程；实线—合金放热过程

（容器 H 和 L 为热交换器）

的开发，用 LaNi$_5$/Ti$_{0.9}$Zr$_{0.1}$CrMn 合金对进行制冷，在 150℃/50℃ 的条件可获得 −25℃ 的低温。此时日本也积极开发住宅空调和工厂废热利用热泵，使用储氢合金的压缩式热泵的工作原理如图 11-10 所示。1992 年日本三洋电器公司采用 Mm-Ni-Mn-Al/Mm-Ni-Mn-Co 各 20kg 制成的氢化物制冷系统，在 130～150℃ 高温换热介质和冷却介质的条件下，可连续获得 −20℃ 的低温，制冷功率为 900～1000W。我国浙江大学陈长聘等开发了一对 La(NiCu)$_5$Zr$_{0.05}$-Mm$_{0.6}$ML$_{0.4}$(NiFe)$_5$ 新合金，其综合性能优于 La-Ni-Al 系和 Mm-Ni-Fe 系合金。张沛尤等研究的 La(NiCu)$_5$Zr$_{0.05}$ 和 Mm$_{0.65}$ML$_{0.35}$(NiFe)$_5$ 合金对性能也都优于现存的合金对。他们对开发新一代冰箱等制冷设备具有重要意义。

11.2.6.6　用作传感器和控制器

稀土储氢合金生成氢化物后，氢达到一定平衡压，在温度升高时，合金压力也随之升高。根据这一原理，只要将一小型储氢器上的压力表盘改为温度指示盘，经校正后即可制成温度指示器。这种温度计体积小，不怕震动，准确。美国 System Donier 公司每年生产 75000 支这种温度计，广泛应用于各种飞机。这种温度传感器还可制成火警报警器、园艺用棚内温度测定及自动开关窗户等。使用 LaNi$_5$、TiFe 的金属氢化物传感器（工作温度 15～30℃，反应时间常数 20～40s）已在空调中得到应用。

利用稀土储氢合金吸放氢时的压力效应，如某些储氢合金吸氢后在 100℃ 时即可得到 6～13MPa 的压力，除可制成无传动部件的氢压缩机外，还可作机器人动力系统的激发器、控制器和动力源，其特点是没有旋转式传动部件，因此机器人反应灵敏，便于控制，反弹和震动小。

11.2.6.7　稀土储氢材料的其他应用

（1）稀土储氢材料储能发电　通常工业上或居民用电都存在高峰期和低峰期问题，往往是高峰期电量不足，而低峰期则过剩。为了解决低峰期过剩电量的存储问题，过去主要采用建造水电站、压缩空气储能、大型蓄电池组储能。稀土储氢材料的发展为储存电能开辟了新的途径。即可利用夜间多余的电能供电解水厂生产氢气，然后把氢气储存在稀土储氢材料制成的大型储氢装置内；白天用电高峰时使储存的氢气释放出来，或供燃料电池直接发电，或将氢气做燃料生产水蒸气，驱动蒸汽/透平机和备发电机组发电。利用稀土储氢材料储能发电系统的示意图见图 11-11。

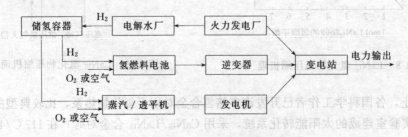

图 11-11　利用稀土储氢材料储能的发电系统

（2）稀土储氢合金真空绝热管　将输送管管壁绝热层内装入一定数量的储氢合金，利用其吸氢反应来维持管壁的真空，即储氢合金起着真空泵的作用密封在输送管的双层壁内，能长期维持输送管管壁内的真空度。实践表明，稀土系储氢合金在耐杂质气体特性和长期保持对氢的活性方面是最好的材料。采用 La-Ni 系储氢合金构成的真空绝热管，在连续输送 200℃热流体时，其热损失为 0.015W/km，这相当于一般绝热管损失（0.24W/km）的 1/10以下。这种真空绝热输送管热损失很小，长期无需维护，耐用年限在 40 年以上。

稀土储氢材料的应用领域非常广泛，随着稀土储氢合金的研究与开发、性能不断改进，其功能将得到更大发挥、应用范围将不断扩展。

11.3　稀土核能材料

核能不但是重要的新能源，而且是一种清洁的能源。利用核能既不产生烟尘、二氧化硫和氮氧化物，又不产生二氧化碳。就是考虑从采矿到生产燃料、使用燃料的整个燃料链来进行比较，核能产生的有害气体也比化石燃料少得多。尽管核能有产生放射性物质的缺点，但核能生产中均有严格的防护和后处理措施，确保绝对安全。若仔细分析煤中也有微量放射性元素，从对公众产生的辐照来说，煤电燃烧链为核电燃烧链的 50 倍，对电站工作人员来说煤电燃烧链约为核电燃烧链的 10 倍。更为重要的是相对于相同质量来说核能是巨大的，据计算，1kg 铀-235 裂变释放的能量相当于 2500t 标准煤燃烧释放的能量。而核聚变反应所释放的能量比核裂变时所释放的能量就更大。核聚变能和太阳能将是未来占主导地位的能源，核裂变能则是目前的化石能向未来能源过渡不可或缺的替代能源。

核能材料（nulear energy materials）是指各类核能系统主要构件使用的材料。包括反应堆结构材料（可分为堆芯结构材料和堆外结构材料）；还包括各种功能材料，如核燃料元件材料、控制材料、慢化材料、反射材料、屏蔽材料、绝缘材料等。

11.3.1　核能的基本概念

核能是 20 世纪出现的一种新能源，它是通过原子核反应而释放出的巨大能量。自世界上第一座反应堆运行至今，不过经历了短短的 65 年时间，但核能已经获得了很大的发展。当年费米领导的世界第一座反应堆功率仅有 0.5W，后来也只达到 200W。根据国际原子能机构公布的资料，2002 年 11 月，全世界核电总装机容量已达到 356746MW，占世界发电总装机容量的 17%，加上研究性反应堆、生产性反应堆、核动力船舰反应堆所产生的核能，那就更多了。目前正在运行的各类反应堆约有 2000 多座，而且还在不断发展中。

核能又可分为核裂变能（简称裂变能）和核聚变能（简称聚变能）两种。

核裂变能是通过一些重元素的原子核裂变释放出的能量，如铀-235 或钚-239 等重元素的原子核在吸收一个中子后发生裂变，分裂成两个质量大致相同的新原子核，同时放出 2~3 个中子，这些新生的中子又会引起其他铀-235 或钚-239 原子核裂变，如此继续下去就产生链式反应。在裂变过程中伴随有能量放出，这就是裂变能。一种典型的裂变反应式为：

$$_{92}^{235}U + _0^1n \longrightarrow _{56}^{140}Ba + _{36}^{94}Kr + 2_0^1n + E$$

或

$$_{92}^{235}U + _0^1n \longrightarrow _{56}^{139}Ba + _{36}^{94}Kr + 3_0^1n + E'$$

一个铀-235 原子每次裂变放出约 200MeV 的能量，一个碳原子燃烧时放出的能量为 4.1eV，铀的裂变能是碳燃烧释能的 4.878 万倍，可见裂变能量是十分巨大的。1g 铀-235 完全裂变所产生的能量相当于 2500kg 标准煤的热值。

核聚变能是由两个轻原子核融合形成重原子时所释放出更大的能量。目前最典型核聚变反应有：

$$^2_1H + ^2_1H \longrightarrow ^3_2He + ^1_0n + 3.27MeV$$

$$^1_0n + ^6_3Li \longrightarrow ^3_1H + ^4_2He + 4.8MeV$$

$$^2_1H + ^3_1H \longrightarrow ^4_2He + ^1_0n + 17.6MeV$$

式中，^2_1H 和 ^3_1H 分别代表氢的同位素氘（又叫重氢）和氚（又叫超重氢）。重氢以重水（D_2O）的形式存在于海水中，尽管其含量很低，但数量巨大的海水中的重氢是取之不尽用之不竭的。1L 海水中的氘通过核聚变放出的能量相当于 300L 汽油燃烧释放出的能量，因此全世界海水中所含的氘通过核聚变释放的聚变能，可供人类在很高的消费水平下使用 50 亿年，而且聚变能是一种清洁的能源。

由于核聚变能的获取和利用所需条件极其苛刻，迄今聚变能尚只实现了军用，即制造氢弹，通过有控制地缓慢地释放核聚变能，达到大规模和平利用所谓的"受控热核反应"尚未实现工业化实用。到目前为止，达到工业应用规模的核能还只有核裂变能。因此，我们通常所说的核能，一般是指核裂变能，它是一种安全、清洁、经济的能源，而且是目前的化石能源向未来能源（太阳能和核聚变能）过渡的不可或缺的替代能源。

11.3.2 核反应堆及其使用的材料

11.3.2.1 核反应堆及其构造

核反应堆是利用核能的一种最重要的大型设备，它可分为裂变反应堆和聚变反应堆两大类。裂变反应堆已得到大量的应用，它是使原子核裂变的链式反应能够有控制地持续进行的装置。裂变反应堆有多种类型。根据引起燃料核裂变的中子的能量，反应堆可分为快堆、中能堆和热堆；根据用于慢化中子的材料则可分为轻水堆（LWR）、重水堆（HWR）、石墨堆和有机介质堆。根据目的和用途，反应堆有动力堆和生产堆（生产放射性同位素用）。动力堆本身又有固定式的（核电站）和移动式的（船舰用堆、飞机和火箭用堆）。目前应用最广泛的是水冷却（主要是轻水），加浓铀作燃料的核电站，它不仅在技术上是成熟可靠的，在经济上也是很有竞争力的。

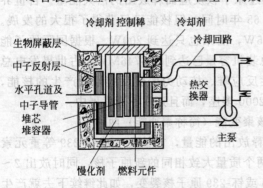

图 11-12 反应堆的基本构成

尽管裂变反应堆有多种类型，但基本构成都大致相同，都是由堆芯和辅助系统组成，即主要由核燃料元件、慢化层、反射层、控制棒、冷却剂和屏蔽层 6 个基本部分构成（见图 11-12）。堆芯内装有核燃料，维持链式裂变反应，绝大部分裂变能以热的形式释放出并由冷却剂向外传递（用以发电等）。核燃料是含有易裂变核素（铀-235、铀-233、钚-239 中任意一种）的金属或陶瓷，通常覆以包壳材料，组成一个可以拆卸和更换的独立单元称为核燃料元件。因为热中子更易维持键式反应，而裂变反应释放的中子能量较高（平均 2MeV）需要慢化至热能范围（约 0.025eV），慢化是借助慢化剂与高能中子的多次散射来实现的。堆芯周围还设有中子反射层，作用是减少中子泄漏，从而降低易裂变核素的临界质量。链式反应要有控制地进行，必须利用能吸收中子的控制棒，调节控制棒在堆芯的位置可以控制链式反应的速率，即反应堆的释热功率。反应堆是一个巨大的释热装置和放射源，所以还需要庞大而复杂的冷却系统、辐射屏蔽系统和安全保护系统。核反应堆各部件均在特殊的条件下工作，因此需用各种性能不同的特殊材料制成。

11.3.2.2 核能材料的技术要求

在通常情况下，与核能材料含义相近的还有反应堆材料和核材料。前者是各类裂变和聚变反应堆使用的主要材料，因为目前的核系统主要是发电用的各类裂变和聚变反应堆，所以除核能系统常规所用材料外，反应堆材料与核能材料基本相同。后者泛指核工业所用材料，抑或专指易裂变材料铀、钚和可聚变材料氘、氚，以及可转换材料钍、锂。目前禁止核扩散和将要禁产的核材料是核武器的主要原料——高富集铀和钚。核能材料除必须满足常规能源材料的要求外，还必须满足核反应堆的一些特殊要求：

① 为保证核反应高效运行，堆芯材料必须是核纯的（杂质的硼当量在 10^{-6} 数量级）；

② 核燃料必须和包壳材料相容；

③ 核能材料必须耐辐损伤；

④ 核能材料必须耐腐蚀；

⑤ 核能材料必须是高质量而且运行特性是可以预测的。

由于目前核能工业中使用的是裂变反应堆，若按使用功能来分，裂变反应堆材料（可直接称为核能材料）可以分为：核燃料、慢化材料和反射材料、控制材料、结构材料、冷却材料、屏蔽材料及燃料后处理材料等。尽管目前运行的裂变反应堆大都是热中子堆，但为了进一步提高核燃料的利用率、改善反应堆的性能，不少新型反应堆，如快中子增殖反应堆已相继问世。人们预期在 21 世纪核能发展中起主导作用的将是快中子增殖堆，采用增殖堆可使铀资源的利用率提高 60~70 倍。美国、俄罗斯、日本和法国都分别建有这类反应堆。要使热中子堆及新型堆达到安全可靠、高效经济，尚有大量工作要做，其中解决各种材料问题尤为显得重要。稀土金属由于具有不同的热中子俘获截面和其他方面特殊性能，使其在核能材料中得到广泛的应用。根据不同稀土元素的核性能特点，不少稀土元素可用作反应堆的结构材料、控制材料、慢化材料和各种陶瓷绝缘材料等。

11.3.3 核燃料元件材料

核燃料元件是核反应堆的心脏部分，它是由核燃料芯体材料（即核裂变材料）和包壳材料组成。

11.3.3.1 核裂变材料

只有铀-233、铀-235 和钚-239 三种核素的原子核可以由中子引起核裂变，它们称为裂变材料又称裂变物质。在自然界存在的裂变材料只有铀-235。铀-233 和钚-239 在自然界中并不存在，它们分别是由自然界中的钍-232 和铀-238 吸收（俘获）中子后衰变生成的。

钍-232 吸收中子后经过两次 β 衰变生成铀-233，即：

$$^{232}_{90}\text{Th} + ^{1}_{0}\text{n} \longrightarrow ^{233}_{90}\text{Th} \xrightarrow{\beta} ^{233}_{91}\text{Pa} \xrightarrow{\beta} ^{233}_{92}\text{U}$$

只有一部分钍-232 吸收中子生成铀-233，钍-232 俘获中子的反应截面为 7.40b。钍-233 发生 β 衰变生成镤-233（$^{233}_{91}\text{Pa}$），后者发生 β 衰变生成铀-233（半衰期为 27d）。铀-233 还可以吸收中子生成铀的更重的同位素。

铀-238 吸收中子后经过两次 β 衰变生成钚-239，即：

$$^{238}_{92}\text{U} + ^{1}_{0}\text{n} \longrightarrow ^{239}_{92}\text{U} \xrightarrow{\beta} ^{239}_{93}\text{Np} \xrightarrow{\beta} ^{239}_{94}\text{Pu}$$

钍-232、铀-238 称为转换材料或增殖材料。

裂变材料和增殖材料统称为核燃料。因此，铀、钍和钚都是核燃料。目前的核工业基本上是建立在铀-235 的热中子裂变上。铀-233、铀-235 和钚-239 这三种裂变材料的基本性质列于表 11-4。

表 11-4　裂变材料的性质

裂　变　材　料	铀-233	铀-235	钚-239
吸收截面/b			
（热中子）	578.8	680.8	1011.3
（快中子）	2	1.5	2
热中子裂变截面/b	531.1	582.2	742.5
每次裂变产生的中子数	2.492	2.418	2.871
每吸收一个热中子产生的中子数	2.2	1.96	1.86

据报道，稀土氧化物 Gd_2O_3 是一种新型的可燃毒物材料被用于水冷动力堆中，UO_2-Gd_2O_3 制成棒材既没有 He 释放问题，芯体肿胀量也不大，还不致发生 PCMI 或 PCI 破坏问题。这种新型的 UO_2-Gd_2O_3 可燃毒物棒已在法国、日本等国的水冷动力堆中使用。

另外，在钚系统系中，可用金属铈制造低熔点合金为燃料，用于快中子堆。

11.3.3.2　包壳材料

核燃料元件将裂变能以热的形式安全可靠地传递给冷却剂。如果核燃料裸露，将与冷却剂直接接触，裂变反应产生的强放射性裂变产物就会进入冷却剂，导致系统严重污染。所以必须在燃料外加上包壳，所用材料称为包壳材料。核燃料由铀和钚的合金或陶瓷组成，作为燃料元件的芯体，通常做成圆柱状、板状或粒状。热中子堆燃料元件的包壳材料必须选用热中子吸收截面很低的材料，如铝合金、锆合金和镁合金；快中子堆的则选用不锈钢。这些材料除了满足核性能要求外，还要考虑本身的辐照效应，如辐照脆性、辐照生长和辐照肿胀以及与冷却剂和核燃料的相容性等。

高温气冷堆的工作温度很高，一般采用涂层颗粒燃料。例如在球状燃料——UO_2 颗粒外面涂覆几层热释碳和碳化硅，得到涂层燃料芯核，再将其弥散在石墨中制成球或柱状燃料元件。

11.3.4　稀土结构材料

反应堆要求结构部件和燃料元件有一定的强度、耐蚀性和高的热稳定性，同时还要防止裂变产物进入冷却剂。稀土金属钇的热中子俘获截面小，而且它的熔点高（高于 1550℃）、密度小（4.47g/cm³），它不与液体铀或钚起反应，吸氢能力也很强，可用作反应堆热强性结构材料。例如稀土金属钇用作在热中子下工作的运送反应堆中的潜能液体燃料所用的管道材料，钇管输送含有 5％的铬的铀液体燃料，在 1000℃ 下根本不被腐蚀，在钇管外面套以不锈钢（两管之间充以氦气），以防止大气对钇管的腐蚀。实践证明，钇可以在快中子增殖反应堆中使用。在核反应堆中使用铌合金管运送熔融锂，由于焊缝含氧高易产生脆化。稀土铌（钽）合金则适用核工业的这类结构材料中。

研究发现，含铕的银合金具有特别好的强度和抗腐蚀性能，铕的质量分数为 9％的合金在 360℃ 和 19.2MPa 的水中能耐腐蚀且具有足够的强度，因而很有实用价值。Ag-Gd-Eu 三元合金的力学性能见表 11-5。

表 11-5　铕、钆的银合金的化学成分和力学性能

化学成分/%（质量分数）			力　学　性　能			
Eu	Ag	Gd	HV/MPa	σ_b/MPa	$\sigma_{0.2}$/MPa	δ/%
0.0	90.0	10	265	157	98	58
0.9	89.1	10	539	235	186	16
4.5	85.3	9.9	1010	284	255	3
9.0	81.3	9.7	1570	—	—	—

在核工业中作为结构材料的还有：稀土氧化物（Sm_2O_3、Eu_2O_3、Gd_2O_3 等）陶瓷材料可制成耐火坩埚用于熔炼金属铀等；含 CeO_2 的铈玻璃不会在辐照下失去透明度，可用来制造有放射性物质下工作时用的隔板或观察，铈玻璃对于 β 辐射有很大的稳定性。β 辐射会使普通玻璃迅速变黑，即使在成分中添加质量分数多达 16％ 的氧化钡的玻璃也是如此。若在玻璃中加入 CeO_2 量约为 1.0％，便可消除因受 β 辐射时所产生的变黑现象，铈玻璃也用于放射性极强的操作环境中。

11.3.5 稀土控制材料

用于控制核反应堆反应性的材料称为"控制材料"。控制材料包括控制棒芯体（中子吸收体）材料、控制棒包壳材料和液体控制材料等。

核反应堆的运转靠核燃料俘获中子后发生裂变，如：

$$^{235}_{92}U + ^1_0n \longrightarrow ^{147}_{57}La + ^{87}_{35}Br + 2^1_0n$$

在裂变过程中，中子会增殖而引起链式反应进行。一般反应堆固有的中子倍增因子要大于 1（例如，新装料的轻水型反应堆堆芯的倍增因子为 1～1.2）。欲使反应堆开始运转、停闭并在一定的电功率或热功率下安全工作，就得控制中子数量，即改变反应堆的中子倍增因子。通过中子泄漏或非裂变吸收份额，可以达到这一目的，核反应堆最常用的控制方式是后者，即插入或移走热中子吸收截面大的材料（控制棒）来调节热中子吸收数量以控制分裂速度。对控制材料的主要要求是中子吸收截面大，而且使用过程中变化尽可能小（可燃毒物例外），通常采用宏观吸收截面 Σ_a（每立方厘米物质的吸收概率）来表征。

$$\Sigma_a = N = N_0(n\rho/M)\sigma_a$$

式中，N 为每立方厘米中该元素的原子核数；N_0 为阿伏伽德罗常数；M 为相对分子质量；n 为一个分子中该元素的原子数目；ρ 为密度；σ_a 为该元素的微观吸收截面，其单位为"巴恩"，可用 b 表示 $1b = 10^{-24} cm^2$；是入射粒子与靶核发生相互作用引起核反应可能性大小的物理量，它的大小因材料而差别很大，最高与最低差可达 7 个数量级。作为控制棒的吸收材料，中子吸收截面在 $10^{-22} \sim 10^{-20} cm^2$ 范围。除要求中子吸收截面大外，控制材料还要求与冷却剂及包壳材料的相容性要好，辐照稳定性好，易于加工制造，经济性好，感生放射性小。

常用的控制材料有 B_4C、硼酸盐玻璃、Ag-In-Cd 合金、铪以及稀土金属等，主要控制材料的核性能可参看表 11-6。

表 11-6 主要控制材料的核性能

元素	主要核反应	吸收同位素质量数 （碳单位）	同位素存在 /％	热中子吸收截面 $(\sigma_a)/b$
硼	$^{10}B(n,\alpha)$	10	18.8	383.7
铪	(n,γ)链式反应	176	5.2	30
		177	18.2	370
		178	27.1	80
		179	13.8	65
		180	35.2	10
铕	(n,γ)链式反应	151	47.8	9000
		152	—	5000
		153	52.2	420
		154		1500
		155	—	13000

元素	主要核反应	吸收同位素质量数 (碳单位)	同位素存在 /%	热中子吸收截面 (σ_a)/b
钆	(n,γ)链式反应	155 157	14.7 15.7	70000 18000
钐	(n,γ)	149	13.8	66000
镝	(n,γ)	161	28.2	2340
铒	(n,γ)	167	22.8	612
银	(n,γ)	107 109	51.4 48.6	30 84
镉	(n,γ)	113	12.3	27000
铟	(n,γ)	113 115	4.2 95.8	63 197

从表 11-6 可以看出，稀土元素钆（Gd）、钐（Sm）、铕（Eu）、镝（Dy）和铒（Er）的热中子俘获截面特别大，非稀土元素的镉（Cd）、硼（B）、铪（Hf）和铟（In）等吸收中子的能力也很强，它们都是优良的核反应堆控制材料，可用作反应堆的控制棒、可燃毒物、中子通量抑制剂以及防护层的中子吸收剂。它们一般是以金属，氧化物、硼化物、碳化物或氮化物陶瓷的形式使用。

稀土控制材料主要有以下几种形式。

(1) 金属控制棒　将稀土金属与基体金属（如不锈钢、钛和锆）制成合金，再制成金属控制棒。

(2) 金属陶瓷控制棒　将稀土氧化物（Gd_2O_3、Eu_2O_3、Sm_2O_3 等）弥散在不锈钢和钛合金中，用粉末冶金的方法做成金属陶瓷并挤压成形，做成金属陶瓷棒。金属陶瓷具有良好的性能，如由钯和稀土金属钐或钆所组成的金属陶瓷在高温水中还具有良好的抗蚀性能，其他稀土金属陶瓷的热稳定性也很好。

(3) 陶瓷材料　直接用稀土氧化物或其盐类同 MoO_3、WO_3 或 TiO_2 混合压制烧结成陶瓷材料。

(4) 稀土盐的固溶体　表 11-6 数据表明铕、钐、钆、镝和铒都很易吸收中子。其中钆的俘获截面最大，但它吸收中子后产生的同位素的俘获截面很小，而且钆是短寿命的吸收剂、燃耗过快，因而只能用来作停闭一般动力堆的停堆棒，或作短寿命反应堆的控制棒。氧化钆（较便宜）和铝酸钆的弥散体也可作控制材料。为了控制铀裂变速度，得到均匀的中子通量，在沸水堆用的核燃料中通常都直接混入 Gd_2O_3 作可燃毒物，广泛地用于各种反应堆，以补偿反应堆运行过程中由于燃料燃烧引起的反应性下降；展平堆芯中子通量分布，改善运行特性（据悉美国运行的 26 个沸水堆都使用了 Gd_2O_3）。钐-149 也有很大的俘获截面，但它存在量很少，仅对燃耗低的核反应堆有使用价值，钐既可以单独也可以和钆一起用作控制棒，不过它的寿命短。镝和铒都有一定的俘获截面，它们是有价值的可燃毒物和控制材料，在一定条件下铒可弥散在不锈钢中作反应堆控制棒。

在众多的稀土控制材料中，铕有最佳的核性能。首先，铕含有两种俘获截面很大的同位素，对于高中子通量的长寿命反应堆而言，铕是除铪以外核性能接近理想的中子吸收体；其次，铕在超热区有很强的共振吸收，吸收中子后通过（n，γ）反应还能产生 5 个中子，吸收截面高并能吸收中子同位素系列。因此铕不但是一个长寿命的吸收体，而且适于作为紧凑型反应堆的控制棒材料。例如潜水艇核动力反应堆的控制棒。铕不但被广泛用来制造控制棒，而且很适于制造补偿棒和事故时的紧急备用棒等。

为了克服铕抗蚀性差的缺点，一般把铕制成金属陶瓷与合金。由于 Eu_2O_3 稳定性比金属铕好，原子密度比金属铕高，Eu_2O_3 与不锈钢的相容性的临界温度在 $550\sim870℃$ 之间加入少量的 Ca 后，Eu_2O_3 烧结块稳定于立方晶系，辐射时不发生无定形转变，稳定性和相容性好。氧化铕与不锈钢及钛制成的金属陶瓷已在实际中使用，美国的陆军袋配式动力反应堆普遍使用氧化铕在不锈钢的弥散体，如用含 Eu_2O_3 质量分数为 30％的不锈钢弥散体作控制棒，袋配式中等反应堆采用把 Eu_2O_3-TiO_2（钛酸铕）弥散在不锈钢制成的控制棒，弥散体中含有 30％氧化铕。美国还把氧化铕弥散在镍铬合金内进行高温控制（高温氦冷热交换试验堆）。

含铕的质量分数为 5％的银镉三元合金，如 Ag-9.9Cd-4.5Eu，除吸收截面大以外，还具有良好的力学、机械加工性能和对高温水的腐蚀性，可作为动力堆的控制棒和停堆棒。值得注意的还有，往氧化铕中加入氧化钼、氧化钨、氧化铝和二氧化钛，能提高氧化铕对水的抗蚀性，减弱氧化铕的水合倾向。

另外，稀土六硼化物及稀土硼酸盐玻璃，具有稀土和硼的中子吸收性能，也是很有发展前途的控制材料，含钆硼酸镉玻璃可用作动力堆的控制材料。

11.3.6　稀土慢化材料

热中子反应堆内的中子需要慢化。按照反应堆的原理，为了达到良好的慢化效果，质量数接近中子的轻原子核对中子的慢化有利，因此，慢化（剂）材料是指那些含有质量数低，且不易俘获中子的核素材料。这类材料的中子散射截面要大，而中子吸收截面要小。符合这些条件的核素有氢、氘、铍、石墨，实际使用的则有重水（D_2O）、铍（Be）、石墨（C）、氢化锆和某些稀土化合物等。

稀土元素钇、铈、镧的热中子俘获截面都小，它们吸氢后都形成相应的氢化物，作为氢的载体可用于反应堆芯的固体减缓剂，以慢化中子速度，增加核反应概率。氢化钇含有大量的氢原子，相当于水的数量，其稳定性极好，直到 $1200℃$，氢化钇只失掉很少的氢，是很有前途的高温堆减速材料。

稀土元素铈、钇及镧的氧化物可作为铀燃料原体的稀释剂，并能降低其蒸气压，增加其导热性。目前已经制得了氧化铀-氧化铈陶瓷燃料。将金属铀弥散在钇中，形成钇基弥散体，也可用作燃料原体。中子俘获截面小的稀土元素可用来稳定二氧化铀陶瓷燃料原体。

另外，二氧化铈可改进 UO_2 的抗腐蚀和抗热性能，加氧化镧能防止 UO_2 转变为 U_3O_8，并能降低基体蒸气压。氧化钇在这方面的应用，比氧化镧还好，氧化钇还能改进二氧化铀燃料的导热性，中子损失很少。

11.3.7　反射层材料和屏蔽材料

为了防止堆芯的裂变中子泄漏到堆芯外部，在堆芯周围一般设置反射层，尽可能将泄漏中子反射回堆芯。作为反射层材料中子散射截面应大，中子吸收截面应尽量小。使用状态可以是固体砌块构成的反射墙，如铍块、石墨块，也可以液体充注堆芯周围反射中子，如在水堆中水兼慢化剂、冷却剂和反射层。在高通量材料试验堆中，铍作反射层，由于中子注量很高，铍和中子发生（n，2n）反应生成 He，会在铍块中形成气泡，靠堆芯的一侧会突出弯曲，通常使用数年之后就要更换。

原则上，所有的慢化材料（包括某些稀土化合物）都可用作反射层材料。

采用屏蔽防护是减少工作人员所受剂量，达到安全防护的可靠方法。选择屏蔽材料应依据核辐射的特性而有所不同：屏蔽 γ 射线要用高密度的固体，如铁、铅、重混凝土；屏蔽热中子要用热中子吸收材料，如硼钢、稀土（铕、钐等）合金或陶瓷以及 B_4ClAl 复合材料等。屏蔽材料接受核辐射，也会发热，也会引起结构和性能的变化，这些在设计和使用中都应予考虑。

11.3.8　稀土陶瓷绝缘材料

　　热离子燃料元件的陶瓷绝缘材料分为电绝缘陶瓷和定位陶瓷。电绝缘陶瓷主要用于封接件，它要求在辐照和铯蒸气条件下电绝缘性能好、耐 $100\sim200V$ 电压、辐照肿胀小、热膨胀系数与金属相匹配、保证陶瓷与金属有良好的接触，抗热冲击能力强。常用绝缘陶瓷有 Al_2O_3、BeO、AlN、$MgAl_2O_4$ 和稀土氧化物陶瓷 Y_2O_3、Sc_2O_3 等。定位陶瓷则要求辐照肿胀小，热膨胀系数小，导热性差。定位陶瓷采用 Sc_2O_3 及 AlN。它们的一些物理性能见表 11-7。

表 11-7　空间热离子反应堆用几种陶瓷绝缘材料的物理性能

材料	晶体结构	熔点/℃	电阻率/Ω·cm		热导率/[W/(m·K)]		线膨胀系数(373K)/×10⁻⁶K⁻¹	密度/(g/cm³)	抗热应力能力
			293K	973K					
99.9% Al_2O_3	hcp	2030	5×10^{13}	5×10^{8}	30	8	8.6	3.79	较好
99.8% BeO	hcp	2570	10^{14}	10^{9}	210	19	7.5	3.03	很好
99.8% $MgAl_2O_4$		2135			14	5	8.8	3.58	中等
99.8% Y_2O_3	bcc	2410			8		9.3	4.50	较差
Sc_2O_3	bcc	2405	10^{15}		30	18	10.0	3.85	
AlN	hcp	2200	10^{12}				5.6	3.06	好

　　多晶 Al_2O_3、AlN 受辐照时，断裂韧性降低，当辐照剂量达到一定值后，材料的弯曲强度突然降低。辐照使单晶 Al_2O_3 和 $MgAl_2O_4$ 体积肿胀。BeO 的辐照肿胀最大，经 $4.7\times10^{22}n/cm^2$ 辐照后，辐照肿胀量达 9.2%。Y_2O_3 辐照肿胀最小。Sc_2O_3 和 $MgAl_2O_4$ 的辐照肿胀与剂量关系不大，肿胀到一定程度后不再变化，是优良的定位陶瓷材料。

第 12 章　稀土超导材料

临界温度 T_c 高于 77K 的铜氧化物超导体的发现，为超导体展现了更加美好的前景，其中含稀土元素的钙钛矿氧化物超导体，如 $YBa_2Cu_3O_{7-\delta}$（简称 123 相，YBaCuO 或 YBCO），是一类重要的高温超导材料。特别是重稀土，如 Gd、Dy、Ho、Er、Tm 和 Yb，可部分或全部取代稀土钇（Y），形成的一系列高 T_c 稀土超导材料（简称 REBaCuO 或 REBCO），有很大发展潜力。稀土钡铜氧化物超导材料，可制成单畴块状材料、涂层导体（第二代高温超导带材）或薄膜材料，分别应用于超导磁悬浮装置和永磁体、强电电力机械或弱电电子器件，尤其面对全球的能源危机和环境问题，科学家预言，高温超导将开创电力产生和分配的新纪元。

12.1　超导电性和超导体

超导电性就是在一定条件下，材料被认为是直流电阻为零和具有完全抗磁性的性质。这是两个相互独立的特性，前者也叫完全导电性，后者又称迈斯纳效应，意思是磁化强度完全抵消磁场强度的磁性质，其结果是磁通从材料内部完全被排除。

超导体就是在适当条件下呈现超导电性（处于超导态）的材料。图 12-1 显示了超导态对温度、磁场和电流密度的依赖关系。图中由临界温度（T_c）、临界磁场（H_c）和临界电流密度（J_c）组成的曲面叫超导体的临界表面。临界温度系指在电流和磁场为零的条件下，超导体呈现超导电性的最高温度，也可以指在某一给定的磁场强度下材料处于超导态的最高温度。临界磁场系指在零磁场强度下，超导凝聚能所对应的磁场强度，它是温度的函数。临界电流（I_c），系指在超导体中，被认为是无阻通过的最大直流电流，是磁场强度和温度的函数。临界电流密度系指通过导体的电流为临界电流时，导体全截面上的电流密度；或当有稳定材料时，导体的非稳定材料部分截面上的电流密度。导体全截面上的电流密度又称工程电流密度（J_{ce}）。在临界表面之内，超导体处于超导态，在临界表面之外，超导体回复为正常态。

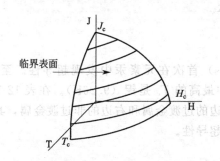

图 12-1　超导体的三个临界参数及其关系

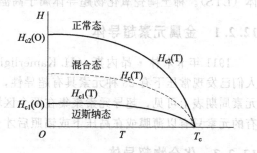

图 12-2　典型第 II 类超导体的磁相图

图 12-2 为典型第 II 类超导体的磁相图。根据电磁特性的不同，超导体可以分为两类：第 I 类超导体和第 II 类超导体。第 I 类超导体是当退磁因子为零，在临界磁场强度 H_c 以下显示超导电性，并伴有完全抗磁性，在 H_c 以上不显示超导电性的超导体。第 I 类超导体包

括除了铌（Nb）、钒（V）、锝（Tc）外的一般元素超导体，其特点是超导——正常的界面能是正的。第Ⅰ类超导体的电流，仅在表面附近的穿透深度（λ）内流动，当表面上产生的磁场达到 H_c 时的电流值就是临界电流 I_c。对第Ⅱ类超导体来说，存在三个临界场：下临界场 H_{c1}，上临界场 H_{c2} 和热力学临界场 H_c。当退磁因子为零时，磁场强度在 H_{c1} 以下时处于迈斯纳态（抗磁态），在 H_{c1} 和 H_{c2} 之间时处于混合态，在 H_{c2} 以上时处于正常态。混合态又叫涡旋态，此时超导体不再是完全排斥磁通的，但进入体内的磁通是量子化的，磁通量子 $\varphi_0 = 2.07 \times 10^{-15}$ Wb。每个磁通量子形成磁通线或涡旋线，涡旋线排成规则点阵。电流流过处于混合态的样品时，磁通线受一电磁力（即洛伦兹力）的作用。在无缺陷的理想的第Ⅱ类超导体中，只需要很小的电流密度，磁通线就在洛伦兹力的推动下运动，在超导体内产生电场，消耗能量。因此理想的第Ⅱ类超导体的临界电流密度 J_c（无阻负载的最大电流密度）很低。实验证明，第Ⅱ类超导体的性能对位错、脱溶相、晶粒边界等各种晶体缺陷很敏感，缺陷的磁通钉扎作用使其处于混合态时可以无阻地传输巨大的直流电流。只有具有大量缺陷的非理想的第Ⅱ类超导体，才具有高的临界电流密度。一般说来，第Ⅱ类超导体的临界温度

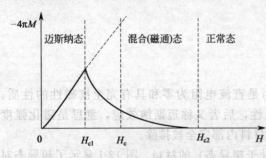

图 12-3 第Ⅱ类超导体的可逆磁化曲线

T_c 高于第Ⅰ类超导体，而且临界磁场 H_c 要比第Ⅰ类超导体高得多。另外，非理想的第Ⅱ类超导体，可以承受较大的电流密度，而不破坏其超导电性。超导体在交变磁场中会有交流损耗。图 12-3 为第Ⅱ类超导体的可逆磁化曲线。处于抗磁态时，在频率小于 10^{10} Hz 时不会有显著的交流损耗。处于混合态时的交流损耗，包括：①磁滞损耗，源于晶体缺陷对磁通线的钉扎；②黏滞损耗，是磁通线芯中正常电子运动时产生的。频率小于 10^5 Hz 时，主要是磁滞损耗，大于 10^5 Hz 时主要是黏滞损耗。

12.2 超导材料

从材料角度，超导体大致可分为元素、合金和化合物超导体。从临界温度角度，一般高于约 25K 的一类超导体称为高温超导体（HTS）；低于约 25K 的一类超导体称为低温超导体（LTS）。稀土陶瓷氧化物超导体属于高温超导体。

12.2.1 金属元素超导体

1911 年卡末林·昂内斯（H. Kamerligh Onnes）首次在元素汞中发现超导性。至今，人们已发现常压下有 28 种元素具有超导性，元素中最高的 T_c 是铌（9.26K）。在表 12-1 的元素周期表上可见，超导元素聚集在两个区域：左边的过渡金属和右边的非过渡金属，其中有的元素只有以薄膜或在高压下或辐照后才会呈现超导性。

12.2.2 化合物超导体

化合物超导体的结构类型和 T_c 值，可参见表 12-2。2001 年 1 月，发现了超导材料二硼化镁 MgB_2，这是一种简单二元金属间化合物，属六方晶系结构，每个晶胞有三个原子，由镁和硼以 1:2 的比例结合。MgB_2 的 $T_c = 39K$，远高于其他常规低温超导体。MgB_2 超导体以它许多优越性能受到了广泛重视。

表 12-1　显示超导元素及其转变温度 T_c 和一些其他特性的周期表

图例（各元素格内数据自上而下）：

符号 T_c	K
德拜温度	K
电子比热容	mJ/(mol·K²)
电-声子耦合	无量纲
态密度 $N(E_F)$	态/原子 eV

1	2	3	4	5	6	7	8	9	10	11	12	3	4	5	6	7
Li 薄膜	Be0.03											Al1.2 423 1.4	Si 薄膜 压力	P 压力		
		Sc0.01 470 10.9	Ti0.4 415 3.3 0.54 1.4	V5.4 383 9.8 1.0 2.1	Cr 薄膜						Zn0.9 316 0.7	Ga1.1 317 0.60	Ge 薄膜 压力	As 压力	Se 压力	
		Y 压力	Zr0.6 290 2.8 0.22 0.8	Nb9.3 276 7.8 0.85 2.0	Mo0.9 460 1.8 0.35 0.6	Tc7.8 411 6.3	Ru0.5 580 2.8 0.47 0.9		Pd 辐照		Cd0.5 210 0.67	IN3.4 108 1.7 1.8	Sn3.7 196 1.8	Sb 压力	Te 压力	
Cs 薄膜 压力	Ba 压力	La4.9 6.3 (α) (β)	Hf0.1 252 2.2 0.14 0.8	Ta4.4 258 6.2 0.75 1.7	W0.02 383 0.9 0.25 0.5	Re1.7 415 2.4 0.37 0.74	Os0.7 500 2.4 0.44 0.68	Ir0.1 425 3.2 0.4 0.35			Hg 4.2 75 1.8	Tl2.4 88 1.5 0.8	Pb7.2 102 3.1 1.55	Bi 薄膜 压力		

镧系、锕系：

Ce 压力		Eu 薄膜	Lu0.1
Th1.4 165 4.3	Pa1.4	U 压力	Am1.0 (β)

表 12-2　结构类型和每种类型的典型化合物的转变温度

结构和类型	典型化合物	T_c/K	个数	类型
B1，NaCl，面心立方	MoC	14.3	26	a
B2，CsCl，体心立方	VRu	5.0	10	b
A13，MnP，正交	GeIr	4.7	10	c
A12，α-Mn，体心立方	$Nb_{0.18}Re_{0.82}$	10	15	d
$B8_1$，NiAs，六角	$Pd_{1.1}Te$	4.1	18	e
$D10_2$，Fe_3Th_7，六角，3-7 化合物	B_3Ru_7	2.6	12	f
$D8_b$，CrFe，四方，σ 相	$Mo_{0.3}Tc_{0.7}$	12.0	27	g
C15，$MgCu_2$，面心立方，Laves	HfV_2	9.4	40	h
C14，$MgZn_2$，六角，Laves	$ZrRe_2$	6.8	19	i
C16，Al_2Cu，面心 tertrag	$RhZr_2$	11.3	16	j
A15，UH_3，立方	Nb_3Sn	18	60	k
$L1_2$，$AuCu_3$ 立方	La_3Tl	8.9	24	l
二元重费米子	UBe_{13}	0.9	9	m
各种二元化合物	MoN	14.8	170	n
C22，Fe_2P，三角	HfPRu	9.9	11	o

表 12-1 超导（续）

结构和类型	典型化合物	T_c/K	个数	类型
E2$_1$,CaTiO$_3$,立方,钙钛矿	SrTiO$_3$	0.3		p
H1$_1$,MgAl$_2$O$_4$,立方,尖晶石	LiTi$_2$O$_4$	13.7	3	q
B$_4$CeCo$_4$,四方晶,三元硼化物	YRh$_4$B$_4$	11.9	10	r
PbMo$_6$O$_8$,三角,Chevrel	LaMo$_6$Se$_8$	11.4	88	s
Co$_4$Se$_5$Si$_{10}$,四方晶	Ge$_{10}$As$_4$Y$_5$	9.1	11	t
面心立方,buckminsterfullerene	C$_{60}$Rb$_2$Cs	31	12	u

12.2.3　合金超导体

在二元无规则合金中，两种过渡元素能以任何比例混合。这种合金的 T_c 可以比每一种元素的 T_c 都高，也可以在其中间，或比其低。合金的 T_c，随其价电子数 Ne 而变化，当 Ne 接近 4.7 和 6.5 时，出现 T_c 的极大值。合金的电子比热系数 γ 也有类似的规律。大多数的超导合金至少有一个组分是元素超导体，有时（例如 NbTc$_3$，VRu）二个组分都是元素超导体。

超导合金材料，具有机械强度高、应力应变小、易于生产、成本低等优点，较早就被开发应用，由铌和钛组成的合金超导材料，具有良好的加工性能，是应用最广的实用合金超导材料（工作磁场低于 8T，温度低于 5K），典型的 NbTi 合金超导材料有 Nb 50％（质量）Ti 和 Nb 46.5％（质量）Ti 等。

12.2.4　具有 NaCl 结构的化合物超导体

这种 B1 型 AB 超导体，在 NaCl 晶格上，分布有金属原子 A 和非金属原子 B。目前已发现 26 种 B1 化合物是超导的，其中，碳化物 AC 和氮化物 AN 具有较高的转变温度 T_c（例如 NbN 的 T_c 为 17K），T_c 高于 10K 的 B1 化合物超导体，其金属原子 A 是 Nb、Mo、Ta、W 和 Zr，而 Nb 似乎总是最好的。在 1932～1953 年间，从发现 T_c 为 11K 的 NbC 到发现 T_c 为 17.8K 的 NbN$_{0.7}$C$_{0.3}$，具有 NaCl 结构或 B1 结构的化合物超导体，成为较高 T_c 的超导材料。MoC 具有碳化物中最高的 T_c（14.3K），但添加任一元素都会使它的 T_c 下降。NbN 具有二元氮化物中最高的 T_c（17.3K）。具有 B1 结构化合物的最高 T_c 出现在合金氮化物（Nb-Ti）N 和合金碳氮化合（Nb-Ti）（CN），它们的 T_c 都是 18K。具有实际意义的化合物是 NbN 和 NbN$_{0.7}$C$_{0.3}$。

12.2.5　A15 型化合物

A15 这个术语指的是具有 Cr$_3$Si(A$_3$B) 立方结构的一系列化合物，详见表 12-3 所列。最初将它称为"β-W"结构，一般化学式是 A$_3$B。人们首先在 V$_3$Si 上发现 A15 结构的化合物具有超导电性，其 T_c 为 17.1K。在 1953～1973 年间，相继发现了 V$_3$Si（T_c=17K）、Nb$_3$Sn（T_c=18K）、Nb$_3$Ge（T_c=23.2K）。这些 A15 型化合物具有更高的 T_c。已经实用的超导体有 Nb$_3$Sn（上临界磁场 H_{c2} 为 25T 左右）和 V$_3$Ga，V$_3$Ga 在高磁场区有较高的临界电流密度，常被用来制造磁场超过 15T 的超导磁体。

表 12-3　一些 A15 化合物 A$_3$B 的超导转变温度 T_c　　　　　　　　　　　　/K

A$_3$ / B	Ti	V	Cr	Zr	Nb	Mo	Ta
Al		11.8			18.8	0.6	
Ga		16.8			20.3	0.8	
In		13.9			9.2		
Si		17.1			19	1.7	

B \ A₃	Ti	V	Cr	Zr	Nb	Mo	Ta
Ge		11.2	1.2		23.2	1.8	8.0
Sn	5.8	7.0		0.9	18.0		8.4
Pb				0.8	8.0		17
As		0.2					
Sb	5.8	0.8			2.2		0.7
Bi				3.4	4.5		
Tc						15	
Ru			3.4			10.6	
Rh		1.0	0.3		2.6		10.0
Pd		0.08					
Re						15.0	
Os		5.7	4.7		1.1	12.7	
Ir	5.4	1.7	0.8		3.2	9.6	6.6
Pt	0.5	3.7			10.9	8.8	0.4
Au		3.2			11.5		16.0
Tl				0.9	9		

12.2.6 拉夫斯（Laves）相

金属 AB_2 化合物（Laves 相）中有几十种是超导的，在表 12-4 中给出了一些 Laves 相化合物的临界温度 T_c。

表 12-4 一些 Laves 相（AB_2）化合物的超导转变温度 T_c /K

A \ B₂	V	Mo	Re	Ru	Os	Rh	Ir	Pt	Te
Ca						6.4	6.2		
Sr						6.2	5.7		
Sc			4.2	2.3	4.6	6.2	2.5	0.7	
Y			1.8	2.4	4.7		2.1	0.5	
La				4.4	8.9		0.5		
Zr	9.6	0.13	6.8	1.8	3.0		4.1		7.6
Hf	9.4	0.07	5.6		2.7				5.6
Lu				0.9	3.5	1.3	2.9		
Th			5.0	3.5			6.5		

12.2.7 谢弗尔（Chevrel）相

1971 年 Chevrel 等发现了以硫化钼为基的一类新的三元化合物，次年，发现这些 Chevrel 相有许多是超导的。Chevrel 相 $A_x Mo_6 X_8$ 是由 $Mo_6 X_8$ 型离子团和金属离子 A 组成的化合物超导体，大都是三元过渡金属硫族化物，这里 A 几乎可以是任一元素，而 X 是 S、Se 或 Te。Chevrel 相化合物有较高的 T_c 和很高的上临界场 H_{c2}，但临界电流密度有些低，典型值为 $2 \sim 500A/cm^2$。表 12-5 给出了几十种这些体心立方系超导体及其 T_c，典型的有 $PbMo_6 S_8$ 等。

表 12-5 一些 Chevrel 化合物的超导转变温度

$A_x Mo_6 S_8$	T_c/K	$A_x Mo_6 Se_8$	T_c/K	各种化合物	T_c/K
$Mo_6 S_8$	1.6	$Mo_6 Se_8$	6.4	$Pb_{0.9} Mo_6 S_{7.5}$	15.2
$Cu_2 Mo_6 S_8$	10.7	$Cu_2 Mo_6 Se_8$	5.9	$PbGd_{0.2} Mo_6 S_8$	14.3
$LaMo_6 S_8$	6.6	$La_2 Mo_6 Se_8$	11.7	$PbMo_6 Se_8$	12.6
$PrMo_6 S_8$	4.0	$PrMo_6 Se_8$	9.2	$Sn_{1.2} Mo_6 Se_8$	14.2
$NdMo_6 S_8$	3.5	$NdMo_6 Se_8$	8.4	$SnMo_6 Se_8$	11.8

$A_x Mo_6 S_8$	T_c/K	$A_x Mo_6 Se_8$	T_c/K	各种化合物	T_c/K
$Sm_{1.2}Mo_6S_8$	2.9	$Sm_{1.2}Mo_6Se_8$	6.8	$LiMo_6Se_8$	4.0
$Th_{1.2}Mo_6S_8$	1.7	$Th_{1.2}Mo_6Se_8$	5.7	$NaMo_6Se_8$	8.6
$Dy_{1.2}Mo_6S_8$	2.1	$Dy_{1.2}Mo_6Se_8$	5.8	KMo_6Se_8	2.9
$Ho_{1.2}Mo_6S_8$	2.0	$Ho_{1.2}Mo_6Se_8$	6.1	$Br_2Mo_6S_6$	13.8
$Er_{1.2}Mo_6S_8$	2.0	$Er_{1.2}Mo_6Se_8$	6.2	$I_2Mo_6S_6$	14.0
$Tm_{1.2}Mo_6S_8$	2.1	$Tm_{1.2}Mo_6Se_8$	6.3	$BrMo_6Se_7$	7.1
$Yb_{1.2}Mo_6S_8$	约 8.7	$Yb_{1.2}Mo_6Se_8$	5.8	IMo_6Se_7	7.6
$Lu_{1.2}Mo_6S_8$	2.0	$Lu_{1.2}Mo_6Se_8$	6.2	$I_2Mo_6Te_6$	2.6

12.2.8 其他超导体

至今发现还有许多其他种超导体，如重电子系统，电荷转移有机物（chargetransfer organics），硫族化物和氧化物（如 $SrTiO_3$、$Li_xTi_{3-x}O_4$、$LiTi_2O_4$、$CuRh_2Se_4$、CuV_2S_4、$CuRh_2S_4$），钡铅铋氧化物钙钛矿，钡钾铋立方钙钛矿氧化物，巴基特氟隆 C_{60} 和硼碳化物等。其中，与稀土有关的主要是氧化物超导体。

12.3 氧化物超导材料

已发现的高临界温度氧化物超导体种类很多，主要有钇系、铋系和铊系等，但都是钙钛矿型为基的结构，都有 Cu-O 离子层，结构中的二维铜原子面与高温超导电性直接有关。每个系列始自一个母相，它是绝缘体，而且多数是一个反铁磁的绝缘相。通过置换组成元素或破坏化学比，绝缘体变成载流子浓度不高的导体，然后材料变成超导材料。多数材料证明，T_c 是载流子浓度的函数，当载流子浓度更高时，T_c 下降，直到成为非超导体。表 12-6 列出了高 T_c 氧化物超导材料的系列。表 12-7 为典型高 T_c 氧化物超导体的 T_c 和晶体结构。

表 12-6 高 T_c 氧化物超导材料的系列

母 相	高 T_c 相	导电类型	最高的 T_c/K
La_2CuO_4	$Al_{2-x}A_xCuO_4$（A 为 Sr，Ba，Ca）	p	约 36
R_2CuO_4[①]	$R_{2-x}M_xCuO_{4-y}$（M 为 Th，Ce）	n	约 25
$BaBiO_3$	$Ba_{1-x}K_xBiO_3$	p	约 30
$RBa_2Cu_3O_{<6.4}$[②]	$RBa_2Cu_3O_{>6.5}$	p	约 95
	$YBa_2Cu_4O_8$	p	约 80
$BiRSrCuO$ R：稀土	$Bi_2Sr_2(Ca_xR_{1-x})_nCu_{n+1}O_{2n+6}$	p	约 112
$TiRBaCuO$ R：稀土	$Ti_2Ba_2(Ca_xR_{1-x})_nCu_{n+1}O_{2n+6}$	p	约 125
	$TiBa_2(Ca_xR_{1-x})_nCu_{n+1}O_{2n+5}$	p	
$Pb_2SrRCu_3O_8$	$Pb_2Sr_2Ca_{1-x}R_xCu_3O_{8+\delta}$	p	约 70

① R：Pr，Nd，Sm，Eu 等。
② R：Y，La，Nb，Sn，Eu，Gd，Ho，Er 等。

表 12-7 典型高 T_c 氧化物超导体的 T_c 和晶体结构

分子式	T_c/K	晶 体 结 构				
		$m2(n-1)n$	$a/Å$	$b/Å$	$c/Å$	$d/Å$
$Sr_{0.85}Nd_{0.15}CuO_2$	40	0101	3.8	3.8	12.5	12.5
$(La,Ba)_2CuO_4$	35	0201	5.4	5.4	13.2	13.2
$(La,Sr)_2CaCu_2O_6$	60	0212	3.8	3.8	13.2	13.2

分子式	T_c/K	晶 体 结 构				
		$m2(n-1)n$	a/Å	b/Å	c/Å	d/Å
$YBa_2Cu_3O_7$	95	1212	3.8	3.88	11.7	8.3
$YBa_2Cu_4O_8$	80	2212	3.84	3.87	27.2	13.2
$Y_2Ba_4Cu_7O_{15}$	60	(12)2212	3.85	3.87	50.3	13.2
$Bi_2Sr_2CuO_6$	9	2201	5.36	5.37	24.62	12.31
$Bi_2Sr_2CaCu_2O_{8+x}$	85	2212	5.40	5.41	30.78	12.31
$Bi_2Sr_2Ca_2Cu_3O_{10}$	110	2223	5.40	5.41	37.18	12.31
$(Pb,Bi)Sr_2(Y,Ca)Cu_2O_7$	110	1212	3.80	3.80	11.84	8.44
$Bi_2Sr_2R_1Cu_3O_8$	70	2213				
$TlBa_2CuO_5$	40	1201	3.80	3.80	8.80	8.80
$TlBa_2CaCu_2O_7$	90	1212	3.83	3.83	12.68	9.28
$(Ti,Bi)Sr_2CaCu_2O_7$	100	1212	3.80	3.80	12.10	8.7
$TlBa_2Ca_2Cu_3O_9$	110	1223	3.84	3.84	15.88	9.28
$(Tl,Pb)Sr_2Ca_2Cu_3O_9$	115	1223				
$(Tl,Pb)Sr_2Ca_2Cu_3O_9$	120	1223				
$TlBa_2Ca_3Cu_4O_{11}$	122	1234	3.85	3.85	19.10	9.28
$Tl_2Ba_2CuO_6$	90	2201	3.86	3.86	23.24	11.62
$Tl_2Ba_2CaCu_2O_8$	110	2212	3.86	3.86	29.39	11.62
$Tl_2Ba_2Ca_2Cu_3O_{10}$	125	2223	3.85	3.85	35.60	11.62
$Tl_2Ba_2Ca_3Cu_4O_{12}$	104	2234	3.85	3.85	42.00	11.62
$HgBa_2CuO_{4+z}$	94	1201	3.89	3.89	—	—
$(Hg,Bi)Sr_2(Ca,Y)Cu_2O_7$	110	1212	3.81	3.81	12.02	8.62
$HgBa_2CaCu_2O_{6+z}$	125	1223	3.86	3.86	12.5	9.32
$HgBa_2Ca_2Cu_3O_9$	133	1223	3.86	3.86	15.7	9.32
$Hg_{0.8}Pb_{0.2}Ba_2Ca_3Cu_4O_{10}$	126	1234	3.85	3.85	18.97	9.32

注：m 为 AO 层数，n 为 CuO_2 平面数；a，b，c 是点阵常数；d 为传导块间的距离或载流子库的厚度。

12.3.1 $YBa_2Cu_3O_{7-\delta}$（YBCO）系

$Y_1Ba_2Cu_3O_{7-\delta}$ 超导体首先是由美国休斯敦大学的朱经武小组和中国科学院赵忠贤小组分别在 1987 年独立发现的，其超导转变温度为 92K，首次突破了液氮温区，是物理学和材料学的重大发现。这是第一个液氮温度超导体。通常简称它为 YBCO 或 Y-123。123 氧化物超导体主要包括 12 种 $RE_1Ba_2Cu_3O_{7-\delta}$ 氧化物超导体（也可简写为 REBaCuO，REBCO 或 RE123），其中 RE 为镧系 La、Nd、Sm、Eu、Gd、Dy、Ho、Er、Tm、Yb 和 Lu 等 11 种元素。这些 123 氧化物超导体，具有与图 12-4 所示 YBCO 相同的原子比和晶体结构。YBCO 具有畸变、缺氧的钙钛矿结构，其中包含两个二维 CuO_2 面和一个一维的 CuO 链，YBCO 的氧含量随合成条件而从 7～6 变化，是典型的氧缺位化合物。当 YBCO 的氧含量减少时，其 T_c 随之下降，直至失超。失超时晶体结构从正交相（超导）变为四方相（不超导）。

稀土超导材料的最大特点是磁性和超导性共存于一体，这是一般导电金属或半导体所不具有的特性。含有磁性离子的超导材料，是研究磁性与超导性相互作用，两者共存可能性的对象。早期对元素、合金和化合物的研究都认为，磁性与超导性不可能在同一材料中共存，因为磁性离子与导电电子自旋的交换作用，会破坏超导态。在发现了含磁性稀土原子的超导三元化合物之后，研究才得以发展。在 chevral 相（RE）Mo_6S_8，（RE）$MoSe_8$ 及三元锗的硼化物（RE）Rh_4B_4 的晶体结构中，贡献超导电子的部分被局限于一定的原子簇内，与贡献磁性的稀土 4f 电子能明显分开，其间虽然仍有一定的交互作用，但已极弱，使磁性与超导性能在一定范围内共存。

随着 YBCO 层状氧化物超导体的发现，超导科学家即开展了用镧系元素替代 Y 原子的研究。以原子比为 1：2：3 的 $RE_1Ba_2Cu_3O_{7-\delta}$ 氧化物超导体相继被发现，其超导转变温度均在 90K 左右，所以稀土离子 R^{3+} 对 REBaCuO 的 T_c 影响很小。在镧系元素中有四种元素不能替代 Y 而形成氧化物层状超导体，它们是 Pm、Ce、Pr 和 Tb。其中，Pm 为人工放射性同位素，无法作替代元素；Ce、Pr、Tb 为四价离子，替代后 $PrBa_2Cu_3O_{7-\delta}$ 为半导体，低温下不超导；Ce 和 Tb 在固态化学合成条件下形成 $BaCeO_3$ 和 $BaTbO_3$、BaO、$BaCuO_2$ 的混合物，不形成 $RE_1Ba_2Cu_3O_{7-\delta}$ 化合物。同时与 Y123 相相关的氧化物超导体还有：Y124 相超导体（$Y_1Ba_2Cu_4O_8$，T_c 为 80K）；Y247 相超导体（$Y_2Ba_4Cu_7O_{15}$，T_c 为 40～50K），是在高压下合成的。与 YBCO 的制备工艺相类似，$RE_1Ba_2Cu_3O_{7-\delta}$ 均可以采用固态化学合成法（如熔融织构法）来制备，只有 $La_1Ba_2Cu_3O_{7-\delta}$ 需要特殊合成工艺。RE123 氧化物超导体块材将在未来的许多方面获得应用，如超导轴承、超导飞轮储能、搬运系统、永久磁体、超导电机定子、磁滞电机转子、故障限流器、电流引线、弱场下的磁屏蔽等。

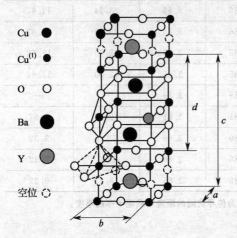

图 12-4　YBCO 的原子比和晶体结构

RE123 氧化物超导体属于第 Ⅱ 类超导体，晶体结构为氧缺位的层状钙钛矿结构，具有正交对称性，空间群为 Pmmm。正交结构可被认为是由四方晶胞畸变而来的。正交结构的基本结构特点如图 12-4。YBCO 是一种典型的氧缺位化合物，其氧含量通常随合成条件的改变而改变。氧离子的分布对于其物理性能影响很大。氧离子分别占据四种晶位，其中三种晶位的占有率等于 1，O(1) 的占有率小于 1。

RE123 氧化物高 T_c 超导体，导电类型是空穴型，其超导电子是具有位相相干的载流子对所组成的凝聚体。具有超导体的基本性质：零电阻效应和 Meissiner 效应，呈现第 Ⅱ 类超导体行为。由于是层状结构，因此呈现高度的各向异性。元素替代的研究证实了超导电性主要发生在 CuO_2 面层，即 CuO_2 面层为超导电层，其他各层构成载流子库层，为超导层提供载流子，载流子库层为绝缘层。与传统低温超导体相比，同时又具有三个明显不同的特点：①很高的超导转变温度 T_c，均在 90K 左右；②很短的相干长度 ξ，为 0.15～2.5nm；③高度的各向异性，$\xi_{ab}(0)/\xi_c(0)=5～8$。其中高度的各向异性来源于高温超导体的层状晶体结构。YBCO 的下临界磁场 $\mu_0 H_{c1}$ 为 0.1～500mT，上临界磁场 H_{c2} 分别为 55～290T（4.2K）和 9～56T（77K）。

RE123 块材的性能主要是指临界电流密度 J_c（晶内临界电流密度和晶界临界电流密度），捕获磁场强度和磁悬浮力密度。影响性能的因素主要是微裂纹，弱连接及磁通钉扎问题。YBCO 中微裂纹的形成有两个原因：一个是四方-正交相变中由于 c 轴缩短，晶胞缩小，造成沿 c 轴的拉应力，引起裂纹（可称为本征裂纹）；另一个可能的原因是由于 YBCO 相和

Y_2BaCuO_5 相具有不同的热膨胀系数，在制备时的冷却过程中，两相界面处形成沿 c 轴方向的切应力，因而从界面处形成裂纹。本征裂纹在渗氧处理的过程中是难以消除的，但是可以根据不同的 211 粒子的大小来改变本征裂纹之间的间距。对于 211 相形成的裂纹，计算表明：存在一临界 Y_2BaCuO_5（211 粒子）尺寸，当 211 实际颗粒尺寸小于该临界尺寸时，由热膨胀系数导致的切应力不足以引起微裂纹的产生。该临界尺寸的理论值为 $0.24\mu m$。对于弱连接问题，在 1989 年 Jin 等发明了熔融织构法（MTG），弱连接问题得到了初步解决，1990 年周廉、张平祥等用粉末熔化工艺（PMP）方法制备的 YBCO 样品，其弱连接问题得到很大改善，但是它仍然是大单畴样品性能提高的障碍。进一步提高 ReBCO 块材性能，在于增强磁通钉扎作用，其研究工作包括元素掺杂、优化氧缺陷、改善孪晶密度等。对于 YBCO 块材，磁悬浮

图 12-5　超导 YBCO 块材磁悬浮
应用的演示实验照片
（下器皿内为 YBCO 块材，上悬
浮的是 NdFeB 永磁环）

力性能是超导样品磁悬浮应用的指标，磁悬浮力密度的理论值为 $30N/cm^2$，目前制备的 YBCO 块材磁悬浮密度水平在 $10\sim15N/cm^2$。图 12-5 为超导 YBCO 块材磁悬浮应用的演示实验照片。

12.3.2　Bi-Sr-Ca-Cu-O（BSCCO）系

铋系（BSCCO）是由 Bi、Sr、Ca、Cu 四种或四种以上元素，与氧组成的化合物超导体，主要有三个不同 T_c 的超导相：$Bi_2Sr_2CuO_6$（2201）、$Bi_2Sr_2CaCu_2O_8$（2212）、$Bi_2Sr_2Ca_2Cu_3O_{10}$（2223），其 T_c 分别为 10K、85K 和 110K。Bi 系超导体往往同时含有上述三类超导相，纯的高 Tc2223 相的制备尚有困难。用 Pb 部分取代 Bi 可以增加 2223 相的含量并改善晶粒间的连接。Bi 系超导体具有相干长度短、各向异性较高的特点，表现出较强的二维系统特性。例如 2212 相的相干长度 $\xi_{ab}(0)=2.7\sim3.9nm$，$\xi_c(0)=0.045\sim0.16nm$，各向异性比 $\xi_{ab}(0)/\xi_c(0)=30\sim60$。2212 相的穿透深度 $\lambda_b=270\sim300nm$，$\lambda_c>370nm$，其能隙 $2\Delta ab/K_{BTC}=8\sim11$，而 $2\Delta c/K_{BTC}=5\sim7$。在高 T_c 氧化物超导体中，Bi 系是结构调制现象最为显著的。

12.3.3　Tl-Ba-Ca-Cu-O（TBCCO）系

Tl 系（TBCCO）是一种含铊的铜基氧化物超导体。$Tl_2Ba_2CuO_6$ 的 T_c 约 90K，$Tl_2BaCaCu_2O_8$ 的 T_c 约 105K，$Tl_2Ba_2Ca_2Cu_3O_{10}$ 的 T_c 约 125K，$Tl_2Ba_2Ca_3Cu_4O_{12}$ 的 T_c 约 113K。这些超导相的晶体结构与所对应的 Bi 系超导体相似，但结构比较密集，Tl-O 双层的层间距离也比较短些。Tl 系还有另一类超导体，已发现有 5 种，其化学式可写为 $TlBa_2Ca_{n-1}Cu_nO_{2n+3}$（$n=1,2,3,4,5$）。这一类 Tl 系超导体只含有 Tl-O 单层而不是 Tl-O 双层。

12.4　123 氧化物超导材料的制备

稀土 RE-123 的制备工艺研究，包括 RE123 生长机理研究，RE123 生长工艺研究及发展，单畴 RE123 的生长和实现超导相变的氧处理工艺研究等。RE123 氧化物超导体是一种

晶体，它的生长机制可以简单概括为晶体结晶与长大过程。至今为止，YBCO 生长工艺的发展经历了三个阶段：①固态烧结法（1987～1989 年），制备的样品为多晶，晶粒尺寸为 $2mm^2$ 左右；②熔融织构法（1989～1993 年）。样品为多畴，畴的大小为 $5mm^2$ 左右；③以籽晶引导的大单畴熔融织构定向生长法（1993～2002 年），制备的样品为单畴，单畴尺寸为 $\phi20\sim100mm$ 左右，目前又在向更大的尺寸发展。日本铁路技术研究所已制备出 $\phi100mm$ 的块材。YBCO 超导体初期的固态烧结法，是指固态烧结 Y_2O_3、$BaCO_3$ 和 CuO 粉末的混合物，或者采用共沉淀和 sol-gel 技术制备 $YBa_2Cu_3O_{7-\delta}$ 先驱粉末，然后将先驱粉末成型后在高温下长时间烧结而成。传输 J_c 值因晶间弱连接的影响，不超过 $10^3 A/cm^2$ 量级（77K，0T），且钉扎性能弱，造成 J_c 值随外加磁场的增大而迅速降低。1989 年 S.Jin 等发明的熔融织构法（melt-textured-growth，简称 MTG），解决了 YBCO 块材中的晶界弱连接问题，发展了 YBCO 的制备工艺。采用这种工艺制备的 YBCO 块材，J_c 可达 $10^5 A/cm^2$ 量级（77K，1T）。其工艺为：将 $YBa_2Cu_3O_{7-\delta}$ 先驱粉末压制成型后，加热至包晶反应温度以上，形成固熔态，让其分解为 Y_2BaCuO_5 和液相，然后慢冷至包晶反应温度以下，$YBa_2Cu_3O_{7-\delta}$ 晶体从液相中生长出来。随后又发明了各种工艺，其共同特点是籽晶引导的定向生长，其中较有代表性的有以下几种工艺：顶部籽晶引导的熔融织构法（TSMTG）、淬火熔化生长法（QMTG）、熔化粉末熔化生长法（MPMG）、粉末熔化法（PMP）、液相消除法（LPRM）和固相-液相熔化生长法（SLMG）等。

熔化生长后的 YBCO 超导体只有通过渗氧处理，才能从非超导的四方相转变成超导的正交相。氧原子进入晶格多少，如何使 YBCO 超导体中能获得最佳的氧含量，是提高临界温度 T_c 和应用性能的关键。对渗氧后的样品进行临界温度测量表明，样品的起始转变温度随着温度的升高而降低。YBCO 材料在不同温度下，晶格内部的氧原子占位率不同，但在每个温度下都可以吸收氧，但只是吸收率不一样，可能吸收的效果也不一样。在温度降低的过程中很有可能将高温时吸收的氧储存下来，同时再继续在低温状态下吸氧，从而不断提高样品中的氧含量。要提高块状 YBCO 材料应用性能关键在于样品中氧含量的最佳化，使 $YBa_2Cu_3O_y$ 中的氧含量 $y\geqslant6.7$，样品的 T_c 才会在 90K 以上。

12.4.1　顶部籽晶熔融织构法（TSMTG）

采用顶部籽晶引导，通过熔融织构法生长，可得到 $REBa_2Cu_3O_{7-\delta}$ 块材。可以作为籽晶的材料有很多种，如 MgO、$CaNdAlO_4$、$SrLaGaO_4$、$SmBa_2Cu_3O_x$ 和 $NdBa_2Cu_3O_x$ 等。对籽晶材料的基本要求为：①在化学上应与 YBCO 体系相容，即不与 YBCO 体系反应生成不利于生长织构块材的杂相；②晶体结构及晶格常数等应与 YBCO 接近，以便能更好地引导 YBCO 的生长；③熔点应高于 YBCO 的包晶温度（1015℃）。$SmBa_2Cu_3O_x$ 和 $NdBa_2Cu_3O_x$ 的晶体结构与 YBCO 近于一致且熔点比 YBCO 高，分别为 1060℃和 1080℃，是使用较多的籽晶。一般籽晶放置于样品表面的中间位置。在熔化加工过程中，YBCO 在籽晶表面以外延方式形核长大，第一个晶核在籽晶表面形成并外延生长。由于生长速率的各向异性，ab 面的生长远大于 c 轴方向，因而沿 c 轴方向液相中的钇很快达到过饱和，新的 123 晶核很快在（001）表面形成并长大。这个过程不断重复直至生长出大的 YBCO 单畴。籽晶实际上起着提供非均匀形核位置的作用，降低了形核所需的过冷度。为了保证 123 相能被完全分解，一般熔化加工温度应尽可能接近籽晶的包晶温度。如采用 $SmBa_2Cu_3O_x$ 籽晶，熔化加工温度一般为 1050℃。热籽晶法则是当 123 相在炉子中被完全分解以后，再打开炉门，放置籽晶。与冷籽晶法相比，热籽晶法加工过程中，籽晶在高温下所处的时间大大缩短，因而能更好地避免籽晶被熔化分解。除冷籽晶法和热籽晶法外，还有一种折中的办法。即先在未放置籽晶的情况下将样品加热到1100℃左右，待123相被完全分解为211＋液相后，快速冷却至室温，放置好籽晶，再快速升温至包晶温度以上进行后续熔化加工。这样既可以保证123相被完全分解，又可以避免籽晶被熔解。径向温度梯度对于制备大尺寸YBCO单畴非常重要。在没有温度梯度的恒温箱式炉中很难制备直径大于4cm的单畴样品。合适的冷却速率对于生长YBCO单畴也很重要。若冷却速率过大，单畴没有长满样品之前，生长前沿的液相的过冷度就足够大以至于能发生均匀形核，则新的YBCO核就会在生长前沿的液相中形成，破坏了样品的单畴性。若冷却速率过小，则YBCO的生长速率太低，生长周期长。

12.4.2　淬火熔化生长法（QMG）和熔化粉末熔化生长法（MPMG）

淬火熔化生长法和熔化粉末熔化生长法，是日本ISTEC的Murakami小组主要采用的制备工艺，它是通过控制包晶反应温度以上211粒在液相中的分布，来提高YBCO性能。淬火熔化生长法和熔化粉末生长法是先将$YBa_2Cu_3O_{7-\delta}$分解成Y_2O_3＋液相，再通过Y_2O_3与液相的反应来到达211＋液相相区的。首先将烧结样或粉末混合物加热至Y_2O_3＋液相相区，充分分解后淬火至冷铜板上。然后将其加热到211＋液相相区，Y_2O_3与液相反应形成211相。然后慢冷生长织构123。因为211形核于Y_2O_3，因而可以通过控制Y_2O_3的分布来控制211的分布。熔化粉末熔化生长法实际上是淬火熔化生长法的改进工艺。在液相淬火后将其碾碎为细粉。在碾碎过程中粗的Y_2O_3被碾细，且分布更均匀。细小Y_2O_3的均匀分布使得随后产生的211也更细小、分布更均匀。

12.4.3　粉末熔化法（PMP）

粉末熔化法是由西北有色金属研究院周廉院士等发明的一种熔化生长工艺，采用211、$BaCuO_2$和CuO三种粉末作为先驱物，到达211＋液相区的方法与MTG法、QMG法及MPMG法都不同。该法通过快速加热混合粉末坯料直接使其进入211＋液相相区，然后通过慢冷或在一定温度场中移动样品来生长织构YBCO样品。粉末熔化法有两个显著特点：①211颗粒的尺寸及其分布可以方便地进行控制；②熔化加工温度低。通过球磨混合等方法可以使211均匀地分布，这一特点使得粉末熔化法可以用来将细小211引入到织构YBCO中。对于典型的MTG工艺，熔化加工温度一般达1100℃，而粉末熔化法的熔化加工温度一般不超过1050℃。低的加工温度除了给加工本身带来方便外，更有利于将细小211粒子引入到织构YBCO中。

12.4.4　液相消除法（LPRM）

防止包晶合成过程中液相过剩对于净化晶界相当重要。有两种方法可以避免液相过剩：一种是在名义成分为123的先驱粉中添加过量211，使得液相被完全反应，这正是大多数熔化工艺所采用的方法；另一种是采用衬底将多余液相吸走，这就是液相消除法所采用的方法。一般采用211粉末压制块作衬底。之所以采用211是因为一方面211与YBCO体系在化学上是相容的，即不会发生影响包晶反应或产生杂相的反应；另一方面211粉末压制块具有一定的孔隙率，能吸收多余液相。为了能较好地控制织构YBCO中被捕获的211的比例，所用211粉末压制块的孔隙率、与123相压制块间的接触面积、接触形式、重量比等都需要加以考虑。

12.4.5　固相-液相熔化生长法（SLMG）

淬火熔化生长法和熔化粉末熔化生长法是先将123先驱相加热至1200℃以上的高温让

其分解为 Y_2O_3＋液相，通过控制 Y_2O_3 在液相中的分布来控制 211 的分布的。由于需要 1200℃ 以上的高温，操作起来相当不方便。固相-液相熔化生长法直接采用 Y_2O_3＋液相成分作为先驱物，将先驱粉坯料加热至 1050℃ 左右获得 211＋液相成分。可见，熔化加工温度被大大降低。采用该法制备的 YBCO 块材的微观结构与采用熔化粉末熔化生长法制备的块材类似。

12.5 第二代 (2G) 高温超导线材

用高温超导体（HTS）线材，制造的电力装置，以其高效、紧凑和环境污染小的优势，成为世界电网、交通运输、材料加工和其他工业部门技术革新的基础。第一代（1G）Bi-2223 高温超导线材的出现，使这些应用项目，得到了飞速发展。第二代（2G）高温超导 $YBa_2Cu_3O_x$ 带材——涂层导体，由于其优良的本征电磁特性，其应用前景将更加广阔。高质量低成本的涂层导体制备技术是制约其产业化生产和大规模应用的关键因素。原理上，第二代 HTS 线材，是在带状基体或基底上，覆以薄的超导化合物涂层组成。该超导化合物涂层，一般为 $YBa_2Cu_3O_7$（简称 YBCO）。超导层被沉积或生长，在最终产品里 YBCO 的晶体点阵高度排列，构成一单晶状的涂层。在这种"涂层导体"线材结构里，超导涂层厚度一般为微米量级。生产中，超导涂层能达到的晶体排列程度越高，其超导涂层的载流能力或电流密度就越高。图 12-6 为高温超导第二代（a）和第一代（b）导体结构图。

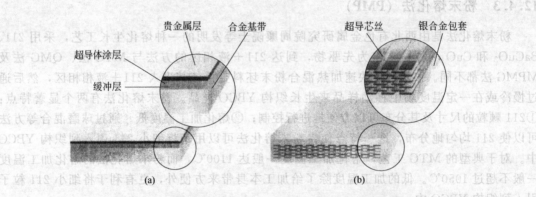

图 12-6　高温超导第二代（a）和第一代（b）导体结构图

2001 年底，纳米级抛光技术的实现，使 RABiTS 轧制辅助双轴织构基带制备法/Ni 基带上（不借助其他定向手段）直接外延生长过渡层和 YBaCuO 超导层成为可能。2002 年 Fujikura 开发出大型的 IBAD（离子束辅助沉积法）连续沉积设备，使基带的 IBAD/MgO 缓冲层的产业化生产成为可能。这些关键的技术突破，使得 YBaCuO 第二代超导带材的高质量低成本大规模制备成为可能，其制造成本有可能降到与 Cu 相当的水平。近几年，欧洲、美国、日本又有成百上千的公司和研究机构加入到第二代高温超导带材的研究与开发中，政府投资的力度也进一步加大。高质量低成本的涂层导体制备技术研究已成为目前国际高温超导应用研究的热点。

目前人们普遍采用的 YBaCuO 第二代高温超导带材的制备工艺路线有两种：一是 Fujikura 和 ISTEC 采用的 Ni 合金→IBAD（离子束辅助沉积）/GZO 或 MgO→PLD（脉冲激光沉积）/CeO_2→PLD/YBaCuO；二是美国超导体公司（AMSC）等采用的 RABiTS（轧制辅助双轴织构法）Ni 合金→PLD/Y_2O_3/YSZ/CeO_2→MOD（金属有机物沉积）/YBaCuO。

第一种方案采用 IBAD 技术，利用离子束的定向作用，制备出织构化的第一层缓冲层，后续的缓冲层和超导层都是利用气相外延形成的。第二种方案利用形变织构形成双轴织构的 Ni 合金基带，再通过气相外延或固相外延形成缓冲层和超导层。显然，第二种方案采用了非真空的制备技术，更利于降低成本和推广应用。可以看出，第二种方案中，双轴织构的 Ni 合金衬底的制备和 MOD 超导层的制备技术的成本都比较低，成本较高的是缓冲层的真空制备技术。正因为如此，以 MOD 为代表的缓冲层非真空的制备技术是涂层导体低成本制备技术的关键，也是近年来涂层导体研究中最为重要的研究方向。另外，MOD 方法最初成功的例子是采用的三氟醋酸盐，其分解的产物对环境有害，人们也希望用无氟 MOD 技术来取代。

12.5.1 发展概况和驱动力

对于超导线材、超导磁体等广泛的实际应用而言，脆性的 YBaCuO 高温氧化物超导材料必须涂覆在力学性能（强度、韧性）优良的金属衬底上，才能减少或避免加工或使用过程中的机械损伤。其次，这种金属衬底材料还需在 YBaCuO 超导涂层的成相过程中具有足够的抗氧化性，以免过度氧化。另外，这种衬底材料还需具有良好的导电性和导热性，以避免使用过程中由于局部失超引发的系统失效和崩溃。

$YBa_2Cu_3O_x$ 高温超导材料由于本身的层状结构，导致极强的各向异性，ab 面上的载流能力远远高于 c 轴方向。另外，它对 a、b 方向上的晶格失配也极为敏感。研究表明，其载流能力随 a、b 方向上晶格失配角的增大，而呈指数衰减。要减小 a、b 方向上晶格失配角，降低弱连接效应，保证其载流能力，外延织构，成了其制备技术中不可或缺的工艺过程。

迄今为止，国内外公认的最佳衬底材料为 Ni 基合金材料。由于 Ni 基合金和 YBaCuO 高温超导材料的 ab 面存在一定的晶格失配，直接在 Ni 基合金基带上外延生长 YBaCuO 高温超导材料几乎是不可能的。再者，在 YBaCuO 的成相热处理过程中，Ni 基合金与 YBaCuO 之间会有较强的相互扩散和化学反应，这会严重影响 YBaCuO 的超导性能。因此，在 Ni 基合金衬底和 YBaCuO 之间必须增加一层缓冲层材料，既要充当从 Ni 基合金到 YBaCuO 外延生长的中间模板，又要阻挡两种材料的相互扩散，主要是要阻挡 Ni 和 YBaCuO 中的 Cu 的相互扩散，这样才能保证制备出性能优良的 YBaCuO 高温超导涂层导体。现有的 YBaCuO 高温超导涂层导体都具有衬底、缓冲层（至少一层）和 YBaCuO 超导涂层三层结构。

1991 年，日本藤仓公司宣布了一种新颖的高温超导线材，有一层薄的高温超导 YBCO 材料，沉积在柔软的带状金属基体上。这种线材至于能有高性能，关键是织构，诀窍在于其基带界面具有高度晶体织构，可外延生长高温超导材料，即与下面基带取同样的晶体排列，使高温超导材料也高度织构，克服高温超导相邻晶粒错位阻碍超导电流。愈好的织构或晶粒排列，晶粒错位就愈小，流过的电流就愈大。事实上只要低于临界错位角（约为 4°），电流密度就接近于单晶。藤仓认识到，要直接去排列高温超导晶粒是非常困难的，但在基带界面，使材料晶粒织构并不太困难，于是采用成熟的外延生长原理，YBCO 可再现基带的织构。采用结实的具有高度织构界面的长基带以及通过外延 YBCO 涂层复制界面织构，以获得高的电流密度，是涂层导体或第二代高温超导线材的基本原理。藤仓所采用的在柔软基带上排列晶粒的方法，称为离子束辅助沉积（缩写 IBAD）。工艺中绝缘材料钇稳定的氧化锆（YSZ），在真空下沉积在柔软非织构的金属（一般为镍合金）带上，其中同时存在与表面成某个角度的氩离子束，来完成沉积，结果获得高度织构的 YSZ 膜。后来采用另一种称作脉冲激光沉积（PLD）的真空工艺，在 IBAD-涂层基带上外延沉积 YBCO。藤仓最初的短样性能并不太好，但不久 Los Alamos 实验室（LANL）最佳化了这种 IBAD-YSZ/PLD-YBCO

工艺，在 1995 年，宣布其短样在 77K 下超导临界电流密度达到 $1MA/cm^2$。过去只在单晶膜上才能获得的这种高性能，使得全世界都为之惊讶，努力去再现和改进 LANL 的结果。

驱使人们激动地追随 LANL 去发展二代导体，有以下几条理由。

① 高达 $1MA/cm^2$ 的电流密度。1cm 宽窄带上 $1\mu m$ 厚的 YBCO 层，能在 77K 下通 100A，而电流又与带宽成正比。第二代线材特征性能的工业标准，为电流除以带宽，即为 100A/cm 宽。所以如果层厚为 $3\mu m$，或 $3MA/cm^2$ 的电流密度，性能就可达到 300A/cm 宽。将这一性能转换成目前生产的第一代线材典型的工业标准（0.4cm 宽）HTS 线材，就为 120A，此值接近商品化第一代线材的性能水平，也是高温超导电缆商品化的关键指标。如果进一步增加厚度或电流密度，或能找到一种方法，在单一线材结构上合并两层 YBCO，77K 下就可超过第一代线材。

② 在磁场下，第二代线材可能比第一代线材，在更高温下达到商品化的电性能。这个重要的优点是由于它们有不同的不可逆性线——在磁场-温度平面上表征超导体临界电流密度的极限曲线。在一定的磁场下，由于这些材料原子结构里本质上邻近 Cu-O 面间不同的耦合，使 YBCO 的不可逆性线，位于比 BSCCO-2223 高得多的温度下。

③ 第二代线材交流损耗会低些，较容易通过一定形式来限制故障电流，这是一个潜在的优点。

④ 也许是所有优点中最重要的，是成本有可能低于第一代线材。

12.5.2 基带的选择

目前，服役于涂层超导中双轴织构的基带材料主要有 Ni 基合金基带。20 世纪 90 年代初，日本住友电器发明了有取向的基带沉积工艺（ISD），发现 YSZ 一类简单的沉积材料，与金属表面成一角度，不加任何附加的粒子束辅助，也会产生足够的织构。虽然仍然是真空工艺，但可容许较快的沉积速度，从而明显降低基带成本。世界上集中探索 ISD 已有多年，其织构度和相应的电性能，是其他方法难以匹敌的，虽非世界主流，但人们一直在采用。为降低 YSZ-IBAD 工艺的成本，最初藤仓发明了用锆酸钆（GZO）作替代材料，在 IBAD 工艺中，比 YSZ 的沉积速度快 2 倍。继而斯坦福大学提出一种新颖的 IBAD 工艺，后又被 LANL 发展，是将 MgO 沉积在非晶氮化硅涂层上，而后者是直接沉积在非织构的金属基体上。由于 MgO 的织构非常快，可达几个原子层，大大降低了成本。虽然采用这种工艺，短样已达到可观的性能，但扩大成连续的长带工艺，还是困难的，因为基带需要有原子尺度的平整度，这是构成实用长带制造工艺的一个障碍。后来，日立和东芝引入织构全银金属基带的概念，采用包括轧制和再结晶热处理的变形工艺，将 YBCO 直接外延沉积在织构银基带的顶部，得到中等的电流密度。

1996 年，美国橡树岭国家实验室（ORNL）的 Norton 等，从本质上扩展了 20 世纪 90 年代末的概念，在金属基带和 YBCO 之间，引入一个外延缓冲层，为的是能采用结实和低成本的金属，如镍和镍合金。发现金属 Ni 在较大变形量的冷轧以后，经过适当的热处理能够形成较强的立方织构，这种技术被称为压延辅助双轴织构技术（RABiTS）。RABiTS 工艺的最大优点是：不依赖离子源，过渡层结构的制备工艺较简单，且其上制备的过渡层结构特性优于 ISD 工艺。发现镍及其合金能相当程度织构，其 X 射线极图的半高宽（FWHM）可达 6°，甚至更低，从此晶界对电流的限制完全消失，使其接近了 YBCO 单晶的电流密度。这种大面积的基体材料，能通过变形处理经济地加工，故只要能做到足够薄的缓冲层，RABiTS 会是一种极低成本的工艺步骤。由于 Ni 与 YBCO 超导材料有严重的反应互扩散，必须在 Ni 和超导层之间插入一层或多层过渡层，很快 ORNL 就在这种 RABiTS 镍基带上外延了与其具有良好晶格匹配的氧化物过渡层，并用真空溅射在这种带有过渡层的金属韧性基带上外延生长了 YBCO 薄膜，获得了高达 $3 \times 10^5 \, A/cm^2$ 的 J_c 值，接近以单晶为基底获得的 YBCO 膜。由于 RABiTS 技术可以通过机械变形和热处理的方法大规模制备满足涂层超导体要求的韧性长基带，这一令人兴奋的结果掀起了利用 RABiTS 技术制备金属韧性基带和涂层导体在全世界研究的热潮。

尽管高纯度的 Ni 基带容易通过 RABiTS 技术形成较强的立方织构，但是由于其具有铁磁性、屈服强度低，退火后晶界较深等不可克服的本征缺点，因此不是作为涂层超导基带的最佳选择。于是，研究人员就提出了在 Ni 中固溶一定量的合金元素以解决上述问题。常用的微合金元素有 W、V、Cr、Mo 等，通过这种微合金的办法，减弱了有害杂质元素（如 S、C、Mg）对织构的不利影响，使得 Ni 合金基带保持了纯 Ni 基带易于获得较高织构度的同时还在一定程度上弥补了纯 Ni 的本征缺陷。通常合金元素的加入将导致 Ni 层错能的下降，不同的元素影响 Ni 合金形成立方织构的极限含量不同，如 W 的原子含量超过 5% 时，退火后 NiW 合金带的立方织构就会明显的下降；对应 NiCr、NiV 合金中，Cr 元素的极限含量为 13%，V 为 10%。另外考虑到 V、Cr 等合金元素的固溶强化作用以及 Al 所能够形成 Al_2O_3 弥散强化的作用，不同的合金元素组合可用以制备满足强度和磁性要求的 Ni 基合金基带。但是由于 Cr 和 V 等微合金元素在后续制备过渡层材料和超导层的高温条件下比较容易形成氧化物，从而使整个超导带性能下降。

目前国际上采用传统的 RABiTS 方法仍然集中在 Ni-5%（原子）W 合金的研究及工业化生产。从初始铸锭的制备方法来分，主要有熔炼，粉末冶金两种方法。研究表明通过对熔炼工艺，粉末粒度的控制；冷轧变形量，即总变形量和道次变形量的控制；退火温度，时间，气氛的控制可得到成分均匀，取向单一，表面平整的立方织构 Ni-5%（原子）W 合金基带。但由于 Ni-5%（原子）W 合金强度仍然不高，没有完全去除铁磁性（居里温度为 335K），而高 W 含量 [W≥9.3%（原子）] 的 Ni 合金具有高强度和非磁性，但是由于 W 含量的增加，使合金层错能下降，目前还没有报道在这种高 W 含量的 Ni 合金中获得单一取向的强的立方织构，因此制备强双轴织构的高 W 含量 NiW [W＞7%（原子）] 合金基带，是涂层超导基带研究中趋势和重要研究方向之一。作为另外一种选择，复合基带同样受到了研究者的关注，所谓复合基带就是：作为外层的基带一般为容易形成强立方织构的 Ni 合金，而作为芯层的则是高强度无磁性的基带。采用这种方法必须解决两种合金的界面复合（结合）问题以及界面反应层及其强度对外层形成强的再结晶双轴织构的影响。当然，制造整块织构基带，要消除界面上产生缺陷所带来的污染和获得相当光滑的表面，可分别通过采用纯的初始材料和干净的室温环境，以及小心维修加工基带金属的设备来解决。还有一个问题是 RABiTS 基带中，$30 \sim 50 \mu m$ 的晶粒尺寸，是否会因一群任意的非规整晶界，阻塞电流流过。现在这两种工艺的织构已被最佳化，晶界错位的分布已很小很低，以至于晶界不再明显降低电流，晶界电流密度已基本接近块材值。

中国在涂层导体基带研究方面，一些科研小组已经能够制备出立方织构的纯 Ni 及 Ni-5%（原子）W 合金基带，但由于轧机、轧制环境、抛光技术等的限制，使得所获得的基带表面质量，立方织构的均匀性等较国外已商业化生产的 Ni5W 合金基带有较大差距，不能够直接用于外延涂层超导过渡层及高性能超导层的制备，于是国内一些研究单位大都从国外购买 Ni5W 合金基带。国内有研究组已采用熔炼法制备获得强立方织构，高度表面光洁度的 Ni5W 合金短基带。基带的 (111) phi 扫描半高宽为 7°，在微取向角小于 10° 的范围内 (100)〈001〉立方织构度接近 100%，晶内粗糙度小于 0.9nm。

带子上外延生长了 YBCO 薄膜。获得了高达 $8 \times 10^5 \, A/cm^2$ 的 J_c 值。接近单晶的水平……

12.5.3 缓冲层

一般来说，直接在金属基底上沉积 YBCO 超导膜的方法往往很难使 YBCO 超导膜具有足够好双轴织构取向。为解决这一问题，人们发现在金属基底上先沉积缓冲层（buffer layer）能取得很好的效果。缓冲层的作用一方面在于它可以阻止 YBCO 与金属基底的互扩散和对超导性能不利的化学反应，另一方面可以将晶格不匹配的金属基底通过缓冲层过渡为晶格匹配的基底。因此缓冲层的良好双轴织构取向对于降低 YBCO 超导膜晶粒间的弱连接，获得具有高转变温度（T_c）和高临界电流密度（J_c）的超导薄膜是非常重要的。

过渡层织构特性获得通常有三条技术路线：①离子束辅助沉积（IBAD），即在非织构 Ni 或 Ni 合金基带上，通过离子束辅助获得织构的氧化物种子层薄膜；②倾斜基板沉积（ISD），即非织构基带与沉积源倾斜配置，在沉积粒子的轰击作用下，使沉积在表面的氧化物薄膜获得织构特性；③轧制辅助双轴织构工艺（RABiTS），即在基带制备过程中，采用特殊的轧制退火工艺，使基带本身就具有较好的织构特性。

对 RABiTS 工艺，现在主要的问题是得到有效的氧化物缓冲层和一致的外延生长。缓冲层必须在金属氧化物两边提供好的支持，阻止金属原子从基带向上扩散，为 YBCO 层的生长提供界面。ORNL 已找到了一种方法可满足这些要求，采用多层缓冲层：第一层为三氧化钇（Y_2O_3）或二氧化铈（CeO_2），它能提供最好的支持并外延通过金属氧化物界面；第二层为 YSZ，起阻止金属原子扩散的作用；第三层为二氧化铈，为 YBCO 生长形成优良的底板。所有这些层都有好的再现性和外延性。为制备尽可能薄的层，现在已经使这些工艺最佳化，使有可能在沉积时采用低成本的磁控溅射。金属/氧化物界面的稳定化在于发现 2×2 硫单层超结构的关键作用，这种纳米表面处理技术，产生自装配的硫原子超点阵，有助于在金属合金基带上确保极高质量的缓冲层。美国超导体公司（AMSC）已采用 ORNL 的纳米表面处理的改进技术，在连续带材生产工艺中产生缓冲层。目前 YBCO 涂层导体制备的关键在于，怎样在柔性金属基底上制作出具有双轴织构取向的 YBCO 超导膜。已有研究指出，YBCO 具有严重的晶间弱连接特性，良好的超导性能要求超导膜中各晶粒不仅具有 c 轴取向的排列，而且在 ab 面内也要有取向的排列，即形成所谓的双轴织构。

目前，这三种工艺都成功地实现了长带材的连续制备。美国 LANL、德国 Goettigen 大学、日本 SRL-ISTEC、Fujikura 为 IBAD 工艺的代表，德国 THEVA 公司成功进行了 ISD 技术的研究开发，而美国 ORNL、美国 AMSC、德国 IFW（Dresdon）则代表了 RABiTS 工艺的最高水平。1997 年，S. S. Shoup 等就 $SrTiO_3$ 单晶片上开展了 MOD 法沉积 $LaAlO_3$ 缓冲层的研究工作。M. W. Rupich 等和 A. Sheth 等随后作了进一步的研究。在 MOD/$LaAlO_3$ 缓冲层上用 PLD 沉积的 YBaCuO 膜在 77K 自场下的 J_c 可达 $2.2 MA/cm^2$。从 2000 年开始，S. Sathyamurthy 和 K. Salama 进行了无氟 MOD 法制备 $SrTiO_3$ 缓冲层的研究工作。在他们的研究中，$SrTiO_3$ 的热处理条件是 Ar-5% H_2 环境下约 900℃。Y. X. Zhou 等、M. P. Siegal 等和 J. T. Dawley 等也作了类似的研究，在 $SrTiO_3$ 缓冲层上沉积的 YBaCuO 膜在 77K 自场下的 J_c 大于 $1 MA/cm^2$。此外，T. G. Chirayil 和 M. Paranthaman 等用无氟 MOD 法制备的 $La_2Zr_2O_7$（LZO）缓冲层上沉积的 YBaCuO 膜的临界电流密度 J_c 在 77K 自场下达到 $0.48 MA/cm^2$。两年以后，S. Sathyamurthy 和 M. Paranthaman 等通过改善热处理条件，在 Ar/4% H_2 的还原性气氛中将 LZO 的热处理温度提高 1100~1300℃，使得沉积在其上的 YBaCuO 膜在 77K 自场下的 J_c 提高到 $1.9 MA/cm^2$。用类似的 MOD 工艺在 Ni 基带上制备的 $Gd_2Zr_2O_7$ 和 Gd_3NbO_7 缓冲层上也可得到在 77K 自场下 J_c 大于 $1 MA/cm^2$ 的 YBaCuO 超导涂层。2003 年，M. S. Bhuiyan 和 M. Paranthaman 等采用乙酰丙酮化铈的醋酸甲醇溶液

为前驱有机溶液，沉积了 CeO_2 涂层，他们通过 1100℃的 Ar-4％H_2 气氛下的热处理得到织构致密 CeO_2 缓冲层。清华大学的 S. S. Wang 等随后也做了类似的研究，并在制得的 CeO_2 缓冲层上制备了 J_c 高达 $3MA/cm^2$（77K 自场下）的 YBaCuO 膜。另外，2003 年 Y. Akin 等采用类似的热处理工艺制备了 CeO_2/YSZ（Y 稳定氧化锆）/CeO_2 复合缓冲层。

12.5.4　超导层的选择

探索低成本超导层的沉积方法，同样有一系列复杂的选择。初期最广泛采用的途径是 LANL 和德国葛廷根大学发展的脉冲激光沉积（PLD）技术，1cm 长样品的性能水平可达到 400～500A/cm 宽。当时主要考虑是降低大规模生产和操作过程的成本，包括：大型工业用激光器的初期成本；管子、窗口、工作气体和流出物的运行成本；以及真空系统和 HTS 靶材成本。也有人试过其他真空沉积技术，包括不同的溅射和电子束技术，其中比较成功的是德国 Theva 开发的原位热蒸着技术，但也有高真空系统成本的基本问题。低真空相应低成本的技术，是金属-有机物气相沉积（MOCVD），尤其是日本藤仓和 IGC-Superpower 开发的技术。采用 MOCVD，虽然沉积速度快了，但大面积的均匀性，先驱物成本，包括复杂的有机分子，仍然不好解决。采用 MOCVD 已制出相当长的线材，性能水平还低于通过液相的低成本的金属-有机物沉积（MOD）技术。

一般来说，在真空中连续制备长带需要复杂精密的装置，这增加了 YBCO 涂层导体制作的成本。而化学溶胶-凝胶工艺要求上没有上述方法那样苛刻和严格，它通过将前驱物溶于水或者溶剂中形成均匀的溶液，溶质与溶剂产生水解或者醇解反应，生成聚集为 1nm 左右的粒子并组成溶胶，溶胶经蒸发干燥转变为凝胶，对凝胶继续在一定的气氛下进行适当的热处理即可形成所需的薄膜。这个方法容易获得致密均匀，化学配比控制准确的薄膜，而且该方法不需昂贵的设备，在工艺上易于实现大规模、连续化生产，现已成为制备薄膜材料广为应用的技术。MOD 采用液相技术，由于沉积过程的简单性，先驱材料的充分利用，以及将先驱物处理成超导态所用的炉子相对低的成本，使得进行第二代线材的涂覆，比气相方法成本低得多。涉及的技术有喷雾高温分解法和熔胶-凝胶（sol-gel）法，其中最成功的方法（最初由 IBM 提出，后被 MIT 最佳化），采用的是液相金属-有机物三氟醋酸盐（TFA）：将含有 Y、Ba 和 Cu 阳离子的 TFA 先驱物，以化学剂量比混合在一定黏度的酒精溶剂里，短样采用自旋涂覆（spin-coating）、长带采用槽模网涂覆（slot-die web coating）。需要进行随后的炉中热处理，先行分解，再将先驱物反应变成 YBCO。从这意义上，这是一种原位工艺。而在原位 PLD，热蒸着或 MOCVD 中，YBCO 是在沉积时直接生成的。高温 MOD 处理，YBCO 在二氧化铈界面外延生核，通过消耗分解的先驱物层生长。MOD 方法特别有利于低成本大规模制备，其沉积方法，槽模涂覆，以及按在线方式通过 10m 长的炉子热处理，是直接和经济的。超声雾化方法也是一种成本低廉的化学方法，超声雾化方法制备 YBCO 薄膜的原理是将 Y、Ba、Cu 的硝酸盐按一定的金属阳离子比配制成混合溶液，再通过超声波雾化器将其雾化成细小的雾滴，并由载气携带到沉积室内，小雾滴遇到高温基片，溶剂迅速挥发，硝酸盐也发生分解，分解产物再相互反应生成 YBCO。英国的 Birmingham 大学工程学院和德国的固态材料研究院用超声雾化方法在单晶 $SiTiO_3$ 和 CeO_2/YSZ/CeO_2 层的 Ni 基带上，在没有进行后续退火处理的情况下，镀制出 YBCO 超导薄膜，$J_c = 1.2 \times 10^5 A/cm^2$，$T_c$ 达到 91K。英国皇家学院材料系 J. L. MacManus-Driscoll 等在单晶氧化物基片、单晶和织构 Ag 基片上用超声雾化方法制备出 T_c 为 91K，J_c 为 $1.0 \times 10^4 A/cm^2$，转变宽度为 6K 的 YBCO 超导薄膜，薄膜的连接性良好。据 2006 年 ASC 最新报道，韩国一家实验室已经采用该方法在单晶基底上制备了 J_c 超过 $10^6 A/cm^2$ 的 YBCO 薄膜，这是采用该方法所得

的最高记录。贴硅于 CeO₂ 衬层，也许通过 1100℃ 的 Ar＋H₂ 气氛下烧结，可长出

　　所有的气相技术，很大一部分材料不可避免地涂在了炉膛表面，引起清洁和排污问题，相比之下 MOD 不浪费任何材料，而且有利于大面积涂覆，适于加工宽带和板，然后再切成要求的带宽。因为大量的成品带，能同时通过槽模涂覆，分解和反应炉处理，几乎可使成本随带宽增加而下降。虽然早期 MIT 报道，反应时生长速度相当慢，但后来 MIT 和 AMSC 已有改进，速度可达 4nm/s，再加上其他优点，使得 MOD 可成为最低成本的 YBCO 工艺。MOD 工艺的努力方向是要达到真空 PLD 或 MOCVD 之类技术的高性能，因为后者可制 5μm 厚的膜，而要反应生成 1μm 以上厚的单一 MOD 膜，是困难的。

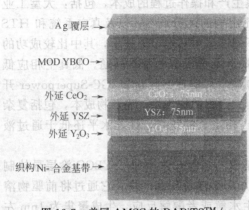

Ag 覆层 →
MOD YBCO →
外延 CeO₂ → CeO: 75nm
外延 YSZ → YSZ: 75nm
外延 Y₂O₃ → Y₂O₃: 75nm
织构 Ni- 合金基带 →

图 12-7　美国 AMSC 的 RABiTS™／MOD 二代导线结构

RABiTS™／MOD 工艺，在成本和性能上，结合基带和超导体加工两方面，是最吸引人的工艺，是一种低成本，能大规模制备的理想技术。进一步改进工艺再现性和性能方面，发现 Ni-5％W 合金是很好的基带，可提供好的力学性能，有优越的织构半高宽降为 6°，而且在 YBCO 反应时不太氧化。典型的基带 75μm 厚，但已发现 50μm，厚的基带可获得更高的工程（全截面）电流密度，并预言甚至更薄的基带应该会有更高的工程电流密度。Ni-5％W 基带稍有磁性，这对一些应用来说是不希望的，为此可采用 NiCrW，能获得 1MA／cm² 的性能。图 12-7 为 AMSC 开发的薄 Y₂O₃／YSZ／CeO₂ 缓冲层。

　　目前，对于全化学溶液法制备 Y（RE）BCO 涂层导体的发展趋势在于：①采用连续走带的方法制备出百米级长度，77K 自场下 1cm 宽度上临界电流超过 300A 的实用化产品；②进行 YBCO 涂层导体长带全化学溶液法制备的同时，进行相关 RE123 相涂层导体长带的探索和制备；③尽可能提高单位宽度上样品的临界电流，包括提高超导层厚度和临界电流密度；④在不损害缓冲层隔离性能的前提下，尽可能地降低缓冲层的厚度；⑤探索和发展新型缓冲层及其制备工艺，尽可能地降低对金属基带的要求。

12.5.5　工艺的改进

　　第二代线材的应用，除了超导性能，主要还包括沿线材整个长度结实和均匀的力学性能。虽然世界上大多数研究指望通过基带两面沉积，来成倍提高第二代线材的电流密度，有一种称作"中心轴（NA）"的线材，其线材结构是将超导体涂层置于最有利于忍受弯曲变形的地方（这种弯曲应变一般使外表面有最大的拉伸，内表面有最大的压缩，而带的中心面拉压应变降为零），使力学性能最佳化；另外，还在超导体涂层上沉积一薄层银，与 YBCO 层构成复合体，在通过焊接将坚硬的铜条叠在银层上，使铜和基带的厚度相同，提供力学性能，超导 YBCO 层就位于中心轴上了。铜层被称为稳定剂，因为既稳定了机械性能又稳定了电性。这种结构也改进了拉伸和压缩性能（不算弯曲），因为铜在非层状结构中有助于减小应力，使力学性能大大超过了第一代线材，完全能满足应用的要求。该中心轴结构也提供了对 YBCO 层的周围保护，使其结实容易操作触摸。实用结实线材的另一个关键要求是足够的电稳定性，铜层在电流经过超导体中的缺陷时能起分流稳定化作用。这一点很重要，实用线材必须对小的缺陷不敏感，因为第二代线材的有效截面非常小。即使浸泡在液氮中，对超导层完全断裂如一裂缝的完全保护，估计需几十微米的稳定层，对传导冷却线圈会更苛

刻。在电力系统由于故障引起的过流时，稳定剂会提供保护。测试结果表明，对四倍临界电流，十分之几秒的电流脉冲（典型故障），无热溢散。另一个可选的能利用两层 YBCO 而使电流翻倍的方法，是面对面的双面结构，中间采用比铜-银焊接熔点更低的焊料，将两线材的薄铜面焊在一起。虽然精确地说 YBCO 层并非处于中心轴，但与未稳定线材比还是接近了中心轴，中间稳定层的存在，可在其中一层有缺陷时在 YBCO 层之间起分流作用。在中心面用较低的焊料，是为要搭接或做接头时容易从中间拉开。这种面对面的第二代线材具有"形式配合功能"，尺寸非常接近于第一代线材，一般为 0.03cm 厚、0.4cm 宽。在所有电气和力学性能方面，能满足或超过第一代线材的性能特性，这种"形式配合功能"会加速用户在目前用第一代线材研制的电力装置上，容易接受第二代线材进行再设计。

早期大多数的第二代线材是短样，从静态到连续工艺必须改进所有材料的质量控制和工艺环境，控制沉积缓冲层时对线材的加热，掌握在线的拉力，处理好由于层间不同热收缩引起中间应力造成的拱形和卷曲。在分解和热处理炉里，需用多段炉，随时间的温度和氧压必须转化成随空间的分布。采用 RABiTS/MOD 工艺制造的 10m 长第二代高温超导带材的性能，最近已达到 250A/cm 宽，已接近商品化电缆应用的 300A/cm 宽的要求。电缆应用感兴趣的 4cm 宽带，最新结果为 272A/cm 宽，相应电流约为 100A，采用双面结构会加倍到 220A，高于目前第一代导体达到的性能。更为重要的是这种带材的均匀性（标准偏差小于 4%）和 4 卷连续运行的重复能力。表征线材质量指标的 n 值，在 30 以上，相当出色，说明几乎没有电流分流到铜稳定剂里。图 12-8 为美国 AMSC 的第二代 HTS 线材制造工艺流程。表 12-8 为目前世界上第二代 HTS 线材研究的进展。

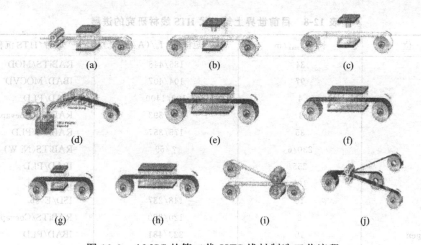

图 12-8　AMSC 的第二代 HTS 线材制造工艺流程
（a）基带制备；（b）纳米表面处理；（c）过渡层沉积；（d）YBCO 先驱物涂覆；
（e）先驱物分解；（f）YBCO 与纳米弥散粒子反应；（g）银沉积；（h）渗氧
热处理；（i）复层；（j）切割

目前第一代线材由于扩大生产规模和最佳化，其价格-性能比正在不断迅速下降，最终能达到 50 美元/kA·m 的水平。虽然这对许多商品化应用来说已是足够，但如果价格/性能比能降到低于铜——5～15 美元/kA·m，这是大多数电器设备的全负荷运行水平，应用范围就会大大扩大。第二代线材有可能降到 10～25 美元/kA·m 的范围，比第一代线材低 1～4 倍。当然这会需要有替代 IBAD-YSZ/PLD-YBCO 的低成本工艺。因为不论 IBAD 还是 PLD，都需要真空沉积，其扩大工艺制造长带的设备和加工成本都很高。在第二代线材前十年的研发历史上，大多数研究集中在选择低成本的替代工艺，其中一个是寻找其他有织构的基带，一个是研究如何简化超导体层本身的沉积。

随着性能达到了商品化水平，线材结构满足了用户对强度和稳定性的要求，线材下一步工作焦点，在于扩大长带制造规模，提高生产能力，满足商品化需要。这阶段成功的关键，在于采用低成本大体积的制造方法，而且有被证明的再现性和长度上的均匀性。图 12-9 为 AMSC 第二代线材的进展，(a) 10m 长带性能；(b) 10m 长带 77K 的均匀性（250A/cm 宽）。表 12-8 为目前世界上第二代 HTS 线材研究的进展。

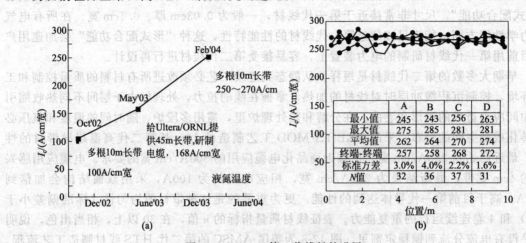

图 12-9　AMSC 第二代线材的进展

(a) 10m 长带性能；(b) 10m 长带 77K 的均匀性（250A/cm 宽）

表 12-8　目前世界上第二代 HTS 线材研究的进展

单　　位	长度 l_{max}/m	77K/（短样）下 I_c/（A/cm 宽）	基带/HTS 沉积方法
AMSC	34	186/448	RABiTS/MOD
SuperPower	97	104/407	IBAD/MOCVD
LANL	4	109/1400	IBAD/PLD
ORNL	1	120/393	RABiTS/Coevap.
住友	35	175/357	RABiTS/PLD
Showa	230/6	?/69	RABiTS(Ni-W)
古河	255	?/300	IBAD/PLD
ISTEC	100	159/413	IBAD/PLD
THEVA	10	148/237	ISD/Evap.
Edison Spa	2	120/220	RABiTS/Coevap.
ZFW-Goettigen	10	223/481	IBAD/PLD
KERI 韩	4	97	RABiTS/Coevap.
KAIST 韩	34	110/357	RABiTS/Coevap.
英纳			RABiTS/
清华		/20	RABiTS/Evap.
OST	30		RABiTS/
THITHOR			RABiTS/MOD

线圈和磁体等所有高温超导应用，都存在磁场，而磁场的存在使高温超导线材的性能变得更复杂。在一定温度下，电流密度一般随磁场增加而减小。对实际线圈设计来说，需要按线材整个截面计算的工程电流密度高，一般比 77K 自场下的值高。通过降低温度可补偿磁场的下降，因为临界电流在低温下高。第一代线圈的应用，如电机，发电机，和同步调相器，需要 1～3T 的磁场，一般运行在 30～35K 的温度范围。第二代线材呈显相似的行为，

370

但因为其高的不可逆性线，有可能运行在比第一代线材更高的磁场下，条件是提高其在磁场下的电流密度，这可通过超导磁通线钉扎工艺来实现。强化钉扎是达到高电流密度的关键。通过在高温超导材料中引入与磁通线直径相近的纳米尺度的缺陷，可得到钉扎。通过引入了高密度称作"纳米点"的极细小粒子，弥散分布，可提高在磁场下的电流密度。纳米点由纳米尺度的氧化钇或 YBCO 体系中非超导组分的夹杂组成。钉扎的另一个重要作用是改善临界电流密度的磁场角度关系，根据钉扎缺陷的种类和取向，在不同的磁场方向钉扎不同，使临界电流密度的磁场角度关系平滑一些，这一重要工作仅仅开始，可以预计会有大的改进，使得第二代线材可以用在比第一代更高的温度下。随着材料及制造成本的降低，第二代高温超导带材离全面商业化已越来越近，它也必将作为新一代高性能材料应用于上述电力器件之中。这是国际上普遍认为的发展趋势，美国超导公司（AMSC）已宣布在 2006 年底停止 Bi 系带材的研发，把全部精力集中在第二代高温超导带材上。他们还率先将基于 RABiTS 技术的"344"型第二代高温超导带材推向市场，目前可提供产品的稳定指标为：长 20m，I_c（77K）＞60A，平均工程电流密度 J_e＝9200A/cm^2。预计 2007 年生产量为 10000m。表 12-9 为最近 5～10 年美国能源部的高温超导发展战略目标中的材料发展计划。

表 12-9　美国能源部高温超导第二代 IBAD 和 RABiTS 工艺 YBaCuO 带材发展计划

项　目	(77K 自场) /(A/cm 宽)	长度 /m	成本 /($/kA·m)	年度产量 /km
目前状态	300	100		
2007	300	500	50	200～1000
2010	1000	1000	10	10000

YBCO 高温超导涂层导体的研究工作在我国近年来也已开展起来，如北京有色金属研究总院、西北有色金属研究总院、中科院固体物理所等单位，各自采用不同的工艺路线，均取得了相当的进展。清华大学也在"十五"期间开展了 YBCO 涂层导体的化学溶液法制备工作，并在前期的工作中已经成功的采用 TFA-MOD 工艺在 LaAlO$_3$（100）单晶基片上制备出了高质量的 YBCO 超导薄膜。最近的结果表明，对于 240nm 厚的 YBCO 薄膜，其临界电流密度高达 6.4MA/cm^2（77K，自场），达到世界先进水平。此外，在 IBAD-YSZ/Hastelloy 金属基带衬底上，采用化学溶液方法依次制备 CeO$_2$ 缓冲层和 YBCO 超导层，最近成功获得了超过 1MA/cm^2（77K，OT）的临界电流密度带材短样。

12.6　超导电性应用

超导材料可广泛应用于能源、交通、医疗社会福利、电子通信、科学仪器、机械加工、重大科技工程和国防等领域，是具有巨大发展潜力的高技术。

高温超导（HTS）材料，摆脱了昂贵的液氦，十年来的成材研究和应用探索取得了长足的进步，高可靠性和高效率的制冷系统的发展，推动了摆脱制冷剂的高温超导的应用。在电力工业方面，高温超导将开创电力产生和分配的新纪元。在能源危机和全球瞩目的旨在控制 GHG 排放的背景下，这类能源电力和环境问题，将加速 HTS 应用的研发和商业化。高温超导材料已经迈入商品化，并将在本世纪初形成具有一定规模的高技术产业。这十年高温超导材料应用的研究，强电方面包括：输电电缆、大电流引线、电机、故障电流限制器（FCL）、变压器、飞轮储能、MRI 和磁浮列车等；高温超导电子学在弱电应用方面也发展迅速。国内在输电电缆、大电流引线、故障限流器、磁共振成像和磁浮列车等项目上，也已开展高温超导应用基础研究，或在论证筹划。超导电性的实际应用从根本上取决于超导材料的性能。与实用低温超导材料相比，高温超导材料的最大优势在于它可能应用于液氮温区。目前在强电方面，接近实用要求并已开始商业开发的高温超导材料主要是 PIT 法 Bi 系线（带）材。它在 77K、自场条件下的无阻载流能力是普通导体的 100 倍，但随外磁场的增加衰减很快，所以目前它仅适合于低磁场条件下的应用，如超导输电电缆、超导限流器等，而不具备在 77K 下应用于其他需要较高磁场的强电应用项目，如：电动机、发电机和超导磁能储存系统等。被认为第二代的 IBAD 和 RABiTS 工艺 YBaCuO 带材，如果研究开发成功，则可能在 77K 下实现以上应用。表 12-10 为最近 5～10 年美国能源部的高温超导发展战略目标的应用项目计划。

表 12-10　最近 5～10 年美国能源部高温超导应用项目计划

项　　目	HTS 电机		HTS 发电机		HTS 变压器		HTS 电缆		
指标	电压/kV	功率/MW	电压/kV	功率/MW	电压/kV	功率/MW	电压/kV	功率/MW	长度/km
目前状态		5000HP 2002 （AMSC）		1.7 2003 （GE）	13.8	1.7 2001 （日本）	34.5	30	0.2 2000 （南线）
2007 年					138	1（单相）	138	600	0.5
2008 年	4	5	13.8	180					
2009 年							161	600	4
2010 年	10	5	13.8	340	138	30	161	750	6

　　超导电性的应用，基本上可分为大规模电力（强电）应用和小规模电子（弱电）应用两大类。强电应用主要指利用超导体的零电阻效应，产生大的磁场（不仅指高的磁场强度，而且指磁场体积），以及解决电力的产生和分配问题；弱电应用是基于超导薄膜作的约瑟夫逊结的特性，在电子电路系统中作元器件。从应用领域来讲，超导材料可广泛应用于能源、交通、医疗社会福利、电子通信、科学仪器、机械加工、重大科技工程和国防等领域，是具有巨大发展潜力的高科技材料。超导材料具有其他材料无法比拟的优越性，用超导材料制备的磁体、限流器、变压器、电机、储能装置等，能减小装置的体积，降低损耗，提高工作效率，延长设备使用寿命，同时还可提高材料的载流密度，减少故障。尤其高温超导（HTS）材料，摆脱了昂贵的液氦，近年来的成材研究和应用探索取得了长足的进步，尤其在电力工业方面，将开创电力产生和分配的新纪元。目前，高温超导材料已经迈入商品化，并将在本世纪初形成具有一定规模的高技术产业。表 12-11 列出了超导电性应用一览表。

表 12-11　超导电性的应用

已　有　应　用	电　力　应　用	弱　电　应　用
研究用超高场磁体	同步机器	超导量子干涉仪(SQUID)
医学生物学化学应用	同步发电机	生物应用
化学用核磁共振谱仪	同步电机	无损检测
医用 SQUID 器件	直流机器	地理应用
热核聚变用超导磁体	变压器	重力检测
粒子加速器用超导磁体	电力传输	单磁通量子
超导同步 X 射线源	故障限流器	约瑟夫逊电压标准

已 有 应 用	电力应用	弱电应用
超导磁分离	储能	信息处理
高频谐振腔	小型快动作 SMES 系统	被动器件逻辑处理
超导运输系统	超导磁性储能	模-数转换器
超导磁性轴承		电磁波接收
磁屏蔽		热检测系统和天线
		超导外差接收器

超导电性最重要的应用还是产生磁场。第一个成功的超导磁体是在 1955 年，由 Yntema 用冷加工铌线绕在铁芯上制成的，磁场为 0.7T；在 1962～1963 年间，牛津仪器公司首先使用 Nd-Zr 线制成商品化磁体；同时，用 Nd_3Sn 绕成 10T 的实验室用磁体。在过去的几十年中，超导磁体的发展异常迅速，现在已有最高磁场 17T，磁场体积达数立方米的超导磁体。目前数千奥斯特磁场的小型实验室用超导磁体已标准化。超导磁体可为 NMR 和高分辨率高电压电子显微镜提供稳定高磁场；只有超导磁体才能为高能核物理研究（如粒子束弯曲、聚焦以及大型泡室），为磁流体动力和热核聚变发电提供所需要的大型磁场；磁性矿物分离、污水处理和水的净化，也是今后几年超导磁体会冲击的领域；正在研究开发的超导电机和发电机，要用超导体来产生高磁场；此外，还用超导磁体来悬浮高速轨道车辆，以及帮助进行大脑手术和腹部手术。至今高温超导材料应用的研究，主要集中在美国、欧洲和日本，项目包括：输电电缆、变压器、故障电流限制器（FCL）、大电流引线、电机、飞轮储能、磁共振成像仪（MRI）和磁浮列车等。据第五届国际超导体工业顶峰会议（ISIS5）估计，世界范围内到 2020 年超导产业的产值将达 1500 亿～2000 亿美元，其中高温超导占 60％～70％，高温超导在电力能源应用全球市场将达 435 亿美元。不同应用项目对材料有不同的要求，表 12-12 列出了不同高温超导材料对不同应用的适应和预测。表 12-13 概括了国外高温超导强电应用研究开发现状。

表 12-12　不同高温超导材料对不同应用的适应和预测

材料类型	磁 体	电流引线	电 缆	故障限流器	电 机
Bi-2223 带材	＊＊＊	＊＊	＊＊＊		＊
Bi-2212 带材	＊＊	＊			＊
Bi-2212 涂层	＊＊＊	＊			
Bi-2212 块材		＊＊＊			
Re-123 块材	未来	＊＊＊		固有	＊＊＊
Re-123 涂层导体	未来	未来	未来	＊＊未来	未来
Tl,Hg 系涂层带材	未来		未来		

注：＊＊＊已有很大进展；＊＊很可能；＊有希望。

表 12-13　国外高温超导强电应用研究开发现状

内　容	研究开发单位	主要技术参数	状　况
电缆	丹麦 NKT 公司	三相 30m,36kV/2kA	试验运行
	美国 Southwire	三相 30m,12.5kV/1.25kA	试验运行
	美国 Pirelli 公司	三相 130m,24kV/2.4kA	安装完毕
	美国 Pirelli 公司	600m、三相、115kV/2kA	研制阶段
	日本东京电力	三相 100m,66kV/1kA	试验运行
	韩国	三相 200m,154kV/400A	预研阶段

内　容	研究开发单位	主要技术参数	状　况
限流器	瑞士 ABB	三相磁屏蔽型,1.2MVA	试验运行
	瑞士 ABB	三相磁屏蔽型,10MVA	完成研制
	美国 LM 公司	三相桥路型,2.4kV/100A	试验完毕
	美国 GA 公司	三相桥路型,15kV/1.2kA	试验运行
	日本东京电力	三相电抗器型,6.6kV/2kA	试验运行
	瑞士 ABB	三相电阻型,7.2kV/400A	试验阶段
	日本东京电力	三相电抗器,500kV/0.5～1.0kA	预研阶段
	韩国电气所	三相磁屏蔽,12kV/100A	研制阶段
	德国西门子	三相电阻型,12kV/100A	试验阶段
电机	美国 Reliance	电机 200hp	完成试验
	美国 Reliance	5000hp	试验运行
	美国超导公司	46800hp	预研阶段
	美国超导公司	5MW 同步电压补偿电机	测试阶段
变压器	瑞士 ABB	8.7kV/420V,630kW@77K	完成试验
	日本九州大学	6.6kV/3.3kV,1MW@77K	试验运行
	德国西门子	5.6kV/1.1kV,100kW@77K	完成试验
	美国 Waukesha	30MW,138/13.8kV@20～30K	研制阶段
磁体技术	日本住友电气	7T@20K,7T/m,50mm 室温口径	实验线圈
	日本金材研	5.3～18T,1.8K,用于 1GHz NMR	实验线圈
	美国 NHMFL	2.5T@4.2K,21.1T,用于 1GHz NMR	实验线圈
	日本住友电气	3T@20K,外径 1200mm、内径 630mm,用于硅单晶生长炉	样机
超导储能	美国 ASC	IGC 1～5MJ 低温超导储能系统	商品化
	德国西门子	1～5MJ/MW 级低温超导储能系统	可以供货
	日本九州电力	1～3MJ/MW 级低温超导储能系统	并网运行
	法国 EC	1MJ 低温超导储能系统	研制阶段
	美国	100MJ/86MW 低温超导储能系统	研制中
	韩国	1MJ,250kW 低温超导磁储能系统	研制中
	德国 ACCEL	150kJ 高温超导储能系统	研制中

注：1hp＝745.7W。

12.6.1　传输和配电电缆

　　国外高温超导电缆已进入全规模样机验证阶段,其优越性在于:体积小,损耗低,重量轻,载流大,寿命长,技术比较成熟。高 T_c 超导电缆同低温超导电缆和常规地下电缆相比具有明显的优越性,从而有可能替代目前使用的地下电缆。对美国 69～161kV、2200km 地下电缆的更换来说,HTS 是最好的选择。输电电缆由于在低磁场（0.1T）下运行。因而被认为是实现高温超导应用的最有希望的领域。美国、日本、欧洲在这方面已取得一定的进展。美国能源部框架下的电缆发展计划如下:2006 年,地下电缆精确实时诊断研发;2006年,地下电缆低成本有效（无沟渠）钻孔技术研发;2008 年,下一代电缆传导材料研究;

2008 年，原位电缆安装方法论；2009 年，3 个电缆项目的完成示范（2x）；2015 年，下一代电缆系统的验证（10x）；2018 年，先进电缆系统的验证（30x）。

在 SPI 框架下，美国现有三个 HTS 电缆项目。

① 哥伦布 AEP 电缆，由南线公司，AMSC，AEP 和 ORNA 合作研制，200m 电缆，13.2kV/3kA。

② Albany 电缆，由 SuperPower，三菱，BOC 和美国国家电网合作研制，350m，34.5kV/48MW 三相电缆，额定电流 800A。能承受 38 次 23kA 的故障电流，2006 年 7 月开始并网运行。现场安装的接头将来可用 30m 长的 YBCO 电缆（第二期）替换 30m 长的 BSCCO 电缆（第一期），其冷却剂提供温度（67～70）K±0.1K，流量（50±1）l/min，制冷功率 77K 为 5kW，70K 为 3.7kW。该项目的目的在研发商品化的电缆系统，以超过其他商品化可靠性标准。2006 年度的目标是完成电缆，返回管，接头和端口等电缆的安装，实施电缆监控系统，初始冷却和网外性能测试，为 30m 二期电缆的 YBCO 导体制造并电缆工厂试验。计划 2007 年夏季 YBCO 的电缆安装并试运行。

③ LIPA 长岛电缆，660m，138kV/2.4kA，故障电流设计值 6.9kA，用 162km 导体，由 AMSC 提供，与 LIPA、AIR、LIQUIDE 和 Nexans 合作。2006 年内已完成 30m 试验回路用的 HTS 电缆的设计和鉴定，开始组装，重新使用原制冷系统，并将其主要部件原地集成在 LIPA，场地准备工作在进行中。估计所有技术障碍均可克服，计划明年完成电缆，低温容器和端口制造，场地准备，安装和运行制冷系统，安装并给电缆通电。

除美国外，2001 年 5 月 28 日，丹麦 NKT 公司宣布，其 30m 长、30kV/2kA 热绝缘结构实用化高温超导电缆顺利实现挂网运行。这一项目历时 10 年，由 NKT 公司联合多家丹麦公司和部门共同完成。此项目的根本目的是在实际使用的电网中演示高温超导电缆系统的性能，收集高温超导电缆系统安装运行的经验数据。NKT 和 Southwire 的合资公司计划在 2005 年运行一条 1000 英尺（304.8m）、13.2kV/3kA 的高温超导电缆。日本三菱、东京电力和古河三家联合研制的目标是 66kV/1000MW 系统，技术指标还包括通电流 9kA，耐交流 130kV，脉冲 385kV，交流损耗 1W/相（9kA），漏热 1W/m，要求带材单长 300m。日本古河和日立正在进行的 66kV/5kA 电缆项目，2004 年安装了一条 50m、77kV/1kA 的高温超导电缆，并且计划到 2009 年把它升级到 10kA。1999 年，富士公司提出一种新的高温超导电缆结构。该电缆由若干交织的扇形超导线组成，扇形超导线由 Ag 包套 Bi 带制成，此电缆结构设计也可起到降低交流损耗的作用。住友电气与东京电力公司合作，在 2002 年完成并测试了一条 100m、3 相、66kV/1kA，三芯平行轴电缆系统。

中国科学院电工研究所、西北有色金属研究院和北京有色金属研究总院合作，分别在 1998 年和 2002 年研制出 1m/1000A 和 6m/2000A 的 HTS 电缆。由中国科学院电工研究所牵头，联合中国科学院理化技术研究所、甘肃长通电缆科技股份有限公司、河北宝丰企业集团有限公司，共同研制开发了 75m/10.5kV/1.5kA 三相交流高温超导电缆，于 2004 年年底完成系统集成，进行并网试验运行。北京英纳公司与云电合作，在云南建成了 30m，35kV/2kA 三相交流高温超导电缆，并已投入商业试运行。

12.6.2 舰船推进用 HTS 电机进展

自从 1995 年以来，美国能源部和海军（DOE 和 Navy）强力资助一个很大的计划，由美国超导体公司（AMSC）实施。

早在 2001 年 AMSC 就研制了 5000hp 舰船推进用 HTS 电机，1800r/min，60Hz，6.6kV，采用 BSCCO-2223 带，运行在－405℉，用 G-M 制冷机冷却，转子靠水冷，尺寸 44

英寸×63 英寸，15000 磅重，可拆卸，其效率可达 97.7%。其成功的转子磁场绕组试验，证实了用于 5MW 和 25MW 电机的 HTS 磁场绕组及其冷却系统。这台 3.6MW-1800r/min 的马达当年成功运行。在 2003 年，5MW-230r/min 扭矩马达开始试验，现在正朝着低速船舶推进马达方向进行研发。DOE 资助通用电器（GE），研发和试验发电用的 100MW 超导转子。欧洲西门子 1999 年曾研发了一台 400kW 的可行性示范马达，从 2001 年开始一直对其进行严格的试验，能连续输出 40kW 功率，基于这个成功的经验，为船舶设计的一台 4MW 发电机正在进行之中。2006 年美国 AMSC 虽中止了第一代带材生产，但已与海军签订 36.5MW 电机合同，价值 13.3 亿美元，计划采用第二代 YBCO 涂层导体。预期性能 120r/min，16 极，交流同步。并开始为海军（NAVSEA）设计 40MW 的 HTS 发电机，计划采用 2G 导体。为费城海军中心研制 36.5MW 的 HTS 推进电机，重约 75t，最近正在进行最终组装和部件试验，预期年底前完成现场试验。舰船推进用高温超导电机，想比相同功率和转矩的常规铜线电机，重量近为 1/3，尺寸仅 1/2，有助于军舰承载更多燃料具有更大攻击力，而低的维护成本。

12.6.3 故障限流器（FCL）

在电厂，高压输电、低压配电等电力系统中，有时会因闪电轰击，设备故障等引起短路，对 50Hz 的电力系统而言，一旦发生短路，不可避免会产生很大的故障电流，为此电路上总配有限流装置，常规的故障限流器是非超导的。随着高温超导体的出现及材料工艺的不断改进，在世界范围内掀起了研究高温超导限流器的热潮，美国、日本、德国、法国等都在从事高 T_c 故障限流器的开发，并取得了较大进展。

根据超导特性，高温超导限流器的种类可分电阻型、感应型、磁通锁定型等。在各种限流器中，似乎电阻型和电感型的限流器更有发展前途。由于电阻型的体积小、重量轻，似乎更有利。至今研究较多的是电感型，是变压器原理（屏蔽铁芯概念）。高温超导限流器要求材料的参数为 J_c、电阻率和几何形状。材料有熔铸 Bi2212 环、Bi2223 多芯复合体带、Bi2212 厚膜、YSZ 上沉积的 YBCO 膜和 YBCO 棒等。2001 年，瑞士 ABB 公布了基于 Bi2212 平板的 6.4MVA 的单相示范器；到 2003 年底，德国成功示范了基于 Bi2212 浇铸管的 10kV/10MVA 的 FCL 模型；美国能源部的计划也使用了熔融浇铸的 Bi2212 材料，这个计划的 FCL 电压等级是 136kV。此外国外尚有一些团队从事过高温超导故障限流器的研究，包括：①美国能源部资助的 LMC 队。由 Lockheed Martin Corp.、Southern Calif. Edison、LANL、ASC 和 IGC（提供 Bi-线圈）组成，得到的资助第一期为 340 万美元，第二期（1996 年 2 月至 1997 年 10 月）为 700 万美元。先后进行过 240V/2kA 级、2.4kV/2.2kA 级、15kV/10.6kA 级的试验，目前正在设计 69kV 的装置；②瑞士 ABB 公司（电感型）。是至今世界最大的 SFCL，额定功率 1MW，10.5kV/60kA。由 48 个 Bi-2212 熔融浇铸环组成，每个 ϕ38cm，高 8cm，厚 1.8mm，其 $T_c = 96$K，$I_c = 2500$A，$J_c = 1500$A/cm^2。经实验，试验时温升很大，超过室温，并产生很大的热应力，在 Bi2212 环上的轴向力达 1.5×10^4N，液氮槽的消耗：80 升/天；③加拿大 VPT1-IREQ Hydro-Quebec 和德国 Siemens AG。Hydro-Quebec 研制电感型 FCL（HQ♯6）：46kVA（450V/95A），单相 15kV/600A；Siemens AG 研制电阻型 FCL，用 YSZ 沉积的 YBCO 膜，$\delta = 0.5 \sim 4.5 \mu$m，$J_c = 5 \sim 35$kA/cm^2，其基片尺寸 20mm×10mm×0.2mm，下一步计划 150VA。此外研究高温超导限流器的还有斯洛伐克科学院电工所和意大利 CISE 的 SPA 合作，美国 GEC ALSTHOM/EDF 工程研究中心，以色列 Ben Gurion 大学物理系，日本电力工业研究中心（磁屏蔽型）和 Nagoya 大学电工系（磁通锁定型）等。国内电工所与理化所和湖南电力公司合作，研制了桥路型 10.5kV/1.5kV 高温超导故障限流器，2005 年 8 月开始试验，经历 630～3500A 三相短路，为正常电流的 10 倍。东北大学和西北院也曾开展过 HTS FCL 工作。

12.6.4　医用磁共振成像（MRI）和核磁共振仪（NMR）

在所有的超导应用技术商品化中，MRI 和 NMR 系统是商品化最成功的实例。全世界现有 15000 套 MRI，其优点是：可获得更多组织结构信息，可作为肿瘤早期诊断的有力手段，成像质量高，任何方向断层无死角，图像分辨率强，无放射性危害，无损伤，诊断迅速。2004 年的产值为 30 亿元，估计到 2010 年会达到 46.2 亿元，超导材料 10 万公里/年。其中 OMT/OI/Siemens 的整体开放式 MRI 为 0.2T/20K，采用 BSCCO 磁体，单级替代水冷铝绕组；牛津公司的 MRI 为 0.2T/1T，口径 0.8m，用 G-M 制冷机冷却到 18K，用带 4500m，J_c=50A/mm^2。一般诊断用高场 1.5～3T（将占 25%），医学研究用高端 9.4T（如 GE）。MRI 发展方向和技术趋势：高的 B_0（可提高诊断分辨率），高均匀度（10×10^{-6}/50cm），高瞬时稳定性（0.1×10^{-6}/h），图形好，开放，良好环境。技术上重在导体选择，磁体制造，超导接头技术，制冷的寿命和磁体维护成本。下为 GE 9.4T MRI 磁体参数：中心磁场 B_0=9.4T，B_{peak}/B_0=1.024，40cm DSV 均匀度为 5×10^{-6}，储能 140MJ，导体长度 540km，导体重量 30t，磁体重量 45t，磁体长度 3.1m，室屏蔽重 520t。HTS 特别有希望用于开放式 MRI 系统，美国能源部资助过开放式 HTS MRI 系统的研发，这个计划是由科学技术局（Carteret，USA）领导，有德国西门子参加。英国牛津已开发高温超导 MRI，有样机制成：0.2T/1T，ϕ0.8m，G-M 制冷机，18K，用带 4500m，J_c=50A/mm^2。

发展高温超导 MRI，符合中国情况有市场潜力，目前世界上每百万人口 MRI 占有率：美国 5 台，中国仅 0.37 台，所以估计预测未来中国需 3000～4000 台，发展高温超导 MRI 可降低磁体运行费用，推动高温超导材料应用。根据中科健公司的论证报告，第一步目标：建室温 0.2T，实用全身成像 HTS 磁体，配用一级 G-M 制冷机（50～65K）；最终目标：1～1.5T，材料用 Bi-2223/Ag 带，4mm×0.25mm，I_c 为 20A，285～300m/根。

12.6.5　变压器

比较常规变压器，HTS 变压器总损耗小（为 30%），重量轻（为 45%），拥有总的成本低（为 80%），体积小，过载能力强，无油运行避免火灾和环境问题，运行阻抗小，还有限流功能，可以起保护电站和节约成本的作用，往往被看作是可能最早进入市场的 HTS 产品。至今规模最大是 ABB 公司和美国威斯康星合作研制的三相 630kVA 的样机，使用美国超导公司（AMSC）的高温超导线材，此变压器已在日内瓦电网中运行了一年；能源部还资助 1100 万美元，由 ABB 的美国伙伴为美国公用事业研究、制造、安装、试验接近 10MVA 的第二套装置，但后来暂停了。Siemens 与 Linde 和 GEC Alsthom 计划共同研制 10MVA 的高速火车用高温超导变压器，目前正在进行该计划前期的 1000kW 高温超导变压器的研制。

12.6.6　超导储能

超导磁性储能系统（SMES）可改进电源质量和可靠性，提高电网能力，可用于均衡电力负载，对电源的不同要求可迅速连续作出响应，不降低电源质量。已有单位研究高温超导微型磁性储能装置（μ-SEMS）。在 EUCAS'99 会议上，以色列报道了储能 60J（77K）和 130J（64K）的装置，并说如加上铁心，储能可达 600J 乃至 2000J（64K）；芬兰报道了运行在 20K 储能 5kJ 的装置。业已证明，高温超导储能装置，即使运行温度为 20～30K，也有显著的优点。例如，法国耐克森公司正在和法国格勒诺布尔的低温中心（CRTBT/CNRS）

合作，计划研发运行在 20K 下的 800kJ/300A 的高温超导 SMES，该项目由法国防务采办局 (DGA) 资助。目前已知最大的 SMES 项目是日本中部电力投资的，使用由 Bi-2212 线绞成的卢瑟福电缆，在 4.2K 下的电流为 10kA。"十五"期间，华中理工大学，采用西北有色金属研究院提供的 Bi-2223 带材，研制完成了"35kJ/7kW 直接冷却高温超导磁储能系统"，并成功进行了动模实验。实验结果标明，通过直接冷却将储能磁体成功冷却到了 20K 以下；储能磁体的直流临界电流达到 150A，临界储能量 84kJ，磁体中心场强 4.5T；监控系统和变流器能控制磁体实现四象限的有功功率和无功功率的独立交换；在动模实验中，SMES 能有效抑制电力系统中因短路故障所引起的功率振荡，提高电力系统的稳定性，基本达成合同任务和技术指标；还完成了 300MJ/100kW 高温超导 SMES 的概念设计。

利用稀土超导 YBaCuO 块材与永磁铁作的磁浮无摩擦轴承，实现飞轮储能，也是研究的热点。与其他储能方式比，其优点在于：高的储能密度（约 30 倍），低得多的制冷成本和寿命循环成本（比电池基 UPS 系统低 5 倍）。美国休斯敦和波音，德国不伦瑞克和耶拿，日本 CHUBU 和三菱重工，都有项目在进行。其中，波音公司已发展了可用于宇航着陆的小型飞轮储能装置，储能几百瓦·小时，日本研制的模型系统能量达 1kW·h。国内，除了电工所做过一定原理性研究，西北院做过小模型，尚无实际研制项目。高温超导储能另一种研究的热点，是飞轮储能装置，利用 Y 系块材与永磁铁作的磁浮无摩擦轴承。与其他储能方式比其优点在于：高的储能密度（约 30 倍），低得多的制冷成本和寿命循环成本（比电池基 UPS 系统低 5 倍），美国休斯敦和波音，德国不伦瑞克和耶拿，日本中部电力和三菱重工，都有项目在进行，其中，波音公司已发展了可用于宇航着陆的小型飞轮储能装置，储能几百瓦时，日本研制的模型系统能量达 1kW·h。德国莱茵集团（RWE）所属 Piller 公司已瞄准市场正在研发第一个商业应用等效尺寸的系统，可达 2MW。可以预见，超导轴承系统的进一步改进和优化，必将导致工业上的成功。研发飞轮储能系统是为试验全运行超导基不间断电源（UPS），为民用或商用数字化动力。美国已研发了两套系统，一套为 3kW 级电动机/发电机（M/G）组，另一套为 100kW 级电动机/发电机（M/G）组。2006 年度的具体目标，一是完成 100kW/5kW·h UPS 飞轮系统整套试验，二是设计制造 10kW·h 转子/hub 组装。由加州爱迪逊试验工程师进行，成功地解决了 15000r/min 情况下电机控制下的超电流故障硬件，改进并最佳化了非接触高速模式下电机/控制器软件。发现高速运行下，100kW 电机定子会过热，影响飞轮系统的转速，目前正在弄清定子发热的原因，发现定子没严格按照图纸制造，包括线圈周大的玻璃纤维绝缘，使得冷却水到不了定子发热部位，限制了发电机转速。目前飞轮大部分试验性能指标已达到，定子温度限制的问题最佳化设计已有雏形。波音公司已完成 10kW·h 转子/hub 组件设计，这是 5kW·h UPS 飞轮的放大，正在开始制造复合材料转子。预计 2007 年一季度完成计划，试验转速可达 22500RPM。该项目波音的合作者包括：Praxair，Southern California Edison，Ashman Technologies 和 Ballard Power Systems。波音飞轮组织是 NASA/AFRL 飞轮转子安全性和寿命工作组的积极分子，并参与飞轮标准的制定，以及工作组会议的东道主。波音与 ANL 的飞轮研究，通过共同设计和实验，用电话和 e-mail 交流信息，工作关系从 1988 年一直延续到现在，并共同发表了一系列文章。

12.6.7　超导磁浮列车

磁浮列车高速，舒适，安全，可靠，并具有环境保护和经济意义。日本已试运行了全长 42.8km，最高时速达 550km/h 的低温超导磁浮列车（山梨线）。利用高温超导块材与永磁铁间的稳定磁悬浮效应，是制造磁浮列车的一种有效途径。中德曾在 1997 年合作制作了高温超导磁浮列车模型，轨道直径 3.5m，车体重 20kg。我国西南交通大学在"九五"期间，用北京有色金属研究总院和西北有色金属研究院提供的 YBaCuO 块材，制造了可载五人的高温超导磁浮试验列车"世纪号"，车体长 3.5m，宽 1.2m，高 0.8m，车重 220kg，空车悬浮 33mm，载 5 人后车重 530kg，悬浮 20mm。更大规模的载人试验列车研制也在中德等国进行和酝酿。最近日本铁道技术研究所研究了用 YBCO 块替代 NbTi 跑道线圈的可能性，计算分析表明，要求这种 YBCO 块直径大于 10cm，在 5T 下 $J_c > 10^5 A/cm^2$。此外，中央铁路公司还使用 Bi 系线材，制作用于磁悬浮列车系统的高温超导线圈，实验获得成功，采用持久电流模式，估计消耗 HTS 带 $10^8 m$，未来将用第二代 YBaCuO 带材代替。

第 13 章 稀土高分子材料

稀土高分子泛指稀土金属掺杂或键合于高分子中的聚合物。这类稀土高分子材料，一方面是利用稀土元素因其电子结构的特殊性而具有诸多其他元素不具备的光、电、磁等特性；另一方面是利用合成有机高分子所具有的原料丰富、合成方便、成型加工容易、抗冲击能力强、重量轻和成本低等优点，巧妙地将两者特性结合起来而开拓出来的在国民经济和科学技术中有着广泛应用的一类新材料。

19 世纪末到 20 世纪初是混合稀土元素或简单分离方法得到的单一稀土元素的最初应用阶段；20 世纪 40 年代发展到利用稀土作抛光剂、玻璃和陶瓷着色剂；20 世纪 60 年代，单一稀土开始得到重要应用，如镧用于光学玻璃，钇、铕用于彩色荧光粉等。随着金属有机化学的进展，稀土元素及材料的应用从无机化学领域拓展到有机和高分子化学领域。人们对稀土有机配合物的研究，从起初具有光、电、磁功能的小分子到现在能用分子设计的思想合成出具有高性能、高功能的稀土高分子。

13.1 稀土高分子材料的主要类型

稀土高分子可分为两大类型：一是稀土化合物作为掺杂剂均匀地分散到单体或聚合物中，制成以掺杂方式存在的稀土高分子，称之为掺杂型稀土高分子 (doping-type rare earth polymers)；二是稀土化合物以单体形式参与聚合或缩合，或稀土化合物配位在聚合物侧链上，获得以键合方式存在的含稀土聚合物，称之为键合型稀土高分子 (bonding-type rare earth polymers)。根据稀土高分子的分类，也可将稀土高分子材料分为掺杂型稀土高分子材料和键合型稀土高分子材料两大类。

13.1.1 掺杂型稀土高分子材料

掺杂型稀土高分子材料是以高分子材料为基质，掺杂稀土而获得的一类新型稀土材料。稀土高分子材料因不受基质影响而显示出稀土离子的特性，并在使用过程中不断显示出其他材料所无法比拟的优点，正成为崭露头角的新材料，它的开发和应用也愈来愈受人们重视。

掺杂稀土元素的高分子材料研究起始于 20 世纪 60 年代，目前此类材料已在荧光材料、激光材料、选择性光吸收材料、光转换材料、放射线防护材料、磁性材料等方面得到广泛应用。

事实上，稀土元素在高分子材料中，除了具有其功能性的作用外，还对高分子基体产生影响。如羧酸酯稀土可提高聚氯乙烯的热稳定性，稀土氧化物可提高聚合物的热分解温度。稀土化合物在尼龙增强和着色上显示出诱人的前景。稀土化合物掺杂聚苯乙烯后，具有改善聚苯乙烯热稳定性和大幅度提高冲击强度、弯曲强度的作用。

稀土掺杂聚合物主要是通过机械共混、熔融共混、溶剂或溶媒溶解而实现。可见，在制备稀土高分子材料上，掺杂是一种简便、适用性广和实用性强的方法。现在，掺杂型稀土高分子的研究范围不再限于稀土配合物，而包括稀土合金、稀土氧化物、稀土氢氧化物、稀土无机盐、稀土有机盐、稀土醇盐等几乎所有稀土化合物；掺杂的基质材料也几乎涉及所有热塑性树脂和热固性树脂。

由于稀土离子的特殊性主要来自于其次内层的 f 轨道电子，而 f 轨道电子被 5s5p 外层电子所屏蔽，受外层的影响不大。因此掺杂稀土的高分子体主要显示其掺入稀土化合物的性质。所以提高掺杂稀土化合物在高分子基体中的含量就能提高掺杂稀土高分子材料的光、电、磁等特性。但由于稀土化合物极性较大，与极性较小的有机聚合物之间的相容性不佳，尤其是稀土无机物与树脂亲和性小，致使掺杂稀土元素的高分子材料的力学性能下降，透明性降低，因此这种简单的掺杂方式得不到高稀土含量高透明性的稀土高分子材料，从而极大地限制了它们的应用。以下是当前为解决这一问题而采用的几种方法。

（1）稀土表面改性　稀土盐在高聚物中的溶解性很差，要想使其在高聚物中达到理想分散，有效的方法是通过表面改性，制备极性小的有机稀土络合物，提高与高聚物基体的相容性。

（2）偶联剂处理法　用偶联剂对稀土进行表面修饰，减小其表面自由能是增加稀土粒子与基体相容性的一种常用方法。

13.1.2　键合型稀土高分子材料

制备宽稀土含量、高透光率以及具有其他优异性能的稀土高分子一直是人们追求的目标，因为从应用角度看，只有当稀土含量达到相当数量时稀土高分子才能体现出稀土离子的特性；而作为光学、发光、光电或光磁材料，要求优异的透光率更是不言而喻。键合型稀土高分子由于稀土离子直接键合在高分子链上，在一定程度上克服了掺杂型稀土高分子中稀土化合物与树脂亲和性小、材料透明性和力学性能差等缺点，为获得宽稀土含量、高透光率的稀土高分子功能材料提供了可能途径，从而引起了人们的重视。

将稀土离子直接键合在高分子链上而获得键合型稀土高分子有以下三种途径：①稀土离子与大分子链上反应性官能团如羟基、羧基等反应；②稀土离子与高分子链上含有配位基的高分子配体配位，这些配位基主要有 β 二酮基、羧基、磺酸基、吡啶基、卟啉基、冠醚基和穴醚基等；③含稀土金属的单体均聚或共聚、缩聚等。

两种类型相比，键合型稀土高分子易制备高稀土含量，高透光率以及优异性能的稀土高分子材料。如利用丙烯酸的羧基直接与稀土离子（Tb^{3+}）反应，然后再聚合，制备铽-丙烯酸聚合物。其方法为：取一定量 $TbCl_3 \cdot 6H_2O$ 溶于水，滴加（NH_4）$_2CO_3$ 水溶液，逐渐生成胶状沉淀、过滤、洗涤，得碳酸铽或碱式碳酸铽沉淀，取此沉淀，加入一定量的水，逐滴加入丙烯酸，搅拌、沉淀逐渐溶解，得透明溶液，在 80～90℃、0.06MPa 条件下真空聚合，得透明性极好的薄膜。

键合型稀土高分子的研究历史还较短，目前研究主要侧重在其合成、结构和性质上，至于其应用，除个别已得到实际应用外大多尚处于探索阶段。但从它们显示出的优异性能（荧光、激光、磁学和催化等）看，键合型稀土高分子无疑是一类应用潜力很大的功能材料，它们的重要性将随着研究的深入而日益显示出来。

13.2　稀土高分子材料的制备及结构

13.2.1　稀土高分子材料的制备

利用具有稀土及其化合物等特殊功能的分散相材料与高分子基体通过共混加工或共混反应加工技术加以复合而成的具有独特优异性能的一类材料称为稀土高分子复合材料。

同任何复合材料一样，为获取强韧性、弹性、常规物理力学性能、特异性能兼备的稀土高分子材料，需保证强的界面黏合和理想的分散结构（尺寸和分散度），特别是在分散相含量较高的情况下。稀土高分子材料制备方法归纳如下。

13.2.1.1 简单掺混法

这是稀土与高分子复合最早的应用方法，即在高分子材料中直接掺入稀土。在高分子材料中掺入稀土的目的是利用稀土的特异性，期待获得类似"合金"性质的特种复合材料。掺杂的稀土形式包括：稀土合金、稀土无机化合物（如稀土氧化物、氢氧化物、氯化物、硫化物等）、稀土有机化合物（稀土醇盐、稀土脂肪酸盐、稀土不饱和羧酸盐等）。

在简单掺混型稀土高分子材料的制备过程中，研究较多的是稀土无机化合物与高分子的复合，所用的高分子也都是热固性树脂或热塑性树脂。简单掺加的方法工艺简单、制务方便，但缺点是由于常用的无机物与高分子材料间的相容性相差较大，因此难以保证复合材料的两相界面间的良好亲和，使稀土的掺加量受到极大限制，材料的性能下降。虽然可通过添加稀土有机化合物的方法加以改善，但还不能从根本上解决这一难题。

13.2.1.2 聚合法

聚合法是指将稀土离子先合成为可发生聚合反应的稀土络合物单体，然后与其他有机单体聚合得到键合型稀土高分子。这种方法制得的稀土高分子中稀土离子间距较大，随着体系中稀土离子含量增加，因仍保持较远距离，而不易产生浓度猝灭。

聚合法主要用于制备性能优异的稀土高分子复合荧光材料。这种方法主要有以下途径：①稀土与高分子链上含有配位基的高分子配体配位，得到的配位体再进行自聚合或加入另外单体进行共聚合，得到均聚高分子和共聚高分子；②将均聚或共聚高分子溶于溶剂中，加入相应稀土化合物，利用稀土离子的配位能力和离子键合能力，在一定的反应条件下制得含稀土的均聚或共聚物。

如选择极性较低的三异丙氧基铒作为掺杂剂直接掺杂到甲基丙烯酸甲酯（MMA）单体中，发现三异丙氧基铒与MMA单体混匀后会迅速形成一种凝胶体，将此凝胶体原位聚合后即获得稀土含量高、耐热性好、储能模量大、并具有一定透明性的掺铒PMMA材料。因稀土离子与MMA中的酯羰基的强烈配位作用并形成了凝胶体系，使稀土离子的配位数得到一定满足，有效克服了稀土离子的自缔合而聚集析出，为制备高稀土含量的PMMA材料提供了非常简便的方法。此方法称为"凝胶原位聚合法"。由于稀土离子与MMA中的酯羰基的强烈配位作用，使稀土离子的配位数得到一定的满足，同时形成了凝胶体系，使稀土离子较稳定存在于凝胶体中，从而一定程度地克服了稀土离子的自缔合而产生聚集析出，使高稀土的聚合物材料仍具有一定的透明性。

在用这两种方法制备不同稀土高分子复合荧光材料的研究中，得到的共聚合形式复合材料的荧光性能截然不同。聚合法得到的复合材料的荧光强度随稀土含量增加而线性增加，而简单掺混法得到的复合材料的荧光性则出现浓度猝灭。以上两种方法得到的均聚物体系的荧光性能均随稀土离子含量的增加呈线性增长。

13.2.1.3 反应加工法

这是近年来提出的一种稀土高分子复合材料的制备方法。如前所述，稀土化合物的特殊物化性能，赋予了它与高分子某些官能团有发生配位反应和离子键化合反应的能力，两种反应可同时存在，哪种为主取决于大分子结构和反应条件。这个特性是许多高分子填充补强剂所不具备的。因此，如果采用具有某些能够与稀土产生强化学键合的官能团的高分子作为界面键合-键接剂，在高温、高剪切的条件下，实现稀土粒子与官能高分子间的键合反应和实现稀土粒子在官能橡胶/非官能橡胶熔体共混体中的理想分散，然后在交联成型过程中实现官能橡胶与非官能橡胶间的共交联，就有可能制备出综合性能优异的稀土高分子复合材料。

这种材料及其制备技术可称为"官能化高分子作为大分子键合-键接剂的配位反应或离子键化合反应加工技术"。

反应加工法是利用稀土有机盐制备稀土高分子原位聚合纳米复合材料实施的有效方法之一。它除了具有可大量提高稀土用量的特征外，另一重要优势就是其工艺与传统高分子加工工艺十分接近，有机稀土盐单体与自由基引发剂通过混炼工艺直接混入基质中；在硫化交联的同时自由基引发剂引发丙烯酸金属盐原位聚合，就可获得该纳米复合材料，这便于使用现有设备将此项技术工业化。

13.2.1.4 原位复合法

原位复合法制备稀土高分子是通过稀土配合物在稀土高分子形成的过程中得到的稀土离子与高聚物单体中的羧基、磺基或其他配位的高分子同时配位，在聚合物中便形成了键合型的稀土配合物。用这种方法制备的铕（Ⅲ）配合物的光学树脂的荧光强度要高于掺杂法制备的含稀土配合物的光学树脂，同时荧光寿命也长得多。

13.2.1.5 离子交换法

离子交换法制备键合型稀土高分子离聚体是通过主链上含有可离子化基团的高分子，在特定的溶液状态下，与稀土离子发生交换形成离聚物。离聚体中往往存在有几个离子形成的尺寸仅为零点几个纳米的多重离子对，它相当于一种大尺寸交联点，能限制高分子的链运动，对稀土高分子的功能有重要影响。

应用简单掺混法、聚合法制得的稀土高分子复合材料的光性能研究已进行得十分广泛。但是稀土的许多特殊性能还未在高分子复合材料中体现出来。而且机制研究较少，加工手段单一，这些都制约了稀土高分子复合材料的开发应用，因此，人们期待着更新的、具有更好特异性能的稀土高分子复合材料的出现，更期待着这种复合材料的制备能够具有更丰富的技术手段。

13.2.2 稀土高分子材料的结构

按稀土高分子材料的制备方法，将此类材料的结构分为复合前体结构和复合材料结构。

13.2.2.1 稀土高分子材料的前体结构

在光性能研究中，Ueba 等将 β-二酮引入聚合链中制得了 β-二酮类高分子铕配合物，其结构如图 13-1 所示。

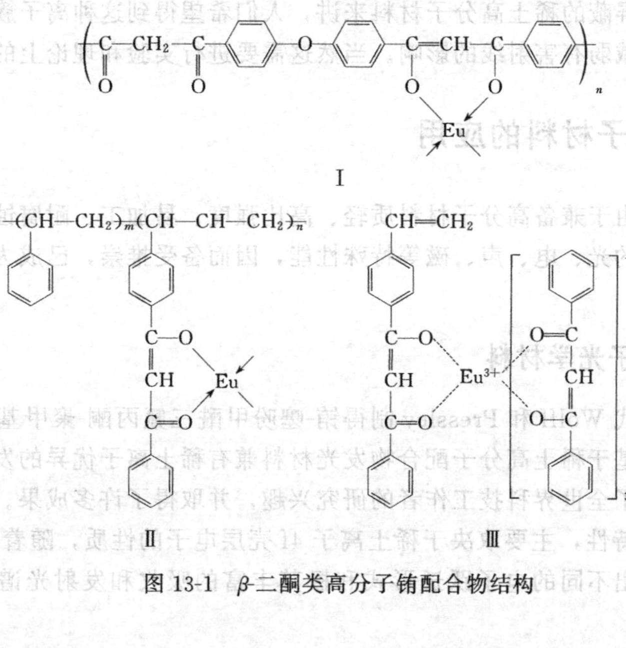

图 13-1 β-二酮类高分子铕配合物结构

结构Ⅰ的位阻较大，最多只能形成二配位。结构Ⅱ较结构Ⅰ的位阻减小，因此可形成三配位，若先合成四配位的含铕结构Ⅲ单体，再与 MMA 或苯乙烯共聚，则随着铕含量增加，共聚物链中四配位单元增多，荧光呈线性递增。因此，稀土离子配位数高是获得良好荧光性能复合材料的一个前提。

13.2.2.2 稀土高分子材料的结构

稀土高分子复合体中稀土离子之间及它们与聚合物之间存在着多重离子对及由其组成的离子簇，因此具备离聚体的特征。Okamoto 等发现苯乙烯/丙烯酸共聚物的 Eu^{3+} 和 UO_2^{2+} 复合体系中，由于 UO_2^{2+} 发射光谱范围覆盖了 Eu^{3+} 吸收峰，因而发生了 UO_2^{2+} 向 Eu^{3+} 的能量转移，使 Eu^{3+} 的荧光增大了 30 倍。而在苯乙烯/丙烯酸共聚物的 Tb^{3+} 和 Co^{2+} 复合体系中，则发生稀土离子 Tb^{3+} 向 Co^{2+} 能量转移，导致复合材料的荧光强度下降。但这种能级匹配只是能量转移的一个必要条件，复合材料中的离子团粒结构的存在才是金属离子间发生能量转移的前提。1990 年，Eisenberg 提出了多重离子对/离子簇模型：离聚体中存在着多个离子形成的尺寸仅为零点几纳米的多重离子对，它相当于一种大尺寸交联点，限制了高分子的链运动，离子浓度较高时，这些分子链运动受限制的区域相互交叠，构成尺寸在数十个纳米的既包含离子又包含限制的高分子链的区域，称为簇（如图 13-2）。

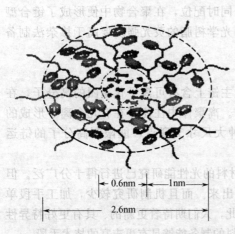

图 13-2　Eisenberg 离子对/离子簇模型

离子簇对稀土高分子复合材料的性能有着直接的影响。离子簇的存在，使金属离子间距常常小于多极矩相互作用距离，出现能量转移，从而使荧光强度发生变化。如 Nafion（全氟磺化膜）铽/钴膜加热到 130℃时，复合材料的荧光强度突然增大，并解释为是加热时离子簇膨胀，相应的离子间距扩大超出了多极矩相互作用距离（1.54nm），能量转移效率下降的结果。需要指出的是在均聚合体系中，稀土离子被均匀分散，不存在离子聚集区，因此就没有能量转移的发生。

对用来防护射线屏蔽的稀土高分子材料来讲，人们希望得到这种离子簇结构，这样可通过能量转移来吸收或减弱有害射线的影响。当然这需要进行实验和理论上的证实。

13.3　稀土高分子材料的应用

稀土高分子材料由于兼备高分子材料质轻、高比强度、易加工、耐腐蚀的优点，同时又具有稀土离子所特有的光、电、声、磁等特殊性能，因而备受推崇，已成为新材料研究和开发的热点领域之一。

13.3.1　稀土高分子光学材料

自 20 世纪 60 年代 Wolff 和 Pressley 制得铕-噻吩甲酰三氟丙酮-聚甲基丙烯酸甲酯的配合物发光材料以来，基于稀土高分子配合物发光材料兼有稀土离子优异的发光性能和高分子易加工的特点，引起了全世界科技工作者的研究兴趣，并取得了许多成果。

稀土离子的发光特性，主要取决于稀土离子 4f 壳层电子的性质，随着 4f 壳层电子数的变化，稀土离子表现出不同的电子跃迁形式和极其丰富的吸收和发射光谱。此外，由于 4f

电子处于内壳层，被外层 5s5p 所屏蔽，故基质对其发光特性影响不大。稀土离子通过掺杂或键合在聚合物中，其发光特性具有如下特点：①发射光谱呈线状；②特征发射波长不受基质影响；③常常表现出"超灵敏跃迁"，故通过适当改性就能显著提高发射光强度；④浓度猝灭效应不明显。上述原因使得稀土高分子材料在发光领域得到了广泛应用。其中最主要包括：荧光材料、激光材料、选择吸收光材料、光学树脂等。

13.3.1.1　稀土高分子荧光材料

近年来，稀土高分子荧光材料的研究和开发备受人们关注。

人们用稀土元素与高分子配体直接成键的配合物，合成了聚丙烯酸（PAA）、苯乙烯/丙烯酸共聚物（SAA）、1-乙烯萘基/丙烯酸共聚物（NAA）、甲基丙烯酸甲酯/甲基丙烯酸共聚物（MMMA）、苯乙烯/马来酸酐（SMA）等含 Sm^{3+}、Eu^{3+}、Tb^{3+}、Dy^{3+}、Er^{3+} 的离聚体，聚甲基丙烯酸甲酯（PMA）及 MMMA 的 Eu^{3+} 和 UO_2^{2+} 复合盐，Eu^{2+}、Tb^{3+} 的双吡啶高分子稀土配合物等，并发现这类高分子稀土配合物具有独特的发光特性，透光性好、荧光强度高且稳定。特别是含 Eu^{3+}、Tb^{3+}、Eu^{2+} 的高分子配合物在 UV 激发下，分别发出红、绿、蓝色调的荧光，将其作为三基色可制成高分子三基色显示器件，应用前景非常广阔。

通过稀土离子与含 β 二酮基、吡啶基、羧基、磺酸基的高分子配体作用，制成含 Eu^{3+} 或 Tb^{3+} 的稀土高分子发光材料，前者产生 613nm 的红色荧光，后者发射 545nm 的绿色荧光。而 Eu^{2+} 与含冠醚基的高分子配体作用，获得的是产生强蓝色荧光的材料。这种高分子稀土配合物不仅因存在配体向稀土离子的能量转移，使稀土离子发光效率高，而且由于高分子载体和配位结构等因素影响，可能导致"超灵敏跃迁"，使稀土离子的荧光强度急剧提高。此外，它们往往还是透明性良好的材料。因而这类荧光材料很有用处，如利用它们可研制出三基色荧光照明灯或彩色显示器件，以及用于发光涂料、光记录材料和光电池等。

合成的稀土高分子光学材料的荧光光谱数据及发射峰见表 15-2。结果表明，所有标题配合物的荧光发射光谱均相似，发出了 Tb 的 $^5D_4$-$^7F_6$、$^5D_4$-$^7F_5$、$^5D_4$-$^7F_4$（很弱）特征光，但未出现 $^5D_4$-$^7F_3$ 特征光。从表 13-1 可见，Tb（Ⅲ）与邻菲咯啉的二元配合物几乎不发光，而加入活性第二配体后，所合成的三元配合物的发光效果明显改善。这是因为第二配体的加入扩大了配合物共轭 π 键的范围，有利于能量转移，使三元配合物的荧光强度大大提高。各活性配体产生"协同效应"的能力为：十一烯酸＞顺丁烯二酸酐＞油酸＞丙烯腈＞亚油酸。因此，将这类标题配合物引入高分子可制备性能稳定、发光效果好的键合型稀土高分子功能材料。

表 13-1　各配合物的荧光光谱数据

配 合 物	$^5D_4$-$^7F_6$		$^5D_4$-$^7F_5$	$^5D_4$-$^7F_4$
	e_x/nm	λ_{em}/nm(强度)	λ_{em}/nm(强度)	λ_{em}/nm(强度)
$Tb(UA)_3Phen \cdot H_2O$	254.0	493.0(5272)	548.0(10000)	592.0(未检出)
$Tb(MA)_2Phen \cdot H_2O$	296.0	493.5(1115)	548.0(2314)	592.0(未检出)
$Tb(AN)_4(Phen)_2 \cdot 2H_2O$	342.0	492.0(460.7)	549.5(784.3)	592.0(100.0)
$Tb(OA)_3Phen \cdot H_2O$	335.0	493.0(468.1)	548.0(913.9)	592.0(未检出)
$Tb(LOA)_3Phen \cdot H_2O$	294.0	493.0(102.0)	548.0(221.0)	592.0(未检出)
$Tb(Phen)_3 \cdot 3H_2O$	272.0	493.0(未检出)	548.0(未检出)	592.0(未检出)

13.3.1.2　稀土高分子有机电致发光材料

有机电致发光（organic electroluminescence，OEL）是目前国际上的一个热点研究课题，它具有高亮度、高效率、低压直流驱动、可与集成电路匹配、易实现彩色平板大面积显示等优点。与无机电致发光器件相比，OEL 器件加工简便，力学性能良好，成本低廉；与液晶显示器件相比，OEL 器件响应速度快。近年来，OEL 的研究在平板彩色显示器领域展现出日益明显的商业前景，在发达国家得到工业界和学术界的大量投入。不久的将来，OEL 可能取代无机电致发光和液晶显示的地位，使平板显示技术发生革命。用于 OEL 器件的发光材料主要有金属螯合物、有机小分子染料和有机聚合物，它们各具特色，互为补充。但是，这些材料的一个普遍特点是利用共轭结构 $\pi \rightarrow \pi$ 跃迁产生发射，光谱谱带宽（100～200nm），发光的单色性不好，难于满足实际显示对色纯度的要求。而属于金属螯合物范畴的稀土配合物，其发射光谱谱带尖锐，半高宽度窄（不超过 10nm），色纯度高，这一独特优点是其他发光材料所无法比拟的，因而有可能作为 OEL 器件的发光层材料，用以制作高色纯度的彩色显示器；作为 OEL 器件的发光材料，稀土配合物还具有内量子效率高（可达100%）、荧光寿命长（10^{-6}～10^{-2}s）和熔点高等优点。

与其他小分子 OEL 材料相似，稀土 OEL 材料的一个比较主要的缺陷是，以小分子稀土配合物制作发光层，真空蒸镀成膜困难，器件制备工艺复杂，在成膜和使用过程中易出现结晶，使层间的接触变差，从而影响器件的发光性能且缩短器件的使用寿命。人们不断地采取措施对稀土 OEL 材料的成膜性能进行改善。

由于稀土配合物 OEL 材料难于蒸镀，而且导电性差，经常与导电高分子掺杂后采用旋涂的方法来制备发光层。聚乙烯咔唑（PVK）是一种性能优良的导电高分子（空穴传输材料），常用来与稀土配合物进行掺杂。为保证掺杂均匀，必须将稀土配合物和 PVK 共同溶解于一种易挥发的有机溶剂，如氯仿。以氯仿为溶剂，将 Tb(AHBA)$_3$ 掺杂于 PVK 和 2-(4-联苯)-5-(4-叔丁基苯基)-1,3,4-噁二唑（电子传输材料）制备发光层，获得了良好的成膜性能和较为理想的发光亮度。将 Tb (aspirin)$_3$Phen 掺杂于 PVK 制备 OEL 器件，它们的光致发光研究表明，在 PVK 与 Tb (aspirin)$_3$Phen 之间存在 Förster 能量传递现象，这种能量传递的一个必要条件是稀土配合物的激发谱与导电高分子的发射谱有重叠。稀土配合物掺杂于高分子制备发光层的主要缺点是：①稀土配合物在高分子基质中分散性欠佳，导致发光分子之间发生猝灭作用，致使有效发光分子比例减少，发光强度降低；②稀土配合物与高分子基质间发生相分离，影响材料性能。而且，掺杂后高分子基质也往往不能均匀分散。稀土配合物掺杂高分子 PVK 的透射电镜照相表明，稀土配合物在 PVK 中以纳米颗粒形式分散，分散粒度在 20～30nm 之间；然而，经混合后高分子 PVK 不能完全均匀分散，这可能是导致 OEL 器件寿命缩短的原因之一。

稀土配合物作为 OEL 材料成膜困难的问题，有望通过使稀土配合物高分子化，即合成稀土高分子配合物 OEL 材料得到解决。我国研究者已在这方面进行了尝试，将稀土高分子配合物用于 OEL 材料的研究。如：Tb（Ⅲ）高分子配合物，主链为丙烯酸和甲基丙烯酸的共聚物，小分子配体为水杨酸，在暗室中可以观察到明显的绿色发光。但驱动电压很高，达60V；Eu（Ⅲ）高分子配合物，主链采用丙烯酸和甲基丙烯酸甲酯的共聚物，引入 Phen 和DBM 作为小分子配体来提高发光效率，甩胶成膜制备发光层。双层器件的起亮电压 8.5V，16V 下达到最大亮度 0.32cd/m^2。尽管上述工作中的 OEL 材料和器件在性能方面远达不到应用的要求，但毕竟是新的有益的探索。而且，在 Eu（Ⅲ）高分子配合物研究中发现，高分子配合物的 EL 光谱与 PL 光谱有很大差别，这是在小分子稀土配合物的 OEL 研究中从未观察到的现象，说明稀土高分子配合物的发光机制还有待深入研究。

稀土高分子配合物 OEL 材料，是以稀土离子与高分子配体和小分子配体同时作用制备而成的，这种制备方法的缺点是反应过程和配合物组成都难于定量控制。若采用先合成小分子稀土配合物单体，然后再与其他单体共聚的方法，可以将产物的组成控制在预期的比例，有可能获得发光效果更为理想的高分子配合物，这在光致发光领域已得到证实，在电致发光领域的效果还有待实验来说明。

稀土高分子配合物既具有稀土配合物独特的场致发光性能，又具有高分子物质优越的材料性能，已在 OEL 技术领域显现出潜在的应用前景。

13.3.1.3　稀土光学塑料（树脂）

光学塑料因其具有成本低、抗冲击能力强、重量轻、成型加工容易、透光率较高和安全性好等优点，已成为重要的光学材料。将稀土金属引入聚合物，制成的光学塑料有许多特性，首先稀土金属的引入使材料折射率、拉伸强度、抗冲击能力和表面硬度等得到提高；其次稀土金属的引入还给材料带来了某些独特的性质。如 Gd^{3+} 引入使材料具有防放射线辐射的功能；有机羧酸钕盐的引入使材料具有滤光作用；以及某些稀土离子的引入，将起到着色或调节折射率的作用。可见，引入稀土将提高光学塑料的应用价值并拓宽其应用范围，使光学塑料既能在高级光学元件上获得应用，又能在特定的环境中发挥作用。

稀土元素因具有特殊的电子结构（稀土离子的一般构型为 $[Xe]\,4f^n 5s^2 5p^6$），所以具有独特的光、电、磁以及激光等特性，尤其是稀土有机配合物具有独特的发光机理，即 Antenna 效应（指有机配体吸收电磁波并将能量有效地传递给中心稀土离子），所以显示出发光强度高、荧光寿命长、光谱呈现尖锐的线状谱带的特点。虽然稀土有机配合物具有良好的发光性能，但其稳定性较差，因而限制了它的应用。将稀土配合物与透明光学树脂的基质材料复合在一起，不仅可以给稀土有机配合物提供相对稳定的环境以发挥其发光等特性，而且可以赋予聚合物光学树脂新的功能性。

稀土离子吸收了来自紫外线、电子射线等的辐射，可以通过 3 种跃迁之一由基态变为相应的激发态，再以非辐射衰变至 $4f^n$ 组态的激发态（亚稳态），此能态以辐射方式向低能态跃迁时便产生稀土荧光。稀土离子的 3 种跃迁形式是：①来自 f^n 组态内能级间的跃迁（f→f 跃迁）；②各组态间能级的跃迁（f→d 跃迁）；③配体向稀土离子的电荷跃迁（电荷跃迁）。

从电子结构来看，稀土荧光性能可分为三类：①不产生荧光（Sc^{3+}、Y^{3+}、La^{3+}、Lu^{3+}），4f 没电子或全充满，故没有 4f→4f 跃迁，在紫外光区和可见光区均无吸收；②能产生强荧光（Sm^{3+}，Eu^{3+}，Tb^{3+} 和 Dy^{3+}），它们的激发态往往与高分子配体的三重态相当，能量转移效率高；③会产生弱荧光（Ce^{3+}、Nd^{3+}、Er^{3+}、Yb^{3+} 等），它们光谱项之间能量差较小，非辐射可能性增大，导致荧光减弱。

但并非所有可能的跃迁都能产生荧光，还必须考虑环境和对称性的影响。通过形成稀土有机配合物，可以大大地提高稀土离子的特征荧光发射。合适的有机配体能与稀土形成螯合配位的结构。稀土与 β 二酮的有机配体形成配合物的作用过程可由化学反应式来描述，如图 13-3 所示。

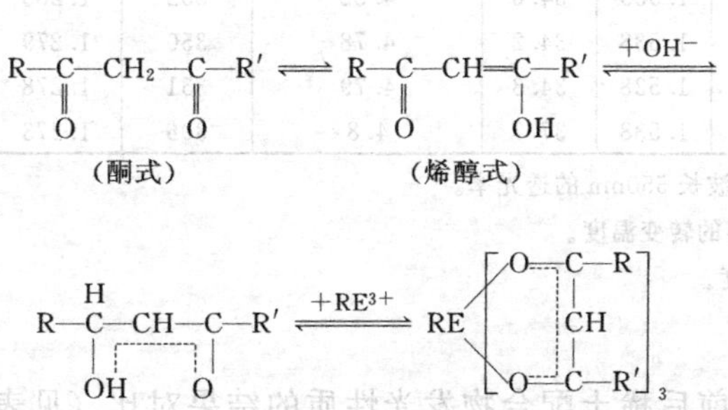

图 13-3　稀土与有机配体 β-二酮形成配合物的作用过程

改善稀土的荧光跃迁通常有 2 条途径：①引入另一种物质，这种物质易吸收能量并把能量转移给稀土离子；②适当改变稀土离子周围的化学环境，促使发生"超敏跃迁"。稀土的能量转移包括：金属离子之间的能量转移以及有机配体向稀土离子的能量转移。配体的三重态能级位置决定了分子内传能的有效程度，即配体的三重态能级要高于稀土离子的最低激发态能级，才能进行有效分子内的能量传递。

配体的三重态能级与稀土离子的激发态能级之间存在着最佳匹配值。能级差过小，虽然配体磷光光谱与稀土离子吸收光谱重叠程度较大，但由热激活过程引起的反跃迁的概率也增大了；相反，能级差过大，则不利于配体磷光光谱与稀土离子吸收谱的有效重叠。因此能级差过大或过小都将降低分子内的能量传递效率。

此外，能够获得有效的分子内能量传递，并不一定得到稀土离子的特征荧光。研究表明，在那些配体三重态的能级高于中心金属离子最低激发态的稀土离子配合物中，只有 Eu^{3+}、Tb^{3+} 显示强的特征荧光光谱，而其他稀土离子由于激发态能级与基态能级靠得很近，激发态能量很快通过下能级耗散了。进一步的研究发现，超敏跃迁与 3 个方面的因素有关：①配体的性质；②配体与金属离子间的距离；③配体数目。

人们对稀土有机配合物的光物理和光化学性能进行了大量的研究，提出了许多改善稀土配合物发光的途径，归纳为以下几条：①选择合适的有机配体，实现有机配体与稀土离子交换的能级匹配，获得有效的分子内的能量传递；②提高配合物体系的共轭平面和刚性结构，降低由于配体基团振动而造成的能量损失；③利用配体的取代基效应。不同的取代基将改变中心离子的对称性和周围分子场的强度，并改变稀土离子 4f 电子与环境的相互作用。三重态能级位置也直接依赖于取代基，从而影响非辐射过程；④对于 β-二酮配合物，可利用协同试剂来增强稀土离子的特征荧光发射。协同试剂一般为路易丝碱，如 1,10-邻菲咯啉、联吡啶等；⑤利用协同离子增强稀土离子的特征发射。协同离子形成的配合物的浓度一般要大于发光中心离子形成的配合物，它们形成固溶体后，前者包围着后者，减小了发光中心离子激发态能量通过周围溶剂振动而造成的能量耗散；⑥将稀土配合物引入具有光、热稳定及化学稳定性的惰性基质中，以改善稀土配合物的发光性能。

根据结构与性能的关系进行分子设计，合成了多种稀土铽（Ⅲ）和铕（Ⅲ）的二元及三元配合物单体，复合于苯乙烯（St）/甲基丙烯酸（HMA）的共聚体系之中，制备得到了具有发光功能的透明光学树脂，其物理性能如表 13-2。

表 13-2 含稀土配合物光学树脂的物理性能

配　合　物	透光率 /%	折射率	阿贝数	冲击强度 /(kgf·cm/cm²)	UVs /nm	密度 /(g/cm³)	CTE /℃	TGA /℃	表面硬度
空白	89	1.538	37.7	4.8	306	1.273	119.0	320.1	HB
Tb(AA)₃phen	77	1.539	34.5	4.8	350	1.289	119.0	320.1	HB
Tb(phen)₂	78	1.539	34.6	4.82	352	1.288	119.2	320.3	HB
Eu(DBM)₃(TPB)₂	76	1.538	34.2	4.78	350	1.279	119.0	320.0	HB
Eu(TTA)₃(phen)₂	75	1.538	34.3	4.79	351	1.278	119.1	320.1	HB
Eu(phen)₂	89	1.538	37.7	4.8	306	1.273	119.0	320.1	HB

注：1. 透光率是可见光在波长 550nm 的透光率。

2. CTE 是热机械分析测得的转变温度。

3. TGA 是聚合物分解温度。

4. 1kgf=9.8N。

结果表明：从复合前后稀土配合物发光性质的结果对比（见表 13-3）可以看出，表中的所有稀土配合物在光学树脂中的掺入量虽然仅为 $\omega=0.31\%$，而稀土配合物在粉末中的含量为100％，复合有稀土配合物树脂的荧光强度与稀土配合物粉末自身荧光强度相比较，都有明显提高，以铽三价离子配合物更为显著，同时仍然保持稀土离子的特征荧光。

表 13-3　稀土配合物在粉末和树脂中的荧光性质

稀土配合物	λ_{ex}/nm		λ_{em}/nm		强度/a.u	
	在粉末中	在树脂中	在粉末中	在树脂中	在粉末中	在树脂中
Tb(Sal)$_3$	331	309	543	544	33	815
Tb(AA)$_3$phen	397	327	545	545	1629	1060
Tb(phen)$_2$	328	328	543	548	35	514
TbCl$_3$	370	357	541	541	115	50
Eu(TTA)$_3$phen	380	384	611	613	667	613
Eu(DBM)$_3$phen	397	394	610	614	178	171

原因是：一方面由于稀土配合物在光学树脂中受到聚合物分子链网络的约束作用，配合物分子运动受到很大限制，键的振动减弱，减少了非辐射去激活途径，使荧光强度得以提高；另一方面稀土配合物在光学树脂中的化学环境发生了变化，在光学树脂中稀土离子周围环境格位对称性降低，从而使其荧光强度得以提高。相反稀土卤化物 TbCl$_3$ 一方面由于不存在有机配体，在光学树脂体系中受周围环境影响不大；另一方面体系中的甲基丙烯酸（MA）中的羟基对稀土离子的荧光强度存在一定的猝灭作用，因此其荧光强度有所降低。

含稀土的光学树脂既具有稀土元素的光、电、磁的特性，又具有光学树脂的透明性好、密度低、耐冲击、易加工成型等优点。因此可以用作各种荧光材料、激光材料、选择吸收光材料、放射线防护材料、磁性记录材料以及利用其化学性质对聚合物进行改性等，随着含稀土透明树脂研究的不断深入，其必将具有非常广阔的应用前景。为了解决采用直接掺杂法中稀土配合物与透明树脂相容性较差的不足，采用原位复合的方法同样得到了具有发光功能的透明光学树脂。在原位复合法中，稀土配合物是在单体聚合形成树脂的过程中生成的，稀土离子与甲基丙烯酸中的羧基和有机配体同时配位，在聚合物中形成了键合型的稀土配合物；由于甲基丙烯酸与有机配体之间的能量传递，提高了稀土离子的发光。采用原位复合的方法获得的光学树脂的荧光强度要高于直接掺杂法制备的光学树脂，其荧光寿命也更长。

13.3.1.4　稀土高分子激光材料

从 1961 年稀土离子开始用于激光材料以来，稀土离子已成为目前激光玻璃、激光晶体等固体激光器最主要的激光活性物质，如掺钕的钇铝石榴石晶体、掺钕的氟化钇锂、掺钕的铝酸钇这些固体激光器已经成功地应用到科研、工业、国防和医疗各个方面。但已有的无机固体激光器存在成本高，加工困难和抗冲击性能差等缺点。因此若能实现稀土高分子辐射激光，其意义将无法估量，因为从激光产生机理上讲这是可能的。

13.3.1.5　稀土高分子吸光材料

稀土离子的吸收光谱极其丰富，从紫外到远红外整个区域都有吸收。因此通过合理设计配方，将稀土高分子开发成各种选择吸收光材料，必将有着广泛用途。例如，长链有机羧钕盐在溶媒作用下与丙烯酸系单体制得的透明树脂，能有选择地吸收 580nm 波长的光，而用于交通工具和建筑物等防眩窗玻璃以及滤光器、照明灯罩；含有（甲基）丙烯酸的钕盐在溶媒作用下与甲基丙烯酸甲酯或苯乙烯共聚，制得的透明树脂有选择地吸收三基色以外波长的光，若将此材料用作彩色显像管显示屏，将解决显像管色纯度差，使彩色画面鲜艳、清晰。

13.3.2 稀土高分子防护材料

稀土离子能吸收 X 射线、γ射线、热中子和紫外线等有害射线，尤其对热中子吸收特别有效。因此将稀土高分子用做放射性防护材料，从材料讲比玻璃防护材料优越，从防护效果看它正好可以弥补传统铅防护材料的不足，因为铅对热中子吸收不理想。

13.3.2.1 稀土高分子的 X 射线防护材料

传统 Pb 屏蔽材料对能量高于 88keV 以及介于 13～40keV 之间的射线有良好的吸收能力，但对能量介于 40～88keV 之间的射线却存在一个粒子吸收能力十分薄弱的区域，即简称"Pb 的弱吸收区"。

利用混合镧系元素取代 Pb 以弥补 Pb 的弱吸收区，制得了稀土/橡胶复合材料，取得了良好的屏蔽效果，所得复合屏蔽材料在与铅制品具有同样的防护能力下，密度更低，见表 13-4。

表 13-4 稀土/橡胶复合材料的性能与铅橡胶比较

材 料	密度/(g/cm³)	质量厚度①/(kg/m²)	相对值
铅橡胶	3.5	7.901	1.38
RE/橡胶复合材料	2.4	5.713	1.00

① 相当于 0.5mm Pb 的屏蔽材料的质量厚度。

这种屏蔽效果取决于：①镧系元素中的各元素，其 K 层吸收边随元素原子序数的增加而逐步增高，即从 La 的 38.9keV 逐步增至 Lu 的 63.3keV 均处于弥补 Pb 弱吸收区的理想位置；②由于镧系元素中包括的不同元素 K 层吸收边不相同，其粒子吸收所覆盖的能量区域亦不相同，由此产生的递次覆盖结果，使混合镧系元素的粒子吸收几乎覆盖整个 Pb 的弱吸收区。

13.3.2.2 稀土高分子中子辐射防护材料

中子辐射由于其不带电，对物质有十分强的穿透能力。美国国家中子截面中心采用高分子材料为基材，添加或不添加稀土元素制成了两种厚度为 10mm 的板材并进行防辐射试验。结果表明，稀土高分子材料的热中子屏蔽效果优于无稀土高分子材料 5～6 倍。其中添加钐、铕、钆、镝等元素的稀土材料的中子吸收截面最大，具有良好的俘获中子的作用。目前，稀土防辐射材料主要应用包括以下几个方面。

(1) 核辐射屏蔽　美国采用 1%硼和 5%的稀土元素钆、钐和镧，制成厚度为 600mm 的防辐射混凝土，用于屏蔽游泳池式反应堆裂变中子源。法国采用石墨为基材添加硼化合物、稀土化合物或稀土合金，研制成一种稀土防辐射材料。这种复合屏蔽材料的填料要求分布均匀并制成预制件，根据屏蔽部位的不同要求，分别置于反应堆通道的四周。

(2) 坦克热辐射屏蔽　它由四层单板组成，总厚度为 5～20cm。第一层用玻璃纤维增强塑料制成，采用无机粉末添加 2%的稀土化合物为填料，以阻滞快中子、吸收慢中子；第二层和第三层，是在前者之中再加入硼石墨和聚苯及占填料总量 10%的稀土元素，以阻滞中能中子和吸收热中子；第四层采用石墨代替玻璃纤维，加入含稀土 25%化合物，吸收热中子。

根据不同稀土离子可吸收不同的放射线，由此制得的不同稀土高分子防护材料可广泛用于防射线防护窗、防护眼镜、显像用屏幕、闪烁器等。

13.3.3 稀土高分子磁性材料

高分子磁性材料是一种具有记录声、光、电等信息并能重新放出功能的高分子材料，是现代科学技术的重要基础材料之一。高分子磁性材料分为结构型和复合型两种，结构型磁性材料是指高分子材料本身具有强磁性的材料，复合型磁性材料是指以塑料或橡胶为黏结剂与磁粉混合黏结加工而制成的磁性体。

大多数稀土金属是顺磁性，且具有较高的磁矩和有价值的磁学性质，它们和过渡金属的合金具有优良的磁性质，如著名的超强磁体钕铁硼合金和钐钴合金就是目前最重要的永磁材料。将稀土磁粉（通常是钐钴金属互化物）添加到合成树脂中，获得的掺杂型稀土高分子也是一类优良的磁性材料。它们因具有良好的加工性能和力学性能而早已广泛应用于转动机械、电子仪器、自动装置、家用电器、医疗磁体等领域。

如日用品中电冰箱的磁性门条。以往使用的磁性能物质常常是钡铁氧体，由于理论最大的磁能积只有 $9.2 \sim 20 \mathrm{kJ/m^3}$，因此加入量需达到高分子材料重量分数的 $20 \sim 30$ 倍时才有较好的磁性效果，这么大的添加量会使高分子材料本身良好的弹性、柔软性及物理力学性能损失很大，从而损失密封性能和密封寿命。因此，人们一直在寻找适用于高分子材料添加的新型磁性物质。稀土磁性材料不仅有几百倍于钡铁氧体的理论磁能积，而且其矫顽力来源于磁晶各向异性，与依靠粒子形状各向异性获得磁性的钡铁氧体相比可更有效地提高内禀矫顽力，随着材料磁性能、耐热性的改善和提高，今后这种掺杂型磁性材料的应用将日益普及和扩大。研究结果表明：某些键合型稀土高分子也具有优良磁性质。

稀土磁性塑料是以稀土磁粉和树脂为基体的复合材料，与稀土烧结磁体相比，不仅具有较高的冲击强度和拉伸强度，而且还具有良好的加工性能，但磁性能相对较低。

稀土磁性塑料制品是将稀土磁粉填充到树脂中并在外磁场的作用下成型而制得，产品的性能主要取决于稀土磁粉材料，并与所用的合成树脂、稀土磁粉的填充率及其成型方法有密切的关系。评价磁性塑料的技术指标有剩余磁通密度 B_r、矫顽力 bH_c、内禀矫顽力 iH_c 和最大磁能积 $(BH)_{max}$。磁性塑料的典型磁性如表 13-5 所示。

表 13-5　磁性塑料的典型磁性类型

类型	种　类	剩余磁通密度/T	矫顽力/(kA/m)	最大磁能积/(kT·A/m)	密度/(g/cm³)
铁氧体类	塑料(各向同性)	0.15	87.6	3.9	3.5
	塑料(各向异性)	0.26	191.1	13.5	3.5
稀土类	热固性塑料压制成型　1对5型[①]	0.55	358.3	55.7	5.1
	2对17型[①]	0.89	557.3	135.4	7.2
	热塑性塑料　注塑成型(2对17型)	0.59	334.4	57.3	5.7
	挤出成型(1对5型)	0.53	350.3	49.4	5.0

① 1对5型为 $SmCo_5$，2对17型为 $Sm_2(Co、Fe、Cu、M)_{17}$ 型。

要得到较高的磁性就必须使稀土磁料的易磁化轴沿磁化方向一致取向，因此稀土磁性塑料在加工中的关键问题是磁粉的取向问题，即要求磁粉能自由迁移，并且处于外界磁场的作用下。通常利用硅烷、酞酸酯偶联剂等对稀土磁粉进行表面处理，以达到增加稀土磁料的填充量，提高制品的磁性能和力学性能的目的。

稀土类磁性塑料有热塑性和热固性之分，热塑性磁性塑料作黏结剂的合成树脂有尼龙、PE、EVA 等，热固性磁性塑料使用液态双组分环氧树脂或酚醛树脂作黏结剂。使用的稀土类合金磁粉有两种类型：1 对 5 型（稀土元素与过渡元素的组成比例为 $1:5$）和 2 对 17 型，1 对 5 型主要为 $SmCo_5$，2 对 17 型主要为 $Sm_2(Co、Fe、Cu、M)_{17}$（M＝Zr、Hf、Nb、Ni、Mn等）。

热塑性磁性塑料可采用挤出或注塑成型法，目前以注塑成型为主，在磁场中成型制品，注塑成型法存在的缺点是：虽然使用高性能的稀土类磁粉，但磁能积却比较低，这是由于物料的熔体黏度随着磁粉填充率的增加而增大，使其流动性降低，因此不能过高地提高磁粉含量所致。

热固性磁性塑料的成型方法有两种：一是涂布法，特点是制品的机械强度高，但树脂用量较多，磁性能低，其最大磁能积约为 119kT·A/m；二是浸渍法，其特点是磁粉填充率高达 $\omega=98\%$，因而磁性能高，最大磁能积为 135kT·A/m，缺点是制品的机械强度有所下降。稀土磁性塑料与烧结型稀土类钴磁铁相比，虽然在磁性和耐热性方面较差，但其成型性和力学性能优良，组装及使用方便，废品率低，这是烧结磁铁所无法比拟的。稀土磁性塑料的磁性虽然不如稀土类烧结磁铁，但优于铁氧体类烧结磁铁，其机械强度、耐热性能和磁性能均优于铁氧体类磁性塑料。用于制作精密电机及仪表零部件的磁性塑料，要求其剩余磁通密度为 0.4~0.45T，最大磁能积为 31.9~43.8kT·A/m 时才能使用，而铁氧体类磁性塑料的最大磁能积仅为 3.2~5.4kT·A/m，稀土类磁性塑料较之高 10 倍。但稀土类磁性塑料的成本较高，价格较贵（比稀土类金属磁铁稍低）。

由于稀土磁性塑料兼有磁铁和塑料的特性，可加工成型形状复杂的异型材，且二次加工方便、尺寸精度高、质量轻、成本低、特别是力学性能好、不易破碎，可以满足电子工业对电子电气元件小型化、轻量化、高精密化和低成本的要求，稀土磁性塑料正是为适应这样的要求而研制并工业化生产的。可应用于小型精密电机、步进电机、小型发电机、通讯设备传感器、继电器、仪器仪表、家用电器、航空航天等多种领域得到了广泛的应用，将成为今后磁性塑料发展的方向。

另外，在高分子材料中，具有弹性记忆效应或体积相转变的"合金"或类高分子凝胶等的特异作用已广泛为人们所关注，如果将具有大变形的弹性形状记忆材料与稀土磁致伸缩材料良好结合，在有效避免磁致伸缩造成材料间破坏的前提下，就有可能制备稀土高分子磁致伸缩性的功能材料。

人们还设想将具有磁性的稀土粒子代替氧化铁粒来制备新型的稀土高分子复合"微球"（1~100μm）和"纳球"（1~100nm），这些"微球"和"纳球"可实现单一输入（如光）、多重响应（电、磁、光、热）；多重输入、多重响应的功能。这类智能高分子材料在生物技术领域中具有十分重要的意义。

13.3.4 稀土高分子材料助剂

稀土化合物在高分子材料（塑料、橡胶、合成纤维等）的制备和加工过程中作为助剂（稳定剂、填充剂以及功能性添加剂等）使用，可改进高分子材料加工和应用性能以及赋予高分子材料新功能等方面具有独特的功效。

13.3.4.1 稀土塑料稳定剂

聚氯乙烯（PVC）是五大通用塑料之一，也是目前应用最广、产量最大的热塑性塑料，具有成本低、透明性好、难燃、耐腐蚀、适于改性等特点。还可根据需要配制成不同组分的聚氯乙烯制品，使其具有多种多样的、化学、光、电、热等性能，从而在工农业各领域得到了广泛应用。但 PVC 存在热稳定性差的缺点，加工时必须添加热稳定剂以抑制其热降解。传统的 PVC 热稳定剂主要有无机铅盐、金属皂（Ba、Cd、Zn 及其化合物）和有机锡三大类数十个品种。但是，其中性能较高的品种不是有毒（无机铅盐、钡-镉皂），就是价格昂贵（有机锡）。为保护环境、改善劳动卫生条件并提高 PVC 工业的竞争力，亟须研究开发并推广应用毒性低而性能价格平衡性好的新型热稳定剂。

稀土化合物作为助剂在其生产加工过程中起着重要的作用。例如，稀土元素在塑料制品中可起到减缓反应速度、保持化学平衡、降低表面张力、防止光和热的氧化作用等。

在用作热稳定剂的有机酸稀土盐中，稀土金属离子有较大的离子半径，有较多的未被电子填充的 4f、5d 和 6s 空轨道，这些轨道的能级差很小，在外界的光、热或极性化合物的极化作用下，它们易于杂化形成稳定的络合键。它与无机或有机配位体主要通过静电吸引力，形成离子配键。根据"硬碱氯离子与硬酸稀土金属离子易形成稳定的络合物"的原则，稀土有机化合物中的稀土元素原子（$RE^{\delta+}$）与 PVC 链上的氯原子（$Cl^{\delta-}$）之间具有很强的配位络合能力，致使有机酸稀土盐与 PVC 链上不稳定氯原子之间的置换反应加剧，从而有效地抑制了 PVC 链的脱 HCl 反应，达到稳定的目的。

有机酸稀土中的稀土原子 $RE^{\delta+}$ 与 PVC 分子链上的氯原子 $Cl^{\delta-}$ 之间的相互作用可以用下述模型表示（R 为烷基）：

$$
\begin{array}{c}
R-C=O \\
| \\
O \quad\quad O \quad\quad O \quad\quad O \\
| \quad\quad | \quad\quad | \quad\quad | \\
R-C-O-RE^{3+}-O-C-R \\
| \\
Cl^{\delta-} \\
| \\
-(CH_2-CH)_2-
\end{array}
$$

同时，由于上述稀土原子 $RE^{\delta+}$ 与 PVC 分子中氯原子 $Cl^{\delta-}$ 之间存在的较强的相互作用，这种相互作用有利于（特别是剪切力）传递，使加工过程中 PVC 体系产生"粘壁"效应，起到了促进 PVC 塑化的效果，即部分起到了加工助剂（ACR）作用。

聚氯乙烯树脂若确实符合有规律的重复单元排列，而没有其他结构的理想状态，可以预料这个聚合物的稳定性是十分突出的。然而，工业生产的聚氯乙烯树脂并不是有规律的头尾重复排列的某种单一结构，而是有许多不同结构的复杂混合物，既有直链，又有支链，还具有较宽的分子量分布。通常认为，PVC 分子中不可避免地含有烯丙基氯、叔氯等不稳定基因。PVC 的热降解正是以含有或相邻于这些活化基因的某一点开始脱出一个 HCl 的，随后产生了新的烯丙基氯，这样不断下去，很快就形成了长的共轭多烯序列，继续受热时，多烯序列发生交联、氧化等复杂反应而断裂，导致材料破坏。这样聚氯乙烯树脂在受外界光、氧、热的作用下，会发生降解。有研究表明，在聚氯乙烯结构中，内部的烯丙基氯最不稳定，依次是叔氯、末端烯丙基氯、仲氯。脱氯化氢是在分子上含有或相邻于叔氯或烯丙基氯的某一点上开始，不管是叔氯还是烯丙基氯都能起到一个活化基团的作用。

$$
-CH_2-CHCl-CH_2-CHCl-X \xrightarrow{HCl} -CH_2-CHCl-CH=CH-X-
$$
（式中：X 为活化基团）

脱掉一个氯化氢分子随即在聚氯乙烯树脂键形成一个不饱和双键，于是就使相邻的氯原子活化。这个氯原子在结构上和烯丙基氯一样，这就促使另一个氯化氢分子随后脱掉，这个过程自身连续重复下去，这种递增的脱氯化氢作用进行得十分迅速，很快就形成一个多烯键段，导致聚合物降解。在 PVC 中接枝共聚丙烯酸稀土后，PVC 的稳定性能得到了改善。通常情况下，加入丙烯酸稀土的主要作用是作为 HCl 的吸收剂。丙烯酸稀土可以取代 PVC 分子上不稳定的氯，使得 PVC 在降解过程中不能形成长的共轭多烯，从而提高了 PVC 的热稳定性。PVC 接枝丙烯酸稀土，在 PVC 链段上接枝了稳定的稀土丙烯酸配合物，使得分子链上自身带有能够有效提高热稳定性的链段。在 PVC 接枝丙烯酸稀土的分子中，1 个稀土离子络合 3 个丙烯酸离子，丙烯酸离子再与 PVC 接枝共聚。PVC 经过与丙烯酸稀土的接枝共聚后，形成了以稀土离子为中心的立体交联结构，提高了热分解温度。有研究报道，稀土丙烯酸配合物的稳定作用是稀土丙烯酸配合物改变了 PVC 的构象。稀土离子的导入可以使

PVC 的构象从稳定性小的平面锯齿式的间同立构转变为稳定性大的全同立构，增加了 PVC 的稳定性，有效地阻止了长共轭多烯的生成。平面锯齿式间同立构容易导致长共轭多烯的生成而引起 PVC 的降解，平面锯齿式间同立构的热稳定性要比其他构象的热稳定性小。

丙烯酸稀土接枝共聚改性 PVC 的热稳定性大幅度提高的原因是以上 3 种因素共同作用的结果。

将无机稀土有机化后与聚氯乙烯（PVC）进行接枝共聚，实验结果表明，经丙烯酸稀土接枝共聚后的 PVC，其耐热分解性能和韧性有了明显的提高。其制备方法为：以甲苯为溶剂，用丙烯酸与氧化稀土直接反应合成丙烯酸稀土。生成物无需分离和后处理，直接进行下一步反应。反应方程式如下：

$$RE_2O_3 + CH_2=CHCOOH \longrightarrow RE(CH_2=CHCOO)_3 + H_2O$$

再把 PVC 的四氢呋喃（THF）溶液直接加入到第一步反应生成的丙烯酸稀土甲苯溶液中，用过氧化苯甲酰（BPO）引发接枝，得到丙烯酸稀土接枝 PVC 共聚产物。反应机制为：引发剂在 60℃ 下热分解，产生活性自由基，同时产生丙烯酸稀土的自由基聚合反应和对 PVC 链的链转移反应及链增长反应。通过支链的增长和偶合终止反应，形成长的侧链，完成对 PVC 的接枝。

目前国内规模化生产的热稳定剂种类只有几十种，生产结构不合理，高毒、高污染、低档的铅-镉-钡重金属类稳定剂占据主导地位，环保型稳定剂所占比例远远低于国外发达国家的水平。新型热稳定剂生产与应用远远不能满足国内 PVC 工业的发展，高档 PVC 制品所需的热稳定剂仍主要依赖进口。

稀土热稳定剂作为我国特有的一类 PVC 热稳定剂，表现出优异的热稳定性、良好的耐候性、优良的加工性、储存稳定性等许多优点。特别是其无毒环保的特点，使稀土热稳定剂成为少数满足环保要求的热稳定剂种类之一。同时我国的稀土资源非常丰富，具有充足的原料来源和较低的原料成本，分离加工技术成熟。因此深入研究，大力发展稀土热稳定剂，完全替代有毒的重金属类热稳定剂和部分替代价格昂贵的有机锡类热稳定剂将是我国未来稳定剂行业发展的主要方向。

随着生产效率的不断进步，必须积极发展复合型稀土热稳定剂，以适应热稳定性能和挤出速度不断提高的需求。市场上的稀土稳定剂产品主要是脂肪酸稀土型和稀土与铅盐复合型，产品种类比较少。为取得较好的稳定效果，需要添加较多的有机辅助稳定剂，使得综合成本仍然偏高。而稀土铅盐复合稳定剂虽然稳定效果较好，成本较低，但是含有大量的铅类化合物，不符合环保的要求。因此，拓宽思路，利用稀土稳定剂广泛的协同效应，与其他稀土盐类、锌皂类等复配，开发多品种的无毒高效的新型稀土复合热稳定剂，进一步提高其性价比，是主要的发展趋势之一。

另外，随着 PVC 生产效率的不断提高，对于稳定剂的产品形式要求也相应提高。由于在不同的热稳定剂之间，稳定剂、增塑剂、润滑剂、抗氧剂等其他助剂之间，也存在共同优化的协同效应。为了达到理想的热稳定和其他方面效果，将各种助剂按适当的比例和方式复合混配，制成复合"一包"式稳定剂体系，不仅可以提高稳定效果，避免配方时稳定剂、润滑剂等塑料助剂添加和繁琐的计算过程，方便用户的使用和储存，还能减少资源浪费和环境污染，因此多元复合式产品将成为未来稀土稳定剂的主要发展趋势之一。

13.3.4.2 稀土高分子填充改性剂

在 MC 尼龙（一种聚酰胺塑料）聚合过程中加入适量的环烷酸稀土，制品的耐磨性提高一倍以上，耐热性提高 13℃，抗张强度提高 70%，其他性能也有不同程度的提高和改进。与此同时，添加环烷酸稀土的 MC 尼龙经酸溶液处理后，呈现鲜艳的玫瑰紫色，色泽经久不退，耐候性极好。紫外光谱分析表明，添加环烷酸稀土的 MC 尼龙和普通尼龙相比，硅、铁等杂质明显减少，有利于聚合度的提高和分子量的增大，从而使高分子链主价键断裂力相应增大，形成一种配合物链牢固束缚在一起的结晶实体，导致各种性能提高和改进。

在聚乙烯（包括 LDPE 和 HDPE）中添加氧化铈，其结晶度在氧化铈添加量较小范围内随氧化铈添加量的增加而增大，然后随氧化铈添加量的增加而减小，最后趋于恒定。这可能是氧化铈对聚乙烯具有成核剂作用的结果。氧化铈虽不溶于聚合物熔体，但在填充量较小时可为聚乙烯熔体所浸润而引发异相成核，导致聚乙烯结晶度增大，而随着填充量增大，这种浸润作用被破坏，致使聚乙烯结晶度反而下降。

在聚四氟乙烯中，利用稀土进行填充改性后，材料的耐磨性、硬度等比用石墨、玻璃纤维等填充有很大的提高。若使用钛铈合金，由于铈的活性，扩散反应的结果，使钛离子附在塑料基体上不易脱落，从而提高其耐磨性。应用铈的氢化物在聚四氟乙烯烧结过程中可分裂 C-F 键达到成型式交联的目的，从而提高性能。由于稀土元素有各种 f 电子能级在紫外区、可见光区、红外区都有跃迁，这一性质可用于塑料着色及制造发光塑料。稀土酸化物及氟化物、硫化物配合其他助剂填充到环氧树脂中，可制得具有荧光色彩的制品，且力学性能良好。高温超导氧化物是现代超导技术的核心，在高技术上有广泛的应用潜力。最基本的如 YBa_2CuO_7，然而高临界转化温度的氟化物超导体脆性大，虽有一定的抵抗压缩形变的能力，但其拉伸性能极差，成型性不好，使得超导体的大规模实用受到了限制。用碳纤维增强锡基复合材料通过扩散粘接法将 YBa_2CuO_7 超导体包覆其中，从而获得良好的力学性能、电性能和热性能的包覆材料。

13.3.4.3 稀土高分子转光剂

由于稀土荧光化合物能吸收对农作物不利的紫外线并发射出对农作物有益的可见光，因此可用其作为高分子转光剂，稀土转光农膜就是一种具有能改变透过薄膜的阳光光质的功能新型薄膜，主要用于农作物栽培特别是蔬菜生产中。

如何充分、合理地利用太阳光的能量，是农用塑料薄膜功能化研究的重要课题。光转换膜利用添加于其中的光转换剂，将太阳光中的紫外光转换成植物光合作用所必需的光谱成分：红光和蓝光，加强光合作用，获得农作物增产、早熟及提高营养成分的效果，成为农用薄膜研究的热门课题。尤其是近些年，以稀土配合物作为光转换剂的农用薄膜的研究十分活跃，这主要是由于其添加量小、荧光强度高而格外引人注目。

转光农膜的核心技术是光能转换剂（转光剂）的研制。目前光转换剂的研究热点主要集中于稀土有机配位化合物（简称配合物）。发光的稀土配合物称为 LCMD（Light-Conversion Molecular Devices）。稀土离子（尤以 Eu^{3+}、Tb^{3+}、Sm^{3+} 和 Dy^{3+}）受激发后可能发生 f-f 跃迁，呈现尖锐的线状谱带，且激发态具有相对长的寿命，这是它发光的优势。但是，稀土离子在近紫外区的吸光系数很小，因此发光效率较低。而某些有机化合物 $\pi \rightarrow \pi$ 跃迁的激发能量较低，且吸光系数高。它们作为配体与稀土离子配位后，若三重激发态与稀土离子激发态能级相匹配，当配体在近紫外区吸收能量激发后，由三重态以非辐射方式将激发能量传递给稀土离子，稀土离子再以辐射方式跃迁到低能态而发射特征荧光。发光强度比配合前的稀土离子有显著增加，弥补了其吸光系数小的缺陷。这个"光吸收-能量转移-发射"过程，称为"稀土超分子"的 antenna 效应。相对于无机和有机光转换剂，稀土高分子兼具发光强度较高和稳定性较好的优点。

众所周知，植物对光能的要求，除了光强度和光周期之外，光质是很重要的因素。光质不仅影响农作物的光合作用速率，而且可以调控作物生长。但是绿色植物叶绿素对不同波长的光具有不同的选择吸收性。蓝紫光（400～480nm）和红橙光（600～680nm）可促进植物光合作用，黄绿光(510～580nm)大多被植物反射而不吸收，近紫外光（280～380nm）对植物有强烈的破坏作用。转光剂能够吸收日光中的紫外光或黄绿光，发射出蓝紫光或红橙光，从而达到光能转换作用。

从化学组成来看，转光剂有两大类。

（1）有机荧光化合物　它们往往是有机荧光色素（如酞菁蓝、荧光黄、还原红等）。例如，吡嗪系荧光色素和苯并蝶啶系荧光色素可将紫外光转换成蓝光或将黄绿光转换成红橙光，罗丹明 6G 可将黄绿光转换成红橙光。某些芳香族有机化合物的发色基团吸收了紫外光后，引起分子内 π 电子的能级间跃迁，然后发射出波长较长的红光。

（2）稀土荧光化合物　这是利用某些稀土元素的荧光特性而制成的稀土无机荧光化合物或稀土有机配合物。目前更多采用的是稀土有机配合物，例如 Eu^{3+} 与含 β-二酮基、吡啶基、羧基或磺酸基的有机配体化合，可制得铕（Ⅲ）有机配合物，它能将紫外光转换成红光，其发射光谱主峰在 612nm 附近，Eu^{2+} 与含冠醚基的有机配体化合，可制得铕（Ⅱ）有机配合物，它能将紫外光转换成蓝光，其发射主峰在 440nm 左右。

稀土有机配合物转光剂具有下列特点：①游离稀土离子具有荧光特性，它在紫外光激发下，能在红橙光区或蓝紫光区产生尖锐的线状谱带，且激发态具有较长寿命；②有机配体分子中，$\pi \to \pi$ 跃迁所需的激发能较低，摩尔吸光系数较大，有机配体的最低激发三重态能级必须与稀土离子激发态的能级相匹配，从而使配体在近紫外区吸收能量、被激发后，以非辐射方式将激发能由三重态传递给稀土离子，然后稀土离子再以辐射方式跃迁到较低能态，发射出荧光，使配合物的发光强度明显大于游离稀土离子；③稀土离子的配位位置尽可能全部被有机配体的配位原子所占据，以避免配位水的存在，使配合物产生荧光猝灭。根据上述特点，目前对于紫外光转红光的稀土转光剂都选用 Eu^{3+} 为中心离子，并选用具有共轭大 π 键的有机化合物为配体，有的还引入第二配体（如含膦氧键化合物、含氮芳香杂环化合物等）。例如转光剂 YEuL （其中 L 为 1-羟基-2-萘甲酸根、均苯四甲酸根或邻苯甲酰苯甲酸根），转光剂 $Eu(TTA)_3(TOPO)$ （其中 TTA 为 α-噻吩甲酰三氟丙酮，TOPO 为三正辛基氧化膦）。近年来，国内稀土有机三元发光配合物的研究十分活跃，从而为稀土转光农膜提供了潜在的转光剂。稀土转光农膜的作物增产效应见表 13-6 所列。

表 13-6　稀土转光农膜的作物增产效应

试 验 膜	对 照 膜	透光率增幅	棚温升高	作物增产率
PVC 转光膜	PVC 普通膜			黄瓜 15%
PE 防老化无滴转光膜	PE 普通膜		3～5℃	作物 10%～50%
PE 转光膜	PE 普通膜		2～5℃	作物 15%～30%
PE 转光膜	PE 长寿无滴膜	8%		韭菜 38.5%、番茄 14.8%
PE 耐老化转光膜	PE 耐老化膜		2.7～4.5℃	作物 9.3%～22.2%
PE 耐老化转光无滴膜	PE 普通膜	4%～10%	0.3%～1.9%	番茄 16.1%、茄子 12.2%
PE 耐候光转换无滴三层共挤膜	PE 长寿无滴三层共挤膜	3.28%	1～3℃	作物 8%～14%

由于稀土荧光化合物能吸收对农作物不利的紫外线并发射出对农作物有益的可见光，近年来，以其作为转光剂的光能转换农膜的研究十分活跃。

按 0.2%重量比，将 UTR 稀土转光粉添加到聚乙烯树脂里，制成母料。为了使农膜具有防老化、防雾滴等基础功能，在配制母料时，还添加了一定量的光稳定剂（受阻胺类）、抗氧化剂和无滴剂（非离子型）。然后采用 3 层共挤吹膜技术，将母料制成耐候光转换无滴农膜。工艺流程如下所述。

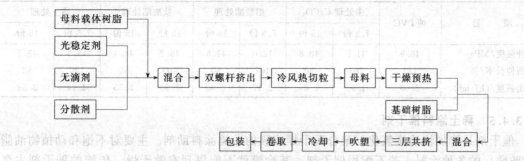

使用稀土转光剂的光能转换农膜具有如下主要功效。

（1）光温效应　转光膜棚内的光照强度高于普通膜，从而可使棚温升高。

（2）生物效应　稀土转光膜更有利于农作物生长发育，能促进作物对营养元素氮、磷、钾的吸收，提高植株的叶面积和展开度，增加植株株高和叶柄长，还可增加叶片的叶绿素含量，使叶片中的光合作用产物（可溶性糖分、淀粉、蛋白质等）含量升高。

（3）增产效应　与普通膜比较，稀土转光膜棚内作物增产，特别是作物早期产量的增幅更大，还可使作物提早上市 5～7 天。

（4）经济效应　稀土转光膜与普通膜比较，对下列作物的投入产出比分别为：茄子 1：2.8，番茄 1：7.6，黄瓜 1：11.3，草莓 1：61。

（5）品质效应　稀土转光膜棚内作物果实里的维生素 C 和糖分含量均高于普通膜，此外还能使瓜果的大果率增加，小果率减小，畸果率降低。

（6）抗病害效应　稀土转光膜棚内的紫外线透过率减少，可使棚内作物的叶枯病、黄萎病等病害减少 2% 左右。

目前，稀土高分子光转换剂的研究比较活跃，取得不少成果。但是，尚未得到真正广泛的推广应用，关键在于不少问题有待解决，最突出的是成本较高和稳定性不理想，需要继续深入探讨。我国是稀土资源和生产大国，又是农业大国，深化稀土高分子光转换剂的研究，具有特殊的意义，其前景是令人瞩目的。

13.3.4.4　稀土偶联剂

为降低成本或赋予制品独特的性能，高分子材料中广泛使用填充剂、增强剂及阻燃剂等无机物添加剂。但由于无机物与有机聚合物的分子结构和物理形态极不相同，它们一般难于紧密结合在一起，这就会给材料的某些性能带来不利的影响。偶联剂是能够增强无机物添加剂与聚合物基体结合力的物质。传统的偶联剂主要有硅烷、钛酸酯、有机铬及铝酸酯等。

稀土元素的外电子层结构有着较多未被电子填充的空轨道，可作为中心离子接受配位体的孤对电子。稀土离子是典型的硬阳离子，即不易极化变形的离子，它们与金属碱的配位原子如氧的络合能力很强，对 $CaCO_3$ 的偶联作用即是因此"亲氧"的功能所致。未经处理的 $CaCO_3$ 粉末，在洒落水面时会迅速下沉至水底，水液呈清态；用钛酸酯偶联剂活化的 $CaCO_3$ 粉末，在洒落水面时，部分漂浮在水面、部分下沉，大力搅拌，静置 2min，水液呈白浊态；稀土偶联产品粉末在洒落水面时，迅速在水面散开，并会在玻璃杯壁上爬，大力搅拌也不下沉，水液呈清态。这些现象表明，用稀土偶联剂处理的产品确已实现 $CaCO_3$ 均匀包裹，粒子分散良好，呈明显的疏水性。

表 13-7 说明，当填充量相同时，用稀土偶联剂和钛酸酯偶联剂作 $CaCO_3$ 表面处理时，其拉伸强度和断裂伸长率最高，铝酸酯次之，未经表面处理最差。

表 13-7　稀土偶联剂对 PVC/CaCO₃ 复合体系力学性能的影响

表 13-7　稀土偶联剂对 PVC/CaCO$_3$ 复合体系力学性能的影响

项　目	纯 PVC	未处理 CaCO$_3$		铝酸酯处理		钛酸酯处理		稀土处理	
		7.5 份	15 份	7.5 份	15 份	15 份	15 份	7.5 份	15 份
拉伸强度/MPa	46.9	41.5	40.8	12.0	41.5	45.2	43.4	45.5	43.5
断裂伸长率/%	123	103	30	107	50	109	50	120	52
冲击强度/(kJ/m²)	2.00	1.92	1.86	2.17	2.30	1.99	2.35	2.14	2.32

13.3.4.5　稀土涂料催干剂

催干剂是能加快油漆氧化、聚合而干燥成膜的一类涂料助剂。主要对不饱和动植物油脂（脂肪酸）的各种涂料，若不配用催干剂，其涂膜就不能得到有效干燥。传统的催干剂主要是钴、锰、铁、铅、锌、钙、钡、铜等金属的有机酸皂。其中钴、锰、铁等可变价金属皂，单独使用时就不具有催干作用，但与活性催干剂并用具有增效作用，称为活性催干剂或主催干剂；铅、锌、钙等难变价金属皂，单独使用是不具催干作用，称为辅助催干剂。在这些传统的催干剂中，钴、锰、铅金属皂是效果好、应用广的主要品种，但它们都存在明显的缺点：钴皂价昂，锰皂色深，铅皂毒性大、污染大。因此，开发新型催干剂以取代钴、锰、铅等传统催干剂，是涂料工业发展趋势。

研究和实际应用已充分表明，稀土金属催干剂作为一新型催干剂，不仅具有毒性低、颜色浅，价格适宜等优点，而且兼具活性催干剂和辅助催干剂的作用，可部分代替钴催干剂，全部取代锰、铁、铅、锌、钙等催干剂，有利于降低油漆的成本，消除铅毒及污染，并提高漆膜质量。目前，我国的稀土催干剂已形成一个规模可观的产业。由于稀土催干剂优点突出，可以估计其应用还将不断扩大。

（1）稀土催干剂的催干原理　稀土催干剂的催干机理在于能通过所含具有特殊电层结构的稀土离子的价态变化促进自由基产生，加速油漆氧化聚合干燥，同时还可与油漆分子中的羟基、羟甲基等极性基团形成配位键，使油漆产生配位聚合干燥。以含铈催干剂为例，Ce^{3+} 与空气接触后能被氧化成 Ce^{4+}，在涂料中形成氧化还原体系，加快脂肪酸的活化而氧化交联。铈离子具有可变的配位数和剩余原子价，在涂膜的干燥过程中它可起到氧载体的作用，把空气中的氧带入脂肪酸的活泼双键位置上，形成活泼性反应体进行涂膜分子的网状交联。同时铈离子的成键能力较逊，易与分子脱离，可重新形成新产物分子周而复始地进行催干反应，使涂料干燥成膜。此外，与传统的助催干剂 Ca^{2+} 和 Zn^{2+} 相同，在涂膜干燥初期 Ce^{3+} 与聚合物的羟基形成配位化合物，然而 Ce^{3+} 的配位数可达 9，比 Ca^{2+} 的配位数多 3 个，故络合能力较 Ca^{2+} 强，其催干效果也更好。

对不同类型催干剂的催干作用进行比较，有如下两种情况：①稀土催干剂在油基涂料中与钴催干剂配合使用，代替铅皂等起的辅助催干剂的作用显著。对于不同类型的稀土，助催干剂作用的大小顺序依次为：混合轻稀土、钕、钇、镧、铈、镨，即混合轻稀土具有明显的优势；②稀土催干剂也可在油基涂料中单独使用，起主催干剂的作用，只是其涂膜表干速率低于钴催干剂。与其他催干剂相比，主催干剂作用的大小顺序依次是：钴、镧、铅、铈、混合稀土、镨。

（2）稀土催干剂的制备　稀土催干剂的制备原理：国内主要用氯化混合轻稀土（含 La、Ce、Pr、Nd、Ce 占 50% 以上）和一元羧酸化合反应制成。由于所用羧酸是弱酸，氯化稀土是弱碱盐，二者不能直接合成羧酸稀土，故先用强碱 NaOH 和羧酸反应（皂化反应），生成羧酸稀土盐（络合物）

$$NaOH + RCOOH \longrightarrow RCOONa + H_2O$$

$$3RCOONa + RECl_3 \longrightarrow RE(RCOO)_3 + 3NaCl$$

第二步反应完成后，静置分去含 NaCl 的水，即可得到稀土催干剂产品 RE(RCOO)₃。

稀土催干剂的制备，通常采用络合萃取法，即按有机相：水相＝1：1（体积比）的相比和产品中稀土氧化物的含量计算配方，并预先将氯化轻稀土溶于水中进行过滤制成稀土料液，将氢氧化钠配成浓度为 $\omega=10\%\sim30\%$ 的 NaOH 溶液。具体过程为：先用强碱 NaOH 溶液和羧酸于加热条件（或加温）下搅拌，进行皂化，并加入 200# 漆用溶剂汽油；然后升温至一定温度，加入氯化稀土溶液进行反应，反应完毕后静置去水，即得到稀土催干剂产品。

工艺流程如图 13-4 所示。

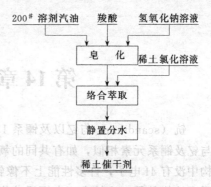

图 13-4 络合萃取法制备稀土催干剂工艺流程

随着石油炼制技术的改变，环烷酸产量逐渐减少，价格上涨，迫使人们寻找代用品。从国外发展趋势看，用于生产稀土催干剂的羧酸有环烷酸、C₇~₉酸、支链酸以及它们的混合物，这些稀土催干剂产品都适用于油漆。以原料来源及价格而论，以 C₇~₉酸为优，其次是环烷酸，支链酸最高，国内处于生产发展阶段。将不同品种的稀土催干剂进行比较，单就催干性能而言，以支链酸稀土最好，C₇~₉酸稀土次之，环烷酸稀土略差。

综合颜色深浅、与树脂混溶性、储存稳定性、催干性能等方面，其优劣顺序依次为支链酸＞C₇~₉酸＞环烷酸。目前，支链酸价格虽然偏高，但随着应用扩大，产量增加，支链酸价格会逐步下降到可接受的水平，故是发展的方向。

13.3.4.6 稀土橡胶硫化促进剂

使用硫化剂使生胶交联是橡胶加工的基本工艺环节。与硫化剂配合使用硫化促进剂，可以加快硫化速度，缩短硫化时间，减少硫化剂用量，降低硫化温度，同时还可以改进硫化胶的物理力学性能，提高硫化胶的耐老化和防止喷霜等性能。二硫代氨基甲酸盐是一类重要的硫化促进剂，传统上使用的是锌、镉、铜、铁、铅、铋、硒、碲、钠、钾盐。二硫代氨基甲酸与镧、钕、镨、钇等稀土金属形成的配合物用于轮胎、橡胶杂件和胶鞋等的生产，可代替原配方使用的传统促进剂并用体系，用量仅为原来的 1/5～1/3，温度达 100℃便可起硫化作用，硫化速度快，制品的物理力学性能达到国家标准一级品水平。

此外，稀土及其化合物还广泛用于保温涂料、发光涂料、颜料表面处理以及织物纤维（毛、棉、丝、麻等）皮革染色，是这些产品生产和加工中的重要助剂。

第 14 章 钪及其材料应用

钪（scandium）与钇以及镧系 15 个元素同属于元素周期表中ⅢB 族，其主要化学性质与钇及镧系元素相似，如有共同的氧化态等。广义来讲，它属于稀土元素。但钪由于原子结构中没有 4f 电子，许多性能上不像钇那样相似于镧系元素。由于离子半径小得多，与其他稀土性能差异也比较大。在镧系矿物中很少有钪共生，即便有，在选矿过程中也走向分散，较难集中回收。因此，在一般稀土生产工艺中都难以见到钪的产品。钪不像其他稀土成员那样彼此关系密切，常常表现为"独来独往"，仿佛是稀土家族中的"另类"。因此，在本教材中将钪及其材料应用单独设一章介绍。

14.1 钪的资源

钪广泛分布于自然界中。月球、陨石、大气、地壳中、动物和植物中均有它的存在。钪在地壳中的平均丰度为 $36 \times 10^{-4}\%$，它比银、金、铅、锑、钼、汞和铋更丰富，与铍、硼、锶、锡、锗、砷、硒和钨的丰度相当。因其存在极为分散，故给人以"稀少"的印象。钪是典型的稀散亲石元素，已知含钪的矿物多达 800 多种，在花岗伟晶岩类型矿的副产物中几乎都可找到钪的踪迹，但氧化钪品位大于 0.05% 的矿物却为数甚少。目前发现的作为钪的独立矿物只有钪钇矿、铁硅钪矿、水磷钪矿和钛硅酸稀金矿等少数几种，且矿源甚小，在自然界中罕见。另外，由于钪的化学活性高，很难制得高纯度金属。因此，尽管早在 1879 年瑞典化学家尼尔森（L. F. NiLson）就从黑稀金矿和硅铍钇矿中发现了钪，但直到 1937 年才由 Fischer 将钪、钾和锂的氯化物混合熔盐电解，首次制得纯度为 95% 的金属钪。1973 年由 Spedding 制得纯度为 99.9% 的金属钪。近年来钪的研究、应用及资源开发仍在发展。

14.1.1 世界钪资源概况

目前，全世界的钪储量约为 2000kt，其中 90%～95% 赋存于铝土矿、磷块岩及铁钛矿石中，少部分在铀钍矿、钨锡矿、钽铌矿及稀土矿中。具有工业意义的钪资源主要是铀钍矿、钨锡矿、钽铌矿、稀土矿及钛铁矿的副产物。上述钪的矿物资源主要分布于俄罗斯、中国、塔吉克斯坦、美国、马达加斯加、挪威、莫桑比克、加拿大和澳大利亚等国家。国外主要的钪资源分布情况见表 14-1 所列。

表 14-1 国外钪资源的主要分布

国　　家	钪资源分布情况
俄罗斯	俄罗斯地台和科拉半岛是最大的钪资源分布区，科拉半岛的磷灰石中含钪 16μg/g，整个矿床储量达 1.6 万吨；俄罗斯地台北部托姆托尔的风化壳淋型磷酸盐岩（Sc）矿床中，Sc_2O_3 平均含量为 650μg/g，最高达 1400μg/g
美国	科罗拉多高原的含铀砂岩（Sc）矿床中含 Sc_2O_3 100μg/g；Fairfield 含磷铝石矿床中 Sc_2O_3 含量为 300～1500μg/g，从中发现了水磷钪石和磷铝石，已作为钪矿开采
马达加斯加，挪威，莫桑比克	集中在富含钪钇石的花岗岩中
澳大利亚	镭山（Radfum Hill）热液铀钛磁铁矿（Sc）矿床的 Sc_2O_3 含量达 3000μg/g

前苏联曾系统研究了各种类型伴生钪的矿床，认为沉积型铝矿（Sc）矿床与碱性-超基性岩有关的风化淋滤型稀有、稀土磷酸岩（Sc）矿床，以及某些铁钛（Sc）矿床是最重要的矿床类型，它们是钪的主要来源。

14.1.2　中国的钪资源

我国也是钪资源非常丰富的国家，与钪有关的矿产储量巨大，如铝土矿和磷块岩矿、华南斑岩型和石英脉型钨矿、华南稀土矿、内蒙古白云鄂博稀土铁矿和四川攀枝花钒钛磁铁矿等，见表 14-2 所列。

表 14-2　中国钪资源的主要分布

含钪矿物	钪 资 源 分 布
铝土矿和磷块岩矿	主要分布于华北地区（主要包括山东、河南和山西）和杨子地台西缘（主要包括云南、贵州和四川），铝土矿的 Sc_2O_3 含量为 40～150$\mu g/g$；贵州开阳磷矿、瓮福磷矿、织金新华磷矿磷块岩的 Sc_2O_3 含量为 10～25$\mu g/g$
钒钛磁铁矿	攀枝花钒钛磁铁矿是我国大型的钒钛铁矿床，其超镁铁岩和镁铁岩的 Sc_2O_3 含量为 13～40$\mu g/g$，钪主要赋存于钛普通辉石、钛铁矿和钛磁铁矿
钨矿	华面斑岩型和石英脉型钨矿具有较高的钪含量，黑钨矿的 Sc_2O_3 含量一般为 78～377$\mu g/g$，个别达 1000$\mu g/g$
稀土矿	华南地区储量巨大的离子吸附型稀土矿中发现了规模较大的富钪矿床，Sc_2O_3 在 20～50$\mu g/g$ 为伴生钪矿床，大于 50$\mu g/g$ 为独立钪矿床；白云鄂博稀土矿的岩石中 Sc_2O_3 平均含量为 50$\mu g/g$
其他矿物	广西贫锰矿中含有相当数量的钪，含量约为 181$\mu g/g$，以离子吸附形式赋存

我国的钪资源中，铝土矿（Sc）矿床和磷块岩（Sc）矿床占优势，其次是钨矿、钒钛磁铁矿、稀土矿和稀土铁矿床。据统计铝土矿和磷块岩矿的钪储量约为 29 万吨，占所有钪矿类型总储量的 51%，其含量一般是世界铝土矿钪平均含量（按 Sc_2O_3 为 38$\mu g/g$）的 1～4 倍，可能成为我国钪的重要矿床和主要来源。我国的钨资源为世界之首，冶炼后的钨渣含钪约为 0.02%，如果将数十年积累的上千万吨钨渣加以处理，其产量将十分可观。此外，生产铀、钛的尾矿也是我国工业生产钪的重要资源。

14.2　钪的提取和纯制

由于钪的独立矿床极为稀少，不能作为提取钪的工业原料。但是，作为伴生元素，钪常常分散存在于稀土、钒、钛、锆、钨、锡、铀以及煤等矿物中，可以从这些矿物的工业生产废料（废渣、渣泥和废液）中，作为副产品加以回收。因此，工业上是在综合处理有色和稀有金属矿石时伴生回收分散的钪，其合理性取决于原料中的钪含量、主金属的生产规模以及中间产品和废料中钪的富集程度等。在生产过程中顺便回收钪时，钪在产品的分布十分重要；从生产废料（废液、废渣或废泥等）中富集钪时，应建立合理的流程而不破坏主要工艺。目前钪主要是从处理钛、铝、钨、锡、稀土、铀等矿的副产品中综合回收，其主要回收途径见表 14-3 所列。

美国、加拿大和澳大利亚等国主要是从铀和钨的副产物中回收钪；俄罗斯等国则主要从钛的副产物获得钪；德国、捷克和日本等国都不同程度地进行了钪的提取，不过产量都不多。我国提取钪的主要原料是黑钨矿和锡矿石的冶炼渣、高钛渣和人造金红石的氯化烟尘及钛的水解母液。我国有极为丰富的黑钨矿资源，黑钨矿中钪的含量有时可高达 0.05% 以上，这就不但为钨的冶炼，同时也为钪的提取提供了足够的原料。我国四川省的钛铁矿中含钪量达 60g/t，在高钛渣和人造金红石沸腾氯化时，钪在氯化烟尘中富集，其含量高达 0.01%～

表 14-3　工业中钪的主要回收途径

矿物类型	回收钪的主要回收途径
铝土矿	铝土矿是重要的提钪资源,近来由铝土矿得到的钪,占从其他金属矿得到的钪总量的 75%～85%。铝土矿浸出时 98% 以上的钪富集于赤泥中,它是工业上提钪的好原料。
含钛矿物	钛铁矿精矿熔炼时钪几乎全部进入炉渣中,且富集了大约 10 倍,可从炉渣回收钪(主要从氯化烟尘中回收钪);也可从生产钛白粉的硫酸废液中回收钪
黑钨矿和锡石矿	主要黑钨矿的浸取渣(钨渣)或炼锡炉渣回收钪。我国钨矿和锡矿丰富,因此也是我国回收钪的重要途径
离子吸附型稀土矿	从浸出液中回收钪,工艺相对简单,是很有前景的提钪途径
含锆矿物	锆精矿(含 Sc 0.001%～0.08%)经酸浸后,有 60% 的钪富集在母液中,可用萃取法提取钪
含铀矿物	萃取法提铀时,钪同时也被萃取,因易与铀分离而得以回收

0.05%,也是湿法冶金回收钪的理想原料。另外,以钛铁矿为原料用硫酸法制取二氧化钛的过程中,二氧化钛水解后的母液也是回收钪的重要原料。

钪的提取一般要经过如下四个阶段:①从含钪低的原料中初步富集钪;②分离杂质制取工业粗氧化钪(富钪精矿);③精炼提纯制取高纯氧化钪(纯度 99% 以上);④由高纯氧化钪制取金属钪。氧化钪的制备涉及前 3 个步骤。由于提钪原料中的主要杂质为 Ti、W、Zr、Th、U、稀土及 Fe、Ca、Si 等,钪与共存元素的分离及提取主要有萃取法、离子交换法,此外还有液膜分离法和沉淀法等。目前,钪的回收和制取已达到相当高的水平,通过溶剂萃取、离子交换等手段,已获得最高达 99.9999% 的超高纯氧化钪,通过钙还原、电输运、真空蒸馏等方法已能生产钪金属锭及金属钪的蒸馏净化产品。

14.2.1　钪原料的浸取

如上所述工业上提取钪的原料一般是提取其他有价金属的副产物,所以含钪原料的处理可以省去通常冶金过程中的矿石分解这一步,只需从浸取开始。我国冶金工作者对从含钪原料中浸取钪做了大量工作。例如,对从钛氯化烟尘中浸取钪的研究中发现其最佳条件为:浸出原液酸度 [HCl]=1.0mol/L;浸出固液比为 1:1.2;浸出温度为 70～80℃;浸出时间为 30～60min。在以上条件下,钪不但有较高的浸出率(84%～89%),而且在下一步分离中有较高的萃取率(87.5%)。又如,从黑钨矿碱渣中浸出钪的条件,为提高浸出率,需先将碱煮渣磨细至约 320 目。因为盐酸能与渣中的钙、镁等生成吸附钪的硫酸盐,所以选用盐酸作为浸取剂。用工业盐酸浸出时,Sc、铁的浸出率分别为 90% 和 95%,浸出液中含钪 200～400mg/L,Fe 25～35g/L,Mn 8～12g/L,HCl 1.5～2.5mol/L,每吨钨渣的盐酸耗量为 3～4t。铝土矿浸出时,98%～100% 的钪残留在赤泥中,将赤泥还原熔炼生铁时,钪完全进入炉渣中(其含量为 0.012% 的 Sc)。用苏打溶液浸出残渣时,95%～98% 的钪留在固相中,这种白泥渣含钪量比赤泥中的含钪量大 1.65 倍。再将白泥用酸溶解,然后用溶剂萃取法回收钪。

14.2.2　钪的分离提纯

由于钪的浸出液组成非常复杂,为提取纯钪必须进行钪与杂质的有效分离,应用最为广泛的是溶剂萃取法,其他常用的方法还有离子交换法、液膜分离法和沉淀法等。也由于钪的浸出液组成的复杂性,只使用上述任何一种分离方法都难以把钪从与其他共存的元素中分离出来。所以在制定钪的分离提纯工艺时,需根据具体情况交替使用这些方法,才能保证经济有效地分离,最终得到所需纯度的产品。

14.2.2.1 溶剂萃取法

溶剂萃取法以操作简便、成本低廉、分离效果好、消耗原料少、处理量大等优点而广泛应用于提取钪的各个阶段（包括富集、纯化和分析测定的前处理等）。钪的萃取机制与其他稀土类似，但钪的离子半径在稀土中最小，电子结构最为简单，使其萃取机制存在一定差异。一方面，钪的配位数通常为6～8，少于其他稀土元素，致使其萃合物结构有所不同；另一方面，钪的离子势在稀土元素中最大、酸性最"硬"，使其与硬"碱"OH^-的结合更为紧密，所以钪比其他稀土更易水解，萃取时的$pH_{1/2}$值最低。常用于萃取分离钪的萃取剂主要有中性磷萃取剂、酸性磷萃取剂、羧酸萃取剂、胺类萃取剂、螯合萃取剂等。

（1）中性含磷萃取剂　中性含磷萃取剂的萃取官能团是P=O，萃取金属离子时，被萃物在萃取过程中与萃取剂结合，生成中性配合物而进入有机相。

磷酸三丁酯（TBP）可以从盐酸或硝酸溶液中萃取钪，而与其他稀土元素、铝、锆和钛等分离。用100%的TBP从6mol/L HCl溶液中萃取钪，萃取率可达99%以上。磷酸三丁酯对钪的萃取按溶剂化机理进行，可用下式表示：

$$Sc^{3+} + 3A^- + (2\sim3)TBP \Longrightarrow ScA_3 \cdot (2\sim3)TBP$$

式中，A^-代表NO_3^-、Cl^-、CNS^-、$[Sc(SO_4)_2]^-$等。上式表明，TBP萃取钪必须在阴离子浓度高的条件下进行，阴离子浓度对钪的萃取有明显影响。通常，体系中阴离子浓度可通过大量酸或盐来维持。当体系中的阴离子浓度增加时，反应向正方向进行，为萃取过程，反之即为反萃过程。所以，一般说来，简单地利用溶液酸度的差别就可以达到萃取或反萃的目的。

根据日本原子能委员会发表的数据，在9mol/L $[Cl^-]$中用100%的TBP萃取时，一些元素的分配系数如下：

元素	Sc	Ti	Mn^{2+}	Fe^{3+}	Ca	Al	Mg	Mo
分配系数	100	0.32	0.32	6000	0.03	0.001	0.003	100
元素	Cu	U	Th	Lu	La	Ce	Eu	Y
分配系数	0.63	10	0.32	0.05	0.001	0.001	0.05	0.1

钛的氯化烟尘浸出液中含有大量氯离子，又含有当用TBP萃取时与钪的分配系数相差很大的金属元素，所以TBP是从钛氯化烟尘中提取钪的理想萃取剂。当用50%的TBP煤油溶液作萃取剂，相比O/A=1/2时，一级萃取率为75%，二级萃取率可达90%。经过TBP萃取后，钪可以与Al、Ca、Mg、La、Ce等元素几乎完全分离；与Mn、Ti及其他元素基本分离。虽然Fe^{3+}易被TBP萃取，但TBP对Fe^{2+}的萃取率仅在5%以下，所以，只要在萃取前加入少量铁粉把Fe^{3+}还原成Fe^{2+}，就可以较好地分离钪与原浸液中的Fe^{3+}。

负载有机相用相比为O/A=(3～5)/1，浓度为8～9mol/L的盐酸溶液洗涤，可进一步除去有机相中萃入或夹带的部分杂质。经4次酸洗，可洗去99%的Mn、88%的Ti和81%的Fe。与此同时，钪被洗下的量很少，使用9mol/L盐酸洗涤时，钪的总损失量仅为3%左右。酸洗后的有机相用水反萃，钪的反萃率最高可达95%左右。经过上述步骤，钪的含量可从浸出液中的0.47%富集到94%。

TBP还可用于钪的精炼。在高氯酸介质中用100%的TBP从钪中分离杂质锆，分离因数可达到10^3。在6.2mol/L高氯酸介质中用100% TBP萃取，仅用一级，钪中锆杂质的含量就可以从原来的0.05%降低到0.0015%。ЛистолаяоВ等利用TBP萃取HNO_3介质中的钪，实现了微量杂质（镱、锆等）与钪的彻底分离。张宗华、庄故章报道用TBP萃取法从攀枝花选钛尾矿中提取钪：先将选钛尾矿分选成含钪121g/t的钪精矿，再经盐酸浸出，作为提钪原料。再用TBP萃取钪，钪的萃取率为98.9%；用氢氧化钠反萃，反萃率为

97.90％；对萃取液或反萃液采用氢氧化钠，草酸盐精制得到了 99.96％ 的 Sc_2O_3 产品。

甲基膦酸二甲庚酯（P350）的萃取能力比 TBP 强，选择性高，对许多杂质元素来说，分离效果优于 TBP。赵云岭等研究了 P350 的正庚烷溶液从盐酸溶液中萃取 Sc^{3+} 的机制，研究表明：初始水相 HCl 浓度低于 6mol/L 时，P350 基本不萃钪，随着 HCl 浓度增加，钪的萃取率迅速增至最大值，之后因 HCl 竞争萃取而减小。萃入有机相的水量也随 HCl 浓度的增加而增加，达到一定程度后逐渐趋于饱和。P350 通过 P＝O 键与钪配合萃取反应为：

$$Sc^{3+} + 3Cl^- + 3P_{350(O)} \rightleftharpoons [ScCl_3 \cdot 3P_{350}]_{(O)}$$

其 $k_{ex} = [ScCl_3 \cdot 3P_{350}]_{(O)}/[Sc^{3+}][Cl^-]^3 \gamma_\pm^{3+}[P_{350}]_{(O)}^3$
式中 $\gamma_\pm$ 是氯离子的平均活度系数。k_{ex} 与 P350 浓度无关，但与 HCl 浓度相关。黄桂文、曾晓荣报道了从提炼金属钪废渣浸出液中以 P350 分离提取高纯氧化钪，并详细讨论了钪与 31 种金属杂质元素分离的影响因素，探讨了钪的沉淀和灼烧工艺；该报道采用单级萃取器、经二级逆流萃取，氧化钪纯度分别高于 99.999％（Sc_2O_3/REO）和 99.99％（Sc_2O_3/31 种金属杂质）。

（2）酸性含磷萃取剂　酸性含磷萃取剂，通常是钪置换萃取剂的 H^+ 而发生阳离子交换反应。在高酸度下，萃取剂分子上的磷酸基则表现出溶剂化作用。

二（2-乙基己基）磷酸（D_2EHPA，P204）对钪的萃取能力极强，甚至在高酸度下也能定量地萃取，但其选择性不如 TBP，Fe^{3+}、RE^{3+} 等元素也会被同时萃取。对钪的萃取按阳离子交换机理进行，随着酸度的增加，萃取由阳离子交换机理逐渐向溶剂化机理转变，当盐酸酸度高于 5mol/L 时，钪同时按两种机理萃入有机相。

P204 是从钨酸盐残渣中分离钪时常用的萃取剂，萃取率既和相比有关，也与料液中钪的浓度有关。当料液酸度为 1.5mol/L 盐酸、相比为 1∶1、料液中钪的浓度不超过 100mg/L 时，萃取率接近 100％。萃取时发生 Fe^{3+}、Ca^{2+}、Mg^{2+}、Al^{3+}、RE^{3+} 的共萃取。由于 P204 萃取钪的能力极强，所以即使使用高浓度的盐酸也难于把钪反洗下来。然而高浓度的盐酸却可以洗下大部分共萃取的不纯物。用 3.5mol/L 盐酸洗涤有机相就可以除去共萃的大部分杂质。可用 NaOH 或 NaF 溶液反萃 P204 中的钪，用 2mol/L 的 NaOH 溶液在两级之内钪就可被完全反萃，同时在反萃液中沉淀出 $Sc(OH)_3$。过滤分离出 $Sc(OH)_3$ 后，反萃后的有机相与 2mol/L 的盐酸接触酸化，可继续返回使用。

当 P204 萃取分离在盐酸浓度为 5mol/L 时进行，分离因数 $\beta_{Sc/Fe} = 1 \times 10^3$，与其他共存元素的分离因数也都在 1×10^3 左右。用 4％ H_2O_2-1mol/L H_2SO_4 混酸溶液反萃取可将钛除去，用 0.2mol/L NaOH 溶液反萃可将 Fe^{3+} 基本除去，最后用 3.5mol/L NaOH 将钪反萃出来，钪的回收率约为 98％，富集因数为 1.6×10^3。当以 P204 与助溶剂和煤油（体积比为 25∶15∶60）为萃取有机相，酸度 4mol/L，相比 O/A（有机相体积/水相体积）为 1/20 条件下，钪、铁、锰的分配比分别为 $D_{Sc} = 2800$，$D_{Fe} = 0.312$，$D_{Mn} = 0.320$；萃取率 $E_{Sc} = 99.3％$，$E_{Fe} = 1.53％$，$E_{Mn} = 1.56％$。在盐酸介质中，P204 对稀土离子与铁的萃取次序为 $Sc^{3+} > Fe^{3+} > Lu^{3+} > Yb^{3+} > Er^{3+} > Ho^{3+}$。平衡水相 pH＝0.35 时，铁、钇、镧系元素不被萃取，而钪的萃取率高达 99.8％。

2-乙基己基膦酸单（2-乙基己基）酯（P507）性质与 P204 相似，但酸性及萃取能力比 P204 弱，反萃取比较容易，且不易乳化。在硝酸及盐酸介质中 P507 萃取次序为 Sc^{3+}，$Th^{4+} > Ce^{4+} > Y^{3+} > Ln^{3+}$。日本太平洋金属株式会社采用 30％ P507-70％煤油从含有铁、铝、钙、钇、锰、镁的溶液中萃取钪，以 HCl 洗涤有机相除杂，NaOH 沉淀反萃钪，然后再经酸溶、草酸精制得高纯氧化钪。

另外，异丙基膦酸单（1-己基-4-乙基辛酯）的正庚烷溶液在硫酸介质中，二（2,4,4-三

404

甲基戊基）膦酸的正辛烷溶液在盐酸介质中，单十四烷基磷酸酯（P_{538}）在 HCl 及 H_2SO_4 介质中等含磷萃取体系对钪也有很好的萃取能力，可在一定酸度等条件下实现钪的分离与富集。

（3）羧酸萃取剂　羧酸是一种弱酸性萃取剂，能有效地从微酸性或碱性溶液中萃取金属离子，其萃取机制与酸性含磷萃取剂相似，也是通过阳离子交换形式进行。如环烷酸-正庚烷萃取钪的机理为：

$$Sc^{3+} + (n+x)HA \Longrightarrow ScAn \cdot nHA + nH^+$$

式中，HA 为环烷酸；$n=2$。实验结果表明，在正庚烷体系中，环烷酸与钪（Ⅲ）形成萃合物 $Sc(OH)A_2 \cdot 2HA$，常温时的萃取平衡常数 $\lg k_{ex} = -3.7727$，其化学反应方程式为：

$$Sc(OH)^{2+} + 4HA \Longrightarrow Sc(OH)A_2 \cdot 2HA + 2H^+$$

SamojLou 等以含 20～30g/L Fe 和 5%～10%（体积分数）羧酸的溶液来萃取 $AlCl_3$ 溶液中的钪，并以 3mol/L HCl 和 1.5mol/L H_2SO_4 的混合溶液反萃钪；若原始溶液中含有锂，则可用 6mol/L HCl 反萃。芳基羧酸是钪的有效萃取剂，用 1mol/L 苯乙酸的氯仿溶液萃取，控制 pH＝5.6～6 并加掩蔽剂的情况下，可使钪的萃取率达 100%。水杨酸、苯酸、二苯乙酸和苯乙酸的氯仿溶液，在 N,N,N,N'-四乙基庚基膦二酰胺存在下，在 pH 为 3～4 萃取钪最有效。Zebreva 等以环烷酸-P_{204} 的煤油溶液来萃取钪，实现了钪与稀土及其化杂质金属离子的分离。

（4）胺类萃取剂　胺类萃取剂的萃取机理比较复杂，一般认为是作为 Lewis 碱的有机胺在酸性介质中发生"质子化"形成阳离子后，与水相中的金属络阴离子以静电作用的方式相互吸引，形成离子缔合物。胺类萃取剂容量大、选择性好、辐射稳定性高、能适用于多种酸体系，其分子结构中能起萃取作用的活性基团，是能够给出电子并具有相当碱性的氮原子。由于氮原子可提供弧对电子，因而胺能与金属络阴离子构成配合物。胺盐在有机相中，一般以聚合态存在，当 $(RNH_3)SO_4$ 的浓度为 0.005～0.04mol/L 时，在有机相中以二聚体形式存在，萃取 Sc^{3+} 的反应为：

$$1.25[(RNH_3)_2SO_4]_{2(O)} + Sc(SO_4)_3^{3-} \Longrightarrow (RNH_3)_3Sc(SO_4)_3(RNH_3)_2SO_{4(O)} + 1.5SO_4^{2-}$$

萃取平衡常数基本为一常数，$k=19.73$。

胺类萃取剂萃取钪，以伯胺与季铵盐的萃取效果最好。王应玮等研究了伯胺 N_{1923} 的正己烷溶液萃取分离微量钪与稀土，硫酸浓度为 2mol/L 时，钪的萃取率近似 100%，而稀土萃取率小于 5%。0.1mol/L 的季铵盐氯化物 Aliquat 3365 的二甲苯溶液，在 pH＝6.0 时，可以有效地萃取钪而与大量 Fe^{3+}、Al^{3+}、Mn^{2+}、Ce^{3+}、Th^{4+} 杂质元素分离。Gorski 等系统研究了季铵盐（Aliquat 336，MTOA、MDBHDA、TBHDA）在各种盐析剂存在时对稀土元素的萃取分离。发现，随着原子序数的升高，稀土元素的分配系数下降，钪位于钐、钇之间。

（5）螯合萃取剂　螯合萃取剂通常是一种多官能团的有机弱酸，常含有酸性官能团（—OH、＝NOH、—SH⁻ 等）及配位官能团（＝C＝O、≡N—、＝N—等）。在萃取过程中，金属离子将螯合剂酸性基团中的氢置换出来，同时与配位基团通过配位键形成一种具有环状结构的疏水性金属螯合物 MAn，不溶于水易溶于有机溶剂而被萃取。

β-二酮被广泛用作萃取钪的螯合剂，最常用的是噻吩甲酰三氟丙酮（HTTA）。在 pH＝1.5～2.5 时，用 HTTA 的苯、环己烷或二甲苯溶液可定量萃取钪。在 pH＜1.5 的条件下，钪能与许多金属离子分离，硫酸盐、氯化物、硝酸盐、磷酸盐或氟化物无影响，Fe^{3+} 的干扰可用盐酸肼使之减少。刘建民等研究了双（1′-苯基-3′-甲基-5′-氧化吡唑-4′-基）邻苯（BPMOPP、HA）的氯仿溶液在酸性介质中对钪的萃取，生成苯合物 ScA·B（见图 14-1）。

在 HCl 体系中通过控制溶液的 pH 值以及铁、锡的变价行为，可使钪与铁、锡、镁、锰分离。Degtev 等以 0.05～0.1mol/L 苯甲酰-4-安比林的氯仿溶液萃取 NaClO₄ 和 HCl 介质中的钪，用 pH 为 3.0～3.5 的水反萃，反萃取再以 KOH 调节 pH 至 8.5 沉淀钪，经过滤、洗涤、干燥，产品纯度可达 99.99%。

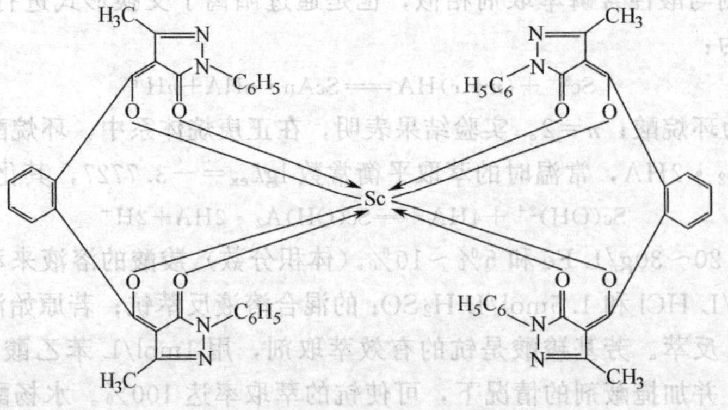

图 14-1　钪的 BPMOPP 萃合物结构示意图

此外，高温熔融固液萃取近年来也用于钪的分离与富集。它采用熔点较低的有机固态化合物作溶剂，加热使之熔化，在较高温度下进行热萃取，然后冷却至室温实现固液分离。有人以 P_{204} 的熔融联二苯萘为萃取剂实现了 Sc^{3+}、Zr^{4+} 与 U^{6+}、RE^{3+}、Al^{3+}、Fe^{3+}、V^{5+}、Zn^{2+} 的有效分离。高锦章等研究了钛、钪分离及钪的测定，钪可在更狭窄的 pH 范围内被 HPMBP 定量萃入熔融态石蜡，而从钛中有效地分离出来。

近十多年来的文献表明，溶剂萃取法仍是富集和纯化钪的最为重要的方法，关键是寻找更为有效的萃取体系、建立更为合理的萃取工艺流程。中国科学院长春应用化学研究所为探索优于 P_{507} 和环烷酸萃取分离稀土（包括钪和钇）的新体系及分离工艺进行系统的研究工作，取得了不少具有重要意义的结果和新进展。如二（2-乙基己基）膦酸（H[DEHP]，代号 P_{229}），由于其分子中不含酯氧原子，使得它的 pK_a 值比 P_{204} 和 P_{507} 高。从而，用 P_{229} 萃取稀土及其他高价离子时，需要的水相酸度低，反萃取容易。P_{229} 从 HCl 介质中萃取钪等高价离子的顺序是：Sc(Ⅲ)＞Fe(Ⅲ)＞Lu(Ⅲ)＞Yb(Ⅲ)＞Er(Ⅲ)＞Y(Ⅲ)＞Ho(Ⅲ)。当平衡水相 pH 为 0.35 时，Sc(Ⅲ) 的萃取率高达 99.8%，而其他 RE(Ⅲ) 及 Fe(Ⅲ) 不被萃取。P_{229} 萃取 Sc(Ⅲ) 的平衡反应是：

$$Sc^{3+} + 3(HL)_{2(O)} \rightleftharpoons Sc(HL_2)_{3(O)} + 3H^+$$

当 [H^+]＝0.12mol/L 时，Lu(Ⅲ) 的萃取为 13.5%，而 Fe(Ⅲ) 的萃取率达 53.0%。由上可见，P_{229} 有可能用于 Sc(Ⅲ) 与其他 RE(Ⅲ)、Fe(Ⅲ) 以及 Fe(Ⅲ) 与 RE(Ⅲ)（除 Sc 以外）的分离。但 P_{229} 合成较困难，不易工业化。他们还提出了其他一些钪的萃取分离新体系。如，研究了 Cyanex272 及其硫代衍生物 Cyanex 302，Cyanex 301，从 H_2SO_4 介质中萃取分离 Sc(Ⅲ)、Zr(Ⅳ)、Th(Ⅳ)、Ti(Ⅳ)、Fe(Ⅲ) 和 Lu(Ⅲ) 的性能和机理，研究结果表明，Cyanex 272，Cyanex 302 有可能成为优于 P_{204} 和 P_{507} 提取、分离钪的新萃取剂。在探索提钪新工艺方面，他们在萃取性能和工艺参数研究的基础上，设计了用 NP 从钛白废液中提取钪的新工艺。获得了纯度大于 95%、收率达 94% 的 Sc_2O_3。NP 提取工艺高效、选择性好。

14.2.2.2　液膜萃取法

液膜萃取实质上是液-液萃取与反萃相结合的过程，特别适合于稀溶液中分离提取物质。

乳状液膜（ELM）回收钪已有不少报道。王雨春等以 TTA 为载体的 ELM 分离钪与铁、钙、锰、钛和混合稀土等离子，一级提取由 60mg/L 富集到 100mg/L；王献科等以 HTTA-TBPO 协同流动载体的 ELM 富集稀土中的微量钪，回流回收率达 99.1％以上；李亚栋等以 HPMBP 为载体的 ELM 提钪，钪与稀土离子分离系数达 32，回收率为 95.5％；中科院长春应用化学研究所分别以 PT-2-上胺 205 正庚烷、Cyanex 302-上胺 205-正庚烷以及 Cyanex 272-上胺-正庚烷 ELM 分离 Sc^{3+}、Fe^{3+} 和 Lu^{3+}，研究表明在一定条件下 Sc^{3+} 有可能实现与 Fe^{3+} 和 Lu^{3+} 的分离，对于稀土钪的分离和分析具有良好的应用前景。徐铜文等研究了以 P_{204} 为载体的间歇法 ELM 提取钪时的各种影响因素，建立了反应扩散模型，并用于提取钛白废液中的微量钪。此外，以 N_{1923} 为载体的 ELM 提取钪也有报道。支撑液膜用于提取钪还鲜有报道。杨晓进等采用 HTTA 或 HPMBP 为载体的静电式准液膜新型分离技术，经一级提取，钪从 21.65mg/L 就增至 2474mg/L，纯度从 2.26％提高至 95.5％。

14.2.2.3　离子交换法

离子交换法是提纯精炼钪的重要手段，大多数分离方法，钪与稀土元素分离因素低于 20，而离子交换法的分离因素高达数百乃至数千，因此可用于钪的最后提纯。通过离子交换法提纯，可将纯度为 99.0％～99.9％的钪原料提纯为纯度为 99.99％～99.999％的高纯钪产品。从稀盐酸、硫酸或硝酸溶液中，钪可牢固地吸附在酸性阳离子交换树脂上。疏松结构的含氧磷酸或羧酸阳离子交换树脂最适合钪的分离。选择吸附或用适当试剂选择洗提可使钪与许多金属分离。用 Dowex 50w-x8 阳离子交换剂分离钪和其他元素时无机酸和盐酸洗提剂效率的次序为：

$$H_2SO_4 > NH_4Ac > NH_4Cl > NaCl > HNO_3 > HCl > NH_4NO_3$$

用有机络合剂洗提是目前分离提纯钪最有效的技术之一，可用柠檬酸、氮川三乙酸（NTA）、EDTA 等络合剂作洗提剂，且以柠檬酸的洗提分离效果最好。用 EDTA 洗提 Dowex-50 树脂上的 Sc、Yb、Y、La 和 Th 时，Sc 首先被洗提出来。在钪的制备操作中，可将另一负载有 Cu^{2+}、Zn^{2+}、Fe^{3+}、NH_4^+ 或 Pb^{2+} 的树脂柱串接在负载待分离元素的树脂柱后面，这样用络剂洗提时，由于各种金属形成络离子的稳定常数不同，在树脂上不断被吸附和解吸的结果，使某些元素被阻滞而落后，借以提高分离效果。当用负载 Cu^{2+} 的树脂柱串联和用 EDTA 溶液洗提时，钪直接通过交换柱，而稀土元素则置换出 Cu^{2+} 并滞留在树脂上，因而使钪得到分离。前苏联用 кфп-12 型树脂从钛氯化渣的浸取液中吸附钪并用 Na_2CO_3 洗提，使钪与碱金属及碱金属、铝和锰等完全分离。美国将含钪料液负载于氢型螯合树脂（Amberlite IRC-718）上，以无机酸淋洗杂质，二乙醇酸淋洗钪后，再以强阳离子交换树脂（Amberlite IRC-118）吸附钪，经去离子水洗涤，NH_4NO_3 溶液淋洗钪、草酸盐精制得氧化钪产品。Herchenroeder 等利用置换离子交换色谱法由 10kg 98％的氧化钪制得了 8kg 99.995％的高纯氧化钪。Basargin 等利用一种新型螯合吸附剂进行定性分离，确定矿样中的钪，在宏量和微量杂质存在下可快速浓缩钪用以矿石分析。

萃淋树脂是 20 世纪 70 年代初由西德学者 R·克罗伯（Kroebel）和 A·迈耶（Meyer）发明的一种新型萃取色层材料，这是一种在合成树脂的过程中加入萃取剂，使萃取剂牢固地吸附在支持体内的新型树脂材料，具有萃取剂损失少、再生性能好、寿命长、负载量大、树脂对流动相的阻力小、动力学性能好，使用方便等许多优点。近年来也被用来提纯钪。实验发现，钪在萃淋树脂上的萃取容量比液-液萃取稍高。用 P_{350} 萃淋树脂吸附时，萃淋树脂上的 P_{350} 与钪的物质的量之比为 2.5:1，而在液-液萃取时物质的量之比为 3.2:1。在 6.1mol/L 的盐酸酸度下，钛、钙等杂质及其他稀土元素可被淋洗下来，用 2.7mol/L 盐酸可把钪全部淋洗下来，用 0.1mol/L 盐酸可淋洗吸附最牢固的铁。经过这样的梯度淋洗，可得完全不与其他元素的淋洗曲线重叠的钪的淋洗曲线。说明在此条件下钪可与其他杂质元素得到完全分离。由于钪是典型的稀散元素，常伴生于黑钨矿、锡石及钛铁矿中，我国提钪主要来源于钨渣及钛白废液，其主要杂质为 Ti、W、Zr、Th、U、稀土及 Fe、Ca、Si 等。在硫酸介质中，钪易形成稳定的络阴离子，在阳离子交换柱上稀土被吸附而钪不被吸附，单柱的处理量很大。同样，在硝酸介质中，P_{350} 萃取色层分离钪中 Zr、Th、U 有特效，Th、U、Zr 滞留在柱上，单柱的处理量依然很大，因此，从钨渣及钛白废液等原料提取高纯钪工艺的第一步是用阳离子交换法分离大量钪中微量稀土，第二步用 P_{350} 萃取色层分离大量钪中微量 Th、U、Zr，第三步用草酸盐沉淀法净化非稀土杂质。例如，将纯度 99％钪的料液在硫酸体系中，经全孔阳离子交换树脂分离、洗净、草酸沉淀、灼烧后可制得超高纯 Sc_2O_3 纯度高于 99.9995％，收率高于 97％。由于前面的离子交换分离的产品中除 U、Th 外的金属离子都已绝大部分除净（产品纯度达 99.9995％），所进分离的重点是 U、Th。由于 P_{350} 萃淋树脂色层的容量好，在硝酸介质中分离钪有较好的选择性，长春应用化学研究所采用 P_{350} 萃取色层分离，HNO_3 淋洗、草酸沉淀、灼烧得超高纯 Sc_2O_3 产品，其纯度高于 99.99999％，ThO_2 含量由 26μg/g 降至小于 0.1μg/g，Sc_2O_3 回收率高于 95％，分离周期 8h，30 种非稀土杂质的总和小于 20μg/g，都超出激光级要求和 99.9995％的 Sc_2O_3 国家标准。另外，TBP 萃淋树脂在高氯酸介质中可有效地将微量钪与大量质分离，PMBP 萃淋树脂能分离锆中微量的锆，还可将 PMBP 负载于泡沫塑料上萃取分离钪与稀土。萃淋树脂萃取色层法作为新型分离方法，随其自身的不断成熟和完善，将在钪的回收、提取中将占据更为突出的地位。

14.2.2.4 沉淀法

沉淀法和共沉淀法分离钪是过去主要用以分离和富集钪的方法，至今仍常应用，其工艺过程也很简单。许多阴离子都能沉淀钪，但实际工艺过程中应用最广的沉淀剂是草酸。无论用哪种方法分离提纯钪，得到的产物几乎都用草酸沉淀法进行最后的精炼。用草酸沉淀钪时，沉淀剂草酸的用量极为重要。草酸钪的分子式为 $Sc_2(C_2O_4)_3 \cdot nH_2O$（$n=3$ 或 6），在水中的溶解度为 0.06g/L，且其溶解度随溶液中 HCl、NH_4^+、Cl^- 及过量的 $C_2O_4^{2-}$ 浓度的增加而增加。因此，用草酸沉淀前应尽量减少上述离子的引入，同时应适当控制溶液中钪和草酸浓度，使之能保持较高的回收率和得到较好的提纯效果。沉淀草酸钪的最佳条件为：pH≈3，温度为 90℃，草酸加入量为 $H_2C_2O_4$：Sc（摩尔）＝16：1，草酸溶液浓度 1mol/L，在这样的条件下，钪的沉淀率约为 97.6％，纯度 99％左右。含 Fe、Ti、Mn、Mg 等杂质，纯度约为 95％的含钪料液经过两次盐酸溶解和草酸沉淀处理，最终产品纯度可达到 99.5％。

此外，HPLC、吸附色层、毛细管等速电泳、化学气相传输以及电渗析等许多方法也可用于微量钪的富集与测定。但由于钪的浸出液组成复杂，只使用上述任何一种方法都难以把钪从与其共存的元素中完全分离出来。所以，在制定钪的分离提纯工艺时，需根据具体情况交替使用这些方法，才能保证经济有效地分离，最终得到所需纯度的钪产品。

14.3 金属钪的制备

14.3.1 高纯金属钪的制备

1937 年 Fischer 首先电解 LiCl-KCl 熔体中的 $ScCl_3$，钪在锌阴极上析出，随之蒸馏除锌，制得纯度 99％的金属钪。但以后制备金属钪则大多是金属热还原无水 $ScCl_3$ 或 ScF_3 制得粗钪再经真空蒸馏提纯。目前制得钪的纯度一般只能达到 99.98％。制备高纯金属钪的每个步骤都容易带进杂质，所以必须严格操作和使用高纯氧化钪原料，要求其杂质含量除了 F、

Si、Ca 和 Ta 而外，应小于 $3×10^{-3}$%。钙热还原制取金属钪的工艺流程如图 14-2 所示。

由图 14-2 可以看出，金属钪的制备过程主要可分为氟化钪的制备、钪的钙热还原和钪的蒸馏提纯三个阶段。

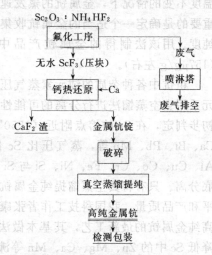

图 14-2　钙热还原法制取金属钪的工艺流程简图

14.3.1.1　氟化钪的制备

最初是以 Sc_2O_3 加炭氯化所得 $ScCl_3$，再用钙热还原来制备金属钪。但是 $ScCl_3$ 易潮解，不易制备，且用钙还原 $ScCl_3$ 时，$CaCl_2$ 渣在高温下沸腾起泡，致使产物呈颗粒分散，因此后来多用 ScF_3 来制备金属钪。又由于湿法氟化效率低，工艺流程长，对于高纯氟化物产品还会带来很多的污染机会。火法氟化效率高、工艺简单，高纯氟化物被污染的机会少，故可用于提钪工艺。将 Sc_3O_3 置于铂舟中，在无水 HF-Ar 混合气氛下，在 $600～750℃$ 加热 16h 制得无水 ScF_3，温度愈高则 ScF_3 含氧量愈低，但高温时 ScF_3 易蒸发损失。这种处理过程通常可使 ScF_3 中的氧含量降到 $(1～2)×10^{-6}$。

氟化钪也可用氟化氢铵与 Sc_2O_3 混合在温度 300～400℃反应制得。其反应如下：

$$Sc_2O_3+6NH_4F \cdot HF =\!\!=\!\!= 2ScF_3+6NH_4F+3H_2O$$

高纯氧化钪与氟化氢铵按比例 Sc_2O_3：NH_4HF_2＝1：$(2～2.5)$ 配制，Sc_2O_3 每批 2～3kg，在真空氟化炉中进行反应。氟化、脱铵整个过程的升温分段进行，生产出来的氟化钪质量好，直收率高，脱铵安全，氟化效率也高，所用 Sc_2O_3 原料中杂质主要是 Th、Cu、Al、Ca、Si、Fe、Hf、Ti、Pb 及稀土等。制得的中间产品氟化钪供下一工序使用。

14.3.1.2　金属热还原制备金属钪

用金属钾、钙、镁等还原无水 $ScCl_3$ 或 ScF_3 都可制得金属钪。钙热还原 ScF_3 制取粗金属钪是在真空中频感应电炉中进行，其反应式为：

$$2ScF_3+3Ca =\!\!=\!\!= 2Sc+3CaF_2$$

还原坩埚选用 1～1.5mm 厚的钽片，氩弧焊接制成上薄下厚的钽坩埚，这种形状的坩埚，对于防止还原过程中钪对钽坩埚强烈侵蚀造成金属流失（下部 1.5～2mm 厚的钽坩埚）起了很大作用。反应在 700～800℃开始，在 850℃反应最激烈，反应完毕后在氩气保护下冷却之，再用机械分离熔渣。从理论上讲，金属钪的密度与还原产物氟化钙的密度相近似，还原后氟化钙渣与金属钪的分离是很困难的。但由于氟化钙渣中溶有余量密度较小的钙，渣的实际密度变小，另一方面金属钪的密度因钪中溶有 8%～10% 的密度较大的钽，而使钪的实际密度增大，因此，造成金属钪的密度与氟化钙的密度差较大，显然有利于金属钪沉于坩埚底部，渣浮于金属上面，从而使金属与渣分离良好，钙热还原得以顺利进行。

14.3.1.3　钪的蒸馏提纯

还原所得的粗钪中含有 8%～10% 的钽及其他杂质。由于钪在其熔点温度下的蒸气压相当高，故可以通过蒸馏提纯来制备纯度金属钪。蒸钪是在真空中频感应电炉或真空碳管炉内进行。蒸馏坩埚和钪收集坩埚均用钽片制作。真空度达到 $133.3×10^{-4}Pa$ 以上，蒸馏温度为 1700～1800℃，蒸馏时间视被蒸馏的金属量而定，钪在蒸馏提纯时其蒸馏速度可参照兰格密尔方程。

在蒸馏金属钪时，影响蒸馏速度的原因是：随着金属钪的蒸发，钽的浓度增大，在蒸馏温度不变的情况下，金属钪的蒸发速度随着钽的浓度增加而变小。对于高纯金属钪的蒸馏，重要的是确定一个适当的金属钪收集坩埚冷凝区的温度梯度，有利于提高提纯效率和金属的纯度。用该法制得的金属钪产品中稀土杂质极少（13μg/g）、非稀土杂质含量也很低（157μg/g 左右）。

粗钪中各种杂质的纯元素蒸气压与主体元素钪的蒸气压差异的大小，是分析粗钪这个多元系用真空蒸馏法进行分离的可能性和达到限度的基础。据文献给出的各元素蒸气压数据可初步判定，在 Sc 的熔点附近（1550℃），蒸气压比 Sc 高的元素依次为 Cd、As、Zn、Mg、Ca、Bi、Pb、Mn 等，蒸气压比 Sc 低的元素依次为 Ti、Mo、Zr、Nb、Ta、W 等，唯有 Al、Cu、Co、Cr、Fe、Ni、Si 与 Sc 的蒸气压十分接近，用简单蒸馏法很难将它们与 Sc 彻底分离。只有将真空蒸馏提纯金属钪的传统工艺进行改进和创新，才能提高高纯钪的制备水平和产品质量。我国科技工作者张康宁、颜世宏和李国栋等先后报道了一些有关蒸馏法制备高纯金属钪的最新工艺，其基本做法是：①在金属钪的反复固液相变过程中蒸馏，可有效降低 Sc 中的 Zn、Mg、Ca、Mn 等沸点杂质；②在熔融金属钪中添加少量高纯金属钨，利用杂质元素 Ni、Co、Fe、Si、Cr 在 W 中溶解度远大于 Sc 中的溶解度的特性来除去钪中的 Ni、Si、Co、Cr、Fe 等难去除杂质。实践证明，纯度为 99％的粗钪采用上述改进的蒸馏工艺，在最佳工艺条件下，经二次真空蒸馏就可制得纯度为 Sc≥99.99％的高纯金属钪。

金属钪也可由电解氯化钪来制取。

14.3.1.4 钪的升华提纯

钪可以氯化物或乙酰丙酮化物分步升华提纯，分离效果好。$ScCl_3$ 的沸点 967℃，而 Fe、W、Ti、Ai、Zr、Hf、Be、Nb、Ta 氯化物的沸点低于 350℃，稀土元素氯化物在 1200℃以上升华，故可控制升华温度使它们分离。$ThCl_4$ 和 $MnCl_2$ 升华温度与 $ScCl_3$ 较接近，较难分离。钪的乙酰丙酮化合物 Sc[acac]₃ 熔点低（187.0～187.5℃），升华点 157℃，在 360℃分解，它可溶于乙醇、醚、氯仿和苯，而稀土元素、锆和铪等的乙酰丙酮化物在有机溶剂中的溶解度较小，较难挥发或受热即分解，故可借这些性质使之分离，经重复操作可提制光谱纯钪。

14.3.2 特殊形式钪的制备

14.3.2.1 钪单晶的制备

用拉晶法（strain anneal）制备钪单晶是在氩气氛下的密封钽坩埚中进行。将电弧熔化的金属钪拉成单晶，样品再在高真空中和温度 1200℃退火 5 天，但后来发现在 10^{-7}Pa 真空中温度 1250℃退火 36h 后，就有充分的晶粒生长，而不需要这样长的退火时间。单晶用火花切割按指定的方向和形状切割，而不能用锯切割，因机械操作会引起孪晶现象而损坏了单晶。

14.3.2.2 钪箔膜的制备

供核反应研究用的薄膜厚度为 0.0003mm 至 0.3mm。其制法是将钪蒸发到铝上，再在 NaOH 溶液中使铝溶解。也可将钪蒸发到各种基片上。比 0.0012mm 薄的钪箔，是将钪蒸发到碳上，而且在核研究中其碳衬底也不除去。钪膜比 0.0012mm 厚时，则以钪本身为支承，再用水溶解 $BaCl_2$ 使 Sc 膜与 Ni 基片分离，从镍上应尽快地剥离钪膜，以免在钪膜上形成针孔，这样可制得满意的核研究用的薄膜，但它不适于作光学研究之用。用真空升华钪，可在蓝宝石（Al_2O_3）基底上制备 0.0003mm 的钪薄膜。Al_2O_3 表面要求严格，蓝宝石用化学抛光清洗，在温度 1000℃空气中烘 1h，再在 10^{-5}Pa 真空中和 600℃烘烤 1h，然后在

10^{-5} Pa 真空中将钪蒸发到 Al_2O_3 上。

14.4 钪合金的制备

钪合金有着重要的应用,俄罗斯、美国、日本、德国和中国等都先后开展了对钪合金的研究和开发应用,其中尤为突出的是钪铝合金。用微量钪合金化的铝合金强度高、韧性好、可焊性和防腐蚀性能优良,是新一代航空航天结构材料,俄罗斯生产的钪铝合金已广泛用于飞机制造。

钪是一种稀散元素,金属熔点高达 1541℃,化学性质活泼,制备钪铝合金时,必须以 Al-Sc、Mg-Sc 或 Al-Mg-Sc 中间合金的形式加入。钪中间合金是制取钪铝合金的关键原料。目前国内外含钪中间合金的制备方法主要有对掺法、金属热还原法及熔盐电解法三种。

14.4.1 对掺法制备钪合金

对掺法是熔制钪中间合金的传统方法,它是将一定比例的高纯金属钪用铝箔包好后,在氩气保护下掺入熔化的铝液中,保温足够时间,充分搅拌后铸入铁模或冷铜模中,即可制得钪中间合金。熔炼可用高纯石墨或氧化铝坩埚,加热方法可用电阻炉或中频感应炉。该法可熔制含钪 2%~4% 的中间合金。

对掺法原理简单,但钪与铝的熔点相差很大(Sc 为 1541℃,Al 为 660℃),铝熔体需过热到较高温度,很难配制出成分稳定、分布均匀的中间合金产品,也难避免钪的烧损。为此,改进方法是:在制备过程中,把高熔点金属钪与分散剂、铝粉,熔剂等事先混匀、压成团块,再加入熔融的金属中,分散剂在高温下分解,把团块自动粉碎,这样可制得均匀合金,同时也降低高熔点金属的烧损。但总的说来,用高纯金属钪为原料配制钪中间合金成本偏高,工业用户难以接受。

14.4.2 熔盐电解法制备钪合金

熔盐电解法制备钪铝中间合金是在电解槽中进行的,采用的熔盐体系有 $ScCl_3$-NaCl-KCl、NaF-ScF_3-Sc_2O_3、LiF-ScF_3-Sc_2O_3 以及 Na_3AlF_6-LiF-Sc_2O_3 等,以石墨电极为阴极,氩气保护,电解温度为 800~1000℃。钪(Ⅲ)在阳极上还原为金属钪,电极反应为:

$$Sc(Ⅲ) + 3e^- \longrightarrow Sc$$

采用 $ScCl_3$(更易被还原)为原料时,为防止氯化钪潮解,一般采用气相氯化的方法制备,但设备复杂、污染严重。采用 Sc_2O_3 为原料在氟盐体系中电解的方法日益受到人们的关注,但其电解设备的腐蚀以及电流效率等问题尚需进一步研究解决。

14.4.3 金属热还原法制备钪合金

14.4.3.1 氟化钪真空铝热还原法

该法是以氟化钪为原料,以活性铝粉为还原剂,在真空下进行还原,还原反应为:

$$ScF_3 + Al \longrightarrow Sc + AlF_3$$

一种制法是将 99.8% 的 ScF_3 与铝粉在机械混料器中混合 30min,在 400~500MPa 下压实后放入刚玉或石墨坩埚中,然后置于石英材质制作的反应器中,抽真空到 1.33×10^{-2} Pa,900~920℃ 下热还原 30~60min,ScF_3 的转化率为 87%~92%。

14.4.3.2 氧化钪-铝热直接还原法

氧化钪-铝热直接还原法制备钪中间合金的工艺流程见图 14-3。该法是以粉状氧化钪为

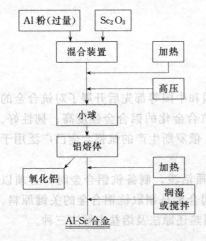

图 14-3　氧化铝热还原制备 Al-Sc
合金工艺流程

原料，将其与活性铝粉混合，预制成小球后将其浸入熔融的铝液中，铝液作为还原剂，铝粉作为分散剂，在高温下将氧化钪还原为金属钪，进入铝液中形成中间合金。在上述条件下，Sc_2O_3 与 Al 反应形成一系列铝钪金属化合物 Sc_2Al、$ScAl$、$ScAl_2$，最后形成 $ScAl_3$，其反应式为：

$$Sc_2O_3 + 8Al \longrightarrow 2ScAl_3 + Al_2O_3$$

随着铝钪金属化合物的生产，$ScAl_3$ 逐渐溶解在铝熔体，形成中间合金。此法工艺技术路线简单，但反应在大气中进行，合金纯度及钪的实际收率等问题有待进一步解决。

14.4.3.3　氯化钪-铝镁热还原法

该法是利用非高纯 Sc_2O_3 为原料，经盐酸溶解，转变为 $ScCl_3$ 的溶液，经蒸发、真空脱水及高温加热转变为 $ScCl_3$ 的熔盐；再在 900℃ 高温条件下，将熔盐置于熔融的铝镁合金溶液中，此时 $ScCl_3$ 被金属镁还原为金属钪，金属钪被铝捕集进而生成 Al-Mg-Sc 合金。

14.5　钪的性质

钪是第一个过渡元素，它与钇以及镧系元素同处于周期表中ⅢB族，其化学性质和物理性质大体上与稀土元素相似，但也有许多显著差别，这部分地由于它半径小（比镥小 5.4%）和电负性较大（钪为 1.28，而其他三价稀土元素为 1.12～1.22）。钪、钇、镧的一些性质列于表 14-4。

表 14-4　钪、钇、镧元素性质

元素	原子序数	外层电子结构	晶体结构	原子半径 /×10^{-1}nm	固体密度 /(g/cm³)	硬度 (99%) (HB)	金相转变				熔点 /℃	沸点 /℃
							转变	转变温度/℃	转变后的结构	转变热 /(×4.18kJ/mol)		
Sc	21	$3d^14s^2$	密排六方	1.641	2.989	75～100	α→β	1335	体心立方	0.959	1423	2480
Y	39	$4d^15s^2$	密排六方	1.801	4.469	60	α→β	1479	体心立方	1.189	1500	3230
La	57	$5d^16s^2$	双密排六方	1.879	6.146	32	α→β	310	面心立方	0.095	920	3370
							β→γ	861	体心立方	0.76		

14.5.1　钪的物理性质

纯金属钪为银白色而微带黄色，具有金属光泽，相当柔软，可不经退火而轧成薄片。钪只有两种晶型：在标准状态下为密排六方（hcp）结构的 α-Sc，加热到 1335℃ 以上则转变为体心立方（bcc）结构的 β-Sc。金属钪的密度为 2.989g/cm³（可见钪比水重 3 倍，而比大多数金属轻），熔点 1423℃，沸点 2480℃。钪的电子组态为：[Ar]$3d^14s^1$，电负性 1.28，原子半径 0.1641mm。金属钪的硬度比钇大，比镧则大得多。钪的许多性质受到纯度影响很大。

14.5.2　钪的化学性质

钪的化学性质与铝、钇、镧系元素相似。氧化态为 +3。裸露的金属钪非常活泼，易与空气中的氧、二氧化碳、水等化合（室温时氧化钪薄膜可阻止氧化，在空气中 200℃ 时仍很稳定，250℃以上则剧烈氧化）；钪在室温下容易与卤素反应，只有在稍高温度下才与氮、磷、砷等气体或蒸气反应。粉末状金属钪与氮在 600℃ 以上开始反应。钪与碳、硅、硼、氢的反应则需要在高温下进行。

在水溶液中钪离子都是 +3 价，但并非以简单的 Sc^{3+} 离子形式存在，而是形成稳定的络离子。在过氯酸溶液中，Sc^{3+} 离子形成 $[Sc(H_2O)_6]^{3+}$ 水合离子，并发生如下的离解和二聚作用：

$$[Sc(H_2O)_6]^{3+} \Longrightarrow [Sc(H_2O)_5OH]^{2+} + H^+$$

$$2[Sc(H_2O)_5OH]^{2+} \Longrightarrow [Sc_2(H_2O)_{10}(OH)_2]^{4+}$$

还可产生 $[Sc((OH)_2Sc)_n]^{3+n}$、$[Sc(OH)]^{2+}$、$[Sc(OH)_2]^+$ 离子。Sc^{3+} 离子也可以与 SO_4^{2-}、CO_3^{2-}、HCO_3^-、F^- 和胺以及其他配体形成配合物。

钪与所有的无机酸都反应，但对铬酸盐反应缓慢（表面形成铬酸盐）。钪与 2.8mol/L NaOH 溶液几乎不起反应，碱度增加则缓慢溶解。加热时钪可分解水。钪同铝一样具有两性性质。钪盐易水解，其溶液呈弱酸性，钪盐溶液用醋酸钠溶液中和则钪部分沉淀，加硫代硫酸钠煮沸则完全沉淀。用碱中和在 pH=4.9 开始产生白色胶状 $Sc(OH)_3$ 沉淀，至 pH=5.45 沉淀完全，而在 pH>8.5 时 $Sc(OH)_3$ 又部分溶解形成钪酸银 $[ScO_3]^{3-}$。钪离子在溶液中均为无色。

钪与其他金属能形成合金和金属间化合物。例如钪与铼形成高熔点化合物 Sc_5Re_{24}，其熔点高达 2575℃，在钪化合物中仅次于 ScN（熔点 2600℃）。钪与铜可形成低共熔体。钪能与镁、钇、锆、镧、钆等形成固溶体。钪与ⅦB（Mn 及其同类）族及其右边的元素（稀有气体除外）都能形成化合物。富钪 Sc_3In 金属间化合物是少数巡回电子铁磁体之一，备受人们关注。

14.6 钪的化合物

14.6.1 氢化钪

在常压下给金属钪通氢气，并在温度 450℃ 保持 16h，只能制得 ScH_2，即使提高氢气压力高达 35 大气压也不能制得 ScH_3。当 $ScCl_3$ 蒸气和过量还原剂（Na 或 Mg）在压力 1 大气压的氢气流中，于温度 800～970℃ 反应，则在金属钼上发生 ScH_2 蒸气沉积成晶核，并进而使晶体长大。ScH_2 沉积物是黑色立方晶体。Sc 和 H 原子主要是以离子键结合。ScH_2 可用作粒子加速器的靶材。其中 H 改变 D（氘）或 T（氚）时，可作为铀矿探测器的元件。由于过滤金属氢化物可作氢能源的储氢材料和各种催化剂，以致氢化钪已受到人们的重视。

14.6.2 卤化钪

钪与卤族元素通常形成 ScX_3 化合物。低价卤化钪有 ScX_2（X 为 F、Cl、Br、I）、$ScCl_{1.5}$、$ScBr_{1.5}$、$ScI_{2.17}$、ScX 等形式。无水卤化钪都易吸水，除 ScF_3 外其他卤化钪都易溶于水。卤化钪多呈二聚物 $Sc_2X_6 \cdot 12H_2O$ 形式存在。将 Sc_2O_3 或 $Sc(OH)_3$ 与相应的氢卤酸反应，则得水合卤化钪。无水卤化钪宜用金属钪与卤素直接反应，或在非水溶液中制备它。而水合卤化钪直接脱水，得到的卤化钪往往夹杂有碱式盐。卤化钪的某些性质列于表 14-5。

14.6.3 氧化钪

将金属钪或含可挥发基的钪化合物进行氧化灼烧，可得白色粉状 Sc_2O_3。若在 4511Pa 压力下加热到 1400℃ 保持 1h，然后每升高 50℃ 保持 1h，直到 1600℃ 保温 1.5～2h 可制得

表 14-5　卤化钪的某些性质

卤化钪	结晶		密度 /(g/cm³)	熔点 /℃	沸点 /℃	熔化热 ΔH_m /(kJ/mol)	蒸发热 ΔH_v /(kJ/mol)	升华热 ΔH_s /(kJ/mol)
	颜色	晶系						
ScF_3	白色	立方	3.84	1552	1607	62.63	239.99	367.4
$ScCl_3$	白色	菱形		968	1342	67.4	192	274.8
$ScBr_3$	白色	菱形	3.93	970	(933)	(79)		(285)
ScI_3	淡黄色	菱形		953	(912)	(75)		271

透明 Sc_2O_3。单晶 Sc_2O_3 则是用维尔纳叶法（Verneuiltechnique）在 H_2 气中控制生长速度为 8mm/h 制得，最大单晶长 4.5cm、厚 0.4cm。单晶 Sc_2O_3 的莫氏硬度为 6.5，Sc_2O_3 属 Mn_2O_2 型立方晶系，相对密度 3.864，熔点为 2480℃。Sc—O 距离为 2.15Å，O—O 距离为 2.45Å，$Z=16$，其中钪与相邻 6 个 O 原子相连，而在立方角上缺 2 个位置。它在 6500MPa 高压下变为 B 型结构。钪-氧体系相图（图 14-4）表明：在钪的 hcp 相和 bcc 相中，氧大范围地溶解。Sc_2O_3 不溶于水，易溶于热酸，经高温灼烧后较难溶解。在 140℃ 时 Sc_2O_3 的热导率为 0.067W/(cm·K)，它随温度升高而降低，直到 440℃时降到 0.042W/(cm·K)。Sc_2O_3 是弱抗磁性，室温时 $x=-6.66×10^{-5}$（SI/mol），但 Sc_2O_{3-x} 是弱顺磁性。Sc_2O_3 和 Sc_2O_{3-x} 是绝缘体，室温时其电阻率分别大于 $10^{20}\Omega·cm$ 和 $10^{12}\Omega·cm$。

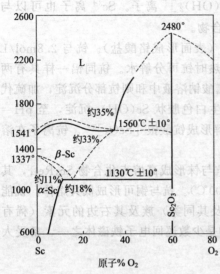

图 14-4　钪-氧体系

从室温到 1400℃，Sc_2O_3 的线性膨胀系数特别（平均为 $9.4×10^{-6}/℃$，后来测得直到 1800℃它的值比平均值小 23%）。新近发现钪的某些复合氧化物具有负的热膨胀性，是一类性能优良的负热膨胀材料（NTE）。所谓负热膨胀材料，其热膨胀系数为负，即随着温度升高其体积减小，也称之为反常热膨胀材料，或热致收缩材料。自然界中发现的负热膨胀材料不多，用途却非常广泛。美国 Sleight 研究组 1996 年合成了从 0.3～1050K 的负热膨胀化合物 ZrW_2O_8，被评为该年度的重大发明之一。

材料的热膨胀是由晶格原子的热振动引起的。晶体中原子间的作用力是斥力和引力共同作用的结果，当达到平衡时，合力为 0，势能最低，原子间的平均距离为 r_0。当温度升高时，原子的势能增加，振幅增大，平均原子间距 r 也增大，导致热膨胀。从图 14-5 可看出原子间相互作用势能曲线不是对称的，随着平均原子间距而变化。在复合氧化物中，具有二配位的桥氧键是负热膨胀材料的关键，金属与氧形成强的共价键 M—O、M_1—O，当温度升高时，桥氧键做垂直于 M—O—M_1 的横向热运动，温度越高，热振动程度越大，使两金属原子 M 和 M_1 的距离越短，导致化合物体积减小，如图 14-6 所示。对于一些复合氧化物，若金属原子与桥氧原子形成的共价键特别强，桥氧键的横向热运动微不足道，甚至不及纵向热振动的作用。桥氧键 M—O—M_1 基本上保持 180°，但其综合结果引起了空间多面体的热振动和耦合作用，导致两金属原子间距缩短，使单

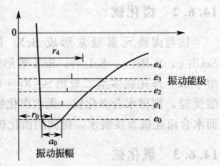

图 14-5　原子间势能与平均原子间距关系

胞体积减小，显示出负的热膨胀性，如图 14-7 所示。化合物 ZrW_2O_8 属于立方晶系，在 $0.3\sim1050K$ 温区内始终有负的各向同性的热膨胀系数。事实上，该化合物可看成是由配位八面体 $[ZrO_6]$ 和配位四面体 $[WO_4]$ 共顶点构成结构骨架，其中有桥氧键 Zr—O—W 相连。晶体结构衍射实验证明，桥氧键的平均键角为 $180°$，Zr—O 和 W—O 键长基本不变。$ZrWO_2O_8$ 热收缩的驱动力不是来源于桥氧键，而是来源于配位八面体 $[ZrO_6]$ 在平衡位置的热摆动，和配位四面体 $[WO_4]$ 的耦合作用，温度越高，摆动振幅度越大。

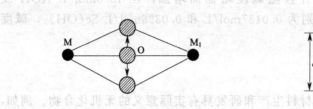

图 14-6　桥氧原子横向热运动

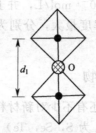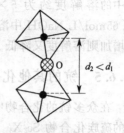

图 14-7　多面体热振动示意

　　稀土离子半径较大，外层电子结构独特，将稀土引入负热膨胀材料领域，有可能合成热力学稳定、机械性能优越的新型负热膨胀材料。目前报道的稀土复合氧化物负热膨胀材料均为各向异性材料，温区存在区域大多为 $800℃$ 左右，见表 14-6 所列。从表 14-6 可以看出，稀土负热膨胀材料大多都含有钨元素。新近发现的钪的复合氧化物 $Sc_2(WO_4)_3$ 在 $10\sim1073K$ 温区内均为负的热膨胀性，由于是正系结构，表现为各向异性热膨胀。$Sc_2(WO_4)_3$ 晶胞参数随温度而变化，a 轴和 c 轴随温度升高变小，而 b 轴增大，但整个单胞体积减。$Sc_2(WO_4)_3$ 晶体是由配位八面体 $[ScO_6]$ 和配位四面体 $[WO_4]$ 构成开放式的骨架结构，其中有二配位的桥氧键相连接，精确的晶体结构测定显示，二配位的桥氧键 Sc—O—W 角度小于 $180°$，发生横向热运动，导致刚性八面体 $[ScO_6]$ 在平衡位置的热摆动和四面体 $[WO_4]$ 的耦合作用，但多面体没有大的扭曲，使 Sc—W 非键合键距缩短，晶体体积缩小，综合表现出本征的负热膨胀性。各向同性负热膨胀材料性能更好，实用价值也更大。负热膨胀材料进一步研究和发展一方面是引入大半径的稀土离子，拓宽温度范围，提高化合物的稳定性，改善材料的微结构性能，如稀土镥（Lu）比钪（Sc）的离子半径大，合成 $Lu_2W_3O_{12}$ 热膨胀系数（-6.8）也比 $Sc_2W_3O_{12}$ 热膨胀系数（-2.2）绝对值大，这些材料可结合固溶度的改变，调整材料的膨胀系数，与常规材料结合，制备热膨胀系数接近零的复合材料。另一方面加强负热膨胀材料粉体制备的研究，采用现代合成技术，如溶液-凝胶法、水热法等方法合成粉体，而纳米粉体的制备是制备性能优异的负热膨胀材料的重要途径。

表 14-6　稀土负热膨胀氧化物

化　合　物	α(宏观热膨胀) $/(\times10^{-6}/K)$	α(本征热膨胀) $/(\times10^{-6}/K)$	化　合　物	α(宏观热膨胀) $/(\times10^{-6}/K)$	α(本征热膨胀) $/(\times10^{-6}/K)$
$Sc_2W_3O_{12}$	-11	-2.2	$ScHoW_3O_{12}$	-7	
$Sc_2Mo_3O_{12}$	-5	-1.1	$ScYbMo_3O_{12}$	-5	
$Lu_2W_3O_{12}$		-6.8	$ErInW_3O_{12}$	$+10$	
$YAlW_3O_{12}$	-5		$Y_2W_3O_{12}$		-20.9
$ScAlW_3O_{12}$	-1		$Y_2Mo_3O_{12}$		18.8
$ScGaW_3O_{12}$	-5		$Yb_2Mo_3O_{12}$		-19.0
$ScInW_3O_{12}$	-1		$Al_{1.68}Sc_{0.02}I_{0.3}W_3O_{12}$		0

14.6.4　氢氧化钪

　　钪盐溶液与碱溶液作用，可生成体积庞大的半透明白色胶状沉淀 $Sc(OH)_3$。开始沉淀的 pH=4.90，在温度 90℃ 和 pH 为 7.1～9.2，或室温下 pH 为 7.1～11.1 时完全沉淀，其组成一般用 $Sc(OH)_3$ 或 $Sc(OH)_3 \cdot nH_2O$ 或 $Sc_2O_3 \cdot nH_2O$ 表示。溶液中的阴离子对 $Sc(OH)_3$ 的生成有影响，在 $Sc(NO_3)_3$ 溶液中用氨水在 pH 为 6～6.5 时，沉淀物为 $Sc(OH)_3 \cdot nH_2O$。氢氧化钪加热到 100℃ 则收缩成不透明块状体，在 150℃ 以前迅速失水，500℃ 时完全脱水生成 Sc_2O_3。干燥的氢氧化钪有结晶和非结晶两种，在温度为 160℃ 时用浓 NaOH 处理，可使后者转变为前者。氢氧化钪是体心立方晶格。$Sc(OH)_3$ 的 $K_{sp}=1.9 \times 10^{-28}$，在水中的溶解度约为 5×10^{-7} mol/L，并且随碱度增加而增加，在 13.5mol/L KOH 或 12.65mol/L NaOH 中溶解度最大，分别为 0.0137mol/L 和 0.0396mol/L $Sc(OH)_3$，碱度再增加则溶解度又降低。

14.6.5 钪的其他化合物

在众多钪的化合物中还有不少对新材料生产和研发具有实际意义的无机化合物。例如，钪的硫族化合物 Sc_2X_3（X 为 S，Se，Te）以及 $ScCuS_2$ 和 $ScCrS_3$ 等都是半导体；掺 Nd^{3+}、Cr^{3+} 或 Er^{3+} 作激活剂的钆钪镓石榴石 $[Gd_3(Sc,Ga)_2Ga_3O_{12}$ 或 $(Gd_{1-x}Sc_x)_3Ga_5O_{12}]$ 是高效率的激光晶体；碳化钪（ScC）和硼化钪（ScB_2）等化合物中 Sc 原子与 C 或 B 原子均是共价结合，这些化合物具有很高的熔点。钪和其他金属的混合硅化物（如 $ScNi_2Si_2$ 等）是当今重要的超导材料。

14.7 钪及其化合物的材料应用

钪及其化合物的用量虽然不大，但应用领域非常广泛，几乎涉及材料各领域，如有色金属合金材料、电光源材料、精密陶瓷、固体电解质、催化材料、核工业材料、激光晶体、半导体和超导材料等诸多领域。表 14-7 列出了钪及其化合物的一主要应用领域。

表 14-7 钪及其化合物的主要应用领域

钪的类别	主 要 用 途
金属钪	光学工程（大功率金属卤素灯）；太阳能蓄电池；高能辐射用核能屏蔽等
Sc-Al 中间合金	铝镁基合金的最有效改进剂；生产导弹和制造航天器、汽车、船舶等的特种合金
氧化钪	高效多功能激光器；固体电解质；特种陶瓷；石油精炼、汽车尾气净化和有机合成等方面的催化材料
钪的复合氧化物	制备负热膨胀材料，用于航天、发动机部件、集成电路板、光学器件等
硒化硫、碲化钪和硫化钪	制造热敏电阻、热电发生器和制造多种半导体

14.7.1 钪在金属材料中的应用

钪是许多有色金属的优良改性添加元素，尤其是对铝合金具有非常神奇的合金化作用。在铝中只要加入千分之几的钪就会生成 Al_3Sc 新相，对铝合金起变质作用，使合金的结构和性能发生明显变化。加入 0.2%～0.4% 的 Sc 可以明显提高合金的高温强度、结构稳定性、焊接性能和抗腐蚀性能，并可避免长期高温工作时易产生的脆化现象。通过添加微量钪可在现有铝合金的基础上开发出一系列新一代铝合金材料，如超高强韧铝合金，新型高强耐蚀可焊铝合金、新型高温铝合金、高强度钪中子辐射用铝合金等。这些合金在航天、航空、舰船、核反应堆、轻型汽车和高速列车等特殊领域中都有着广泛的应用。在钪铝合金的研发及实用化等方面，俄罗斯早已走在世界的前列（其中 Sc 起了关键作用），他们已经开发出一系列性能优良的钪铝合金。如 1420 合金已广泛用作米格-29 型、图-204 及雅克-36 垂直起落等型飞机的结构件。1421（是一种含 Sc 的铝锂镁锆合金）合金还以挤压异型材的形式用于运输机机身纵梁。美国已将钪铝合金用于制造焊丝和体育器材（例如棒球和垒球棒，曲棍球杆、自行车横梁等），钪铝合金制造的棒球棒已在奥运会等多项世界大赛中使用。

钪的熔点比铝高 2.5 倍，而密度则相近，可用钪代替铝作火箭和宇航器中的某些结构材料。美国在研究宇宙飞船的结构材料时要求材料密度要小，在 920℃ 下还应具有较高的强度和抗腐蚀性能，钪钛合金和钪镁合金则是较为理想的材料。

钪还可用作为制备热敏特殊合金的添加剂。钪加到钢铁中可改善其性能，它可使铸铁中石墨球化的作用比稀土元素更为有效。钪加到钛基合金或镍、铬和钨基耐高温合金中，可显著提高材料的抗氧化性。精炼铝、镁、铜及其他金属时，加钪可除去疤痕和鳞片。

用高温电解法使钪掺入基底金属，使之"钪化"，则可形成基底金属的有益涂层组织。

14.7.2 钪在特种陶瓷材料中的应用

碳化钪（ScC）能显著提高过渡金属碳化物的硬度，如加 20%（摩尔）ScC 到 TiC 中，可使 TiC 的硬度由 $3060kg/mm^2$ 提高到 $5680kg/mm^2$，在已知材料中其硬度仅次于金刚石。

ScN（熔点 2650℃），可用于电工和制作拉制 GaAs 和 GaP 等半导体单晶的坩埚。

Sc_2O_3 比 BeO、MgO、Al_2O_3 和 ZrO_2 四种常用耐火材料的某些性能还要好，它的热冲击性能超过常用的 MgO、Al_2O_3 和 ZrO_2，可用于火焰喷涂的玻璃组分。Sc_2O_3 加到 ZrO_2 和 Y_2O_3 中，是一种导电耐火材料。在锆氧陶瓷中掺入氧化钪，可防止晶形转变时发生龟裂。氧化钪稳定的氧化锆（ScSZ）替代传统的氧化钇稳定的氧化锆（YSZ）用于固体氧化物燃料电池（SOFC），可使 SOFC 的功率密度提高 1 倍，是非常有前景的新型中温固体电解质材料。

钪等稀土元素的复合氧化物制成的负热膨胀材料用途很广，不仅可与常规材料复合成热膨胀系数接近零的高温陶瓷器件，应用于航天、发动机部件，也可用于集成电路板、光学器件等。另外，在声、光、电、磁等功能材料方面也有潜在的应用价值。

含钪的硅酸盐和硼酸盐玻璃的折射率比未加钪的有明显的提高，适于制作光学玻璃。

14.7.3 钪在石化催化材料中的应用

石油化工是目前工业上应用钪较多的部门之一。含 Sc_2O_3 的 Pt-Al 催化剂用于精炼石油中的重油氢化提净。Sc_2O_3 还可用于乙醇或异丙醇脱氢及脱水剂以及 CO 和 N_2O 氧化和合成氨等的催化剂。也可用作生产乙烯和用废盐酸生产氯时的高效催化剂。在异丙基苯裂化时，ScY 沸石催化剂比硅酸铝的活性大 1000 倍。

14.7.4 钪在电子信息材料中的应用

钪适合制多种半导体材料，如硒化钪（Sc_2Se_3）和碲化钪（Sc_2Te_3）等。硫化钪（Sc_2S_3）可作热敏电阻和热电发生器。钪的硼化物（ScB_6）可用作电子管阴极材料。钪的倍半亚硫酸盐以其熔点高、空气中蒸发压力小的特点，在半导体应用上正引起人们极大兴趣。氧化钪（Sc_2O_3）单晶可用于仪器制作。钪和某些稀土金属可用于制作高质量铁基永磁材料。用氧化钪取代铁氧体中部分氧化铁，可提高矫顽力，从而使计算机记忆元件性能提高，用于快速转换计算机储存磁芯。将少量钪加入钇铁石榴石中可改进其磁性。钪代替铁使其磁矩和磁导增强，并使其居里温度降低，有利于其在微波技术中应用。钪还可以用来制作超导材料。

14.7.5 钪在电光源及激光材料中的应用

目前，美国、日本等发达国家已广泛使用一种高亮度电光源——钪钠灯。这种电光源是在高压放电条件下，让 ScI_3 和 NaI 受激发，当钪原子和钠原子从高能激发态跳回低能级时，就辐射出一定波长的光。钪的谱线为 $361.3 \sim 424.7nm$，为近紫外和蓝色光。钠的谱线为 $589.6nm$，为黄色光。钪、钠两种谱线匹配恰好接近太阳光。回到基态的钪钠原子又能与碘化合成碘化物。这样循环可在灯管内保持较高的原子浓度并延长使用寿命。钪钠灯也是一种绿色节能照明光源，具有发光效率高、显色性好、寿命长、破雾能力强、体积小和使用方便等特点。钪钠灯比照度相同的普通白炽灯可节电 80%，比汞灯节电 50%，钪钠灯的使用寿命为 $5000 \sim 25000h$，而白炽灯仅为 $1000h$。钪钠灯广泛应用于电影电视摄像、体育场馆、机场、码头、车站、广场、街道等场所的高亮度照明。

Sc_2O_3、$ScVO_4$、Sc_2O_2S 等可用作荧光体的基质材料。

近年来，Sc 在激光技术领域中的应用增长很快。目前，日本在 Sc 的消费总量的 30% 是用于激光领域。自从 1983 年利用 Sc 制造钆钪镓石榴石 (Cr，Nd：$Gd_3 Sc_2 Ga_3 O_{12}$) 激光晶体获得成功以来，由于其激射效率为钇铝石榴石 ($Y_3 Al_5 O_{12}$：Nd) 的 3.5 倍，受到世界列强的普遍重视。美国、日本、前苏联已相继制成了大尺寸的激光晶体，这种简称为 GSGG 的晶体，钕离子浓度为钇铝石榴石的 3 倍，晶体尺寸大、质量高，适用于制造千瓦级高平均输出板条激光器，除在金属加工方可与 CO_2 激光器竞争外，更可贵的是，在军事方面大有作为，美国曾计划用于聚变研究和星球大战计划，也用于潜艇作水下激光器。

14.7.6 钪在核工业材料中的应用

钪可用于可控热核反应中，钪俘获中子有效截面为 25b，适于作反应堆核燃料外壳等部位的结构材料。Sc_2S_3 可用作反应堆不含氧的特殊耐火材料。氢化钪可作粒子加速器的靶材。金属钪可作中子过滤器，它能使具有 2keV 的电子通过而阻止其他能量的中子，这可能是金属钪目前最重要的用途之一。在高温反应堆 UO_2 燃料中加入少量 Sc_2O_3 可避免 UO_2 转变成 U_3O_8、发生晶格转变、体积增大和出现裂纹。

通常核反应堆用的陶瓷绝缘材料中 Sc_2O_3 是一种最好的定位陶瓷（即固定接收极和发射极的定位陶瓷，定位陶瓷要求辐照肿胀小，膨胀系数小，导热性低）。陶瓷材料在中子、离子和 γ 射线照射下，绝缘电阻降低、电导率增加，由于辐照，陶瓷材料禁带上的电子激发到导带上，使电导率增加，称为辐射引起的电导率。当辐照停止时，部分电阻恢复，如果继续长时间辐照，会导致移位原子的辐照损伤。随着辐照剂量的增加，电导率增加几个数量级，很容易导致电击穿。如单晶 Al_2O_3 无辐照时，在 $1000℃$ 下有很高的击穿场强 ($10^6 V/m$)，室温到 $350℃$ 辐照时击穿场强则降低 2 个数量级。辐照使多晶 Al_2O_3、AlN 等的断裂性能降低，当辐照剂量达到一定值后，材料的弯曲强度突然降低。辐照使单晶 Al_2O_3 和 $MgAl_2O_4$ 体积肿胀，BeO 的辐照肿胀最大，经 $4.7 \times 10^{22} n/cm^2$ 辐照后，肿胀量达 9.2%。Y_2O_3 的辐照肿胀量最小。$MgAl_2O_4$ 和 Sc_2O_3 的辐照肿胀与辐照剂量关系不大，肿胀到一定程度后不再变化，是优良的定位陶瓷材料。

钪经过照射产生放射性同位素 46Sc 可作为 γ 射线源和示踪原子用于科研和生产各个方面，如医疗上用它治疗深部恶性肿瘤。钪的氘化物 (ScD_3) 和氚化物 (ScT_3) 用于铀矿体探测器元件。

参 考 文 献

1 国家自然科学基金委员会工程与材料科学部. 学科发展战略研究报告（2006～2010）——金属材料科学. 北京：科学出版社，2006

2 师昌绪，李恒德，周廉主编. 材料科学与工程手册（上卷）. 北京：化学工业出版社，2004

3 徐光宪主编. 稀土（上册）. 第 2 版. 北京：冶金工业出版社，1995

4 李恒德，师昌绪主编. 中国材料发展现状及迈入新世纪对策. 济南：山东科学技术出版社，2002

5 李建保，周益春主编. 新材料科学及其应用技术. 北京：清华大学出版社，2004

6 苏锵著. 稀土化学. 郑州：河南科学技术出版社，1993

7 曾汉民主编. 高技术新材料要览. 北京：中国科学技术出版社，1993

8 张若桦编著，申泮文审校. 稀土元素化学. 天津：天津科学技术出版社，1987

9 刘光华编著. 稀土固体材料学. 北京：机械工业出版社，1997

10 王中刚，于学元等编著. 稀土元素地球化学. 北京：北京科学技术出版社，1989

11 郭承基编著. 稀有元素矿物学. 北京：科学出版社，1965

12 杜挺，韩其勇，王常珍著. 稀土碱土元素物理化学及在材料中的应用. 北京：科学出版社，1995

13 贡长生，张克立主编. 新型功能材料. 北京：化学工业出版社，2001

14 郑子樵，李红英主编. 稀土功能材料. 北京：化学工业出版社，2003

15 孙宏伟，詹晓力主编. 稀土和西部资源开发与利用. 北京：中国轻工业出版社，2003

16 中山大学化学系编. 稀土物理化学常数. 北京：冶金工业出版社，1978

17 张青莲主编. 无机化学丛书（第七卷）. 北京：科学出版社，1998

18 徐祖耀，李鹏兴主编. 材料科学导论. 上海：上海科学技术出版社，1986

19 苏勉曾编著. 固体化学导论. 北京：北京大学出版社，1987

20 徐光宪，王祥云. 物质结构. 北京：高等教育出版社，1987

21 韩万书主编. 中国固体无机化学十年进展. 北京：高等教育出版社，1998

22 ［美］Anthony R. West 著，固体化学及其应用. 苏勉曾等译. 上海：复旦大学出版社，1989

23 武汉大学化学系等编著. 稀土元素分析化学（上）. 北京：科学出版社，1981

24 朱声逾，周永治，申泮文编著. 配位化学简明教程. 天津：天津科学技术出版社，1990

25 黄春辉著. 稀土配位化学. 北京：科学出版社，1997

26 钱长涛，杜灿屏主编. 稀土金属有机化学. 北京：化学工业出版社，2004

27 ［日］宇田川重和，柳田博明，顺藤仪一编著. 新型无机硅化合物. 钱钧，安时天，张中译. 北京：中国建筑工业出版社，1989

28 倪嘉缵，洪广言主编. 稀土新材料及新流程进展. 北京：科学出版社，1998

29 吴文远等编著. 稀土冶金学. 北京：化学工业出版社，2005

30 邱竹贤主编. 有色金属冶金学. 北京：冶金工业出版社，1988

31 池汝安，田君著. 风化壳淋积型稀土矿化工冶金. 北京：科学出版社，2006

32 张昭，彭少方，刘栋昌编著. 无机精细化工工艺学. 北京：化学工业出版社，2002

33 孙家跃，杜海燕. 无机材料制造与应用. 北京：化学工业出版社，2001

34 刘光华编著. 现代材料化学. 上海：上海科学技术出版社，2000

35 刘海涛，杨郦，张树军，林蔚. 无机材料合成. 北京：化学工业出版社，2003

36 张志焜，崔作林. 纳米技术与纳米材料. 北京：国防工业出版社，2000

37 王永康，王立等. 纳米材料科学与技术. 杭州：浙江大学出版社，2002

38 童忠良主编. 纳米化工产品生产技术. 北京：化学工业出版社，2006

39 施尔畏，陈之战，元如林著. 水热结晶学. 北京：科学出版社，2004

40 徐光宪主编. 稀土（中册）. 第 2 版. 北京：冶金工业出版社，1995

41 余宗森，褚幼仪. 钢中稀土. 北京：冶金工业出版社，1982

42 田民波. 磁性材料. 北京：清华大学出版社，2001

43 周寿增等编著. 稀土永磁材料及其应用. 北京：冶金工业出版社，1995

44 周寿增，董清飞著. 稀土铁系永磁材料. 北京：冶金工业出版社，1999

45 刘湘林等. 磁光材料及磁光器件. 北京：北京科学技术出版社，1990

46 徐光宪主编. 稀土（下册）. 第2版. 北京：冶金工业出版社，1995

47 姜寿亭. 凝聚态磁性物理. 北京：科学出版社，2003

48 于福熹主编. 信息材料. 天津：天津大学出版社，2000

49 孙家跃，杜海燕，胡文祥. 固体发光材料. 北京：化学工业出版社，2003

50 李建宇. 稀土发光材料及其应用. 北京：化学工业出版社，2003

51 O·H卡赞全著. 无机发光材料. 丁清秀，刘洪楷译. 北京：化学工业出版社，1980

52 功能材料及其应用编写组. 功能材料及其应用. 北京：机械工业出版社，1991

53 张希艳，卢利平等编著. 稀土发光材料. 北京：国防工业出版社，2005

54 国家新材料行业生产力促进中心等编. 中国新材料发展报告. 北京：化学工业出版社，2004

55 祝炳和，姚尧等主编. PTC陶瓷制造工艺与性质. 上海：上海大学出版社，2001

56 吉林大学化学系编写组. 催化作用基础. 北京：科学出版社，1980

57 曾庆藻主编. 稀土在催化剂上的应用. 上海：上海科学技术出版社，1982

58 [日] 大西孝治著. 探索催化剂的奥秘. 蔡天锡等译. 北京：化学工业出版社，1992

59 侯祥麟主编. 中国炼油技术. 北京：中国石油化工出版社，1991

60 阎子峰编著. 纳米催化材料. 北京：化学工业出版社，2003

61 石力开主编. 中国新材料发展报告（2004）. 北京：化学工业出版社，2004

62 刘光华主编. 稀土材料与应用技术. 北京：化学工业出版社，2005

63 史鸿鑫，王农跃等编. 化学功能材料概论. 北京：化学工业出版社，2006

64 胡子龙编著. 储氢材料. 北京：化学工业出版社，2002

65 雷永泉，万群，石永康主编. 新能源材料. 天津：天津大学出版社，2000

66 马栩泉编著. 核能开发与应用. 北京：化学工业出版社，2004

67 林良真，张金龙著. 超导电性及其应用. 北京：北京科学技术出版社，1998

68 杨遇春著. 稀土漫谈. 北京：化学工业出版社，1999

69 中国科学院长春应用化学研究所. 稀土化学论文集. 北京：科学出版社，1982

70 师昌绪主编. 材料科学技术百科全书. 北京：中国大百科全书出版社，1995

71 中国大百科全书·化学（工）. 北京：中国大百科全书出版社，1998

72 王正品，张路主编. 金属功能材料. 北京：化学工业出版社，2004

73 刘光华. 江西化工，1993（1）：6

74 刘光华. 材料导报，1996，10（3）：46

75 胡颂虞. 上海有色金属，1998，（2）：59

76 李良才. 稀土，1999，20（4）：51

77 陈占恒. 稀土，2000，21（1）：53

78 红枫. 中国稀土学报，2001，19（3）：287

79 刘余九. 稀土，2002，23（4）：69

80 朱国才，池汝安等，稀土，2002，23（1）：30

81 张宏江. 稀土信息，2003，（7）：2

82 熊家齐. 稀土，2002，23（1）：72

83 钱九江，李国平. 稀有金属，2003，27（6）：813

84 林河成. 稀土，2004，25（4）：72

85 李义春. 材料导报，2005，19（2）：1

86 颜世宏，李宗安，赵斌等，稀土，2005，26（2）：81

87 李素珍. 稀土信息，2006，（6）：18

88 黄小卫，庄卫东，李红卫等. 稀有金属，2004，28（4）：711

89 刘光华，吴华彬等. 无机化学学报，1989，5（2）：22

90 刘光华. 核化学与放射化学，1990，12（2）：99

91 刘光华，刘厚凡等. 稀土，1993，14（3）：6

92 李彬，李向山，吉林大学学报，1995，6（特刊）

93 汪联辉，王文等. 中国稀土学报，2001，19（1）：92

94 李永绣. 稀土，1999，20（5）：74

95 李永绣，周新木，辜子英等. 稀土，2002，23（5）：71

96 丁家文，李永绣. 中国稀土学报，2005，23（增刊）：116

97 黄小卫，李红卫，薛向欣等. 中国稀土学报，2006，24（2）：129

98 黄小卫，庄卫东，李红卫等. 稀有金属，2004，28（4）：711

99 贺伦燕，冯天泽. 稀土，1983，（3）：1

100 贺伦燕，王似男，周新木. 稀土，1989，11（1）：39

101 李永绣，何小彬，辜子英. 稀土，1999，20（2）：19

102 李永绣，胡平贵，何小彬，中国有色金属学报，1998，（1）：165

103 汤询忠，李茂楠，杨殿. 矿业研究与开发，1997，17（2）：1

104 赵小山，陈其安. 稀土，2002，23（3）：14

105 张亚文，严铮洸，廖春生. 中国稀土学报，2001，19（4）：378

106 涂铭旌，刘颖，朱达川. 四川大学学报（工程科学版），2002，34（4）：1

107 张亚文，李昂，严铮洸等. 中国稀土学报，2002，20（2）：170

108 李永绣，黎敏，何小彬等无机化学学报，2002，18（11）：1138

109 李永绣，黄婷，罗军明. 无机化学学报，2005，21（10）：1561

110 李丽娅，易健宏，彭元东等. 粉末冶金工业，2005，15（5）：35

111 张怀武. 中国稀土学报，2002，20（1）：86

112 刘润红. 有色金属工业，2002，1：60

113 王则民，俞巧红. 自然杂志，2000，22（2）：91

114 杨红川，张世荣，徐静等. 新材料产业，2003，118（9）：43

115 李国栋. 功能材料，1997，28（3）：221

116 李国栋. 金属功能材料，1999，6（3）：97

117 李国栋. 金属功能材料，2000，7（3）：1

118 李国栋. 稀有金属材料与工程，2002，31（1）：1

119 李国栋. 功能材料，2004，35（6）：665

120 李国栋. 金属功能材料，2005，12（5）：37

121 李国栋. 功能材料，2006，37（9）：1355

122 洪广言. 功能材料，1991，22（2）：100

123 斐轶惠，刘行仁. 发光学报，1996，17（3）：52

124 徐燕，黄锦斐. 发光与显示，1981，（1）：52

125 李玉林. 稀土，1999，20（2）：67

126 张玉军，刘援朝，朱仲力等. 发光学报，1999，20（4）：36

127 李玮捷，石土孝. 稀土，2000，21（5）：60

128 能光楠，徐力等. 中国稀土学报，2001，19（6）：494

129 苏锵，梁宏彬等. 中国稀土学报，2002，20（6）：485

130 崔洪涛，张耀文，洪广言等. 功能材料，2001，（6）：564

131 刘志甫，李永祥等. 功能材料，2002，（6）：584

132 李文龙. 实用放射学杂志，2001，17（11）：868

133 徐东勇，臧克存. 人工晶体学报，2001，30（2）：203

134 赵谖玲，侯延冰，孙力等. 功能材料，2001，31（1）：98

135 彭绍琴，李越湘，刘光华. 稀土，2001，22（5）：66

136 陈永杰，孙彦彬，邱关明等. 稀土，2002，23（4）：50

137 田君，尹敬群，欧阳克氲等. 稀土，2002，23（1）：52

138 施相淑，戚泽明. 中国稀土学报，2004，22（5）：962

139 李群，滕晓明，庄卫东等. 稀土，2005，26（4）：62

140 高琛，鲍骏，黄孙祥等. 发光学报，2006，27（3）：285

141 车继波，杨亚培等. 激光技术，2006，30（1）：82

142 程耀庚，陈建设. 稀有金属与硬质合金，1998，（1）：9

143 程耀庚，冯法伦. 稀土，1998，19（1）：36

144 陈岚，李锐星等. 功能材料，2002，33（2）：129

145 王昱，殷海荣等. 云南大学学报，2005，27（3A）：305

146 王学锋，赵修建. 材料导报，2003，17（1）：27

147 徐时清，杨中民等. 硅酸盐学报，2003，31（4）：376

148 戴世勋，张军杰等. 光纤与电缆及其应用技术，2004，（4）：1

149 于长风，朱小平等. 中国陶瓷工业，2002，9（5）：9

150 吕振刚，郭瑞松等. 兵器材料科学与工程，2005，28（1）：62

151 邹强，徐廷献等. 硅酸盐通报，2004，23（1）：81

152 黄小丽，胡晓青等. 兵器材料科学与工程，2006，29（4）：15

153 李晓娟，李全禄等. 硅酸盐通报，2006，25（4）：101

154 杨群保，荆学珍等. 电子元件与材料，2004，23（11）：56

155 柏朝晖，巴学巍. 长春理工大学学报，2005，28（2）：79

156 苗彬彬，王君等. 人工晶体学报，2006，35（3）：539

157 杨建平，陈志刚等. 电源技术，2006，30（8）：684

158 朱建华，梁飞等. 电子元件与材料，2005，24（3）：32

159 赵梅瑜，王依琳等. 电子元件与材料，2005，24（12）：50

160 王喜贵，吴红英等. 中国稀土学报，2001，19（3）：205

161 胡淑红，朱铁军等. 功能材料，2001，32（2）：113

162 朱文，杨君友等. 材料科学与工程，2002，20（4）：585

163 杨磊，吴建生等. 材料导报，2003，17（4）：14

164 赵新兵，朱铁军等. 稀有金属材料与工程，2003，32（5）：344

165 李伟文，赵新兵等. 中国有色金属学报，2002，12（1）：103

166 李伟文，赵新兵等. 功能材料，2003，34（3）：306

167 张久兴，李隆等. 功能材料与器件学报，2004，10（1）：59

168 刘华军，李来风. 低温工程，2004，（137）：32

169 张艳华，赵新兵等. 中国稀土学报，2004，22（1）：104

170 孙良成，徐晓刚等. 工业加热，1999，（2）：37

171 陈祖庇，闵恩译. 石油炼制，1990，（6）：6

172 高永灿，潘惠芳. 石油化工，1998，27（4）：299

173 宋恩德. 催化裂化，1997，16（2）：52

174 伍小驹，孙烈清等. 稀土，2001，22（6）：10

175 田备年，殷亮等. 能源技术，2003，24（4）：139

176 陈进富，赵永年，朱亚杰. 化工进展，1997，（1）：10

177 程菊，徐德明，金属功能材料，2000，7（5）：13

178 陈长聘，王启东，吴京. 化学工程，1987，（5）：61

179 李世善. 沈阳化工，1993，（4）：11

180 王寅岗，王启东. 仪表技术与传感器，1995，（4）：5

181 汪京荣. 低温物理学报，2005，27（5）：870

182 汪京荣，冯勇，张平祥. 稀有金属材料与工程，2000，29，293

183 汪京荣，吴民智，May H. 稀有金属材料与工程，1998，27，240

184 汪京荣，吴晓祖，周廉. 物理，1997，26（4）：226

185 刘景江，唐功本，周华荣等. 应用化学，1991，8（3）：1

186 张明，张志斌，邱关明. 中国稀土学报，2000，18（3）：233

187 刘力，张立群，金日光等. 中国稀土学报，2001，19（3）：193

188 林美娟，章文贡，王文. 中国稀土学报，2002，20（增刊）

189 吴茂英，刘正堂，陈炳德. 现代塑料加工应用，1996，8（2）：29

190 沈经炜，刘光烨，杨智明. 塑料工业，1988，16（4）：45

191 张永祥，刘胜台等. 塑料，1996，15（3）：7

192 吴茂英. 塑料工业，2000，28（1）：36

193 吴茂英. 吴雅红. 现代塑料加工应用，2001，13（1）：32

194 潘炯玺，赵步鹏，方海林等. 高分子材料科学与工程，1989，（4）：35

195 叶春民. 高分子通报，1997，（3）：173

196 张晓民，尹志辉，那天海等. 高分子材料科学与工程，1997，13（1）：49

197 汪联辉，王文，唐洁渊等. 塑料科技，1997，（6）：37

198 王铁军，李晓君，聂中华等. 中国塑料，1997，11（2）：29

199 刘南安，姜诚德，王庆友等. 塑料科技，1999，（2）：29

200 薛卫星，李建宇. 光谱学与光谱分析，2003，23（4）：766

201 武德珍，白宗武. 现代塑料加工应用，1996，8（1）：10

202 王静. 化学推进剂与高分子材料，2003，1（5）：29

203 李汉广，尹志民. 稀有金属与硬质合金，1996，（3）：47

204 张玉学. 地质地球化学，1997，（4）：93

205 高拥政，尹志民等. 兵器材料科学与工程，1998，21（1）：23

206 张宗华，庄故章. 稀土，1999，20（3）：23

207 廖春生，徐刚，贾江涛等. 中国稀土学报，2001，19（4）：289

208 张秀英，尹国寅等. 稀土，2001，22（2）：14

209 杨守杰，戴圣龙. 材料导报，2005，19（2）：76

210 王新宇，潘青林，周昌荣. 稀土，2005，26（6）：71

211 戴晓元，夏长清等. 稀有金属材料与工程，2006，35（6）：913

212 Karl A. Gschneidner. Industrial Applications of Rare Earth Elements，1981

213 Spedding F H. Handbook on the Physics and Chemistry of Rare Earth. Vol. 1，XV，North-Holland Publishing Company，1978

214 Malhews T，Jacab K T. Rare Earth Bulletin，1993，21（6）

215 Brahma S K，Chakrarutty A K. J Inorg Nucl Chem，1977，39：1713

216 Bradly D C，Ghotra J S，Hart F A. J Chem Soc Chem Commun，1972：349

217 Ehou W，Jefferson D A. Rare Earth Bullelin. 22（4），1994

218 Liu Guanghua. Proceeding of 34 TH IUPAC Congress，462 BeiJing：August，1993

219 Les H Y，Cho W S. Rare Earth Bullelin，1995，23（6）

220 Esther F，Eickerling G，Herdtweck E，Anwander R. Organometallics，2003，22：1212

221 Sung M H，Choi I S. et al. Chemical Engineering Science，2000，55：2173

222 Sung M H，Kim J S，et al. J Crystal Growth 2002，235：529

223 Superconductivity，Edited by poole C P，Jr.，Farach H A，Creswick R J. Academic Press，1995

224 Handbook of Applied Superconductivity，Edited by Bernd Seeber，Iop（Institute of Physics Publishing，Bristol and Philadelphia），1998

225　Fundamentals of Superconductivity, Edited by Kresin, Wolf S A. Plenum Press, New York, 1990

226　Wang, et al. Appl Phys Lett, 1997, 71: 2955~2957

227　Verebelyi D T, et al. Appl Phys Lett. 2000, 76: 1755

228　Chirayil T G, Paranthaman M, et al. Physica C. 2000, 336 (1~2): 63~69

229　Larbalestier D C, et al. Nature, 2001, 414: 368

230　Goyal, et al. Physica C, 2001, 357~360: 903

231　Mcintyre P C, et al. J Appl Phsy, 1995, 77, 5263~5272

232　Sathyamurthy S, Paranthaman M, Zhai H. Y. J. Mater Res 2002, 17: 2181

233　Sathyamurthy S. Paranthaman M, et al., IEEE Trans, Appl. Supercond, 2003, 13: 2658

234　Bhuiyan M S, et al. Supercond Sci Technol, 2003, 16: 1305

235　Wang S S et al. Supercond Sci Technol, 2005, 18: 1271

236　Shoup S S, et al. J Mater Res, 1997, 12: 1017

237　Sheth A, et al. IEEE Trans Appl Supercond, 1999, 9: 1514

238　Sathyamurthy S, Salama K. Supercond Sci Technol, 2000, 13: L1

239　Siegal M P. et al. Appl Phys Lett, 2002, 80: 2710

240　Zhou Y X, et al. Supercond Sci Technol, 2003, 16: 901

241　Eisenberg A, Hird B, Moorer B. Macromolecules, 1990, 23 (18): 4098

242　Ye C M, Liu J J, et al. J Appl polym Sci, 1996, 60 (11): 1877

243　Laurer J H, Winey K I. Macromolecules, 1998, 31 (25): 9106

244　Blake N. Hopkins M A. J Mater Sci, 1985, (20): 2861

245　Spedding F H, Croat J T. J Chem Phys, 1973, 58 (12): 5514

246　Scott D. Am Ceram Soc Bull, 1996, 75 (6): 150

247　Scott D. Am Ceram Soc Bull, 1998, 77 (6): 116

248　Evans S O, Mary T A, et al, J Solid State Chem, 1998: 137

249　Yan C H, Jia J T, Liao C H, et al. Tsinghua Sci & Tech, 2006, 11 (2): 241

250　Feng X D, Sayle D C, et al. Science, 2006, 312: 1504